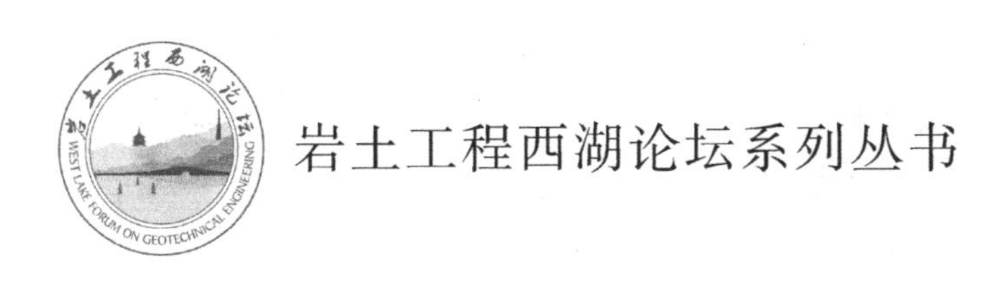

岩土工程西湖论坛系列丛书

地基处理新技术、新进展

龚晓南 杨仲轩 主编

中国建筑工业出版社

图书在版编目（CIP）数据

地基处理新技术、新进展/龚晓南，杨仲轩主编. —北京：中国建筑工业出版社，2019.10（2023.4 重印）
（岩土工程西湖论坛系列丛书）
ISBN 978-7-112-24201-6

Ⅰ.①地… Ⅱ.①龚… ②杨… Ⅲ.①地基处理
Ⅳ.①TU472

中国版本图书馆 CIP 数据核字（2019）第 194676 号

本书介绍地基处理新技术、新进展。全书分 18 章，主要内容为：概论；复合地基技术；排水固结法加固地基；电渗排水固结法的新技术与新进展；搅拌桩技术智能化发展；强夯法；海外大面积吹填地基振冲密实处理关键技术及工程实践；灌浆加固法；管幕冻结法；现浇泡沫轻质土路堤技术；组合桩复合地基；潜孔冲击高压旋喷技术（DJP 工法）；软土地基就地固化技术开发及应用；微生物土加固技术；黄土地基处理；季冻区高铁路基冻胀变形控制技术；水下地基处理技术；地固件地基处理技术与实践。

本书可供土木工程设计、施工、监测、研究、工程管理单位技术人员和大专院校土木工程及其相关专业师生参考。

责任编辑：王　梅　辛海丽
责任校对：赵听雨

岩土工程西湖论坛系列丛书
地基处理新技术、新进展
龚晓南　杨仲轩　主编

*

中国建筑工业出版社出版、发行（北京海淀三里河路 9 号）
各地新华书店、建筑书店经销
霸州市顺浩图文科技发展有限公司制版
北京建筑工业印刷厂印刷

*

开本：787×1092 毫米　1/16　印张：40½　字数：1005 千字
2019 年 10 月第一版　　2023 年 4 月第二次印刷
定价：**119.00** 元

ISBN 978-7-112-24201-6
（34711）

（邮政编码 100037）

前　言

随着现代化进程的飞速发展，各类土木工程日新月异，呈现高、大、深、重的发展趋势，对岩土工程地基处理技术提出了更高的要求。为了加强土木工程各行业间的交流，促进我国地基处理技术水平不断提高，更好地为工程建设服务，中国工程院土木、水利与建筑工程学部，中国土木工程学会土力学及岩土工程分会，浙江省科学技术协会和浙江大学滨海和城市岩土工程研究中心共同主办的“岩土工程西湖论坛”2019 年的主题确定为“地基处理新技术、新进展”。为了配合“岩土工程西湖论坛（2019)”，论坛组委会邀请全国各地岩土工程专家编写出版《地基处理新技术、新进展》。

通常来说，地基处理的目的是增加地基土的承载力和减小地基的变形。最早的地基处理可以追溯到远古时代。现代地基处理技术则伴随着现代土木工程建设而发展的。土木工程功能化、交通高速化、城市建设立体化、人居环境的综合提升已成为现代土木工程的特征。随着土木工程建设的进一步飞速发展，地基处理技术也发展迅速，除了传统的地基处理方法不断改进和发展，新的技术、方法和工艺也层出不穷，并且在大量的工程实践中得到了广泛应用。

本书介绍地基处理新技术、新进展。主要内容为：概论；复合地基技术；排水固结法加固地基；电渗排水固结法的新技术与新进展；搅拌桩技术智能化发展；强夯法；海外大面积吹填地基振冲密实处理关键技术及工程实践；灌浆加固法；管幕冻结法；现浇泡沫轻质土路堤技术；组合桩复合地基；潜孔冲击高压旋喷技术（DJP 工法)；软土地基就地固化技术开发及应用；微生物土加固技术；黄土地基处理；季冻区高铁路基冻胀变形控制技术；水下地基处理技术；地固件地基处理技术与实践。

本书共 18 章。由浙江大学龚晓南编写第 1、2 章；浙江开天工程技术有限公司吴慧明、林小飞、马宁、何永、赵子荣、宋词编写第 3 章；浙江大学周建、甘淇匀编写第 4 章；东南大学刘松玉、陆阳、王亮编写第 5 章；中交天津港湾工程研究院有限公司付建宝、叶国良编写第 6 章；中交四航工程研究院有限公司王德咏、梁小丛、王新、牛犇编写第 7 章；中科院广州化灌工程有限公司薛炜、张文超、古伟斌、胡文东编写第 8 章；广东省南粤交通投资建设有限公司王啟铜编写第 9 章；广州大学陈忠平、刘吉福编写第 10 章；山东省建筑科学研究院有限公司宋义仲、卜发东、程海涛编写第 11 章；北京荣创岩土工程股份有限公司张微、张有祥、朱允伟、曹巍、刘宏运、张亮、戴斌编写第 12 章；河海大学陈永辉、陈庚、陈作雷，温州大学高世虎编写第 13 章；重庆大学刘汉龙、肖杨编写第 14 章；长安大学谢永利编写第 15 章；中国国家铁路集团有限公司赵国堂编写第 16 章；中交上海港湾工程设计研究院有限公司张曦、谢锦波、周国然，中交天津港湾工程研究院有限公司刘爱民、刘文彬、叶国良编写第 17 章；天津鼎元软地基科技发展股份有限公司陈津生、孙磊，天津大学刁钰，山东正元建设工程有限责任公司陆秋生，温州浙南地质工程有限公司骆嘉成，中国水利水电科学研究院岩土工程研究所吴帅峰编写第 18 章。全书由龚晓南和杨仲轩负责统稿。在编写过程中，编者参考和引用了大量文献资料，在此对其原作者深表谢意。

由于编者水平有限，书中纰漏之处在所难免，敬请读者批评指正。

目　　录

1 概论

龚晓南
（浙江大学滨海和城市岩土工程研究中心，浙江 杭州 310058）

1.1 简要回顾

地基处理技术在我国的应用可以追溯到很久以前，木桩的应用在7000年前的河姆渡遗址中已有发现，灰土垫层在我国的应用应在秦汉以前。现代地基处理技术是伴随现代土木工程发展而发展的。土木工程功能化、交通高速化、城市建设立体化、综合改善人居环境已成为现代土木工程的特征。改革开放以后，我国土木工程建设得到飞速发展，地基处理技术也相应得到了飞速发展。表1.1-1给出几种地基处理方法在我国应用的最早年份。可以看出大部分地基处理技术是改革开放后发展或引进的。为了适应工程建设发展的需要，高压喷射注浆法、振冲法、强夯法、深层搅拌法、土工合成材料、强夯置换法、EPS超轻质填料法、TRD工法等许多地基处理技术从国外引进，并在实践中得到改进和发展；许多已经在我国得到应用的地基处理技术，如排水固结法、土桩和灰土桩法、砂桩法等也得到不断发展和提高；近30年我国工程技术人员在工程实践中还发展了许多新的地基处理技术，如复合地基技术、真空预压技术、锚杆静压桩技术、孔内夯扩碎石桩技术等。改革开放40多年来，我国地基处理技术发展很快，主要反映在下述三个方面：

部分地基处理方法在我国应用最早年份 **表1.1-1**

地基处理方法	普通砂井法	真空预压法	袋装砂井法	塑料排水带法	砂桩法	土桩法	灰土桩	振冲法	强夯法	高压喷射注浆法	浆液深层搅拌法	粉体深层搅拌法	土工合成材料	强夯置换法	EPS超轻质填料法	低强度桩复合地基法	刚性桩复合地基法	锚杆静压桩法	掏土纠倾法	顶升纠倾法	树根桩法	沉管碎石桩法	TRD法	石灰桩法
年份	20世纪50年代	1980年	20世纪70年代	1981年	20世纪50年代	20世纪50年代中	20世纪60年代中	1977年	1978年	1972年	1977年	1983年	20世纪70年代末	1988年	1995年	1990年	1981年	1982年	20世纪60年代初	1986年	1981年	1987年	2008年	1953年

（1）地基处理技术得到很大的发展

为了满足土木工程建设对地基处理的要求，我国引进和发展了多种地基处理新技术。

例如：1977年引进深层搅拌技术，1978年引进强夯技术，近年又引进TRD工法等。在引进地基处理方法的同时，也引进了新的处理机械、新的处理材料和新的施工工艺。同时，坚持创新发展，因地制宜发展了许多适合我国国情的地基处理新技术，处国际领先地位。如复合地基技术、真空预压技术、锚杆静压桩技术、低强度桩复合地基技术和孔内夯扩技术等。到目前为止，可以说，国外有的地基处理方法，我国基本上都有，我国工程技术人员还发展了许多地基处理新技术，引领地基处理技术的发展。

改革开放40多年来，经过几代人的努力，在我国已经形成复合地基技术应用体系，主要包括：复合地基理论、多种复合地基技术和复合地基工程标准。复合地基理论要点包括复合地基的定义、形成条件和分类，荷载传递机理和位移场特性，复合地基承载力计算，复合地基沉降计算，复合地基稳定分析，复合地基固结分析等。复合地基现已成为与浅基础和桩基础并列的第三种土木工程常用地基基础形式。目前应用的复合地基类型主要有：由多种施工方法形成的各类砂石桩复合地基、水泥土桩复合地基、各类刚性桩复合地基、长短桩复合地基、桩网复合地基、加筋土地基等。复合地基技术在房屋建筑（包括高层建筑）、高等级公路、铁路、堆场、机场、堤坝等土木工程建设中得到广泛应用。复合地基技术的推广应用产生了良好的社会效益和经济效益。复合地基已成为土木工程类本科生和研究生教材、基础工程类著作、工程设计手册和指南的重要章节。复合地基理论发展了基础工程学，科学意义巨大。

在探讨加固机理、改进施工机械和施工工艺、发展检验手段，提高处理效果，改进设计方法等方面，每一种地基处理方法都取得不少进展。以排水固结法为例，在竖向排水通道设置方面，从普通砂井，到袋装砂井，到塑料排水带的应用，施工材料和施工工艺发展很快；在理论方面，考虑井阻的砂井固结理论，超载预压对消除次固结变形的作用、真空预压固结理论以及对塑料排水带的有效加固深度等方面研究取得了不少的进展。

近年来，在真空预压技术、深层搅拌技术、电渗加固技术、软土固化技术、超轻质填料填土技术、冻结加固技术、生化处理技术等方面，都有很多的发展和进步。

（2）地基处理技术得到极大的普及

改革开放40多年来，在工程建设需求的推动下，地基处理技术在我国得到极大的普及。地基处理领域的著作、工程手册、工程标准的出版，各种形式的学术讨论会、技术培训班的举行。《地基处理》杂志1990年创刊，2019年正式公开发行。《地基处理手册》自1988年以来已出版三版，发行12万多册。上述活动有力地促进了地基处理技术的普及和提高。地基问题处理得恰当与否，关系到整个工程质量、投资和进度，其重要性已被人们认识和重视。

在我国越来越多的土木工程技术人员在实践中应用各种地基处理技术、地基处理设计方法、施工工艺、检测手段，并积极开展地基处理新技术的研究、开发、推广和应用。能够根据工程实际情况，因地制宜地选用技术先进、经济合理的地基处理方案，并能注意综合应用各种地基处理技术，使方案选用更为合理。近年来，地基处理技术应用水平提高很快。

（3）地基处理队伍不断扩大

地基处理技术发展还反映在地基处理队伍的不断扩大。从事地基处理施工的专业队伍不断增加，很多土建施工单位也从事地基处理施工。除施工队伍外，从事地基处理机械生产的企业发展也很快。在地基处理施工机械方面，与国外的差距逐步减小并研制了许多新产品。从科研、设计、施工、检测几个环节的专业技术队伍已经形成，并发展壮大。

总之，地基处理技术在我国得到广泛的普及，地基处理水平得到不断提高。地基处理技术已得到土木工程界的各个部门，如勘察、设计、施工、监理、教学、科研和管理部门的关心和重视。地基处理技术的进步带来了巨大的经济效益和社会效益。

1.2 地基处理方法分类

可从不同的角度对工程中应用的地基处理方法进行分类，如：按地基处理深度，可将常用地基处理方法分为浅层地基处理方法和深层地基处理方法两大类；又如：可将常用地基处理方法分为物理的地基处理方法、化学的地基处理方法和生物的地基处理方法三大类；也可将常用地基处理方法分为两类：一类是对天然地基土体进行土质改良，另一类是地基处理后形成复合地基。下面根据地基处理技术的加固原理，对常用地基处理方法进行分类。在分类中将已有建筑物地基加固（托换）和纠倾也包括在内。常用的地基处理方法可归纳分成下述十类：

（1）置换

置换是指用物理力学性质较好的岩土材料置换天然地基中部分或全部软弱土或不良土，形成双层地基或复合地基，以达到提高地基承载力、减少沉降的目的。

主要包括下述地基处理方法：换土垫层法、强夯置换法、石灰桩法、各类轻质和超轻质料垫层法、地固件（D. Box）法、抛石挤淤置换法、褥垫层法等。

顺便指出：软黏土地基中以置换为主的振冲置换法、砂石桩（置换）法应慎用。主要缺点为加固后的地基工后沉降大，且加固后地基承载力提高幅度小。

（2）排水固结

排水固结是指地基土体在一定荷载作用下排水固结，土体孔隙比减小，抗剪强度提高，以达到提高地基承载力、减少工后沉降的目的。

主要包括下述地基处理方法：加载预压和超载预压法（竖向排水系统可采用普通砂井、袋装砂井和塑料排水带等，也可利用天然地基土体本身排水，不设人工设置的竖向排水通道，以下工法也相同）、真空预压法（有砂垫层和无砂垫层，有薄膜和无薄膜等）、真空预压联合堆载预压法、降低地下水位法和电渗法等。

（3）灌入固化物

灌入固化物是向地基中灌入或拌入水泥，或石灰，或其他化学固化材料，在地基中形成复合土体，以达到地基处理的目的。

主要包括下述地基处理方法：深层搅拌法（包括浆液喷射和粉体喷射深层搅拌法）、高压喷射注浆法、TRD工法、SMC工法、渗入性灌浆法、劈裂灌浆法、挤密灌浆法、电动化学灌浆法等。

（4）振密、挤密

振密、挤密是指采用振动或挤密的方法，使地基土体进一步密实，以达到提高地基承载力和减少沉降的目的。

主要包括下述地基处理方法：表层原位压实法、强夯法、振冲密实法、挤密砂桩法、挤密碎石桩法（包括振冲挤密碎石桩、振动沉管挤密碎石桩、冲锤成孔挤密碎石桩和干振成孔碎石桩等）、孔内夯扩挤密桩法、爆破挤密法、土桩和灰土桩法，以及夯实水泥土桩法等。

顺便指出，采用振密、挤密法加固地基一定要重视其适用性。

（5）加筋

加筋是地基中设置强度高、模量大的筋材，以达到提高地基承载力、减少沉降的目的。强度高、模量大的筋材可以是钢筋混凝土、低强度混凝土，也可以是土工合成材料等。

主要包括下述地基处理方法：锚固法、加筋土法、土钉墙法、树根桩法、低强度桩复合地基法（包括CFG桩复合地基、低强度混凝土桩复合地基、二灰混凝土桩复合地基等）、刚性桩复合地基法。

（6）冻结法

冻结法是通过冻结地基土体，改变土体物理力学性质以达到地基处理的目的。常用于构造临时设施，如采用冻结法构建地下支护结构。

（7）微生物加固法

微生物加固法是通过在地基土体中培育可改变土体物理力学性质的微生物，通过微生物的作用达到地基处理的目的。

（8）热处理法

热处理法是通过加热地基土体或焙烧，改变土体物理力学性质以达到地基处理的目的。

（9）托换

托换是指对原有建筑物地基基础进行加固处理，以满足对地基承载力的要求或有效减小沉降。

主要包括下述方法：基础加宽法、墩式托换法、桩式托换法、地基加固法、综合加固法等。

（10）纠倾和迁移

纠倾是指对由于沉降不均匀造成倾斜的建筑物进行矫正，迁移是指将建筑物整体移动位置。

主要包括下述方法：加载纠倾法、掏土纠倾法、顶升纠倾法、综合纠倾法，以及迁移等。

对地基处理方法进行严格的统一分类是很困难的。不少地基处理方法具有多种加固机理，例如土桩和灰土体法既有挤密作用又有置换作用。上述分类是否合适，请读者指正。

各类地基处理方法简要加固原理和适用范围简述如表1.2-1所示。

地基处理方法分类及其适用范围 **表1.2-1**

类别	方法	简要原理	适用范围
置换	换土垫层法	将软弱土或不良土开挖至一定深度，回填抗剪强度较高、压缩性较小的岩土材料，如砂、砾、石渣等，并分层夯实，形成双层地基。垫层能有效扩散基底压力，可提高地基承载力、减少沉降	各种软弱土地基

续表

类别	方法	简要原理	适用范围
置换	抛石挤淤置换法	通过抛石或夯击回填碎石置换淤泥达到加固地基的目的，也有采用爆破挤淤置换	淤泥或淤泥质黏土地基
	褥垫法	当建(构)筑物的地基一部分压缩性较小，而另一部分压缩性较大时，为了避免不均匀沉降，在压缩性较小的区域，通过换填法铺设一定厚度可压缩性的土料形成褥垫，以减少沉降差	建(构)筑物部分坐落在基岩上，部分坐落在土上，以及类似情况
	砂石桩置换法	利用振冲法或沉管法，或其他方法在饱和黏性土地基中成孔，在孔内填入砂石料，形成砂石桩。砂石桩置换部分地基土体形成复合地基，以提高承载力，减小沉降	黏性土地基，因承载力提高幅度小，工后沉降大，已很少应用
	强夯置换法	采用边填碎石边强夯的方法在地基中形成碎石墩体，由碎石墩、墩间土以及碎石垫层形成复合地基，以提高承载力，减小沉降	人工填土、砂土、黏性土和黄土、淤泥和淤泥质土地基等
	柱锤冲扩桩法	采用直径300～500mm、长2～6m、质量2～10t的柱状细长锤(长径比$L/d=7\sim12$，简称柱锤)、提升5～10m高，将地基土层冲击成孔，反复几次达到设计深度，边填料边用柱锤夯实形成扩大桩体，并与桩间土共同工作形成复合地基	人工填土、砂土、黏性土和黄土地基等
	石灰桩法	通过机械或人工成孔，在软弱地基中填入生石灰块或生石灰块加其他掺合料，通过石灰的吸水膨胀、放热以及离子交换作用改善桩同土的物理力学性质，并形成石灰桩复合地基，可提高地基承载力，减少沉降	杂填土、软黏土地基
	EPS超轻质料填土法	发泡聚苯乙烯(EPS)重度只有土的$\frac{1}{50}\sim\frac{1}{100}$，并具有较好的强度和压缩性能，用作填料，可有效减小作用在地基上的荷载，作用在挡土结构上的侧压力，需要时也可置换部分地基土，以达到更好的效果	软弱地基上的填方工程
	发泡轻质料填土法	发泡轻质土是将发泡剂、水溶液用物理方法制备成泡沫群，并加入到由水泥、水、外加剂(集料)制成的浆液中，经混合搅拌、浇筑成型的含有大量封闭气孔的轻质材料。其他同EPS超轻质料填土法	软弱地基上的填方工程
	地固件(D. Box)法	将碎石或现场原装土装入地固件(D. Box)中，D. Box利用内部的约束条件，可以达到稳定的强度，用于地基加固	加固软土地基
排水固结	加载预压法	在地基中设置排水通道一砂垫层和竖向排水系统(竖向排水系统通常有普通砂井、袋装砂井、塑料排水带等)，以缩小土体固结排水距离，地基在预压荷载作用下，排水固结，地基产生变形，地基土强度提高。卸去预压荷载后再建造建(构)筑物，地基承载力提高，工后沉降小	软黏土、杂填土、泥炭土地基等

续表

类别	方法	简要原理	适用范围
排水固结	超载预压法	原理基本上与堆载预压法相同,不同之处是其预压荷载大于设计使用荷载。超载预压不仅可减少工后固结沉降,还可消除部分工后次固结沉降	软黏土、杂填土、泥炭土地基等
	真空预压法	在软黏土地基中设置排水体系(同加载预压法),然后在上面形成一不透气层(覆盖不透气密封膜,或其他措施)通过对排水体系进行长时间不断抽气抽水,在地基中形成负压区,而使软黏土地基产生排水固结,达到提高地基承载力,减小工后沉降的目的	软黏土地基
	真空预压法与堆载联合作用	当真空预压法达不到设计要求时,可与堆载预压联合使用,两者的加固效果可叠加	软黏土地基
	预压联合增压固结法		
	电渗法	在地基中形成直流电场,在电场作用下,地基土体产生排水固结,达到提高地基承载力、减小工后沉降的目的	软黏土地基
	降低地下水位法	通过降低地下水位,改变地基土受力状态,其效果如堆载预压,使地基土产生排水固结,达到加固目的	砂性土或透水性较好的软黏土层
灌入固化物	深层搅拌法	利用深层搅拌机将水泥浆或水泥粉和地基土原位搅拌形成圆柱状、格栅状或连续墙水泥土增强体,形成复合地基以提高地基承载力,减小沉降。也常用它形成水泥土防渗帷幕。深层搅拌法分喷浆搅拌法和喷粉搅拌法两种	淤泥、淤泥质土、黏性土和粉土等软土地基,有机质含量较高时应通过试验确定适用性
	高压喷射注浆法	利用高压喷射专用机械,在地基中通过高压喷射流冲切土体,用浆液置换部分土体,形成水泥土增强体。按喷射流组成形式,高压喷射注浆法有单管法、二重管法、三重管法。按施工工艺,可形成定喷、摆喷和旋喷。高压喷射注浆法可形成复合地基,以提高承载力,减少沉降,也常用它形成水泥土防渗帷幕	淤泥、淤泥质土、黏性土、粉土、黄土、砂土、人工填土和碎石土等地基,当含有较多的大块石,或地下水流速较快,或有机质含量较高时,应通过试验确定适用性
	TRD法	通过主机将刀具立柱、刀具链条以及其上刀具组装成多节箱式刀具,并插入地基至设计深度;在链式刀具围绕刀具立柱转动作竖向切削的同时,刀具立柱横向移动并由其底端喷射切割液和固化液。由于链式刀具的转动切削和搅拌作用,切割液和固化液与原位置被切削的土体进行混合搅拌形成等厚度水泥土连续墙	形成等厚度水泥土连续墙,防渗效果优于柱列式连续墙和其他非连续防渗墙
	高聚合物灌浆法	在地基中注射双组分高聚物材料,材料发生反应后体积迅速膨胀并固化,使周围松软结构或地基得到挤密、压实,达到填充脱空、加固地基、防止渗漏等目的	黏性土、粉土、黄土、砂土、人工填土和碎石土等地基

续表

类别	方法	简要原理	适用范围
灌入固化物	渗入性灌浆法	在灌浆压力作用下，将浆液灌入地基中以填充原有孔隙，改善土体的物理力学性质	中砂、粗砂、砾石地基
	劈裂灌浆法	在灌浆压力作用下，浆液克服地基土中初始应力和土的抗拉强度，使地基中原有的孔隙或裂隙扩张，用浆液填充新形成的裂缝和孔隙，改善土体的物理力学性质	岩基或砂、砂砾石、黏性土地基
	挤密灌浆法	在灌浆压力作用下，向土层中压入浓浆液，在地基形成浆泡，挤压周围土体。通过压密和置换改善地基性能。在灌浆过程中因浆液的挤压作用可产生辐射状上抬力，引起地面隆起	常用于可压缩性地基，排水条件较好的黏性土地基
振密、挤密	表层原位压实法	采用人工或机械夯实、碾压或振动，使土体密实。密实范围较浅，常用于分层填筑	杂填土、疏松无黏性土、非饱和黏性土、湿陷性黄土等地基的浅层处理
	强夯法	采用重量为10～40t的夯锤从高处自由落下，地基土体在强夯的冲击力和振动力作用下密实，可提高地基承载力，减少沉降	碎石土、砂土、低饱和度的粉土与黏性土，湿陷性黄土、杂填土和素填土等地基
	振冲密实法	一方面依靠振冲器的振动使饱和砂层发生液化，砂颗粒重新排列孔隙减小；另一方面，依靠振冲器的水平振动力，加回填料使砂层挤密，从而达到提高地基承载力，减小沉降，并提高地基土体抗液化能力。振冲密实法可加回填料也可不加回填料。加回填料，又称为振冲挤密碎石桩法	黏粒含量小于10%的疏松砂性土地基
	挤密砂石桩法	采用振动沉管法等在地基中设置碎石桩，在制桩过程中对周围土层产生挤密作用。被挤密的桩间土和密实的砂石桩形成砂石桩复合地基，达到提高地基承载力、减小沉降的目的	砂土地基、非饱和黏性土地基
	爆破挤密法	利用在地基中爆破产生的挤压力和振动力使地基土密实以提高土体的抗剪强度，提高地基承载力和减小沉降	饱和净砂、非饱和但经灌水饱和的砂、粉土、湿陷性黄土地基
	土桩、灰土桩法	采用沉管法、爆扩法和冲击法在地基中设置土桩或灰土桩，在成桩过程中挤密桩间土，由挤密的桩间土和密实的土桩或灰土桩形成土桩复合地基或灰土桩复合地基，以提高地基承载力和减小沉降，有时为了消除湿陷性黄土的湿陷性	地下水位以上的湿陷性黄土、杂填土、素填土等地基
	夯实水泥土桩法	在地基中人工挖孔，然后填入水泥与土的混合物，分层夯实，形成水泥土桩复合地基，提高地基承载力和减小沉降	地下水位以上的湿陷性黄土、杂填土、素填土等地基
	孔内夯扩法	一类地基处理方法的总称。指根据工程地质条件，采用人工挖孔，螺旋钻成孔，或振动沉管法成孔等方法在地基成孔，回填灰土、水泥土、矿渣土、碎石等填料，在孔内夯实填料并挤密桩间土，由挤密的桩间土和夯实的填料桩形成复合地基，达到提高地基承载力、减小沉降的目的	地下水位以上的湿陷性黄土、杂填土、素填土等地基

续表

类别	方法	简要原理	适用范围
加筋	加筋土垫层法	在地基中铺设加筋材料(如土工织物、土工格栅等、金属板条等)形成加筋土垫层,以增大压力扩散角,提高地基稳定性	筋条间用无黏性土,加筋土垫层可适用各种软弱地基
	加筋土挡墙法	利用在填土中分层铺设加筋材料以提高填土的稳定性,形成加筋土挡墙。挡墙外侧可采用侧面板形式,也可采用加筋材料包裹形式	应用于填土挡土结构
	土钉支护法	通常采用钻孔、插筋、注浆在土层中设置土钉,也可直接将杆件插入土层中,通过土钉和土形成加筋土挡墙,以维持和提高土坡的稳定性	在软黏土地基极限支护高度5m左右,砂性土地基应配以降水措施。极限支护高度与土体抗剪强度和边坡坡度有关
	锚杆支护法	锚杆通常由锚固段、非锚固段和锚头三部分组成。锚固段处于稳定土层,可对锚杆施加预应力。用于维持边坡稳定	软黏土地基中应慎用
	锚定板挡土结构	由墙面,钢拉杆和锚定板和填土组成。锚定板处在填土层,可提供较大的锚固力。锚定板挡土结构用于填土支挡结构	应用于填土挡土结构
	树根桩法	在地基中设置如树根状的微型灌注桩(直径70~250mm),提高地基承载力或土坡的稳定性	各类地基
	低强度混凝土桩复合地基法	在地基中设置低强度混凝土桩,与桩间土形成复合地基,提高地基承载力,减小沉降	各类深厚软弱地基
	钢筋混凝土桩复合地基法	在地基中设置钢筋混凝土桩,与桩间土形成复合地基,提高地基承载力,减小沉降	各类深厚软弱地基
	长短桩复合地基	由长桩和短桩与桩间土形成复合地基,提高地基承载力减小沉降。长桩和短桩可采用同一桩型,也可采用两种桩型。通常,长桩采用刚度较大的桩型短桩采用柔性桩或散体材料桩	深厚软弱地基
冻结法	冻结法	冻结土体,改善地基土截水性能,提高土体抗剪强度形成挡土结构或止水帷幕	饱和砂土或软黏土,作施工临时措施
微生物加固法	微生物加固法	通过在地基土体中培育可改变土体物理力学性质的微生物,通过微生物的作用达到减少压缩性,提高土体强度,达到地基处理的目的	通过实验确定适用范围
热处理法	烧结法	钻孔加热或焙烧,减少土体含水量,减少压缩性,提高土体强度,达到地基处理的目的	软黏土、湿陷性黄土,适用于有富余热源的地区
托换	基础加宽法	通过加大原建筑物基础底面积减小基底接触压力,使原地基承载力满足要求,达到加固的目的	原地基承载力较高
	桩式托换法	在原建筑物基础下设置钢筋混凝土桩以提高承载力、减小沉降,达到加固目的。按设置桩的方法分静压桩法、树根桩法和其他桩式托换法。静压桩法又可分为锚杆静压桩法和坑式静压桩法等	原地基承载力较低
	综合托换法	将两种或两种以托换方法综合应用达到加固目的	

续表

类别	方法	简要原理	适用范围
纠倾与迁移	加载纠倾法	通过堆载或其他加载形式，使沉降较小的一侧产生沉降，使不均匀沉降减小，达到纠倾目的	较适用于深厚软土地基
	掏土纠倾法	在建筑物沉降较少的部位以下的地基中或在其附近的外侧地基中掏取部分土体，迫使沉降较少的部分进一步产生沉降，以达到纠倾的目的	各类不良地基
	顶升纠倾法	在墙体中设置顶升梁，通过千斤顶顶升整幢建筑物，不仅可以调整不均匀沉降，并可整体顶升至要求标高	各类不良地基
	综合纠倾法	将加固地基与纠倾结合，或将几种方法综合应用。如综合应用静压锚杆法和顶升法，静压锚杆法和掏土法	各类不良地基
	迁移	将整幢建筑物与原地基基础分离，通过顶推或牵拉，移到新的位置	需要迁移的建筑物

1.3 发展与展望

近30多年来，我国地基处理技术发展很快，为了进一步提高地基处理技术水平，回顾检讨发展中存在的问题是很有意义的。虽然有的问题现在已很少发生，但对过去存在的问题进行反思还是有好处的。笔者认为，地基处理在发展中存在的问题主要有下述几个方面。

(1) 不能合理评价每种地基处理技术的优缺点和适用性

人人都承认每种地基处理方法都有优缺点和适用范围，但遇到具体问题，特别是有关联利益时，就会盲目扩大其喜爱的或常用的地基处理技术的应用范围。如：劈裂注浆在坝体防渗处理中是一种很好的方法，但将其应用于软土地基中的建筑地基加固是否可行？又如，笔者曾见一单位宣传自己的一种地基处理工法是“一切疑难地基的克星”，想其宣传效果也不会好。

(2) 重视因地制宜合理选用处理方法不够

在选用地基处理方法方面有时存在一定的盲目性。例如饱和软黏土地基不适宜采用振密、挤密法加固。根据工程地质条件和地基加固原理，因地制宜地合理选用处理方法特别重要。在这方面，现在的问题是对几个技术上可行方案进行比较、优化不够。不少工程采用的地基处理方法不是较好的方法，更不是最好的方法。

(3) 施工单位素质差，影响地基处理质量

地基处理施工队伍的快速膨胀，使多数施工队伍缺乏必要的技术培训，熟练技术工人缺乏是普遍现象。除此之外，还存在偷工减料现象。

施工队伍素质低与建设管理体制也有关系。现行体制重视总包单位是否具有高资质，而忽视对具体施工实体的资质考核与管理。于是，难以形成熟练的专业化施工队伍。完成工程具体施工的一个个实体往往是分散、临时的。

（4）施工机械简陋影响地基处理水平和质量

近三十几年来，我国地基处理施工机械发展很快，许多已形成系列化产品。但应看到与我国工程建设需要相比较，差距还很大。简陋的施工机械要保持稳定、良好的施工质量是困难的。

（5）不少工法缺乏完善的质量检验手段

完善的质量检验手段是保证施工质量的重要措施。目前不少工法缺乏完善的质量检验手段。

近30多年来，我国地基处理技术得到很大的发展，各种地基处理技术得到应用和普及，涌现了许多从事处理施工的专业化队伍。现在展望地基处理技术的发展，笔者认为应重视普及基础上的进一步提高。发展地基处理技术，应在提高上做文章。地基处理技术进一步发展应重视下述几个方面工作。

（1）重视研制和引进地基处理新机械，提高各种工法的施工能力

在土木工程建设中，与国外差距较大是施工机械设备的能力。在地基处理领域情况也是如此。近几年虽有较大改进，但差距还是不小。随着综合国力的提高，地基处理施工机械将会有较大的发展。笔者认为不仅要重视引进国外先进的地基处理施工机械，也要重视研制国产的先进施工机械，特别拥有独立知识产权的先进的施工机械。只有各种工法的施工机械能力有了较大提高，地基处理技术才能有较大的发展，地基处理技术水平才能有较大的提高。

（2）大力发展地基处理新技术

大力发展地基处理新技术是工程建设的需要。现有的地基处理技术已不能满足我国围海造陆、高速公路、高速铁路、机场、城市地下工程利用等工程建设对地基处理技术的要求，需要大力发展地基处理新技术。重视产、学、研、用的结合，大力发展地基处理新技术。发展地基处理新技术还包括发展地基处理新材料，地基处理新机械，地基处理新工艺。要重视将地基处理企业建设成创新的主体。

（3）进一步提高地基处理设计水平

在普及的基础上要重视提高，不断提高地基处理设计水平。要加强区域性土、特殊土地基处理技术研究。要提高因地制宜合理采用地基处理方法的能力，提高地基处理技术综合应用水平。要重视发展地基处理优化设计理论和地基处理按沉降控制设计理论。

地基处理优化设计包括两个层面：一是地基处理方法的合理选用；二是某一方法的优化设计。目前，在这两个层面都存在较大的差距。许多地基处理设计停留在能够解决工程问题，而没有能做到合理选用和优化地基处理设计。地基处理优化设计领域发展潜力很大。

要重视发展地基处理按沉降控制设计理论和设计方法，提高地基处理按沉降控制设计水平。

（4）发展地基处理测试新技术

地基处理测试技术包括各种地基处理工法本身的质量检验，以及地基处理效果的评价。发展地基处理测试技术，也有助于地基处理实现信息化施工。发展地基处理原位测试技术、现场试验技术及监测技术，对提高地基处理技术水平有非常重要的意义，应予以重视。

(5) 深化施工管理体制改革，重视专业施工队伍建设

地基处理施工专业性很强，一定要加强专业分工，加强专业施工队伍的培育、发展和提高。对每种工法的施工队伍不仅要求现场技术人员掌握地基处理理论和实践知识，而且对技术工人也应有一定要求。技术工人需要通过培训，对从事作业工法的加固机理、材料要求、加固工艺有较全面、系统的了解。通过定期考核，建设一大批相对固定、有资质的专业化地基处理施工队伍。

岩土体是自然和历史的产物，土体性质区域性强，即使同一场地同一层土，沿深度和水平方向变化也很复杂；地基中初始应力场复杂且难以测定；土是多相体，一般由固相、液相和气相三相组成。土体中的三相有时很难区分，而且处不同状态的土相互之间可以转化。土中水的状态十分复杂；土的本构关系很复杂；土体具有结构性，与土的矿物成分、形成历史、应力历史和环境条件等因素有关，十分复杂；土的强度、变形和渗透特性测定困难。地基处理领域是土木工程建设中非常活跃的领域，也是非常有挑战性的领域。挑战与机遇并存，可以相信在广大土木工程技术人员的共同努力下，我国地基处理技术会在普及的基础上得到较大的提高，发展到一个新的水平。

参考文献

[1] 地基处理手册（第三版）编写委员会. 地基处理手册 [M]. 北京：中国建筑工业出版社，2008.
[2] 龚晓南. 地基处理技术发展与展望 [M]. 北京：中国水利水电出版社，2004.
[3] 龚晓南. 复合地基理论和技术应用体系形成和发展 [J]. 地基处理，2019，1 (1)，7.
[4] 王启铜. 拱北隧道管幕冻结法关键技术研究 [J]. 地基处理，2019，1 (1)，17.
[5] 刘汉龙，等. 微生物加固岛礁地基现场试验研究 [J]. 地基处理，2019，1 (1)，26.

2　复合地基技术

龚晓南
（浙江大学滨海和城市岩土工程研究中心，浙江 杭州 310058）

2.1　复合地基理论和技术发展概况

改革开放以后，我国引进碎石桩等多种地基处理新技术，同时也引进了复合地基概念。复合地基的涵义随着其在我国工程建设中推广应用的发展有一个演变过程。在初期，复合地基主要是指在天然地基中采用碎石桩加固形成的人工地基。随着深层搅拌法和高压喷射注浆法在地基处理中的推广应用，人们开始重视水泥土桩加固形成的人工地基的研究。研究表明：碎石桩和水泥土桩两者的主要差别为：前者桩体材料碎石为散体，后者桩体材料水泥土为粘结体。在荷载作用下，散体材料桩与粘结材料桩两者的荷载传递机理有较大的差别。随着混凝土桩在地基加固中应用的发展，人们研究发现人工地基中桩体的刚度大小对荷载传递有较大影响，又将粘结材料桩按刚度大小分为柔性桩和刚性桩两大类。于是，在散体材料复合地基基础上发展了柔性桩复合地基和刚性桩复合地基的概念。随着加筋土地基在工程建设中的广泛应用，又出现了水平向增强体复合地基的概念。随着桩网复合地基的应用，又形成组合型复合地基的概念。

我国软土地基类别多、分布广，自改革开放以来土木工程建设规模大，发展快。我国又是发展中国家，建设资金短缺。如何在保证工程质量前提下，节省工程投资显得十分重要。复合地基技术能够较好发挥增强体和天然地基两者共同承担建（构）筑物荷载的潜能，因此具有比较经济的特点。复合地基技术在我国得到重视和发展是与我国国情分不开的。1990 年在河北承德，中国建筑学会地基基础专业委员会在黄熙龄院士主持下召开了我国第一次以复合地基为专题的学术讨论会。会上主要交流、总结了砂桩、碎石桩和水泥土桩复合地基技术在我国的应用情况。会上有专家呼吁应重视复合地基理论研究，希望能给出复合地基的定义，建立复合地基基础理论。专家呼吁在会上反应强烈，承德会议有力地促进了复合地基技术在我国的发展。承德会议后，笔者较系统总结了国内外复合地基理论和实践方面的研究成果，在复合地基刊物上发表“复合地基引论”四篇（地基处理，1991～1992）。提出了基于广义复合地基概念的复合地基定义及分类，复合地基工程应用，复合地基效用和破坏形式，各类复合地基承载力工程实用计算方法，各类复合地基沉降计算模式。在此基础上，出版国内外第一部复合地基著作《复合地基》（1992，浙江大学出版社），建立了复合地基理论框架。从无到有，被誉为复合地基发展的第一个里程碑，创建理论框架为复合地基理论和技术的发展奠定了基础。1992 年，应邀在中国土木工程学会土力学及基础工程学会召开的第三届全国地基处理学术讨论会上作“复合地基理论概要”报告，获得好评。1996年，中国土木工程学会土力学及基础工程学会地基处理学术委员会在浙江大学召开了复合地基理论和实践学术讨论会，总结成绩、交流经验，共同探讨发展中的问题，促进了复合地基处理理论和实践水平进一步提高。2002年、2007年和2018年，笔者分别在《复合地基理论及工程应用》第一版、第二版和第三版中对在《地基处理》(1992)中提出的复合地基理论不断补充和完善，较全面介绍了复合地基理论和工程应用在我国的发展。

随着地基处理理论的发展，复合地基技术在我国各地得到广泛应用。目前，在我国应用的复合地基类型主要有：由多种施工方法形成的各类砂石桩复合地基、水泥土桩复合地基、各类刚性桩复合地基、长短桩复合地基、桩网复合地基、加筋土地基等。目前，复合地基技术在房屋建筑（包括高层建筑）、高等级公路、铁路、堆场、机场、堤坝等土木工程建设中得到广泛应用。复合地基技术的推广应用产生了良好的社会效益和经济效益。

2.2 复合地基技术应用体系

经过几十年几代人的努力，在我国已经形成复合地基技术应用体系。复合地基技术应用体系的要点主要包括：复合地基理论、多种复合地基技术和复合地基工程标准。复合地基理论要点包括复合地基的定义、形成条件和分类，荷载传递机理和位移场特性，复合地基承载力计算，复合地基沉降计算，复合地基稳定分析，复合地基固结分析等。下面作简要介绍。

2.2.1 复合地基的定义、形成条件和分类

复合地基是指天然地基在地基处理过程中部分土体得到增强，或被置换，或在天然地基中设置加筋材料，加固区是由基体（天然地基土体或被改良的天然地基土体）和增强体两部分组成的人工地基（龚晓南，1992）。笔者当时指出复合地基有两个基本的特点：

(1) 加固区是由基体和增强体两部分组成的，是非均质的，各向异性的；

(2) 在荷载作用下，基体和增强体共同承担荷载的作用。

在荷载作用下，桩体和地基土体是否能够共同直接承担上部结构传来的荷载是有条件的。也就是说，在地基中设置桩体能否与地基土体共同形成复合地基是有条件的。在荷载作用下，基体和增强体共同承担荷载的作用是复合地基的本质。

复合地基中增强体方向不同，复合地基性状不同。根据复合地基中增强体的方向和设置情况，复合地基首先可分为三大类：竖向增强体复合地基，水平向增强体复合地基和组合型复合地基。竖向增强体复合地基常称为桩体复合地基。桩体复合地基中，桩体是由散体材料组成，还是由粘结材料组成，以及粘结材料桩的刚度大小，都将影响复合地基荷载传递性状。因此又将桩体复合地基先分为两类：散体材料桩复合地基和粘结材料桩复合地基，然后再根据桩体刚度，又将粘结材料桩复合地基分为柔性桩复合地基与刚性桩复合地基两类。水泥土钢筋混凝土组合桩等组合桩的性状较接近刚性桩，可将组合桩复合地基归入刚性桩复合地基，没有单独分类。组合桩复合地基的设计计算可参考刚性桩复合地基的设计计算。由两种及两种以上增强体的复合地基称为组合型复合地基。如：由长桩和短桩形成的各类长短桩复合地基；由竖向增强体和加筋垫层形成的各类双向增强复合地基，桩

网复合地基是典型的双向增强复合地基。

根据工作机理复合地基可作下述分类：

- 复合地基
  - 竖向增强体复合地基
    - 散体材料桩复合地基
    - 粘结材料桩复合地基
      - 柔性桩复合地基
      - 刚性桩复合地基
  - 水平向增强体复合地基
  - 组合型复合地基
    - 长短桩复合地基
    - 桩网复合地基

水平向增强体复合地基主要指各类加筋土地基，目前常用的加筋材料主要有土工格栅等土工合成材料。各类砂桩复合地基、砂石桩复合地基和碎石桩复合地基等，属于散体材料桩复合地基。各类水泥土桩复合地基和各类灰土桩复合地基等一般属于柔性桩复合地基。各类混凝土桩及类混凝土桩（水泥粉煤灰碎石桩、石灰粉煤灰混凝土桩等）复合地基等，一般属于刚性桩复合地基。各类组合桩复合地基也归入刚性桩复合地基。

2.2.2 复合地基荷载传递机理和位移场特性

在桩体复合地基中，散体材料桩和粘结材料桩的传递荷载的性状有很大差别。地基中的散体材料桩需要桩周土的围箍作用，才能维持桩体的形状。在荷载作用下，散体材料桩桩体发生鼓胀变形，依靠桩周土提供的被动土压力维持桩体平衡，承受上部荷载的作用。散体材料桩桩体破坏模式一般为鼓胀破坏。散体材料桩的承载能力主要取决于桩周土体的侧限能力，还与桩身材料的性质及其紧密程度有关。粘结材料桩受荷载作用，主要产生向下位移，通过桩侧摩阻力和桩端端承力将荷载传递给地基土体。在荷载作用下，桩侧摩阻力的发挥依靠桩和桩侧土之间存在相对位移趋势或产生相对位移。若桩侧和桩侧土体间不存在相对位移或相对位移趋势，则桩侧不能产生摩阻力，或者说桩侧摩阻力等于零。桩端端阻力的发挥则依靠桩端向下移动或存在位移趋势，否则桩端端阻力等于零。复合地基中应用的粘结材料桩的刚度变化范围很大，有刚度较小的水泥土桩，也有刚度较大的钢筋混凝土桩，还有各类组合桩。桩体刚度的差异造成复合地基荷载传递性状不同，故需要将粘结材料桩分为柔性桩和刚性桩两大类。

采用复合地基形式加固地基的优点就是能够较好地发挥地基土体和增强体两部分的承担荷载的潜能，达到提高地基承载力和减小地基沉降的目的，获得较好的经济效益。

如何较好地发挥地基土体和增强体在提高承载力和减小沉降方面的潜能，需要了解复合地基承载力特性和变形特性，然后根据复合地基承载力特性和变形特性进行合理设计。

地基土体在力的作用下产生位移，因此在分析位移场特性之前，首先分析复合地基在荷载作用下应力场特性。采用有限元法分析得到的单桩带台地基和均质地基在均布荷载作用下地基中应力泡情况如图 2.2-1 所示。在有限元法分析中承台尺寸为 1.0m×1.0m，桩截面为 0.5m×0.5m，桩长为 5.0m，桩体模量 E_p=300MPa，土体模量为 2MPa。承台上作用荷载为 1kPa，均质地基中应力泡如图 2.2-1（*a*）所示，应力泡从上往下依次为 900N、700N、500N、400N、300N、200N、100N，单桩带台地基土中应力泡如图 2.2-1（*b*）所示。比较分析图 2.2-1（*a*）和（*b*）可知，桩体的存在使地基中的高应力区下移，使附加应力影响范围加深。

将复合地基加固区视为一复合土体，采用平面有限元分析。设荷载作用面和复合地基加固区范围相同，复合地基加固区为宽度 4.0m，深度 9.0m，土体模量为 2MPa，加固区复合模量为 60MPa，在荷载作用下均质地基和复合地基中应力泡分别如图 2.2-2（*a*）和（*b*）所示。作用荷载为 1kN，应力泡从内到外依次为 900N、700N、500N、300N、100N。由图可知，与均质地基相比，复合地基中高应力区往下移，而且高应力值减小，附加应力影响范围加深。

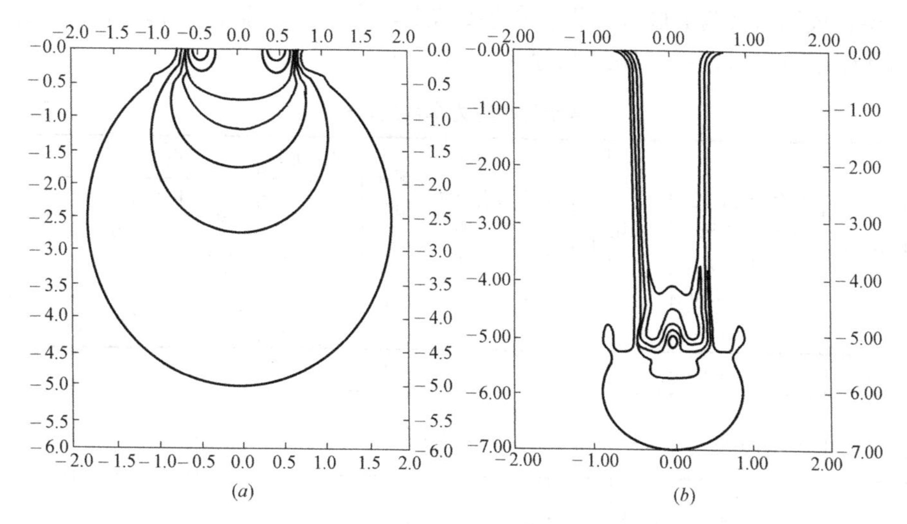

图 2.2-1　均质地基和单桩带台地基土中应力泡

（*a*）均质地基；（*b*）单桩带台地基

综合图 2.2-1 和图 2.2-2 中均质地基及复合地基中应力场分布的比较分析结果可知，与均质地基（或称浅基础）相比，桩体复合地基中的桩体的存在使浅层地基土中附加应力减小，而使深层地基土中附加应力增大，附加应力影响深度加深。这一应力场特性决定了复合地基的位移场特性。

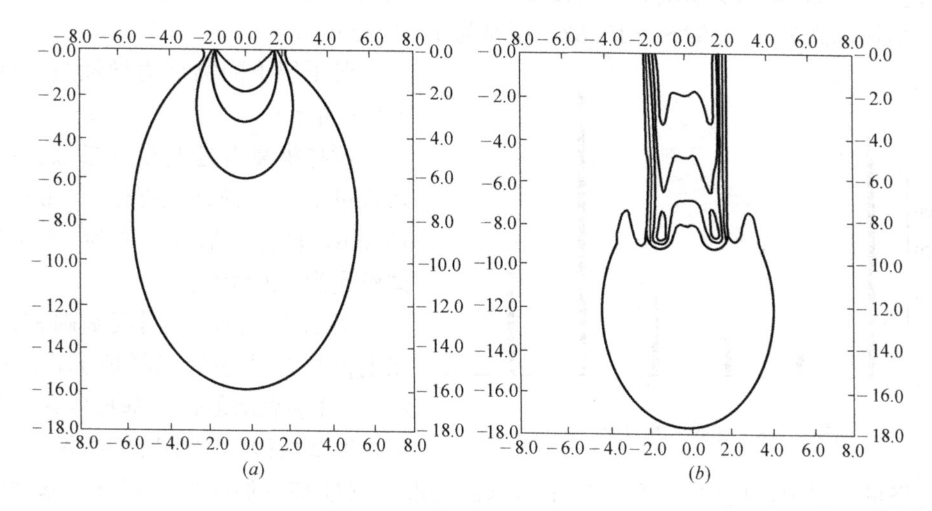

图 2.2-2　复合地基中应力泡

（*a*）均质地基；（*b*）复合地基

曾小强（1993）比较分析了宁波一工程采用浅基础和采用搅拌桩复合地基两种情况下地基沉降情况。

场地位于宁波甬江南岸，属全新世晚期海冲积平原，地势平坦，大多为耕地，地面标高为2.0m，其土层自上而下分布如下：

I_2层：成因时代为mQ43，黏土，灰黄～黄褐色，可塑；厚层状，含Fe、Mn质，顶板标高为1.87～2.27m，层厚为1.00～1.20m。

I_3层：成因时代为mQ43，淤泥质粉质黏土，浅灰色，流塑；厚层状，含腐烂植物碎屑，顶板标高为0.77～1.27m，层厚为1.4～2.0m。

各土层物理力学性质指标 **表2.2-1**

土层	编号	天然含水量 w(%)	表观密度 γ (kN/m³)	孔隙比 e	塑性指数 I_p	压缩系数 a_{1-2} MPa⁻¹	压缩模量 E_s (MPa)	无侧限强度 q_u (kPa)	固结快剪 c (kPa)	固结快剪 φ (°)	建议设计系数 压缩模量 E_s (MPa)	建议设计系数 极限承载力 P_u (kPa)	建议设计系数 极限摩阻力 f_u (kPa)	渗透系数 水平 K_h (10^{-7} cm/s)	渗透系数 垂重 K_v (10^{-7} cm/s)
黏土	I_2	33.02	19.06	0.91	23.22	0.42	4.44	59	18.91	10.73		65	30	2.3	3.2
淤泥质粉质黏土	I_2	41.76	18.09	1.14	15.28	0.83	2.50	32	4.92	13.33	2.5		15	3.7	1.1
淤泥	$\mathrm{II}_{1\sim2}$	54.15	16.93	1.52	20.69	1.59	1.47 2.98	48.6	6.11	9.42	1.59	55	10	3.8	3.6
淤泥质黏土	II_2	48.00	17.31	1.36	21.65	0.69	2.58 3.56	79.8	13.71	9.05	3.56	60	18	3.8	3.6

$\mathrm{II}_{1\sim2}$层：成因时代为mQ42，淤泥，灰色，流塑；薄层理，下部可见鳞片，土质细黏，软弱，顶板标高为－0.53～－1.05m，层厚为12.62～15.2m。

II_2层：成因时代为mQ42，淤泥质黏土，深灰色，流塑；局部贝壳富集，土质细黏，软弱，顶板标高为－13.62～－15.83，层厚为12.1～25m。

各土层土的物理力学性质指标如表2.2-1所示。

搅拌桩复合地基设计参数为：水泥掺入量15%，搅拌桩直径500mm，桩长15.0m，复合地基置换率为18.0%，桩体模量为120MPa。

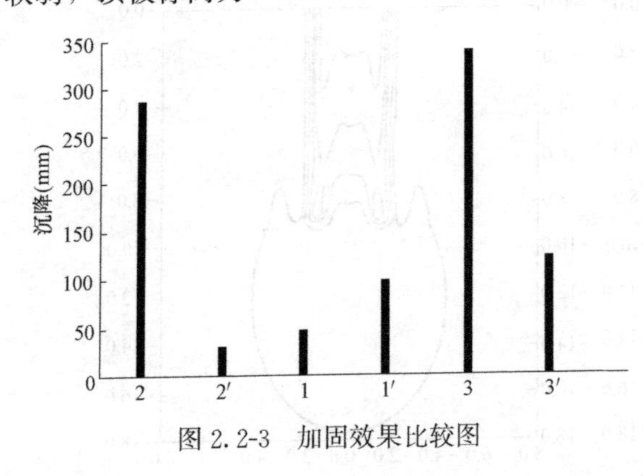

图2.2-3 加固效果比较图

图2.2-3表示采用浅基础和采用水泥土桩复合地基的沉降情况，图中1′、2′、3′分别表示复合地基加固区压缩量、复合地基加固区下卧层压缩量和复合地基总沉降量。图中，1、2、3分别表示浅基础情况下（地基不加固）与复合地基加固区、复合地基加固区下卧层和整个复合地基对应的土层的压缩量。由图中可以看出，经水泥土加固后加固区土层压缩量大幅度减小（1′<1），而复合地基加固区下卧层土层由于加固区

存在其压缩量比浅基础相应的土层压缩量要大（2′>2）。这与复合地基加固区的存在使地基中附加应力影响范围向下移是一致的。复合地基沉降量（3′=1′+2′）比浅基础沉降量（3=1+2）明显减小，说明采用复合地基对减小沉降是有效的。可以说，图 2.2-3 反映了复合地基的位移场特性。由于附加应力影响范围加深，较深处土层压缩量增大。图 2.2-3 表明，要进一步减小复合地基沉降量，依靠提高复合地基置换率，或提高桩体模量来增大加固区复合土体模量，以减小复合地基加固区压缩量 1′的潜力是很小的。进一步减小复合地基沉降量的关键是减小复合地基加固区下卧层的压缩量。减小下卧层部分的压缩量最有效的办法是增加加固区厚度，减小下卧层中软弱土层的厚度。

复合地基位移场特性为复合地基合理设计或优化设计提供了基础，指明了方向。

2.2.3 复合地基承载力计算

现有的桩体复合地基承载力计算公式认为桩体复合地基承载力是由桩间土地基承载力和桩的承载力两部分组成的：一部分是桩的贡献；一部分是桩间土的贡献。如何合理估计两者对复合地基承载力的贡献，是桩体复合地基计算的关键。

桩体复合地基承载力的计算思路通常是先分别确定桩体的承载力和桩间土的承载力，然后根据一定的原则叠加这两部分承载力得到复合地基的承载力。复合地基的极限承载力 p_{cf} 可用下式表示：

$$p_{cf}=k_1\lambda_1 m p_{pf}+k_2\lambda_2(1-m)p_{sf} \tag{2.2-1}$$

式中 p_{pf}——单桩极限承载力（kPa）；

p_{sf}——天然地基极限承载力（kPa）；

k_1——反映复合地基中桩体实际极限承载力与单桩极限承载力不同的修正系数；

k_2——反映复合地基中桩间土实际极限承载力与天然地基极限承载力不同的修正系数；

λ_1——复合地基破坏时，桩体发挥其极限强度的比例，称为桩体极限强度发挥度；

λ_2——复合地基破坏时，桩间土发挥其极限强度的比例，称为桩间土极限强度发挥度；

m——复合地基置换率，$m=\dfrac{A_p}{A}$，其中 A_p 为桩体面积，A 为对应的加固面积。

桩体复合地基中，散体材料桩、柔性桩和刚性桩荷载传递机理是不同的。桩体复合地基上基础刚度大小、是否铺设垫层、垫层厚度等，都对复合地基受力性状有较大影响，在桩体复合地基承载力计算中都要考虑这些因素的影响。

下面，先依次介绍散体材料桩、柔性桩、刚性桩的承载力计算，然后介绍天然地基极限承载力计算。

散体材料桩单桩极限承载力可通过计算桩间土可能提供的侧向极限应力计算。散体材料桩极限承载力一般表达式可用下式表示：

$$p_{pf}=\sigma_{ru}K_p \tag{2.2-2}$$

式中 σ_{ru}——桩侧土体所能提供的最大侧限力（kPa）；

K_p——桩体材料的被动土压力系数。

计算桩侧土体所能提供的最大侧向极限力常用方法有 Brauns（1978）计算式，圆筒形孔扩张理论计算式，Wong H. Y.（1975）计算式、Hughes 和 Withers（1974）计算式以及被动土压力法等。

柔性桩的承载力取决于由桩周土和桩端土的抗力可能提供的单桩竖向抗压承载力和由桩体材料强度可能提供的单桩竖向抗压承载力，两者中应取小值。

由桩周土和桩端土的抗力可能提供的柔性桩单桩竖向极限抗压承载力的表达式为

$$p_{pf}=[\beta_1 \sum f S_a L_i+\beta_2 A_p R]/A_p \tag{2.2-3}$$

式中 f——桩周土的极限摩擦力；

β_1——桩侧摩阻力折减系数，取值与桩土相对刚度大小有关，取值范围 1.0～0.6；

S_a——桩身周边长度；

L_i——按土层划分的各段桩长，当桩长大于有效桩长时，计算桩长应取有效桩长值；

R——桩端土极限承载力；

β_2——桩的端承力发挥度，取值与桩土相对刚度大小有关，取值范围 1.0～0.0；当桩长大于有效桩长时取零；

A_p——桩身横断面积。

由桩体材料强度可能提供的单桩竖向极限抗压承载力的表达式为

$$p_{pf}=q \tag{2.2-4}$$

式中 q——桩体极限抗压强度。

由式（2.2-2）和式（2.2-3）计算所得的两者中取较小值，为柔性桩的极限承载力。

刚性桩的承载力取决于由桩周土和桩端土的抗力可能提供的单桩竖向抗压承载力和由桩体材料强度可能提供的单桩竖向抗压承载力，两者中应取小值。

由桩周土和桩端土的抗力可能提供的单桩竖向极限抗压承载力的表达式为

$$p_{pf}=[S_a \sum f_i L_i+\beta_2 A_{pb} R]/A_p \tag{2.2-5}$$

式中 f_i——桩周土的极限摩擦力；

S_a——桩身周边长度；

L_i——按土层划分的各段桩长；

R——桩端土极限承载力；

β_2——桩的端承力发挥度；

A_p——桩身横断面积；

A_{pb}——桩底端桩身实体横断面积。对等断面实体桩，A_{pb} 等于 A_p。

对实体桩，由桩体材料强度可能提供的单桩竖向极限抗压承载力的表达式为

$$p_{pf}=q \tag{2.2-6}$$

式中 q——桩体极限抗压强度。

对空心与异形桩，由桩体材料强度可能提供的单桩竖向极限抗压承载力的表达式为

$$p_{pf}=qA_{pt}/A_p \tag{2.2-7}$$

式中 A_{pt}——桩身实体横断面积；

A_p——桩身横断全面积。

对实体桩，由式（2.2-5）和式（2.2-6）计算所得的两者中取较小值为刚性桩的极限

承载力。对空心桩与异形桩，由式（2.2-5）和式（2.2-7）计算所得的两者中取较小值为刚性桩的极限承载力。

复合地基承载力计算式中的天然地基极限承载力可通过载荷试验确定，也可根据土工试验资料和相应规范确定。

若无试验资料，天然地基极限承载力常采用 Skempton 极限承载力公式进行计算。Skempton 极限承载力公式为

$$p_{sf}=c_u N_c\left(1+0.2\frac{B}{L}\right)\left(1+0.2\frac{D}{L}\right)+\gamma D \tag{2.2-8}$$

式中 D——基础埋深；

c_u——不排水抗剪强度；

N_c——承载力系数，当 $\varphi=0$ 时，$N_c=5.14$；

B——基础宽度；

L——基础长度。

长短桩复合地基承载力由长桩、短桩和桩间土地基三部分所提供的承载力组成。长短桩复合地基承载力的极限承载力 p_{cf} 可用下式表示：

$$p_{cf}=k_{11}\lambda_{11}m_1 p_{p1f}+k_{12}\lambda_{12}m_2 p_{p2f}+k_2\lambda_2(1-m_1-m_2)p_{sf} \tag{2.2-9}$$

式中 p_{p1f}——长桩极限承载力（kPa）；

p_{p2f}——短桩极限承载力（kPa）；

p_{sf}——天然地基极限承载力（kPa）；

k_{11}——反映长短桩复合地基中长桩实际极限承载力与单桩极限承载力不同的修正系数；

k_{12}——反映长短桩复合地基中短桩实际极限承载力与单桩极限承载力不同的修正系数；

k_2——反映长短桩复合地基中桩间土实际极限承载力与天然地基极限承载力不同的修正系数；

λ_{11}——长短桩复合地基破坏时，长桩发挥其极限强度的比例，称为长桩极限强度发挥度；

λ_{12}——长短桩复合地基破坏时，短桩发挥其极限强度的比例，称为短桩极限强度发挥度；

λ_2——长短桩复合地基破坏时，桩间土发挥其极限强度的比例，称为桩间土极限强度发挥度；

m_1——长桩的面积置换率；

m_2——短桩的面积置换率。

水平向增强体复合地基承载力和桩网复合地基承载力这里不作介绍，如需要可参考《复合地基理论及工程应用》第三版（龚晓南，2018，中国建筑工业出版社）。

2.2.4 复合地基沉降计算

在各类实用计算方法中，通常把复合地基沉降量分为两部分，复合地基加固区压缩量和下卧层压缩量（图 2.2-4）。复合地基加固区的压缩量记为 S_1，地基压缩层厚度内加固区下卧层压

缩量记为 S_2。于是，在荷载作用下复合地基的总沉降量 S 可表示为这两部分之和，即

$$S=S_1+S_2 \tag{2.2-10}$$

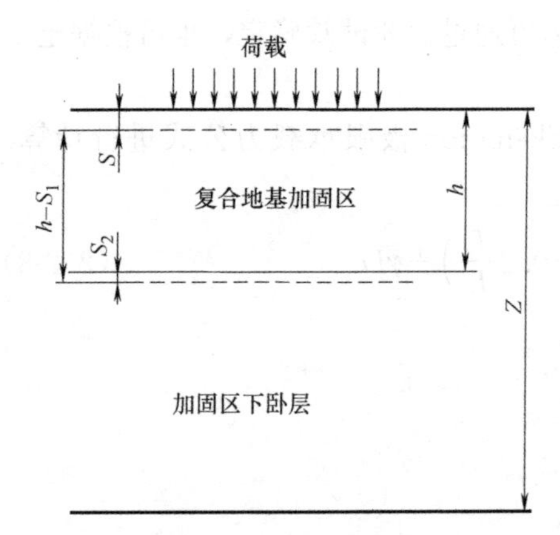

图 2.2-4　复合地基沉降

若复合地基设置有垫层，通常认为垫层压缩量很小，且在施工过程中已基本完成，故可以忽略不计。

至今提出的复合地基沉降实用计算方法中，对下卧层压缩量 S_2 大都采用分层总和法计算，而对加固区范围内土层的压缩量 S_1 则针对各类复合地基的特点采用一种或几种计算方法计算。

加固区土层压缩量 S_1 的计算方法主要有复合模量法，应力修正法和桩身压缩量法，详细介绍可参考《复合地基理论及工程应用》第三版（龚晓南，2018，中国建筑工业出版社）。

下卧层土层压缩量 S_2 的计算常采用分层总和法计算，即

$$S_2=\sum_{i=1}^{n}\frac{e_{1i}-e_{2i}}{1+e_{1i}}H_i=\sum_{i=1}^{n}\frac{\alpha_i(p_{2i}-p_{1i})}{(1+e_i)}H_i=\sum_{i=1}^{n}\frac{\Delta p_i}{E_{si}}H_i \tag{2.2-11}$$

式中　e_{1i}——根据第 i 分层的自重应力平均值$\frac{\sigma_{ci}+\sigma_{c(i-1)}}{2}$（即 p_{1i}）从土的压缩曲线上得到的相应的孔隙比；

σ_{ci}、$\sigma_{c(i-1)}$——第 i 分层土层底面处和顶面处的自重应力；

e_{2i}——根据第 i 分层自重应力平均值$\frac{\sigma_{ci}+\sigma_{c(i-1)}}{2}$与附加应力平均值$\frac{\sigma_{zi}+\sigma_{z(i-1)}}{2}$之和（即 p_{2i}），从土的压缩曲线上得到相应的孔隙比；

σ_{zi}、$\sigma_{z(i-1)}$——第 i 分层土层底面处和顶面处的附加应力；

H_i——第 i 分层土的厚度；

α_i——第 i 分层土的压缩系数；

E_{si}——第 i 分层土的压缩模量。

在计算复合地基加固区下卧层压缩量 S_2 时，作用在下卧层上的荷载是比较难以精确计算的。目前在工程应用上，常采用压力扩散法、等效实体法和改进 Geddes 法进行计算。压力扩散法、等效实体法和改进 Geddes 法的详细介绍，可参考《复合地基理论及工程应用》第三版（龚晓南，2018，中国建筑工业出版社）。

随着计算机的发展，有限单元法在土工问题分析中得到越来越多的应用。根据在分析中所采用的几何模型分类，复合地基有限单元分析方法大致可以分为两类，一类是采用增强体单元＋界面单元＋土体单元进行分析计算，另一类是将加固区视为一等效区采用复合土体单元＋土体单元进行计算。前一类可称为分离式分析方法，后一类可称为复合模量分析方法。

在分离式分析方法中，对桩体复合地基，可采用桩体单元、界面单元和土体单元三种单元形式。在桩体复合地基中，桩体材料比之地基土体一般刚度较大，在分析中常采用线性弹性模型，桩间土一般可采用非线性弹性模型或弹塑性模型，有时也采用线性弹性模

型。在分离式分析方法中，无论是三维有限元分析还是二维有限元分析，一般都对桩体几何形状作等价变化。在三维分析中，常将圆柱体等价转换为正方柱体，有时也采用管单元。在二维分析中，需将空间布置等价转化为平面问题。几何形状经等价转化后，桩体单元和土体单元可采用平面三角形单元或四边形单元。界面单元可根据需要设置。当桩体和桩周土体不会产生较大相对位移时，可不设界面单元，在分析中考虑桩侧和桩周土变形相等。若桩体和桩周土体可能产生较大相对位移时，桩侧和桩周土体之间应设界面单元。在水平向增强体复合地基中，加筋体一般具有较高的抗拉强度和抗拉模量。在荷载作用下，加筋体承受拉力。在有限元分析中，常采用一维拉杆单元模拟加筋体。

2.2.5 复合地基稳定分析

国家标准《复合地基技术规范》在一般规定中指出："复合地基设计应进行承载力和沉降计算，其中用于填土路堤和柔性面层堆场等工程的复合地基除应进行承载力和沉降计算外，尚应进行稳定分析；对位于坡地、岸边的复合地基均应进行稳定分析。"

在复合地基稳定分析中，所采用的稳定分析方法、计算参数、计算参数的测定方法和稳定安全系数取值应相互匹配。

国内外学者提出的稳定分析方法很多，复合地基稳定分析方法宜根据复合地基类型合理选用。

对散体材料桩复合地基，稳定分析中最危险滑动面上的总剪切力可由传至复合地基面上的总荷载确定，最危险滑动面上的总抗剪切力计算中，复合地基加固区强度指标可采用复合土体综合抗剪强度指标，也可分别采用桩体和桩间土的抗剪强度指标；未加固区可采用天然地基土体抗剪强度指标。

对柔性桩复合地基，可采用上述散体材料桩复合地基稳定分析方法。分析时，应视桩土模量比对抗力的贡献进行折减。

对刚性桩复合地基，最危险滑动面上的总剪切力可只考虑传至复合地基桩间土地基面上的荷载。最危险滑动面上的总抗剪切力计算中，可只考虑复合地基加固区桩间土和未加固区天然地基土体对抗力的贡献，稳定安全系数可通过综合考虑桩体类型、复合地基置换率、工程地质条件、桩持力层情况等因素确定。稳定分析中，没有考虑由刚性桩承担的荷载产生的滑动力和刚性桩抵抗滑动的贡献。由于没有考虑由刚性桩承担的荷载产生的滑动力的效应可能比刚性桩抵抗滑动的贡献要大，稳定分析安全系数可适当提高。

2.2.6 复合地基固结分析

在荷载作用下，复合地基中会产生超孔隙水压力。随着时间发展复合地基中超孔隙水压力逐步消散，土体产生固结，复合地基发生固结沉降。在软黏土地基中形成的复合地基固结沉降过程历时较长，应予以重视。对工后沉降要求比较高的更要重视。

在荷载作用下复合地基固结性状的影响因素较多，不仅与地基土体的物理力学性质、增强体的几何尺寸、分布有关，还与增强体的刚度、强度、渗透性有关。在空间上，复合地基分加固区和非加固区。加固区中增强体与地基土体三维相间，非加固区又分加固区周围区域和加固区下卧层。复合地基增强体有散体材料桩、柔性粘结材料桩和刚性粘结材料桩三大类。散体材料桩一般具有较好的透水性能，粘结材料桩一般可认为不透水，但具有透水性能的粘结材料桩也在发展中。不同类型复合地基增强体的刚度和强度性能差异性很大。所以，在荷载作用下复合地基固结性状非常复杂。在工程分析中应抓主要矛盾，采用简化分析方法。

复合地基发生固结沉降过程中，复合地基的桩土荷载分担比会产生调整。一般情况下，桩土荷载分担比会随着固结过程进展逐步增大，直至固结稳定而达到新的平衡状态。复合地基沉降随着固结发展会增大，复合地基承载力随着固结发展也会增大，直至固结稳定而稳定。采用复合地基加固软黏土地基，桩土模量比较大时，设计应考虑复合地基在固结过程中桩土荷载分担比会产生调整的情况。

对于具有较好透水性能的某些竖向增强体形成的复合地基，如碎石桩复合地基，砂桩复合地基等，可采用常用的砂井固结理论计算复合地基的沉降与时间关系。一般情况下，可采用 Biot 固结有限元分析法计算。

Biot 固结理论有限单元法方程的增量形式可表示为（龚晓南，1981），

$$\begin{bmatrix} K_{\delta} & K_{p} \\ K_{v} & -\dfrac{\Delta t}{2}K_{q} \end{bmatrix} \begin{Bmatrix} \Delta\delta \\ \Delta p_{w} \end{Bmatrix} = \begin{Bmatrix} \Delta F \\ \Delta R \end{Bmatrix} \tag{2.2-12}$$

式中 $[K_{\delta}]$ ——相应单元结点位移产生的单元刚度矩阵；

$[K_{v}]$ ——单元体变矩阵；

$[K_{p}]$ ——相应单元结点孔隙水压力产生的单元刚度矩阵；

$[K_{q}]$ ——单元渗透流量矩阵；

$\{\Delta\delta\}$ ——结点位移增量矢量；

$\{\Delta p_{w}\}$ ——结点孔隙水压力增量矢量；

$\{\Delta F\}$ ——荷载增量矢量；

$\{\Delta R\}$ ——t 时刻前一时段结点孔隙水压力对应的结点力。

采用 Biot 固结理论有限单元法分析复合地基固结过程理论上是可行的，但实施过程中会遇到一些困难。复合地基在空间上分布复杂，是复杂的三维问题，简化成二维问题就会带来较大误差。复合地基中增强体一般为圆柱体，土体几何形状则很复杂。在有限单元法分析中，往往需要对增强体几何形状作等价转换，采用简化几何模型，也会带来不确定的误差。复合地基中增强体与土体刚度差别较大，在分析中也会带来不确定的误差。还有增强体与土体间的界面性状合理描述也很困难。因此，采用 Biot 固结理论有限单元法分析复合地基固结过程目前主要还处于研究阶段。研究结果用于定性参考。

在采用 Biot 固结理论有限单元法分析复合地基固结过程中，也可采用一些简化的计算方法。如将复合地基加固区视为一复合土体区，采用复合土体复合参数分析法，确定复合土体的竖向和水平向复合模量、复合泊松比、复合渗透系数。用一般地基 Biot 固结理论三维有限元法分析复合地基固结问题。

2.2.7 复合地基技术简要介绍

我国软弱地基分布广，种类多、数量大。自改革开放以后，土木工程建设规模大、速度快。我国又是发展中国家，建设资金比较紧张。由于复合地基能够较好地利用天然地基和增强体承担荷载的潜能，具有较好的经济效益，因此我国现代土木工程建设为复合地基

技术提供了很好的发展机会。各种各样的复合地基技术在我国应运而生。目前，在我国工程中应用的复合地基技术主要有下述几类：

1. 碎石桩复合地基技术

根据施工方法不同，又可分为振冲碎石桩复合地基技术、沉管碎石桩复合地基技术、强夯置换碎石桩复合地基技术、桩锤冲孔碎石桩复合地基技术，以及干振碎石桩复合地基技术和袋装碎石桩复合地基技术等。碎石桩复合地基属于散体材料桩复合地基，其承载力很大程度上取决于天然地基土的不排水抗剪强度。饱和软黏土地基不排水抗剪强度一般较低，因此采用碎石桩加固饱和软黏土地基形成的复合地基承载力提高幅度不大。另外，碎石桩复合地基中的碎石桩是良好的排水通道，采用碎石桩加固饱和软黏土地基形成的复合地基工后沉降往往偏大。碎石桩复合地基技术常用于加固砂性土地基和非饱和土地基。通过振密、挤密桩间土，使碎石桩和桩间土地基都有比较大的承载力。采用碎石桩复合地基技术加固砂性土地基和非饱和土地基，地基承载力提高幅度大且工后沉降小。

2. 水泥土桩复合地基技术

根据施工方法不同，又可分为深层搅拌桩复合地基技术、旋喷桩复合地基技术和夯实水泥土桩复合地基技术等。

深层搅拌法又可分喷浆深层搅拌法和喷粉深层搅拌法两种。前者通过搅拌叶片将由喷嘴喷出的水泥浆液和地基土体就地强制拌合均匀，形成水泥土；后者通过搅拌叶片将由喷嘴喷出的水泥粉体和地基土体就地强制拌合均匀，形成水泥土。一般说来，喷浆拌合比喷粉拌合均匀性好；但有时对高含水量的淤泥，喷粉拌合也有一定的优势。深层搅拌法通常采用水泥为固化物，也有采用石灰为固化物。深层搅拌法适用于处理淤泥、淤泥质土、黄土、粉土和黏性土等地基。对有机质含量较高的地基土，应通过试验确定其适用性。

旋喷桩施工工艺又可分为单管法、二重管法和三重管法。高压喷射注浆法适用于淤泥、淤泥质土、黏性土、粉土、黄土、砂土、人工填土和碎石土等地基。当地基中含有较多的大粒径块石、坚硬黏性土、大量植物根茎，或土体中有机质含量较高时，应根据现场试验结果确定其适用程度。遇地下水流流速过大和已涌水的工程应慎用。

夯实水泥土桩通常适用于地基水位以上地基的加固。通常采用人工挖孔，分层回填水泥和土的混合物并分层夯实，形成夯实水泥土桩。夯实水泥土桩回填料中也可掺入石灰或粉煤灰等，以降低成本或利用工业废料，以取得更好的经济效益和社会效益。

采用水泥土桩复合地基技术时，为了提高水泥土桩的承载力，有时在水泥土桩中加筋，如插入预制钢筋混凝土桩等，形成加筋水泥土桩复合地基。

3. 低强度桩复合地基技术

当复合地基中桩的强度比一般常用的钢筋混凝土桩的强度低时，称为低强度桩复合地基。属于低强度桩复合地基的复合地基技术很多，如中国建筑科学研究院地基研究所发展的水泥粉煤灰碎石桩（CFG 桩）复合地基技术。浙江省建筑科学研究院发展的低强度砂石混凝土桩复合地基技术和浙江大学土木工程学系发展的二灰（石灰、粉煤灰）混凝土桩复合地基技术，均属于低强度桩复合地基技术。低强度桩常采用灌注混凝土桩施工工艺，施工设备通用，施工方便。采用低强度桩复合地基加固，加固深度深，可较充分发挥桩和桩间土的承载潜能，适用性好，经济效益好。由于具有上述优点，近年低强度桩复合地基技术推广应用较快。目前，应用最多的低强度桩复合地基技术是素混凝土桩复合地基技术。

4. 钢筋混凝土桩复合地基技术

广义来说，考虑桩土共同作用的钢筋混凝土桩基均可属于钢筋混凝土桩复合地基。对端承桩，是不能考虑桩间土直接分担荷载的；对摩擦桩，大部分情况下是可以考虑桩间土直接分担荷载的。疏桩基础，减少沉降量桩基础，复合桩基都可属于钢筋混凝土桩复合地基技术

5. 灰土桩复合地基技术

灰土桩常指石灰与土拌合，分层在孔中夯实形成的灰土桩。近年发展的二灰土桩复合地基技术也属于灰土桩复合地基，二灰土指石灰和粉煤灰与土拌合而成的复合土。灰土桩施工主要分两部分，一是成孔，二是回填夯实。成孔方法分两类，一类是挤土成孔，一类是非挤土成孔。挤土成孔施工方法有：沉管法、爆扩法和冲击法。非挤土成孔法有挖孔和钻孔法。挖孔法如采用洛阳铲掏土挖孔法和其他人工挖孔法。洛阳铲成孔深度一般不超过6m。钻孔法如采用螺旋钻取土成孔法。夯实水泥土桩复合地基也可归属于该类复合地基。

6. 石灰桩复合地基技术

石灰桩是指采用沉管成孔法或洛阳铲成孔法等方法成孔，然后灌入生石灰，压实生石灰并用黏土封桩，在地基中设置的桩。采用石灰桩复合地基加固，地基土体含水量过高和过低均会影响加固质量。如缺少经验，应先进行试验确定其适用性。采用石灰桩加固，加固深度较浅。

7. 孔内夯扩桩复合地基技术

采用沉管法、螺旋钻取土法等方法成孔，分层回填碎石，或灰土，或矿渣，或渣土，并采用夯锤将回填料分层夯实，并挤密、振密桩间土，达到加固地基的目的。笔者将该类孔内填料夯扩制桩法形成的复合地基称为孔内夯扩桩复合地基法。近年来，我国各地因地制宜发展了多项该类技术，如夯实水泥土桩法，渣土桩法、孔内强夯法等，均可属于这一类。

上述各种孔内夯扩桩复合地基技术也可分属灰土桩复合地基技术和碎石桩复合地基技术等。

8. 组合桩复合地基技术

浙江省工程建设标准《复合地基技术规程》DB 33/1051—2008 中指出：为增加水泥搅拌桩单桩承载力，可在水泥搅拌桩中插设预制钢筋混凝土，形成加筋水泥土桩。加筋水泥土桩又可称为组合桩。多数发展的组合桩技术是在水泥土桩中插入钢筋混凝土桩或钢筋混凝土管桩形成水泥土-钢筋混凝土组合桩。该类组合桩比水泥土桩承载能力和抗变形能力大，比钢筋混凝土桩性价比好，近年来在工程中得到推广应用。水泥土桩有的采用深层搅拌法施工形成，有的采用高压旋喷法施工形成。组合桩的承载能力可通过试验测定。上述组合桩作为增强体的复合地基称为组合桩复合地基。组合桩的形式很多，除钢筋混凝土桩、钢筋混凝土管桩外，也有采用钢管桩等其他形式刚性桩。组合桩中的刚性桩可与水泥土桩同长，也可小于水泥土桩，形成变刚度组合桩。

9. 长短桩复合地基技术

桩体复合地基中，浅层置换率可高一些，深层置换率可低一些，这样可更加有效地发挥桩体材料在提高承载力和减少沉降量方面的潜能。基于这样的思路发展了长短桩复合地

基。考虑复合地基应力场和位移场特性以及施工方便，长桩常采用刚度较大的桩，短桩常采用刚度较小的桩，也可采用散体材料桩。长短桩复合地基技术近年来得到较大的发展。

10. 桩网复合地基技术

桩网复合地基由刚性桩复合地基加土工格栅加筋垫层形成。为了采用桩基础支承路堤荷载，国外曾采用桩承堤形式。桩承堤的荷载传递路线是路堤荷载传递给土工格栅加筋垫层，然后通过桩帽传递给桩，荷载全部由桩承担。桩网复合地基在形式上与桩承堤有相似之处，两者的结构很类似。但桩网复合地基的荷载传递路线是路堤荷载传递给土工格栅加筋垫层，然后通过桩帽一部分传递给桩，一部分传递给桩间地基土，荷载由桩和桩间地基土共同承担。桩网复合地基与桩承堤不同之处，前者为复合地基，荷载由桩和土共同承担；后者属于桩基础，不考虑桩间地基土承担荷载。桩网复合地基设计中要重视满足复合地基的形成条件。

11. 加筋土复合地基技术

通常采用土工布、土工格栅作为筋材形成加筋土复合地基。加筋土复合地基主要用于路堤地基加固。

2.2.8 地基工程标准

为了满足工程建设的要求，主编出版《深层搅拌法设计与施工》(1993，中国铁道出版社)、《复合地基理论与实践》(1996，浙江大学出版社)、《高速公路软弱地基处理理论与实践》(1998，上海大学出版社)、《高等级公路地基处理设计指南》(2005，人民交通出版社) 等一系列有关复合地基著作。2003 年，应人民交通出版社邀请，出版《复合地基设计和施工指南》。上述有关复合地基设计和施工的著作和指南，有力地促进了复合地基理论的工程应用。为了满足工程建设发展的需要，制定了一系列复合地基工程标准。2008 年，由笔者主编的浙江省工程建设标准《复合地基技术规程》DB 33/1051—2008 发布实施。这是第一部省级复合地基技术规程，也是第一部复合地基技术规程。2010 年，由笔者主编的中华人民共和国行业标准《刚-柔性桩复合地基技术规程》JGJ/T 210—2010 发布实施。2012 年，由笔者主编的中华人民共和国国家标准《复合地基技术规范》GB/T 50803—2012 发布实施。2013 年，江苏省《劲性复合桩技术规程》DGJ32/TJ 151—2013 发布实施。2014 年，中华人民共和国行业标准《劲性复合桩技术规程》JGJ/T 327—2014 发布实施。出版一系列有关复合地基著作和发布实施一系列有关复合地基工程标准，为复合地基设计、施工和检测提供了全面的依据和支撑，使复合地基技术得以广泛应用。

2.3 复合地基理论促进基础工程学的发展

复合地基理论和实践的发展丰富了基础工程学，复合地基理论已成为基础工程学的重要部分。

图 2.3-1～图 2.3-3 分别为浅基础、桩基础和复合地基的示意图。在图 2.3-1 所示的浅基础中，上部结构荷载是通过基础板直接传递给地基土体的。图 2.3-2 (*a*) 和 (*b*) 分别表示端承桩和摩擦桩。按照经典桩基理论，在图 2.3-2 (*a*)所示

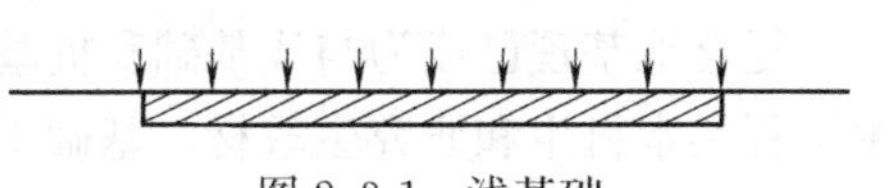

图 2.3-1 浅基础

的端承桩桩基础中，上部结构荷载通过基础板传递给桩体，再依靠桩的端承力直接传递给桩端持力层。在图 2.3-2（*b*）所示的摩擦桩桩基础中，上部结构荷载通过基础板传递给桩体，再通过桩侧摩阻力和桩端端承力传递给地基土体，而以桩侧摩阻力为主。经典桩基理论不考虑基础板下地基土直接对荷载的传递作用。虽然客观上大多数情况下摩擦桩桩间土是直接参与共同承担荷载的，但在计算中是不予以考虑的。图 2.3-3（*a*）、（*b*）分别表示设垫层和不设垫层的两类复合地基。在图 2.3-3（*a*）中，上部结构荷载通过基础板直接同时将荷载传递给桩体和基础板下地基土体。对散体材料桩，由桩体承担的荷载通过桩体鼓胀传递给桩侧土体和通过桩体传递给深层土体。对粘结材料桩由桩体承担的荷载则通过桩侧摩阻力和桩端端承力传递给地基土体。图 2.3-3（*b*）与（*a*）不同的是由基础板传递来的上部结构荷载先通过垫层再直接同时将荷载传递给桩体和垫层下的桩间土体。垫层的效用不改变桩和桩间土同时直接承担荷载这一基本特征。由上面分析可以看出，浅基础、桩基础和复合地基的分类，主要是考虑了荷载传递路线。荷载传递路线也是上述三种地基基础形式的基本特征。

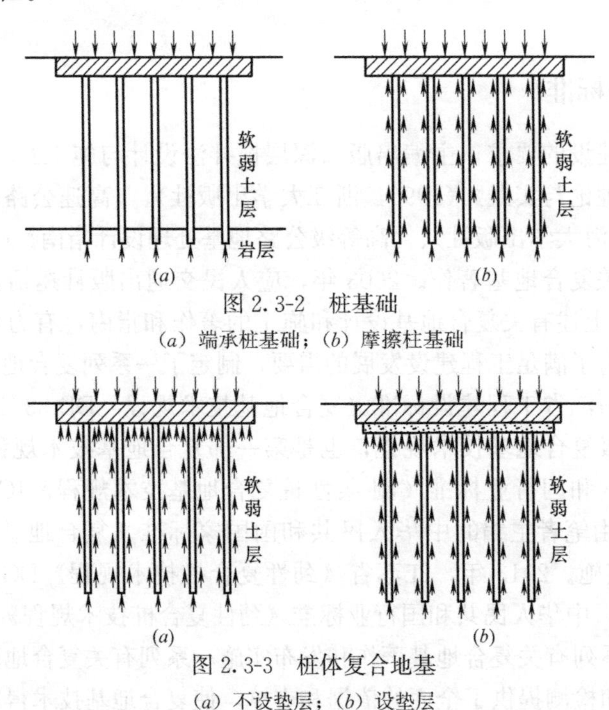

图 2.3-2　桩基础

（*a*）端承桩基础；（*b*）摩擦柱基础

图 2.3-3　桩体复合地基

（*a*）不设垫层；（*b*）设垫层

通过对浅基础、桩体复合地基和桩基础荷载传递路线的分析，可以认为桩体复合地基是界于浅基础和桩基础之间的，如图 2.3-4 所示。浅基础、桩基础和复合地基三者之间并不存在严格的界限，是连续分布的。复合地基置换率等于零时就是浅基础。复合地基桩土应力比等于 1 时也就是浅基础。若复合地基中不考虑桩间土的承载力，复合地基承载力计算则与桩基础相同。摩擦桩基础中若能考虑桩间土直接承担荷载的作用，也可属于复合地基。或者说，考虑桩土共同作用也可将其归属于复合地基。

复合地基现已成为与浅基础和桩基础并列的第三种土木工程常用基础形式，已成为土木工程类本科生和研究生教材、基础工程类著作、工程设计手册和指南的重要章节，被纳入高等教育国家级规划教材、土木工程研究生系列教材等。复合地基理论发展了基础工程

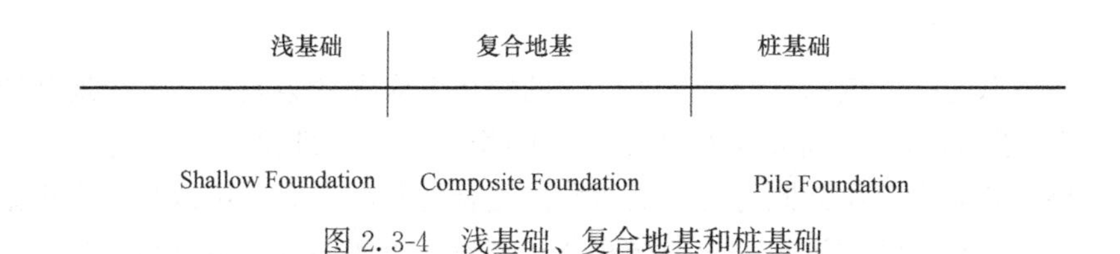

图 2.3-4 浅基础、复合地基和桩基础

学，科学意义巨大。

2.4 复合地基技术发展展望

复合地基的优点是可以较充分利用天然地基和桩体两者各自承担荷载的潜能，具有较好的经济性。设计中，可以通过调整复合地基中的桩体刚度、长度和复合地基置换率等设计参数来满足地基承载力和控制沉降量的要求，具有较大的灵活性。特别是采用复合地基技术变形控制能力强，复合地基常用于沉降量控制过渡区。如采用复合地基技术，可有效减小桥头跳车现象。

近些年来，各类低强度桩复合地基在工程中应用发展很快。在工程中应用最多的是低强度混凝土桩复合地基。各类低强度桩复合地基的基本思路是让由桩身材料强度决定的桩承载力和由桩侧摩阻力提供的桩承载力两者靠近，以达到充分利用材料本身承载潜能的目的，或者说是应用等强度设计的概念。低强度混凝土桩施工方便，发展更快。对低强度桩复合地基在工程中应用的快速发展，建议予以重视。

另外，长短桩复合地基中桩体设置符合荷载作用下附加应力场的分布特征，受力合理，对提高复合地基承载力和减少沉降都有好处。长短桩复合地基设计中应重视长短桩的协同作用，重视长短桩复合地基的形成条件。长短桩复合地基中的长桩和短桩不仅在施工阶段要能够保证协同作用，而且在工后阶段也要保证协同作用。在地基产生大面积沉降的情况下，也要能保证长桩和短桩协同作用。

桩网复合地基近年来也得到不少应用。桩网复合地基比较适用路堤地基加固，随着高速公路和高速铁路建设规模的扩大，桩网复合地基近年得到快速发展。对桩网复合地基要重视形成条件，要重视桩网复合地基与桩承堤的区别。

组合桩近年来发展也很快。如浙江省工程建设标准《复合地基技术规程》DB 33/1051—2008 中指出：为增加水泥搅拌桩单桩承载力，可在水泥搅拌桩中插设预制钢筋混凝土，形成加筋水泥土桩。近年来发展的组合桩技术多是在水泥土桩中插入钢筋混凝土桩或钢筋混凝土管桩形成水泥土-钢筋混凝土组合桩。该类组合桩比水泥土桩承载能力和抗变形能力大，比钢筋混凝土桩性价比好。水泥土桩有的采用深层搅拌法施工形成，有的采用高压旋喷法施工形成。组合桩的形式很多，除钢筋混凝土桩、钢筋混凝土管桩外，也有采用钢管桩等其他形式刚性桩。组合桩中的刚性桩可与水泥土桩同长，也可小于水泥土桩，形成变刚度组合桩。

随着多种复合地基技术的应用，复合地基质量检测近年来也得到发展。但相比较复合地基质量检测方面存在的问题和困难多一些，需要继续努力。桩体施工质量检测应结合各种施工工艺的发展而予以完善，特别是新材料、新工艺的应用，需要提出相应的质量检测方法。作为复合地基整体质量检测，不仅是桩体质量检测，还应包括桩间土的测试，以及桩土复合体的性能测试。

复合地基技术的推广应用已经产生了巨大的经济效应和社会效益。复合地基的发展需要更多的工程实践的积累，需要工程实录研究的积累，需要理论上不断的探索，需要设计、施工、科研和业主单位共同努力。展望我国复合地基的发展，可以相信在理论和工程实践两个方面都会有不断的进步，应遵循实践→理论→再实践的发展路线，加强复合地基理论研究，不断发展、不断提高复合地基的技术水平。

参考文献

[1] 龚晓南. 复合地基引论（一）[J]. 地基处理，1991，2（3）：36～42.
[2] 龚晓南. 复合地基引论（二）[J]. 地基处理，1991，2（4）：1～11.
[3] 王启铜. 柔性桩的沉降（位移）特性及荷载传递规律 [D]. 浙江大学，1991.
[4] 张土乔. 水泥土的应力应变关系及搅拌桩破坏特性研究 [D]. 浙江大学，1992.
[5] 龚晓南. 复合地基引论（三）[J]. 地基处理，1992，3（2）：32.
[6] 龚晓南. 复合地基引论（四）[J]. 地基处理，1992，3（3）：24.
[7] 龚晓南. 复合地基 [M]. 杭州：浙江大学出版社. 1992.
[8] 龚晓南. 复合地基理论概要 [C]. 中国土木工程学会土力学及基础工程学会第三届地基处理学术讨论会论文集. 杭州：浙江大学出版社，1992：37.
[9] 曾小强. 水泥土力学特性和复合地基变形计算研究 [D]. 浙江大学，1993.
[10] 龚晓南主编. 深层搅拌法设计与施工. 北京：中国铁道出版社，1993.
[11] 段继伟，龚晓南，曾国熙. 水泥搅拌桩的荷载传递规律 [J]. 岩土工程学报，1994，16（4）：1～8.
[12] 龚晓南. 形成竖向增强体复合地基的条件 [J]. 地基处理，1995，6（3）：48～48.
[13] 尚亨林. 二灰混凝土桩复合地基性状试验研究，浙江大学硕士学位论文. 1995
[14] 龚晓南. 复合地基理论与实践 [M]. 杭州：浙江大学出版社 . 1996.
[15] 毛前，龚晓南. 桩体复合地基柔性垫层的效用研究 [J]. 岩土力学，1998，19（2）：67～73.
[16] 刘吉福，龚晓南，王盛源. 高填路堤复合地基稳定性分析，浙江大学学报，第 32 卷，第 5 期，1998.
[17] 龚晓南，徐日庆，郑尔康主编. 高速公路软弱地基处理理论与实践，上海大学出版社，1998.
[18] 黄明聪. 复合地基振动反应与地震响应数值分析，浙江大学博士学位论文. 1999.
[19] 侯永峰. 循环荷载作用下复合土与复合地基性状研究，浙江大学博士学位论文. 2000.
[20] 吴慧明. 不同刚度基础下复合地基性状，浙江大学博士学位论文. 2001.
[21] 龚晓南. 复合地基理论及工程应用 [M]. 北京：中国建筑工业出版社，2002.
[22] 邓超，龚晓南. 长短柱复合地基在高层建筑中的应用，建筑施工，第 25 卷，第 1 期，2003
[23] 葛忻声，龚晓南，张先明. 长短桩复合地基有限元分析及设计计算方法探讨，建筑结构学报，2003，20（4）.
[24] 龚晓南，褚航. 基础刚度对复合地基性状的影响，工程力学，2003，20（4）.
[25] 龚晓南主编. 复合地基设计和施工指南. 北京：人民交通出版社，2003.
[26] 龚晓南主编. 高等级公路地基处理设计指南. 北京：人民交通出版社，2005.
[27] 邢皓枫. 复合地基固结分析. 浙江大学博士学位论文，2006.
[28] 孙林娜. 复合地基沉降及按沉降控制的优化设计研究 [D]. 浙江大学，2007.
[29] 龚晓南. 广义复合地基理论及工程应用 [J]. 岩土工程学报，2007，29（1）：1～13.
[30] 龚晓南. 复合地基理论及工程应用（第二版）[M]. 北京：中国建筑工业出版社，2007.

[31] 浙江省工程建设标准. 复合地基技术规程，DB 33/1051—2008.
[32] 连峰. 桩网复合地基承载机理及设计方法 [D]. 浙江大学，2009
[33] 中华人民共和国行业标准. 刚-柔性桩复合地基技术规程，JGJ/T 210—2010. 北京：中国建工业出版社，中国计划出版社.
[34] 中华人民共和国国家标准. 复合地基技术规范，GB/T 50783—2012，中国计划出版社.
[35] 田效军. 粘结材料桩复合地基固结沉降发展规律研究 [D]. 浙江大学，2013.
[36] 龚晓南. 复合地基理论及工程应用（第三版）[M]. 北京：中国建筑工业出版社，2018.

3 排水固结法加固地基

吴慧明[1,2]，林小飞[1,2]，马宁[1,2]，何永[1,2]，赵子荣[1,2]，宋词[1,2]
(1. 浙江开天工程技术有限公司，浙江 宁波 315000；2. 浙江滨海岩土工程与地下空间开发利用新技术研究院，浙江 宁波 315000)

3.1 引言

软黏土一般是孔隙比大于等于1.0、天然含水量大于液限、压缩系数大于0.5MPa^{-1}、不排水抗剪强度小于35kPa的细颗粒土。这种土的特点是含水量大、压缩性高、强度低、透水性差且不少情况埋藏深厚，主要分布在沿海、内陆也有分布，地质成因主要为海相、湖相、河相沉积；此外人类活动也产生了大量的人工软黏土，如吹填土、河道疏浚清淤、工业生活污泥等。软黏土作为地基或填土等用途，一般多要对其进行加固处理，以提高其强度和稳定性。

排水固结法是处理软黏土的最常用方法之一，首先在土体内部与外部设置排水系统，然后通过加压系统对土体进行施压，使得土中的水排出。该方法通过改变土体应力体系、使得土体孔隙水排出，达到土体固结变形、土体强度同步提高的目的。将土体的渗透性、变形和强度三大主要力学性质，通过有效应力原理联系在一起，是排水固结法的理论基础；排水系统用于增加排水通道缩短排水路径、加压系统使土中的孔隙水产生超孔隙水压力而渗流排出，是实现软黏土排水的必不可少的两大组成部分，是实现排水固结的实施手段。

研究排水固结法，一方面应从理论角度，回归研究土体排水根源——土的渗透性，研究分析影响土体排水性状的各种内因与外因；另一方面从工程实施角度，注重研发提高排水系统与加压系统功效的各种新技术，理论与实践结合，才能提高排水固结的应用效率。

3.2 土的渗透

排水固结法根本目的就是排出土中的水，所以研究排水固结法首先必须研究土的渗透性。

3.2.1 土水体系

土中的分布于土骨架孔隙中的水，可能含有多种可溶解物质，且与土粒表面有物理和物理化学的相互作用，其性质和自由水体有显著区别。一般按其物理化学性质，分为结合水、毛细水和重力水等几大类，它对土中水的静态平衡和转移提供不同的机制。

结合水可分为强结合水和弱结合水两部分。强结合水包括矿物晶体内部的水和直接吸附在土粒表面的薄膜水，水力作用下不能移动，可视为固相的一部分。黏土颗粒表面所带的负电荷，一方面使水分子偶极化，定向排列于强结合水层外面；另一方面，又将土中水里的阳离子吸引到颗粒周围，阳离子周围又带了许多定向排列的极性水分子，在黏土颗粒周围形成双电层，双电层内的水就称为弱结合水，其黏滞性比自由水高，在小的水力梯度下克服了外层弱粘结水的黏滞阻力，可逐渐转变为自由水而参与运动，从而扩大孔隙通道的过水断面。这种性状有可能导致黏土呈现非线性的渗透规律。

毛细水依靠表面张力而被吸持于土的孔隙中。由于土颗粒是亲水的，弯液面呈凹形，土中水受到附加的负压力也就是孔隙水受到是张力，毛细水的物理性质与自由水完全相同。当土的含水量很低时，毛细水的数量很少，只是在土粒接触点周围形成孤立的水环，不能传递静水压力，也不能以液态转移。随着含水量的增加，毛细水的数量也增加，水环互相联系起来，可以传递静水压力且可以呈液态缓慢转移。以后，毛细水继续增加，就形成包围土颗粒的水，但孔隙中仍有连通的空气通道存在。毛细水的进一步增加，可以阻塞空气通道，使空气以个别的封闭气泡形成存在。与此同时，土的吸力逐渐减小，透水性越来越大，直到接近饱和土的透水性；而透气性则越来越小，直到空气通道完全闭塞时降至零为止。

重力水，也称自由水，它同土颗粒没有直接的相互作用，它不能静止地悬留在土体中，其运动服从重力规则，其性质和自由水体没有区别。

3.2.2 土水“势能组合”概念

土中吸持水分的能力和水分转移机理，可以很方便地用“势能组合”概念表达。各种“势能”的总和为零时，土中水达到静态平衡。在总势能不为零时，就产生水的流动，并总是从高势能处流向低势能处。

土中水的总势能 $\Delta\phi$ 为各种势能分量之和，可以表达如下：

$$\Delta\phi=\Delta\phi_g+\Delta\phi_m+\Delta\phi_p+\Delta\phi_o+\Delta\phi_e+\Delta\phi_t+\Delta\phi_d \tag{3.2-1}$$

式中 $\Delta\phi_g$——重力势；

$\Delta\phi_m$——广义毛管势；

$\Delta\phi_p$——压力势；

$\Delta\phi_o$——盐渗析势；

$\Delta\phi_e$——电渗势；

$\Delta\phi_t$——温差势；

$\Delta\phi_d$——动力势。

重力势表示土中水的位能，取决于所研究点和基准面的相对位置。基准面以上重力势为正，基准面以下重力势为负。

广义毛管势取决于土粒骨架与水的相互作用而形成的势能。因这种吸力不仅取决于孔隙中弯液面的表面张力，而且也与颗粒表面与水的物理化学作用力有关，故称广义毛管势。它在地下水位以上恒为负值，处于静平衡状态时，和重力势大小相等，符号相反。在地下水位以下为零。对细粒土，由于吸力而引起的负孔隙水压力可以达到很大的数值。

压力势是由与基准面上压力不同的外压力所引起的水的能量差而形成的。在地下水位以下，它相当于测压管压力。

渗析势是土中两点因土中水的盐浓度不同而引起的孔隙水势能差。

电渗势是土中两点因电位不同而引起的孔隙水势能差。

温差势一种以扩散形式，从蒸汽压力高处向低处转移；另一种是和空气一起，由总气压力高处向低处转移。这些都取决于温度差，由高温处向低温处转移。

动力势是由于外部动能，如震动、夯击等引起的土中水的动力反应。

土中水的“势能”，可能还包含以上“势能”以外的其他“势能”。

3.2.3 有效应力原理的“势能”解释

根据有效应力原理，地基内任一点的总应力 σ、有效应力 σ'、孔隙水压力 u 的关系为：

$$\sigma=\sigma'+u \tag{3.2-2}$$

总应力增量 $\Delta\sigma$、有效应力增量 $\Delta\sigma'$、孔隙水压力增量 Δu，三者满足以下关系：

$$\Delta\sigma'=\Delta\sigma-\Delta u \tag{3.2-3}$$

组合总势能 $\Delta\phi$ 不为零时，才能达到 $\Delta u\neq 0$，从而产生土中水的渗流运动；同时，在土中水的渗流运动中，各种势能是组合存在的。

以有效应力原理为理论基础的排水固结法，很容易通过公式（3.2-1）的“势能组合”得到解释。“势能组合”为零时，仅有孔隙水压力、不产生在超孔隙水压力、不产生渗流、不存在固结与变形；“势能组合”不为零时，产生超孔隙水压力、产生渗流、引起固结与变形，“势能组合”不为零是排水固结的基本原因。例如，堆载预压法是增加压力势 $\Delta\phi_p$，真空预压法是增加广义毛管势 $\Delta\phi_m$、重为势 $\Delta\phi_g$，电渗法是改变盐渗析势 $\Delta\phi_o$、电渗势 $\Delta\phi_e$，降低水位法是减少重为势 $\Delta\phi_g$，加温排水法是提高温差势 $\Delta\phi_t$，动力排水是高动力势 $\Delta\phi_d$，最终均达到总势能 $\Delta\phi$ 不为零、引起渗流、达到土体固结目的。

“势能”的概念，使得土中孔隙水，尤其是对黏性土的孔隙水压力、超孔隙水压力有着比较好的解释。虽然以上提到的很多“势能”还没有很好的计算方法，但尽管仅了解其“势能”存在及变化的原因，也仍对排水固结法有着重要意义，尤其是对排水系统、加压系统两大主要实施手段的设置方法、优化改进，有着很实际的指导意义。

对饱和黏土来说，由于毛管势为零，如果忽略渗流运动中电渗势、温差势、盐渗势等形式的水分转移，“势能组合”简化为：

$$\Delta\phi=\Delta\phi_{g(\text{重力势})}+\Delta\phi_{p(\text{压力势})}+\Delta\phi_{d(\text{动力势})} \tag{3.2-4}$$

3.2.4 实际土层达西定律

一般来说，实际土层一般都是水平成层，需要考虑垂直方向和水平方向渗透性的各向异性性质。达西定理需做出修正。

通过坐标变换，转换为各向同性问题求解。平面问题的拉普拉斯方程为：

$$k_x\frac{\partial^2 h}{\partial x^2}+k_z\frac{\partial^2 h}{\partial z^2}=0 \tag{3.2-5}$$

采用新的坐标系统（$\overline{x}$，$\overline{y}$，$\overline{z}$,），并定义为：

$$\overline{x}=\frac{x}{\sqrt{k_x}} \tag{3.2-6}$$

$$\overline{y}=\frac{x}{\sqrt{k_y}} \tag{3.2-7}$$

$$\overline{z}=\frac{z}{\sqrt{k_z}} \tag{3.2-8}$$

则上式可变成：

$$\frac{\partial^2 h}{\partial \overline{x}^2}+\frac{\partial^2 h}{\partial \overline{z}^2}=0 \tag{3.2-9}$$

所以，只要将渗透性大的方向（一般是水平方向）的长度缩小$\sqrt{\frac{k_v}{k_h}}$倍，按各向同性问题解出流网，再转换到原断面即可。

对总厚度为 T 的层状土，设各层厚度为 T_1、T_2……T_n，相应各层的渗透系数为 k_1、k_2……k_n，其水平方向的等效平均渗透系数为 k_x（平行层面方向），垂直方向的等效渗透系数为 k_z（垂直于层面方向），则：

$$k_x=(k_1T_1+k_2T_2+\cdots\cdots k_nT_n)/T \tag{3.2-10}$$

$$k_z=T/\left(\frac{T_1}{k_1}+\frac{T_2}{k_2}+\cdots\cdots\frac{T_n}{k_n}\right) \tag{3.2-11}$$

这样，就可以把层状土的非均质渗流场，转换为水平和垂直渗透系数分别为 k_x 和 k_z 的各向异性均质渗流求解了。

对不均匀流体，可压缩流体、多相流、非饱和渗流等情况下的运动方程，推导时也往往采用和达西定律相似的表达式。有时，也把这些方程叫做达西定律或修正的达西定律，但与其原义已完全不同了。

3.2.5 影响渗透的因素

土中水的许多“势能”，如盐渗析势 $\Delta\phi_o$、电渗势 $\Delta\phi_e$、广义毛管势 $\Delta\phi_m$、温差势 $\Delta\phi_t$ 等，与土体三相本身性质、地层历史等“原生因素”有着关联，它们不仅直接对土的渗透性有着影响，更重要的是还直接影响其他“外部因素”引起的各种“势能”的产生与发展，如重力势 $\Delta\phi_g$、压力势 $\Delta\phi_p$、动力势 $\Delta\phi_d$、温差势 $\Delta\phi_t$ 等，可以认为“原生因素”是影响黏性土渗透性的本质原因。

正如前面所述，土中水的各种“势能”，尤其是受“原生因素”影响的各种“势能”，目前还没有很好的定量计算方法，所以对其进行定性分析对工程实际就很有意义。

1. 固体颗粒“固相”的影响

黏土颗粒对渗透性的影响也不仅像砂粒那样，只是颗粒大小和级配影响土的孔隙大小和分布，而同样有更为复杂的机理。黏土颗粒大小和其矿物成分有一定的关系，而不同矿物成分和周围液相的相互作用和晶格内部的稳定性都不相同，其渗透性也各不相同。将同一含水量的黏土矿物相比较，其渗透性大小的顺序为：蒙脱石＜坡缕石＜伊里石＜高岭石。

黏土颗粒的形状是扁平的，有定向排列作用，使平行于层面和垂直于层面方向的渗透性呈现显著的各向异性性质，水平和垂直渗透性的比值约为 1～7。

天然黏土层在沉积过程中，是在垂直应力σ_z和水平应力$K_0\sigma_z$（K_0为静止侧压力系数）下固结的，已受到偏应力（$1-K_0$）σ_z的作用，使黏土颗粒沿剪切面定向排列，从而形成各向异性渗透性。分层碾压筑成的填土，在碾压工具的反复作用下，也可以使黏土颗粒沿水平方向定向排列，而使填土水平方向的渗透系数大于垂直方向。这种渗透性的各向异性性质对黏土的渗透固结和土体的渗流分析都有很大的影响。

2. 渗透流体“液相”的影响

黏土的渗透性受整个水-土-电解质体系的相互作用影响，这种相互作用的影响性质和程度，与黏土矿物和电解质溶液的成分，以及渗透溶液的极性都有密切关系。因为极性越大的液体，将使土形成更为分散的组构，颗粒将更有规律地定向排列，而使土具有更小的渗透性。在给定孔隙比下，随着渗透流体极性的增大，渗透系数随之减小。此外，土的渗透性对渗透溶液电解质类型和浓度也很敏感。

3. 孔隙大小及分布的影响

土的颗粒、粒团及孔隙的分布，与土的工程性质密切相关。黏性土中，以单个颗粒存在的情况较少，大多数沉积物及其他人工填土中，若干黏土薄片组成的粒团或若干粒团组成的集合体是更常见的组构单元。土的结构是单个颗粒及大小不同的粒团组成的组构单元按一定方式排列组成的，各种粒团内部的更小一级的粒团和颗粒也有一定排列方式。土骨架间的孔隙也随之分为粒团间的大孔隙和粒团内的微孔隙两种。粒团间和粒团内由不同的化学和物理化学力相联结。密度和孔隙比相同的土，由于组构不同，可以具有极不相同的性质。

细粒土的渗透性，受组构影响巨大。有试验表明，渗透流速与孔隙直径平方成正比，而单位流量与孔隙直径的四次方成正比，因此，孔隙率相同的两个黏性土，粒团间大孔隙占有高比例的组构，与均匀孔隙尺寸的组构相比较，其渗透性要大得多。压实黏性土的渗透试验成果清楚地表明了这种影响。压实到同一密度的土，在干于最优含水量下压实时，对重新排列的阻力较大，形成杂乱排列的凝聚性结构，具有较大的孔隙，故其渗透性较大；而在湿于最优含水量下压实时，粒团强度较弱，易于重新定向排列，形成分散性结构，其平均孔隙较小。

在固结过程中，高孔隙率时渗透性随孔隙比减小而降低的程度要比低孔隙率时快得多。这是由于在高孔隙率时，土的压缩主要由于粒团间大孔隙的压缩，并趋于更紧密的排列，所以对渗透性影响较大；而在低孔隙率时，进一步的压缩主要是粒团本身压缩和粒团内部颗粒的重新定向排列，所以对渗透性影响较小。颗粒的定向排列和孔隙大小及分布两者都对渗透性有影响，但后者影响更大。

4. 实际土体的渗透性

黏性土的微观结构和宏观构造对渗透性影响很大，常因此而使室内试验成果不能代表现场土体的实际情况，在取用计算参数时，必须计及这些影响。例如：

层状黏土。在沉积过程中，黏土颗粒的水平定向排列、粉细砂夹层和透镜体的存在，往往使其水平方向的渗透系数大于垂直方面的。

裂缝硬黏土。由于裂缝网络的存在，使它的现场渗透系数接近于粗砂，且具有严格的方向性。取小试件在试验室内测定渗透系数，就难以包括这种影响在内。

3.3 排水固结理论

3.3.1 概述

土体应力状态改变时，土体积逐渐压缩（或膨胀），同时部分水（与气）从土体中排出，外加压力相应地从孔隙水（与气）传递到土骨架上，直至变形达到稳定为止，土体这一变形过程称为固结，固结速率取决于土体排水（与气）的速率，并且是时间的函数。土体初始有效应力与最终有效应力差值即有效应力的变化值，决定了土体积的改变即土的变形，土的变形与时间无关。

土的固结和压缩的规律是相当复杂的。它不仅取决于土的类别和状态，也随土的边界条件、排水条件和受荷方式等因素而异。黏性土与无黏性土的变形机理不同；二相土和三相土的固结过程明显不同，后者由于土中含气，变形指标不易准确测定、状态方程的建立与求解也更复杂；在固结过程中，除上下方向的排水压缩外，同时有不同程度的侧向排水与膨胀，显然二向、三向理论比单向理论更为合理，但在指标测定与求解上也更复杂；考虑到外荷载随时间而改变的情况，固结微分方程的数学处理也难度更大。

饱和土体的固结理论是太沙基于 1925 年首先提出的。它建立在许多简化假设的基础上，如土骨架为线弹性变形材料、土孔隙中所含流体为不可压缩且按达西定律沿单方向流动引起单向压缩变形等，故这一理论常称为单向固结理论。后来，太沙基与伦杜立克假设固结过程中总应力为常量，建立了三向固结方程。比奥（Biot）进一步研究了三向变形材料与孔隙压力的相互作用，得出比较完善的三向固结方程，但由于比奥理论将变形与渗流结合起来考虑，使得固结方程的数学求解增加了困难。固结理论的发展主要围绕着假设不同的土体本构模型，建立不同的物理方程，选用适当边界条件，以获得固结理论解，但越来越复杂的模型与计算，反而增加了其在工程中应用的困难。

目前工程中使用的排水固结法理论，是针对饱和软黏土地基，土体内部竖向排水通道（如砂井、塑料排水板等)，与外部设置的排水系统（砂垫层、水平滤管等)，然后通过加压系统对土体进行施压，使得土中的水排出，达到土体固结变形、土体强度同步提高。针对此种饱和黏土排水固结方法，我国已发展了较为实用的竖向排水井轴对称固结设计计算理论，包含较为合理的逐渐加荷条件下固结度的计算，地基土强度增长的预计，沉降计算与沉降随时间发展的推算，以及根据现场观测资料进行反演等。

3.3.2 竖井排水体固结理论

1. 简化处理和基本假设

典型的排水固结法处理软黏土地基工程如图 3.3-1 所示，由于实际情况复杂多变，在进行理论分析前要作一些简化处理和假设。

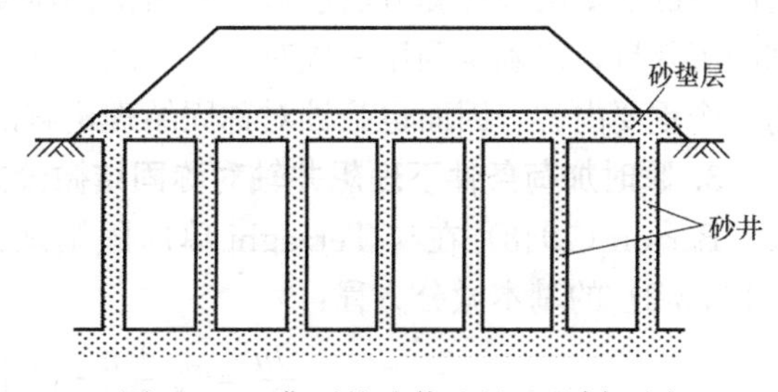

图 3.3-1 典型的砂井地基工程剖面图

简化假设 1：塑料排水板换算为等周长的圆截面排水体简化，宽度、厚度的排水板，其当量换算直径按下式计算：

$$D_{\mathrm{p}}=a\,\frac{2(b+\delta)}{\pi} \tag{3.3-1}$$

式中 a——换算系数，无试验资料时可取 $a=0.75\sim1.00$。

简化假设 2：每个排水体影响范围等面积圆简化。竖向排水体在平面上按等边三角形或正方形布置，其有效排水范围为正六边形或正方形，并认为在该有效范围内的水通过位于其中的排水体排出。在进行固结分析时，用上述多边形的边界条件求解很困难，Barron 建议将排水板间距 l 折算成等效圆的直径 d_{e} 以方便求解。

排水体按等边三角形布置时：

$$d_{\mathrm{e}}=\sqrt{\frac{2\sqrt{3}}{\pi}}l=1.050l \tag{3.3-2}$$

排水体按正方形布置时：

$$d_{\mathrm{e}}=\sqrt{\frac{4}{\pi}}l=1.128l \tag{3.3-3}$$

简化假设 3：假设砂垫层的透水性为无穷大，即柱体顶部为自由排水面，底部为不透水面（当底部为透水的砂层时，由对称性可取二分之一为研究对象，则底部也可视为不透水层）。

简化假设 4：竖向排水体的应力、变形和渗流都是空间轴对称，如果采用反映土应力-应变关系的本构模型、建立真三维固结控制方程，求解很困难，所以使用竖向排水体的一维（竖向）变形、空间（轴对称）渗流简化处理。

通过以上简化处理和假设，使用竖向排水体的固结分析可以按轴对称固结理论来进行。

已有的轴对称固结理论对三个主要影响因素的考虑方法：一是假设同一水平面上竖向应变相同。二是排水体自身性质和施工扰动影响，可分为不考虑井阻和涂抹作用排水体称为理想井、考虑井阻或涂抹作用的排水体称为非理想井；穿透整个加固土层的完整井和不穿透的不完整井。三是加荷方式，可分为瞬时加荷和逐渐加荷。

2. 理论体系建立路径

在轴对称坐标体系中，建立只有孔隙水压力一个未知数的固结理论体系，孔隙水压力关于时间和空间坐标函数为 $u=f(r, z, t)$，其解为不能直接得到地基的沉降量和强度增长，通常由某一时刻地基内各点的孔隙水压力 u 求得地基平均固结度 $\overline{U}$ 来表示孔隙水压力的消散程度。然后，由各级荷载下不同时间的固结度推算地基土的强度增长，进一步进行各级荷载下地基的稳定性分析，并确定相应的加载计划。在最终荷载下的地基沉降总量由已有的地基沉降计算方法求得，然后由预压期间某一时刻的地基的平均固结度推算该时刻的沉降量，以确定预压完成时间。固结度的计算是使用竖向排水体处理地基设计计算中的一个重要内容，因而也是轴对称固结理论解的主要内容。

3. 瞬时加荷条件下理想井轴对称固结微分方程及其解

Barron（1948）在与 Terzaghi 单向固结理论相同假设的基础上，建立了轴对称固结（图 3.3-2）的基本微分方程：

$$\frac{\partial u}{\partial t}=C_{\mathrm{v}}\,\frac{\partial^2 u}{\partial z^2}+C_{\mathrm{h}}\left(\frac{\partial^2 u}{\partial r^2}+\frac{1}{r}\,\frac{\partial u}{\partial r}\right) \tag{3.3-4}$$

当水平向渗透系数 k_h 和竖向渗透系数 k_v，相等时，则上式改写为：

$$\frac{\partial u}{\partial t}=C_v\left(\frac{\partial^2 u}{\partial z^2}+\frac{\partial^2 u}{\partial r^2}+\frac{1}{r}\frac{\partial u}{\partial r}\right) \tag{3.3-5}$$

式中 t——时间；

u——孔隙水压力；

C_v——竖向固结系数，$C_v=k_v/r_w m_v$；

C_h——径向固结系数，$C_h=k_h/r_w m_v$。

边界条件和初始条件如下：

$$u|_{t=0}=u_0 \tag{3.3-6}$$

$$u|_{r=r_w}=0,u|_{z=0}=0 \tag{3.3-7}$$

$$\frac{\partial u}{\partial r}|_{r=r_e}=0,\frac{\partial u}{\partial z}|_{z=H}=0 \tag{3.3-8}$$

并有以下假设条件：

（1）在竖向排水体的影响范围水平截面上的荷载是瞬时均布施加的；

（2）土体仅有竖向压密变形，土的压缩系数和渗透系数是常数；

（3）土体完全饱和，加荷开始时，荷载引起的全部应力由孔隙水承担。

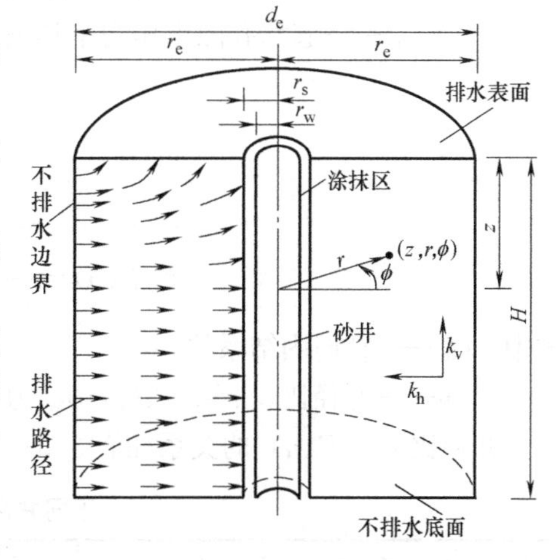

图 3.3-2 轴对称固结问题

对式（3.3-4）和式（3.3-6）直接求解在数学上是困难的。Carrillo（1942）从数学上证明式（3.3-4）可以用分离变量法求解，式(3.3-4)分解为：

$$\frac{\partial u_z}{\partial t}=C_v\frac{\partial^2 u}{\partial z^2} \tag{3.3-9}$$

$$\frac{\partial u_r}{\partial t}=C_h\left(\frac{\partial^2 u}{\partial r^2}+\frac{1}{r}\frac{\partial u}{\partial r}\right) \tag{3.3-10}$$

亦即分为竖向固结和径向固结两个微分方程，从而根据初始条件和边界条件对上两式分别求解，得到竖向排水平均固结度和径向排水平均固结度，然后由两者求出整个排水体影响范围内土柱体的平均固结度。

式（3.3-9）根据 Terzaghi 单向固结理论孔隙水压力的解及某一时刻竖向固结的计算公式如下：

$$u(z,t)=\frac{4}{\pi}u_0\sum_{m=1}^{m=\infty}\frac{1}{m}\sin\left(\frac{m\pi z}{2H}\right)e^{-\frac{m^2\pi^2}{4}T_v} \tag{3.3-11}$$

$$\overline{U}_z=1-\frac{8}{\pi^2}\sum_{m=1}^{m=\infty}\frac{1}{m^2}e^{-\frac{m^2\pi^2}{4}}T_v \tag{3.3-12}$$

$$T_v=\frac{C_v t}{H^2} \tag{3.3-13}$$

式中 m——正奇数（1，3，5……）。

当 $\overline{U}_z>30\%$时，可由下式计算：

$$\overline{U}_z=1-\frac{8}{\pi^2}e^{-\frac{\pi^2}{4}T_v} \tag{3.3-14}$$

式中 $\overline{U}_z$——竖向排水平均固结度（%）；

e——自然对数的底，可取 e=2.718；

T_v——竖向固结时间因数；

t——固结时间（s）；

H——土层竖向排水距离（cm）。

式（3.3-10）在等应变条件下的解为：

$$u(r,t)=\frac{4u_{av}}{d_e^2 F(n)}\left[r_e^2\ln\left(\frac{r}{r_w}\right)-\frac{r^2-r_w{}^2}{2}\right] \tag{3.3-15}$$

$$u_{av}=u_i e^{\lambda} \tag{3.3-16}$$

式中 d_e，r_e——排水体影响范围的直径和半径；

r_w——排水体半径；

u_{av}——时间 t 时，土层的孔隙水压力平均值；

u_i——起始孔隙水压力平均值。

$$\lambda=\frac{-8T_h}{F(n)} \tag{3.3-17}$$

$$T_h=\frac{G_h}{d_e^2}t \tag{3.3-18}$$

$$F(n)=\frac{n^2}{n^2-1}\ln(n)-\frac{3n^2-1}{4n^2} \tag{3.3-19}$$

式中 C_h——径向固结系数；

n——井径比，$n=d_e/d_w$，d_w 为排水体的直径。

井径比 n 与 $F(n)$ 的关系如表 3.3-1 所示。

不同井径比 n 与 $F(n)$ 值 表 3.3-1

n	4	5	6	7	8	9	10	12	14
$F(n)$	0.741	0.940	1.097	1.240	1.364	1.468	1.572	1.752	1.904
n	16	18	20	22	24	26	28	30	40
$F(n)$	2.034	2.150	2.254	2.348	2.434	2.513	2.587	2.655	2.941

由式（3.3-15）和式（3.3-16），$\ln\left(\frac{u_{av}}{u_i}\right)=-\frac{8}{F(n)}T_h$，亦即

$$\ln(1-\overline{U}_r)=-\frac{8}{F(n)}T_h \tag{3.3-20}$$

$$\overline{U}_r=1-e^{-\frac{8}{F(n)}T_h} \tag{3.3-21}$$

根据 Carrillo 定理，地基总的平均固结度 $\overline{U}_{rz}$ 由下式计算：

$$\overline{U}_{rz}=1-(1-\overline{U}_z)(1-\overline{U}_r) \tag{3.3-22}$$

4. 固结度计算

基于等应变条件、瞬时加荷的理想井和非理想井轴对称固结，已经获得了完整的解析解或近似解，在工程实践中得到广泛应用。

排水固结法的固结度计算，理论上应同时考虑竖向固结和径向固结。但一般软黏土层的厚度比排水体的打设间距大得多，故经常忽略竖向排水固结，而仅计算地基的径向排水

平均固结度 $\overline{U}_r$。

对长径比大、渗透系数较小的排水体，应考虑井阻作用。在非理想井径向固结的固结度的计算公式中，Hansbo（1981）和谢康和（1987）各自给出了反映井阻影响的计算因子。Hansbo 用以表征井阻影响的参数 F_r 的表达式如下：

$$F_r = \pi z(2L - z)\frac{k_h}{q_w} \tag{3.3-23}$$

$$q_w = k_w \pi d_w{}^2/4 \tag{3.3-24}$$

谢康和用井阻因子 G 来反映井阻影响，其表达式如下：

$$G = \frac{k_h}{k_w}\left(\frac{H}{d_w}\right)^2 \tag{3.3-25}$$

公式中符号同表 3.3-2。已有的分析表明，当 $G>0.07$，考虑井阻和不考虑井阻作用得到的平均径向固结度相差 10%以上；当 $G>10$ 时，固结度降低至无排水板地基情况；当 $G<0.1$ 时，井阻对固结度的影响很小，相当于无井阻的情况。目前，一般建议以井阻因子 $G=0.1$ 作为是否考虑井阻影响的界限值。

当采用端部封闭的套管以挤土方式打设排水体时，井壁土受到涂抹，井周土受到扰动，在井周形成环状涂抹区。这种情况下，计算地基固结度时应该考虑涂抹的影响。Hansbo（1981）和谢康和（1987）用参数 F_s 表征涂抹作用对排水体地基固结度的影响，其表达式如下：

$$F_s = \left(\frac{k_h}{k_s} - 1\right)\ln S \tag{3.3-26}$$

式中符号同表 3.3-2。具体计算时，可假设涂抹区直径为施工时成孔直径的 2～3 倍。涂抹区渗透系数 k_s 介于原状土与重塑土之间，可采用重塑土的试验结果，但由此得到的计算结果偏于保守。

考虑井阻和涂抹作用的地基固结度计算，可以用表 3.3-2 中的非理想井公式计算。现行规范还建议按理想井计算地基平均固结度，然后乘以折减系数获得考虑井阻和涂抹作用的地基固结度，折减系数取 0.80～0.95。

排水体未打穿软黏土层的地基平均固结度如按表 3.3-2 中的不完整井公式计算，由于该公式未考虑竖向排水体对下部软黏土层排水条件的改善，计算结果偏大。一定条件下计算结果将大于完整井地基的平均固结度，这是极其不合理的。谢康和（1987）提出一个改进方法，其中计算 $\overline{U}_{rz}$ 时，竖向排水距离为土层厚度 H，计算 $\overline{U}_z$ 时竖向排水距离按下式计算：

$$H' = (1 - \alpha Q)H \tag{3.3-27}$$

式中 $\alpha = 1 - \sqrt{\beta_z/(\beta_r + \beta_z)}$；$\beta_r = \dfrac{8G_h}{Fd_e{}^2}$；$\beta_z = \dfrac{\pi^2 G_v}{4H^2}$；

H——土的厚度；其他符号同表 3.3-2。

以上讨论的计算固结度的理论公式，都假设荷载是一次瞬时施加的。逐渐加荷条件下轴对称固结虽有一些近似解，但应用不多，在工程实践中多是对瞬时加荷解进行经验修正来得到所需结果。修正的方法有改进的太沙基法和改进的高木俊介法。后者因为在理论上是精确解，且计算较为方便，所以应用比较广泛。

当前用于排水固结法固结度计算公式汇总于表 3.3-2。

排水固结法处理软黏土地基固结度计算公式汇总表　　表 3.3-2

加荷条件	条件		平均固结度计算公式	α	β	备注
瞬时加荷	普遍表达式		$\overline{U}=1-\alpha e^{-\beta}$			
	竖向排水固结 ($\overline{U}_z>30\%$)		$\overline{U}_z=1-\frac{8}{\pi^2}e^{-\frac{\pi^2 C_v}{4H^2}t}$	$\frac{8}{\pi^2}$	$\frac{\pi^2 C_v}{4H^2}$	Terzaghi 解
	向内径向排水固结	理想井	$\overline{U}_r=1-e^{-\frac{8G_h}{F_n d_e^2}t}$	1	$\frac{8G_h}{F_n d_e^2}$	Barron 解
		非理想井	$\overline{U}_r=1-e^{-\frac{8G_h}{F' d_e^2}t}$	1	$\frac{8G_h}{F' d_e^2}$	Hansbo 解
			$\overline{U}_r=1-e^{-\frac{8G_h}{F d_e^2}t}$	1	$\frac{8G_h}{F d_e^2}$	谢康和解
	竖向排水体地基固结	理想井	$\overline{U}_{rz}=1-(1-\overline{U}_z)(1-\overline{U}_r)=1-\frac{8}{\pi^2}e^{-\left(\frac{\pi^2 C_v}{4H^2}+\frac{8G_h}{F_n d_e}\right)t}$	$\frac{8}{\pi^2}$	$\frac{\pi^2 C_v}{4H^2}+\frac{8G_h}{F_n d_e^2}$	
		非理想井	$U_{rz}=1-\frac{8}{\pi^2}e^{-\left(\frac{\pi^2 C_v}{4H^2}+\frac{8G_h}{F d_e^2}\right)t}$	$\frac{8}{\pi^2}$	$\frac{\pi^2 C_v}{4H^2}+\frac{8G_h}{F d_e^2}$	谢康和解
		不完整井	$\overline{U}=\overline{QU}_{rz}+(1-Q)\overline{U}_z'$			
多级等速加荷	普遍表达式		$\overline{U_t}'=\sum_{t=1}^{n}\frac{\dot{q}_t}{\sum\Delta p}\left[(T_i-t_{i-1})-\frac{\alpha}{\beta}e^{-\beta t}(e^{\beta T_i}-e^{\beta T_{i-1}})\right]$			改进的高木俊介法 曾国熙
	竖向排水固结 ($\overline{U}_z>30\%$)			$\frac{8}{\pi^2}$	$\frac{\pi^2 C_v}{4H^2}$	
	向内径向排水固结	理想井		1	$\frac{8G_h}{F_n d_e^2}$	
		非理想井		1	$\frac{8G_h}{F d_e^2}$	
	竖向排水体地基固结			$\frac{8}{\pi^2}$	$\frac{\pi^2 C_v}{4H^2}+\frac{8G_h}{F_n d_e^2}$	
	不完整井			$\frac{8}{\pi^2}Q$	$\frac{8G_h}{F_n d_e^2}$	

注：表内公式符号说明

e——自然对数的底；

d_e——排水体作用范围等效圆直径；

H——土层竖向排水距离；

k_h——水平渗透系数；

L——土层最大竖向排水距离；

T_{i-1}——第 i 级荷载加载起始时间；

T_i——第 i 级荷载加载终止时间（在计算 T_{i-1}，T_i 之间的时刻 t 的固结度时，公式中的 T_i 改为 t 计算）；

$\overline{U}'_z$——排水体以下土层平均固结度；

$\overline{U}_{rz}$——竖向排水体地基总平均固结度；

$\overline{U}_t$——t 时刻多级等速加荷修正后的地基平均固结度；

$F_s=\left(\frac{k_h}{k_s}-1\right)\ln S$，反映涂抹扰动影响；

$$Q\approx\frac{H_t}{(H_1+H_2)}$$

$$F'=F_n+F_s+F_r$$

C_h——径向固结系数；

d_s——涂抹区直径；

H_1——排水体打设深度；

k_w——排水体渗透系数；

q_i——第Ⅰ级荷载底加载速率；

$\overline{U}$——地基总平均固结度；

$\overline{U}_r$——地基径向平均固结度；

U_r——地基深度：处底径向平均固结度；

$q_w=k_w\pi d_w^2/4$，排水体纵向通水量；

$G=\frac{k_h}{k_w}\left(\frac{H}{d_w}\right)^2$，井阻因子；

$F_n=\frac{n^2}{n^2-1}\ln(n)-\frac{3n^2-1}{4n^2}$

C_v——竖向固结系数；

d_w——排水体（或等效）直径；

H_2——排水体以下压缩土层厚度；

k_s——涂抹区渗透系数；

$\sum\Delta p$——各级荷载的累计值；

$\overline{U}_z$——竖向排水平均固结度；

U_r——地基深度：处底径向平均固结度；

$\overline{U}_{rz}$——竖向排水体地基总平均固结度；

$n=\frac{d_e}{e_w}$，井径比；

$F_r=\pi z(2L-z)\frac{k_h}{q_w}$，反映井阻影响；

$$S=\frac{d_s}{d_w}$$

$$F=F_n+F_s+\pi G$$

5. 地基沉降计算

对于土的压缩量（沉降）的计算，随着对土的应力应变关系理解的深化，也从原先只考虑单向压缩变形，发展到计及侧向变形，更将土的应力历史、应力途线等因素纳入计算方案，许多土的复杂的本构关系也被引入计算，例如在压缩变形计算中，除古典的土的线性弹性模型外，已经逐渐引用其他各种模型：双线弹性模型、弹塑性模型、双曲线模型以及剑桥模型等。有限单元法在固结计算中的应用，可以在一次分析中得到土体变形-荷重关系的全过程。

（1）理论计算方法

地基某时间的总沉降量 S_t，由三部分组成，即：

$$S_t = S_d + S_c + S_s \tag{3.3-28}$$

式中 S_d——瞬时沉降量；

S_c——固结沉降量；

S_s——次固结沉降量。

次固结大小与土的性质有关。对于泥炭土、有机质含量高或高塑性软黏土层，次固结沉降占相当比例，而其他土则所占比例不大。次固结沉降经判断可以忽略时，则最终总固结沉降 S_∞ 可按下式计算：

$$S_\infty = S_d + S_c \tag{3.3-29}$$

软黏土的瞬时沉降 S_d 一般按弹性理论公式计算，但由于参数难以准确测定，影响计算的精度。根据国内外的经验，可用下式计算最终总固结沉降 S_∞。

$$S_\infty = mS_c \tag{3.3-30}$$

式中 m——考虑地基剪切变形及其他影响因素的综合经验系数，它与地基土的变形特性、荷载条件、加荷速率等因素有关。对于正常固结或稍超固结土，m 可取1.1～1.4，荷载大或高压缩性饱和黏土取大值，反之取小值。

载荷载作用下地基的沉降随时间的发展可用下式计算：

$$S_t = S_d + \overline{U}_t S_c \tag{3.3-31}$$

式中 $\overline{U}_t$——t 时间地基的平均固结度。

对于一次骤然加荷或一次等速加荷结束后任何时刻的地基沉降量，上式可改写为：

$$S_t = (m - 1 + \overline{U}_t) S_c \tag{3.3-32}$$

对于多级等速加荷情况，应对 S_d 值作加荷修正，使其与修正的固结度 $\overline{U}_t$ 相适应，上式可写为：

$$S_t = \left[(m-1)\frac{p_t}{\sum \Delta p} + \overline{U}_t\right] S_c \tag{3.3-33}$$

式中 p_t——t 时刻的累计荷载；

$\sum \Delta p$——总的累计荷载。

固结沉降 S_c 目前通常采用分层总和法计算，主要有以下两种方法。

① 按 e-σ'_c 曲线计算

按 e-σ'_c 曲线计算，先将地基分成若干薄层总压缩量为各层压缩量之和，总压缩量为：

$$S_c = \sum_{i=1}^{n} \frac{e_{0i} - e_{1i}}{1 + e_{0i}} \Delta h_i \tag{3.3-34}$$

式中　e_{0i}——第 i 层中点之土的初始孔隙比；

e_{1i}——第 i 层中点之土在自重应力和附加应力共同作用下对应的孔隙比；

Δh_i——第 i 层的厚度；

n——地基分层总层数。

e_{0i}和e_{1i}从室内固结试验所得e-σ'_c曲线上查找。

② 按e-lgσ'_c曲线计算

e-lgσ'_c曲线计算可以反映加固土层的应力历史，对正常固结、超固结和欠固结土的固结沉降可分别按不同的公式计算。下面列出正常固结土的沉降计算公式，对于超固结和欠固结土的沉降计算公式请参考相关文献。

$$S_c = \sum_{i=1}^{n} \frac{\Delta h_i}{1 + e_{0i}} C_{ci} \lg\left(\frac{\sigma'_0 + \Delta\sigma'}{\sigma'_0}\right)_i \tag{3.3-35}$$

式中　e_{0i}——第 i 层中点之土的初始孔隙比；

C_{ci}——第 i 层中点之土的压缩指数；

σ'_0——先期固结压力；

$\Delta\sigma'$——有效应力增量，即附加应力；

Δh——第 i 层的厚度；

n——地基分层总层数。

(2) 应用实测沉降-时间曲线推算沉降量

由于目前理论尚不严密，地基的一些基本参数也难以准确选取，理论计算结果较为粗略，一般误差在20%以内已属不易。故在工程中通常设置若干沉降测点，从而推算地基的最终沉降量。推算方法主要有 e-lg$t$ 法、三点法、Asaoka 法、双曲线法和曲线拟合法。

6. 地基土抗剪强度增长计算

在预压荷载作用下，随着排水固结的进行，地基土的抗剪强度就随之增长；另一方面，剪应力随着荷载的增加而增大，而且剪应力在某种条件下，比如剪切蠕动下，还可能导致地基强度的衰减。因此，在附加荷载作用下，地基中某一点某一时间的抗剪强度 τ_t，可表示为：

$$\tau_t = \tau_{f0} + \Delta\tau_{fc} - \Delta\tau_{f\tau} \tag{3.3-36}$$

式中　τ_{f0}——天然地基抗剪强度；

$\Delta\tau_{fc}$——由于固结而增长的抗剪强度增量；

$\Delta\tau_{f\tau}$——由于剪切而引起的抗剪强度衰减量。

根据上式的基本概念，目前常用的抗剪强度增长计算方法有如下几种。

(1) 有效应力法

式（3.3-36）中由于剪切蠕变所引起的强度衰减部分 $\Delta\tau_{f\tau}$计算还有困难，曾国熙建议用下式计算：

$$\tau_t = \eta(\tau_{f0} + \Delta\tau_{fc}) \tag{3.3-37}$$

式中　η——考虑剪切蠕变及其他因素对强度的折减系数，其他符号同式（3.3-36）。η的取值范围在0.75～0.95之间。剪应力大，剪切蠕变效应大，则取较低值；另外，土的强度越低，则η取较低值，反之取高值。

正常固结饱和软黏土的抗剪强度一般表示为：

$$\tau_f = \sigma' \tan\varphi' \tag{3.3-38}$$

式中 φ'——土的有效内摩擦角；

σ'——剪切面上的法向有效压应力。

$$\Delta\tau_{fc} = \Delta\sigma' \tan\varphi' = (\Delta\sigma - \Delta u)\tan\varphi' \tag{3.3-39}$$

式中 $\Delta\sigma$——给定点由外荷载引起的法向压应力增量；

Δu——给定点的孔隙水压力增量。

式（3.3-39）可近似表示为：

$$\Delta\tau_{fc} = \Delta\sigma U_t \tan\varphi' \tag{3.3-40}$$

式中 U_t——给定时间，给定点的固结度，可取土层的平均固结度。

则 $$\tau_t = \eta(\tau_{f0} + \Delta\sigma U_t \tan\varphi') \tag{3.3-41}$$

或 $$\tau_t = \eta[\tau_{f0} + (\Delta\sigma - \Delta u)\tan\varphi'] \tag{3.3-42}$$

（2）有效固结应力法

这种方法只模拟压力作用下的排水固结过程，不模拟剪力作用下的附加压力的方法。这对于荷载面积相对于土层厚度比较大的预压工程，这样的模拟大致是合理的。土的强度变化可以通过剪切前的有效固结应力 σ'_c 来表示。对于正常固结饱和软黏土，其强度变化为：

$$\tau_f = \sigma'_c \tan\varphi_{cu} \tag{3.3-43}$$

式中 φ_{cu}——内摩擦角。固结快剪切试验测定，也可根据天然地基十字板剪切试验值和测定点土自重压力的比值决定；

σ'_c——地基中计算点的有效固结应力。

因而，由于固结而增长的强度可按下式计算：

$$\Delta\tau_{fc} = \Delta\sigma'_c \tan\varphi_{cu} = \Delta\sigma_c U_t \tan\varphi_{cu} \tag{3.3-44}$$

式中 $\Delta\sigma_c$——地基中计算点的应力增量；

$\Delta\sigma'_c$——地基中计算点的有效应力增量；

U_t——某时刻该点的固结度。

此外，在计算地基固结度增长时，应注意打设塑料排水板对黏土结构造成的破坏，虽然随着时间的推移，逐渐趋于恢复，但刚施工后有 1～2 个月地基的强度低于天然强度的过程，所以加载时应注意这种现象。

3.4 排水固结技术

3.4.1 概况

当工程上遇到深厚的、透水性很差的软黏土层时，根据固结理论，黏性土竖向排固结所需的时间和排水距离的平方成正比，可在地基中设置砂井、塑料排水板等竖向排水体缩短孔隙水的渗透路径，地面连以排水砂垫层，构成排水系统。

排水系统是一种手段，如没有加压系统，孔隙中的水没有压力差，水不会自然排出。如果只施加固结压力，不缩短土层的排水距离，则不能在预压期间尽快地完成设计所要求的沉降量。所以上述排水系统和加压系统，是排水固结技术的两个关键组成部分。

目前所指的排水体系，一般是指使用竖向排水体的排水方法，但加压体系却有多种方式，可以依据"势能组合"来分析加压体系、并对排水固结技术进行分类。

根据公式（3.2-4），简化的饱和黏土中的"势能组合"$\Delta\phi$为：

$$\Delta\phi=\Delta\phi_{g(\text{重力势})}+\Delta\phi_{p(\text{压力势})}+\Delta\phi_{d(\text{动力势})} \tag{3.4-1}$$

只有"势能组合"$\Delta\phi\neq0$时，才能产生渗流。

如果加压体系中无"动力势能"，则：

$$\Delta\phi=\Delta\phi_{g(\text{重力势})}+\Delta\phi_{p(\text{压力势})} \tag{3.4-2}$$

即目前通常采用的堆载预压法、真空预压法、降低水位法。

如果加压体系中仅有"动力势能"，则$\Delta\phi=\Delta\phi_{d(\text{动力势})}$，就是通常所述的动力排水法。

如果加压体系包含所有"势能组合"，即：

$$\Delta\phi=\Delta\phi_{g(\text{重力势})}+\Delta\phi_{p(\text{压力势})}+\Delta\phi_{d(\text{动力势})} \tag{3.4-3}$$

可称其为联合排水固结法。

目前，工程上广泛使用的、行之有效的增加固结压力的方法有堆载法，真空预压法。

未来，排水固结技术的创新发展，将是多种加压方式方法兼用、优势叠加、高效廉价的"联合法"，动力排水法应充分重视，甚至盐渗析势、温差势、电渗势也可以作为组合。

以下主要针对堆载预压法、真空预压法、动力排水法、降水固结法等方法，根据目前的研究成果与应用技术进行了简单梳理。

3.4.2 堆载预压固结技术

预压排水法是最常见的一种方法，其原理如图3.4-1所示。

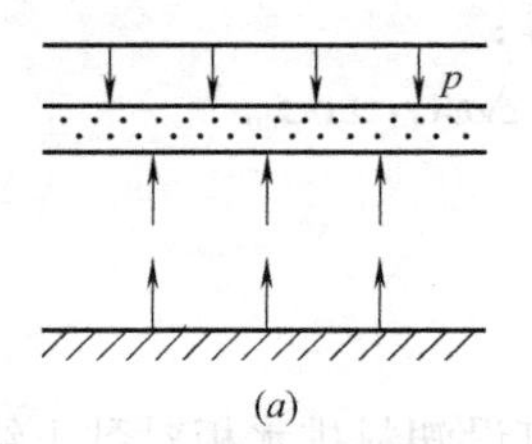

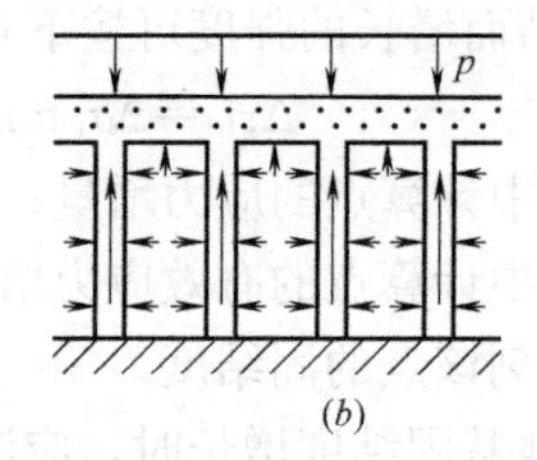

图3.4-1 排水法的原理

(a) 竖向排水情况；(b) 打设有竖向排水体的情况

根据有效应力原理，地基内任一点的总应力σ，由土骨架的有效应力σ'和孔隙水上的孔隙水压力u共同承担，它们的关系为：

$$\sigma=\sigma'+u \tag{3.4-4}$$

在荷载作用下，地基中一点总应力增量为$\Delta\sigma$，有效应力增量为$\Delta\sigma'$，孔隙水压力增量为Δu，三者满足以下关系：

$$\Delta\sigma'=\Delta\sigma-\Delta u \tag{3.4-5}$$

预压法是通过增加$\Delta\sigma$或减少Δu，而使得$\Delta\sigma'$增加。

预压法可分为减载、等载、超载预压法。其原理示意图见图3.4-2。

饱和软土地基在天然固结压力σ'_0下，其孔隙比为e_0、相应的强度为τ_0，如图3.4-2中a点所示。当施加荷载P后，总应力增加、形成超孔压，随后超孔压消散、有效应力增加$\Delta\sigma'_0$、固结终了在c点，地基土的孔隙比减小Δe，同时抗剪强度与固结压力成比例地

由 a 到 c 点。所以，土体在受压排水固结时，一方面孔隙比减小产生压缩，一方面抗剪强度得到提高。曲线 abc 称为压缩曲线。

如从 c 点卸除载荷、有效应力减小 $\Delta\sigma'_0$，则沿卸荷膨胀曲线 cef 变到 f；如从 f 点再施加载荷 P、固结压力又增长 $\Delta\sigma'_0$，土样发生再压缩、沿再压缩曲线 fgc' 变化到 c，从再压缩曲线 fgc' 可清楚地看出，固结压力同样从 σ'_0 增加 $\Delta\sigma'_0$，而孔隙比减小值为 $\Delta e'$ 则比 Δe 小得多。相应的强度包线沿卸载曲线 cef 到 f、在沿再压曲线 fec' 回到 c'。

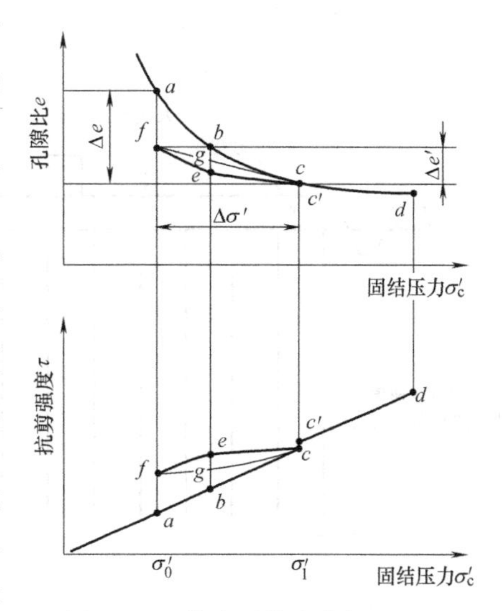

图 3.4-2 排水固结法增大地基土密度的原理示意图

堆载预压就是根据以上原理，在建筑场地先施加一个与上部建筑物相同的载荷进行预压，使土层固结；然后，卸除荷载，这样建筑物所引起的沉降就会大大减小。若预压荷载大于建筑物荷载，即所谓超载预压，则效果更好。

3.4.3 真空预压固结技术

真空预压法加固软土地基的方法属排水固结法的一种。运用该法加固软土地基时，一般来说，都是先在欲加固的软土地基上打设一定间距的塑料排水板或袋装砂井（统称竖向排水通道），然后在地面上铺设一定厚度的砂垫层，再将不透气的薄膜铺设在砂垫层上，借助于埋设在砂垫层中的管道，通过抽真空装置将膜下土体中的空气和水抽出，使土体得以排水固结，土体的强度同时也得到增长，达到加固的目的。

1. 传统真空预压排水固结技术

真空预压法加固软土地基时，真空源往往在地表，如图 3.4-3 所示，抽气前薄膜内外受大气压力影响，土体空隙中气体与地下水面以上都是处于大气压力状态，抽气后薄膜内砂垫层中的气体首先被抽出，其压力逐渐下降，薄膜内外形成一个压差 Δp（真空度），使薄膜紧贴于砂垫层。砂垫层中形成的真空度，通过竖向排水通道逐渐向下延伸，同时向其四周的土体传递、扩展，土中孔隙水压力降低，形成负的超静孔隙水压力（即真空下的孔隙水压力小于原大气状态下的孔隙水压力），从而使土体孔隙中的水和气发生由土体向竖向排水通道的渗流，其后由竖向排水通道汇至地表砂垫层中被泵抽出。真空预压法在不施加外荷载的前提下，以降低竖向排水通道中的孔隙水压力，使其小于土中原有的孔隙水压力，形成渗流所需的水力梯度。

从太沙基有效应力原理：

$$\sigma=\sigma'+u \tag{3.4-6}$$

式中 σ——土体总应力；

σ'——土体有效应力；

u——超静孔隙水压力。

真空预压法加固的整个过程是在总应力没有增加，即 $\Delta\sigma=0$ 的情况下发生的。加固

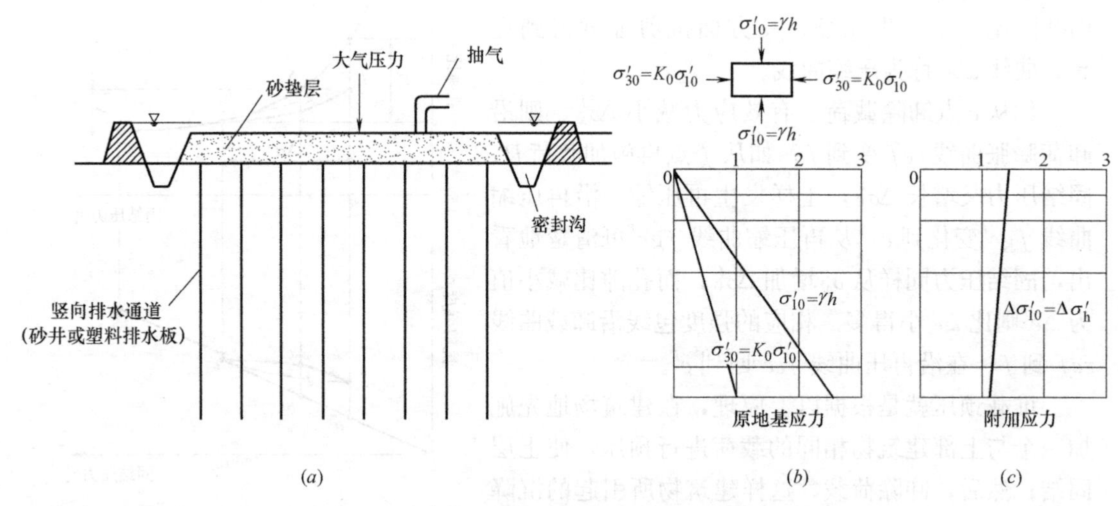

图 3.4-3 传统真空预压加固软土地基原理示意图

过程中降低的孔隙水压力即为增加的有效应力，即：

$$\Delta\sigma'=-\Delta u \tag{3.4-7}$$

或

$$\Delta\sigma=\Delta\sigma'+\Delta u=0 \tag{3.4-8}$$

土体就是在该有效应力作用下得到加固的。

从上述分析可知，竖向排水通道在真空预压法中不仅起着竖向排水、减小排水距离、加速土体固结的作用，而且起着传递真空度的作用。

从有效应力路径分析来看，加固前地基中原有的应力状态如图 3.4-3（*b*）和图 3.4-3（*c*）所示，平均应力为：

$$p_0'=1/2(\sigma_{10}'+\sigma_{30}') \tag{3.4-9}$$

加固地基土体中增加的有效应力为 $\Delta\sigma'$，由于孔隙水压力为球压力，所以在各个方向均增加 $\Delta\sigma'$，因此有

$$\sigma_3'=\sigma_{30}'+\Delta\sigma' \tag{3.4-10}$$

$$\sigma_1'=\sigma_{10}'+\Delta\sigma' \tag{3.4-11}$$

其有效应力原的位置由 D 向右移至 D'，如图 3.4-4 所示，平均应力增加到

$$p'=p_0'+\Delta\sigma' \tag{3.4-12}$$

但应力圆半径没有变化。当加固结束、“荷载”卸除后，地基土的强度沿超固结包线退至 F 点，与原有强度相比增加了 $\Delta\tau$，即加固后土体强度有所提高。

2. 深部真空预压排水固结技术

真空预压法与常规的堆载预压法相比的诸多优势，使其成为处理软土地基的有效方法之一，在国内外的工程建设中得到应用并取得了良好效果。但大量的实践也暴露出真空预压法的诸多问题，比如加固后土体承载力不足、对较深位置的土体加固效果不明显、真空度在土体内传递效率低等，为此国内外相继提出并开展了将真空源由地表下移至深部土体的尝试和研究，如低位真空预压法、真空预压降水法、高真空击密法等，并取得了一定的成果。

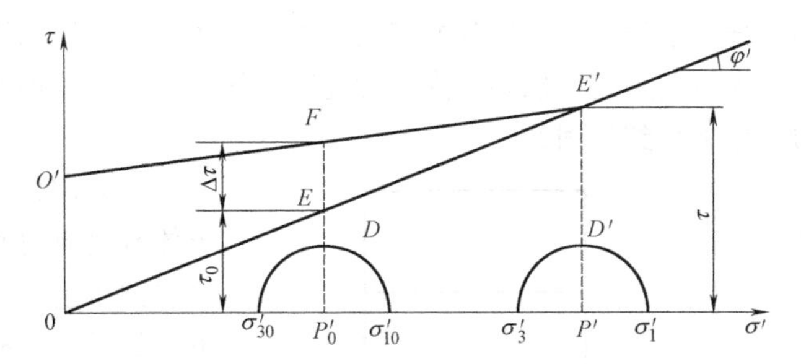

图 3.4-4 真空预压加固软土强度增强原理

(1) 低位真空预压法

低位真空预压软土地基加固法是天津市水利科学研究所研发的真空预压新技术，因其将加固工程管网设在吹填泥封层之下而得名，是处理超软吹填土及软黏土地基的有效方法之一。与传统真空排水预压法相比，该技术利用表层一定厚度的吹填泥层取代传统真空预压法中所采用的密封膜作为密封层，排水系统为水平管网与竖向塑料排水板组成的立体排水结构，如图 3.4-5 所示，加压系统采用水气分离的增压方式，通过管道直接传递真空负压，可有效提升真空度传递效率、减少真空的沿程损失，利用低位真空系统抽真空使泥封层下长期保持真空负压。在真空负压引起的巨大吸力和泥封层引起的附加预压荷载的联合作用下，使软土中的大部分孔隙水迅速地通过塑料排水板、水平滤管网排出，使地基软土发生压缩固结，同时，泥封层也逐渐完成自身的固结，达到加固地基软土和抬高地面的两大目的。

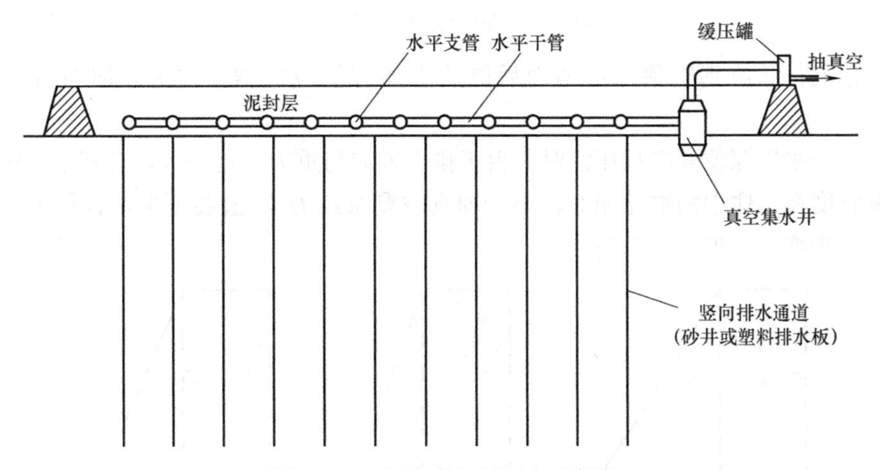

图 3.4-5 低位真空预压法示意图

其加固机理为：当淤泥完成絮凝沉淀后，淤泥中的重力水明显减少，此时封闭管网系统，利用潜水泵抽排管网内的水。当管网内的水被抽空，管网内形成真空；同时，利用真空泵抽气补充管网内的负压，使管网内负压逐渐增高，促使土体排水而被压密。把管网系统上部沉淀后的吹填淤泥视为整体，叫做密封层。抽气前密封层和其下软土地基处于大气压力状态，大气压力 P_a 作用于孔隙水上，对土体不起压密作用。抽气后，管网内具有一定真空压力，使密封层下压力降至 P_v，同时水平管网与塑料排水板之间也存在压力差，软土地基中的自由水发生向塑料排水板的渗流，使孔隙水压力降低，软土地基中的有效应力增加，土体固结，强度增长。从太沙基的有效应力原理来看，该法加固的整个过程是在总应力没有增加的情况下发生的。加固中降低的孔隙水压力就等于增加的有效应力，土体就是在该有效应力作用下得到加固的。

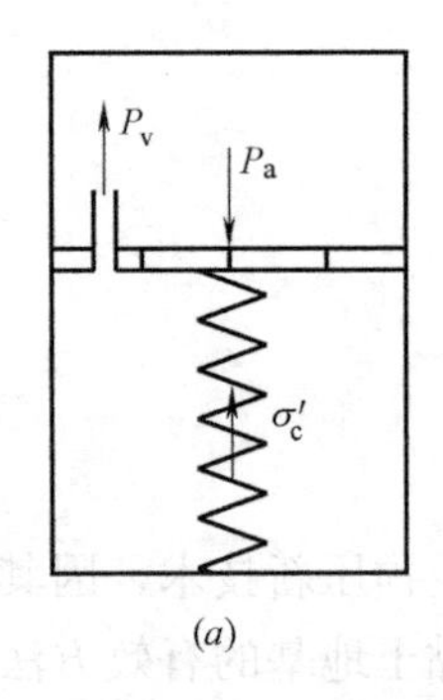

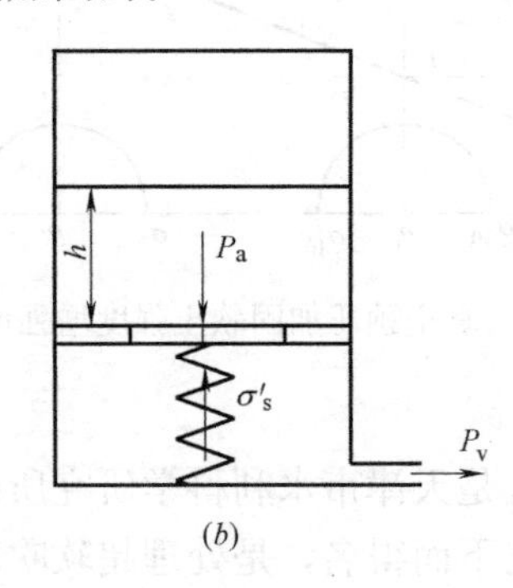

图 3.4-6　传统真空预压法与低位真空预压法弹簧活塞模型

(a) 传统真空预压；(b) 低位真空预压

当采用低位真空预压法时，土体有效应力的增长量相比传统真空预压法会有所增加，原因如下：如图 3.4-6 所示，假设泥封层厚度为 h，抽真空使得孔隙水压力下降到真空剩余压力 P_v，且土体为重塑土，不考虑土体前期固结对真空固结的影响，同时假设真空度在土体中分布均匀。则两种真空预压法对土体有效应力的影响如图 3.4-7 所示，土体总应力在真空预压过程中始终保持不变，有效应力的增量在土体的各个深度处是一致的，传统真空预压法产生的有效应力增量为：

$$\Delta\sigma'_c = -\Delta u = P_a - P_v \tag{3.4-13}$$

而低位真正预压法产生的有效应力增量为：

$$\Delta\sigma'_s = -\Delta u = \gamma_w h + P_a - P_v \tag{3.4-14}$$

故理论上，深位真空预压法加固后能使土体有效应力增量更大，加固后土体强度更高。

另外，当采用深位真空预压法时，由于排水方向与重力方向一致，有利于土中水的排出，故真空度在土体中的损耗相对较小，即真空剩余压力 P_v 值会更小，有利于土体有效应力的进一步增长，加固效果更佳。

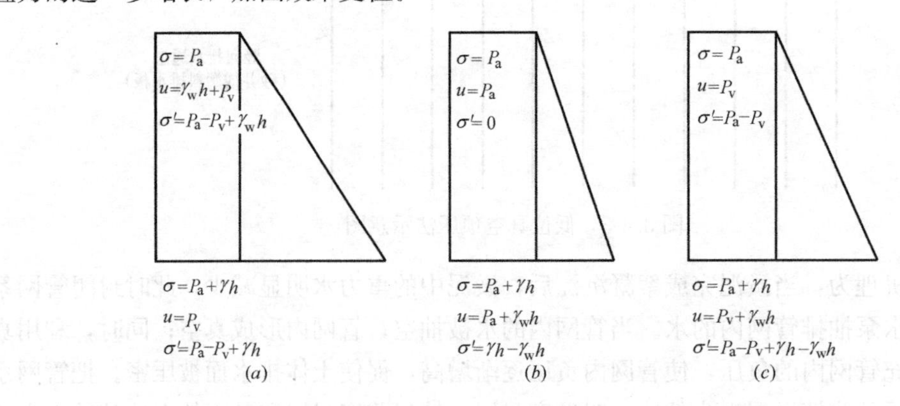

图 3.4-7　传统真空预压法与低位真空预压法有效应力增量比较

(a) 低位真空预压；(b) 原始状态；(c) 传统真空预压

σ—土体总应力；σ'—有效应力；u—孔隙水压力；P_a—初始大气压；P_v—真空剩余压力；

γ—土体重度；γ_w—水重度；h—被加固土体厚度

（2）真空降水预压法

真空降水预压一般是通过轻型井点、深井或各种组合形成的井点系统，在降水的同时通过井点向其周围的土体传递一定的真空度，使土体在真空和降水两者的耦合作用下得到加固，其耦合作用主要包括真空井点影响范围内土体受到的真空预压作用、新旧水位面间被疏干土体受到的排水固结作用以及新水位面以下土体受到的降水预压作用。

在传统太沙基有效应力原理表述中，认为包括孔隙水在内的土体受到均布的大气压力 P_a 的作用，因而在计算中不考虑大气压力 P_a 的作用。然而在真空预压过程中，孔隙水压力受到的只有残余真空压力 P_v（$P_v=P_a-P_n$），而大气压力的一部分（真空度 P_n）则是参与了土体的固结过程，这使得传统有效应力原理无法准确解释真空降水预压方法的有效应力增长过程。为了更好地描述有真空作用参与的土体固结机理及过程，罗晓玲引入了孔隙水压力的绝对总势能 U_T（势）、绝对孔隙水压力 u_T、绝对有效应力 σ'_T 以及绝对总应力 σ_T 等概念，与之的是太沙基有效应力原理中不考虑大气压 P_a 作用的孔隙水压力的相对总势能 U（势）、绝对孔隙水压力 u、绝对有效应力 σ' 以及绝对总应力 σ，它们之间存在如下关系：

$$u_T=u+P_v \tag{3.4-15}$$

$$\sigma_T=\sigma+P_a \tag{3.4-16}$$

$$\sigma'_T=\sigma_T-u_T \tag{3.4-17}$$

在通常不考虑大气压 P_a 作用的情况下，将大气压 P_a 作为计算零点，孔隙水压力相对总势能的表达式如下：

$$U(势)=u+\gamma_w h+\gamma_w \cdot v^2/2g \tag{3.4-18}$$

式中 h——计算点距重力势能参考水平面的距离；

u——孔隙水的压能（即通常概念下的静水压力）；

$\gamma_w h$——孔隙水的重力势能；

$\gamma_w \cdot v^2/2g$——孔隙水流动的动能，孔隙水流速很小一般可忽略不计。

在考虑抽真空时，需将大气压零点作为计算孔压及势能的计算零点，孔隙水压力的绝对总势能表达式如下：

$$U_T(势)=P_a+u+\gamma_w h+\gamma_w \cdot v^2/2g=u_T+\gamma_w h+\gamma_w \cdot v^2/2g \tag{3.4-19}$$

未抽真空前，土体内部孔隙水压力相对总势能与孔隙水压力的绝对总势能相等，地下水处于等势状态，地下水处于静止或动态平衡状态。抽真空后，作用范围内土体内部气压下降至 P_v，真空度为 $P_n=P_a-P_v$，真空作用范围内孔隙水压力的绝对总势能为：

$$U_T(势)=P_n+u+\gamma_w h+\gamma_w \cdot v^2/2g \tag{3.4-20}$$

而真空作用范围周边土体内部的孔隙水压力绝对总势能为：

$$U_T(势)=P_a+u+\gamma_w h+\gamma_w \cdot v^2/2g \tag{3.4-21}$$

在真空作用范围内外形成势能差：

$$\Delta U_T(势)=P_a-P_v=P_n \tag{3.4-22}$$

在势能差 ΔU_T（势）作用下，真空作用范围周边土体内的孔隙水向真空作用区渗流、排水，各状态下土体内部有效应力分布如图 3.4-8 所示。

如图 3.4-8 所示，假设原始地下水位位于地表，降水后水位面距地表 h_0，降水使降水后水位面以上各点的有效应力的增加值为各点原有的相对孔压 $u=\gamma_w h$（此处 h 为各计算点至地表的垂直距离），水位线以下土体内各点有效应力增加值为 $\gamma_w h_0$。真空降水预压使

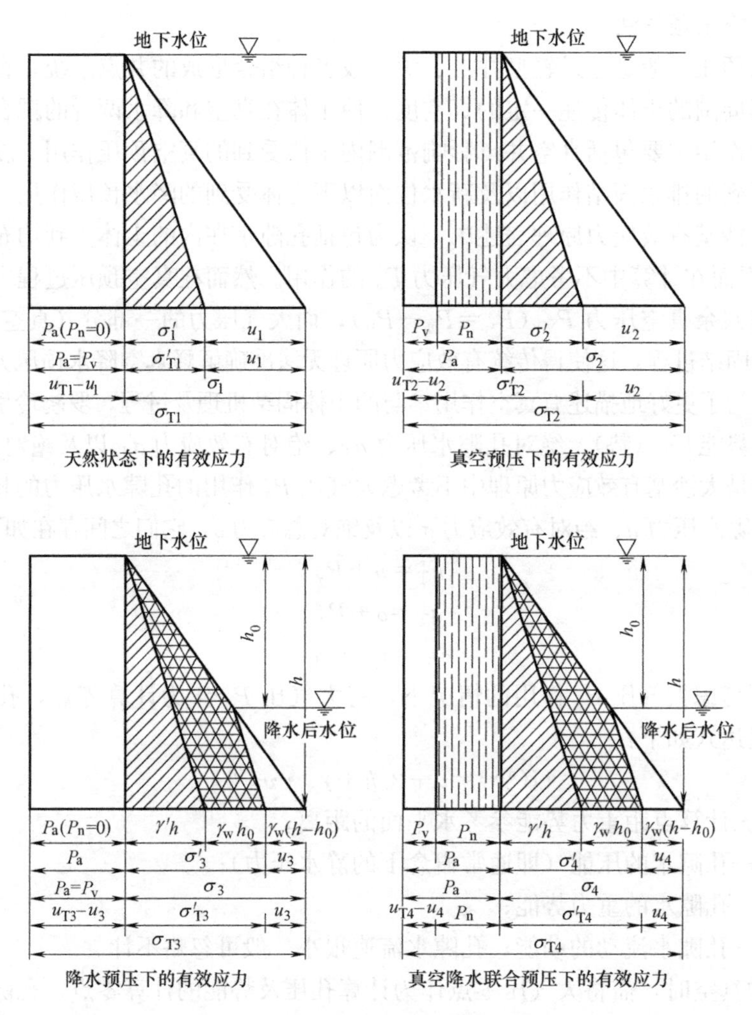

图 3.4-8　各状态下土体有效应力分布

地下水位线以上各点有效应力的增加值为真空预压、降水预压两者引起有效应力增量之和，即真空预压、降水预压的效果可以叠加。

(3) 高真空击密法

高真空击密法的施工工艺主要由高真空强排水和击密两道工序组成，其中高真空强排水与传统的真空预压的真空源在地表不同，高真空强排水是通过在场地内设置的不同深度的井管将真空度传递至更深层土体，井管的存在一方面缩短了真空传递路径，另一方面也有效提高了真空度向下传递的效率。该工法通过快速高真空排水—击密多遍循环，两道工序的有机结合、相互作用，形成了高真空法的独特机理，其夯点及井点布置示意图如图3.4-9、图3.4-10所示。该工法通过人为在土体内部制造的“压差”（击密产生的超孔隙水压力为“正压”，高真空产生的为“负压”）来快速消散超孔隙水压力，使软土中的水快速排出。由于采用高真空排水，使击密效果大大提高，从而使被处理土体形成一定厚度的超固结“硬壳层”，根据具体施工方法的，硬壳层厚度可达4～8m甚至更高。由于“硬壳层”的存在，使得表层荷载有效扩散，减少了因荷载不均匀产生的不均匀沉降。高真空强排水是由改进后的高真空井点对加固范围内的地基进行强排水，该设备功率比常用轻型井点大，可产生较大排气量和较高的真空度，可在渗透系数较低的黏土中通过形成新的水力梯度，加快孔隙水的渗流。击密主要有两种方式，一是锤击击密，即通常的强夯法；二是振动击密，主要由大功率、大能量的振动碾压设备最后实施。通过对上述两道工序的多遍循环，可达到加固地基的目的。

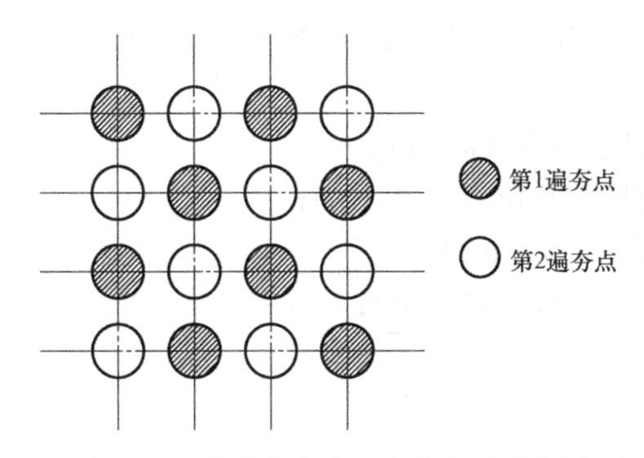

图 3.4-9 高真空击密法夯点布置示意图

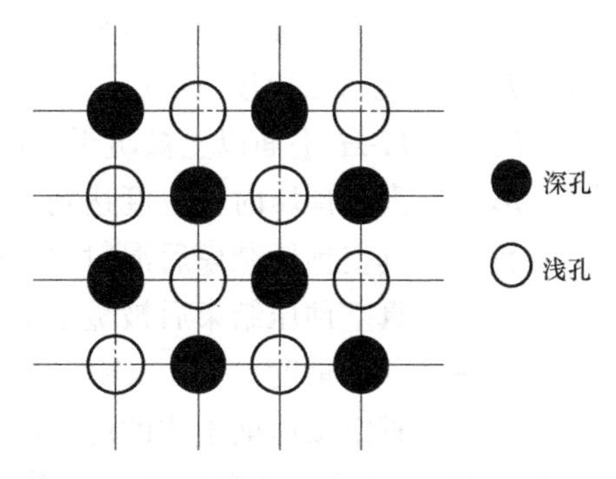

图 3.4-10 高真空击密法井点布置示意图

3. 深部真空预压法最大影响深度

真空预压孔隙水排出时预压土体内存在如下变化：真空度上升，孔隙水排出，水位下降；空隙被压缩，地表沉降，有效应力增加，强度增加。当抽真空一定时间后，地表以下一定深度内的土体因水位下降被疏干，其下土体仍处于饱和状态。在真空预压过程中，对于传统真空预压，真空作用面位于地表，抽真空时膜下空气被抽出，膜下出现真空度 P_v；对于深部真空预压（以低位真空预压法为例），真空作用面处除了真空度 P_v 的作用，还有其上部泥封层对真空作用面产生的压力。真空作用面以下，被疏干部分土体底面 H-H 以上，均匀分布着其上被疏干部分土体的有效自重应力 P_1，如图 3.4-11 所示。

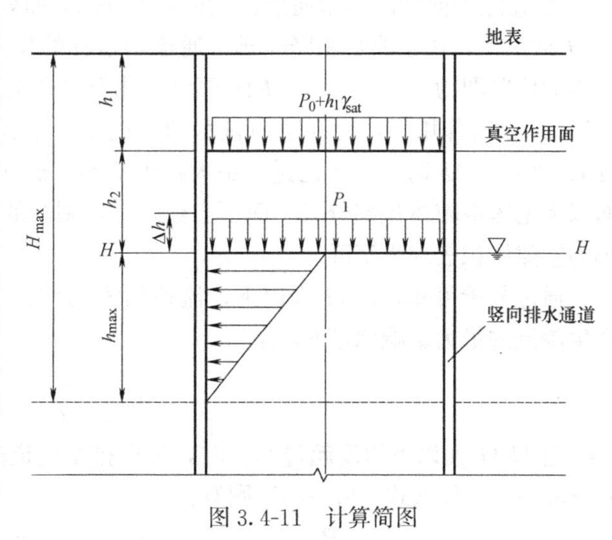

图 3.4-11 计算简图

真空度表现出的荷载 P_v 属于外加荷载，随深度增加会出现应力扩散，待其传递至 H-H 面上其作用可忽略，H-H 面上的自重应力 P_1 可通过计算获得。

（1）H-H 面上有效自重应力 P_1 的计算

为方便计算，做如下假设：

① 预压土体均匀饱和，正常固结，孔隙连通；

② P_1 瞬时施加；

③ 土体压缩后，不考虑孔隙比 e、渗透系数 K 的变化；

④ 孔隙水只考虑水平径向流动。

真空预压排水前，H-H 面上的自重应力 P_f 为：

$$P_f=(h_1+h_2)(\gamma_{sat}-\gamma_w) \tag{3.4-23}$$

真空预压排水结束后，H-H 面上以上土体被疏干，其自重应力 P_s为：

$$P_s=h_1\cdot\gamma_1+h_2\cdot\gamma_2 \tag{3.4-24}$$

上述式（3.4-23）、式（3.4-24）之差即为 H-H 面上的有效自重应力：

$$P_1=P_s-P_f=(h_1\cdot\gamma_1+h_2\cdot\gamma_2)-(h_1+h_2)\cdot(\gamma_{sat}-\gamma_w) \tag{3.4-25}$$

式中　h_1——泥封层厚度（m）；

P_1——H-H 平面以上被疏干土体的有效自重应力（kN/m^3）；

h_2——真空预压时真空度达到绝对值时对应的水位降深值（m）；

γ_1——真空预压结束后泥封层土体的湿密度（kN/m^3）；

γ_2——真空预压结束后被疏干部分土体的湿密度（kN/m^3）；

γ_w——水的重度，为 $10kN/m^3$；

γ_{sat}——真空预压前土体的湿密度（kN/m^3）。

（2）P_1作用下，H-H 面以下孔隙水产生渗流的最大影响深度

如图 3.4-11 所示，图中两个竖向排水通道之间的中线为孔隙水分别向两个竖向排水通道渗流的分界线；箭头“←”表示渗流的大小和方向。P_1是迫使孔隙水向竖向排水通道径向渗流的驱动力，孔隙水向竖向排水通道的径向渗流有如下特点：

① 孔隙水向竖向排水通道流动时，在 H-H 面处所受压力最大（为 P_1），流速最大；H-H 面以下，由于要克服竖向排水通道中水柱的反向压力，流速随深度逐渐变小，流速为零的位置即为 P_1作用下，H-H 面以下孔隙水产生渗流的最大深度。

② 在 P_1作用下，流入竖向排水通道的水沿竖向排水通道上涌，当通道中水位超出 H-H 面一个 Δh 时，由于已进入最大疏干范围而被抽出地表。Δh 不断形成、消散，H-H 面以下土体空隙体积部分减小而不会被疏干，剩余的空隙中始终充满水处于饱和状态，减小的空隙体积表现为沉降。

通过分析可知，H-H 面以下，流速为零的位置即为 P_1作用下，H-H 面以下孔隙水产生渗流的最大影响深度 h_{max}：

$$h_{max}=\frac{P_1}{\gamma_w} \tag{3.4-26}$$

当 H-H 面以下深度超过 h_{max}时，竖向排水通道的设置对孔隙水的渗流意义不大。将式（3.4-25）代入式（3.4-26）则有：

$$h_{max}=\frac{P_1}{\gamma_w}=(h_1+h_2)-\frac{h_1\cdot(\gamma_{sat}-\gamma_1)+h_2\cdot(\gamma_{sat}-\gamma_2)}{\gamma_w} \tag{3.4-27}$$

通过以上计算我们可以得到深部真空预压法的最大影响深度：

$$H_{max}=h_1+h_2+h_{max}=2(h_1+h_2)-\frac{h_1\cdot(\gamma_{sat}-\gamma_1)+h_2\cdot(\gamma_{sat}-\gamma_2)}{\gamma_w} \tag{3.4-28}$$

一个标准大气压 P_0为 760mm 汞柱，换算为水柱高度为 10.336m，即真空度达到绝对真空时的水位下降至，即 $h_2=10.336m$。而现实情况真空度难以达到绝对真空，真空度越高水位下降越深，当真空压力下降至 P_v时，可以求得对应的水位降深：

$$h_2'=10.336\frac{P_0-P_v}{P_0} \tag{3.4-29}$$

h_1为泥封层厚度，为已知值，真空预压前土体的湿密度 γ_{sat}、真空预压结束后泥封层

及被疏干部分土体的湿密度 γ_1、γ_2，可通过现场测定获得。因此，依据式（3.4-28）、式（3.4-29）即可求得深部真空预压法在不同真空面作用位置、不同真空度作用下的影响深度值，以确定竖向排水通道的深度。

对于式（3.4-28），当 h_1 为 0 时，即可求取传统真空预压最大影响深度。假定土体饱和重度 $\gamma_{sat}=20.5kN/m^3$，真空作用面以上土体湿重度 $\gamma_1=20kN/m^3$，真空作用面以下土体湿重度 $\gamma_2=19kN/m^3$，泥封层厚度 $h_1=2m$，真空度 80kPa，通过式（3.4-28）、式（3.4-29）可求得最大影响深度为 19.045m。当 $h_1=0$，即没有泥封层的传统真空预压方法，最大影响深度为 15.146m。上述计算过程中未考虑实际工程中其他因素的影响，实际工程中真空度最大影响深度要小于上述计算值。上述算例的意义在于，相对传统真空预压法，深部真空预压法最大影响深度可大大提高，本算例提高了 25.7%。

3.4.4 动力排水固结技术

目前饱和黏土的排水固结技术，主要针对堆载预压、真空预压等静力荷载为加压系统的固结方法，动力荷载为加压系统的排水固结技术，虽然在工程应用中表明效果也非常明显，但无论理论还是应用技术尚需进一步重视。

1. 动力排水固结模型试验研究

浙江开天工程技术公司做过一系列非常有趣的动力排水固结模型试验，能很好演示动力荷载对软黏土排水固结的效果，以下简单介绍其中一个试验工况的试验方法与试验结果。

土样：试验选取宁波市杭州湾新区某工地黏质粉土，土的主要物理力学性质指标见表 3.4-1。

土的主要物理力学性质指标　　表 3.4-1

土名	含水量	重度	土颗粒相对密度	孔隙比	粒径(mm)			压缩模量	固快指标	
					0.25～0.075	0.075～0.005	>0.005			
	ω_0(%)	γ(kN/m³)	ρ_d	e_0(%)	(%)	(%)	(%)	E_s(MPa)	c(kPa)	φ(°)
黏质粉土	27.9	18.67	2.71	0.822	5.6	81.8	12.6	6.5	9.3	25.6

试验装置：如图 3.4-12 简图所示。

（1）内径 320mm、高 650mm 有机玻璃透明材质的圆柱筒；

（2）内置内径 40mm 的 T 形有机玻璃透明管导管，其中导管的竖管管壁钻孔做成花管，外套滤膜可于导水、渗水、喷气，水平侧管用于排水；

（3）桶边一侧内置内径 8mm 玻璃管监测水位；

（4）桶边另一侧、桶底布置孔压计。

试验准备：如图 3.4-12 中照片所示。

（1）将黏质粉土自然晾干、打散，用 2mm 圆孔筛均匀筛入有机玻璃透明圆筒内，直至土面与桶面齐平；

（2）同时，在土体中心放置内径 40mm 的 T 形有机玻璃导管，导管的竖管管壁钻孔

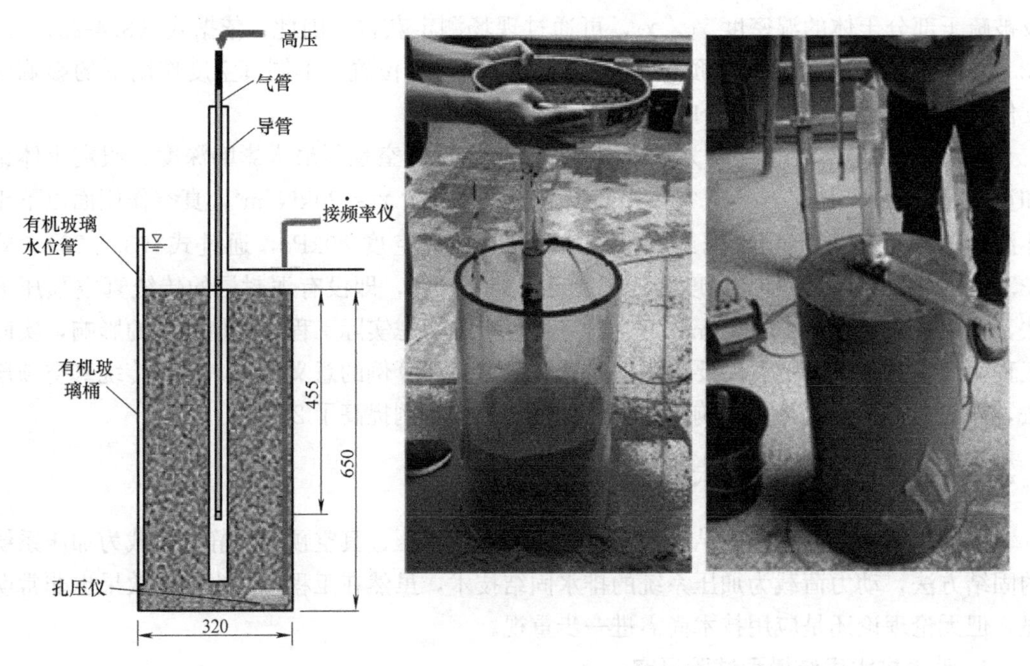

图 3.4-12 试验装置及试样制

做成花管、外套滤膜，管底距离桶底 50mm，作为渗水、导气、导水管，以模拟排水板的作用；

(3) 在桶内壁一侧设置内径 8mm 玻璃水位管，管底水位管高出软土面约 130mm，作为观测水头变化的窗口；

(4) 在桶内壁另一侧预埋有振弦式孔压计，以测量试验过程中土体孔压的变化；

(5) 将水管插入 T 形导管的竖管内、缓慢连续注水，导管的水平侧管可以保证导管内的水位与桶面齐平；

(6) 保持水头并静置 24h 使得土样饱和，期间土体会发生沉降，及时均匀筛入新土体、重新保持土面与桶面持平，待土层沉降稳定、竖管中水位与桶面齐平不再下降，表明试样制作完成。

试验过程：

(1) 对装置中的圆筒侧壁进行 0.7Hz 左右的低能量激振，分成对称的四个方向激振，每个方向共 20 下。因施加的冲击荷载在塑料圆筒侧壁，故没有产生以往强夯实验中的剪切形变的塑性区域；

(2) 激振后，水位管内的水头高出泥面约 110mm，即超孔压。

(3) 待激振结束，静待约 60min。

(4) 然后，在导管内通入高压气排水，过程时长约 25min。

试验结果：

因粉质黏土中排水较慢，只测得前 100min 的数据。导管内高压气举排水过程中水位下降深度与时间的关系整理成图 3.4-14。从图中可以看出：

(1) 滞后性：对圆筒侧壁进行激振后，超孔隙水压力产生，但存在滞后性，水头开始上升滞后约 30s 时间。停止激振后，水头仍继续上升一段时间才到达最大值。

图 3.4-13 激振、水位上升照片

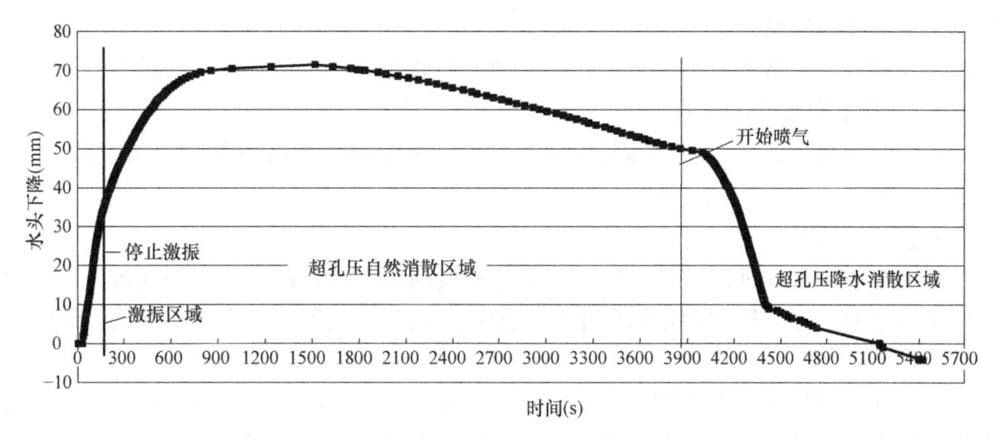

图 3.4-14 软土振动后降水、排水、固结试验结果

（2）从曲线上可看出，整个激振过程中孔压呈线性增长，平均上升速度为 0.3mm/s。激振结束后水头上升速度逐渐降低，呈曲率不断加大的曲线，一段时间后达到最大值。

（3）存在超孔压上限：第一轮夯击结束 25min 后，由于排水条件限制，超孔隙水压力难以消散，逐渐平衡，达到最大值 71mm。

（4）在超孔压自然消散阶段，水头高度随时间基本呈线性下降，但斜率明显小于上升段的曲线。下降速率平均约 0.01mm/s。

（5）在气举排水阶段，随着高压气体打入，导管内水被排出，土体中孔隙水慢慢排入导管内，排水条件的改善使得孔隙水压力下降，水头高度随时间也基本呈线性下降，下降速率相对自然消散明显加快，平均下降速率约为 0.11～0.13mm/s，是自然消散速率的 10 倍。

（6）气举排水约 500s 后，水位管内水头降至桶内泥面附近后，水头下降速度明显减慢，存在一个转折点，平均速率降为 0.014mm/s。

（7）结束后土体沉降量为 4cm，体应变 $\varepsilon_v=6.25\%$，此时对土体进行简易静力触探，土体强度大幅提高。

结果分析：

通过本次试验，可以得到：

（1）对淤泥质软土，轻微的激振力就可以使超孔隙水压力产生，且其产生存在滞后性和上限。

（2）随着排水条件的改善，超孔压消散，土体固结后软土强度大幅提高。

结果评价：

本次试验表明，在低围压下：

（1）土颗粒与水对应力波的不同响应而破坏了土-水结构，促使弱结合水转化为自由水排出，同时产生局部液化，并因超孔压达到某一限值而使土体渗透性增大，局部渗出毛细水和自由水，表现为孔隙水压力的升高。

（2）触变性：即微观解释，机械振动扰动了土体结构，机械能使得软土颗粒重新调整排列方式转化为位能，使其进入新的平衡状态，表现为淤泥质黏土结构发生改变，骨架强度下降，与机械振动产生的附加应力一同使孔隙水压力升高，试验中土体在自重的情况下即发生显著的排水固结。

模型试验表明，饱和软黏土采用合适的动力加载方法，能达到良好的排水固结作用。

2. 动力排水固结技术概述

工程中目前采用的动力排水固结法，主要有强夯法、冲击碾压法、爆破排水固结法等。

（1）强夯法概述

强夯法一般用于处理碎石土、砂土、低饱和度的粉土与黏性土、湿陷性黄土、素填土和杂填土等地基，强夯法加固粗颗粒土的机理一般认为有三种：动力密实、动力固结、动力置换。

强夯法在饱和软黏土上的加固机理，一般认为以动力固结为主，主要利用强夯巨大的冲击使土体产生振动，土中孔隙减少、孔隙水压力上升，夯击点周围产生裂缝、形成树枝状良好排水通道，孔隙水顺利逸出到饱和软土中设置的竖向排水体，使土体迅速固结，以达到减少沉降、提高承载能力的目的。这是本文讨论的重点。

以目前的工艺，对于应用于饱和软土的强夯，郑颖人院士将其机理概述为：

① 能量转换与夯坑受冲剪阶段；动能转化为动应力；坑壁冲剪破坏，下部土体压缩，夯坑周围水平位移，土体侧向挤出；坑周剪切破坏；表面隆起，坑周垂直状裂缝发展。

② 土体液化与破坏阶段：影响范围内孔隙水压力迅速提高，孔隙水压力亦达到最高点；土体结合水变成自由水；土体可能出现液化或触变，土体结构破坏；液化区强度降到最低点，高孔隙水压力区强度降低。

③ 固结压密阶段：水与气体由坑周裂隙及毛细管排出；土体固结沉降；无黏性土固结沉降迅速完成，软黏土固结有一定的时效性。

④ 触变固化阶段：水、气继续排出，孔隙水压力逐渐消散；土体自由水变成结合水；液化区强度恢复并有所提高，非液化区强度较大幅增长。

但需要注意的是，对饱和度高的粉土和黏土地基，强夯加固地基的效果易形成橡皮土，更应控制好强夯能量、夯点布置、排水系统设置等。

（2）冲击碾压概述

冲击碾压技术是利用非圆形冲击轮快速滚动冲击土，冲击压路机与传统压路机相比，最大特点是其非圆形的冲击轮外形，为了行驶的平稳和最低的能量消耗，其外形主要为

三、四、五边的正多边形。冲击轮有一个或两个，分别称为单轮或双轮冲击压路机。牵引方式有自行式和拖式。三边形冲击压路机适用于提高基础或填筑体的压实度；四边形冲击压路机多用于旧水泥混凝土路面的破碎；五边形冲击压路机适合于松铺系数较大的分层压实。目前用于排水固结地基处理的主要是双轮三边形冲击压路机，基本型号的能量为 25kJ。

与传统的静态压实和振动压实相比，冲击碾压具有振幅大、频率低的特点，在施工期，施工成本和地基加固效果方面有着明显的优势。

冲击轮对地基的冲击作用表现出明显的周期性，一个周期为冲击轮转动 $1/n$ 周（n 为冲击轮的边数）。冲击轮在一个循环冲击运动过程可分为三个阶段，如下（图 3.4-15）：

① 冲击轮的重心上升阶段。重心从最低点上升到最高点，并且冲击轮的滚动角对土施加静压或揉搓效果，冲击轮积累旋转动能和重力势能。

② 冲击轮的重心下降阶段。重心从最高点落到与土接触前的位置，冲击轮的滚动角度对土壤施加揉搓与静压作用，重力冲击轮的势能转换成动能，冲击轮快速向前滚动。

③ 冲击轮冲击土体阶段。重心下降到最低点，冲击轮对土体产生影响。前两个阶段累积的动能被转换成冲击能量。

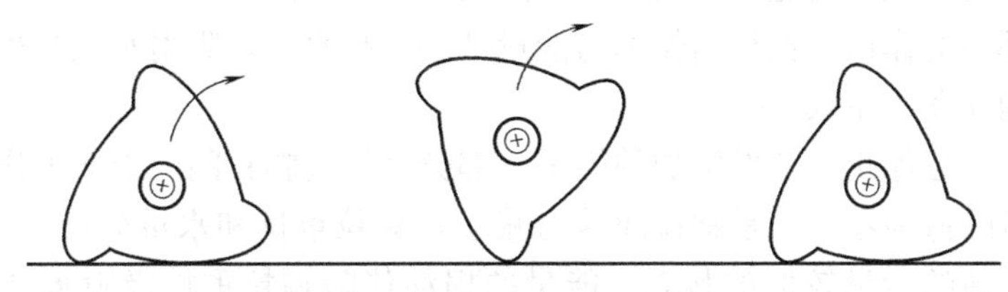

图 3.4-15 冲击碾压原理示意图

所以，冲击压路机所具有的动力来自于三部分：

① 冲击轮重心位置提升所蓄的势能；

② 冲击轮转动的动能；

③ 冲击轮在滚动过程中克服土体变形所做的功。

也就是说，冲击碾压工作原理，主要是通过拉动异形轮以快速在地面上滚动，对土壤施加冲击、揉搓和静压来实现加固。根据冲击压路机的基本原理，其能量计算公式为：

$$E=mgh \tag{3.4-30}$$

式中 E——势能（kJ）；

m——非圆形冲击轮的质量（kg）；

g——重力加速度常数（m/s^2）；

h——冲击轮外半径（R）同内半径（r）的差值，$h=R-r(m)$。

3. 动力排水固结的固体微观机理解释

固体微观机理包括软土的触变性与裂隙的产生而对渗透性的改善。

软土经历动力荷载后，土体颗粒排列会出现显著性改变，短时间内软土骨架降低，甚至发生流动，这就是土的触变性。在我国滨海地区广泛存在的海相软土中存在大量 Na^+、K^+ 离子，有较高的热力电位，有一定的结构性，具有液限高的特点，存在显著的触变性现象。相对于化学因素，针对高于最优含水量的黏性土，含水量对于改变粒间力进而影响

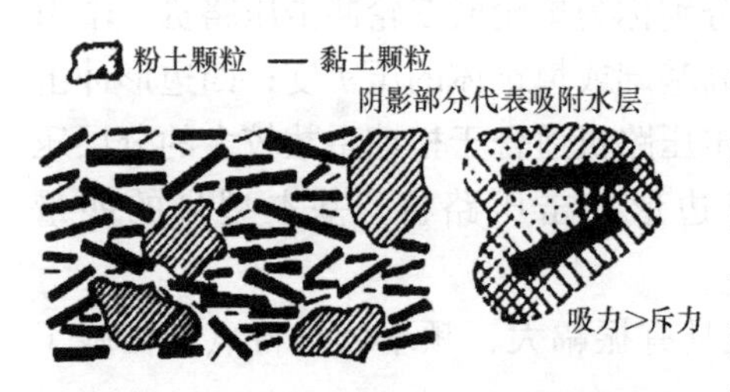

图 3.4-16　土样刚扰动后的结构图

土的触变具有更重要影响作用；同时，其含水量在排水固结过程中的变化也最为关键，所以排水固结过程伴随着软土触变性的表现。软土受夯击，会产生裂隙，使得排水条件改善，同时产生的毛细效应也对排水固结有促进作用。外力的作用下土的结构强度剧烈降低，外力停止后由于排水固结，结构和强度又随时间而增长。这种软黏土触变—排水—强度增长的微观机理，见图 3.4-16～图 3.4-18。

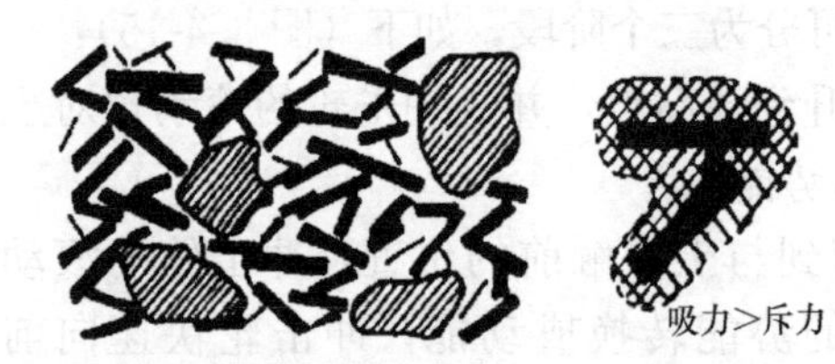

图 3.4-17　触变部分结束后的结构图

图 3.4-18　触变完成后的结构图

当软土扰动或压实后，一部分外表施加的剪切能量充分利用，将片状黏土分散成规则平行的排列，也就是施加的能量帮助了双层间内部作用力产生的颗粒间的斥力形成了分散体系。由于外部力的作用，颗粒间作用力能量处于较高水平，吸附水层和离子就会重新分布。相似的结构如图 3.4-16 所示。

然而，扰动一旦停止，外部施加的能量一部分已经使颗粒间内部斥力作用形成分散结构消耗掉，能量降低为零。于是颗粒间斥力减小，颗粒重排和水重分布，吸力超过斥力，结构试图调整成新的能量较低的状态，能量的损耗伴随颗粒重排吸附水结构和离子重分布，这种结构的变化依赖于颗粒、水和离子的物理运动，因此存在时间依赖性。

图 3.4-19 为双层间排斥能量和吸引能量曲线，另一条直线为外部施加能量，该能量随颗粒距离的减少而增加。因为颗粒间距越小，促进颗粒运动需施加的能量百分数就越大，吸引能量曲线出现驼峰，阻碍颗粒接近絮凝作用的能量消除，体系结构达到一种新状态，自然的能量耗损也就产生了。当吸力超过斥力后最小能量状态要求颗粒发生絮凝，于是双层间离子和水本身发生重分布，伴随这些过程吸附水结构将发生轻微变化（图 3.4-20）。这些变化需要颗粒的位移、离子和水的运动，不是瞬间完成的。扰动一段时间后的结构如图3.4-17所示。最终结构如图 3.4-18 所示。

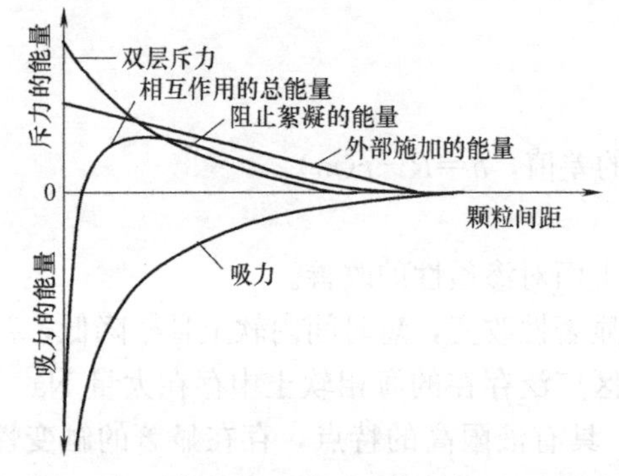

图 3.4-19　触变性土扰动重塑时能量-距离图

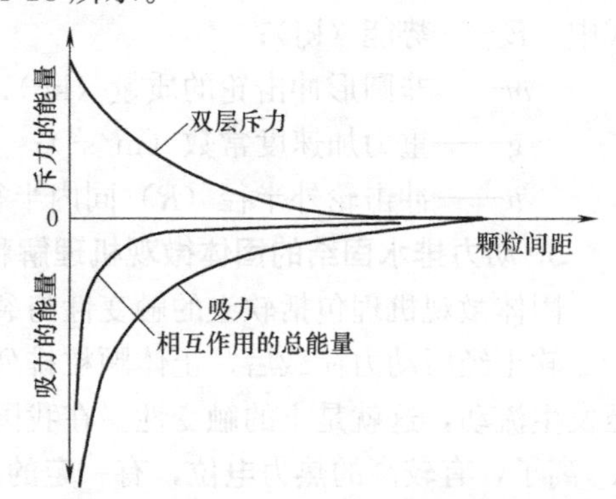

图 3.4-20　触变性土静止时能量-距离图

Osipov（1984）研究了不同粒径、成分的软土在受迫振动下，抗剪强度的变化，其典型特征如图 3.4-21 所示，可以看到，软黏土在受迫振动下，动强度急剧下降，结束后继而恢复。

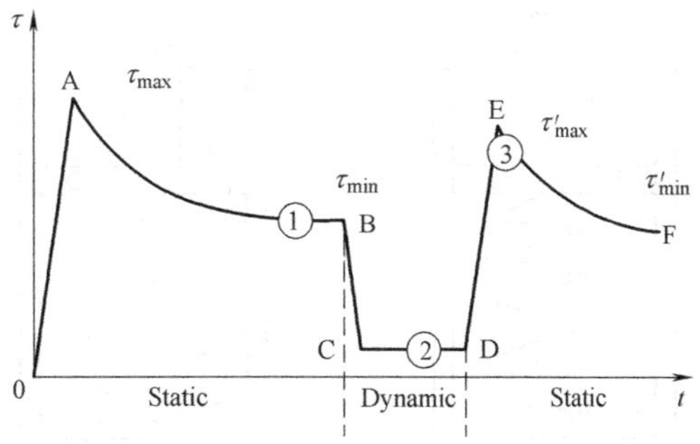

图 3.4-21 软土在受迫振动下抗剪强度变化图

图中，AB—土体在结构破坏时的抗剪强度（即残余强度）；

CD—在土体结构破坏情况下，土体受有附加振动荷载时的抗剪强度；

EF—触变恢复后土体结构的抗剪强度（在振动停止后）；

BC—振动时抗剪强度急剧下降（触变）；

DE—振动停止后抗剪强度恢复（触变恢复）。

许多研究者对软土的触变性的观察，做出了诸多成果。

ansbo 和 Pausch 在软土动力排水固结过程中，发现存在可活动粒子，软土在被施加动能后可以激活这些粒子，促进土体结合水转变为自由水排出。刘勇健发现动力排水后，土样结合水含量下降与总含水率下降幅度近似，佐证结合水的转化与软土动力固结有因果关系。

动力排水固结和静力排水固结存在的微观机制是否不同？孟庆山、薛茹分别在研究中都发现了软土在三轴冲击作用下孔隙形态发生变化，其表现为孔隙总数目增多，大孔隙数目减少；垂直断面孔隙总面积减小，横向孔隙数目与总面积均增大。雷华阳比较动静加载后的软土微观形态发现动荷载相对于静荷载，对软黏土的微观结构有着更强的扰动效果，在动荷载下软土颗粒的定向性、颗粒的形态和分布均有影响。软土经动荷载作用发生排水固结后，土体微结构连接变得更为紧密，颗粒分布由随机分布趋势转定向排列趋势，固结效果明显。这些观察结果提示了动力排水固结和静力排水固结可能存在不同的机制。

在软土的动力势能增大后又恢复的过程中，黏土颗粒对于自由水的束缚作用降低，由于在工程中设置好排水体系，在上覆荷载甚至自重下排出，同时弱结合水转化为自由水，发生排水固结，这些软土微观触变性在宏观上表现为扰动固结现象，因此动力排水固结法并不适合被孤立分析，因为它包含了：①动荷载对于排水固结的直接贡献；②对土体的扰动而产生对静荷载的排水固结的促进；又有研究表明，动荷载和静荷载排水固结的份额是叠加的。综上所述，动静结合排水固结相辅相成可达到更佳效果。

4. 动力排水加固的力学机理解释

强夯法、冲击碾压法等动力排水固结法在工程中已成功，但在理论原理、实施技术、效果评判等方面，还有待深入的系统研究。

目前动力排水固结加固机理的力学解释，主要有的 Menard 动力固结理论、冲击荷载下波动理论等，尽管这些理论的定量分析还很不成熟，但其合理的定性分析对工程实践还是具有重要的指导意义。

（1）Menard 动力固结理论

Menard 理论的主要观点是认为饱和土是可压缩的，在冲击荷载下土中的水可以迅

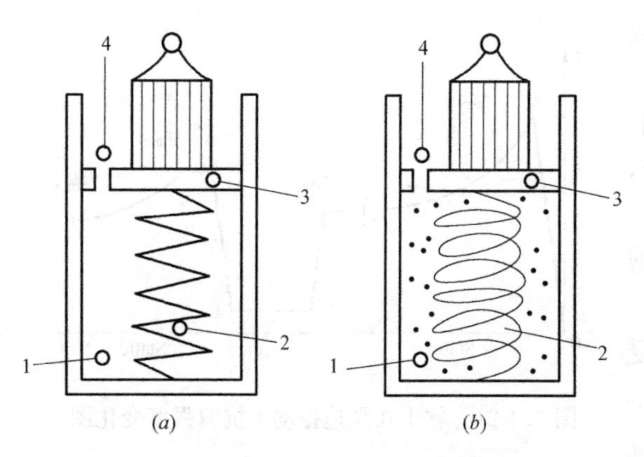

图 3.4-22　太沙基模型与梅纳模型
(a) 太沙基模型；(b) 梅纳模型
(1—液体；2—弹簧；3—活塞；4—孔眼)

速排出。提出了梅钠固结模型（图3.4-22），与太沙基模型的不同点如表3.4-2所示。

① 饱和土的可压缩性

与传统的 Terzaghi 固结理论不同，Menard 认为饱和土中存在一些封闭气泡，约占土体总体积的 1%～3%，单位压力下含气水的压缩系数为不含气体的200倍；反复冲击荷载后，软土发生体应变，气体被挤出，接着水中封闭气泡中的气体也被排出，孔隙水被压缩，超孔隙水压力不断增大。随着气体体积恢复和孔隙水的排出，超孔压消散，软土进行有效的排水固结。根据实验，每夯击一次，气体体积可减少 40%。

太沙基模型与梅钠模型的比较　　**表 3.4-2**

	太沙基模型	梅纳模型
1	不可压缩性液体	含少量微小气泡可压缩液体
2	均质弹簧	非均质弹簧，在压缩过程中弹簧弹性模量不断变化
3	无摩擦的活塞	有摩擦的活塞，孔隙水压力与气体膨胀均产生滞后
4	固定直径的孔眼	可变直径的孔眼，土体渗透性发生改变

② 软土在夯击作用下会发生局部液化

在多次夯击作用下，土体的超孔压上升，局部有效应力减少，直至土体强度完全丧失。因而土体的结构发生破坏，水流阻力大幅减少，加快土体的排水固结。

③ 渗透系数的改善

由于夯击期间发生液化、裂隙和剪切，超孔压迅速上升，土体垂直方向应力下降，水平向拉应力上升，因此垂直方向产生放射状裂隙，土的渗透性因此明显改善，如图 3.4-23 所示，液化度 α_i 为一门槛值，超过其液化度，淤泥质黏土的渗透系数则会急剧增大。当孔隙水压力消散小于颗粒间的侧向压力时，裂隙又会重新闭合。因此应用于工程中的动力排水固结应在土体设置良好的人工排水通道，以有效地消散超孔隙水压力。

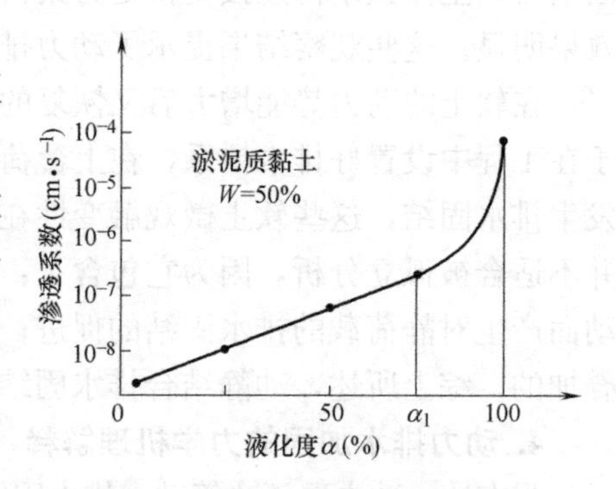

图 3.4-23　渗透系数变化曲线

④ 触变恢复

土体在多次冲击荷载的作用下，土的强度逐渐降低至土体出现液化或接近液化时的最低值，土体中吸附水转化为自由水并从产生的裂隙中流出。随着超孔隙水压力的消散，土颗粒间的水膜变薄，颗粒间的结合键增强，土的抗剪强度和变形模量大幅增长。

(2) 波动理论及冲击荷载下波的传播理论

因为冲击碾压兼有压实和强夯的效果，因此可将冲击碾压视为多次的强夯，因此在加固机理分析部分可以参考强夯法的分析方法。

夯击的特点是将机械能转换为势能，再变为动能作用于土体。在重锤作用于地面一瞬间，土体产生强烈振动，类似于地震的震源，在地基土中产生振动波从震源向四周传播，P 波（纵波、压缩波）、S 波（横波、剪切波）、R 波（面波，主要为瑞利波）的理论波能比约为：P 波 6.9%，S 波 25.8%，R 波 67.4%。假设地基为一弹塑性材料，在巨大的冲击能作用下，质点在连续介质内振动，其振动的能量可以传递给周围介质，而引起周围介质的振动，从而能量会发生转移和变化（图 3.4-24、图 3.4-25）。根据振动在介质内的传播过程及其作用、性质和特点的不同，主要是体波（P 波、S 波）起加固作用。随加固深度的增加，波的能量衰减，加固作用也逐渐减少。通常认为面波（R 波）不但起不到加密的作用，反而对地基表面产生松动，故为无用波或有害波，但陈云敏、孔令伟、牛志荣分别在研究中指出，R 波的对强夯的加固作用有一定的贡献，理由如下：

① R 波能量占总能量的 2/3，若 R 波无加固作用或起反作用，则达不到加固效果。

② R 波的影响深度为（1～1.5）λ_R，与强夯有效加固深度相吻合。λ_R 为瑞利波的波长。

③ 体波的能量衰减与 $1/r$ 成正比，R 波与 $1/\sqrt{r}$ 成正比，R 波的衰减更慢，在震源远处继续保持优势；且 R 波的垂直分量较水平分量沿深度衰减较慢；经过计算，在有效加固深度处仍能保持较大的能量比例。

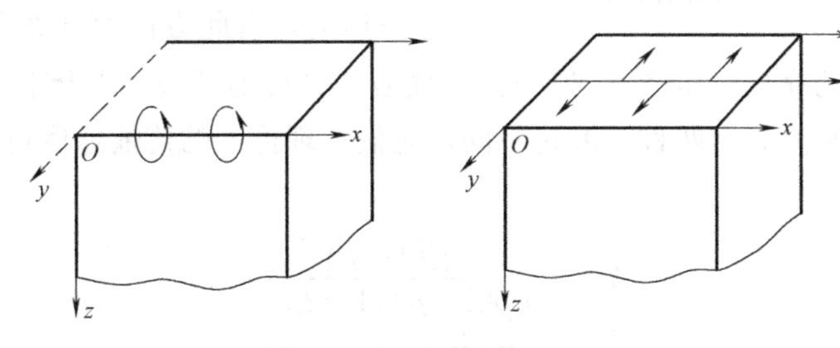

图 3.4-24　面波质点振动

(*a*) 瑞利波质点运动；(*b*) 乐夫波质点运动

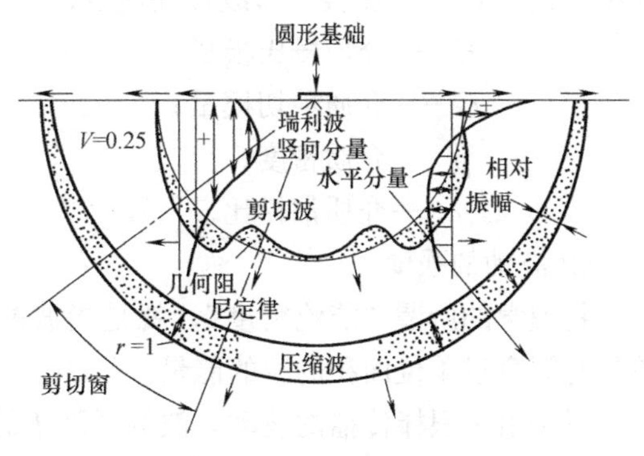

图 3.4-25　重锤夯击在弹性半空间地基中产生的波场

以下对 P 波、S 波传播机理及对饱和黏土排水固结机理做些探讨。

① 波动及传播

在弹性介质中，由于介质内部各部分间有弹性力联系，一个质点受冲击力作用发生振动位移，必然波及相邻质点也会产生振动。相邻质点振动后，又引起下一个质点振动，循此下去，振动继续往前传播，这个振动传播的过程就是波动。

可沿振动传播的方向即波动方向来描述一个具体的振动传播特征。振动传播的速度就是波速 V。假定沿某个波动方向（或波动线）作 OX 轴。为简化计，本章假定第一个振动质点的初位相为$\varphi=0$，它的振动方程为：

$$y=A\cos(\omega t) \tag{3.4-31}$$

式中 A——振动振幅；

ω——振动的角频率。

这个点也就是原点O。从这点振动传播到任一距离为1的点处需要时间为：x/V，则波动方程为

$$y=A\cos[\omega(t-x/V)] \tag{3.4-32}$$

当$x=0$，即为第一点的振动方程$\varphi=0$。

当$x=C$（C为非零的常数），式（3.4-32）就变成距原点为C的质点振动方程$\varphi=\omega C/V$。

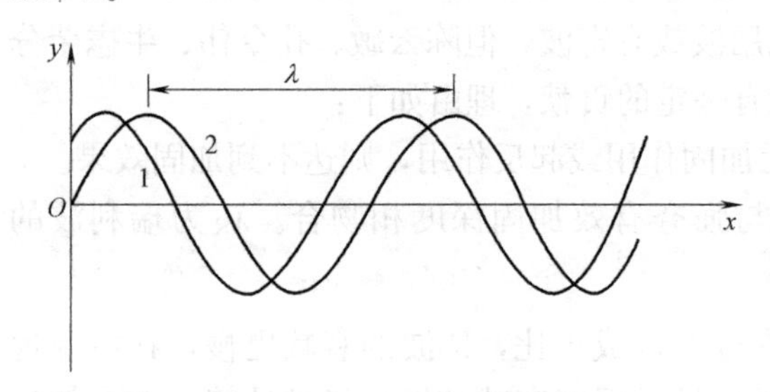

图3.4-26　重锤夯击在弹性半空间地基中产生的波场

当$t=B$（B为常数），式（3.4-32）表示$t=B$时刻OX轴上各点的分布，即波形图（图3.4-26）。在OX轴上一个完整的波形距离即波长（如图3.4-26的λ），波形是重复变化的。

有两种类型波。一是纵波，又称压缩波、无转动波，纵波质点振动方向与波动方向平行。这种波系沿波动方向的一种推拉运动，沿此方向有压缩和拉张，综合效果有利于颗粒质点的靠拢（压密）；另一种是横波，又称剪切波、等体积波，横波质点振动方向与波动方向垂直。这两种波波速不同，它们在理论上的传播速度可分别按下列公式计算：

$$V_{\mathrm{p}}=\sqrt{\frac{E(1-\mu)}{\rho(1+\mu)(1-2\mu)}} \tag{3.4-33}$$

$$V_{\mathrm{s}}=\sqrt{\frac{E(1-\mu)}{2\rho(1+\mu)}}=\sqrt{\frac{G}{\rho}} \tag{3.4-34}$$

式中 V_{p}、V_{s}——纵波、横波传播速度；

E——介质杨氏模量；

G——介质剪切模量；

ρ——介质密度；

μ——介质泊松比。

② 波动的强度

物理学的所谓“能流密度”，就是指波的强度。它是指在与波动方向垂直的截面上，单位时间穿过单位面积的波的能量。

对于沿一根棒传播的波动，波的强度I的计算公式如下：

$$I=\frac{1}{2}\rho A^2\omega^2 v \tag{3.4-35}$$

由于ρ系介质的物理性质，ω和v系介质的动力学特性，则对一定介质在一定的条件下的ρ、ω和v均为常数，故波的强度I是与A平方成正比的。或者从定性方面表述，波

的强度变化与振幅的变化密切相关。这种定性表述形式，在其他情况下一般也是正确的。

③ 波的反射和透射

波在前进中遇到结构面之后将发生反射或透射（即折射），其能量亦发生变化。这可能导致能量的分流和波的强度衰减。

图 3.4-27 即在介质 1 中行进的波遇到介质 1、2 交界面后发生反射和透射的情况。图 3.4-27（*a*）和（*b*）入射波分别为 P 波和 S 波；而反射波、透射波均为 P 波。这里入射角分别为 *a* 和 *b*、透射角为 *e*；反射角 *c*=*a* 和相互之间有以下关系：

$$\frac{\sin a}{v_1}=\frac{\sin e}{v_2}=\frac{\sin b}{l_1} \tag{3.4-36}$$

式中 v_1、v_2——第一介质和第二介质 P 波波速；

l_1——第一介质中 S 波波速。

波的能量主要表现在质点的振幅大小上，故用反射波（或透射波）振幅与入射波振幅的比值来表示有多少（相对值）能量被反射（或透射）。

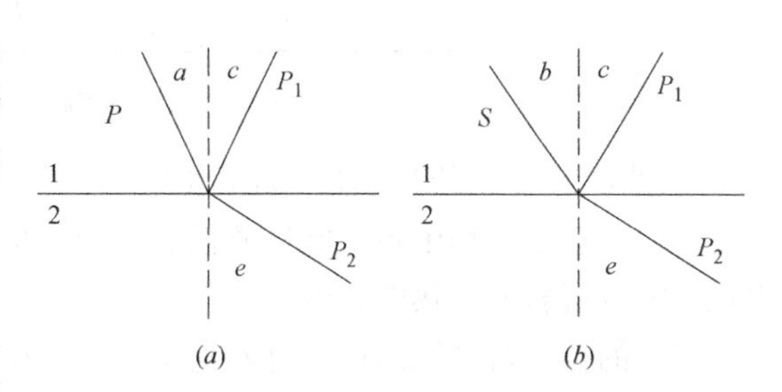

图 3.4-27 入射、反射角示意图

（*a*）P 波的反射和透射；（*b*）S 波的反射和透射

（*a*，*b*—入射角；*c*—反射角；*e*—透射角）

入射 **P** 波和 **S** 波的振幅为 *A* 和 *B*，反射波 P_1 和透射波 P_2 的振幅为 *C* 和 *E*。用 *C*/*A*、*C*/*B*、*E*/*A*、*E*/*B* 表示反射波和透射波的振幅比。策普里茨研究了上述振幅比的表达公式，麦卡米等绘出了振幅比与入射角的关系曲线，对于第一介质波速大于第二介质情况，如图 3.4-28 所示。

从实用角度出发，本章进一步将振幅比分为三档：1.4、0.4～0.6 和大于 0.6，并分别称为弱、中和强。据此将图 3.4-28 的关系列于图 3.4-29 中。

从图中可以看出，Ⅰ类入射角为 0°～15°，其特点是反射强且透射也强；Ⅱ类入射角为 15°～40°，反射中、透射强；Ⅲ类入射角为 40°～80°，反射弱、透射强；Ⅳ类入射角为 80°～90°，反射强、透射弱。

图 3.4-28 和图 3.4-29 都是 $V_1>V_2$ 的情况，亦即第一介质的密实度要大于第二介质的密实度。动力排水固结时的夯能传播类似这种 $V_1>V_2$ 条件。这里，结构面实际即第一介质的边界面。此外应特别注意以下几点：反射强意味着有较多的能量继续作用到结构面内侧的第一介质，使其密实程度加大，结构面两侧介质密实度差别更加明显，故反射强等

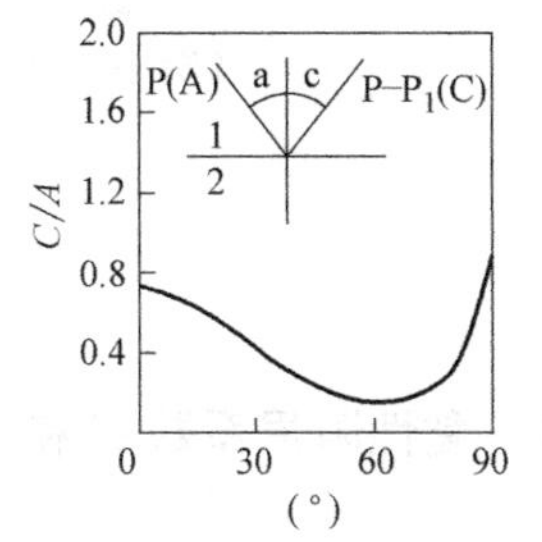

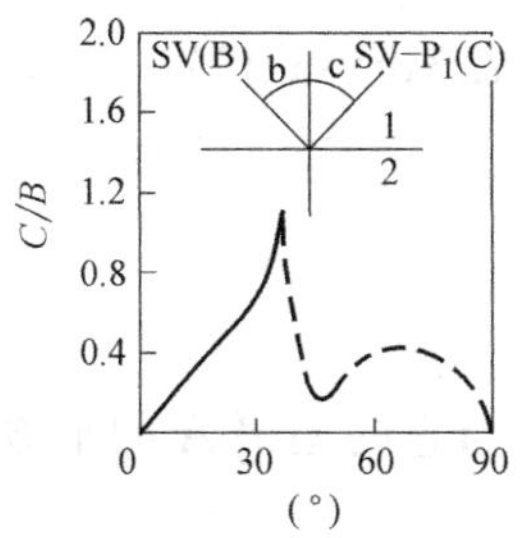

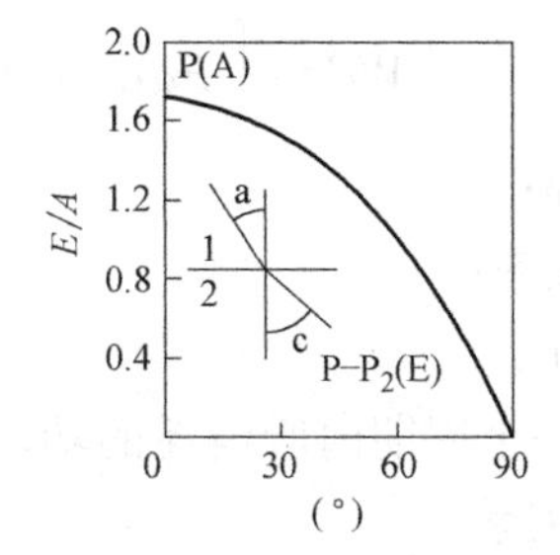

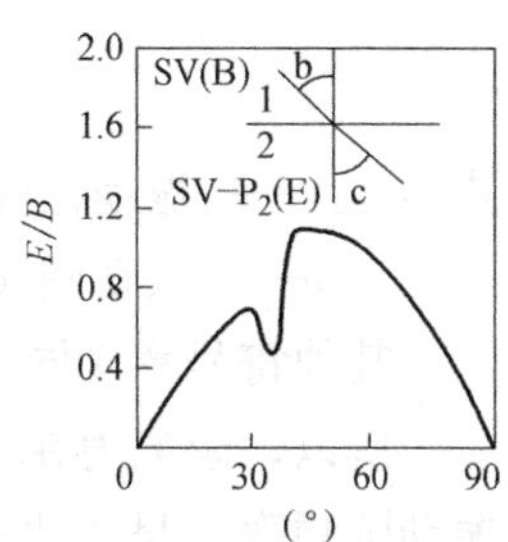

图 3.4-28 振幅比与入射角关系曲线图

于起到维持和加强结构面的作用。而透射强意味着有很多能量超过结构面作用到结构面外侧，这等于起到使结构面往外推进的作用。由此再详细分析图 3.4-29 的四类情况可知：Ⅱ类结构不仅易于向前推进，而且结构面不断被加强，故结构面十分稳定，而Ⅲ类结构面易于向前推进，但并不稳定；Ⅳ类结构面不易向前推进，但十分稳定。

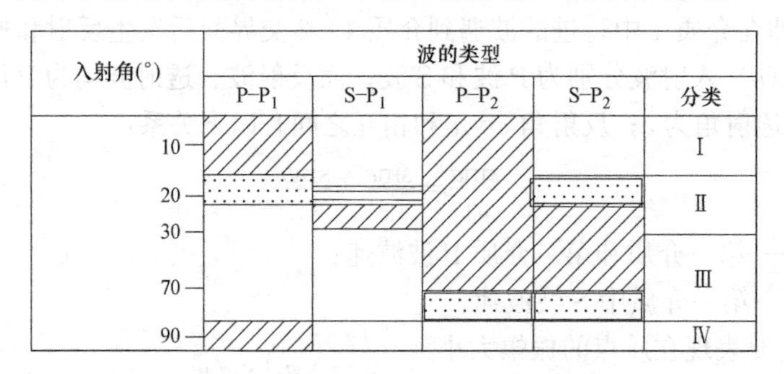

图 3.4-29　振幅比与入射角关系

④ 冲击荷载下岩土介质的阻尼作用

阻尼是运动过程中系统能量的耗散作用。也就是说，在振动系统中存在着能量损耗。损耗的能量可转变为热能和声能。

阻尼的存在对系统的振动有着重要影响。在自由振动时，阻尼使振幅不断衰减。强迫振动时，阻尼消耗激励力对系统所做的功，限制了系统的振幅。共振时，系统的品质因子 Q 取决于阻尼，阻尼越大，品质因子越小。

在动力作用下，岩土介质通常显示出较明显的阻尼作用，该作用可使土体中的动能消散而损耗。产生阻尼的机理很复杂，一般认为阻尼的产生主要来源于两个方面：一是由于土体中水和空气的运动以及滑动面的摩擦产生，呈现出黏性阻尼的性质；另一方面，由于土体中非完全弹性引起晶体面之间的内摩擦产生。在土木工程中，主要考虑黏性阻尼的影响。

所谓黏性阻尼，是指振动系统受到的阻尼力，其大小与运动速度成正比，方向与速度方向相反。黏性阻尼的阻尼力由下式表示：

$$Fd=-C\dot{x} \tag{3.4-37}$$

式中　C——黏性阻尼系数；

导数 $\dot{x}=\dfrac{dx}{dt}$。

当系统作简谐振动时，阻尼力在一个振动周期内所消耗的为：

$$Wd=\int Fd\mathrm{d}x=\int c\dot{x}^2\,\mathrm{d}t=\pi\omega CA^2 \tag{3.4-38}$$

式中　A——振动振幅；

ω——振动圆频率；

其他符号意义同上。

所以，阻尼力在一个周期内所消耗的功，与它的振幅 A 的平方、黏性阻尼系数 C 和振动圆频率 ω 呈正比关系。

岩土介质中的黏性阻尼与土的应变速率或位移速率有关，通常被视为线性阻尼。振动波以不同的波速在不同介质中传播。由波源向外辐射的波，除了几何阻尼衰减外，还存在着土体材料对波的能量吸收而引起的土体材料阻尼衰减。几何阻尼衰减在近源起主导作用，在远源则以土体介质能量吸收衰减为主。

⑤ 土-水结构对于弹性波的不同响应

何义中在研究弹性波提高原油采收率机理研究中结合 biot 双向介质波动理论、广义胡克定律和达西定律，考虑流体与固体相对运动产生的能量耗散，在理想弹塑性模型中推导出以下关系：

第一纵波引起流体与固体的体应变之比为：

$$k_1=\frac{(\sigma_{11}+\sigma_{22})|R_{e2}|^2-(\gamma_{11}+\gamma_{12})}{\gamma_{11}+\gamma_{12}-|R_{e1}|^2(\sigma_{12}+\sigma_{22})} \tag{3.4-39}$$

第二纵波引起流体与固体的体应变之比为：

$$k_2=\frac{(\sigma_{11}+\sigma_{22})|R_{e2}|^2-(\gamma_{11}+\gamma_{12})}{\gamma_{11}+\gamma_{12}-|R_{e2}|^2(\sigma_{12}+\sigma_{22})} \tag{3.4-40}$$

公式详见何义中的文章，在此不再赘述。模拟运算后得出结论：

a. 第一纵波（快波）主要对储层骨架的形变产生作用，而第二纵波（慢波）主要对流体形变产生作用，且其作用方向与第一纵波作用方向相反；

b. 低频声波动力场对低孔、低渗介质作用效果最好；随渗透率的降低，k_1 值越接近于零，表明随着孔隙度、渗透率的降低，k_1 值更接近于零，即为在第一纵波下流体与骨架的位移差越大。

c. 随着频率降低，波动力场作用效果越好，第一纵波与第二纵波引起流体与骨架的体应变之比的差的绝对值越大，有利于流体和骨架的分离。

从上述波动理论对动力排水固结加固饱和软土的分析可简单总结为：脉冲荷载作用在饱和软土中，水中传播的纵波产生了压力梯度，促使孔隙水从高势能出流向低势能处，从而提高了渗流速度，又因为纵波在土骨架中传播的拉压作用，使垂向断面上产生裂隙，提高渗透系数，也产生也毛细力。此外，土、水对纵波的不同响应导致产生不同的体应变，之间的差异破坏了土-水结构，促进了自由水的渗出和结合水向自由水的转化。横波在土颗粒间的剪切作用增大土体的动力势，一方面使颗粒剪切振密，一方面破坏了颗粒间的链接，使土体产生残余应力，也使孔隙水压力增大。面波在冲击点径向方向松动了土体，垂向方向的分量也有压密作用。

5. 饱和黏土冲击碾压与强夯法动力排水固结技术对比分析

通过对饱和黏土冲击碾压与强夯法动力排水固结技术对比分析，对工程应用中选用合适的动力排水方法起到一定的指导作用。

强夯法、冲击碾压法动力排水固结，均具有以下三部分功效：

(1) 对于表层用于压载的宕渣压密作用（粗颗粒土的剪切振密与非饱和软土的压密）；

(2) 产生的应力波对于宕渣下软土的扰动固结作用（对应力波的响应部分的土水结构）；

(3) 对宕渣下软土扰动而产生的对堆载排水固结的促进作用。

两者又具有很大差异：

（1）振动频率不同

与呈脉冲荷载的强夯法不同，冲击碾压法中土-冲击碾结构的振动频率为1～2Hz，当其振动频率接近土体的固有频率时，土体可以更多地吸收振动荷载的能量，以达到最佳的加固效果。这点得到了室内实验的验证：房营光等在研究中都验证了振动作用可明显提高排水速度，增加排水量；固结压力、振幅和频率对碱渣土的振动排水效应产生明显影响。苗永红发现振动作用对于提高软土的排水固结速度，增加排水量有明显的效果，且固结压力较小时，振动排水效果明显。

其排水固结机制更类似于白冰提出的“扰动固结现象”：

对于结构性强、灵敏度高的软土，不足以破坏软土结构的轻微的激振（扰动荷载）引起土体颗粒的微小剪应变，使得土-水结构被扰动，促进弱结合水向自由水转化，激发较高的孔隙水压力。若给予土体良好的排水条件，随着超孔隙水压力的消散，土体完成固结强度反而有所提高。

在淤泥质黏土的地基处理工程中，插设排水板时会观察到水被大量挤出。在厦门机场的填海工程中使用了振动插板法，工程者发现振动力不仅使上层砂土填方振实，同时也激活了深层淤泥，加快排水固结。

（2）冲击能不同

冲击碾压法兼有压实和强夯的效果，因此与强夯法有很多共通之处，冲击碾压可以视为能量较低的多次强夯叠加。但相较强夯法，冲击碾压的冲击能量要远不及强夯法，加固深度较浅，超孔压上升较小，超孔压消散速度较快，但冲辗法能在处理区域表面形成一层硬壳层。对于浅层（0～6m）饱和软体地基处理，冲击能量较小的冲击碾压法如果联合其他排水措施，排水加固效果显著，反而比强夯法更安全、可靠。

但对于地表浅部土性良好、饱和软黏土位于较深（4m以下）时，冲击碾压效果大大削弱，合适能级的强夯法具有明显优势，强夯法加固深度大于冲击碾压法。

6. 小结

动力排水固结技术是对淤泥质软土施加一定能量的动荷载，使其产生不彻底破坏的扰动，保持内部某些可靠的微结构，辅之以良好的排水系统和其他排水固结技术，达到有效的排水固结效果。

现有的几种学说均能在一定程度上定性解释排水固结的效果，但发展尚未完善。动力排水固结也并非简单、单一的过程，它是多种机制的复杂集合，包含软土颗粒结构的变化、冲击荷载产生的多种类型波对于软土的加固或扰动等众多效应，而强夯法与冲击碾压法之间因为冲击能量的差异导致其中各部分对最后的排水固结贡献程度不同，因而效果存在异同。

3.4.5 降水排水固结技术

降水排水固结技术即降水预压法，通过降低地下水位，增大土体有效应力而使土体得到加固的一种地基处理方法。吉随旺等利用降水预压法对上海浦东某工程软基进行加固，通过监测地基在降水过程中的孔隙水压力变化，分析了降水预压法加固软基的原理，发现降水期间插板区孔压变化大于不插板区，认为孔压的负增长即为有效应力的增加，地基产生固结沉降。胡展飞利用降水预压法对上海新世界商城深基坑坑底软土进行加固，发现基坑周围饱和软土的水平位移和垂直沉降量都能控制在 20mm 以内，认为降水预压法是加固坑底饱和软土的好方法。程义军等从降水预压原理、防渗帷幕墙的深度及厚度、防渗帷幕墙的平面及竖向布置、围堤内软土层的治理、围堤的设计等方面，详细介绍了软土地区垃圾填埋场的降水预压设计过程。

降水预压既可以单独用来加固软土地基和基坑内软土，也可以和真空预压、堆载预压、强夯等其他软基处理方式联合使用，共同发挥作用，处理软土地基。

真空降水预压法，通过井点系统进行降水，自井点向周围土体中传递一定的真空度，土体中达到的真空度即转变为其预压荷载，发挥了真空预压和降水预压两者的耦合作用。杨海旭等利用真空降水预压法对松花江漫滩地区软土地基进行加固，发现地下水位的降低程度对真空降水预压法加固效果有很大影响，降低地下水位，不仅使静水压力下降，增大土体中的有效应力，还能减少地下水的“水封”作用，充分发挥水位以上土体的真空预压作用。罗晓玲等采用真空降水预压法对申江路立交桥桥头坡地基进行加固，发现真空降水预压在深部土层创造了良好的真空度扩散传递通道，对加速地基固结、增加施工阶段的地基固结沉降量具有重要作用。

真空井点降水堆载预压法，在真空预压、降水预压和堆载预压作用下，加速软土地基的排水固结。随着软土中孔隙水的排出，含水率逐渐减少，软土得到压密，同时强度得到提高。谢弘帅等利用真空井点降水堆载预压法对上海南干线申江路跨线桥桥坡软基进行加固，发现地基固结速度有很大提升，工后沉降也大大减少，且预压期一般为 3 个月，有效加快施工进度。李斌等采用超载联合降水预压对封闭围埝内软基进行加固，发现加固后的软土十字板剪切强度提高了近 1 倍左右，加固土层的标准贯入击数由原来的 0 击增加到 5 击。

井点降水联合强夯法，将井点降水和强夯动力夯实两种工法有机结合，井点降水能够降低地下水位，为强夯击密创造条件。强夯应力波能够产生超孔隙水压力，进而增大孔隙水的压力差，促使孔隙水从压力较高处流（渗）向压力较低处。同时，强夯产生的许多微裂纹，提高土体渗透性，加速超孔隙水压力消散，加快土体固结的过程。谢艳华利用管井降水联合“轻夯多遍”的方法对青岛港前湾港四期工程软基进行处理，发现降水管井能够快速消散强夯产生的超静孔隙水压力，处理后的人工填土层的标贯击数调高了 1 倍以上，软土层的静力触探阻力值比加固前提高了 50%以上。林佑高等利用井点降水联合低能量强夯法对广州南沙某码头软基进行处理，发现深层井点能够有效增加软土水平排水通道，加速超静孔隙水压力消散，且该方法施工工期短，造价比真空预压法和堆载预压法低 15%～20%左右。刘嘉等采用井点降水联合强夯法对广州港南沙港区粮食及通用码头软基进行处理，发现处理后软基的比贯入阻力提高 200～300kPa，标贯击数增加 2 击，使低能量强夯加固深度由不足 7m 提升至 12m。赵亚峰采用堆载降水预压联合强夯法对广东省汕头市韩江三角洲网河出海口区域软基进行加固，发现处理后软土层的静力触探锥尖阻力 q_c 提高了 54%，压缩模量最大提高了 62%。

1. 降水排水固结技术的加固机理

降水排水固结技术，是通过井点抽水降低地下水位，在总应力不变的情况下，孔压的减小必然引起有效应力的等量增加，从而使土层发生固结沉降，改善土的性质。土体中存在自由水和结合水，结合水受到土粒表面引力的作用，不服从水力学规律，也

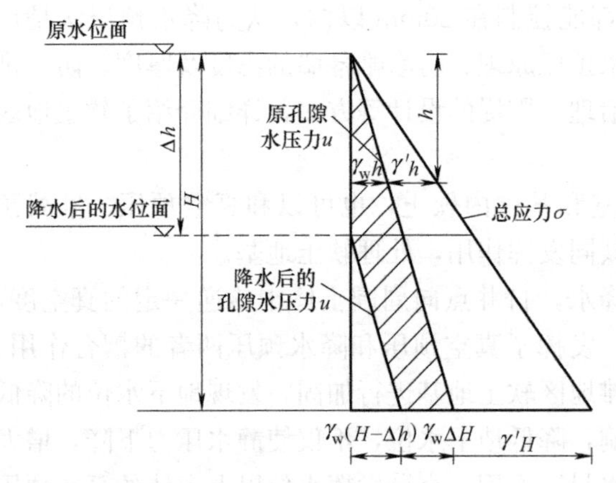

图 3.4-30 降水预压土体应力分布

不能传递静水压力，只有自由水能够传递静水压力。当井点系统抽取软土层中的自由水时，使得软土层的水头下降，孔隙水压力降低，根据有效应力原理，降低的孔隙水压力转变为有效应力，从而土体发生固结。

如图 3.4-30 所示，一均匀软土层，其饱和重度、降水后的湿重度、浮重度分别为γ_{sat}、γ和γ'，水位下降深度为Δh。

(1) 对于原水位面和降水后的水位面之间的土体：

降水前的有效应力为：

$$\sigma'_0=\gamma_{sat}h-\gamma_w h=\gamma' h \tag{3.4-41}$$

降水后的有效应力：

$$\sigma'=\gamma h-0=\gamma h \tag{3.4-42}$$

由于黏性土中，部分多余的自由水排出后，孔隙仍为其他自由水或毛细水所饱和，可认为表观密度不变，故$\gamma_{sat}\approx\gamma$，增加的有效应力：

$$\Delta\sigma'=\sigma'-\sigma'_0=(\gamma h-\gamma' h)\approx(\gamma_{sat}h+\gamma' h)=\gamma_w h \tag{3.4-43}$$

由上式可知，当地下水位下降Δh时，对于原水位面与降水后的水位面之间土体，此时总应力不变，孔隙水压力降为零，下降的孔隙水压力全部转化为有效应力，有效应力增量为$\gamma_w h$。

(2) 对于降水后的水位面以下土体：

降水前的有效应力：

$$\sigma'_0=\gamma_{sat}H-\gamma_w H=\gamma' H \tag{3.4-44}$$

降水后有效应力：

$$\sigma'=\gamma\Delta h+\gamma_{sat}(H-\Delta h)-\gamma_w(H-\Delta h)=\gamma\Delta h+\gamma'(H-\Delta h) \tag{3.4-45}$$

增加的有效应力：

$$\Delta\sigma'=\sigma'-\sigma'_0=\gamma\Delta h+\gamma'(H-\Delta h)-\gamma' H=\gamma_w\Delta h \tag{3.4-46}$$

由上式可知，对于降水后的水位面以下土体，此时总应力不变，孔隙水压力降低$\gamma_w\Delta h$，下降的孔隙水压力全部转化为有效应力，有效应力增量为$\gamma_w\Delta h$。

2. 降水排水固结技术的固结度计算

从上述分析中，可知当水位下降Δh时，降水后水位面以下的土体的孔隙水压力减少$\gamma_w\Delta h$，有效应力增加$\gamma_w\Delta h$，那么降水后水位面以下的土体孔隙水压力是否在水位下降后的瞬时降低的呢，降水后水位面以下的土体有效应力是否是在水位下降后瞬时增加的，换而言之，降水后水位面以下的土体是否是在水位下降后的瞬时完成固结的呢？这就涉及水位下降时的孔隙水压力随时间变化的问题，即固结度计算的问题。

吉随旺通过浦东某工程降水预压试验，发现在水位保持标高为$-1\sim-2$m 时，地面沉降继续增加，认为软土层在降水后仍不断排水压缩。目前普遍认为在透水性较好的潜水砂土中降水，砂土的固结是随着水位下降而同时完成的；而软黏土的固结滞后于水位的下降，在水位下降后的一个比较长期的时间仍发生固结沉降，即滞后疏干现象。殷宗泽从孔隙水的势的不平衡角度出发，认为孔隙水总势能的分布不平衡是引起固结的唯一的、内在的、本质性原因，水位下降使得边界上孔隙水总势能不平衡，从而引起土层固结。殷宗泽根据边界上孔隙水压力值，结合轴对称固结微分方程，提出了计算无限深饱和黏土中单井抽水时的孔隙水压力差分方法。罗晓玲认为含水粘土层水位下降的速度与孔隙水压力消散的速度是不同步的，即随着水位线的逐渐降低，水位线以上的土体中孔隙水压力亦消散，但消散滞后，尚有一个消散过程，这个滞后消散过程就表现为滞后疏干现象，滞后疏干的过程就是残余孔隙水压力（大于 0）进一步转化为有效应力的过程，也就是降落漏斗以上的黏土层在降水后继续固结压缩的过程，并定性地指出结合土体本构模型及渗流固结耦合方法，就能准确描述土体中任意点任意时刻地下水位下降时的固结沉降量。

对于大范围均匀降水引发的软土层固结问题，软土层的变形只发生在竖向，此时可以采用一维固结方法进行求解。胡展飞对上海浅层黏性土渗透特征进行概化，利用太沙基一维固结方程估算土体固结度。张勇在计算基坑降水过程中的软土固结度时，认为降水与外荷载引起的土体固结相同，利用太沙基一维固结方程来计算土体固结度。骆冠勇等基于一维太沙基固结方程推导出承压层中水位降低为恒定值时的软土层一维固结解析解。陶立为分析了软土非线性、流变性、成层性等特性时水位升降引发的软土固结，认为水位下降引起的超静孔隙水压力与荷载施加引起的超静孔隙水压力相同，土体的固结作用也是相同的。黄大中根据 Duhamel 原理分别推导了在潜水层和承压层水位随时间先线性下降，后达到恒定值时，一维线性固结理论、一维非线性固结理论和一维大应变非线性固结理论下相应问题的解析解。

下面分别介绍黄大中的潜水层水位线性下降引发的软土层一维固结解析解和承压水层水位线性下降引发的软土层一维固结解析解。

（1）潜水层水位下降引发的软土层一维固结解析解

如图 3.4-31 所示，软土层厚度为 H，软土层底面不透水，软土层上的潜水层中水位随时间变化当 $t \leqslant t_c$ 时水位线性下降，当 $t > t_c$ 后最终水位下降值恒定为 h_c。潜水层中水位变化同时引起了软土层上边界的孔压变化和总应力变化，进而导致软土层发生固结。

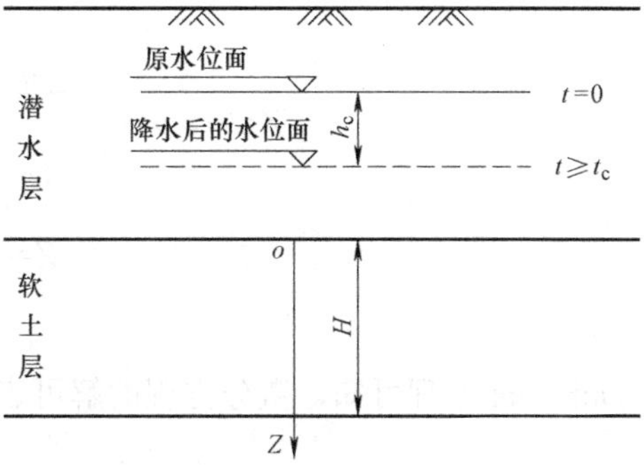

图 3.4-31　潜水层水位下降引发的软土层一维固结计算简图

水位随时间变化时，软土层固结控制方程：

$$c_v \frac{\partial^2 u}{\partial z^2} = \frac{\partial (u-q)}{\partial t} \tag{3.4-47}$$

式中　c_v——固结系数；

u——超静孔隙水压力（当前水压力与初始稳定水压力的差值）；

q——水位降低引起的荷载增量（总应力增量）。

在砂土层中水位降低前，计算软土层上表面处的总应力需采用砂土饱和重度。当潜水层中水位降低后，计算软土层上表面处总应力时，对于水位下降区域的土体需采用降水后砂土的自然重度，即导致作用在软土层上表面的总应力降低，总应力增量的表达式如下：

$$q=\begin{cases}\dfrac{q_c}{t_c} & t\leqslant t_c\\ q_c & t>t_c\end{cases} \tag{3.4-48}$$

式中　γ——降水后潜水层中砂土的自然重度；

γ_{sat}——潜水层中砂土的饱和重度；

h_c——水位最终降低深度；

t_c——水位线性下降阶段结束时的时间。

$q_c=(\gamma-\gamma_{sat})h_c$。

软土层上表面的水位变化与砂土层水位变化一致，软土层边界条件为：

$$Z=0,\quad u=\begin{cases}-\dfrac{p_c}{t_c} & t\leqslant t_c\\ -p_c & t>t_c\end{cases} \tag{3.4-49}$$

$$Z=H,\quad \frac{\partial u}{\partial z}=0 \tag{3.4-50}$$

初始条件：

$$t=0,\ u=q=0 \tag{3.4-51}$$

式中　$P_c=\gamma_w h_c$；

γ_w——水的重度。

令 $\mu=u-q$，联合控制方程和求解条件得：

$$c_v\frac{\partial^2\mu}{\partial z^2}=\frac{\partial\mu}{\partial t} \tag{3.4-52}$$

$$Z=0,\ \mu=\begin{cases}-\dfrac{q_c+p_c}{t_c} & t\leqslant t_c\\ -(q_c+p_c) & t>t_c\end{cases} \tag{3.4-53}$$

$$Z=H,\ \frac{\partial\mu}{\partial z}=0 \tag{3.4-54}$$

$$t=0,\ \mu=0 \tag{3.4-55}$$

由 Duhamel 原理可知，微分方程的解可表示为：

$$\mu(z,\ t)=\int_0^t\mu(0,\ \tau)\frac{\partial\bar{\mu}(z,\ t-\tau)}{\partial t}\mathrm{d}\tau \tag{3.4-56}$$

式中　$\bar{\mu}(z,\ t)$ 是如下方程和求解条件的解：

$$c_v\frac{\partial^2\bar{\mu}}{\partial z^2}=\frac{\partial\bar{\mu}}{\partial t} \tag{3.4-57}$$

$$Z=0,\ \bar{\mu}=1 \tag{3.4-58}$$

$$Z=H,\ \frac{\partial\bar{\mu}}{\partial z}=0 \tag{3.4-59}$$

$$t=0,\ \bar{\mu}=0 \tag{3.4-60}$$

联合微分方程和边界条件，即可求出 $\bar{\mu}$：

$$\bar{\mu}=1-\sum_{m=1}^{\infty}\frac{2}{M}\sin\left(\frac{Mz}{H}\right)\mathrm{e}^{-M^2T_v} \tag{3.4-61}$$

式中 $M=\frac{\pi}{2}(2m-1)$，$m=1$，2，3…；

$T_{\mathrm{v}}=\frac{c_{\mathrm{v}}t}{H^2}$。

代入方程可得：

$$\mu(z,t)=\begin{cases}-(q_{\mathrm{c}}+p_{\mathrm{c}})\left[\frac{T_{\mathrm{v}}}{T_{\mathrm{vc}}}-\sum_{m=1}^{\infty}\frac{2}{M^3}\sin\left(\frac{Mz}{H}\right)\left(\frac{1-\mathrm{e}^{-M^2T_{\mathrm{v}}}}{T_{\mathrm{vc}}}\right)\right] & t\leqslant t_{\mathrm{c}}\\ -(q_{\mathrm{c}}+p_{\mathrm{c}})\left[1-\sum_{m=1}^{\infty}\frac{2}{M^3}\sin\left(\frac{Mz}{H}\right)\mathrm{e}^{-M^2T_{\mathrm{v}}}\left(\frac{\mathrm{e}^{M^2T_{\mathrm{vc}}}-1}{T_{\mathrm{vc}}}\right)\right] & t>t_{\mathrm{c}}\end{cases} \tag{3.4-62}$$

式中 $T_{\mathrm{vc}}=\frac{c_{\mathrm{v}}t_{\mathrm{c}}}{H^2}$。

由上式可得超静孔隙水压力和有效应力表达式：

$$u=\mu+q=\begin{cases}(q_{\mathrm{c}}+p_{\mathrm{c}})\sum_{m=1}^{\infty}\frac{2}{M^3}\sin\left(\frac{Mz}{H}\right)\left(\frac{1-\mathrm{e}^{-M^2T_{\mathrm{v}}}}{T_{\mathrm{vc}}}\right)-\frac{p_{\mathrm{c}}}{T_{\mathrm{vc}}}T_{\mathrm{v}} & t\leqslant t_{\mathrm{c}}\\ (q_{\mathrm{c}}+p_{\mathrm{c}})\sum_{m=1}^{\infty}\frac{2}{M^3}\sin\left(\frac{Mz}{H}\right)\left(\frac{1-\mathrm{e}^{-M^2T_{\mathrm{v}}}}{T_{\mathrm{vc}}}\right)-p_{\mathrm{c}} & t>t_{\mathrm{c}}\end{cases} \tag{3.4-63}$$

$$\sigma'=\sigma-u=\begin{cases}(q_{\mathrm{c}}+p_{\mathrm{c}})\left[\frac{T_{\mathrm{v}}}{T_{\mathrm{vc}}}-\sum_{m=1}^{\infty}\frac{2}{M^3}\sin\left(\frac{Mz}{H}\right)\left(\frac{1-\mathrm{e}^{-M^2T_{\mathrm{v}}}}{T_{\mathrm{vc}}}\right)\right] & t\leqslant t_{\mathrm{c}}\\ (q_{\mathrm{c}}+p_{\mathrm{c}})\left[1-\sum_{m=1}^{\infty}\frac{2}{M^3}\sin\left(\frac{Mz}{H}\right)\left(\frac{1-\mathrm{e}^{-M^2T_{\mathrm{v}}}}{T_{\mathrm{vc}}}\right)\right] & t>t_{\mathrm{c}}\end{cases} \tag{3.4-64}$$

根据有效应力表达式，软土层某时刻的沉降值：

$$S(t)=\int_0^H m_{\mathrm{v}}\sigma'\mathrm{d}z=\begin{cases}m_{\mathrm{v}}(q_{\mathrm{c}}+p_{\mathrm{c}})H\left[\frac{T_{\mathrm{v}}}{T_{\mathrm{vc}}}-\sum_{m=1}^{\infty}\frac{2}{M^4}\left(\frac{1-\mathrm{e}^{-M^2T_{\mathrm{v}}}}{T_{\mathrm{vc}}}\right)\right] & t\leqslant t_{\mathrm{c}}\\ m_{\mathrm{v}}(q_{\mathrm{c}}+p_{\mathrm{c}})H\left[1-\sum_{m=1}^{\infty}\frac{2}{M^4}\mathrm{e}^{-M^2T_{\mathrm{v}}}\left(\frac{\mathrm{e}^{M^2T_{\mathrm{vc}}}-1}{T_{\mathrm{vc}}}\right)\right] & t>t_{\mathrm{c}}\end{cases} \tag{3.4-65}$$

软土层的最终沉降值：

$$S_{\infty}=\lim_{t\to\infty}S(t)=m_{\mathrm{v}}(q_{\mathrm{c}}+p_{\mathrm{c}})H=m_{\mathrm{v}}(\gamma-\gamma')h_{\mathrm{c}}H \tag{3.4-66}$$

软土层的平均固结度：

$$U=\frac{S(t)}{S_{\infty}}=\begin{cases}\frac{T_{\mathrm{v}}}{T_{\mathrm{vc}}}-\sum_{m=1}^{\infty}\frac{2}{M^4}\left(\frac{1-\mathrm{e}^{-M^2T_{\mathrm{v}}}}{T_{\mathrm{vc}}}\right) & t\leqslant t_{\mathrm{c}}\\ 1-\sum_{m=1}^{\infty}\frac{2}{M^4}\mathrm{e}^{-M^2T_{\mathrm{v}}}\left(\frac{\mathrm{e}^{M^2T_{\mathrm{vc}}}-1}{T_{\mathrm{vc}}}\right) & t>t_{\mathrm{c}}\end{cases} \tag{3.4-67}$$

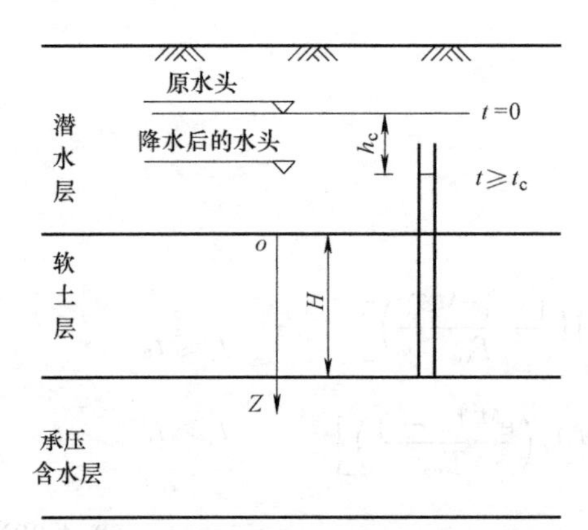

图 3.4-32 承压水层水位线性下降引发的软土层一维固结计算简图

（2）承压水层水位线性下降引发的软土层一维固结解析解

如图 3.4-32 所示，软土层厚度为 H，软土层上的潜水层中水位保持恒定，当 $t \leqslant t_c$ 时承压层水位线性下降，当 $t > t_c$ 后最终水位下降值恒定为 h_c。承压层中水位变化软土层下边界的孔压变化，进而导致软土层发生固结。

在承压层降水过程中，软土层中总应力不发生变化，软土层固结的控制方程为：

$$c_v \frac{\partial^2 u}{\partial z^2} = \frac{\partial u}{\partial t} \tag{3.4-68}$$

边界条件：

$$Z=0,\ u=0 \tag{3.4-69}$$

$$Z=H,\ u=\begin{cases} -\dfrac{p_c}{t_c} & t \leqslant t_c \\ -p_c & t > t_c \end{cases} \tag{3.4-70}$$

初始条件：

$$t=0,\ u=0 \tag{3.4-71}$$

由 Duhamel 原理可知，微分方程的解可表示为：

$$u(z,\ t) = \int_0^t u(H,\ \tau) \frac{\partial \bar{u}(z,\ t-\tau)}{\partial t} d\tau \tag{3.4-72}$$

式中 $\bar{u}(z,\ t)$ 是如下方程和求解条件的解：

$$c_v \frac{\partial^2 \bar{u}}{\partial z^2} = \frac{\partial \bar{u}}{\partial t} \tag{3.4-73}$$

$$Z=0,\ \bar{u}=0 \tag{3.4-74}$$

$$Z=H,\ \bar{u}=1 \tag{3.4-75}$$

$$t=0,\ \bar{u}=0 \tag{3.4-76}$$

联合微分方程和边界条件，即可求出 $\bar{u}$：

$$\bar{u} = \frac{z}{H} + \sum_{m=1}^{\infty} \frac{2}{N} (-1)^n \sin\left(\frac{Nz}{H}\right) e^{-N^2 T_v} \tag{3.4-77}$$

式中 $N = n\pi$，$n=1,\ 2,\ 3\cdots$；

$T_v = \frac{c_v t}{H^2}$。

代入方程可得：

$$u(z,\ t) = \begin{cases} -\dfrac{p_c}{T_{vc}} \left[\dfrac{z T_v}{H} + \sum\limits_{n=1}^{\infty} \dfrac{2}{N^3} (-1)^n \sin\left(\dfrac{Nz}{H}\right) (1 - e^{-N^2 T_v}) \right] & t \leqslant t_c \\ -\dfrac{p_c}{T_{vc}} \left[\dfrac{z T_{vc}}{H} + \sum\limits_{n=1}^{\infty} \dfrac{2}{N^3} (-1)^n \sin\left(\dfrac{Nz}{H}\right) e^{-N^2 T_v} (e^{N^2 T_{vc}} - 1) \right] & t > t_c \end{cases} \tag{3.4-78}$$

$$\sigma'(z,t)=\begin{cases}\dfrac{p_c}{T_{vc}}\left[\dfrac{zT_v}{H}+\sum\limits_{n=1}^{\infty}\dfrac{2}{N^3}(-1)^n\sin\left(\dfrac{Nz}{H}\right)(1-e^{-N^2T_v})\right] & t\leqslant t_c\\ \dfrac{p_c}{T_{vc}}\left[\dfrac{zT_{vc}}{H}+\sum\limits_{n=1}^{\infty}\dfrac{2}{N^3}(-1)^n\sin\left(\dfrac{Nz}{H}\right)e^{-N^2T_v}(e^{N^2T_{vc}}-1)\right] & t>t_c\end{cases} \tag{3.4-79}$$

根据有效应力表达式，软土层某时刻的沉降值：

$$S(t)=\int_0^H m_v\sigma'\mathrm{d}z=\begin{cases}m_v\dfrac{p_c}{T_{vc}}H\left[\dfrac{T_v}{2}-\sum\limits_{n=1}^{\infty}\dfrac{2}{N^4}[1-(-1)^n](1-e^{-N^2T_v})\right] & t\leqslant t_c\\ m_v\dfrac{p_c}{T_{vc}}H\left[\dfrac{T_{vc}}{2}-\sum\limits_{n=1}^{\infty}\dfrac{2}{N^4}[1-(-1)^n]e^{-N^2T_v}(e^{N^2T_{vc}}-1)\right] & t>t_c\end{cases} \tag{3.4-80}$$

软土层的最终沉降值：

$$S_{\infty}=\lim_{t\to\infty}S(t)=\frac{1}{2}m_v p_c H \tag{3.4-81}$$

软土层的平均固结度：

$$U=\frac{S(t)}{S_{\infty}}=\begin{cases}\dfrac{T_v}{T_{vc}}-\sum\limits_{n=1}^{\infty}\dfrac{4}{N^4T_{vc}}[1-(-1)^n](1-e^{-N^2T_v}) & t\leqslant t_c\\ 1-\sum\limits_{n=1}^{\infty}\dfrac{4}{N^4T_{vc}}[1-(-1)^n]e^{-N^2T_v}(e^{N^2T_{vc}}-1) & t>t_c\end{cases} \tag{3.4-82}$$

3. 降水排水固结技术的特点及适用范围

降水预压与堆载预压不同，堆载预压是采取增加总应力的办法来增加土体中的有效应力，使土体压密，土体大小主应力在加载的过程中增加的量不同，应力圆变大；而降水预压类似于真空预压，采取降低孔隙水压力的办法来增加土体中的有效应力，使土体压密，由于任意一点的孔隙水压力对各个方向的作用都是相同的，土体大小主应力在抽水过程中减少的量是相同的，应力圆不变。

如图 3.4-33 所示，土体某处的大小主应力分别是 σ_1' 和 σ_3'，降水预压使土中孔隙水压力降低 Δu，由于孔隙水压力各个方向相等，因此大小主应力增量一致，降水后的大小主应力为 σ_{1j}'（$\sigma_{1j}'=\sigma_1'+\Delta u$）和 σ_{3j}'（$\sigma_{3j}'=\sigma_3'+\Delta u$），应力圆的直径不变而整体右移，远离强度线，不会使土体发生剪切破坏，因此降水预压不需要控制加荷速率，可一次降低预定深度，加快土地固结。

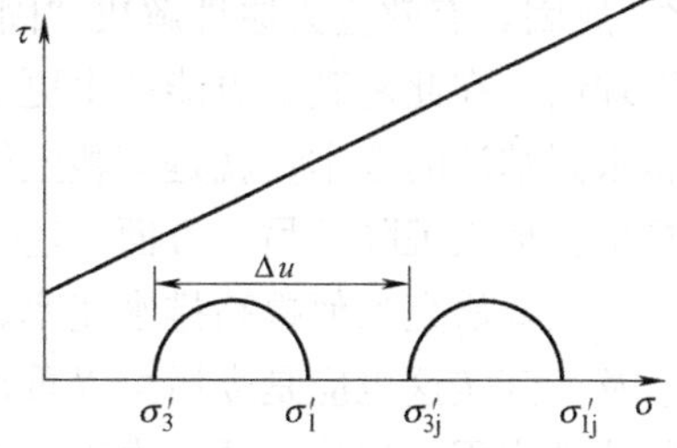

图 3.4-33 土体应力圆分析简图

降水预压法需通过管井系统进行抽水，管井一般设置在地下水位较高的砂或砂质土层，或在存在砂或砂质土的软土中；若在渗透性比较小的黏土中进行降水预压，可在软黏土中设置砂井或塑料排水板等改善土体渗透性的通道，并结合真空预压，强夯等其他软基处理方式进行处理。为了充分发挥经济技术效益，扩大降水预压的使用范围，目前降水预压法常常与堆载预压，真空预压和强夯等地基处理方式结合使用，很少单独用来加固软土地基。

4. 小结

随着降水预压技术的实践应用，降水预压固结理论也在有一定的进展。对于大面积降水的情况，基于太沙基一维固结方程，已有一维线性固结解析解和一维非线性固结解析解；对于水位不均匀下降的情况，基于轴对称条件下的 Biot 固结方程，一些学者也推导出了在积分变换域内的固结解析解。但是对于降水预压和堆载预压、真空预压、强夯等其他地基处理方式联合使用的情况，更多地只是定性分析软土层孔隙水压力、地下水位及沉降变化情况，目前还没有能够定量描述软土固结的理论。降水预压技术及理论未来发展方向，可能在以下几个方面：

（1）通过在软黏土中建立立体排水通道或采取其他措施提高软黏土的渗透性，使得管井系统能够降低软黏土中的水位，扩大降水预压的应用范围；

（2）完善降水预压在轴对称条件下的固结解析解；

（3）完善真空降水预压，井点降水联合强夯法，降水预压联合堆载预压等地基处理技术的固结理论。

3.5 展望

排水固结法是加固软黏土地基的重要手段。排水固结理论与技术还需进一步研究。

3.5.1 排水固结理论研究

排水固结中土体渗透这一排水本源问题。分析软黏土排水原因、达到控制排水目的，可以从分析研究渗流产生的各种因素、回归到“势能组合”进行研究，这样反而使得研究更为清晰、更为有效。电渗排水法、盐渗排水法，无法采用有效应力原理解释，但可以通过“电渗势能”“盐渗势能”进行研究；动力固结排水，可以通过波动理论研究软黏土中“液相势能”～时间、“固相势能”～时间变化关系来深入研究。“势能组合”概念分析“排水”原因，有效应力原理解决“固结”带来的土体变形与强度增长，两者组成“排水固结”理论，在此基础上更能产生更多高效的排水新技术。

排水固结法的根本，就是调整土体变形的发生时间、发生速率。一方面，要加大施工期的排水、加大沉降，另一方面，还要减少甚至终止使用期的排水、减小沉降。排水固结理论，不仅要研究如何提高排水速率、还应研究如何降低排水速率，前者研究很多、后者很少涉及，其实这也应是今后可以重视的方向。

竖井排水固结理论问题。由于目前理论尚不严密，地基的一些基本参数也难以准确选取，理论计算结果较为粗略，一般误差在 20％以内已属不易。假设同一水平面上竖向应变相同条件，建立了理想井轴对称固结微分方程，求解时还需假设：在竖向排水体的影响范围水平截面上的荷载是瞬时均布施加的，土体仅有竖向压密变形、土的压缩系数和渗透系数是常数，土体完全饱和、加荷开始时荷载引起的全部应力由孔隙水承担。这些条件与假设与实际工程有着较大差异，可以进一步拆分研究。

3.5.2 排水固结技术研发

本节对堆载预压、真空预压、动力排水、降水固结等软黏土排水固结技术进行了简单总结，尤其是对新型真空预压、动力排水、降水固结在软黏土中的应用，从理论与技术两方面进行了初步梳理。

排水固结新技术产生，可围绕着排水体系、加压体系两大体系的改进。

基于排水体系改进的应用技术研发。一般认为提高排水体系效率，就是研发排水板等排水体，但针对所有能提高土渗透的因素出发、提高土体排水效率更为有效。比如引入"盐渗势能"通过改变部分土体渗透性能，建立土体内类似的横向排水通道，与排水板共同形成水平向与竖向排水系统，新型排水系统的排水效率较传统会有很大提升。

基于加压体系改进的应用技术研发。加载系统由地表向地下改进，加大动力加载体系的研发，多种技术联合应用如静静联合、动静结合，每种技术就质量、工期、造价三方面，各有其优势、也必有其劣势，多种技术联合，目的是优势叠加，或至少优势弥补劣势，达到单一技术无法达到的效果。

3.5.3 其他

由于受到理论发展水平的限制、复杂地质条件、施工以及自然界的变化因素的影响，计算结果和实际不一致的情况经常发生。更应注意以下两点：

设计质量与施工质量管理。不仅需充分掌握目前采用的排水固结理论，更要充分了解相应的地域经验，进行周密的设计计算，精心地施工极其重要。

监测手段的跟进。岩土工程现场环境复杂，对监测手段提出很高的要求，必须具有准确性与可靠性、持久性与连续性、实用性与可操性，尚需具有极为重要的实时性。监测数据是理论验证、理论修正、理论发展的基础，是信息化施工、施工质量验证的手段。

参考文献

[1] 龚晓南. 地基处理手册 [M]. 北京：中国建筑工业出版社，2008.
[2] 龚晓南. 地基处理技术及发展展望——纪念中国土木工程学会岩土工程分会地基处理学术和会成立三十周年（1984～2014）（上册）[M]. 北京：中国建筑工业出版社，2014.
[3] 黄文熙. 土的工程性质 [M]. 北京：水利水电出版社，1983.
[4] 太沙基，蒋彭年（译）. 工程实用土力学 [M]. 北京：水利电力出版社，1960.
[5] 娄炎. 真空排水预压法加固软土技术（第二版）[M]. 北京：人民交通出版社，2013.
[6] 魏平. 真空预压工法在越南南部某滨海电厂的应用 [J]. 中国水运（下半月），2018，18（10）：241～243.
[7] 周波. 真空预压法在宁波滨海区域软土地基加固处理中的应用 [A]. 全国建筑工程勘察科技情报网、全国建筑工程勘察科技情报网华北情报站、中国建筑学会工程勘察分会.
[8] 2016年全国工程勘察学术大会论文集（上册）[C]. 全国建筑工程勘察科技情报网、全国建筑工程勘察科技情报网华北情报站、中国建筑学会工程勘察分会：中国建筑学会工程勘察分会，2016.
[9] 刘旭. 真空预压在天津港欠固结吹填土地基加固中的应用研究 [D]. 天津大学，2014.
[10] 董志良，张功新，周琦，罗彦，邱青长，李燕. 天津滨海新区吹填造陆浅层超软土加固技术研发

及应用 [J]. 岩石力学与工程学报，2011，30 (05)：1073～1080.
[11] 张照华. 真空联合堆载预压排水固结法在沿海吹填造地中的应用 [J]. 水利与建筑工程学报，2009，7 (03)：123～126.
[12] Halton，邱基骆. 费城国际机场跑道的软基加固 [J]. 港口工程，1984 (03)：11～13.
[13] 傅林峰. 深位真空预压法加固软土的实验研究 [D]. 浙江工业大学，2015.
[14] 黄宗煜. 低位真空预压法在温州围涂造地项目工程中的应用研究 [D]. 浙江工业大学，2011.
[15] 徐士龙，楼晓明. 高真空击密法加固吹填粉煤灰地基的实例 [J]. 粉煤灰，2004 (06)：19～21.
[16] 徐士龙. 高真空击密法加固堆场地基的试验研究 [A]. 中国土木工程学会. 中国土木工程学会第九届土力学及岩土工程学术会议论文集（下册） [C]. 中国土木工程学会：中国土木工程学会，2003：4.
[17] 龚红旗，曾国海，徐士龙. 高真空击密法填海滩涂地基处理试验研究 [J]. 岩土工程界，2009，12 (07)：33～35.
[18] 高有斌，刘汉龙，曹建建，徐士龙. 吹填土高真空击密法与常规强夯法对比试验 [J]. 华中科技大学学报（自然科学版），2009，37 (10)：100～10.
[19] 高有斌，刘汉龙，王博，徐士龙. 高真空击密法加固滨海吹填土地基试验研究 [J]. 工业建筑，2011，41 (08)：64～68.
[20] 武亚军，张孟喜，徐士龙. 高真空击密法吹填土地基处理试验研究 [J]. 港工技术，2007 (01)：43～46.
[21] 沈洪忠. 低位真空预压软土地基加固技术在温州的应用 [J]. 市政技术，2003 (03)：152～155.
[22] 孟昭即. 对真空预压影响深度的探讨 [J]. 地基处理，2003 (3)：44～48.
[23] 陈军红. 真空预压加固机理与影响区域的研究 [D]. 吉林大学，2000.
[24] 罗晓玲，范益群，刘建航. 真空降水预压（联合塑料排水板）的加固机理及加固效果研究 [J]. 地下工程与隧道，2004 (03)：2～5+45+56.
[25] 罗晓玲. 真空降水预压的固结过程分析 [D]. 上海：同济大学，2000.
[26] 郑颖人，等. 强夯加固软黏土地基的理论与工艺研究 [J]. 岩土工程学报. 2000，22 (1)：18～22.
[27] 中华人民共和国行业标准. 建筑地基处理技术规范 JGJ 79—2002 [S]. 北京：中国建筑工业出版社，2002.
[28] Menard，Y. Broise. Theoretical and Practical Aspects of Dynamic Consolidation [J]. Geotechnique. 1975，23 (1)：3～18.
[29] Leonards G A，Cutter W A，Holtz R D. Dynamic compaction of granular soils [J]. Transportation Research Record，1980，106 (1)：35～46.
[30] Hansbo S. Influence of mobile particles in soft clay on permeability [C] International Symposium on Soil Structure Proceedings. 1973，132～135.
[31] 钱学德，强夯法室内试验和理论计算 [J]. 工程勘察，1983，5 (1)：31～35.
[32] 钱家欢，钱学德，赵维炳等. 动力固结的理论与实践 [J]. 岩土工程学报，1986，8 (6)：1～17.
[33] 李彰明，冯遗兴. 动力排水固结法处理软弱地基 [J]. 施工技术. 1998 (4)：30，38.
[34] 左名麟，朱树森. 强夯法地基加固 [M]. 北京：中国铁道出版社，1988.
[35] 左名麒. 振动波与强夯机理 [J]. 岩土工程学报，1986，8 (2)：55～62.
[36] 雷学文，白世伟，孟庆山. 动力排水固结法的加固机理及工艺特征 [J]. 岩土力学，2004，25 (4)：637～640.
[37] 吴世明等. 土动力学 [M]. 北京：中国建筑工业出版社，2000.
[38] 孟庆山，杨超. 动力排水固结前后软土微观结构分析 [J]. 岩土力学，2008，29 (7)：

1759～1763.

[39] 雷学文，孟庆山，许孝祖．夯击前后软土的微观结构分析 [C] 中国土木工程学会土力学及岩土会土工测试专业委员会．第 25 届全国土工测试学术研讨会论文集．杭州：浙江大学出版社，2008，199～203.

[40] 刘勇健，李彰明，张丽娟．动力排水固结法在大面积深厚淤泥软基加固处理中的应用 [J]．岩石力学与工程学报，2010（S2）：400.

[41] Scott R A，Pearce R W．Soil compaction by impact [J]．Geotechnique，1975，25（1）：19～30.

[42] 马时冬．拟似超固结粘土的应力-应变-强度特性 [J]．岩土工程学报，1987，9（1）：53～60.

[43] 周良忠，等．浅谈毛细管在地基土强夯加固中的作用 [J]．岩土工程学报，1999，21（3）：377～379.

[44] 周良忠．软黏土地基强夯机理与施工工艺的研究及其在机场工程中的应用 [D]．重庆：后勤工学院，1998.

[45] 王盛源．强夯加固松软土地基的实践与机理 [J]．上海水利，1985（3）：25～29.

[46] Y K Chow，D M Yong，et al．Dynamic Compaction Analysis [J]．Journal of Geoteehnique Engineering，1992，118（8）：1141～1157.

[47] Thilakasiri H S，Gunarame M，Mullins G，et al．Investigation of impact stress induced in laboratory dynamic compaction of soft soil [J]．International Journal for Numerical & Analytical Methods in Geomechanics，1996，20（10）：753～767.

[48] Mayne P W，Jones S，et al．Impact Stress During Dynamic Compaction [J]．Journal of geotechnical Engineering，1983，109（10）：1342～1348.

[49] M Gunaratne，M Ranganath，S Thilakasiri，et al．Study of Pore Pressures Induced in Laboratory Dynamic Consolidation [J]．Computaters and Geotechnics，1996，18（2）：127～143.

[50] 白冰．饱和软黏土在冲击荷载作用下的性状研究及其应用 [D]．武汉水利电力大学，1998.

[51] 汪闻韶．土的动力强度和液化特性 [M]．北京：中国电力出版社，1997.

[52] 孟庆山，汪稔．冲击荷载下饱和软土动态响应特征的试验研究 [J]．岩土力学，2005，26（1）：17～21.

[53] 郭见扬．夯能的传播和夯实柱体的形成——强夯加固机理探讨之三 [J]．土工基础，1996，04.

[54] 白冰．强夯荷载作用下饱和土层孔隙水压力的简化计算方法 [J]．岩石力学与工程学报，2003，22（9）.

[55] 周建．饱和软粘土循环变形的弹塑性研究 [J]．岩土工程学报，2000，04.

[56] 孔令伟，袁建新．R 波在强夯加固软弱地基中的作用探讨 [J]．工程勘察，1996，5：1～5.

[57] Yashuhara K，Yamanouchi T，Fujiwara H，et al．Approximate prediction of soil deformation under drained-repeated loading [J]．Soils and foundations，1983，23（2）：13～25.

[58] Fujiwara H，et al．Consolidation alluvial clay under repeated loading．Soils and Foundation，1985，25（3）：19～30.

[59] Ohara S，Matsuda H．Study on the settlement of saturated clay layer induced by cyclic shear [J]．Soils and foundations，1988，28（3）：103～113.

[60] Yasuhara K，Andersen K H．Recompression of normally consolidated clay after cyclic loading [J]．Soils and foundations，1991，31（1）：83～94.

[61] 白冰，周健，曹宇春．冲击荷载作用下软粘土变形和孔压的若干问题 [J]．同济大学学报（自然科学版），2001，29（3）：268～272.

[62] 聂庆科，白冰，胡建敏，et al．循环荷载作用下软土的孔压模式和强度特征 [J]．岩土力学，2007，（S1）：724～729.

[63] 白冰，刘祖德. 冲击荷载作用下饱和软粘土强度计算方法 [J]. 水利学报，1999，30 (7)：1～6.
[64] 韩选江. 大型围海造地吹填土地基处理技术原理及应用 [M]. 北京：中国建筑工业出版社，2009.
[65] Fujiwara H. Ue S，Yasuhara K. Secondary compression of clay under repeated loading [J]. Soils and foundations，1987，27 (2)：21～30.
[66] 张先伟，孔令伟，李峻，等. 黏土触变过程中强度恢复的微观机理 [J]. 岩土工程学报，2014，36 (8)：1407～1413.
[67] 李丽华，刘数华. 国外软土触变性研究 [J]. 路基工程，2009 (5)：15～17.
[68] 李丽华，陈轮，高盛焱. 翠湖湿地软土触变性试验研究 [J]. 岩土力学，2010，31 (3)：765～768.
[69] 周建，龚晓南. 循环荷载作用下饱和软粘土应变软化研究 [J]. 土木工程学报，2000，33 (5)：75～78.
[70] 房营光，朱忠伟，莫海鸿，等. 碱渣土的振动排水固结特性试验研究 [J]. 岩土力学，2008，29 (1)：43～47.
[71] 苗永红，李瑞兵，陈邦. 软土的振动排水固结特性试验研究 [J]. 岩土工程学报，2016，38 (7)：1301～1306.
[72] 孙延长，苗永红，张新. 振动排水固结法加固漫滩相软土可行性试验研究 [J]. 中国水运，2017，38 (7)：53～56.
[73] 李瑞兵. 软土振动排水固结试验特性研究 [D]. 南京：江苏大学，2016.
[74] 杨闻宇，喻国良. 机械振动作用下淤泥液化产生的细颗粒释放机理 [J]. 厦门理工学院学报，2016，24 (1)：86～91.
[75] Hwang J H，Tu T Y. Ground vibration due to dynamic compaction [J]. Soil Dynamics & Earthquake Engineering，2006，26 (5)：337～346.
[76] 白冰，章光，刘祖德. 冲击荷载作用下饱和软粘土的一些性状 [J]. 岩石力学与工程学报，2002，21 (3)：423～428.
[77] 刘勇健，符纳，陈创鑫，等. 三轴冲击荷载作用前后软黏土的微观结构变化研究 [J]. 广东工业大学学报，2015 (2)：23～27.
[78] 刘勇健，符纳，林辉，等. 冲击荷载作用下海积软土的动力释水规律研究 [J]. 岩土力学，2014，(S1)：71～77.
[79] 孟庆山，汪稔，陈震. 淤泥质软土在冲击荷载作用下孔压增长模式 [J]. 岩土力学，2004，25 (7)：1017～1022.
[80] 孟庆山. 淤泥质粘土在冲击荷载下固结机理研究及应用 [J]. 岩石力学与工程学报，2003，22 (10)：1762.
[81] 周晖，吴俊桦. 软土固结过程中基于分形理论的孔隙微观参数研究 [J]. 广东工业大学学报，2017 (4).
[82] 李彰明，罗智斌，林伟弟，et al. 高能量冲击下淤泥土体能量传递规律试验研究 [J]. 岩土力学，2015，36 (6).
[83] 李彰明，刘俊雄. 高能量冲击作用下淤泥孔压特征规律试验研究 [J]. 岩土力学，2014，(2)：339～345.
[84] 孟庆山，汪稔，刘观仕. 冲击荷载下饱和软黏土的孔压和变形特性 [J]. 水利学报，2005，36 (4)：0467～0472.
[85] 达斯. 土动力学原理 [M]. 杭州：浙江大学出版社，1984.
[86] 刘志清，蔡建，程有彬. 振动液化排水法在大面积吹填粉土地基处理中的应用 [J]. 施工技术，

2012，41 (19)：45～48.
[87] 何义中，贺振华，张人雄. 弹性波提高原油采收率机理研究 [J]. 物探化探计算技术，2002，24 (3)：209～214.
[88] Yasuhara K. Effects of cyclic loading on undrained strength and compressibility of clay [J]. Soils and foundations，1992，32 (1)：100～116.
[89] 王安明，李小根，李彰明，等. 软土动力排水固结的室内模型试验研究 [J]. 岩土力学，2009，30 (6)：1643～1648.
[90] Skempton A W. The porepressure coefficients A and B. Geotechnique，1954，No. 4：Yasuham K. Undrained and drained cyclic triaxial test sona marine clay. Proc. 1IthICSMFE，1985，
[91] 吉随旺，张倬元. 降水预压软基处理技术中孔隙水压力效应研究 [J]. 工程地质学报，2001，(04)：368～372.
[92] 胡展飞. 降水预压改良坑底饱和软土的理论分析与工程实践 [J]. 岩土工程学报，1998，(03)：27～30.
[93] 程义军，康振同，宋少刚，等. 降水预压在软土地区垃圾卫生填埋场工程中的应用 [J]. 工程建设与设计，2010，(08)：119～123.
[94] 杨海旭，王海飙，董希斌. 真空井点降水联合加固软土地基的试验 [J]. 哈尔滨工业大学学报，2008，40 (12)：2044～2048.
[95] 谢弘帅，宰金璋，刘庆华. 真空井点降水堆载联合加固软土路基机理 [J]. 岩土工程学报，2003 (01)：119～121.
[96] 李斌，于健. 超载联合降水预压在封闭围埝软基处理中的应用研究 [J]. 施工技术，2017，46 (S2)：105～109.
[97] 谢艳华. 管井降水联合“轻夯多遍”加固填海软基的分析研究 [D]. 桂林理工大学，2008.
[98] 林佑高，林国强. 井点降水联合低能量强夯法在某码头工程中的应用 [J]. 中国港湾建设，2011，(05)：35～39.
[99] 刘嘉，罗彦，张功新，等. 井点降水联合强夯法加固饱和淤泥质地基的试验研究 [J]. 岩石力学与工程学报，2009，28 (11)：2222～2227.
[100] 赵亚峰. 堆载降水预压强夯联合法加固汕头软土路基试验研究 [D]. 河北大学，2014.
[101] 殷宗泽. 水位降落时的固结问题及固结原理 [J]. 华东水利学院学报：土力学分册，1963.
[102] 吉随旺，张倬元. 浦东某工程降水预压试验与地面沉降 [J]. 中国地质灾害与防治学报，2000，11 (4)：1～4.
[103] 张勇，赵云云. 基坑降水引起地面沉降的实时预测 [J]. 岩土力学，2008，29 (6)：1593～1596.
[104] 骆冠勇，潘泓，曹洪，等. 承压水减压引起的沉降分析 [J]. 岩土力学，2004，25 (z2)：196～200.
[105] 陶立为. 软土中水位升降引发的固结解析理论研究 [D]. 浙江大学，2011.
[106] 黄大中. 水位变化引发的土层耦合固结变形理论研究 [D]. 浙江大学，2014.

4 电渗排水固结法的新技术与新进展

周建，甘淇匀
（浙江大学滨海和城市岩土工程研究中心，浙江 杭州 310058）

4.1 引言

电渗法是通过在插入土体中的电极上施加直流电使得土体加速排水、固结从而提高强度的一种地基处理方法，其历史可以追溯至 1809 年俄国学者 Reuss 在试验室内的首次发现，后来各国学者在其加固机理、固结理论以及应用方面开展了大量的研究工作。电渗过程中，电渗系数受土颗粒大小影响较小，因而被认为是处理高含水量、低渗透性软黏土地基的有效方法。

电渗加固软土地基具有以下优势：能快速加固细颗粒土；电渗法不会引起因软土承载力不足而发生的失稳现象，且其对土体的加固是永久的；安全性高，电渗法所需要的电压不高，一般为 30～160V 之间，施工时可以划出安全隔离带，容易进行安全控制。

1939 年 Cassagrande 首次将电渗法成功应用于德国某铁路挖方边坡工程中，其后，Bjerrum（1967）报道了电渗法用于挪威超灵敏流黏土地基加固的实践。随后，电渗法一直被尝试用于各种领域，如地基、边坡和堤坝的加固，提高桩的承载力，电动注浆，减小灵敏黏土灵敏度，以及环境岩土中去除重金属离子等。随着近年来沿海吹填造陆、深厚软土加固处理、淤泥排水固结等工程的蓬勃发展，电渗法得到愈来愈多的关注并成为研究热点之一。

本章从新型电极材料、电渗与其他技术联合应用、固结理论的发展、参数设计、工程应用及发展展望等方面介绍电渗技术，以期总结国内外电渗加固技术的新进展，为更大范围的推广应用提供依据和指导。

4.2 新型电极材料

4.2.1 传统电极材料

电渗法因其在土体中施加电压而将原有的静电平衡打破，土中离子在电场作用下拖拽周围极性水分子发生迁移运动，从而达到排出弱结合水的效果。电极材料是影响电渗能耗和效果的关键因素之一。

铁、铜、铝和石墨是较为常见和传统的电极材料，已有文献对其研究多集中于室内电渗试验。Lockhart（1983a；1983b）采用不同电极材料对不同土壤类型进行电渗试验：分别采用铁、铜和石墨电极作为电极材料研究了铜质高岭土的电渗效果，对电流和固体颗粒含量的分析表明铜电极的表现最佳、石墨电极表现最差；还采用石墨和铝电极对钠质蒙脱土进行了电渗试验，结果表明在低电势梯度下铝电极表现较好，而当电势梯度超过一定值时，石墨电极表现将优于铝电极；但 Lockhart 在前期针对钠质高岭土的试验中却发现铁、铜和石墨三种电极材料在电渗中表现相当。Burton 等（1992）分别采用石墨和铁作为电渗电极材料，通过观察试验过程中的排水速率、能耗、污水和孔隙水的 pH，以比较石墨电极和铁电极电渗过程的不同，结果表明在同样能耗下石墨电极的平均排水速率约为铁电极的一半，且石墨电极电渗后土体含水量降低较小，铁电极所排出的污水 pH 较高。Mohamedelhassan 等（2001）采用六对不同的电极研究了海相软土在电渗作用下土与电极界面的电势损失，结果表明界面电势损失与阳极材料息息相关，且金属（主要是铁和铜）电极的电势损失比石墨电极的要小。Bergado 等（2003）基于两种不同尺寸的模型箱分别采用石墨和铜电极插入 PVD 作为电渗电极，对原状土和重塑土的电渗性状进行了试验研究，发现采用石墨作为电渗电极的试验土体沉降较大、固结较快，且电渗后土体含水量的降低和抗剪强度的增长均较大，因此指出石墨是更为有效的电极材料。王协群（2007）进行了铜、铁、铝三种金属材料在电渗中腐蚀问题的研究，结果表明三种电极都腐蚀严重，阻碍电渗的正常进行。Mohamad 等（2011）对铜、铁、铝三种材料用作电渗电极进行了试验研究，从排水量和抗剪强度两个方面比较了三种电极的电渗效果，结果显示三者差别不大。

总结以上研究成果可知，已有文献对铁、铜、石墨和铝的电渗效果对比存在分歧。譬如，Burton 等（1992）和 Mohamedelhassan 等（2001）的研究成果表明铁电极在电渗中的表现优于石墨电极，而 Bergado 等（2003）的试验结论为石墨是更为有效的电极材料；Mohamad（2011）通过试验指出铜、铁和铝三种电极在电渗中的表现相当；Lockhart（1983a；1983b）针对不同土壤类型也得到差异较为显著的对比结果。上述学者对铁、石墨、铜和铝电极电渗效果的比较存在不一致，可能是因为他们的试验条件存在差异，如 Mohamedelhassan 等（2001）采用的是重塑海相沉积土，Bergado 等（2003）采用了曼谷黏土。不同的土壤在矿物类型、矿物含量、黏土颗粒粒径、pH 等方面差异较大，这就使得其在电渗中形成不同的电解液环境，导致电渗效果的差异。电势梯度也决定了金属电极阳极腐蚀和电能利用率。

从以上描述可知，电渗排水的电极材料采用金属电极时，金属发生电化学反应，生成物在改善土体密实度的同时，也会造成电极的腐蚀，腐蚀后的阳极表面形成氧化物，并在阳极与土体间形成附加电阻层，阻碍电势从电极向土体的有效传递，不利于电渗的进行，且电渗过程中电极的消耗较大，阴极处水中阳离子的化学析出会堵塞排水通道，不利于排水。另外，电渗过程中，因不断排水土体体积收缩，尤其是阳极附近土体被渐渐疏干，使得阳极与土体部分脱离接触，阻碍电势由电极向土体的有效传递，降低电渗效率。电极反应产生气泡也是影响电势传递效率的重要因素之一，电渗过程中阳极附近有氧气生成，阴极附近有氢气生成，两极处气体的排出，将会使得土体和电极的接触受到影响，进而影响电渗的效率。非金属电极主要为石墨，但是由于其力学强度较差，难以在大场地工程中广泛应用，且石墨的电压消耗相比于金属电极仍是较高的，尤其是电渗后期，石墨电极-土之间的界面会产生较大的电压损失。

Burton 等（2002）指出不同的电极材料会引起不同的电极反应，导致电势损失、离子生成以及水分迁移过程的差异，进而引起电渗效果的千差万别。可见，电极材料对电渗过程的影响主要通过电极反应体现。对于某种金属电极材料 M，其电极反应一般为：

$$阳极 \quad M \rightarrow M^{n+} + ne^- \tag{4.2-1}$$

$$阴极 \quad 2H_2O + 2e^- \rightarrow H_2\uparrow + 2OH^- \tag{4.2-2}$$

一般来说，不同金属材料的阴极反应均为式（4.2-2）(先不考虑土壤类型对电极反应的可能影响)，阳极反应式（4.2-1）不同，这也是不同电极材料引起电渗过程差异的根本来源。从这个角度分析，电渗过程中不同电极材料的最大差异在于阳极反应的不同而引起的电势损失和生成离子类型的差异。电渗的本质是离子带动水分子的迁移运动，阳极反应生成的离子势必会进入土壤，进而影响电渗过程的发生或与土体中某些物质发生反应。

表 4.2-1 为电极材料的特性对比，可以发现传统电极材料在电渗法中并不能兼顾抗腐蚀性能好、电导率高、电阻小等要求。

电极材料特性对比（Malekzadeh，2016） **表 4.2-1**

电极种类	优 点	不 足	主要用途	参考来源
钛电极	抗腐蚀性能好；低密度；对温度不敏感	价格昂贵	电动去除污染物；土体加固	Rozas(2012)，Ahmad(2010)
铜电极	不易磨损；可承受较大电流	腐蚀后不易清理；电解产生铜离子污染土壤	土体加固；软土、污泥排水	Yukawa(1976)，Jeyakanthan(2011)，Lee(2002)，Lockhart(1983)，Lo(1991)，Tao(2013)
银电极	导电性能极好	价格昂贵；易与土壤中污染物络合	电渗流研究	Ballou(1955)，Olsen(1972)，Laursen(1993)
石墨、碳电极	磨损率比铜低；熔点高；易机械加工	力学强度低；实际应用不理想；质量不稳定；土-电极接触面会有较大的电势损失	电渗排水；电极材料研究；重金属提取	Reddy(2006)，Mohamedelhassan(2001)，Yuan(2003)，Yang(2010)
铝电极	可承受较大电流；质量密度小，易机械加工	在电极表面生成氢氧化铝；引起土体成分改变，且具有污染性	土体加固与加强	Adamson(1967)，Casagrande(1949)
钢、低碳钢	良好的导电性	在高含盐量土中腐蚀严重	电渗固结；排水；土壤去盐化	Bjerrum(1967)，Shang(1997)，Lockhart(1984)，Lefebvre(2002)，Micic(2011)，Burnotte(2004)，Jayasekera(2007)
不锈钢	易清洁；抗腐蚀性能好；不易磨损	可塑性差，不易加工	地基加固；生化研究	Chien(2009)，Liaki(2010)

续表

电极种类	优 点	不 足	主要用途	参考来源
金线	无腐蚀；电极无气体产生	极其昂贵	黏土电渗后引起土体的化学影响	Loch(2010)
金属铂电极	比钢、铜、铝的抗腐蚀性能好	造价高	电渗排水研究	Casagrande(1952)，Evans(1970)

4.2.2 新型电极材料——EKG

电动土工合成材料（Electrokinetic geosynthetic，简称 EKG）的发展源于金属电极的腐蚀与成本问题，其概念最早由 Jones 等（1996）提出，是融合了过滤、排水、加筋和导电等诸多性能的合成材料；EKG 材料自诞生伊始就得到了大量关注和研究，英国纽卡斯尔大学（Glendining 等，2005，2007，2008；Kalumba 等，2009；Fourie 等，2010；Jones 等，2011）和国内武汉大学（王钊，胡俞晨等，2005；邹维列，王协群等，2002；庄艳峰，2012，2014）在这方面均取得了一些创造性成果（表 4.2-2）。

英国学者 Pugh（2002）较早研究了 EKG（Electrokinetic Geosynthetics）电极，这种电极采用聚合物制作而成，其中掺加了碳粉铜丝，使之具有导电性，外观上和普通塑料排水板比较接近，目的是使其在电渗中能够起到既排水又导电的作用。Pugh（2002）研发出 EKG 电极后，应用到伦敦黏土地基加固中，阳极处加固效果等同于 100kPa 的堆载作用。胡俞晨（2005）采用 EKG 电极进行电渗法的室内模型试验，采用 40V 的直流电通电 20d，发现土体在电场作用下土体沉降显著，抗剪强度也明显提高，但界面电阻较大，阻碍了 EKG 电极的推广应用。孙召花（2015）等人采用改进后的 EKG 电极在梁子湖进行现场试验研究，先采用真空预压加固 28d，然后再进行电渗联合真空预压加固，结果发现电渗联合真空预压可以有效节省地基加固时间，节省电能，达到较好的处理效果。

EKG 的研发给电渗的大规模应用提供了可能，它主要具有以下优点：①金属电极腐蚀现象得以解决，提高电能利用率，降低成本；②EKG 电极相对于金属电极，容易保持与土体的良好接触，避免了界面电阻过大的问题；③EKG 电极综合了导电和排水两大功能，为电渗竖向排水提供了可能；④EKG 电极既可作阳极，也可作阴极，因此可以方便地实现电极反转，以增加土体处理后的均匀性和导电的持久性。

本节介绍两种 EKG 电极，分别为板式和管式 EKG 电极，两种电极所用的材料相同，均是人工合成的导电塑料。管式 EKG 电极外观类似普通 PVC 管，主要排水通道为中间管道；板式 EKG 电极外观类似真空预压中使用的塑料排水板，排水通道为板两侧凹槽。

EKG 电极现场应用（Malekzadeh，2016） **表 4.2-2**

作者	主要用途	能耗	处理效果	EKG 电极优势
Jones et al.(2006a，b)	斜坡加固	未报道	提高了土体的不排水抗剪强度	排水，排气
Glendinnng(2005)	挡土墙加固；土体加固	未报道	在初始含水率 65%的情况下提高了土体抗剪强度，满足施工需要	加强、过滤、分离土体

续表

作者	主要用途	能耗	处理效果	EKG电极优势
Hamir et al. (2001)	试验研究EKG电极与传统金属电极(如铜)的对比情况	未报道	与铜电极处理效果相当,此外还能很好的过滤土颗粒	类似于土工织物,可以更好地分离土颗粒与水
Kaniraj and Yee (2011)	电渗固结,竖井排水	未报道	处理后土体的不排水抗剪强度是处理前的24倍	电极板无腐蚀;相对能耗较低
Jones et al. (2011)	斜坡加固	11.5kWh/m^3	粘结强度提高263%,处理后未发生滑坡	证明在此类工程中的可应用性
Fourie et al. (2007)	尾矿处理	0.95kWh/m^3	排水效率高达158%	加快孔隙水压力的消散
Kalumba(2009)	排水固结	3.43～26.54kWh/m^3	大量孔隙水被排出	提高土体抗剪强度
Karunaratne (2004)	软黏土固结	0.07kWh/m^3	相比于铜电极,排水效率高50%	电极反转后效率极大提高
孙召花(2015)	淤泥处理	11.5kWh/m^3	与真空预压联合使用,达到了较好的土体处理效果	避免了金属电极成本高、腐蚀严重的问题

庄艳峰（2013）发明了一种既能充当耐腐蚀电极，又能提供排水通气通道的导电塑料排水板（图4.2-1）。板式EKG电极（图4.2-1），厚约5mm，两面设置深度约为2mm的凹槽，凹槽宽5mm，外观和普通塑料排水板非常接近，但因添加了炭黑，使之具有导电性能，外表呈黑色，另外沿板式EKG宽度方向每隔0.5m处设有铜丝，直径为1mm，铜丝对称分布于板式EKG电极内并轴向贯穿。板式EKG排水通道和普通塑料排水板相同，均是通过板两侧的凹槽进行排水（庄艳峰，2012）。但是由于板上排水凹槽空间较小，排水量十分有限；板式形状在施工中布置非常不便，且本身强度低，影响施工效率；通电一段时间后，介质覆在滤膜表面堵住滤孔，阻碍了水的进入，减小了排水量。而且板式EKG对其表面的滤膜力学性能要求较高，否则滤膜陷入凹槽将会减小排水凹槽的空间，影响排水效率。

基于上述板式EKG的不足，庄艳峰（2014）发明了一种结构简单、耐腐蚀、排水空间大、力学性能好的用于电渗排水法的塑料电极管（即管式EKG，见图4.2-2）。管式EKG电极外观类似普通PVC管，外径为35～40mm，内径为15～20mm，外壁径向凿有导水槽，宽度为5～8mm，深度3mm左右，相邻导水槽沿管壁圆周距离为10mm，轴向设置排水孔，排水孔直径为5mm，相邻排水孔的间距约为25mm。管式EKG电极主要排水通道为中间管路，排水通道截面较大，因此不易被堵塞。管式EKG管壁内设有2根铜丝，直径1mm，铜丝对称分布于管式EKG管壁内并轴向贯穿（庄艳峰，2014）。管式EKG采用导电土工织物滤层包裹导电塑料管，该滤层不仅能过滤进入导电塑料管的水，而且解决了现有技术中滤膜容易淤堵的问题。金属丝对称分布在导电塑料管管壁内使整个塑料管通有均匀的电流，使电场均匀分布，提高排水效率。水透过滤布后沿外壁导水槽或进入排水孔内向上流动，至介质表层后通过管道排出。两种电极在插入土体之前均用土工织布包裹，以防止淤泥进入排水凹槽或管内。

经试验测定，管式 EKG 和普通板式 EKG 电渗固结的时间因子分别为和 1.833×10^{-5} s^{-1}和 $2.433\times10^{-5}s^{-1}$，虽然在同一个量级，但是试验表明电渗排水速率对时间因子敏感，导电塑料管的排水速率系数是普通导电排水板的 1.33 倍，而累计排水量是普通导电排水板的 1.76 倍。

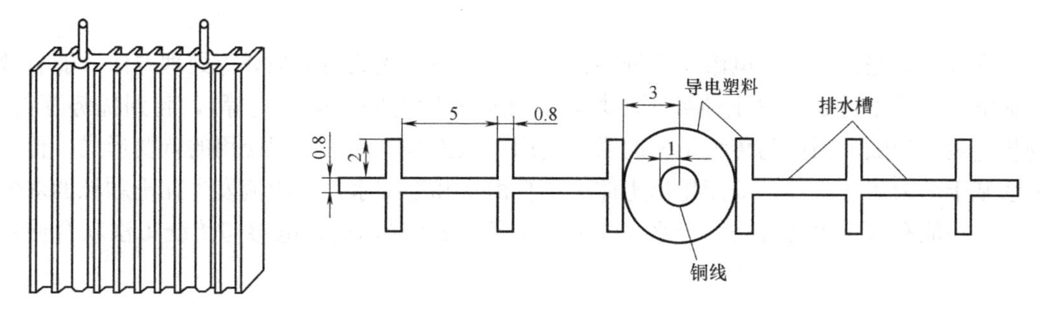

图 4.2-1　板式 EKG（图中尺寸单位：mm）（庄艳峰，2013）

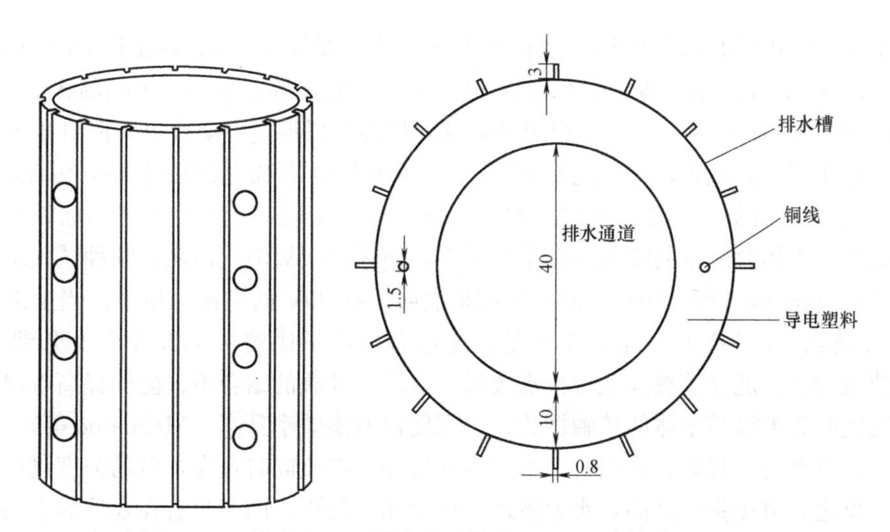

图 4.2-2　管式 EKG（图中尺寸单位：mm）（庄艳峰，2014）

4.2.3　电极材料面临的问题及展望

虽然 EKG 材料发展迅速，但是仍有问题所在。庄艳峰（2016）指出 EKG 材料的困难之一在于导电塑料的电阻率要求不高于 $10^{-3}\Omega\cdot m$，满足该导电性要求的塑料力学性能较差，材料发脆，柔韧性也不好，在模具中难以成型。EKG 材料的另一个问题是通电过程中潜在的碳迁移，导致材料导电性能下降，该问题被称为导电塑料的“腐蚀”。现有工艺可以保证在电渗处理周期内（1～2 个月），EKG 材料“腐蚀”程度较小，导电性不会发生明显下降。除此之外，EKG 电极材料在现场应用中比之于金属电极，虽然在一定程度上避免了电极材料的腐蚀，但是其电阻率偏大，导电性能不如金属材料，以及在不同的环境下的性能发挥仍有诸多限制，如在海水中，EKG 的导电性能会急剧下降，因此 EKG 材料尚需进一步研究发展，以期适应更加复杂的工况。

除了电极材料本身的创新，不同材料组合形式上的创新也一直贯穿着电渗加固技术的发展历程，将铜丝插入塑料排水板后用作电极形成 EVD 或将金属棒或碳棒插入塑料排水板形成 PVD 均是有效的尝试。组合电极规避了单一电极形式的弊端，具备导电功能的同时自身能充当排水通道，有望成为未来电渗电极发展的主要形式之一。

4.3 电渗与其他技术联合应用的新进展

众多文献报道指出，电渗联合堆载预压、真空预压或低能量强夯等处理方法，能有效缓解电渗法的不足之处（土体处理不均匀、加固深度有限、能耗高等），起到优势互补、扬长避短的功效，因而与传统工法的联合使用被认为是电渗法工程应用的首要形式。传统工法基于水力渗透机理，只能排出土体中的自由水和毛细水，电渗流发生在土颗粒的双电层中，还能有效排出部分弱结合水（Glending 等，2007），这是电渗与传统工法联合使用的微观机理。

4.3.1 电渗联合堆载或强夯

对于电渗与堆载的联合作用，已有学者开展了大量研究（Kondoh 和 Hiraoka，1990；Gazbar 等，1994；Gingerich 等，1999；Lee 等，2002；Tuan 等，2008；Mahmoud 等，2011）。Gingerich 等（1999）基于三组试验得出外荷载的提高可以促进电渗效果，但对于不同土壤类型，促进作用差异显著，如较之厌氧污泥，电渗联合堆载更适用于好氧污泥的处理；Tuan 等（2008）开展了电渗的有外压和无外压试验，发现对于原生污泥和加碱污泥，外荷载对电渗中土体含水量的降低具有重要影响，而采用厌氧消化污泥的两种试验结果差异并不明显；Mahmoud 等（2011）的研究成果表明，在 20V 的电源电压下，当上部荷载从 200kPa 提高到 1200kPa 时，电渗排水量占土壤总含水量比例从 44%左右上升到 74%左右，外荷载的作用能显著提高电渗排水效果。电渗与堆载的结合不仅能够提高电渗排水效果，而且能改善电极与土体的接触性状，进而使得电渗效率升高（Mahmoud 等，2010）。

另外，电渗与堆载联合作用时，水力渗透流和电渗流同时存在，电场强度过低，电渗流微弱；反之，电场强度过高，水力渗透流也会相对较小，因而只有在合适的电场强度和堆载组合下，电渗法和堆载法才会发挥各自优势，达到最佳的联合作用效果。加载方式也会对加固效果有重要影响，Tuan（2010）的试验结果表明采用逐级加载比一次性加载峰值排水速率更大且具有延迟效应。实际工程中，一般在电渗场地上铺一定厚度的砂垫层或碎石层，一方面充当上部堆载，另一方面也可作为有利的排水通道。

采用强夯法加固软土地基或淤泥质地基时，往往会由于含水量过高出现“弹簧土”而无法继续施工作业，结合电渗法能有效克服这一应用瓶颈（高有斌等，2009）。另外，土体经电渗排水达到最优含水量时若对其施加低能量强夯，会进一步密实土体，使土体由流塑状态快速转变为半固态或固态，达到所需承载力。因而，电渗法和强夯法的联合作用，亦有学者称为“双控动力法”，能够使电渗降水和强夯加固两者优势互补、取长补短，达到更好的加固效果。

4.3.2 电渗联合真空预压

国内学者对电渗与真空压力的结合展开了较多研究（高志义等，2000；房营光等，

2006；王柳江等，2011）。高志义等（2000）开展了单独真空预压以及电渗法联合真空预压的对比试验，试验结果表明电渗法联合真空较单纯的真空预压加固法可使土体强度提高2～5倍，加固效果显著，高志义等（2000）还指出该联合工法特别适用于重黏土或只需加固局部地基土的情况；王柳江等（2011）通过室内模型试验对电渗法与真空预压的联合加固机制进行了探讨，发现二者联合作用效果十分明显，且能实现对表层和深层土体的均匀加固。

真空预压通过抽真空设备向土体施加真空压力，同时由排水通道（如塑料排水板、砂井等）向土体深部传递真空度，在土体内与排水通道之间形成水头差，使土体中的水排出而产生固结。结合电渗法后，真空预压中的被动排水有望变为主动排水，再附加电化学加固、水分蒸发作用以及离子沉积作用等，能充分排出土体中的自由水和部分结合水，大大提高加固效果，另外电渗因采用电场作用，理论上加固效果不随深度衰减，因此两者结合可以达到更好的地基处理效果。

王柳江等（2011）指出，对于水力渗透系数较小的软土地基，真空度的竖向传递受深度限制，在深层地基中真空预压的效果下降，电渗法可弥补真空预压在深层地基中排水加固的不足。不同于电渗和堆载的联合作用，电渗法和真空预压的组合，一般是先用真空预压对其进行加固，使其含水量降低到60％～80％，再施加直流电场，对土体进行主动排水。Wang（2018）通过室内试验指出，经过真空排水使土体达到其最终排水量的60％时，再施加电渗，可以达到最好的处理效果。

房营光等（2006）利用自制模型槽对碱渣土开展了真空-电渗的排水固结特性研究，试验结果显示，该法比单纯真空预压排水速度快，氯离子浓度有所降低，土体沉降也较为均匀。王柳江（2011）通过室内试验研究提出真空预压加固主要是物理作用，电渗则是电化学作用，两者联合起来加固效果非常明显，对含盐量和含水量均比较高的海相淤泥而言，前期真空预压排水效果优于电渗，当含水率小于85％之后，电渗排水效果更优，因此他建议电渗联合真空预压加固这种土体时宜采用间歇通电的方式，并延长电渗时间。王军（2014）通过自制模型槽，开展室内试验研究发现，电渗联合真空预压能够体现出电渗和真空预压的相互促进作用，电渗使得远离塑料排水板的土体加固效果得以提升，真空预压则使电渗阴极区域的土体含水率得以降低，使土体处理更加均匀。孙召花（2016）研究了电渗联合真空预压的优化组合方式，指出真空预压和电渗交替加固时间为100分钟时的加固效果最好。

Sun（2015）采用EKG电极对梁子湖进行电渗联合真空预压加固，总面积为25m×26m，深度约为4m，处理时间为28d，其中采用了电极反转和间歇通电的技术，旨在使土体加固更加均匀，试验结束后沉降效果显著，平均每天沉降20mm，地基承载力也由0提升到60kPa左右，试验过程总能耗8377.5kWh，电渗平均每立方米耗电3.2kWh，而真空预压每立方米则耗电5.4kWh。电渗联合真空预压有助于缩短加固时间，而且降低了能耗。

4.3.3 注入化学溶液促进电渗排水

有学者通过在土体中加入絮凝剂或缓冲剂来提高电渗效果，这里的添加剂可分为两类，分别为有机物和无机化学溶液。

1. 无机盐添加剂

电渗注入盐溶液法已成功应用到海相沉积物、黏土、粉质黏土、钙质土、钙质砂、泥炭土高岭土和膨胀土的加固或改性中（薛志佳，2017）。电渗注入盐溶液加固软土地基的机理分为两方面：1）外加离子可带动孔隙水形成电渗渗流移向阴极，提高电渗固结排水效果；2）外加离子在土体中发生沉淀或与土体颗粒生成胶结物质，进而提高土体强度。

Ozkan. S 等（1999）针对高岭土进行电渗注入 Al^{3+}（0.5M）和 PO_4^{3-}（0.5M）离子（阳极注入 $Al_2(SO_4)_3$ 溶液，阴极注入 H_3PO_4 溶液）的试验，试验总时长为 21d。另一组试验中，在阴极腔室和阳极腔室中均加入 1M 的 H_3PO_4，试验总时长为 14d。两组试验完成后得到的土体抗剪强度比未处理时高 500%～600%，并且加固后土体的抗剪强度与含水率并无直接关系，证明了土体抗剪强度的提高主要来源于外加离子（Al^{3+} 和 PO_4^{3-}）与黏土颗粒的胶结作用。Asavadomdeja 等（2005）提出在电渗注入 $CaCl_2$ 溶液过程中，通过在阳极腔室中加入 OH^- 离子的方式来平衡阳极处电解反应生成的 H^+，为整个电渗注入盐溶液过程提供一个弱碱的溶液条件，进而利于发生火山灰反应生成 CSH 凝胶。结果表明，7d 后虽然含水率只改变了 5%左右，但土体抗剪强度提高到初始条件的 570%。Qu（2009）以台北粉质黏土作为研究对象，将 $CaCl_2$ 作为盐溶液从阳极注入到土体中，并采用 XRD（X-Ray Diffraction）技术探究了电渗注入盐溶液提高土体强度的机理。结果显示经过电渗注入盐溶液加固后的土体平均强度是未处理之前的 5 倍。Alshawabekeh（2004）等在阴极腔室中注入 H_3PO_4 溶液，使波士顿黏土的抗剪强度提高了 160%（效果最好），提高的主要原因在于土体中生成了磷酸胶结物。

注入化学溶液是缓解电极腐蚀问题的措施之一，众多学者发现在阳极注入化学溶液可增强土体-电极的接触，减小损耗在接触面上的电势，从而提高电渗加固效果。Ozkan 等（1999）在电渗加固高岭土的试验过程中注入含有铝离子和磷酸盐的溶液，试验结束后，试验土样的抗剪强度提高了 500%～600%。Lefebvre & Burontte（2002）、Burontte 等（2004）通过在阳极注入化学溶液增强土-电极的接触，结果表明注入化学溶液后损失在阳极接触面上的电势显著减少。Pornping & Ulrich（2005）在阳极注入碱性溶液以提高电渗效果。台湾科技大学的学者（Chang-Yu Ou，2009，2010；Shao-Chi Chien，2009，2010，2011）开展了大量不同化学溶液影响电渗过程的研究工作，对溶液的离子组成、注入位置等影响因素进行了多组室内和场地试验，证实了电渗联合化学溶液法的有效性，并建议化学溶液采用氯化钙、硫酸钠等，注射方式采用多点注射而非仅在电极处注射。然而，注入化学溶液的研究多集中于室内试验，对于现场大面积或较深厚度的软土的电渗处理，注入化学溶液的可行性、有效性以及经济性还有待更多研究。

2. 有机物添加剂

有机物方面，Lockhart（1983）的研究表明阳离子絮凝剂会降低高岭土的电渗排水速率；Kondoh&Hiraoka（1993）在土体中注入聚氯化铝避免了排水阻塞的发生，提高了电渗排水性能，也使得能耗较之单纯电渗减少了 50%左右；Dussour 等（2000）指出表面活性剂和阴离子聚合物有利于高岭土电渗脱水。Paczkowsks（2005）将丙烯酸甲酯聚阳离子作为阳极注入溶液应用到波兰黏土的加固处理中，加入该化学溶液后电渗排水体积较未加该溶液时提高了 4 倍。詹芳蕾（2017）利用生物表面活性剂槐糖脂电动去除重金属污泥时发现，仅从电渗排水效果来看，随着槐糖脂浓度的增加，污泥累计排水量呈先增后减的趋势，即较高浓度的槐糖脂不利于电渗排水，槐糖脂浓度为0.1%时表现最佳。

3. 微生物

Keykha等（2014）在阴极腔室中加入微生物和尿素，微生物可分解尿素产生OH^-和HCO_3^-，阳极腔室中处注入Ca^{2+}溶液。OH^-和HCO_3^-在直流电场驱动作用下进入土体，并反应生成CO_3^{2-}离子，与Ca^{2+}相遇后生成$CaCO_3$对土颗粒产生胶结作用进而提高土体强度。该方法将生物技术融入到了岩土工程地基处理中，为电渗注入盐溶液加固土体提供了新思路。但是，在电渗加固土体的过程中要控制土体的温度（小于30℃），避免使微生物丧失活性。

4.4 电渗固结理论研究进展

从电渗在地基工程处理首告成功，电渗方法吸引了一大批的学者研究兴趣。为了解释电渗能够排水这一现象，不同的学者从不同的角度分别予以解释。在宏观层面，Esrig（1968）首先建立起电渗固结理论。并做了如下假定：

（1）土体均匀分布且饱和；

（2）土体的物理化学性质均匀，且不随时间变化；

（3）不考虑土颗粒的电泳现象，土体不可压缩；

（4）电渗水流速度和电势梯度成正比，电渗系数是土体的自身性质，不随时间发生变化；

（5）施加电场的能量完全用来水流驱动；

（6）电场不随时间发生变化；

（7）不考虑电极处的电化学反应；

（8）电场和水力梯度引起的水流可叠加。

基于以上假定，Esrig（1968）推导出了电渗一维固结解析解。这一开创性的工作为电渗固结理论的发展奠定了良好的基础。Wan&Mitchell（1976）丰富了电渗一维固结理论，考虑堆载和电极反转，给出这两种情况下的固结度计算公式。理论计算表明，堆载和电极反转都能促使土体中含水量、强度更加均匀。基于Esrig（1968）假设，表4.4-1总结了在不同荷载、不同边界条件等情况下现有电渗固结解析理论的发展。下一节中给出现有电渗固结理论的基本通用方程式。

电渗固结解析理论总结　　表4.4-1

学者	理　论	解　析　解	假设或进展
Esrig(1968)	一维固结	电场作用下土体中所产生的负孔压的解析表达式	基于土体饱和、小变形假设；土体参数恒定等
Shang(2002)	竖向二维条件下电渗联合堆载	二维情形下的解析理论	基于太沙基理论与Esrig理论，边界条件设定不完善
苏金强和王钊(2004)	平面二维固结方程	不同边界条件下的解析解及孔压变化	给出三种不同排水情况下的解析解
李瑛(2010)	轴对称理论模型中同时考虑了堆载和电渗作用	在等应变假设的条件下推导了平均孔压的解析表达式	采用了等应变假设，推导了轴对称模型中的解析解，但未考虑土体竖向渗流

续表

学者	理　论	解　析　解	假设或进展
Wu(2012)	二维轴对称模型,考虑水的径向与竖向流动,	抛弃了等应变假设,解析解可以准确描述径向超静孔压的分布	未考虑固结过程中土体饱和度、水力渗透系数、电渗系数的变化
王柳江(2013)	堆载-电渗联合作用下的一维非线性大变形固结理论方程	与 Esrig 小变形固结解析解进行对比,更符合工程实际	假设土体始终饱和以及电渗过程中相关参数不变化
Wu(2017)	考虑电渗系数、水力渗透系数改变的一维电渗固结模型	该模型通过设置权重因子的方法给出了考虑渗透系数变化的固结模型解析解	实际施工中不常采用该电极布置方式,模型为一维固结

基本固结模型推导:

1. 基本通用方程式

Wu(2014)提出了软土地基电渗加固的数学模型,包括孔隙水流动方程(达西定律)、静力平衡方程(Biot 理论)和电荷守恒方程。根据 Biot 理论(Biot,1941),应力与应变的本构方程可以写成张量形式:

$$\nabla^2 \boldsymbol{w}+\frac{1}{1-2\nu}\nabla(\nabla\cdot\boldsymbol{w})-\gamma_{\mathrm{w}}\frac{2(1+\nu)}{E}\nabla(H-z)=0 \tag{4.4-1}$$

式中　$\boldsymbol{w}$——土体位移张量;

ν——泊松比;

H——总水头,等于静水头与压力水头之和;

E——杨氏模量;

z——静水头;

γ_{w}——水重度。

根据 Esrig 定律和 Darcy 定律

$$\nabla\cdot(\boldsymbol{k}_{\mathbf{h}}\nabla H+\boldsymbol{k}_{\mathbf{e}}\nabla V)=\frac{\partial}{\partial t}(\nabla\cdot\boldsymbol{w}) \tag{4.4-2}$$

式中　$\boldsymbol{k}_{\mathbf{h}}$——水力渗透系数张量;

$\boldsymbol{k}_{\mathbf{e}}$——电渗系数张量;

V——电势。

根据电荷守恒定律

$$\boldsymbol{\sigma}_{\mathbf{e}}\nabla^2 V=C_{\mathrm{p}}\frac{\partial V}{\partial t} \tag{4.4-3}$$

式中　$\boldsymbol{\sigma}_{\mathbf{e}}$——电导率张量,该量在土体中为各向同性;

C_{p}——单位体积电容。

公式(4.4-1)~式(4.4-3)为电渗固结方程的基本控制方程,基本变量包括位移张量 $\boldsymbol{w}$,总水头 H,电势 V。Wu(2014)提出 Dirichlet 边界条件包括以下三个基本变量在边界处的函数方程:

$$\boldsymbol{w}=\boldsymbol{w}(t) \tag{4.4-4a}$$

$$H=H(t) \tag{4.4-4b}$$

$$V=V(t) \tag{4.4-4c}$$

Neumann 边界条件为边界处限制力或流量的方程：

$$\boldsymbol{n}\cdot\boldsymbol{\sigma}=\boldsymbol{F}(t) \tag{4.4-5a}$$

$$\boldsymbol{n}\cdot\boldsymbol{v}=v_{\mathrm{n}}(t) \tag{4.4-5b}$$

$$\boldsymbol{n}\cdot\boldsymbol{j}=j_{\mathrm{n}}(t) \tag{4.4-5c}$$

式中 $\boldsymbol{\sigma}$——应力张量；

$\boldsymbol{F}$——作用在边界上的外力；

$\boldsymbol{v}$——速度张量；

$\boldsymbol{j}$——源项；

$\boldsymbol{n}$——边界处法向单位向量。

结合基本控制方程（4.4-1）～式（4.4-3）与边界条件式（4.4-4a）～式（4.4-5c）便可求解电渗法排水固结的位移张量 $\boldsymbol{w}$，超静孔压、固结度等。实际工程计算可结合不同的工况，如堆载、真空预压等来设置边界条件与初始条件。由于电渗与真空预压结合使用较多，本节给出一般条件下轴对称电渗联合真空预压的边界条件与初始条件，固结示意图如图 4.4-1 所示。

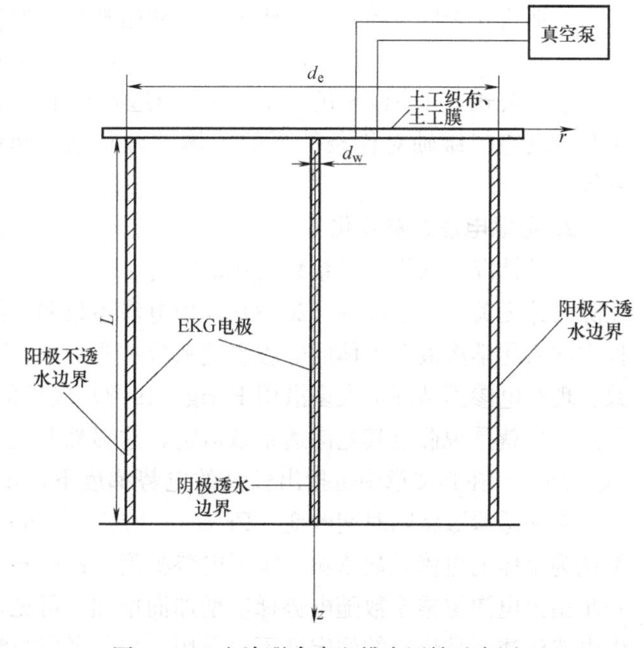

图 4.4-1 电渗联合真空排水固结示意图

首先确定二维轴对称布置下的电势分布，根据 Rittirong（2008）可以表示为

$$\phi(r)=\frac{V}{\ln r_{\mathrm{e}}-\ln r_{\mathrm{w}}}\ln\frac{r}{r_{\mathrm{w}}} \tag{4.4-6}$$

式中 $\phi(r)$——r 处电势。模型的直径 $d_{\mathrm{e}}=2r_{\mathrm{e}}$ 和排水管直径 $d_{\mathrm{w}}=2r_{\mathrm{w}}$，如图 4.4-1 所示。

根据有效应力原理

$$\sigma=\sigma'+u \tag{4.4-7}$$

式中 σ——总应力；

σ'——有效应力；

u——超孔隙水压力。

高志义（1989）提出真空压力直接作用在孔压上进而引起有效应力的改变，同样地，电渗在土体中引起负的超孔隙水压力，在总应力保持不变的情况下，引起土体的有效应力和排水量增加。因此孔隙水流速张量 $\boldsymbol{v}$ 可以表示为：

$$\begin{aligned} \boldsymbol{v} &= \boldsymbol{k}_{\mathbf{h}} \nabla H + \boldsymbol{k}_{\mathbf{e}} \nabla V = \frac{\boldsymbol{k}_{\mathbf{h}}}{\gamma_{\mathrm{w}}} \nabla u + \boldsymbol{k}_{\mathbf{e}} \nabla V \\ &= \frac{\boldsymbol{k}_{\mathbf{h}}}{\gamma_{\mathrm{w}}} \left(\nabla u + \frac{\gamma_{\mathrm{w}}}{\boldsymbol{k}_{\mathbf{h}}} \boldsymbol{k}_{\mathbf{e}} \nabla V \right) \end{aligned} \tag{4.4-8}$$

公式（4.4-8）可以将电渗引起的排水等效转化为由真空压力引起的排水，进而可以将水力场与电渗流场结合起来。电渗与真空联合作用下的超静孔压具体表现如公式（4.4-9）所示。

阴极边界为超静孔压排水。其超孔隙水压力为：

$$u(r, z) = p(z) \qquad (r = r_{\mathrm{w}},\ 0 \leqslant z \leqslant L,\ t > 0) \tag{4.4-9}$$

阳极与底部的边界条件，因为它们是不透水的边界，所以有

$$\frac{\partial u}{\partial t} = 0 \qquad (z = L,\ r_{\mathrm{w}} \leqslant r \leqslant r_{\mathrm{e}},\ t > 0) \tag{4.4-10}$$

顶部边界条件，超孔隙水压力等于初始真空压力 p_{v}

$$u = p_{\mathrm{v}} \qquad (z = 0,\ r_{\mathrm{w}} \leqslant r \leqslant r_{\mathrm{e}},\ t > 0) \tag{4.4-11}$$

联合公式（4.4-1）～式（4.4-3），与边界条件式（4.4-9）～式（4.4-11），即可求得电渗联合真空二维轴对称条件下的土体的位移值、超静孔压值，进而求得沉降、固结速率等。

2. 考虑电渗系数变化

通常情况下认为电渗系数变化范围为 $10^{-8} \sim 10^{-9} \mathrm{m}^2/\mathrm{V}$，受土颗粒大小影响较小，与孔隙尺寸无关。王柳江等（2013）发现电渗系数和土体中的含盐量和含水量有关，电渗过程中注入化学溶液后土体的电渗渗透系数并非常数，而且不同溶液下的变化规律也不尽一致。现有电渗固结理论大多沿用 Esrig（1968）提出的土体物理化学性质不随时间变化的假定，也就是说假定其电渗透系数恒定，这显然与注入化学溶液时的实际情况不符。Esrig（1968）在其文章中也指出较高的电势梯度下，土体将产生较大孔压，水力渗透系数和电渗渗透系数将随时间改变。Preece（1947）、Bjerrum 等（1967）和 Shang 等（1996）都认为土体的电渗系数依赖于实际电势梯度，Preece（1947）和 Bjerrum 等（1967）还进一步指出电渗渗透系数随电势梯度增加而增加。可见，无论是否注入化学溶液，电渗过程中电渗渗透系数恒定的假定已不再适用，如何考虑电渗系数的变化是决定电渗固结模型能否准确模拟实际电渗过程的关键。基于不同化学溶液提出电渗渗透系数模型，建立考虑电渗渗透系数变化的电渗固结理论非常有必要。

决定电渗效果的根本因素是 ζ 电位。根据 Helmholtz-Smoluchowski 模型，把颗粒固定层与液体非固定层部分之间的电位称为 ζ 电位。ζ 电位只有在固液面发生相对移动时才能呈现出来，其大小反映了胶体带电的程度。当 ζ 电位为零时（等电点状态），电渗电泳速度将全部变为零。

基于 H-S 模型推得的电渗系数计算方法是目前可信度比较高的方法，再引入土体孔隙率，见式（4.4-12b）。控制土体电渗流的参数是电渗透系数 k_{e}，由经验关系式定义

$$Q_{\mathrm{e}} = k_{\mathrm{e}} E \tag{4.4-12a}$$

式中　Q_{e}——电渗流流速（m/s）；

k_e——电渗系数 [$m^2/(s \cdot V)$];

E——电场强度 (V/m),由方程式 (4.4-12a) 可知,电渗流引起的水流速度与电渗透系数成正比。该流速与典型的黏性土水力流速相当。

$$k_e = \frac{n\varepsilon_w}{\mu}\zeta \tag{4.4-12b}$$

式中 ζ——zeta 电位 (V);

ε_w——孔隙液体的介电常数 (F/m);

μ——流体黏滞系数 ($N \cdot s/m^2$);

n——土体孔隙率。

通过公式 (4.4-12b) 可以看出,zeta 电位 ζ 为影响电渗透系数 k_e 的决定性因素。Kaya (2005) 研究了,发现在高岭土、蒙脱土与石英砂中,随着 pH (3~11 范围内) 增加,所有试验矿物中负 zeta 电位都会增加,高岭石和蒙脱石的 zeta 电位相差无几,但远小于石英砂的负 zeta 电位。当 Li^+ 或 Na^+ 离子加入溶液中,矿物分子 (蒙脱石除外) 比水分子产生更多负 zeta 电位。根据双电层扩散理论,这些离子扩展了矿物分子的双电层。然而,二价阳离子会压缩双电层,导致负 zeta 电位变小。因此建议在电渗处理土体之前,应确定土体在相应离子种类下的 zeta 电位以及 pH 值,以避免电渗处理效果不好的情况发生。

Wu (2017) 在电渗固结过程中测得 k_h,k_e 变化规律的实验结果,提出了考虑水力渗透系数和电渗系数随孔隙比变化的公式:

$$e = e_0 + M\ln\frac{k_h}{k_{h0}} \quad e = e_0 + N\ln\frac{k_e}{k_{e0}} \tag{4.4-13}$$

式中 e——孔隙比;

e_0——初始孔隙比;

k_h,k_e——水力渗透系数和电渗系数;

k_{h0},k_{e0}——护初始水力渗透系数和电渗系数;

M,N——相应的影响系数,当 M,N 趋向于无穷大时,可将 k_h,k_e 视为不变量。

通过该公式可以将 k_h 与 k_e 与土体孔隙比的变化联系起来,易于代入固结方程进行计算。

3. 多场耦合理论

Esrig (1968) 假设的理论没有考虑电渗处理过程中土体性质变化以及电场的非均匀分布,且无法计算电渗过程中土体应力变形与电渗作用的耦合作用。Hu&Wu (2014) 给出软土电渗固结的数学模型,综合考虑渗流场、电场、应力场和应变场的叠加,得出固结控制方程,而后基于此理论模拟了长方形、平行错位和三角形三种电极布置方式,结果证明三角形布置方式排水最多、沉降最大。Yuan 等 (2013~2016) 基于力学平衡方程、孔隙水传递方程和电场方程建立多维电渗固结理论,并把土体弹性假定推广到弹塑性、饱和土推广到非饱和土,使得电渗固结理论更加完备。现有的基于多场耦合的方法多是基于 Esrig 理论、Biot 固结和电场欧姆定律,并未考虑三场彼此之间的相互作用,且计算复杂,往往需要借助数值方法。

Lewis 和 Humpheson（1973）最早将数值计算方法引入电渗领域，之后 Curves 等（2007）用有线差分法模拟了淤泥电渗-加载联合脱水过程；Rittirong 和 Shang（2008）建立了软土地基数值模型，并用有限差分法计算了电渗中沉降和抗剪强度的发展；吴伟令（2009）基于多场耦合理论，考虑电渗过程中高岭土性质变化，开发了有限元分析软件分析电渗过程中土体位移、超静孔隙水压力以及电场强度的时空分布特征；Wu（2012）通过室内试验得到土体电导率的非线性变化特征，发展了渗流场与应力应变场耦合的电渗数值分析模型，他们还考虑了真空预压的影响，基于等应变假设推导了轴对称一维模型的解析解，并开发有限元计算软件对软基电渗加固过程进行数值模拟分析。吴辉（2015）通过总结电渗系数、水力渗透系数、电导率、压缩模量与孔隙比之间的关系，实现了多场耦合模拟。王柳江（2013）总结了电导率与含水率、饱和度、孔隙率相关公式，实现了考虑非饱和土的电渗多场耦合固结计算。

4. 大应变与考虑非饱和土

上述理论均是基于小应变分析方法，适用于小变形的情况，对于吹填淤泥、疏浚土等大面积软土处理后会产生较大的变形，仍采用小应变假设会带来较大的计算误差，采用大应变分析方法将更为准确（表 4.4-2）。实际上，在堆载、真空预压等常规固结领域，相关学者相继对大应变固结理论开展了卓有成效的研究工作（Gibson 等，1967；Cater 等，1977；Towsend 等，1990；谢康和，2002；丁洲祥，2002；吴健，2010）。近年来随着电渗法受关注热度的提高，在电渗固结方面大应变分析方法也不断被提及和研究。Feldkamp 和 Belhomme（1990）推导了一维电渗脱水的大应变固结理论，并用试验进行了验证；Yuan 和 Hicks（2013）考虑水力流和电渗流所引起的体积应变，提出了饱和土弹性电渗大应变固结模型；王柳江等（2013）在拉格朗日坐标系下建立了以超静孔压为变量的一维非线性大变形固结理论，并推导得到超静孔压、沉降、平均固结度以及孔隙比的解析式；Yuan 和 Hicks（2015）基于剑桥模型，考虑水力渗透系数和电渗渗透系数随时间的非线性变化，提出了弹塑性大应变电渗固结理论，得到土体的变形和孔隙水压力消散情况，理论与试验结果呈现出较高的一致性。

基于大应变假设的电渗固结理论表　　表 4.4-2

作　者	研究方法	研究思路
Feldkamp&Belhomme（1990）	基于 Gibson 理论	以孔隙比为变量进行公式推导，有限元求解，单元体试验验证
王柳江(2013)	基于 Gibson 理论	在 Esrig 电渗固结理论的基础上，建立了拉格朗日坐标下以超静孔压作为变量的一维非线性大变形固结理论方程
周亚东(2013、2014)	分段线性差分法	采用欧拉坐标系，建立分段线性一维大变形电渗固结模型
Jiao Yuan(2013、2015)	基于连续介质力学	欧拉描述、现时构形，采用 Jaumann 应力率张量，且考虑刚体旋转，并给出了有限元计算式的步长控制

基于非饱和理论的研究相对较少。王柳江（2013）基于非饱和土多孔介质力学理论，推导了考虑电场、渗流场以及应力场相互耦合作用的电渗固结理论方程，并采用有限元方法对室内电渗模型试验进行了数值模拟；Yuan（2014）提出了考虑非饱和土情况下的大应变电渗固结计算模型，指出在该情况下，土体的各项参数均与饱和度相关联；Yustres（2018）对不同饱和度的高岭土电渗修复试验进行了数值模拟验证，计算表明高饱和度下，电渗排水占主要部分。

4.5 通电方式的进展

4.5.1 通电参数

电源的控制方式主要有电压控制和电流控制。Yoshida（1980）通过试验发现在相同的电能消耗下，控制电压比控制电流的排水效果更佳；Hamir（1997）开展了一系列室内试验以比较稳定电压和稳定电流的电渗效果，对土体性质的监测表明两种电源控制方式并无本质差异。控制电压时，电压的施加模式主要有电极反转和间歇通电。

电极反转是电渗过程中转换电极，使得电极极性互换的一种通电方式，电极反转能中和土体的酸碱不平衡、反向电势和反向水力梯度，还能降低土-阳极间的脱离程度和电极的腐蚀，从而大大改善电渗对土体的不均匀加固情况。但已有文献对其对电渗加固效果的促进作用存在很大争议。Wan 和 Mitechel（1973）从电渗固结角度在理论上验证了电极反转的可行性和有效性，结果表明电极反转使得电渗处理后土体含水量和抗剪强度更加均匀。这是关于电极反转正面的报道，另有学者通过试验指出电极反转效果不如常规电渗，并认为电极反转对土体不均匀加固的改善作用是以较差的加固效果为代价的，因而不推荐在电渗过程中采用电极反转（Ou，2009；陈卓，2013）。Bjerrum 等（1967）采用电渗法加固挪威超灵敏黏土地基时，在通电后第 51d 将电极反转，发现土体的沉降速率不升反降，因而通电后第 58d 再次施行电极反转，将电极回复到初始未反转前的情况。另外，电极反转要求阴极和阳极材料一致，也增加了电极成本。

间歇通电是指电渗过程中，间歇性施加电压，而非连续性施加。与电极反转类似，间歇通电的作用和效果也存在不少争议。Sprute（1982）通过试验研究了间歇通电对尾矿电渗脱水的影响，得到间歇通电能提高电渗排水效果的结论。Lockhart（1983）的模型试验结果表明间歇通电并不能提高电渗效率，反而会降低排水量。Micic（2001 ）的试验结果显示，虽然间歇通电的排水量和土体沉降量小于连续通电，但间歇通电却可以降低能耗，减缓电极腐蚀。陈卓（2013）指出通断电时间分配的不一致是导致已有研究成果存在差异的主要原因，在不同通电周期和通断电时间比情况下开展了多组模型试验，研究发现：间歇通电对电渗效果的影响与通断电时间分配息息相关，选取适当的通断周期和通断时间比，间歇通电可以减缓电极腐烛，提高电渗效果，使得排水量，抗剪强度等都优于常规电渗，因而建议工程现场可在满足便捷性的前提下选取较短的通电周期，如 1～4h，通断时间比可取 2.0。国内电渗法的工程实践中，间歇通电也用得较多，如王引生（1983）处理上海铁道学院的人防沉井，刘凤松（2008）处理广州中船龙穴岛造船软土地基。

电渗中水的单向流动性会导致土体加固不均匀，这一不足可以通过逐级加压等手段予以缓解。逐级加压，顾名思义，就是电源电压并非一次性施加，而是分级、多次、从较低电压施加到设计电压。Lockhart（1983）通过试验发现在相同的排水量下，按 1V、2V、4V、10V、50V 逐级加压比持续 50V 施压要节省 80%的能耗。逐级加压能缓解电极的腐蚀问题，从而改善电渗加固效果、减少能耗。陈雄峰等（2006）通过试验发现电渗速率和单位出水量能耗随着电压梯度的增大而增加，加大电压梯度可以提高电渗速率，但是能耗相应增加，并建议工程中应根据实际要求确定适当的电势梯度。李瑛等（2011）和 Citeau

等（2011）试验均得到了类似的结果，李瑛等（2011）还指出，电势梯度越大，单位体积排水能耗越高，也即电能利用率越低。

4.5.2 去极化

在电动加固过程中，阳极附近生成氧气，阻碍了土壤-电极的接触，降低阳极附近的pH。由于pH下降而产生的酸性环境加快了阳极的腐蚀，降低了阳极附近孔隙流体的析出，这便是阳极极化。阳极去极化技术最早由Asavadorndeja & Glawe（2005）提出。通过在阳极主动加入钙离子而替代阳极处生成的氢离子进入土壤，同时保证阴极生成的氢氧根离子顺利进入土壤中，在碱性环境下与黏土中溶解的硅酸盐和铝酸盐发生反应，形成胶结剂-硅酸盐钙和（或）水合物铝，从而增加土壤强度，引起土壤颗粒的絮凝和凝固。利用该方法，阴极附近生成的氢氧化物可以向阳极移动，增加阳极附近土壤的pH，促进孔隙流体的析出，从而起到加固土壤的作用。

4.5.3 裂缝生成及应对措施

国内外文献中均有电渗加固土体过程中出现裂缝现象的报道，裂缝的产生降低了电渗排水效果。温晓贵（2015）指出在土体上部施加一定压力后，土体裂缝程度减小（图4.5-1）。由诸多施工经验以及室内试验分析可知，通过施加足够的堆载压力，可消除或减弱电渗加固土体过程中出现的裂缝现象。温晓贵（2015）指出在野外场地电渗排水工程中，产生的裂缝程度并不如试验室中观测到的裂缝显著，主要原因在于野外实际工程的深部土体受到上覆土体的压力，减小了裂缝扩展程度。

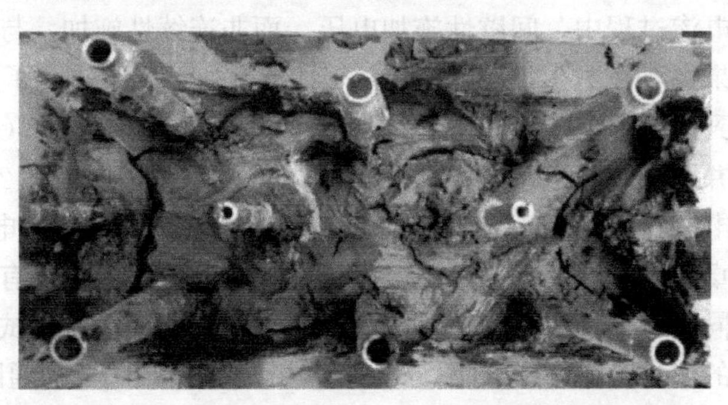

图4.5-1 电渗-堆载试验土体裂缝（温晓贵，2015）

除土体中产生裂缝之外，电极和土体之间分离产生的“电极裂缝”可减小土体和电极之间的接触，降低了土体两端的有效电势梯度，进而减弱了电渗排水效果。可以采用活性炭方法处理电极裂缝，增加了土体两端有效电势，提高电渗排水体积。对于阳极裂缝来说，除施加压力之外，还可通过电渗注入溶液的方法，使阳极处于开口入流的边界条件，进而避免阳极附近土体产生收缩裂缝。由于阴极处土体强度较低，故可通过施加堆载压力的方式减小阴极和土体之间产生分离的风险。

此外，还可以采用阳极跟进法（电渗试验进行一段时间后，在土体的三等分处插入新阳极形成新回路）加固软土，可有效改善由于“初始阳极”和土体接触电阻不断增大而造成的电渗排水效果降低的问题，该方法第一次跟进时效果最为明显，但仍然无法有效加固阴极附近土体。

4.5.4 优化电极布置

电极的布置形式是影响电渗效果的关键因素之一。电极的长方形布置由于施工简便，被较多地用于室内试验和工程现场（Glendinning 等，2007，2008；李一雯，2013）。但文献资料表明，阴极周围布置的阳极越多电渗的排水与加固效果越明显，电极的梅花形布置在加固效果方面较之长方形布置具有更多优势（李一雯，2013；王柳江，2013）。梅花形布置的一个电渗单元一般由外围 6 根阳极和中心 1 根阴极组成（图 4.5-2），电渗过程中，水由阳极处向中心阴极汇聚，缓解阳极腐蚀的同时能更有效地利用阴极。较之长方形布置，采用梅花形布置时电场分布更为均匀，有效电场范围较大，电极的利用效率也较高，因而在相同的单位面积电极数下，梅花形布置排水量更大、加固后强度增长更大、能耗更低，被推荐为电极的优先布置形式。

梅花形布置的最大优势之处为 1 根阴极服务多根阳极，但这样的布置不能实现通电过程中电极的反转，这是因为电极反转后原阳极变阴极，原阴极变阳极，电极反转后 1 根阳极对应 6 根阴极，阳极将会由于电流过大而迅速腐蚀无法正常工作。此外，在实际工程中，对于缺乏经验的现场人员来讲，梅花形布置不方便施工。

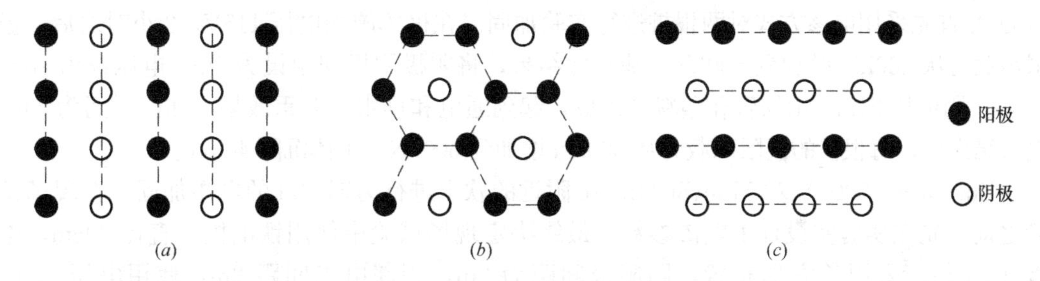

图 4.5-2 电极布置形式示意图
(*a*) 长方形；(*b*) 梅花形；(*c*) 平行错位

水平方向上，电极间距不宜过大或过小，过大的电极间距要求更高的电源电压，不利于施工安全，而间距过小会大大增加电极成本，同时也会给施工增加难度。已有文献中提到的典型的阳极和阴极的间距为 1～3m 不等，且大多集中于 1～2m。另外，大致均匀统一的电场往往能够取得较好的加固效果，为了实现这一目的，相同极性的电极间距一般小于相反电极间的间距。深度方向上，电极的插入深度不宜小于所需加固的土体深度，工程应用中一般取与所加固土体深度一致。

4.6 电渗工程实践应用介绍与进展

4.6.1 经典工程案例

1939 年 Cassagrande 首次将电渗法成功用于德国某铁路挖方边坡加固工程中，其后，电渗法不断被尝试用于各种不同的领域，如地基加固（Bjerrum 等，1967；Lo 等，1991a）、堤坝稳定（Fetzer，1967；Wittle 等，2008）、提高桩的承载力（Soderman 和

Milligan，1961；Butterfield 和 Johnson，1980；El Naggar 和 Routledge，2004）、提高灵敏黏土对周期荷载的抵抗力（Morris 等，1985）、铁路路基病害处理（周顺华等，1999）、环境岩土工程（Jihad Hamed 等，1991；Alshawabkeh 和 Acar，1996）。本文关注软土的电渗加固，故以下仅介绍电渗法用于软土的工程实践。

Bjerrum（1967）报道了电渗法用于挪威超灵敏黏土地基加固的实践，发现土体经电渗加固后平均不排水抗剪强度提高了 3 倍多，土体的灵敏度也从超过 100 下降到平均值 4。Sprute & Kelsh（1980）对表层 1.2m 左右的淤泥进行电渗加固，通电 2.5h，表层土可上人，通电 15.5h，表层淤泥硬度可达 3280kPa，电渗加固效果显著。Lo 等（1991a）开展了电渗的场地试验，强调了合理设计电极以及电极反转的重要性。Burnotte 等（2002）采用钢管电极对地表下 9～14m 的深层土体开展电渗加固，对电极还进行化学溶液注射处理以改善电极与土体的接触性能，试验开始的一个月电渗效率很高，32d 时土体沉降量达到 10%。Chew 等（2004）采用 EVD（具有导电性能的 PVD）加固新加坡海相软土，不排水抗剪强度较之单独 PVD 加固明显提高，且工期方面也具有明显优势。

1995 年，电渗方法第一次应用于提高摩擦型桩的承载力。该工程为加拿大的 BigPic 大桥，每根桩的设计荷载为 350kN，然而实际上桩体的承载力仅为容许承载力的一半。通过抽水，孔隙水压力降低了 90%以上，极限承载力并没有显著增长。为达到设计荷载，Milligan（1995）首先采用电渗方式对两根桩进行实验加固。在桩体施加电压 115V，3 小时之后，极限承载力从 260kN 增加到 500kN。基于此结果，将阴极阳极间距设为 7m，电压设为 70～120V，阴极长 21m，由铁管和塑料管组成，起到通电和排水的双重效果，加固时间为 44d。电渗结束后，每根桩的极限承载力从 300kN 增加到 600kN，土体沉降 40mm。

Burnotte（2004）对 MontSt-Hilaire 附近的软土进行为期 48d 的电渗加固，在现场试验之前，先在实验室设计了电渗参数，最终决定现场试验中使用铁电极，直径 20cm，电极共 24 根，采用长方形布置，阴阳极间距为 3m，相邻电极间距 2m，使用电压 100V（DC，600A）。试验中每两天观测一次温度、电压、电流，每一周观测一次沉降，同时在阴极底部接抽水机，收集并记录排水量。观测数据显示，土体表面最终沉降 0.46m，平均不排水抗剪强度从 28kPa 增加到 95kPa，而且阳极强度增大明显大于阴极，这是由于水从阳极迁移到阴极，导致阴极含水量较大，强度较低，但相比未处理之前仍有所增加。电渗过程中，电渗系数逐渐减小，沉降逐渐增大。这次现场试验还观测到，沉降值两端最小，中间最大，最终沉降图呈碗形，较为明显地呈现出电渗处理地基的不均匀性。

国内也有一些电渗法加固软土的实践。广州中船龙穴造船基地某项目首次大面积采用真空-电渗降水-低能量强夯联合技术加固软弱地基，加固后土体深层和浅层地基强度均得到明显提高，满足设计要求，而且该联合工法在经济性和工期方面较之真空预压法具有优势（刘凤松等，2008）。廖敬堂和廖宏志（2009）结合电渗井点降水和低能量强夯技术对虎门港沙田港区某工程软土地基进行加固，静力载荷、静力触探和十字板试验结果表明处理后地基承载力满足设计要求。蔡羽（2009）介绍了真空电渗降水及低能量强夯技术加固某港口工程的实践，体积经处理后加固深度满足使用要求，承载力也达到设计要求，他指出该工法对于加固深度在 6m 内的软土强度提高非常明显，对 10m 内软土的加固效果强于传统工法。Naghibi（2017）总结了相关的工程案例，表 4.6-1 为电渗场地实验现场参数列表，包括土质、电势梯度、电极材料、能耗等，以期为施工人员提供参照。

电渗现场试验案例总结（Naghibi，2017） **表 4.6-1**

编号	地点	土的类型	处理时间（d）	施加电压（V）	电势梯度（V/m）	电极材料	电极长度（m）	电极直径（mm）	电极间距（m）	不排水抗剪强度增加（%）	处理土体深度（m）	处理后土体沉降（mm）	能耗（kWh/m³）
1	挪威	强塑性黏土	120	50	0.25	钢	9.6	19	2	380	7	—	17
2	加拿大	灵敏性黏土	26-29	120	0.39	铜	5.5	51	3.05	179	5.5	55	6.4
3	加拿大	灵敏性黏土	32	120	0.2	铜	5.5	51	6.1	182	5.5	47.5	6.4
4	新加坡	砂垫层、海洋软土和硬土	0.92	14	0.12	导电塑料	35	—	1.2	132	—	—	1.8
5	加拿大	软土	48	93	0.31	钢	5	190	3	214	7	46.8	
6	南非	矿砂尾矿	60	30	0.33	EKG	1	—	0.9			282	514
7	马来西亚	超软土、淤泥	4.16	29	0.21	铜箔与导电聚合物	6	—	1.4	439	—	—	0.7
8	中国台湾	软淤泥土	13	—	—	—	5	50	2	182	5	0.9	—
9	中国台湾	软淤泥土	25	—	—	—	5	50	2	192	5	5.1	—
10	英国	堆填黏土	42	60	—	EKG	2	—	—	—	—	—	11.5
11	英国	污水污泥	63	30	0.33	EKG	—	—	—	—	—	—	128

4.6.2 工程实例

下面简要介绍3个不同类型的施工案例，表明电渗法在已有建筑物地基修复、吹填软土地基加固以及矿区尾矿处理等方面均有较好的应用前景。案例1为已建路基由于使用时间久远，因此需进行加固修复，以满足现行施工规范标准；案例2为新型管状EKG在电渗-真空加固实际场地中的应用，从排水与加固结果来看，管状EKG比板状EKG能取得更好的处理效果；案例3为电渗法在尾矿处理中的应用，表明电渗法不仅可以用于常规的软土地基处理，也可以在较低能耗下处理矿区尾矿。

1. 电渗法加固路基边坡（Jones等，2011，图4.6-1）

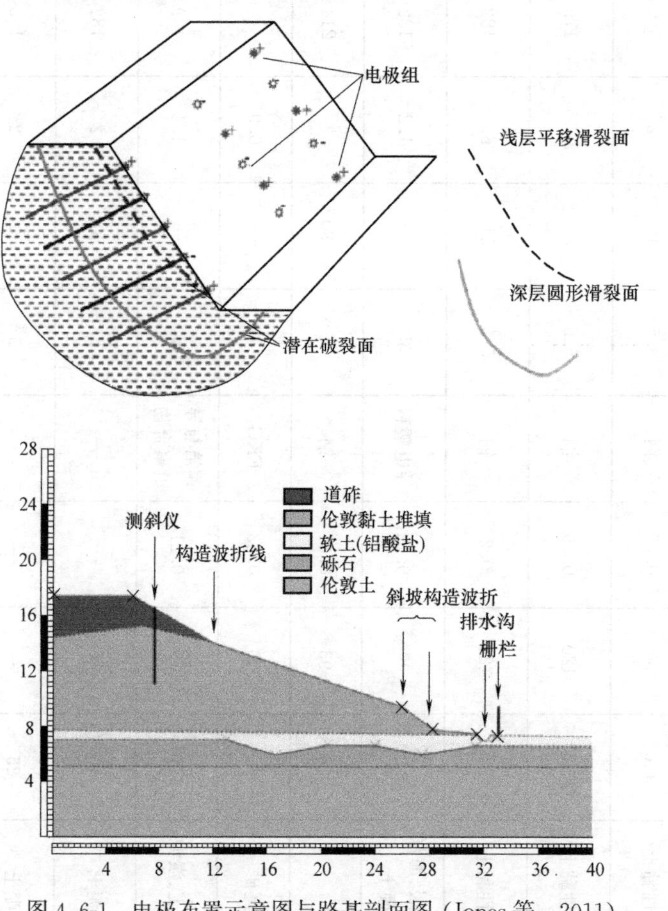

图4.6-1 电极布置示意图与路基剖面图（Jones等，2011）

在英国的高速公路和铁路，有大约2万公里长的路堤和路堑。铁路路堤和路堑大多建于1840～1900年，不能满足现代岩土工程施工标准。由于气候变化引起的铁路基础设施出现诸多问题，如何维护和修复这些基础设施已成为一项工程难题。在高速公路路堤中，气候变化导致孔隙水压力和残余应力的改变进而引起事故率的增加。削坡通常用于解决这类问题，但削坡并不能解决植被引起土体的收缩-膨胀问题，这是因为植被会引起土中孔隙水压力的变化。此外，这类方法造价高、耗时长，在大体量工程中不宜使用。

下面介绍一个代表性工程，电渗方法被应用于解决伦敦市某段路堤出现的此类问题。

该路段路堤高9m，填土分布如图4.6-1所示，评估表明，该段路堤安全系数较低。监测数据表明潜在滑裂面在路堤表面下2.5m左右，稳定性计算表明该坡的安全系数为1.0。

采用电渗方法时，电极布置采用正六边形，中间为阴极，周边为阳极，电极布置如图4.6-1所示。电极布置由两人组经过10d安装完成，施加直流电（60～80V）。

电渗加固后，土的塑性与收缩性降低，抗剪强度得到增强。同时阳极板起到土钉加固的作用，黏着力增强263%，滑坡发生的概率几乎降为0，边坡的安全系数升至1.71。本工程每立方米土体的平均能耗为11.5kWh/m^3。施工结束后，阳极板充作土钉，阴极板作为排水板继续留在土体中。该案例为采用电渗法修复已有建筑物或构筑物的基础提供了新思路。

2. 管式EKG与板式EKG的现场试验（李存谊，2017）

李存谊（2017）在宁波北仑滨海某区域进行了真空联合电渗的场地试验。处理的土体为围海造陆而疏浚的淤泥，场地土层沿深度方向呈现较均匀分布：①粉质黏土，层厚为0～0.4m；②淤泥质粉黏，层厚为0.4～3.5m。经现场取样，测得②层土样基本物理力学性质如表4.6-2所示。试验场地（图4.6-2）总面积为49.5m×13m，按采用的电极形式分为管式EKG电极（T1）、板式EKG电极区域（T2）和真空预压区域（T3），试验区域周边设置宽度0.5m的排水沟，以便于试验场地内水排出。本试验电极采用耐腐蚀、排水空间大、力学性能好的管式EKG，同时采用本章第一节所提到的板式EKG作为对比。两种电极在插入土体之前均用土工织布包裹，以防止淤泥进入排水凹槽或管内，阻挡真空度的传递和水流向上运动。

（1）试验布置

① 基本参数

土体基本物理力学参数　　表4.6-2

含水量(%)	颗粒比重	密度(g/cm^3)	孔隙比	液限(%)	塑限(%)	塑性指数	土粒组成(%)	
							<0.005	0.05～0.005
74	2.73	1.92	1.47	39.6	23.5	16.1	68	32

根据Casagrande（1949）、李瑛（2010）等学者的研究，电渗中的电势梯度范围宜在0.5～5V/cm之间，电势梯度过低则不能有效驱动电渗流，而过大则会产生较为明显的热效应，增加能耗，同时也会引起阳极含水率降低过快，周边开展裂缝，影响整体导电性能，导致电渗不能进一步开展。现场试验中，考虑到电缆线的最大负载能力，把电势梯度设置在0.27～0.53V/cm之间，即输出电压最高为80V，最低为20V。电渗联合真空预压中真空负压为80kPa，和T3区块真空度一致，真空泵功率为7.5kWh。

现场试验基本参数表　　表4.6-3

编号	场地面积(m^2)	竖向排水(导电)材料	排水板间距(cm)	电势梯度(V/cm)	真空度(kPa)	布置形式	工法
T1	13×19	管式EKG	75	0.27～0.53	80	平行交错	电渗联合真空预压
DT2	13×19	板式EKG	75	0.27～0.53	80	平行交错	电渗联合真空预压
T3	13×10	塑料排水板	80		80	正方形	真空预压

因电渗联合真空预压试验是本研究关注的重点，下面对其方案进行详细阐述。T1和

T2 区域面积相同，均为 18.5m×13m，两块区域初始条件、通电方式、电极间距、布置形式均相同，仅电极形式有所不同，目的主要是比较两种 EKG 电极的地基加固效果。具体电渗联合真空预压施工参数如表 4.6-3 所示。这里对参数选取的依据予以说明。根据李一雯（2013）、陶燕丽（2015）等人的室内试验研究，平行错位布置的排水效果最好、电极成本和能耗成本均最小，因此，选择平行错位布置。电极间距为 50～100cm 之间，边沟电极间距略大，为 100cm，中间主要试验区域行列间距均为 75cm，同性电极间距 150cm，异性电极间距 105cm，电渗联合真空预压中的 EKG 电极布置图见图 4.6-2。T1、T2 区域都采用了中间组和边沟组接线方式，其中不论边沟组还是中间组接线均分为两组，一组输入直流电，一组返回直流电。需要注意的是这里的输入和输出电流并非一成不变，后文会提到电极反转，即每隔一定时间，原来的输入电流组转变成输出电流组，输出电流组转变成输入电流组。T1 区域的中间组采用管式 EKG 电极，T2 区域的中间组采用板式 EKG 电极。T1、T2 的边沟组全部采用板式 EKG 电极，电极布置稍密（50cm），在一定程度上起到阻挡水流渗入试验场地的作用，降低边界效应。

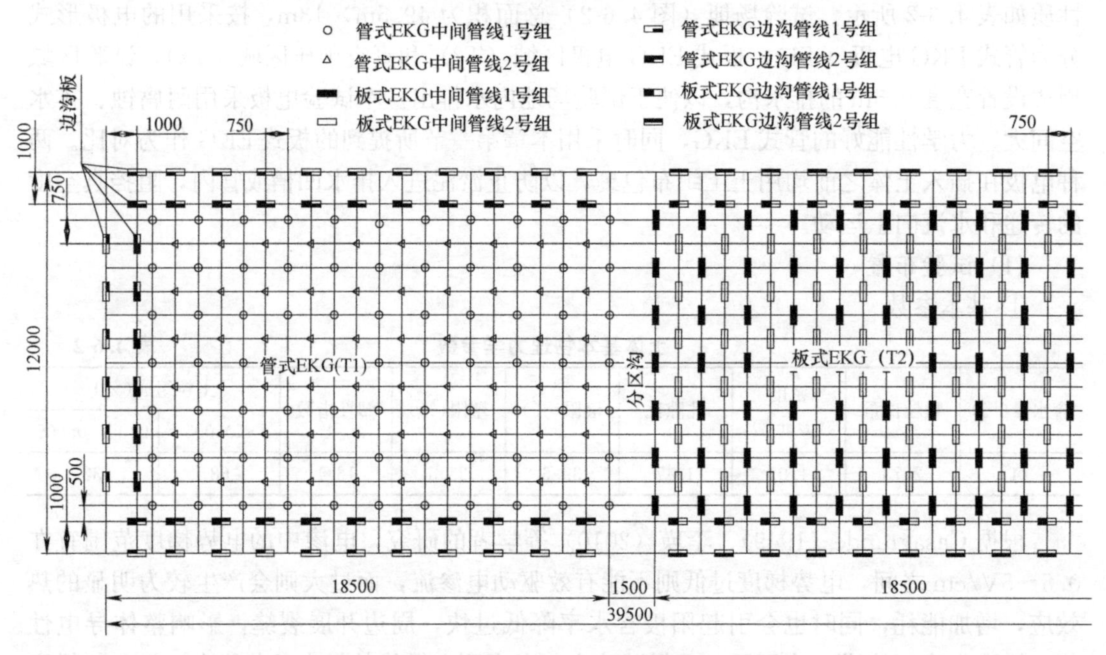

图 4.6-2　电渗联合真空预压 EKG 电极排布图（单位：mm）

电渗联合真空预压竖直方向从上到下依次是两层真空膜、土工织布、表面水平排水管和竖向 EKG 电极（图 4.6-3）。下层真空膜的作用主要是密封试验区域，为抽真空提供条件，上层真空膜主要作用是保护下层真空膜，防止风吹日晒等外部环境造成下层真空膜破损。两层真空膜都需要进行“压沟”处理，即在试验区域边缘预留 1m 左右的真空膜，由人工压入排水沟中，并且土体沉降较大时，还需要进行二次“压沟”，以防止边缘漏气。土工织布的主要作用是防止土中木屑、碎石等尖锐物刺破真空膜。真空度通过水平排水管和 EKG 电极传递到土体内部，因竖向中间管线有两组，图 4.6-3 中分别采用实心矩形和空心矩形来表示。

② 通电方式

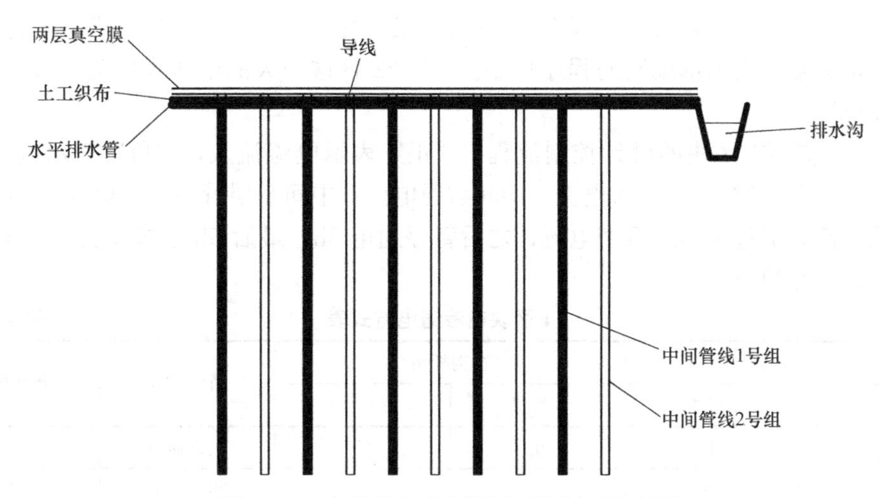

图 4.6-3 电渗联合真空预压区块剖面示意图

本试验采用了逐层通电的技术（庄艳峰，2014）。所谓逐层通电，就是在深度方向从下到上逐层通电，这样最下层的土体被电渗加固时间最长，越上层的土体电渗加固时间越短。采用这种方式通电，主要目的是更好地加固下部土体，降低能耗。工程界对真空预压处理后的“硬壳层”已形成共识，而电渗法则不会产生此类缺陷，因此为充分发挥电渗联合真空预压施工中电渗的优势，采用了逐层通电的技术，下部土体主要由电渗加固，上部土体主要由真空预压加固，同时真空荷载也可以抑制土体裂缝大的生成，两者相辅相成，各自发挥专长。

电渗联合真空预压区域从上到下共分成五层通电，每层 0.5m，不论 T1 还是 T2 区域上部均预留 0.5～1.0m 统一接板式 EKG 电极，因管式 EKG 竖向不能弯曲，土体竖向沉降时，管式 EKG 易刺破土体表层真空膜。下面的五层板（管）的每一层又分成两节，每节 0.25m，一节导电，一节不导电，这样是为节省电极材料和电能而设计。具体分层方式和通电时间如图 4.6-4 所示。

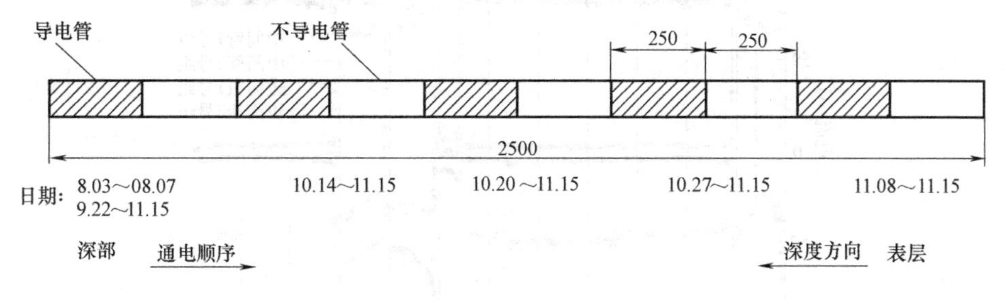

图 4.6-4 管式 EKG 逐层通电示意图（单位：mm）

已有电渗现场试验研究（Bjerrum 等，1967；SUN Zhaohua，2016 等）均采用电极反转、间歇通电的通电方式，证实这两种通电方式可以使土体处理效果更加均匀。陈卓（2013）通过一维室内试验研究电极反转（总通电时间为 30h，反转周期为 1h、5h 和 15h），表明该通电方式可以提高土体的均匀性，电极腐蚀较少，但界面电势和电流幅度降低较大。考虑到本现场试验时间较久，故采用电极反转和间歇通电的技术。

电极反转和间歇通电的试验参数以 2016 年 9 月 22 日 T1 区块一个流程展开说明。所谓流程，是指配电柜的电压、电流输出控制方案。配电柜把 380V 的交流电转化成直流电，直流电的输出由内部编制的程序控制。9 月 22 日这一天的电压设定为 20V，总电流控制在 100A 左右。

表 4.6-4 是 T1 区块的设计控制流程，“正”表示电流流入，“负”表示电流流出，“—”则表示两根导线都不输入电流，即间歇通电。对中间 5 层管而言，前 8h 中间管组 2 号组输入电流，通过 1 号组返回电流；之后暂停通电 3h；最后 5h 电极反转，1 号组输入电流，通过 2 号组返回电流。

T1 区块电渗通电方式表 **表 4.6-4**

中间管组		边沟板组		通电方式	作用时间
1 号组	2 号组	1 号组	2 号组		
负	正	正	负	正常通电	8h
—	—	—	—	间歇通电	3h
正	负	负	正	电极反转	5h

图 4.6-5 为 2016 年 9 月 22 日实际输出的电流。可以看出，中间管两组电流均较大，边沟板两组电流较小，这是因为中间管数量较多（中间管 12 列，每组 6 列；边沟板 4 列，每组 2 列），同一组（如中间管 1 号组）导线连接采用并联方式，在电压一定的情况下，并联越多，则电流越大。原计划 8h 正常通电，结果进行了 11h（2：00～13：00），后面间歇通电（13：00～14：00）仅进行 1h，电极反转则进行了 2h（14：00～16：00），第一个周期 14h，和预定周期 16h 也存在误差，说明实际通电和计划通电有误差，这种误差在初期（约前 10d）尤为明显，中后期逐渐减小。造成这种误差的原因较多，初期土体含水率最高，导电性最好，电流值最大，配电柜不能够有效切换电流。同时，给电情况也受电缆负荷、人员操作等影响较大。更规范、更高效的配电柜设计仍有待进一步研究。

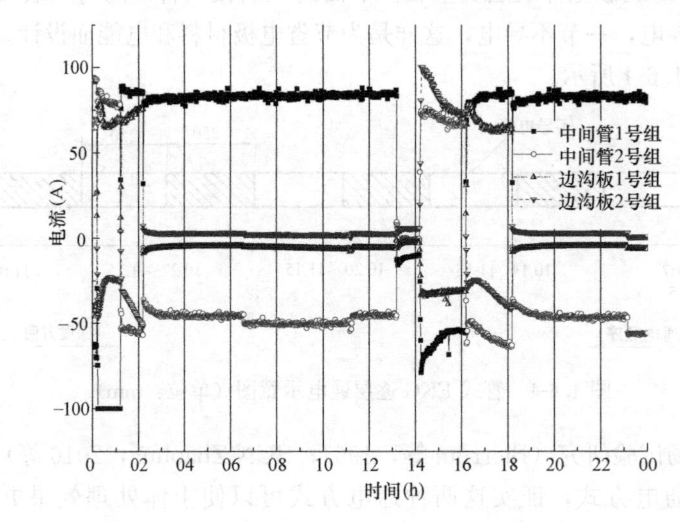

图 4.6-5　2016 年 9 月 22 日 T1 区块五层管电流

③ 真空度

图 4.6-6 为典型区块（T1，管式 EKG 电极）的真空度随时间变化曲线，2016 年 8 月 3 日真空度为 40～50kPa 之间，8 月 8 日～9 月 21 日因故中止试验，复工后真空度从

50kPa 逐渐增加到 80kPa 左右，中期（9 月 25 日～11 月 5 日），基本维持在 80kPa 左右，后期（11 月 5 日～11 月 15 日）由于局部真空膜破损，真空度有所下降，但均维持在 60kPa 以上。

T2 和 T3 区块共用一台真空泵，两者真空度差别很小，基本在 60～80kPa 之间。T3 区块仅抽真空，排水板和试验周边区域一样，插入深度 3～3.5m，正方形布置，间距 0.8m。试验前，划分出 T3 区域的主要目的是比较同等时间内电渗联合真空预压和真空预压的施工效果。当然，考虑到该区域面积较小（10m×13m），各区块之间距离较近，这种对比可能并不显著，但仍能显示一些差异，这在后文将进行展开分析。

2016 年 8 月 3 日试验正式开始，抽真空和施加电场同时开始，进行到 8 月 7 号时，因外部原因被迫停工，9 月 22 日开始复工，之后因真空泵等原因累计停工 4d，11 月 15 日试验结束，全程总计 104d，其中电渗联合真空预压或真空预压处理 54d。试验过程中，每天对孔压、沉降、水位、真空度等参数进行监测。11 月 18 日开始进行钻孔取样试验以及现场十字板剪切试验、静力触探和载荷板试验。

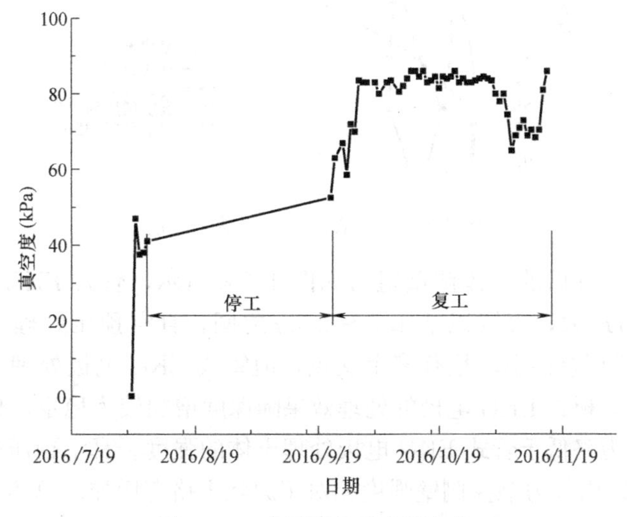

图 4.6-6 典型区块真空度曲线

（2）试验结果

图 4.6-7 显示了电渗联合真空预压试验区块的中心区、周边真空预压处理（54d 和 135d）和原状土的十字板剪切强度。可以看出，就表层（0～1.5m）处理效果而言，真空预压处理 135d 的效果最好，十字板剪切强度均大于 3kPa，然而该强度随深度降低速度也最快，2.5m 以下几乎和原状土强度一样，说明下部土体采用传统真空预压工法因真空度传递损耗并不能提高剪切强度，也即验证了学界提出的“硬壳层”的观点（朱超，2010）。尽管真空预压加固深度可能较深（0～50m），但表层区域加固效果最好（从十字板剪切强度分析，本工程真空预压的硬壳层厚度大约为 1.5m）。采用电渗联合真空预压的试验区域，尽管整体强度不是很高，但处理效果随深度增加较为均衡，以管式 EKG 电极处理的区域为例，地下 0.3m 处十字板剪切强度约为 3.8kPa，1～3.5m 的剪切强度均在 2.0kPa 左右，相对于 135d 的真空预压施工，强度提高了近 5 倍，说明电渗在处理深层土体有很大潜力。

下面分析采用不同形式 EKG 电极加固土体的十字板强度差异。总体而言，采用管状 EKG 电极处理的土体十字板强度略大于板状 EKG 电极强度，尤其在较深区域，该规律更为明显，地下 2.5m 处，管状 EKG 电极加固土体十字板剪切强度约为 2.0kPa，而板状 EKG 电极加固土体十字板剪切强度仅为 1.0kPa。笔者分析，主要原因在于管状 EKG 排水性能更好。尽管两种电极材料外部都采用导电的土工织布进行包裹，然而管状 EKG 电极因中间排水管道较大，不易被土体堵塞，而板状 EKG 电极采用普通塑料排水板的形式，排水通道为板两侧的沟槽，这些沟槽截面相对较小，易被淤泥堵塞，导致排水效果大为降低，因此，管状 EKG 电极处理土体效果稍好。

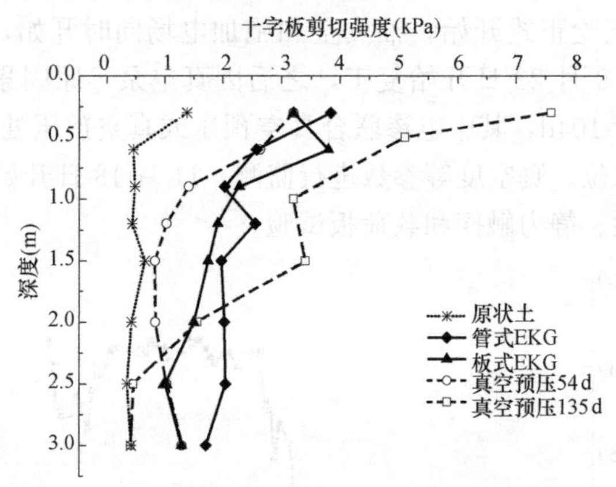

图 4.6-7　中心区十字板剪切强度

电渗联合真空处理后的土体侧壁阻力如图 4.6-8 所示，管式 EKG 电极的表层（0～1.0m）侧壁摩阻力最大，表层以下 1.5～2.5m 之间，真空预压处理 135d 的效果最佳，2.5m 以下五条曲线相差很小，且有多个交点，但管式 EKG 电极处理土体的侧壁阻力随深度增加略有增大。板式 EKG 电极的处理效果随深度增加较为稳定，仅在 3～5kPa 之间波动，总体侧壁阻力略低于管式 EKG 电极处理土体的强度。真空预压处理 54d 的效果最差，仅表层 1.5m 以内静力触探侧壁强度相对于原状土略有增加。总体反应的结果和十字板剪切强度、静力触探锥头阻力较为接近。

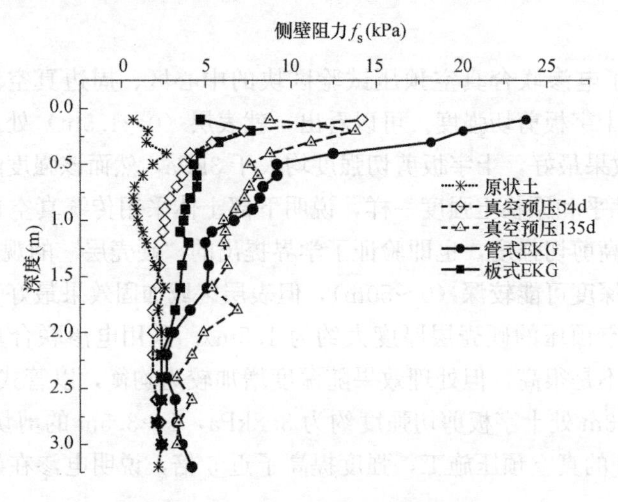

图 4.6-8　中心区静力触探侧壁阻力

该场地试验可以表明：

① 从采用 EKG 材料的电渗联合真空预压的现场试验分析，电渗联合真空预压 54d 的强度指标（十字板剪切强度、静力触探和静载试验）基本可以达到真空预压 135d 的强度，表层（地下 0.5～1m）真空预压强度略高，深部（1.5～3m）电渗联合真空预压的强度则高于真空预压，总体来说电渗联合真空预压处理土体的强度沿深度方向分布更为均匀，说明该工法对深度土体加固具有一定潜力。

② 电渗联合真空预压试验中采用了管式 EKG 电极和板式 EKG 电极，通过试验对比发现，管式 EKG 电极加固土体的强度更高，沉降更大，孔压消散更快，排水效果更好，主要原因在于其排水通道更加畅通。因此，建议进行电渗联合真空预压施工时优先考虑管式 EKG 电极。

③ 电渗和真空预压都是在土体中产生负的超静孔压，根据有效应力原理，在总应力不变的情况下，有效应力增大，土骨架被压缩，引起土体的固结。电渗联合真空预压所产生的超静孔压可以叠加，因此电渗联合真空预压的处理效果理论上优于其中一种工法的加固效果，通过现场试验证明，该工法比真空预压处理土体的深部强度更高、含水率更低、沉降更显著。真空预压可以有效排除电渗阴极区域的水，电渗则可以有效加固深部土体、缩短固结时间，两者联合，可以达到优势互补的效果。

3. 电渗法用于尾矿处理（Fourie 等，2007）

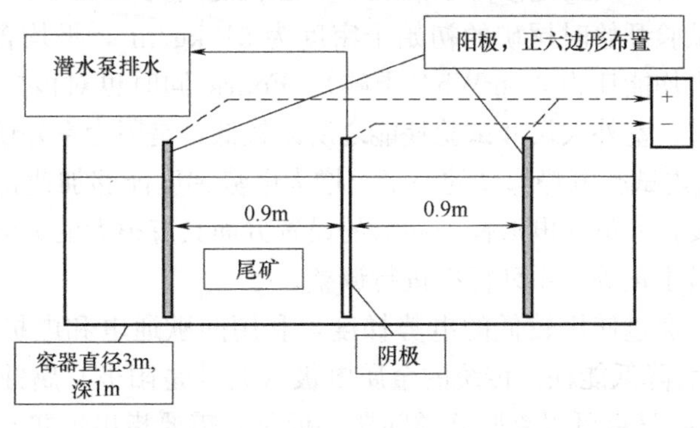

图 4.6-9 室外试验布置示意图（Fourie 等，2007）

矿砂尾矿性质（Fourie 等，2007） 表 4.6-5

比重	矿物组成	液限(%)	塑限(%)	pH	Zeta 电位(mV)
2.76	高岭土、石英砂、绿泥石、赤铁矿	62	26	6.4	−19

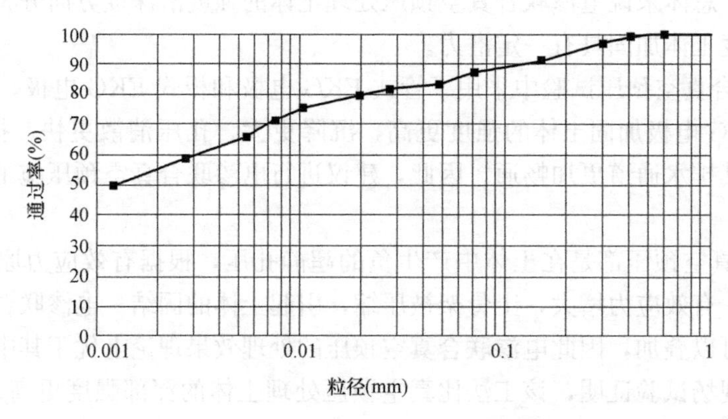

图 4.6-10 尾矿粒径级配曲线（Fourie 等，2007）

尾矿原料选自南非 Kwa ZuluNatal 省矿砂区，该尾矿原料颗粒组成成分以及级配曲线如表 4.6-5、图 4.6-10 所示，经过测试，其颗粒粒径、Zeta 电位和含盐量均适合于电渗处理。

现场试验装置如图 4.6-9 所示，试验容器直径 3m，采用高密度聚乙烯（HDPE）制成，尾矿在该装置内静置 3 周后，测得其含水量为 158%，尾矿填充深度为 750mm，计算可得待处理尾矿的初始体积是 $5.3m^3$。EKG 电极布置如图 4.6-9 所示，阴极位于装置中心，六个阳极以正六边形插入距离阴极 900mm 位置处。电极布置完成后，接通电源，初始电压在 10min 内增加到 30V，初始电势梯度为 0.33V/cm。小型抽水泵安装在阴极管处，每隔一段时间将水从阴极抽出。大约 25d 后，电势梯度设置为 0.11V/cm。本现场试验采用电极反转技术，反转频率为每天一次。尾矿参数测量，采用改进的薄壁活塞式取样器测定含水率，用刻度杆测量装置内尾矿深度的改变。经过 9 周的电渗，排水总体积超过 $2m^3$，含水率也有明显的降低，如图 4.6-11 所示。

施加的电压和产生的电流如图 4.6-12 所示，该图未表示出电极反转。通过计算数据可以得到能耗，在为期 9 周的电渗排水处理中，总耗能约为 2.5kWh，远低于表 4.6-1 中总结的其他案例。试验开始时尾矿的初始干密度为 $510kg/m^3$，平均含水量由 158%降至 75%，计算得到的平均能耗为 0.9kWh/(干吨)。Fourie 同时也对该尾矿材料进行了室内小尺寸实验，他指出，室外大尺寸试验耗能之所以较低，是因为室外试验后期的电势梯度为 0.11V/cm，为室内试验电势梯度的一半。增大电势梯度能够加速排水，但也会降低能量利用率。因此，设计人员在电渗操作参数的设置方面具有很大的灵活性，可以根据脱水速率最大化和能耗最小化等一系列标准进行调整。

Fourie 总结道，通过使用较低的电势梯度，利用间歇通电和电极反转等技术，以及 EKG 电极，可以显著降低能耗。传统的金属电极（尤其是阳极）腐蚀速度快，电压损失很大，通过使用 EKG 材料可以克服这类问题。但是，需要指出，并不是所有的尾矿都能像矿砂尾矿那样适宜采用电渗排水法。Johns（2004）通过室内试验指出金伯利岩尾矿能耗率在 130～615kWh/干吨，显著高于矿砂尾矿，该数据与 Wilmans&Van Deventer (1987) 对金伯利岩尾矿的测试结果吻合。正是因为对于不同的尾矿，其电渗排水法的能耗差异巨大，因此应制定完善一套尾矿电渗处理的参考标准（包括尾矿种类、能耗、处理后的含水率等），以准确预测某一特定尾矿采用电渗处理的可行性。

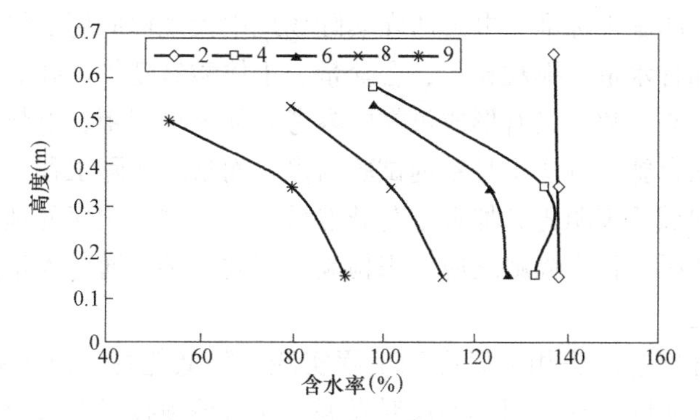

图 4.6-11 含水率的时空分布图

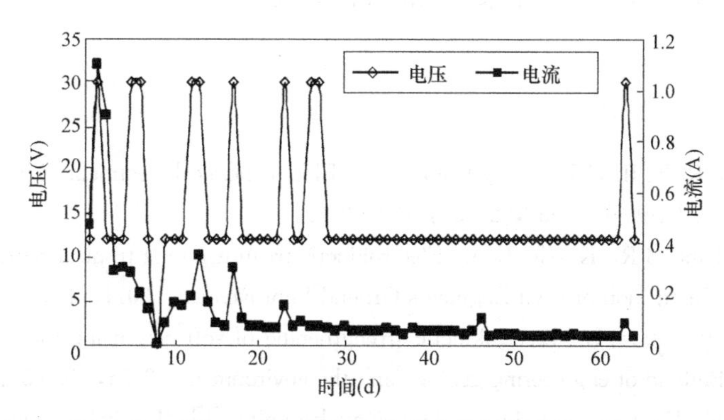

图 4.6-12 电压与电流变化示意图

4.7 电渗法所面临的问题与展望

在我国，蓬勃发展的吹填造陆和疏浚工程为电渗加固技术的研究和应用提供了得天独厚的条件，也预示着电渗法加固软土不可估量的工程应用前景。电渗法自从被 Cassagrande (1939) 第一次把电渗应用于工程实践，距今已经 80 年的历史了，那么针对电渗排水固结法没有被大规模应用到实践中去的原因，本章总结了以下几个方面。

首先是能耗问题。电渗法一直被认为能耗较大，但对于电渗能耗的认识并不统一，处理每立方米土体的电耗从几度到几十度均有见报道。之前案例中电渗能耗较大可能的原因有两个方面：一是通电时电能利用率不高，电源在电渗效率较低的情况下长时间持续供电；二是金属电极被腐蚀之后产生钝化，导致界面电阻升高，在界面处消耗大量的电能。EKG 材料的出现解决了电极腐蚀钝化造成的电能浪费；电能利用率不高的问题可以通过优化通电模式的方法解决。

其次是电渗的机理上没有形成统一完善的认识。现有的电渗固结理论基本上是基于 Esrig (1968) 假设，但对于电场与渗流场、应力场的多场耦合，诸多学者并未深究三场之间的彼此关联，而仅是通过试验设定了电渗系数来简单的表述电渗排水，这显然是缺乏可靠性的。电渗的微观研究涉及到土体的 pH、含盐量、矿物组成等，但这些微观研究难以与实际电渗处理的宏观表现联系起来，如实际中土体不可能一直处于饱和状态，水力渗透系数、电渗系数随电渗处理中会有时空上的变化等。

最后是缺乏可靠的施工标准。电渗法在实际场地中大规模应用的较少，因为该法对于土体的要求较高，如含水量、颗粒粒径、含盐量、土体酸碱度等，并非对于所有土体都能行之有效。通电模式与参数尚没有形成可靠的参考，如电极间距、电势梯度、电极反转频率、间歇频率等。联合施工方法也是室内试验居多，而缺乏实际工程经验，如对于电渗联合真空预压时，室内试验表明先施加真空荷载然后通电，这一顺序处理土体效果最好，能耗也较低，但是在实际工程中尚缺乏应用来检验。因此有必要通过大量的工程案例来确定一套完整的施工规范。

因此，进一步开展电渗法相关研究和工程实践，降低能耗，改善效果，完善施工工艺，促进其大范围的实际工程应用，不仅对发展、完善该项技术有着至关重要的意义，也有着重大的实际工程意义，将会带来巨大的经济效益。

参考文献

[1] Adamson L G，Rieke III H H，Grey R R，et al. Electrochemical treatment of highly shrinking soils [J]. Engineering Geology，1967，2 (3)：197～203.

[2] Ahmad K B，Taha M R，Kassim K A. Electrokinetic treatment on a tropical residual soil [J]. Proceedings of the Institution of Civil Engineers-Ground Improvement，2011，164 (1)：3～13.

[3] Asavadorndeja P，Glawe U. Electrokinetic strengthening of soft clay using the anode depolarization method [J]. Bulletin of engineering geology and the environment，2005，64 (3)：237

[4] Ballou E V. Electroosmotic flow in homoionic kaolinite [J]. Journal of Colloid Science，1955，10 (5)：450～460.

[5] Bergado D T，Balasubramaniam A S，Patawaran M A B，Kwunpreuk W. Electroosmotic consolidation of soft bangkok clay using copper and carbon electrodes with PVD. ASTM Geotechnical Testing Journal，2003，26 (3)：277～288.

[6] Bjerrum L，Moum J，Eide O. Application of electro-osmosis to a foundation problem in a Norwegian quick clay [J]. Geotechnique，1967，17 (3)：214～235.

[7] Burnotte F，Lefebvre G，Grondin G. A case record of electroosmotic consolidation of soft clay with improved soil electrode contact [J]. Canadian Geotechnical Journal，2004，41 (6)：1038～1053.

[8] Burnotte F，Lefebvre G，Grondin G. A case record of electroosmotic consolidation of soft clay with improved soil-electrode contact. Canadian Geotechnical Journal，2004，41 (6)：1038～1053.

[9] Burton A. Segall，Clifford J. Bruell. Electro-osmotic contaminant-removal process. Journal of Environmental Engineering，1992，118 (1)：84～100.

[10] Casagrande A. Electro-osmotic stabilization of soils [J]. Boston Society Civil Engineers Journal，1952.

[11] Casagrande I L. Electro-osmosis in soils [J]. Geotechnique，1949，1 (3)：159～177.

[12] Chien S C，Ou C Y，Wang M K. Injection of saline solutions to improve the electro-osmotic pressure and consolidation of foundation soil [J]. Applied clay science，2009，44 (3～4)：218～224.

[13] Chien S C, Ou C Y, Wang Y H. Soil improvement using electroosmosis with the injection of chemical solutions: laboratory tests [J]. Journal of the Chinese Institute of Engineers, 2011, 34 (7): 86~-875.

[14] Citeau M, Larue O, Vorobiev E. Influence of salt, pH and polyelectrolyte on the pressure electro-dewatering of sewage sludge. Water Research, 2011, 45 (6): 2167~2180.

[15] Dussour C, Favoriti P, Vorobiev E. Influence of chemical additives upon both filtration and electroosmotic dehydration of a kaolin suspension. Separation Science and Technology, 2000. 35 (8): 1179~1193.

[16] Esrig M I. Pore pressures, consolidation, and electrokinetics [J]. Am Soc Civil Engr J Soil Mech, 1968.

[17] Evans H E, Lewis R W. Effective stress principle in saturated clay [J]. Journal of Soil Mechanics & Foundations Div, 1970.

[18] Feldkamp J R, Belhomme G M. Large-strain electrokinetic consolidation: theory and experiment in one dimension [J]. Géotechnique, 1990, 40 (4): 557~568.

[19] Fourie A B, Johns D G, Jones C F. Dewatering of mine tailings using electrokinetic geosynthetics [J]. Canadian Geotechnical Journal, 2007, 44 (2): 160~172.

[20] Fourie A B, Jones C J F P. Improved estimates of power consumption during dewatering of mine tailings using electrokinetic geosynthetics (EKGs). Geotextiles and Geomembrances, 2010, 28 (2): 181~190.

[21] Gazbar S, Abadie J M, Colin F. Combined action of electro-osmotic drainage and mechanical compression on sludge dewatering. Water Science Technology, 1994, 30 (8): 169~175.

[22] Gingerich I, Neufeld R D, Thomas T A. Electroosmotically enhanced sludge pressure filtration. Water Environment Research, 1999, 71 (3): 267~276.

[23] Glendinning S, Jones C J, Pugh R C. Reinforced soil using cohesive fill and electrokinetic geosynthetics [J]. International Journal of Geomechanics, 2005, 5 (2): 138~146.

[24] Glendinning S, Lamont-Black J, Jones C J F P. Treatment of sewage sludge using electrokinetic geosynthetics [J]. Journal of Hazardous Materials, 2007, 139 (3): 491~499.

[25] Hamir R B, Jones C, Clarke B G. Electrically conductive geosynthetics for consolidation and reinforced soil [J]. Geotextiles and Geomembranes, 2001, 19 (8): 455~482.

[26] Hamir R. Some aspects and applications of electrically conductive geosynthetic materials. Ph. D thesis, University of Newcastle upon Tyne, UK, 1997.

[27] Hu L, Wu H. Mathematical model of electro-osmotic consolidation for soft ground improvement [J]. Géotechnique. 2014, 64 (2): 155~164.

[28] Hu L, Wu W, Wu H. Numerical model of electro-osmotic consolidation in clay [J]. Géotechnique. 2012, 62 (6): 537~541.

[29] Jayasekera S, Hall S. Modification of the properties of salt affected soils using electrochemical treatments [J]. Geotechnical and Geological Engineering, 2007, 25 (1): 1.

[30] Jeyakanthan V, Gnanendran C T, Lo S C R. Laboratory assessment of electro-osmotic stabilization of soft clay [J]. Canadian Geotechnical Journal, 2011, 48 (12): 1788~1802.

[31] Jones C, Glendinning S, Huntley D T, et al. Soil consolidation and strengthening using electrokinetic geosynthetics—concepts and analysis [J]. Geosynthetics. Millpress, Rotterdam, 2006, 1: 411~414.

[32] Jones C, Glendinning S, Huntley D, et al. Case history: in-situ dewatering of lagooned sewage

sludge using electrokinetic geosynthetics (EKG) [C] //Eighth International Conference on Geosynthetics. Millpress, Rotterdam. 2006: 539～542.

[33] Jones CJFP, Lamont-Black J, Glendinning S. Electrokinetic geosynthetics in hydraulic applications. Geotext Geomembranes. 2011; 29 (4): 381～390.

[34] Kalumba D, Glendinning S, Rogers C D F, et al. Dewatering of tunneling slurry waste using electrokinetic geosynthetics. Journal of Environmental Engineering, ASCE, 2009, 135 (11): 1227～1236.

[35] Kaniraj S R, Yee J H S. Electro-osmotic consolidation experiments on an organic soil [J]. Geotechnical and Geological Engineering, 2011, 29 (4): 505～518.

[36] Karunaratne G P, Jong H K, Chew S H. New electrically conductive geosynthetics for soft clay consolidation [C] //Proceeding of the 3rd Asian Regional Conference on Geo-synthetics. 2004: 277～284.

[37] Kaya A, Yukselen Y. Zeta potential of clay minerals and quartz contaminated by heavy metals [J]. Canadian Geotechnical Journal. 2005, 42 (5): 1280～1289.

[38] Keykha H A, Huat B B K, Asadi A. Electrokinetic stabilization of soft soil using carbonate-producing bacteria [J]. Geotechnical and Geological Engineering, 2014, 32 (4): 739～747.

[39] Kondoh S, Hiraoka M. Commercialization of pressurized electroosmotic dehydrator (PED). Water Science and Technology, 1990, 22 (12): 259～268.

[40] Kondoh S, Hiraoka M. Studies on the Improving Dewatering Method of Sewage Sludge by the Pressurized Electro-osmotic Dehydrator with Injection of Polyaluminum Chloride. 6th World Filtration Congress, Nagoya, 1993, 765～769.

[41] Laursen S, Jensen J B. Electroosmosis in filter cakes of activated sludge [J]. Water research, 1993, 27 (5): 777～783.

[42] Lee G T, Ro H M, Lee S M. Effects of triethyl phosphate and nitrate on electrokinetically enhanced biodegradation of diesel in low permeability soils [J]. Environmental technology, 2007, 28 (8): 853～860.

[43] Lee J K, Shin H S, Park C J, Lee C G, Lee J E, Kim Y W. Performance evaluation of electrodewatering system for sewage sludges. Korean Journal of Chemical Engineering, 2002, 19 (1): 41～45.

[44] Lefebvre G, Burnotte F. Improvements of electroosmotic consolidation of soft clays by minimizing power loss at electrodes [J]. Canadian Geotechnical Journal, 2002, 39 (2): 399～408.

[45] Liaki C, Rogers C D F, Boardman D I. Physico-chemical effects on clay due to electromigration using stainless steel electrodes [J]. Journal of applied electrochemistry, 2010, 40 (6): 1225～1237.

[46] Lo K Y, Ho K S, Inculet I I. Field test of electroosmotic strengthening of soft sensitive clay [J]. Canadian Geotechnical Journal, 1991, 28 (1): 74～83.

[47] Lo K Y, Inculet I I, Ho K S. Electroosmotic strengthening of soft sensitive clays [J]. Canadian Geotechnical Journal, 1991, 28 (1): 62～73.

[48] Loch J P G, Lima A T, Kleingeld P J. Geochemical effects of electro-osmosis in clays [J]. Journal of applied Electrochemistry, 2010, 40 (6): 1249～1254.

[49] Lockhart N C, Stickland R E. Dewatering coal washery tailings ponds by electroosmosis [J]. Powder Technology, 1984, 40 (1-3): 215～221.

[50] Lockhart N C. Electroosmotic dewatering of clays. Ⅰ. Influence of voltage. Colloids and Surfaces, 1983a, 6 (3): 229～238.

[51] Lockhart N C. Electroosmotic dewatering of clays. Ⅱ. Influence of salt, acid and flocculants. Colloids and Surfaces, 1983b, 6 (3): 239~251.

[52] Malekzadeh M, Lovisa J, Sivakugan N. An Overview of Electrokinetic Consolidation of Soils [J]. Geotechnical and Geological Engineering. 2016, 34 (3): 759~776.

[53] Micic S, Shang J Q, Lo K Y, et al. Electrokinetic strengthening of a marine sediment using intermittent current [J]. Canadian Geotechnical Journal, 2001, 38 (2): 287~302.

[54] Micic S, Shang J Q, Lo K Y. Electrokinetic strengthening of marine clay adjacent to offshore foundations. Proceedings of the 11th International Offshore and Polar Engineering Conference, Stavanger, Norway, 2001: 694~701.

[55] Mohamad E T, Othman M Z, Adnan S S, et al. The Effectiveness of Electrodes Types on Electro-Osmosis of Malaysian Soil. The Electronic Journal of Geotechnical Engineering, 2011, 16: 887~898.

[56] Mohamedelhassan E, Shang J Q. Analysis of electrokinetic sedimentation of dredged Welland River sediment [J]. Journal of hazardous materials, 2001, 85 (1-2): 91~109.

[57] Mohamedelhassan E, Shang J Q. Vacuum and surcharge combined one-dimensional consolidation of clay soils [J]. Canadian Geotechnical Journal. 2002, 39 (5): 1126~1138.

[58] Naghibi M, Abuel-Naga H, Orense R. Lessons from Case Histories of Electro Osmosis Consolidation [C] //3rd Conference on Geotechnical Frontiers. AMER SOC CIVIL ENGINEERS, 2017.

[59] Olsen H W. Liquid movement through kaolinite under hydraulic, electric, and osmotic gradients [J]. AAPG Bulletin, 1972, 56 (10): 2022~2028.

[60] Ou C Y, Chien S C, Chang H H. Soil improvement using electroosmosis with the injection of chemical solutions: field tests [J]. Canadian Geotechnical Journal, 2009, 46 (6): 727~733.

[61] Ou C Y, Chien S C, Lee T Y. Development of a suitable operation procedure for electroosmotic chemical soil improvement [J]. Journal of Geotechnical and Geoenvironmental Engineering, 2012, 139 (6): 993~1000.

[62] Ozkan S, Gale R J, Seals R K. Electrokinetic stabilization of kaolinite by injection of Al and PO43− ions [J]. Proceedings of the Institution of Civil Engineers-Ground Improvement, 1999, 3 (4): 135~144.

[63] Pączkowska B. Electroosmotic introduction of methacrylate polycations to dehydrate clayey soil [J]. Canadian geotechnical journal, 2005, 42 (3): 780~786.

[64] Pugh R C. The application of electrokinetic geosynthetic material to uses in the construction industry. Ph. D thesis, University of Newcastle upon Tyne, UK, 2002.

[65] R. E. Gibson, G. L. England, M. J. L. Hussey. The Theory of One-Dimensional Consolidation of Saturated Clays [J]. Geotechnique, 1967, 17 (3): 261~273.

[66] Reddy K R, Urbanek A, Khodadoust A P. Electroosmotic dewatering of dredged sediments: Bench-scale investigation [J]. Journal of Environmental Management, 2006, 78 (2): 200~208.

[67] Rittirong A, Shang J Q. Numerical analysis for electro-osmotic consolidation in two-dimensional electric field. Proceedings of the 18th International Offshore and Polar Engineering Conference, Vancouver, BC, Canada, 2008, 566~579.

[68] Rozas F, Castellote M. Electrokinetic remediation of dredged sediments polluted with heavy metals with different enhancing electrolytes [J]. Electrochimica Acta, 2012, 86: 102~109.

[69] Shang J Q. Electrokinetic sedimentation: a theoretical and experimental study [J]. Canadian Geotechnical Journal, 1997, 34 (2): 305~314.

[70] Sprute R H, Kelsh D J. Electrokinetic densification of solids in a coal mine sediment pond-a feasibility study: laboratory and field tests. Bureau of Mines Report of investigations, 1982.

[71] Sun Z, Gao M, Yu X. Vacuum Preloading Combined with Electro-Osmotic Dewatering of Dredger Fill Using Electric Vertical Drains [J]. Drying Technology. 2015, 33 (7): 847~853.

[72] Tao Y L, Zhou J, Gong X N, et al. Comparative experiment on influence of ferrum and cuprum electrodes on electroosmotic effects [J]. Chinese Journal of Geotechnical Engineering, 2013, 35 (2): 388~394.

[73] Tuan P A, Virkutyte J, Sillanp?? M. Electro-dewatering of sludge under pressure and non-pressure conditions, Environmental Technology, 2008, 29: 1075~1084.

[74] Wang J, Fu H, Liu F, et al. Influence of electro-osmosis activation time on vacuum electro-osmosis consolidation of a dredged slurry [J]. Canadian Geotechnical Journal. 2018, 55 (1): 147~153.

[75] Wu H, Hu L. Analytical and numerical solutions for vacuum preloading considering a radius related strain distribution [J]. Mechanics Research Communications. 2012, 44: 9~14.

[76] Wu H, Qi W, Hu L, et al. Electro-osmotic consolidation of soil with variable compressibility, hydraulic conductivity and electro-osmosis conductivity [J]. Computers and Geotechnics. 2017, 85: 126~138.

[77] Yang M H, Choi B G, Park H S, et al. Development of a glucose biosensor using advanced electrode modified by nanohybrid composing chemically modified graphene and ionic liquid [J]. Electroanalysis: An International Journal Devoted to Fundamental and Practical Aspects of Electroanalysis, 2010, 22 (11): 1223~1228.

[78] Yuan C, Weng C. Sludge dewatering by electrokinetic technique: effect of processing time and potential gradient [J]. Advances in Environmental Research, 2003, 7 (3): 727~732.

[79] Yuan J, Hicks M A, Dijkstra J. Numerical model of elasto-plastic electro-osmosis consolidation of clays. In Poromechanics V: Proceedings of the 5th biot conference on poromechanics, 2013, Vienna, Austria. (eds C. Hellmich, B. Pichler and D. Adam), pp. 2076~2085. Reston, VA, USA: ASCE.

[80] Yuan J, Hicks M A. Numerical modelling of electro-osmosis consolidation of unsaturated clay at large strain [C] //Proc. 8th Euro. Conf. on Numerical Methods in Geotechnical Engineering, NUMGE 2014. 2014, 2: 1061~1066.

[81] Yuan J, Hicks M A. numerical simulation of elasto-plastic electro-osmosis consolidation at large strain [J]. Acta Geotechnica, 2015, 11 (1): 127~143.

[82] Yuan J. Hicks M A. Large deformation elastic electroosmosis consolidation of clays. Computer Geotechnical, 2013, 54: 60~68.

[83] YUKAWA H, YOSHIDA H, KOBAYASHI K, et al. Fundamental study on electroosmotic dewatering of sludge at constant electric current [J]. Journal of Chemical Engineering of Japan, 1976, 9 (5): 402~407.

[84] Yustres Á, López-Vizcaíno R, Sáez C, et al. Water transport in electrokinetic remediation of unsaturated kaolinite. Experimental and numerical study [J]. Separation and Purification Technology. 2018, 192: 196~204.

[85] 陈雄峰，荆一凤，吕鑑，霍守亮，程静. 电渗法对太湖环保疏浚底泥脱水干化研究. 环境科学研究，2006，19 (5)：54~58.

[86] 陈卓. 通电设计对电渗加固软土效果的试验研究 [D]. 浙江大学，杭州，2013.

[87] 丁洲祥，龚晓南，谢永利. 欧拉描述的大变形固结理论 [J]. 力学学报，2005，37 (1)：92~99.

[88] 房营光，徐敏，朱忠伟. 碱渣土的真空-电渗联合排水固结特性试验研究. 华南理工大学学报（自然科学版），2006，34（11）：70～75.

[89] 高有斌，沈扬，徐士龙，等. 高真空击密法加固后饱和吹填砂性土室内试验. 河海大学学报（自然科学版），2009，37（1）：86～90.

[90] 高志义，张美燕，张健. 真空预压联合电渗法室内模型试验研究. 中国港湾建设，2000（5）：58～61.

[91] 高志义. 真空预压法的机理分析 [J]. 岩土工程学报，1989，11（4）：45～56.

[92] 胡平川，周建，温晓贵，陈宇翔，李一雯. 电渗-堆载联合气压劈裂的室内模型试验 [J]. 浙江大学学报（工学版），2015，49（08）：1434～1440.

[93] 胡俞晨，王钊，庄艳峰. 电动土工合成材料加固软土地基实验研究. 岩土工程学报，2005，27（5）：582～586.

[94] 胡俞晨，王钊，庄艳峰. 电动土工合成材料加固软土地基实验研究 [J]. 岩土工程学报，2005，27（5）.

[95] 李存谊. 电渗联合真空预压现场试验研究和数值分析 [D]. 浙江大学，2017.

[96] 李一雯. 电极布置形式对电渗效果的试验研究 [D]. 浙江大学，杭州，2013.

[97] 李瑛. 软黏土地基电渗固结试验和理论研究 [D]. 浙江大学，杭州，2011.

[98] 苏金强，王钊. 电渗的二维固结理论 [J]. 岩土力学，2004，25（1）.

[99] 孙召花，余湘娟，高明军，et al. 真空-电渗联合加固技术的固结试验研究 [J]. 岩土工程学报，2017（2）.

[100] 王军，符洪涛，蔡袁强，曾芳金，申矫健. 线性堆载下软黏土一维电渗固结理论与试验研究. 岩石力学与工程学报，2014，33（1）：179～188.

[101] 王柳江，刘斯宏，汪俊波，徐伟. 真空预压联合电渗法处理高含水率软土模型试验. 河海大学学报（自然科学版），2011，39（6）：671～675.

[102] 王柳江，刘斯宏，王子健，张凯. 堆载-电渗联合作用下的一维非线性大变形固结理论. 工程力学，2013，30（12）：91～98.

[103] 王引生. 电渗机理的探讨 [J]. 上海地质，1983，（4）：28～35.

[104] 吴辉. 真空-电渗联合排水固结理论分析与数值模拟. 北京：清华大学学士学位论文，2010.

[105] 吴伟令. 软粘土电渗固结理论模型和数值模拟. 北京：清华大学硕士学位论文，2009.

[106] 谢康和，郑辉，C. J. Leo. 软黏土一维非线性大应变固结解析理论 [J]. 岩土工程学报，2002，24（6）：680～684.

[107] 薛志佳. 电渗加固软土地基影响因素和方法研究 [D]. 2017.

[108] 詹芳蕾. 槐糖脂优化污泥重金属电动修复与电渗排水的试验研究 [D]. 浙江大学，2018.

[109] 周亚东，邓安. 分段线性差分一维大变形电渗固结模型 [J]. 地下空间与工程学报，2014，10（3）：552～558.

[110] 周亚东，王保田，邓安. 分段线性电渗-堆载耦合固结模型 [J]. 岩土工程学报，2013，35（12）：2311～2316.

[111] 庄艳峰. 电渗排水固结的设计理论和方法 [J]. 岩土工程学报，2016，38（S1）：152～155.

[112] 庄艳峰，陈文，王有成，杨宏武. 一种用于电渗排水法的塑料电极管 [P]. 中国专利：CN104088272A，2014-10-08.

[113] 庄艳峰，邹维列，王钊，谭雪香，胡品飞，胡士勤，严益民，王有成. 一种可导电的塑料排水板 [P]. 中国专利：CN202730745U，2013-02-13.

5 搅拌桩技术智能化发展

刘松玉，陆阳，王亮
（东南大学岩土工程研究所，江苏　南京 210096）

5.1 引言

搅拌桩技术（深层搅拌法）是国内外最常用的软土地基处理方法之一。水泥土搅拌桩是利用水泥等材料作为固化剂，通过特制的搅拌机械（搅拌桩机），就地将软土和固化剂（粉体或液体）强制搅拌，通过固化剂及软土之间的物理化学作用，形成具有一定强度、整体性和水稳性较好的固化土柱体，起到提高地基土强度和增大变形模量的目的。

搅拌桩的发展历史最早可以追溯到1824年英国建筑工程师Aspdin制造出波特兰水泥并取得发明专利，此时对水泥的应用包括利用水泥灌浆止水、与土拌合作为土木工程材料，但应用只停留在浅层处理阶段。1954年，美国的Intrusion Prepakt公司开发出一种就地搅拌桩技术（MIP，Mixed in Place Pilling Technique）以处理深部软土，即从不断旋转的中空轴的端部向周围已经被搅松的土体内喷射出水泥浆，经翼片的搅拌后形成水泥土桩，桩径可达0.3～0.4m，桩长可达到10～12m。1967年，瑞典BPA公司的Kjeld Paus提出了将生石灰粉与黏土原位搅拌的地基加固方法，标志着粉体喷搅技术的诞生。1971年，瑞典的LINDEN-ALIMAT公司根据Kjeld的理论，进行第一次石灰桩现场试验，1974年该技术被授予专利并开始投入工程应用，标志着该技术正式进入工程实践。1953年，日本清水建设株式会社从美国引进MIP桩，MIP法在被引进日本后，得到了广泛运用。1974年，日本港湾技术研究所、川崎钢铁厂等对石灰搅拌机械进行改造，研制出深层搅拌施工设备，该设备由两根带有旋转叶片的回转轴和置于回转轴中间部位的固化剂输入管组成，固化剂从两个搅拌面的交叉部位输入地基中，其加固深度可达到32m（Terashi，2003）。1977～1979年，以日本建设省土木研究所和日本建设机械化协会为中心，开发了在土中分离加固材料与空气以及排除空气的技术，使粉体喷射搅拌实用化（北詰等，2013）。1972年，日本大阪的Seiko Kogyo公司提出了SMW法（Soil Mixed Wall）的概念，并于1977年实现该技术在日本的首次商用（Terashi，2003）。20世纪70年代后，水泥土搅拌桩发展成两种工法：粉喷搅拌桩（干法）和浆喷搅拌桩（湿法），在软土地基处理工程中得到了广泛应用。

目前，对于深层搅拌法的分类主要根据以下四条原则（Nicolas，2012）：（1）固化剂状态（干法或湿法）；（2）搅拌机理（机械搅拌、液压喷射搅拌或混合搅拌）；（3）搅拌部位；（4）搅拌头转轴方向。根据以上原则，Topolnicki总结了国际上较常用的深层搅拌工法，如图5.1-1所示（Topolnicki，2012）。

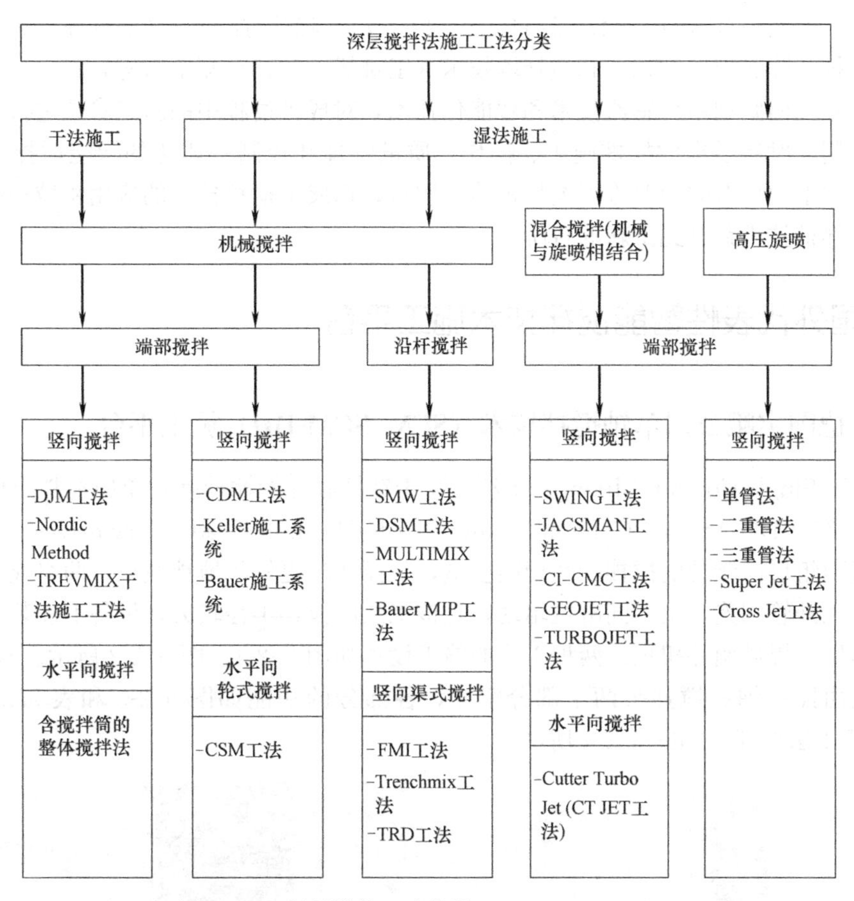

图 5.1-1 深层搅拌工法分类（Topolnicki，2012）

我国 1977 年由冶金部建筑研究总院和交通部水运规划设计院进行了室内试验和机械研制工作，于 1978 年制造出国内第一台中心管输浆的搅拌机械。1980 年，天津机械施工公司与交通部第一航务工程局科研所对日本螺旋钻孔机械进行改装，开发了单轴搅拌和叶片输浆型搅拌机，水泥土搅拌桩在全国得到了迅速推广应用。我国铁道部第四勘测设计院于 1983 年初开始进行石灰粉搅拌法加固软土的试验研究，1988 年，铁道部第四勘测设计院与上海探矿厂联合研制成功 GPP-5 型粉体喷射搅拌机，并通过铁道部和地矿部联合鉴定后投入批量生产。1991 年，冶金工业部颁发了《软土地基深层搅拌加固法技术规程》YBJ 225—91；1992 年、2003 年、2012 年住房和城乡建设部颁发的《建筑地基处理技术规范》JGJ 79—91、JGJ 79—2002、JGJ 79—2012 中均对水泥土搅拌桩的工程应用进行了较详细的规定，有力地推动了我国搅拌桩技术的应用与发展。

但是，工程应用实践表明，我国传统搅拌桩施工普遍存在搅拌不均、桩身不连续和深部强度低等问题，一定程度上造成工程界和建设部门对水泥土搅拌桩的处理效果产生怀疑，有些地方甚至限制其使用。导致这些问题的原因主要有：传统单向搅拌工艺的固有缺陷；缺乏有效的施工监测与质量控制技术；施工管理不善等。为解决这些问题，国内外学者和工程技术专家对搅拌桩施工装备、质量监控技术进行了研发和改进。

在施工装备方面，发展了双向搅拌桩技术（刘松玉等，2005）、变径搅拌桩技术（刘松玉等，2007）、整体搅拌技术（Jelisic 等，2003）、多轴搅拌桩（赵春风等，2014）和大直径搅拌桩（陈腊根，2016）和搅拌墙技术（王雄旭，2013；邓鉴敏等，2015）等。在质量监控技术方面则利用传感器技术和智能化技术，对成桩过程中的施工参数进行实时监控和反馈控制，发展了集搅拌桩施工、操作、质量管理和控制一体化的智能搅拌桩施工平台。这些技术发展有效地改善了搅拌桩施工质量，拓展了搅拌技术的应用领域和范围，使得传统搅拌桩技术跃升到了新的台阶。

5.2 国外代表性智能搅拌技术施工平台

5.2.1 德国宝峨公司单轴搅拌技术（SCM/SCM-DH）施工平台

SCM（Single Column Mixing）工法，位于钻杆底部的搅拌叶片单向搅拌土体形成水泥土桩。SCM-DH（Single Column Mixing tool for Double Head rotary drives）工法，该工法通过两组反向转动的搅拌叶片切削土壤，从而实现更好的搅拌效果，两组搅拌叶片分别与内管和外管相连，由不同电机驱动，且该工法的搅拌半径较大，设备上加装了额外的附加变矩器，提供额外扭矩。两种工法的施工设备如图 5.2-1、图 5.2-2 所示。SCM 工法搅拌工具由搅拌轴和搅拌头两个部分组成，各部分的功能如图 5.2-3 和表 5.2-1 所示；SCM-DH 工法搅拌头如图 5.2-4 所示。

图 5.2-1　SCM 工法施工机械（BAUER，2017）

图 5.2-2　SCM-DH 工法施工机械（BAUER，2017）

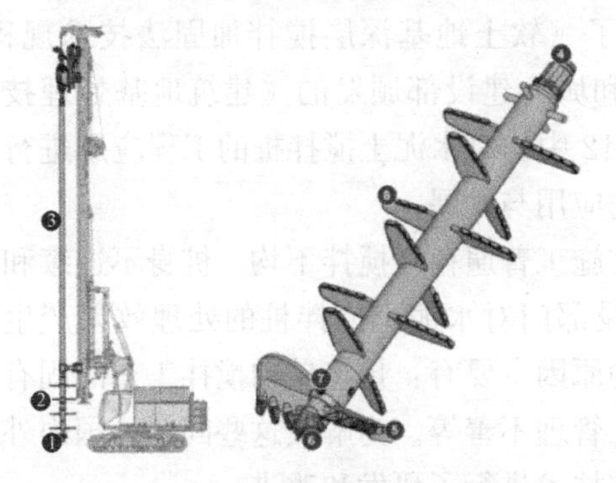
图 5.2-3　SCM 工法搅拌工具简图（BAUER，2017）

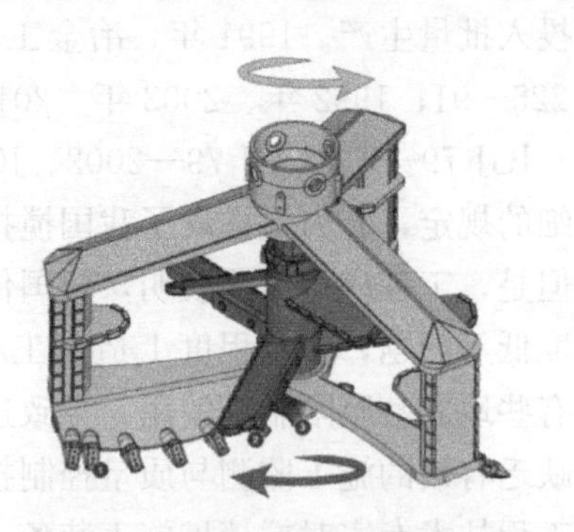
图 5.2-4　SCM-DH 工法搅拌工具简图（BAUER，2017）

SCM 工法搅拌工具各部分功能简介（表内序号见图 5.2-3） **表 5.2-1**

序号	名称	功　能
1	切割部分	破碎土体
2	搅拌部分	搅拌土体以获得均质的水泥土
3	钻杆部分	连接电机和搅拌头,可根据需要加长
4	接头	连接搅拌头和搅拌轴
5	切割叶片	上有大量锯齿,用于切削土体
6	定向钻头	控制钻进方向
7	浆料端口	调节浆料喷嘴的孔径
8	搅拌叶片	破碎土壤,确保浆液与土壤充分混合

SCM/SCM-DH 工法施工平台内置有 B-Tronic 监测系统（图 5.2-5），其可以实时监测、控制、记录注浆过程中的主要参数：钻入深度、泥浆体积、软管中的泥浆压力、沟槽中的泥浆压力、水泥浆体积-时间/深度曲线、倾斜度、搅拌机速度等，保证施工过程的可控性、稳定性；操作面板位于施工机械的操作室内，实现了数据的实时可视化；提供数据导出服务，施工人员可通过 USB 接口将数据导出；可以自动生成相关图表、报告，方便查用（图 5.2-6）。

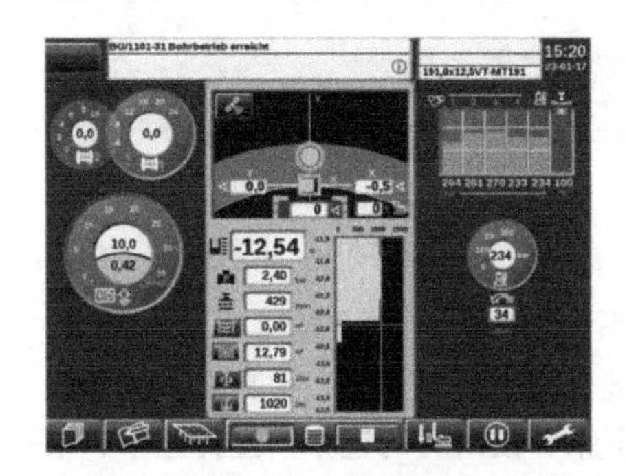

图 5.2-5 B-Tronic 监测系统界面（BAUER，2010）

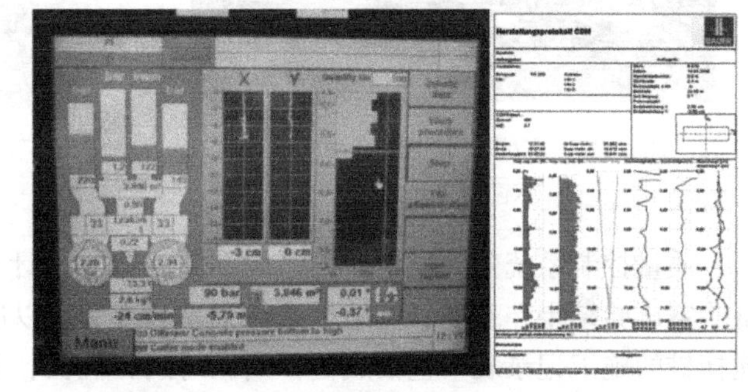

图 5.2-6 生成文档界面（BAUER，2010）

5.2.2 英国 Keller 公司深层搅拌法施工系统

英国 Keller 公司在深层搅拌法（Deep Soil Mixing）基本原理的基础上，结合实践经验开发出了集施工、监测、分析一体的智能搅拌桩机施工系统，包括湿法施工系统（浆喷桩）和干法施工系统（粉喷桩）两类。

Keller 湿法搅拌工具由钻杆、横梁和钻头组成，钻头部分可根据工程实际需要进行调整。该搅拌注浆系统的优点有：施工振动小、可自动检测操作深度、根据施工需要自由变径（400～2400mm）、根据施工需要调整浆液成分。其施工过程如图 5.2-7 和 5.2-8 所示。

Keller 干法施工系统（图 5.2-9）由深层搅拌机、灰浆搅拌机、灰浆泵等设备组成，施工桩径为 600～800mm，最大施工深度为 25m。施工过程如图 5.2-10 所示，下钻以后匀速提起搅拌头，灰浆泵将水泥粉不断泵入土中，搅拌头端部的搅拌叶片将水泥粉与土体搅拌，直至搅拌头提至地面。搅拌过程中，施工系统自动控制搅拌机的旋转速度、气压、喷粉量，从而控制搅拌质量（Keller，2011）。

图 5.2-7　Keller 湿法施工操作舱（Keller，2011）

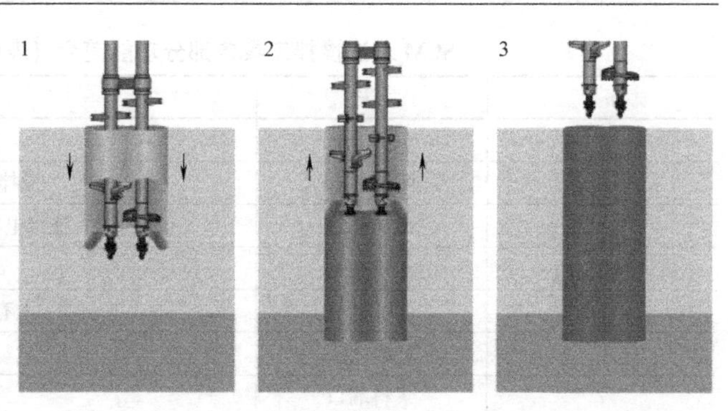

图 5.2-8　Keller 湿法施工步骤示意图（Keller，2011）

图 5.2-9　Keller 干法施工系统机械（Keller，2011）

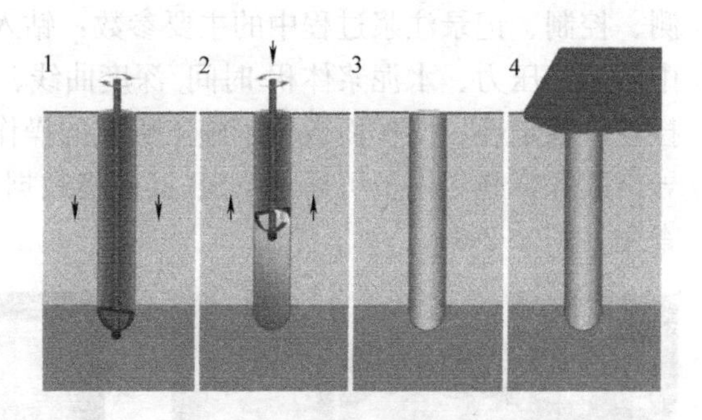

图 5.2-10　Keller 公司干法施工步骤示意图（Keller，2011）

质量控制系统分为质量监测系统和施工方案设计系统。质量监测系统可对施工记录、试验室试验结果、现场试验结果进行记录和查阅，以进行成桩质量控制；可自动生成每根搅拌桩的施工记录表，包括成桩日期和时间、桩长、下钻和拔出时的速率，搅拌速率、泵送浆液的压力、流量和每根桩的浆液使用量，依据这些数据可以有效地对搅拌桩成桩质量进行评价与控制。系统使用 GeTec 公司开发的岩土工程软件 GRETA 进行施工方案设计（图 5.2-11），结合施工场地土层性质、地下水的理化特性和固化剂的性质，对桩位布置、稳定性和沉降量等参数进行分析，确保设计符合要求。

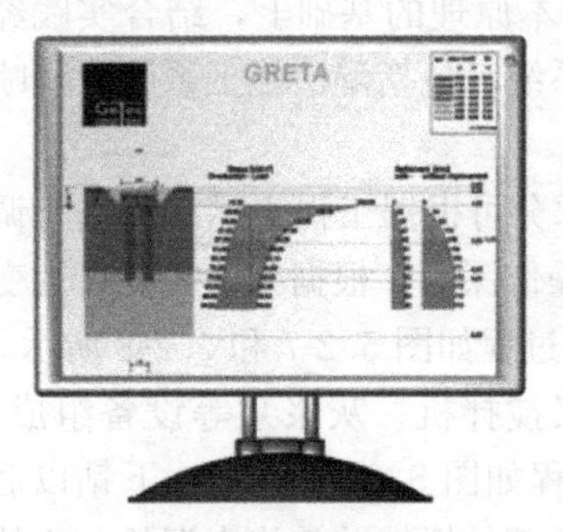

图 5.2-11　GRETA 施工方案设计系统用户界面（Keller，2011）

Keller 公司施工系统的最大亮点在于将施工方案设计系统结合在质量控制系统内，结合施工场地的工程地质特性和施工材料特性，对施工设计和工后稳定性进行分析，起到提高设计可靠性、节约施工成本的目的。

5.2.3　美国 HAYWARD BAKER 公司（DSM）施工平台

美国 HAYWARD BAKER 公司在水泥搅拌桩技术原理的基础上开发出了拥有自主产权的 DSM 法智能施工平台，施工平台底部直接使用履带式钻机或起重机底盘，可以在软土地区保持设备稳定（图 5.2-12）。钻机通过一竖向桅杆直接同电机相连。搅拌工具位于钻机下部，由数组叶片和喷嘴组成，干粉通过压缩空气喷出，在叶片的搅拌下与周围土体拌合，形成强度较高的水泥土。施工时，钻机的水平向位移一般为 0.9～4.8m（相对于搅拌机边缘），转速为 100～200rpm/min（HAYWARD BAKER INC，2013）。

该平台所用浆液储存在施工现场的储存罐内（图 5.2-13），该储存罐由计算机自动控制，可以根据预先设定的速率向钻机泵入浆液，并能监测流量、密度、压力以及浆液余量（HAYWARD BAKER INC，2013）。

图 5.2-12　HAYWARD BAKER 干法施工平台钻机示意图（HAYWARD BAKER INC，2013）

图 5.2-13　施工现场浆液存储罐（HAYWARD BAKER INC，2013）

对于施工过程中的质量控制，HAYWARD BAKER 公司开发了 DAQ（Data Acquisition）实时监测设备及相关软件，其主要特点如下：可对施工过程中的重要参数（倾斜度、施工等级、桩径、水泥土体积、固化剂种类、用量、压力、搅拌时间、搅拌转速、施工深度）进行监测，监测结果通过驾驶室内的显示屏反映出来（图 5.2-14）；施工人员可以随时查看实验室测试结果和现场监测结果；可随时导出相关监测报告（图 5.2-15）；可通过无线网络将所有数据上传至云端，实现远程监控（HAYWARD BAKER INC，2013），这也是该系统的最大特点。

图 5.2-14　位于操作室内的显示屏（HAYWARD BAKER INC，2013）

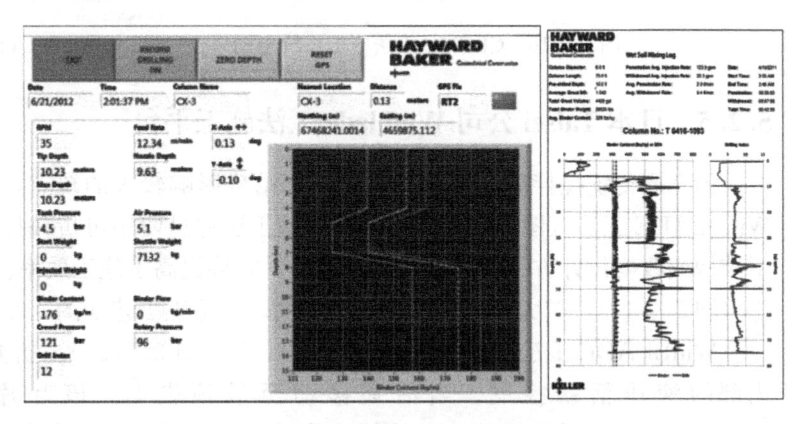

图 5.2-15　监测软件界面（搅拌桩施工的相关参数）（HAYWARD BAKER INC，2013）

5.2.4 日本CI-CMC工法施工平台

CI-CMC工法（Contrivance Innovation-Clay Mixing Consolidation），又名机械搅拌式深层混合处理工法，该工法属深层搅拌法的一种，其基本原理和深层搅拌法相同，日本Fudo公司在深层搅拌法的基础上增加了5项技术特性，包括：（1）强制提升/下降装置；（2）窗框型搅拌叶片；（3）双向搅拌装置；（4）双喷嘴喷射设计；（5）雾化喷射装置。

CI-CMC工法施工平台（图5.2-16）由三部分组成，搅拌工具、施工机械和监测系统。其质量监测系统借助内置的转速、深度、速度传感器，系统可以对施工过程中的重要参数进行监测。浆液输送系统中安装的流量计对施工过程中的浆液输送量、空气输送量进行检测，所有监测结果由计算机汇总，通过操作室内的显示屏显示出来，供施工人员参考。

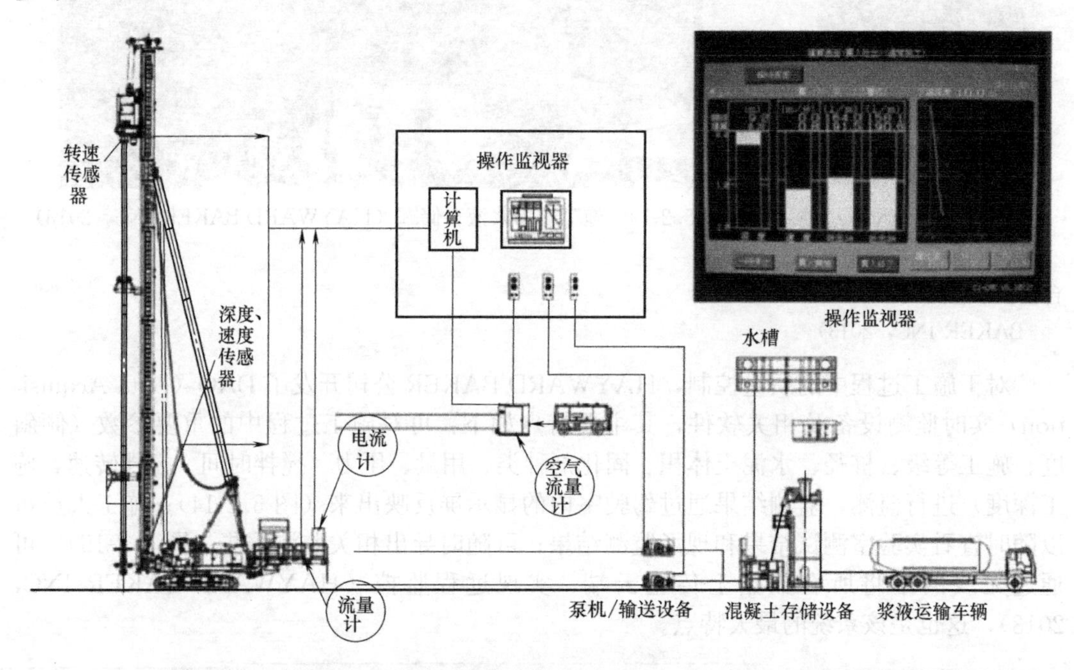

图5.2-16 CI-CMC工法施工系统全图（TAISEI CORPORATION，2014）

5.2.5 日本Taisei公司Winblade工法施工平台

为克服传统搅拌桩机械施工时受地下结构影响较大的缺点，日本Taisei公司提出了WinBLADE工法（图5.2-17）的概念。该工法通过使用可折叠搅拌叶片，避免了移除地下结构或改变设计方案对施工造成的影响，间接提高了施工效率。该工法也可进行斜桩施工（图5.2-18），扩大了搅拌桩的应用范围。其施工工艺如图5.2-19所示。

WinBLADE工法的核心在于可折叠叶片（图5.2-20）。折叠叶片的开合过程由其内部的液压活塞控制。当活塞移动至最顶端时，该叶片达到最大展开长度（1200mm），此时位于叶片末端的喷浆嘴打开，喷浆过程开始。只有当叶片完全展开时，喷浆过程才会进行，借由该设计，地面的施工人员可确认叶片是否充分展开，确保施工的准确性。

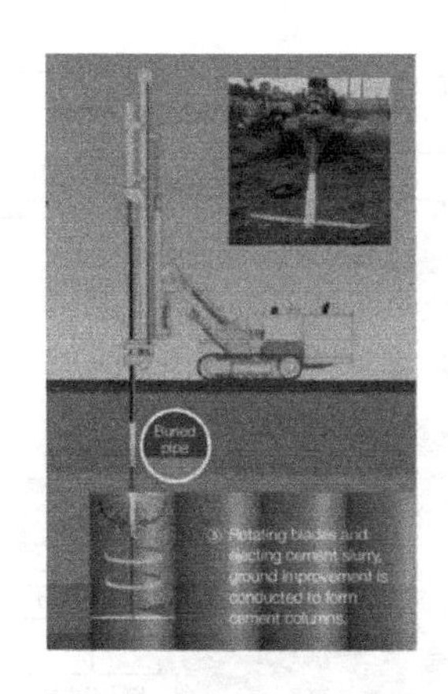

图 5.2-17　WinBLADE 工法加固地基示意图（TAISEI CORPORATION，2014）

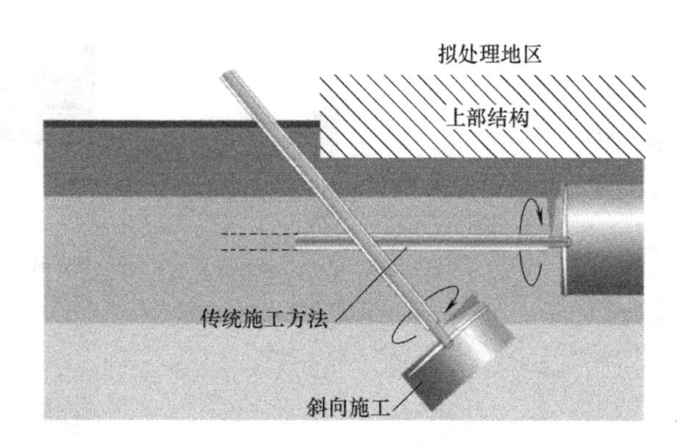

图 5.2-18　WinBLADE 工法加固含上部结构的土体示意图（TAISEI CORPORATION，2014）

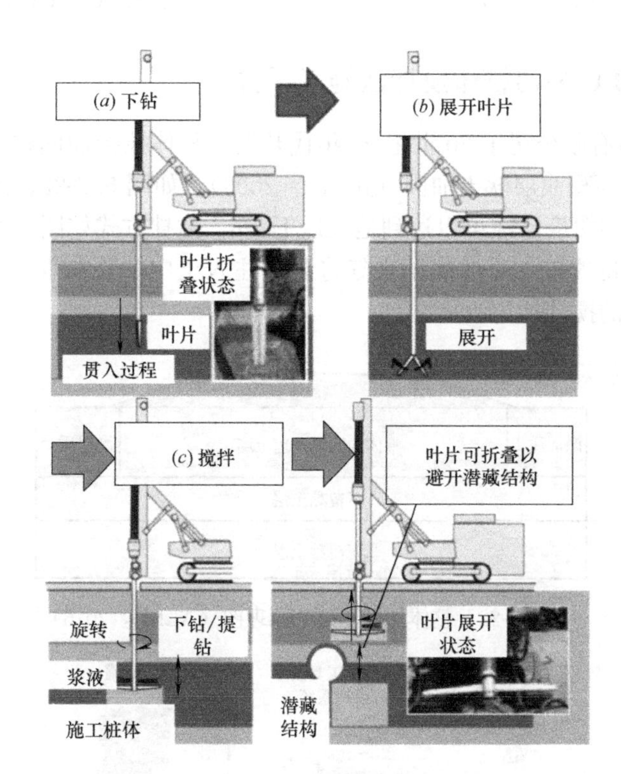

图 5.2-19　WinBLADE 工法施工过程（Fujiwara 等，2016）

WinBLADE 工法具有尺寸小、重量轻的特点，其施工机器的体积和重量较小，施工过程中产生的振动易对系统的工作稳定性产生影响，因此 Taisei 公司引入一自动控制监测系统来解决该问题，系统的流程图如图 5.2-21 所示。该系统通过监测叶片的旋转速度，对钻杆的下降和上升速率和水泥浆的供应速率对施工过程进行调整。例如，在遇到相对坚硬的土层时，叶片的旋转速率下降，钻杆下降上升的速率及水泥浆供给速率降低，以保证转数及单位长度水泥土的注浆量在计划范围内。

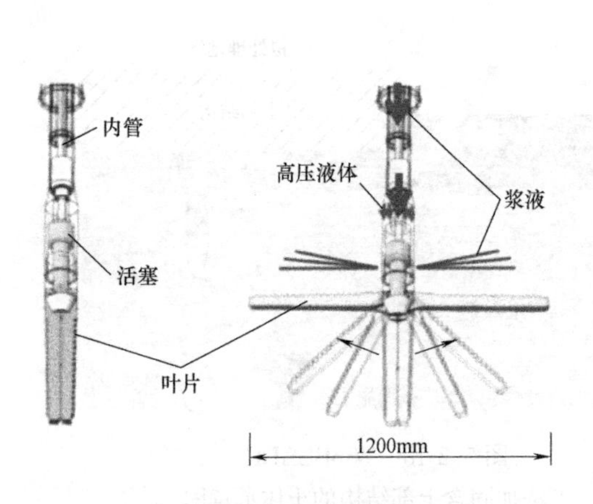

图 5.2-20　折叠叶片构造示意图
（Fujiwara 等，2016）

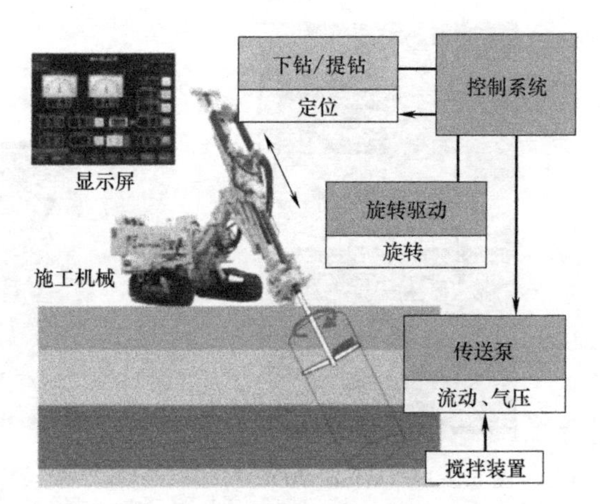

图 5.2-21　监测、控制系统图示
（TAISEI CORPORATION，2014）

5.2.6　芬兰 ALLU 公司整体搅拌法施工平台

芬兰 YIT 建筑有限公司于 20 世纪 90 年代开发了整体搅拌加固技术（mass stabilization），主要用于大面积浅层软土加固（Jelisic，2003），如图 5.2-22、图 5.2-23 所示。目前整体搅拌技术应用深度已经可以达到地表以下 5m，搅拌方式如图 5.2-24 所示。该工法的施工方法类似于粉喷桩，通过高压空气将浆液注入土中，并在水平和竖直方向同时搅拌，以提高固化土的搅拌均匀程度。

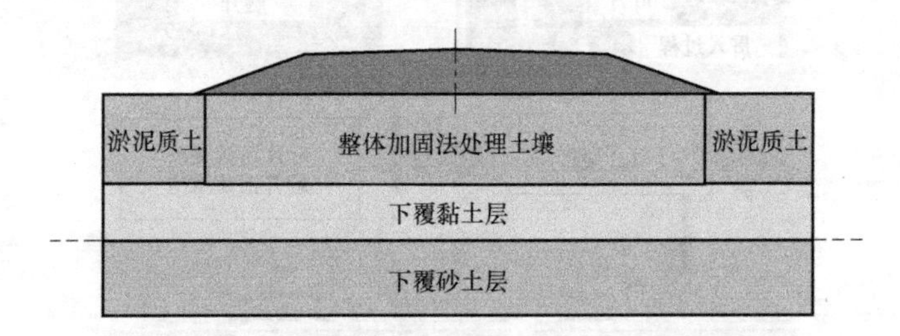

图 5.2-22　整体加固法施工原理图（ALLU，2015）

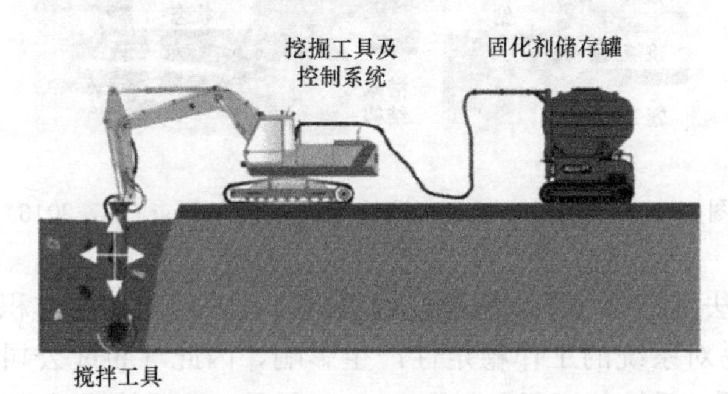

图 5.2-23　ALLU 公司整体搅拌法施工平台简图（ALLU，2015）

就地固化技术设备目前最常用的有 ALLU（阿路）强力搅拌头系统（图 5.2-25、图 5.2-26）。ALLU 整体搅拌法施工平台由以下 4 部分组成：搅拌工具、固化剂储存罐和输

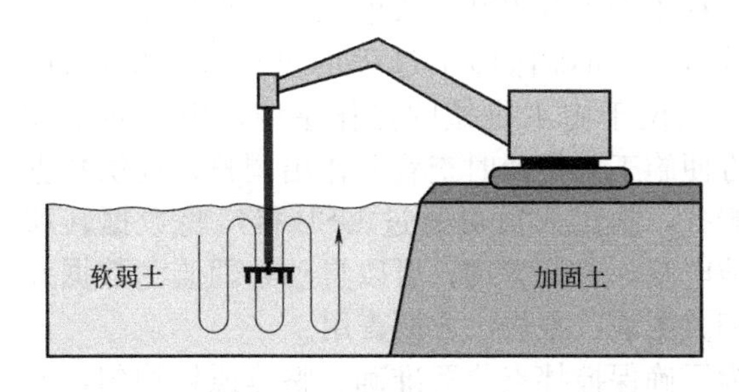

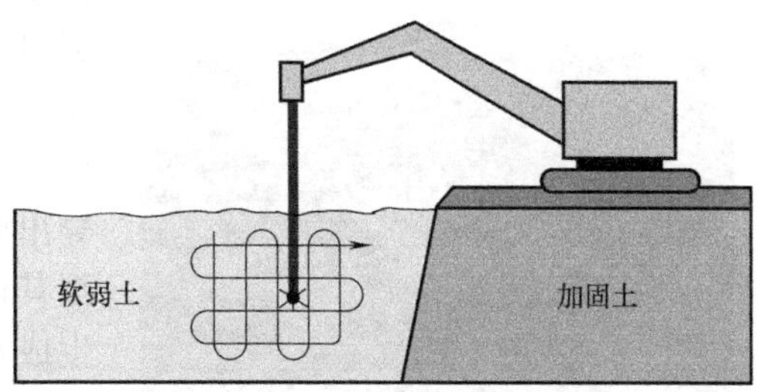

图 5.2-24　整体搅拌施工简图（ALLU，2015）

送管、DAC（Data Acquisition Control）控制系统和 3D 定位系统。该系统的施工机械由挖掘机改造而成，其中搅拌头位于挖掘机前部，由挖掘机提供的液压驱动。搅拌工具的相关技术参数见表 5.2-2。

ALLU 整体搅拌法施工平台搅拌工具技术参数表　　表 5.2-2

技术参数	相关指标
施工深度	3m（PMX 300 型）
	5m（PMX 500 型）
液压系统	系统压强 230～420bar
	系统流量 200～300l/min
	最大输出功率 160kW
施工全重	2100kg(PMX 300 型）
	2500kg(PMX 500 型）
其他	2m 长液压管路

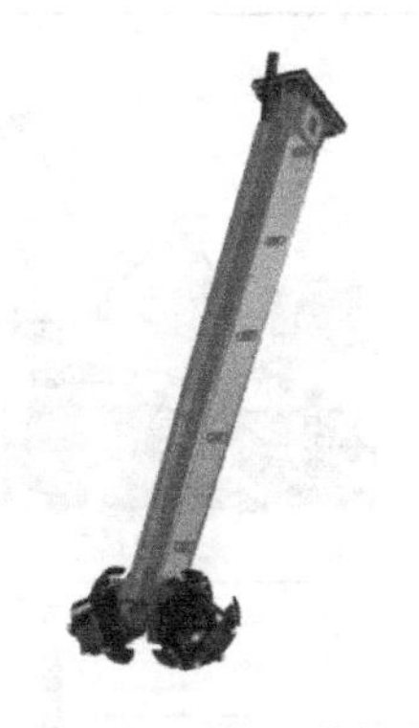

图 5.2-25　液压旋转搅拌工具（ALLU，2015）

图 5.2-26　搅拌头（可更换叶片）和喷嘴（ALLU，2015）

固化剂储存罐通过高压空气将固化剂（如水泥）注入土体中，输送过程由相关设备远程控制。ALLU 系统提供单舱式和双舱式（图 5.2-27）两种储存罐选择。固化剂储存罐的相关技术参数见表 5.2-3。

ALLU 施工平台内置有 DAC 控制系统（图 5.2-28），其可以实时检测、控制并记录

图 5.2-27 双舱式固化剂储存罐及过滤系统（ALLU，2015）

注浆过程中的主要参数（浆液压力、空气流量、供料量等），从而确保施工过程的可控性、稳定性；操作面板位于施工机械的操作室内，用户界面友好，方便施工人员及时查看并作出调整；提供数据导出服务，施工人员可通过 USB 接口将数据转移至其他电脑，方便管理；可以自动处理监测数据并生成相关图表、报告，方便查用。

为了确保搅拌点位置准确、整体搅拌均匀，专门开发了 3D 定位系统（图 5.2-29），由计算机设备及相关控制软件、触摸显示屏、定位基站（负责传送信号并修正定位）和 GPS 接收器（位于搅拌头上）组成。系统工作时将待处理场地分成若干立方块体，可实时提醒操作人员搅拌工具垂直和水平位置、下一待处理位置、每块土体所需要的注浆量和搅拌结果，提升了搅拌的质量，确保了整体搅拌均质性。ALLU 整体搅拌法施工平台通过 DAC 控制系统和 3D 定位系统的共同作用，实现了现场施工过程的数据实时采集、分析、评价、预警，达到施工过程实时全面监管的目的，节约了人工成本。

ALLU 整体搅拌法施工平台固化剂储存罐技术参数表 **表 5.2-3**

技术参数	相关指标
动力系统	74.5kW 柴油发动机
压缩机	最大工作压力 8bar
	压缩能力 6.5m³/min
储存罐	最大工作压力 8bar
	压缩能力 6.5m³/min
输送能力	超过 5kg/s（可调节）
	最大输送距离 50m
施工全重	7900kg（PF 7 型）
	13500kg（PF 7+7 型）

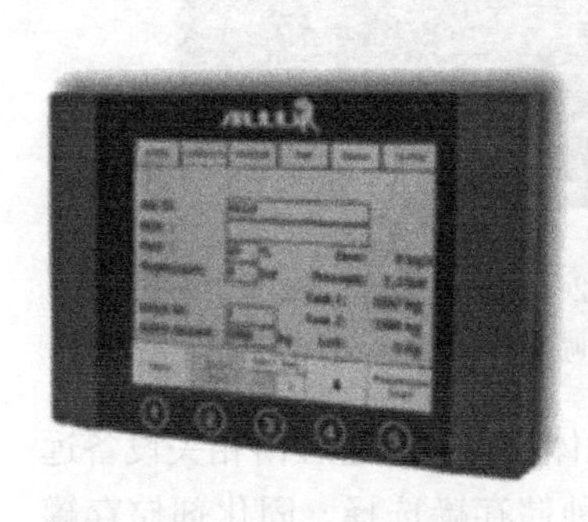

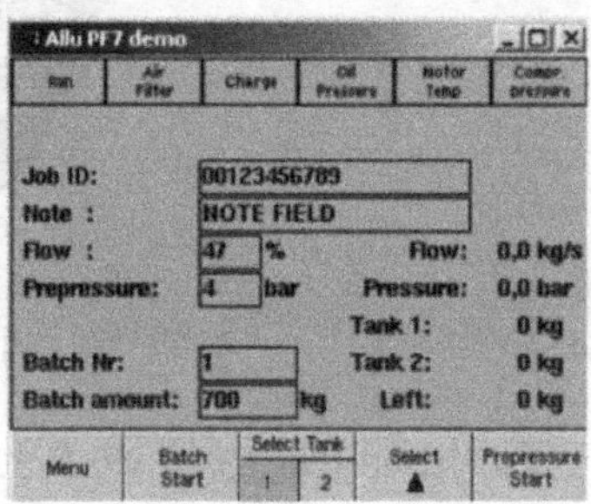

图 5.2-28 DAC 控制系统操作面板（ALLU，2015）

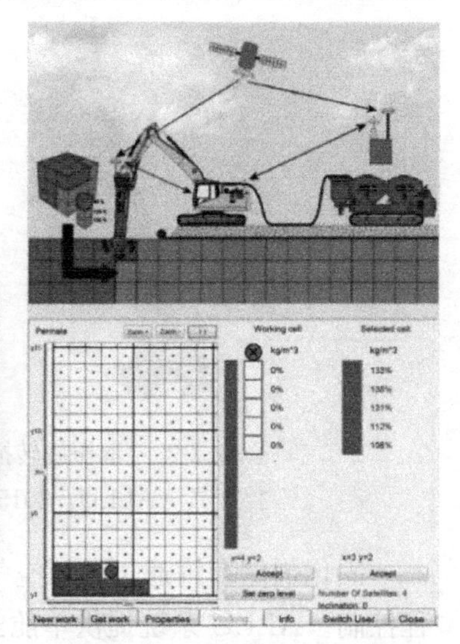

图 5.2-29 3D 定位系统工作原理简图（ALLU，2015）

国内河海大学陈永辉等引进了欧洲 ALLU 三维强力搅拌头（PMX），结合自主研发的额自动定量供料控制系统、GPS 定位控制系统等组成部分，提出了强力搅拌土体固化技术（陈永辉等，2015；王颖等，2016），在处理围海工程吹填土、道路浅层软基等工程领域都得到了有效应用，在污染土的固化处理与隔离，边坡稳定等领域也有着较好的应用前景（图 5.2-30）。

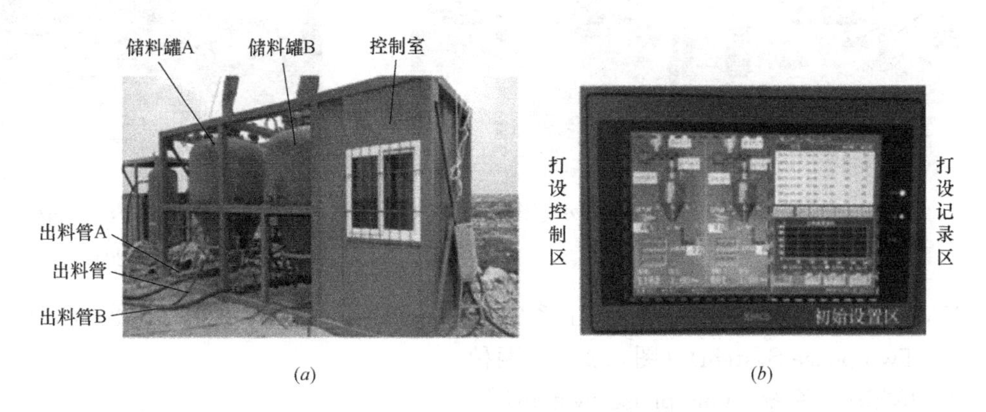

图 5.2-30　国产自动供料控制系统（陈永辉等，2015）

(a) 国内匹配的后台始料设备；(b) 定量供料设备

5.2.7　德国宝峨机械公司双轮铣削搅拌技术（Cutter Soil Mixing）施工平台

2003 年，德国宝峨机械公司（BAUER）和法国地基建筑公司（BachySoletanche）结合传统深层搅拌方法和沟槽切割系统（Hydromill Trench Cutter System）的特点，开发了双轮铣削深层搅拌工法（Cutter Soil Mixing），简称 CSM 工法。该工法使用带有切削转轮的搅拌工具对土壤进行切削和搅拌土壤。相较于传统搅拌方法，其可以穿过含大直径颗粒（大于 20cm）的较硬土体，并且切割转轮可以切入无侧限抗压强度达到 34.5MPa 的岩石，因此其可以使水泥土防渗墙底部嵌入非风化岩层，形成横截面为矩形的固化土体结构。相较于传统搅拌桩的圆形截面，矩形截面具有费用低、桩间搭接处少以及型钢形状选择较灵活的优点。2004 年 1 月，该工法的首台样机设备在德国进行了现场测试，并于同年获得了相关专利；该方法保持了深层搅拌法效率高、有效利用原位土、废土少、震动小、对环境影响小的特点。目前，该方法现在广泛的被应用于止水挡墙、挡土墙以及地基处理等领域。

双轮铣削搅拌工法的施工步骤，如图 5.2-31 所示。

(1) 预先开挖沟槽，将切削铣轮对准预搅拌区域的轴线。

(2) 下降钻杆，同时启动铣轮（图 5.2-32），两组铣轮中间处的导管开始泵入泥浆，开始土体切削。铣轮旋转过程中，操作员可以通过调整铣轮的下降速度以及浆液泵入量对搅拌质量进行控制。

(3) 钻杆下沉至设计深度时，开始提钻，继续泵入水泥浆。铣轮持续旋转以确保成桩均质、密实。

(4) 根据实际工程建设的需要，可以选择在水泥土尚未固化以前插入型钢，以确保墙体的稳定性（BAUER，2010）。

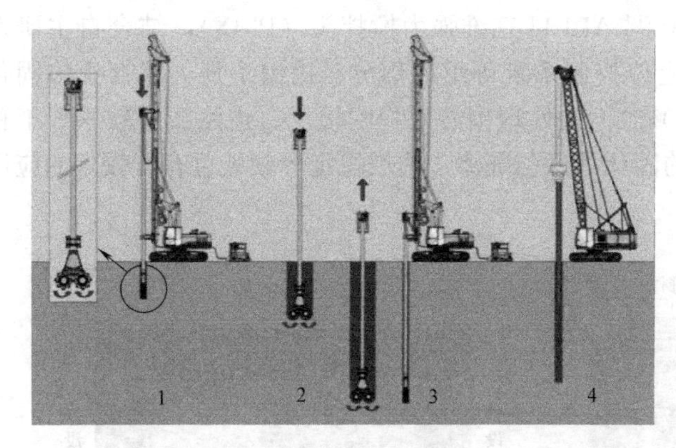

图 5.2-31　CSM 工法施工步骤示意图（BAUER，2010）

图 5.2-32　CSM 工法切割铣轮（BAUER，2010）

CSM 工法施工系统可分为单相施工系统（One-phase System）（图 5.2-33）和双相施工系统（Two-phase System）（图 5.2-34）两种。

（1）单相施工系统（One-phase System）

单相施工系统通过压缩气体输送水泥浆进行切割、搅拌工作。施工回流的泥浆被引至预挖掘的沟槽中或储存在沉淀池中，以便稍后从现场移除。由于大部分泥浆已经在下降阶段与土壤充分混合，当搅拌工具达到最大施工深度后，停止泵入压缩空气，因而铣轮上升速度可以快于下降速度。

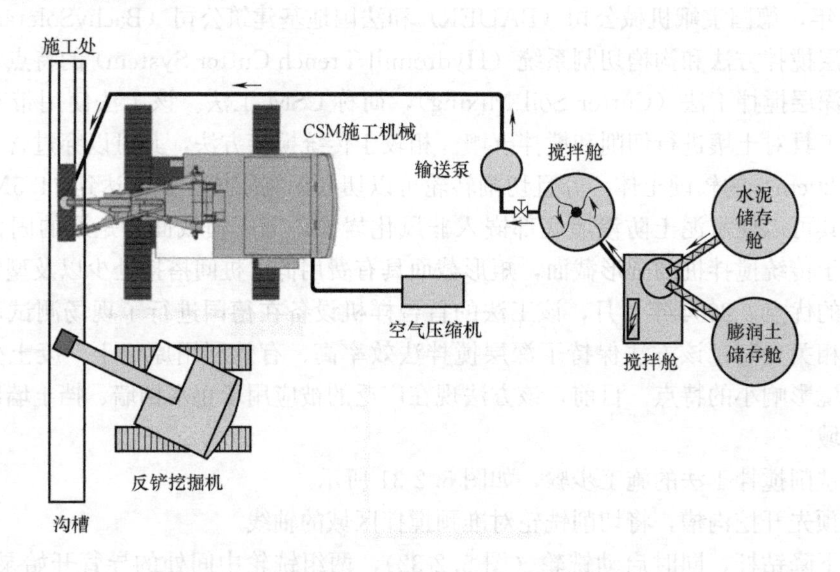

图 5.2-33　单相施工系统施工平面图（BAUER，2010）

（2）双相施工系统（Two-phase System）

双相施工系统同时使用压缩气体和膨润土浆液输送水泥浆液。回流的浆料和膨润土将被泵入除砂设备中，除砂完成后继续利用。当回流浆料密度较大不能泵送时，可以通过挖掘机将其运送至除砂设备内。当切割铣轮下降至设计深度后，膨润土浆液泵入即行停止。调整铣轮上升速率以及浆料泵入速率，以确保泥浆用量符合设计值。

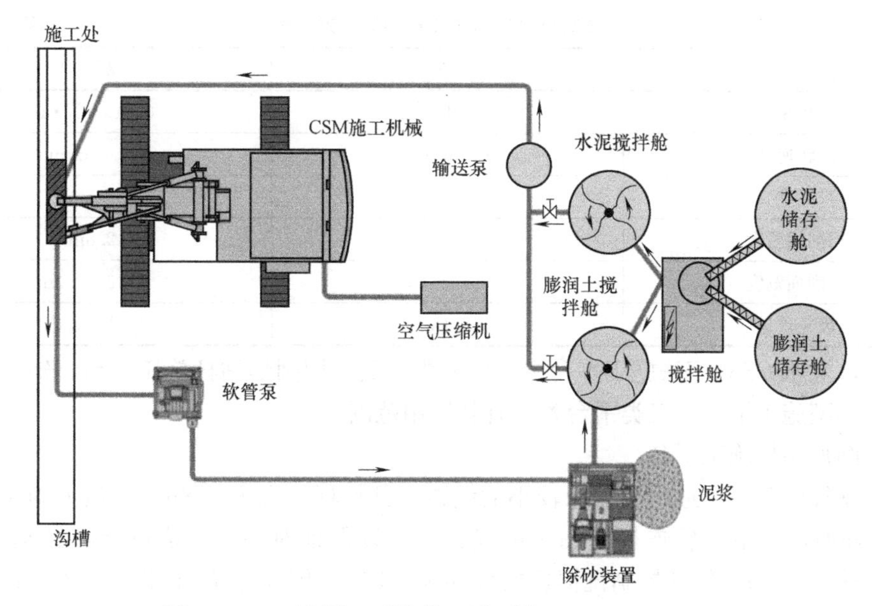

图 5.2-34 双相施工系统施工平面图（BAUER，2010）

CSM 工法的主流切削设备为 BCM5 和 BCM10 两种（图 5.2-35），其施工参数如表 5.2-4 所示。其中，铣轮的选择直接受施工土层的性质影响，宝峨 CSM 施工系统提供 3-1 型（图 5.2-36）和 3-2 型（图 5.2-37）两种齿轮，基本满足常见土层的施工要求。

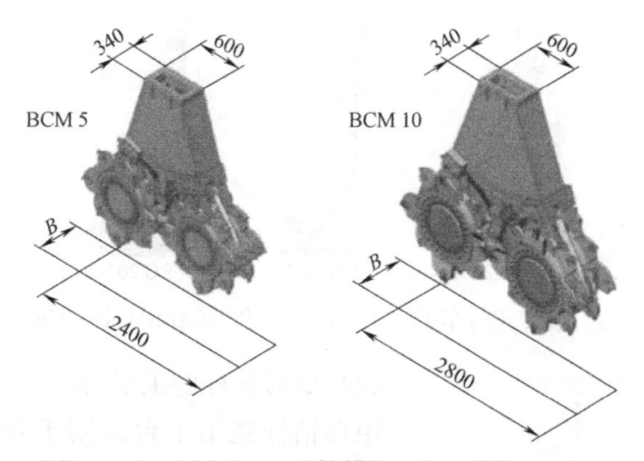

图 5.2-35 BCM5/10 型铣槽机（BAUER，2010）

图 5.2-36 3-1 型铣轮（轮周四齿槽）（BAUER，2010）

图 5.2-37 3-2 型铣轮（轮周三齿槽）（BAUER，2010）

铣槽机（BCM5/10）部分参数表　　表 5.2-4

型　号	BCM5	BCM10
扭矩	0～57kN·m	0～100kN·m
旋转速度	0～35rpm	0～35rpm
高度	2.35m	2.8m
切削面长度	2.4m	2.8m
切削面宽度	0.55～1m	0.46～1.2m
齿轮重量	5.1kg	7.4kg

目前，宝峨 CSM 工法施工平台主要可分为三类，即圆形钻杆施工平台、矩形钻杆施工平台和小型施工平台，三类平台各自有其适用范围。

(1) 圆形钻杆施工平台

圆形钻杆施工平台适用于体积较小的钻机，其钻杆直径为 368mm，最大施工深度为 20m。钻杆通过两组导轨连接到钻机的桅杆上，以保证对齐。铣槽机能够转动＋45°～－90°。操作人员通过钻杆控制铣槽机的移动和旋转。圆形钻杆施工平台主要包括 BG28、RG19T 和 RG20S 等设备（图 5.2-38）。

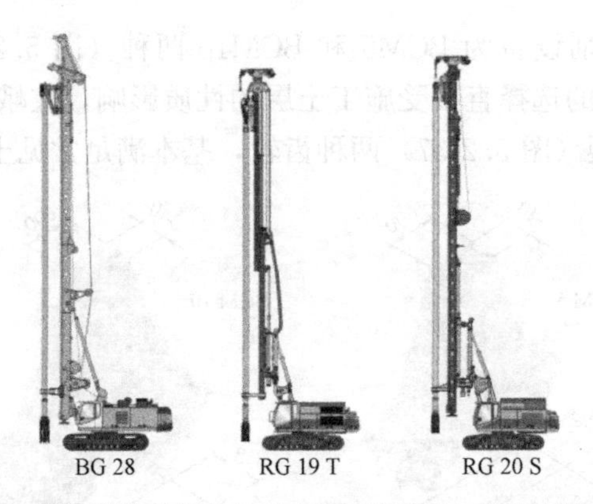

图 5.2-38　履带式吊车 BG28、RG19T 和 RG20S（BAUER，2010）

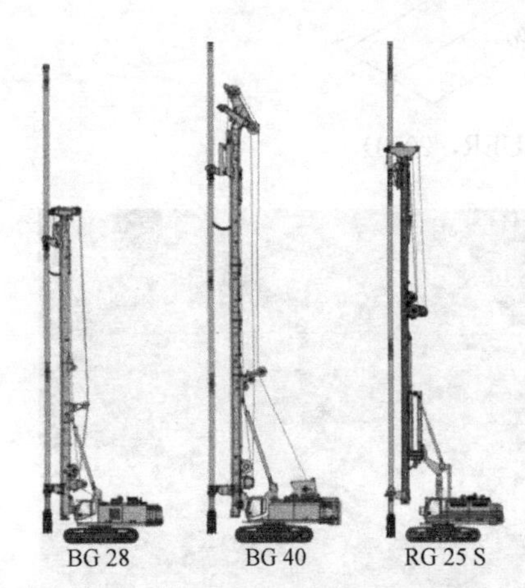

图 5.2-39　履带式吊车 BG28、BG40 和 RG25S（BAUER，2010）

(2) 矩形钻杆施工平台

矩形钻杆施工平台适用于施工深度较深的场合，其钻杆截面为矩形（600mm×340mm），内部由液压软管、浆料管和空气软管组成。施工时通过分段安装套管延长钻杆，管间连接处覆盖有保护罩以确保表面顺滑。钻杆重量约为 18t（30m）或 23t（40m），操作人员通过钻杆控制铣槽机的移动和旋转。矩形钻杆施工平台主要包括 BG28、BG40 和 RG25S（图 5.2-39）等设备。

(3) 低净空施工平台

QuattroCutter 低净空施工平台（图 5.2-40）适用于操作深度较深（大于 60m）、上部设备高度受到场地制约的情况（设备高度需小于 5m）。其切削部分由上下两组 BCM5 铣槽机组成。铣槽机通过钢丝绳与置于履带车上的软管卷筒相连，其在大深度条件下成桩质量及垂直度依然可以得到保证。SideCutter 小型施工平台（图 5.2-41）的工作原理与 QuattroCutter 施工平台基本相似，不同之处在于上部的软管卷筒和滑轮可以进行旋转，操作宽度可进一步降低至 4.5m。

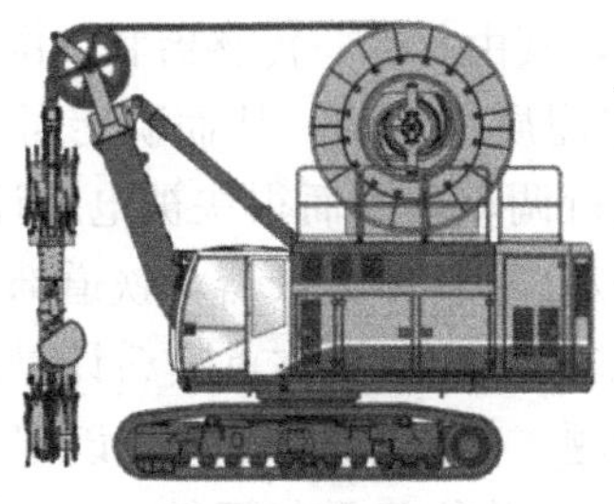

图 5.2-40 QuattroCutter 施工平台
（BAUER，2010）

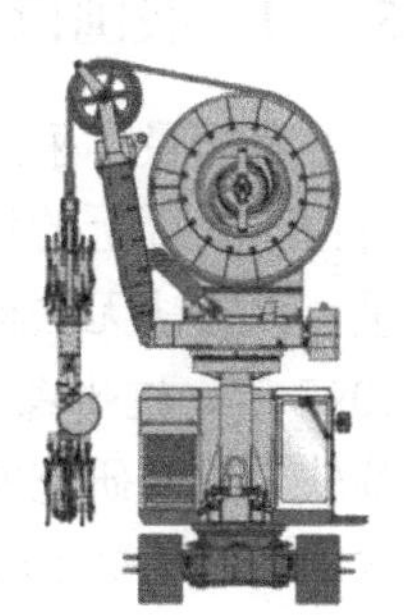

图 5.2-41 SideCutter 施工平台
（BAUER，2010）

宝峨双轮铣深层搅拌法施工平台内置有 B-Tronic 监测系统（图 5.2-42），其可以实时监测、控制、记录注浆过程中的主要参数（钻入深度、泥浆体积、软管中的泥浆压力、沟槽中的泥浆压力、水泥浆体积-时间/深度曲线、倾斜度、搅拌机速度等），保证施工过程的可控性、稳定性；操作面板位于施工机械的操作室内，实现了数据的实时可视化；提供数据导出服务，施工人员可通过 USB 接口将数据导出；可以自动生成相关图表、报告，方便查用（图 5.2-43）。

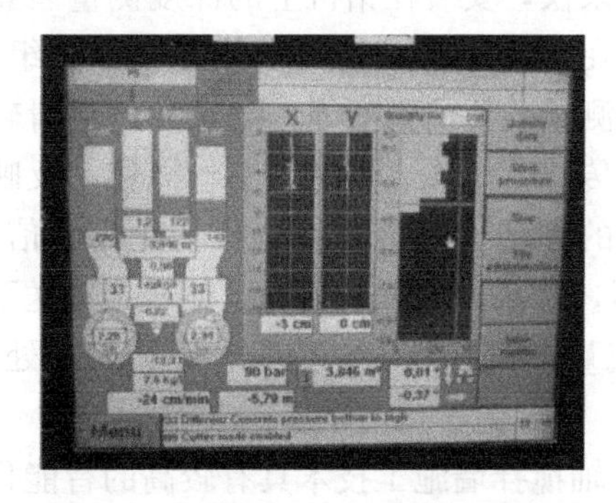

图 5.2-42 B-Tronic 监测系统界面
（BAUER，2010）

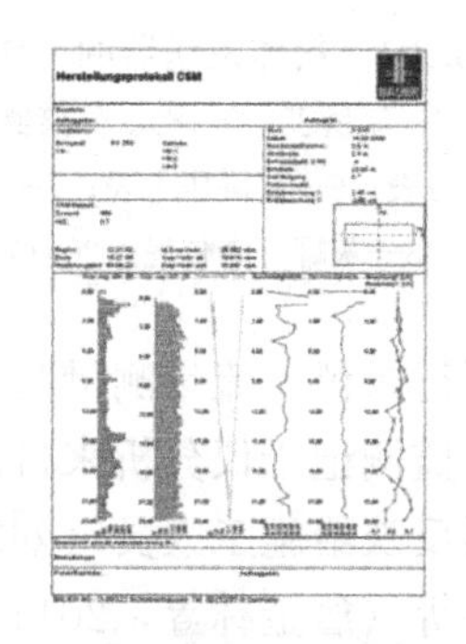

图 5.2-43 生成文档界面
（BAUER，2010）

作为一项新型搅拌墙施工技术，CSM 工法由于其施工效率高（可达 $30m^3/h$）、成墙质量好（28d 无侧限抗压强度可达 1.0～5.0MPa）、垂直度高（可达 1/500）、适用土层广泛、机械结构较为灵活的特点在世界各地得到了大量运用，但是其也存在一些缺点。此外，相较于其他施工技术，CSM 工法的成本较高，这也成为制约其运用的一重要因素。

在我国，上海金泰工程机械有限公司已于 2004 年完成设备的研制和试验，同年将该工艺申请专利，在长期实践中因地制宜的开发了一系列施工设备（液压铣铣头、C60 铣削搅拌机、C80 铣削搅拌机、SC35B 铣削搅拌机和 SC50 铣削搅拌机），有效地推动了该项技术的进步。目前，该工法在我国已完成了大量施工实例，得到了推广应用。

5.3 我国搅拌桩技术智能化发展

5.3.1 我国搅拌桩施工监测技术发展

我国最早采用电子料斗秤作为喷粉计量装置，其由灰罐、传感器和二次仪表组成。通过位于灰罐上的仪表读数，计算整桩打设前后水泥质量差值，从而确定每根桩的水泥用量。该方法无法根据地层需要对供粉泵的重量进行调整，因而很快被电脑计量装置淘汰。1997年，杭州森宇电控机械有限公司研制成功FZ-1型粉体记录器，铁道部第四勘测设计院软土地基研究所与杭州半山计量仪表厂研制成功SXL双相称重喷粉计量仪，其粉体发送器如图5.3-1所示，较好地解决了粉体计量问题（李仁民，2001）。该记录器采用可编程控制器（PLC），能实时测量施工时的钻孔深度，并能显示每下钻0.1m的累进深度和提钻喷粉每0.1m时的喷粉质量，施工人员可每隔0.1m改变喷粉量来满足设计要求，可对搅拌深度、每米喷粉质量、整桩喷粉总质量、停粉面高程、施工日期和时间等施工参数进行记录，自动生成施工报告（周忠彬等，2003）。

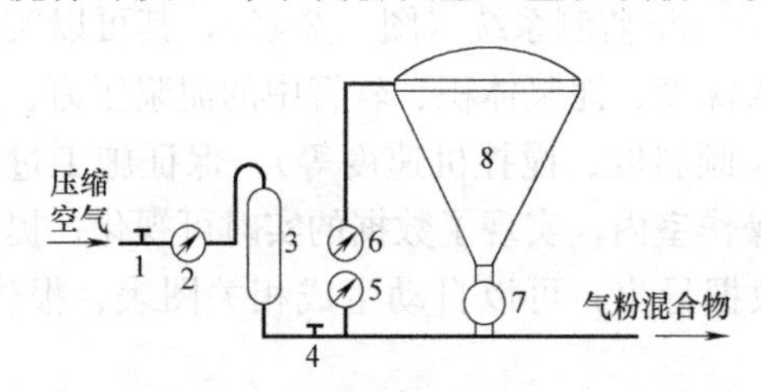

图5.3-1 粉体发送器的工作原理

1—节流阀；2—流量表；3—汽水分离器；4—安全阀；5—管道压力表；6—灰罐压力表；7—发送器转鼓；8—灰罐（李仁民，2001）

上海晶磊建筑仪器设备有限公司于1998年研制出SJC型水泥土搅拌桩浆量监测记录仪（流量仪），其由安置在机柜内的浆量监测记录仪，安装在钻机上的深度测量装置和串接在浆管中的流量测量装置3部分组成。深度测量装置由钢丝绳、滑轮和位于滑轮轴部的传感器组成，下钻时钢丝绳移动反映为滑轮的移动，传感器将位移转化为电信号，输送至监测记录仪。流量测量装置中的流量传感器，将水泥浆量转化为电信号，输送至监测记录仪。监测记录仪分析来自深度测量装置和流量测量装置的电信号，进行相关处理，通过显示器反映给施工人员（刘宏斌等，2003）。

詹金林等（詹金林等，2014）研发的五（六）轴搅拌墙施工技术具有较高的智能化水平，其操作步骤是：施工前，设置好水灰比参数、拌浆时间，后台自动化拌浆系统自动进行拌浆，施工完成后，可在操作室电脑上查询每根轴每延米的喷浆量。

2017年南方卫星导航公司基于精确地卫星定位系统，结合地理信息系统和传感器，对打桩、钻孔作业面平面、桩顶标高和倾斜角度的精确测量与调节，在终端设备呈现计算后准确的钻孔位置信息，通过显示终端对预设钻孔位置进行实时相对位置展现和偏离提醒，从而达到高效、精确地现场作业。其运行模式如图5.3-2所示，虽然该系统为钻孔灌注桩施工系统，且更多侧重于施工管理，但也是智能化施工的一种体现，对搅拌桩施工具有借鉴意义。

5.3.2 双向变截面搅拌桩搅拌桩智能化施工技术

东南大学与南京路鼎搅拌桩特种技术有限公司等单位合作，研发了一系列搅拌桩创新

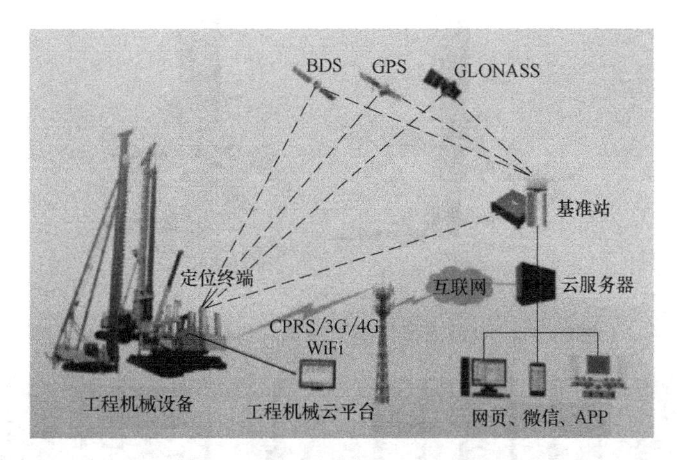

图 5.3-2 智能打桩定位系统运行示意图

技术。针对我国传统搅拌桩一直采用单向搅拌工艺（图 5.3-3*a*）的固有缺陷，研制出双向搅拌桩技术（图 5.3-3*b*，*c*）。该技术采用内、外嵌套同心双重钻杆，在内钻杆上设置正向旋转搅拌叶片并设置喷浆口，在外钻杆上安装反向旋转搅拌叶片，通过外钻杆上叶片反向旋转的压浆作用和正、反向旋转叶片同时双向搅拌水泥土，阻断水泥浆上冒途径，把水泥浆控制在两组叶片之间，保证水泥浆在桩体中均匀分布和搅拌均匀，确保成桩质量。大量工程实践表明，双向搅拌技术实现了搅拌全面均匀，桩身强度高、环境扰动影响小，工效高等特点。

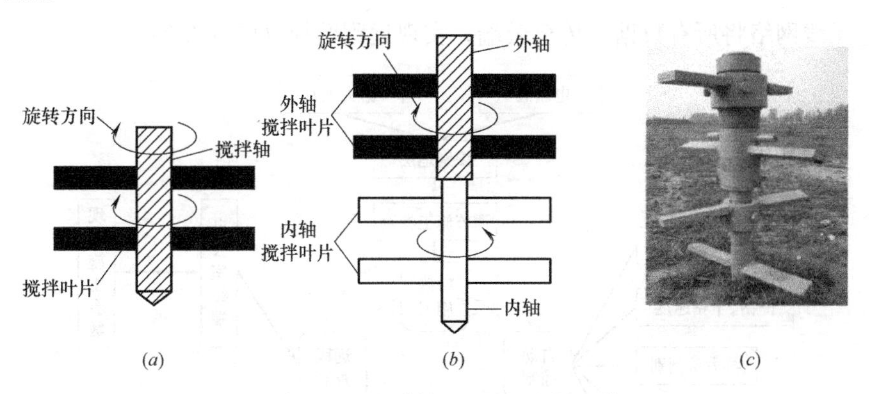

图 5.3-3 单向和双向搅拌原理图（刘松玉等，2005）

（*a*）单向搅拌原理；（*b*）双向搅拌原理；（*c*）双向搅拌设备

变截面搅拌桩是在双向搅拌桩基础上发展起来的桩身截面扩大的水泥土搅拌桩。采用自扩式变径搅拌头（图 5.3-4），利用土体自身压力，通过改变搅拌旋转方向，使叶片伸展形成大直径、叶片收缩变成小直径，实现自动变截面的功能。如在顶部扩大，则形成类似锚钉形状的钉形搅拌桩（图 5.3-5*a*）；或充分发挥土体本身强度，重点加固成层土体中土性最差的层位，形成变截面搅拌桩（图 5.3-5*b*）。双向变截面搅拌桩技术等自 2012 年获得国家技术发明二等奖以来，在我国公路、铁路、市政、地铁、港口、民用建筑等工程领域得到了大量推广使用，不少地方已经全面取代了单向搅拌桩。

在工程应用实践的基础上，近年来东南大学和南京路鼎搅拌桩特种技术有限公司又合作研制开发了双向变截面搅拌桩智能控制系统，其原理结构如图 5.3-6、图 5.3-7 所示。

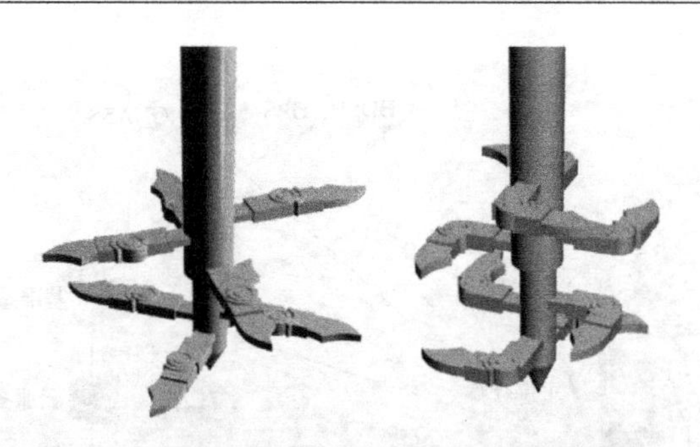

图 5.3-4 变截面搅拌施工设备（刘松玉等，2009）

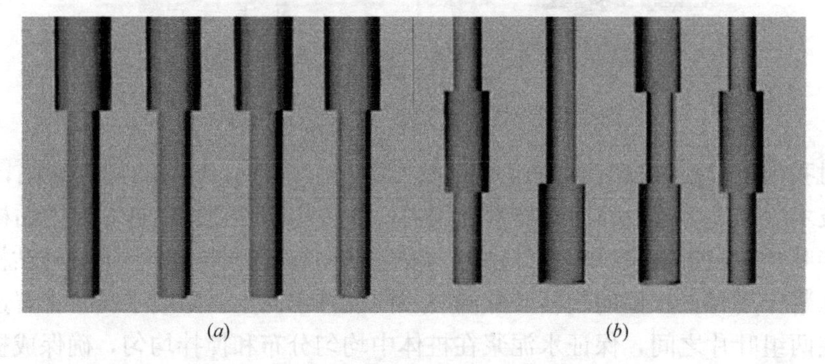

图 5.3-5 变截面搅拌桩复合地基示意图

(*a*) 钉形搅拌桩；(*b*) 变截面搅拌桩（刘松玉等，2009）

且可通过无线网络将所有数据上传至云端，实现远程监控（图 5.3-8）。

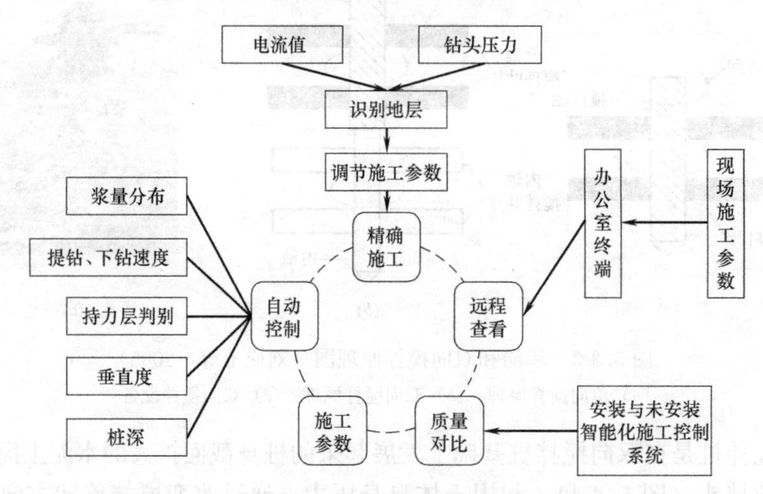

图 5.3-6 智能双向变截面搅拌桩施工原理框架

该系统实现了对影响施工质量的参数的全面监控，其监测界面如图 5.3-9 所示。同时对采集的施工参数信息进行分析处理，通过网络进行实时数据传输，形成操作数据档案。最终形成如图 5.3-10 所示的成桩曲线（内外电流、灰量、速度）和图 5.3-11 的质量评估图（点位代表桩位，颜色代表成桩质量）。

该系统主要功能包括：采集记录原始施工数据、出现不合格桩时实时报警、实时评估成桩质量，生成评估报告、实时分析场地条件等影响因素。

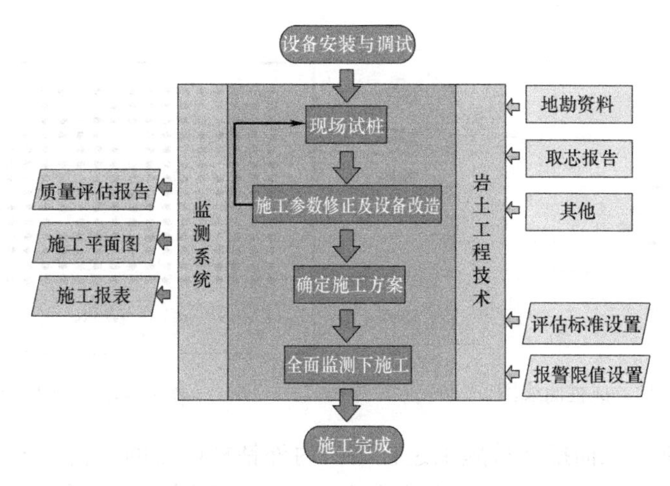

图 5.3-7　双向变截面搅拌桩智能控制系统结构运行图

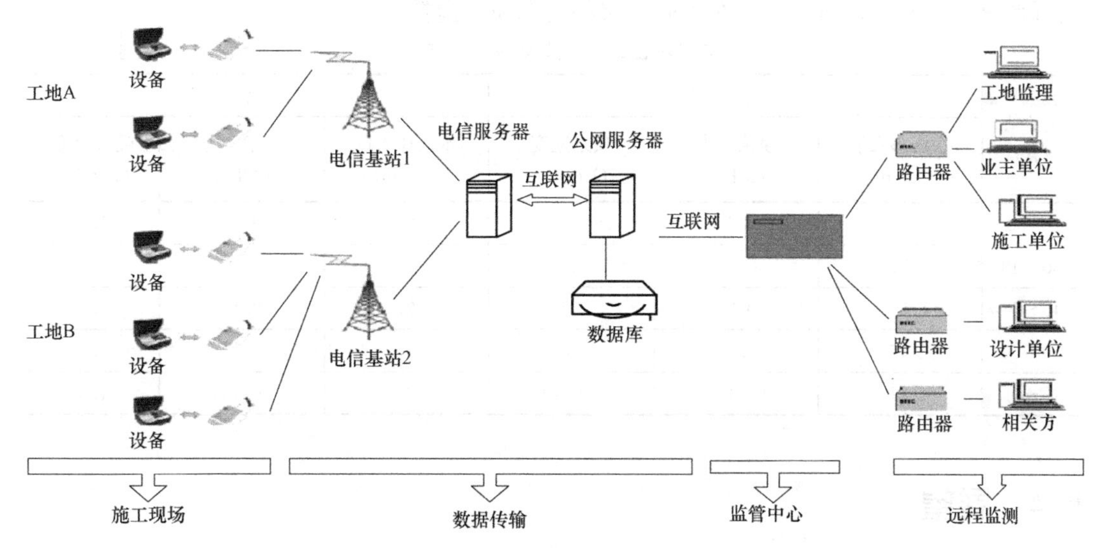

图 5.3-8　双向变截面搅拌桩检测系统总体结构

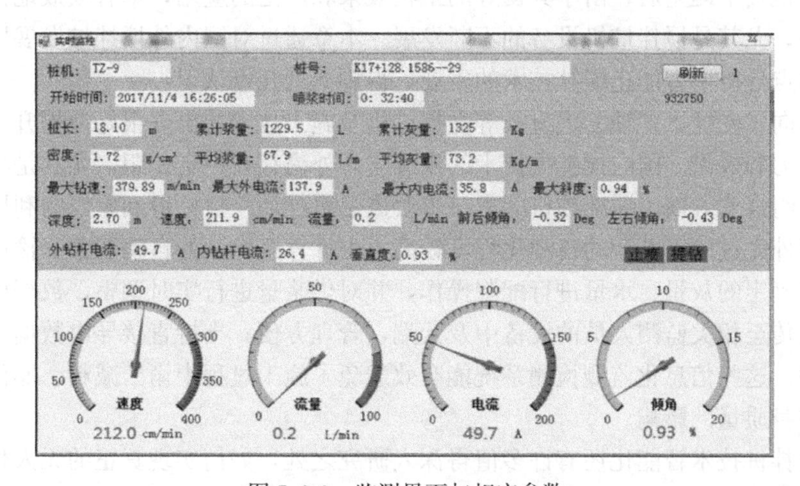

图 5.3-9　监测界面与相应参数

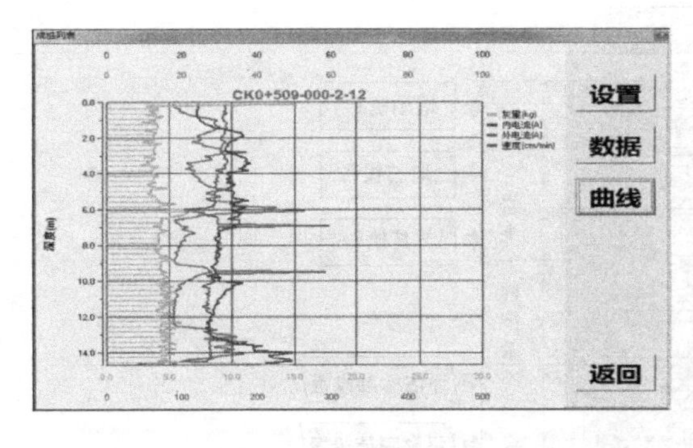

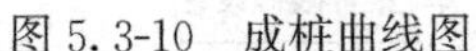
图 5.3-10　成桩曲线图

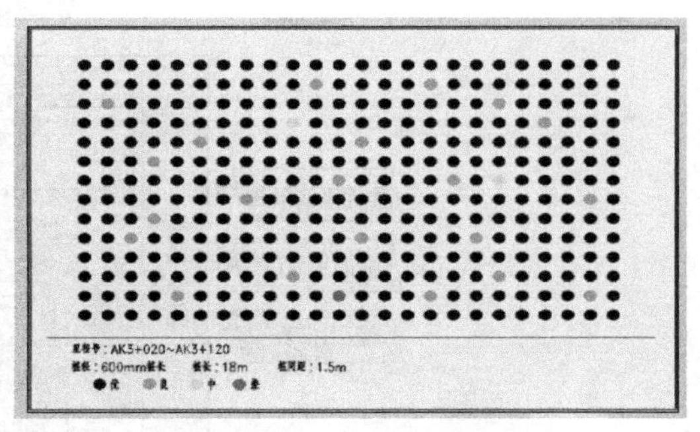

图 5.3-11　质量评估图

最新研究表明，双向搅拌桩施工过程中，内外钻杆电流的变化与土层强度密切相关（表 5.3-1），可以通过搅拌桩施工过程中电机电流变化判别土层性质，进而通过控制泵送装置调整水泥浆泵送量，实现对不同土层的动态喷浆搅拌。

某工程试验电流与喷浆量关系表　　表 5.3-1

电流值（A）	下钻			提钻		
	水泥掺入量（kg/m）	喷浆压力（MPa）	喷浆速度（L/min）	水泥掺入量（kg/m）	喷浆压力（MPa）	喷浆速度（L/min）
0～30	87	0.40	6.5	27	0.10	1.5
30～40	77	0.35	5.5	27	0.10	1.5
40～50	67	0.30	4.5	27	0.10	1.5
50～60	47	0.20	3	27	0.10	1.5
>60	27	0.10	1.5	27	0.10	1.5

5.4 展望

自搅拌桩技术诞生后，由于其良好的工程效果和广泛的应用，卓有成效地推动了搅拌桩技术发展，尤其是搅拌桩机设备的不断发展。本章通过对国内外搅拌桩发展历史的回顾与总结，重点分析了智能化搅拌技术的发展，得到下列几点认识：

（1）双向、变径、多轴、大直径等搅拌桩机及施工技术的出现很好地提升了搅拌桩的工程应用能力和效果。国内搅拌桩技术的发展与国外尚存在一定差距，尤其是高性能、功能化设备、组合式方面，搅拌桩机的进一步改进必将推动搅拌桩得到更好的利用。

（2）国外先进施工平台的自动化程度较高。由计算机控制的自动制浆、输送系统直接根据设计时确定的灰量、水量进行配浆操作，并对供浆量进行实时调整，数据可实时通过无线设备上传至相关监测人员的设备中及云端，管理方便；支持直接导出数据，方便查阅和报告编制。这些信息化监测检测系统能有效避免了施工过程中偷工减料、操作误差等人为因素对桩身质量的影响。

（3）搅拌桩技术智能化还有许多值得深入研究之处，如何实现真正的无人化施工，全自动化施工，不仅仅需要岩土工作者对本专业领域作出深入研究，更需要通过学科交叉与跨界合作，充分利用自动化、仪器科学、人工智能等领域的研究成果。

参考文献

[1] Terashi M. The State of Practice in Deep Mixing Methods [C] // International Conference on Grouting and Ground Treatment. 2003：25～49.

[2] 北詰，昌樹，Terashi，Masaaki. The deep mixing method [M]. CRC Press，2013.

[3] Nicolas Denies and Gust Van Lysebetten. SUMMARY OF THE SHORT COURSES OF THE IS-GI 2012 LATEST ADVANCES IN DEEP MIXING [C].

[4] Topolnicki，M. and Soltys，G. 2012. Novel Application of Wet Deep Soil Mixing for Foundation of Modern Wind Turbines. Grouting and Deep Mixing 2012. ASCE Geotechnical Special Publication no 228，Vol. 1，pp. 533～542.

[5] 刘松玉，宫能和，冯锦林，储海岩. 双向搅拌桩的成桩操作方法 [P]. 中国专利：CN1632233，2005-06-29.

[6] 刘松玉，宫能和；冯锦林，储海岩. 双向水泥土搅拌桩机 [P]. 中国专利：CN1632232，2005-06-29

[7] 刘松玉，朱志铎，席培胜，等. 钉形搅拌桩与常规搅拌桩加固软土地基的对比研究 [J]. 岩土工程学报，2009，31 (7)：1059～1068.

[8] 刘松玉，宫能和，冯锦林，等. 钉形水泥土搅拌桩操作方法 [P]. 中国专利，ZL 200410065863.3，2007.

[9] 赵春风，邹豫皖，赵程，等. 基于强度试验的五轴水泥土搅拌桩新技术研究 [J]. 岩土工程学报，2014，36 (2)：376～381.

[10] 武汉市天宝工程机械有限责任公司. 一种具有扭力补偿装置的特大直径多功能搅拌桩机：中国，CN201520547506. 4 [P]. 2016-1-20.

[11] 王雄旭. 加筋大直径搅拌桩重力式挡土墙在基坑支护中的应用 [J]. 施工技术，2013，42 (7)：38～39，42.

[12] 邓鉴敏，俞红智，卢信雅等. 类刚性大直径旋喷（搅拌）桩在基坑支护中的发展及应用 [C]. // 2015 城市地下空间综合开发技术交流会论文集. 2015：235～239.

[13] Jelisic N，Leppänen M. Mass Stabilization of Organic Soils and Soft Clay [C] // International Conference on Grouting and Ground Treatment. 2003：552～561.

[14] BAUER. 2017. SCM and SCM-DH Single Column Mixing. https：//www. bauer. de/export/shared/documents/pdf/bma/datenblatter/SCM _ SCM _ DH _ EN _ 905 _ 757 _ 2. pdf [2018-09-10].

[15] Keller Holding GmbH. 2011. Deep Soil Mixing (DSM)：Improvement of weak soils by the DSM method. http：//www. kellergrundlaggning. se/documents/Files/32-01E% 20Deep% 20Soil% 20Mixing-2. pdf [2018-02-27].

[16] HAYWARD BAKER INC. 2013. Hayward-Baker-Drying-Mixing-Brochure. https：//www. hayward-baker. com/uploads/solutions-techniques/dry-soil-mixing/Hayward-Baker-Dry-Soil-Mixing-Brochure. pdf [2018-09-07].

[17] HAYWARD BAKER INC. 2013. Hayward-Baker-Wet-Soil-Mixing-Brochure. https：//www. hayward-baker. com/uploads/solutions-techniques/wet-soil-mixing/Hayward-Baker-Wet-Soil-Mixing-Brochure. pdf [2018-09-07].

[18] TAISEI CORPORATION. 2014. WinBLADE-In-situ soil mixing method for narrow spaces adjacent to existing structures using expandable/collapsible mixing blades. https：//www. taisei. co. jp/english/technology/S010EN. pdf [2018-02-20].

[19] Fujiwara，T.，Ishii，H.，Kobayashi，M.，Aoki，T. Development and on-site application of new in-situ soil mixing method with ability of obstacle avoidance and inclined operation [C]. JAPAN：Japanese Geotechnical Society Special Publication，2016：2107～2110.

[20] ALLU. 2015. Advanced mass stabilization machinery for mixing dry binders. http：//projektit. ramboll. fi/massastabilointi/materials/6 _ allu _ stabilization _ 2015. pdf [2018-09-15].

[21] 陈永辉，王颖，程潇，等. 就地固化技术处理围海工程吹填土的试验研究 [J]. 水利学报，2015 (s1)：64～69.

[22] 王颖，陈永辉，程潇，等. 就地固化技术处理道路浅层软基的试验研究 [J]. 上海建设科技，2016 (2).

[23] 王颖，李斌，陈永辉，等. 强力搅拌头就地浅层固化地基承载特性研究 [J]. 河北工程大学学报(自然科学版)，2016，33 (2)：39～44.

[24] BAUER. 2010. Cutter Soil Mixing Process and equipment-bauerpileco. http：//www. bauerpileco. com/export/shared/documents/pdf/bma/... /905-656-2. pdf [2016-02-26].

[25] 李仁民. 喷粉搅拌桩在高速公路软基处理中的应用研究 [D]. 2001.

[26] 周忠彬，李涛. 高速公路中粉喷桩施工控制方法 [J]. 铁道标准设计，2004 (11)：37～40.

[27] 刘宏斌，喻荣华. SJC 型水泥土搅拌桩浆量监测记录仪的应用 [J]. 探矿工程（岩土钻掘工程)，2003 (2)：38～40.

[28] 詹金林，谢晓东. 五（六）轴水泥土搅拌墙工艺及应用简介 [J]. 工业建筑，2014，1.

6 强夯法

付建宝，叶国良
（中交天津港湾工程研究院有限公司，港口岩土工程技术交通行业重点试验室，天津市港口岩土工程技术重点试验室，天津 300222）

6.1 概述

强夯法又称动力固结法，20 世纪 60 年代末由法国梅纳德（Menard）技术公司首先提出并开始大规模应用于地基加固处理。强夯法利用起重设备将重锤提升到一定的高度，然后使其自由落下在地基中产生很大的冲击能量，压密地基，从而提高地基的强度。强夯法以其工艺适用范围广、设备简单、施工方便、节省材料、施工效率高、施工文明和施工费用低等优点，迅速传播到世界各地[1]。

我国于 1978 年 11 月～1979 年初首次由交通部一航局科研所（现中交天津港湾工程研究院有限公司）及其协作单位在天津新港三号公路进行了强夯法试验研究。在初步掌握了这种方法的基础上，于 1979 年 8～9 月又在秦皇岛码头煤堆场细砂地基进行了试验，效果显著。强夯法引进四十多年来，正值我国改革开放，基础设施建设高速发展，再加上我国地域辽阔，自然条件与工程地质条件差别巨大，使得强夯施工技术得到了巨大的发展，工程数量和使用规模都居世界第一，取得了丰硕的成果。

最初强夯法主要应用于处理碎石土、杂填土、砂类土、非饱和黏性土等，但是随着施工方法的科学化、现代化，尤其是排水条件的改善，用强夯法处理的土类不断增加，淤泥和淤泥质土、泥炭土、饱和砂土、膨胀土、低饱和度的粉土与黏性土、黄土及湿陷性黄土、高填土等地基都尝试和应用。强夯法处理大块石高填方地基也被建设部列为推广使用技术。当前应用强夯法处理地基的工程范围极广，已付诸实践的有工业与民用建筑、机场、防洪工程、公路和铁路路基、港口、核电站、石化工程等。甚至对海底、水下的软弱土层也尝试通过特殊工艺进行强夯处理。近几年，随着社会发展，环境问题日益严重，强夯法也用于垃圾和固体废弃物的处理，并取得了成功。强夯法的局限是施工时较大的噪音和振动，因而不宜在人口密集的城市内使用。

我国强夯技术经历了以下几个重要发展阶段[2]：

第一阶段，自引进到 20 世纪 80 年代初。本阶段工程应用的强夯能级比较小，一般仅为 1000kN · m，处理深度 5m 左右，以处理浅层人工填土为主。

第二阶段，20 世纪 80 年代初到 90 年代初。本阶段，我国在山西潞城兴建国家重点工程山西化肥厂，为了消除场地黄土地基的湿陷性并提高地基承载力，国家化工部适时组织有关单位开发了 6250kN · m 能级强夯并用于本场地地基处理，使强夯的有效处理深度提高到了 10m 左右，强夯的应用范围也得到扩展，强夯技术日臻完善。

第三阶段，20 世纪 90 年代初到 2002 年。本阶段以兴建国家重点工程三门峡火力发电厂为契机，成功开发了 8000kN・m 能级强夯，使强夯消除黄土湿陷性的深度达到15m，此后，高能级强夯技术发展迅速，应用范围进一步扩大，包括茂名乙烯、贵阳龙洞堡机场、上海浦东机场、广西防城港九、十泊位陆域工程在内的许多国家重点工程都采用了强夯地基处理技术，取得了预期效果，为国家节省了大量投资。

第四阶段，2002 年底至今。为了处理高填方地基，试验开发了 10000kN・m 能级强夯，经检测，10000kN・m 能级强夯有效处理深度超过了 12m，强夯技术取得了较大突破，缩小了与国外先进技术的差距。目前强夯工程最高应用能级已经达到 30000kN・m。为了更进一步扩大强夯的应用范围，在强夯技术的基础上，还形成了强夯置换和柱锤冲扩等新技术。

我国自引入强夯法以来，在 1981 年 6 月，化工部第二化工建设公司及其协作单位在山西潞城建设的山西化肥厂场地首次使用能级为 6250kN・m 的强夯，用以加固Ⅱ级自重湿陷性黄土地基。2004 年，我国首次采用夯击能地首次使用夯击能 10000kN・m 对沿海碎石土回填地基进行加固，加固效果显著。2007 年，大连理工大学的年廷凯教授等对15000kN・m 夯击能处理滨海型下卧软弱夹层且存在地下水的碎石回填地基进行了效果测试，其有效加固深度达 11.5m。2016 年，中交天津港湾工程研究院有限公司采用多种夯击能对北方某地超过 20m 的块石地基进行了加固，强夯能级包括 18000kN・m、25000kN・m 和 30000kN・m 等，对不同能级下的有效加固深度进行了对比分析。

随着强夯处理地基土范围的扩大，单纯依靠强夯作用难以达到最理想的效果，于是在强夯基础发展起来了强夯置换法，降水强夯法，强夯＋CFG 桩，电渗强夯法，爆炸-强夯法，液压高速强夯法，旋转夯锤式强夯法，地基夯实动力打桩法等，其中强夯置换法、降水强夯法应用较为广泛。

强夯置换法是强夯法与土体置换概念结合起来形成的一种新的地基处理技术方法。强夯置换法是将夯锤提高到一定高度并自由落下形成夯坑，然后向夯坑内回填砂料、碎石等透水性好的材料，形成整层式置换或柱状桩型的复合地基。使地基在强夯过程中的水分迅速排出并且提高了地基的承载力。强夯置换法可以作为强夯法的一种补充方法，适用于处理饱和度高、强度低、透水性差的软土地基。新加坡、南非和中东等地率先采用这种方法处理泥炭、有机质粉土和粉质黏性土等地基，取得了较为良好的效果。

本章将对强夯法、强夯置换法和降水强夯法加固的机理、施工技术、检测技术等进行论述，并且提供 2 个工程实例，可供工程技术人员参考。

6.2 加固地基机理

6.2.1 强夯法加固地基机理

目前国内外关于强夯法加固地基的机理看法还不一致，强夯加固理论主要体现在强夯对地基土的作用机理。

从加固原理与作用来看，强夯法加固地基的机理可大致分为以下 3 种形式：动力固结、振动波压密和动力置换。动力固结理论是Menard基于饱和黏性土强夯瞬间产生数十厘米沉降的现象而提出的，原有的固结理论认为饱和黏性土在瞬时荷载作用下，由于渗透性低，孔隙水无法在瞬间排出，因而被看作是不可压缩体；而强夯由于巨大的冲击能量使土体产生强烈的振动和压力，导致土中孔隙压缩，土体局部液化，夯击点周围产生裂隙，形成良好的排水通道，孔隙水迅速溢出，土体得以固结，从而减少沉降并提高承载力[1]。

振动波压密理论认为强夯法中夯锤的冲击能量以振动波的形式在地基中传播，重锤自由下落的过程就是势能转化成动能的过程，即随着重锤的下落，势能越来越小，动能越来越大，在落地的瞬间，势能的绝大部分都转换成动能。振动波以体波（压缩波与剪切波）和面波（瑞利波与勒夫波）的形式从夯点向外传播。Leon考虑到强夯法加固地基的方式，指出强夯中存在加密作用、固结作用和预加变形作用[3]。Gambin认为强夯过程中表层土直接受夯锤冲击作用而深层土主要受波动影响[4]。坂口旭将夯锤下土层分为松动区、主压实区、次压实区和弹性影响区，符合弹性波动理论计算结果[5]。郑颖人等将强夯法分为4个阶段：能量转换与夯坑受冲剪阶段、土体液化与破坏阶段、固结压密阶段和触变固化阶段，并在此基础上提出了适用于软黏土地基的强夯工艺[6]。

动力置换理论认为强夯在土中形成相对独立、完整和连续的置换体，形成复合地基，当用于淤泥类土中时称为强夯挤淤。置换深度通常与夯击能、土性、夯击条件等因素有关，加固机理包含置换、挤密、排水等多方面效果。

6.2.2 强夯置换法加固地基机理

强夯置换法是在强夯法的基础上发展起来的，但二者之间的加固机理不同。强夯置换法加固地基的机理主要包括三个方面，即动力密实、动力排水固结和动力置换[7]。

1. 动力密实

土是由固相、液相和气相组成的三项体系，土体的承载力主要由土颗粒之间相互接触形成的骨架承担，骨架之间的孔隙部分由气体和水来填充。强夯法在加固多孔隙、粗颗粒非饱和土的过程主要是动力密实的机理，夯锤的夯击能在土体中以波的形式扩散，使得土中的孔隙减小，孔隙中的气体排出，孔隙水压力增大，土颗粒产生相对位移和重排列，最终使得夯击范围内土体变得更加密实，达到夯实加固的目的。

2. 动力排水固结

动力固结作用主要针对细颗粒饱和土体。夯锤的冲击荷载会在土体中产生很大的应力波，扩散的应力波会使土体颗粒发生扰动，结构破坏，甚至局部液化并产生裂隙，这些新形成的裂隙相当于在土体中增加了排水通道，使得孔隙水排出，孔隙水压力得以释放，最终达到土体固结、提高强度的目的。在强夯置换处理软土地基的过程中，一方面夯锤瞬时强大的夯击能使得土体发生了动力固结，另一方面置换形成的硬质粗骨料置换，相当于预压地基的排水竖井，而施工过程中软土地基不断析出水分，向置换体汇集，加速了固结排水的过程，使得地基强度可以有明显提高，这也是强夯置换法可以应用在高饱和度、高压缩性的软土地基处理的主要原因。强夯置换中，可以看到置换点的涌水、喷水现象。

3. 动力置换

动力置换主要有整体置换和桩式置换两种方式。其中整体置换类似换土垫层，它是通过强夯将大块径的石渣、块石等相对强度较高的散体材料整体挤入待处理土层，凭借夯锤夯击产生的巨大冲击力将低强度、高压缩性的待处理土层挤开，最终在整平抛石层之后形成高密实度、低压缩性、力学强度好、承载能力强的工作垫层，达到整体置换的目的[7]。

桩式置换是按照一定的夯点布置方式和夯点间距将石渣、块石等相对强度较高的散体材料夯入待处理土层，形成一些规则排列的置换墩（或桩），处理后的土层与置换墩（或桩）一起形成复合地基。在软弱土层不是特别厚的情况下，桩式置换形成的置换墩会穿过软弱土层直达下部的持力层，由于置换墩材料刚度较大使得复合地基的沉降变形量得以减小。当软弱土层厚度很大的时候，置换墩与墩间软弱土层依靠侧向摩擦和内摩擦的共同作用承载上部荷载，并在强夯过程中形成硬壳层，并对上部荷载有扩散作用，也可以达到提高地基强度的目的。

6.2.3 降水强夯法加固地基机理

降水强夯法综合了真空降水技术和强夯技术各自的优势，发挥各自的优点，达到较好加固效果的一种联合技术。真空降水是通过抽真空后形成的真空度与降水后的水力梯度的共同作用下，孔隙水由所形成的排水通道向地表水平排水层流出，最后被抽走，土体因而固结沉降并得到加固。强夯法和真空降水技术的联合，可以充分发挥两种技术的优势，使其共同发挥作用，利用真空降水来加速强夯产生的超静孔压消散和孔隙水排出，从而可以迅速提高软土的固结度，有效避免强夯过程中出现的“橡皮土”现象，使得加固作用合理有效[8]。

降水强夯法的加固原理是根据土体强度的提高，逐步加能的动力排水固结。其特点是：夯击前采用真空降水，来降低地下水位、减小土体的含水量和饱和度，使地基受击后，地下水位以上土体可产生较大的压缩变形，地下水位以下土体可减小超孔隙水压力；夯击后采用真空排水，以加速超孔隙水压力的消散和软土固结；夯击中先加固浅层软土，待浅层土体强度有所提高后，再逐渐加大能量，以加固深层软土。

6.3 设计

6.3.1 强夯法和强夯置换法设计

1. 强夯试验

采用强夯法处理的地基，应进行强夯试验；采用强夯置换法处理的地基，必须通过现场试验，确定其适用性和处理效果，确定合适的强夯设计参数和施工参数[9]。

强夯试验应达到以下要求：

（1）确定地基有效加固深度，确定处理后地基土的强度、承载力和变形指标；

（2）确定合适的夯击能、夯锤尺寸和落距等施工参数；

（3）校核强夯后场地的沉降量或抬升量，为确定起夯面标高提供依据；

（4）确定夯点间距、夯击次数、夯击遍数、后两击夯沉量和间隔时间等设计参数；

（5）确定强夯施工停夯标准等施工质量控制指标；

（6）了解强夯施工振动、侧向挤压等对周边环境和工程的影响，确定与周边工程的安全施工最小距离。

试验区数量应根据场地复杂程度、工程规模、工程类型及施工工艺等确定，强夯试验面积不应小于 20m×20m。根据初步确定的强夯参数，提出强夯试验方案，进行现场试夯。应根据不同土质，待强夯结束一至数周后，对试夯场地进行检测，并与夯前测试数据进行对比，检验强夯效果，确定工程采用的各项强夯参数。

2. 有效加固深度估算

关于“有效加固深度”，目前说法不一，有的文献称“加固深度”，“加固范围”，“有效加固范围”或“加固土层厚度”[10]。本文在分析了各种提法后认为，强夯“有效加固深度”是强夯加固后地基土的不利性状得到改善，可以满足承载力、变形或稳定性等要求，控制指标满足了设计要求时的深度。很明显，“有效加固深度”的控制指标因地基处理要求的不同而异[10]。

强夯法的有效加固深度应根据现场试夯或当地经验确定；在初步设计时，可按公式 6.3-1 估算；在缺少试验资料或经验时，也可根据《水运工程地基设计规范》JTS 147—2017、《建筑地基处理技术规范》JGJ 79 和《湿陷性黄土地区建筑规范》GB 50025[15] 等有关规定预估。表 6.3-1 为《水运工程地基设计规范》JTS 147—2017 中强夯法的有效加固深度预估表。

$$H \approx \alpha \sqrt{\frac{Mh}{10}} \tag{6.3-1}$$

式中 H——强夯的有效加固深度（m）；

α——经验系数，一般采用 0.4～0.7；

M——锤重（kN）；

h——落距（m）。

强夯法的有效加固深度（m） **表 6.3-1**

单击夯击能(kN·m)	碎石土、砂土等粗颗粒土	粉土、黏性土、湿陷性黄土等细颗粒土
1000	5.0～6.0	4.0～5.0
2000	6.0～7.0	5.0～6.0
3000	7.0～8.0	6.0～7.0
4000	8.0～9.0	7.0～8.0
5000	9.0～9.5	8.0～8.5
6000	9.5～10.0	8.5～9.0
8000	10.0～10.5	9.0～9.5
10000	10.5～11.0	—
12000	11.0～11.5	—

由于施工实例偏少，高能级的有效加固深度暂时不能给出。文献［16～18］中进行了 18000kN·m、25000kN·m 和 30000kN·m 的超高能级强夯加固块石地基施工，通过实际监测得到的有效加固深度分别为 14m、16m 和 17m。

3. 强夯设计

强夯法适用于处理碎石土、砂土、非饱和细粒土、湿陷性黄土、素填土和杂填土等地基的处理，对含有良好透水性夹层的饱和细粒土地基应通过试验后采用。对于采用桩基的湿陷性黄土地基、可液化地基、填土地基、欠固结地基，可先用强夯法进行地基预处理，然后再进行桩基施工。

强夯夯点布置形式可根据基础形式、地基土类型和工程特点选用，宜为正方形或梅花形布置，间距宜为锤径的 1.2～2.5 倍，低能级时取小值，高能级及考虑能级组合时取大值。

强夯法施工工艺设计应根据处理要求、地基土类型、经济技术比较，可按点夯、复夯、满夯的工艺组合。点夯可一遍完成，也可以隔行或隔行隔点分遍完成。当点夯夯坑深度过大时，应增加一遍复夯，复夯能级可取主夯能级的一半，或按夯坑深度确定。

单点夯击遍数应根据地基土的性质确定，宜采用 2～3 遍，对渗透性弱的细粒土夯击遍数可适当增加。后一遍夯点应选在前一遍夯点间隙位置。单点夯击完成后宜用低能量满夯 2 遍。

夯点的夯击次数应根据现场试验中得到的最佳夯击能确定，并应同时满足下列条件：

（1）后两击平均夯沉量不宜大于设计值；

（2）夯坑周围地面不应发生过大的隆起；

（3）不因夯坑过深发生提锤困难；

（4）后两击夯沉量平均值不宜大于下列数值：当单击夯击能小于 4000kN・m 时为 50mm；当单击夯击能为 4000～6000kN・m 时为 100mm；当单击夯击能大于 6000kN・m 时为 200mm。

两遍夯击之间应有一定的时间间隔，间隔时间应根据土中超静孔隙水压力的消散时间确定，缺少实测资料时，可根据地基土的渗透性确定。对于渗透性差的黏性土地基，两遍之间的间歇时间不宜少于 3～4 周，粉土地基的间歇时间不宜少于 2 周，对于碎石土和砂土等渗透性好的土可连续夯击。

满夯能级应根据点夯后地表扰动层的厚度确定，满夯可一遍或隔行分两遍完成，夯击时点与点之间宜搭接 1/4 锤径。满夯的击数可根据地基承载力特征值的设计要求确定，当地基承载力特征值在 150～250kPa 时，满夯击数不宜低于 3～5 击。满夯后的地表应加一遍机械碾压，以满足地基土的压实度要求。

强夯地基处理范围应大于工程基础范围，每边超出外缘的宽度宜为基础下设计处理深度的 1/2～2/3，并不宜小于 3m。

强夯法应预估地面的沉降量，并在试夯时予以校正。根据场地夯后的沉降值和夯后地面的整平设计标高确定场地起夯面标高。夯后的地面整平标高应根据场地的使用要求、基坑开挖时的土方平衡确定，宜高于基底设计标高 0.5m 以上，低于室外地坪设计标高 0～0.8m。

强夯法地基承载力特征值应通过现场载荷试验确定，初步设计时可根据试夯后原位测试和土工试验指标按现行国家标准有关规定确定[11]。

4. 强夯置换设计

强夯置换法适用于处理高饱和度的粉土与软塑状的淤泥、淤泥质土、黏性土等地基，用于对变形控制要求不严的工程中[9]。

强夯置换墩的深度由土层条件决定，除厚层饱和粉土外，应穿透软土层到达硬质土层上，深度不宜超过 9m。单击夯击能和置换深度应通过试验确定。

强夯置换法的夯锤直径宜为 1.0～1.5m，锤底接地静压力可取 100～200kPa。

墩体材料可用级配良好的块石、碎石、矿渣、建筑垃圾等坚硬粗颗粒材料，粒径大于 300mm 的颗粒含量不宜超过全重的 30%，最大粒径不应大于 600mm。

强夯置换时单点夯击次数和处理深度应通过现场试夯确定，并应同时满足下列条件：

（1）墩体穿透软弱土层，且达到设计墩长；

（2）累计夯沉量为设计墩长的 1.5～2.0 倍；

（3）最后两击夯沉量与强夯法相同。

强夯置换的夯锤宜选用细长的柱状夯锤。墩位布置宜采用等边三角形或正方形。对独立基础或条形基础可根据基础形状与宽度相应布置。

墩间距应根据荷载大小和原土的承载力选定，当满堂布置时可取夯锤直径的 2～3 倍，对独立基础或条形基础可取夯锤直径的 1.5～2.0 倍。墩的计算直径可取夯锤直径的1.1～1.2 倍。

墩顶应铺一层厚度不小于 500mm 的压实垫层，垫层材料可与墩体相同，粒径不大于 100mm。

强夯置换材料可用级配良好的块石、碎石、矿渣、建筑垃圾等坚硬粗颗粒材料，粒径大于 300mm 的颗粒含量不宜超过全重的 30%，最大粒径不应大于 600mm。

当墩间净距较大时，应适当提高上部结构和基础的刚度。

当强夯区附近有建筑物、设备及地下管线等时，应采取防振或隔振措施，并设置监测点。

对于后两击夯沉量平均值、处理范围、地面抬高值，强夯置换法设计方法与强夯法相同，见 6.3.1（3）。

确定饱和软土强夯置换处理后的地基承载力特征值时，可只考虑墩体，不考虑墩间土的作用，其承载力应通过现场单墩载荷试验确定；对饱和粉土地基可按复合地基考虑，其承载力可通过现场单墩复合地基载荷试验确定。

强夯置换地基的变形计算，应符合现行国家标准《建筑地基基础设计规范》GB 50007 的有关规定。复合土层的压缩模量可按下式计算：

$$E_{sp}=[1+m(n-1)]E_s \tag{6.3-2}$$

式中 E_{sp}——复合土层压缩模量（MPa）；

E_s——桩间土压缩模量（MPa），宜按当地经验取值，如无经验时，可取天然地基压缩模量；

m——面积置换率；

n——桩土应力比，在无实测资料时，对黏性土可取 2～4，对粉土可取 1.5～3，原土强度低取大值，原土强度高取小值。

6.3.2 降水强夯设计

降水强夯法适用于处理深度不超过 7m 的砂土、粉土、粉质黏土等地基的加固[11]。

降水强夯法的设计应包括下列内容：

（1）降水设计：降水深度、外围封闭降水管的间距和埋深、施工区内降水管的间距和埋深等；

(2) 强夯设计：单击夯击能、夯点间距、夯击遍数、间隔时间等。

降水强夯法处理范围应大于建筑物基础范围，每边超出基础外缘的宽度宜为设计处理深度的1/2～2/3，且不宜小于3m。

地下水位宜降至地面以下2～3m，夯击能越大，地下水位应越低。

降水管的间距应根据加固土的性质确定，外围封闭降水管间距可取1.5～2m，施工区内排水管的间距可取3～7m，井点管间距宜取1.5～3.5m，渗透系数较大的砂性土取较大值。

降水管的埋深应根据需要降水的深度确定，外围封闭降水管埋深可取6～8m，施工区内降水管可采用长短管相结合的方法，长管埋深可取6～8m，短管埋深可取3～5m。

抽水泵的数量应根据加固土的性质确定，对于砂性土，单泵控制面积可取800～1200m^2；对于黏粒含量较高的黏性土，单泵控制面积可300～500m^2。

外围封闭降水管在强夯施工期间应连续进行降水。

强夯单击夯击能应根据要求的加固深度经现场试夯或当地经验确定，初步设计时可取800～3000kN·m，可采取先轻后重、逐级加能的方法确定每遍夯击能。

夯点宜采用正方形布置，间距宜为3～5m，渗透系数较大的砂性土取较大值。

两遍夯击之间的间歇时间应根据土中超静孔隙水压力的消散时间确定，在超静水压力消散75%以上后可以进行下一遍强夯。

单点夯击遍数宜采用2～3遍。采用3遍点夯时，第一遍夯击能量宜为800～1500kN·m，每点2～5击；第二遍夯击能量宜为1000～2000kN·m，每点2～5击；第三遍夯击能量宜为1500～3000kN·m，每点4～10击。采用点夯2遍完成时，第一遍夯击能量宜为1200～2000kN·m，每点4～8击；第二遍夯击能量宜为1500～2500kN·m，每点4～10击。

点夯后可进行1～2遍满夯将表层软土击密，夯击能一般为500～1000kN·m，搭接1/4锤印，也可用振动碾压机械将表层软土压实。

单点夯击击数应根据现场试验中得到的最佳夯击能确定，最后两击的平均夯沉量不应大于5cm且夯点周围不应有明显的隆起。

降水强夯施工经验及资料较为缺乏的地区，可通过选取地质条件有代表性的区域进行降水强夯试验，根据试验结果验证或调整设计参数。

6.4 施工技术

6.4.1 强夯和强夯置换施工技术

1. 主要设备

强夯和强夯置换的主要设备有强夯机、自动脱钩装置、夯锤等。

强夯机需要根据强夯能级，且与夯锤质量相匹配。中、高能级强夯施工时，强夯机宜配门架或采取其他措施，防止落锤时机架倾覆。目前强夯机的主要机型有三一重工SQH401强夯机、宇通重工YTQH系列强夯机、徐工建设集团XGH1000主强夯机等[12]。

脱钩器的设计应保证强度和耐久性，结构形式应轻便灵活、易于操作。脱钩装置目前有钢丝绳牵引式、电磁式、气动式等形式，气动式均需相应的控制装置，故目前并不多用，应用最多的还是钢丝绳牵引式。

夯锤底面宜为圆形，重心应在中垂线上，且低于1/2夯锤高度，夯锤底面积宜按土的性质确定，锤底静接地压力值可取25～40kPa，高能级强夯，锤底接地压力值可增加至80kPa，强夯夯锤宜按底面积大小，均匀设置4～6个直径300～400mm上下贯通的排气孔。强夯置换夯锤宜在周边设置排气槽，排气槽可在夯锤周边均匀分布。夯锤质量应有明显、永久的标志[14]。

2. 前期准备

施工前应取得下列资料：

(1) 强夯地基处理设计文件及图纸会审记录；

(2) 主要施工机具及其配套设备的技术性能资料；

(3) 强夯试验的有关资料，当地有关强夯施工的经验资料。

施工前应完成下列工作：

(1) 强夯地基处理的施工组织设计；

(2) 对黏性土地基、湿陷性黄土地基，必要时测定地基处理深度内的含水量；

(3) 对填土地基详细了解填土的成分、构成、级配和土石比等；

(4) 做必要的颗粒分析、固体体积率、击实试验，确定填土粗颗粒料的粒径控制和级配，以及细颗粒料的最大干密度和最优含水量，为填土的夯实提供质量控制依据；

(5) 对山区地基应了解地下水径流、泉水和裂隙水的出露情况，并做好记录，标出坐标位置；

(6) 设置测量控制网，建立现场坐标平面控制点和高程控制点；

(7) 施工前应对进入施工现场的设备进行性能认定，并对夯锤质量、尺寸进行核对和确认，对控制落距的牵引钢丝绳进行长度标定，做出标记；

(8) 强夯施工振动对周围建筑物和环境的影响评估和安全施工距离应通过现场试夯振动测试确定，也可按当地施工经验确定安全距离；强夯振动对工程影响的安全距离，可按国家标准的有关规定确定；

(9) 强夯施工侧向挤压水平变形对人工边坡、海堤、挡墙等构筑物产生的影响应通过现场强夯试夯施工深层水平位移测试确定，安全施工距离可按照施工经验和现场变形监测确定。

强夯施工之前需要进行施工场地准备，主要内容包括：

(1) 根据经验或强夯试验结果，预估场地夯后下沉量（或抬升量），根据建筑物基础埋深确定场地起夯面标高，挖填、平整场地至起夯面标高。施工场地应平整，并能承受强夯机械的重力；施工前，必须查明施工区周围及场地范围内需保护的建筑物、地下构筑物、挡土墙和地下管线等的位置及标高等，并采取必要的保护措施。

(2) 施工范围确定后，应清除场地耕植土、污染土、有机物质、树林和拆除旧建筑物的基础等，有积水的洼地应进行排水、清淤。

(3) 强夯置换和强夯半置换在清理和平整场地后，当表土松软时，应铺设1.0～

2.0m 厚的硬质粗骨料垫层。

（4）高水位地基强夯时，地下水位以上必须保持 2～3m 厚度的覆盖层，当不满足这一条件时，应铺设硬质粗骨料垫层或采用降水措施。

（5）用方格网测量夯前场地标高，方格网可采用 20m×20m。

（6）施工场地可根据需要设置截水和排水系统。

3. 施工程序

强夯施工前，应根据初步确定的强夯工艺和参数，在施工现场选择有代表性的位置确定一个或几个试验区进行试夯或试验性施工，并通过测试检测试夯效果，对施工参数和工艺进行调整和确定。

点夯施工可按下列步骤进行：

（1）根据夯后的地面整平设计标高和预估的地面平均夯沉量确定的起夯面标高，清理并整平施工场地，并测量场地高程；

（2）标出第一遍夯点位置；

（3）夯机就位，起吊吊钩至设计落距高度，将吊钩牵引钢丝绳固定，锁定落距；

（4）将夯锤平稳提起置于夯点位置，测量夯前锤顶高程；

（5）起吊夯锤至预定高度，夯锤自动脱钩下落夯击夯点；

（6）测量锤顶高程，记录夯坑下沉量；

（7）重复步骤（5）～（6），按设计的夯击数和控制标准，完成一个夯点的夯击；

（8）夯锤移位到下一个夯点，重复步骤（3）～（6），完成第一遍全部夯点的夯击；

（9）用推土机将夯坑填平或推平，用 20m×20m 方格网测量场地高程，计算本遍场地夯沉量；

（10）满足间歇时间后，进行满夯施工。

满夯施工应注意以下两点：

（1）满夯施工锤印搭接 1/4 锤径有两方面的意义：一是直接观察就可以确保满夯的质量，避免了漏点漏夯；二是夯印搭接也不宜大于 1/4 锤径，否则搭接范围增大会导致夯锤落地不稳，产生夯锤落点偏移，加固效果反而不好。

（2）在施工前，应放出满夯施工基准线，作为施工控制线，基准线的排与排宽度为 3/4 锤径。

满夯施工可根据场地情况采用以下两种方法进行：

第一种方法为隔排分两遍进行，施工程序如下：

（1）平整场地；

（2）用方格网测量场地高程，放出一遍满夯基准线；

（3）强夯机就位，将夯锤置于基准线边；

（4）按照夯印搭接 1/4 锤径的原则逐点夯击，完成规定的夯击次数；

（5）逐排夯击，完成一遍满夯；

（6）整平场地，用方格网测量场地高程；

（7）放出二遍满夯基准线；

（8）按以上步骤完成二遍满夯；

（9）平整场地；

（10）满夯整平后的场地应用压路机将地表虚土碾压密实，并用方格网测量场地高程。

第二种方法不隔排分两遍进行，施工程序基本同上，只是将满夯夯击次数分两遍完成，但每遍夯击时逐排完成。

强夯置换法施工可按下列步骤进行：

（1）清理并平整施工场地，当表层土松软时，铺设一层厚度为1.0～2.0m的砂石类施工垫层。

（2）标出第一遍夯点位置，用白灰洒出夯位轮廓线，并测量场地高程。

（3）夯机就位，起吊吊钩至设计落距高度，将吊钩牵引钢丝绳固定，锁定落距。

（4）将夯锤平稳提起置于夯点位置，测量夯前锤顶高程。

（5）起吊夯锤至预定高度，夯锤自动脱钩下落夯击夯点，并逐击记录夯坑深度。当夯坑过深发生提锤困难时停夯，向坑内填料至与坑顶齐平，记录填料数量；如此重复直至满足规定的夯击次数及控制标准，完成一个墩体的夯击。当夯点周围软土挤出，影响施工时，可随时清除，并在夯点周围铺垫碎石，继续施工。

（6）按由内而外、隔行跳打原则，完成本遍全部夯点的施工。

（7）用方格网测量场地高程，计算本遍场地抬升量。当抬升量超过场地设计标高时，应用推土机将超高的部分推除。

（8）在规定的间隔时间后，按上述步骤完成下遍夯点的夯击。

4. 施工质量控制

强夯施工质量控制应符合下列规定：

（1）夯点测量定位允许偏差±5cm；

（2）夯锤就位允许偏差±15cm；

（3）满夯后场地整平平整度允许偏差±10cm；

（4）单点夯击能宜采用先小后大逐渐加大夯击能的施工方法；

（5）夯锤出现倾斜时，应进行夯坑填料找平；

（6）夯击遍数、各遍夯之间的间歇时间、各夯点夯击次数及最后两击的平均夯沉量应满足设计要求；

（7）施工过程中，当门架支腿处的地基承载力不能满足夯锤起吊要求时，应对门架支腿位置的地基进行加固处理。

强夯置换施工质量控制除应满足强夯的要求外，还应满足下列要求：

（1）置换作业宜采用由内而外、隔行跳打的施工方式进行；

（2）当夯坑过深发生提锤困难时应向夯坑内填料至与坑顶齐平，并记录填料数量。

施工过程中应有专人负责下列监测工作：

（1）施工前检查夯锤质量和落距，确保单击夯击能符合设计要求；

（2）在每一遍施工前，应对夯点放线进行复核，夯完后检查夯坑位置，发现偏差或漏夯应及时纠正；

（3）按设计要求检查每个夯点的夯击次数和后两击的夯沉量，对强夯置换、强夯半置换尚应检查置换深度；

（4）施工过程中应对各项参数及施工情况进行详细的记录。

施工过程中场地均应设置良好的排水系统，防止场地被雨水浸泡，应符合以下规定：

（1）在夯区周围根据地形情况开挖截水沟或砌筑围堰，保证外围水不流入夯区内，在夯区内，规划排水沟和集水井。夯坑内有积水，可采用小水泵和软管及时将水抽排在夯区外；

（2）当天打完的夯坑及时回填，并整平压实；

（3）如遇暴雨，夯坑积水，必须将水排除后，挖净坑底淤土，使其晾干或填入干土后方可继续夯击施工。

强夯在冬期施工时，应采取以下措施，保证强夯地基处理效果：

（1）强夯冬期施工应根据所在地区的气温、冻深和施工设备性能及施工效益综合确定。

（2）当冻土层厚度小于0.5m时，应将冻土清除后方可施工。

（3）当低温度在−15℃以上、冻深在80cm以内时，可进行点夯施工，不可进行满夯施工，但点夯的能级与击数应适当增加。气温低于−15℃时，宜停止强夯作业。

（4）冬季点夯处理的地基，满夯应在解冻后进行，满夯应考虑冻土层夯入地层中增加的深度，能级应适当增加。

（5）强夯施工完成的地基如跨年度长期不能进行基础施工，在冬季来临时，应填土覆盖进行保护，避免地基受冻害，覆盖层厚度应大于等于当地标准冻深。

施工过程中的各项测试数据和施工记录应及时检查，不能满足设计要求时应补夯或采取其他有效措施。

5. 环境保护

强夯施工前应做好强夯振动、噪声和扬尘可能对周围环境、居民、工程、设施设备和工作生产造成的影响及风险的评估，并与当地环保部门沟通联系和备案，并制定防护措施。

在被保护的工程周围可以采取以下隔振防振措施：

（1）设置应力释放孔；

（2）开挖隔振沟；

（3）应力释放孔和隔振沟的深度应大于强夯振动速度衰减到满足安全标准时的深度，孔内和沟内可回填锯末、木屑等异性介质；

（4）在靠近被防护对象的地带，可采取降低强夯能级或分层强夯的措施，还可采取改变施工参数，用小面积夯锤、小夯击能的施工方法。

6.4.2 降水强夯施工技术

1. 主要设备

降水强夯法的主要施工设备包括降水设备和强夯设备，降水设备包括水泵、降水井点管等，强夯设备主要包括强夯机、自动脱钩装置和夯锤等。

水泵主要用于真空抽水，可以采用射流泵、真空泵。

降水井点管和集水管一般采用钢管、镀锌铁管或聚乙烯塑料管。外围封管的井点管直径一般为30～40mm，井点管下段滤管长约1.5～2.5m，滤孔孔距5～10cm，孔径约5～8mm，外包滤布防止吸入土体堵塞滤管排水；集水管直径一般为60～70mm。施工区内井点管直径一般为25～35mm，集水管直径一般为60～65mm。

强夯机械一般采用50t级液压履带式强夯机，并用自动脱钩定落距。锤的底面宜对称设置若干个与其顶面贯通的排气孔，孔径可取250～300mm。建议夯锤直径2～2.5m，夯锤质量不能小于10t，并不宜大于20t。

2. 施工工艺

降水强夯主要工艺流程：施工准备、场地平整、场地分区、测量定位→埋设井点管、铺设水平集水管→软管连接各管路→连接真空泵→检查各管路及真空泵连接情况、试抽气→第一遍降水强夯施工→第一遍地基处理后现场自检→调整施工参数→第二遍降水强夯施工→第二遍地基处理后现场自检（必要时可进行第三遍和第四遍降水强夯施工）→满夯、整平碾压→竣工验收。

降水强夯施工要点如下：

(1) 井点安装

采用高压水冲法，将井点冲至预定深度后放入井点管，井孔深度应比井管深0.5～0.6m。

1) 井点管一般采用长管和短管相结合的原则，长管埋深一般为6～8m，短管一般为3～5m，井点管下段1.5～2.5m范围布置滤孔，井点管露出地面不超过30cm。

2) 井点管一般采用0.6～1.0MPa高压水泵冲孔下沉，冲孔一般采用套管，套管直径一般采用250mm或300mm，当土质条件好，不塌方时，也可不用套管。

3) 井点管就位后，根据现场情况在井点管四周填以干净的粗砂，填至地面以下1.0m左右；上部可利用冲相邻井点管时的泥水自然淤填，并取黏土封顶，封顶厚度不小于1.0m。

4) 井点管和集水管布设完成后，由弯联弹簧管连接，密封胶带密封。集水管终端和真空泵连接。

5) 井点管安装前，应对井点管作如下列检查：

a. 滤管过滤层绑扎牢固，下端装有丝堵；

b. 实管长度误差不大于±10cm，接头不漏气，上端装有临时丝堵或木堵；

c. 管内冲洗干净，无泥沙。

(2) 抽水运行

1) 设备安装完毕后及时进行抽水、洗井，待抽至清水时方可关机。

2) 井点管及干管上的所有接头，都应安装严密，不得漏气。每一组井点及机泵安装完成后，应进行试抽水，并对所有接头逐个进行检查，如发现漏气，应认真处理，使真空度符合要求。

3) 对井点排水，应做好观测记录工作，在冲点时应记录含水层的土质，抽水阶段应系统记录水位下降情况、真空度、排水流量等，并与井点设计比较以进行总结。

(3) 降水施工

降水设备安装完毕后进行整体降水，随时跟踪水位下降情况，并据此调整降水设备的运行，水位达到设计要求后取土样进行含水率测试，合格后进行下一道工序。

1) 真空降水系统安设和运行。降水管系包括水平集水管和井点管两部分组成。井点管根据土层分布情况分层设置，下部进水孔包裹尼龙滤膜两层形成井点管。水平集水管布置要考虑到强夯机械行走的施工空间，水平集水管与井点管之间采用内缠钢丝软胶管连接，连接的接头应严密。真空设备为带平衡装置的可调真空系统，每台机组根据以往的经验连接100～120个井点管。为确保施工不受潮水及地下水位影响，在施工场地外侧设置了真空外围封闭系统。

2）管路连接好之后即可开动真空泵进行降水。降水强夯第一遍强夯前的降水深度一般为2～3m，连续不间断降水至少72h。当加固地基表层含水率较高时，可采用机械挤压表层土，使之强迫排水以降低夯前表层土的含水率、提高地基强度，为强夯施工创造条件，表层土挤压排水应配合排水设备将挤出的孔隙水排至加固区外。

（4）当地下水位降落到设计深度以后，进行试夯确定夯击对排水系统的影响，如果夯点附近井点管不会损坏，则强夯时仅需拔出夯点处井点管，夯点附近井点管无需拔出；如强夯对夯点附近井点管影响较严重，则拔出夯点处及附近井点管，保证井点管的重复利用。

（5）强夯施工

点夯一般分2～3遍完成，夯击采用“先轻后重，逐级加能，轻重适度”的原则确定。强夯期间降水持续进行。每遍强夯后的间隔时间，宜通过孔隙水压力消散结果确定，在超静孔隙水压力消散75%～90%后可以进行下一遍强夯。

点夯完成后，拔出施工区域井点管（外围封管继续抽真空），进行满夯施工，满夯施工完成之后进行碾压施工，碾压施工完成后拔出降水系统。

（6）降水强夯施工过程中，需要对地基的孔隙水压力、表层沉降、水位等进行观测；降水强夯施工结束后，需进行加固效果检验，通常检验的项目包括浅层平板载荷试验、钻孔取土试验、标准贯入试验、静力触探试验等。

3. 降水强夯施工质量控制

降水强夯施工中需注意施工质量控制：

（1）在成孔过程中尽量增大冲孔直径，冲孔达到设计深度后即可插入井管，井点管应尽量置于井孔正中，井点管顶部高程偏差不应大于±10cm，水平位置偏差不应大于20cm，井点管尽量保持垂直，偏斜≤5°，井管上部回填黏土进行上部封管，回填黏土要用工具冲捣密实，防止井管四周漏气。

（2）真空井管的滤头要能够满足设计要求，滤网包裹严密，滤网能够确实起到过滤作用，杜绝真空降水过程中抽出大量的泥沙，从而人为地抽空地下土层。

（3）现场的真空井点水平管网布置要利于后期场地施工的需要，要便于施工机械行走，在施工过程中可根据具体需要随时调整水平管网的出口布置，以配合强夯施工。

（4）在降水区域内埋设水位观测孔，一般情况下每1000m^{2}面积埋设1根水位观测管，水位深度达到设计要求才能开始强夯。

（5）施工过程中一定要确保外围封闭管和连接管的密封性和持续抽水，发现问题及时处理，保证排水效果，防止外围封闭管失效导致的地下水回涨。

（6）根据施工能力和外部因素等，进行拔管强夯施工，避免过多拔管或其他原因造成水位回升而无法施工。

（7）真空降水过程控制主要是控制抽水和停泵时间，既要保证抽水质量，又要尽量节约抽水费用。在正常抽水时除非水泵坏损需要修理停泵，其他时间是不允许随意停泵的，前期抽水每台泵要24h运转，随着抽水时间延长，水量减少，部分泵抽不上水来只能抽气时，可以暂停抽水，否则容易造成水泵损坏和能源浪费。

（8）为了控制抽水和停泵时间，在抽水泵上安装真空表观测真空度，开始抽水时真空度在 70kPa 以上，随着时间延长水位下降，真空度逐渐降低，当真空度低于 20kPa 时地下水很难再抽上来，此时管内一般只能抽气，抽气时间超过 2h 该泵可以暂停抽水，停泵超过 2h 需要再次启动抽水，直至最后完成强夯施工。

（9）夯击时夯坑周围出现明显隆起，则要适当降低夯击能量或适当调整夯击击数。

（10）夯击时相邻夯坑内出现土体隆起现象，则要停止强夯或适当降低夯击能量。

（11）后一击夯沉量明显大于前一击夯沉量，或有侧向隆起时，停止夯击。

6.5 质量检测

6.5.1 强夯和强夯置换质量检测

1. 施工质量检验

强夯和强夯置换施工质量检验项目见表 6.5-1。强夯置换施工中可采用超重型或重型圆锥动力触探检测置换墩的着底情况。

施工质量检验项目 **表 6.5-1**

序号	检查项目	允许偏差或允许值		检测方法
1	夯锤落距	mm	±300	钢尺量，钢索设标志
2	夯锤	kg	±100	称重
3	夯击遍数及顺序	设计要求		计数法
4	夯点间距	mm	±500	钢尺量
5	夯击范围(超出基础宽度)	设计要求		钢尺量
6	间歇时间	设计要求		
7	夯击击数	设计要求		计数法
8	最后两击平均夯沉量	设计要求		水准法

强夯和强夯置换地基竣工验收质量检测项目，包括主控项目和一般项目，并符合表 6.5-2 的规定。

2. 地基竣工验收质量检验项目和标准

强夯地基竣工验收质量检测项目，包括主控项目和一般项目，并符合表 6.5-2 的规定。

强夯地基竣工验收质量检验标准 **表 6.5-2**

项目	序号	检查项目	允许偏差或允许值	检测方法
主控项目	1	地基强度(或压实度)	按设计要求	按规定方法
	2	压缩模量	按设计要求	按规定方法
	3	地基承载力	按设计要求	按规定方法
	4	有效加固深度(m)	按设计要求	按规定方法

续表

项目	序号	检查项目	允许偏差或允许值	检测方法
一般项目	1	夯锤落距(mm)	±300(mm)	钢索设标志
	2	锤重(kg)	±100	称重
	3	夯击遍数及顺序	按设计要求	计数法
	4	夯点间距(mm)	±500	钢尺量
	5	夯击范围(超出基础宽度)	按设计要求	钢尺量
	6	前后两遍间歇时间	按设计要求	

注：主控项目应按照地基处理的设计要求和不同行业的质量验收标准确定。

3. 地基竣工验收及检测要求

强夯地基处理后的地基竣工验收承载力检验，应在施工结束后间隔一定时间进行；对碎石土和砂土地基，其间隔时间可取7～14d；粉土、黏性土地基，其间隔时间可取14～28d；强夯置换、半置换地基，其间隔时间可取28d。

强夯地基处理后的地基竣工验收时，检测项目按不同行业的设计要求和相关验评标准，采用两种以上的原位测试方法。

强夯置换后的地基竣工验收时，承载力检验除应采用单墩载荷试验检验外，尚应采用重型动力触探或超重型动力触探等有效手段查明置换墩着底情况及承载力与密度随深度的变化。对饱和粉土地基允许采用单墩复合地基承载力试验代替单墩载荷试验。强夯半置换地基竣工验收时，承载力检验应分别对墩体和墩间土采用载荷试验，计算复合地基承载力特征值，并用重型动力触探等有效手段查明地基的墩体置换深度。

强夯地基承载力检验应采用地基载荷试验和室内土工试验或其他原位测试方法综合确定。地基强度指标准贯入试验、动力触探、十字板剪切、旁压试验等原位检测取得的力学强度指标以及土工试验取得的c、φ值。通过这些试验指标可以间接地确定和计算地基承载力，地基载荷试验承压板面积不宜小于$2m^2$。

对于不同地基，其质量检测有不同要求：

(1) 湿陷性黄土地基应采用探井或薄壁取土器取原状土样，土工分析检测土样的含水率、密实度、地基承载力、地基强度、压缩系数、湿陷系数等指标，并评价黄土地基的湿陷性和地基有效加固深度。

(2) 对砂土、粉土等可液化地基，应采用标准贯入试验、黏粒含量测定，评价场地均匀性、密实度、承载力、强度、液化消除深度、液化指数、压缩性等指标。

(3) 对碎石土、砂石地基、杂填土地基应采用重型动力触探或超重型动力触探、现场密实度检验，评价场地均匀性、密实度、压缩性、地基强度及承载力等指标。

(4) 对分层夯实的填土地基，当采用压实度指标控制质量时，对细粒土可采用环刀法，对粗粒土可采用灌砂法、灌水法进行密实度检测。对于石方填筑料、碎屑岩风化土料可采用固体体积率进行检测，评价地基的均匀性及密实度。

(5) 对不易按常规方法进行检测的碎石土、砂石地基、混合土地基，也可采用面波法进行检测。

4. 检测点布设

强夯地基竣工后的地基强度或承载力检验总数量应符合现行国家标准《建筑地基基础

工程施工质量验收规范》GB 50202 的有关规定。地基强度或承载力检验的各个单项检测点数可按 6.3.2～6.3.5 条执行，并应符合现行国家标准《建筑地基处理技术规范》JGJ 79 的有关规定。

（1）对于简单场地上的一般建筑物，每个单位工程地基的载荷试验不应少于 3 点，对于复杂场地或重要建筑地基应增加检验点数。

（2）强夯置换地基载荷试验和置换墩着底情况检验数量均不应少于墩点数的 1%，且不应少于 3 点。

（3）采用静力触探、重型动力触探检测单位工程不应少于 3 点；1000m^2以上、3000m^2以内工程，每 300m^2至少应有 1 点；3000m^2以上工程，超出 3000m^2部分 500m^2至少应有一点。

（4）采用探井、钻孔取样、标准贯入试验，单位工程不应少于 3 点；1500m^2以上、3000m^2以内工程，每 500m^2至少应有 1 点；3000m^2以上工程，超出 3000m^2以上部分每 600m^2至少应有 1 点。

（5）采用环刀法、灌砂法、灌水法进行密实度、固体体积率检测时，单位工程不应少于 3 点；每 100m^2不应少于 1 个点；1000m^2以上工程，超出 1000m^2部分每 200m^2至少有一点；纵向分层检测点的间距应小于 2m。

（6）采用面波法检测时，每单位工程不应少于 2 个剖面线。效果评价应采用夯前、夯后原位对照检测的方法进行。

（7）夯后检测面应选在夯后整平面下一定深度（0.5～0.8m）进行。

6.5.2 降水强夯质量检测

为了保证降水强夯的加固效果，同时给设计提供各工程不同土质的加固效果，强夯施工前应根据设计要求进行现场试验性施工，同时进行施工中的监测和检测。通常试验、施工中的监测及检测项目包括孔隙水压力观测、水位观测、沉降观测；检测项目为静力触探试验、标准贯入试验、载荷板试验和土样的土性指标试验。

（1）孔隙水压力观测可有效监测受夯土体的强度增长情况，为各遍强夯的时间间隔提供依据，防止“橡皮土”的出现；

（2）水位观测可监控受夯土体中的水位变化情况，防止地下水回灌，影响强夯加固效果；

（3）沉降观测既包括夯击过程中每击的夯沉量，也包括强夯前后场地标高的对比情况，由此可推算土体的固结沉降和残余沉降；

（4）静力触探试验、标准贯入试验和土样的土性指标试验主要比较加固前后及加固过程中土体物理力学指标的变化情况，可得知该法的加固效果；

（5）载荷板试验主要确定加固后土体的强度，从而为后续工程的地基承载力提供依据。

6.6 超高能级强夯工程实例

6.6.1 工程概况

大连临空产业园工程位于辽东半岛西侧金州湾内、甘井子区大连湾街道毛茔子村养殖场西北侧，距岸约 2km。工程拟通过填海造地形成长 6600m、宽 3300m 的人工岛。大连临空产业园人工岛填海造地工程为拟建新机场建设用地，开挖换填区（规划机场道槽区）陆域形成实施方案为清淤换填方案，回填石料厚度 20～23.5m。工程平面坐标系统采用 1954 北京坐标系，高程起算面采用 1985 国家高程基准。

回填方案采用一次回填完成的工艺，回填用块石采用开山碎石，块石大小极不均匀，最大块石质量超过 100kg。回填完成后需要进行加固密实，提高地基承载力，减少后期沉降和不均匀沉降。工程中采用 5 个不同能级进行了强夯加固，对比分析其加固效果。5 个强夯能级分别为 6000kN·m、10000kN·m 、18000kN·m、25000kN·m 和 30000kN·m，分别对应 1-2 区、2-1 区、1-1 区、2-2 区和 1-2a 区，各区平面布置图见图 6.6-1。工程陆域形成区整体上土层分布较为一致，即用开山石料进行回填。回填陆域交工标高分别为：1-2 区、1-1 区和 1-2a 区平均高程为 4.66m，2-1 区和 2-2 区平均标高为 4.64m。本节将着重对属于超高能级强夯的 3 种强夯能级 18000kN·m、25000kN·m 和 30000kN·m 进行论述。

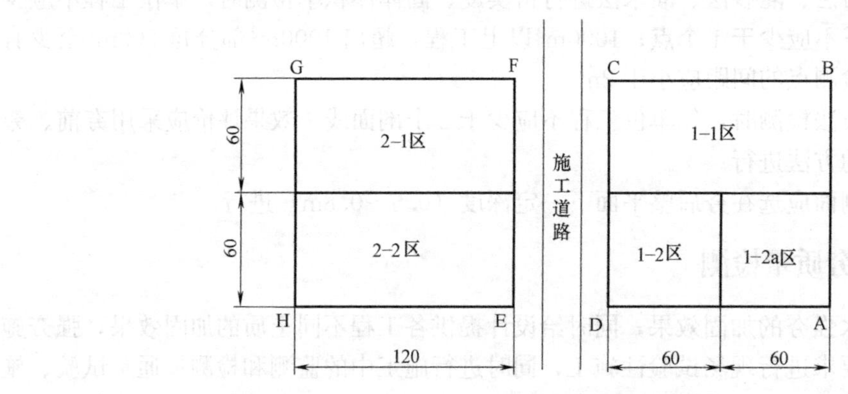

图 6.6-1　试验分区平面位置图

设计地基处理标准：

（1）使用期 20 年内残余沉降≤30cm，差异沉降≤1.5‰；

（2）地基承载力≥140kPa；

（3）地基顶面反应模量≥80MN/m^3；

（4）填石压实要求：固体体积率≥80％。

人工岛所在区域地基自上而下分布为三大层：第一大层海相沉积层，第二大层陆相沉积层，第三大层基岩层，详细分布如下：

第一大层海相沉积层包括：

①粉土：灰色，以粉土为主，稍密状，混少量淤泥，砂粒和碎贝壳，土质不均。该层仅在部分钻孔有揭露，平均标贯击数 N=1.5 击。

①-1 粉质黏土混砂：褐灰色，软塑状，低～中塑性，含少量有机质和碎贝壳，局部夹粉土团及砂斑，混大量砂粒，土质不均。该层分布较连续，层位稳定，主要分布于勘察区表层，层厚 1.0～5.0m 不等。平均标贯击数 N=1.0 击。

①-2 淤泥质粉质黏土：褐灰色，软塑状，高塑性，含少量碎贝壳，夹粉土团及砂斑，土质不均，局部为淤泥质黏土。该层主要分布在①1 粉质黏土混砂下部，分布不连续，在

部分钻孔缺失该层，层厚 0.5～4.5m，平均标贯击数 N=1.0 击。

①-3 淤泥：灰色，流塑～软塑状，高塑性，夹少量砂斑和粉土团，土质较均匀，分布连续，层位稳定，各孔均有揭露，层厚 3.7～10.9m 不等，平均标贯击数 N<1 击。

①-4 淤泥质黏土：灰色，软塑状，高塑性，夹少量砂斑和粉土团，土质均匀。该层分布不连续，在部分钻孔缺失该层，层厚 0.4～3.0m，平均标贯击数 N=1.1 击。

上述第一大层层底高程为−13.17～−19.94m。

第二大层陆相沉积层包括：

②黏土：灰～灰褐色，软塑～硬塑状，高塑性，含有机质，局部夹砂斑和粉土团，局部夹粉质黏土薄层，土质较均匀。该层分布连续，层位稳定，层厚 2.1～14.0m，平均标贯击数 N=7.8 击。

②-1 粉质黏土：灰褐～灰黄色，可塑～硬塑状，中塑性，夹砂斑、粉土团，含少量砂粒及碎贝壳，局部夹粉细砂薄层，土质不均匀。该层分布较连续，层厚 1.0～10.3m。平均标贯击数 N=10.0 击。

②-2 粉土：灰褐～灰黄色，中密～密实状，含少量砂粒及碎贝壳，混大量黏性土，土质不均匀。该层分布不连续，仅在个别钻孔中揭露。平均标贯击数 N=38.8 击。

②-3 粉细砂：灰褐～灰黄色，稍密～密实状，含少量碎贝壳，混大量黏性土，土质不均匀。该层分布不连续，仅在部分钻孔中揭露。平均标贯击数 N=37.4 击。

上述第二大层层底高程为−21.57～−36.72m。

第三大层基岩层包括：

强风化辉绿岩：灰绿色，辉绿结构，块状构造，大部分矿物已风化，原岩结构可见，手掰易碎，遇水软化崩解，平均标贯击数 N>50 击。

中等风化辉绿岩：灰色，灰绿色，辉绿结构，块状构造，主要矿物成分为角闪石，长石，石英，黑云母等，岩芯呈柱状，锤击不易碎。

强风化石灰岩：灰褐色，灰色，青灰色，隐晶质结构，块状构造，主要矿物成分为钙质，岩芯呈土状，碎石块状，手掰易碎，平均标贯击数 N>50 击。

中等风化石灰岩：灰褐色，灰色，青灰色，隐晶质结构，块状构造，主要矿物成分为钙质，节理、裂隙发育，岩芯呈柱状，表面可见方解石脉。

在勘察区域内，初见风化岩顶面高程在−38.24～−73.79m 之间。

根据陆域形成实施方案，第一大层软土层已被清淤换填，回填材料为开山块石。

6.6.2 施工工艺

1. 施工设备

施工主要设备见表 6.6-1，夯锤参数见表 6.6-2。由于夯击能较大，因而施工中配备了龙门架，见图 6.6-2。

主要施工设备统计表 **表 6.6-1**

序号	设备名称	型号规格	产地	用于施工区域
1	履带式起重机	FWXH8000	抚顺	18000kN·m 区
2	履带式起重机	LS418J	日本住友	18000kN·m 区
3	履带式起重机	W200A	杭州	18000kN·m 区满夯

续表

序号	设备名称	型号规格	产地	用于施工区域
4	履带式起重机	QHJ30000B	哈尔滨	25000kN·m区、30000kN·m区
5	履带式起重机	YTQH20000	抚顺	25000kN·m区、30000kN·m区
6	装载机	ZL50	山东	过程填料、平整场地
7	压路机	SR20M	山东	推平场地
8	推土机	SD22	山东临工	推平场地

夯锤参数统计表 **表 6.6-2**

序号	夯锤质量(t)	夯锤直径(m)	用于施工区域
1	98.94	2.8	25000kN·m区、30000kN·m区
2	69.50	2.52	18000kN·m区
3	77.76	2.52	18000kN·m区

2. 施工工艺

不同夯击能分区的施工工艺大致相同，均采用三遍点夯加一遍满夯的施工工艺，1、2遍点夯时夯点都是正方形布置，第3遍点夯时都是等腰三角形布置，示意图见图6.6-3。但是每个分区的强夯能级和夯点间距不同。点夯过程中可进行夯坑补填，补填料采用试验区内陆域形成回填料，每遍点夯之后进行场地整平。三遍点夯的施工关键参数见表6.6-3。试验区全部点夯结束后均进行一遍满夯，夯击能量为1500kJ，每点2～3击，要求夯印搭接，且搭接部分不小于夯锤底面积的1/4。强夯完毕地面表层采用激振力200～400kN的振动压路机振动碾压处理，碾压5～8遍，直至无轨迹。

图 6.6-2 履带式起重机

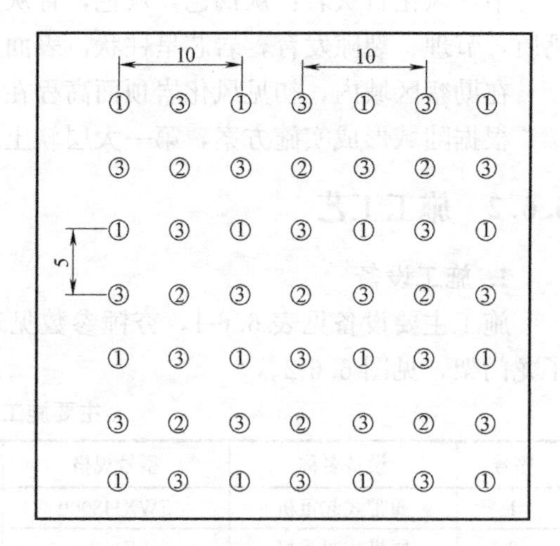

图 6.6-3 18000kN·m强夯区点夯夯点布置图

强夯试验区施工工艺关键参数 表 6.6-3

分区	1、2遍点夯				第3遍点夯				
	能级(kN·m)	夯点间距(m)	锤击数	控制最后两击平均夯沉量	能级(kN·m)	夯点行距(m)	夯点排距(m)	锤击数	控制最后两击平均夯沉量
1-1	18000	10	18~20	≤300mm	8000	10	5	14~16	≤200mm
2-2	25000	12	20~22	≤300mm	10000	12	6	18~20	≤200mm
1-2a	30000	12	20~25	≤300mm	15000	12	6	18~20	≤200mm

3. 质量检测

每个能级强夯加固前后进行了多项检测，见表 6.6-4。

检测项目统计表 表 6.6-4

序号	检测项目	检测方法	检测点数量
1	夯坑沉降检测	水准仪法	—
2	地表标高测量	方格网法	4遍
3	加固深度	多道瞬态面波测试	强夯前后各3组
4	地基反应模量检测	地基反应模量	3组
5	地基承载力	载荷板试验	强夯前1组,强夯后3组
6	超重型动力触探检测	超重型动力触探法	强夯前后各3组
7	地基分层沉降	分层沉降仪	2组
8	地基固体体积率	固体体积率试验	3组

6.6.3 强夯加固效果

1. 夯坑沉降

强夯施工过程中需要对每击夯沉量进行监测，通过对夯沉量的监测数据和设计收锤标准，最终确定每遍夯击次数。图 6.6-4 为 3 个强夯区第一遍点夯时一个典型夯坑的累计夯沉量与夯击次数关系曲线。

由图可以看出，总体来说夯击能越大，夯坑沉降量越大；前几次夯击夯坑沉降量较大，随夯击次数的增大，夯沉量逐渐变小，7 击之后单击沉降量很小，甚至有时测得的单击夯坑沉降量为负值，这是因为夯坑发生坍塌造成的；到夯击结束时，夯坑沉降已基本稳定，继续夯击对地基的加固作用很小。

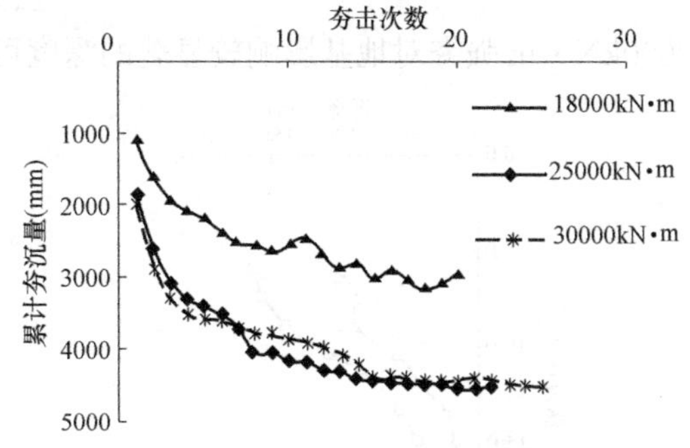

图 6.6-4 不同夯击能级下累计夯沉量~夯击次数关系曲线

2. 场地整体沉降

强夯前、每遍强夯后和碾压后都利用 10m×10m 方格网法对场地标高进行了测量，得到了每遍强夯后场地平均沉降量，见表 6.6-5。可以看出，场地沉降量与强夯能级不成正比，而是随着强夯能级的增大，场地沉降增大量变小。

场地整体沉降（m）　　　　表 6.6-5

施工阶段 \ 夯击能	18000kN·m	25000kN·m	30000kN·m
第一遍点夯后	0.78	0.94	1.09
第二遍点夯后	0.53	0.45	0.42
第三遍点夯后	0.23	0.39	0.36
满夯后	0.11	0.11	0.12
碾压后	0.01	0.01	0.01
累计沉降量(m)	1.66	1.90	2.00
沉降量增大量随强夯能级增大比例	100%	114.5%	120.5%

3. 场地分层沉降

施工中采用分层沉降磁环法对强夯后不同深度的沉降进行了检测，见图 6.6-5～图 6.6-7。图 6.6-5 为 18000kN·m 强夯时沉降与深度关系曲线，图中测点 1 在第二遍点夯时被损坏，仅得到第一遍点夯时的分层沉降，测点 2 得到了第一遍点夯和第二遍点夯的分层沉降数据。图 6.6-6 为 25000kN·m 强夯时分层沉降与深度关系曲线，图中测点 1 和测点 2 都只获得第一遍点夯时的分层沉降。图 6.6-7 为 30000kN·m 强夯时第一遍夯点时分层沉降与深度关系曲线。由图 6.6-5～图 6.6-7 可以看出，地基上部沉降最大，然后沉降逐渐减小。通过沉降曲线，可以确定强夯对地基影响较显著的深度，根据检测数据，18000kN·m 强夯对地基影响较显著的深度可取为 15m，25000kN·m 强夯对地基影响较显著的深度可取为 16m，30000kN·m 强夯对地基影响较显著的深度可取为 17m。

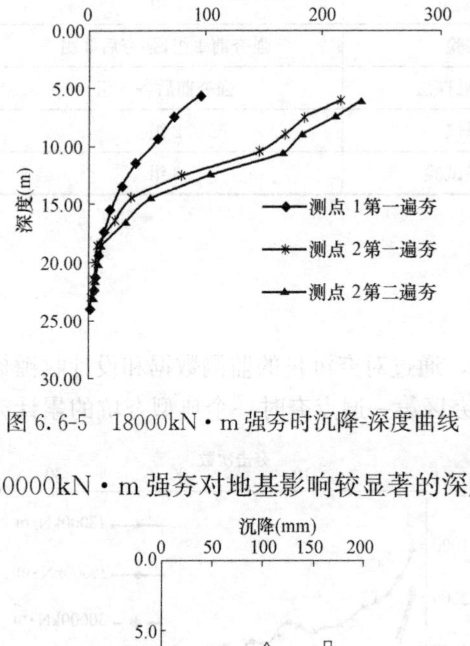

图 6.6-5　18000kN·m 强夯时沉降-深度曲线

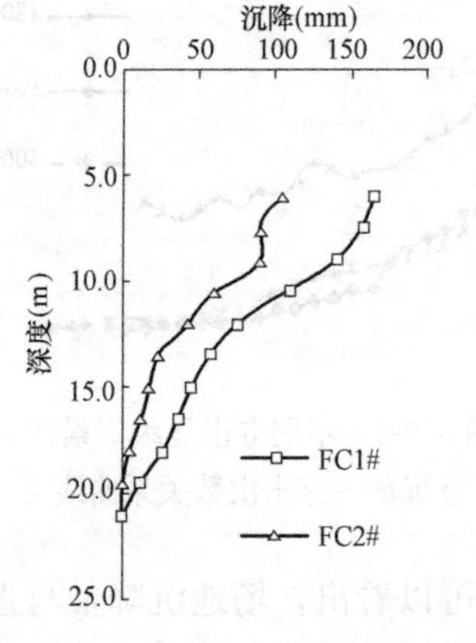

图 6.6-6　25000kN·m 强夯时分层沉降

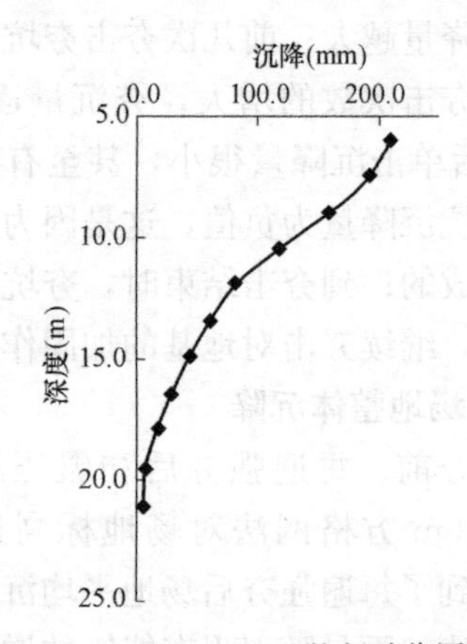

图 6.6-7　30000kN·m 强夯时分层沉降

4. 超重型动力触探试验

强夯加固前、后分别进行了3个点的超重型动力触探检测。在加固后现场检测实施过程中，由于夯后地基较为密实或存在巨大块石，局部深度处超重型动力触探无法连续贯入，故对个别深度位置处进行了清孔处理。根据现场检测结果，按标高统计加固前、后每1m范围内的实测动力触探锤击数平均值，绘制试验对比曲线见图6.6-8。

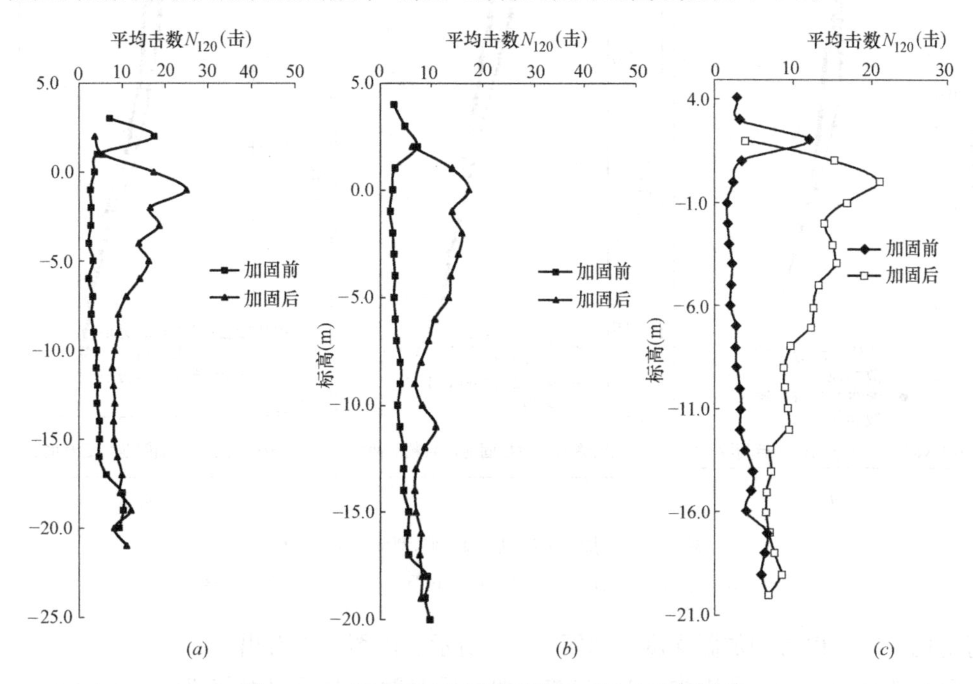

图6.6-8 各试验区加固前后超重型动力触探结果

(*a*) 18000kN·m；(*b*) 25000kN·m；(*c*) 30000kN·m

由图6.6-8可以看出：

(1) 在地基顶部一定范围内（顶部3m左右），强夯后动探击数没有增长，有的反而有所降低，代表此范围内地基未得到加固，这主要是因为夯坑的存在和夯坑回填料未得到完全压实的原因；

(2) 碎石地基中部，强夯后动探击数大于强夯前动探击数，地基得到加固，最大动探击数出现在地基中上部，约4～5m深度处；

(3) 在地基底部，强夯前后动探击数基本相等，说明地基未受到加固；

(4) 根据加固后超重型动力触探击数增大的量，可以得出强夯影响较大的区域，根据3条曲线，18000kN·m强夯对地基影响较显著的深度可取为15m，25000kN·m强夯对地基影响较显著的深度可取为16m，30000kN·m强夯对地基影响较显著的深度可取为17m。

5. 多道瞬态面波试验检测

强夯加固前后分别进行了多道瞬态面波试验检测，加固前、后测线位置相重合。加固前后3个强夯区典型的频散曲线见图6.6-9。

面波在不同介质中传播速度不同，强夯加固面波检测利用加固前后地基中面波不同的速度确定加固深度，地基加固后得到加固的范围内面波速度增大，将加固前后面波的速度

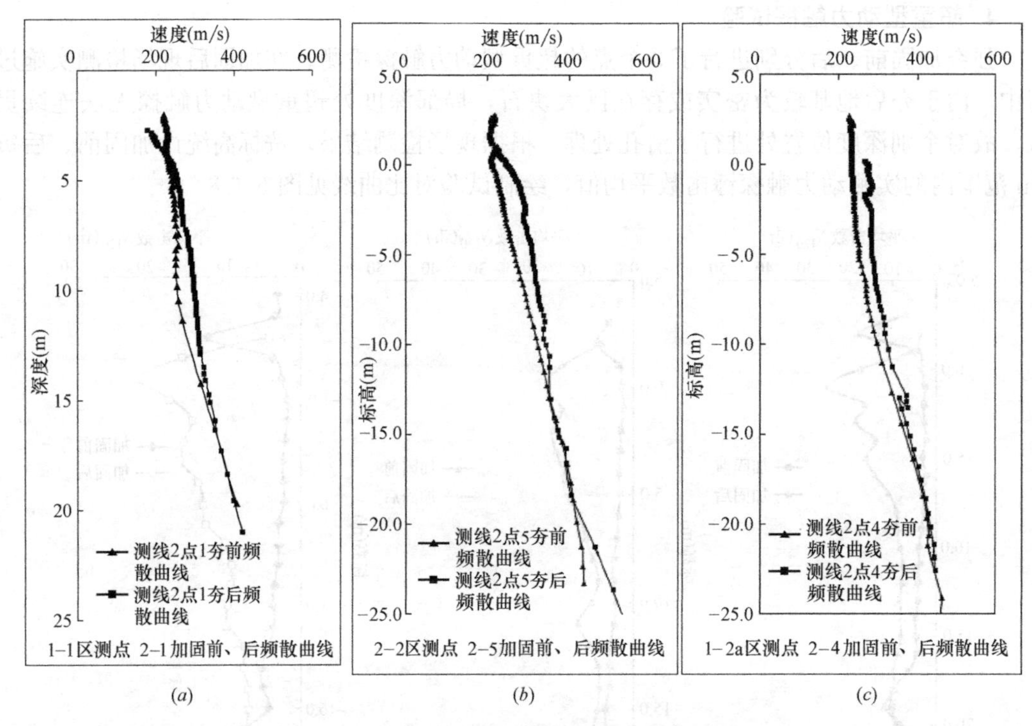

图 6.6-9　加固前、后测点典型频散曲线图

(*a*) 18000kN・m 区；(*b*) 25000kN・m 区；(*c*) 30000kN・m 区

进行对比，即可以得到加固深度，如图 6.6-9 所示。由图可以看出：

(1) 地基顶部一定范围内（3m 左右）加固后速度不大于加固前速度，表明此范围内地基未得到加固。分析其原因在于夯坑之间的表层地基受强夯影响较小，而且每遍夯击后，夯坑都需回填，回填料没有得到强夯加固，因而导致地基表层一定范围内加固效果差。

(2) 18000kN・m 强夯时的加固深度为 15m 左右，25000kN・m 强夯时的加固深度为 17m（标高-12.4m）左右，30000kN・m 强夯时的加固深度为 17m 左右。

6. 静载荷试验

18000kN・m 和 25000kN・m 强夯区在强夯整平、碾压后分别布置了 3 个静载荷试验检测点。试验采用 1.0m×1.0m 的钢板，加载方式采用分级维持荷载沉降相对稳定法，分 10 级进行加载，最大加载至 300kN。试验操作严格按照《建筑地基处理技术规范》JGJ 79—2012 中相关要求进行，得到如图 6.6-10 所示检测结果。由图可以看出，加载至 300kPa 时，所有曲线皆未出现转折点，说明加固后地基承载力特征值均不小于 150kPa，满足设计要求的 140kPa 的要求。

7. 地基反应模量试验检测

18000kN・m 和 25000kN・m 强夯区在强夯整平、碾压后进行了地基反应模量检测，试验采用直径 760mm、厚 30mm 的钢圆板，加载方式采用分级维持荷载沉降相对稳定法，分 6 级进行加载，最大加载至 92.76kN。试验操作严格按照《民用机场岩土工程设计规范》MH/T 5027—2013 及《民用机场勘测规范》MH/T 5025—2011 中相关要求进行。

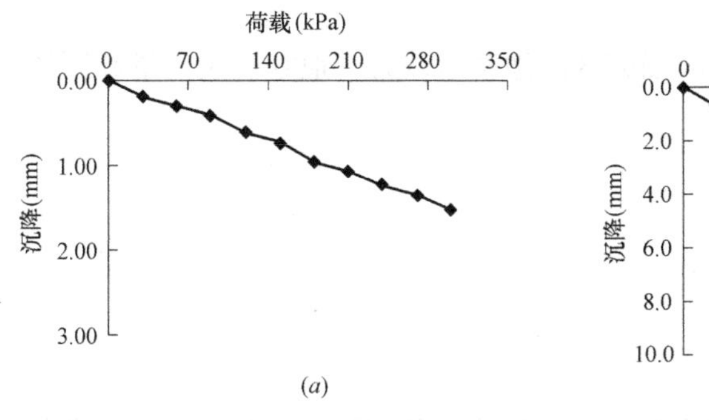

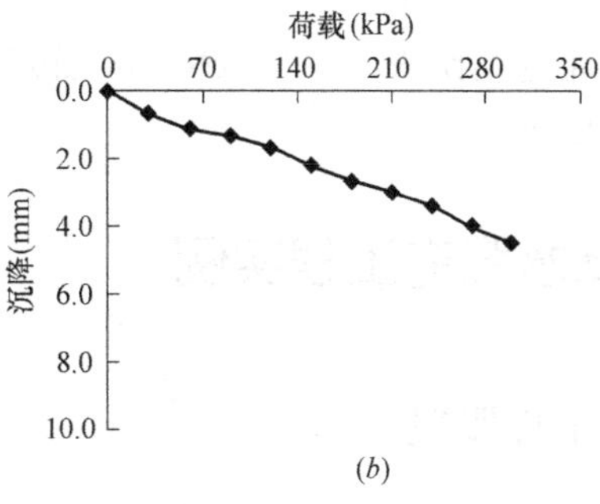

图 6.6-10 静载荷试验荷载-沉降曲线

(*a*) 18000kN·m；(*b*) 25000kN·m

根据试验结果得到2个区的地基反应模量，见表6.6-6。

地基反应模量试验检测成果 **表6.6-6**

强夯能级(kN·m)	区号	测点编号	反应模量(MN/m^3)	反应模量平均值(MN/m^3)
18000	1-1区	FY1	142.6	146.1
		FY2	145.4	
		FY3	150.3	
25000	2-2区	FY1	110.9	98.0
		FY2	101.2	
		FY3	82.0	

8. 固体体积率检测

18000kN·m和25000kN·m强夯区在强夯整平、碾压后分别布置了3个固体体积率试验检测点，现场采用灌水法测定碾压后表层碎石土的固体体积率，检测结果见表6.6-7。

固体体积率试验检测成果 **表6.6-7**

强夯分区(kN·m)	平均固体体积率(%)
18000	80
25000	86.2

9. 小结

根据强夯前后检测结果，得到以下结论：

(1) 18000kN·m强夯影响较显著的深度为15m，25000kN·m强夯影响较显著的深度为16m，30000kN·m强夯影响较显著的深度为17m；

(2) 18000kN·m区和25000kN·m区的地基承载力都大于150kPa，大于设计要求140kPa；

(3) 18000kN·m区地基反应模量为146.1MN/m^3，25000kN·m区地基反应模量为98MN/m^3，满足设计80MN/m^3的要求；

(4) 18000kN·m区固体体积率为80%，25000kN·m区固体体积率为86.2%，满

足设计 80%的要求；

（5）通过类比法，30000kN·m强夯区的地基承载力、地基反应模量和固体体积率也满足设计要求。

6.7 降水强夯工程实例

6.7.1 工程概况

工程位于滨海旅游区临海新城造陆二、三区内。施工区域通过吹填粉土和粉质黏土造陆而成，地基土层由两部分组成：自然沉积土层和吹填土层。吹填后地面标高为+5.5m，吹填土及下卧部分原状土物理力学性质较差，地基强度很低，未经处理不能满足上部使用要求。由于施工区域紧邻海洋，地下水位较高，标高达到 3.506m，因而最终决定采用降水强夯进行地基加固。施工区域为矩形，长 83m，宽 45m，面积 3735m^2。地基土性质见表 6.7-1。该工程利用降水强夯法进行了加固，前后历时 71d。

本工程的地基土为 Q_4 后期沉积土和近期人工吹填土，吹填土由于沉积历史较短，具有含水率高、压缩性大、强度低、透水性差的特点，同时地基土在自重作用下未达到完全固结，处于欠固结状态。

加固前进行了钻探取土，取土深度为 10m，通过土样的检测结果，本工程地基土层由上到下依次为：

（1）填土：以灰色为主，遍布整个场地。以粉土及淤泥质粉质黏土为主，厚度约为 6.2～6.3m，尚未完全固结，呈松散状，强度极低，场地内局部分布淤泥包；

（2）淤泥质粉质黏土及粉质黏土：海相沉积土层，灰褐色，中压缩性，场区普遍分布，取土范围内未穿透该土层。

6.7.2 施工工艺

1. 主要设备与材料

（1）降水设备要求：

真空度：0～750mmHg；

真空泵功率：$P \geqslant 7.5$kW。

（2）强夯设备

包括履带式夯机和夯锤，其中夯锤质量 11t，夯锤底面积直径为 2.5m。

（3）井点管

采用 ϕ38mm 的井点管，井点管长度 6m。滤管设在井点管下端，长度为 1.0m，在管壁上钻 ϕ8～12mm 的小孔呈梅花形分布，外包 2 层滤网，井管下端封闭，井管上端通过连接管与总管相连。

（4）外围封管

外围管采用 ϕ38mm 的井点管，长度 8m。滤管设在井点管下端，长度为 1.0m，在管壁上钻 ϕ8～12mm 的小孔呈梅花形分布，外包 2 层滤网，井管下端封闭，井管上端通过连接管与总管相连。

表 6.7-1

土工试验成果总表

检验编号：YT2014 内 694

工程名称：强夯试验区

			颗粒组成						土的物理性质						界限含水率				压缩性		渗透系数	剪切试验			工程分类
土样编号 No.	钻孔编号 No.	取土深度	砾石 >2.00	粗砂 2.00～0.50	中砂 0.50～0.25	细砂 0.25～0.075	粉粒 0.075～0.005	黏粒 <0.005	含水率 ω	土粒比重 G_s	湿密度 ρ	干密度 ρ_d	饱和度 S_r	孔隙比 e	液限 ω_L	塑限 ω_P	塑性指数 I_P	液性指数 I_L	压缩系数 $a_{v1\sim2}$	压缩模量 $E_{s1\sim2}$	固结荷重 50kPa	试验方法	黏聚力 c	摩擦角 φ	土样分类与定名
—	—	m	%	%	%	%	%	%	%	—	g/cm³		%	—	%	%	—	—	MPa-1	MPa	10^{-6}cm/s	—	kPa	°	JTS 133—2013
A-1	A	0.70～0.90				21.4	72.2	6.4	26	2.7					25.3	15.9	9.4	1.07	0.17	10.94	0.406				粉土
A-2	A	1.70～1.90				25.1	68.4	6.5	28.6	2.7					24.1	15.6	8.5	1.53							粉土
A-3	A	2.70～2.90				30.4	62.7	6.9	28.6	2.7					26	16.1	9.9	1.26	0.14	13.82	0.67				粉土
A-4	A	3.70～3.90				16.0	63.6	20.4	31.8	2.71					27.7	16.6	11.1	1.37	0.22	8.89	0.544				粉质黏土
A-5	A	4.70～4.90				25.1	65.8	9.1	31.9	2.7					25.6	16	9.6	1.66	0.18	11.16	1.048				粉土
A-6	A	5.70～5.90				19.4	70.2	10.4	30.9	2.71					25.5	16	9.5	1.57	0.22	9.1					粉土
A-7	A	6.70～6.90							42.2	2.75	1.78	1.25	97	1.197	41.7	20.7	21	1.02	0.85	2.6	0.059	q	10.8	1.3	淤泥质黏土
A-8	A	7.70～7.90							35.3	2.73	1.86	1.37	97.8	0.986	32.7	18.1	14.6	1.18	0.58	3.42	0.303	q	12.9	7.9	粉质黏土
A-9	A	8.70～8.90							43.2	2.74	1.79	1.25	99.3	1.192	37.4	19.4	18	1.32	0.65	3.36	0.062	q	14.4	4.6	淤泥质黏土
A-10	A	9.70～9.90							22.4	2.72	1.97	1.61	88.3	0.69					0.27	6.28	0.173				粉质黏土混贝壳

（5）连接管与集水总管

连接管采用 ϕ38mm 内含螺旋型钢丝的透明胶管，集水总管采用 ϕ50PVC 管，每节长 2～6m，每 2～6m 设一个连接井点管的接头。节间用与之相配套的接头及胶水密封连接，并用三通管与总管连接。

2. 排水系统设置

沿加固区四周开挖排水明沟，在排水明沟内侧布置外围封管，靠近北围堰、造陆三区东堤的一侧布设两排封管，另外两侧布设一排封管，封管间距为 2m，施工期间封管持续抽水直至强夯施工结束。在场地内部，第一遍夯击前布置井点管，间距 2m，排距 4m。井点管和封管用连接管连接，各节间用接头连接，胶水密封，并用三通管或四通管将集水管与连接管连接。最后将真空泵与集水管连接进行强排水，每 40m 布置一台真空射流泵，连接井点管并在外侧边缘布置一台真空射流泵连接外围封管。

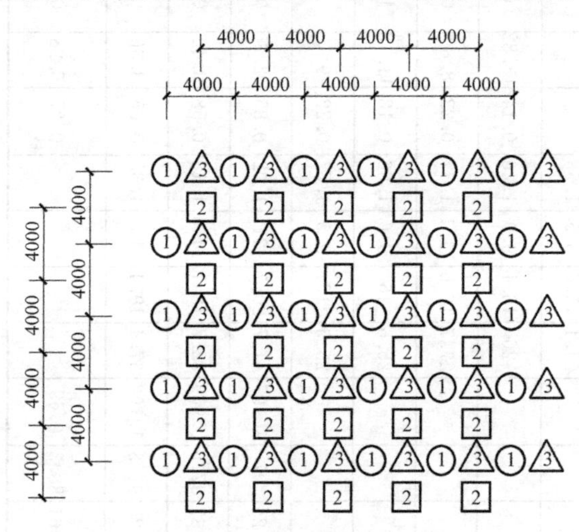

图 6.7-1　夯点布置大样图表

注：图中尺寸以 mm 计。

3. 强夯能级及布置

点夯三遍（第一遍的夯击分两次进行，每次 4 击），每遍点夯击数为 6～8 击，每遍点夯后待孔隙水压力消散达到 75%以后才能进行下一遍。三遍夯击能分别为：1000kN・m，1700kN・m 和 2700kN・m。具体夯点布置和夯击能见图 6.7-1，夯点间距为 4.0m×4.0m。

点夯之后进行一遍满夯，满夯夯击能为 500kN・m。要求夯印搭接，其搭接部分不应小于锤底面积的 1/4。满夯采用轻锤进行。夯击完毕后对表层土采用 10～12t 压路机碾压处理，碾压 3～5 遍（其中，进行一遍振动碾压），直至无轮迹为止。

4. 施工流程

在平整场地以后，根据探明的地质情况布设井点管，安装真空设备，调试设备。在场地内布设一定的监测仪器，以便能及时取得施工需要的参数，指导以后施工，并及时调整施工参数以保证工程的质量。

整个工艺分两次强排水，第一次强排水时间初步控制在 15～18d 左右，第二次强排水时间初步控制在 15d 左右，具体根据现场强排水速度和出水情况来控制，一般水位标高在 +1.6m 以下，即可进行下一道工序。

强夯施工在强排水达到要求后即可进行。强夯分为 3 遍点夯、1 遍满夯和 1 遍振动碾压，根据本区域场地的地质情况和以往工程经验，两次点夯间隔 2d 左右，第三次点夯和冲击碾压的时间间隔根据孔隙水压力消散情况来定，一般在 3～5d 左右。

5. 施工关键技术

（1）成孔。使用水冲法进行成孔，孔外径约 150～300mm。

（2）排水系统埋设。孔深度达到设计要求才能下管，井点管应埋设在水冲孔的中心，避免插入泥浆中堵塞滤管，管顶外露约20cm。插管前认真检查井管的滤网，确保滤网不破漏，管道畅通，真空平衡器采用动态平衡。在管井周围1.0m以下回填中粗砂，1.0m以上填黏土，并振捣密实，以防漏气。

井点管通过连接管与总管、真空泵机进行连接。总管至抽水装置要保持3%～5%的坡度。总管与泵进口标高要求基本一致，泵摆放水平，调整好。安装过程中应注意防止杂物进入泵中，注意真空泵进气口安装滤网及泵内部件安装的精密度，各发电机安装牢固，轴线正确，电源安全，电机转动方向正确。各压力表、真空表要有较高的灵敏度。井点系统全部安装完毕后，需要进行试抽，检查无漏气、淤塞等情况，出水是否正常。如有异常情况应及时检修后方可使用。

(3) 设备试运行。在井点强排水施工前，路线连接后进行设备试运行，在试运行抽水时，先开动真空泵，使土体中的水分和空气受真空吸力作用形成水气混合液。通过抽水试运行后，集中人员检测和封堵漏气，确保管路的真空度。并安排专人巡查管路系统和排水设备的真空度和设备的运行情况，发现漏气或设备不正常，及时抢修，保证水位下降效率。

初始强排水前，通过对水位观测孔测定原始水位，然后开泵进行强排水，与此同时进行井点强排水，按24h为一井点强排水期，测定水位观测孔内水位下降情况，据此确定井点强排水的起始时间。

井点使用时应保持连续不断的抽水，一般抽水1～2d后基本趋于稳定。第一遍井点强排水，强排水时间为12～15d，待饱和土体脱水后，土体固结后进行第一遍夯密。实际施工中可根据具体情况适当调整。施工中记录每台泵开机时间和运行情况，按照操作规范，每天定时观察出水情况，及时调整各阶段的运行方式和参数。当地下水位观测结果符合控制指标时，可进行下一道工序施工。

(4) 排水系统安装调试完毕后，进行正式抽水。抽水过程中通过提前埋设的监测系统对水位进行观测，水位降至设计要求后，通知现场检查，符合要求后进行夯密。如水位达不到设计水位，很可能导致场地强度不能满足夯密设备作业条件。

(5) 夯击击数的确定。每遍夯击击数可根据试夯进行调整，现场控制标准为：现场第一击，距坑边0.5m位置的隆起量小于25cm以确定最大夯能；夯坑深度超过0.8m，后一击沉降量小于前一击的沉降量，最后两击贯入量小于25cm。

(6) 收锤标准。1) 最后一击的夯沉量小于10cm；2) 夯坑周围地面不应发生较大隆起；3) 不因夯坑过深而引起起锤困难。

(7) 夯点临近井点管的处理。经过现场试夯，发现强夯不会对临近井点管产生破坏性影响，无需拔出后重新打设。

(8) 夯击间隔时间确定。点夯完成后，需待土层中超孔压消散75%之后再进行下一遍点夯，因而需对夯密场地进行定期孔隙水压力监测。如超孔压太大，水位太高，可能导致夯坑冒水等现象，削弱夯密加固效果。

(9) 施工期间排水系统定期检查。现场试验期间，安排专门的经验丰富的施工人员对排水系统进行定期检查，确定井点管是否有破损、堵塞等情况，连接管是否漏气，真空泵是否正常工作等。如发现问题应立即采取相应措施补救，井点管如有破损堵塞的情况，需更换井点管；连接管如果出现漏气现象则应立即采取缠膜等措施进行封堵；如真空泵损坏，不能产生设计要求的压力值，则应立即更换真空泵。

（10）夯击特殊情况的调整

1）夯击时夯坑周围出现明显隆起，则要适当的降低夯击能量；

2）夯击时相邻夯坑内出现明显的隆起，当隆起量大于5cm时，要适当的降低夯击能量；

3）后一击夯沉量明显大于前一击夯沉量，马上终止夯密。

6.7.3 施工过程监测与施工质量检测

施工过程中进行了钻孔取土和多项监测、检测项目，见表6.7-2。

检测项目统计表 **表6.7-2**

序号	检测项目	检测目的	检测数量	备注
1	钻孔取土	明确地基土性	强夯加固前后各3个钻孔	钻孔深度10m
2	夯坑沉降	确定夯击次数	—	—
3	地表沉降	—	强夯前、每遍夯后各1次	10m×10m方格网
4	地下水位	确定降水效果	1个	埋深8m
5	孔隙水压力	确定超孔压消散速度	1组	埋深2m、4m、6m、8m和10m
6	静力触探	确定地基性质变化	强夯加固前后各3个点	孔深10m
7	标准贯入试验	确定地基性质变化	强夯加固前后各3个点	孔深10m
8	浅层平板载荷试验	确定地基承载力	强夯加固前后各3个点	承压板1m×1m

6.7.4 强夯加固效果

1. 地基整体沉降

夯密冲击能使地基产生很大的瞬时沉降，使土体压密，强度大幅度提高，地基随之产生沉降，表6.7-3为各个施工阶段发生的沉降量。由表可知，强排水期间有很大沉降量，表明强排水联合夯密法是夯密和强排水联合作用加固地基；表中第一遍第二次夯沉降量包括第一次夯后强排水期间的沉降量，而且第二次夯为4击，第一次夯为3击，因而表中第二次夯的沉降量大于第一次夯沉降量。

场地整体沉降统计表 **表6.7-3**

序号	工序	场地整体沉降量(mm)
1	强排水期间	58
2	第一遍第一次点夯	148
3	第一遍第二次点夯	227
4	第二遍点夯	129
5	第三遍点夯	153
6	满夯	69
7	总计	784

2. 加固前后含水率变化分析

通过对加固前后所取土样的检测，得到上层粉土含水率在加固前后的变化，见表6.7-4。

加固前后粉土层含水率统计表　　表 6.7-4

含水率(%)				三遍夯后含水率较夯前减小比例(%)
夯前	第一遍夯后	第二遍夯后	第三遍夯后	
30.10	28.30	26.20	25.50	15.3

3. 地下水位监测结果

图6.7-2为施工期间的地下水位随时间变化曲线，由图可知，降水开始的时候地下水位约+3.5m，随着降水的进行，地下水位迅速下降，达到设计要求后，开始进行强夯施工，强夯后地下水位升高，然后随着继续降水的进行，地下水位再次下降，降水强夯结束后，地下水位回到与周边地下水位同一水平。图中开始地下水位与最终地下水位略有差异，应为随着时间的推移，该区域地下水位发生变化的原因。

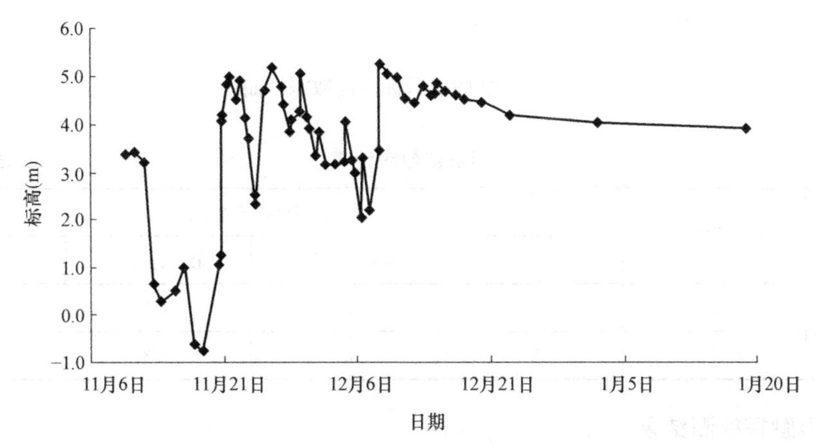

图 6.7-2　地下水位变化时程曲线

4. 孔隙水压力监测结果

图6.7-3为施工期间1组孔隙水压力监测结果，由图可以看出孔压随降水和强夯进行

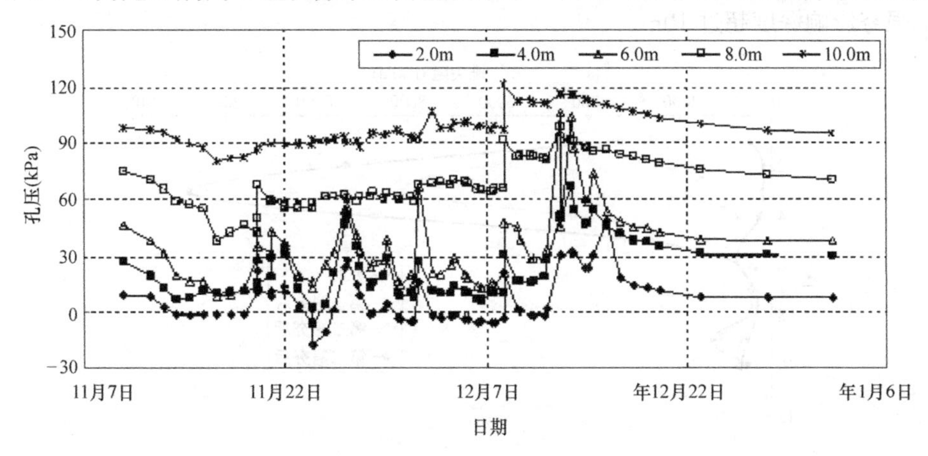

图 6.7-3　孔隙水压力时程曲线

的变化，同样可以得到超孔压的消散程度，按设计要求，地基中超孔压消散75%，这可以进行下一遍强夯。

5. 标准贯入检测结果

强夯前后标准贯入试验结果见图6.7-4和表6.7-5。可以看出，填土层土体强度增长十分明显，吹填土下卧土层土体强度有一定的增长，强夯加固影响深度超过10m。

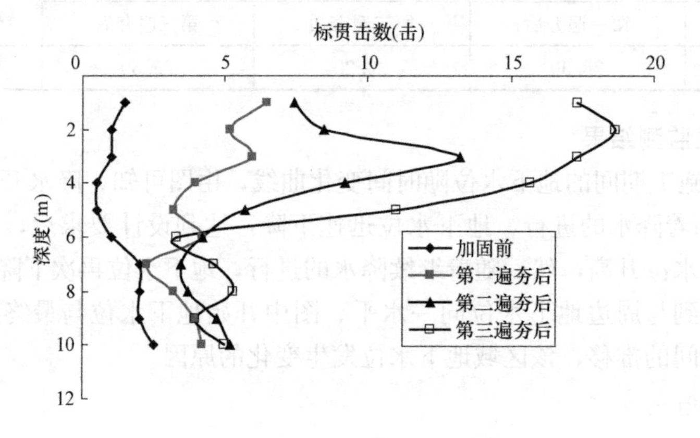

图6.7-4　加固前后标贯击数深度曲线

标贯击数统计表　　　　**表6.7-5**

土层	土层厚度(m)	平均标贯击数(击)			
		强夯前	第一遍夯后	第一遍夯后	第一遍夯后
填土层	6	0.9	4.9	8.1	16.0
下卧层	4	2.1	3.4	4.3	4.5

6. 静力触探检测结果

静力触探检测结果见图6.7-5、图6.7-6、表6.7-6和表6.7-7。可以看出，随着夯击遍数的增加土体锥尖阻力和侧摩阻力有明显的增长，填土层锥尖阻力和侧摩阻力增长都十分明显，下卧层的锥尖阻力和侧摩阻力有一定增长，说明填土层和下卧层的土体强度都有增加，强夯影响深度超过10m。

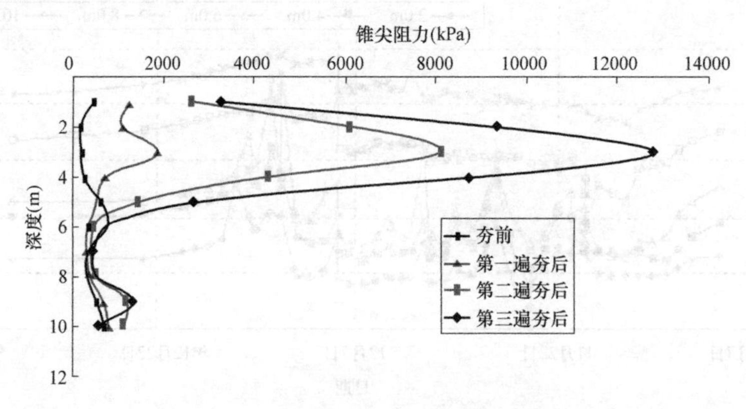

图6.7-5　加固前后锥尖阻力深度曲线

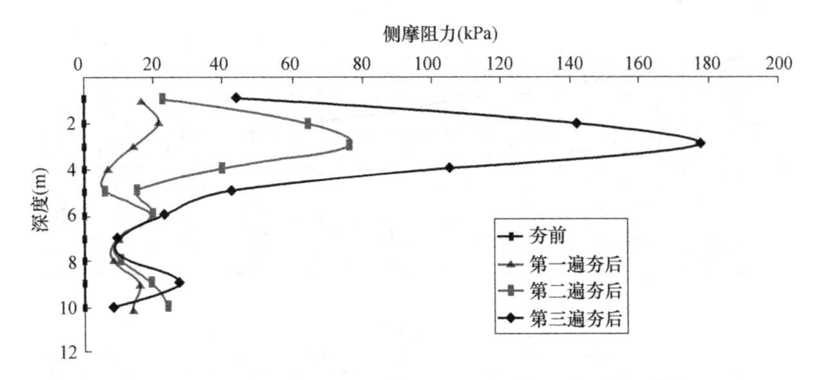

图 6.7-6　加固前后侧摩阻力深度曲线

锥尖阻力统计表　　　　**表 6.7-6**

土层	土层厚度(m)	平均锥尖阻力(kPa)			
		强夯前	第一遍夯后	第一遍夯后	第一遍夯后
填土层	6	398.7	948.3	3855.1	7361.7
下卧层	4	448.0	517.0	795.7	708.0

侧摩阻力统计表　　　　**表 6.7-7**

土层	土层厚度(m)	平均侧摩阻力(kPa)			
		强夯前	第一遍夯后	第一遍夯后	第一遍夯后
填土层	6	0.01	14.20	39.97	102.43
下卧层	4	0.01	11.97	15.93	16.19

7. 地基承载力

加固前对试验区进行了 1 个点浅层平板载荷试验，加固后进行了 3 个点浅层平板载荷试验，具体试验曲线如图 6.7-7 所示，按照《建筑地基处理技术规范》JGJ 79—2012 有关条规定计算，加固前地基承载力特征值为 20kPa，加固后地基承载力特征值不小于 186kPa。

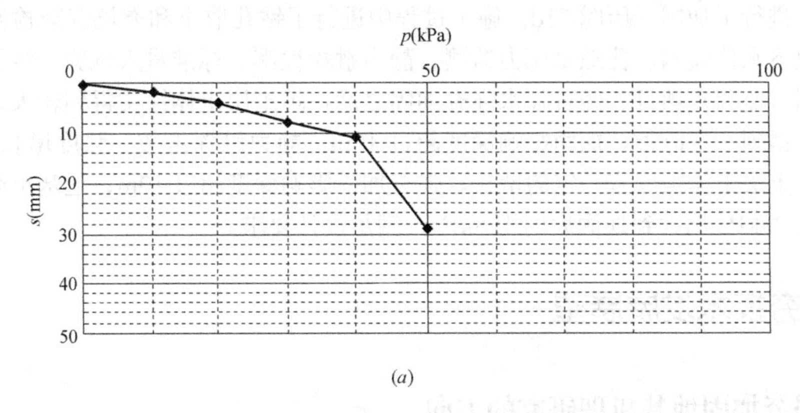

图 6.7-7　加固前后浅层平板载荷试验曲线（一）
（a）加固前浅层平板载荷试验曲线

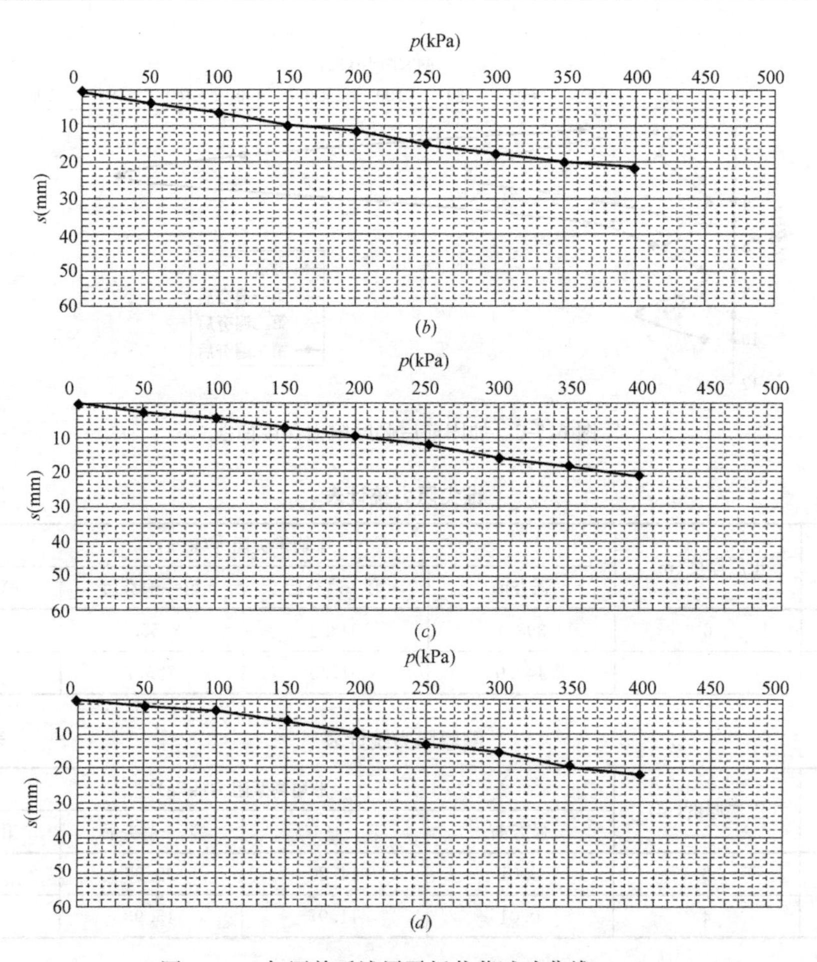

图 6.7-7　加固前后浅层平板载荷试验曲线（二）

(b) 加固后浅层平板载荷试验曲线（测点 1）；(c) 加固后浅层平板载荷试验曲线（测点 2）；(d) 加固后浅层平板载荷试验曲线（测点 3）

8. 小结

由 6m 厚吹填粉土和粉质黏土吹填而成填土层和 4m 厚海相沉积土层组成的地基利用降水强夯法进行了加固，历时 71d。施工过程中进行了钻孔取土和夯坑沉降检测、地表沉降检测、地下水位监测、孔隙水压力监测、静力触探检测、标准贯入试验、浅层平板载荷试验等检测（监测）项目。经过降水强夯加固之后，填土层土体性质得到较大改善，下卧层土体性质得到一定改善，加固影响深度超过 10m，静力触探击数、强度增长十分明显，吹填土下卧土层土体强度有一定的增长，强夯加固影响深度超过 10m；地基承载力特征值由加固前的 20kPa 增大到加固后的 186kPa，满足设计要求。

6.8　强夯技术发展展望

6.8.1　强夯加固地基机理研究的方向

强夯技术引入国内 40 年来，获得了巨大发展，在我国各行业的基建领域得到了广泛应用，取得了巨大的经济和社会效益。但强夯加固机理复杂，影响因素较多，很难在一个统一的理论框架内进行分析，因此需要理论研究、室内/现场试验、数值计算方法相结合，为实际工程提供合理的指导。具体应在以下几点展开研究：

（1）从土体微观角度出发研究强夯加固前后土体微观结构变化，借助离散元等软件探明强夯加固机理及加固效果[1]。

（2）土性指标与强夯加固效果的研究还很不够，只有深入了解土性指标与加固效果之间的关系，强夯的设计才能更有针对性。

（3）强夯有效加固深度与地基土性和强夯能级关系需要进一步研究。不同土石比、不同类型填土、不同地基土含水率、液塑限指数等土体性质都对有效加固深度有影响，而且这种影响上部明晰，需进一步研究；目前强夯能级与有效加固深度有较明确关系的强夯能级小于12000kN·m，大于该强夯能级时，由于工程实例较少，其有效加固深度尚不明确。

（4）对层状地基进行强夯处理时，强夯能量在地层交界处的能量耗散（反射、折射）研究较少，需要进一步研究存在饱和软弱下卧层时能量的传播特性。

（5）对夯点间距、重叠夯点及相邻夯点的研究有待进一步探索，在数值计算中考虑群夯效应能更加符合现场工程，为强夯设计施工提供依据。

6.8.2　强夯施工技术发展方向

发展到今天，强夯施工技术已经相对比较成熟，然而随着强夯要求的不断提高和应用范围的拓展，强夯技术仍然具有很大的提高空间。强夯施工技术的发展方向主要有以下三个方向：

1. 强夯能级两极化

随着强夯加固深度要求的提高，强夯能级势必越来越大，目前国内已经有30000kN·m的工程实例了，更高能级时强夯发展的一个重要方向。

在处理高速公路、房屋地基、软弱地基等时，需要较小的强夯能级，快速对地基进行处理。

2. 快速冲击夯实法

传统的强夯技术使用履带吊车施工，夯击频率为2～3min/击，且夯锤较重，对周围环境影响大。快速冲击夯实法使用强夯技术原理，将重7～9t的锤体安放在液压马达上，锤体落高为1.2m，可夯击40～60次/min，对地面夯击能量最高可达108kN·m。夯击能量通过直接放在地面的1.5m直径的钢锤脚传递给地基，不仅可以减少能量传递的损失，还可以保证邻近建筑物和设备的安全。快速冲击夯实法可加固各种非黏性土，尤其是碎石和砂土，也可用于人工填土。

3. 强夯与其他地基处理技术的联合应用[2]

在强夯处理地基的工程实践中，工程技术人员已经认识到有些场地单纯采用强夯效果不明显。例如在高水位场地，如果先降水再强夯效果会更好；而对于低含水量湿陷性黄土，对地基增湿后强夯才能达到设计的有效加固深度。因此，强夯与其他地基处理方法的联合应用是地基处理技术一个重要发展方向。

（1）降水强夯法

强夯法与真空降水法是两种常用的地基处理法，但两者的加固机理完全不同。强夯法不适用于透水性较差的黏土地基，真空降水法则是通过抽真空设备在地基中形成压力差，能有效地加快饱和黏土地基的排水固结。强夯联合真空降水法是基于饱和黏土的动力特性和动力固结机理，将强夯技术和真空井点降水技术结合起来的一种新的动力排水固结法。在联合处理软基过程中，真空降水主要是通过设置排水通道，利用真空产生的负压主动进行排水，同时作为强夯的排水通道，加速强夯产生的超静孔隙水压力消散和孔隙水排出，加速固结沉降。

(2) 碎石桩加强夯

振冲碎石桩与沉管砂石桩处理后的地基承载力不高，尤其是黏性土中采用碎石桩，而且表层，由于桩体松散，效果更差。

因此，《建筑地基处理技术规范》规定：桩体施工完毕后，应将顶部预留的松散状体挖除，铺设垫层并压实。对沉管砂石桩也有同样的规定。我国某些地区，振冲桩施工完成后，还要进行扫桩，相当于强夯中的满夯，就是为了增强振冲碎石桩顶的强度。

由于碎石桩处理后的地基，等于在地基中增加了排水通道。如果在施工前先将桩顶设计标高在降低一些，施工后再在桩顶铺设一层较厚的砂石垫层。采用较低能级强夯处理，地基持力层的承载力可提升 0.5 倍以上。

(3) 石灰桩加强夯

在含水率较高的黏性土地基中，地基中钻孔，回填石灰块降低场地含水率后再强夯，会取得满意的强夯效果。

6.8.3 强夯加固地基机理研究的方向

强夯施工对强夯机械的要求集中体现在以下几点：

(1) 要具备较强的地形适应能力和较高的作业稳定性，以适应在松软场地上进行强夯作业，且在全负载下突然卸载时具有足够的安全性和稳定性；

(2) 为了减少由于臂杆变形和柔性变幅系统变形贮能在静力平衡破坏后出现反弹和振动等动态响应，强夯机械起升臂架系统应具有较大刚度，在采用柔性变幅的设备上必须增设防倾杆，在臂杆前端增设门架，以确保施工安全，提高机具寿命；

(3) 起升卷扬机构是强夯机械中使用最频繁，承受冲击最大的机构之一。它的可靠性直接关系作业效率、安全性、所使用钢丝绳的寿命。提升卷筒应具有宽幅大容量、高出力性能和良好的制动能力；大直径的卷筒可使钢丝绳缠绕层数减少，避免作业时乱绳及制动冲击时上下层钢丝绳互相挤压，卷扬系统的高出力性能可满足从夯坑中提升夯锤时以瞬间爆发力将夯锤吊起的要求，制动系统采用柔性方式对于负载自由下落十分重要，既可避免钢丝绳乱绳及早期不正常损坏，又可减轻制动发热，以有利制动系统的散热；可靠的制动性对频繁冲击工况下作业的强夯机极其重要；

(4) 发动机功率要有充足的储备，行走机构必须采用大扭矩低转速机构，以适应泥泞及不平整地面行走和转向的需要；同时回转机构抗冲击能力要强，操作控制系统要灵敏可靠；

(5) 设备自重要轻，拆装方便，运输便捷，安全防护措施齐全，环保节能，经久耐用。

经过40年的强夯技术研究、施工应用及工程实践，国内强夯的应用范围及领域不断扩大，强夯设计和施工也正向高能级、多样性发展，国内一些大型的工程机械制造商已相继涉足新型强夯机的设计和制造，很大程度上改变了强夯机 相对落后的局面。随着研发技术与制造能力的进步，市场占有率已稳步上升。例如三一科技的SQH400、SQH320强夯机，徐工建机的XGH1000Z专用强夯机，宇通重工的YTQH450、YTQH600，杭州重型机械有限公司的QH550A及HZQH3000C机液一体式强夯机，都是目前市场上用户比较认可的优秀产品，由此也可看出，强夯机发展的趋势与方向涵盖了以下几个方面：

（1）夯机大、小两极化，即高能力，大夯击能量和低能量、小能级。强夯机械的发展必须与强夯技术发展相适应，对应强夯能级两极化，强夯机械必然也会大小两极化发展，未来智能化和将是强夯机械发展的方向。目前市场上主流产品的无门架强夯机的夯击能一般都可满足4000kN·m能级，而国内最大强夯能级已经达到30000kN·m，因而必然会发展适应超高能级强夯的强夯机械；同时也需要研制在处理高速公路，房屋地基时，夯击速度快，移动便捷，夯击能在500～2000kN·m的小型强夯机[19]。

（2）现阶段，随着强夯机保有量的增加，行业高利润时代逐步消失，降低使用成本、维修、拆装便利，减少人工也是关注重点，以微电子为重要标志的电子化和信息化互动将应用于强夯施工设备上，从而可实现远距离控制，提高施工作业的安全性和防患人为误动作，还可实现强夯夯沉量的自动测量，不脱钩技术的普及既可减少人工又节约了成本，未来应该得到进一步的应用。

（3）节能和环保是工程机械的发展要求和总趋势。新型强夯机以降低发动机排放，提高液压系统效率，减少钢丝绳消耗为目标，使强夯机技术发展方向完全达到低排放，低消耗，高效率作业。

参考文献

[1] 叶国良，徐宾宾. 强夯加固理论及研究综述［J］. 中国港湾建设，2015，35（4）：1～5.

[2] 安明 编著. 强夯施工技术与工程实践［M］. 北京：中国建筑工业出版社，2017.

[3] LEON F J. Dynamic pre-compaction treatment：A case history［C］//Interactional symposium on case histories in geotechnical engineering. 1981.

[4] GAMHIN M P. Ten years of dynamic compaction［C］//Proceedingsof the 8th regional conference for Africa on soil mechanics andfoundation Harare. 1984.

[5] 坂口旭，西海宏，服部正夫. 動圧密工法によるタンク基礎工事［J］. 土と基础，1979，27（9）：206～209.

[6] 郑颖人，李志学，冯遗兴，等. 软黏土地基的强夯机理及其工艺研究［J］. 岩石力学与工程学报，1998，17（5）：571～579.

[7] 闫迎州. 错点强夯置换处理厚层海相淤泥软土路基的机理研究［D］. 南京：东南大学，2017.

[8] 罗来芬. 真空降水与强夯联合处理软土地基的试验研究［D］. 北京：中国地质大学，2008.

[9] 中国工程建设标准化协会标准 CECS 279：2010 强夯地基处理技术规程［S］，2010.

[10] 孔位学，陆新，郑颖人. 强夯有效加固深度的模糊预估［J］. 岩土力学，2002，23（6）：807～809.

[11] 中华人民共和国行业标准. JTS 147—2017 水运工程地基设计规范［S］. 2017.

[12] 中华人民共和国行业标准. JTS 206—2017 水运工程地基基础施工规范 [S]. 2017.
[13] 《地基处理手册》编写委员会. 地基处理手册（第二版）[M]. 北京：中国建筑工业出版社，2000.
[14] 中华人民共和国行业标准. JGJ 79—2012 建筑地基处理技术规范 [S]. 2012.
[15] 中华人民共和国国家标准. GB 50025—2004 湿陷性黄土地区建筑规范 [S]. 2004.
[16] Jianbao Fu, Ruiqi Zhang, Jian Y U. Experimental study on 18000kN · m ultra high energy level dynamic consolidation on large thickness gravel foundation [C]. Proceedings of the 2018 7th International Conference on Energy and Environmental Protection, 2018.
[17] Jianbao Fu, Ruiqi Zhang, Aimin Liu. Filed test on 25, 000kN · m ultra high energy level dynamic consolidation on large thickness gravel foundation [C]. IOP Conference Series: Materials Science and Engineering, 2018.
[18] 付建宝，等. 超高能级强夯法在深厚碎石层填海造陆工程中的应用研究. 中交第一航务工程局有限公司内部报告，2018.
[19] 姜旭，刘中星，李跃，等. 浅谈国内强夯技术和施工机械的现状和发展趋势 [J]. 建设机械技术与管理，2014，(8)：105～120.

7 海外大面积吹填地基振冲密实处理关键技术及工程实践

王德咏[1,2*]，梁小丛[1,2]，王新[1,2]，牛犇[1,2]
(1. 中交四航工程研究院有限公司，广东 广州 510230；2. 中交交通基础工程环保与安全重点实验室，广东 广州 510230)

7.1 引言

随着“一带一路”倡议引领大批中国企业“走出去”，中国建筑企业不断推进海外业务快速发展。其中水运工程是“一带一路”海外基础设施建设的重点领域，吹填造陆是港口码头等工程建设的开路先锋，吹填地基不能直接用于工程建设，必须经过处理方能满足工程需要，地基处理是建筑稳定和安全的重中之重。海外地基处理技术多采用欧美标准，与中国技术标准存在较大差异，以致建设技术难度大，甚至增加中国企业的建设成本。究其原因主要有：对项目所用欧美规范理解不透；对国内外规范的差异了解不够，把已先入为主的国内规范条文直接用到了海外项目中；对欧美规范的积累不够，尤其是对国内外标准在对处于工程建设基础地位的地基工程的对比研究不充分。

强夯法和振冲密实法是国内外大面积地基处理所采用的两种主要方法，而相比强夯法，振冲密实法具有噪声低、处理迅速和加固深度大等优点[1,2]，加固后地基的相对密度可达80%以上，广泛被用于国内外地基处理中[1,3~5]。本章以振冲密实法为例，基于中外标准差异，阐述海外大面积吹填地基振冲密实地基处理的关键技术；再结合海外两个振冲密实地基处理工程，针对深层振冲密实施工中的关键技术问题进行探讨，并探索相应的对策。

7.2 振冲密实法机理及适用范围

振冲法，也称振动水冲法，包括振冲密实法（vibro-flotation 或 vibro-compaction）和振冲置换法（vibro-replacement）。对于大型的吹填场地的地基处理而言，相对于密实法，振冲置换法存在两点不足：（1）工程质量不易检测和控制，能否解决场地差异沉降问题尚有争论；（2）费用较高。因此加固大型吹填场地地基中，振冲密实法更被青睐。

振冲密实法的加固土体机理是：通过振冲器反复水平振动和高压水冲对土体进行振冲，孔隙水压力升高短暂液化，土体结构破坏然后重新排列，随后孔隙水压力消散，土体固结而变得密实，进而达到提高地基土相对实度和承载力、减少沉降、降低场地液化势的目的。

振冲法加密机理如图 7.2-1 所示。

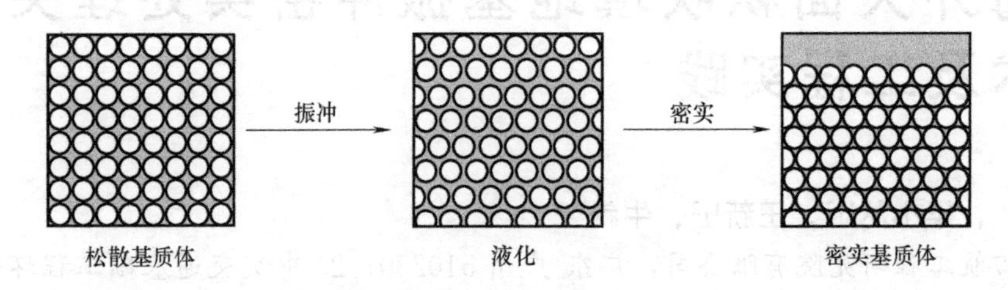

图 7.2-1　振冲密实法加固机理

振冲密实法对需加固处理的地基材料要求相当高。国内外专家学者对振冲密实法的适用性研究较多，Thorburn[6]、Mitchell[7]、Harder[8] 和 Brown[9] 分别给出过适合振冲的砂料级配范围，Massarsch[10] 根据静探试验结果建立了土的可振冲加密性与锥尖阻力及摩阻比间的关系图，基于锥尖阻力和摩阻比给出了适合进行振冲加固的土类范围。Webb & Ian Hall[11] 根据在含粘粒的砂基中进行的填料振冲试验结果，认为细粒含量达 30%时，在距振冲点 1m 以内仍有一定的加密效果，不过加密影响范围和加固效果随粘粒含量的增加而明显减小。Saito[12] 却指出对于细粒含量超过 20%的砂土，振冲法几乎没有任何挤密效果。Slocombe 等[13] 认为，无填料振冲法可以用来加固细粒含量（直径小于 0.06mm）达 15%或黏粒含量（直径小于 0.005mm）达 2%的砂性土；通过提高振冲器功率和改进施工技术，填料振冲法可以用来加固细粒含量超过 45%的土体。Harder 等[8] 也报道了对 Thermalito Afterbay 坝基的粉砂（细粒含量超过 20%，部分达 35%）用填料振冲法加固失败的例子，并认为加固失败的原因是由于加固砂层上面的黏土或粉土硬壳层或砂土中含有较高细粒的缘故。

由于我国砂性地基相对较少，振冲密实法应用相对少一些，我国专家及规范认为，无填料振冲法仅适用于小于 0.074mm 的细粒含量不超过 10%的中、粗砂地基[4]；若粘粒含量大于 30%，则挤密效果明显降低。关于细粒土的划分，我国标准把砂土粒径 $d \leqslant 0.075$mm 的归于细粒，美标与我国相同，欧标将粒径 $d \leqslant 0.063$mm 的归于细粒。

关于砂性地基振冲密实材料的细粒含量（$d \leqslant 0.075$mm）要求，美国海军军用标准 NAVY MIL-HDBK-1007/3[14] 和英国建筑业研究和信息协会标准[15] 要求细粒含量小于 20%，英国土木工程师学会标准[16] 要求细粒含量不超过 10%；我国《水运工程地基设计规范》JTS 147—2017 要求粘粒含量（<0.005mm）小于 10%。

Brown 等[9] 提出振冲法的适用土体级配范围，如图 7.2-2 所示，还基于回填料的可振冲性评估提出可振冲性指数（Suitability number）的概念，并给出评价。基于图 7.2-2，根据级配将被处理的土体分为 4 个区域，振冲曲线落在 A 区域，适宜振冲；落在 B 区域，非常适合振冲，且地下水位高低对此区域砂料影响较少；C 区为过渡区，该区砂土可振冲，但难度较大；落在 D 区域，振冲难度大，效果不明显。

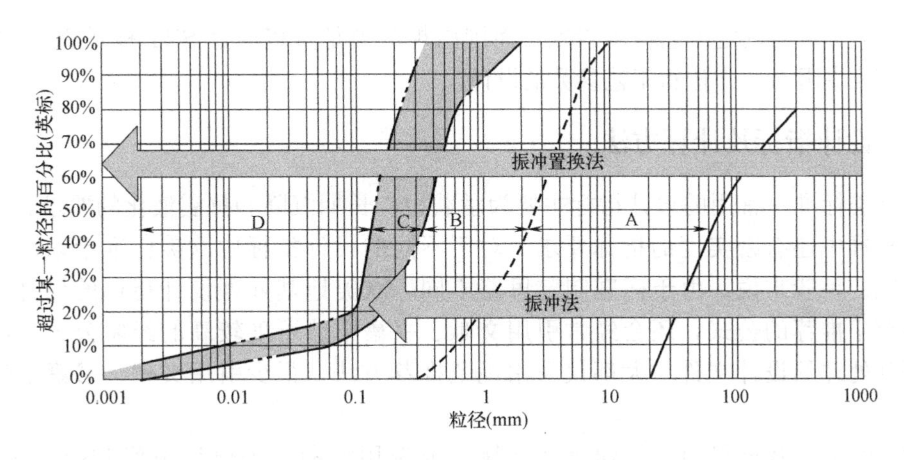

图 7.2-2 振冲法（置换法）的适用土体级配（Brown，1975）

7.3 振冲密实地基处理设计

7.3.1 设计思路

结合国际工程及相关规范，我国[17]和欧美[14,15]的振冲密实法地基处理设计的思路与流程基本是一致的，如图 7.3-1 所示。

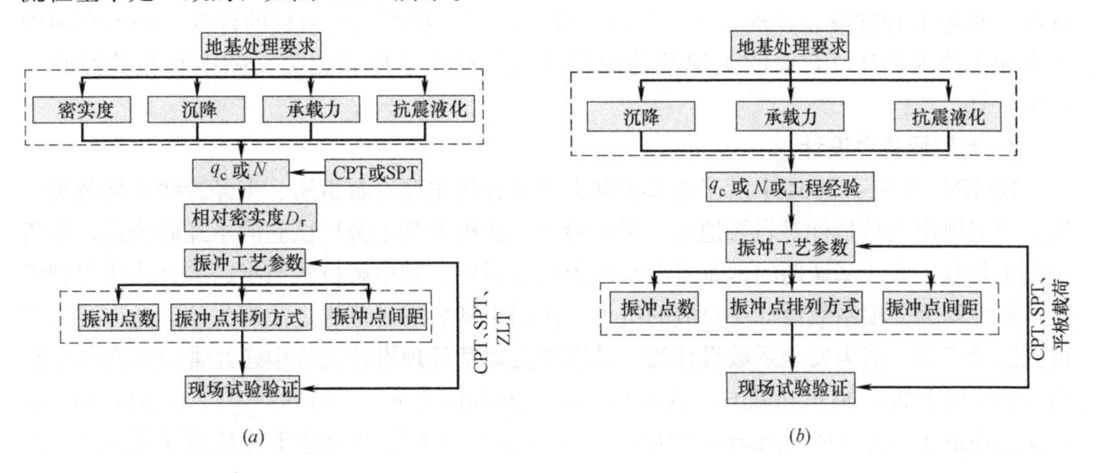

图 7.3-1 振冲密实法地基处理设计流程图

(*a*) 欧美；(*b*) 中国

从图 7.3-1 中可以看出，中外标准最主要的区别是根据设计指标获得振冲工艺技术参数的过程的不同。国内常规的振冲密实法地基处理用到设计指标主要为承载力、长期沉降与抗震液化；而欧美标准中振冲密实法地基处理设计指标除了常规三大设计指标还有密实度的指标要求，且一般思路是是先将设计的指标转换成 SPT 标贯 N 值或 CPT 静力触探锥尖阻力 q_c，再根据 N 值或q_c与相对密度 D_r或压实度 R_d指标之间经验关系，将设计指标要求转换成相对密度 D_r的要求，再用相对密度 D_r与工艺技术参数建立经验关系或相关的计算图表，进而确定工艺技术参数。而国内规范则是直接通过 SPT 标贯 N 值或 CPT 静力触探锥尖阻力 q_c来进行工艺参数的设计。

7.3.2 设计指标及计算方法

中欧美标准中常用的设计指标主要为承载力、长期沉降和抗震液化的要求，而在欧美设计标准中还有密实度的指标要求。对于不同的设计指标中欧美标准中采用的计算公式不同。一般来说，由于标准制定思路不同，欧美地基处理设计指标的设计，除了采用规范中推荐的公式，还会经常引用文献、书籍中认可度较高的经验公式，而相比国内地基处理的设计文件，大都仅采用规范推荐方法，很少引用文献、书籍中的经验关系。

对于欧美地基承载力、长期沉降计算主要选用欧洲岩土设计规范 BS EN 1997-1：2004[18]、BS EN 1997-2：2007、英国建筑业研究和信息协会（简称 CIRIA）的 Hydraulic Fill Manual：For Dredging and Reclamation Works（Jan Van′t Hoff，2012）和欧美标准文献、书籍，如 Foundation Analysis and Design，Bowles（1997）[19]、Guide to Cone penetration Tesing (Robertson，15，6th edition)[20]常用的经验公式，而国内相关标准主要选取《水运工程地基设计规范》JTS 147—2017[17]、《建筑地基处理技术规范》JGJ 79—2012[21]和《建筑地基基础设计规范》GB 50007—2011[22]；在抗震液化的计算对比中，欧美标准主要选取国际上通用的美国地震局 NCEER（2001）推荐法[23,24]，国内标准则主要选取国标《建筑抗震设计规范》GB 50011—2010（2016 年版）[25]和行业标准《水运工程抗震设计规范》JTS 146—2012[26]；对密实度指标的计算，一般在国内少有相关要求和计算，而欧美地基处理设计中往往在手册和相关文献中有相关经验公式的计算。

1. 地基承载力设计

BS EN1997-1：2004 中对于地基承载力计算方法主要有解析法、半经验法和规范规定法。规范规定法只是针对岩石地基，半经验公式法则为基于旁压试验的半经验公式，解析法则主要基于太沙基课题的地基极限承载力的解析解。其中解析法与半经验公式法得到极限承载力均为分项系数设计法对应的抗力，而用于基岩的规范规定法则为基于允许沉降下得到的承载力，实为安全系数设计法。其次欧美地基处理设计文件中还经常应用文献中常用到的经验公式，如 Foundation Analysis and Design，Bowles（1997）[19]、Guide to Cone penetration Tesing (Robertson，2015，6th edition)[20]中提出的基于原位测试技术 CPT、SPT 的经验公式。

我国地基基础设计公式主要以规范为主，主要有理论公式法和规范推荐法。在设计的方法上，我国标准还未完全采用分项系数设计法，对于国标《建筑地基基础设计规范》GB 50007—2011，其抗力采用的是承载力特征值的概念，实际上为安全系数设计法。但在行业标准《水运工程地基设计规范》JTS 147—2017 对抗力采用了分项系数法，提供了一个综合分项系数，但没有提出分别针对土体的黏聚力 c、摩擦角 φ 等力学参数的分项系数。根据条文的说明，这主要是由于我国幅员辽阔，比较难于针对全国各地区、各土层给出一个统一的分项系数。中欧美标准、文献中常用到的地基承载力计算公式对比汇总如表 7.3-1 所示。

欧美与我国标准、文献中常用的地基承载力计算 **表 7.3-1**

规范		方法类别	承载力类别	设计方法	需要获取主要岩土参数	备注
欧美标准文献	BS EN1997-1:2004	解析法	极限承载力	分项系数法	黏聚力 c 和摩擦角 φ	基于太沙基课题推导,汉森(Hansen)提出的修正方法
		半经验公式法,基于旁压试验	极限承载力	分项系数法	p_{1e}^{*}为等价极限设计压力值(旁压试验)	—
		经验图表法	允许承载力	安全系数法	岩石类别、分组、风化程度、裂隙宽度等	基于不同的允许位移取对应承载力
	Bowles (1997)法	基于 SPT-N 值经验公式法	允许承载力	安全系数法	地基底部往上 $0.5B$ 到往下 $2B$ 深度范围内的 SPT-N 平均值	基于最大允许位移 25mm 推导
	Parry (1977)法	基于 SPT-N 值经验公式法	允许承载力	安全系数法	基础底部以下 $0.75B$ 深度范围内的 SPT-N 平均值	基于最大允许位移 20mm 推导
	Eslaamizaad & Robertson (1996)法	基于 CPT-qc 值经验公式	极限承载力	安全系数法	与基础宽度等效的基础埋深范围内的锥尖阻力 q_c	当采用地基允许承载力时,应考虑一定的安全系数
	Schmertmann (1978)	基于 CPT-qc 值经验公式	极限承载力	安全系数法	地基底部以上 $B/2$ 深度到基础底部 $1.1B$ 深度范围内的锥尖阻力平均值 q_c	
国内标准	《建筑地基基础设计规范》GB 50007—2011	理论公式	承载力特征值	安全系数法	黏聚力 c 和摩擦角 φ	基于临界荷载 $p_{1/4}$ 理论推导
		基于原位试验、经验公式或表格	承载力特征值	安全系数法	地层类型、原位试验结果数据	需进行基础埋深和宽度进行修正
	《水运工程地基设计规范》JTS 147—2017	理论公式	极限承载力	分项系数法	黏聚力 c 和摩擦角 φ	基于太沙基课题推导,无修正
		基于原位试验、经验公式或表格	承载力设计值	安全系数法	地层类型、原位试验结果数据	需进行基础埋深和宽度进行修正

(1) 欧美设计常用计算法

1) 欧标 BS EN1997-1：2004

BS EN1997-1：2004 考虑 STR 和 GEO 两种极限状态下，欧洲各个成员国根据自己国家的国家附件要求的三种设计方法中的一种进行验算，使结构或地基不至于出现破坏或过度变形的情况。

$$V_{\mathrm{d}} \leqslant R_{\mathrm{d}} \tag{7.3-1}$$

式中 V_{d}——各种竖向力或竖向分量的组合设计值；

R_{d}——地基承载力设计值，相关的分项系数取值参照规范相关规定。

对于不等式（7.3-1）中承载力设计值R_d的计算方法，BS EN1997-1 分别给出了解析法和半经验法。解析法是基于弹性理论和经验中得来的一些数据，半经验法是基于旁压原位试验的经验公式。

2）经验关系法

在欧美地基处理设计中，往往不限于规范推荐法，公开出版书籍及文献上的经验公式在欧美设计文件中也引用较多，主要由于此类经验公式已在很多工程实例得到了验证，可靠度高。欧美承载力计算中常用到的经验公式有以下几种：

a. Bowles（1997）法[19]

Bowles（1997）在结合现场试验基础上，对 Meyerhof（1956，1974）提出的经验公式进行了修正。即当地基的沉降位移ΔH_0为 25mm 时，地基承载力可采用式（7.3-3）、式（7.3-4）进行计算。当基础沉降位移ΔH_0为非 25mm，即ΔH_j时，可按线性比例推算相应的承载力，利用半经验法确定。

$$q'_a=\frac{\Delta H_j}{\Delta H_0}q_a \tag{7.3-2}$$

$$q_a=\frac{N}{F_1}K_d \quad B\leqslant F_4 \tag{7.3-3}$$

$$q_a=\frac{N}{F_2}\left(\frac{B+F_3}{B}\right)^2 K_d \quad B>F_4 \tag{7.3-4}$$

当沉降小于 25mm 时，Bowles[27]建议采用下式计算容许承载力：

$$q_{abw}=12.5N_{60}\left(\frac{B+0.3}{B}\right)\left(1+\frac{1}{3}\frac{D_f}{B}\right) \tag{7.3-5}$$

式中 $D_f/B\leqslant 1$，$B>1.2$m，D_f为基础的有效埋置，B为基础宽度；

N_{60}——可以根据 SPT-CPT 关系，通过q_c转换得到；

q_a——地基允许承载力（kPa）；

N——为 SPT 标贯值，取地基底部往上 0.5B到往下 2B深度范围内的平均值；

B——基础宽度；

$K_d=1+0.33D/B\leqslant 1.33$，$D$为基础埋深，适用于$D/B\leqslant 1$。

b. Parry（1977）法[28]

Parry（1977）法针对无黏性砂土提出了以下经验公式：

$$q_a=30N_{55} \quad D\leqslant B \tag{7.3-6}$$

相关参数定义参照式（7.3-3）、式（7.3-4），其中N_{55}为基础底部以下 0.75B深度范围内的平均值。当设计沉降为 20mm 时，上述承载力计算则采用如式（7.3-7）。

$$q_a=N_{55}/(15B) \tag{7.3-7}$$

当沉降位移非 20mm，可按照线性比例推算地基允许承载力。

c. Schmertmann（1978）[29]

Schmertmann（1978）根据 Terzaghi 承载力计算公式提出了基于 CPT 的承载力计算公式。对于无黏性砂土，可由式（7.3-8）、式（7.3-9）进行计算。

$$条形基础：q_{ult}=28-0.0052(300-q_c)^{1.5} \tag{7.3-8}$$

$$方形基础：\quad q_{ult}=48-0.009(300-q_c)^{1.5} \tag{7.3-9}$$

对于黏性土，则可由式（7.3-10）、式（7.3-11）进行计算。

$$条形基础：\quad q_{ult}=2+0.28q_c \tag{7.3-10}$$

$$方形基础：\quad q_{ult}=5+0.34q_c \tag{7.3-11}$$

式中 q_{ult}——地基的极限承载力（kgf/cm^2）；

q_c——地基底部以上 $B/2$ 深度到基础底部 $1.1B$ 深度范围内的锥尖阻力平均值（kgf/cm^2）。

d. Eslaamizaad & Robertson（1996）法[30]

Eslaamizaad & Robertson（1996）给了基于 CPT 的地基极限地基承载力 q_{ult} 的计算公式，如下式（7.3-12）、式（7.3-13）。

对于无黏性砂土：

$$q_{ult}=K\times q_{c,avg} \tag{7.3-12}$$

对于黏性土：

$$q_{ult}=K\times q_{c,avg}+\gamma D \tag{7.3-13}$$

式中 K——经验系数，和土体类别，基础埋深和形状有关，对于粗颗粒土，一般取 0.16～0.30 之间，对于黏性土，取 0.30～0.60 之间。

$q_{c,avg}$——与基础宽度等效的基础埋深范围内的锥尖阻力。

根据加拿大地基手册，一般对于砂土推荐 $K=0.16$，但 Meyerhof（1956）建议取值 0.30；而对于黏性土一般推荐 $K=0.30$。以上经验公式计算结果为极限承载力，当采用地基允许承载力时，还应除以一定的安全系数。

e. EN 1997-1：2004 Annex D

基于静力触探技术，土性类别指数 I_C 可表示为：

$$I_C=\sqrt{(3.47-\log Q_{tn})^2+(1.22+\log F_r)^2} \tag{7.3-14}$$

式中 Q_{tn}——归一化锥尖阻力；

F_r——摩阻比。

Robertson（2015）提出了有效内摩擦角与静力触探的关系式：

$$\phi'=\phi'_{cv}+15.84\times \log Q_{tn,cs}-26.88 \tag{7.3-15}$$

式中 ϕ'_{cv}——极限状态下的内摩擦角；

修正锥尖阻力 $Q_{tn,cs}=K_C\times Q_{tn}$，$Q_{tn}$ 为正则化锥尖阻力，K_C 为修正系数，$I_C\leqslant 1.64$ 或 $1.64<I_C<2.36$，且 $F_r<0.5\%$ 时，取 $K_C=1.0$；当 $1.64<I_C<2.6$，且有 $F_r>0.5\%$ 时，$K_C=-0.403I_C^4+5.581I_C^3-21.63I_C^2+33.75I_C-17.88$。当 $I_C\geqslant 2.6$ 时可停止计算。

EN 1997-2：2007 Annex D. 2 也给出了相应的计算公式：

$$\phi'=13.5\log q_c+23 \tag{7.3-16}$$

经验公式计算为地基极限承载力，当采用地基允许承载力时，还应除以一定的安全系数。

f. 考虑细粒含量的地基承载力计算

Schmertmann[31]基于不同土类别提出了不同 q_c/N 比值；Robertson 等[32,33]则建立了（q_c/P_a）/N_{60} 值与平均粒径 D_{50} 之间经验关系，其中，P_a 为标准大气压力。M. G. Jefferies 和 M. P. Davies[34]研究了（q_c/P_a）/N_{60} 比值与基于 CPT 的土类别的关系；T. Lunne 等[35]建立了（q_c/P_a）/N_{60} 与土性指数 I_c 的关系。随后 Jefferies 和 Davies（1993）建立土性类别指数 I_C 与 CPT-SPT 的关系式：

$$\frac{q_t/P_a}{N_{60}}=8.5\left(1-\frac{I_C}{4.6}\right) \tag{7.3-17}$$

Kulhaway 和 Mayne（1990）建立了砂土细粒含量 F_C 与 CPT-SPT 的关系式：

$$\frac{q_t/P_a}{N_{60}}=4.25-\frac{F_C}{41.3} \tag{7.3-18}$$

其中，Kulhaway & Mayne 法计算的 q_c 值较 Jefferies & Davies 法要小。

以上经验公式均是欧美地基处理设计文件中常用到的经验公式，主要基于原位测试 SPT、CPT 的经验公式，其中 Bowles（1997）法、Parry（1977）法为基于 SPT 经验公式，计算得到地基承载力为地基允许承载力；而 Eslaamizaad & Robertson（1996）法、Schmertmann（1978）为基于 CPT 经验公式，计算得到承载力主要为地基极限承载力，当采用地基允许承载力时，应考虑一定的安全系数。

欧标 BS EN1997-1：2004 解析法和行标《水运工程地基设计规范》JTS 147—2017 的理论计算均是以普朗德尔（Prandtl L.）、太沙基（Karl Terzaghi）和梅耶霍夫（Meyerhof G. G）课题推导的公式为原型进行推导。欧标中计算公式中采用的是汉森（Hansen）提出的修正方法，对基础性状、荷载倾斜、基础埋深、地面倾斜、基底倾斜进行了修正。而水运行业标准中承载力计算是假设荷载垂直，基底是平面基础上进行计算，没有考虑到荷载倾斜、基底倾斜方面修正，两者计算理论均是以基础下极限平衡区已形成连续贯通的滑裂面为前提，得到均是地基承载力极限值，因此。而国标《建筑地基基础设计规范》GB 50007—2011 则是以地基极限平衡区发展范围不大的临界荷载 $p_{1/4}$ 为基础的理论公式来计算的，没有考虑荷载偏心和倾斜的因素，得到的是具备有一定安全储备的地基承载力特征值。另中国标准中明确当采用由载荷试验或其他原位测试、公式计算并结合工程实践经验等方法综合确定的地基承载力，还应进行基础埋深和宽度进行修正，欧美标准中未进行相关规定。

（2）承载力计算参数选取

欧美地基基础设计标准中计算公式分析，其用到的工程特性指标主要为抗剪强度的指标，即黏聚力 c 和摩擦角 φ；而经验公式用到的指标基本和常用的地基检测手段 SPT 的标贯 N 值和 CPT 锥尖阻力 q_c。以下主要针对这两大类力学指标，对中欧美规范中抗剪强度和原位试验测试值选取进行对比。

对于土的力学参数 c、φ 值获取，主要有两方式：一种是直接室内实验法。主要基于室内的直剪试验或者三轴剪切试验获取；第二种是间接获取法，主要基于经验表格，或基于常用原位试验 SPT 或 CPT 的经验关系。

对于获取抗剪强度指标的经验公式，中欧美标准、文献中常用到的经验公式汇总如表

7.3-2 所示，具体公式的计算、适用范围参见下文分析。由表可见欧美标准 BS EN 1997-2：2007 与英国 CIRIA 协会水利吹填手册中提供了较多的经验公式，而国内常用的地基处理设计标准《建筑地基基础设计规范》GB 50007—2011、《水运工程地基设计规范》JTS 147—2017 则没有提供相应的经验公式，但在具体地基处理设计中，可参考《工程地质手册》(第四版)[36]，该手册中提供了国内常用的基于 CPT、SPT、十字板剪切等原位测试的经验公式或经验图表。

中欧美标准、文献中获取抗剪强度指标的经验公式汇总对比　　表 7.3-2

<table>
<tr><th colspan="2" rowspan="2">标准名称</th><th colspan="2">无黏性土(有效内摩擦角 φ')</th><th colspan="2">黏性土(不排水抗剪强度 c_u)</th></tr>
<tr><th>来源</th><th>类型</th><th>来源</th><th>类型</th></tr>
<tr><td rowspan="7">欧美标准</td><td rowspan="3">BS EN 1997-2:2007</td><td>Bergdahl et al. (1993)法</td><td>基于密实度或 CPT-q_c 经验关系表格</td><td>—</td><td>—</td></tr>
<tr><td>Stenzel et al. (1978) and DIN 4094-1 (2002)法</td><td>基于 CPT-q_c经验公式</td><td>—</td><td>—</td></tr>
<tr><td>US Army Corps of Engineers(1993)法-来自美标</td><td>基于密实度指标 I_d经验关系表格</td><td>—</td><td>—</td></tr>
<tr><td rowspan="4">英国 CIRIA 协会：Hydraulic Fill Manual. For Dredging and Reclamation Works</td><td>Roberson et al. (1983)法</td><td>基于 CPT-q_c 经验关系图</td><td>Lunne and K. leven(1981)</td><td>基于 CPT-qc 经验公式</td></tr>
<tr><td>Dorgunoglu and Mitchell(1975)</td><td>基于 CPT-q_c与静止土压力系数 K_0经验关系图</td><td>Terzaghi et al. (1996)</td><td>基于 SPT-N 经验关系表格</td></tr>
<tr><td>Peck et al. (1974)</td><td>基于 SPT-N 经验关系图</td><td>—</td><td>—</td></tr>
<tr><td>Bowles (1997)</td><td>基于 SPT-N_{70} 经验关系表</td><td>—</td><td>—</td></tr>
<tr><td rowspan="2">中国标准</td><td>《建筑地基基础设计规范》GB 50007—2011</td><td colspan="4">标准未提供相关经验公式</td></tr>
<tr><td>《水运工程地基设计规范》JTS 147—2017</td><td colspan="4">标准未提供相关经验公式</td></tr>
</table>

(3) 基于经验关系的常用参数取值

a. 欧标 BS EN 1997-2：2007

欧标 BS EN 1997-2：2007 主要提供了针对无黏性砂土的有效内摩擦角 φ'与 CPT、SPT 试验结果之间的经验关系图表，未提供基于黏性土的经验关系。对于无黏性土硅质砂土，其有效内摩擦角 φ'、排水弹性模量 E'与 CPT 的锥尖阻力 q_c之间关系，可参考 Bergdahl et al. (1993)，具体如表 7.3-3 所示。

基于CPT锥尖阻力的经验关系表　　表 7.3-3

密实度指标	CPT锥尖阻力 q_c(MPa)	有效内摩擦角 φ'(°)	排水弹性模量 E'(MPa)
非常松散(very loose)	0.0～2.5	29～32	<10
松散(loose)	2.5～5.0	32～35	10～20
中密(medium dense)	5.0～10.0	35～37	20～30
密实(dense)	10.0～20.0	37～40	30～60
非常密实(very dense)	>20.0	40～42	60～90

注：1. 以上表格经验关系主要针对硅质砂土；对于粉土（silty soil），应在上述有效内摩擦角基础上减去 3°；对于碎石土（gravels），在上述表格得到的内摩擦上增加 2°。

2. 以上表格中排水弹性模量 E' 是基于 10 年长期沉降基础上得出的，且假设垂直方向上的应力扩散接近2∶1。另外部分研究表明，在粉土中（silty soil）得到值应相应减小 50%，在碎石土（gravelly soil）中应相应增大 50%；而在超固结无黏性土中，模量应取高值；当用于计算土体在承受压力为大于 2/3 极限承载力的沉降时，弹性模量应取上述表格中的 1/2。

欧标 BS EN 1997-2：2007 附录 D.2 中还推荐了适用于级配较差、不均匀系数 $c_u<3$，且在水位以上，锥尖阻力 $5\text{MPa}<q_c<28\text{MPa}$ 范围的砂土经验公式，其来源于 Stenzel et al.（1978）and DIN 4094-1（2002），具体如式（7.3-19）所示。

$$\varphi'=13.5\times\lg q_c+23 \tag{7.3-19}$$

式中　φ'——有效内摩擦角；

q_c——锥尖阻力。

对于无黏性硅质砂土与 SPT 的经验关系，在欧标 BS EN 1997-2：2007 附录 F.2 中建议可参考美国陆军工程手册 US Army Corps of Engineers（1993），具体如表 7.3-4 所示。

密实度指标（density index）与 SPT 经验关系　　表 7.3-4

密实度指标 I_d	细砂		中砂		粗砂	
(%)	级配均匀	级配良好	级配均匀	级配良好	级配均匀	级配良好
40	34	36	36	38	38	41
60	36	38	38	41	41	43
80	39	41	41	43	43	44
100	42	43	43	44	44	46

注：*1 不同相对密度指标表达方式参考前面章节。

b. 英国 CIRIA 协会的水利吹填手册 Jan Van′t Hoff（2012）

英国 CIRIA 协会的水利吹填手册针对无黏性土与黏性土均提供了相应经验公式，其经验公式主要与常规检测手段 CPT、SPT 建立关系。

对于 CPT 与无黏性砂土 φ' 之间关系，手册中推荐了采用 Roberson et al.（1983）提出的基于硅质砂土 φ' 与 q_c 经验图表以及由 Dorgunoglu and Mitchell（1975）提出的基于静止土压力系数 K_0。

对于 φ' 与 SPT 之间经验关系，英国 CIRIA 协会的水利吹填手册附录 C.2 中则推荐采用 Peck et al.（1974）年提出的经验关系图，值得注意的是 SPT 的 N 值未明确是否已进行相应的修正，如能量修正。

另在英国 CIRIA 手册第八章还提供了基于 SPT-N_{70} 与相对密度指标 R_e（不同相对密度指标表达方式参考前面章节）、φ'、重度 γ 之间经验关系表，参考来源与 Bowles

（1997）中经验表格，其主要适用于正常固结的粗颗粒土，SPT 击数 N_{70} 为深度 6m 位置对应测试值，具体如表 7.3-5 所示。

基于 SPT 与相对密度指标 R_e、φ'、重度 φ' 之间经验关系表　　　　表 7.3-5

分项		Very loose	Loose	Medium	Dense	Very dese
相对密度指标 R_e		0%～15%	15%～35%	35%～65%	65%～85%	>85%
N_{70}	细砂 Fine	1～2	3～6	7～15	16～30	—
	中砂 Medium	2～3	4～7	8～20	21～40	>40
	粗砂 Coarse	3～6	5～9	10～25	26～45	>45
φ'(°)	细砂 Fine	26～28	28～30	30～34	33～38	<50
	中砂 Medium	27～28	30～32	32～36	36～42	—
	粗砂 Coarse	28～30	30～34	33～40	40～50	—
γ'(kN/m³)		11～16	14～18	17～20	17～22	20～23

对于黏性土与 CPT、SPT 经验关系，主要是针对不排水抗剪强度 c_u 建立的。其与 CPT 关系，英国 CIRIA 协会手册中推荐 Lunne and K. leven（1981）提出的经验公式，如式（7.3-20）所示。

$$c_u=\frac{q_c-\sigma_{v0}}{N_k} \tag{7.3-20}$$

式中　σ_{v0}——竖向总应力；

N_k——经验系数，对于海洋黏土为主要为 11～19，平均值可取 15。对于更多取值，可参考 Lunne et al.（1997）。

对于黏性土不排水抗剪强度 c_u 与 SPT 经验关系，英国 CIRIA 协会手册主要推荐参考 Terzaghi et al.（1996）中经验表格，见表 7.3-6。

SPT 与不排水抗剪强度经验关系表　　　　表 7.3-6

N 值	不排水抗剪强度 c_u(kPa)
0～2	0～12.5
2～4	12.5～25
4～8	25～50
8～15	50～100
15～30	100～200
>30	>200

2. 地基沉降设计

对于常规的回填地基处理设计，可依据英国 CIRIA 协会的水利吹填手册中推荐的思路，一般需考虑的三部分的沉降：①在回填土自重和未来施加设计荷载作用下，原地面土体产生的沉降；②在回填土自重作用下，回填土自身产生的沉降；③在基础荷载作用下，地基础底部回填土产生的沉降。而关于土体沉降计算的计算，一般包括瞬时沉降、主固结沉降、次固结沉降。

对于中欧美标准中常用沉降计算方法的适用范围、得到沉降类型以及需获取的岩土参数分别汇总如表 7.3-7 所示。

中欧美标准、文献中常用沉降计算法汇总对比　　　　表 7.3-7

标准类别		方法类别	需要的主要岩土参数	沉降类型	适用土层
欧美标准	EN 1997-1(2004)	调整弹性法	排水条件下弹性模量 E_m	瞬时沉降	所有土层
		应力应变法	土体模量或应力应变曲线	固结沉降	所有土层
	英国 CIRIA 协会的水利吹填手册	Terzaghi 法	C_c压缩系数	固结沉降	所有土层
		Mesri 经验公式	C_a二次压缩系数	二次固结或蠕变沉降	所有土层
	BS EN 1997-2：2007	schmertmann(1970、1978)法-美标	E'杨氏弹性模量，可由 CPT 获取	总沉降(包含瞬时沉降和蠕变沉降)	砂土
		附录 F. 3 推荐法	I_{∞}，可由 SPT 获取	总沉降(包含瞬时沉降和蠕变沉降)	砂土
中国标准	《建筑地基基础设计规范》GB 50007—2011	分层总和法	E_s压缩模量与平均附加应力系数	固结沉降	所有土层
	《水运工程地基设计规范》	分层总和法	$e \sim p$ 压缩曲线或压缩模量 E_s	固结沉降	所有土层

(1) 欧美设计常用计算法

1) 欧标 BS EN1997-1：2004

EN1997-1：2004 中对于地基沉降计算主要基于正常使用极限状态进行设计，区别地基承载力中基于承载力极限状态设计法，标准仅对给出了原则性的规定，并建议采用应力-应变法和调整弹性法，而调整弹性法仅用于计算瞬时沉降。

2) 英国 CIRIA 协会的水利吹填手册[37]

英国 CIRIA 协会的水利吹填手册中推荐，对于大面积吹填地基其瞬时沉降可忽略；主固结最终沉降值计算可采用 Terzaghi 经验公式，而主固结沉降与时间关系的计算可采用仅考虑水平固结的 Barron 理论、考虑了涂抹效应的 Hansbo 理论以及整体考虑了水平和竖向固结的 Carillo 理论；二次固结沉降计算则推荐采用 Mesri 公式。参考 Mesri and Feng (1991) 文献，当用堆载预压加速固结和消除二次固结沉降时，后期剩余的二次固结沉降可忽略。

3) 基于原位试验经验公式

欧美地基处理设计文中常用的基于原位试验的经验公式，一般主要为基于 CPT 与 SPT 的沉降计算。

① 基于 CPT 经验关系

对于粗颗粒土，当基础承受荷载 q 时，对应的沉降 S，则可采用 schmertmann (1970、1978) 沉降计算法，具体如下式：

$$S = C_1 \times C_2 \times (q - \sigma'_{v0}) \times \int_0^Z \frac{I_Z}{C_3 \times E} dZ \tag{7.3-21}$$

式中　q——基础底面深度处的净荷载；

I_Z——应变影响系数，近似定为三角分布；

E——第 i 层土的中心处的弹性模量；

C_1、C_2——校正因数，深度因数 C_1 取 1.0，C_2 随时间 t 变化，取 $C_2=1.2+0.2\times\log(t)$；

σ'_{v0}——基础深度处的有效自重压力。

② 基于 SPT 经验关系

由附录 F.3 中推荐，对于超固结砂土，其瞬时沉降可参照式（7.3-22）、式（7.3-23）进行计算。

当 $q'\geqslant\sigma'_p$：

$$S_i=\sigma'_p\times B^{0.7}\times\frac{I_\alpha}{3}+(q'-\sigma'_p)\times B^{0.7}\times I_\alpha \tag{7.3-22}$$

当 $q'<\sigma'_p$：

$$S_i=\sigma'_p\times B^{0.7}\times\frac{I_\alpha}{3} \tag{7.3-23}$$

式中 σ'_p——最大前期固结应力（kPa）；

q'——基础底部的平均压应力（kPa）；

$I_\alpha=a_f/B^{0.7}$；

a_f——基础底部砂土的压缩系数（mm/kPa），等于 $\Delta S_i/\Delta q'$。

对于正常固结砂土，瞬时沉降计算则可按照式（7.3-24）进行计算。

$$S_i=(q'-\sigma'_p)\times B^{0.7}\times I_\alpha \tag{7.3-24}$$

对于系数 I_α 计算，通过回归分析，可采用下面经验公式（7.3-25）。

$$I_\alpha=1.71/\overline{N}^{1.4} \tag{7.3-25}$$

其中 $\overline{N}$ 为基础底部影响深度范围的 SPT-N 的平均值，其中 SPT-N 的标准差，当平均值大于 25 时，可取 1.5；当平均值小于 10 时，取 1.8。

对于 N 值的修正有如下规定：

a. 此公式中的 N 值无需基于上覆地层应力和基于能量传递比的修正。但此 N 值可认为已考虑了地下水位的影响。

b. 当 SPT 测试地层为水下细砂或粉土质砂时，且大于 15 击时，应进行相应的修正，即：$N'=15+0.5\times(N-15)$。

c. 当地层为砾砂或砂质砾土（gravel or sandy gravel）时，SPT 的 N 值应乘以 1.25 增大系数。

d. 对于用于计算 N 平均值的深度，一般而言，可取 $z_1=B^{0.75}$，对于 N 值随深度增加或者基本不变的地层，此影响深度范围内的沉降已占约 75%的总沉降。当 N 值随深度递减时，影响深度应取 $2B$ 或者软弱层的底部，两者中较小值。

对于基础长宽比（L/B）的修正系数 f_s，计算如式（7.3-26）。由式可推算，当 L/B 为无穷大时，f_s 趋向于 1.56。

$$f_s=\left[\frac{1.25\times L/B}{L/B+0.25}\right]^2 \tag{7.3-26}$$

③ 关于长期沉降的计算

以上式（7.3-22）~式（7.3-24）均是关于砂土地基瞬时沉降的计算，但对于砂土、碎石土地基，当计算长期沉降时还应考虑砂土地基的蠕变作用，其最终沉降值可在直接瞬时沉降基础上乘以由 Burland and Burbridge（1985）提出的时间因子 f_t，如式（7.3-27）。此外对于式（7.3-21）中 C_2 时间因子，也是考虑砂土地基长期沉降中的蠕变作用。

$$f_t = 1 + R_3 + R_t \lg t_3 \tag{7.3-27}$$

式中 f_t——时间修正因子，（$t>3$ 年）；

R_3——施工完成后前 3 年时间因子；

R_t——施工完成 3 年后的时间因子。时间因子的取值可参考文献 Burland and Burbridge（1985）中建议值：对于静荷载，R_3、R_t 可分别取较为保守的 0.3 和 0.2；对于动荷载，则可分别取 0.7 和 0.8。

（2）沉降计算参数值选取对比

1）计算深度选取对比

关于地基变形计算深度的规定主要有应力比法和变形比法。中欧美规范、文献中对计算深度的规定对比如表 7.3-8 所示。由表中可看出，欧标 BS EN1997-1（2004）采用的是应力比法，而中国标准《建筑地基基础设计规范》GB 50007—2011 采用的应变比法，但中国标准中其余大部分也均是采用应力比法。对于不同标准中的规定详参下述小节分析。

中欧美规范、文献中对计算深度的规定汇总对比　　表 7.3-8

标准类别		应力比法	应变比法
欧美标准	BS EN1997-1(2004)	√	
中国标准	《建筑地基基础设计规范》GB 50007—2011		√
	《水运工程地基设计规范》JTS 147—2017	√	
	《建筑桩基技术规范》JGJ 94—2008	√	
	《上海市地基基础设计规范》DGJ 08—11—2010	√	

EN 1997-1（2004）采用的是应力比法，规定为基础上荷载引起的有效竖向应力为上覆土层有效应力的 20%处，更多情况下出于方便而取 1～2 倍基础宽度，《建筑地基基础设计规范》GB 50007—2011 自 1974 年起到目前三个版本中对于沉降计算深度采用的均是变形比法，对于地基变形计算深度推荐使用公式（7.3-31）。目前国内使用应力比法确定地基变形计算深度的有《水运工程地基设计规范》JTS 147—2017、《上海市地基基础设计规范》DGJ 08—11—2010 及《建筑桩基技术规范》JGJ 94—2008，沉降计算深度取自基底至附加应力等于土层自重应力 10%处。在 GB 50007—2011 条文说明中对于应力比和应变比法的说明如下："地基附加应力对自重应力之比为 0.2 或 0.1 作为控制计算深度的标准，该法沿用成习，并有相当经验。但它没有考虑到土层的构造与性质，过于强调荷载对压缩层深度的影响而对基础大小更为重要的因素重视不足。自 TJT 74 规范施行以来，变形比法的规定纠正了上述的问题，取得了不少经验。"

$$\Delta S'_n \leqslant 0.025 \sum_{i=1}^{n} \Delta S'_i \tag{7.3-28}$$

式中 $\Delta S'_i$——在计算深度范围内，第 i 层土的计算变形值；

$\Delta S'_n$——在由计算深度向上取厚度 ΔZ 的土层计算变形值。

但对于上面应力比和变形比法的描述有些人持有相反的意见，徐文忠先生在总结其在天津地区多年地基处理工作经验得出应力比法得出的计算结果更接近沉降监测结果，而且应力比法可消除采用变形比法后计算结果出现的反常现象，如基础底的角点地基沉降计算深度比中心点反而大；双层地基的计算出现反常等。且变形比法认为基础底面附加压力、均匀地基的压缩模量、基础埋置深度及地下水位深度没有关系是不符合土力学原理的。变形比法在基础底面各点的沉降计算值中，中心点比角点沉降值大，符合土力学原理。但是沉降计算深度却是角点比中心点要大得多，是不符合实际的。同济大学土力学与基础工程教授俞调梅也说过“把附加应力对自重应力之比等于 0.2 或 0.1 作为压缩层下限，这仍然是较好的方法……”。故对于 BS EN1997、行标 JTS 147—2017 推荐的应力比法和 GB 50007—2011 中推荐的变形比法的优劣尚待讨论。

2）模量的选取对比

土体的模量主要为一定增量应力与相应的增量应变的比值，即 $E=\Delta\varepsilon/\Delta\sigma$。模量类型有很多，有基于弹性变形的模量，有基于压缩变形的模量，在国内外标准文献中主要的模量有如下类型：

第一类主要基于三轴压缩试验（Triaxial test）的杨氏弹性模量 E'，对应英文 Young′s modulus，主要有 E_{50}、E_{tan}。E_{tan} 为基于三轴压缩试验应力-应变曲线某点对应的割线模量，而 E_{50} 为取屈服应力 50%对应的割线模量；

第二类主要是基于固结试验（Oedometer test），也常成为一维压缩试验（one-dimensional compression test）获取的侧限压缩模量 E_{oed}（constrained modulus）与国标 E_s 是一致的；

第三类主要基于平板载荷试验（plate load test）获取模量 E_{plt}，与《建筑地基检测技术规范》JGJ 340—2015 中变形模量 E_0 一致。

根据表 7.3-8 汇总的沉降计算公式可知，不同沉降类型以及对应的沉降计算公式所选用的模量不同。对于不同模量的获取除了上述基于固结试验、三轴压缩试验和原位试验获取之外，中欧美标准、文献中还往往基于各类经验公式进行获取。具体汇总如表 7.3-9 所示。而关于土体模量室内试验统计方式、经验公式计算以及适用范围的详细对比分析见下小节。

中欧美标准、文献常用土体模量经验公式汇总对比　　表 7.3-9

<table>
<tr><th colspan="2">标　准</th><th>方法类别</th><th>模量类别</th><th>经验关系</th><th>适用土体</th></tr>
<tr><td rowspan="4">欧美标准</td><td rowspan="2">BS EN 1997-2:2007</td><td>附录 D.4</td><td>杨氏弹性模量 E'</td><td>基于 CPT 经验公式</td><td>无黏性土</td></tr>
<tr><td>Sanglerat(1972)法</td><td>侧限压缩模量 E_{oed}</td><td>基于土体类别和对应 CPT 值经验表格</td><td>黏性土</td></tr>
<tr><td rowspan="2">英国 CIRIA 协会的水利吹填手册</td><td>Lunne and christoferson(1983)法</td><td>杨氏弹性模量 E'</td><td>基于 CPT 经验关系图</td><td>无黏性土</td></tr>
<tr><td>Sanglerat(1972)</td><td>侧限压缩模量 E_{oed}</td><td>基于 CPT 经验关系图</td><td>黏性土</td></tr>
<tr><td>中国标准</td><td colspan="5">仅提供了基于平板载荷原位试验的模量获取方式，对于基于 CPT、SPT 等无相关经验公式提供，具体设计实践中可参考《工程地质手册》（第四版）</td></tr>
</table>

a. 基于室内试验的获取

在地基土的工程特性指标的统计分析中，国标《建筑地基基础设计规范》GB 50007—2011 和行标《水运工程地基设计规范》JTS 147—2017 均规定取室内压缩试验的平均值作为压缩性指标的代表值。而在欧标 BS EN 1997-1（2004）对压缩指标取值和前述抗剪强度指标取值一致，均采用基于数理统计的标准值作为其设计的代表值。

b. 基于 CPT 经验公式的获取

杨氏弹性模量 E' 与 CPT 经验关系如下。

对于圆形、方形基础，

$$E'=2.5q_c \tag{7.3-29}$$

对于条形基础，

$$E'=3.5q_c \tag{7.3-30}$$

黏性土侧限压缩模量 E_{oed} 的经验公式，规范中推荐采用 Sanglerat（1972）提出的经验公式（7.3-31）：

$$E_{oed}=\alpha q_c \tag{7.3-31}$$

式中　α——经验系数，如表 7.3-10 所示。

基于细颗粒土的 CPT 与侧限压缩模量经验系数　　表 7.3-10

土　体	q_c(MPa)	α
低塑性黏土	$q_c \leqslant 0.7$	$3<\alpha<8$
	$0.7<q_c<2$	$2<\alpha<5$
	$q_c \geqslant 2$	$1<\alpha<2.5$
低塑性粉土	$q_c<2$	$3<\alpha<6$
	$q_c \geqslant 2$	$1<\alpha<2$
高塑性黏土	$q_c<2$	$2<\alpha<6$
高塑性粉土	$q_c>2$	$1<\alpha<2$
高有机含量粉土	$q_c<1.2$	$2<\alpha<8$
泥炭土和高有机含量黏土	$q_c<0.7$	—
	$50<$含水量 $w \leqslant 100$	$1.5<\alpha<4$
	$100<$含水量 $w \leqslant 200$	$1<\alpha<1.5$
	$w>300$	$\alpha<0.4$
白垩岩	$2<q_c \leqslant 3$	$2<\alpha<4$
	$q_c>3$	$1.5<\alpha<3$

对于无黏性砂土的杨氏弹性模量经验关系可参考表 7.3-11（来源 Lunne and christoferson，1983）所示。

基于粗颗粒土的 CPT 与杨氏弹性模量经验表　　表 7.3-11

土体类别	q_c(MPa)	E_s(MPa)
正常固结砂土	$q_c<10$	$4q_c$
	$10<q_c<50$	$2q_c+20$
	$q_c>50$	120
超固结砂土	$q_c<50$	$5q_c$
	$q_c>50$	250

3. 密实度设计

（1）密实度的概念

密实度作为无黏性砂土地基处理的一个设计指标，在欧美设计文件中经常用到，但在国内设计文件中比较少见。密实度指标不是土体的一个力学指标，而只是用来建立与土体的力学性质，并能反映土体密实度的一个间接指标。密实度指标一般包含相对密度指标D_r和压实度指标R_c，其具体计算公式如下：

$$D_r=\frac{e_{max}-e}{e_{max}-e_{min}}100\%=\frac{\rho_d-\rho_{dmin}}{\rho_{dmax}-\rho_{dmin}}\cdot\frac{\rho_{dmax}}{\rho_d}\cdot100\% \tag{7.3-32}$$

式中 e_{max}——最大孔隙比；

e_{min}——最小孔隙比；

e——土体的原状的孔隙比。

ρ_{dmax}与ρ_{dmin}分别为最小孔隙比和最大孔隙比对应的最大干密度和最小干密度，可通过砂土的相对密度试验获取；ρ_d为现场干密度。

$$R_c=\frac{\rho_d}{\rho'_{dmax}}\cdot100\% \tag{7.3-33}$$

式中 ρ'_{dmax}——基于击实试验的最大干密度，与前面基于砂土相对密实获取的最大干密度ρ_{dmax}不同。

由于在欧美标准中，这两个指标也经常用不同的字母来表示，因此在各类参考书和英文文献中也经常容易出现混淆。整理欧美标准中针对相对密度指标和压实度指标一般常用的表达方式如表 7.3-12 所示。

不同标准中密实度指标的表达方式 **表 7.3-12**

密实度指标	欧标 BS EN 1997	英标 BS	美标 ASTM	德国标准 EAU (DIM)	中国标准
相对密度	Density Index (I_D)	Density Index (I_D)	Relative density (D_d)	Specific degree of density(I_D)	相对密度 D_r
压实度	Proctor density	Relative compaction	Relative compaction(R_c)	Degree of compaction(D_{pr})	压实度、压实系数

对于无黏性砂土地基的密实度设计指标的要求，可参照 Elias et al（2004）提出的，具体如下：

1）对于楼板（floor slabs）、平底油罐（flat bottom tanks）和堤坝（embankments）等地基，一般应要求相对密度指标$D_r\geqslant60\%$；

2）对于柱形基础（column footing）和桥梁基础（bridge foundations），一般要求$D_r\geqslant70\%\sim75\%$；

3）对于机械装置（machinery）和筏板基础（mat foundations），一般要求$D_r\geqslant80\%$。

（2）密实度指标的获取

1）相对密度指标D_r和压实度指标R_c经验关系

对于相对密度指标D_r和压实度指标R_c获取，在欧美规范中一般采用以下试验规范进行获取。相对密实指标一般参考 BS EN 1997-2：2007 与美标 ASTMD-4254 试验标准进行。而对于压实度指标则基于 ASTMD-1557 试验获取。两者均可获取砂土的最大干密度，但获取的方式不同，ASTMD-4254，采用振动密实方式获取。而相对压实度指标则参照美标 ASTMD-1557，采用夯实方式获取。而国内试验标准主要参考《土工试验方法标准》GB/T 50123—1999 中的相对密度试验和击实试验。

相对密度与相对压实度具有一定的相关关系，但其具体应用范围有所不同。相对密度指标应用较早，主要用来描述砂土和其最松散与最密实状态之间的相对状态，与砂土的抗剪强度和固结特性已建立了较多的经验关系，且在抗震液化评估中应用较广。而相对压实度指标，主要应用于填土碾压工程中，用来判定土体碾压密实程度。但在国际上大部分吹填地基处理工程中，由于砂土细颗粒含量分布范围较广，两个密实度指标均可适用，因此有必要建立两者之间相关关系。

根据室内试验对两者相关关系展开研究的最早主要有 Lee 和 Singh（1971），分别选取了 47 个砂样建立了两者之间相关性。文中将相对压实度对应的最大干密度假设等同于相对密实度对应的最大干密度，并经统计分析得到如下经验关系。如式（7.3-37）所示。

$$R_c(\%)=80+0.2D_r(D_r>40\%) \tag{7.3-34}$$

Youssef（2007）则选取了 20 组来自 Fayoum 的纯砂样（平均细颗粒含量小于 2%）并分别依据 ASTMD-4254 和 ASTMD-1557 进行了最大干密度试验，对两个指标对应的最大干密度进行了区分，经统计分析得到如下相对密实度 D_r 和相对压实度 R_c 经验关系。

$$D_r=5.5R_c-4.47 \quad (0.85<R_c<1) \tag{7.3-35}$$

经转换如下：

$$R_c(\%)=81.27+0.18D_r \quad D_r>20.5\% \tag{7.3-36}$$

由以上可知，虽然式（7.3-34）是在将相对压实度对应的最大干密度等同于相对密度条件下得出的经验公式，但两个经验公式基本近似，两者之间系数相差细微，均呈线性关系。

对于两种方式获取的最大干密度之间关系，由参考文献得知[13]。对于细颗粒含量少的纯砂（小于 0.075mm 粒径含量小于 5%），基于 ASTMD-4254 标准获取的干密度试验结果偏大，而对于细颗粒含量大于 5% 的粉细砂土，则基于 ASTMD-4254 标准获取的干密度值偏低。因此，随着细颗粒含量增加，基于相对密度获取的最大干密度值会逐渐降低，而对基于相对压实度指标的最大干密度值则逐渐增大。

2）相对密度 D_r 与 CPT 经验关系

相对密实度 D_r 与 CPT 经验关系主要以 Baldi（1986）提出的经验关系为主，在欧美设计文件中应用较为普遍，具体如式（7.3-40）所示。

$$D_r=\frac{1}{C_2}\ln\left(\frac{q_c}{C_0(\sigma')^{C_1}}\right) \tag{7.3-37}$$

式中 C_0、C_1、C_2——砂土经验系数；

σ'——上覆地层有效应力；

q_c——CPT 锥尖阻力。

Baldi 基于 10 组试验提出适用与正常固结且非沉积、非胶结硅质砂经验系数为 $C_0=157$、$C_1=0.55$、$C_2=2.41$；适用与正常超固结砂经验系数为 $C_0=181$、$C_1=0.55$、$C_2=2.61$。

Idriss 和 Boulanger（2004）提出了下列经验公式：

$$D_r = 0.478(q_{c1N})^{0.264} - 1.063, \quad D_r = \sqrt{(N_1)_{60}/46} \tag{7.3-38}$$

式中 $q_{c1N} = (q_c/p_a)/(\sigma'_v/p_a)^{0.5}$，参数含义同上。

3）相对密度 D_r 与 SPT 经验关系

参考英国协会 CIRIA 的水利吹填手册中，里面提及到目前最常用，比较可靠的相对密实度与 SPT 的关系，主要是由 Gibbs and Holz（1957）提出的经验关系为主。

参考 BS EN 1997-2：2007 的附录 F，对于两者之间关系也给出了相应的经验公式，如式（7.3-39）所示，此公式仅适用于硅质砂土，对于钙质砂土或细颗粒含量较高的砂土，会得到相对偏小的 I_D。

$$N_{60}/I_D^2 = a + b\sigma'_{v0} \tag{7.3-39}$$

式中 a、b——经验关系；

σ'_{v0}——有效上覆地层应力。参考 Skempton（1986）年提出，对于正常固结砂土，且密实度在 $0.35 < I_D < 0.85$、$0.5 < \sigma'_{v0} < 2.5$（$kPa \times 10^{-2}$）条件下接近常数，且当 $I_D > 0.35$，$(N_1)_{60}/I_D^2 \simeq 60$；如是细砂（fine sand），相应的 N 值还应乘上相应的折减系数 55/60；如为粗砂（coarse sand），N 值折减系数则为 65/60。同时规范中还指出，对于密实砂土，系数 a 伴随时间增加呈现增加趋势。

参考英标 BS 5930（2015）和国际标准 ISO 14688 根据 SPT -N 值和相对密度指标对密实度的划分如表 7.3-13 所示。值得注意的是 BS 5930（2015）中 SPT 击数应为未经修正的 N 值，且不适用于粒径比较大的碎石土（very coarse）；而 BS EN 1997-2：2007 中的 SPT 标贯击数为基于能量和上覆地层应力修正的 $(N_1)_{60}$，具体可参考 BS EN 22476-3 进行修正。

基于 SPT N 值和相对密度的密实度的划分 **表 7.3-13**

密实度状态描述	标贯击数 N（参考 BS 5930，2015）	$(N_1)_{60}$ BS EN 1997-2：2007	相对密度（参考 ISO 14688）
非常松散 Very loose	0～4	0～3	0～15
松散 Loose	4～10	3～8	15～35
中密 Medium dense	10～30	8～25	35～65
密实 Dense	30～50	25～42	65～85
非常密实 Very dense	>50	42～58	>85

4. 抗震液化设计指标

基于欧标 EN 1998-5：2004 的规定，对于浅基础中，15m 深度以下的砂土可不考虑地震液化影响，且在标准中建议：对于地震加速度小于 0.15 的砂土地基，当满足以下条件之一时，也可不考虑砂土液化的影响：1）砂土中黏土颗粒含量大于 20%，且塑性指数 PI 应大于 10；2）砂土中粉土颗粒含量大于 35%，且基于上覆地层压力修正和 60%能量传递的归一化 SPT 标贯值（N_1）60 应大于 20。另根据 Pupam Saikia（2014）中分析，当砂土上覆地层有效应力大于 190kPa 时，可忽略地震液化影响。

欧美设计文件中一般采用 Youd and Idriss（2001）[38]中提出的计算公式来评估抗震液

化安全系数，具体如式（7.3-40）计算：

$$CSR=0.65r_{\mathrm{d}}\left(\frac{\sigma_{\mathrm{v}}}{\sigma_{\mathrm{v}}'}\right)\left(\frac{a_{\max}}{g}\right)MSF^{-1} \tag{7.3-40}$$

式中 σ_{v}'——竖向有效上覆土压力；

σ_{v}——竖向总上覆土压力；

γ_{d}——应力折减系数；

$a_{\max}$——地表水平加速度峰值；对于 30m 以内的不同埋深，Liao 和 Whitman[39]、陈国兴等[40]建议 γ_{d}用下式计算：

$$r_{\mathrm{d}}=\begin{cases}1.0-0.00765z & z\leqslant 9.15 \quad Liao\text{ 和 }Whitman,1986\\ 1.174-0.0267z & 9.15<z\leqslant 23 \quad Liao\text{ 和 }Whitman,1986\\ 0.757-0.0085z & 23<z\leqslant 30 \quad \text{陈国兴},2002\end{cases} \tag{7.3-41}$$

MSF 为震级标定系数，美国国家地震工程中心（NCEER）建议按表 7.3-14 确定震级标定系数值；NCEER 1996 年推荐的震级比例因子取值方法[41]为：

$$MSF=\left(\frac{M_{\mathrm{W}}}{7.5}\right)^{n} \tag{7.3-42}$$

式中 M_{W}——震级；

n——指数（NCEER 建议：当 $M_{\mathrm{W}}>7.5$ 时，n 取-2.56；当 $M_{\mathrm{W}}\leqslant 7.5$ 时，n 的上下界分别为-3.30 和-2.56）。

震级标定系数值 *MSF* **表 7.3-14**

震级 M_{W}	5.5	6.0	6.5	7.0	7.5	8.0	8.5
MSF	2.2～2.8	1.76～2.1	1.44～1.6	1.19～1.25	1.0	0.84	0.72

而对于循环阻力比 $CRR_{7.5}$计算一般可基于 CPT 或 SPT 进行计算。

（1）基于 CPT 的 $CRR_{7.5}$计算

P. K. Robertson 和 C. E. Wride[42]提出了应用静力触探试验（CPT）对土质分类、进行液化评估的方法，主要是计算地基土的周期阻力比 *CRR*。其最大优点就是分析流程中的每一步骤均以数学式表达，可以直接应用 CPT 试验成果计算周期阻力比 *CRR*，逐步计算该深度的液化潜能。通过采用多种手段来修正 CPT 试验成果，使得这一方法逐步完善。该理论是基于对薄层土锥尖阻力修正和对场地及土性修正的基础上建立的。

由于土层上覆应力对 CPT 锥尖阻力有较大影响，即相同性质的土层在不同的深度，其 CPT 探头阻力是不同的，因此需对 CPT 锥尖阻力进行归一化。在考虑初始有效应力 σ_{v0}'和标准大气压力 P_{a}（$P_{\mathrm{a}}=100\mathrm{kPa}$）的前提下，对静探指标的贯入阻力（锥尖阻力 q_{c}与侧壁摩阻力 f_{s}）进行了修正，即：

$$Q_{\mathrm{tn}}=C_{\mathrm{q}}q_{\mathrm{c}},F_{\mathrm{r}}=C_{\mathrm{f}}f_{\mathrm{s}} \tag{7.3-43}$$

式中 $C_{\mathrm{q}}=(p_{\mathrm{a}}/\sigma_{\mathrm{V0}}')^{\mathrm{c}}$，$C_{\mathrm{f}}=(p_{\mathrm{a}}/\sigma_{\mathrm{V0}}')^{\mathrm{s}}$，c 和 s 均为指数，需根据锥尖阻力和摩阻比的值查图确定。

根据计算出的 Q_{tn}和 F_{r}值，就可以按下式计算土的特性指数 I_{C}，即：

$$I_{\mathrm{C}}=\sqrt{(3.47-\log Q_{\mathrm{tn}})^{2}+(1.22+\log F_{\mathrm{r}})^{2}} \tag{7.3-44}$$

当 $I_{\mathrm{C}}>2.6$ 时，令 $q_{\mathrm{c1N}}=Q_{\mathrm{tn}}$；当 $I_{\mathrm{C}}\leqslant 2.6$ 时，令 $Q_{\mathrm{tn}}=q_{\mathrm{c1N}}=(q_{\mathrm{c}}/p_{\mathrm{a2}})(p_{\mathrm{a}}/\sigma_{\mathrm{V0}})^{0.5}$，且

$p_{a2}=0.1\text{MPa}$。将这些数值重新计算特性指数 I_C。若此时特性指数 $I_C>2.6$，

$$q_{c1N}=(q_c/p_{a2})(p_a/\sigma'_{V0})^{0.75} \quad (7.3\text{-}45)$$

计算出归一化锥尖阻力值 q_{c1N}后，得出等价纯净砂归一化贯入阻力。

$$(q_{c1N})_{cs}=K_c q_{c1N} \quad (7.3\text{-}46)$$

式中 K_c 为修正系数，式（7.3-44）中 $I_C\leqslant1.64$ 或 $1.64<I_C<2.36$，且 $F_r<0.5\%$时，取 $K_C=1.0$；当 $1.64<I_C<2.6$，且有 $F_r>0.5\%$时，$K_C=-0.403I_C^4+5.581I_C^3-21.63I_C^2+33.75I_C-17.88$。当 $I_C\geqslant2.6$ 时可停止计算。

对地震震级 $M_s=7.5$ 的 $CRR_{7.5}$，按下式计算：

$$\begin{cases} CRR_{7.5}=0.833[(q_{c1N})_{CS}/1000]+0.05 & (q_{c1N})_{CS}<50 \\ CRR_{7.5}=93[(q_{c1N})_{CS}/1000]^3+0.08 & 50<(q_{c1N})_{CS}\leqslant160 \end{cases} \quad (7.3\text{-}47)$$

（2）基于 SPT 的 $CRR_{7.5}$计算

对于纯砂，当 $(N_1)_{60cs}<30$ 时，可用下式：

$$CRR_{7.5}=\frac{1}{34-(N_1)_{60cs}}+\frac{(N_1)_{60cs}}{135}+\frac{50}{[10(N_1)_{60cs}+45]^2}-\frac{1}{200} \quad (7.3\text{-}48)$$

式中 $(N_1)_{60cs}$——基于纯净砂土且经多因素修正后的标贯击数。对于含细颗粒砂，可根据细颗粒含量 FC 值进行修正：当 $(N_1)_{60cs}<30$，可参照式（7.3-48）进行，当 $(N_1)_{60cs}\geqslant30$，可认为砂土过于密实不液化。

为了考虑细粒含量对抗液化强度 CRR 的影响，Idriss 采用 SEED 将含细粒的砂土 $(N_1)_{60cs}$修正为等效纯净砂土 $(N_1)_{60cs}$的方法，提出下列修正公式：

$$(N_1)_{60cs}=\alpha+\beta(N_1)_{60} \quad (7.3\text{-}49)$$

式中 α 、β 为考虑细粒含量 FC 的修正系数，按下述规定确定：当 $FC\leqslant5\%$时，$\alpha=0$，$\beta=1.0$；当 $5\%<FC<35\%$时，$\alpha=\exp[1.76-(190/FC^2)]$，$\beta=0.99+FC^{1.5}/1000$；当 $FC\geqslant35\%$时，$\alpha=0$，$\beta=1.0$；时，$\alpha=5.0$，$\beta=1.2$。

修正标准贯入击数与实测标准贯入击数的换算关系如下：

$$(N_1)_{60}=C_N C_E C_B C_R C_S N_m \quad (7.3\text{-}50)$$

式中 N_m——现场标贯击数实测值；

C_N——标贯击数按 100kPa 的有效上覆应力进行修正的修正系数；

C_E——锤击能量修正系数；

C_B——钻孔直径修正系数；

C_R——杆长修正系数；

C_S——与取样方法有关的系数。

NCEER 建议，修正系数 C_N按下式计算：

$$C_N=\begin{cases} (P_a/\sigma'_{v0})^{0.5} & \sigma'_{v0}\leqslant200\text{kPa} \\ \dfrac{2.2}{1.2+\sigma'_{v0}} & 200\text{kPa}<\sigma'_{v0}<300\text{kPa} \end{cases} \quad (7.3\text{-}51)$$

当有效上覆压力 $\sigma'_{v0}>300\text{kPa}$ 时，由于不同研究者建议的修正系数计算公式离散较大，NCEER 未建议相应的计算公式。这里 $P_a=1\text{atm}\approx1000\text{kPa}$。另外，NCEER 建议，$C_N$最大值等于 1.7。若 $CSR>CRR$，砂土液化；否则，砂土不液化。

7.3.3 振冲密实法工艺参数设计

1. 振冲间距设计

振冲点间距是振冲密实法设计的关键参数，在满足土体密实度要求前提条件下，设计选取最大间距，可减少地基处理的成本。

英国建筑业研究和信息协会标准 C573 中对振冲点间距设计，建议可参照 Glover (1982)[43] 文献设计图表，具体如图 7.3-2 所示。Glover 在文献中对 D′ Appllonia 等 (1953，振冲器功率 22kW)[44]、Webb and Hall (1969，振冲器功率 22kW)[11] 和 Brown (1977，振冲器功率 75kW)[9] 提出的设计表格进行了汇总分析。

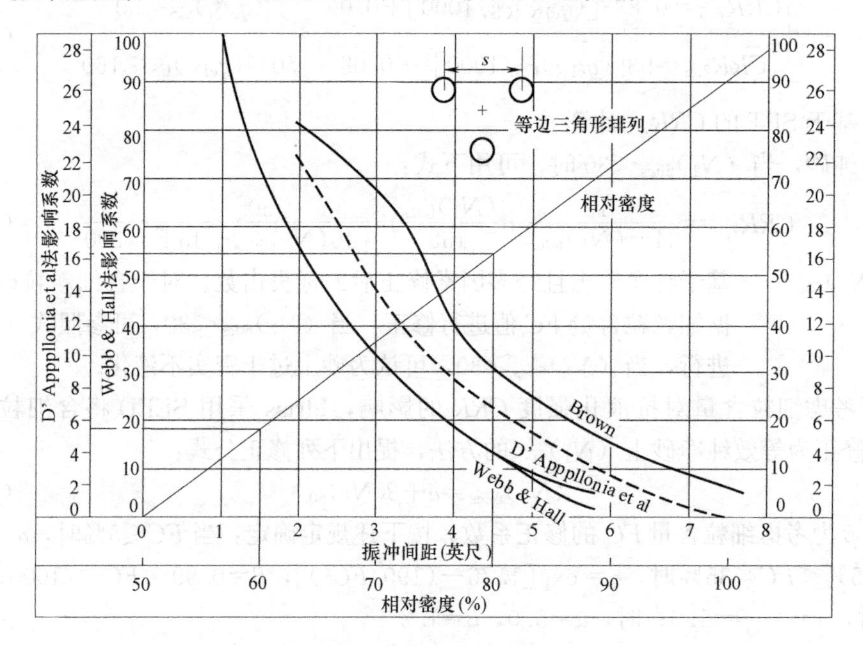

图 7.3-2 CIRIA 振冲密实法间距设计图[43]

由图 7.3-2 可看出，三种不同方法均基于单点振冲，先建立给定相对密实度和振冲点振冲影响系数的经验关系，再建立影响系数和振冲点间距的经验关系。需要说明的是：实际应用时影响系数为相邻振冲器相互叠加的一个综合系数，例如：若振冲点呈正三角形布置时，则此三角形中间点影响系数为三个振冲器叠加的一个值，即将获取的影响系数乘以 3 即为三角形中间点的叠加影响系数，同时在图表中换算出对应的间距要求，此间距为三角形中间点到振冲器的所需的设计距离，进一步可换算出正三角形排列的边长，即是振冲点间距。

上面的经验关系图也与振冲器的功率有关，振冲器功率增加时，经验曲线向右偏移，表明满足要求所需的振冲间距增大。当采用更大的振冲功率在砂土中进行试验时，建立的关系曲线应位于 Brown 经验关系曲线右侧。

此外，由美国土木公司 Hayward Baker 提出的经验关系表在工程实践中应用也较多，如图 7.3-3 所示。

美国国防部军工手册 MIL-HDBK-1007/3[14] 的第 1.5.4 节中相关规定，对于大面积

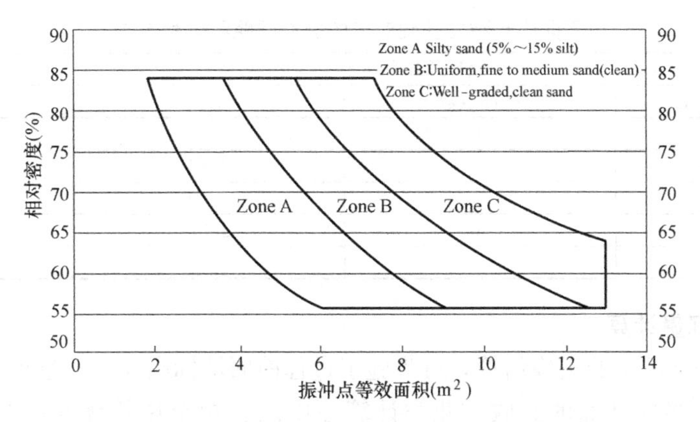

图 7.3-3 振冲点等效面积与相对密度之间关系

的振冲密实地基处理应采用等边形排列（一般为等边三角形或者正方形排列），振冲间距参照图 7.3-4 设计。

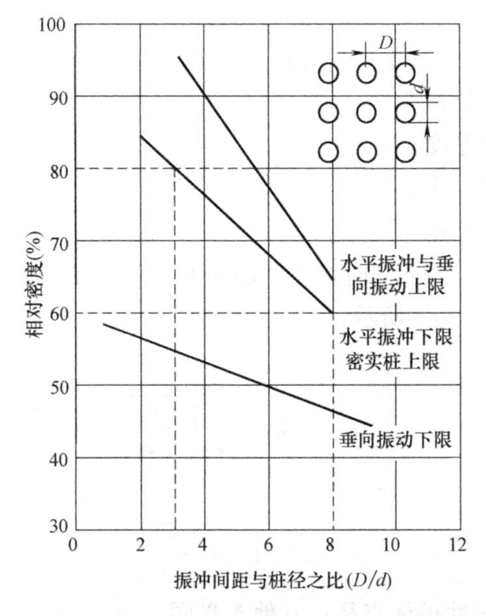

注：此经验关系针对等边形排列（即包含三角形或正方形排列。图中 x 轴为振冲点中心间距 D 与振冲点直径 d 比。

图 7.3-4 美国国防部（海军）军工手册振冲设计图

图 7.3-4 中给出振冲间距与桩径之比和对应的相对密实度的关系，该图是基于功率为 30～134hp（约为 25～100kW）的振冲器，且回填料满足小于 15%细颗粒条件而建立，其中分别提供了采用普通振冲器对应的上、下限经验关系和采用垂向振动管（Terraprobe）对应的上、下限经验关系，其中普通振冲器和垂向振动管上限经验关系一致。在设计振冲点间距时，可根据设计的相对密度、桩径来选取相应的间距。

对于独立基础应选用三角形排列和正方形排列方式，并针对不同边长的正方形基础，当设计承载力为 3tsf（约 287kPa），且选用的振冲头功率为 30hp（约 25kW）时，振冲点的数量、间距和排列可参照相应的经验关系表，如表 7.3-15 所示。

不同边长独立基础对应的振冲间距和排列方式　　　　表 7.3-15

设计承载力为 3tsf(约 287kPa)			
方形基础边长(m)	振冲点数	点间距(m)	排列方式
1.22	1	—	—
1.37～1.68	2	1.83	线性
1.83～2.13	3	2.29	三角形
2.29～2.90	4	1.83	方形
3.05～3.51	5	2.29	方形＋中间点

2. 振冲下沉量计算

振冲密实法下沉量的正确估算，可为施工过程前回填标高和施工过程补充回填料提供依据，以确保最终标高面的验收。此类计算在中欧美规范中均无相关规定，但可参考 Klaus kirsch and Fabian Kirsch (1993，2017) 进行计算。

对于无黏性砂土，如无外在回填料的补充时，当振冲密实后，下沉量计算如式 (7.3-52) 所示：

$$\frac{D_s}{H}=\frac{e_0-e_1}{1+e_0} \tag{7.3-52}$$

式中　Δs——振后的下沉量；

H——振冲前砂土厚度；

e_0——振冲前的孔隙比；

e_1——振冲后的孔隙比。

对于无黏性砂土，如在振冲同时进行回填料的补充，则当振冲密实后，下沉量计算如式 (7.3-53*a*) 和式 (7.3-53*b*) 所示：

对于方形布置：

$$s=0.89d_{c1}\sqrt{\frac{1+e_0}{e_0-e_1}} \tag{7.3-53a}$$

对于三角形布置：

$$s=0.95d_{c1}\sqrt{\frac{1+e_0}{e_0-e_1}} \tag{7.3-53b}$$

式中　d_{c1}——有填料的振冲桩体直径；其他含义同上。

7.4　振冲密实地基处理施工及监控

7.4.1　振冲设备

振冲设备包括振冲器、起重机、水泵、供水管道、加料设备和控制设备等，其中影响土体加固效果的核心设备为振冲器，国内外常见的振冲器型号及参数见表 7.4-1。

相对于电动振冲器需要持续的供电设备，液压振冲器体积相对较小，应用便捷；从目前了解的振冲设备而言，国外振冲设备的优势主要体现在：(1) 振冲器材料、设计理念相对先进；(2) 振冲施工过程中的监控系统智能、监控项目更全面，有助于保证振冲地基处理的质量，这也是值得国内的振冲设备生产商学习的。

国内外常用振冲器及主要技术参数（2017，不完全统计） **表 7.4-1**

生产商	型号	直径（mm）	电机功率（kW）	振动频率（Hz）	激振力（kN）	振幅（mm）	驱动方式
Betterground	B12	292	94	50	170	9	hyd,c
	B27	354	140	30	270	24	el or hyd,c
	B41	390	210	30	410	42	el,c
	B54	460	360	30	842	54	el,c
Keller Group	MB1670	315	70	50～60	157～226	7	el,v
	LB20100	315	100	60	201	5	el,c
	S340/34	421	120	30	340	29	el,c
	S700	490	290	25～38	742～690	50/15	el,v
	n-Alpha	259	60	60	130	6	hyd,c
Bauer Gruppe	TR13	300	105		150	6	
	TR17	298	96	≤53	≤193	12	hyd,v
	TR75	406	224	≤33	≤313	21	hyd,v
	TR85	420	210		330	22	
PTC	VL18	na	113	50	181	na	hyd
Fayat Group	VL40	na	135	30	145	na	hyd
	VL40S	na	180	40	258	na	hyd
	VL110	na	202	28	353	na	hyd
Balfour Beatty	HD130	310	98	50～60	140～202	16	hyd,v
Ground Engineering	HD150	310	130	50～60	200～288	22	hyd,v
	BD300	310	120	30～36	175～252	28	hyd,v
	BD400	400	215	30～35	310～426	34	hyd,v
Vibro	V23	350	130		300	23	
	V42	378	175		472	42	
ICE	V180	—	180	—	195	20	hyd,v
	V230	420	230	—	388	24	hyd,v
北京振冲	BJ30	375	30		80	10	el,c
	BJ75	426	75		160	7	el,c
	BJ426-75	426	75	30	270	14	el,c
	BJ402S-180	402	180	30	380	22	hyd,v
江阴振冲	ZCQ13	273	13		35	3	el,c
	ZCQ30	351	30		35	4.2	el,c
	ZCQ55	351	55		130	5.6	el,c
	ZCQ75C	426	75		160		el,c
	ZCQ75D	402	75		160		el,c
	ZCQ75E	351	75		160		el,c

续表

生产商	型号	直径（mm）	电机功率（kW）	振动频率（Hz）	激振力（kN）	振幅（mm）	驱动方式
江阴振冲	ZCQ100A	402	100		190		el,c
	ZCQ100C	351	100		180		el,c
	ZCQ132A	402	132		220		el,c
	ZCQ132B	402	132		220,200,180,150,120		el,c
	ZCQ132C	351	132		200		el,c
	ZCQ160A	402	160		260		el,c
	ZCQ180A	402	180		300		el,c
	ZCQ220	402	220		320		el,c

7.4.2 振冲密实法施工监控

振冲密实法的质量控制程序主要包括：施工过程中振冲参数监控，地基处理后的效果检测。

1. 振冲前 CPT 检测

振冲处理前进行静力触探（CPT）测试的主要目的是对需要振冲的地基进行预评估，了解振冲料土质的土性（土性指数 I_c），判断其可振冲性，进而确定合适的振冲工艺参数。

土体类别指数 I_c 可由 CPT 检测参数获得：

$$I_c=\sqrt{(3.47-\log Q_{tn})^2+(1.22+\log F_r)^2} \quad (7.4\text{-}1)$$

式中 $Q_{tn}=[(q_c-\sigma_{v0})/p_a]\cdot C_N$，$F_r=f_s\cdot 100\%/(q_c-\sigma_{v0})$；

Q_{tn}——修正锥尖阻力；

q_c——CPT 锥尖阻力；

σ_{v0}——锥尖总应力；

p_a——参考应力，取 100kPa；

$C_N=(p_a/\sigma'_{v0})^n$，$n=0.381(I_c)+0.05(\sigma'_{v0}/p_a)-0.15\leqslant 1.0$；

σ'_{v0}——锥尖有效应力。

细粒含量（FC）与土类别指数 I_c 具有一定的关系，基于 CPT 检测结果可获取相应的细颗粒含量分布，具体可参照如下经验公式 Robertson and Wride (1998) 进行计算。

$$\begin{aligned} I_c<1.26 \quad & FC=0(\%) \\ 1.26\leqslant I_c\leqslant 3.5 \quad & FC=1.75I_c^{3.25}-3.7(\%) \\ I_c\geqslant 3.5 \quad & FC=100(\%) \end{aligned} \quad (7.4\text{-}2)$$

文献［20］指出，振冲密实法不适用于细粒含量超过 40%或土类别指数 $I_c>2.6$ 的砂土。

基于 CPT 的土性类别指数 I_c 对土类划分见表 7.4-2。

基于 CPT 的土类划分　　表 7.4-2

分区	土性类别指数 I_c	细粒含量(FC)(%)	土性类别(SBT)	
1	N/A	100.0	敏感性细粒土	
2	>3.600	100.0	有机质土,黏土	
3a	3.100～3.600	100.0	黏土	黏土
3b	2.950～3.100	87.4～100		淤泥质黏土
4a	2.680～2.950	65.0～87.4	粉土混合物	黏质粉土-淤泥质黏土
5a-4b	2.500～2.680	50.0～65.0	砂土混合物	淤泥质砂土-粉质砂土
5b	2.276～2.500	35.0～50.0		粉质砂土-砂质粉土
6a-5c	1.830～2.276	12.0～35.0		粉质砂土
6b	1.590～1.830	5.0～12.0	砂	粉质砂
6c	1.310～1.590	0.0～5.0		纯净砂
7	<1.310	0.0	密实砂-砾砂	
8	N/A	0.0	非常硬的砂-整体层状砂	
9	N/A	0.0	非常硬,胶结砂(固结砂)	

Massarsch（2005）[45] 提出了根据锥尖阻力 q_c 和摩阻比 F_r 图表判定砂土可振冲性的方法，如图 7.4-1 所示。

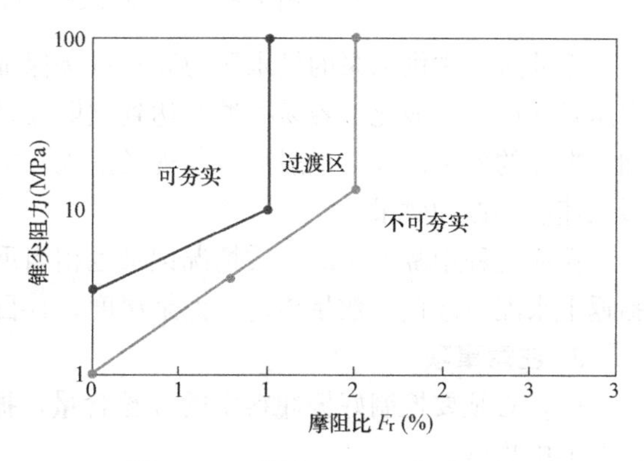

图 7.4-1　基于 Massarsch（2005）法回填料可振冲性判断

在实际操作过程，为了方便评估，将 CPT 判别为 5 类土定义为过渡类土，设置为 0；土类别判别为 1～4 类的土定义为不适合振冲的砂土，设置为－1。土类别指数判别大于 5 的土设置为 1，定于为适合振冲的砂土，则可得到不同深度砂土的可振冲性的判别曲线。图 7.4-2 为一检测实例。

基于上述两种评估方法，可通过振冲料预评估，发现的出现不合格料位置，可提前做好处理措施，制定相应的振冲工艺参数调整方案，同时现场振冲过程中重点监控出现不合格料区域。

2. 振冲密实过程监控

施工过程中的振冲参数，主要包括振冲深度、密实电流、振冲器水压/水量、留振时间、振冲过程外翻土质情况记录，以及振冲器的贯入速率、提升间距和速率等。

振冲密实程度与留振时间和密实电流有重要关系，振冲时间包括：振冲器下沉时间、孔底留振时间、上拔振冲时间、分段留振时间；留振时间长短是关系砂层液化密实的程度和区域，也是控制的关键；密实电流是达到质量要求的标记，须加强监控。

振冲器上提过快，留振时间短，不容易达到设计密实度；上提过慢，留振时间越长，容易造成振冲器卡住，磨损过大。一般需通过现场试验确定合理的留振时间和密实电流阈值。

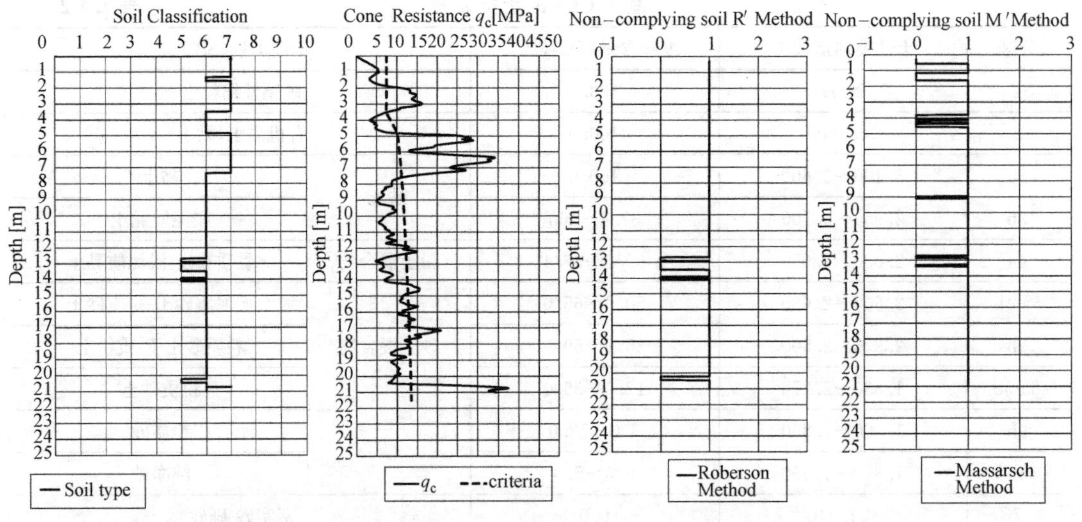

注：曲线图3为基于Robertson法的合格料判别曲线图，判别1的为合格土，即6～7类土(细颗粒含量小于15%)；判别0的为过渡类土，即5类土（细颗粒含量15%～35%之间）判别-1为不合格土，即2～4类土(细颗粒大于35%)。曲线图4为基于Massarsc法的合格料判别曲线图，判别1的为合格土，判别0的为过渡类土，判别-1为不合格土。以图3为准，图4方法仅作为参考。

图 7.4-2 振冲前 CPT（Pre-CPT）检测实例

振冲过程中供水泵的供水压力和水量是保证振冲效果的重要因素之一。合适的水量/水压是保证砂土液化、容易振冲并达到预期效果的条件，不但有助于振冲器的贯入，还能加大振冲的效果范围。一般需根据现场试验确定合适的水压和水量，以保证振冲器的正常贯入速度和振冲效果。

振冲过程中翻上来的土质情况记录也相当重要，对孔内返上来的土质做详细记录，包括返上来泥浆颜色、数量描述、泥浆深度，其目的主要是查看振冲料的质量。

3. 注意事项

（1）必须要控制好振冲料中的细粒含量，振冲密实法适用于细粒含量不超过15%～20%的中粗砂。

（2）施工时经常遇到的困难是振冲器不易贯入。可采取如下两个措施：一是加大水量；二是加快造孔速度。

（3）施工中应严格控制质量，不漏振，不漏孔。保证振密时振密控制电流达到密实电流，达到设计要求，确保工程质量。特别应禁止在底部漏振、电流未达到密实电流或留振时间不足，一旦在底部造成质量事故，在施工后期无法采取补救措施。

7.5 中外振冲密实地基处理检测技术对比

国外针对大面积的地基处理方法，常用的有：标准贯入试验（Standard Penetration Test，SPT）、静力触探试验（Cone Penetration Test，CPT）、载荷板试验，包括大型载荷板试验（Zone Load Test，ZLT）。

对于振冲密实法效果的检测，可采用现场开挖取样，直接测定和计算挤密后砂层的重度、孔隙比、相对密度等指标。也可用标准贯入试验、静力触探试验或旁压试验间接获取砂层的密实程度，即建立标贯击数、静力触探试验和旁压试验、相对密实度的关系，提出设计密实度应满足的最小验收值，同时对比振前和振后的数据，明确处理效果。必要时也可用载荷试验检验砂基在挤密后的容许承载力。其中欧美对于大面积的振冲密实地基处理，多采用 CPT 来进行检测验收。

7.5.1 标准贯入试验（SPT）

标准贯入试验（SPT）（standard penetration test）是用 63.5kg 的穿心锤，以 76cm 的落距，将标准规格的贯入器，自钻孔底部预打 15cm，记录再打入 30cm 的锤击数，标准贯入试验主要用来确定土的抗力，获得粗粒土的强度和变形特性参数，判定土的力学特性，还可以取得土样。该项测试适用于大范围土体的测试和软岩测试，但是在砾石和软土中不适用。

1. 中、欧、美标贯相关对比

标准贯入试验是一种广泛应用于中、美、欧岩土规范中的原位测试方法，基于不同规范，标贯试验的适用性、试验要求如表 7.5-1 所示[46]，设备规格如表 7.5-2 所示。

中、欧、美规范中的标准贯入试验（SPT）　　表 7.5-1

	国标	欧(英)标	美标	备注
规范	GB50021-2001	EN 1997-2 EN SO 22476-3 BS 5930:1999	ASTM D1586-11 ASTM D4633-10	
应用土范围	砂土、粉土及一般黏性土	主要用于无黏性土，也可用于其他土类	未岩化的土壤及最大颗粒尺寸小于 1/2 对开管内径的土壤	可用于土类试验，但应用到设计计算时，往往局限于粗粒土
试验结果	贯入深度为 30cm 的锤击数 N，经杆长修正的锤击数 N_1，锤击数 N 与深度的关系	贯入深度为 30cm 的锤击数 N，经能效修正的锤击数 N_{60}，锤击数 N 与深度的关系	贯入深度为 30cm 的锤击数 N，经能效修正的锤击数 N_{60}，锤击数 N 与深度的关系	国内规范中存在能量修正的表述，但在实际操作中鲜有能效修正
试验操作	(1)钻入试验标高以上 15cm 停钻并清孔； (2)记录总荷重(自沉)的击入量，若该击入量大于 45cm，则将 N 值记为 0； (3)采用自动脱钩的自由落锤法进行锤击试验，贯入器预打入土中 15cm 后，开始记录每打入 10cm 的锤击数，累计打入 30cm 的锤击数为标准贯入锤击数； (4)当锤击数已达 50 击，而贯入深度未达 30cm 时，可记录 50 击的实际贯入深度，然后换算成打入 30cm 的锤击数	(1)钻入试验标高以上 15cm 停钻并清孔； (2)记录总荷重(自沉)的击入量，若该击入量大于 45cm，则将 N 值记为 0； (3)采用自动脱钩的自由落锤法进行锤击试验，贯入器预打 15cm 或 25 击，先到者为准，开始记录每打入 7.5cm 的锤击数，累计打入 30cm 的锤击数为标准贯入锤击数； (4)当锤击已达 50 击，而贯入深度未达 30cm 时，可记录 50 击的实际贯入深度，然后换算成打入 30cm 的锤击数	(1)钻入试验点标高停钻并清孔； (2)记录总荷重的击入量(初始击入量，即自沉)，若该击入量大于 45cm，则将 N 值记为 0； (3)采用自动脱钩的自由落锤法进行锤击试验，开始记录每打入 15cm 的锤击数，连续记录三个 15cm 的打入量，共计打入 45cm； (4)将第一个 15cm 作为标贯预打，后两个 15cm 锤击数的和为标贯锤击数； (5)停止试验的条件：①在任一 15cm 内达到 50 击；②总击数达到 100 击；③连续 10 击无明显击入量	

中、欧、美规范中的标准贯入试验设备规格　　表 7.5-2

对比项目		国标	欧(英)标	美标
落锤	质量(kg)	63.5±0.5	63.5	63.57±0.92
	落距(cm)	76±2	76	76±3
贯入器的对开管	长度(mm)	＞500	未明确	457～762
	外径(mm)	51±1	51	50.8±1.3
	内径(mm)	35±1	35	34.93±1.3
管靴	长度(mm)	76±1	76	2.5～50
	刃口角度(°)	18～20	18～20	16～23
	刃口单刃厚(mm)	2.5	2.5	2.54～0.25
钻杆	直径(mm)	42 或 50	未明确	未明确

欧美标准与我国标准有一定的区别，一是锤数记录的贯入深度，欧标规定每 75mm 贯入深度纪录锤击数一次，我国每 100mm 记录一次，美标每 150mm 记录一次；二是贯入深度不足 300mm 时的试验终止条件：国标与欧标规定若锤击数已达 50，而贯入深度达到 30mm 可终止试验。美标规定最大锤击数为 100mm 或 75mm 贯入深度内锤击数达 50 则可终止试验。

2. 标准贯入试验结果校准

按标准的贯入器，用标准的锤（63.5kg）和落距（76cm）。但实际上能量由于摩擦损失和偏心荷载作用必然发生损失。通常经验校正方法是假定装置系统仅传递 60%的能量，即校正后的击数 N_{60}，当考虑覆盖层自重压力和能量损失的影响时，此时校正后的击数为 $(N_1)_{60}$。

① N_{60}的校正

1986 年，Skempton 建议对原始 SPT 数据按以下公式进行修正：

$$N_{60}=E_m C_B C_s C_R N/0.60 \tag{7.5-1}$$

式中　N_{60}——考虑 60%能量效率的修正值；

E_m——落锤效率因子；

C_B——钻孔直径修正系数；

C_s——取样器修正系数；

C_R——杆长修正系数；

N——实测 SPT 锤击。

修正因素见表 7.5-3。

标准贯入试验中修正设备及钻孔尺寸的能量比修正因素
(Skempton，1986 及 Takimatsu & seed，1987　　表 7.5-3

修正因素	参数 锤-释放方式-国家	修正值
锤(E_m)	Donut 锤-自由落体-日本	1.3
	Donut 锤-绳和滑轮-日本	1.1
	safety 锤-绳和滑轮-美国	1.0
	Donut 锤-自由落体-欧洲，中国，澳大利亚	1.0
	Donut 锤-绳和滑轮-中国	0.8
	Donut 锤-绳和滑轮-美国	0.75

续表

修正因素	参数 锤-释放方式-国家	修正值
杆长(C_R)	10m	1.0
	6～10m	0.95
	4～6m	0.85
	3～4m	0.75
取样器(C_s)	标准	1.0
	无衬	1.2
钻孔直径(C_B)	65～115mm	1.0
	150mm	1.05
	200mm	1.15

② $(N_1)_{60}$的校正

对于纯净的砂土，通常认为其标贯击数受上覆压力影响较大。Robertson & Wride (1997) 建议在式 (7.5-1) 的基础上加入上覆压力修正系数项 C_N，采用 Liao & Whitman (1986) 的 C_N建议值，并定义最终得到的标准化 N 值为：

$$(N_1)_{60}=C_N N_{60}=\left[\frac{98}{\sigma_v'}\right]^{0.5} N_{60} \tag{7.5-2}$$

式中 C_N——上覆土压力修正系数，最大值位于 1.7～2.0 之间；

σ_v'——有效上覆压力 (kPa)。

$(N_1)_{60}$与砂土的相对密实度的相关关系见表 7.5-4，基于中、欧、美标的土的密实度分类见表 7.5-5[47]。

$(N_1)_{60}$和砂土密度的相关关系 (Takimatsu & seed, 1987)　　表 7.5-4

$(N_1)_{60}$	砂土密度	相对密实度 I_D(%)
0～2	疏松	0～15
2～5	稍密	15～35
5～20	中密	35～65
20～35	密实	65～85
>35	致密	85～100

3. 检测数据分析与判定

天然地基的标准贯入试验成果应绘制标有工程地质柱状图的单孔标准贯入击数与深度关系曲线图。

人工地基的标准贯入试验结果应提供每个监测孔的标准贯入试验实测锤击数和修正锤击数。

利用标准贯入试验锤击数值可判定地基承载力，判别砂土和粉土的液化，N 值的修正应根据建立的统计关系 $N'=\alpha N$ 确定，其中，N'为标准贯入试验击数；N 为标准贯入试验实测锤击数；α 为触探杆长度修正系数，可按表 7.5-6 确定。

基于中、欧、美标的土的密实度分类 **表 7.5-5**

土类	国标		英标		美标
	标贯击数	密实度	标贯击数	密实度	
砂土	$N\leq10$	松散	$N\leq4$	非常松散	
砂土	$10<N\leq15$	稍密	$4<N\leq10$	松散	
砂土	$15<N\leq30$	中密	$10<N\leq30$	中密	
砂土	$30<N\leq50$	密实	$30<N\leq50$	密实	①对实测标贯击数根据式(5-1)进行修正；②对于砂土参数，还需根据式(5-2)进行修正
砂土	$N>50$	极密实	$N>50$	非常密实	
黏性土	$N\leq2$	很软	$N\leq2$	非常软	
黏性土	$2<N\leq4$	软	$2<N\leq4$	软	
黏性土	$4<N\leq8$	中等	$4<N\leq8$	中等	
黏性土	$8<N\leq15$	硬	$8<N\leq15$	硬	
黏性土	$15<N\leq30$	坚硬	$15<N\leq30$	非常硬	
黏性土			$N>30$	坚硬	

标准贯入试验触探杆长度修正系数 **表 7.5-6**

触探杆长度(m)	≤3	6	9	12	15	18	21	25	30
α	1.00	0.92	0.86	0.81	0.77	0.73	0.70	0.68	0.65

各分层土的标准贯入锤击数代表值应取每个检测孔不同深度的标准贯入试验锤击数的平均值。同一土层参加统计的试验点不应少于 3 点，当其极差不超过平均值的 30%时，应分析原因，结合工程实际判别，可增加试验点数量。

4. 检测频率

当采用标准贯入试验对强夯加固后的地基土质量进行验收检测时，单位工程检测数量不应少于 10 点，当面积超过 3000m^{2}应每 500m^{2}增加 1 点。检测同一土层的试验有效数据不应少于 6 点。

在标准贯入试验方面，现行欧美标准中 SPT 设备规格及试验技术要求与中国标准的规定基本相同，但在记录要求上存在较大差异；欧美标准均强调设备能量比 E_r 的测定，并要求将实测的标准贯入 N 值通过应用修正系数转化为标准化 N 值，主要采用 Skempton、Robertson & Wride 建议的修正方法或其变种。而中国现行标准对此未作具体规定或建议，中国标准对 N 值只考虑进行杆长修正。

7.5.2 静力触探技术（CPT）

静力触探试验（Static Cone Penetration Test）简称静探试验（CPT），静力触探(CPT）试验是岩土工程中检测基地承载力的一种试验方法，它是利用静力将探头以一定的速率压入土中，利用探头内置的传感器，通过电子量测器将探头受到的贯入阻力记录下来，根据贯入阻力的变化情况，确定出土层工程地质性质，进而确定该地区的地基承载力值。该方法具有操作简单、造价低廉、结果精度高、试验周期短等特点，被广泛应用于岩土工程勘察设计中。

静力触探试验是将一定规格的圆锥形探头借助机械或液压设备按照一定的速率（一般为 2cm/s ）匀速贯入土中，同时测量其锥尖阻力（q_c）、侧壁摩阻力（f_s）随深度变化过程的一项非常重要的原位测试方法。

中、欧、美 CPT 差异：

我国现主要使用的仍然是“单桥”探头和“双桥”探头，孔压探头应用较少，主要是因为[48]：①数据不稳定，重现性差，不仅国内生产的探头如此，国外进口的也不理想；②测到的数据不知如何应用（主要指固结系数），勘察人员不知道，设计人员更不知道。而且，探头规格与国际通用也不尽相同，这给测试成果比较和国际学术交流造成了较大的困难。另外在 CPT 理论研究、CPTU 、环境 CPT 等技术方面与先进国家存在明显差距。我国我国与国际 CPT 技术规格比较见表 7.5-7。

我国与国际 CPT 技术规格比较表（刘松玉等，2004）　　表 7.5-7

机构名称		规格				
		锥角（°）	锥底截面积（cm^2）	锥底直径（mm）	摩擦筒(侧壁)长度(cm)	摩擦筒(侧壁)面积（cm^2）
ISSMFE(IRTP,1989)		60	10	34.8～36.0	133.7	150
瑞典岩土工程协会推荐标准（SGF1993）		60	10	35.4～36.0	133.7	150
挪威岩土工程协会(NGF,1994)		60	10	34.8～36.0	133.7	150
ASTM(1995)		60	10	35.7～36.0	133.7	150
荷兰标准(1996)		60	10	35.7～36.0	未规定，按实际面积	
法国标准(NFP94-113,1989)		60	10	34.8～36.0	133.7	150
日本岩土工程协会(1994)		60	10	35.7	未规定	
中国	单桥	60	10	35.7	57	64
			15	43.7	70	96
			20	50.4	81	128
	双桥	60	10	35.7	178.3	200
			15	43.7	218.5	300
			20	50.4	189.5	300

我国 CPT 欧美有较大差距[49]：①国际 CPT 测试成果在确定土工程性质的四个方面均有应用，且成果一致性和可靠性稳定。②指标方面，我国主要用 q_c、f_s、p_s，而国外则已普遍采用 B_q、R_f，即 CPTU 技术已经广泛使用，积累了大量经验，而我国的经验相对较少。③国际 CPT 的应用建立在较完善的理论基础之上，已达到较理性的程度。④国外的 CPT 技术已大量应用在环境岩土工程领域，而我国在这一方面还较少。

中、美、欧规范体系下，都大量积累的静力触探试验应用于工程实践的经验计算方法，对比如表 7.5-8 所示。

大体上而言，中、美、欧规范体系在静力触探试验的一般规定上差异性很小。欧盟规范所规定的静力触探试验的探头灵活性较大，而中、美基本一致，而欧盟规范中理论上涵盖了中、美规范中的规定。从这一点出发，中、美、欧规范体系下，静力触探所得试验结果是可以通用的。

中、欧、美规范中的静力触探试验（CPT&CPTU） 表 7.5-8

	中国规范	欧盟规范	美国规范
规范	GB 50021—2001	EN 1997-2；EN ISO 22476	ASTM D5778-12 ASTM D3441-98
应用土范围	黏性土、粉土、砂土及含少量碎石的土层	可贯入的土类和软岩	土类
试验结果	比贯入阻力、锥头阻力、侧壁摩阻力、孔隙水压力等与深度的关系	比贯入阻力、锥头阻力、侧壁摩阻力、孔隙水压力等与深度的关系	比贯入阻力、锥头阻力、侧壁摩阻力、孔隙水压力等与深度的关系
试验要求	圆锥锥头底截面面积宜采用 $10cm^2$ 或 $15cm^2$，锥尖角宜为60°。贯入速率 1.2±0.3m/min	触探试验头可采用锥形、球形、圆板形等	圆锥锥头底截面面积宜采用 $10cm^2$ 或 $15cm^2$，锥尖角宜为60°。贯入速率 20mm/s
可提供岩土参数	强度参数、承载力（包括桩基）、判别液化、渗透、固结特征、孔隙水压力、超固结比	强度参数、模量、固结系数、桩基承载力等	强度参数、固结系数、桩基承载力等

国外陆地及海洋静力触探技术的发展相对比较成熟，应用也非常广泛，有很多成熟的产品和案例，而国内此类产品研发相对比较落后，随着我们国家工程建设的不断发展，“一带一路”及海洋倡议的推进，勘察和原位测试工作将不可避免地走向海外和深海，借鉴国外地先进技术和引进国外先进的设备，将大大提高我国走向海外及深海战略的执行速度，当然，我们也应该在吸收和消化国外先进产品的前提下，积极研发适合我国国情的海洋原位测试设备，逐步缩小与国外的差距。

同时，我们应继续系统地积累经验，特别要加强地方经验的积累，包括与天然地基承载力，桩基承载力、建筑物变形等的关系。经验数据的丰富程度，标志着静力触探应用的成熟程度。

7.5.3 载荷板试验（PLT 或 ZLT）

载荷试验（plate load test 或 zone load test），是在保持地基土的天然状态下，在一定面积的刚性承压板上向地基土逐级施加荷载，并观测每级荷载下地基土的变形，它是测定地基土的压力与变形特性的一种原位测试方法。测试所反映的是承压板下 1.5～2.0 倍承压板直径或宽度范围内，地基土强度、变形的综合性状。其显著的优点是受力条件比较接近实际，简单易用，试验结果直观而易于为人们理解和接受，但是试验规模及费用相对较大。一般采用平板载荷试验测定强夯加固后的承压板下 1.5～2.0 倍承压板的宽度或直径深度的地基承载力和变形模量。

中、欧、美载荷板试验对比：

载荷试验可用于确定岩土体的承载力和变形特性，基于不同规范，从规范目的、应用范围、试验要求及结果方面比较，具体如表 7.5-9 所示。

从表 7.5-9 可以看出，基于不同规范，试验原理完全一致，不过中国规范对荷载试验的适用范围相对较为具体。中、美、欧规范体系中的平板载荷试验的具体操作过程存在一定的差异性，具体在平板尺寸方面。国内平板尺寸相对欧、美规范体系中的略大，当然国内规范规定比较严格，而欧、美存在一定的弹性，欧、美设计人员在合理条件下可选用合

中、欧、美规范中的荷载试验（PLT&SPLT）　　表 7.5-9

	中国规范	欧盟规范	美国规范
规范	GB 50021—2001	EN 1997-2;EN ISO22476-13	ASTM D1196/1196M-12
目的及应用	承载力、模量；超固结比；强度参数	承载力；模量；强度特性	承载力；模量；弯沉
应用土范围	平板载荷试验可适用于浅层的岩石、碎石土、砂土、粉土、黏性土、填土、软土；螺旋板载荷试验适用于深层的砂土、粉土、黏性土、软土	适用于土、填土、岩体，不适用于极软细粒土	一般土类，未提及限制范围
试验结果	压力、沉降、时间的相互关系	压力、沉降、时间的相互关系	压力、沉降、时间的相互关系
平板面积	平板面积 0.25～0.5m^2。面积不应小于 0.25m^2，相应直径为 564mm，对于软土和粒径较大的填土不应小于 0.50m^2，相应直径为 800mm	合理选用平板尺寸	平板直径 305～762mm
加载方式及终止标准	加载方式：分级维持荷载沉降相对稳定法、沉降非稳定法、等沉降速率法	加载分为分级加载、恒定变形率加载、不排水条件下的分级加载。DIN 18134—1993 规定当使用直径 600/762mm 荷载板试验，下沉量应达到 8/13mm 或荷载强度达到 0.25/0.2MPa，试验终止	加载方式分级加载，每级不超过总荷载的 1/6，沉降速率小于 0.03mm/min 时，加载下级荷载

适的平板尺寸。在砂土和高强度黏土中，中、美规范体系中的平板载荷试验结果比较接近，而在一般黏土或软黏土中，美国规范中的平板载荷试验确定的承载力偏大。

中欧美不同标准对平板载荷试验的规定基本一致，对试验点数量、试坑尺寸、试验加压系统、沉降观测系统等设备要求基本相同；对承压板尺寸、沉降稳定标准及试验终止条件等规定存在差别，对试验结果会产生较大影响。

关于承压板尺寸，中国标准承压板尺寸一般比美标大。国际上通常规定使用的承载板直径为 762mm。对于砂类土和强度较高的黏性土，承压板的直径不宜小于 300mm，中美标准均满足此规定；对于软黏土，承压板的直径不宜小于 700mm，中国标准要求承压板直径不小于 800mm，而美国 ASTM 标准无相应要求，可见中国标准要求高于美国 ASTM 标准，但美国 ASTM 标准规定承压板直径（305～762mm），其取大值时亦满足上述要求。因此，在涉外工程中，平板载试验如采用美国 ASTM 标准，对于软黏土，承压板的尺寸一定要取大值（不小于 700mm），以消除尺寸效应的影响。

关于沉降稳定标准，中国规范具体规定了在每级荷载施加后沉降测读的时间间隔，并明确了相对稳定标准；而美国 ASTM 标准只是规定每级加载间隔不小于 15min，每级荷载下沉降量应至少测读 6 次，对相对稳定标准没有明确。对于砂类土及硬塑一坚硬状态的黏性土等力学强度高、变形小的地层，加载速率和稳定标准对承载力结果影响不大，采用中国标准或美国 ASTM 标准均可；对于力学强度低、变形大的一般黏性土或软黏土，慢速法测定的极限承载力要低于快速法，试验极限承载力中国标准比美国 ASTM 标准安全。

7.6 工程实践

应用振冲密实法处理吹填地基存在两个关键问题：一是振冲密实法对处理材料的级配要求极高，大量疏浚回填料的质量必须在疏浚过程中有效监控，否则地基处理效果欠佳；二是在深厚水下地基振冲时，振冲器难以贯入至目标深度。针对这两个关键技术问题，结合海外两个振冲密实地基处理工程，针对深层振冲密实施工中的关键技术问题进行探讨，并探索相应的对策。

7.6.1 中东某 LNG 进口项目疏浚回填及振冲密实地基处理

1. 问题背景

中东某 LNG 进口场地（效果图见图 7.6-1）通过绞吸船和耙吸船疏浚回填而成，吹填料主要为中细～粗砂，地基处理方法是振冲密实＋表面碾压。振冲密实法对吹填料的级配要求较高，由于吹填料中也夹杂有部分不合振冲密实处理的吹填料：粉细颗粒、黏土块、固结砂、半成岩和石块等。若被处理场地的黏粒、细粒含量过高的话，停振后孔隙水压力难以消散，以致振冲毫无效果。对吹填区离吹填管口较远处的沉积料进行颗分试验，级配曲线如图 7.6-2 所示，主要位于文献［9］中的 C 区和 D 区，不适合振冲密实进行处理，该工程采用的主要是英标规范，根据英国建筑业研究和信息协会标准[15]要求振冲密实处理地基的细粒含量（粒径＜0.075mm）小于 20%，技术规格书要求吹填料的细粒含量＜15%；此外还要求少量石块最大粒径＜10cm，若场地中存在较大的石块或固结砂

图 7.6-1　科威特某 LNGI 项目吹填场地

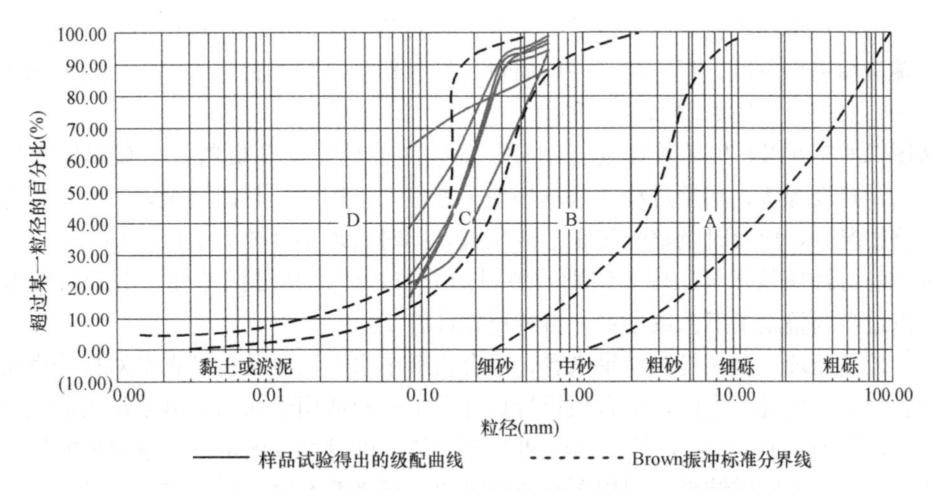

图 7.6-2 部分位于吹填区底部的典型细颗粒级配曲线

(>10cm)，或造成振冲器难以贯入或损坏、现场难以到达有限深度等问题。

2. 疏浚吹填料质量监控

疏浚吹填过程中，由于水力分选作用，固结砂、黏土块等粗颗粒多位于吹填管口附近，淤泥、粉细颗粒则随水流运移多沉积于离管口较远处或障碍物附近。对吹填区陆域吹填施工中粉细粒含量分布进行监测，主要是为了能及时了解到当前疏浚所在区域和深度砂料是否为合格料，且掌握不合格料在吹填施工过程中分布规律并及时进行有效的清除。

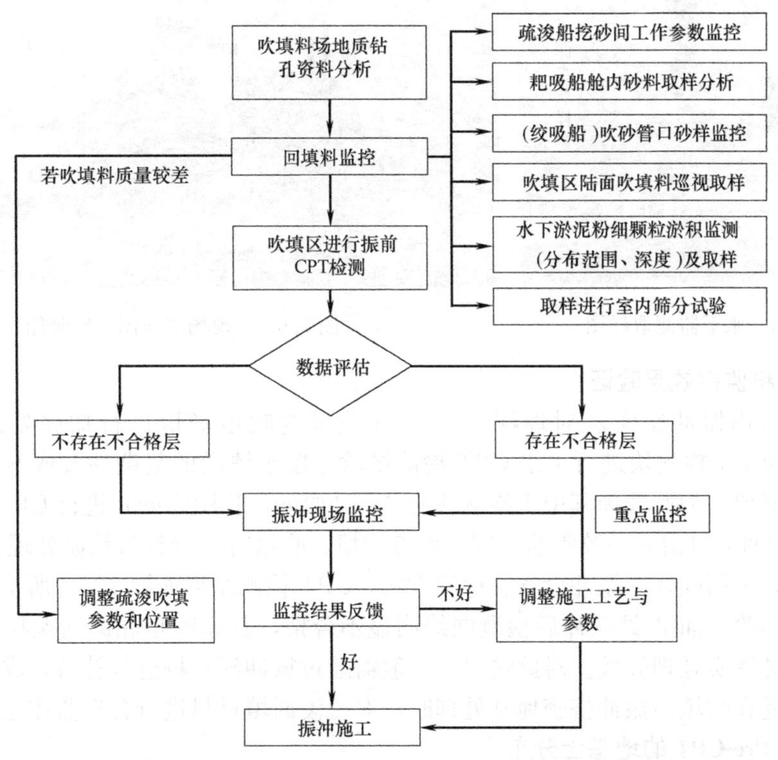

图 7.6-3 疏浚回填料质量监控流程图

为了满足现场粉细粒分布规律监控需求，需对陆域吹填施工过程中不合格料以下内容监测：疏浚船工作情况、耙吸船内砂料质量、绞吸船管口吹填料、吹填区水上和水下的吹填料监测。监控流程图如图 7.6-3 所示。

从图 7.6-3 可以看出，首先要仔细分析疏浚区的地质钻孔资料，为疏浚作业提供指导。然后从疏浚源头、吹填过程、吹填场地多方位来监控回填料的质量，若吹填料存在较多不合格情况时，应及时调整疏浚工艺或位置，同时清理不合要求的回填料。在振冲处理前可利用静力触探技术（CPT）判别吹填料的分布并评估其可振冲性，对于料较差的位置，可以适当调整施工工艺或参数，再进行振冲施工。

结合地基处理试验区检测结果来看，不合格料中水下淤泥及粉细颗粒对振冲密实地基处理的影响非常关键。为此，结合项目特点开发了一套适用于深水区域淤泥质砂土的重力式取样器，如图 7.6-4 所示，辅以锚艇和 Rtk 定位，可以大致确定不合格材料的位置和厚度。然后结合水下取样结果，利用泵站或绞吸船、耙吸船及时清淤，如图 7.6-5 所示。吹填和底部清淤同时进行，对于淤积严重的区域，反复取样并反复清淤，直至清完为止。

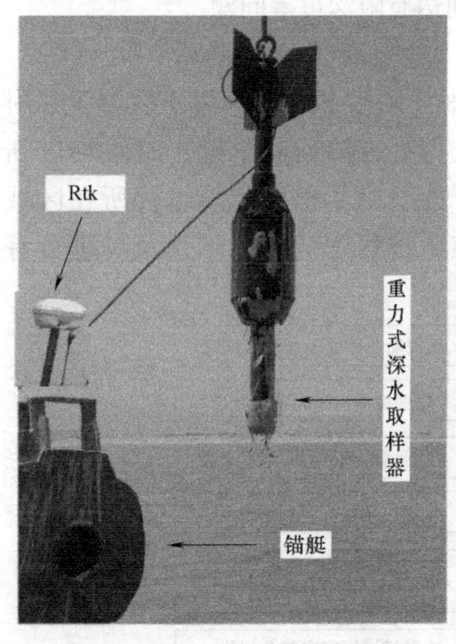

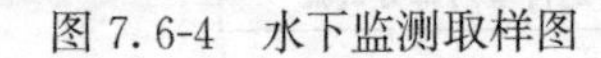
图 7.6-4　水下监测取样图

图 7.6-5　现场清淤图（绞吸船）

3. 吹填料监控效果验证

吹填后采用振冲密实法对埋深 18～20m 范围内吹填场地进行加固处理，然后以 50m×50m 为 1 个检测块进行 1 组 CPT 检测试验。鉴于清淤的复杂性及成本，对其效果的检验非常必要，为此选择其中 1 检测块的 A、B 两处（相距 20m）进行 CPT 检测评估，A、B 两处的回填料由同一绞吸船在同一地点吹填，吹填时 B 处经过清淤处理，但 A 处底部没有清淤，采用同样的振冲设备和检测方式，CPT 检测结果如图 7.6-6 所示。B 处振冲后检测通过验收，而 A 处振冲后检测曲线明显不合格，其原因是底部细颗粒、淤泥聚集过多以致振冲密实处理失效。对此情况，一般需通过振冲碎石桩进行补救，成本会相应提高 1 倍。因此在吹填砂振冲挤密地基处理时，对疏浚回填材料进行合理监控尤为必要。

4. 基于 Pre-CPT 的地基土分布

数据吹填场地形成后，可先利用 CPT 对地基土的类别和分布进行判别，进而为后续

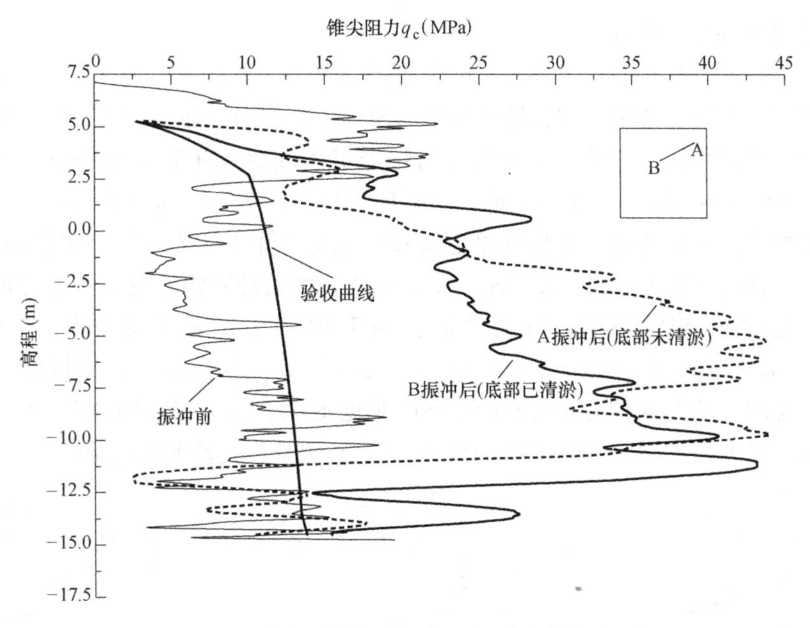

图 7.6-6 底部清淤与否后场地振冲验收曲线比较

的吹填材料控制和施工工艺参数提供指导。为了验证 CPT 结果的准确性，选择典型的 CPT 检测点旁进行标准贯入试验（SPT），土层分类的结果和比对见图 7.6-7。首先基于 CPT 数据和上述分类方法，对回填场地的土层进行分类，深度 17.5～19m 范围内的土体为 2～4 类土，含大量黏土，过渡性（5 类土）土类别以下的土是不适合无填料振冲密实处理的；对钻孔所取砂样进行筛分试验，试验结果表明深度 17m、18m 处所取样为粉质黏土，和 CPT 结果表现出良好的一致性。这里需要说明 CPT 结果是连续的，SPT 每个标贯 N 值结果反映的是记录深度下方 45cm 的砂样特性。

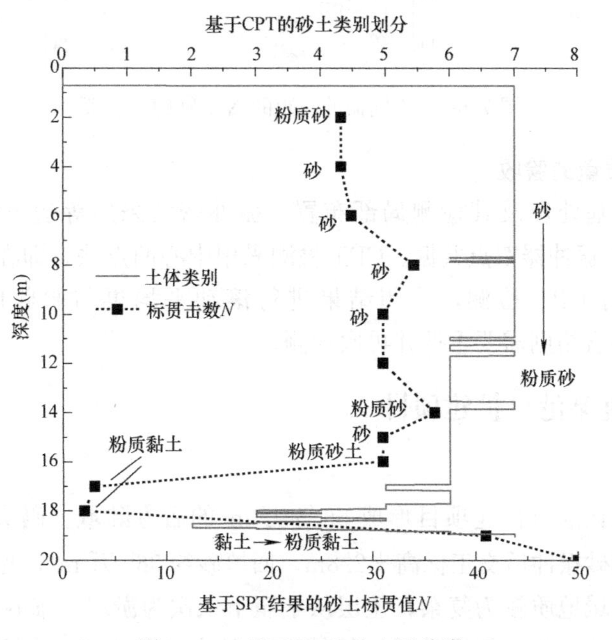

图 7.6-7 基于 CPT 的土层分类

5. CPT-SPT 关系的建立

静力触探的缺点是对碎石土和密实砂土不能贯入，不能取样以致无法直接观测土层及判别土的类别。对这类情况，常将钻探取样（SPT）和静力触探（CPT）联合使用。对于CPT提前终止的情况，一般在该处附近进行标准贯入试验（SPT），获得整个回填深度的SPT-N值，结合已有深度的CPT-q_c值，与对应的标贯击数N_{spt}进行比对，建立相应的经验关系。根据依托工程情况，地基振冲处理采用等边三角形布置，为了确定经济合理的振冲间距d，分别选择了4.00m、3.75m、3.50m共3种振冲间距，对3种振冲间距选择典型CPT检测点进行SPT试验，分别建立了SPT和CPT的相关关系为：$q_c=0.62N_{spt}$（d=4.0m）；$q_c=0.55N_{spt}$（d=3.75m）；$q_c=0.60N_{spt}$（d=3.5m）。依据标贯N_{spt}值及相关关系转换的q_c值与对应点的CPT结果比对见图7.6-8，一致性良好。于是，本场地对于静探不能贯入的土层，可以采用SPT试验及上述经验关系来进行验收。

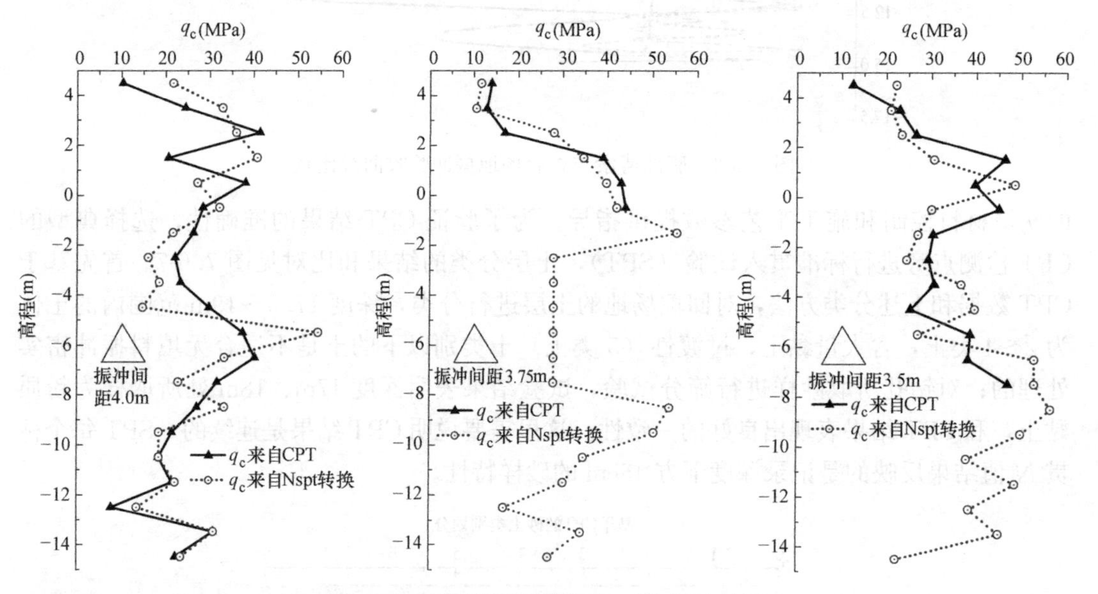

图7.6-8 不同振冲间距的N_{spt}和CPT关系

6. 地基处理质量的验收

图7.6-9为地基处理及其检测局部布置。振冲密实采用等边三角形布局，边长为3.75m，采用S700振冲器双点共振。CPT检测采用中心两点法，即在三角形中心点和边长1/3处分别进行CPT检测，检测结果进行滚动平均再与验收曲线进行比较，如图7.6-10所示，不合格则需要重振并再次检测。

7.6.2 科特迪瓦某港口扩建项目

1. 问题背景

科特迪瓦阿比让港口扩建项目形成56.5万m^2的后方陆域。码头面高程为+3.5m，码头后方陆域回填砂振冲后交工标高+2.8m，回填砂约969万m^3，见图7.6-11。由于集装箱码头的部分区域地质较为复杂，土层从上至下依次为淤泥、细砂-粗砂、黏土，局部夹杂腐木层，此部分地基根据设计采取换填砂并振冲密实处理。换填砂层厚度最大达到

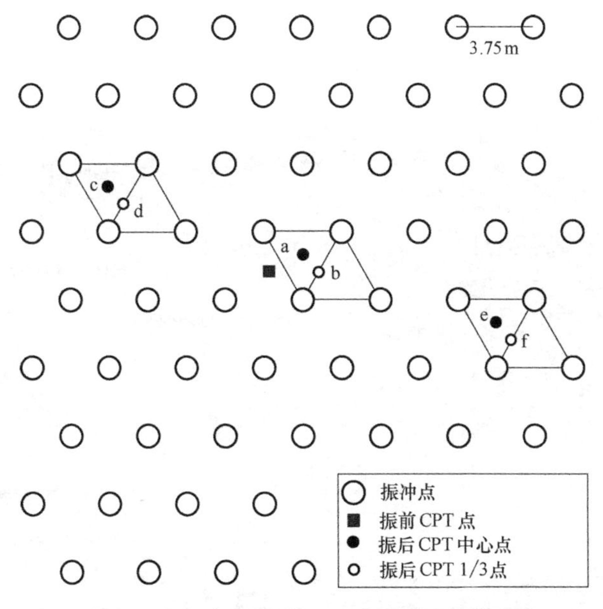

图 7.6-9　振冲密实法及 CPT 检测局部布置图

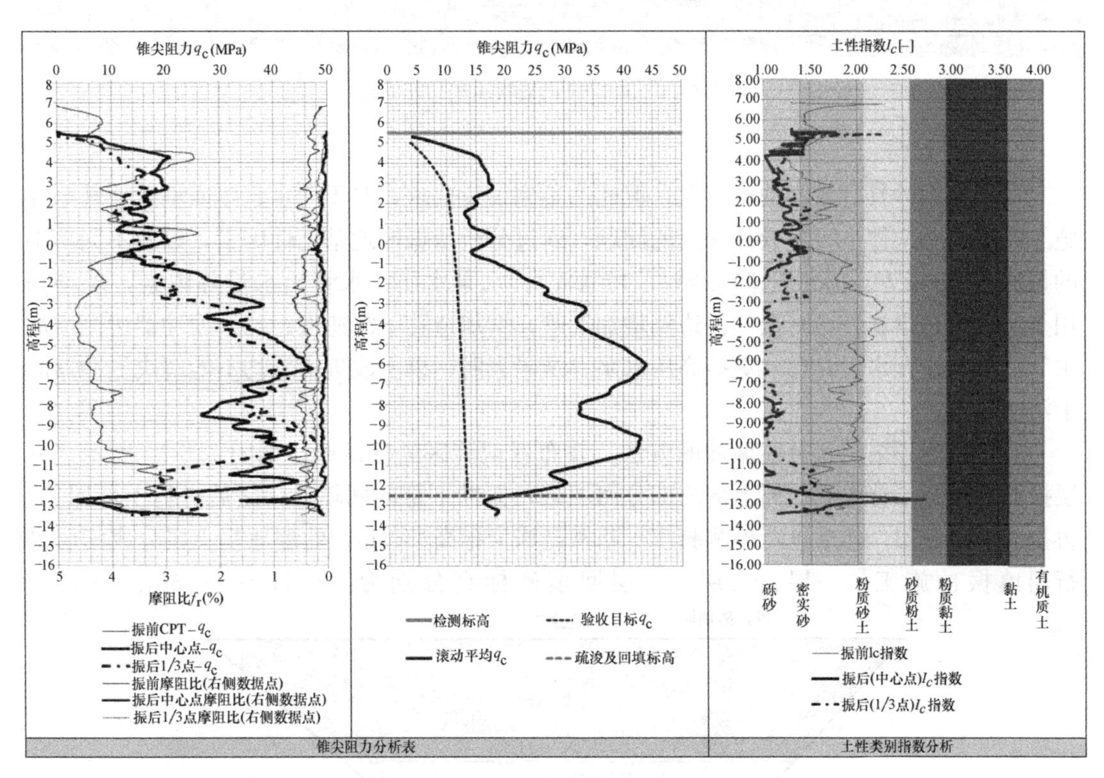

图 7.6-10　振冲密实地基处理验收

17.5m，基槽砂层底水深高达 43.0m。在试验区，设计振冲标高为－24～－32m，采用 75kW、100kW、132kW 振冲器对该区进行振冲，但试验显示振冲器下插至－28m 左右就无法继续下穿至设计深度，提高密实电流和增加留振时间也无济于事。对于此类深水深槽换填并振冲密实处理的工程，国内外成功经验并不多。为此现场尝试采用分层开挖、分层振冲的方法。

图 7.6-11　科特迪瓦某吹填港口示意图

2. 技术对策

虽然回填砂具有较高的密实度，但还达不到设计要求，对于深水超厚回填砂地基振冲施工时无法一次性下沉到设计深度的问题，通过分析所振冲地基土性因素，以及不同功率的振冲器（75kW、100kW、132kW、180kW）、水泵水压、水管出水量等因素，现场采用了系列改进措施：(1) 振冲器边侧增加气管，增加造孔下沉速度；(2) 振冲器边侧增加水管，加大造孔水量；(3) 更换高压水泵。结果表明，以上改进措施均不能解决振冲器的下沉问题。

最终，现场采用了分层振冲的方法，并布置试验区进行试验。如图 7.6-12 所示，分层振冲方法为：首先开挖掉上部的部分回填砂，振冲下部的回填砂，之后进行上部回填，再振冲上部砂层。然后进行检测验收。基槽最深为标高－41m，处理地基土层分成三层进行回填振冲施工，一层、二层、三层回填砂标高分别为：－41～－35m、－35～

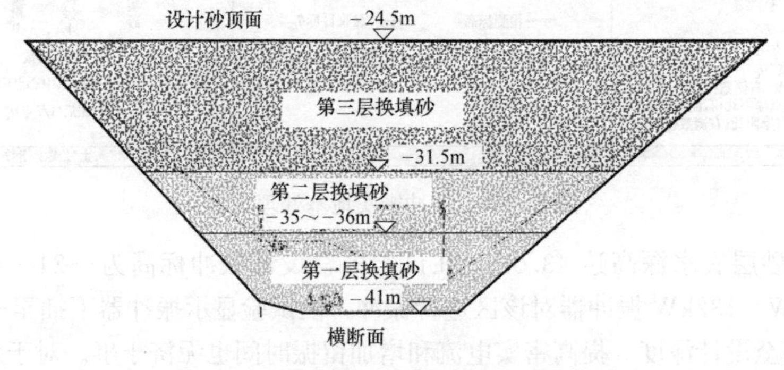

图 7.6-12　试验区分层回填砂振冲示意图

−31.5m、−24.5～−31.5m，分层情况见图 7.6-12。间距 3.0m、每次上提间距 0.5m、留振时间 30s。

3. 检测效果

检测验收采用标准贯入试验（SPT），设计要求振冲后地基各层砂的标贯击数 $N>22$。

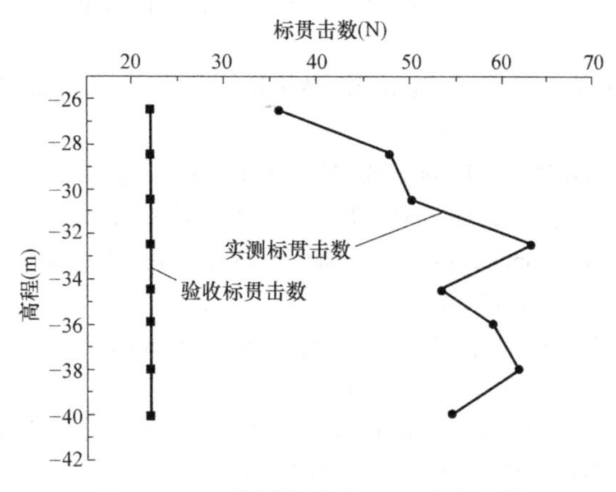

图 7.6-13　分层振冲后 SPT 检测结果

振冲完成后，及时进行标贯试验，试验区检测结果如图 7.6-13 所示，所有点位所有深度均满足标贯击数 $N \geqslant 22$ 的要求，这表明分层振冲法有效解决了振冲器无法下沉至设计标高的问题。

7.7 结论

结合中国、欧洲（主要是英国）、美国在振冲密实地基处理方面的标准规范与文献，对海外振冲密实法地基处理的关键技术（设计、施工、检测）进行总结和对比，包括欧美标准中基于地基承载力、沉降、密实度、抗震稳定性指标的振冲密实法地基处理设计流程和方法，振冲密实法的关键工艺参数设计，振冲施工工艺及振冲密实材料施工监控，常用的地基处理检测技术（SPT、CPT 和 ZLT）。

以海外工程为例，基于欧美地基处理设计、施工和检测验收方法，针对科威特 LNGI 项目中疏浚吹填料中的细粒含量问题提出了全套控制流程，针对科特迪瓦港口扩建工程振冲地基处理时振冲器难以一次贯入到达设计深度的问题提出了分层回填并振冲的施工工艺，检测效果表明，所提对策能使地基处理较好地满足设计要求，可为海外大面积振冲密实地基处理工程提供借鉴。

参考文献

[1] 周健，贾敏才，池永．无填料振冲法加固粉细砂地基试验研究及应用 [J]．岩石力学与工程学报，2003，22 (8)：1350～1355.

[2] 周健，王冠英，贾敏才．无填料振冲法的现状及最新技术进展 [J]．岩土力学，2008，29 (1)：37～42.

[3] 王德咏，陈华林，梁小丛，等．静力触探技术在吹填砂地基处理全过程中的应用 [J]．水运工程，

2018，(5)：176～182.
[4] 叶书鳞. 地基处理工程实例应用手册 [M]. 北京：中国建筑工业出版社，1998.
[5] 楼晓明，于志强，徐士龙. 振冲法的现状综述 [J]. 土木工程与管理学报，2012，29 (3)：61～66.
[6] Thornburn S. Building structures supported by stabilized ground [J]. Geotechnique，1975，25 (1)：83～94.
[7] Mitchell J. Soil Improvement Ⅱ-State of the Art Report [C]. 10th ICSMFE，Stockholm，1981：509～565.
[8] Harder L F，Hammond W D，Ross P S. Vibroflotation compaction atthermalito afterbay. 1984，ASCE 110：pp. 57-70 [J]. J. Geotech. Eng.，1984：57～70.
[9] Brown R. Vibroflotation compaction of cohesionless soils [J]. Journal of Geotechnical Engineering Division [J]. ASCE，1977，103 (GT12)：1437～1451.
[10] Massarsch K，R，H F B. Deep vibratory compaction of granular soils [J]. Elsevier Geo-Engineering Book Series，2005，3 (05)：539～561.
[11] Webb D L，Hall R I. Effects of Vibroflotation on Clayey Sands [J]. Journal of the Soil Mechanics and Foundations Division，1969，95 (6)：1365～1378.
[12] Saito，a.. Characteristics of penetration resistance of a reclaimed sandy deposit and their change through vibratory compaction [J]. Soils and Foundations，1977，17 (4)：31～43.
[13] C S B，L B A，I B J. The densification of granular soils using vibro methods [J]. Geotechnique，2000，50 (6)：715～725.
[14] Navfac. Soil Dynamics And Special Design Aspects. 1997.
[15] Mitchell J M，Jardine F M. A guide to ground treatment.. London，2002.
[16] Reece R M，Hanson R F，S. J. Specification for Ground Treatment. London：Thomas Telford，1987.
[17] 中华人民共和国交通运输部. 水运工程地基设计规范. 北京：人民交通出版社，2017.
[18] 1997-1 B E. Eurocode 7：Geotechnical Design - Part 1：General Rules. UK：British Standards Institution，2004.
[19] Bowles J E. Foundation Analysis and Design [M]. Singapore：McGraw-Hill International Editions，1997.
[20] Robertson P，K. C. Guide to Cone Penetration Testing，6th Edition [M]. U. S. A.：Gregg Drilling and Testing，Inc，2015.
[21] 中华人民共和国住房和城乡建设部. 建筑地基处理技术规范. 北京：中国建筑工业出版社，2012.
[22] 中华人民共和国住房和城乡建设部. 建筑地基基础设计规范. 北京：中国建筑工业出版社，2011.
[23] Youd T L，Idriss I M. Liquefaction Resistance of Soils：Summary Report from the 1996 NCEER and 1998 NCEER/NSF Workshops on Evaluation of Liquefaction Resistance of Soils [J]. Journal of Geotechnical & Geoenvironmental Engineering，2001，127 (4)：297～313.
[24] Youd T L，Idriss I M. Proceeding of the NCEER workshop on evaluation of liquefaction resistance of soils [J]. National Center for Earthquake Engineering Research，1997，97～0022.
[25] 中国建筑科学研究院. 建筑抗震设计规范. 北京：中国建筑工业出版社，2016.
[26] 中华人民共和国交通运输部. 水运工程抗震设计规范. 北京：人民交通出版社，2012.
[27] Bowles著 J，等译 童. 基础工程分析与设计 (第五版)[M]. 北京：中国建筑工业出版社，2004.

[28] Parry R H G. Estimating Bearing Capacity in Sand from SPT Values [J]. Journal of the Geotechnical Engineering Division，ASCE，1977，103 (9)：1014～1019.

[29] Schmertmann J H，Hartman J P，Brown P R. Improved strain influence factor diagrams [J]. J. Geotech. Eng. Div.，ASCE，1978，104 (8)：1131～1135.

[30] Eslaamizaad S，Robertson P K. Cone penetration test to evaluate bearing capacity of foundation in sands [C]. Proceedings of the 49th Canadian Geotechnical Conference，1996：429～438.

[31] Schmertmann J H. Static cone to compute static settlement over sand [J]. J. Soil Mech. Found. Div.，ASCE，1970，96 (3)：1011～1043.

[32] K R P，G C R，A W. SPT-CPT correlations [J]. Journal of Geotechnical Engineering，1983，109 (7)：1449～1459.

[33] F K，Mayne P. Manual on estimating soil properties for foundation design [R]. Electric Power Research Institute，EPRI，1990.

[34] M. G J，M. P. Davies. Use of CPTU to estimate equivalent SPT N60 [J]. ASTM Geotechnical Testing Journal，1993，16 (4)：458～468.

[35] Lunne T，Robertson P K，Powell J J M. Cone-penetration testing in geotechnical practice [M]. London：Blackie Academic and Professional，1997.

[36] 《工程地质手册》编委会. 工程地质手册-第4版 [M]. 北京：中国建筑工业出版社，2007.

[37] Janvan'thoff，V V T，Zeist E A. Hydraulic fill manual for dredging and reclamation works [M]. Balkema：CRC Press，2012.

[38] L Y T，M I I. Liquefaction Resistance of Soils：Summary Report from the 1996 NCEER and 1998 NCEER / NSF Workshops on Evaluation of Liquefaction Resistance of Soils [J]. Journal of Geotechnical & Geoenvironmental Engineering，2001，127 (4)：284～286.

[39] Liao S S C，Whitman R V. Catalouge of Liquefaction and Non-Liquefaction Occurrences during Earthquakes [R]. Cambridge：Department of Civil Engineering，MIT，1986.

[40] 陈国兴，胡庆兴，刘雪珠. 关于砂土液化判别的若干意见 [J]. 地震工程与工程振动，2002，22 (1)：141～151.

[41] L Y T，K N S. Liquefaction criteria based on statistical and probabilistic analyses [C]. Proc. NCEER Workshop on Evaluation of Liquefaction Resistance of Soils，1997：1～40.

[42] K R P，E. W C. Evaluating cyclic liquefaction potential using cone penetration test [J]. Canadian Geotechnical Journal，1998，35 (3)：442～459.

[43] Jc G. Sand compaction and stone columns by the vibro-flotation process [C]. Symposium on recent developments in ground improvement techniques，1982：3～15.

[44] E D A，J M L E，M W T. Sand compaction by vibroflotation [J]. ASCE，1953，100 (4)：1～23.

[45] Massarsch K R，Fellenius B H. Deep vibratory compaction of granular soils [J]. Elsevier Geo-Engineering Book Series，2005，3 (05)：539～561.

[46] 周贻鑫. 中欧美岩土工程勘察规范对比研究 [D]. 东南大学硕士学位论文，2015.

[47] 刘卫民，丁小军，谷志文，等编著. 欧美岩土工程勘察标准解读 [M]. 北京：中国建筑工业出版社，2018.

[48] 顾宝和.《岩土工程勘察规范》中的静力触探问题 [J]. 工程勘察，2008，(10)：4～5.

[49] 刘松玉，吴燕开. 论我国静力触探技术 (CPT) 现状与发展 [J]. 岩土工程学报，2004，26 (4)：553～556.

8 灌浆加固法

薛炜，张文超，古伟斌，胡文东

（中科院广州化灌工程有限公司，广东 广州 510650）

8.1 概述

灌浆加固法广泛应用于建筑、水利、矿山、公路、市政、铁路、桥梁、隧道、轨道交通、地质灾害治理以及抢险救灾、文物保护等专业领域，是地基处理与基础工程不可或缺的重要方法，在既有建筑物地基基础加固补强、软弱岩土体加固、岩溶地基处理、防渗堵漏、堤岸大坝基础加固、井巷及隧道围岩加固、边坡整治、断裂破碎带固结、采空区（地面）塌陷处理、施工作业面涌水涌砂封堵以及混凝土结构缺陷修补等方面得到广泛应用。近年来，各类地下工程建设越来越多、越来越复杂，灌浆技术更成为地下工程建设不可或缺的技术方法之一。

本章对已在工程中常用的灌浆技术做概要叙述，对近年来灌浆加固技术在新进展方面的相关内容着重做介绍。需要说明的是，灌浆与注浆两者并无本质区别，只是不同行业和专业人员的习惯用法，本章术语采用“灌浆”。

随着现代科技的发展，灌浆新理论、新工艺、新材料、新设备也在不断完善、发展和进步，基于信息技术和智能化技术的智能化灌浆技术已经开始在工程实践中应用。

理论方面，主要研究在外力作用下，浆液在岩土体孔（裂）隙中的流动规律，揭示浆材与岩土体以及工艺之间的相互关系。现阶段，基于牛顿流体和多孔介质流体力学、岩土结构力学为基础的球状扩散灌浆模型和柱状扩散灌浆模型理论，衍生的渗透灌浆、劈裂灌浆、挤密灌浆及充填灌浆四种灌浆机理，仍然是指导灌浆技术的理论基础。随着实践的发展，近年来考虑浆液时变特性的宾汉姆流体扩散理论、复合灌浆机理以及对灌浆加固体本构模型的研究给灌浆技术理论带来了新的发展。

工艺方面，传统的花管灌浆、导管灌浆、全孔灌浆、分段灌浆、双液灌浆等工艺仍然在发挥着重要的作用。近年来，随着实践的发展，机械水平的提高，各种灌浆新工艺如袖阀管灌浆、灌注桩后灌浆、多管灌浆（WSS）、虹吸灌浆（MJS）、膜袋灌浆、旋搅灌浆、电动化学灌浆、爆破灌浆、复合灌浆等已在工程中得到成功应用。

材料方面，用于地基基础工程领域的灌浆材料仍然以水泥等无机材料为主，有机材料由于价格、环保等因素在特定用途时才会考虑使用。近年来，随着节能减排、循环经济、环保意识的增强，由工业废渣制成的碱激发胶凝灌浆材料、无溶剂（或水溶）环保型有机灌浆材料以及无机-有机复合灌浆材料相继开发并应用于工程实际中，使得灌浆技术具有可持续发展的希望与动力。

设备方面，随着机械制造业水平的提高和信息化、智能化技术的广泛应用，在钻孔机具、灌浆泵、搅拌机、制浆装置、自动记录仪、智能化灌浆系统等灌浆设备方面，逐渐形成了适合我国工程特色的灌浆装备体系，为灌浆技术的稳步、快速、健康发展创造了条件。

8.2 基本理论

地基基础工程中灌浆浆体在地下复杂的岩土体中运动，灌浆过程中浆体内部以及浆体与岩、土层混合后也同时发生着复杂的物理、化学反应，且岩土体的非均质、各向异性性质，难以精准地模拟反映灌浆过程中浆液的运动规律和扩散过程，因而现阶段灌浆理论方面的研究相对滞后于工程实践。

现有灌浆理论主要研究在外力作用下，浆液在岩土体孔（裂）隙中的流动规律，并揭示浆材与岩土体以及工艺之间的相互关系。因此，流体力学、岩石力学、土力学、土质学、地质学、化学等基础知识构成了灌浆理论和灌浆加固机理研究的基础，在此基础上衍生出了地基基础灌浆加固的四种基本机理：渗透灌浆、压密灌浆、劈裂灌浆和充填灌浆。

8.2.1 有关灌浆的基础知识[1,2]

灌浆是一个复杂的过程，涉及的基础知识主要包括流体力学、岩石力学、土力学、土质学、地质学以及化学等，本章对主要的几个基础学科做简单的说明。

（1）流体力学

流体力学是研究流体（包括气体和液体）的运动规律的一门学科。灌浆中，不论是无机材料类浆液还是有机材料类浆液均为液体，其运动规律遵循流体力学理论的一般规律。浆液基质一般在黏性与黏-塑性之间发生变化，灌浆载体一般在弹性与塑性之间发生变化，灌浆的实现过程就是这两者之间变化的组合和调整。

（2）岩石力学及土力学与土质学

被灌介质主要包括土体和岩体两大类，岩（土）体的裂（孔）隙的力学性质及结构特征对浆液的可灌性影响非常大，岩土体孔隙或裂隙是浆液流动的通道，由于岩土体结构的非均质性和各向异性，受力后反应差异较大，从而产生不同的灌浆效果，因此，对岩土体结构及力学的研究是整个灌浆理论的基础。现阶段学术界主要存在以下几种介质理论：多孔介质理论、拟连续介质理论、裂隙介质理论和孔隙和裂隙双重介质理论。

浆液灌入岩土体后与被灌介质发生物理化学反应，因此土（岩）质学在研究灌浆过程中显得尤为重要。

（3）工程地质学

工程地质学是从工程建设的角度出发，运用地质学和力学的观点研究作为工程环境的地壳构造和地壳运动规律、岩土地层的组成和工程性质以及地下水动态等的一门学科。

针对灌浆工程而言，工程地质学的任务是调查、研究和解决与灌浆工程建设有关的地质问题，特别是评价各类工程建设场区的地质条件、预测在工程建设作用下地质条件可能出现的变化和产生的作用，为保证工程的合理设计、顺利施工和正常使用提供可靠的科学依据。

（4）化学

化学是在分子、原子或离子等级层次上研究物质的组成、结构、性质及其变化规律和变化过程中的能量关系的一门学科。涉及灌浆的化学包括高分子化学、结晶化学、胶体化学、无机化学、有机化学以及物理化学等的各个方面：化学结合、表面活性反应、吸附与黏结、聚合与分解、外加剂的促进与减缓作用等。

8.2.2 灌浆基本理论及加固机理[1~3]

（1）灌浆基本理论

有关地基基础灌浆加固的基本理论仍然按照浆液的流动特性，把浆液分为牛顿流体和非牛顿流体，现有的注浆理论大多是以牛顿流体为研究对象，同时假设被灌介质是均质各向同性。两个最具有代表性的灌浆基本理论：球状扩散理论和柱状扩散理论（图 8.2-1、图 8.2-2）。

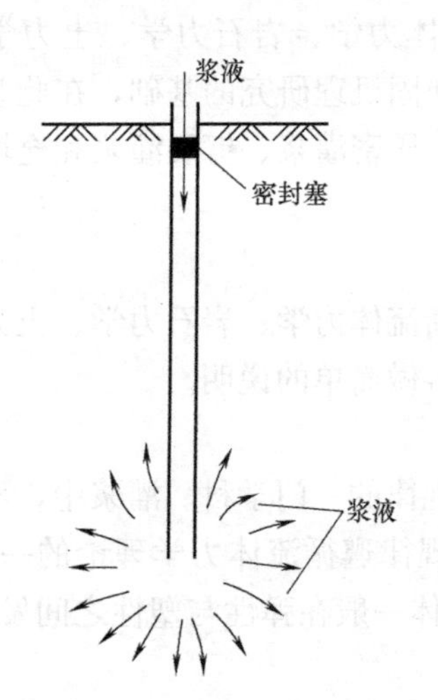

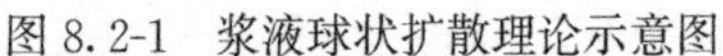

图 8.2-1　浆液球状扩散理论示意图

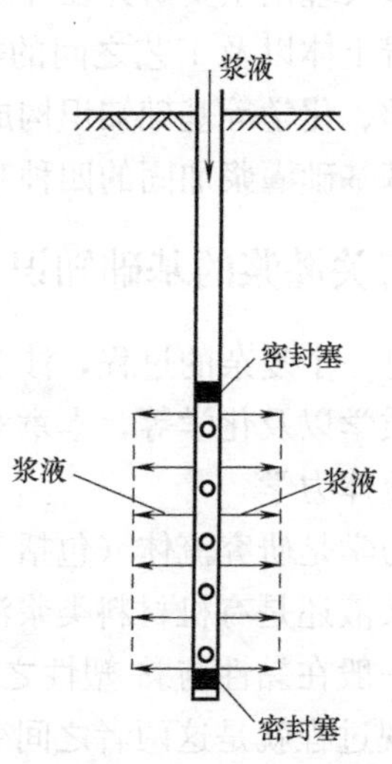

图 8.2-2　浆液柱状理论扩散示意图

球形扩散理论以灌浆管底部孔口点为灌浆源，浆液从孔口流出后向四周渗透，以孔口为球心呈球状扩散体模型；柱形扩散理论是以注浆管的一段为灌浆源，浆液从上下密封的灌浆管开孔段向四周渗透，浆液呈柱状扩散体模型。

（2）灌浆加固机理[1~3]

基于上述灌浆基本理论，形成了四种灌浆加固机理：渗透灌浆、挤密灌浆、劈裂灌浆、充填灌浆（图 8.2-3～图 8.2-5）。

8.2.3 灌浆理论研究新进展

由于灌浆浆液多为非牛顿流体，被灌体为非均质各向异性岩土体，浆液在岩土体中运移除受浆液自身物理化学性质和岩土体的结构的影响外，还与灌浆压力、环境温度等众多外部因素有关，而且各因素之间还相互作用、相互影响，有一定的耦合效应，导致灌浆加固过程的复杂性，因此，灌浆基本理论的假设往往与实际不符。

近年来，国内外学者在灌浆理论基础研究方面做了许多有益的探索，以期使灌浆理论尽可能地反映灌浆的真实过程，从而更好地指导灌浆加固的实践。新的研究成果比较典型

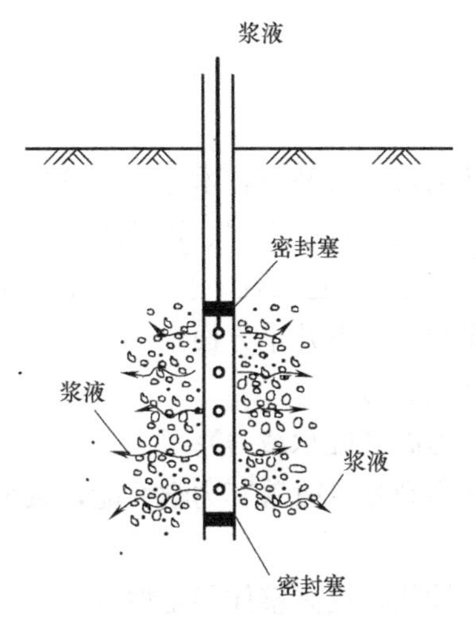

图 8.2-3 渗透灌浆示意图

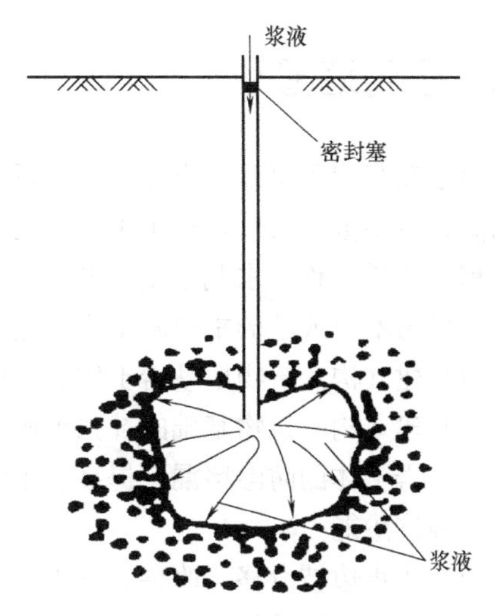

图 8.2-4 挤密灌浆示意图

的有：

(1) 浆液时变性扩散理论[4~9,12]

考虑更符合实际的浆液黏度时变特性，建立宾汉体浆液的流变方程与流体黏度时变性渗流运动方程，可反映浆液的时变性，推导了时变性宾汉体浆液的扩散规律。

(2) 平板窄缝劈裂扩散模型[10~14]

考虑劈裂灌浆浆液的运移轨迹近似于裂隙通道，因此将被灌体劈开的裂隙两侧视为两块平行板，裂隙视为平行板间夹缝，根据浆液在壁面间的流动特征，构建灌浆浆液扩散模型。

(3) 灌浆过程数值模拟模型[15~19]

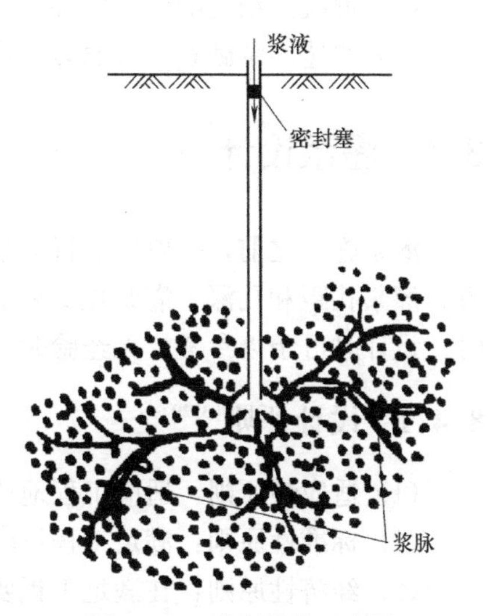

图 8.2-5 劈裂灌浆示意图

将灌浆过程浆液的扩散视为多相流，考虑被灌岩土体内浆液-水-气互相作用以及岩土体的结构特征，建立灌浆过程的数学模型，运用数值计算方法，模拟灌浆过程浆液的运动规律和岩土体的变化及浆岩（土）的耦合效应过程。

(4) 复合灌浆机理[3]

灌浆是一个复杂的过程，浆液的时变特性及多元性，被灌岩土体的非均质、各向异性，决定了实际灌浆过程不是单一机理可以完成，均是充填、渗透、压密和劈裂相互作用的一个综合过程，因此灌浆机理也是几种机理相互作用、相互影响、相互耦合综合形成的一个复合机理。

虽然灌浆技术已在土木工程领域得到了广泛的应用，但是灌浆过程的复杂性与理论研究的滞后，有关灌浆加固机理的解释还不够科学化，某些机理还不十分清楚，因此，还应对灌浆机理理论加强研究，在灌浆体的结构理论方面、浆液的非牛顿流体特性方面、灌浆体强度理论以及运用计算机模拟、大数据技术等方面还有待进一步突破。

8.3 适用范围[2,3]

由于灌浆加固机理具有充填、渗透、挤密、劈裂的特点，灌浆技术适用于各种岩土体的加固，应用范围较广，在土木工程的各个领域尤其是地基基础工程、边坡工程、防水堵漏工程、隧道工程、水利水电工程、矿山工程、地下轨道交通工程、抢险救灾工程等方面，已成为不可或缺的重要施工方法之一。它主要应用在以下几个方面[2,3]：

（1）建（构）筑物地基岩土体的加固（提高地基承载力）；

（2）建（构）筑物基础的补强加固（修补缺陷、提高基础承载力）；

（3）岩土体的防渗堵漏（提高岩土体密实度，堵塞裂隙，改善其力学性能，减小透水性，增强抗渗能力）；

（4）防止边坡滑移（改善岩（土）体的物理力学性能，提高整体稳定性）；

（5）破碎岩体的补强（提高岩体整体性）；

（6）混凝土结构缺陷的修补（混凝土构筑物补强）；

（7）快速固结破碎、突涌等失稳岩土体（抢险救灾）。

8.4 灌浆设计

灌浆施工之前，一般应进行灌浆设计，设计内容包括灌浆方法和工艺、灌浆材料和配方、灌浆孔距和孔深、灌浆压力和扩散半径、灌浆结束标准和质量检测等。有地方经验时，设计时可予以参考，无经验时，应先做灌浆试验，取得相关试验数据后再进行设计。

8.4.1 设计原则[3,29]

（1）适应性原则：适应工程地质条件和当地的施工条件；

（2）标准性原则：满足工程目的和要求，符合技术标准和规范；

（2）经济性原则：在满足工程要求的前提下，合理的预算费用；

（3）环保性原则：须满足工程所处环境的环保要求；

（4）安全性原则：保证施工人员安全和工程本身的安全为前提。

8.4.2 设计步骤[3,29]

灌浆设计步骤一般分为：调查阶段、初步设计阶段、试验阶段、施工设计阶段、信息化设计阶段。

（1）调查阶段要完成对工程总体情况的调查和进行水文地质、工程地质调查与勘察。

（2）初步设计阶段要求在掌握场地地质条件和工程情况的基础上，根据灌浆目的和标准，从工艺和浆材两个方面来进行灌浆方案选择，并且根据初步方案确定灌浆孔的布置、灌浆孔深、段长、灌浆压力等参数。

（3）当地如无灌浆工程经验，则需进行必要的灌浆试验。试验阶段要求对初步设计阶段确定的各种参数进行室内和现场的灌浆试验，来验证初步设计方案的合理性、可行性及经济性。

（4）施工设计阶段要求根据试验阶段的结果进一步完善初步设计，将不合适的设计参数进行调整，确定最终的施工方案。

（5）信息化设计阶段要求在灌浆施工过程中，根据实际灌浆施工所反馈的信息及时对施工设计方案进行修正设计，解决实际与设计出现的大的偏差问题或新出现的未知问题。

8.4.3 设计内容[3,29]

（1）灌浆方案选择

遵循设计原则，根据工程性质、灌浆目的、所处理对象的条件、工期要求及其他要求进行方案选择。灌浆方案是否可行，取决于方案的技术可行、经济合理、环境友好等因素，按灌浆的不同目的，对浆材和工艺的选择可参考表 8.4-1。

浆材及工艺选择参考　　表 8.4-1

灌浆目的	浆液类型	工艺技术
岩基防渗	颗粒(水泥)浆液 低强度化学浆	渗透、脉状灌浆
岩基加固	颗粒(水泥)浆液 高强度化学浆	渗透、脉状灌浆
地基土防渗	颗粒(水泥)浆液 低强度化学浆	高喷灌浆 渗透、挤密、劈裂灌浆
地基土加固	颗粒(水泥)浆液 高强度化学浆	渗透、挤密、劈裂灌浆、高喷灌浆

（2）灌浆材料及配方设计

灌浆材料的适宜与否，是灌浆工程成败的关键之一，直接关系到灌浆成本、灌浆效果和灌浆工艺等问题。灌浆材料的选择参考本章 8.6 节相关内容。

浆液的配合比设计应根据灌浆的目的，参考当地工程经验确定。如无经验或特殊情况下，则需通过室内和工程试验确定浆液的配合比。

（3）灌浆压力的确定

灌浆压力是灌浆能量的来源，是控制和提高灌浆质量的一个重要因素。一般情况下，使用较高的压力是有利的，压力越大，浆液在一定裂缝或孔隙系统里的运行距离（即充填范围）就会越大，故采用较高的压力，将会达到减少钻孔工程量、降低造价的目的。但压力偏大或过大会使岩土体孔（裂）隙扩宽，甚至产生新的孔（裂）隙，使原来的地层地质条件恶化，或更严重时造成岩、土体扰动变形，产生隆起等新问题，也可能使浆液灌注到需要灌浆的区域之外，造成浪费。压力偏低则造成灌浆体内出现浆液扩散盲区与空隙，甚至使浆液扩散半径互不搭接，造成灌浆效果不佳甚至没有达到灌浆的目的，因此确定一个合适的灌浆压力，在灌浆设计中十分重要。灌浆压力既要保证使地层空隙得到充分的灌注，又不能给地层带来不利影响，因此适宜的灌浆压力，必须根据灌浆目的、考虑周边环境许可以及施工条件等综合因素，由经验或工程试验确定。

方法一，对于地质条件清楚简单明了，有大量类比工程，可结合灌浆经验公式与图表，并参考相应的实际工程确定灌浆压力。

方法二，由灌浆深度和岩土性质确定灌浆压力的经验公式：

$$P=P_0+mD \tag{8.4-1}$$

式中 P——灌浆压力（MPa）；

P_0——表面地段允许的压力（MPa），参考表8.4-2；

m——灌浆段在岩土中每加深1m所允许增加的压力值（MPa），见表8.4-2；

D——灌浆段上覆岩土层厚度（m）。

m及P_0值选用值 **表8.4-2**

岩层性质	m(MPa)	P_0(MPa)
低渗透性的坚固岩石	0.2～0.5	0.3～0.5
微风化块状岩石或大块体裂隙较弱的岩石	0.1～0.2	0.2～0.3
中风化岩石、强或中等裂隙的成层的岩浆岩	0.05～0.1	0.15～0.2
全风化、强风化岩石，裂隙发育的较坚固的岩石	0.025～0.05	0.05～0.15
松软、未胶结的淤泥土、砾石、砂、砂质黏土	0.05～0.025	0

在进行灌浆压力设计时，一般采用理论计算的方法结合现场灌浆试验确定最终灌浆压力，施工过程中根据现场灌浆情况来进行调整。

（4）灌浆扩散半径及孔距等参数的确定

灌浆扩散半径是在一定工艺条件下，浆液在地层中的扩散程度，是确定孔距、排距布置等参数的重要指标。

计算灌浆扩散半径的公式方法较多，适用条件也各不相同：

1）砂土地层中浆液扩散半径的经验公式

a. 浆液球形渗透理论公式：

$$r_1=\sqrt[3]{\frac{3kh_1r_0t}{\beta n}} \tag{8.4-2}$$

b. 浆液柱形扩散理论公式：

$$r_1=\sqrt{\frac{2kh_1t}{\beta n\ln\frac{r_1}{r_0}}} \tag{8.4-3}$$

2）岩石地层中浆液扩散半径的经验公式：

$$R=\sqrt{\frac{2Kt\sqrt{hr}}{\beta n}} \tag{8.4-4}$$

上列公式中 t——灌浆时间；

R、r_1——浆液扩散半径（cm）；

β——浆液黏度与水的黏度比；

n——被灌介质的孔隙率；

k——被灌介质的渗透系数（cm/s）；

h、h_1——灌浆压力（厘米水头）(cm)；

r_0、r——灌浆管的半径（cm）。

由于地层的非均质各向异性以及浆液的多样性、时变性特点，浆液的扩散往往是不规则的，灌浆扩散半径难以准确计算。一般灌浆扩散半径与地层渗透系数、孔隙尺寸、灌浆压力、浆液本身的特性等因素有关，可通过调整灌浆压力、浆液的黏度和极限灌浆时间来调整灌浆扩散半径。

工程初步设计阶段，可通过经验或工程类比确定灌浆扩散半径，做出初步的钻孔布置，经灌浆试验或施工前期灌浆效果验证后确定合理的孔距、排距和排数等参数。

8.5 灌浆施工

灌浆施工基本分三个阶段完成：施工前准备阶段；施工过程阶段；施工质量检测验收阶段。

灌浆施工前准备阶段工作，包括施工组织设计、技术与安全质量交底、灌浆材料储备与供应、施工机械的效验、周边环境的调查、工程的验收方案等，必要时须进行灌浆试验。

灌浆施工过程工作，除按设计要求进行灌浆施工外，应随时注意监控灌浆过程中灌浆各参数的异常变化情况和周边环境的受影响情况，应及时将异常变化或实际与设计有重大偏差的现场情况反馈给设计及有关人员。

施工质量检测验收工作，应提前做好灌浆成果的检测验收各项准备工作，明确验收标准以及对达不到标准的灌浆工程的处理措施。

8.5.1 灌浆试验[2,3,29]

由于各工程的地层、环境及所处理对象的条件不同，工程目的要求亦不尽相同，设计确定的灌浆施工参数等内容，对大型、重要、复杂和敏感性工程，一般在正式全面施工前，需在现场做与实际工况相同的灌浆试验，必要时还应辅助做室内试验。现场灌浆试验主要为了了解地层灌浆特性，验证设计灌浆参数，确定或修改灌浆设计方案，使设计、施工更符合实际情况。

现场灌浆试验往往与工程施工结合进行，是施工的一部分内容。

(1) 灌浆试验的任务

1) 论证设计采用灌浆方法处理在技术上的可行性、效果上的可靠性和经济上的合理性，即通常所谓的“三性”。

2) 论证设计的灌浆参数、灌浆材料和浆液配合比是否正确。

(2) 灌浆试验的内容

1) 明确灌浆试验目的与要求，制定灌浆试验方案；

2) 制定灌浆工艺各项的技术要求和施工方法；

3) 灌浆质量检查与灌浆效果评价的方法和标准；

4) 测定灌浆材料、浆液及浆液结石体的物理化学性能；

5) 编写灌浆试验报告。

(3) 灌浆试验的原则

灌浆试验段应选择在工程中地质条件具有代表性的地段进行。灌浆试验的数量，主要根据岩土体的地质条件而定，地质条件简单的，可少布孔；地质条件复杂的，应多布孔。

8.5.2 施工组织内容[3,29,38,39]

灌浆施工组织设计是由施工单位编制的施工计划、施工方法和管理标准，目的是为了对灌浆施工活动进行科学管理。施工组织设计须体现出实现灌浆工程计划和设计要求的具体组织措施，提供各阶段灌浆施工准备工作内容，协调灌浆施工过程中各灌浆施工作业班组、各灌浆施工工序、各灌浆施工工种以及灌浆施工所需各项资源之间的相互关系，是灌浆工程开工后施工活动能有序、高效、科学合理地进行的保证。

灌浆施工组织设计的主要内容一般包括以下几个方面：

（1）编制依据；

（2）整体工程概况及灌浆工程概况；

（3）工程的水文地质工程地质概况及特殊地质条件；

（4）工程周边环境概况及灌浆工程的周边环境详情；

（5）灌浆工程设计概况及灌浆目的、要求及灌浆要达到的标准；

（6）灌浆施工前准备情况及灌浆施工现场布置情况；

（7）灌浆施工组织管理机构及具体人员和分工；

（8）灌浆施工工期总进度计划及分部分项工序进度完成计划；

（9）劳动力、材料、机械设备、资金等计划和保障措施；

（10）灌浆工程的重点、难点问题和特殊要求，解决这些问题和特殊要求的具体施工措施和方法；

（11）灌浆工程主要的分部分项施工方案及措施；

（12）雨（冬）期或特殊季节性施工措施；

（13）质量保证措施、安全生产保证措施；

（14）文明施工及环境保护措施；

（15）应急预案。

8.5.3 施工原则[2,3,29]

（1）灌浆施工基本步骤分为：成孔—（置入灌浆管）—配制浆液—加压灌浆—（重复加压灌浆）—结束灌浆—冲洗灌浆设备及管路—检测验收。

（2）灌浆施工一般遵循以下原则：

1）从外围灌浆孔逐次向灌浆范围的内部灌浆孔进行施工；

2）根据布孔情况应分序（二序或三序）施工，同一序灌浆孔应跳（隔）孔进行施工；

3）灌浆压力应从小到大，逐级加压；

4）除了定量灌浆外，灌浆量应从大到小，逐步减少；

5）对灌浆过程中压力瞬间异常增大或减小、灌浆量瞬间异常增多或减少，应观察确认后立即停止灌浆施工，待查明原因并采取措施后方可继续施工；

6）对长期搁置不用的灌浆机械、灌浆管、仪表等设备，在重新使用前应进行必要的检修和标定；

7）配制灌浆材料时应与施工效率相匹配，配制过少影响连续施工效率和施工质量，配制过多则容易造成浆液的失效和浪费；

8）必须做好施工人员的劳动保护和周边环境的保护工作。

（3）防渗堵漏灌浆施工[21,28]

以堵漏、防渗为目的的帷幕灌浆在水利、矿山、隧道、基坑、坝基工程中的应用非常广泛。

在基岩裂隙或卵石、砾石、粗砂层中进行防渗堵漏处理时大多采用灌浆法，而在中、细砂、粉砂层或粉质土层中进行防渗堵漏处理时大多采用高压喷射灌浆法或搅拌桩法。

通常情况下防渗堵漏灌浆帷幕是由一排孔、二排孔或三排孔构成，多于三排孔的较少。

（4）地基基础加固灌浆施工[40～45]

以加固为目的的地基基础处理工程中灌浆技术也被广泛应用。在地基工程处理方面，一方面主要针对全风化、强风化软弱岩层，采用灌浆方法进行处理，提高了风化岩石的力学强度，改善了风化岩层的固结性能；另一方面主要针对淤泥等软土地层，采用灌浆方法进行处理，提高了淤泥的 c、φ 值，改善了淤泥的力学性能。在基础工程处理方面，一方面采用灌浆方法，可以直接对作为基础的岩土体进行加固；另一方面采用灌浆方法，可以对出现缺陷的混凝土基础进行补强加固，恢复混凝土基础原有的功能，如混凝土灌注桩缺陷的修复补强，混凝土承台、地梁、底板等结构缺陷的修复补强。

8.6 灌浆材料

灌入被灌岩土体以能提高被灌体物理力学性能或堵塞裂隙通道为目的、可由液相转变为固相的材料，通称为灌浆材料。

灌浆材料一般主要由主剂（原材料）、溶剂（水或其他溶剂）以及外加剂混合而成。

目前灌浆材料虽然品种繁多，种类各异，但主要分为两大类：颗粒状灌浆材料（无机类浆液）和溶液类灌浆材料（有机类浆液）（图 8.6-1）。

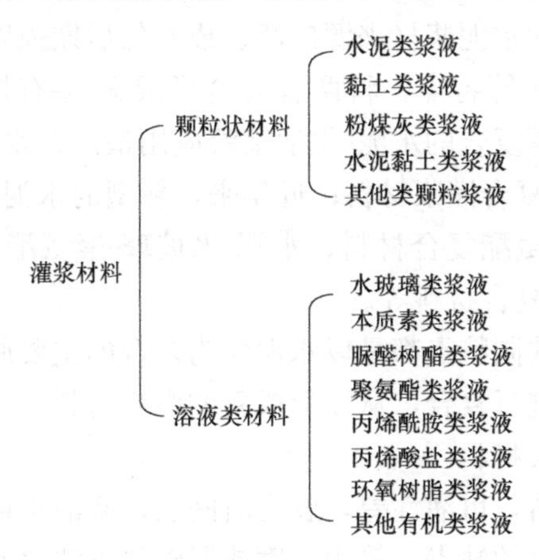

图 8.6-1 灌浆材料分类

实践中常把水玻璃类灌浆材料视为无机类材料使用。

8.6.1 常用灌浆材料[1～3,20]

水泥浆材具有结石体强度高、耐久性好、材料来源丰富、浆液配制方便、操作简单、成本较低等优点，所以在地基基础工程中应用广泛，是目前应用最广泛、也是最常用的灌浆材料。水泥类浆材一般指单液水泥浆、水泥-水玻璃浆、黏土水泥浆等。

由于化学类灌浆材料（水玻璃除外）属有机类化学材料，制备较为复杂，原材料多由石化产品构成，受价格、环保、耐久性等问题的影响，工程实践中只有当水泥类浆材无法达到所需的灌浆目的时，才考虑使用有机化学类灌浆材料。如混凝土灌注桩身或混凝土基础出现缺陷需补强进行修复，可选用改性环氧树脂浆液进行灌浆处理；涌泥、涌砂、涌水需快速固结堵漏时，可选用聚氨酯、丙烯酸盐等化学浆材。

8.6.2 灌浆新材料

近年我国工程建设飞速发展，重大工程不断涌现与完成，各种新技术在工程实践中不断被发明、创新和发展。

各种灌浆新材料也在工程实践中不断涌现出来，下面介绍几种有代表性的新浆材。

(1) 自膨胀高聚物灌浆材料[10,16,21,22]

该灌浆材料为非水反应的聚氨酯类高聚物材料，具有较强的自膨胀性。通过向被灌介质灌入双组分高聚物浆液，利用浆液发生聚合反应后体积迅速膨胀并固化的特点，实现填充、挤密、封堵、加固的目的。高聚物灌浆材料的膨胀性能与环境压力、反应时间及周围介质的约束能力等因素有关，与非膨胀浆液相比，高聚物灌浆材料的机制更为复杂。

目前，高聚物灌浆材料已在高速公路维修、隧道脱空修复、堤坝除险加固等工程领域得到较广泛的应用。

(2) 水泥-化学浆液复合灌浆材料[3,20,23～26]

随着工程复杂程度的增加，对灌浆材料的要求也越来越高，单一材料已不能完全满足工程的需要。常用的水泥浆液可灌性差、固结慢、早期强度低，而化学浆液的有机属性及结石体强度低、价格贵、耐久性差，将水泥（无机）浆液与化学（有机）浆液进行有效的复合，形成复合浆液，发挥水泥浆材来源广泛、成本低后期强度高、耐久性好等优点以及化学浆材可灌性好、固结快等特点，将两者复合形成无机-有机复合灌浆材料应运而生。其中，由水泥和化学浆液所复合的水泥-化学浆液应用最广，水泥-水玻璃灌浆材料是最早也是应用最广的水泥-化学复合灌浆材料；近年来，新型的水泥-化学复合材料在工程中应用越来越多，如：水泥-聚氨酯复合材料、水泥-水玻璃-聚氨酯复合材料、水泥-乳化沥青复合材料、水泥-环氧树脂复合材料等。

这些复合材料的一个共同特点都是以水泥作为复合的主要原材料，结合工程的特点和需要，与不同的化学浆材进行复合，从而形成新的灌浆材料。

(3) 改性超细水泥灌浆材料[20]

由于水泥是颗粒性材料，可灌性差，胶凝时间长，浆液早期强度低，强度增长慢，易沉降析水等。针对水泥浆材的缺点，采用干磨或湿磨得方法对普通水泥进行磨细处理，使水泥颗粒细度降低比表面积增大，同时，在磨细的水泥基料中根据需要添加分散剂、膨胀剂、硅粉等添加剂，改进水泥浆材的可灌性和稳定性，改性过的超细水泥灌浆料灌浆效果和结石的力学性能均较好，克服了单一水泥浆液的一些缺点，在水利水电工程中应用较广。

(4) 水玻璃-化学浆液复合灌浆材料[3,27]

为了克服水泥灌浆材料的缺点，以容易制备、价格较低又比较广泛的水玻璃为主剂，复合化学浆液，制成水玻璃-化学浆液灌浆材料。由于两种复合材料均为真溶液，因此具有化学灌浆材料可灌性优良、胶凝时间可控、固结快等特点，在特定条件下的工程应用中（如救灾抢险工程）发挥着突出的作用。

8.7　灌浆工艺

灌浆工艺对灌浆效果有很大的影响，每种施工工艺都有其优点和局限性，在进行灌浆设计时，要综合考虑被灌介质特性、灌浆目的、灌浆范围、灌浆材料等因素，选择适合工程目的的灌浆工艺。

8.7.1　常用的灌浆工艺[2,3]

考虑侧重点的不同，灌浆工艺和方法又可细分为多种不同的工艺方法，如静压灌浆和高压喷射灌浆；水泥类灌浆和化学灌浆；单液灌浆和双液灌浆；振（打）入式灌浆和钻孔灌浆；单管、双管、三管和多管灌浆；全孔（孔口）灌浆和分段（花管）灌浆；上行式灌浆和下行式灌浆等。

通常将工程中常用的静压灌浆法称为灌浆法（静压灌浆法中又将灌浆压力大于3MPa的灌浆称之为高压灌浆[28]）；将高压喷射灌浆法称为旋喷桩法。需要注意的是，静压灌浆法中的高压灌浆与高压喷射灌浆法（旋喷桩法）在灌浆机理、工艺、设备、效果等方面完全不同，实际应用时应加以区分。

各种灌浆工艺和方法的基本步骤大致相同，如图8.7-1所示。

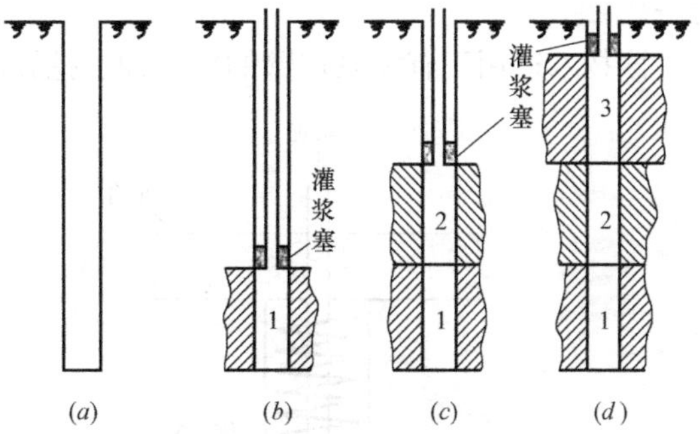

图8.7-1　灌浆工艺的基本步骤

（*a*）成孔（下管）；（*b*）加压灌浆；（*c*）移动（向上或向下）灌浆管灌浆；（*d*）灌浆结束

8.7.2　灌浆新工艺

随着工程技术的进步与发展，灌浆技术也在创新发展，新的工艺方法在实践中不断地被应用，其中一些新工艺已在工程中发挥了重要的作用，被实践证明具有较好的应用前景。

（1）袖阀管灌浆法[2,3,29,30]

目前工程中袖阀管（图8.7-2）灌浆工艺的应用越来越多，袖阀管法可根据需要灌注任何一个灌浆段；由于袖阀套的作用，浆液在灌浆压力的作用下只可单向向外泄出，因此可以反复多次灌浆；同样由于袖阀套的作用，灌浆时浆液扩散范围可控，对周边影响较小；钻孔和灌浆作业可以分开，施工效率高；施工易于操作，设备简单占地少。

袖阀管灌浆法作为一种适应性比较强的灌浆工艺，集中了压密灌浆、劈裂灌浆、渗入灌浆的优点，适用于大部分岩土地层的灌浆处理，可用于地基处理、基础加固、防水堵漏等灌浆工程的施工。袖阀管灌浆法和其他灌浆法相比，灌浆过程整体可控，因而可降低成本，经济效益显著。

(2) 灌注桩后灌浆法[3,31,32]

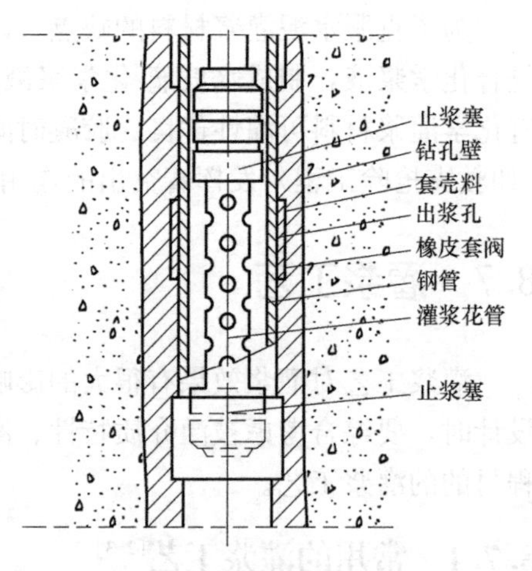

图 8.7-2 袖阀管结构示意图

灌注桩后注浆技术是指灌注桩成桩后一定时间内，通过预设在桩身内的灌浆导管及与之相连的桩端、桩侧灌浆阀灌入水泥浆，使桩端、桩侧土体（包括沉渣和泥皮）得到加固，从而提高单桩承载力，减少桩体沉降。灌注桩后灌浆技术位列住房和城乡建设部 2017 年在地基基础和地下空间工程领域里十大新技术的第一。

这种方法可以起到两方面的作用：一是加固桩底沉渣和桩侧泥皮；二是对桩底和桩侧一定范围的土体通过渗入（粗粒土）、劈裂（细粒和黏性土）和压密（非饱和松散土）灌浆起到加固作用，从而增强桩侧阻力和桩端阻力，在优化工艺参数的条件下，可使单桩承载力提高 40%～120%，粗粒土增幅高于细粒土，软土增幅最小，桩侧桩底复式灌浆高于单纯桩底灌浆；桩基沉降减少 30%左右。预埋于桩身的后灌浆钢导管可以与桩身完整性超声检测管合二为一。

该技术适用于有泥浆护壁的钻、冲、挖孔灌注桩及干作业钻灌注桩（图 8.7-3)。

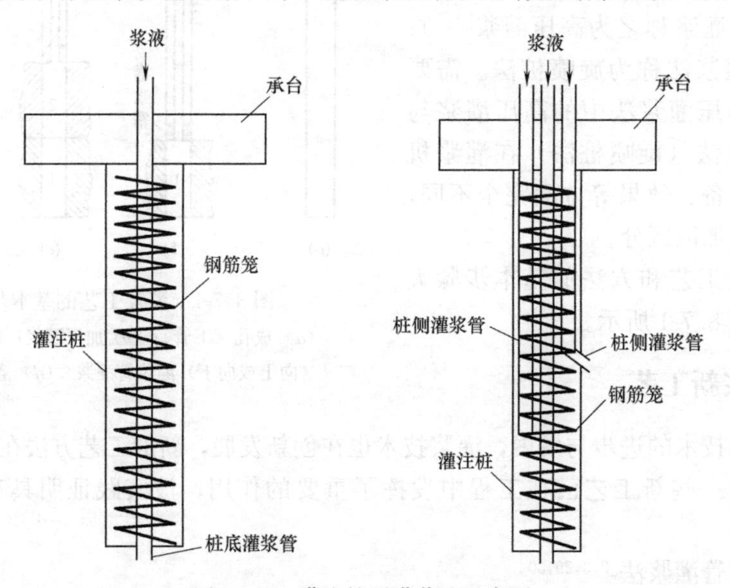

图 8.7-3 灌注桩后灌浆法示意图

(3) 无收缩双液注浆工艺（WSS)[3,33]

无收缩双液灌浆法（WSS）是将两种浆液通过二重管端头的浆液混合器充分混合，灌浆时实施定向、定量、定压灌浆，使岩土层的空隙或孔隙间充满浆液并固化，以达到改变岩土层性状的目的。WSS 灌浆技术的特点，主要包括：①钻机采用的二重管钻杆可直接作为灌浆管，管头装有 30cm 混合器用来使双液充分混合；②从钻孔至灌浆完毕，可连续作业，灌浆过程中灌浆管可以旋转（正反均可)，不会发生钻杆卡死及浆液溢流现象；

③浆液可以复合灌入施工，满足不同的要求；④二重管端头的浆液混合器可使两种浆液在出管的时候完全混合，既能使浆液均匀，又不会出现常规灌浆法容易出现的堵管现象；⑤可垂直、倾斜或水平灌浆。

(4) 电动化学灌浆法[3,29,34]

电动化学灌浆是在电渗排水固结法和灌浆法的基础上发展起来的一种加固方法，预先在需要加固的地层中把两个电极按一定的电极距置于地层中，将带孔的注浆管作为阳极，接到直流电源的正极，用滤水管作为阴极，接到电源的负极，在电渗作用下，孔隙水由阳极流向阴极，促使通电区域中土的含水量降低，并形成渗浆通路，灌浆时使灌入压力和电渗方向一致，从而使浆液随已形成的渗浆通路灌入地层中，达到加固土体堵塞渗透裂隙的目的。

由于电渗排水作用，可能会引起土体的附加沉降，对环境要求高的工程需注意对周边的影响。

(5) 复合灌浆法[3,20,29,34]

复合灌浆法是将静压灌浆法和高压喷射灌浆法进行时序结合发挥两种灌浆技术优势的一种新型灌浆技术。实际工程中是先采用高压喷射灌浆成旋喷桩柱体，再采用静压灌浆增强旋喷效果，扩散加固浆液，防止固结收缩，消除灌浆盲区。

此外，由于水泥类材料与化灌材料各有其鲜明的特点和优点，因此，既充分利用水泥类材料的耐久性、高强度、无毒性、低廉广材等优点，又充分发挥化灌材料可灌入微细裂隙、凝固时间可控制、固结体可满足多种要求的特点，先用水泥类材料施灌，后用化灌材料施灌的方法，亦是灌浆材料的复合灌浆，其既继承了水泥灌浆的技术优势，又利用了化学灌浆各方面的技术成果。因此，具有材料综合成本低、灌浆效果好、适应面广等优点。

(6) 多孔管全方位高压喷射灌浆工法 (MJS)[35~37]

MJS (Metro Jet System) 工法在传统高压喷射注浆工艺的基础上，采用了独特的多孔管和前端监测装置，从整体考虑，将硬化浆液高压输送、喷射、切削地层、混合、强制排泥、集中处理泥浆这一系列工序进行实时监控，实现了孔内强制排浆和地层内压力监测，并通过调整强制排浆量来控制地层内压力，大幅度减少对环境的影响，而地层内压力的降低也进一步保证了可以形成大直径桩。

传统的旋喷法在高压（浆压至少 20MPa 或水压至少 30MPa）作用下，置换的废弃泥浆由于压力气举效应的原因，从钻孔中钻杆与孔壁土层之间的间隙排出孔口。随着旋喷深度的增加，气举效果会越来越弱，而当钻杆与孔壁土层间隙返浆越来越多时，间隙的通道越来越窄甚至堵塞，高压作用下的浆液此时会向地基土层内产生越来越大的挤压力，地基附加应力随之增加且越来越大，就会造成地面隆起影响周边环境等后果。同时，由于废泥浆的聚集，喷嘴处的喷射效果也越来越差。

MJS 工法（图 8.7-4）针对传统旋喷桩法的上述问题，采用多孔管钻进，多孔管中间有一个 60mm 的泥浆抽取管，利用虹吸原理，在倒吸水和倒吸空气适配器的作用下，将高压喷射置换出的废泥浆实时强制抽出。MJS 设备在钻头上装有地内压力感应器和排泥阀门，并且能够自由控制排泥阀门大小，当孔内旋喷灌浆处地内压力显示增大时，调整排泥阀门的大小排出泥浆，始终保证孔内旋喷灌浆处地内压力保持正常，从而克服地基附加应力对周边土体的挤压应力，最大限度地减少对周边环境的影响。由于喷射灌浆喷嘴处的废泥浆被实时排出，喷嘴处的压力始终维持正常水平，大大提高了旋喷的效果。

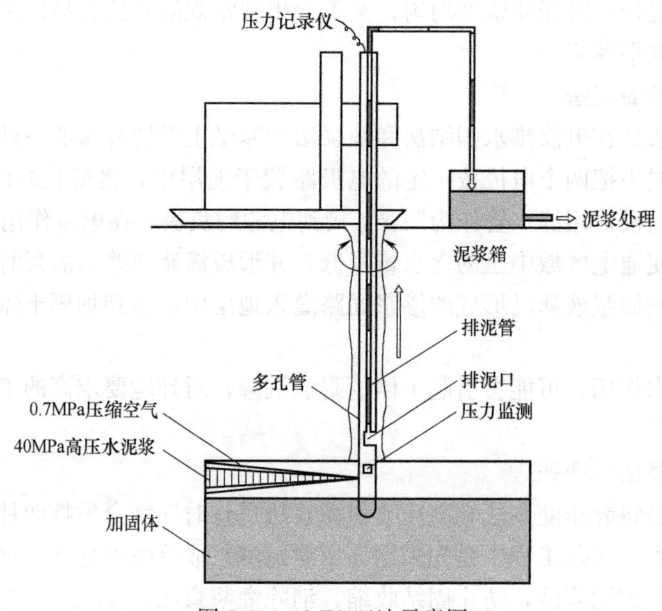

图 8.7-4　MJS工法示意图

MJS工法的特点：

1）可实时监控孔内喷射和土层压力并实时将置换的废泥浆排出。

2）可以“全方位”进行高压喷射灌浆施工，水平、倾斜、垂直及任意角度的施工。

3）其特有的排浆方式，使得旋喷桩直径大，成桩质量好。

4）对周边环境影响小。

5）实时监控施工数据，减少人为因素造成的质量问题。

6）施工效率不高，成本较高。

8.8　质量检测[3,29]

灌浆质量检测是指灌浆施工完成后并达到相应要求时间后，对灌浆效果与设计要求或技术标准（规范）等要求的吻合程度采用可行的检测方法进行检查。检查的主要指标反映灌浆后被灌岩土介质参数（标贯击数、波速值、抗剪强度、承载力、密度、渗透系数等）的变化程度。

目前对灌浆质量检测主要是对施工过程的控制检查以及施工完成后对灌浆效果的检查。施工过程控制的检查手段主要有：施工过程记录、施工流程的检查、施工参数的抽查、灌浆材料的现场抽检、施工资料的分析、现场总体观察等。施工完成后灌浆效果的评价方法主要有：示踪染色追踪法、钻孔抽（压）水检查法、灌浆前后涌水量比较法、钻孔取芯室内试验法、钻孔取芯观察法、标准贯入度法、静力触探法、压板试验法、钻孔取芯化学分析法、钻孔摄影法、地质雷达法等。

除帷幕灌浆质量检测效果较直观明了之外，对地基基础加固处理尤其是地基处理灌浆效果的检测检验技术，仍然没有一种直观明了的检测方法能真实地反映灌浆工程的实际效果，给灌浆工程的检验验收带来困难，因此，灌浆工程质量检测大多以两种或两种以上的方法进行，各种方法之间互为校验，减少检验方法的片面性、盲目性和随意性。因此探索更全面、更科学的检测灌浆质量和效果的方法，具有一定的现实意义。

8.9 发展展望[3,29,46]

随着化学、材料学、机械等传统学科领域的发展以及计算机、自动化、智能化、互联网等新兴技术领域的快速发展，使得灌浆技术得以更广泛的应用及高速发展，随着物联网技术的实际应用，灌浆技术即将进入一个以5G物联网技术为基础的全新发展时代。

(1) 灌浆技术应用信息技术实现灌浆全过程的自控监测。在流量自动控制仪的基础上，基于大数据建立的“灌浆处理数据云管理平台”已经在具体工程中得到应用。针对灌浆工程中地质状况的不确定性及施工的隐蔽性，为提高工程质量控制和成本控制而设计研发出的一套专门帮助工程管理人员提升灌浆管理信息化水平，实现灌浆质量控制专业化、信息化的管理工具。随着5G物联网技术的普及，灌浆工程全过程控制的信息化、智能化必将越来越广泛的得到广泛应用。

(2) 灌浆材料方面，开发了高强度的水玻璃浆液和消除了碱污染的中性、酸性水玻璃浆液，研制了非石油来源的多种高分子浆液，可注性好的超细水泥浆液也得到了进一步的应用，新兴的无机-有机复合材料研发和应用进展迅速，应用越来越多。

(3) 灌浆机具方面，轻型、小型化全液压高速钻机投入使用；灌浆设备向专业化、集成化、自动化方向发展的趋势明显；高速搅拌机和各种新型止浆塞和混合器相继研发成功并得到应用；旋喷搅拌机结合取长补短，形成了旋搅桩基新设备；MJS设备基本实现国产化，给更多的高压喷射灌浆工程带来了新的解决方案。

(4) 在施工工艺方面取得了长足发展，从单一机理的劈裂（脉状）灌浆、渗透灌浆、挤密灌浆发展到应用多种材料、多种工艺的复合灌浆；从钻杆法、过滤管法发展到双层过滤管法和多种形式的双重管瞬凝灌浆法；从无序灌浆发展到袖阀、电动化学、抽水、压气和喷射等多种诱导灌浆法；应用定向钻进、多孔同时灌浆及增大灌浆段长等综合灌浆方法，缩短了灌浆工期，加快施工速度。

(5) 在灌浆效果检测方面，应用了电探测、弹性波探测、放射能探测等多种检测仪器。

由于灌浆工程属于隐蔽工程，被灌介质的复杂多样性，灌浆技术还有待于在以下方面继续加强研究：

(1) 加强灌浆理论方面的研究。包括灌浆的基本理论、灌浆机理、作用与效果、灌浆工程的设计方法等。

(2) 新型浆材和工艺开发。进一步研究开发来源广、价廉、性能优越、施工方便、环保的浆材，研究开发新型实用的灌浆工艺技术。

(3) 开发新型灌浆设备。特别对高效钻孔机具、自动监测纪录、浆液的集中制备与输送、专用灌浆泵及有关的止浆、制浆、输浆等设备进行研究开发。

(4) 研制开发出能客观评价灌浆效果的检测仪器和方法，并且使其标准化，利于工程应用。

参考文献

[1] 熊厚金，等. 岩土工程化学. 北京：科学出版社，2001.
[2] 邝健政，等. 岩土注浆理论与工程实例. 北京：科学出版社，2001.
[3] 杨晓东. 锚固与注浆技术手册. 北京：中国电力出版社，2009.
[4] 杨志全，等. 黏度时变性宾汉体浆液的柱-半球形渗透注浆机制研究 [J]. 岩土力学，2011，9 (9).
[5] 阮文军. 基于浆液黏度时变性的岩体裂隙注浆扩散模型 [J]. 岩石力学与工程学报，2005，24 (15).
[6] 阮文军. 注浆扩散与浆液若干基本性能研究 [J]. 岩土工程学报，2005，27 (1).
[7] 李术才，等. 地下工程动水注浆速凝浆液黏度时变特性研究 [J]，岩石力学与工程学报，2013，32 (1).
[8] 李术才，等. 基于黏度时变性的水泥—玻璃浆液扩散机制研究 [J]，岩石力学与工程学报，2013，32 (12).
[9] 张庆松，等. 基于浆液黏度时空变化的水平裂隙岩体注浆扩散机制 [J]，岩石力学与工程学报，2015，34 (6).
[10] 李晓龙，等. 一种理想自膨胀浆液单裂隙扩散模型 [J]，岩石力学与工程学报，2018，37 (5).
[11] 刘嘉材. 裂缝灌浆扩散半径研究 [J]，中国水利水电科学院科学研究论文集，水利出版社，1982，(8).
[12] B. AMADEI et al. An analytical solution for transient flow of Bingham viscoplastic materials in rock fractures [J]. International Journal of Rock Mechanics and Mining Sciences，2001，38 (2).
[13] 罗平平，等. 倾斜单裂隙宾汉体浆液流动模型理论研究 [J]. 山东科技大学学报（自然科学版），2010，9 (1).
[14] M. E. TANI. Grouting rock fractures with cement grout [J]. Rock Mechanics and Rock Engineering，2012，45 (4).
[15] 李术才，等. 考虑浆-岩耦合效应的微裂隙注浆扩散机制分析 [J]. 岩石力学与工程学报，2017，36 (4).
[16] 李晓龙，等. 自膨胀高聚物注浆材料在二维裂隙中流动扩散仿真方法研究 [J]. 岩石力学与工程学报，2015，34 (6).
[17] 郝哲，等. 岩体裂隙注浆的计算机模拟研究 [J]. 岩土工程学报，1999，21 (6).
[18] 罗平平，等. 空间岩体裂隙网络灌浆数值模拟研究 [J]. 岩土工程学报，2007，29 (12).
[19] 刘健，等. 水泥浆液裂隙注浆扩散规律模型试验与数值模拟 [J]. 岩石力学与工程学报，2012，31 (12).
[20] 孙亮，等编. 灌浆材料及应用. 北京：中国电力出版社，2013.
[21] 王复明，等. 隧道渗漏水快速处治高聚物注浆方法 [P]. 中国：ZL200910227697. 5，2013-11-06.
[22] 王复明，等. 堤坝防护高聚物注浆技术的发展 [C]. 大坝技术及长效性能国际研讨会论文集. 北京：中国水利水电出版社，2011.
[23] 郝明辉，等. 水泥-化学复合灌浆在断层补强中的应用效果评价 [J]. 岩石力学与工程学报，2013，32 (11).
[24] 王银海，等. 新型高分子固化材料与水泥加固黄土力学性能对比研究 [J]，岩土力学，2004，25 (11).
[25] 阮文军，等. 新型水泥复合浆液的研制及其应用 [J]，岩土工程学报，2001，23 (2).
[26] 胡安兵，等. 新型注浆材料试验研究 [J]，岩土工程学报，2005，27 (2).
[27] 吴龙梅，等. 硅酸盐水玻璃-聚氨酯复合灌浆材料的制备及性能研究 [C]，不良地质体化学灌浆技术，汪在芹编. 武汉：长江出版社，2016.

[28] 中华人民共和国电力行业标准，SL 62—2014 水工建筑物水泥灌浆施工技术规范 [S]，2014.
[29] 龚晓南. 地基处理技术及发展展望. 北京：中国建筑工业出版社，2014.
[30] 薛炜，等. 一种袖阀管用的注浆头结构 [P]，中国：ZL201320426127. 0，2014.
[31] 赵同新. 后灌浆与地基处理，北京，地震出版社，2010.
[32] 张文超. 一种桩侧后注浆装置 [P]，中国：ZL201410734588. 3，2014.
[33] 姜久纯. WSS注浆工艺在超浅埋隧道中的应用 [J]. 中国科技纵横，2012，20 (3).
[34] 李粮纲. 基础工程施工技术. 北京：中国地质大学出版社，2000.
[35] 吴秀强. MJS工法（全方位高压喷射法）桩在老城厢区域深基坑围护施工中的应用 [J]. 建筑施工，2014，5.
[36] 王会锋. 利用MJS工法穿过大断面共同沟加固地基施工技术 [J]. 上海建设科技，2014，6.
[37] 邵晶晶，等. MJS工法和RJP工法在临近地铁车站的应用研究 [J]. 施工技术，2016，13.
[38] 曹吉鸣，等. 工程施工组织与管理. 上海：同济大学出版社，2002.
[39] 丁士昭. 工程项目管理. 北京：中国建筑工业出版社，2006.
[40] 中华人民共和国国家标准. GB 50007—2011 建筑地基基础设计规范 [S]，2012.
[41] 中华人民共和国行业标准. JGJ 79—2012 建筑地基处理技术规范 [S]，2013.
[42] 中华人民共和国国家标准. GB 50550—2010 建筑结构加固过程施工质量验收规范 [S]，2011.
[43] 中华人民共和国国家标准. GB/T 50783—2012 复合地基技术规范 [S]，2012.
[44] 中华人民共和国行业标准. JGJ 123—2012 既有建筑地基基础加固技术规范 [S]，2012.
[45] 广东省标准. DBJ/T 15—136—2018 岩溶地区建筑地基基础技术规范 [S]. 2018.
[46] 汪在芹，等，水库大坝化学灌浆研究与实践. 武汉：长江出版社，2018.

9 管幕冻结法

王啟铜
（广东省南粤交通投资建设有限公司，广东 广州 510623）

9.1 工程概况

港珠澳大桥珠海连接线是港珠澳大桥的重要组成部分，拱北隧道则是珠海连接线的关键控制性工程。工程位于珠海市中心繁华城区，毗邻澳门，由海底隧道与城区隧道两部分组成，采用海底隧道方式穿越拱北湾海域，城区隧道形式下穿全国第一大陆路口岸——拱北口岸（图 9.1-1）。

图 9.1-1 拱北隧道线位平面图

拱北隧道全长 2741m，由人工岛海域明挖段、口岸暗挖段及陆域明挖段组成。其中，口岸暗挖段采用 255m 曲线管幕＋冻结法施工，是世界上首座采用该工法施作的双层公路隧道，其曲线管幕顶进长度、水平冻结规模及隧道开挖断面面积均创造了业内新纪录。

因建设条件限制，拱北隧道暗挖段设计为上下叠层的双层结构，隧道施工采用顶管管幕超前支护＋水平冻结止水帷幕的组合围护结构，由 255m 超长曲线顶管管幕形成超前支护体系，采用水平冻结法对管幕之间的土体进行冻结，形成致密止水帷幕后，在顶管管幕＋冻结止水帷幕的超强支护下实施大断面暗挖施工。

地层冻结法是一种通过对地层进行冷却、冻结，使地层中的地下水结冰，形成冻土，以起到阻隔地下水流动的目的的地基处理方法。传统上，地层冻结法主要应用于矿山巷道、竖井开挖施工等场合（陈湘生等，2007）。近年来，随着地下工程的发展，冷冻法也逐渐在地铁联络通道、隧道盾构始发、接收工作井等施工中得到应用（陈湘生，2013）。拱北隧道则是高速公路隧道施工中首次大规模采用冻结法。

9.1.1 工程地质与水文地质

1. 工程地质

拱北隧道穿越区域地质条件复杂。自上至下依次分布有杂填土、淤泥（淤泥质土）、粉质黏土、粉砂（细砂）、中砂、粗（砾）砂、卵（砾）石、全～强风化黑云母斑状花岗岩等土层。其中，表层海相、海陆交互沉积层厚度为28～35m，中层砂（砾）质黏土层0.5～8.2m，下伏全～强风化黑云母斑状花岗岩层厚超过20m（表9.1-1及图9.1-2）。

拱北隧道工程典型地质分层表　　　表9.1-1

层号	岩土名称	层号	岩土名称	层号	岩土名称
①	填土(Q_4^{me})	④-3-a	淤泥质土(Q_4^{m})	⑥-1-b	粉质黏土(Q_3^{al+pl})
③-1-a	淤泥(Q_4^{m})	④-3-b	黏土、粉质黏土(Q_4^{m})	⑥-1-c	粉土(Q_3^{al+pl})
③-1-b	淤泥质土(Q_4^{m})	④-3-c	粉土(Q_4^{m})	⑥-2-a	粉、细砂(Q_3^{al+pl})
③-1-c	含淤泥质砂(Q_4^{m})	⑤-1-a	黏土(Q_3^{mc})	⑥-2-b	中砂(Q_3^{al+pl})
③-2-a	黏土(Q_4^{mc})	⑤-1-b	粉质黏土(Q_3^{mc})	⑥-2-c	粗、砾砂(Q_3^{al+pl})
③-2-b	粉质黏土(Q_4^{mc})	⑤-1-c	粉土(Q_3^{mc})	⑥-3	卵、砾石(Q_3^{al+pl})
③-2-c	粉土(Q_4^{mc})	⑤-2-a	粉、细砂(Q_3^{mc})	⑦-1	砂质黏性土(Q^{el})
③-3-a	粉、细砂(Q_4^{mc})	⑤-2-b	中砂(Q_3^{mc})	⑦-2	砂质黏性土(Q^{el})
③-3-b	中砂(Q_4^{mc})	⑤-2-c	粗、砾砂(Q_3^{mc})	⑦-3	黏性土(Q^{el})
③-3-c	粗、砾砂(Q_4^{mc})	⑤-2-d	卵、砾石(Q_3^{mc})	⑧-1	全风化黑云母斑状花岩石
④-1	粗、砾砂(Q_4^{mc})	⑤-3-a	淤泥质土(Q_3^{mc})	⑧-2	强风化黑云母斑状花岗岩(砂砾状)
④-2-a	黏土(Q_4^{mc})	⑤-3-b	黏土(含较多腐殖质)(Q_3^{mc})	⑧-3	强风化黑云母斑状花岗岩(砂块状)
④-2-b	粉质黏土(Q_4^{mc})	⑤-3-c	粉土(含较多腐殖质)(Q_3^{mc})	⑧-4	中风化黑云母斑状花岗岩
④-2-c	粉土(Q_4^{mc})	⑥-1-a	黏土(Q_3^{al+pl})	⑧-6	石英岩(花岗岩岩脉)

2. 工程水文地质

（1）地下水

隧址所在区域气候湿润，雨量充沛，降水时间长。地表水主要是海水，地下水主要赋存于软土层、砂层、粗（砾）砂层、黏性土夹砂层及更新统残积层等土层和基岩裂隙中。其中，砂类土特别是相对松散的粗粒类砂土为强透水层。场区周边潮汐变化最高标高2.51m，最低−1.28m，变幅3.8m左右。

为确保冻结、注浆或其他辅助措施顺利实施，对地下水流速展开现场观测与测算后，得到以下结论：

1）地下水位易受潮汐影响；

2）以砾砂平均渗透系数测算，地下水流速为3.12×10^{-4}cm/s，即0.27m/d。

（2）地下水腐蚀性评价

场区地下水化学成分与海水相似，为氯钙镁型水（Cl^-—$Ca^{2+}\cdot Mg^{2+}$）或氯镁钙型水（Cl^-—$Mg^{2+}\cdot Ca^{2+}$）。海域部分地下水对混凝土结构具有微腐蚀性；在干湿交替环境

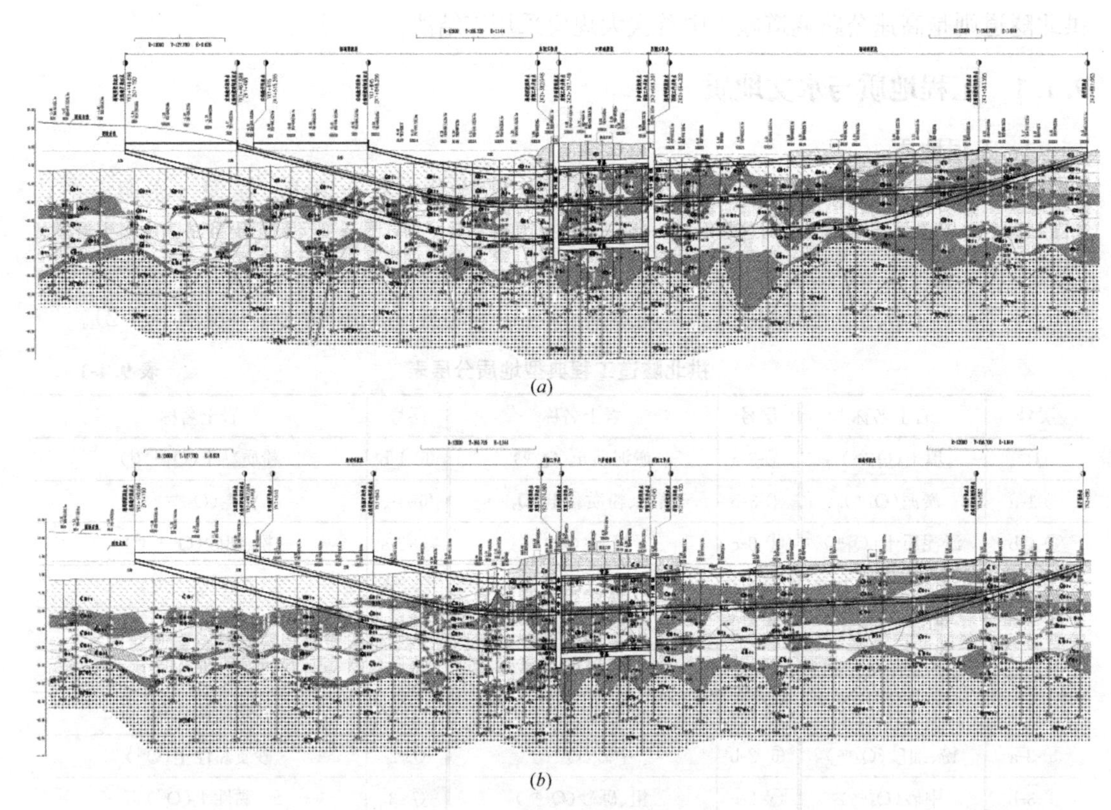

(*a*)

(*b*)

图 9.1-2　拱北隧道地质纵断面

(*a*) 左线；(*b*) 右线

下，对混凝土结构中的钢筋有强腐蚀性；长期浸水环境下对混凝土结构中的钢筋则具有微腐蚀性。陆域部分地下水按环境类别和地层渗透性评价对混凝土结构具有微腐蚀性；在长期浸水环境下对混凝土结构中的钢筋具有弱腐蚀性；在干湿交替环境下，对混凝土结构中的钢筋具有强腐蚀性。主要腐蚀介质为 SO_4^{2-}、Cl^- 及侵蚀性 CO_2。

（3）土体腐蚀性评价

根据详勘阶段地质报告中土壤易溶盐分析成果，按干湿交替及Ⅱ类场地环境考虑，土体对建筑材料的腐蚀性评价如下：

1）海域部分：硫酸盐含盐量 SO_4^{2-} 最大值为 331mg/kg，镁盐含盐量 Mg^{2+} 最大值为 69mg/kg，Cl^- 最大值为 682mg/kg。综合评价，本场地土对混凝土结构具有微腐蚀性，对混凝土结构中的钢筋则具有中等腐蚀性。

2）陆域部分：硫酸盐含盐量 SO_4^{2-} 最大值为 595mg/kg，镁盐含盐量 Mg^{2+} 最大值为 91mg/kg，Cl^- 最大值为 690mg/kg。综合评价，本场地土对混凝土结构具有弱腐蚀性，对混凝土结构中的钢筋则具有中等腐蚀性。

3. 不良地质条件

隧址区主要存在以下不良地质现象：

（1）局部基岩面起伏较大，花岗岩风化不均，有局部隆起及风化深槽。

(2) 表层分布有较厚的全新统海相沉积的淤泥和淤泥质土等软土，具高压缩性、高灵敏度；均为欠固结土，稳定性极差，地基承载力低。场地海床表部分布的淤泥层存在震陷可能。

(3) 在表层淤泥层之下，分布有厚度不等的软弱土层，主要为淤泥质土、粉土或粉细砂，部分呈透镜体状发育。

(4) 场区砂层密实度变化较大。一般海床上部10m内以稍密～中密为主，部分呈松散～稍密状，偶有密实状，10m以下特别是15m以下一般均为中密～密实状。根据砂土液化判别，可液化砂层主要是上部10m以内松散～稍密状态的砂层。

(5) 本区分布的花岗岩残积土和全、强风化层水理性较差，具浸水崩解、失水干裂等特性。

9.1.2 工程重难点

1. 地质条件差

拱北隧道大部分位于水位线以下，水力场复杂。隧址区上部覆盖层发育，且岩性在纵向上具有海相、海陆交互相多层结构，岩性条件较为复杂，特别是海相、海陆交互相沉积层发育，厚度达到28～35m，土质极软弱。软土层具有层多、厚度大、分布广泛、含水量高、压缩性高，易触变等特性，致使隧道在围岩稳定性、支护设计、施工等方面都存在诸多不利因素。

2. 周边环境复杂

拱北隧道地理位置特殊，政治地位敏感。沿线途经人工岛、军事管制区、珠海拱北口岸和澳门关闸口岸区、边界河、城际轨道站等，涉及边检、边防、海关、检验检疫及地方政府等众多部门。地面建筑密集且安全风险等级较高，地下管线众多，桩基密布，隧道外缘最近处距离澳门联检大楼地下桩基为1.50m，距离拱北口岸出入境长廊桩基最近距离仅为0.46m（图9.1-3）。加之与城市道路多次交叉，施工协调难度极大。

3. 隧道施工工法复杂多样

拱北隧道沿线结构变化复杂，按“先分离并行，再上下重叠，最后又左右分离并行”的形式设置，分为海域明挖段、口岸暗挖段及陆域明挖段，涉及深基坑工程、浅埋暗挖施工、顶管管幕施工、管幕冻结施工等不同结构形式和施工工法。

4. 设计技术难度大、施工安全风险高

拱北隧道口岸暗挖段下穿珠海拱北口岸和澳门关闸口岸之间的狭长区域，穿越

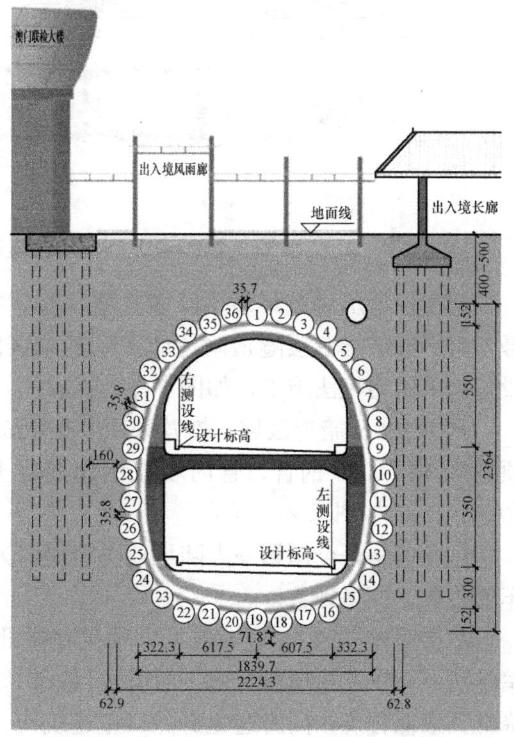

图9.1-3 拱北隧道口岸暗挖段横断面示意图

压缩性高、易触变、含水量大、强度低的深厚软弱地层，工程地质条件极其复杂，地层变形控制要求极高。暗挖段全长255m，采用上下叠层的双层卵形结构，平面线形为缓和曲线+圆曲线，采用曲线管幕+水平冻结法施工。该施工工法属于业内首创，设计技术难度大，施工安全风险高。

9.2 隧道设计方案论证及比选

9.2.1 初步设计阶段方案论证

2009年11月，港珠澳大桥工程可行性研究报告获得批复。根据工可推荐路线，珠海连接线落脚点位于珠海拱北湾海域，设置拱北隧道下穿拱北口岸。

工可阶段提出采用盾构法隧道或浅埋暗挖法隧道两种隧道形式。经初步比选后，推荐采用海中隧道筑堤明挖、拱北口岸段浅埋暗挖的组合方案。

推荐方案中，拱北口岸段浅埋暗挖施工需要对数量庞大的地下桩基进行截桩、托换，对为数众多的地下管线进行改迁（移），对口岸地面建筑严加保护，协调难度极大，实施风险极高。为此，在初步设计阶段对口岸暗挖段提出了单层、双层隧道结构，且分别采用暗挖和明挖施工的四个方案进行比选（图9.2-1）。

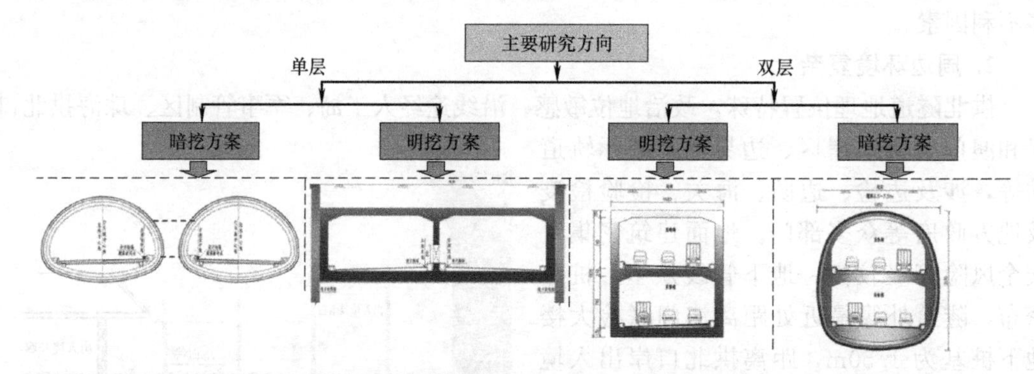

图9.2-1 初步设计阶段隧道结构及工法方案研究方向

初步设计历时2年多。经多方案比选，拱北隧道口岸暗挖段推荐采用220m曲线管幕+水平冻结法双层隧道暗挖施工，其余区段（海域段人工岛、鸭涌河段及茂盛围出口段）均采用明挖法施工，如图9.2-2所示。

其中220m暗挖区域，推荐采用8根ϕ2500钢管作为定位管及内支撑支点，中间交叉顶进42根ϕ1000钢管，管内填充钢筋混凝土，一次形成超前支护管幕，相邻管净距为30～50cm，如图9.2-3所示。

拱北口岸是全国第一大陆域通关口岸，人流、车流量都非常大，入境、出境通道时有车辆排队、拥堵现象。

双层明挖+220m暗挖施工方案仅在拱北口岸出入境车行道两侧预留两个工作竖井，暗挖法下穿拱北口岸段，施工阶段可保证口岸正常通行，将施工对口岸人流、车流的影响降低到最低程度，同时避免拆除口岸建筑物。该方案的主要优点有：

① 施工阶段可保证口岸通行能力，将施工对口岸人流、车流的影响降低到最低程度；

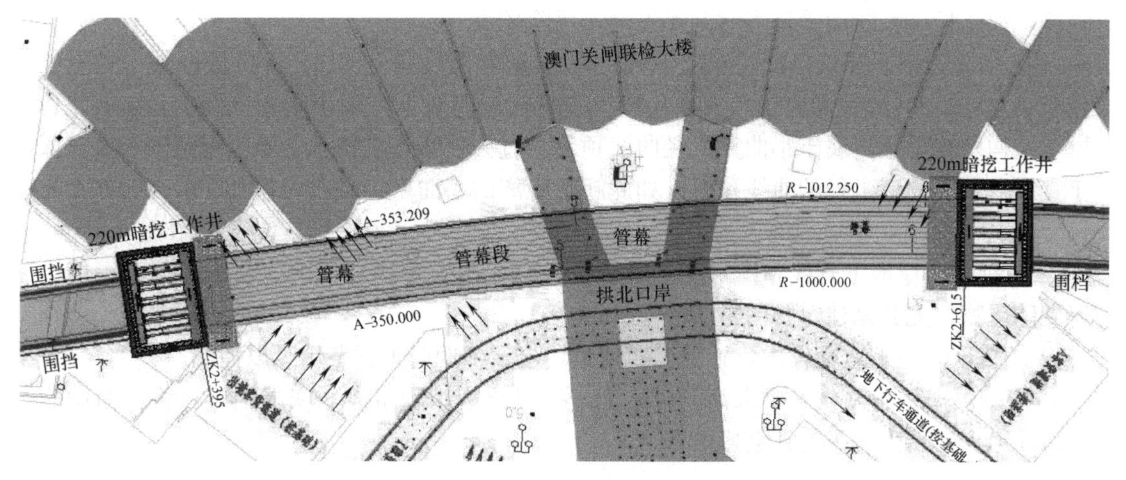

图 9.2-2 初步设计阶段 220m 曲线管幕+水平冻结方案

② 避免拆除口岸建筑物；

③ 避免改移口岸段地下管线；

④ 施工人员及机械设备易于管理，这点在边境作业区尤为重要；

⑤ 施工噪声及水环境污染小；

⑥ 一旦施工过程中出现不可控因素，双层暗挖方案可即时转换为明挖施工。

图 9.2-3 初步设计阶段管幕方案

但其缺点也很明显：

① 口岸内暗挖施工工法有多种选择，由于口岸内地下水位高、地理位置特殊、地面沉降控制严格，常规的帷幕注浆法施工难以形成有效的全断面注浆堵水加固圈。因此现阶段提出管幕法施工工法，由于新技术的运用存在一定的创新风险，管幕法暗挖施工时隧道自身及两侧建筑仍存在较大的安全风险。

② 管幕法施工期间地下水控制困难，从而导致地层变形控制难度增大，地表建筑存在一定的开裂风险。施工若控制不好，极易引起地表构筑物出现过大变形或不均匀沉降而影响口岸正常使用。

③ 管幕法暗挖施工下穿拱北口岸段，必须先顶进多达数十根大直径钢管。若采取钢管间锁口连接，则在管幕钢管顶进施工时，存在钢管顶进方向失控、顶力剧增、地表沉降（或隆起）过大、管幕损坏及管幕水密性不佳等风险（其中最主要风险是钢管顶进方向失控）。同时在钢管顶进过程中，由于锁口的约束，很有可能会出现纠偏无效及累积偏差较大的情况，导致管幕不能按设计要求正确顶进到位，甚至撕裂锁口，导致管幕密封性能降低甚至丧失，同时引起过大的地表变形。

④ 仅在拱北口岸出入境车行道两侧预留两个工作竖井，中间不设工作井，暗挖 220m 下穿拱北口岸，结构外管幕施工属于长距离顶管。本项目结构横断面尺寸为 18.7m×20.8m（椭圆形），采用多根大直径钢管，在饱和软土地层中顶进 220m 形成全断面封闭

管幕，如此长度大断面管幕当时并无先例，风险较大。

⑤ 拱北隧道下穿口岸段左线位于 $A=350\text{m}$ 缓和曲线和 $R=1000\text{m}$ 的圆曲线上，右线位于 $A=353.209\text{m}$ 缓和曲线和 $R=1012.250\text{m}$ 的圆曲线上。采用暗挖 220m 下穿拱北口岸，结构外管幕施工属于小曲率半径曲线顶管。过去顶管施工技术主要应用范围一直局限于直线或者大曲率半径的曲线顶管。如此超长距离的小曲率半径曲线顶管管幕当时亦无先例，风险较大。

⑥ 拱北口岸地下管线和建筑物基础众多，暗挖段管幕法施工钢管顶进过程中可能会遇到障碍物，尤其是建筑物的桩基。

⑦ 管幕法施工速度较慢，施工工期较长，建设工期与工程费用难以控制。

⑧ 双层暗挖施工技术要求高、风险大，一旦出现工程事故，恢复困难，将长时间影响口岸通关，产生恶劣的社会影响。

9.2.2 技术设计阶段方案优化

根据初步设计审查意见，结合《施工方案咨询报告》及相关科研成果，针对项目控制性工程拱北隧道，在开展项目施工图设计之前，增加了技术设计环节，以进一步深化、研究解决相应的关键技术问题。

技术设计阶段，拱北隧道平面线位在初步设计方案的基础上进行了局部调整，进一步细化了顶管施工方案、冻结设计方案及暗挖段开挖方案（图 9.2-4～图 9.2-6），并对两端明挖隧道的围护结构、支撑体系及主体结构设计方案进行了细致的比选。

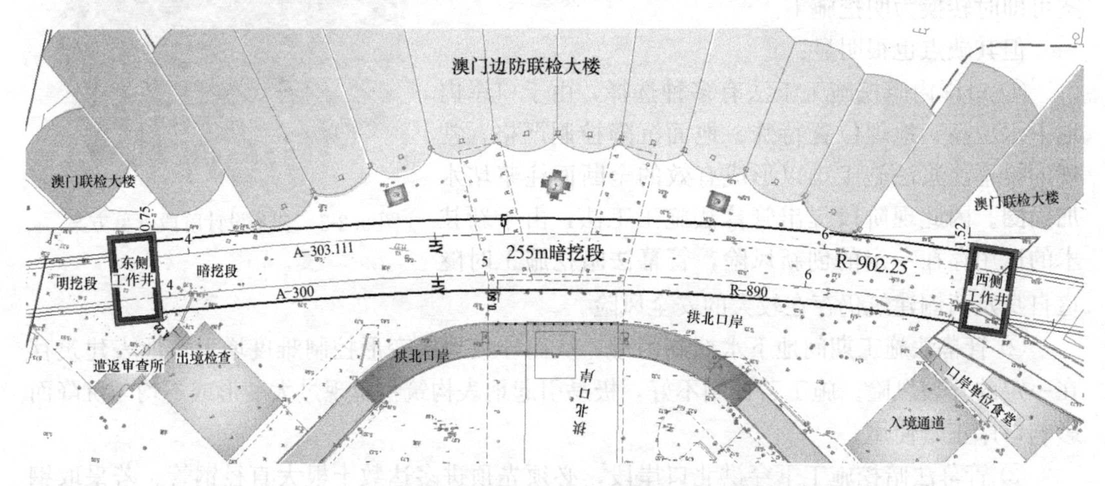

图 9.2-4 技术设计阶段 255m 曲线管幕＋水平冻结方案

技术设计阶段主要研究结论：

(1) 对平面线位作了局部优化，完全避让了口岸段邻近建筑物的地下桩基，平面及纵断面线位达到最佳，隧道规模合适；工作井位置适当外移，可避免拆迁和越界，位置合适；口岸暗挖段采用 255m 长曲线管幕一次性顶进（图 9.2-4）。

(2) 工作井推荐采用明挖法施工，施作方式为工作井主体结构基本完成后，再开始顶管施工。工作井后背墙侧土体暂不开挖，待到顶管施工完毕后再开挖。

(3) 口岸暗挖段管幕超前支护采用 10 根 $\phi1800\text{mm}$ 大管幕及 30 根 $\phi1440\text{mm}$ 小管幕的

组合方式，管净距 25cm 左右，如图 9.2-5 所示。管幕环向不采用锁口连接，而采用冻结法进行管幕间止水，管幕纵向推荐采用 F 形接头形式。管幕顶进以工作井中板为界，分上下断面从下往上同时顶进。

（4）顶管由东侧始发，西侧接收，顶管始发采用可循环、可拼接式顶管密封止水装置，采用密封钢套筒接收。

（5）推荐设置 ϕ1800mm 及 ϕ1440mm 两根试验管幕，对洞口止水圈止水效果、顶管机的选择是否与地层匹配、管幕的顶进精度、管幕顶进的沉降控制水平、管幕曲线顶进轨迹控制水平、冻结效果进行研究。

（6）采用冻结法施工以满足顶管间的封水要求。为满足封水及地表沉降控制要求，冻土帷幕最小厚度 1.45m，上半断面最大厚度为 1.8m，下半断面最大厚度为 2.4m。推荐采用圆形冻结管、异形冻结管、加热限位管相结合的布管方式实施分区分段控制冻结。

（7）暗挖段结构推荐采用整体椭圆形的三次复合衬砌形式，一、二次衬砌厚度为 30cm，三次衬砌厚度为 60～150cm。采用 6 台阶 18 分区法施工（图 9.2-6），管幕内部土体采用袖阀管从上往下注浆加固，临时支撑采用 H400b 型钢，采用工厂预制、现场组装的方式施工。

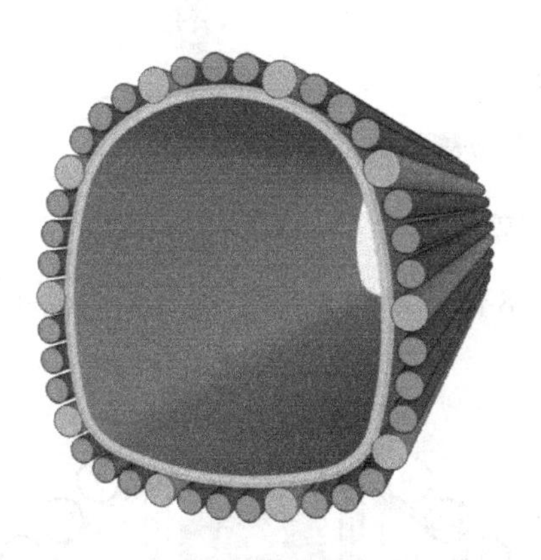

图 9.2-5 技术设计阶段管幕方案

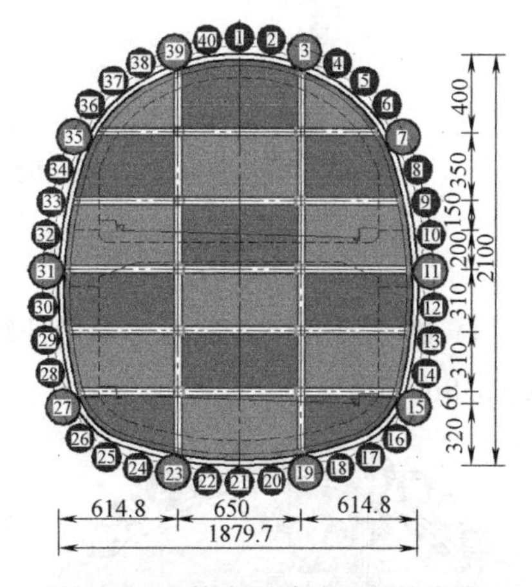

图 9.2-6 技术设计阶段开挖方案

（8）暗挖段位于拱北口岸内，自由出入口岸进行人工监测难度较大，推荐采用自动化监测。

（9）口岸段工期为全线控制性因素，应优先保障口岸段施工，全线施工组织以口岸段为核心开展，其他两个区段平行展开。

9.2.3 施工图设计阶段方案优化

根据技术设计方案评审意见，对拱北隧道暗挖段设计方案再次进行了优化调整：

（1）顶管施工东、西侧互为始发、接收。

（2）将技术设计阶段推荐的 10 根 ϕ1800mm＋30 根 ϕ1440mm 管幕组合方案，统一调整为 36 根 ϕ1620mm 管径的管幕（图 9-2.7）。

（3）奇、偶数号顶管采用错开布置，奇数号顶管向隧道内偏移 30cm，管间净距约 35cm，冻土最小设计厚度由 1.5m 调整为 2m（图 9.2-8）。

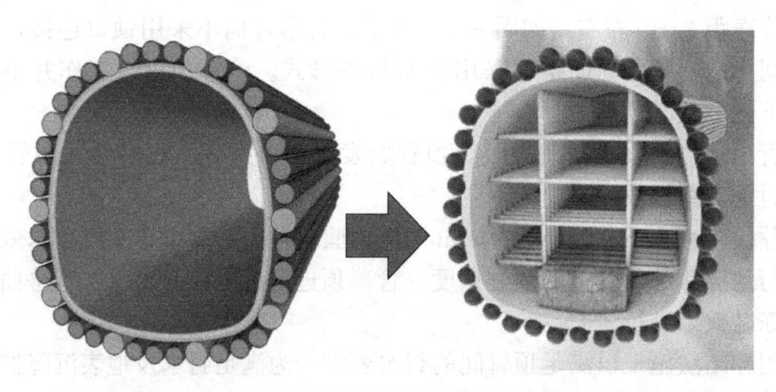

图 9.2-7 施工图设计阶段管幕方案优化

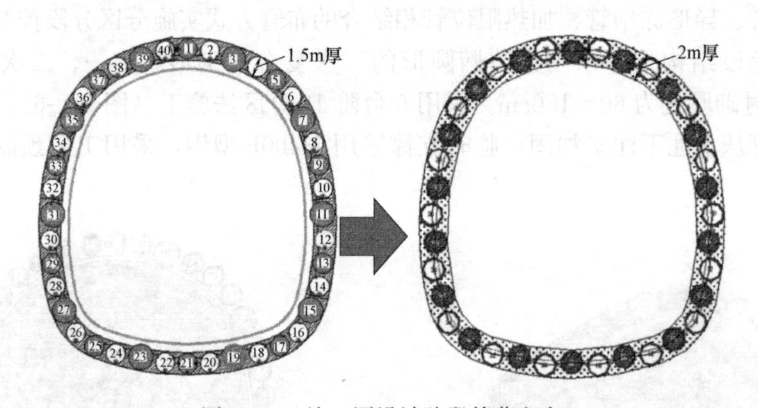

图 9.2-8 施工图设计阶段管幕方案

（4）暗挖段开挖方案由技术设计阶段的 6 台阶 18 部调整为 5 台阶 15 部，台阶平均高度约 3.8m（图 9.2-9）。

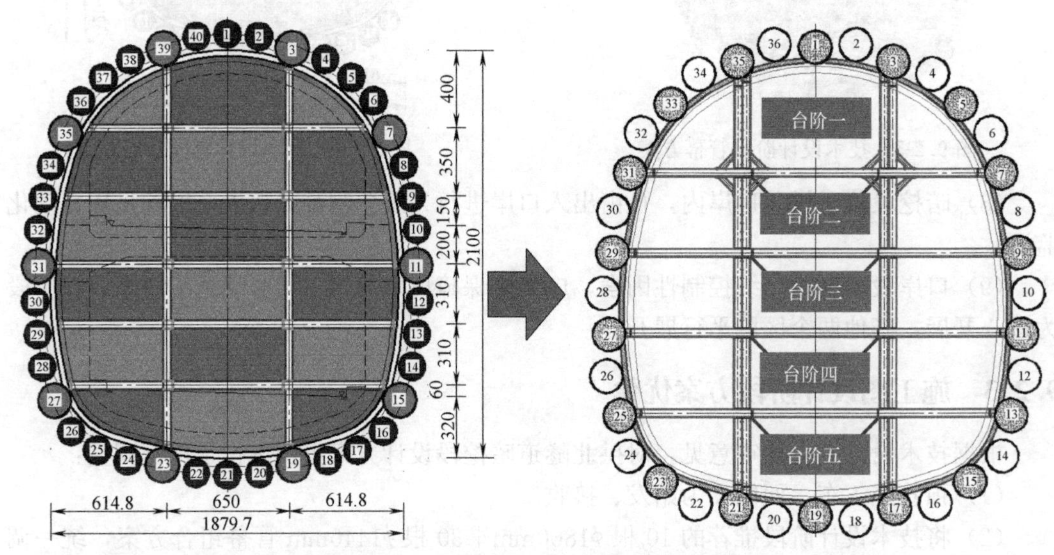

图 9.2-9 施工图设计阶段暗挖段开挖方案

（5）冻结帷幕横断面划分由技术设计阶段的 4 个分区调整为 5 个分区，冻土设计厚度 2.0m（图 9.2-10）。

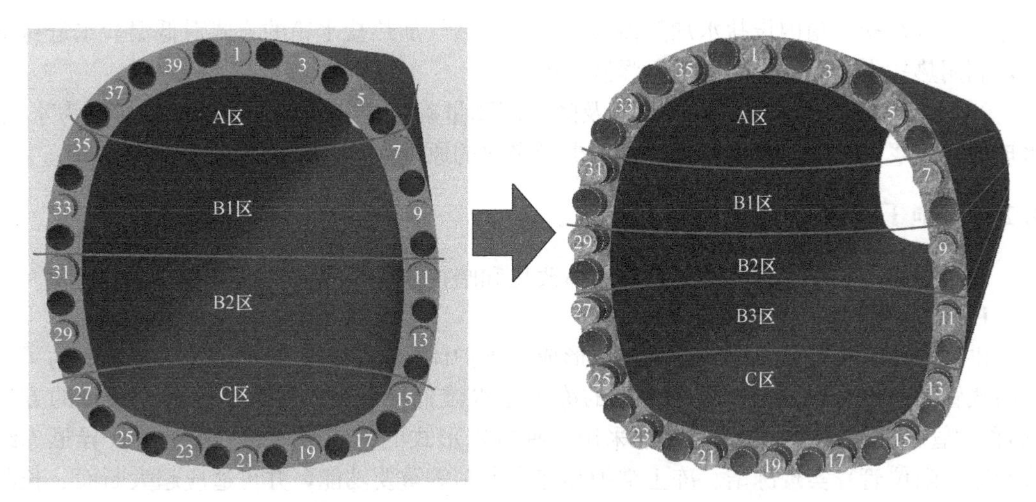

图 9.2-10 施工图设计阶段暗挖段冻结方案优化

1. 冻结方案

由于管幕冻结工法属于创新性工法，无可供参考的实例。暗挖段冻结设计方案在大型物理模型试验后初步确定，并根据现场局部原位试验对冻结设计方案进行优化调整。

管幕顶管施工期间，项目建设单位组织科研单位及施工单位利用先行施工的 5 号和 0 号顶管进行了管幕冻结现场局部原位试验。通过现场试验，获得了相关技术成果，如实管内圆形主力冻结管与空管内异形加强冻结管的冻结模式及效果、冻结施工动态控制方法与参数、空管“大冻结管”理论、不同解冻模式效果、管幕冻结施工工法的设计理念及封水的可靠性等。根据现场试验结果和阶段性总结，设计单位对原冻结设计方案进行了调整和优化，具体如下：

（1）根据现场试验的结果，对冻结需冷量计算参数进行了校正，从而明确了制冷机组等机械设备数量。经计算，隧道东区冻结站供 64m 圆形冻结管所需冷量为 376.09kW；供全部异形冻结管所需冷量为 3289.79kW；西区冻结站供 192m 圆形冻结管所需冷量为 1128.27kW。

（2）根据冻结需冷量的复核和冻结试验的结果对制冷系统做出以下调整：

① 空管内异形冻结管原设计采用 *DN*150 的半圆钢管，结合现场试验，为方便焊接施工，采用∟125×125×8mm 的角钢代替 *DN*150 半圆管。

② 原设计空管内冻结干管采用 *DN*150 钢管，相邻空管间两根干管形成一个回路。根据现场试验的监测结果，为保证异形管冻结效果，改为单根空管内放置两根 *DN*125 钢管，形成独立回路。

③ 冻结干管表面设置保温板，空管管壁及异形冻结管表面则不设保温板。

④ 原设计异形冻结管与圆形冻结管处于同一供液循环，根据现场试验情况，异形冻结管与圆形冻结管的流量、压力需差异化控制。

⑤ 相关制冷系统机械设备根据实际情况在满足设计要求的情况下进行了适当调整。

⑥ 根据专家意见在实管内设置了 ϕ89 的备用圆形冻结管。

2. 强制解冻及融沉注浆施工

① 隧道三层衬砌施工全部完成后，采用先自然解冻，当冻土接近冰点温度后再强制

解冻。通过在盐水箱内设盐水加热器或者采用天然气加热盐水箱的方式对低温盐水进行加热，利用热盐水循环对冻结壁进行强制解冻。

② 融沉注浆根据监测的解冻速度及隧道沉降量确定注浆频率。融沉注浆材料为水泥-水玻璃双液浆，结合监测、监控，遵循少量多次的原则。

9.2.4 施工阶段方案优化

在实际施工阶段，主要针对地层土体改良和暗挖段开挖方案进行了进一步的优化。

1. 冻结土体预注浆改良方案

拱北隧道采用管幕+冻土止水帷幕形成预支护体系、矿山法开挖的方法施工。为了实现曲线管幕条件下管幕之间形成致密的冻土止水帷幕，采用在管幕中布置冻结管的方法(简称“管幕冻结法”)。管幕冻结法采用三种特殊形式的冻结管（圆形冻结管、异形冻结管和冻土限位管）实现冻结、冻土维护和冻胀限制等重要功能，并可适应超大断面、长距离条件下的分区、分段开挖和支护的特殊施工工艺。管幕冻结法是全新工法，业内无先例，理论上尚属空白。由于缺乏可借鉴的经验，项目建设单位组织开展了冻结法理论研究、大型物理模型试验研究、“管幕-冻土”结构力学性质的实验室研究以及冻结方案及控制参数的现场试验研究。经过历时三年多的系统研究，解决了管幕冻结法的基本理论问题、论证了冻结方案的可行性、基本掌握了实际工况下的冻结规律和控制效果。

但面向实际工程条件和潜在的风险因素，依然存在一定的不确定性，尚未形成切实可靠的风险控制手段。

拱北隧道的极端险情是管幕间冻土帷幕止水性能失效。由于隧道所处地层为强透水地层，地下水与海水连通。一旦砂性地层中止水帷幕失效，将发生帷幕击穿、地下水携带泥沙大量涌入隧道内的极端险情。在水流冲刷条件下，砂性地层冻土将快速融化，漏水通道将加速扩大，极端情况下将导致口岸地面垮塌，进而中断口岸通关正常运行。另一方面，由于隧道断面超大，抢险条件差，针对突发水土涌入险情，难以及时采取有效的抢险措施。

考虑到冷冻施工前，管幕顶管施工阶段曾发生过个别顶管顶进施工时发生漏（涌）水，导致管幕周围水土流失、地表局部沉降的情况，因此，有必要在进行冷冻施工前，采取措施对管幕周围原状土体进行改良施工，以提高其强度、密实度和抗渗性能。

通过专题研讨会和现场原位试验，确认了隧道暗挖段通过预注浆改良地层对提高冻结止水帷幕的可靠性将起到积极的作用。预注浆改良可改善顶管扰动地层的状态，提高冻土抗水流冲刷能力和冻土体的力学性能指标，减小冻胀融沉，降低冻土透水风险。

结合现场条件及施工工况，开展施工现场注浆试验，研究确定了预注浆处理的合理范围，并根据试验结果对预注浆工艺进行了优化。

2. 暗挖段开挖方案优化

暗挖段顶管管幕和冻结施工完成后，结合科研成果报告（中国科学院武汉岩土力学研究所，2014；同济大学，2014)，为更好地组织施工，暗挖段开挖方案优化调整为 5 台阶 14 部（图 9.2-11)。

9.2.5 管幕冻结法安全风险评估

拱北隧道地理位置独特，建设条件复杂。隧道沿线位于软弱富水地层，地表建筑及地下构筑物繁多、地下管线极为复杂；穿越多个国家级重要建筑群以及敏感军事区域；加之埋深浅、开挖断面大、施工工法特殊等，大大提高了隧道开挖的施工难度和安全风险。隧道施工的三个关键施工阶段——超长距离曲线管幕顶管、超大断面水平冻结、超大断面浅埋暗挖软土隧道开挖均为施工风险极大的工法，稍有不慎便会酿成大祸，极有可能导致发生涌水、塌方、冒顶等严重事故，因此，对该工程进行安全风险评估就显得十分迫切和必要。

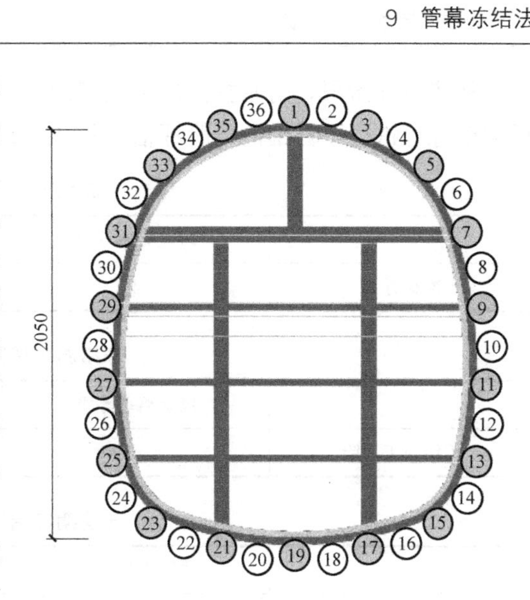

图 9.2-11 暗挖段开挖方案优化

建设单位对拱北隧道共组织开展了两次综合性的安全风险评估。一是在初步设计阶段，委托国际著名隧道顾问公司——荷兰隧道工程咨询公司（TEC）开展了初步设计阶段风险评估（此次评估早于交通运输部在初步设计阶段实行公路桥梁和隧道工程安全风险评估的要求），其次是开展了施工阶段安全风险评估。两次评估对隧道施工的三个关键施工阶段——管幕顶管施工、管幕冷冻施工、大断面软土隧道开挖均按要求进行了详细的风险评估。

根据风险评估结果主要得出以下几点结论：

拱北隧道双层暗挖方案的总体风险等级为Ⅲ级。其中，管幕顶管施工风险等级为Ⅳ级，冻结法的风险等级为Ⅲ级，隧道开挖的风险等级为Ⅱ级。

拱北隧道冻结法施工的要点既要保证封水效果的安全与可靠，也要控制地表冻胀与融沉量。根据安全风险评估报告，拱北隧道暗挖段冻结施工风险等级评为Ⅲ级（高度风险），必须采取有效措施以降低施工风险。

1. 初步设计阶段风险评估

拱北隧道双层暗挖法方案中，提高管幕间土体水密性的方案之一是通过冻结法对顶管管幕间土体进行冷冻处理。分析可知，拱北隧道冻结施工潜在的风险事件及其风险源见图 9.2-12。

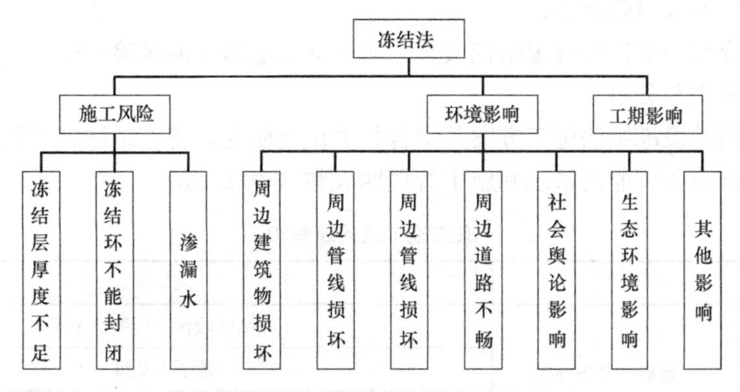

图 9.2-12 冻结法施工风险源及风险事件

初步设计阶段，对暗挖段冻结施工的各个环节，冻结方案、冻结施工、开挖期冻结、后期解冻等进行了详细的风险评估。其评估结果如表 9.2-1～表 9.2-4 所示。

冻结方案风险等级 **表 9.2-1**

	风险概率等级	风险损失等级	风险等级
冻结方案	4	4	Ⅳ

冻结施工风险等级综述 **表 9.2-2**

	风险概率等级	风险损失等级	风险等级
冻结施工风险	3	4	Ⅲ

开挖期冻结风险等级表 **表 9.2-3**

	风险概率等级	风险损失等级	风险等级
开挖期冻结风险	3	3	Ⅲ

后期解冻风险等级综述 **表 9.2-4**

	风险概率等级	风险损失等级	风险等级
后期解冻风险	3	4	Ⅲ

表 9.2-1～表 9.2-4 为冻结施工各阶段风险等级表。综合冻结施工风险概率等级及风险损失等级，根据风险评估矩阵表，可知冻结施工风险属于Ⅲ级风险。按规定需要采取预防措施以降低风险，提升安全性，确保工程的顺利实施。

2. 施工阶段风险评估

施工阶段隧道安全风险评估分为单一风险事件的分段评估、整体评估和隧道总体风险评估。

对拱北隧道暗挖段的施工阶段进行安全风险评估后，得到以下结论：拱北隧道暗挖段总体施工风险等级为Ⅲ级。其中，工作井施工风险等级为Ⅱ级；管幕施工风险等级为Ⅳ级；冻结法施工风险等级为Ⅲ级；隧道开挖施工风险等级为Ⅲ级。

根据风险分级标准可知，拱北隧道暗挖段的总体风险等级为Ⅲ级，属于高度风险。为此，还需要进行专项风险评估。

下面详细介绍一下拱北隧道暗挖段施工阶段冻结法施工的风险评估。

（1）风险辨识与分析

综合分析暗挖段冻结法施工方案并结合相关调查研究，将冻结法施工风险源分为地质水文条件、冷冻设备、监测系统和施工管理四大类（表 9.2-5）。

冻结施工风险源辨识 **表 9.2-5**

序号	分类	风险源
1	地质水文条件	冻结区域含高压缩性土层
2		地下水盐度
3		区域气温较高、雨水多

续表

序号	分类	风险源
4	冷冻设备	冷冻机故障,停止工作
5		意外停电
6		半圆异形管焊缝处裂纹缺陷,导致盐水漏出
7	监测系统	监测点布置不合理
9		传感器/监测系统故障
9	施工管理	冻结施工与隧道开挖不协调
10		出现异常情况时反应不及时,未备事故应急预案
11		融沉注浆不及时

冻结施工方案确定后，冻结施工分为三个阶段：开挖前积极冻结阶段、开挖期维持冻结阶段和开挖完成后解冻阶段（表 9.2-6）。

各阶段风险事故及风险因素 **表 9.2-6**

施工阶段	风险事故	风险因素
开挖前冻结	冻土帷幕形成不足	地下水盐度、区域高温、多雨
		制冷设备效率不足
		限位管带走过多冷量
	冻胀事故	限位管开启不及时
开挖期冻结	冻土帷幕恶化	隧道开挖中空气对流
		半圆形异型管焊缝处有裂纹,致使盐水漏出
		冷冻机意外停止工作 (机械故障、停电等)
		隧道开挖与冻结施工不协调
解冻	融沉事故	区域含高压缩性土层
		融沉注浆不及时

在专项调查的基础上，考虑建设条件、地质水文条件、气候条件、施工工序复杂程度、施工工艺成熟度等评估指标，建立冻结施工风险评估指标体系。

计算得到本项目冻结施工总体风险值 $R=12$。考虑到工程的重要性，冻结施工风险等级评为Ⅲ级（高度风险）。

（2）风险控制措施

冻结法风险等级为Ⅲ级（高度风险），必须采取风险处理措施以降低风险。建议风险控制措施有：

① 施工前的准备。确定不同土层在海水环境下的冻结温度；对半圆异形管的传热效果进行试验验证。

② 冻结施工承包商应选择有资质、有经验的专业队伍及人员进行施工。

③ 冻结设备方面。选择国内最先进冷冻机组，确保其运行可靠，在条件允许的情况下配备预备冷冻机；在冻结设备工作前，认真做好检修工作；预备电源，以防意外停电。

④ 施工管理方面。切实遵循施工顺序，与隧道施工方充分协调，严防隧道开挖超前；建立快速应急机制，在机械故障、监测数据异常情况下，立即停止隧道施工，并迅速采取措施排出险情；预备事故抢险方案。

⑤ 施工监测方面。制定并完善监测方案。

9.3 管幕冻结设计与施工关键技术

9.3.1 管幕冻结设计方案

拱北隧道管幕冻结施工的主要目的是使用冷冻加固的方法，将顶管管幕间的土体变为冻土，和顶管管幕一起形成止水帷幕，为隧道开挖构筑提供致密的封水条件。顶管管幕-冻土帷幕体系中，顶管管幕为主要受力结构体系，而冻土帷幕则起到顶管管幕间防水的作用，其受力要求较低。拱北隧道穿越环境敏感地带，埋深较浅，覆盖层较薄，对控制冻土冻胀的影响要求较高，冻土帷幕的厚度不宜过大。因此，必须实施动态控制冻结，严格检测冻土帷幕的温度和厚度，以监测数据指导冻结法施工。

1. 人工冻土物理力学性能

通过对地层中土样进行人工冻土物理力学性能的测定与土工试验，可以获得如下主要认识（同济大学，2014）：

（1）土体比热介于 1.34～1.56J/(g·K）之间；低温下土体的导热系数较常温下土体有所提高，常温下土体导热系数介于 1.066～1.537kcal/(m·h·℃）之间，低温下土体导热系数介于 1.51～2.060kcal/(m·h·℃）之间，土体的导热系数与温度间有较好的线性相关性；不同地层的结冰温度介于－0.4～－1.8℃之间。

（2）不同地层冻土的冻胀力介于 0.73～0.93MPa 之间，冻胀率介于 1.08%～3.41%之间，属弱冻胀土。

（3）冻土的单轴抗压强度与冻结温度呈现一定的线性规律，且增幅明显。冻结温度每下降 1℃，冻土强度平均增大 0.093～0.282MPa。其中⑧-1 全风化花岗岩单轴抗压强度较小，－10℃时其单轴抗压强度为 1.29MPa。

（4）冻土弹性模量总体上随冻结温度的降低而增大，相关性良好。冻结温度每下降 1℃，弹性模量增大 2.504～9.318MPa。其中，填土层及 28.3～60.3m 处地层冻土弹性模量较小，最小值约为 40MPa，应该严格控制冻结的变形。

（5）冻土泊松比均随冻结温度降低而减小，基本上随温度变化呈线性相关性；随着冻结温度降低，冻土强度提高，但冻土的应变减小，工程中应将冻土的应变控制在 4%～8%以内，保证冻结处于弹性状态。

（6）蠕变试验表明，在应力水平较低条件下，冻土蠕变基本上属于稳定性蠕变，当应力水平较高时，则属于非稳定性蠕变。

（7）三轴试验的结果表明，冻土抗剪强度随冻结温度降低、围压增大有明显的增大，工程上可通过强化冻结来提高冻土帷幕的稳定性。

2. 冻土帷幕设计

拱北隧道工程冻结的主要作用是管幕间止水，因此冻土帷幕的厚度必须满足两个要求：

（1）冻土帷幕的最小厚度必须满足顶管间封水的要求；

（2）冻土帷幕的最大厚度必须满足地表变形对土体冻胀的要求。

拱北隧道工程对地表变形控制要求严格。冻土壁越厚，冻土体积越大，冻土对地面建筑的冻胀影响越大，地表的冻胀隆起量和冻土的体积成正比关系。根据相关工程经验和顶管间相互的位置关系，需将顶管间的土体全部冻结形成冻土帷幕方可满足顶管间的封水要求，故冻土壁设计厚度为2m，且须对顶管管间土体预先进行注浆改良，以控制冻土帷幕的冻胀效应。

3. 冻结管路布置

为动态控制冻土帷幕的体积，在横断面上采用圆形冻结管＋异形冻结管＋限位管的组合布管方式。如图9.3-1所示，采用在奇数号顶管（填充混凝土的实心钢管）内两腰部分布置两根ϕ133冻结管作为开挖前的主要冷源，在靠近外边缘的位置布设加热管来控制冻土帷幕的范围，而在偶数号顶管（空心钢管）内布设异形冻结管（用125角钢焊接在管壁上），在土体开挖后进行冻结，以抑制开挖过程中的空气对流对冻土的削弱作用。

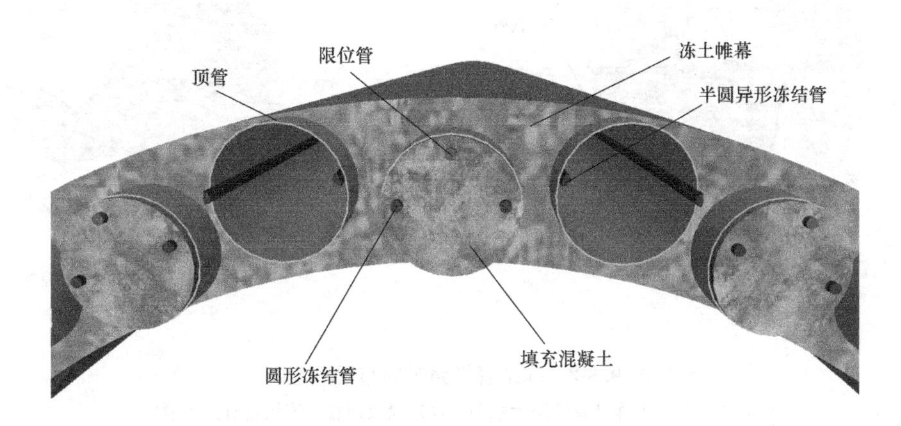

图9.3-1 冻结管路横断面布置图

在纵向方向，奇数号顶管内，通过冻结管内设置供液管，两根冻结管形成3个独立的冻结回路如图9.3-2（*a*）所示。回路1长度约为63m，回路2长度为128m，回路3长度为64m；偶数号顶管内，由干管和16个独立的回路（每四个管片内的异形冻结管通过高压橡胶管连成一组）通过电控三通球阀分别控制16个冻结区域（图9.3-2*b*）。

4. 冻结分区

结合隧道暗挖方案，在环向和纵向需分别分段、分区进行冻结施工。在横断面上将冻土帷幕分为A区（上导洞部分），B1、B2、B3区（开挖2～4台阶），C区（隧道底部仰拱部分）5个区域（图9.3-3）。纵向方向上则分为1、2、3三个区域，其中冻结1、3区长度约为84m，冻结2区长度约为88m。而根据管路设置回路1长度约为63m，回路2长度为128m，回路3长度为64m，这样实际操作时，冻结1、3区和冻结2区可以保证20m以上的搭接长度。

5. 冻结主要技术指标

（1）冻结盐水温度：积极冻结期：－25～－30℃；维护冻结期：－22～－25℃；

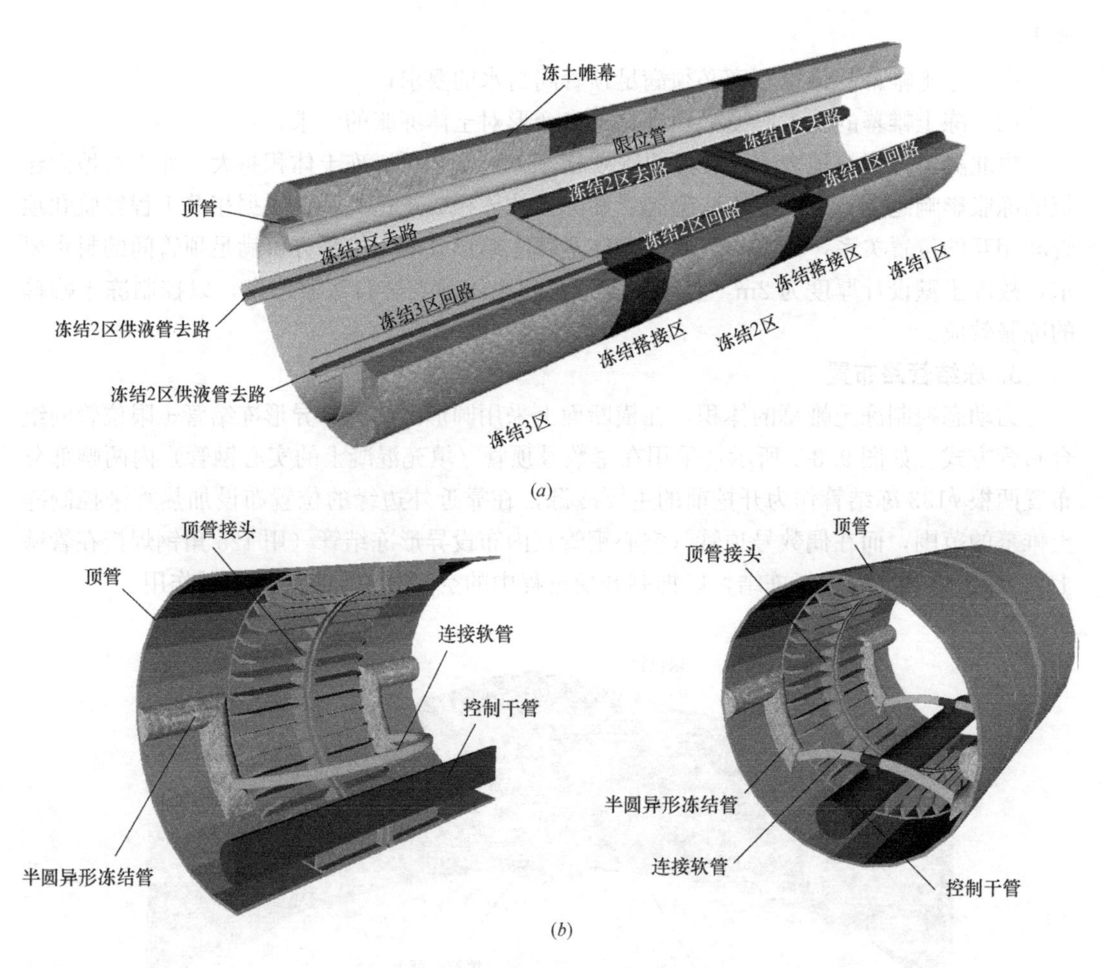

(a)

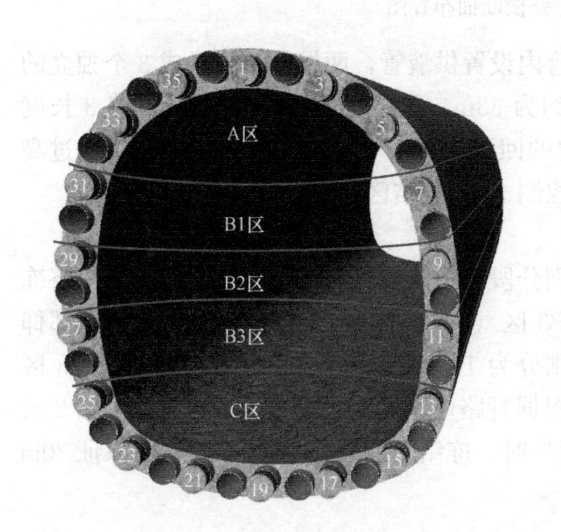

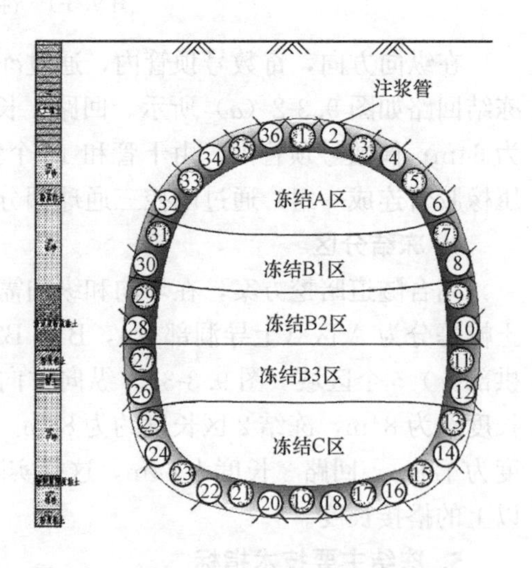

(b)

图 9.3-2　冻结管管路纵向布置示意图

(a) 奇数顶管内冻结管管路示意图；(b) 偶数顶管内冻结管管路示意图

图 9.3-3　冻结横断面设计图

（2）冻结壁的平均温度：−8℃；

（3）冻结器内盐水流量为 6～8m^3/h；

（4）最大需冷量：约 4794.15kW。

以上参数应根据施工监测结果予以调整。

6. 预注浆改良

为减少土体冻胀、融沉对地表的影响，降低前期工作井施工以及顶管施工对原地层产生的扰动风险，在冻结施工前需对管幕间土体进行改良预注浆。

根据施工阶段的优化设计，对土体进行改良预注浆的施工方案为：

（1）改良预注浆范围

1）由于靠近工作井段落热交换较大，可能会影响冻结圈的形成及厚度。为了改善该段的冻结效果，提高冻结防水的安全性，在靠近工作井 32m 范围（异形冻结管 1、2、15、16 区）进行全断面土体改良注浆，如图 9.3-4 所示，预注浆加固圈厚度为 2.5m，加固圈范围到管幕轮廓线外 0.5m。

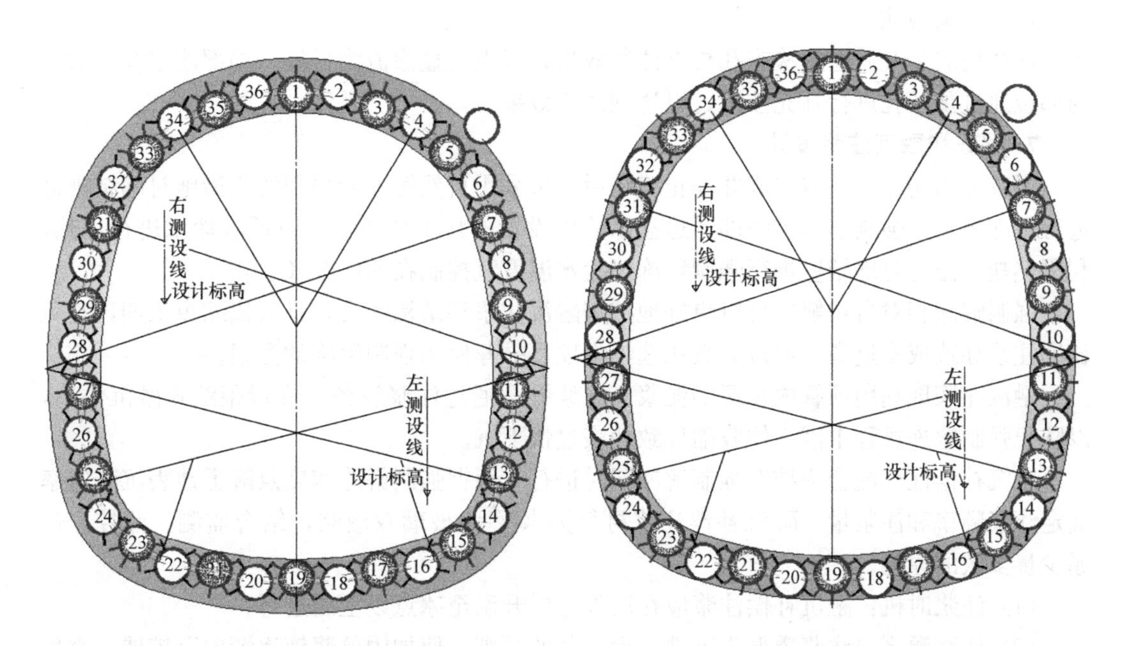

图 9.3-4 重点区域预注浆加固范围图　　图 9.3-5 普通区域预注浆加固范围图

2）暗挖段靠近口岸风雨廊区域，为严格控制该区域的地表变形，其预注浆范围与靠近工作井 32m 区域的注浆方案一致，预注浆加固圈厚度为 2.5m，加固圈范围到管幕轮廓线外 0.5m（图 9.3-4）。

3）其他区域按全断面进行土体改良注浆，预注浆加固圈厚度为 2m，加固圈范围到管幕轮廓线（图 9.3-5）。

4）对于特殊区域，如出现过涌水险情等薄弱部位，进行局部加强预注浆，加固圈厚度为 3m，加固圈范围到管幕内外轮廓线均为 1.0m（图 9.3-6）。

（2）注浆材料

注浆材料采用水泥-水玻璃双液浆（$c:s=1:1$，$c/w=1:1$，35 波美度）。

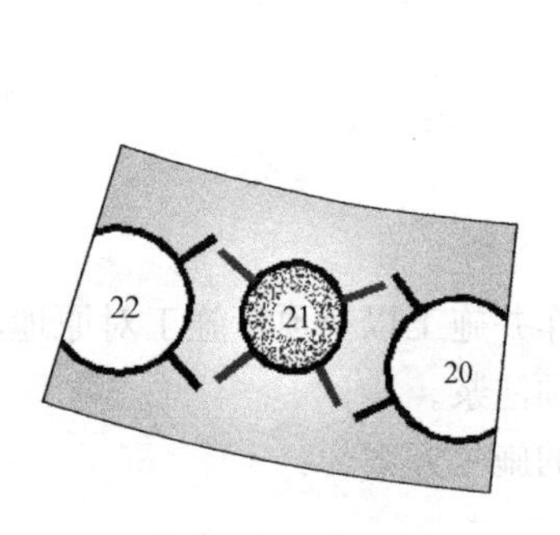

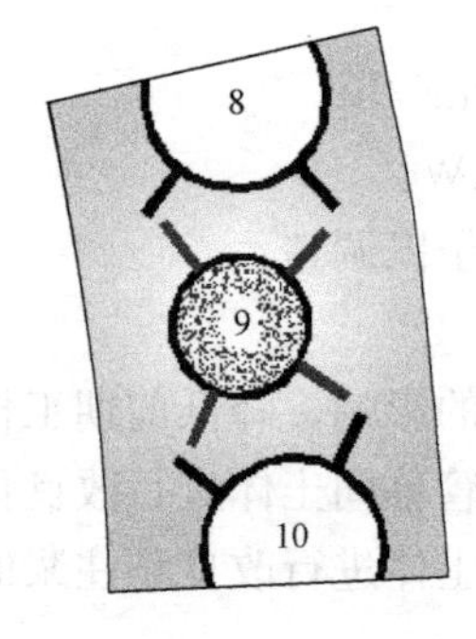

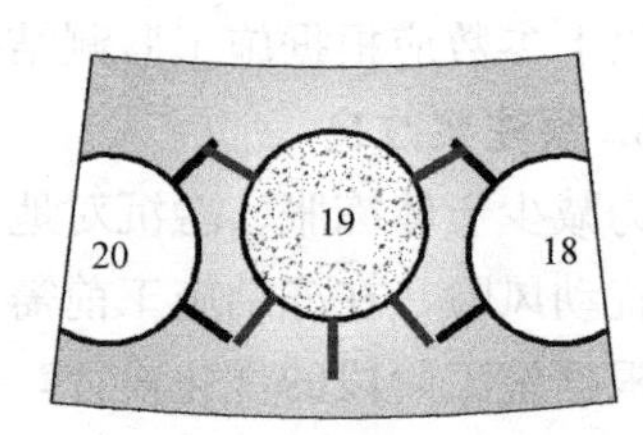

图 9.3-6 特殊区域局部预注浆加固范围示意图

(3) 注浆控制标准

注浆采用双控指标，即注浆压力与注浆量进行双控制。其中，中板以上注浆压力不大于 1.5MPa，中板以下注浆压力不大于 2MPa。

(4) 注浆检测

注浆完成 24h 后通过检查孔检查注浆效果，以无明显渗流为目标。局部注浆存在缺陷的部位通过预留孔进行补充注浆，以达到注浆效果。

7. 解冻和融沉注浆设计

当隧道结构施工基本完成并停止冻结后，可采用自然解冻或强制解冻措施对冻结帷幕进行解冻施工。强制解冻措施即通过盐水箱内设置的盐水加热器，对低温盐水进行加热，利用热盐水循环对冻结壁进行强制解冻。盐水温度宜控制在 50～70℃。

强制解冻相对自然解冻可以更好地控制融沉注浆和结构受力，且大幅缩短工期，避免长期注浆导致成本过高。通过方案比选，本项目推荐使用强制解冻的方案。

融沉注浆即利用顶管内预留的泥浆套注浆孔，通过注浆设备，进行跟踪式融沉注浆，以防止强制解冻过程中因土体收缩导致地表过快下沉。

融沉补偿注浆配合冻结壁强制解冻同时进行。根据强制解冻速度及隧道地表沉降速率确定注浆频率和注浆量。融沉补偿注浆材料为水泥-水玻璃双液浆，结合监测、监控，遵循少量多次的原则。

(1) 注浆时机：融沉补偿注浆应在所处地层升温至冰点以上后进行；

(2) 注浆顺序：注浆遵循先下部、后上部的原则，使加固的浆液逐渐向上扩展，避免死角，提高充填效果。

8. 冻结监测与动态控制

根据敏感区域地层冻结要求施工可靠性高的特点，冻结管路系统设计要便于控制和维护。为此，在系统管路上必须安装测量温度、流量与压力等状态参数的检测仪表，并设置控制阀门，以实时监控冻结系统运行，提高系统可靠性。

在测温管及顶管内的适当位置布设温度测点，实现冻结帷幕的可视化，及时预报、判断冻结帷幕的发展状态，并通过限位管控制冻土帷幕的范围。

拱北隧道工程采取动态控制冻结，依据监测数据实时调整冻结运行参数。经过比选，选用“一线总线”测温系统进行监测。监测内容包括管间冻土帷幕温度，顶管内管壁温度，冻结盐水及加热盐水去回路温度、流量和压力。

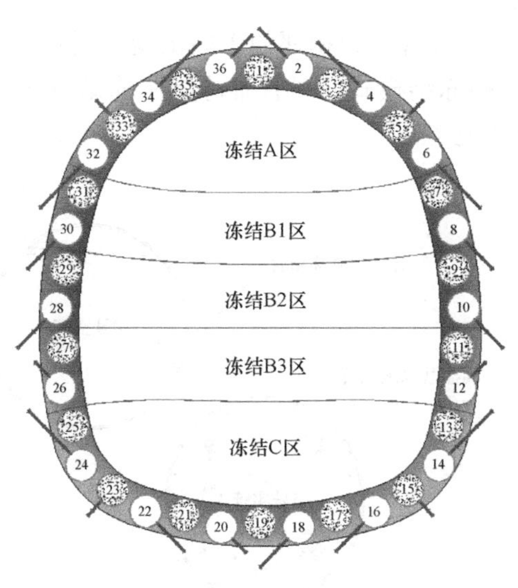

图 9.3-7 监测管方案布置

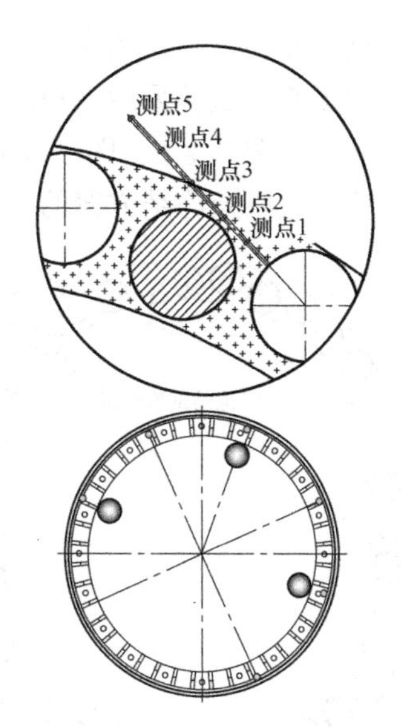

图 9.3-8 监测点位置示意图

其中，测温管通过顶管管壁上已有的泥浆套装置进行设置，每隔大约 16m（隔四个管片）设置一圈测温管。测温管横断面及温度传感器布置如图 9.3-7、图 9.3-8 所示，主要是监控冻土帷幕的发展厚度，并以此判断冻土帷幕的封水安全性及是否需要开启加热限位管以控制冻土帷幕厚度过快发展。

9.3.2 管幕冻结关键技术研究

由于管幕冻结法在国内外尚无工程先例，考虑到本项目的极端重要性，在施工方案初步确定后，为确保万无一失，必须对拱北隧道的冻结施工方案开展专题研究。通过对管幕冻结的关键技术加以研究，进一步验证其冻结效果，确定施工方案的可靠性。

本项目管幕冻结关键技术研究主要解决以下四方面的问题：

① 能否形成有效的冻土帷幕以保证封水的有效性，并预估冻土帷幕达到不同设计厚度所需的冻结工期；

② 考虑开挖后，是否会由于热扰动较大而导致冻土帷幕的融化进而影响冻结帷幕的封水能力；

③ 考虑开挖前及开挖后冻土帷幕的发展情况，为研究施工中及施工后可能出现的冻胀、融沉现象及应对措施提供参考依据；

④ 研究以限制冻土体积为手段的冻胀、融沉控制方法，并确定相关参数，例如冻土限位管法、盐水温度/流量控制法、间歇冻结法等。

1. 冻结方案验证

本项目对拱北隧道暗挖段冻结法施工开展了包括数值理论分析、模型试验及现场原位试验在内的多项专题研究。研究结果均验证了冻结设计方案的可靠性。

研究结果证实，本项目管幕冻结法能够有效形成稳定的止水帷幕。在施工中辅以限位管、加强冻结管等调控措施，既可确保有效封水，又能有效控制冻胀量，实现了“冻起来，抗弱化，限冻胀”的基本目标。

这里简要介绍现场原位试验的主要研究成果。

现场原位试验采用 1 根较早完成的工程管（5 号管）和相邻的 1 根试验专用管（0 号管）进行（图 9.3-9、图 9.3-10）。通过尝试多种冻结模式，对管幕冻结法冻结方案、施工工艺优化以及冻结方案的动态控制方法进行研究。

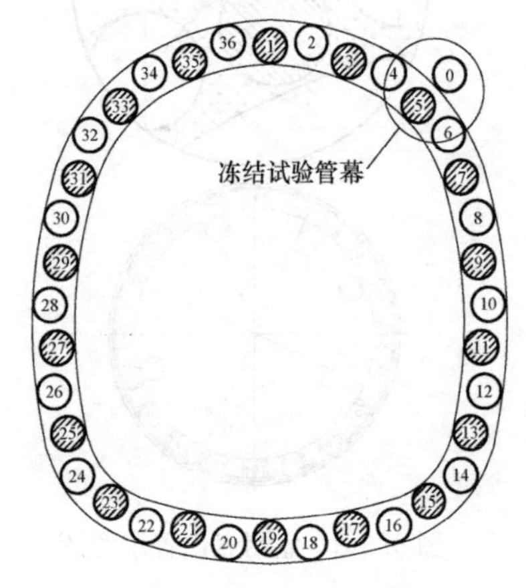

图 9.3-9　管幕横截面布置图

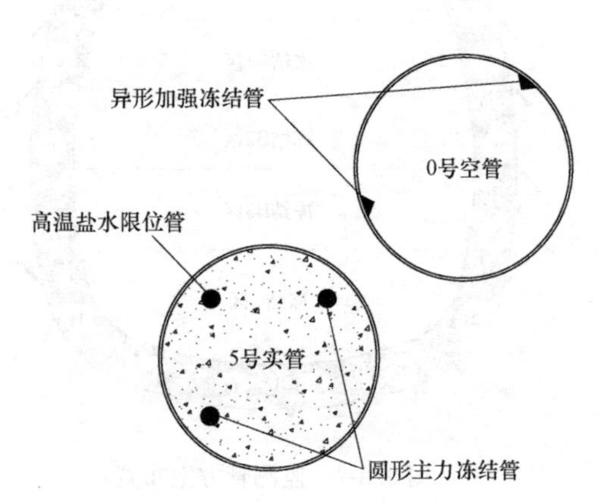

图 9.3-10　试验管幕内冻结管布置图

针对隧道开挖前的积极冻结期、开挖期间的维持冻结期以及隧道开挖完成后的解冻施工的各种冻结组合模式（共 14 种冻结模式，6 种解冻模式），现场进行了大量试验，如表 9.3-1 所示。

冻结试验各类冻结模式　　**表 9.3-1**

冻结模式	编号	冻结模式名称
模式 A 冻土热控限位	A1	实顶管与空顶管协同冻结—限位管限位模式
	A2	实顶管为主空顶管为辅冻结—限位管限位模式
	A3	实顶管单独冻结—限位管限定模式
模式 B 冻土非限位	B1	实顶管单独冻结模式
	B2	实顶管与空顶管协同冻结模式
	B3	实顶管与空顶管协同冻结(加强管保温)模式
	B4	实顶管与空顶管协同冻结(注浆改良)模式
	B5	实顶管为主空顶管为辅冻结(加强管保温)模式
	B6	实顶管为主空顶管为辅冻结(注浆改良)模式
模式 C 冻土冷控限位	C1	实顶管与空顶管协同冻结—冻结管冷控限位(注浆改良、空顶管全保温)模式
	C2	实顶管与空顶管协同冻结—冻结管冷控限位模式
	C3	实顶管与空顶管协同冻结—冻结管冷控限位(空顶管全保温)模式
	C4	实顶管与空顶管协同冻结—冻结管与加强管冷控限位模式
	C5	空顶管单独冻结模式

试验运行历时 5 个多月，获得大量数据，得出了一系列有益的结论。

图 9.3-11 为两管间测点在三种不同冻结模式下积极冻结阶段的温度变化曲线，图 9.3-12 为积极冻结 60d 后温度场云图，图 9.3-13 则为限位管开启后两管间冻土帷幕的发

展情况。

试验结果表明，实管为主与空管为辅的冻结模式不但能够有效保证冻土帷幕的安全性，同时还能实现分段冻结，大大降低施工成本。因此，本项目积极冻结阶段即采用该冻结模式进行分段冻结施工。

对限位管的试验研究表明，冷控限位模式效果较好，可有效控制管间冻土帷幕厚度过快发展，较好地起到“限冻涨”的作用。

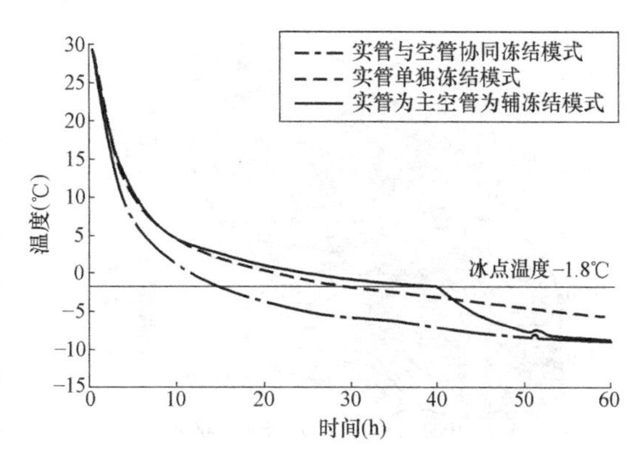

图 9.3-11 管间土体温度变化（C2-N-16）

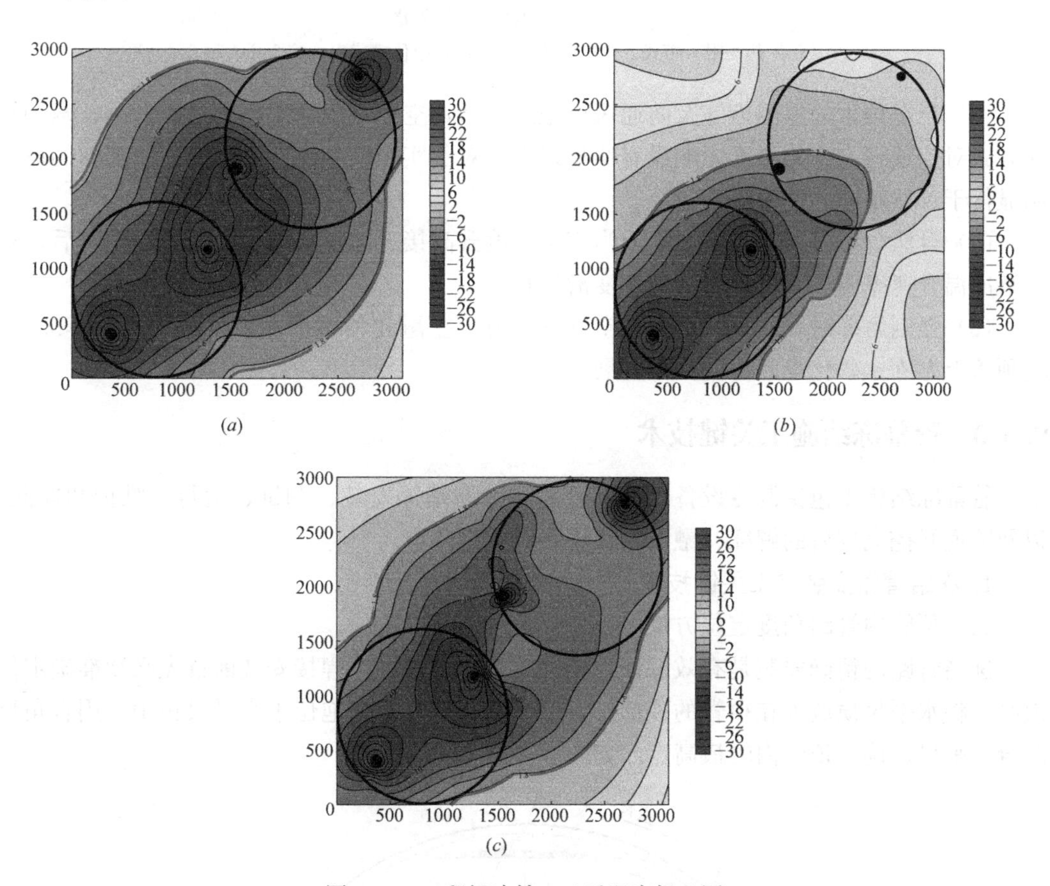

图 9.3-12 积极冻结 60d 后温度场云图

(a) 实管与空管协同冻结模式；(b) 实管单独冻结模式；(c) 实管为主与空管为辅冻结模式

2. 冻土帷幕解冻规律

在隧道衬砌施工完成后的解冻阶段，若不及时采取注浆等措施，地表将相应地发生融沉现象。本项目对自然解冻和强制解冻两种解冻施工方法进行了相应的模拟试验和现场原位试验，以考察哪种解冻方式效果更好，从而为融沉控制施工提供参考。

试验结果发现：

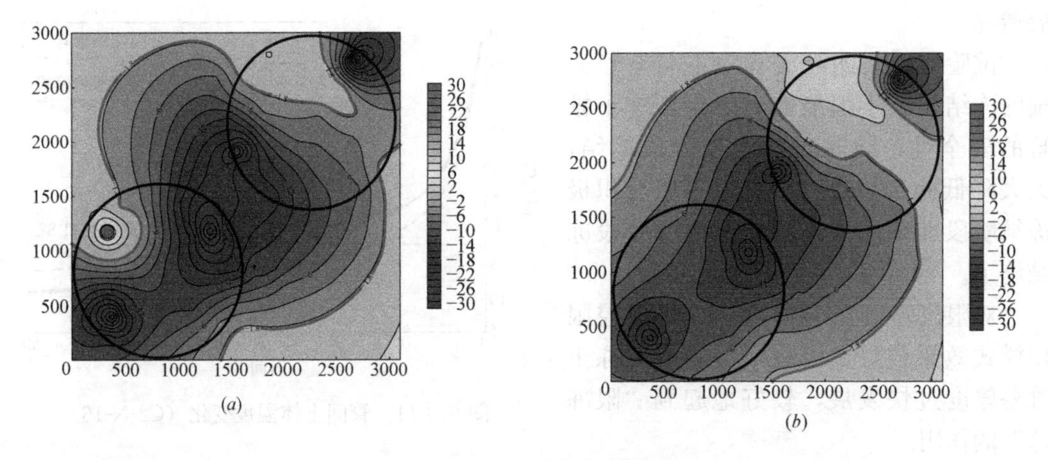

图 9.3-13 限位控制效果

(a) 热控限位模式（热控 20d）；(b) 冷控限位模式（冷控 20d）

（1）当空顶管的保温措施及防通风措施解除后，空顶管内部温度会迅速升高，两种解冻方式对空顶管上方的温度影响没有明显差别。对于实顶管外围的冻土，强制解冻的速率明显优于自然解冻的速率。

（2）自然解冻前期效果显著，但当冻土温度升高接近冰点（−1.8～−0.4℃）后，自然解冻温升速率明显减缓，主要是相变潜热较大。

（3）强制解冻时，实顶管上方和空顶管上方冻土融化均由内而外发展。自然解冻时，空顶管上方冻土融化也是由内而外发展。

9.3.3 管幕冻结施工关键技术

管幕冻结施工包括制冷设备、冻结管路、冷冻站等安装、调试、运行、维护和监测，以及隧道开挖完成后的解冻、融沉跟踪注浆等关键环节。

1. 冻结管路安装施工关键技术

（1）顶管内管路角度定位方法

冻结管路的精确安装是有效保证控制冻结效果的基础，焊接安装前首先必须准确定位放线。将水平尺横放卡在顶管的顶部，调整水平尺，使其气泡位于水平尺正中，用直角尺配合水平尺，确定顶管内的最高点。如图 9.3-14 所示。

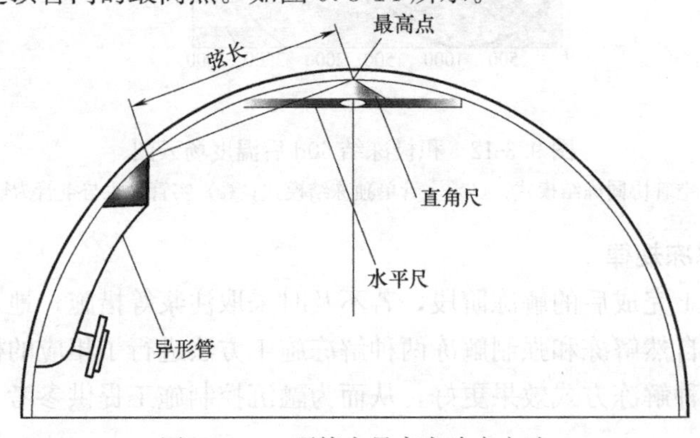

图 9.3-14 顶管内最高点确定方法

根据管路设计角度，在图纸上模拟出管路外边线距离顶管内壁最高点的弦长。用卷尺量出该长度，确定出一个管外边线上的点。用此方法，依次确定异形管外边线上的 3 个点和圆形管支架的位置弦长，然后用石笔或墨斗弹线画出管路控制线，异形管外边线放线示意见图 9.3-15 和圆形管的见图 9.3-16。然后根据异形管尺寸及弯角转向画出异形管的外轮廓线，为下一步异形管安装焊接施工提供便利。

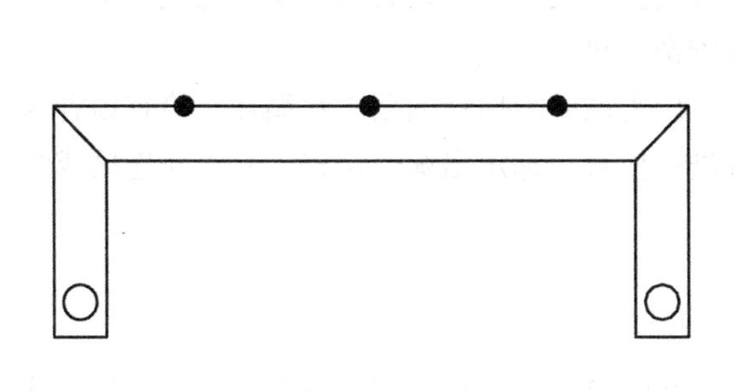

图 9.3-15 异形管边线放样点

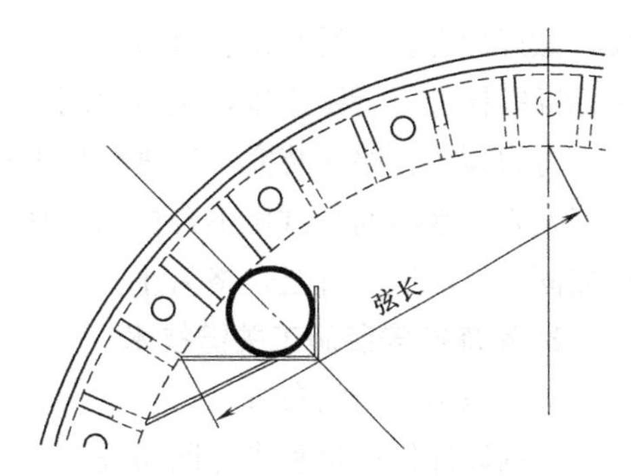

图 9.3-16 圆形管支架位置控制弦长点

(2) 顶管内材料及设备运输方法

顶管内空间狭小，内部湿滑，管材和小型设备运输十分困难。综合考虑管节法兰尺寸及冻结干管布置情况，设计加工简易滑轮小车＋轨道，用来运输管材和小型设备，大大提高工作效率。如图 9.3-17、图 9.3-18 所示。

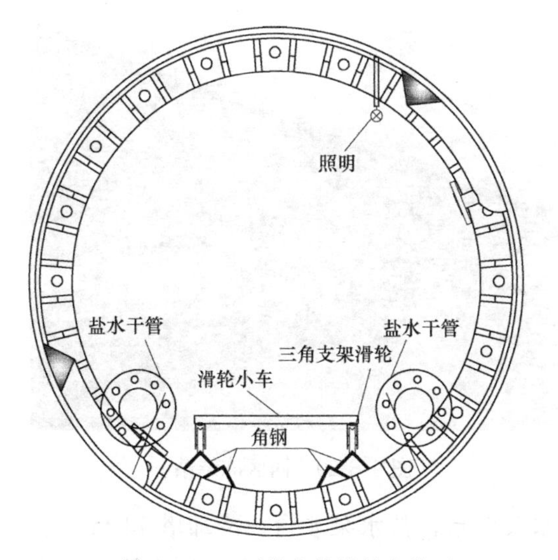

图 9.3-17 顶管内简易轮车位置

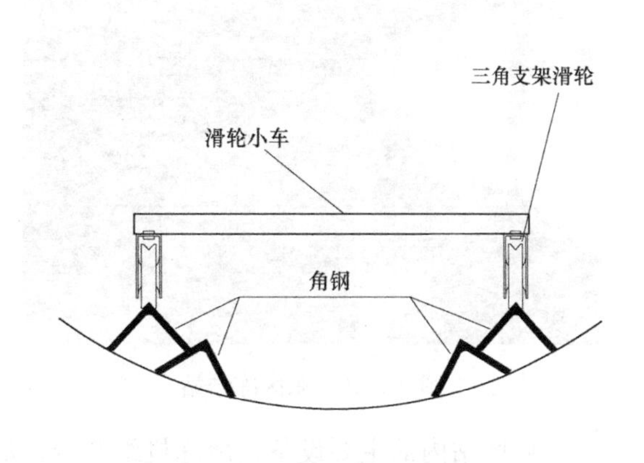

图 9.3-18 简易轮车大样图

1) 异形管焊接

异形冻结管采用∟12.5 角钢在顶管内壁进行直接焊接。其安装分横直段和 L 弯头段焊接。

根据设计要求，按每 4 节异形管用橡胶软管连接成一组，形成 16 个独立组，每根偶数管内盐水干管安装 16 个电控三通阀控制 16 组盐水回路。管路连接前预制好高压橡胶管接头构件，按连接顺序依次为：高压橡胶管进水管、连接管及出水管。

每个顶管内部安装完成检漏合格后，管内干管全部做保冷层施工。

顶管内壁常有凸凹不平处，有锈迹、注浆污染及油污等杂物，焊接时需将顶管面清理打磨干净，焊接不能夹渣、气孔、漏焊等，需满足致密性要求。

2）圆形管安装

设计对充填混凝土内的冻结管和限位管安装有精确的位置要求，安装前需在管内放线，做好标志。然后在顶管管节法兰处焊接管路支撑支架，架设管路并拼装完成。拼装时用标准螺栓进行管路连接，法兰之间安装橡胶密封垫。

每根顶管管路安装完成后进行压力试验。压力试验采用地面泵送水循环，检查顶管内管路是否有水渗漏。试压不合格的，从外观进行检查，标定出漏水位置，并重新连接或焊接加固，再次试验直至合格为止。

2. 冷冻站安装施工关键技术

（1）冻结站内的布置

根据设计供冷量和供冷回路设计要求，拱北隧道管幕冻结工程分别在东、西工作井施工区域各配置一处冻结站。其中，东区冻结站主要供异形冻结管 A、B、C 区及圆形冻结管 1 区，总需冷量约 2123.45kW；西区冻结站主要供圆形冻结 2、3 区，总需冷量约 1128.26kW。东区冻结站内的主要设备：冷冻机组 17 台，清水泵 15 台，盐水泵 10 台，冷却塔 30 台，清水箱（5.0m×3.5m×0.63m）15 个和盐水箱（4.0m×2m×1.26m）5 个，盐水管路与清水管路等（图 9.3-19、图 9.3-21）。

图 9.3-19　东区冻结站

图 9.3-20　西区冻结站

西区站内的主要设备：冷冻机组 8 台，清水泵 7 台，盐水泵 4 台，冷却塔 14 台，清水箱（5.0m×3.5m×0.63m）7 个和盐水箱（4.0m×2m×1.26m）2 个，盐水管路与清水管路等（图 9.3-20、图 9.3-22）。

盐水管路、清水管路与机组之间采用法兰连接，要合理地布置安装阀门，利于平时开启与关闭操作，同时又要便于维护。盐水干管采用法兰盘连接，相邻管路法兰盘要错开，进出水管要有温度计插座，下部要按坡度要求用方木垫实。

冷冻机组灌充氟利昂前要进行压力试验和抽真空，确保压力试验合格后进行充氟利昂操作，否则会引起制冷剂大量泄露。

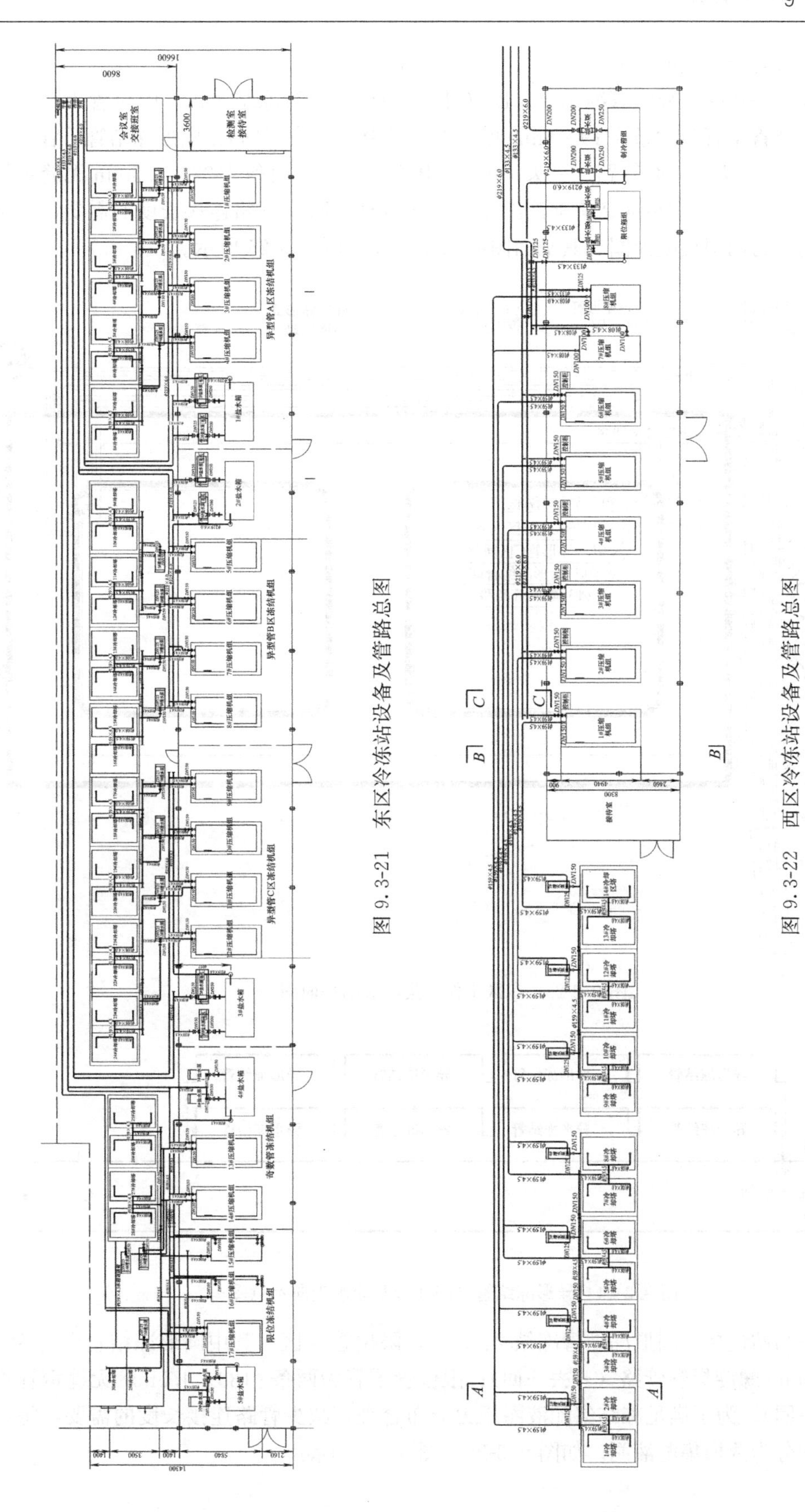

图 9.3-21 东区冷冻站设备及管路总图

图 9.3-22 西区冷冻站设备及管路总图

（2）干管与集、配液管的安装

东区冻结站包括：异形管冻结 A、B、C 区，圆形冻结管冻结 1 区，限位管 1、2 区。其中异形冻结管干管为六条 ϕ219×6mm 螺旋焊管管路（三去三回）；圆形冻结管干管为两条 ϕ133×4.5mm 无缝钢管管路（一去一回）；限位管干管为两条 ϕ133×4.5mm 无缝钢管管路（一去一回）。为满足冻结集配液圈压力分布合理，减少管路连接长度的需要，每条盐水干管均分为两根集配液圈。其平面图如图 9.3-23～图 9.3-25 所示。

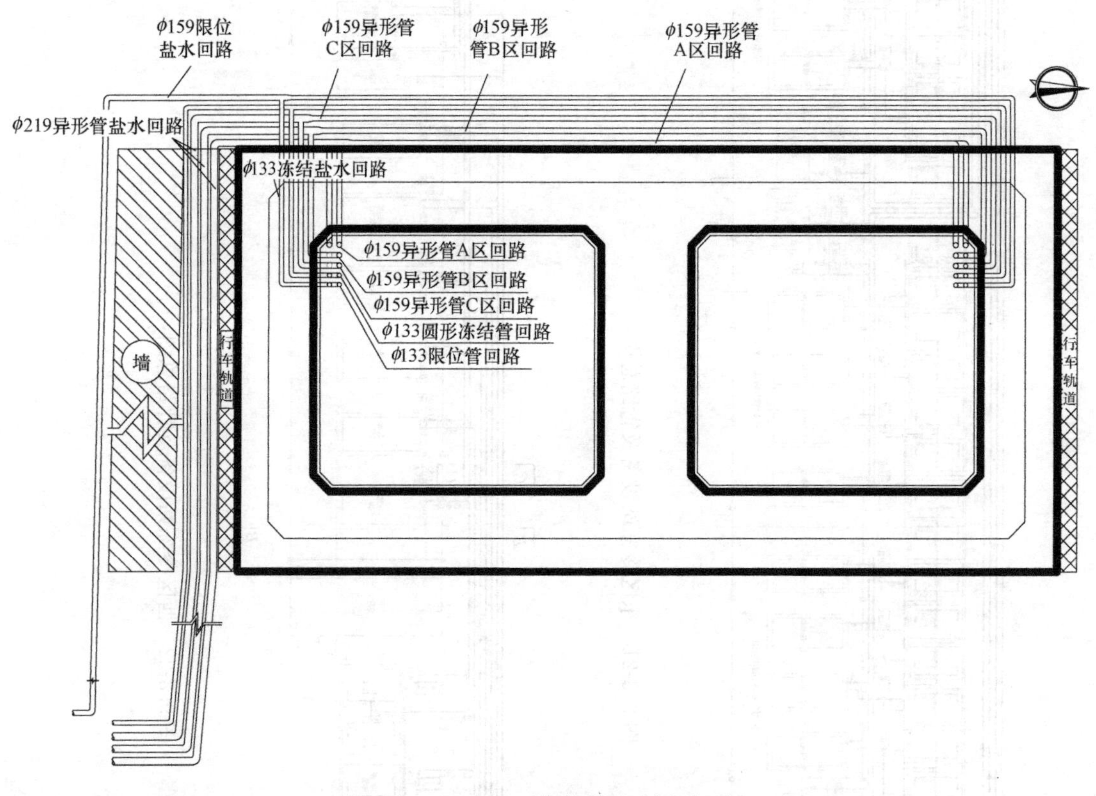

图 9.3-23　东区工作井集配液圈平面图

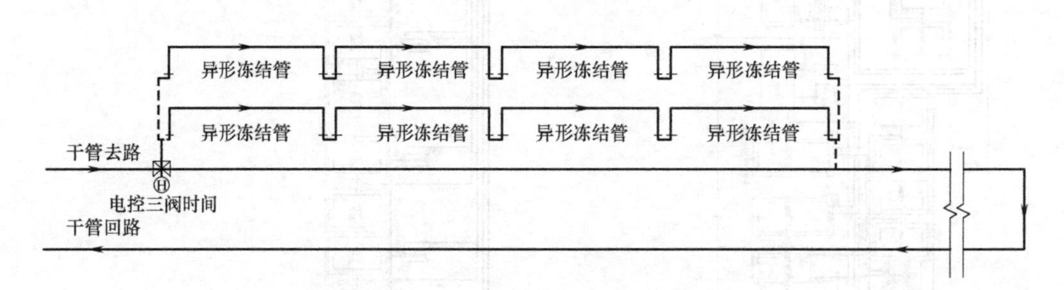

图 9.3-24　异形冻结管管路连接及盐水走向示意图

西区冻结站包括：圆形冻结管冻结 2、3 区，限位管 3 区。其中圆形冻结管干管为 2 条 ϕ219×6mm 螺旋焊管管路（一去一回）；限位管干管为两条 ϕ133×4.5mm 无缝钢管管路（一去一回）。为了满足冻结集配液圈压力分布合理，减少管路连接长度的需要，每条盐水干管均分为两根集配液圈。如图 9.3-26、图 9.3-27 所示。

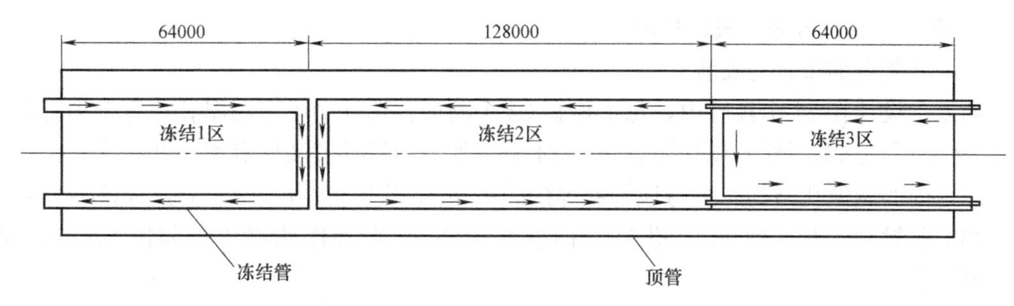

图 9.3-25 填混凝土顶管内盐水循环示意图平面图

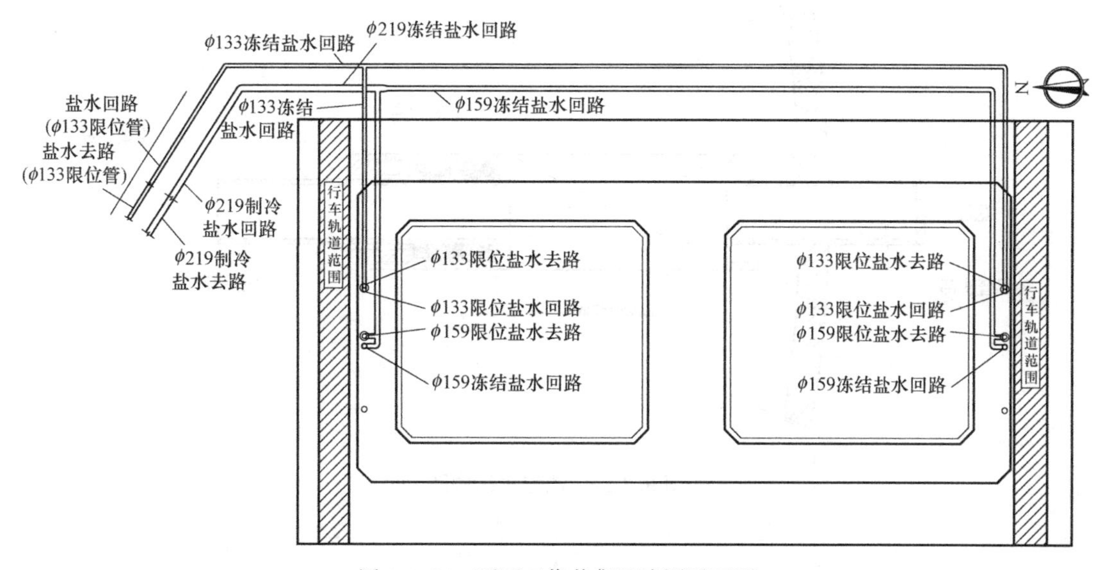

图 9.3-26 西区工作井集配液圈平面图

(3) 保温施工

冻结系统中所有低温部位均需进行保冷层施工，这些部位有冷冻机组、盐水箱、盐水泵、盐水干管及集配液管等（建设部，1990）。

保温材料盐水箱选用聚苯乙烯泡沫塑料板，厚度为 80mm，在保冷层外贴铝箔反光纸；管路及机组选用橡塑保温板，保冷层顶管外厚度至少为 60mm，顶管内为 30mm，保冷层的外面用塑料薄膜包扎（图 9.3-28）。

图 9.3-27 盐水干管现场图片

图 9.3-28 管路保温措施

3. 制冷监测系统施工关键技术

（1）监测点的布置与安装

测温孔设计在22个顶管内，每个顶管32个断面，总计704个测温孔；每个顶管内壁都有32个环向测温断面，设计探点共9984个，加上顶管外安装探点约10280个。

顶管内的测温孔结构：由与顶管壁焊接的ϕ60mm孔口管（L=10cm），外接DN50球阀+ϕ60密封盒（L=12cm），孔口管内安装ϕ32mm钢管作测温管，如图9.3-29、图9.3-30所示。

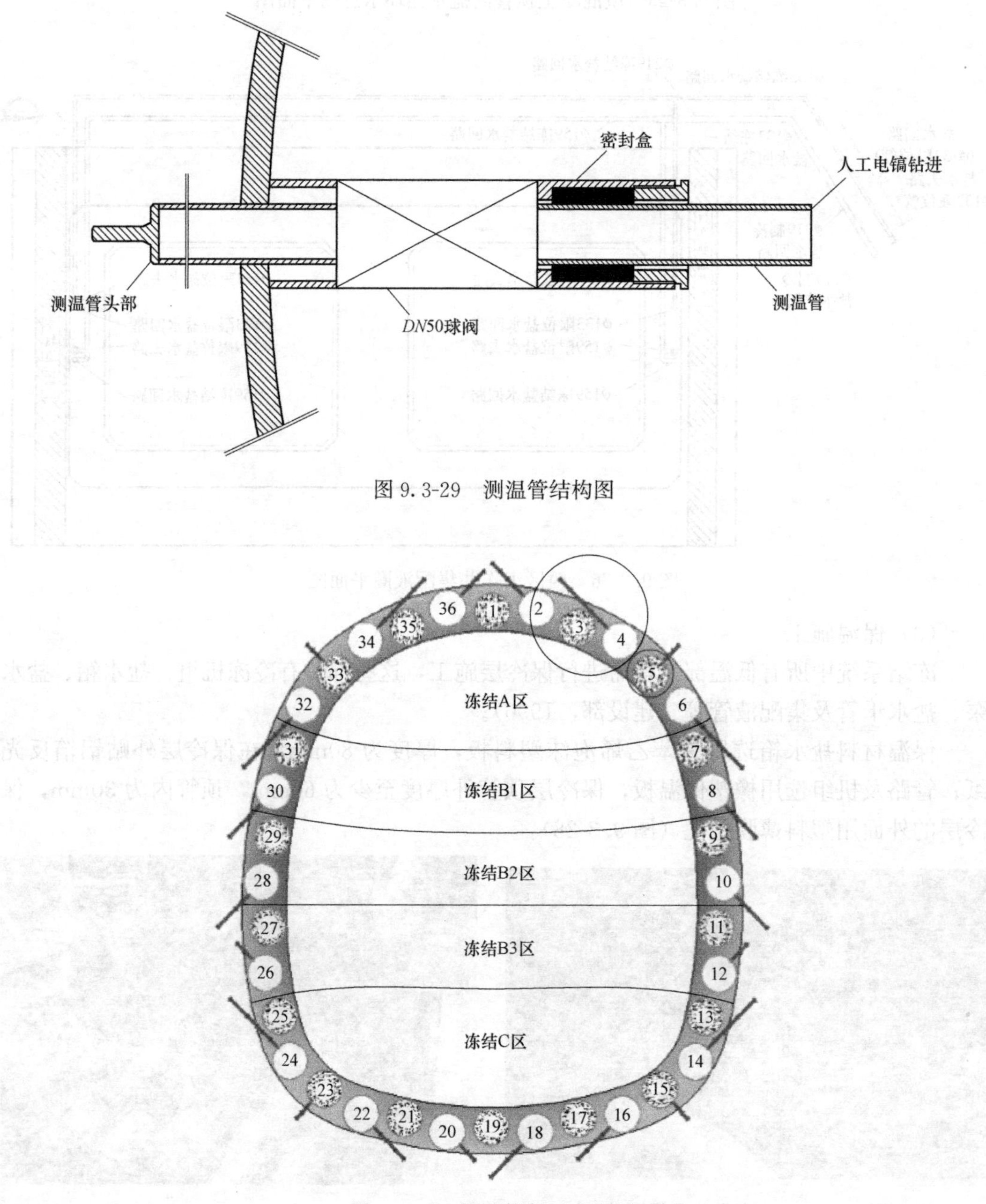

图9.3-29　测温管结构图

图9.3-30　测温管断面布置图

（2）监测项目

拱北隧道管幕冻结工程采取动态控制冻结，既要保证顶管间冻土帷幕封水的安全，同时为避免地表变形过大要严格限制冻土体积，因而需依据监测数据实时调整冻结运行参数。冻结监测是实施动态控制冻结的关键环节，是后续工程顺利施工的前提和保证，对整个工程的施工有重要意义。冻结监测项目包括冻土帷幕温度及厚度，顶管内管壁温度，冻结盐水及限位管盐水去回路温度，流量和压力的监测等（图 9.3-31、图 9.3-32）。具体如下：

1）积极冻结阶段，监测冻土帷幕温度及厚度，监测圆形冻结管去回路盐水的温度、流量和压力，顶管内管壁温度，盐水水位；

2）动态控制阶段，监测冻土帷幕温度及厚度，监测圆形冻结管去回路盐水的温度，流量和压力，限位管去回路温度、流量和压力，顶管内管壁温度，盐水水位；

3）开挖加强冻结阶段，监测冻土帷幕温度及厚度、圆形冻结管去回路盐水温度、流量和压力，异形冻结管去回路盐水温度、流量和压力，顶管内管壁温度，盐水水位；

4）解冻阶段，监测冻结帷幕温度、顶管管壁温度的变化过程。采用强制解冻时，增加热盐水温度、流量和压力监测，盐水水位监测等。

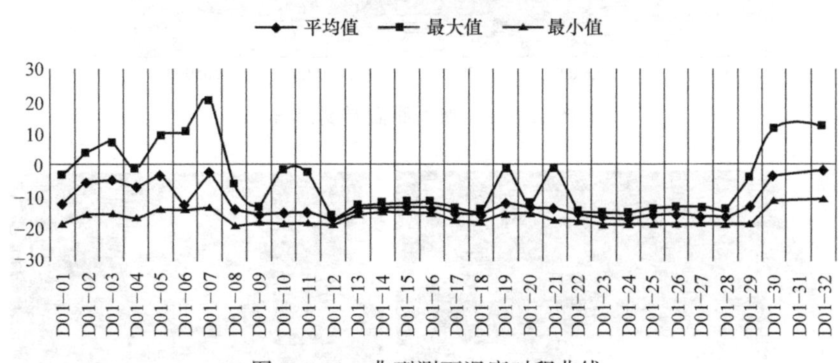

图 9.3-31 典型测面温度时程曲线

（3）监测的时期和频率

监测时期：从冷冻站开始运作到隧道施工结束，冻土解冻完成后结束监测。

监测频率：冻结系统内监测频率为每 2h 记录一次；监测采取自动监测，未开挖前 1 次/d，开挖期 3 次/d，必要时，根据需要调整监测频率。

4. 制冷设备运转条件

（1）气密性及水密性试验

异形冻结管焊接完成后，须进行气密性试验，管路满足 0.8MPa 的压力保持 45min 为验收合格。所有管路及设备安装完成后，进行水密性试验，满足水泵出水口水压 0.6MPa 维持 24h 验收合格（图 9.3-33）。

（2）溶解氯化钙

盐水（氯化钙溶液）密度为 $1.26 \sim 1.27 \times 10^3 kg/m^3$。提前制作一个氯化钙融化箱，融化箱内充入一定的清水，打开箱内循环泵进行融化氯化钙处理，盐水达到浓度后开启水泵注入制冷系统盐水箱，打开盐水管阀门逐个送入盐水干管和冻结管内，直至盐水系统全

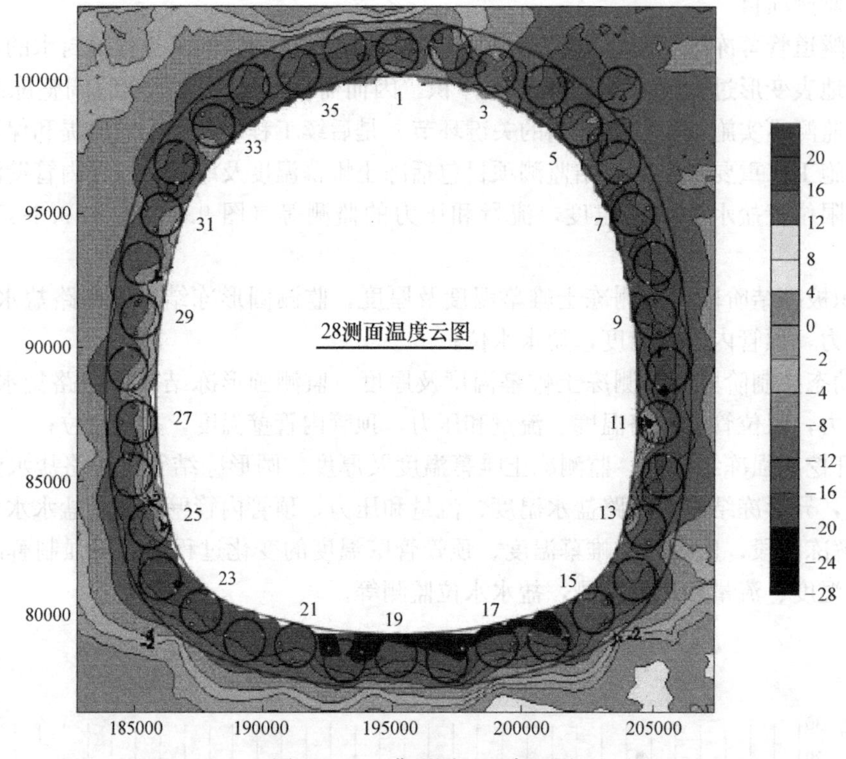

图 9.3-32　典型测面温度云图

图 9.3-33　气密性及水密性检测

部充满为止；溶解氯化钙时要除去杂质，盐水泵入口要有密目网（图 9.3-34）。

特别注意事项：整个顶管内所有管路必须充填盐水，否则，余留清水的管路在开始冻结后会冻结结冰，造成后期无法循环盐水。

（3）机组充氟

首先进行制冷系统的检漏和氮气冲洗，在确保系统无渗漏后，抽真空并充氟。充氟时，要多观察，按照机组参数进行充氟利昂作业，防止过充和少充（图 9.3-35）。

（4）机组加油

先关闭油粗过滤器进口和油精过滤器出口的管道截止阀，将加油管连在油粗过滤器前的加油阀上，启动机组中的油泵，油经加油阀、油粗过滤器、油泵及单向阀进入油冷却器，油充满油冷却器后流入油分离器，直至油分离器中的油面到达上视液镜中心时，停止加油。

图 9.3-34 溶解氯化钙

图 9.3-35 注入氟利昂

当机组内已有制冷剂需补充加油时，首先应停机，关闭吸排气阀，通过油分离器放空阀卸压至 0.1～0.2MPa，再按初次加油方法加油。

(5) 试运转

首先打开清水系统，慢慢打开阀门，调节循环量，正常后，再打开盐水系统，慢慢调整流量和系统压力。两个系统正常后，再逐个启动冷冻机组。

试运转时，要随时调节压力、温度等各状态参数，使机组在有关工艺规程和设备要求的技术参数条件下运行。冻结施工过程中，定时检测盐水温度、盐水流量和冻结壁扩展情况，必要时调整冻结系统运行参数。冻结系统运转正常后进入积极冻结阶段（图9.3-36～图 9.3-39）。

图 9.3-36 机组调试

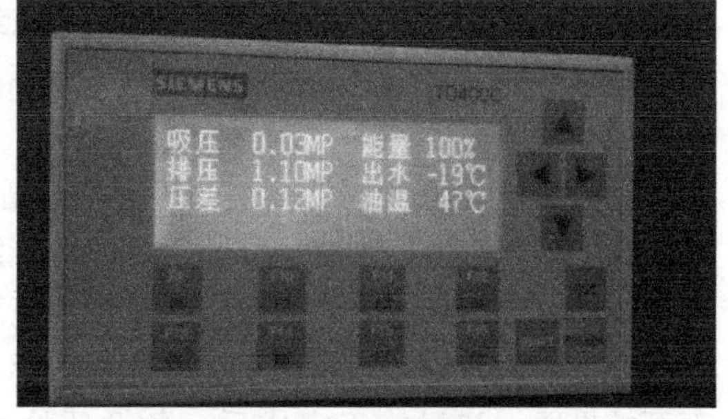

图 9.3-37 制冷参数调试

5. 冻结期制冷参数调控

根据设计要求，本工程分区、分段冻结，各部位盐水总路的温度、各管路的盐水流量以及异形管的开启状态均可以进行动态调整。

图 9.3-38 制冷机组调试蒸发器正常

图 9.3-39 冷却塔系统通水调试

根据暗挖施工方案，为避免冻土体积过大，采取纵向分区和横向分台阶进行冻结施工，在横断面上将冻土帷幕分为A区，B1、B2、B3区，C区5个区域。在未开挖前，开启填混凝土顶管（实心管）内的圆形冻结管中1、2、3区去回路，冻结70d后，再开启异形管（空心管）冻结20d，经检测，冻结帷幕厚度达到设计要求之后开始开挖。开挖断面分5台阶14分部，每台阶开挖循环为80cm加工字钢支撑，紧跟初衬施工。二次衬砌距离初期支护面为5m，开挖导洞顺序为1～14部，每个导洞在上一个导洞完成10m后施工，待二次衬砌完成后施工中板及三次衬砌。待东、西区工作面各开挖84m后，1、3区二衬施工完成，满足封水条件后停止1、3区冻结。在冻结过程中，当冻土帷幕厚度超过设计限值或地表冻胀监测超出允许范围时，启用限位管限制冻土帷幕的发展。

（1）异形管开启状态调整

根据冻结需要，开启异形管A区、B区、C区的制冷循环。约80d后，为节省电量，陆续关闭异形管16个冻结区的中间8个冻结区。5d后，为确保开挖过程中冻结壁的安全，陆续开始开启全部异形管参与冻结循环。

（2）盐水温度调整

圆形管从2016年1月12日开始盐水循环，然后逐渐进入积极冻结状态。积极冻结期，降低盐水温度，加快冻结速度，圆形管制冷盐水温度在－26～－27℃范围，异形管制冷盐水温度在－28～－30℃范围。冻结期范围内，根据各处地表监测数据及温度监测数据综合分析，为控制冻胀作用引起的地表变形，冻结期内各处温度均有不同程度的调整。及至开挖贯通，初衬施工完成后，各循环盐水温度均有所回调，圆形管制冷盐水温度在－22～－24℃范围，异形管制冷盐水温度在－22～－27℃范围。

2017年5月25日，结合地表变形数据，为控制冻胀导致地表隆起过大，决定采取冷控措施，调整东区圆形管总去路温度，－25.8℃调升至－24.5℃。温度调整后，各处土体温度普遍回升，地表隆起变形得到明显抑制（图9.3-40）。

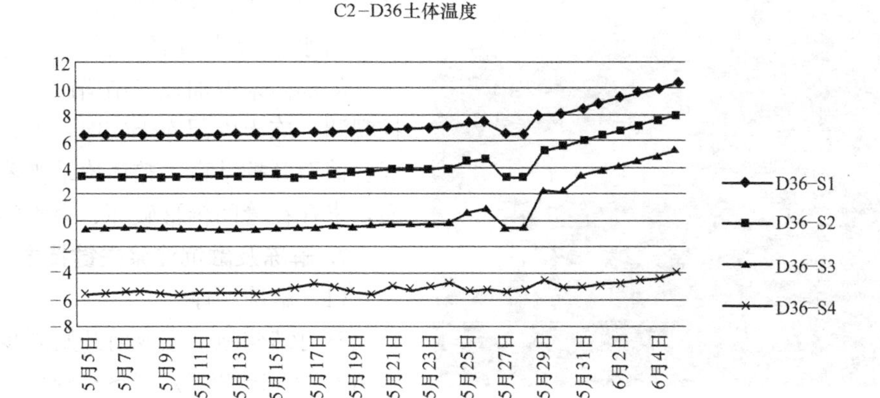

图 9.3-40 冷控效果时程曲线（温度）

（3）盐水流量调整

可通过调节盐水泵出水压力调整该冻结区的总流量。冻结过程中，根据冻结温度监测数据分析，调大或调小某一冻结区的盐水流量，从而控制该区的盐水制冷效果，以加强或减弱冻结速率。结合地表监测数据分析，也可通过调节盐水流量，以控制地表变形速率。

2017 年 2 月 10 日，为控制地面变形，A 区 ϕ89 管路盐水流量进一步调小。对 1 号、3 号、5 号、31 号、33 号、35 号 6 根上部顶管的 ϕ89 管路盐水流量进行调整，由之前的6～8m^3/h，调整为 3～5m^3/h。如图 9.3-41 所示，第 20 测面 1 号顶管调整流量后 5d，温度最高回升 0.75℃，有效地遏制了外围冻土的急剧扩张。

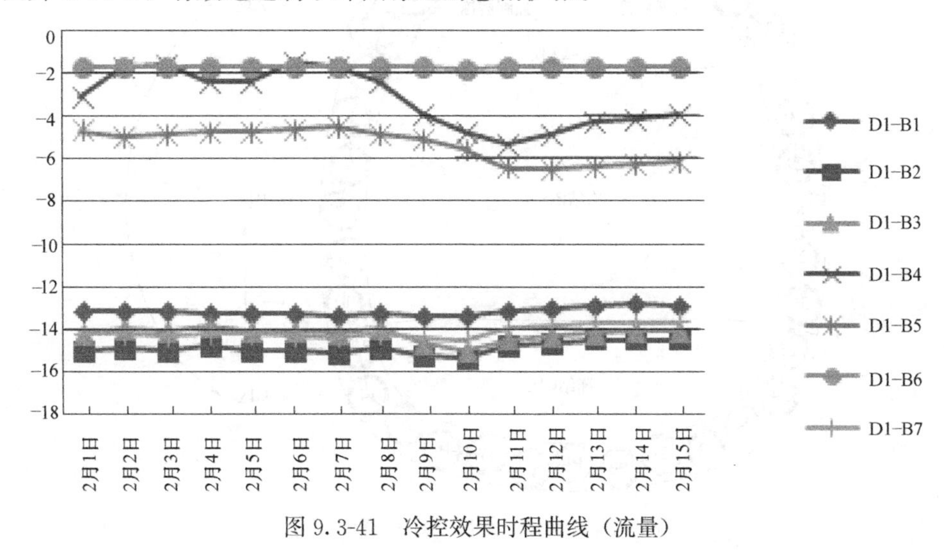

图 9.3-41 冷控效果时程曲线（流量）

（4）限位管调整

开启奇数号管（空心管）内的限位管，通过循环高温或常温盐水带走冷量，从而限制冻土向冻结壁外围的过度扩张，进而减少冻胀。

6. 开挖前冻土帷幕判断

2016 年 6 月 10 日，积极冻结约 5 个月后，东工作井开始试验开挖，冻结整体帷幕基本形成（图 9.3-42）。除个别部位外，仅剩东、西区顶部位置依然存在温度较高区域。经

图 9.3-42 东区试开挖情况

地质勘探查明，这两处部位存在市政雨水管、给水管等大直径管路，影响冻结效果，局部需采取加强冻结措施。经试验开挖观测，冻土内部冻土较厚，冻结情况良好。截至开挖结束，整体冻结帷幕安全可靠，未存在管间帷幕破坏、突水的情况。

7. 解冻及融沉注浆关键技术

（1）解冻顺序

三衬结构施工完成前开始同步清理冻结 A 区（32～36 号，1～6 号）顶管，三衬结构施工完成后开始解冻 A 区（关停 1～4 号冷冻机组，停止 A 区异形管循环，关闭 A 区圆形管管路）。选择冻结 A 区作为试验部位同时也是最先解冻部位，然后依次解冻冻结 C 区（13～25 号）顶管（关停 9～12 号冷冻机组，停止 C 区异形管循环，关闭 C 区圆形管管路），最后解冻冻结 B 区（7～12 号，26～31 号）顶管，停止 B 区冻结系统，即停止余下的所有冷冻机组。冻结 A 区 32～36 号顶管进行自然解冻实验，1～6 号顶管进行强制解冻实验，如图 9.3-43 所示。

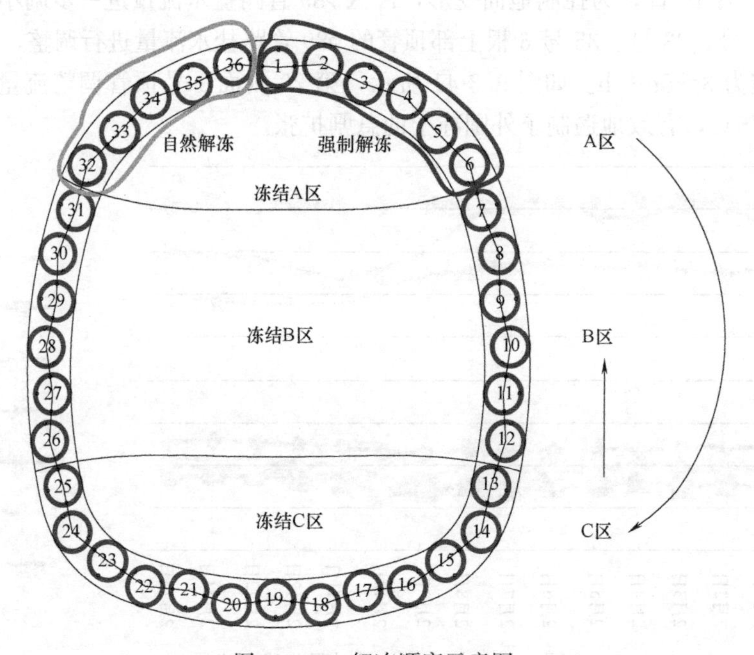

图 9.3-43 解冻顺序示意图

（2）注浆安排

冻结 A 区解冻的同时，进行 A 区顶管的注浆工作，控制地表沉降。同时准备清理冻结 C 区（13～25 号）顶管，清理后依次填充 20 号、18 号、24 号、14 号 4 根顶管，保留 16 号、22 号顶管进行解冻后注浆，以控制结构沉降。冻结 C 区清理完成后清理 B 区（7～12 号，26～31 号）顶管，完成后依次用混凝土填充偶数号管（空心管），填充同时依次解冻 B 区的偶数号顶管。在冻结 C 区、冻结 B 区的施工过程中，冻结 A 区的注浆施工一直同步进行。如图 9.3-44 所示。

(3) 注浆系统布置

为有效控制解冻融沉对口岸地表及建筑物的影响，确保融沉注浆工作有效，施工时在两端工作井各布置两台注浆机，两端同步注浆，如图 9.3-45、图 9.3-46 所示。

(4) 注浆方式

根据口岸内不同区域冻胀隆起量的大小，合理分配不同部位的注浆量。拱北口岸内连接珠海口岸与澳门关闸口岸的风雨廊是口岸区域的重要构筑物，人流量极大，保证其安全性是沉降控制的重中之重。根据土体及顶管内的测温数据密切监控冻土融化，平衡注浆，做到注浆量与融沉量相统一。

8. 制冷系统拆除

冻结停冻后，拆除冷冻站房，制冷设备，待强制解冻后拆除盐水系统。

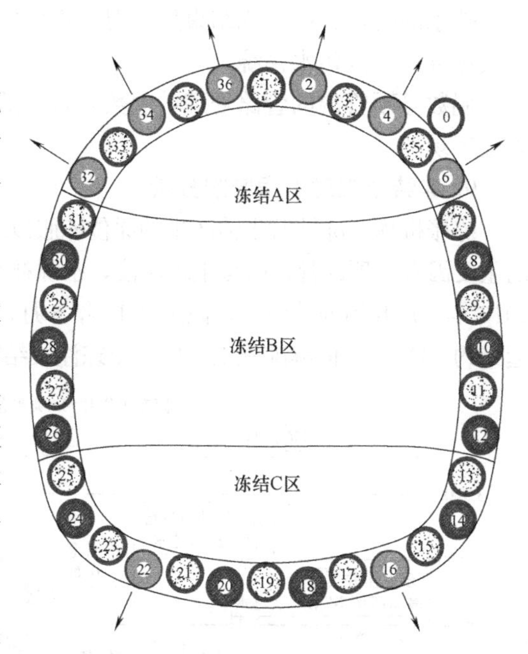

图 9.3-44 注浆顶管位置示意图

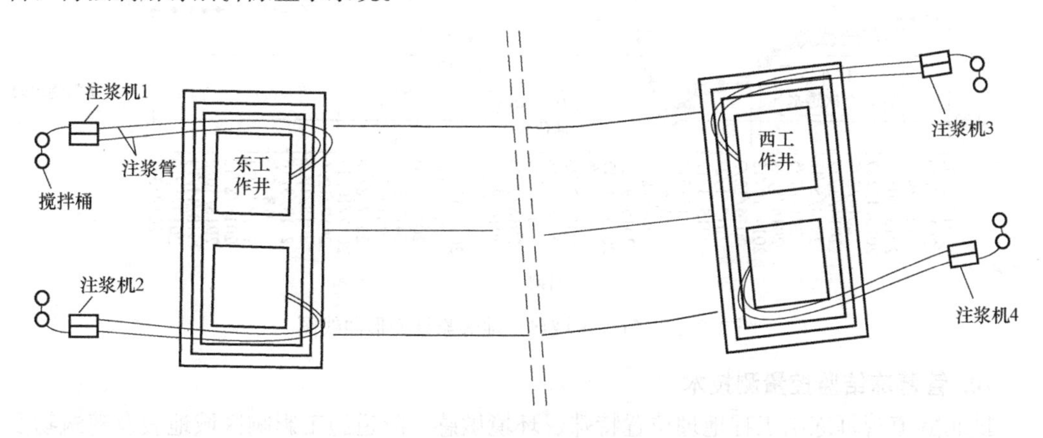

图 9.3-45 注浆系统布置平面示意图

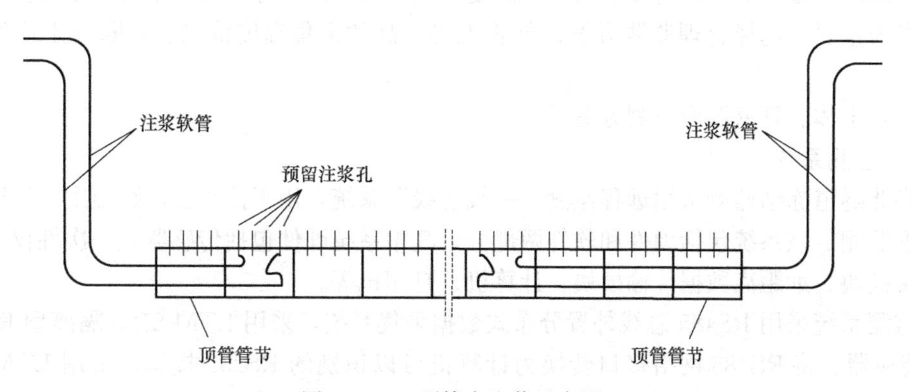

图 9.3-46 顶管内注浆示意图

盐水的处理：待冷冻结束后，对管道内的氯化钙溶液进行专业处理，经检验达到环保排放标准后排入污水系统。

偶数号顶管内的管路处理：偶数号管内的保温板、隔热帘幕等拆除后，撤出管外，运离施工现场。

9. 冻结施工对工程影响分析

冻胀机理：冻结时土体产生的原位冻胀以及水分迁移造成的冻胀，是地表产生冻胀隆起的主要因素。顶部管幕因覆土埋深浅，水源补给丰富，口岸地表局部出现了较大的冻胀。自2016年1月开始冻结施工，截至2017年6月，口岸区东区地表冷冻、注浆期间地表最大隆起量约330mm。但解冻施工完成、跟踪注浆结束后，地面很快稳定下来（图9.3-47)。

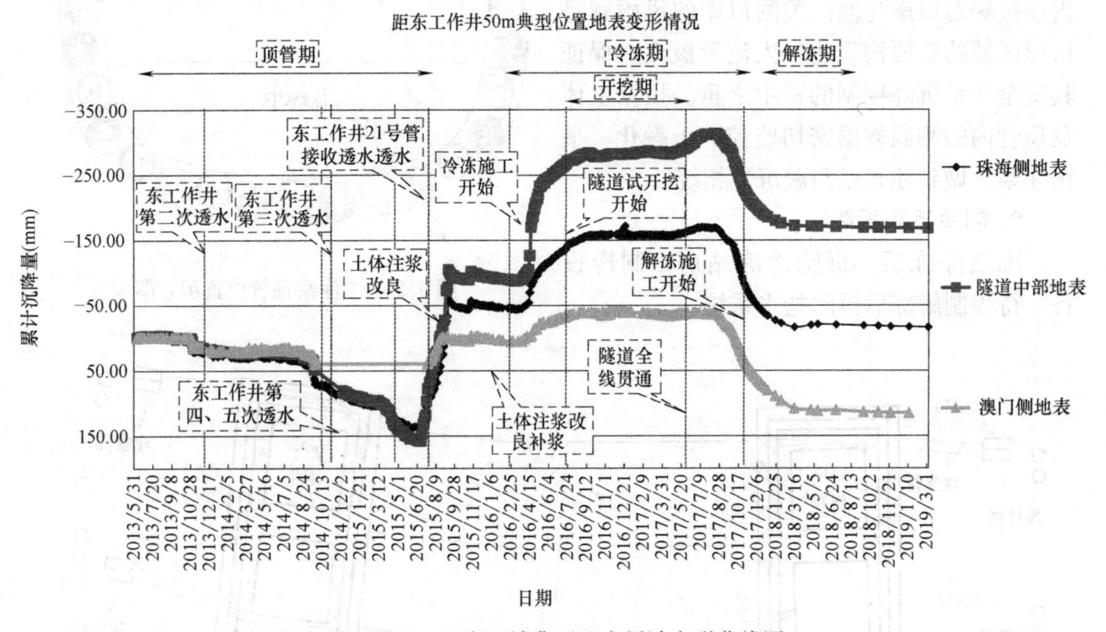

图9.3-47　口岸区域典型地表累计变形曲线图

10. 管幕冻结监控量测技术

拱北隧道管幕冻结工程地理位置特殊、环境敏感，隧道施工影响区域地表及建筑物变形控制极其苛刻。冻结法作为管间止水的主要措施，必须确保在管幕外侧形成可靠的冻土帷幕，而冻土帷幕的形成与发展与土体温度息息相关，因此冻结过程中与温度有关的监测显得尤为重要。选择合理监测方案是能否准确、高效采集温度信息、判断冻土体发展的关键。

(1）土体、管壁温度监测方案

1）监测系统

拱北隧道冻结监测采用远程监测“一线总线”系统，用于盐水去回路温度、管壁和土体温度监测。该系统包括硬件和软件两部分，其中系统硬件包括传感器、一次性仪表、数据采集模块、远距离数据传输模块、计算机、打印机等。

监测系统采用RS485总线外置分布式数据采集系统，采用LTM-8520隔离型RS232/485转换器。将RS485网络接口转换为计算机可以识别的RS232接口，采用LTM-8303智能型温度采集模块，数据采集模块与计算机通过RS485通信。

按照测点位置的需要，把若干个数字温度传感器封装在耐低温套装内制成电缆形式(即测温电缆)，数字温度传感器的理论测温范围是−55～+125℃。根据测点的设计，把测温电缆置入测温孔中，测温电缆通过专用接口接入“一线总线”系统构成冻土测温网络。

监测系统软件采用自主研发的温度远程采集软件，可在计算机界面上设置温度监测频率，还能观测不同测点的温度在时间和空间上的变化曲线、测点温度的实时变化值。监测系统具备数据储存、各测点传感器的信息维护等功能。该远程监测系统示意图如图 9.3-48所示。

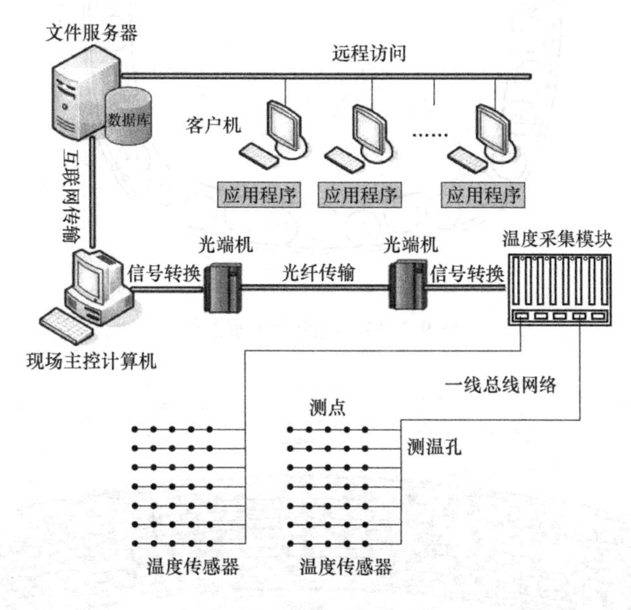

图 9.3-48 “一线总线”系统硬件结构示意图

2）监测区域划分

在隧道横断面上，为了合理分配温度数据采集模块的负荷，同时为便于长期冻结过程中灵活检修冻结监测设备，按照“东西分区，多管合并”的分区原则，将隧道横断面按管幕编号分为四个大区，分别为监测 A 区、监测 B 区、监测 C 区、监测 D 区，示意图如图 9.3-49 所示。

沿隧道纵向，在全程 255m 长距离上共设置 32 个监测断面，自东工作井向西工作井依次按 C1～C32 进行编号，每两个顶管管节设一个监测面，相邻测面之间距离约为 8m，C1～C16 接入东区模块，C17～C32 接入西区模块。管幕纵向测面布置情况如图 9.3-50 所示。

为集中管理测温模块，在每一监测区域内选取一根空顶管统一存放该区测温电缆及模块，统一由 LTM8663 读取监测。东、西区测面的电缆接入相应监测区域内模块中，每一监测区域内东西两部分模块输出的 RS-485 信号通过符合 EIA-485 标准的屏蔽双绞线汇总到一起。这样从 4 个监测大区各拉出 1 根总线分别接入地面西区监测室内的 4 台计算机中，每一台计算机负责一个大区的温度数据采集、汇总、分析工作（图 9.3-51）。

各区所包含的管幕情况如表 9.3-2 所示。

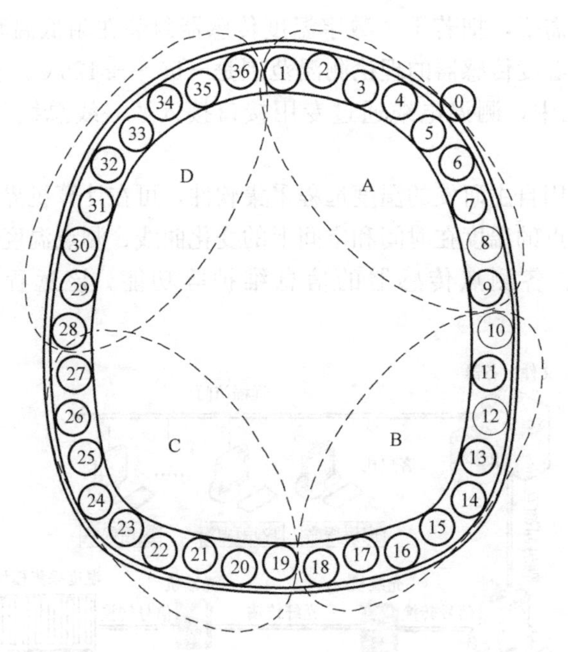

图 9.3-49　监测分区示意图

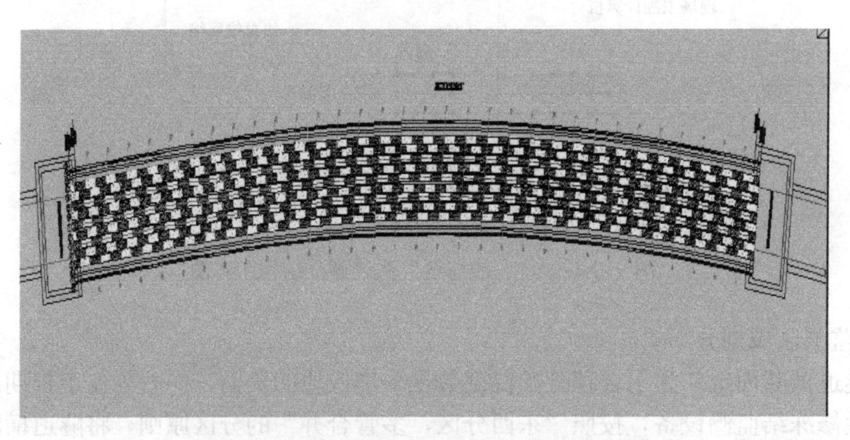

图 9.3-50　纵向 32 监测面分布图

图 9.3-51　温度监测控制室

各监测区域管幕编号 表 9.3-2

监测区域	管幕编号	模块存放位置
A区	1号、2号、3号、4号、5号、6号、7号、8号、9号	6号
B区	10号、11号、12号、13号、14号、15号、16号、17号、18号	14号
C区	19号、20号、21号、22号、23号、24号、25号、26号、27号	24号
D区	28号、29号、30号、31号、32号、33号、34号、35号、36号	32号

3）测点布置

拱北隧道冻结管壁温度测点在32个监测断面位置处环向布置在36根顶管内壁，测温电缆内部的温度传感器通过预先焊接在顶管内壁上的螺母与管壁保持密贴，以真实反映管壁温度情况（图9.3-52）。

图 9.3-52 测温电缆现场图片

其中奇数号顶管（实顶管）各测面上设有7个管壁测点，偶数号顶管（空顶管）各测面上设有6个管壁测点，总计7488个管壁测点。环向测点从限位管后面的测点开始按顺时针方向进行编号，分别为Dn-m-01～Dn-m-07，其中“D”表示顶管、“n”表示顶管编号（0～36）、“m”表示测面编号（1～32），例如D31-16-2表示31号顶管第16测面的第2个测点。

奇数实顶管由于要填充混凝土，为保证测温元件的正常使用，防止泵送混凝土过程中过大的冲击力造成温度传感器的破坏，在布设测温电缆及固定传感器过程中务必达到两个要求：(1）环向管壁温度传感器完全布置在顶管节段的法兰盘之后；(2）向外传输温度信号的电缆沿顶管纵向完全布置在圆形冻结管之后。具体管壁测温点定位如图9.3-53所示。

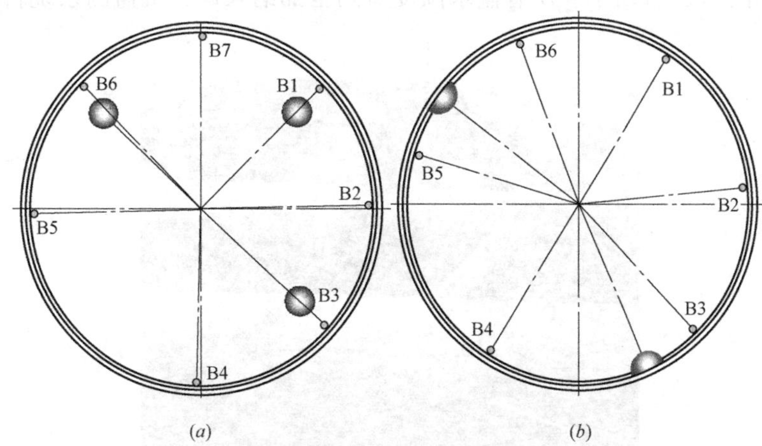

图 9.3-53 管壁测点位置分布图
(a) 奇数管管壁测点图；(b) 偶数管管壁测点图

土体温度测点布设在所有偶数空顶管及部分奇数实顶管（5 号、15 号、23 号、33 号）中，在这些顶管内部各监测断面处，利用钻机向土体中按设计开设土体测温孔，某一测面处的土体测温传感器与该处管壁测温传感器共用一根测温电缆向外传输到数据采集模块之中。土体测温点数目总计 2488 个，横断面上各顶管土体测温孔开设方向及测温点位置如图 9.3-54 所示。

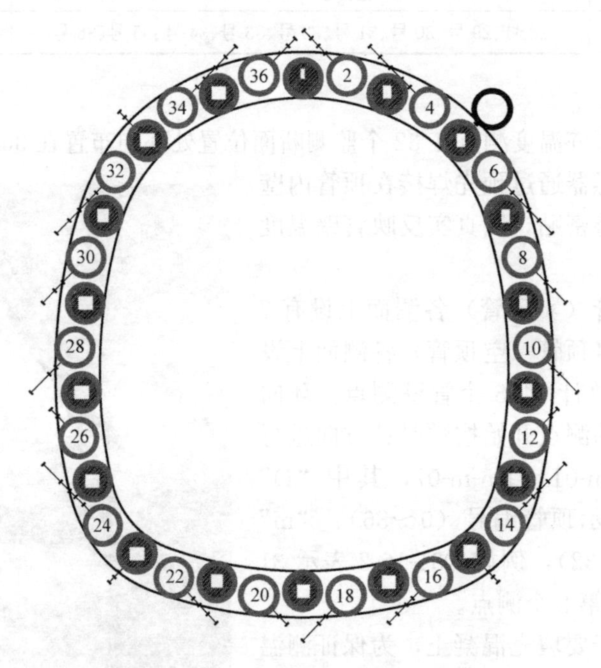

图 9.3-54　土体测温点位置分布图

（2）盐水温度、流量监测方案

1）去、回路盐水温度监测

冻结系统的盐水温度监测采用数字温度传感器，布置在盐水循环管路上，如图 9.3-55所示。各顶管内冻结管循环盐水温度监测通过在各个顶管管口处支管上布设温度传感器，如图 9.3-56 所示。所有盐水温度监测全部纳入计算机监测系统自动连续采集数据库之中。

图 9.3-55　盐水干管温度监测

图 9.3-56 顶管内支管温度监测

2）循环盐水流量监测

循环盐水管路的流量监测系统独立于温度监测系统，采用 TUF-2000H 型超声波流量计进行监测，现场安装情况如图 9.3-57 所示。作为一种外缚式监测方法，通过将传感器直接贴敷在被测盐水管道的外表面即可实现流量监测，具有与管径无关、安装简单、无压力损失等特点。理论最大流速可达 64m/s，流速分辨率能够达到 0.001m/s。

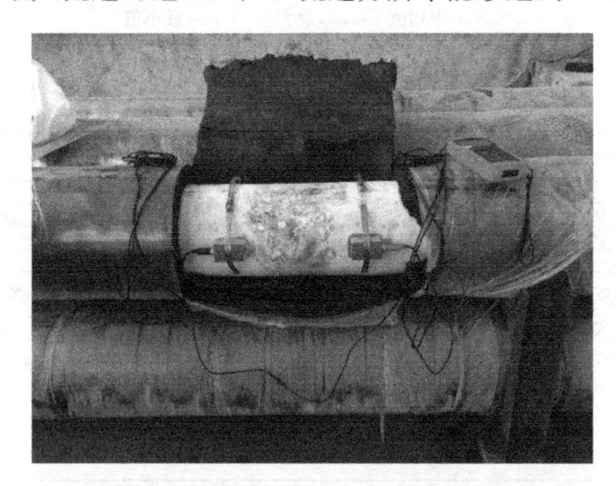

图 9.3-57 超声波流量监测示意图

（3）数据分析及止水效果评价

冻结工程从 2016 年 1 月 12 日开始，首先在西区工作井进行部分管幕盐水试循环，奇数实顶管中圆形冻结管最先开启。在隧道横断面上，由靠近地表管幕内的冻结管向下方冻结管依次逐渐开启，至 3 月 2 日所有圆形冻结管全部进入工作状态。04 号和 06 号内的异形加强管于 3 月 10 日率先开始循环盐水，其余偶数空顶管内的异形冻结管也在随后逐渐开启使用。随着冻结过程的进行，循环盐水温度逐渐下调至－25～－30℃。至 2016 年 5 月 10 日冻结圈基本形成，6 月 2 日在东区工作井进行暗挖段试开挖，6 月 20 日正式开挖，积极冻结阶段结束。冻结监测工作从 2 月 21 日开始读取第一次温度数据，3 月 1 日开始进入稳定监测状态。下面使用的温度数据取自稳定监测开始到隧道开挖这一阶段，即 3 月 1 日～6 月 20 日。

1）顶管纵向温度分析

由于顶管数目较多，从 36 根顶管中选择靠近上部的 01 号和 04 号进行纵向温度分析，隧道下方其他位置的顶管相对于所选的这两根顶管受到地表高温影响较小，温度降低情况更好。这里选取积极冻结期间内的三个时间节点作为对比，分别为 3 月 1 日、4 月 20 日和 6 月 17 日。

顶管纵向各个测面上环向贴壁存在六个或七个管壁测温点，为了研究整根顶管从 C1 测面到 C32 测面的温度分布情况，选取各测面的最大值、最小值，同时计算该测面所有测点的温度平均值用以作图。其中最大值反映了某一测面仍然存在的最高温度，可以作为判断冻结薄弱位置的参考值，而平均值反映了某一测面的总体冻结情况，可以更加直观地了解这一测面的温度发展情况。图 9.3-58（a）～（c）分别展示了这两根顶管三个时间点的纵向温度分布曲线。

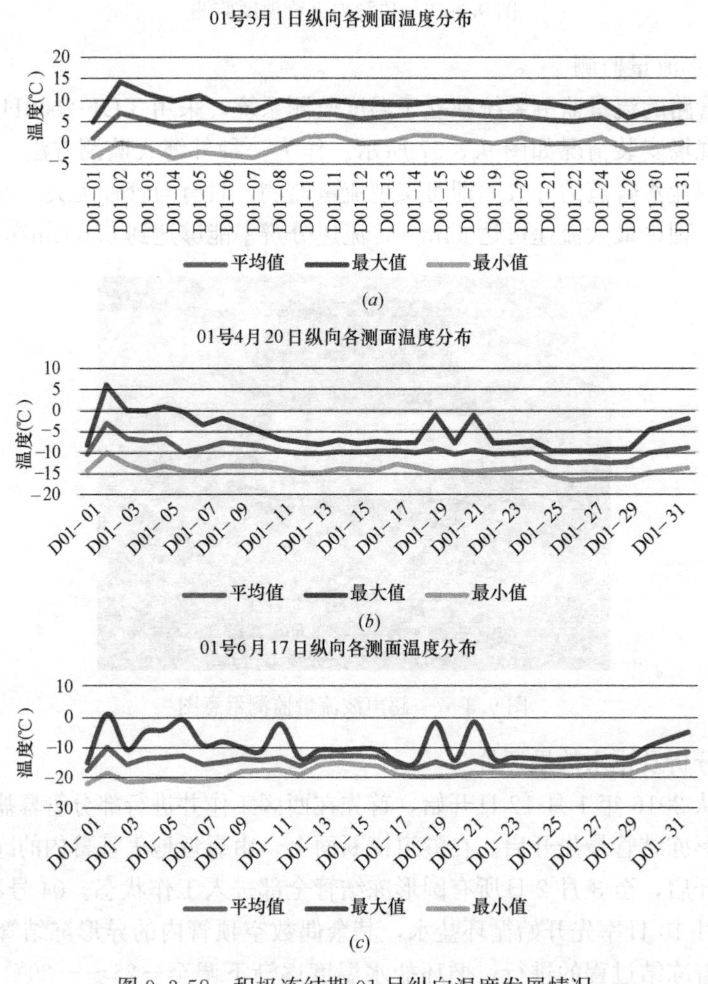

图 9.3-58　积极冻结期 01 号纵向温度发展情况

01 号处于管幕的拱顶部位，距离地表最近，由图中可以看出：在顶管纵向各测面上温度最大值分布有所不同，且温度差异随温度降低而发生变化。在积极冻结早期如图 9.3-58（a），当整体温度较高时，各测面温度分布相对平稳，随着冻结过程的进行，温度逐渐降低，各测面上温度最大值分布出现了更多的异常值，如 9.3-58（b）中的 C2、C19、

C21 测面，9.3-58（*c*）中的 C2、C6、C11、C19、C21 测面。01 号是奇数实顶管，填充混凝土主要依靠从顶管一端进行泵送，施工很难保证内部混凝土处处达到密实状态，而那些出现混凝土空洞的位置在循环盐水不断降温的过程中导热能力则会较差，另外，顶管外侧土体性质、地下水活动情况等都会造成在纵向上温度分布不一致的情况。

01 号纵向上平均温度分布相对均匀，随着冻结过程的进行，从 3 月 1 日的 5℃逐渐降低至 6 月 17 日的－15℃左右，在开挖前已降至足够低的温度，说明奇数实顶管温度发展情况较好，达到了预期的冻结效果。

04 号为最先开启异形加强管的两根顶管之一，图 9.3-59 反映了其在积极冻结早、中、后期三个时间点的纵向温度分布情况，与上面奇数实顶管 01 号类似，在冻结早期如图 9.3-59（*a*）整体温度较高时，各个测面差异不大，温度分布均匀。随着冻结过程的进

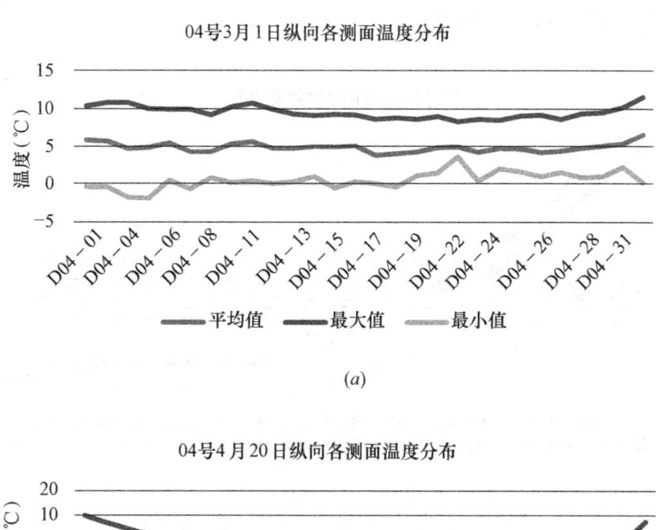

(*a*)

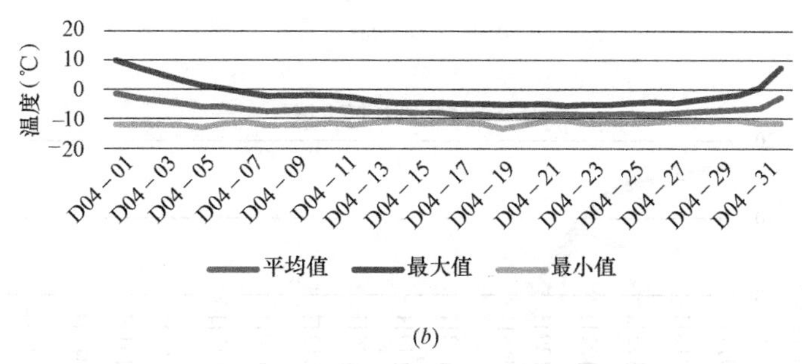

(*b*)

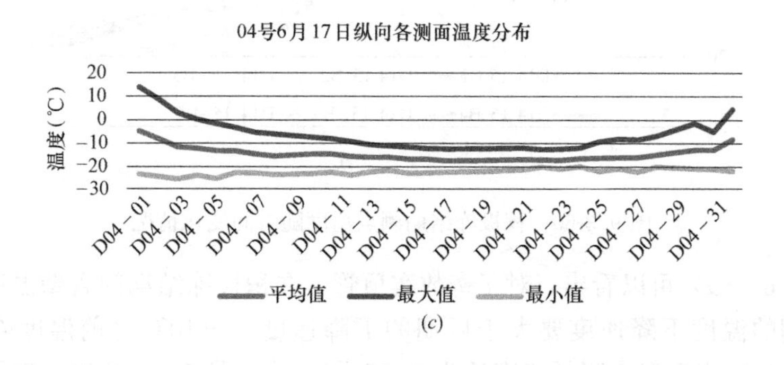

(*c*)

图 9.3-59 积极冻结期 04 号纵向温度发展情况

行，在冻结中后期如图 9.3-59（*b*）、（*c*），管内温度分布出现两端高中间低的现象。

04 号为空管，顶管内降温主要依靠空气传热，而空气流动对于温度降低非常不利，尽管在空管两端以及管内每 5～8m 设置隔温泡沫板防止空气流动，但由于人员进出施工作业等，顶管两端的密封效果很难达到理想状态，端部受到两端工作井内高温影响严重，所以温度分布呈现出图 9.3-59（*c*）所示的“两端高中间低”的状态。除端部以外，在 6 月 17 日 04 号所有测面平均温度都已降至－10℃以下，必须要做好两端的保温密封措施，才能实现全断面温度均处于较低的负温状态，保证顶管外冻土体的强度及封水效果。

2）测面温度随时间变化分析

由上面分析可以知道，纵向上靠近顶管中间位置的测面温度发展受外界影响最小，这里选择 09 号和 14 号一空一实两根顶管的 C15 测面监测数据，分析温度随时间的变化。数据采集时间区间为 3 月 1 日～6 月 20 日。

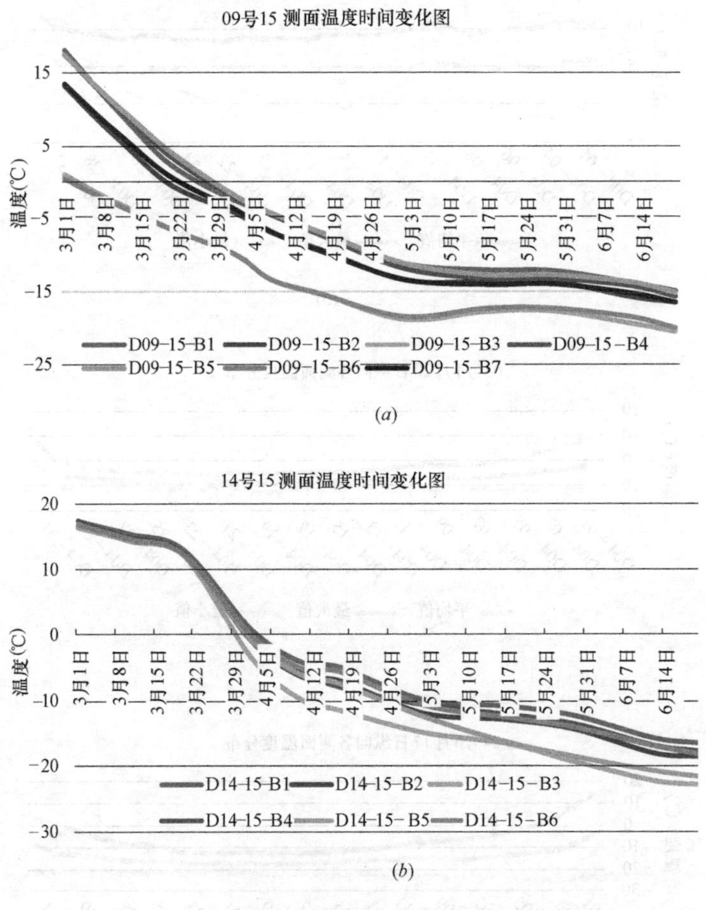

图 9.3-60 积极冻结期测点温度随时间变化情况

由图 9.3-60（*a*）可以看出，对于奇数实顶管，在积极冻结期间管壁温度总体处于下降趋势，早期的温度下降速度要大于后期的下降速度，－10℃之前温度降低速度约为 0.48℃/d，－10℃之后温度降低速度约为 0.2℃/d。从 5 月 10 日开始出现了一段时间测点温度略微回升的现象，这是由于位移变形数据反映出监测 A 区 08 号及 D 区 32 号上方地表变形较大，为控制冻胀的影响，现场进行了降低循环盐水流量和回调盐水温度的做法，以应对管幕外冻土体积的过分发展。总体来看，奇数管内因为填充混凝土的存在，在冻结过程中测点温降趋势基本能与循环盐水温降趋势保持一致，符合之前设计方案对奇数管冻结效果的预期。

由图 9.3-60（*b*）可以看出，14 号管壁温度在积极冻结过程中温降曲线存在明显的分界点，该顶管中异形加强冻结管于 2016 年 3 月 16 日开始循环低温盐水，从 3 月 18 日之后，温度下降速度明显高于之前。这说明对于偶数空顶管，在只依靠奇数顶管中的圆形冻结管工作进行降温时，空顶管内管壁温度速度下降速度较慢。提前开启异形加强冻结管，能够使空管管壁温度迅速降低，这对于较早的在管幕外侧形成可靠冻结帷幕具有重要意义，符合冻结课题研究关于异形加强冻结管在积极冻结中发挥重要作用的结论。

3）土体测点温度分析

拱北隧道冻结工程土体测温点布设在由顶管内部开向管外土体的测温孔之中（图 9.3-61），土体温度直观反映了顶管外侧冻土发展情况，对于判断冻结帷幕厚度是否达到设计值具有重要意义。选取 14 号 C15 测面的土体测温点进行分析，该测面共 5 个土体测温点，按与 14 号顶管距离由远及近分别编号为 S1、S2、S3、S4、S5，土体测温孔由 14 号斜向上开向 13 号，具体测温点布置情况如图 9.3-61 所示。

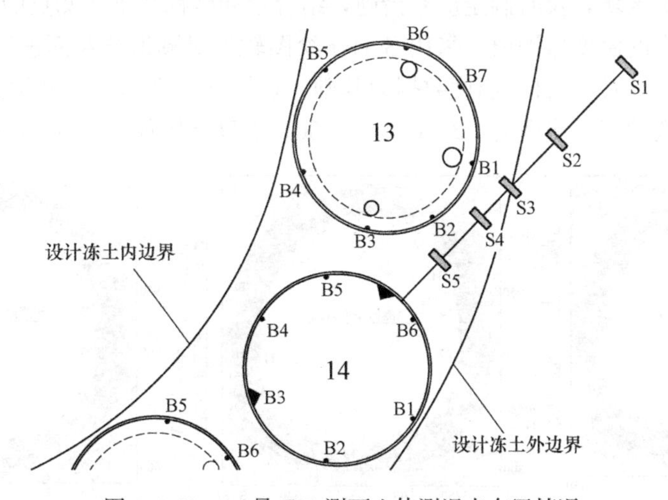

图 9.3-61　14 号 C15 测面土体测温点布置情况

选取上面 5 个土体测温点从 3 月 1 日～6 月 20 日的温度数据，绘制其随时间的变化曲线如图 9.3-62 所示。

由图 9.3-62 可以看出，在整个积极冻结阶段，所有土体测温点温度均保持一定的下降趋势，在同一时间点，随着测点和 14 号距离的减小，温度越来越低。而且可以发现，在冻结早期只开启实管内圆形冻结管时，土体测点除了最远处的 S1，其余测点均保持相近的降温速度，14 号异形冻结管开启之后的一段时间内，先是 S5 测点温度迅速出现较大的降低趋势，然后其余各测点温度降低速率也相应提高。

结合图 9.3-61 可知，S3 测点位于设计冻土外边界轮廓线上，通过该点温度值即可判断 14 号外侧冻土发展是否达到设计指标。由图可以发现，在 6 月 20 日，S3 测点温度已降至－8℃，地质资料显示该地区土体结冰温度约为－1.8℃，这可说明 14 号位置在开挖

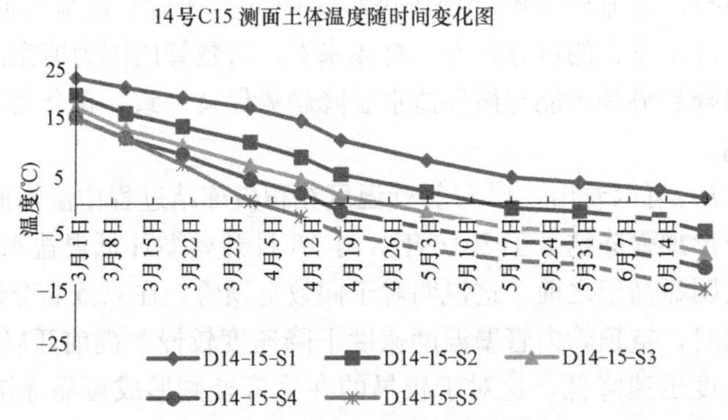

图 9.3-62　14 号 C15 测面土体温度随时间变化情况

前管幕外侧冻土发展情况已经完全达到设计要求。不仅如此，由监测数据可知，距离管幕最远的 S1 测点在冻结后期温度也已降低至 0.8℃，这对于形成可靠的管间止水帷幕是非常有利的。

4）全断面温度云图分析

为了更加直观显示全断面上的冻土发展情况以判断冻结效果，及时发现冻结薄弱区区域、冻土过分发展区域，及时制定应对措施，结合全局坐标系下各测点的设计坐标，利用全断面上各个测点的温度监测值，采用 Surfer 绘图软件对隧道全断面进行温度云图绘制。限于篇幅，这里以 6 月 19 日的温度数据为基础，在纵向上选择三个测面进行全断面温度云图的绘制。所选的三个测面为 C2、C15 和 C30，温度云图如图 9.3-63 所示。

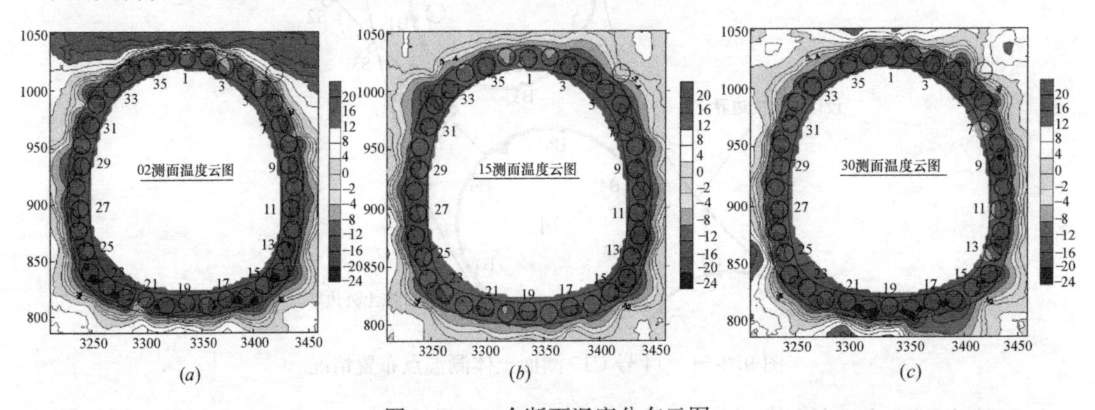

图 9.3-63　全断面温度分布云图

由图 9.3-63 可见，截止到 6 月 19 日，总体上隧道纵向各断面上温度发展情况较好，沿隧道开挖轮廓的设计冻土 2m 线已基本被低温蓝色区域覆盖，说明经过积极冻结阶段之后，在管幕周围形成了较厚的冻土帷幕，冻土完全填充了顶管之间的间隙并且在全断面上达到交圈状态。

对比图 9.3-63（*a*）、（*b*）、（*c*）也可以发现，02 测面和 30 测面上部管幕外侧冻土发展情况要次于 C15 测面，特别是 C2 测面，管幕上方 2m 线附近仍存在少量绿色区域，说明这里土体温度还处于 0℃，管幕外侧冻土体发展不充分。相比之下 C15 测面全断面上管幕被冻土体包围，冻结效果非常好。C2 测面和 C30 测面处于隧道两端，出现这一现象主要是因为管幕上部冻土发展受到地表高温影响严重，而且如果顶管管幕两端保温密封措施不到位，冻土发展还要受到工作井内高温空气对流带来的弱化影响。

11. 管幕冻结施工质量安全控制技术

（1）冷冻设备安装及试车

1）冷冻机组安装要求

冷冻机组由螺杆压缩机、电动机、联轴器、气路系统、油路系统、控制系统和设备、系统间的连接管路等组成。要求设备安装牢固，各管路开关启停操作灵活方便，机组密封性达标（上海市，2006）。

2）清水泵、盐水泵安装要求

① 泵的吸入管路和输出管路应有独立支架，不允许管路重量直接由泵承受。泵轴与电机旋转方向应一致；

② 泵的吸入口不宜过高，要高于清、盐水箱底 20cm 左右；

③ 泵的吸入口必须安装滤网，防止杂物吸入管路内；

④ 泵与管路结合处必须牢固，密闭性需符合要求。

3）冷却塔安装要求

① 冷却塔基础应保持水平，要求支柱与基面垂直，各基面高差不超过±1mm。中心距允许差为±2mm；

② 冷却塔进、出水管及补充水管应单独设置管道支架，避免将管道重量传递至塔体；

③ 冷却塔管道、填料表面、集水盘等污垢及塔内残留物应清洗干净；

④ 风机叶尖与风筒内壁径向间隙应保持均匀，其间隙为 0.0075D（D 为风机直径），但最小间隙不应小于 8mm；叶片安装角度应一致；

⑤ 风机接线盒应密封、防腐；引线须下弯，以防水、汽进入盒内；试运转时，当电流超过额定电流时应立即停机，宜控制在 0.90～0.95 的额定值。

4）干管与集、配液管的安装要求

管路安装好后，需采用水压试漏，检测管路安装密封性能，采用盐水泵循环水进行压力试验，盐水泵压力控制在 0.4MPa（偶数管内 0.6MPa），检查管路无渗漏方为合格。

5）保温工程

冻结系统中所有低温部位均需进行保冷层施工。在安装异形冻结管的管幕内，每 4 节顶管两端用保温板形成隔热帘幕，减少内部空气流通，进而影响各区域冻结效果。

上述检查项目合格后按照以下步骤整机试车：打开清水循环系统—调节循环量—打开盐水系统—调整流量和系统压力—确认系统运行正常—逐一启动冷冻机组—确认冻结系统运转正常—进入积极冻结阶段。

（2）冷冻管安装质量验收

1）异形管内管路铺设安装质量要求

① 异形管焊接焊缝符合标准；16 个分区位置准确；

② 供液干管管道内应光洁平整、无杂物、油污；管道无渗水；

③ 电控三通阀安装应牢固，启闭灵活，与管道轴线垂直；分区位置准确；

④ 管路压力试验符合设计要求（0.5MPa 气密性试验无渗漏）；

⑤ 供液干管与异形管胶管连接过度平滑，弯头弯向相邻冻结圆管的方向；

⑥ 异形管路位置偏差不大于 15°，异形管分区长度误差不大于 0.2m。

2）圆形管内管路铺设安装质量要求

① 管道铺设安装必须稳固，管道安装后应线形平直；

② 管道内应光洁平整、无杂物、油污；管道无渗水；

③ 闸阀安装应牢固、严密，启闭灵活，与管道轴线垂直；

④ 管路压力试验符合设计要求（0.5MPa 气密性试验无渗漏）；

⑤ 圆形管管路位置偏差不大于 5°，冻结圆管距管幕法兰偏差<3cm。管路安装精度验收以弦长换算角度检查偏差情况，公式 $\alpha=2\arcsin[L/(2R)]$；

⑥ 冻结管分区位置误差不大于 0.2m，限位管分区位置误差不大于 0.2m。

冷冻管路质量验收分三次完成，即安装质量、气密性检查、保温层。

（3）温控元件安装质量验收

温控元件分 32 区，线路要求沿冷冻管路成束缠绕布设。温控元件布设于法兰盘后，采取相应保护措施，防止混凝土填充过程中产生破坏。混凝土填充施工前进行温控系统开机测试，分为东区和西区两个测试区域，每个区域 16 个断面，填充工作开始前确保每个元件正常工作。

（4）冷冻施工安全管理

1）施工前对顶管内的空气质量进行检测，当含氧量低于 20%，CO_2浓度高于 0.5%，CO 高于 24ppm，氧化氮高于 0.025%等其他有害气体超标时，禁止人员进入施工。

2）潜在的火灾危险源主要部位：临时配电点、电气设备等处，设置 ABC 类干粉灭火器或 CO_2 灭火器。灭火器符合使用场所的条件要求，且不得失效。

3）进入顶管内施工的用电设备，必须采取 TN-S 接零保护系统，进入顶管电缆至设备配电箱原则上不允许有接头，如有接头应采用防水专用接头。

4）冻结期间，操作或检修盐水管路和阀门时，佩戴橡胶手套，防止低温盐水冻伤。

5）主电源配电采用双回路电源供电，东、西区冷冻站低温盐水箱均配置液氮应急制冷循环系统。

6）低温盐水箱设置盐水液面报警系统，各盐水管道派专人定时巡查，防止冷冻期间低温盐水渗漏。

7）开挖期间加强顶管管幕内外、暗挖区域巡查，及时上报温度监控云图，分析冷冻薄弱点。

8）其他常规安全管理按照拟订方案执行。

12. 融沉注浆施工质量控制

施工前，通过 A 区进行解冻试验，验证强制解冻和自然解冻的合理性，并获取解冻及注浆施工参数。解冻试验要求暗挖段隧道三次衬砌全部完成，且无明显渗漏水后方可开始。根据土体内温度测点分析及地面沉降监测信息，合理确定注浆部位，分配注浆量，及时注浆以控制地面变形。

（1）强制解冻

选择 1 号、3 号顶管进行循环热盐水解冻，选取 2 号、4 号、6 号顶管进行强制通风并加热盐水进行强制解冻。热盐水去路温度控制在 30～70℃，强制解冻采取间歇式运行模式。

（2）自然解冻

选择32号、33号、34号、35号、36号顶管进行自然解冻。试验开始前打开洞口保温板，拆除管内保温材料等，自然通风，开启不加热盐水循环解冻。根据土体内温度变化及地面沉降监测信息，及时调整解冻方式。

(3) 注浆方式

注浆过程中，横向以隧道中轴线为对称点左右管道同时平衡注浆，纵向按照每间隔8m利用两个注浆孔注浆。理论平均融化速度为40mm/d，单孔注浆量不超过0.121m³/d。注浆压力不超过理论水压2倍，采取低压、多次的循环注浆方式，防止注浆量超标引起地表隆起、漏浆等事故。

(4) 监控量测报警值

根据土体及顶管内的测温数据密切监控冻土融化，做到注浆量与融沉量相统一。累计报警值可作为预警参考，以冻胀发生后的变形量为控制标准。数据异常时，应在核实数据准确无误的前提下，向各参建单位报警，启动相应的应急预案（表9.3-3）。

融沉跟踪注浆监测项目及报警阈值　　表9.3-3

序号	监测项目	累计报警值	日报警值
1	地表沉降	＋10～－30mm	±5mm
2	隧道沉降	±10mm	±3mm
3	隧道收敛	±20mm	±3mm
4	建筑物沉降	±20mm	±3mm
5	管线沉降	±10mm	±3mm

(5) 融沉注浆施工安全管理

1) 作业人员进入顶管内实行登记制度，必须两人同行，穿好防护服，配备通信设备、应急头灯、氧气瓶。工作井洞口和口岸地面设置专职安全员，与管内作业人员保持信息畅通。

2) 顶管开始注浆前必须解除顶管内隔热帘幕，提前向管内机械送风，施工作业期间必须保证通风正常。

3) 管内环境潮湿，严禁私拉电线，应采用低压蓄电式照明系统。

4) 大规模解冻开始前，应先进行管内除冰，确保冷冻管不渗漏，逐一检查预留注浆管端帽，防止解冻期间涌水涌砂，东西区顶管端头设置安全门做好应急措施。

5) 注浆区域横向以隧道中轴线为对称点，纵向每8m为一区段对称平衡注浆。安排专人进入口岸内巡查，防止地表冒浆，影响口岸内正常作业或造成恐慌。

6) 注浆期间严格控制注浆压力，加强地面监测，及时分析注浆压力及注浆量合理与否。控制注浆速度，应多次循环注浆，遇注浆压力骤升应立即停止作业。

7) 其他常规安全管理按照拟订方案执行。

9.3.4 施工成果与科技创新

拱北隧道建设环境复杂，下穿我国最大陆路口岸拱北口岸以及军事管制区等敏感地带。跨度大、埋深浅，水文地质条件复杂，地面建筑多，地下管网错综复杂，邻近桩基密集。隧道暗挖段为上下叠层的双层渐变结构，施工采用顶管管幕超前支护＋水平冻结止水帷幕的组合围护结构。该项目顶管管幕规模、水平冻结规模和暗挖施工断面面积（开挖断面达到 336.8m^2）均创造了业内新纪录，技术难度世所罕见，工程规模亦无先例（图 9.3-64～图 9.3-67）。

该项目长距离水平环形控制性冻结技术为业内首创。在开展项目建设任务的同时，依托本项目施工，开展了包括设计理论、施工工艺、风险管理等方面的研究，包括管幕冻结法冻结方案与工艺优化研究、开挖条件下冻结止水帷幕可靠性研究、管幕冻结法动态控制技术与系统研究、冻胀融沉控制方法与技术研究、冻结止水帷幕安全保障技术等，取得了《水平管幕冻结施工技术指南》《曲线管幕综合施工技术指南》等一系列成果。主要创新点如下：

图 9.3-64　冻结站

图 9.3-65　冻结管路

图 9.3-66　实际冻结效果

图 9.3-67 隧道暗挖施工

（1）独创性地建立了由常规冻结管、异形冻结管和限位冻结管组成的“管幕冻结法”冻结体系，确认了“冻起来、抗弱化、防冻胀”这一管幕冻结法理念的正确性；

（2）在国内外首次完成了“管幕冻结法”大型现场试验，对管幕冻结的冻结效果和控制方法进行了研究，验证了冻结方案的可靠性和可控性；

（3）在国内外首次采用管幕内限位管限制冻土发展的方法，掌握了管幕冻结法中限制冻结发展的可靠手段，并确立为控制冻胀的根本途径；

（4）通过实验室相似模型试验和考虑钢管-冻土接触面强度的数值模拟，首次研究揭示了管幕-冻土复合结构的力学性能和破坏特征，论证了管幕-冻土复合结构在工程实际条件下的安全性。

顶管管幕＋冻结法施工无需大范围开挖，不影响城市道路正常运行，无需进行管线改移（地表或地下各种管线），亦无需加固房屋地基或和桩基。施工时无噪声、无振动、无泥浆污染，对周围地质环境和社会环境影响小，可以全天候连续作业。且可靠性高，方便监测，极大地降低了施工风险，为复杂环境条件下隧道暗挖施工开创了一种全新的方法，具有较大的社会效益和环境效益。

参考文献

[1] 陈湘生，等著. 地层冻结工法理论研究与实践［M］. 北京：煤炭工业出版社，2007.

[2] 陈湘生，编著. 地层冻结法［M］. 北京：人民交通出版社，2013.

[3] 中国科学院武汉岩土研究所. 拱北隧道冻土物理力学性能试验研究报告［R］. 2014.

[4] 同济大学. 拱北隧道管幕冻结法施工冻胀变形初步研究报告［R］. 2014.

[5] 同济大学. 拱北隧道管幕冻结法冻结效果数值模拟初步研究报告［R］. 2014.

[6] 中华人民共和国国家标准. GB 50213—2010 煤矿井巷工程质量验收规范［S］. 2010.

[7] 上海市标准. DG/T J08—902—2006 旁通道冻结法技术规程［S］. 2006.

10 现浇泡沫轻质土路堤技术

陈忠平，刘吉福
（广州大学土木工程学院，广东省交通规划设计研究院股份有限公司，广东 广州 510006）

10.1 绪论

10.1.1 现浇泡沫轻质土路堤技术发展背景

路堤工程经常面临的难题有：路堤稳定性差、沉降大、征地拆迁难、建设成本高等。不少路堤在建设、运营过程中发生滑塌，增加工程造价，造成不良社会影响。大部分软基路堤的实际工后沉降大于规范容许值，导致桥头跳车现象非常普遍、部分桥台推移受损严重。新建路堤、既有路基改扩建时，经常需要对路堤范围内或附近的建（构）筑物进行拆迁，拆迁难度非常大、费用很高。建设用地的日益减少、农业用地保护力度的加大，也造成路堤用地难度不断增大，用地成本不断增加。近几年，我国沿海地区路堤填筑需要的土、砂、石日益紧缺，价格不断上涨，工程建设成本快速增加。

在上述背景下，现浇轻质土路堤的优势逐渐增强，现浇泡沫轻质土路堤技术得到快速推广应用。现浇泡沫轻质土广泛用于在既有建（构）筑物附近的新建路堤（图 10.1-1*a*）、陡坡上的新建路堤（图 10.1-1*b*）、既有建（构）筑物附近的扩建路堤（图 10.1-1*c*）、既有路堤加高工程（图 10.1-1*d*）、三背（台背、涵背、墙背）的路堤过渡（图 10.1-1*e*）、汽车试验场路堤（10.1-1*f*）、滑塌路堤处置（10.1-1*g*）、工后沉降超标路段的路堤换填（图 10.1-1*h*）、既有结构物上方路堤的减载（图 10-1-1*i*）、提高排水固结法的适用路堤高度（图 10.1-1*j*）等。

(*a*)

(*b*)

图 10.1-1 现浇泡沫轻质土在路堤中的应用（一）
（*a*）既有结构物附近新建路堤；（*b*）陡坡上新建路堤

图 10.1-1 现浇泡沫轻质土在路堤中的应用（二）

(*c*) 既有建（构）筑物附近路堤拓宽；(*d*) 既有路堤加高；(*e*) 台背过渡段路堤；(*f*) 汽车试验场路堤；(*g*) 滑塌路堤处置；(*h*) 沉降超标路堤换填轻质土；(*i*) 既有地铁上新建道路；(*j*) 提高排水固结法路堤适用高度

10.1.2 现浇泡沫轻质土的特点

现浇泡沫轻质土是水泥基胶凝材料、水、掺合料制成的浆料与泡沫按一定比例均匀混合，固化后形成的多孔轻质材料[1]（图 10.1-2）。现浇泡沫轻质土源于泡沫混凝土，又与泡沫混凝土不同，两者的用途、设计方法、施工工艺、验收标准等均存在较大区别，两者在组成成分方面的主要区别是：泡沫轻质土可以掺加黏土等掺合料。

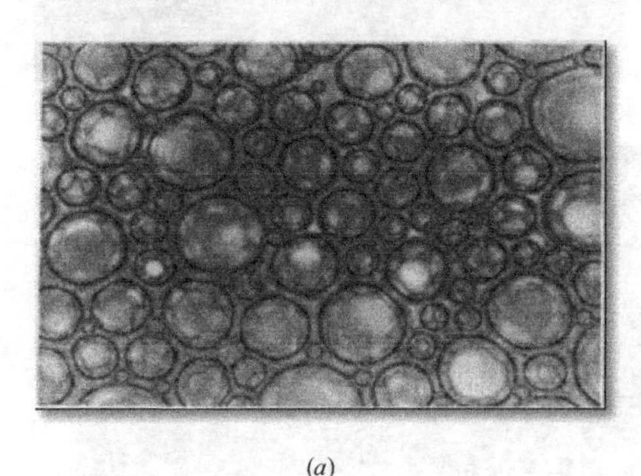
(*a*)

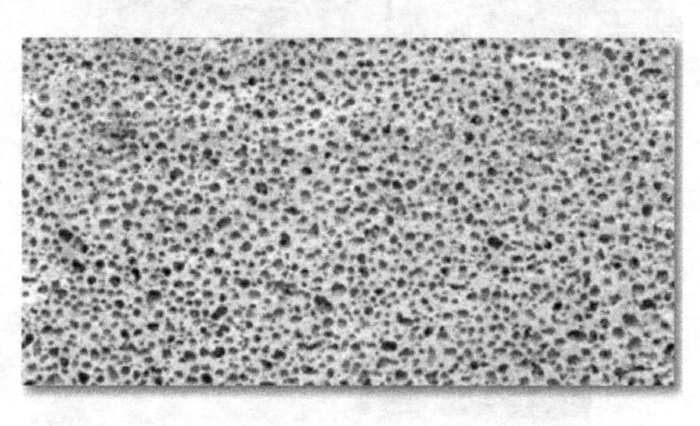
(*b*)

图 10.1-2 现浇泡沫轻质土的多孔特性
(*a*) 泡沫显微照片；(*b*) 泡沫轻质土切面照片

1. 多孔性与轻质性

多孔性与轻质性是泡沫轻质土最主要的特性，多孔性是由泡沫形成的，轻质性则取决于其多孔性。工程上常用的泡沫轻质土气泡率多在 60%～70%，其孔隙比高达 3～5。

2. 密度和强度的可调节性

现浇泡沫轻质土密度范围为 250～1250kg/m^3，28d 抗压强度强度为 0.4～7.5MPa。可根据工程需要调整密度和强度，工程常用密度范围为 500～700kg/m^3，28d 抗压强度强度为 0.8～1.5MPa。

3. 良好的施工性和整体性

现浇泡沫轻质土可以采用罐车运输，也可采用管路泵送。现浇泡沫轻质土的流值大，具有自流平的特点，不需要摊铺、振捣和碾压。相对土工泡沫塑料（EPS）轻质土路堤，现浇泡沫轻质土与既有路堤、边坡结合良好，具有良好的整体性。

4. 硬化后可自立

现浇泡沫轻质土硬化后可以直立，对于工程常用的 600kg/m^3 的轻质土，路堤直立高度可超过 200m。目前国内最大直立泡沫轻质土路堤高度为 24m。因此，泡沫轻质土路堤可以减少用地，且对桥台、涵洞的水平土压力接近零，有效减少了桥台推移。这是粉煤灰轻质路堤无法比拟的。

5. 良好的耐久性

现浇泡沫轻质土由水泥、粉煤灰、黏性土等无机材料组成，相对 EPS 轻质材料在耐火、耐油腐蚀、耐生物破坏等方面具有明显优势。

6. 良好的环保性

对环境无污染，且可利用粉煤灰、矿粉、废弃黏性土固体废料，具有优越的环保特性。

10.2 现浇泡沫轻质土工程特性

文献［1］详细介绍了现浇泡沫轻质土的工程特性。现浇泡沫轻质土路堤技术发展过程中，泡沫轻质土密度的长期变化、泡沫轻质土的耐久性是工程关注的重点。下面主要介绍泡沫轻质土密度长期变化、耐久性等方面的研究成果。

10.2.1 轻质土抗渗性

中国铁道科学研究院参照普通混凝土渗水高度法的试验原理，以试件全部渗透所需时间评价泡沫轻质土的渗透性[2]。试件为上部直径175mm，下部直径185mm，高150mm的圆台形。达到规定的养护龄期后，将试件压入抗渗试模中进行试验。水压力恒定为100kPa，用试件完全渗透（即渗水高度为150mm）的平均渗透时间来衡量泡沫轻质土的抗渗性能（图10.2-1）。试验结果见表10.2-1。

图10.2-1 泡沫轻质土抗渗试验

泡沫轻质土抗渗试验结果表 表10.2-1

编号	湿密度(kg/m³)	水灰比	渗透时间(h)
1	400	0.75	0.51
2	500	0.70	0.72
3	600	0.65	1.28
4	700	0.40	2.05
5	700	0.50	2.80
6	700	0.60	2.62
7	700	0.70	2.28
8	800	0.55	4.57
9	900	0.53	6.13
10	1000	0.50	8.21

泡沫轻质土的渗透时间随着密度增加而增大。密度低于600kg/m³时，渗透时间随密度增加而增大的幅度不大；密度大于600kg/m³后，渗透时间随密度增加而迅速增大，基

本呈线性增长。泡沫轻质土的渗透时间随着水灰比的增大呈现出先增加后减小的现象。这主要是因为水灰比较小时，料浆的黏稠度较大，浆体与泡沫的摩擦力很大，搅拌过程中会引起泡沫的变形破裂，导致泡沫轻质土试样内部缺陷增加，连通孔隙较多，抗渗性能差。

10.2.2 轻质土吸水性

日本道路工团研究成果见图 10.2-2[3]。在完全浸水条件下，泡沫轻质土强度越高，其稳定后的湿密度增加率越小；在强度为 0.8～1.0MPa 时，对于不掺砂配合比、初始湿密度在 570～590kg/m³ 的泡沫轻质土，其湿密度增加率最大约为 20%。

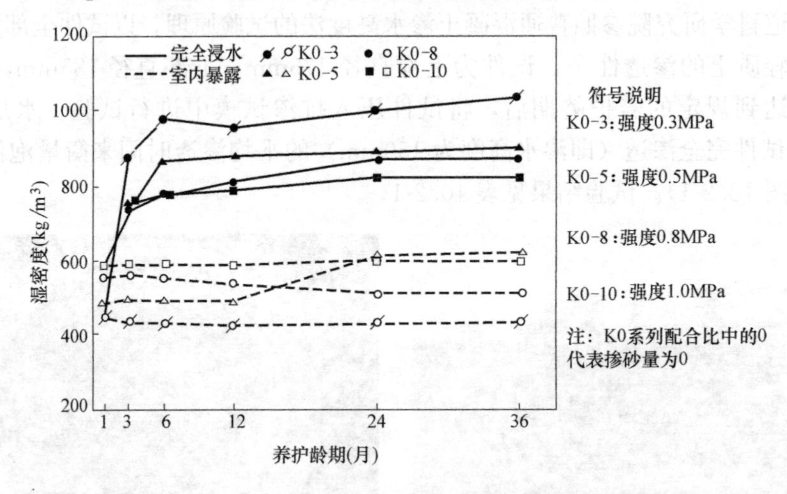

图 10.2-2 不同养护条件下的长期湿密度

中国铁道科学研究院研究结果见图 10.2-3～图 10.2-5[2]。随着时间的增加，泡沫轻质土试样的吸水率呈现上升趋势，前 5h 上升速度相对较快，20h 后吸水率基本不变。30h 之内，干密度为 540kg/m³ 的试样吸水率上升了 25.6%，干密度为 954kg/m³ 的试样吸水率上升了 15.1%。

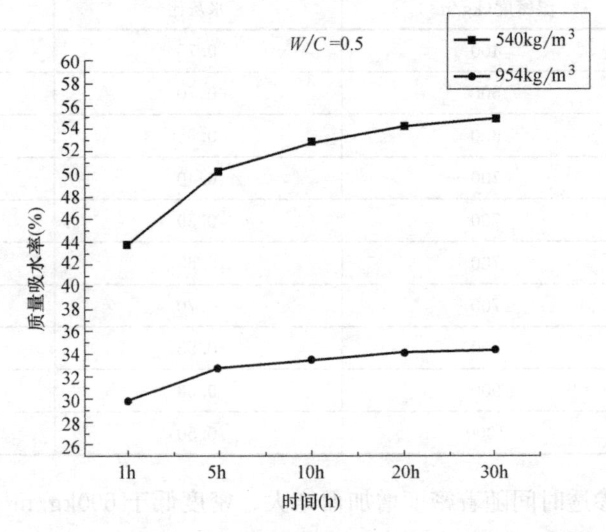

图 10.2-3 吸水率随时间变化曲线

泡沫轻质土试样浸泡水中 72h 后，距离表面不同距离处切片的 X-CT 图像见图 10.2-4。在靠近试样表面的区域（H=4mm，16mm）吸收的水分较多，中心区域吸水较少。

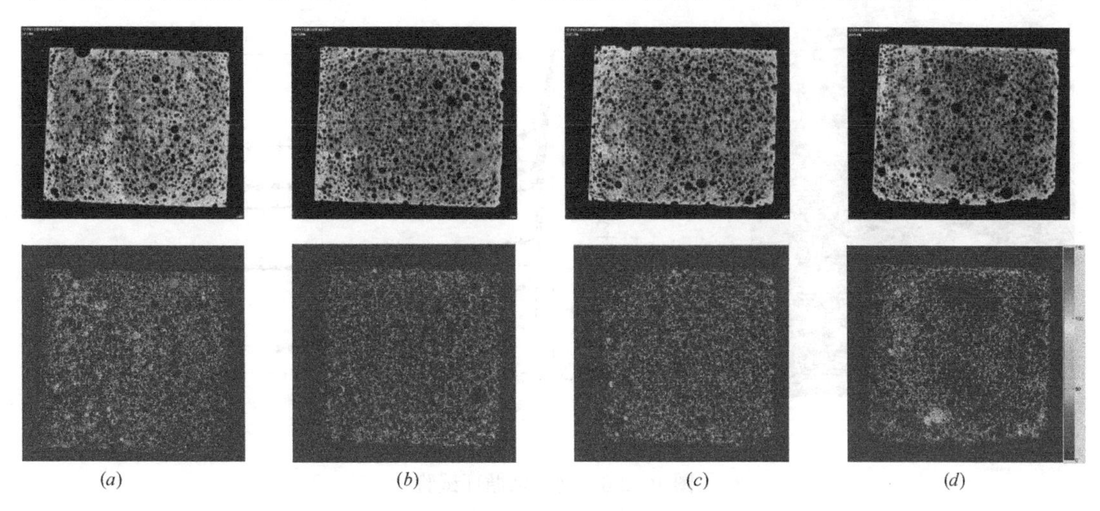

(*a*) (*b*) (*c*) (*d*)

图 10.2-4 泡沫轻质土不同位置切片的二维 CT 图像

(*a*) 4mm；(*b*) 8mm；(*c*) 12mm；(*d*) 16mm

泡沫轻质土试样的干密度与质量吸水率的关系见图 10.2-5。随着干密度的增加，试样吸水率呈现明显的降低趋势，密度低于 500kg/m^{3}范围内吸水率变化较敏感；当密度超过 500kg/m^{3}之后，吸水率下降趋势开始减缓。

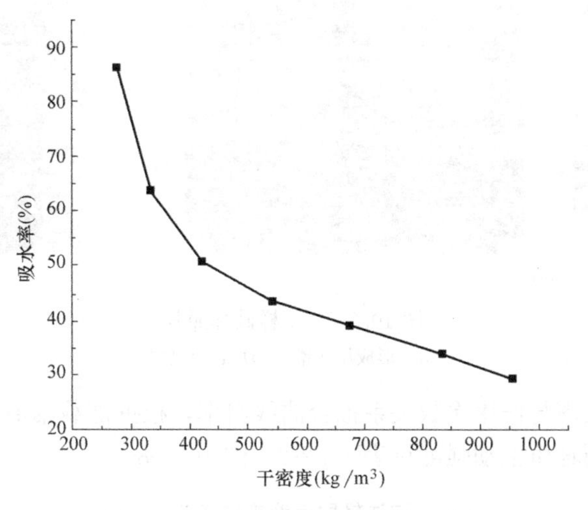

图 10.2-5 干密度对吸水率的影响图

10.2.3 循环荷载对性能的影响

1. 动强度与静强度的关系

泡沫轻质土试样在自然干燥和含水饱和两种状态下进行动三轴试验[4,5]，得到泡沫轻质土材料主要动力特性参数见图 10.2-6。

在循环荷载作用下，荷载作用端轻质土逐渐压碎并逐渐压密形成“压实锥”，试样边缘出现脆断破坏。随着作用次数增大，压实锥体积逐渐增加，造成局部应力集中，导致轻

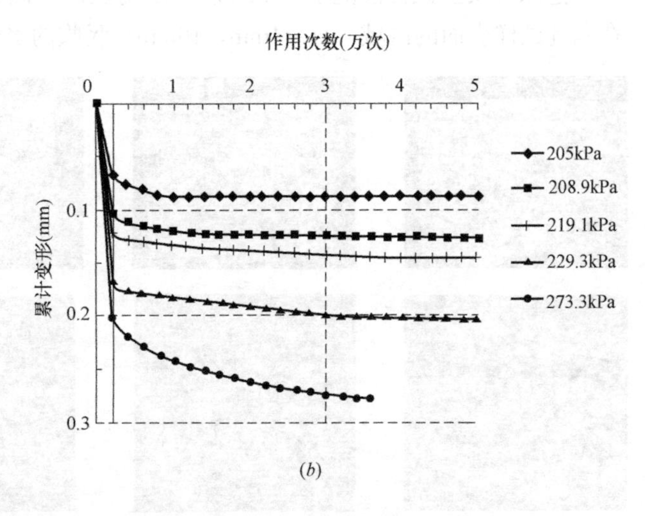

(*a*) (*b*)

图 10.2-6 动三轴循环试验

(*a*) 动三轴仪；(*b*) 典型变形曲线

质土产生劈裂破坏，一般竖向劈裂。压实锥为粉末状，空隙率很低，压实锥切面很光滑，压实锥外部区域未破坏，见图 10.2-7。

(*a*) (*b*)

图 10.2-7 试样破坏照片

(*a*) 形成压实锥；(*b*) 表面剥离

由累积变形增长率与作用次数关系拟合曲线斜率，根据加载幅值与累积变形曲线斜率正负值关系分析得到轻质土动强度见表 10.2-2、图 10.2-8。

泡沫轻质土动静强度表 **10.2-2**

密度(kg/m^3)	含水率	抗压强度(MPa)	动强度(MPa)	动静强度比
500	自然干燥	0.35	0.1	0.29
	100%含水	0.28	0.06	0.21
550	自然干燥	0.55	0.15	0.27
	100%含水	0.46	0.11	0.24
600	自然干燥	0.82	0.21	0.26
	100%含水	0.73	0.21	0.29

续表

密度(kg/m³)	含水率	抗压强度(MPa)	动强度(MPa)	动静强度比
650	自然干燥	1.01	0.32	0.32
	100%含水	0.88	0.33	0.38
700	自然干燥	1.18	0.35	0.30
	100%含水	1.05	0.35	0.33

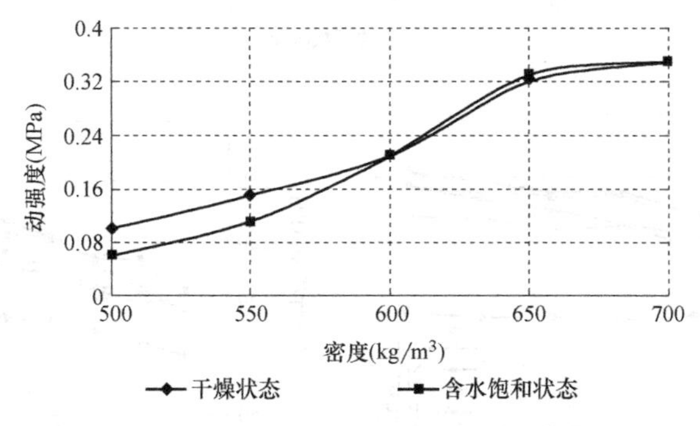

图 10.2-8　泡沫轻质土动强度与密度的关系

2. 动弹性模量

不同潮湿状态、不同频率对应的部分泡沫轻质土动弹性模量与动荷载关系曲线见图 10.2-9和图 10.2-10。

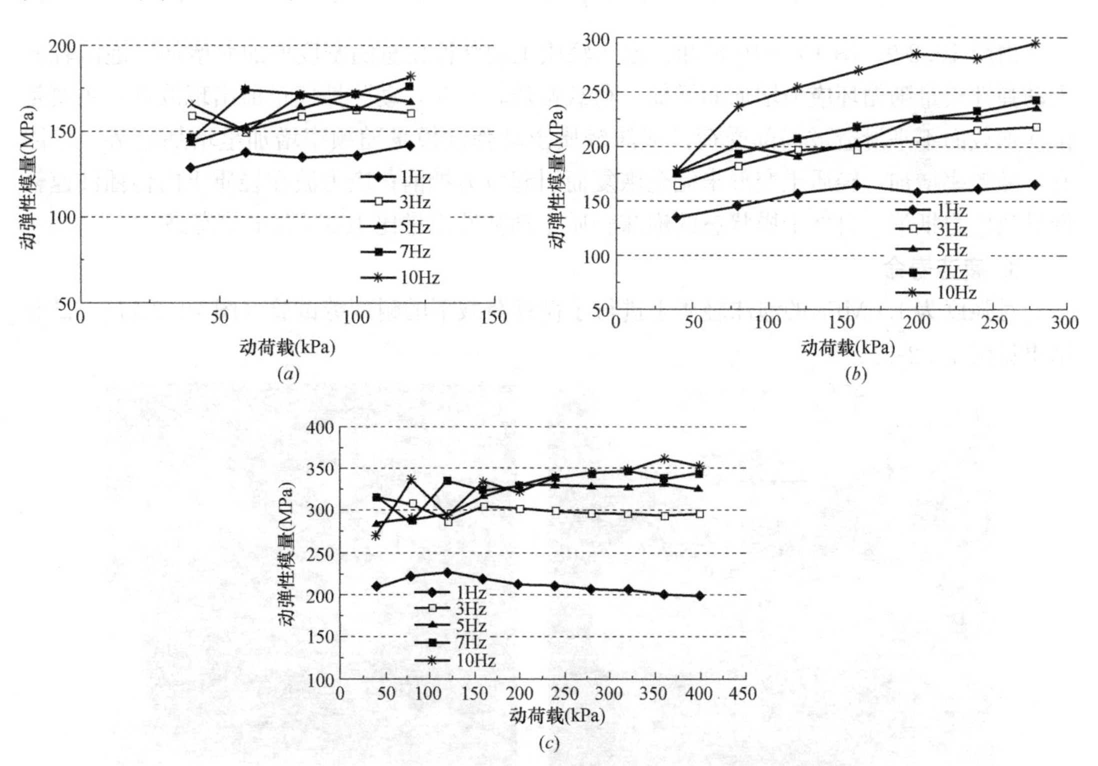

图 10.2-9　自然干燥状态荷载与动弹性模量曲线

(a) ρ=500kg/m³；(b) ρ=600kg/m³；(c) ρ=700kg/m³

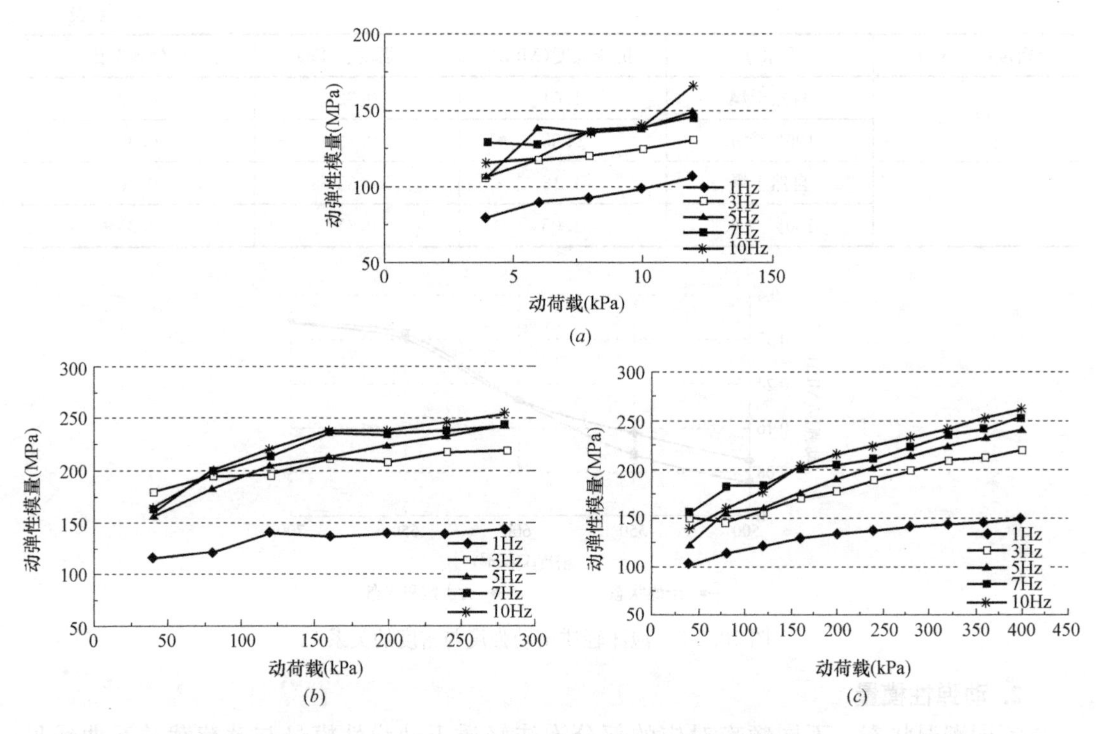

图 10.2-10　100％含水状态荷载与动弹性模量曲线

(*a*) ρ=500kg/m^3；(b) ρ=600kg/m^3；(*c*) ρ=700kg/m^3

由图 10.2-9、图 10.2-10 可知：泡沫轻质土动弹性模量随密度增加而增加。泡沫轻质土动弹性模量随循环应力增加而增加。荷载幅值较小时，动弹性模量值出现波动，主要是试样加载面不平滑造成局部受荷。泡沫轻质土动弹性模量随频率增加呈增加趋势。原因有：随频率增加，轻质土变形未完全恢复而引起应力抵消；应力波在轻质土内传播波速较慢导致应力抵消。自然干燥状态的泡沫轻质土动弹性模量比 100％含水状态高。

3. 疲劳寿命

对强度为 1.0MPa 的泡沫轻质土进行了循环荷载下的耐疲劳试验（图 10.2-11），试验结果见图 10.2-12。

图 10.2-11　循环荷载试验图片

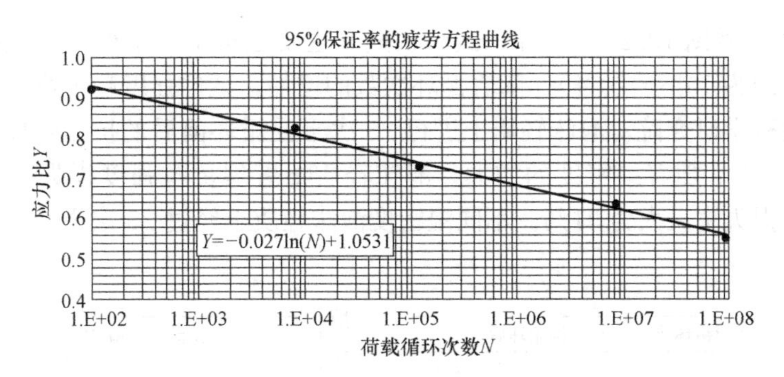

图 10.2-12 疲劳方程

试验结果表明，在荷载~强度应力比为 0.3 时，泡沫轻质土的疲劳寿命高达 1.3×10^{12}次。

10.2.4 干湿循环对性能的影响

将标准养生 28d 后的试件在温度为 50℃的恒温箱中放置 2d，然后在水中放置 1d（完全浸泡）为一个周期，测试试件干湿循环 1 次、5 次、10 次后的无侧限抗压强度，试验结果见表 10.2-3 和图 10.2-13。

干湿循环试验结果　　表 10.2-3

序号	龄期(d)	试件尺寸(cm)	干湿重复次数	抗压强度测定值(MPa)
1	28	10×10×10	1	0.64
			5	0.63
			10	0.62
2	28	10×10×10	1	1.36
			5	1.34
			10	1.26
3	28	10×10×10	1	1.56
			5	1.54
			10	1.55
4	28	10×10×10	1	2.19
			5	1.93
			10	1.9

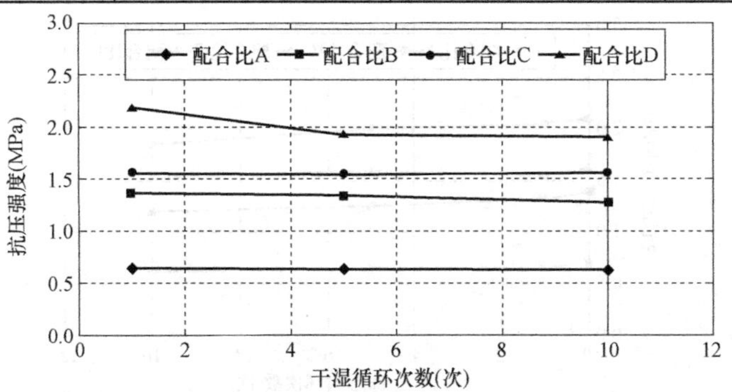

图 10.2-13 干湿循环次数与强度变化的关系

由表 10.2-3 及图 10.2-13 可知，试验初期（主要是指第一个循环）试件强度有所降低（降低量大约为 10%～20%），随着循环次数的增加，试件强度趋于稳定。

中国铁道科学研究院对泡沫轻质土进行 25 次干湿循环前后的抗压强度、劈裂抗拉强度见图 10.2-14[2]。随着湿密度的增大，泡沫轻质土劈裂抗拉强度损失率呈逐渐增大趋势，抗拉强度损失率最大为 31%。不同湿密度泡沫轻质土经过 25 次干湿循环后抗压强度损失小于 15%。

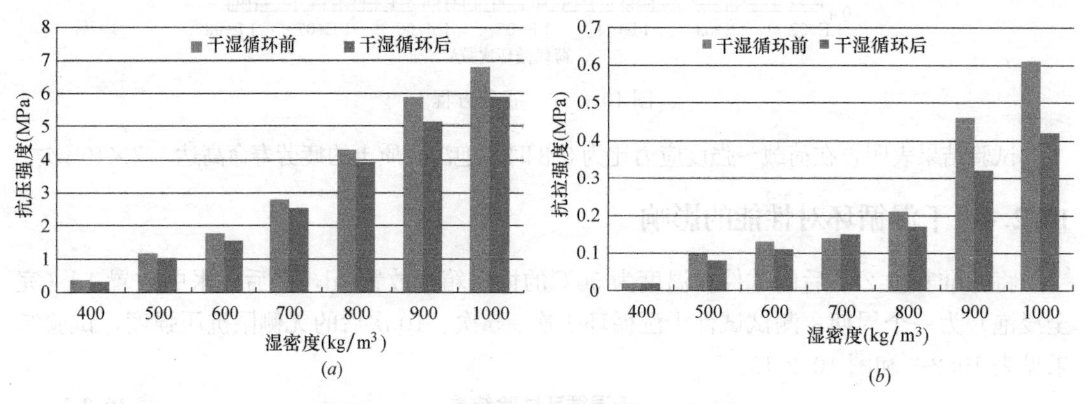

图 10.2-14 不同湿密度浸水前后强度对比

(*a*) 抗压强度；(*b*) 抗拉强度

10.2.5 冻融循环对性能的影响

将标准养生 28d 的试件冻结（−24℃、24h），然后在恒温恒湿箱（21℃、24h）中融解作为一个周期，共进行 10 个周期的试验，试验结果见表 10-2-4 及图 10-2-15。

冻融循环试验成果表 **表 10.2-4**

冻融循环次数	各配合比强度(MPa)				各配合比耐久系数			
	A	B	C	D	A	B	C	D
0	0.7	1.4	1.63	2.1	1.00	1.00	1.00	1.00
1	0.66	1.33	1.55	2.06	0.94	0.95	0.95	0.98
5	0.65	1.26	1.6	2.01	0.93	0.90	0.98	0.96
10	0.63	1.21	1.55	1.86	0.90	0.86	0.95	0.89

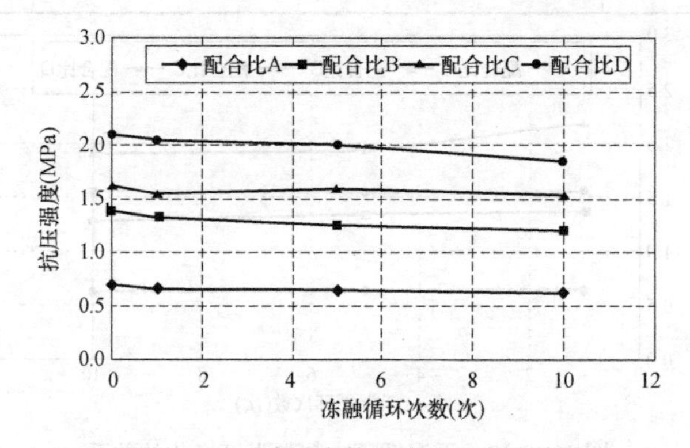

图 10.2-15 冻融次数与抗压强度的关系

经过冻融循环后所有配合比试件的强度均有所降低，在第 1 周期下降得比较明显，然后趋于平缓；试验过程中，未发现试块表面有破坏现象，说明泡沫轻质土的抗冻融性能较好。

中国铁道科学研究院试验得到的泡沫轻质土试样冻融循环前后强度及质量变化见表 10.2-5 和图 10.2-16[2]。

泡沫轻质土冻融循环强度变化　　表 10.2-5

湿密度 (kg/m^3)	干密度 (kg/m^3)	冻融后干密度 (kg/m^3)	抗压强度 (MPa)	冻融后抗压强度 (MPa)	质量损失率 (%)	强度损失率 (%)
400	274.29	250.31	0.37	—	8.74	—
500	375.34	312.51	1.18	—	14.74	—
600	440.49	318.08	1.77	—	16.37	—
700	514.00	503.67	2.79	2.35	2.00	15
800	579.41	575.42	4.30	3.77	0.69	12
900	706.65	704.95	5.88	5.65	0.24	4
1000	754.33	751.88	6.79	6.59	0.56	3

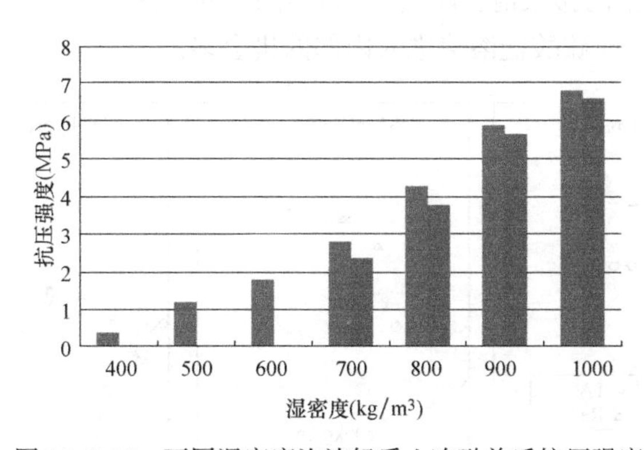

图 10.2-16　不同湿密度泡沫轻质土冻融前后抗压强度

25 次冻融循环后 700kg/m^3和 800kg/m^3抗压强度损失率最大为 15%，20 次冻融循环后 900kg/m^3和 1000kg/m^3抗压强度损失率最大为 4%，400kg/m^3～600kg/m^3试样在冻融循环 15 次之前质量损失较大，无法进行抗压试验。

10.2.6　耐腐蚀性试验

泡沫轻质土耐腐蚀性试验项目、试验条件及试验结果详见表 10.2-6。由表 10.2-6 可知，轻质土耐碱腐蚀性能较耐酸腐蚀性能要好。

耐腐蚀试验一览表　　表 10.2-6

序号	试验项目	试验条件	试验后外观	试验结果		备注
				质量变化率(%)	强度变化率(%)	
1	耐酸腐蚀试验	将 28d 养护后的试件于 0.4mol/L 硫酸溶液中浸渍 24h	试件表层疏松	11.6		相对于试件试验前的质量损失率

续表

序号	试验项目	试验条件	试验后外观	试验结果		备注
				质量变化率(%)	强度变化率(%)	
2	耐碱腐蚀试验	将 28d 养护后的试件于饱和的氢氧化钙溶液中浸渍 24h	无异常现象	1.2		相对于试件试验前的质量损失率
3	耐柴油腐蚀试验	将 28d 养护后的试件于柴油中浸渍 24h	无异常现象		82.3	相对于未经浸渍试件强度百分率
4	耐盐雾腐蚀试验	将 28d 养护后的试件于盐雾试验箱中连续雾化五个星期	无异常现象		80.7	相对于未经浸渍试件强度百分率

中国铁道科学研究院分别将密度为 500kg/m³、800kg/m³ 的泡沫轻质土放入水溶液、DS2 溶液（50%硫酸钙，50%硫酸镁)、DS4 溶液（30%硫酸钙，70%硫酸镁）中观测其长度变化[2]。从图 10.2-17 中可以看出，泡沫轻质土膨胀值随浸泡时间延长而逐渐增加，但总膨胀量较小，最大约 0.06%；粉煤灰增加泡沫轻质土抗硫酸盐侵蚀的能力。500kg/m³ 的泡沫轻质土的膨胀值要略大于 800kg/m³ 的泡沫轻质土，这是由于低密度泡沫轻质土孔连通度高，因而硫酸盐溶液进入内部的机会多。

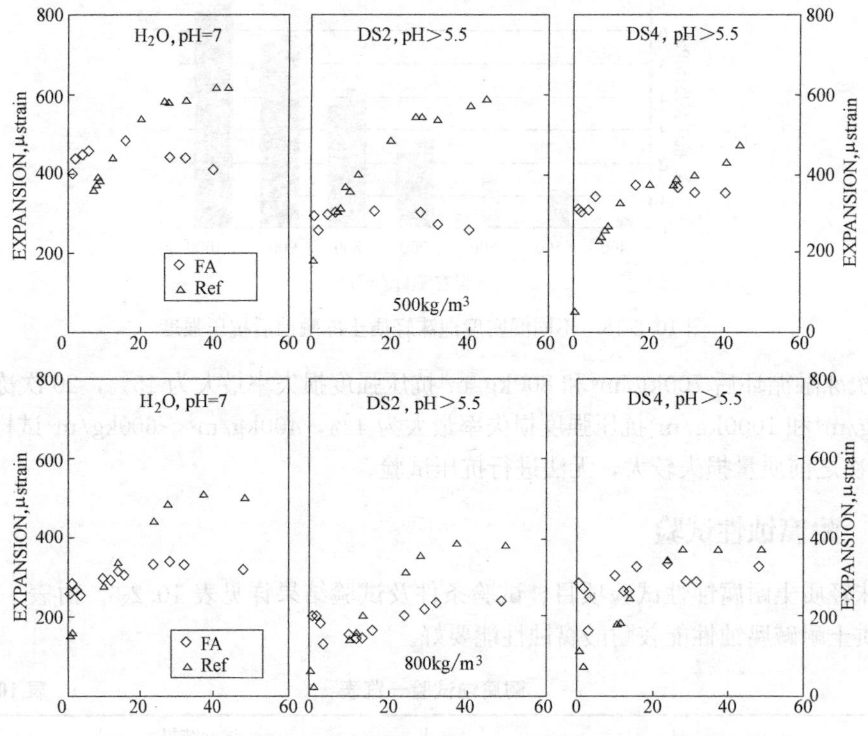

图 10.2-17　不同密度等级泡沫轻质土在不同侵蚀环境下的膨胀值

从图 10.2-18 可以看出，泡沫轻质土在水溶液浸泡时，强度不断降低，试件浸泡 60 周后，试件强度损失率达到 31.25%，已达到损失极限。而在硫酸盐浸泡环境下，试件强度均呈现先上升后降低的趋势，并且在浸泡时间为 20 周后，强度达到最大，之后则逐渐降低。

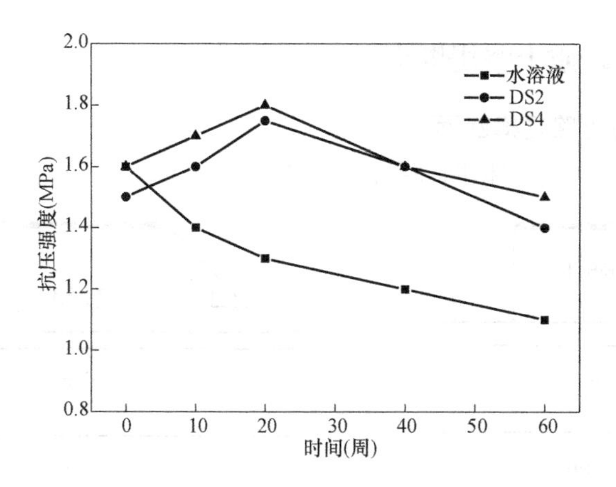

图 10.2-18　密度等级为 500kg/m³ 的泡沫轻质土在不同溶液中的强度变化

10.2.7　应用环境影响

日本道路工团研究结果见图 10.2-19[3]。室内（即空气中）养护时，强度随龄期而增加，28d 以后的强度也表现出增加趋势。在 3～6 个月后，强度趋于稳定。长期浸水养护时，3 个月内强度随龄期的增加而增加，浸水 1 年后强度都趋于稳定。长期浸水养护与室内（即空气中）养护相比，强度最大下降 15%。泡沫轻质土室外直接暴露使用，在风雨雪温差等自然因素的影响下，会出现严重的风化损毁，其强度下降幅度可达 60%～70%。

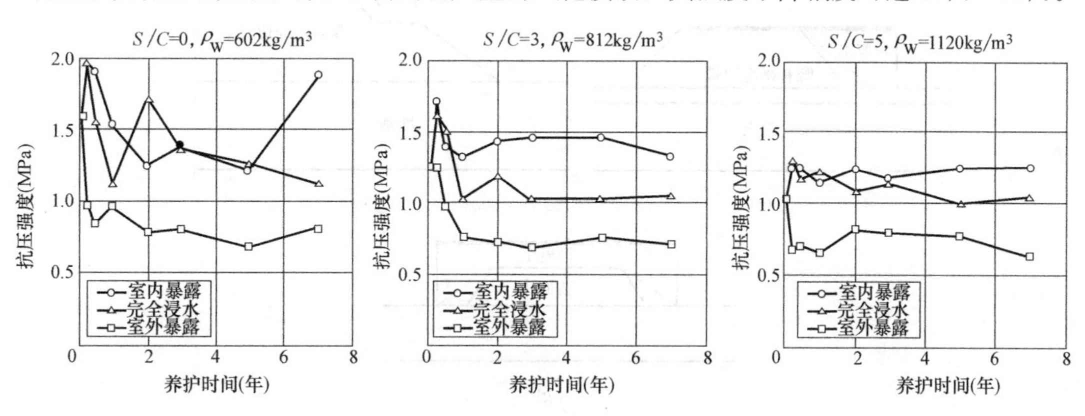

图 10.2-19　不同条件下泡沫轻质土长期强度试验结果

10.3　现浇泡沫轻质土路堤设计

10.3.1　泡沫轻质土技术指标

路床范围内湿密度不宜小于 600kg/m³，28d 抗压强度不宜小于 1.2MPa。水位以上的路堤轻质土湿密度不宜小于 500kg/m³，28d 抗压强度不宜小于 0.8MPa；水位以下的路堤轻质土湿密度不宜小于 1000kg/m³，28d 抗压强度不宜小于 0.5MPa。

10.3.2 现浇泡沫轻质土路堤断面

1. 现浇泡沫轻质土路堤横断面

现浇泡沫轻质土路堤常用横断面见图 10.3-1。

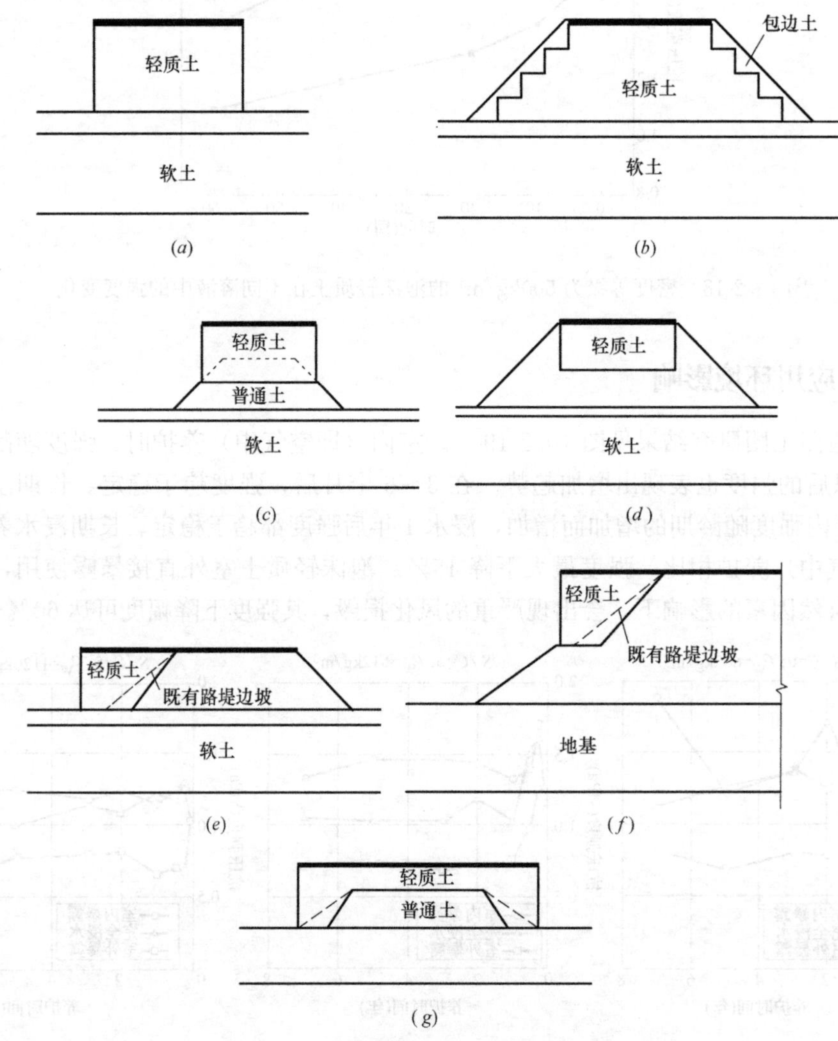

图 10.3-1 现浇泡沫轻质土路堤常用横断面

(*a*) 新建直立路堤；(*b*) 新建梯形路堤；(*c*) 新建预压后换填轻质土路堤；
(*d*) 既有路堤换填轻质土；(*e*) 拓宽路堤；(*f*) 高路堤拓宽；(*g*) 既有路堤加高加宽

新建路堤采用现浇泡沫轻质土时多采用直立式路堤断面形式（图 10.3-1*a*）。当路堤高度小于 3m，且不受用地限制时，可采用梯形断面，泡沫轻质土采用阶梯形断面，外设约 0.5m 厚的黏性土包边。该种断面形式可以降低费用护壁及其基础费用，且利于绿化（图 10.3-1*b*）。当路堤高度超过排水固结法适用高度时，可以适当预压后换填轻质土（图 10.3-1*c*）。运营公路工后沉降较大时，可以换填轻质土（图 10.3-1*d*）。既有路堤拓宽通常采用直立式断面（图 10.3-1*e*）。对于既有高路堤，可以将泡沫轻质土设置在既有边坡上（10.3-1*f*）。

泡沫轻质土底宽不宜小于2m，厚度不宜小于1.0m。泡沫轻质土填筑体顶面有坡度要求时，宜设置台阶，台阶高度不宜大于20cm。与泡沫轻质土填筑体相邻的斜坡不宜陡于1：0.5，斜坡稳定安全系数不宜小于1.3。泡沫轻质土填筑体高度超过3m时，斜坡上宜设置台阶，台阶宽度不宜小于1.0m，台阶坡度应内倾2%～4%。

2. 现浇泡沫轻质土路堤纵断面

现浇泡沫轻质土底部长度不宜小于3m。现浇泡沫轻质土路堤在线路纵向与普通土路堤之间应设置过渡段，如图10.3-2所示。过渡段内轻质土与普通土的界面可以设置成台阶状，也可设置成斜坡状。设置成台阶状时，轻质土厚度宜分2～3级过渡，如图10.3-3所示。

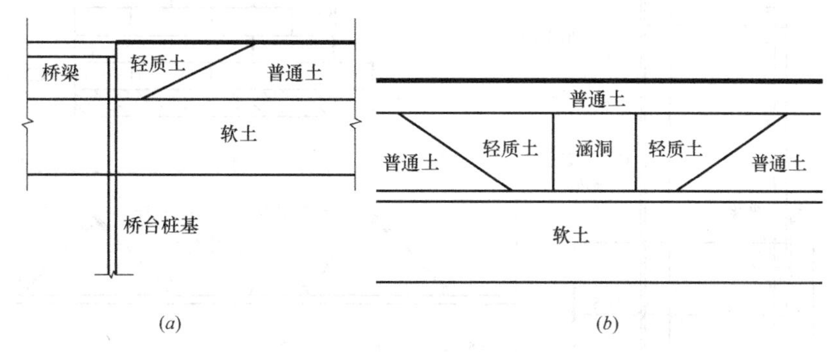

图10.3-2　现浇泡沫轻质土路堤常用纵断面

(a) 台背回填；(b) 涵背回填

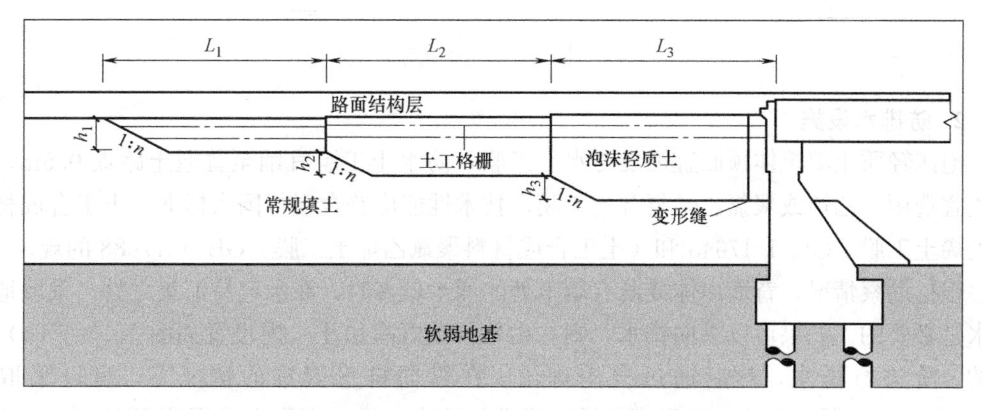

图10.3-3　现浇泡沫轻质土路堤分级过渡

过渡段轻质土长度宜采用下式计算：

$$L_a = \Delta S / i_{sa} \tag{10.3-1}$$

式中　L_a——过渡段长度；

ΔS——过渡段两端容许工后沉降差；

i_{sa}——容许工后差异沉降率，高速公路和一级路不宜大于0.5%。

10.3.3　附属设施

1. 护壁

泡沫轻质土如直接暴露使用，在风雨雪温差等自然因素的影响下，其强度大幅下降，还会出现剥落现象，故严禁直接暴露使用，外露侧需要设置护壁。由于泡沫轻质土自稳，护壁不起挡土作用，主要用于防止泡沫轻质土直接与大气接触，且施工过程中可作为临空面模板。工程常用的护壁有两种：一是 4cm 厚预制薄壁式保护壁（图 10.3-4），二是 20cm 或 30cm 钢筋混凝土保护壁。

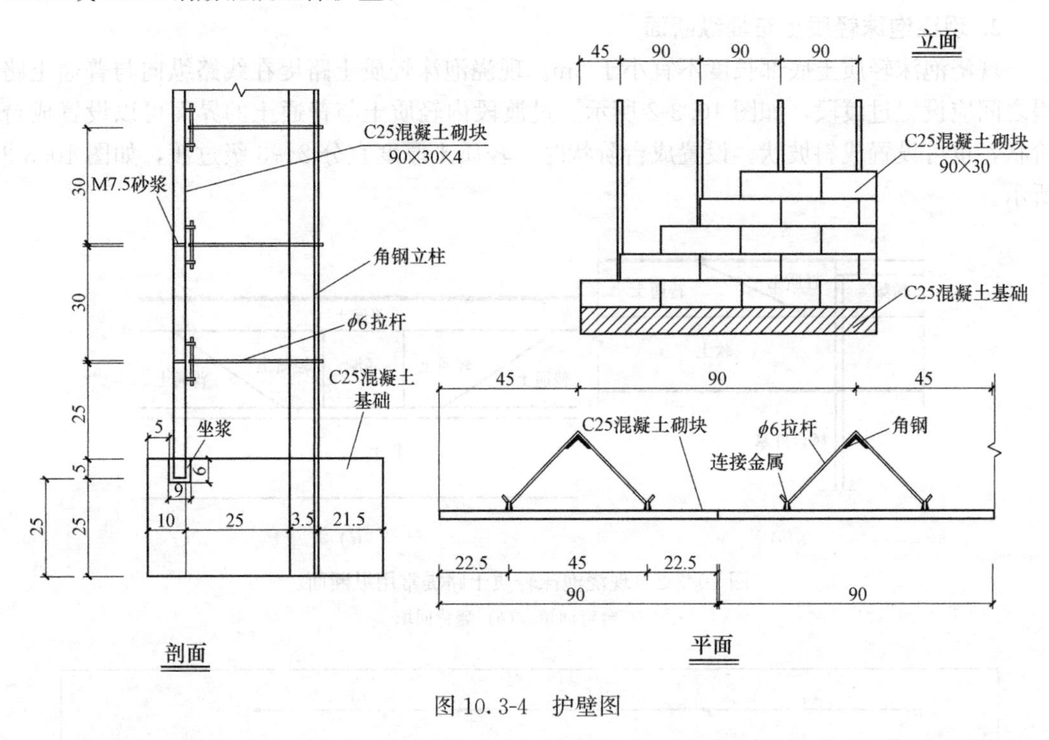

图 10.3-4 护壁图

2. 防排水设施

泡沫轻质土填筑体顶面宜铺设防水土工膜，防水土工膜宜铺至普通土路堤 0.5m。土工膜宜选用聚乙烯或聚氯乙烯复合土工膜，技术性能应符合现行国家标准《土工合成材料聚乙烯土工膜》GB/T 17643 和《土工合成材料聚氯乙烯土工膜》GB/T 17688 的规定。

根据勘察情况，背面山体或既有填土处的涌水较多时，在水容易汇集之处，采取地下排水是必要的。如果可以纵向排水，则在山体（或既有填土）内设置如图 10.3-5（*a*）所示的台阶进行排水，然后通过盲沟排出。在纵向排水困难的情况下，可以采取如图 10.3-5（*b*）所示方法，采用横向排水管进行排水。渗水盲沟宜采用碎石盲沟，有孔排水管宜采用 PVC 管，滤水层宜采用碎石。

当无法判断背面填土的涌水是否会对泡沫轻质土造成影响时，有必要并用防水板以防不测。

3. 抗裂措施

泡沫轻质土填筑体距顶部 0.5～1.0m 的位置宜设置 1～2 层土工格栅或金属网。在泡沫轻质土填筑体厚度变化处附近，宜靠近底部设置 1～2 层土工格栅或金属网。土工格栅宜选用双向土工格栅，格栅延伸率不宜大于 3%，断裂拉力不应小于 60kN/m。金属网宜采用镀锌铁丝或不锈钢丝，丝径宜为 2.5～3.2mm，网格间距宜为 100mm，钢丝网施工前不应有锈蚀。

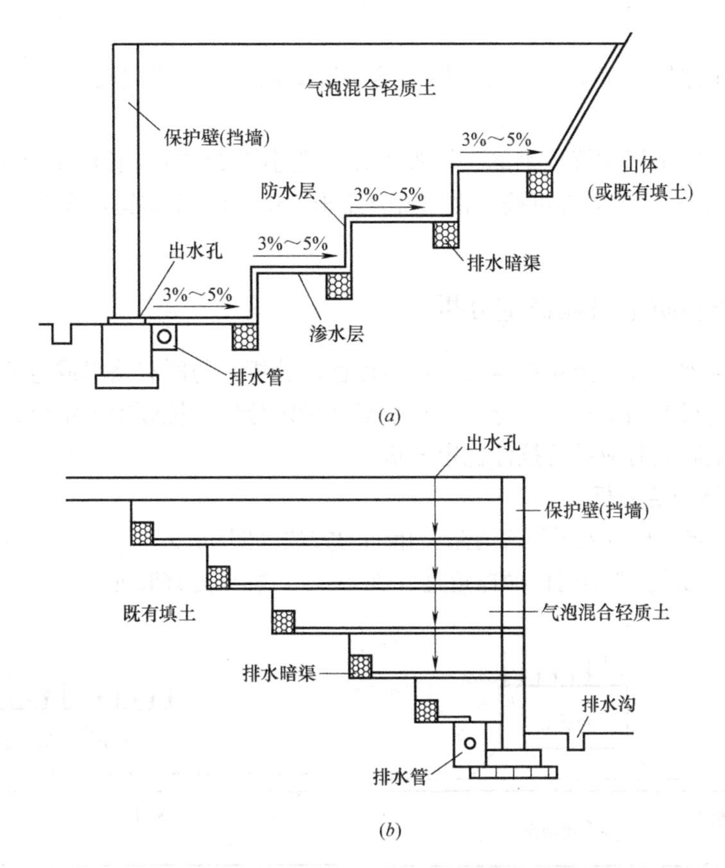

图 10.3-5 排水工程示例

(a) 纵向排水；(b) 横向排水

当泡沫轻质土填筑体长度较大或厚度突变时，宜设置沉降缝。沉降缝间距宜为 10～20m。沉降缝可采用普通的木板、夹板或常规泡沫板，其厚度不宜超过 2cm。

泡沫轻质土位于桥台结构之上时，为避免特别是在基础边缘处，更容易引起上述情况的发生，在这种情况下，可以采取在填土体与构造物之间用发泡苯乙烯材料填缝等措施[1]，如图 10.3-6 所示。

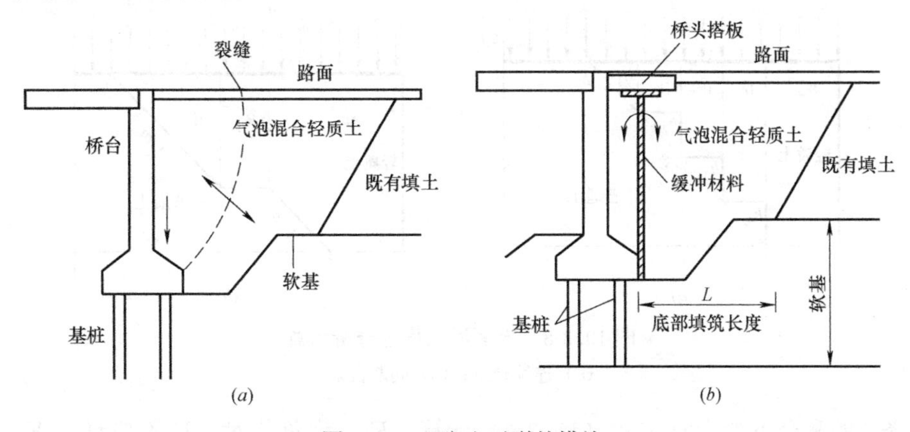

图 10.3-6 防止开裂的措施

(a) 不均匀沉降导致路堤开裂；(b) 沉降缝示意图

4. 锚固措施

泡沫轻质土路堤位于陡坡上时，如果界面滑动稳定性不满足要求，应进行抗滑锚固设计。

抗滑锚固件宜采用钢管或钢筋。钢管直径不宜小于 $DN20$，长度不宜小于 1m，锚固长度不应小于 0.5m。锚固件可按 1 根/2m^2～1 根/4m^{2}的密度布置，布置形式可为梅花形或矩形。

10.3.4 现浇轻质土路堤稳定分析

软基上现浇泡沫轻质土路堤需要进行整体稳定分析，与既有路堤或边坡相邻的泡沫轻质土路堤需要进行界面滑动稳定分析、水平滑动稳定分析、抗倾覆稳定分析。地下水或地表水高于轻质土底面时应进行抗浮稳定分析。

1. 路堤整体稳定分析

路堤整体稳定分析可采用与普通路堤相同的方法（图 10.3-7）。轻质土抗剪强度指标宜根据试验确定。无试验资料时内摩擦角宜取 20°～30°，黏聚力宜取抗压强度的 0.25～0.3 倍。

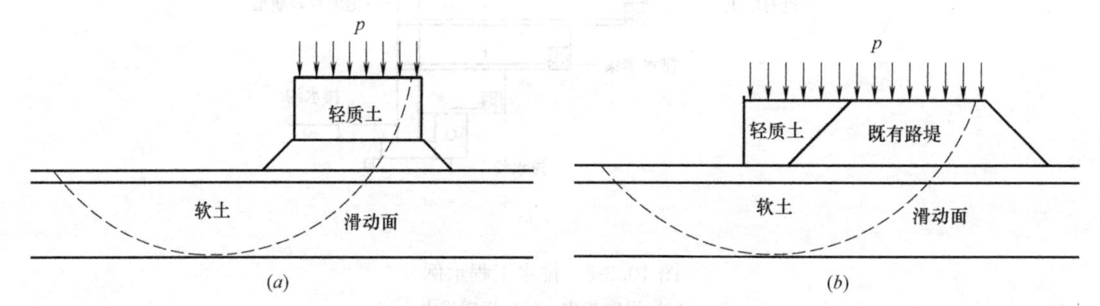

图 10.3-7　整体稳定分析示意

(*a*) 新建路堤；(*b*) 拓宽路堤

2. 界面滑动稳定分析

泡沫轻质土与普通土的界面滑动稳定分析宜采用剩余下滑力法（图 10.3-8），将泡沫轻质土沿界面划分为若干块[6]。

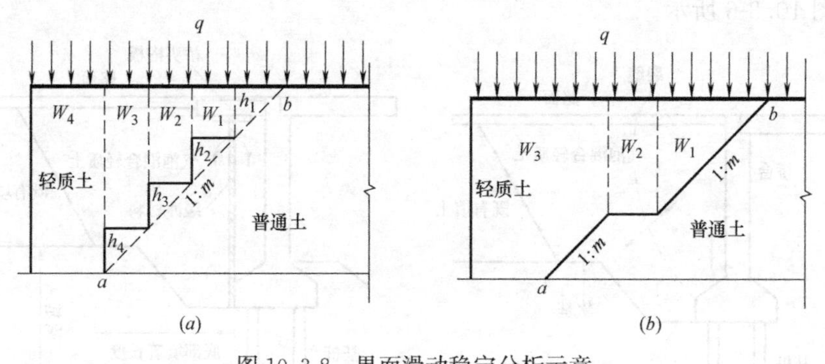

图 10.3-8　界面滑动稳定分析示意

(*a*) 连续台阶；(*b*) 间断台阶

土条 i 的剩余下滑力宜按式（10.3-2）计算。E_{i-1}为负值时，E_i不应计入E_{i-1}的影响；α_{i-1}小于α_i时，E_i不应计入E_{i-1}产生的摩擦力。最外侧土条剩余下滑力为零时的稳

定安全系数 F_s不应小于1.3。

$$E_i=P_{ai}+W_i\sin\alpha_i-(c_i l_i+W_i\cos\alpha_i f_i)+E_{i-1}[\cos(\alpha_{i-1}-\alpha_i)-f\sin(\alpha_{i-1}-\alpha_i)] \tag{10.3-2}$$

$$P_{ai}=0.5[(q_i+h_i\gamma_{si})K_{ai}-2c_i\sqrt{K_{ai}}](h_i-h_{ci}) \tag{10.3-3}$$

$$h_{ci}=\frac{2c_i}{\gamma_{si}\sqrt{K_{ai}}}-\frac{q_i}{\gamma_{si}} \tag{10.3-4}$$

式中 E_i——第 i 个土条的剩余下滑力；

P_{ai}——直立台阶上土条 i 侧面普通土总主动土压力；

W_i——第 i 个土条竖向荷载，水位以下轻质土重度取湿重度的1.2～1.3倍；

α_i——第 i 个土条底面倾角，倾向外侧为正；

F_s——安全系数；

l_i——第 i 个土条底面长度；

f_i——第 i 个土条底面按 F_s折减后的摩擦系数；

q_i——直立台阶上土条 i 侧面普通土顶面竖向荷载集度；

h_i——直立台阶上土条 i 侧面普通土高度；

γ_{si}——直立台阶上土条 i 侧面普通土重度；

K_{ai}——直立台阶上土条 i 侧面普通土按 F_s折减内摩擦角后计算的主动土压力系数；

c_i——按 F_s折减后的直立台阶上土条 i 侧面普通土黏聚力；

h_{ci}——直立台阶上土条 i 侧面普通土自稳高度，小于0时取零。

泡沫轻质土与填土的界面抗剪强度指标宜根据试验确定。无试验资料时界面黏聚力宜取填土黏聚力的0.3～0.6倍，界面摩擦系数宜取填土摩擦系数的0.5～0.8倍，水位以下取小值。

3. 水平滑动稳定分析

将泡沫轻质土路堤看作重力式挡墙进行水平滑动稳定分析。当泡沫轻质土与普通土的界面为阶梯形时，将界面简化为直线，如图10.3-8中的 ab 线。当轻质土路堤与普通土的界面倾角较小时，普通土对轻质土路堤的主动土压力等于0，按现行规范中挡土墙抗滑动安全系数公式或抗倾覆安全系数公式计算的安全系数为无穷大，不能真实反映水平滑动的安全程度，因此建议采用折减强度法：对黏聚力直接除以 F_s；对内摩擦角，按其正切函数除以 F_s后反算折减后的内摩擦角。按式（10.3-5）对应的安全系数 F_s不应小于1.3。

$$[W-E_a\cos(\alpha+\delta)+l_1c_1\sin\alpha]\tan\varphi_e+l_ec_e-E_a\sin(\alpha+\delta)-l_1c_1\cos\alpha=0 \tag{10.3-5}$$

$$E_a=\gamma_f(B_l-A_l\cot\theta)\frac{\sin(\theta-\varphi)}{\sin(\theta-\alpha-\varphi-\delta)}+\frac{c\left(h_l-\dfrac{2c}{\gamma_f\sqrt{K_a}}+h_0\right)\cos\varphi}{\sin\theta\sin(\theta-\alpha-\varphi-\delta)} \tag{10.3-6}$$

$$A_l=\frac{1}{2}\left(h_l-\frac{2c}{\gamma_f\sqrt{K_a}}+h_0\right)\left(h_l+\frac{2c}{\gamma_f\sqrt{K_a}}+h_0\right) \tag{10.3-7}$$

$$B_l=\frac{1}{2}h_l(h_l+2h_0)\cot\alpha \tag{10.3-8}$$

$$D_l=\frac{A_l\cos(\alpha+\delta)-B_l\sin(\alpha+\delta)}{\sin(\alpha+\varphi+\delta)\left[A_l\sin\varphi+\dfrac{c}{\gamma_f}\left(h_l-\dfrac{2c}{\gamma_f\sqrt{K_a}}+h_0\right)\cos\varphi\right]} \tag{10.3-9}$$

$$\theta=\frac{\pi}{2}-\arctan[\cot(\alpha+\varphi+\delta)+\sqrt{1+\cot^2(\alpha+\varphi+\delta)-D_l})\qquad(10.3\text{-}10)$$

式中 W——轻质土重量与上部恒载之和；

E_a——主动土压力；

α——界面倾角；

δ——界面摩擦角；

l_1——轻质土路堤斜面长度；

c_1——轻质土路堤斜面按 F_s 折减后的黏聚力；

φ_e——轻质土路堤底面按 F_s 折减后的摩擦角；

l_e——轻质土路堤底面宽度；

c_e——轻质土路堤底部按 F_s 折减后的黏聚力；

γ_f——普通土重度；

θ——破裂面倾角；

φ——普通土按 F_s 折减后的内摩擦角；

c——普通土按 F_s 折减后的黏聚力；

h_l——轻质土厚度；

h_0——普通土坡顶荷载等效土高度。

4. 抗倾覆稳定分析

将泡沫轻质土路堤看作重力式挡墙进行抗倾覆稳定分析。当水平滑动稳定分析原因类似，采用折减强度法。按式（10.3-11）计算的安全系数 F_s 不应小于 1.5。

$$\Sigma W_i x_i+c_1 l_1 l_e\sin\alpha-\frac{1}{3}E_a\sin(\alpha+\delta)\left(h_l-\frac{2c}{\gamma_f\sqrt{K_a}}+h_0\right)$$
$$-E_a\cos(\alpha+\delta)\left[l_e+\frac{1}{3}\left(h_l-\frac{2c}{\gamma_f\sqrt{K_a}}+h_0\right)\cot\alpha\right]=0\qquad(10.3\text{-}11)$$

式中 W_i——第 i 区轻质土重量与上部恒载之和；

x_i——W_i 作用点与轻质土路堤外边缘的距离。

5. 抗浮稳定分析

地下水位或地表水位最大值大于轻质土路堤底面标高时，按式（10.3-12）计算的抗浮安全系数宜为 1.05～1.15。

$$F_s=\frac{0.95\gamma_l V_l+P}{\gamma_w V_w}\qquad(10.3\text{-}12)$$

式中 γ_l——轻质土湿重度；

V_l——轻质土体积；

P——轻质土上部恒载；

γ_w——水重度；

V_w——水位以下轻质土体积。

10.3.5 换填厚度计算方法

1. 排水固结+轻质土联合应用时

堆载预压后再施工轻质土路堤时，轻质土厚度应按式（10.3-13）、式（10.3-15）计算并取大者；真空联合堆载预压后再施工轻质土路堤时，轻质土厚度应按式（10.3-14）、式（10.3-15）计算并取大者。需要卸除的填土厚度应按式（10.3-16）计算[7]。

$$h_l=\frac{K\gamma_f[T_dS_f-T_f(S_fU_t+S_{ra})]}{S_f(\gamma_f-\gamma_l)} \tag{10.3-13}$$

$$h_l=\frac{K\gamma_f[T_dS_f-T_{vf}(S_fU_t+S_{ra})]}{S_f(\gamma_f-\gamma_l)} \tag{10.3-14}$$

$$T_l=T_d-T_p-T_f \tag{10.3-15}$$

$$h_r=T_f-T_d+T_p+T_l \tag{10.3-16}$$

式中 h_l——轻质土换填厚度；

K——安全系数，宜取 1.2～1.3；

γ_f——路堤填土重度；

T_d——路面结构等效填土厚度、路堤设计填土高度、换填轻质土前已完成沉降土方之和；水位以下沉降土方重度应换算为水位以上填土重度；

S_f——对应 T_f的最终沉降；

T_f——预压填土厚度，已通车公路尚应包括路面结构的等效填土厚度；水位以下沉降土方重度应换算为水位以上填土重度；

U_t——产生工后沉降的主要土层的固结度；

S_{ra}——容许工后沉降，不宜大于 100mm；

γ_l——轻质土重度；

T_{vf}——包括真空荷载等效填土厚度的预压填土厚度，已通车公路尚应包括路面结构的等效填土厚度；水位以下沉降土方重度应换算为水位以上填土重度；

h_r——需要卸除的填土厚度；

T_p——路面结构等效填土厚度。

2. 既有路基沉降过大时

利用监测资料计算产生工后沉降的主要土层的固结度，然后按式（10.3-13）或式（10.3-14）计算换填轻质土厚度。当监测资料不齐全时，宜重新勘察测定软土层初始孔隙比、厚度和压缩曲线。对几个备选的换填厚度，按式（10.3-17）计算换填轻质土后的剩余沉降，选择满足要求的最小厚度。

$$S_r=\sum_{i=1}^{n}\frac{e_{0i}-e_{1i}}{1+e_{0i}}\Delta z_i \tag{10.3-17}$$

式中 S_r——剩余沉降；

e_{0i}——第 i 层土的初始孔隙比；

e_{1i}——第 i 层土对应换填轻质土后总应力的孔隙比；

Δz_i——第 i 层土的厚度。

对 e_{1i}小于 e_{0i}的土层不宜计算其工后沉降。

10.3.6 沉降计算方法

泡沫轻质土属于脆性材料，对不均匀沉降较敏感，差异沉降大时，会导致轻质土开裂，如图 10.3-9 所示。因此需要计算现浇泡沫轻质土路堤的沉降和不均匀沉降。现浇泡沫轻质土路堤沉降计算可采用分层总和法，可采用式（10.3-17）。水位以上轻质土重度宜取湿重度，水位以下轻质土重度宜取湿重度的1.2～1.3倍，并考虑长期浮力影响。

(a)　　(b)

图 10.3-9　桥台泡沫轻质土路堤开裂

（a）桥台轻质土路堤下沉；（b）轻质土路堤开裂

10.4　现浇泡沫轻质土路堤施工要点

10.4.1　施工工艺

现浇泡沫轻质土路堤施工工序包括：施工准备，排水设施和基础壁施工，分层施工护壁、泡沫轻质土和加筋，铺设防水材料等。

现浇泡沫轻质土施工主要分为以下四个步骤（图10.4-1）：（1）发泡剂与水混合形成发泡液；（2）发泡液与带压空气混合，通过发泡枪形成细密的海绵状泡沫；（3）水泥、粉煤灰、纤维等与水按一定比例，由搅拌机充分搅拌形成水泥浆体；（4）泡沫与水泥浆通过叶状混合枪混合形成成品泡沫轻质土。其中，泡沫部分：发泡剂由蠕动泵抽取，水由离心

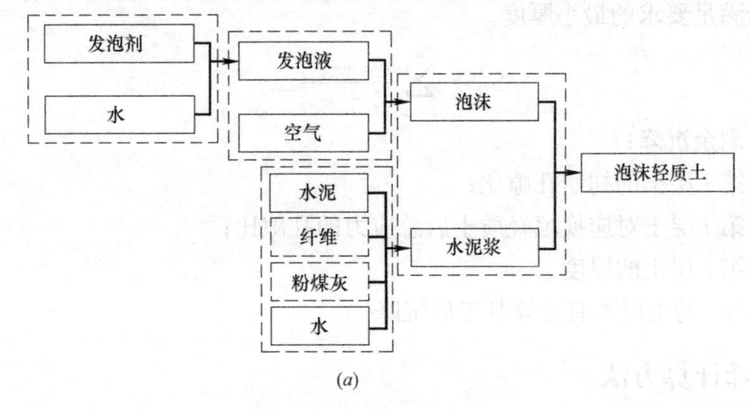

(a)

图 10.4-1　泡沫轻质土浇注工艺（一）

（a）泡沫轻质土制作步骤

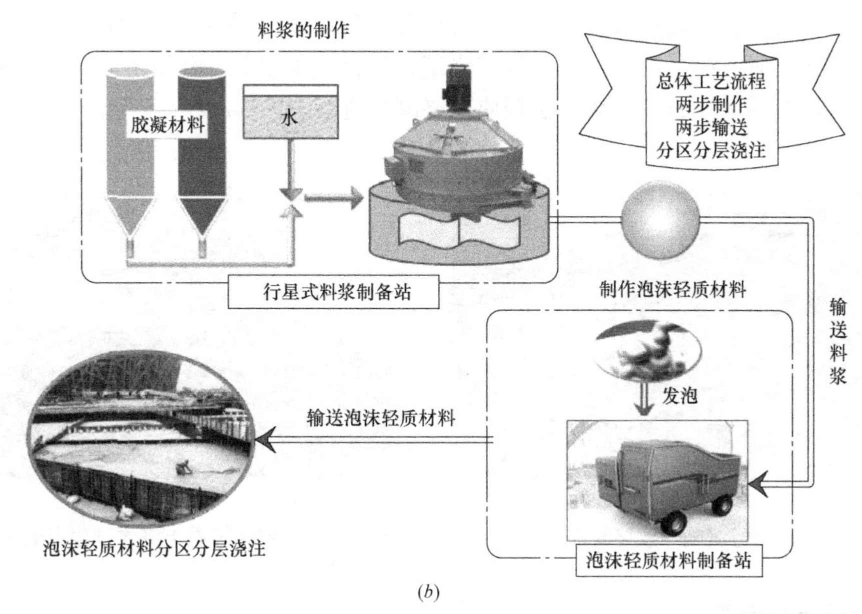

(b)

图 10.4-1 泡沫轻质土浇注工艺（二）

(b) 施工工艺示意

泵抽取，空气由空压机制取；水泥浆部分：水泥、粉煤灰由变频式螺旋上料机上料，水由变频水泵抽取；水泥浆由软管泵抽取。

10.4.2 质量控制要点

1. 合理选择设备

施工设备应具有自动进料、电子计量、自动控制、综合信息显示等功能，设备控制系统应具备自动统计和汇总功能。综合信息显示屏应动态显示水泥、发泡剂等计量信息和泡沫密度、水泥浆重度、轻质土重度等控制参数。设备各单元控制系统应实现相互联动，实现自动化控制。

2. 利用首件制验证材料和工艺

正式施工前应通过首件施工验证材料和工艺是否满足要求。轻质土标准沉陷率不应大于 2%，现场沉陷率不应大于 5%。

当发泡剂质量差时，已经浇注的泡沫轻质土很容易在终凝前出现消泡沉陷。现浇泡沫轻质土沉陷过大时，不但会增大轻质土重度，而且可能在浇筑区内出现“回”字沉陷和裂缝见图 10.4-2。

3. 合理分层、分区

分仓面积与设备产能不匹配时，可能出现单层泡沫轻质土未在初凝时间内完成浇注，导致已经初凝的泡沫轻质土受后续浇注泡沫轻质土流动和挤压的影响而形成剪切裂缝及内部结构破坏，见图 10.4-3。

因此，现浇泡沫轻之土应采用分层浇注，分层厚度不宜大于 1m。分仓面积应使每层轻质土初凝前浇注完。轻质土宜跳仓施工，并应按设计设置伸缩缝。

4. 减少对泡沫轻质土的扰动

轻质土浇注管出料口埋入轻质土内不应小于 100mm。在移动浇注管、出料口取样、扫平表面时，为避免物理冲击消泡，浇注管口与轻质土表面的高差不应超过 1m。浇注接近加筋层、顶层时，应采用后退方式拖移浇筑管进行人工扫平。轻质土固化前应避免对轻质土的扰动，上层浇注施工应在下层轻质土终凝后进行。

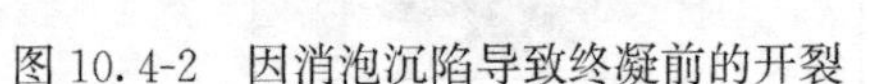

图 10.4-2　因消泡沉陷导致终凝前的开裂

图 10.4-3　泡沫轻质土浇注过程中的剪切裂缝

5. 避开不利天气

轻质土不宜在 5 级以上大风天气浇注。当遇到大雨或长时间持续小雨时，未固化的轻质土应采取遮雨措施。当气温过高时，泡沫轻质土可能出现“蘑菇云”（图 10.4-4）。因此轻质土施工应避开 38℃以上的时段。为避免现浇泡沫轻质土表面出现蘑菇云，还应增加现浇泡沫轻质土浇筑分层间隔时间，尽量不采用早强型水泥，并加强保湿养护。

(*a*)

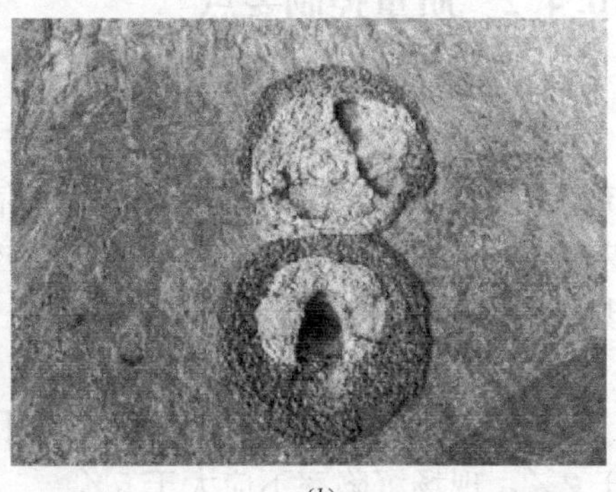

(*b*)

图 10.4-4　轻质土顶面蘑菇云状凸起

(*a*) 蘑菇云状凸起；(*b*) 蘑菇云下的通道

6. 施工期间抗浮

轻质土位于地下水位以下或积水区时应采取抗浮措施。为避免轻质土上浮，可以采取压重、利用自动泵排水等措施。

7. 加强养护和保护

每层轻质土终凝后应覆盖塑料薄膜或针刺土工布保湿养护，后续作业前最上面一层轻质土养护时间不应少于 7d。轻质土顶面不应直接行走机械、车辆，应在轻质土上铺筑路面基层和底基层，厚度不宜小于 200mm。

10.5 现浇泡沫轻质土路堤检测

10.5.1 密度检测

轻质土湿重度检测频率宜 1 次/100m³，且每层至少检测 1 次，重度应满足设计湿重度±0.25kN/m³。

10.5.2 强度检测

轻质土抗压强度检测频率不应少于 1 组/400m³，且每层至少检测 1 组，抗压强度不应小于设计值。抗压试验前应检测抗压试件的表干重度，表干重度不应大于设计湿重度。

10.5.3 厚度检测

部分采用现浇泡沫轻质土进行换填的路基工程因为换填深度不足导致沉降过大。图 10.5-1 是某换填现浇泡沫轻质土的路基因换填深度不足导致工后沉降过大的路面和照片。相邻的每个铁路桥墩采用群桩大承台，承台及其附近现浇泡沫轻质土与其他部位的现浇泡沫轻质土之间不均匀沉降开裂，经多次注浆、路面加铺处理仍很快出现不均匀沉降。

图 10.5-1 轻质土路堤沉降过大导致标线和防撞墙变形

因此，对用作换填材料的轻质土，除进行平面尺寸检测外，还宜在顶部防水材料施工前采用钻孔抽芯等手段检测轻质土厚度、重度和抗压强度，每个工点、每 100m 不少 1 点。

10.6 工程实例

10.6.1 柳南高速公路改扩建工程

柳南高速公路原路堤顶宽 24m，因交通量急剧增长，需将其拓宽至 42m，其中 2km 路段还需要加高 9m。作为广西南北主干通道，柳南高速公路改扩建时需要保证 4 车道通车。由于加高路段位于山坡上，原路堤右侧边坡高度接近 40m，如采用普通土放坡方案，改扩建路基右侧边坡高度接近 50m，且会中断交通。因此对右幅路堤采用现浇轻质直立式路堤，左幅路堤采用普通土路堤，如图 10.6-1 所示。先施工右幅轻质土直立路堤，将交通由左幅改到右幅后再施工左幅路堤。

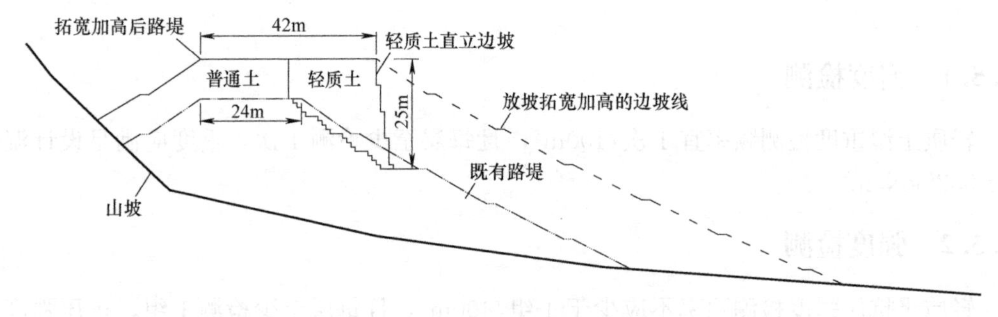

图 10.6-1　路堤改扩建断面示意

轻质路堤实测累计沉降为 23.5～41.4mm，节省用地约 150 亩地。

10.6.2　杭州东站软土路基轻质土回填置换

杭州东站扩建工程地下通道与出租车通道间基坑（长 23～70m，宽 287m）回填后将作为站场路基（图 10.6-2、图 10.6-3）。为解决不同构筑物间差异沉降、路基工后沉降和

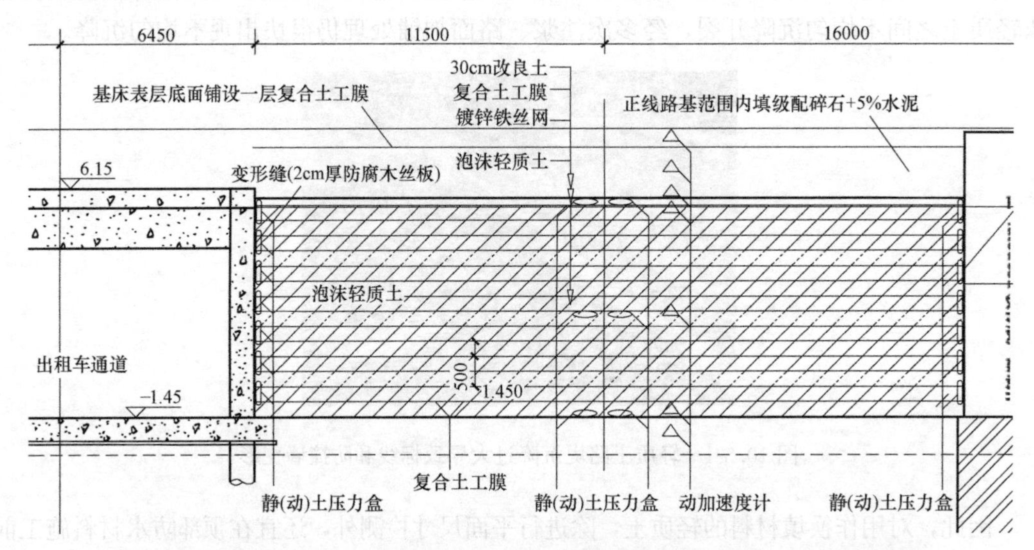

图 10.6-2　泡沫轻质土路堤设计图

图 10.6-3　泡沫轻质土路堤施工过程

基坑回填土填筑质量两个方面的问题，站场路基采用泡沫轻质土填筑，并对地基土进行置换回填处理。沉降监测结果见图 10.6-4。

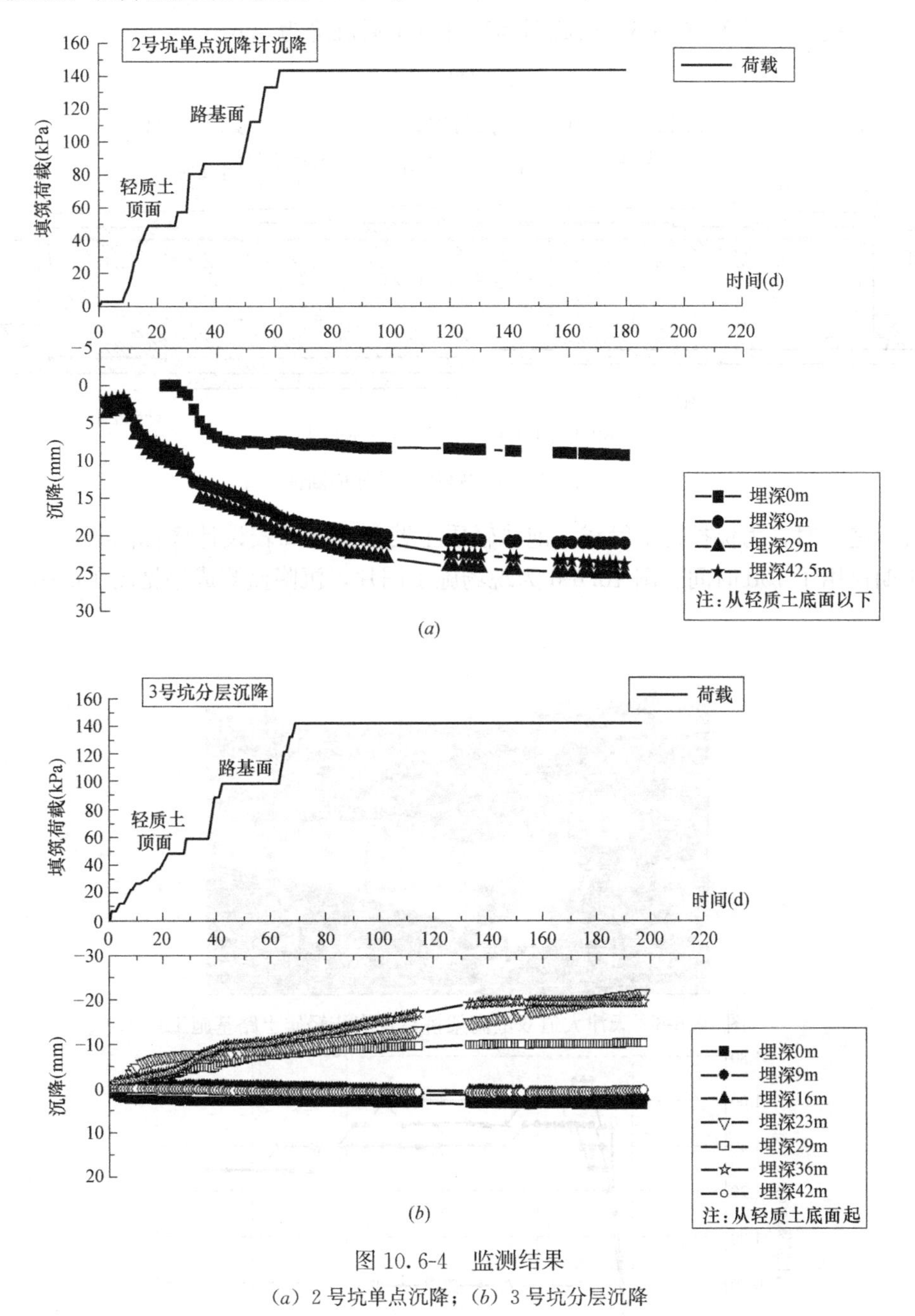

图 10.6-4 监测结果

(*a*) 2 号坑单点沉降；(*b*) 3 号坑分层沉降

10.6.3 天津大道双港高架 0 号台背填筑

天津大道为连接中心市区和滨海新区的快速客运道路，起点为外环线津沽立交桥，终点为滨海新区的中央大道，全长 36.2km，双向 8 车道，道路红线宽度 47～63m，设计时速 80km/h。

双港高架桥位于天津大道起点位置，其 0 号桥台背原设计为搅拌桩复合地基处理，但由于桥台背路基原地面存在地下管线，复合地基无法施工，为解决这一问题，采用了现浇泡沫轻质土技术。见图 10.6-5，按此图标高计算工后沉降为 8.6cm。

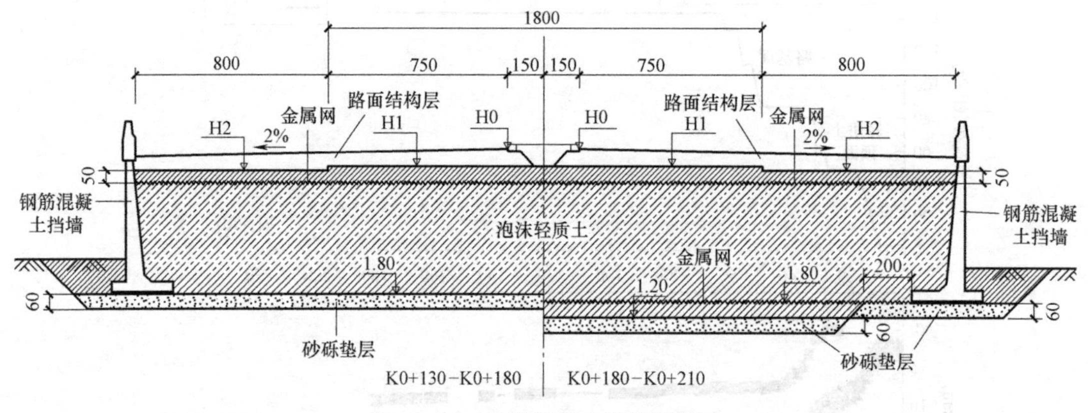

图 10.6-5　泡沫轻质土设计横断面

实际施工时，为保护地下管线，泡沫轻质土路基底标高较设计底标高要高 1.0m。施工总工期仅用了 10d 时间。图 10.6-6 为现场施工图片，沉降监测成果见图 10.6-7。

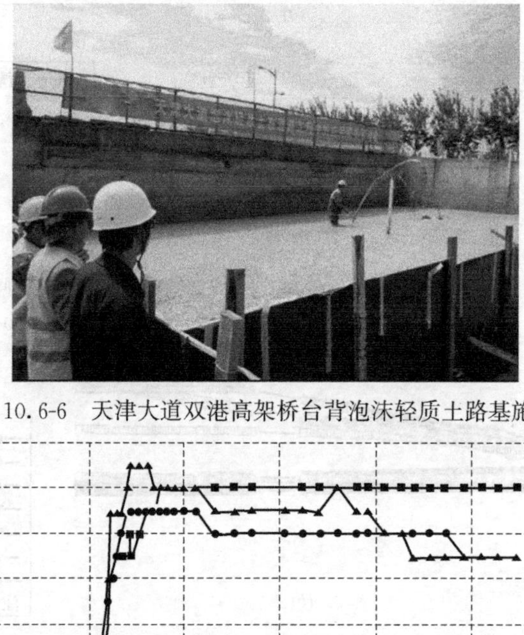

图 10.6-6　天津大道双港高架桥台背泡沫轻质土路基施工

图 10.6-7　工后沉降观测

钻孔柱状图

第1页共1页

工程名称	佛陈路快速化改造工程大都立交FD辅路补勘						
钻孔编号	FD1		钻孔类别	技术孔	里程		
孔口标高	2.11m	坐标	X=2541019.525	开工日期	2009.12.04	初见水位	
设计结构底板标高			Y=517181.999	竣工日期	2009.12.05	稳定水位	

分层	时代成因	层底标高(m)	层底深度(m)	分层厚度(m)	采取率(%)	柱状图 1:200	岩土名称及其特征	标贯击数(击)	取样
<1-1>	Q_4^{ml}	1.51	0.60	0.60	80.0	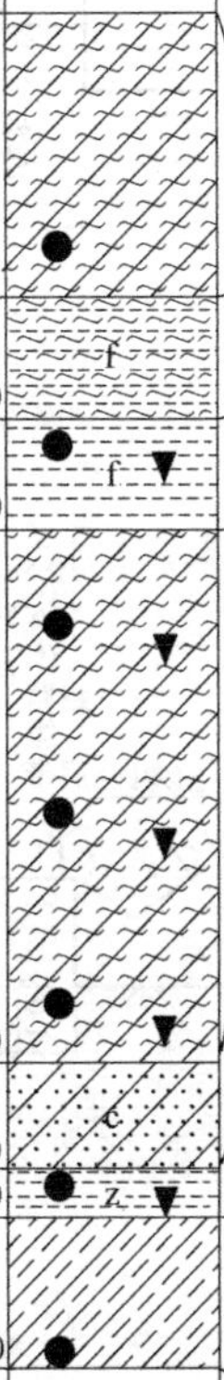	素填土：黄褐色，欠压实，主要为人工堆填的粉质黏土，取芯率80%		
<3-1>		−3.59	5.70	5.10	83.0		淤泥质土：灰色，局部灰黄色，软塑～流塑，成分主要为黏粒，次为粉粒，取芯率83%		原1 4.60−5.00
<3-2>		−5.79	7.90	2.20	85.0	f	淤泥质粉砂：灰黑色，饱和，松散，含黏粒及少量小贝壳，取芯率85%		
<3-3>		−7.79	9.90	2.00	86.0	f	粉砂：浅灰褐色～灰白色，饱和，松散，含少量黏粒，取芯率86%	5 8.70−9.00	筛1 8.25−8.45
<3-1>	Q_4^{mc}	−17.39	19.50	9.60	93.0		游泥质土：深灰色，饱和，软塑，成分主要为黏粒，次为粉粒，上部含较多粉砂，取芯率93%	15 11.95−12.25 3 15.40−15.70 3 18.85−19.15	原2 11.50−11.70 原3 14.75−15.15 原4 18.20−18.60
<4-4>		−19.29	21.40	1.90	88.0	c	含黏性土粗砂：深灰色、浅灰色、灰黄色，饱和，松散，含黏粒，土芯呈胶结状，取芯率88%		
<4-3>		−20.19	22.30	0.90	80.0	z	中砂：灰白色，饱和，稍密，级配差，取芯率80%	14 21.95−22.25	筛2 21.50−21.70
<4-1>	Q_4^{al}	−22.90	25.01	2.71	93.0		粉质黏土：灰黄色、褐黄色，稍湿，可塑，成分主要为黏粒，次为粉粒，土质均匀，取芯率93%		原5 24.51−24.91

编录	麦宗灿	制图	何灵光	审核	罗兴成	日期	2009.12.05

图 10.6-8 典型地质钻孔柱状图

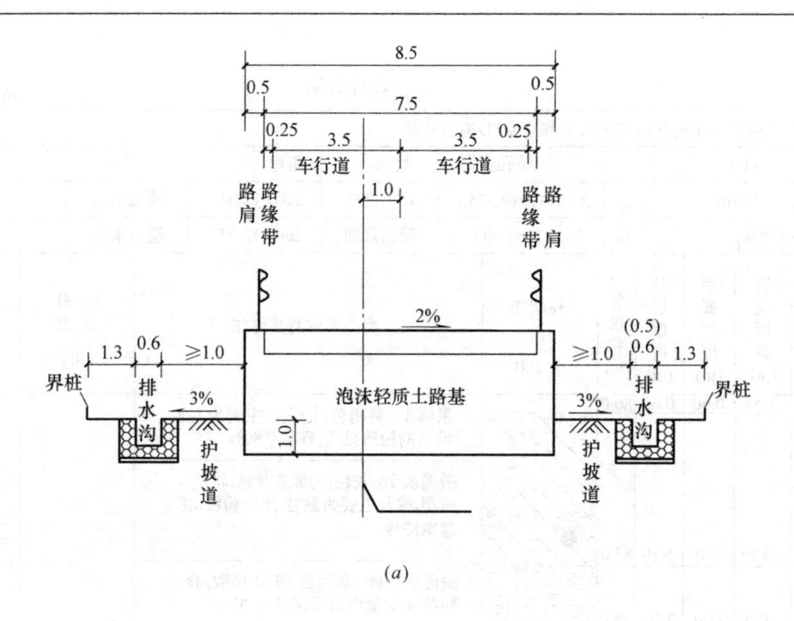

(*a*)

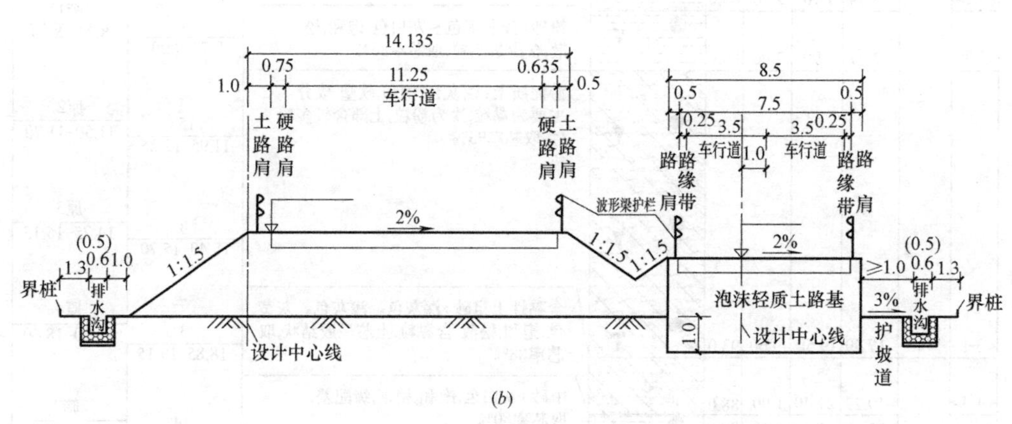

(*b*)

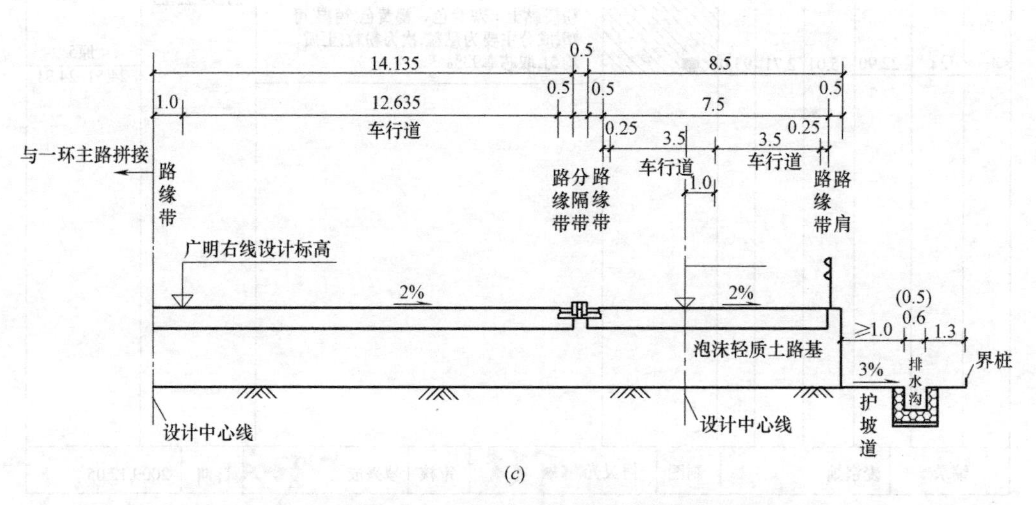

(*c*)

图 10.6-9　泡沫轻质土路基横断面

(*a*) FD 辅道独立路基段横断面；(*b*) 广明右线与 FD 辅道衔接横断面（一）；(*c*) 广明右线与 FD 辅道衔接横断面（二）

10.6.4 佛山广明高速佛陈立交FD辅道

FD辅路是由西向南即有禅城至顺德方向的一条辅路，位于佛山一环和佛陈路以及文登路相交叉区域，连接佛陈路南侧辅路和佛山一环西侧辅路。FD辅路为双向两车道，路面宽度7.5m，路基顶宽8.5m，自桩号FDK0+319.596起至终点桩号FDK0+740.49相接广明高速右线后并入佛山一环西侧辅路拼接。道路全长724.266m。

2010年5月，为确保亚运会召开前，FD辅道可顺利通车，为节省工期，并有效控制工后沉降，建设单位与设计单位将FD辅道原设计的PTC管桩复合地基取消，改由全断面填筑泡沫轻质土。图10.6-8为FD辅道典型地质钻孔柱状图，泡沫轻质土路基具体设计横断面见图10.6-9。

根据地质条件，考虑到拼宽路基对工后沉降的要求较高（允许沉降坡差0.5%决定了允许工后沉降为5cm)，原设计复合地基PTC管桩桩长21m、桩间距1.5m。

变更设计调整为泡沫轻质土路基后，设计不再对软土地基进行复合地基处理，而是将泡沫轻质土向原地面下进行自然土层的换填处理，换填深度为1～2.5m，设计基本原理为：利用密度小得多的轻质土置换自然土层，使泡沫轻质土路基成为一个应力补偿基础，并控制轻质土路基基底有效附加压力分别不超过10kPa（拼接路基段）和20kPa（独立路基段)。

本项目总工程量约3万m^3，施工总工期仅有41d。图10.6-10为施工场景图片。

图10.6-10 FD辅道施工场景

本项目于2010年8月底通车，通车后，进行了持续1年的工后沉降观测，观测结果见图10.6-11。由图10.6-11可知，工后沉降很小，仅有5～7mm的累积沉降，且总体上

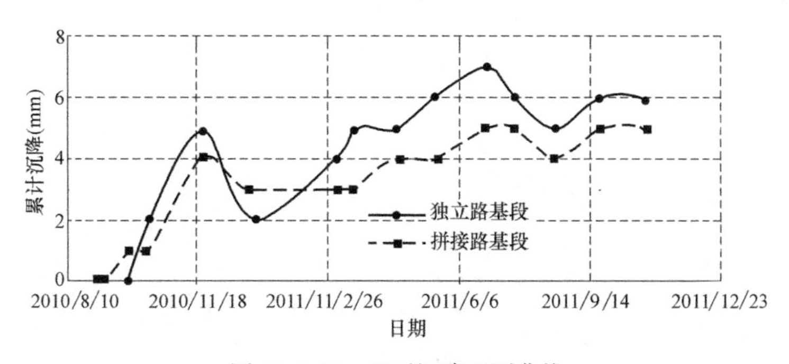

图10.6-11 工后沉降观测曲线

工后沉降趋于稳定。

参考文献

[1] 陈忠平. 气泡混合轻质填土新技术［M］. 北京：人民交通出版社，2005.

[2] 中国铁道科学研究院集团有限公司. 铁路现浇泡沫轻质土路基应用研究［R］，2019.

[3] 三嶋信雄，益村公人. FCB工法気泡混合轻量土を用いた軽量盛土工法［M］. 理工图书株式会社，2001.

[4] 陈忠平，汪建斌，刘吉福，赵文辉. 泡沫轻质土动力工程特性试验研究［J］. 公路，2019. 2.

[5] 陈忠平，汪建斌，刘吉福，赵文辉. 现浇泡沫轻质土路堤模型循环动载试验研究［J］. 公路，2019. 5.

[6] 刘吉福，陈忠平，汪建斌，梁立农. 泡沫破轻质土路堤界面滑动稳定分析方法［J］，公路，2019. 1.

[7] 姜启珍，陈忠平，汪建斌，刘吉福. 软基路堤换填轻质土厚度确定方法［J］. 公路，2019. 4.

11　组合桩复合地基

宋义仲[1,2]，卜发东[1,2]，程海涛[1,2]
（1. 山东省建筑科学研究院有限公司，山东 济南 250031；2. 山东建科特种建筑工程技术中心，山东 济南 250031）

11.1　引言

根据不同的组合方式，组合桩可分为狭义组合桩与广义组合桩两种（宋义仲等，2017）。狭义上，组合桩是指由不同材料制作的桩段组成桩身的桩（《建筑地基基础术语标准》GB/T 50941—2014，2014），包括插芯组合桩（图 11.1-1）、分段组合桩（图 11.1-2）等形式。广义上，将两种及两种以上工艺或桩型组合应用的桩都可以称为组合桩，即组合工艺桩或组合型桩，后注浆桩、长短组合桩、刚柔组合桩等均可归入广义组合桩范畴（图 11.1-3）。

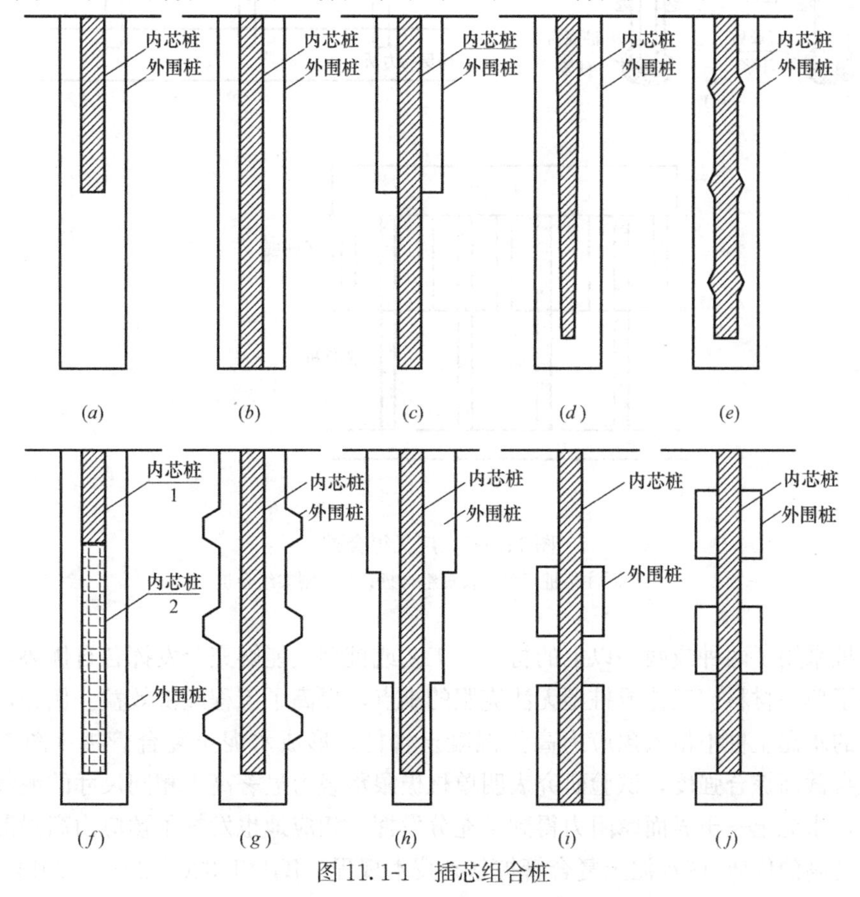

图 11.1-1　插芯组合桩

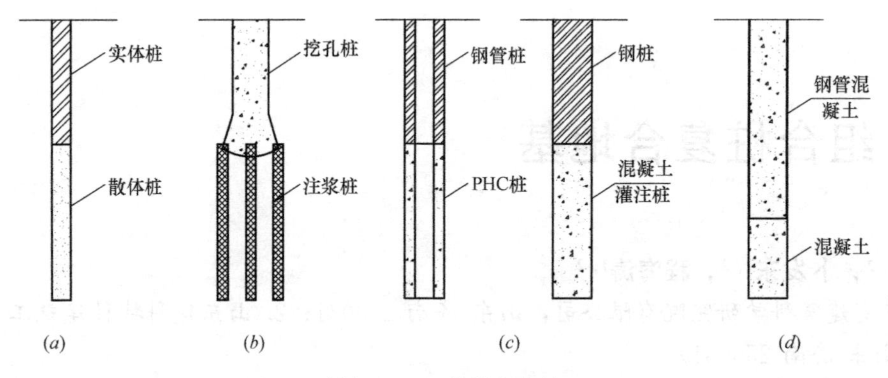

图 11.1-2　分段组合桩

(a) 实散组合桩；(b) 挖孔—注浆组合桩；(c) 钢—混凝土组合桩；(d) 钢管复合桩

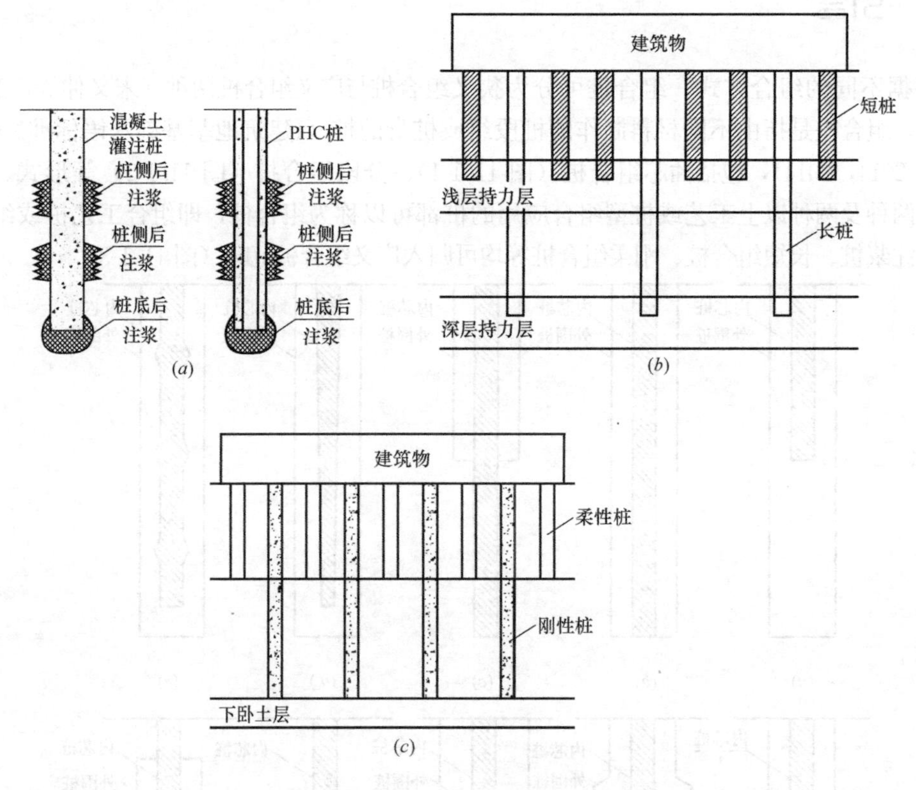

图 11.1-3　广义组合桩

(a) 后注浆桩；(b) 长短组合桩；(c) 刚柔组合桩

组合桩采用了两种或两种以上的材料、工艺或桩型，能够充分发挥各自优势，取长补短，解决了单一材料、工艺或桩型无法克服的难点，提高了工程经济效益。例如，在抗压强度较低的水泥土桩中植入预应力高强混凝土管桩，形成水泥土复合管桩（图 11.1-4），提高了桩身截面综合强度，试验研究表明单桩极限承载力显著高于相同尺寸的泥浆护壁成孔灌注桩，水泥土—土界面摩阻力得到了充分发挥，相应地也发挥了预应力高强混凝土管桩材料强度高的优势（《水泥土复合管桩基础技术规程》JGJ/T 330—2014，2014）。

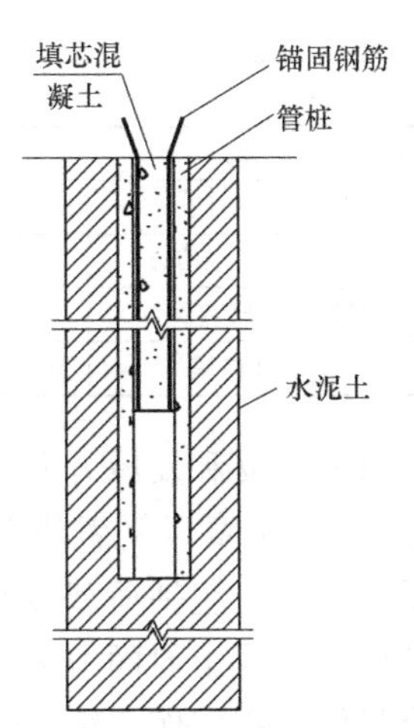

图 11.1-4 水泥土复合管桩

由于取材方便、造价低廉、施工工艺简便、质量可靠等优势，内芯桩采用预制混凝土桩或钢桩、外围桩采用水泥土桩所构成的水泥土复合桩是目前插芯组合桩中最为常见的一种形式，已列入住房和城乡建设部印发的《建筑业 10 项新技术（2017 版）》。内芯预制混凝土桩可采用混凝土实心桩、预应力混凝土管桩或空心方桩，外围水泥土桩可采用干法或湿法水泥土搅拌桩、旋喷桩、高喷搅拌水泥土桩、夯实水泥土桩。由此又可衍生出多种类型的水泥土插芯组合桩，如国内常用的水泥土复合管桩、劲性复合桩、劲性搅拌桩、混凝土芯水泥土组合桩、高喷插芯组合桩、刚性芯夯实水泥土桩、加芯搅拌桩等类型。

水泥土插芯组合桩发源于日本，芯桩一般采用型钢或大直径钢管桩。我国于 20 世纪 90 年代初开始研究该技术，芯桩采用了符合我国国情的混凝土桩。水泥土插芯组合桩技术在我国虽然仅有不足 30 年的发展历史，但已呈现出欣欣向荣的发展景象，涌现出一大批专利技术，形成了行业、地方、社会团体相互结合的标准体系，应用领域也从建筑工程扩展至市政、公路、水利等领域。

目前国内已经公开的水泥土插芯组合桩专利技术有 100 余项，涉及水泥土插芯组合桩的构造、施工方法、施工机具等方面。已颁布实施及在编的相关技术标准有 12 项，其中国家行业标准 2 项，天津、河北、云南、山东、江苏等省市的地方标准 9 项，中国土木工程学会标准 1 项，如表 11.1-1 所示。

水泥土插芯组合桩技术标准 **表 11.1-1**

序号	名称	标准号	标准层次
1	水泥土复合管桩基础技术规程	JGJ/T 330—2014	行业标准
2	劲性复合桩技术规程	JGJ/T 227—2014	行业标准
3	劲性搅拌桩技术规程	DB 29—102—2004	天津市标准
4	混凝土芯水泥土组合桩复合地基技术规程	DB 13(J) 50—2005	河北省标准
5	高喷插芯组合桩技术规程	DB/T 29—160—2006	天津市标准
6	刚性芯夯实水泥土桩复合地基技术规程	DB 13(J) 70—2007	河北行标准
7	加芯搅拌桩技术规程	DBJ 53/T—19—2007	云南省标准

续表

序号	名称	标准号	标准层次
8	管桩水泥土复合基桩技术规程	DBJ 14—080—2011	山东省标准
9	劲性复合桩技术规程	DGJ 32/TJ 151—2013	江苏省标准
10	水泥土复合混凝土空心桩基础技术规程	鲁建标字〔2017〕17 号(在编)	山东省标准
11	水泥土插芯组合桩复合地基技术规程	鲁建标字〔2017〕17 号(在编)	山东省标准
12	水泥土插芯组合桩复合地基技术规程	土标委〔2018〕7 号(在编)	中国土木工程学会标准

水泥土插芯组合桩已成为组合桩技术体系的一个重要分支和发展方向，是一种适用于软弱土地层的典型“绿色建筑地基基础”，应用前景广阔。本章以笔者研发的高喷搅拌水泥土插芯组合桩为例，首先介绍了组合桩复合地基承载性能，包括荷载传递规律、荷载分担比与应力比、桩侧土沉降性状、地基刚度特征、芯桩—水泥土界面力学性能等；在此基础上提出了其设计、施工、质量检验方法；最后结合具体工程实例介绍了组合桩复合地基技术的应用情况。

11.2 承载性能

11.2.1 试验概况

1. 足尺试验

试验场地位于山东省聊城市大学城东苑、大学城 A 区工程现场，地貌类型为鲁西黄河冲积平原，试验桩桩身范围内地层为粉土、粉质黏土、粉（细）砂（图 11.2-1）。对水泥土插芯组合桩复合地基分别进行了增强体单桩静载荷试验、单桩复合地基静载荷试验、桩侧土浅层平板载荷试验，试验参数如表 11.2-1 所示，单桩复合地基静载试验时面积置换率取 8.7%。增强体中的水泥土部分采用高喷搅拌法施工。试验中通过在桩顶及芯桩底端埋设土压力计，测试荷载分担比及荷载传递情况；通过在桩侧土中埋设沉降标，测试桩侧土沉降性状。

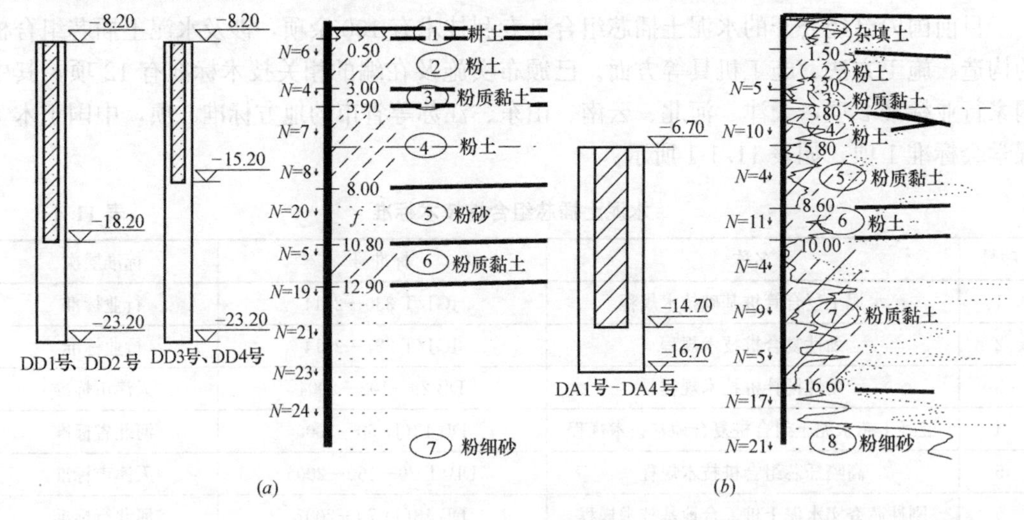

图 11.2-1　地层条件

(*a*) 大学城东苑；(*b*) 大学城 A 区

试验参数 表 11.2-1

试验场地	试验编号	试验类型	水泥土桩尺寸(m)	芯桩	试验点标高(m)	承压板形状与尺寸(m)
大学城东苑	DD1 号	①	D0.8 L15	PHC 400 AB 95-10	−8.20	圆形 ϕ0.8
	DD2 号	②	D0.8 L15	PHC 400 AB 95-10	−8.20	方形 2.4×2.4
	DD3 号	①	D0.8 L15	PHC 400 AB 95-7	−8.20	圆形 ϕ0.8
	DD4 号	②	D0.8 L15	PHC 400 AB 95-7	−8.20	方形 2.4×2.4
	DD5 号	③	—	—	−8.20	方形 1.0×1.0
大学城A区	DA1 号	②	D0.7 L10	PHC 300 AB 70-8	−6.70	方形 2.1×2.1
	DA2 号	②	D0.7 L10	PHC 300 AB 70-8	−6.70	方形 2.1×2.1
	DA3 号	②	D0.7 L10	PHC 300 AB 70-8	−6.70	方形 2.1×2.1
	DA4 号	①	D0.7 L10	PHC 300 AB 70-8	−6.70	圆形 ϕ0.7
	DA5 号	③	—	—	−6.70	方形 1.0×1.0

注：1. 试验类型中①为增强体单桩静载荷试验；②为单桩复合地基静载荷试验；③为浅层平板载荷试验；
2. D 为水泥土桩直径；L 为水泥土桩长度。

2. 室内试验

采用不同类型的芯桩制作圆柱形小比尺剪切模型并进行标准养护，达到 28d 龄期后进行剪切试验，研究芯桩—水泥土界面力学性能及芯桩类型的影响。试模直径和高度均为 150mm，试模中心设置与试模外壁平行的芯桩，芯桩和试模之间填筑水泥土（图 11.2-2）。芯桩分别采用

图 11.2-2 小比尺剪切模型

(*a*) 花岗岩圆桩；(b) 钢管桩；(*c*) 花岗岩方桩；(*d*) 工字型钢桩

花岗岩圆桩、钢管桩、花岗岩方桩、工字型钢桩（表 11.2-2）；水泥采用普通硅酸盐水泥，强度等级为 42.5，水泥掺入比为 16%、28%，水灰比为 0.6。

芯桩类型　　表 11.2-2

序号	芯桩类型	材料性能	尺寸(mm)	
			长度	横截面尺寸
1	花岗岩圆桩	抗压强度 245MPa	200	ϕ50
2	钢管桩	Q235	200	ϕ50×3.5
3	花岗岩方桩	抗压强度 245MPa	200	50×50
4	工字型钢桩	Q235	200	50×74×9×4.5

注：为便于试验，钢管桩内腔用水泥土填充。

11.2.2 承载性能

1. 承载力

采用水泥土插芯组合桩进行地基处理后，地基承载力均有较大幅度提高，单桩复合地基承载力特征值约为相应桩侧土地基承载力特征值的 1.55～2.71 倍，平均 2.34 倍（图 11.2-3、图 11.2-4、表 11.2-3)。单桩复合地基、增强体承载力均随芯桩长度的增加而有较大幅度的提高，当芯桩长度由 0.47L（DD3 号、DD4 号）增加到 0.67L 时（DD1 号、DD2 号)，芯桩底端从 4 层粉土进入 5 层粉砂，承载力提高至 1.75～2.00 倍。芯桩底端所处土层条件对水泥土插芯组合桩复合地基承载力有较大影响，设计选型时应重点考虑芯桩底端所处地层条件，当桩底端附近有可利用的相对硬层时，芯桩底端宜进入相对硬层。

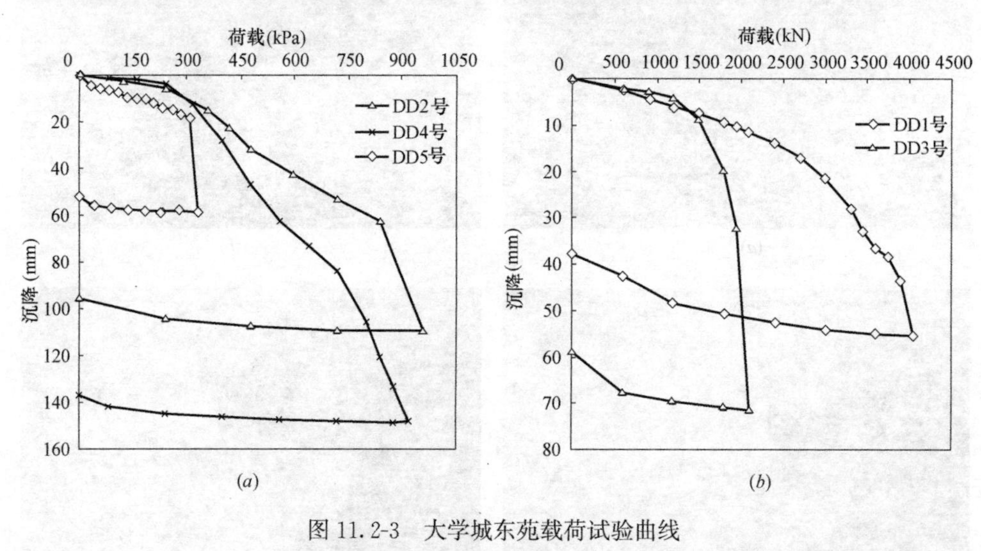

图 11.2-3　大学城东苑载荷试验曲线

(a) 单桩复合地基与桩侧土；(b) 增强体

2. 荷载传递规律

增强体单桩静载荷试验中芯桩底端位置桩身轴力占桩顶荷载比例（简称“芯桩底端传递比”）均随着荷载的增加而单调增大，特征值对应荷载情况下芯桩底端传递比为 6%～17%，平均值 12%；单桩复合地基静载荷试验中，由于受桩土变形协调、荷载分配影响，

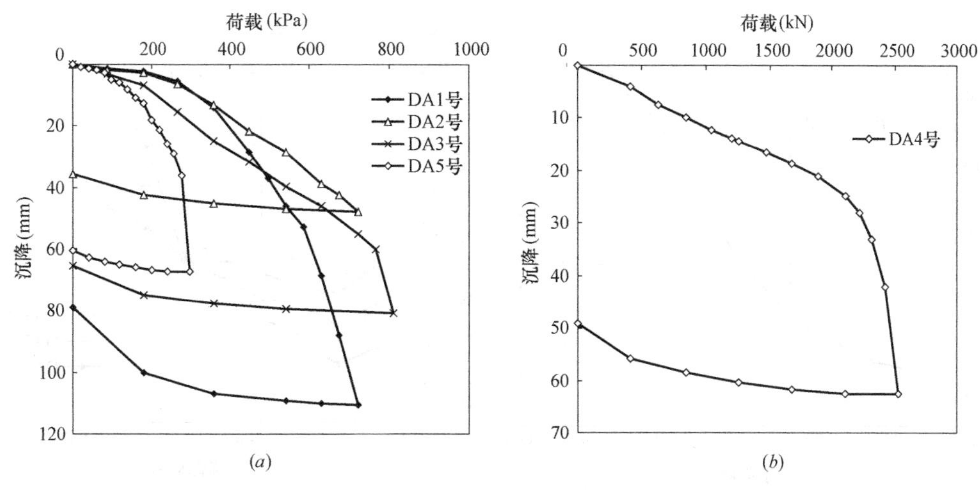

图 11.2-4 大学城 A 区载荷试验曲线

(a) 单桩复合地基与桩侧土；(b) 增强体

芯桩底端传递比随荷载增加不再呈单调增大规律，特征值对应荷载情况下芯桩底端传递比为 10%～19%，平均值 14%（图 11.2-5、图 11.2-6），桩身荷载传递规律呈摩擦桩特性(宋义仲等，2012)。

承载力及对应沉降 **表 11.2-3**

编号	承载力特征值	对应沉降(mm)	回弹率(%)
DD1 号	1950kN	10.44	32
DD2 号	420kPa	22.48	13
DD3 号	975kN	3.26	17
DD4 号	240kPa	4.06	8
DD5 号	155kPa	9.87	11
DA1 号	360kPa	13.99	29
DA2 号	360kPa	12.86	25
DA3 号	360kPa	24.94	19
DA4 号	1205kN	13.83	21
DA5 号	140kPa	8.29	10

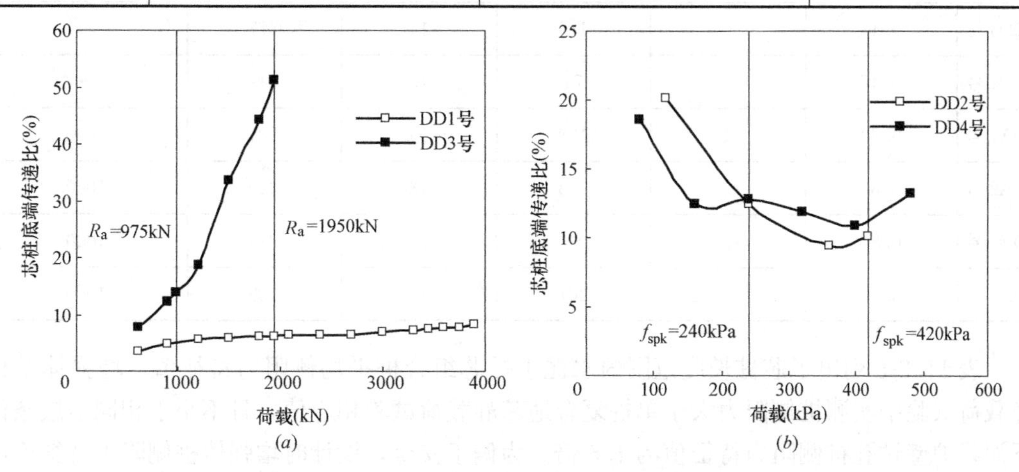

图 11.2-5 大学城东苑芯桩底端传递比

(a) 增强体；(b) 单桩复合地基

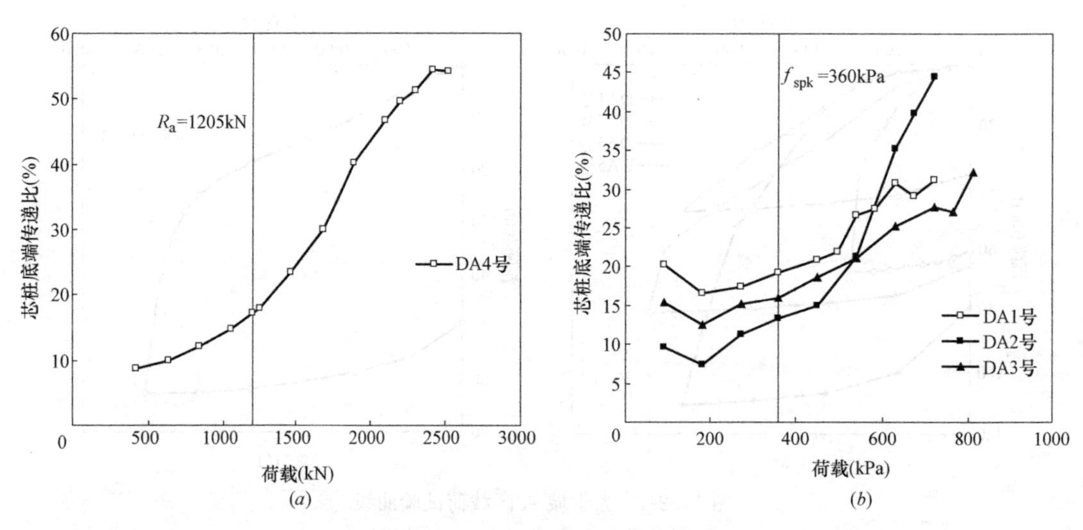

图 11.2-6 大学城 A 区芯桩底端传递比

(a) 增强体；(b) 单桩复合地基

表 11.2-4 列出了特征值对应荷载情况下芯桩底端位置桩身轴力、截面平均应力、对应位置处设计水泥土强度。芯桩底端位置桩身平均应力均远小于相应位置设计水泥土强度。当试验场地、水泥土桩、面积置换率等条件相同时，芯桩底端传递比随芯桩与水泥土桩长度比的增大而减小。相同长度比条件下，增强体单桩静载荷试验与单桩复合地基静载试验中的芯桩底端传递比接近，但前者芯桩底端位置桩身轴力值大于后者，进行桩身材料强度设计应主要考虑增强体单桩承载性状。

芯桩底端位置轴力 **表 11.2-4**

编号	长度比	试验类型	轴力(kN)	传递比(%)	平均应力(kPa)	水泥土强度(MPa)
DD1 号	0.67	①	121	6	241	—
DD2 号	0.67	②	110	10	219	—
DD3 号	0.47	①	139	14	277	—
DD4 号	0.47	②	74	13	147	—
DA1 号	0.80	②	108	19	281	1000
DA2 号	0.80	②	123	13	320	1000
DA3 号	0.80	②	83	16	215	1000
DA4 号	0.80	①	207	17	539	1000

表 11.2-5 列出了芯桩长度范围内水泥土插芯组合桩平均侧阻力特征值，增强体单桩静载荷试验中实测桩侧阻力大于单桩复合地基静载荷试验相应值，且不小于相同地层条件下泥浆护壁钻孔桩侧阻力特征值的 1.6 倍。为偏于安全，设计时增强体桩侧阻力特征值可按现行行业标准《水泥土复合管桩基础技术规程》JGJ/T 330—2014 有关规定，取泥浆护壁钻孔桩侧阻力特征值的 1.5～1.6 倍。

桩侧阻力特征值 表 11.2-5

编号	长度比	试验类型	q_s(kPa)
DD1 号	0.67	增强体	73
DD2 号	0.67	单桩复合	39
DD3 号	0.47	增强体	48
DD4 号	0.47	单桩复合	29
DA1 号	0.80	单桩复合	33
DA2 号	0.80	单桩复合	
DA3 号	0.80	单桩复合	
DA4 号	0.80	增强体	57

3. 荷载分担比与应力比

图 11.2-7、图 11.2-8 给出了增强体单桩静载荷试验中芯桩与水泥土桩荷载分担比、单桩复合地基静载荷试验中增强体与桩间土荷载分担比随荷载变化规律。增强体单桩静载荷试验中，芯桩分担荷载比例始终大于水泥土桩分担荷载比例，芯桩分担荷载比例随荷载的增加而增大，水泥土桩分担荷载比例随之减小；承载力特征值对应荷载情况下，芯桩分担荷载比例为 75%～88%，平均值 80%，水泥土桩分担荷载比例为 12%～25%，平均值 20%。

单桩复合地基静载荷试验中，增强体分担荷载比例均随荷载的增加而增大，桩间土分担荷载比例随之减小。承载力特征值对应荷载情况下，面积置换率为 8.7%时增强体分担荷载比例为 33%～58%，平均值 43%，桩间土分担荷载比例为 42%～67%，平均值 57%。增强体刚度随着芯桩长度比的增大而增加，荷载向增强体集中，分担荷载比略有增大。

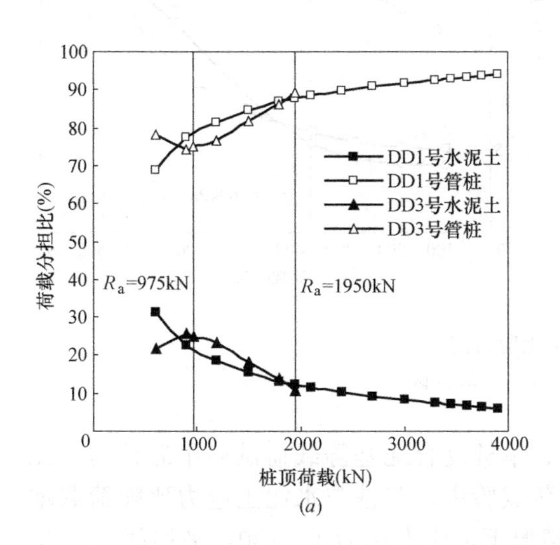

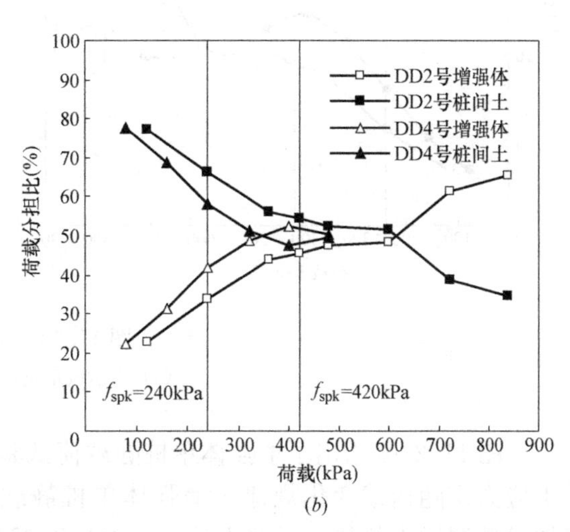

图 11.2-7 大学城东苑荷载分担比
(a) 增强体；(b) 单桩复合地基

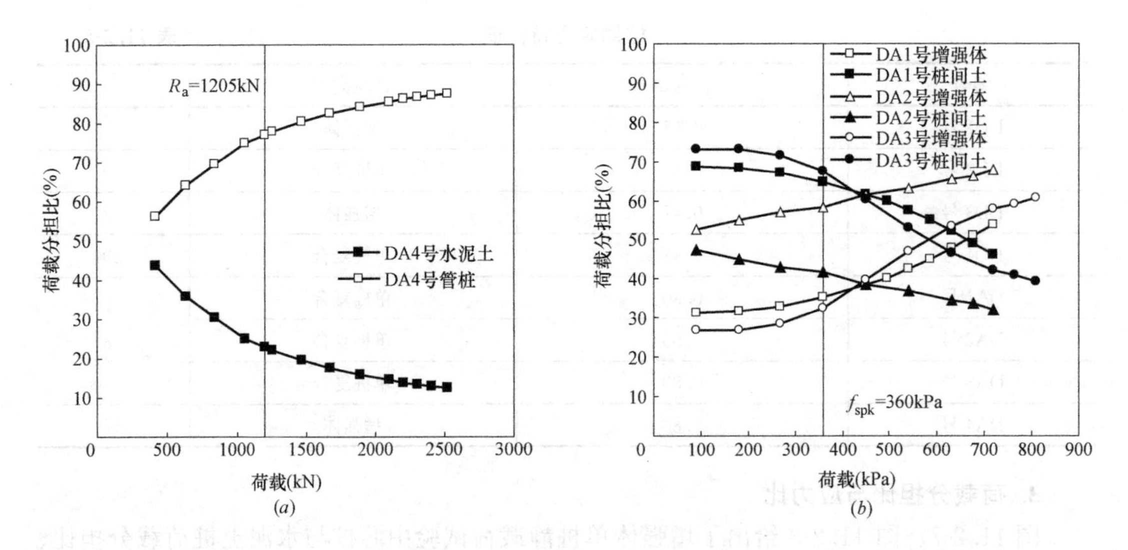

图 11.2-8 大学城 A 区荷载分担比

(a) 增强体；(b) 单桩复合地基

图 11.2-9 给出了单桩复合地基静载荷试验中增强体与桩间土应力比（以下简称“桩土应力比”）随荷载变化规律。桩土应力比随荷载的增加而增大，承载力特征值对应荷载情况下，桩土应力比为 5～15，平均值 9。

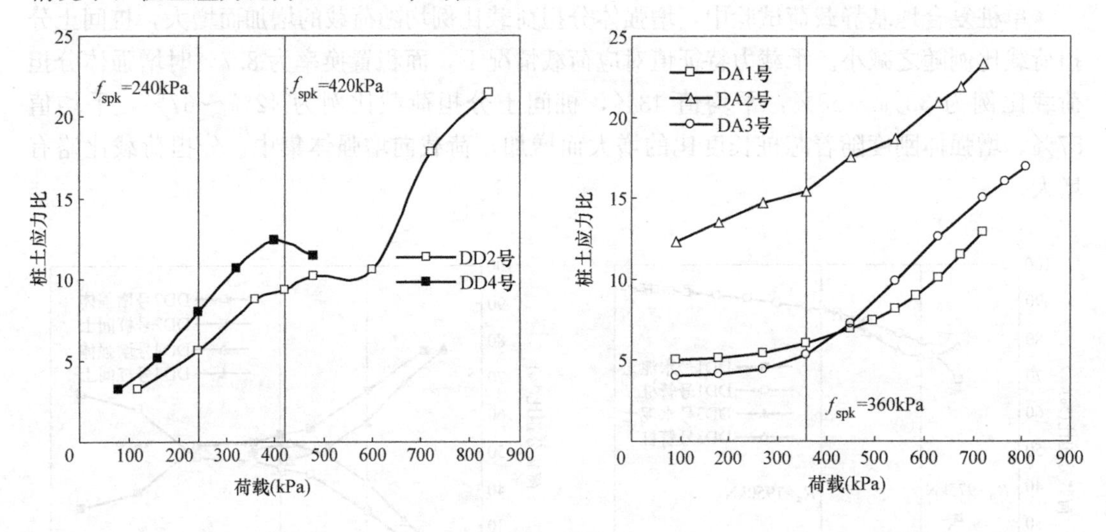

图 11.2-9 桩土应力比

(a) 大学城东苑；(b) 大学城 A 区

图 11.2-10 给出了增强体单桩静载荷试验、单桩复合地基静载荷试验中芯桩与水泥土应力比随荷载变化规律。增强体单桩静载荷试验中，芯桩与水泥土应力比随荷载增加呈单调增大趋势，承载力特征值对应荷载情况下，应力比为 12～30，平均值 21；单桩复合地基静载荷试验中，由于受桩土变形协调、荷载分配影响，芯桩与水泥土应力比不再均随荷载的增加呈单调增大趋势，承载力特征值对应荷载情况下，应力比为 6～38，平均值 20。

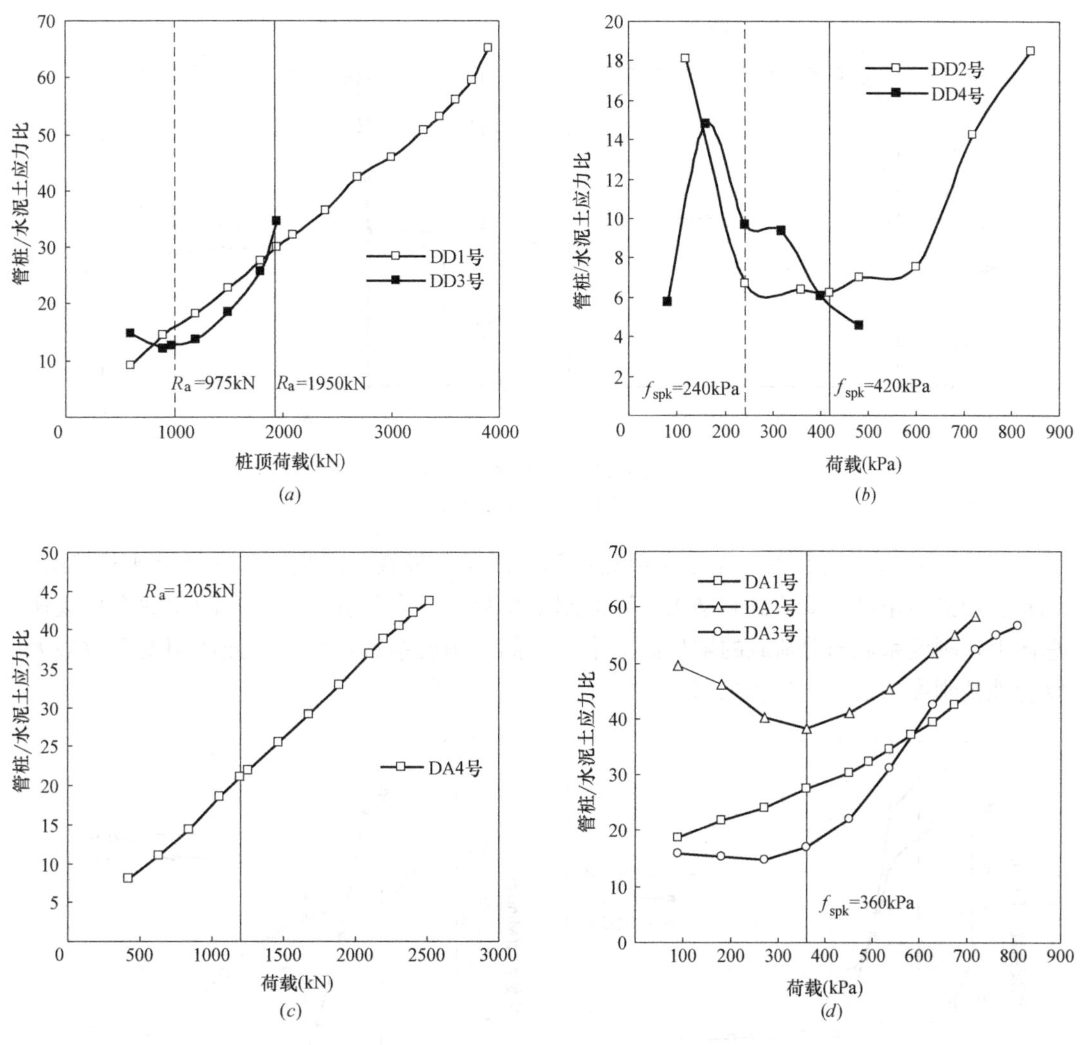

图 11.2-10　芯桩与水泥土应力比

(*a*) 大学东苑增强体；(*b*) 大学城东苑单桩复合地基；

(*c*) 大学城 A 区增强体；(*d*) 大学城 A 区单桩复合地基

4. 桩侧土沉降

桩侧土沉降随至桩中心距离的增加而减小，桩间土沉降占桩顶沉降的比例（简称“沉降率”）迅速衰减（图 11.2-11）。在距离桩中心 1.0*D* 处，沉降率衰减至 4.0%以下；距离桩中心 2.0*D* 处增强体单桩静载荷试验中沉降率衰减至 1.0%以下、单桩复合地基静载荷试验中沉降率衰减至 4.0%以下；距离桩中心 2.5*D* 处沉降率衰减至 2.0%以下。桩间距为 2.5*D* 时，相邻桩及其对桩侧土沉降的影响很小，甚至可以忽略不计。水泥土插芯组合桩复合地基设计时，桩间距不宜小于 2.5*D*，对于常用的正方形、等边三角形布桩方式，相应的面积置换率最大值为 12.6%～14.5%。

5. 地基刚度特征

地基刚度是指地基抵抗变形的能力，其值为施加于地基上的力（力矩）与它引起的线变位（角变位）之比，是控制差异沉降与上部结构次生内力的关键因素之一。

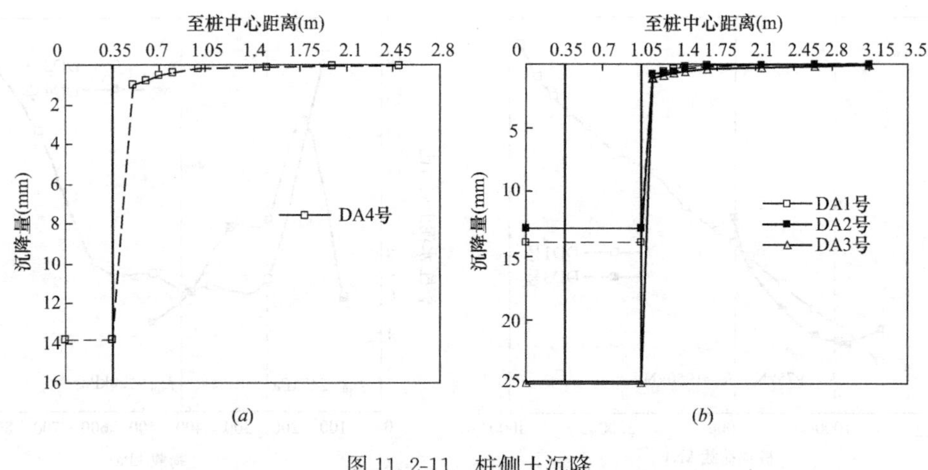

图 11.2-11 桩侧土沉降

(*a*) 增强体；(*b*) 单桩复合地基

图 11.2-12、图 11.2-13 给出了根据桩侧土浅层平板载荷试验、单桩复合地基静载荷试验、增强体单桩静载荷试验结果计算的刚度系数（压力与沉降之比）随荷载变化规律。总体上，刚度系数随着荷载的增加而减小，桩侧土刚度系数最小、增强体刚度系数最大，复合地基刚度系数介于二者之间。

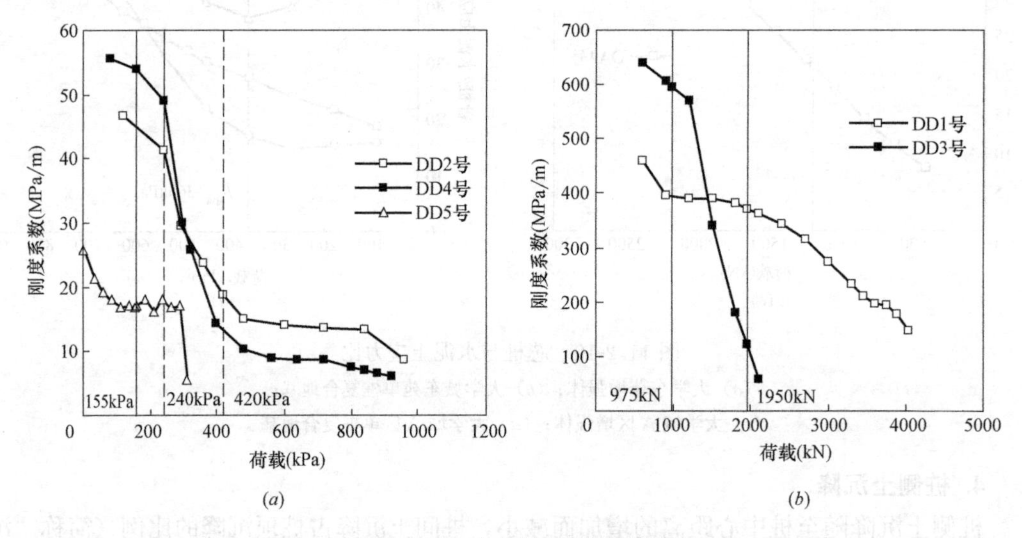

图 11.2-12 大学城东苑刚度系数

(*a*) 单桩复合地基与桩侧土；(*b*) 增强体

对单桩复合地基刚度系数进行归一化处理，得到水泥土插芯组合桩复合地基刚度系数随着荷载的增加而衰减的典型规律，如图 11.2-14 所示。刚度系数随荷载变化规律呈 4 段式：当荷载位于 A～B 区间时，桩间土和增强体承载力发挥系数均小于 1.0，该区间内复合地基沉降以弹性为主，刚度系数衰减缓慢；当荷载继续增大时，桩间土承载力发挥系数超过 1.0，复合地基沉降中的塑性部分逐渐增大，刚度系数衰减速率增大（B～C 区间）；随着桩土荷载分担动态调整，上部荷载进一步向增强体转移，刚度系数衰减速率减缓（C～D区间）；当荷载超过复合地基承载能力极限时（D 点对应荷载），复合地基破坏，

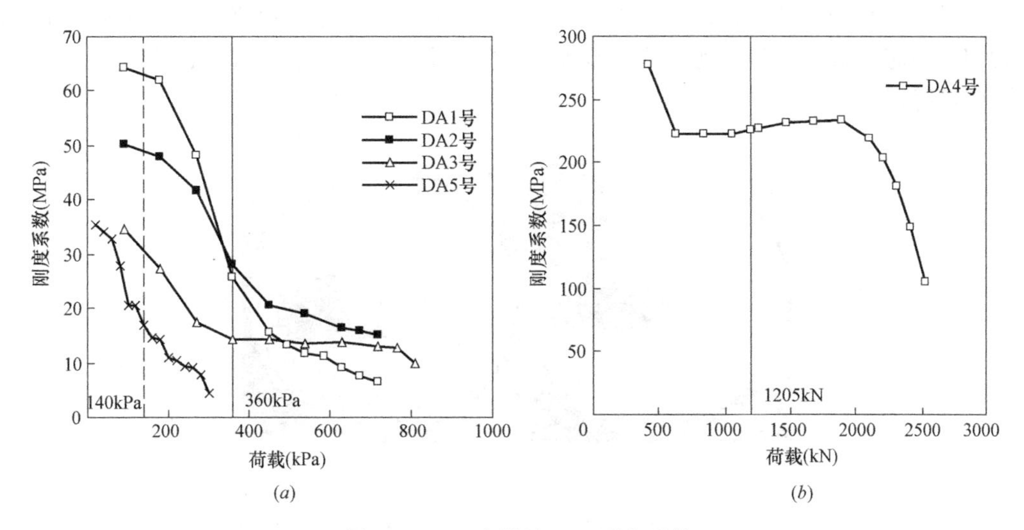

图 11.2-13　大学城 A 区刚度系数

(*a*) 单桩复合地基与桩侧土；(*b*) 增强体

D～E 区间内刚度系数迅速衰减。

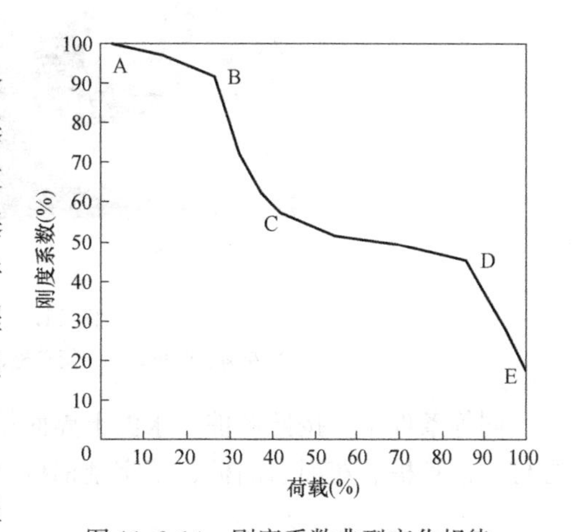

图 11.2-14　刚度系数典型变化规律

刚度系数综合反映垫层、增强体、地层条件等因素的影响，水泥土插芯组合桩复合地基刚度系数变化规律与桩土荷载分担、承载力发挥程度密切相关。水泥土插芯组合桩复合地基设计时，应综合考虑垫层、增强体、地层条件等因素，优化桩土荷载分担与承载力发挥程度，避免正常使用荷载作用下复合地基刚度系数的快速衰减。

6. 芯桩—水泥土界面力学性能

芯桩—水泥土界面剪切破坏后，水泥土呈径向开裂（图 11.2-15）。当芯桩截面为圆形时，水泥土裂缝沿芯桩周边均匀分布，裂缝数量为 5～6 条，裂缝从芯桩—水泥土界面首先出现，并逐渐向水泥土外侧面开裂，直至贯通。当芯桩为方形或工字型时，水泥土裂缝起始于方桩角点或工字型桩翼缘肢尖处，大致沿 45°角度向外扩展，直至贯通。

当芯桩—水泥土界面发生相对滑移时，在应力分布拱的作用下，在界面上分布有较大的径向压应力（李红等，2010）。由于水泥土抗拉强度低于抗压强度，在径向压应力作用下，圆形芯桩周围的水泥土中分布均匀分布的拉应力，出现均匀分布的径向裂缝；方形和工字形芯桩周围水泥土中仅在角点处分布拉应力，而其余地方为压应力，因此出现起始于方桩角点或工字形桩翼缘肢尖的径向裂缝。

对于工字形芯桩，由于翼缘尖角以及翼缘与腹板之间的相互影响，导致局部应力集中，芯桩—水泥土界面脱开，降低界面粘结强度，与型钢混凝土粘结滑移性能类似（杨勇等，2005）。

芯桩周围水泥土中应力分布形式受芯桩截面形状影响，进而导致不同的水泥土开裂破坏规律，当芯桩截面形状由规则的方形或圆形变为不规则的工字形时，芯桩—水泥土界面粘结强度降低。

图 11.2-15 破坏情况

（a）花岗岩圆桩；（b）钢管桩；（c）花岗岩方桩；（d）工字型钢桩

同等条件下，按照芯桩—水泥土界面粘结强度由大到小排列，芯桩类型依次为花岗岩方桩、钢管桩、花岗岩圆桩、工字型钢桩（图 11.2-16），相应的界面粘结强度与水泥土

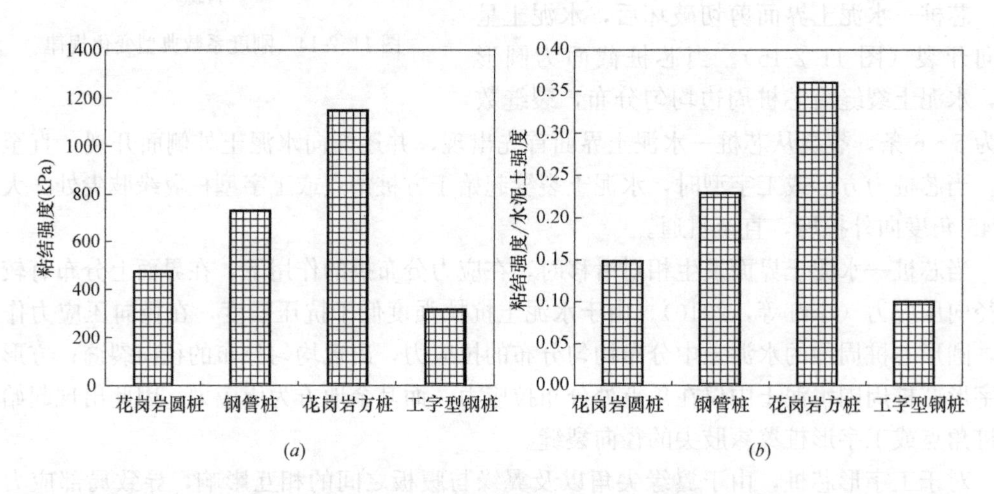

图 11.2-16 芯桩—水泥土界面力学性能

（a）界面粘结强度；（b）界面粘结强度/水泥土强度

强度（f_{cu}）之比分别为0.36、0.23、0.15、0.10，即界面粘结强度介于水泥土抗剪强度（1/3 f_{cu}）和抗拉强度（1/10 f_{cu}）之间（徐至钧，2004），且方形桩界面粘结强度最大、圆形桩次之、工字形桩最小；对于相同形状的芯桩，钢桩界面粘结强度大于花岗岩桩界面粘结强度。

笔者在开发水泥土复合管桩技术时曾采用室内大比尺模型试验实测了预应力高强混凝土管桩—水泥土界面粘结强度（图11.2-17），当水泥土强度为0.90～3.40MPa时，界面粘结强度随着水泥土强度的增加基本呈正比增大，约为水泥土强度的0.14～0.19倍，且水泥土强度高时取低值。总体来说，芯桩—水泥土界面粘结强度随着水泥土强度的增加而增大，界面粘结强度介于水泥土剪切强度和抗拉强度之间，即界面粘结强度与水泥土强度之比可取1/10～1/3。

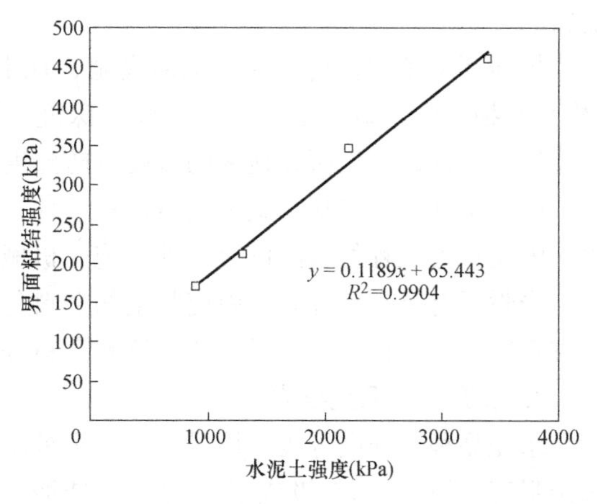

图11.2-17　水泥土强度对界面力学性能影响

11.3 设计

11.3.1 一般规定

1. 适用土层

水泥土插芯组合桩由高喷搅拌法施工的水泥土桩与同心植入的芯桩构成，融合了深层搅拌桩、高压旋喷桩、预制桩等多种既有复合地基或桩型的特点，施工工艺包括水泥土桩施工与芯桩植入两个步骤。桩身材料性能、施工方法决定了水泥土插芯组合桩复合地基技术可用于淤泥、淤泥质土、素填土、黏性土、粉土、砂土等土层，尤其适用于软弱土层。随着施工设备的进步，通过采用大扭矩动力头、搅拌翅钻杆、螺旋片钻杆、鱼尾形搅拌翅钻头等，解决了硬塑或坚硬黏性土、密实砂土中的适用性难题。

对于冲填土、含有大量植物根茎或有机质含量较高的土、具有中—强腐蚀性的场地、地下水渗流影响成桩质量的场地、含有坚硬夹层等情况，应通过现场和室内试验确定其适用性。

2. 勘察要求

水泥土插芯组合桩复合地基设计前应按国家现行有关标准进行岩土工程详细勘察，重点查明对水泥土插芯组合桩成桩质量、施工效率有影响的岩土参数，包括各土层的类型、分布、含水率、密实度、颗粒组成及含量、胶结状态、塑性指数、有机质含量、地下水条件、pH值、腐蚀性。

土层的胶结状态主要是指局部姜石、碎（卵）石是否相互胶结成为透镜体或薄夹层。当遇有这种土层时，应通过现场试验确定水泥土插芯组合桩复合地基的适用性。

地下水条件包含地下水水位、流速、层数、赋存方式等内容。地下水pH值、水和土腐蚀性是选择水泥、外掺剂、芯桩时应考虑的重要因素。

3. 设计应具备的资料

水泥土插芯组合桩复合地基设计前，应具备岩土工程勘察报告、场地环境条件资料、上部结构和基础设计资料、地基处理的目的、处理范围和处理要求、施工条件资料等基本资料。

场地环境条件资料包括：交通设施、地上及地下管线、地下构筑物的分布；相邻建（构）筑物安全等级、基础形式及埋置深度；周围建（构）筑物的防振、防噪声的要求；返浆排放条件；工程所在地区的抗震设防烈度和场地类别。

施工条件资料包括：施工机械设备条件，动力条件，施工工艺对地层条件的适应性；水、电及有关工程材料的供应条件；施工机械进出场及现场运行条件。

当附近有类似工程时，尚应收集的资料包括：水泥土插芯组合桩的设计与施工参数、试桩资料、工程桩施工资料、变形监测资料等。

4. 水泥及水泥土要求

水泥品种、强度等级及掺量对水泥土桩质量至关重要，应根据工程要求确定。水泥宜选用强度等级为42.5级或以上的普通硅酸盐水泥，水泥掺量不宜小于被加固土质量的12%。对于特殊工程条件下，例如粉土或砂土层，试验证明水泥土强度能够达到设计要求时，可适当降低水泥掺量或在桩长范围内按照变掺量进行设计。

水泥土插芯组合桩中的水泥土和芯桩共同承担上部荷载，水泥土强度应符合桩身结构承载力验算要求，并且桩身水泥土抗压强度不应低于1.0MPa。

5. 褥垫层

褥垫层宜采用中砂、粗砂、级配砂石或碎石，最大粒径不宜大于20mm；褥垫层厚度可取150～300mm，且不宜小于芯桩直径或边长的0.5倍。对于柔性荷载，褥垫层厚度可适当增加，并在褥垫层中设置一层或多层水平加筋体。

11.3.2 增强体的选型与布置

1. 增强体尺寸

水泥土插芯组合桩在竖向荷载作用下的工作机理为：芯桩承担的大部分荷载通过芯桩—水泥土界面传递至水泥土桩，然后再通过水泥土—土界面传递至桩侧土，芯桩、水泥土桩、桩侧土构成了由刚性向柔性过渡的结构。作为芯桩与桩侧土之间的过渡层——“水泥土”不宜太薄，否则无法保证水泥土插芯组合桩有效工作。包裹在芯桩周围的水泥土还起到了保护层作用，改善了芯桩的耐久性。另外，“水泥土”也不宜太厚，否则性价比所有降低。

推荐增强体直径不应小于500mm，芯桩直径或边长不应小于300mm，水泥土桩直径与芯桩直径或芯桩外接圆直径之差不宜小于200mm，且水泥土桩直径与芯桩直径或边长之比不宜大于3.0（表11.3-1、表11.3-2）。

芯桩底端以下的水泥土桩为柔性～半刚性桩，存在临界桩长，其长度随着水泥土桩直径与水泥土强度的增加而增大。芯桩相当于水泥土桩中的配筋，其长度不宜小于总桩长的2/3。对变形控制要求较高的工程、桩底端土质较差、抗震作用时，芯桩可与水泥土桩等长，但不宜超过水泥土桩长度。

增强体横截面尺寸（管桩） 表 11.3-1

管桩直径 d(mm)		300	350	400	450	500	550	600	700	800	1000	1200	1300	1400
水泥土桩直径 D(mm)	MAX	900	1050	1200	1350	1500	1650	1800	2100	2400	3000	3600	3900	4200
	MIN	500	550	600	650	700	750	800	900	1000	1200	1400	1500	1600
D/d		1.67～3.00	1.57～3.00	1.50～3.00	1.44～3.00	1.40～3.00	1.36～3.00	1.33～3.00	1.29～3.00	1.25～3.00	1.20～3.00	1.17～3.00	1.15～3.00	1.14～3.00

增强体横截面尺寸（方桩） 表 11.3-2

方桩边长 b(mm)		300	350	400	450	500	550	600	650	700	750	800	850	900	950	1000
水泥土桩直径 D(mm)	MAX	900	1050	1200	1350	1500	1650	1800	1950	2100	2250	2400	2550	2700	2850	3000
	MIN	650	700	800	850	950	1000	1050	1150	1200	1300	1350	1450	1500	1550	1650
D/b		2.17～3.00	2.00～3.00	2.00～3.00	1.89～3.00	1.90～3.00	1.82～3.00	1.75～3.00	1.77～3.00	1.71～3.00	1.73～3.00	1.69～3.00	1.71～3.00	1.67～3.00	1.63～3.00	1.65～3.00

2. 芯桩选型与拼接

芯桩宜选用混凝土预制管桩、空心方桩、实心方桩，且混凝土强度等级不应低于C40。混凝土预制管桩可选用预应力高强混凝土管桩（PHC）、预应力混凝土管桩（PC）、预应力混凝土薄壁管桩（PTC）、混合配筋管桩（PRC）；空心方桩可选用预应力高强混凝土空心方桩（PHS）、预应力混凝土空心方桩（PS）。

芯桩上下节拼接宜采用焊接或机械连接，应确保接头连接强度不低于芯桩桩身结构强度，并应按照国家现行有关标准进行接桩质量检验。

3. 增强体的布置

增强体可只在基础平面范围内布置，可根据建（构）筑物特点及对地基承载力和变形的要求采用正方形、等边三角形等布桩形式；增强体桩间距应根据基础形式、设计要求、土质条件及周边环境综合确定，不宜小于 $2.5D$；增强体桩端持力层宜选择中、低压缩性土层，桩端进入持力层的长度应大于 $1.5D$；桩端至软弱下卧层的距离不宜小于 $3.0D$。

11.3.3 承载力计算

1. 压力与承载力

作用在水泥土插芯组合桩复合地基上的压力应符合下列规定：

1）荷载效应标准组合

轴心荷载作用下

$$p_k \leqslant f_a \tag{11.3-1}$$

偏心荷载作用下，除应满足式（11.3-1）外，尚应满足下式的要求：

$$p_{kmax} \leqslant 1.2 f_a \tag{11.3-2}$$

2）地震作用效应标准组合

轴心荷载作用下

$$p_{Ek} \leqslant \xi_a f_a \tag{11.3-3}$$

偏心荷载作用下，除应满足式（11.3-3）外，尚应满足下式的要求：

$$p_{Ekmax} \leqslant 1.2\xi_a f_a \tag{11.3-4}$$

式中 p_k——相应于荷载效应标准组合时，基础底面处的平均压力值（kPa）；

p_{kmax}——相应于荷载效应标准组合时，基础底面边缘的最大压力值（kPa）；

p_{Ek}——相应于地震作用效应标准组合时，基础底面处的平均压力值（kPa）；

p_{Ekmax}——相应于地震作用效应标准组合时，基础底面边缘的最大压力值（kPa）；

f_a——修正后的复合地基承载力特征值（kPa）；

ξ_a——地基抗震承载力调整系数，可根据桩间土类别按国家现行有关标准确定。

2. 复合地基承载力

水泥土插芯组合桩复合地基承载力特征值应通过复合地基静载荷试验确定，初步设计时可按下列公式估算：

$$f_{spk} = \beta_p mR_a / A_p + \beta_s (1 - m) f_{sk} \tag{11.3-5}$$

$$m = D^2 / D_e^2 \tag{11.3-6}$$

式中 f_{spk}——复合地基承载力特征值（kPa）；

f_{sk}——桩间土承载力特征值（kPa）；

R_a——增强体承载力特征值（kN）；

A_p——增强体桩身横截面积（m^2）；

m——面积置换率；

β_p——增强体承载力综合调整系数，无经验时可取1.0；

β_s——桩间土承载力综合调整系数，无经验时可取0.8～1.0；

D——水泥土插芯组合桩直径（m）；

D_e——单桩分担的处理地基面积的等效圆直径（m）。

3. 增强体承载力

增强体承载力特征值应通过静载荷试验确定，初步设计时，由桩周土和桩端土所提供的增强体承载力特征值可按下列公式估算：

$$R_a = \frac{Q_{uk}}{K} \tag{11.3-7}$$

$$Q_{uk} = U \sum q_{sik} L_i + q_{pk} A_p \tag{11.3-8}$$

式中 Q_{uk}——增强体极限承载力标准值（kN）；

K——安全系数，一般取2；

U——水泥土插芯组合桩的周长（m）；

q_{sik}——护壁钻孔桩极限侧阻力标准值的1.5～1.6倍；

L_i——水泥土插芯组合桩长度范围内第 i 层土的厚度（m）；

q_{pk}——极限端阻力标准值（kPa），无地区经验时，可取泥浆护壁钻孔桩极限端阻力标准值。

4. 桩身材料强度验算

由桩身材料强度确定的增强体承载力特征值不应小于由桩周土和桩端土所提供的承载

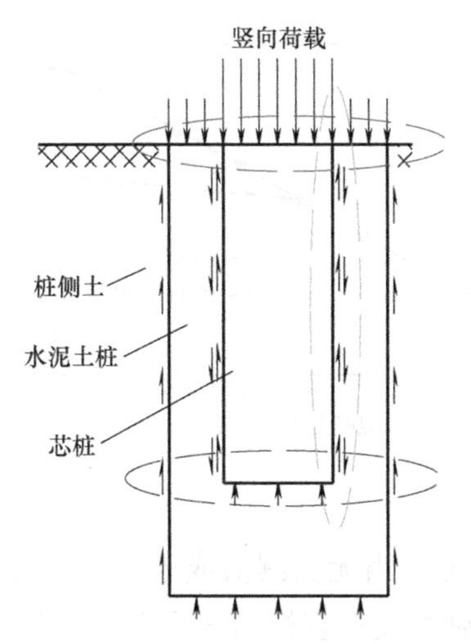

图 11.3-1 桩身材料强度验算位置

力特征值，桩顶、芯桩底端、芯桩—水泥土界面受荷最大或桩身结构薄弱位置（图 11.3-1），应重点对这三个位置进行验算。初步设计时，可按下列公式估算，并取其中的较小值。

1）桩顶材料强度确定的增强体承载力特征值

$$R_a \leqslant \frac{\psi f_{cu}}{2.2}(n_0 A_{cor} + A_{cs}) \tag{11.3-9}$$

$$R_a \leqslant \frac{\psi f_c}{1.35}\left(A_{cor} + \frac{A_{cs}}{n_0}\right) \tag{11.3-10}$$

2）当芯桩长度小于水泥土桩长度时，芯桩底端材料强度确定的增强体承载力特征值

$$R_a - \frac{Q_{sl}}{K} \leqslant \frac{f_{cu} A_p}{2.2} \tag{11.3-11}$$

$$Q_{sl} = U \sum q_{sik} l_i \tag{11.3-12}$$

3）芯桩—水泥土界面剪切强度确定的增强体承载力特征值

$$R_a \leqslant \frac{\xi f_{cu} u_p l}{K} \tag{11.3-13}$$

式中 f_{cu}——龄期为 28d 时的桩身水泥土抗压强度（kPa），可取与桩身水泥土配比相同的室内水泥土试块（边长为 70.7mm 的立方体）在标准养护条件下 28d 龄期的立方体抗压强度平均值的 0.6 倍；

n_0——芯桩与水泥土的应力比，无地区经验时，可取芯桩与水泥土弹性模量之比；

A_{cor}——芯桩横截面面积（m^2）；

A_{cs}——芯桩周围的水泥土横截面面积（m^2）；

ψ——综合影响系数，可取 0.85；

f_c——芯桩混凝土轴心抗压强度设计值（kPa），应按现行国家标准《混凝土结构设计规范》GB 50010 有关规定取值；

Q_{sl}——组合段水泥土插芯组合桩总极限侧阻力标准值（kN）；

l_i——芯桩长度范围内第 i 层土的厚度（m）；

ξ——芯桩—水泥土界面剪切强度标准值与对应位置水泥土强度换算系数，可取 0.15；

u_p——芯桩周长（m）；

l——芯桩长度（m）。

在极限荷载作用下，水泥土插芯组合桩桩头呈现水泥土—芯桩渐进破坏、芯桩—水泥土渐进破坏等两种破坏模式。当芯桩桩身混凝土强度等级大于 C60 时，采用公式(11.3-9)验算桩头材料强度；当芯桩桩身混凝土强度等级小于或等于 C60 时，采用公式（11.3-10）验算桩头材料强度（图 11.3-2）。当复合地基承载力进行深度修正时，增强体桩身材料强度应按基底压力验算。

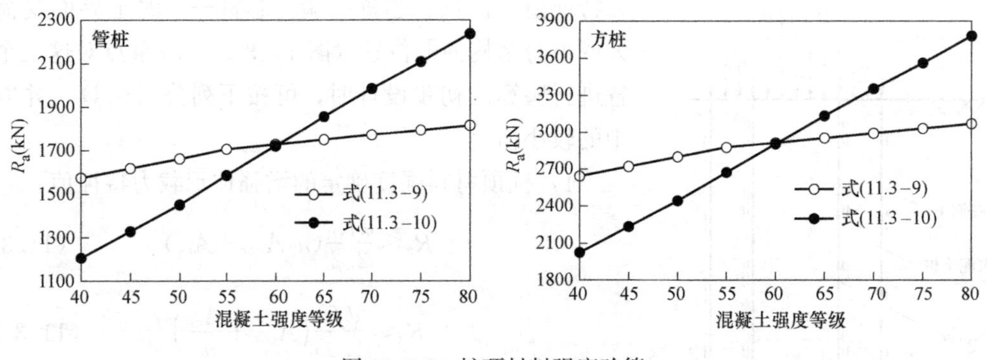

图 11.3-2 桩顶材料强度验算

承载力特征值对应荷载作用下，芯桩与水泥土共同变形。当无实测值或地区经验时，芯桩与水泥土应力比可取二者弹性模量之比。水泥土材料弹性模量宜根据试验确定，当无试验资料时可近似取水泥土无侧限抗压强度的600～1000倍，水泥土强度高者取高值，反之取低值。

11.3.4 沉降计算

复合地基沉降由加固区压缩变形量和加固区下卧土层压缩变形量两部分组成。当水泥土插芯组合桩中的芯桩长度小于水泥土桩长度时，由于芯桩桩体压缩模量远大于水泥土压缩模量，对于加固区压缩变形量，应分别计算组合段复合土层和非组合段复合土层的压缩变形量（图 11.3-3）。水泥土插芯组合桩复合地基沉降量可按下列公式计算：

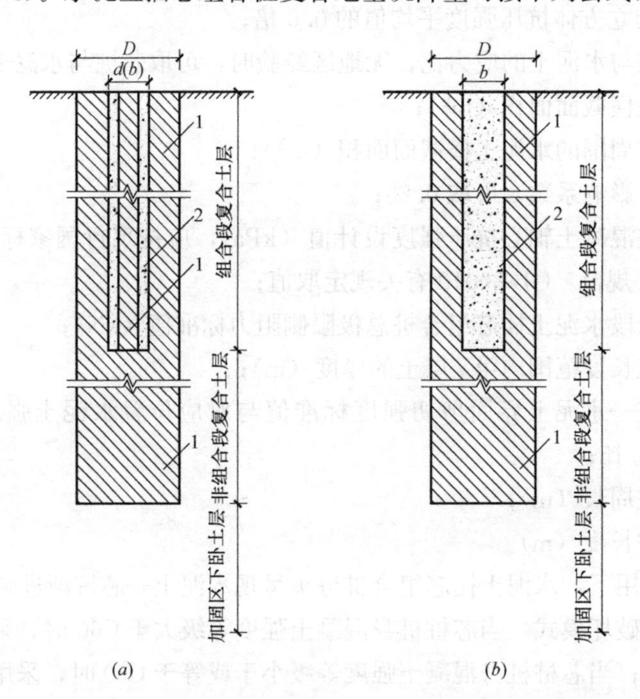

图 11.3-3 压缩变形量计算范围（1—水泥土；2—芯桩）

(a) 空心桩；(b) 实心桩

$$s=s_1+s_2+s_3 \tag{11.3-14}$$

$$s_1=\psi_{s1}\sum\frac{\Delta p_i}{E_{sp1i}}l_i \tag{11.3-15}$$

$$s_2=\psi_{s2}\sum\frac{\Delta p_i}{E_{sp2i}}l_i \tag{11.3-16}$$

$$s_3=\psi_{s3}\sum\frac{\Delta p_i}{E_{si}}l_i \tag{11.3-17}$$

$$E_{sp1i}=mE_{cpi}+(1-m)E_{si} \tag{11.3-18}$$

$$E_{sp2i}=mE_{pi}+(1-m)E_{si} \tag{11.3-19}$$

$$E_{cpi}=m_{cor}E_{cor}+(1-m_{cor})E_{pi} \tag{11.3-20}$$

式中 s——复合地基沉降量（mm）；

s_1、s_2、s_3——组合段、非组合段复合土层、加固区下卧土层的压缩变形量（mm）；

Δp_i——第 i 层复合土层或土层的平均附加应力增量（kPa）；

l_i——计算深度范围内第 i 层复合土层或土层的厚度（m）；

E_{sp1i}、E_{sp2i}——组合段、非组合段第 i 层复合土层的复合压缩模量（MPa）；

E_{si}——第 i 层土层的压缩模量（MPa）；

E_{cpi}——增强体组合段桩体压缩模量（MPa）；

E_{pi}——第 i 层桩体水泥土压缩模量（MPa），可取桩体水泥土强度的 100～200 倍；

E_{cor}——芯桩桩体压缩模量（MPa），可按现行国家标准《混凝土结构设计规范》GB 50010 有关规定确定；

ψ_{s1}、ψ_{s2}——组合段、非组合段复合土层压缩变形量计算经验系数，无地区经验时，可按现行行业标准《建筑地基处理技术规范》JGJ 79 的有关规定执行；

ψ_{s3}——下卧土层压缩变形量计算经验系数，无地区经验时，可按现行国家标准《建筑地基基础设计规范》GB 50007 的有关规定执行；

m_{cor}——芯桩横截面面积与增强体组合段桩身横截面面积之比。

水泥土插芯组合桩复合地基沉降计算深度按应力比法确定，为偏于安全，应计算附加应力与自重应力之比不大于10%的深度处，并应大于复合土层深度。

11.3.5 稳定性验算

地基稳定性验算方法很多，所用计算参数也各不相同。稳定性验算所采用的分析方法、计算参数及确定方法、稳定安全系数应相互配套。水泥土插芯组合桩复合地基整体滑动稳定性验算采用圆弧滑动法时，最危险滑动面上诸力对滑动中心所产生的抗滑力矩与滑动力矩的比值应满足下式要求：

$$\frac{M_R}{M_S}\geqslant K_s \tag{11.3-21}$$

式中 K_s——稳定安全系数，不应小于 1.30；

M_R——抗滑力矩（kN·m）；

M_S——滑动力矩（kN·m）。

水泥土插芯组合桩复合地基整体失稳一般是增强体渐进式断裂，并逐渐形成连续滑动面的破坏现象。为确保工程安全，在整体滑动稳定性验算时，假定增强体完全断裂，按滑动面材料的界面强度确定抗剪强度指标。

11.4 施工

水泥土插芯组合桩是由高喷搅拌法形成的水泥土桩与同心植入的预制混凝土芯桩复合形成的一种新型组合桩，在施工设备、施工工艺、技术要求等方面与既有桩施工技术存在较大差别，具有如下特点：单根水泥土插芯组合桩施工需要分为水泥土桩施工、芯桩植入两个步骤；水泥土桩施工采用融合了高压旋喷和机械搅拌工艺的高喷搅拌法；施工完毕的水泥土桩，其成桩直径、长度、桩身质量需达到设计要求，满足不同地层条件下直径、桩长、桩体水泥土搅拌均匀的要求；需要掌握好芯桩植入水泥土桩的最佳时机，合理选择芯桩开始施工与水泥土桩施工完成的时间间隔；芯桩施工时，需要对桩位再次定位，并采取有效的桩身垂直度控制措施，以确保芯桩与水泥土桩的同心度（宋义仲等，2017）。

针对水泥土插芯组合桩上述特点，本节介绍了施工机械及其配套设备、施工准备、施工作业、关键技术、常见问题及处理等内容。

11.4.1 施工设备

水泥土插芯组合桩施工机械及其配套设备主要包括桩机及专用配套钻具、制浆设备、注浆设备。桩机可分为整体式桩机与组合式桩机，整体式桩机将水泥土桩施工和芯桩施工两种功能集成在一种设备上；组合式桩机则由水泥土桩施工机械和芯桩施工机械两种设备组合而成。选择施工机械时，应综合考虑设计要求、场地的工程地质条件与水文地质条件、场地环境条件等因素，比如当场地狭窄，环境条件复杂，无法将基坑开挖范围加大，则芯桩施工机械的选择必须考虑边桩的施工能力。为了提高施工效率及保证成桩质量，有条件时应优先选用整体式桩机。专用配套钻具由钻杆和钻头组成，安装在桩机上并与注浆设备相连接，具有高压喷射与机械搅拌功能，并根据不同的地层条件可选择合适的钻头形式。在水泥土桩施工时，依靠自重或主卷扬加压实现自钻式下沉，高压喷射可采用双管法或三管法。水泥浆制备一般采用全自动制浆设备，全自动制浆设备包括控制柜、散装水泥存储罐、自动上料机、水泥浆搅拌机、储浆桶、储浆池等。注浆设备主要包括注浆泵或高压水泵、空气压缩机、储浆桶。

1. 组合式桩机

水泥土桩施工机械采用履带式桩架，与立柱平行设置的钻杆顶端设置高压旋喷水龙头、动力头，钻杆底端设置搅拌翅、水平向喷嘴、钻头，钻杆通过高压旋喷水龙头与注浆设备连接。其中钻杆与钻头形式详见后文专用配套钻具部分，这里不再赘述。水泥土桩施工时采用高喷搅拌法工艺，根据工程需要和土质条件选用双管法或三管法。

目前常用的水泥土桩施工机械有两种型号（图 11.4-1），Ⅰ型桩机在普通履带式长螺旋钻机或三轴搅拌桩机基础上改造而成；Ⅱ型桩机采用全液压系统，配置了中空、大扭矩动力头以及无级调速双筒主卷扬机。

目前芯桩施工设备一般有振动沉桩设备、静力压桩设备、锤击沉桩设备。振动沉桩设备具有施工速度快，受场地限制小，灵活性大的优势，但存在振动大，有噪声，地层适应

(a) (b)

图 11.4-1 水泥土桩施工机械
(a) Ⅰ型；(b) Ⅱ型

性差，桩身易倾斜等劣势。静力压桩设备具有施工速度快，无振动，无噪声，无污染的特点，存在桩机施工时占地面积大，行动缓慢，需要较大的施工工作面的缺点。锤击沉桩设备具有土层适应性广，施工速度快，成本费用低，受场地条件限制小等特点，缺点是噪声大，桩身垂直度控制困难，桩身易打斜。施工时需要根据工程实际情况合理选用，但不论采用何种施工设备，在芯桩施工前均需要进行二次定位，并采取有效的桩身垂直度控制措施，以确保芯桩与水泥土桩的同心度。

2. 整体式桩机

水泥土复合管桩整体式桩机目前常用类型为 XJUD108 型、静力压桩机改造型，具备水泥土桩施工和将芯桩同心植入水泥土桩两种功能（图 11.4-2）。XJUD108 型桩机采用三支点履带式桩架，在立柱上成 90°夹角设置水泥土桩施工机具与芯桩施工机具，通过旋转立柱分别进行水泥土桩施工、芯桩的定位及施工，进而完成整个水泥土插芯组合桩施工。静力压桩机改造型是在步履式静力压桩机上增加一套水泥土桩施工机具，通过移动桩架，依次进行水泥土桩与芯桩的定位及施工。

(a) (b)

图 11.4-2 整体式桩机
(a) XJUD108 型；(b) 静力压桩机改造型

3. 专用配套钻具

与水泥土桩施工机械配套使用的专用钻具由钻杆和钻头组成。钻杆形式主要有光圆钻杆、搅拌翅钻杆、螺旋片钻杆三种形式，如图 11.4-3 所示。

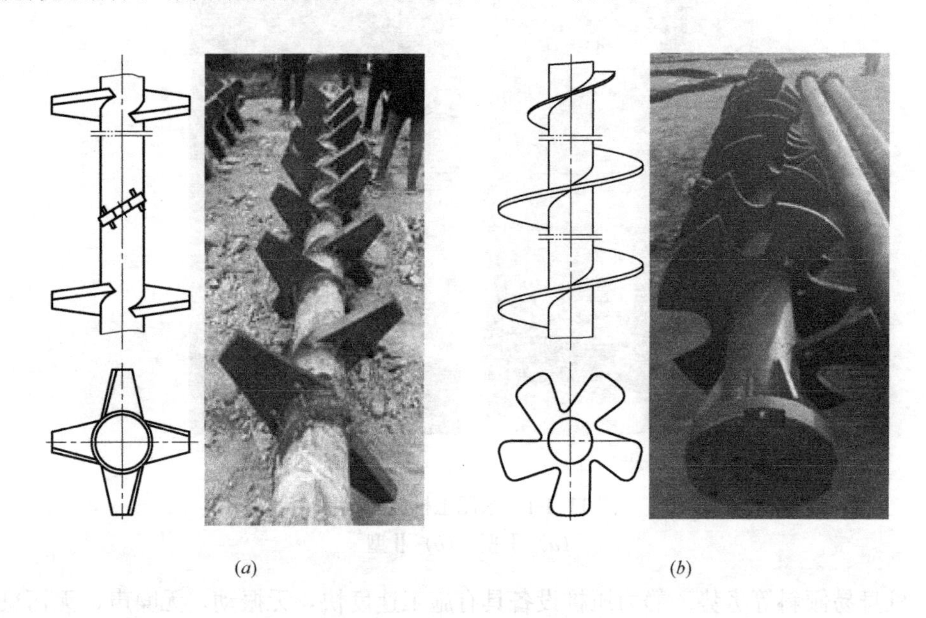

图 11.4-3 钻杆形式

(*a*) 搅拌翅钻杆；(*b*) 螺旋片钻杆

光圆钻杆适用于大多数土层，但在可塑～硬塑以上状态且塑性指数较大的粉质黏土层、黏土层中施工时，存在钻进速度慢、水泥土搅拌不均匀的情况；在中密以上粉细砂层中施工时又存在浆、气无法正常上返的情况。针对以上两种情况，在光圆钻杆的基础上分别开发了搅拌翅钻杆与螺旋片钻杆两种钻杆形式，结合水泥土施工工艺及钻头的改进，初步解决了在以上土层施工时存在的困难，提高了钻进效率，水泥土搅拌更为均匀，浆、气也能得到正常疏导。当螺旋片钻杆钻进返土较多时，可通过整片或局部切割使螺旋片不连续的方式予以解决。实际工程施工时，以上三种钻杆形式及其长度可根据设计要求、地层条件进行自由组合。

钻头采用鱼尾型搅拌翅钻头（图 11.4-4），搅拌翅、鱼尾用高强度钢材制作，镶嵌耐磨合金，在增加钻进速度的同时能够承受较大的扭矩。搅拌翅布置在喷杆前方，且为下薄上厚的梯形，在高压泥浆对土体的切割下，有效地减少了喷杆磨损。通过对钻头内部结构改进，土颗粒和泥浆沉渣可以积淀在底部气腔中，定期进行清理即可。钻头搅拌翅和喷杆组成上大下小的锥形，减少钻进阻力，在桩径范围内喷搅更加均匀。

4. 制浆设备

制浆设备的性能应与水泥土插芯组合桩施工时的需浆量相适应，并保证浆液搅拌均匀，一般采用全自动制浆设备。必要时可设置带有搅拌功能的储浆桶，存放制备好的水泥浆。

全自动制浆设备（图 11.4-5）制备水泥浆时，用水量通过抽水泵工作时间控制，散

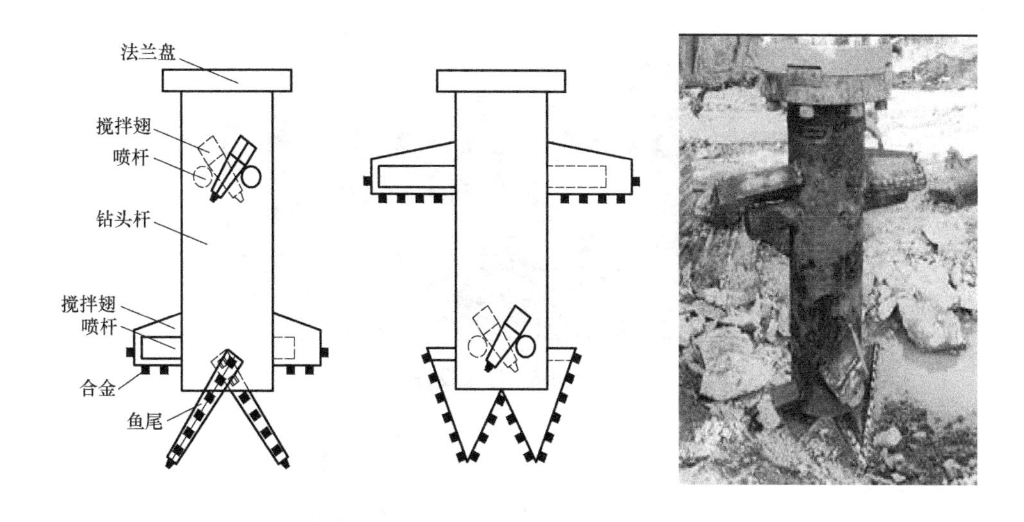

图 11.4-4　钻头形式

装水泥通过连接在存储罐出口的绞笼输送至水泥浆搅拌桶上方的料斗内，水泥量由安装在料斗上的称重传感器控制。全自动制浆设备中加水、加水泥、水泥浆搅拌等工序全部采用自动化控制，节约了大量的人力资源，减少了人为因素干扰。

(*a*)　　(*b*)

图 11.4-5　全自动制浆设备

(*a*) 控制柜；(*b*) 水泥浆搅拌机—上料机—存储罐

5. 注浆设备

注浆设备包括注浆泵或高压水泵、空气压缩机、储浆桶，如图 11.4-6 所示。注浆泵或高压水泵的压力、流量应满足施工要求，额定压力不应小于施工最大压力的 1.5 倍；空气压缩机的供气量和额定排气压力不应小于施工最大值的 1.5 倍；储浆桶应带有搅拌功能，其容积应能满足连续供给高压喷射浆液的需要。注浆泵一般采用三柱塞泵，通过变频调速电机控制注浆泵压力与流量。常用注浆泵型号有 BW600/10 型、GZB100 型、XPB-90EX 型，如图 11.4-7 所示，其技术参数详见表 11.4-1。空气压缩机额定压力不宜低于 0.7MPa，常用的空气压缩机技术参数见表 11.4-2。

图 11.4-6　注浆设备

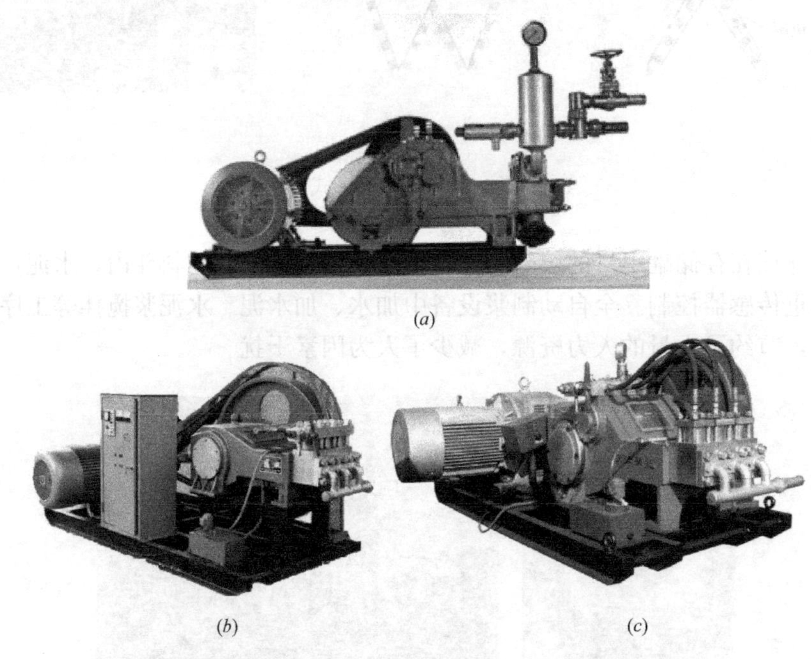

图 11.4-7　注浆泵

(*a*) BW600/10 型；(*b*) GZB100 型；(*c*) XPB-90EX 型

注浆泵技术参数　　**表 11.4-1**

序号	项目	BW600/10	GZB100	XPB-90EX
1	额定功率(kW)	55	90	132
2	柱塞直径(mm)	100	50/60	70
3	最大工作压力(MPa)	10	40	39
4	排出流量(L/min)	600	110	165

空气压缩机技术参数　　**表 11.4-2**

序号	项目	VF-6/7-A	LGY-10/8	LGY-7.5/13
1	额定功率(kW)	37	55	55
2	排气压力(MPa)	0.7	0.8	1.3
3	供气量(m^3/min)	6	10	7.5

11.4.2 施工准备

1. 资料准备

水泥土插芯组合桩施工前应具备如下基本资料：建筑场地岩土工程勘察报告；复合地基施工图及图纸会审纪要；建筑场地和相邻区域内的建筑物、地下管线、地下构筑物和架空线路等的调查资料；主要施工机械及其配套设备的技术性能资料；复合地基施工组织设计；水泥等原材料质检报告；芯桩的出厂合格证及相关质量证明文件；有关施工工艺参数的试验资料。

2. 场地准备

为保证水泥土插芯组合桩正常施工，施工用的供水、供电、道路、降水、排水、临时房屋等临时设施，必须在开工前准备就绪。

施工前应清除地下和空中障碍物并具备三通一平条件，平整后的场地标高应高出设计桩顶标高不小于 1.0m。施工场地应平整、密实，给桩机预留足够的作业面，地基承载力应满足施工机械接地压力的要求。当场地过软不利于桩机行走或移动时，可根据桩机行走路线铺设钢板或铺筑碎石道路。

3. 施工机械准备

进场前，由专业维修人员对施工机械及配套设备进行全面的检查与保养，备足易磨损零件，精心检查机械上各种安全防护装置、指示、仪表、报警等装置是否完好齐全，有缺损时应该及时修复。设备检查、保养完毕后及时进行记录。

进场后，根据施工场地平面布置，安放组装制浆设备、注浆设备，用输浆管连接注浆泵出口和水泥土桩施工机械的高压旋喷水龙头进浆口，用输气管连接空气压缩机出口和水泥土桩施工机械的高压旋喷水龙头进气口。对施工机械试运行，标定流量、压力、钻杆提升速度与钻杆旋转速度等施工参数。

开工前，对施工机械及配套设备进行整体试运行，运行中对钻具尺寸、水泥浆流量与压力、钻杆提升速度与钻杆旋转速度等施工参数进行标定。

4. 材料准备

按设计要求选用水泥、芯桩等原材料，按照施工进度计划安排原材料进场。原材料进场后，由材料员和质检员依据供货合同和材料计划，对材料的合格证、规格型号、数量及标识等进行检查，合格后填写《原材料进场检验、标识记录》，并由质检员会同监理按现行标准规定进行抽样复检。

按同一厂家同一等级同一品种、同一批号且连续进场的袋装水泥不超过 200t 为一批，散装水泥不超过 500t 为一批，每批抽样不少于一次。材料取样检验均应由监理见证进行。原材料复试合格后，需对各种原材料进行标识存放，然后使用。发现不合格品应及时标识、隔离，并尽早通知供货商清运出场。不合格的原材料严禁用于工程。

5. 工艺性试验

工艺性试验的目的是验证地层条件适应性；选择施工机械，确定实际成桩步骤、浆液压力、水压、气压、水灰比、钻杆提升速度、钻杆旋转速度等工艺参数；了解钻进阻力及植桩情况并采取相应措施。综合考虑场地地层分布情况、设计资料等，选择有代表性场地进行工艺性试验，类似条件下试验数量不宜少于 3 组。

水泥土桩工艺性试验时，可先采用喷水的方法初步确定工艺参数，在此基础上再采用喷水泥浆的方法并宜植入芯桩。工艺性试验结束后，可以采用开挖、钻芯等方法检查成桩直径及桩身均匀程度。

6. 测量放线

水泥土插芯组合桩施工测量放线应符合下列要求：

(1) 对建设方提供的坐标和高程控制点进行复核，并妥善保护。

(2) 当单体建筑较多或各建筑间距较大时，应在每个单体建筑附近引测轴线控制点和水准点。轴线控制点和水准点应设在不受施工影响、位置稳定、易于长期保存的地方，并定期与建设方提供的控制点进行联测。

(3) 按施工图进行桩位放样并填写放线记录，桩位放样允许偏差应为 10mm，自检合格后填写放线记录，经监理单位或建设单位复核签证后方可开工。

(4) 桩位点应设有不易破坏的明显标记，并宜在施工时进行桩位复核，避免漏桩，并校验桩位放样偏差。

11.4.3 施工作业

1. 施工步骤

水泥土插芯组合桩施工步骤包括：采用高喷搅拌法施工水泥土桩，在水泥土初凝之前将芯桩同心植入水泥土桩中至设计标高，其施工过程如图 11.4-8 所示。

水泥土插芯组合桩施工要点在于首先采用高喷搅拌法施工外围水泥土桩，其次为了防止植入芯桩时造成外围水泥土开裂或沉桩不到位，影响成桩质量，应在水泥土初凝之前植入芯桩，同时确保芯桩与水泥土桩的同心度。

水泥土初凝前特指在该时段内水泥土保持流塑状态，芯桩同心植入水泥土桩后，不影响水泥土的成桩形态、后期强度以及芯桩—水泥土界面的粘结强度。根据已有的工程经验，在正常施工条件下，水泥土桩施工完成后 2～3h，水泥土尚未初凝。芯桩开始施工与水泥土桩施工完成时间间隔应通过现场试验确定。

当采用空心芯桩时，芯桩两端不封底。

2. 施工工艺

采用组合式桩机时，水泥土插芯组合桩施工工艺流程应按图 11.4-9 进行；采用整体式桩机时，水泥土插芯组合桩施工工艺流程应按图 11.4-10 进行。

各工艺流程工作内容及控制要点分述如下：

(1) 水泥土桩施工机具就位、桩机调平

检查注浆泵、高压水泵、空气压缩机、水泥浆搅拌机、储浆桶、高压旋喷水龙头、喷嘴等机具的性能指标是否符合施工要求；检查输气管、输浆管、供水管连接是否严密；将桩机移至桩位并对中、调平。水泥土桩机就位时，必须再次复核桩位；调平时可采用机械自带水准泡、线坠等。由现场技术人员检查确认无误后方可开机作业。

(2) 制备水泥浆

启动水泥浆搅拌桶，制备水泥浆。现场所用的水泥品种、强度等级、水灰比、外掺剂的种类及掺量应符合设计要求，不得使用过期的和受潮结块的水泥。

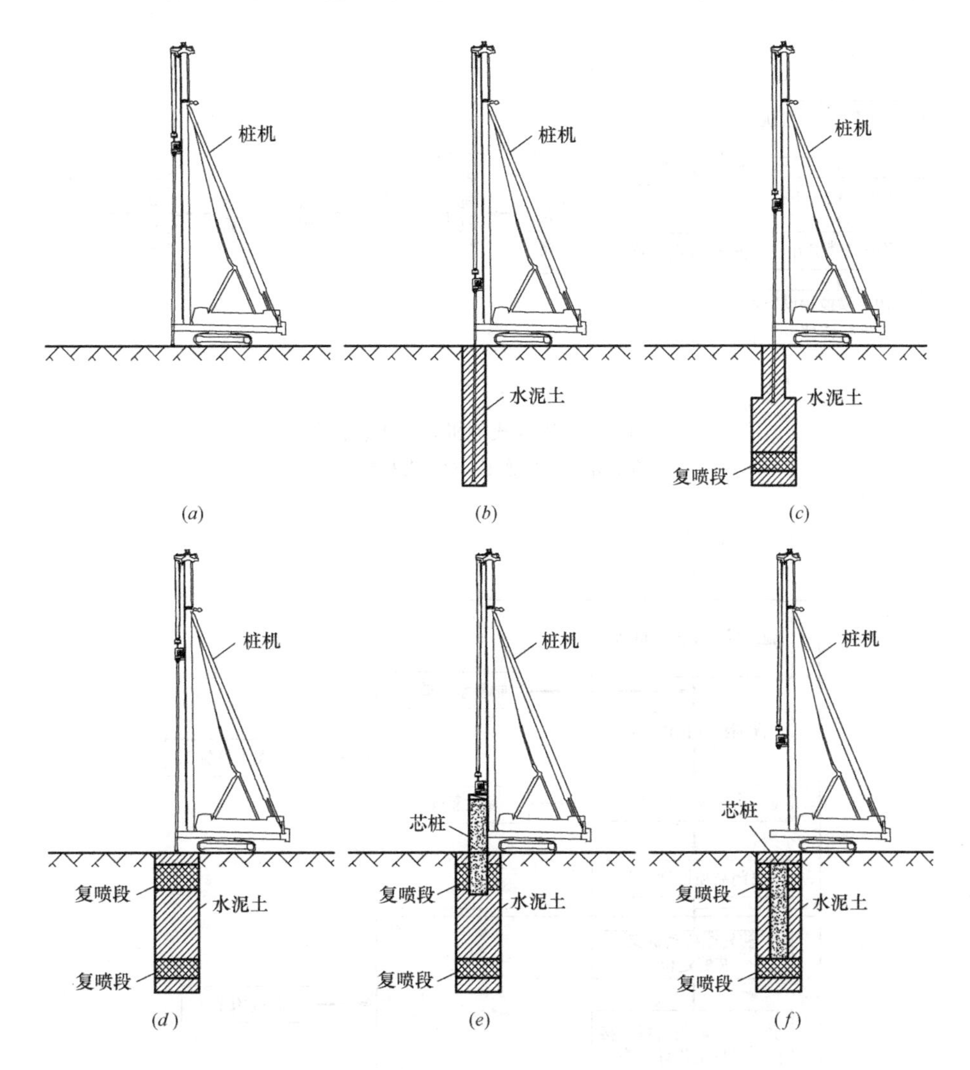

图 11.4-8 施工过程

(*a*) 桩机就位；(*b*) 钻进下沉；(*c*) 提升及复喷；
(*d*) 水泥土桩完成；(*e*) 植入芯桩；(*f*) 施工完成

水泥浆应经过二级过滤后方可使用，每根桩测试水泥浆比重不少于 3 次。

(3) 高喷搅拌钻进下沉

启动注浆泵、高压水泵、空气压缩机、储浆桶、桩机等施工机具设备，浆液压力、水压、气压等施工参数应符合高喷搅拌的钻进下沉施工要求，喷射钻具开始自钻式下沉至设计深度。

钻进下沉前，应确保桩位处无妨碍钻进的大块石头或建筑垃圾，检查喷嘴是否正常。

(4) 高喷搅拌提升

喷射钻具在设计深度处喷浆搅拌 30s 后方可开始提升，提升过程中钻杆提升速度、钻杆旋转速度、浆液压力、水压、气压等施工参数应符合高喷搅拌的提升施工要求，并始终保持送浆连续，中途不得间断。提升时，经常检查提速，并做好记录。

(5) 复搅复喷

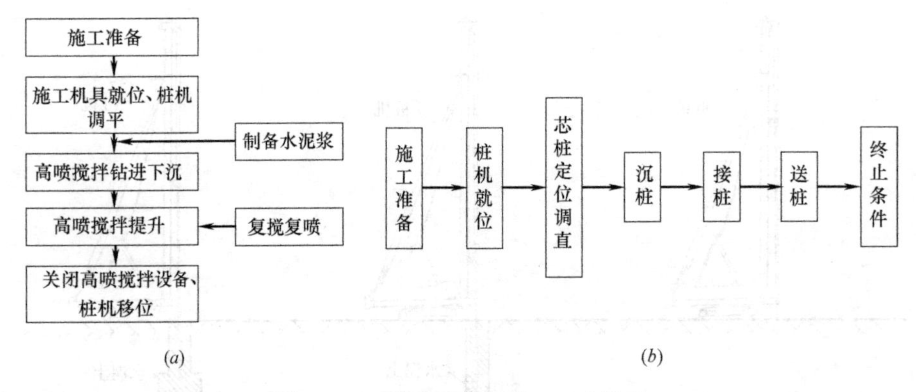

图 11.4-9 组合式桩机施工工艺流程

(a) 水泥土桩施工；(b) 芯桩施工

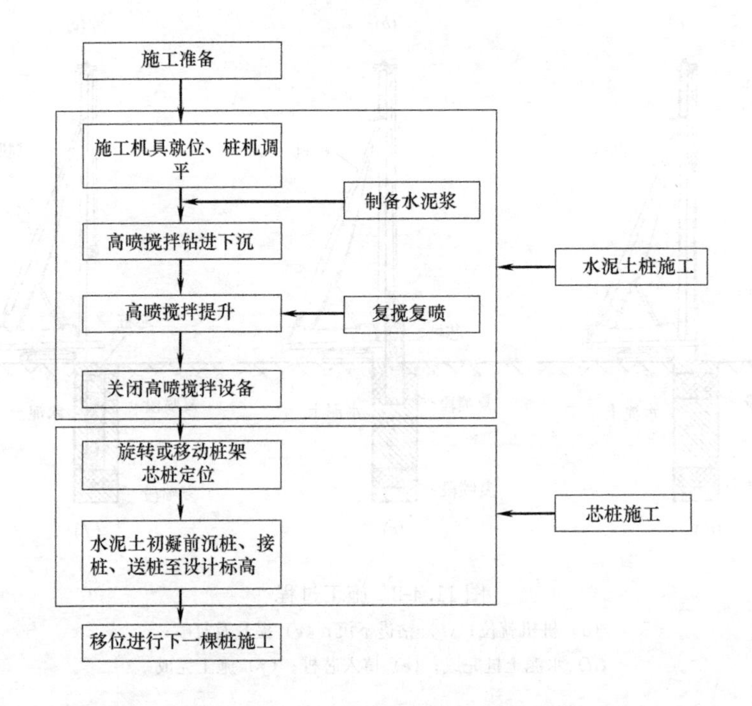

图 11.4-10 整体式桩机施工工艺流程

重复前述作业，对桩身需要加固部位进行高压喷射搅拌的下沉与提升，实现对其复搅复喷。

(6) 关闭高喷搅拌设备

关闭注浆泵、高压水泵、空气压缩机等设备。

(7) 对于组合式桩机，移走水泥土桩施工机机械，采用全站仪二次定位，芯桩施工机械就位、芯桩定位调直；对于整体式桩机，旋转或移动桩架、芯桩定位。

(8) 水泥土初凝前沉桩、接桩、送桩至设计标高。

植桩时允许少量水泥土挤出；前 3～4m 芯桩可能在自重作用下自由下沉，应采取措施保证桩身垂直度。

(9) 桩机移至下一个桩位，重复进行上述施工步骤，进行下一根桩施工。

3. 水泥土桩施工

水泥土桩施工除应符合现行行业标准《建筑地基处理技术规范》JGJ 79—2012，尚应符合下列要求：

（1）水泥土桩施工参数如浆液压力、气压、水压及流量、喷嘴个数及直径、搅拌翅直径、钻杆提升速度、钻杆旋转速度、水泥品种及强度等级、水灰比、水泥用量等应根据工艺性试验确定，并在施工中严格加以控制，不得随意更改。在确保水泥土桩桩顶标高、有效桩长、桩径、垂直度、水泥土强度达到设计要求的前提下，施工单位可根据本工程的施工经验、土质条件等对施工参数作必要的调整。

表 11.4-3 列出了部分实际工程的高喷搅拌法水泥土桩施工参数，供参考。

部分实际工程水泥土桩施工参数 **表 11.4-3**

适用土质	素填土、粉土、黏性土、砂土	
施工参数		
空气	压力(MPa)	0.7
	流量(m^3/min)	1～2
	喷嘴间隙(mm)及个数	1～2(1～4)
浆液	水灰比	0.8～1.2
	压力(MPa)	4～30
	流量(L/min)	35～280
钻头	喷嘴孔径(mm)及个数	2.4～2.8(1～4)
	搅拌翅外径(mm)	350～900
钻杆	钻杆外径(mm)	219、299
	提升速度(cm/min)	20～50
	旋转速度(r/min)	18～23

（2）水泥浆应过筛后使用，其搅拌时间不应少于 3min，自制备至用完的时间不应超过 2h。

（3）施工中钻杆垂直度允许偏差应为 1%。

（4）桩身深度范围内每米的搅拌次数宜大于 300 次。

（5）对需要提高强度或增加喷搅次数的部位应采取复搅复喷措施。

需要提高强度或增加喷搅次数而采取复搅复喷措施的部位一般指桩顶部位、芯桩底部、塑性指数较高的黏土层以及因故停浆或喷浆不连续的部位等。复喷复搅段长度宜根据作用在桩顶及芯桩底部荷载大小、土质条件、水泥用量、水灰比、浆液流量、提升速度、施工异常情况等因素综合确定。

（6）停浆面高出桩顶设计标高不应小于 500mm，桩径、有效桩长不应小于设计值。

（7）在每根桩施工过程中必须进行水泥用量、桩位偏差、桩长、垂直度等指标的测量控制，确保满足设计及相关规范要求。

（8）必须按隐蔽工程要求做好施工记录。

（9）水泥土桩施工后宜采取尚未凝固的水泥土浆液留置试件。

每个施工台班留置试件不应少于 1 组，每组试件应留 6 件，试件尺寸应为 70.7mm×

70.7mm×70.7mm；单组试件应取自同一根增强体，取样位置应为桩顶设计标高以下；试件应同条件养护 28d。

4. 芯桩施工

芯桩施工除应符合现行行业标准《建筑桩基技术规范》JGJ 94—2008 的有关规定外，尚应符合下列要求：

（1）芯桩植入准备工作

芯桩施工前，应完成相关准备工作，如将水泥土桩施工后的桩孔附近返浆清理干净，露出桩顶轮廓，以方便确定芯桩植入位置；提前架设全站仪及水准仪；芯桩施工设备预就位等。

（2）芯桩垂直度控制

芯桩垂直度控制对高喷搅拌水泥土插芯组合桩成桩质量相当关键，应制定可靠的垂直度控制措施，芯桩垂直度允许偏差应为 0.5%。

（3）芯桩定位偏差控制

采用组合式桩机进行高喷搅拌水泥土插芯组合桩施工时，为保证芯桩与水泥土桩之间的同心度，在水泥土桩施工结束后宜采用精度为 2mm＋2ppm・S（S 为测量距离，单位为 km）的全站仪对芯桩植入位置进行放样定位。采用整体式机械时，在水泥土桩施工完成后通过旋转或移动桩架进行芯桩定位。芯桩定位允许偏差应为 10mm。

（4）芯桩植入水泥土桩中时应采取必要的监控预防措施，如根据监测的植桩情况采取措施防止首节芯桩掉入水泥土桩中。

（5）多节芯桩连接质量控制

芯桩接桩有焊接、机械连接方式，采用其中任一种连接方式时均应保证接桩质量和上下节段的桩身垂直度。

（6）芯桩桩顶标高允许偏差应为±50mm。

（7）必须按隐蔽工程要求做好施工记录。

5. 基坑开挖与褥垫层施工

基坑开挖与褥垫层施工除应符合现行国家标准《建筑地基基础工程施工规范》GB 51004—2015 的有关规定外，尚应符合下列要求：

（1）基坑开挖前，若地下水位较高，应根据实际情况采取合理的降、排水措施，且保证地下水位始终位于开挖面以下 0.5m。基坑开挖宜分层均匀进行，且桩周围土体高差不宜大于 1.0m。采用机械开挖土方时，不得碰及桩身，确保桩身不受损坏。挖到离桩顶标高 0.4m 以上时，宜改用人工挖除桩顶余土。当需要截除桩头时，应采用人工截桩头，不得造成桩顶标高以下桩身断裂。

（2）基坑开挖后，桩顶水泥土应处理平整，露出密实的水泥土。处理后的水泥土顶面标高严禁高于芯桩或桩间土。

（3）褥垫层施工宜采用静力压实法，夯填度不应大于 0.9。

11.4.4 施工常见问题及处理措施

水泥土插芯组合桩复合地基是一种新型复合地基，在工程应用过程中还需注意积累经验，对施工工艺方法和质量控制措施不断加以改进，确保工程质量。根据现有工程实践经验，表11.4-4列出了施工常见问题、原因分析及其处理措施。这主要有以下两个目的：首先便于施工单位编制有针对性的施工应急预案；其次施工单位可以根据现场实际情况，快速找出原因，及时采取相应的处理措施，确保水泥土插芯组合桩复合地基施工质量。应当注意，水泥土桩施工出现问题需要处理时，有条件时必须先将钻头提出地面，严禁钻头埋于地下时修理设备；当需要较长时间停机时，必须清洗干净输浆管、注浆泵、注浆管、钻杆、钻头等管路及设备。

施工常见问题处理措施　　表11.4-4

常见问题	发生原因	处理措施
桩位偏差	定位不准；施工中垂直度偏差超出规定值	对水泥土桩及芯桩施工采用全站仪或GPS定位、复检；采用线锤或仪器控制水泥土桩与芯桩施工时的垂直度
水泥土桩直径小	浆液压力小；浆液流量小	调整浆液压力、流量、钻杆提升速度、钻杆旋转速度、搅拌翅直径等施工参数
桩身水泥土强度达不到设计要求	水泥掺量小；水灰比大；搅拌不匀；局部喷浆量小、喷浆不连续	增大水泥掺量；减小水灰比；减小钻杆提升速度、增加搅拌均匀程度及喷浆量、连续喷浆
水泥土断桩	喷浆不连续	恢复供浆后喷头提升或下沉1.0m后再行下沉或提升施工，保证接茬
钻进下沉困难、电流值高、跳闸	电压偏低；土质坚硬，阻力太大；遇大块石等障碍物；漏电	调高电压；加大浆液压力；更换合适的钻具；开挖排除障碍物；检查电缆接头，排除漏电
浆液过早用完或剩余过多	供浆管路堵塞、漏浆；钻杆提升速度过慢或过快；投料不准、加水量少或过多；钻进过程耗浆量太大	检修注浆泵及供浆管路；调整钻杆提升速度；重新标定投料量及加水量；减小钻进耗时
注浆泵堵塞、供浆管路堵塞、爆裂，喷嘴堵塞	水泥浆杂质多；供浆管路内有杂物；杂物进入喷嘴	增加水泥浆过滤遍数或更换过滤网；拆洗供浆管路、注浆泵；检查拆洗喷嘴
注浆泵压力剧增或剧减	喷浆嘴或注浆管路堵塞；喷浆嘴或注浆管路漏浆；喷杆磨损漏浆	拆洗检查；更换喷杆
注浆泵压力不稳	注浆泵内进气；注浆泵内进入硬质颗粒；注浆泵机械磨损	排除空气；拆洗检查；更换磨损件
空气压缩机不工作	线路或电机出现问题；喷气嘴堵塞或供气管路堵塞	检查线路及电机；检查清洗供气管路、喷气嘴及钻头内部气腔
水泥浆进入空气压缩机储气罐	钻头在地下时气被憋住，造成回浆	提起钻头，清洗空气压缩机储气罐
注浆泵压力、钻杆提升速度等施工参数与设计不符	喷嘴直径与设计不符；供浆管路堵塞；调速电机控制器出现问题	检查喷嘴直径；检查供浆管路；检查或更换调速电机控制器
冒浆多	土质太黏，搅拌不动；遇硬土或障碍物下沉困难；浆液流量过大；喷浆下沉、提升速度小水灰比过大	加强搅拌；清除障碍物；调整浆液流量；加大升降速度及喷搅遍数；减少水灰比
不返气、不返浆	供气、供浆管路堵塞；下沉过快，上层黏土层封住返气、返浆通道	疏通供气、供浆管路；降低下沉速度；提起钻头，待返气、返浆后再行下沉施工

续表

常见问题	发生原因	处理措施
相邻桩附近冒气、冒水	距离施工桩太近；临近桩施工完成时间较短	间隔施工；增加相邻桩施工时间间隔
埋钻	钻头埋置地下较深时，钻杆停止转动同时不喷气、不喷浆；遇流砂等土层	降低钻进速度；检查电路及设备，防止出现钻杆停止转动等故障；维修设备时，应将钻杆提至地面
芯桩施工达不到设计标高	芯桩施工与水泥土桩施工完成时间间隔过长；接桩时间过长；水灰比小或注浆量少；压桩力或激振力不足；桩身偏斜，压入土中；水泥土不均匀	减少时间间隔；缩短接桩时间；增大水灰比或注水搅拌；加大压桩力或激振力；确保芯桩位置及垂直度；增加喷搅次数
芯桩掉入水泥土中	水灰比过大	减小水灰比；施工时采取控制措施

11.5 质量检验

11.5.1 一般规定

（1）水泥土插芯组合桩复合地基质量检验按时间顺序可分为三个阶段：施工前检验、施工中检验和施工后检验。

影响水泥土插芯组合桩复合地基质量的因素存在于施工的全过程中，仅有施工后的检验和验收是不全面、不完整的。如施工过程中出现的局部地质条件与岩土工程勘察报告不符、工程桩施工参数与成桩工艺性试验确定的参数不同、原材料发生变化、设计变更、施工单位变更等情况，都可能产生质量隐患，因此，加强施工过程中的检验是有必要的，应按不同施工阶段进行检验。

水泥土插芯组合桩复合地基质量检验主要包括对水泥土桩施工、芯桩施工、褥垫层施工及施工工序过程的质量检验。

（2）质量验收应按一般项目和主控项目验收。

（3）水泥土插芯组合桩复合地基质量检验主控项目应包括水泥及外掺剂质量、水泥用量、水泥土强度、桩长、桩径、桩数、单桩承载力、复合地基承载力。

11.5.2 施工前检验

（1）施工前应对水泥、外掺剂、芯桩、接桩用材料等产品质量进行检验。

（2）施工前应对施工机械设备及性能进行检查。

（3）施工前应对桩位进行检验。

（4）施工前质量检验内容与标准应符合表 11.5-1 的规定。

11.5.3 施工中检验

（1）成桩工艺性试验应采用轻型动力触探或浅部开挖的方法对水泥土桩的形态大小、胶结情况、水泥土均匀程度进行检验，研究其形态大小、垂直度及胶结情况与施工参数，比如浆液压力及流量、喷嘴直径、钻杆提升速度、钻杆旋转速度等之间的关系，从而确定合理的水泥土桩施工参数。

开挖检查一般在水泥土桩施工3d后进行，可沿水泥土固结体周围或一侧进行，开挖深度视土层性质和场地范围确定。

施工前质量检验内容与标准 **表11.5-1**

<table>
<tr><th>项目</th><th>序号</th><th colspan="2">检查项目</th><th>允许偏差或允许值</th><th>检查方法</th></tr>
<tr><td>主控项目</td><td>1</td><td colspan="2">水泥及外掺剂质量</td><td>符合出厂及设计要求</td><td>检查产品合格证和抽样送检</td></tr>
<tr><td rowspan="23">一般项目</td><td>1</td><td colspan="2">施工机械设备及性能</td><td>符合出厂及设计要求</td><td>检查设备标定记录</td></tr>
<tr><td>2</td><td colspan="2">桩位放样(mm)</td><td>10</td><td>检查放线记录</td></tr>
<tr><td>3</td><td colspan="2">芯桩外观质量</td><td>无蜂窝、漏筋、裂缝、色感均匀、桩顶处无空隙</td><td>直观</td></tr>
<tr><td>4</td><td rowspan="6">管桩</td><td>直径(mm)</td><td>±5</td><td>用钢尺量</td></tr>
<tr><td>5</td><td>壁厚(mm)</td><td>≤5</td><td>用钢尺量</td></tr>
<tr><td>6</td><td>桩长</td><td>按设计要求</td><td>用钢尺量</td></tr>
<tr><td>7</td><td>桩尖中心线(mm)</td><td>2</td><td>用钢尺量</td></tr>
<tr><td>8</td><td>端部倾斜</td><td>0.5%d</td><td>用水平尺量</td></tr>
<tr><td>9</td><td>桩体弯曲</td><td>1‰l</td><td>用钢尺量</td></tr>
<tr><td>10</td><td rowspan="7">空心方桩</td><td>边长(mm)</td><td>+4
−2</td><td>用钢尺量</td></tr>
<tr><td>11</td><td>桩顶对角线之差(mm)</td><td>≤5</td><td>用钢尺量</td></tr>
<tr><td>12</td><td>内径(mm)</td><td>0
−20</td><td>用钢尺量</td></tr>
<tr><td>13</td><td>最小壁厚(mm)</td><td>+10
0</td><td>用钢尺量</td></tr>
<tr><td>14</td><td>桩长</td><td>按设计要求</td><td>用钢尺量</td></tr>
<tr><td>15</td><td>端部倾斜</td><td>0.4%b</td><td>用水平尺量</td></tr>
<tr><td>16</td><td>桩体弯曲</td><td>1‰l</td><td>用钢尺量</td></tr>
<tr><td>17</td><td rowspan="5">实心方桩</td><td>边长(mm)</td><td>+4
−2</td><td>用钢尺量</td></tr>
<tr><td>18</td><td>桩顶对角线之差(mm)</td><td>≤5</td><td>用钢尺量</td></tr>
<tr><td>19</td><td>桩长(mm)</td><td>按设计要求</td><td>用钢尺量</td></tr>
<tr><td>20</td><td>端部倾斜</td><td>0.5%b</td><td>用水平尺量</td></tr>
<tr><td>21</td><td>桩体弯曲</td><td>1‰l</td><td>用钢尺量</td></tr>
<tr><td>22</td><td colspan="2">接桩用材料</td><td>符合出厂及设计要求</td><td>检查产品合格证或抽样送检</td></tr>
</table>

(2) 水泥土插芯组合桩中的水泥土桩施工时应检查桩位放样偏差、水泥用量、浆液压力、水压、气压、水灰比、钻杆提升速度、钻杆旋转速度、垂直度、桩底标高。

(3) 水泥土插芯桩组合桩中的芯桩施工时应检查植入情况：桩长、垂直度、接桩质量、接桩上下节平面偏差、接桩停歇时间、桩顶标高。

(4) 施工中水泥土插芯组合桩施工质量检验内容与标准应符合表11.5-2的规定。

施工中质量检验内容与标准 **表11.5-2**

项目	序号	检查项目	允许偏差或允许值	检查方法
主控项目	1	水泥用量	按设计要求	检查施工记录
	2	桩长	不小于设计值	测钻杆长度
	3	桩径	不小于设计值	用钢尺量
一般项目	1	浆液压力	按施工组织设计要求	检查施工记录
	2	水压	按施工组织设计要求	检查施工记录
	3	气压	按施工组织设计要求	检查施工记录
	4	水灰比	按施工组织设计要求	检查施工记录
	5	钻杆下沉/提升速度	按施工组织设计要求	检查施工记录
	6	钻杆旋转速度	按施工组织设计要求	检查施工记录
	7	水泥土桩垂直度(%)	1	经纬仪测量或线锤测量
	8	芯桩垂直度(%)	0.5	经纬仪测量或线锤测量
	9	芯桩桩顶标高(mm)	±50	水准测量
	10	接桩质量	按设计或规范要求	满足设计或规范要求
	11	接桩上下节平面偏差(mm)	10	用钢尺量
	12	焊接接桩停歇时间(min)	>5	用表计量

(5) 施工过程中应按表11.5-2规定对每根桩进行质量控制，对不符合预定质量要求的桩，应进行处理。

施工过程中要求按单桩进行检验有助于问题得到及时的处理。经监理单位确认后报设计单位进行处理的方法有多种，可以通过桩身完整性或单桩承载力的验证检测；也可以通过有效手段证明确实需要调整施工工艺参数来解决；或通过设计复核计算；对于不合格的桩采取补桩等措施。

11.5.4 施工后检验

(1) 开挖至基底设计标高后应进行施工验槽，并应检查水泥土插芯组合桩的桩数、桩位偏差、桩径、桩顶标高。

(2) 施工完成后的复合地基应进行增强体和复合地基承载力检验、桩身质量检验。

(3) 增强体承载力检验应符合下列规定：

1) 检验数量不应少于总桩数的0.5%，且不应少于3根；

2) 检测桩顶标高不应高于桩周土标高；

3) 检测时宜在桩顶铺设粗砂或中砂找平层，厚度宜取20～30mm；

4) 找平层上的刚性承压板直径应与水泥土插芯组合桩的设计直径相一致；

5) 对直径不小于800mm的增强体，荷载—沉降曲线呈缓变型时，极限承载力可取s/D等于0.05对应的荷载值。

(4) 复合地基承载力检验应符合下列规定：

1) 检验数量宜为总桩数的0.5%，且不应少于3点；

2) 当压力—沉降曲线为平缓的光滑曲线时，可取沉降与承压板宽度或直径（当承压板宽度或直径大于3.0m时，可按3.0m计算）的比值为0.008～0.01所对应的压力作为复合地基承载力特征值。

（5）桩身质量除对预留水泥土试件进行无侧限抗压强度检验外，尚应进行芯桩桩身完整性检测。水泥土插芯组合桩中的芯桩和水泥土共同承担上部荷载，且芯桩是主要承力构件。桩身质量检验时，应重点检验水泥土强度和芯桩桩身完整性。

（6）当对水泥土强度有怀疑时，桩身水泥土实体强度可在桩顶浅部钻取芯样验证，检测桩数不应少于总桩数的 5%，且不得少于 6 根。

（7）芯桩桩身完整性检测可采用低应变法，检测桩数不应少于总桩数的 10%，且不得少于 10 根。

实测结果表明，随着水泥土龄期的增长，水泥土插芯组合桩中的芯桩桩身完整性低应变检测信号受芯桩—水泥土耦合效应的影响明显（图 11.5-1）。芯桩刚植入水泥土中时，芯桩与水泥土之间基本没有耦合效应，信号衰减规则、桩身范围内无同向反射，桩底反射明显，是典型的完整桩时域信号。随着水泥土龄期的增加，芯桩和水泥土之间耦合效应明显。当芯桩周围水泥土软硬程度出现差异、水泥土外表面形状不规则时，桩头浅部出现同向反射信号，桩底反射减弱，直至消失。因此，桩身完整性判定时应考虑水泥土对实测信号的影响，当实测信号复杂，无规律，且无法对其进行合理解释时，宜结合其他检测方法进行。

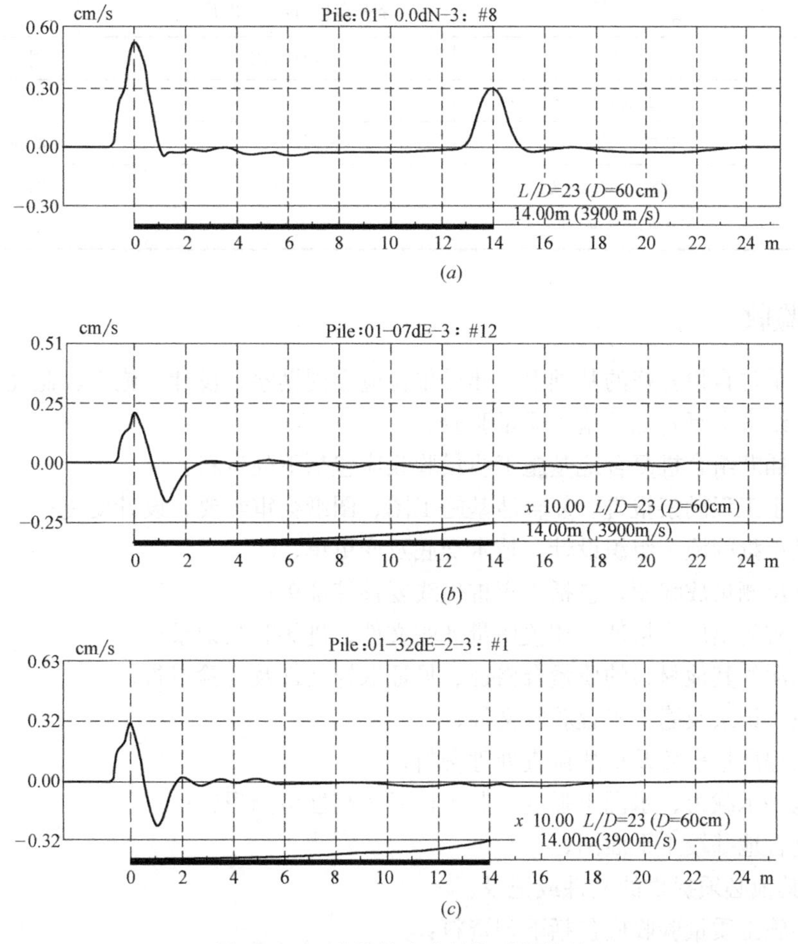

图 11.5-1 芯桩桩身完整性时域信号

（*a*）0d 龄期；（*b*）7d 龄期；（*c*）32d 龄期

(8) 褥垫层质量检验应符合下列规定：褥垫层厚度允许偏差为±20mm；褥垫层夯填度不应大于0.9，每单位工程检验数量不应少于3点，且每$100m^2$至少应有1点。

褥垫层压实质量一般采用夯填度衡量。夯填度是指夯实后的褥垫层厚度与虚体厚度的比值。褥垫层压实质量也可采用压实系数、压实度、地基系数等指标来衡量，检验时应考虑相关行业特点，按照国家现行标准及设计要求进行检验。

(9) 施工后水泥土插芯组合桩复合地基施工质量检验内容与标准应符合表11.5-3的规定。

施工后质量检验内容与标准 **表11.5-3**

项	序	检查项目	允许偏差或允许值	检查方法
主控项目	1	复合地基承载力	按设计要求	静载荷试验
	2	单桩承载力	按设计要求	静载荷试验
	3	桩数	按设计要求	现场清点
	4	水泥土强度	按设计要求	试件报告或钻芯取样送检
一般项目	1	桩位	满堂布桩时，$\leq 0.4D$ 条基布桩时，$\leq 0.25D$	用全站仪或钢尺量
	2	桩径	按设计要求	用钢尺量
	3	桩顶标高(mm)	±50	水准测量
	4	芯桩桩身完整性	按设计要求	低应变法
	5	褥垫层夯填度	≤ 0.9	用钢尺量
	6	褥垫层厚度(mm)	±20	水准测量

11.5.5 验收

在施工单位自检合格的基础上，建设单位应会同勘察、设计、施工、监理等单位进行水泥土插芯组合桩复合地基施工质量验收。

水泥土插芯组合桩复合地基施工质量验收应包括下列资料：

(1) 岩土工程勘察报告、复合地基施工图、图纸会审纪要、设计变更；

(2) 经审批的施工组织设计、技术交底及变更单；

(3) 桩位测量放线图，包括工程桩位线复核签证单；

(4) 芯桩的出厂合格证、相关质量证明文件、进场验收记录；

(5) 水泥等其他材料的质量合格证、见证取样文件及复验报告；

(6) 施工记录及隐蔽工程验收文件；

(7) 工程质量事故及事故调查处理资料；

(8) 地基承载力、水泥土强度、芯桩桩身完整性检测报告；

(9) 复合地基竣工平面图；

(10) 其他必须提供的文件或记录。

褥垫层施工质量验收应包括下列资料：

(1) 复合地基施工图、图纸会审纪要、设计变更；

(2) 经审批的施工组织设计、技术交底及变更单；

（3）褥垫层铺设范围测量放线图；

（4）褥垫层材料的质量合格证、见证取样文件及复验报告；

（5）施工记录及隐蔽工程验收文件；

（6）工程质量事故及事故调查处理资料；

（7）其他必须提供的文件或记录。

11.6 工程实例

11.6.1 工程概况

大学城A区21号、23号住宅楼（卜发东等，2017）位于山东省聊城市长江路以北、徒骇河以西（图11.6-1），均为主楼19层，设2层地下室，±0.000相当于绝对标高32.200m，基底相对标高−6.700m，剪力墙结构。21号住宅楼平面尺寸为东西长48.96m，南北宽12.60m；23号住宅楼平面尺寸为东西长48.36m，南北宽12.20m。

图11.6-1 工程位置

建设场地所处地貌类型为鲁西黄河冲积平原，自然地面相对标高约−0.500m，地基土自上而下分布有：2层粉土，3层粉质黏土，4层粉土，5层粉质黏土，6层粉土，7层粉质黏土，8层粉细砂，如图11.2-1所示。在勘探深度内，地层均为第四系冲积相堆积物和湖积相堆积物，物理力学指标如表11.6-1所示。地下水类型为第四系孔隙潜水，埋深4.00m。

各层土物理力学指标 表11.6-1

层号	名称	ω(%)	γ(kN/m^3)	e	c(kPa)	φ(°)	E_s(MPa)
2	粉土	24.5	18.4	0.786	10	36.5	8.53
3	粉质黏土	32.0	18.1	0.938	31	18.7	4.99
4	粉土	26.8	18.9	0.777	9	39.5	8.1
5	粉质黏土	32.9	18.3	0.933	32	17.4	4.57
6	粉土	28.1	19.0	0.782	10	37.5	8.48
7	粉质黏土	32.9	18.5	0.911	31	17.5	4.95
8	粉细砂	—	—	—	—	—	20.00

11.6.2 复合地基设计

两栋楼均采用高喷搅拌水泥土插芯组合桩复合地基，复合地基顶面标高为−7.00m，电梯井坑、集水坑处复合地基顶面标高分别为−8.55m、−9.75m。

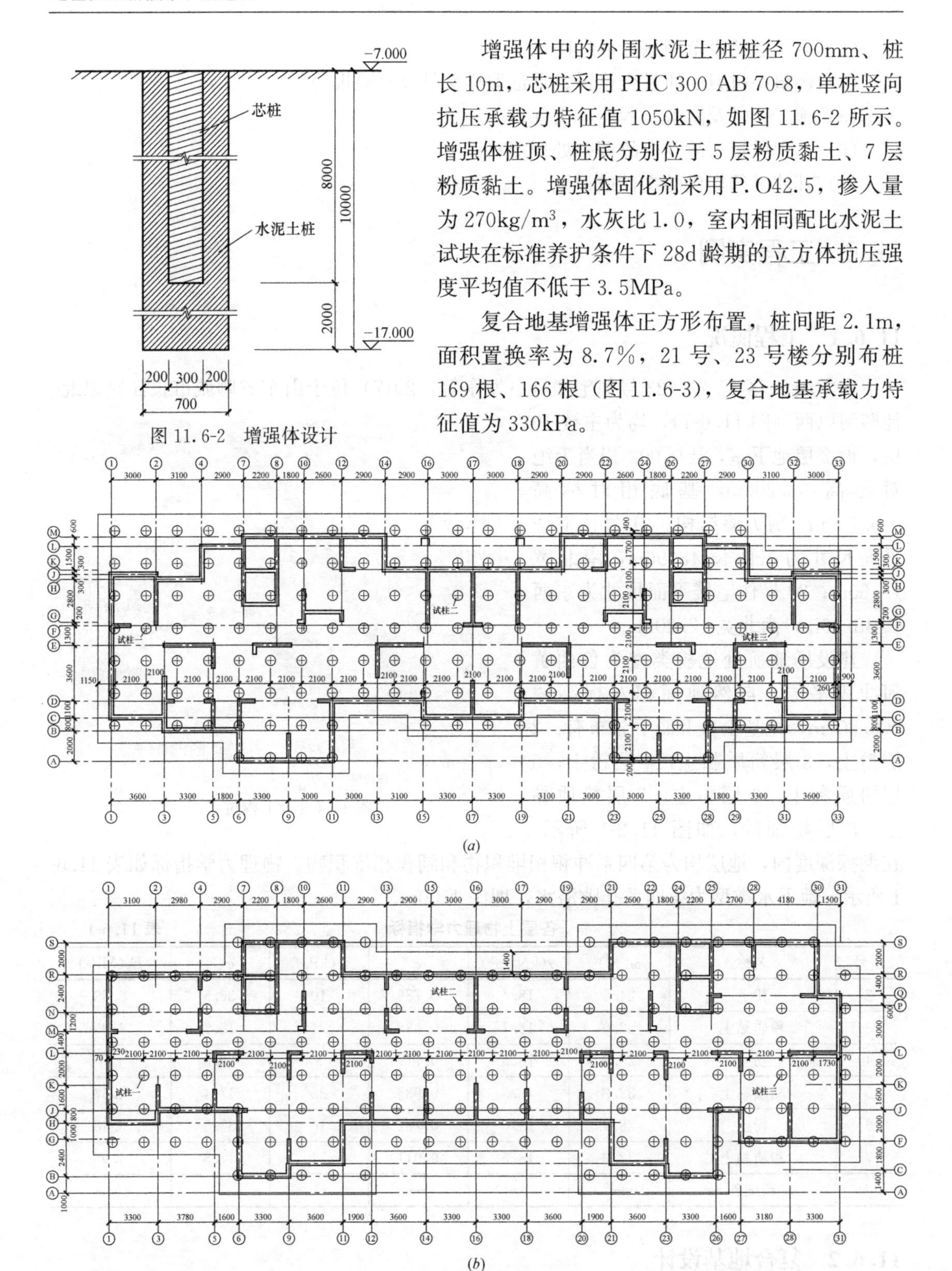

图 11.6-2 增强体设计

增强体中的外围水泥土桩桩径 700mm、桩长 10m，芯桩采用 PHC 300 AB 70-8，单桩竖向抗压承载力特征值 1050kN，如图 11.6-2 所示。增强体桩顶、桩底分别位于 5 层粉质黏土、7 层粉质黏土。增强体固化剂采用 P. O42.5，掺入量为 270kg/m³，水灰比 1.0，室内相同配比水泥土试块在标准养护条件下 28d 龄期的立方体抗压强度平均值不低于 3.5MPa。

复合地基增强体正方形布置，桩间距 2.1m，面积置换率为 8.7%，21 号、23 号楼分别布桩 169 根、166 根（图 11.6-3），复合地基承载力特征值为 330kPa。

(*a*)

(*b*)

图 11.6-3 复合地基桩位布置

(*a*) 21 号楼；(*b*) 23 号楼

复合地基上面设置厚度 300mm 的级配砂石褥垫层，最大粒径不大于 30mm，褥垫层夯填度不大于 0.9；褥垫层和筏板基础之间为厚度 100mm 的 C15 素混凝土垫层。电梯井坑、集水坑坡面处褥垫层用 C15 素混凝土代替，如图 11.6-4 所示。

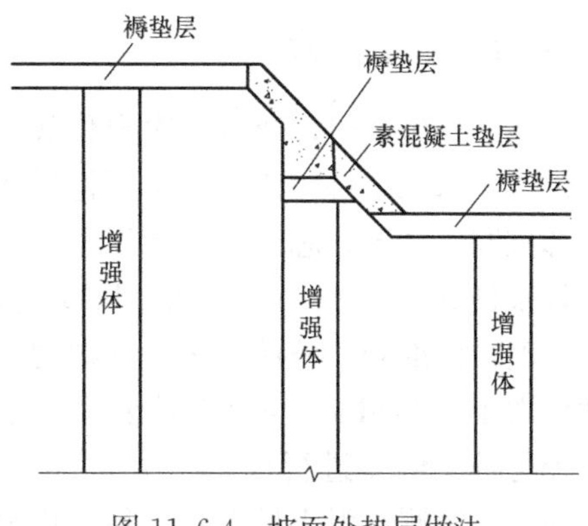

图 11.6-4　坡面处垫层做法

原设计管桩长度为 14m，持力层为中密～密实的粉细砂，桩端进入持力层深度约 2～3m。邻近工程管桩施工情况表明在这种地层条件下进行管桩施工时，容易出现压不到位、桩身破碎等质量问题，增加后期截桩和桩头处理成本，影响管桩基础承载和变形性能。而水泥土插芯组合桩是在尚未凝固的水泥土中插入芯桩，芯桩均能压至设计标高、桩身无破坏，质量有保证。

11.6.3　施工

水泥土插芯组合桩施工采用组合式机械，其中水泥土桩施工机械采用三轴搅拌桩架并配置专用钻具，芯桩施工采用 ZYJ240 型静力压桩机，如图 11.6-5 所示。为了增加搅拌均匀性、控制成桩直径，在钻头以上 14m 范围内的钻杆上设置了外径为 700mm 的断续螺旋片式搅拌翅，在钻头上设置了 6 片搅拌翅。水泥土桩施工时采用钻进和提升均喷浆的工艺，钻进和提升速度均为 1.0m/min；水泥土初凝前同心植入芯桩。通过调整水泥土桩和芯桩施工时间间隔，可以做到两台设备并行施工。统计施工情况，单根桩施工用时平均为 45min；孔口返土量平均值 1.0m³，占钻孔体积的 15.3%，现场无泥浆污染（图 11.6-6），绿色环保。

(*a*)

(*b*)

图 11.6-5　组合式机械

(*a*) 水泥土桩施工机械；(*b*) 芯桩施工机械

11.6.4 质量检验

图 11.6-6 钻孔返土

在芯桩施工时，通过二次定位放线，确保芯桩桩位位于水泥土桩中心；桩头开挖后实测水泥土桩和芯桩同心情况，芯桩位于水泥土桩中心，二者同心效果良好（图 11.6-7）。采用软取芯法检验水泥土强度，标准养护条件下 28d 龄期的立方体抗压强度均大于 3.5MPa，满足设计要求。基坑开挖后对桩径与桩位偏差进行检验（图 11.6-8），以芯桩桩心为中心实测水泥土桩有效直径；均大于设计要求桩径 700mm，实测桩位偏差最大值 110mm，小于表 11.5-3 规定的允许偏差 0.4D。采用低应变法对芯桩桩身完整性进行检验，典型时域信号如图 11.6-9 所示，均为Ⅰ类桩。每栋楼进行 3 组单桩复合地基静载荷试验、1 组复合地基增强体单桩静载荷试验，试验结果如图 11.6-10 所示，复合地基和增强体承载力特征值均达到设计要求。

(*a*)

(*b*)

图 11.6-7 同心效果

(*a*) 施工中；(*b*) 施工后

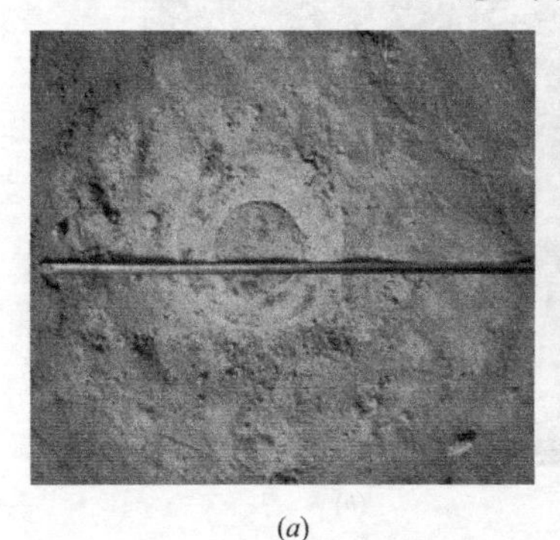

(*a*)

(*b*)

图 11.6-8 桩径与桩位偏差检验

(*a*) 桩径；(*b*) 桩位偏差

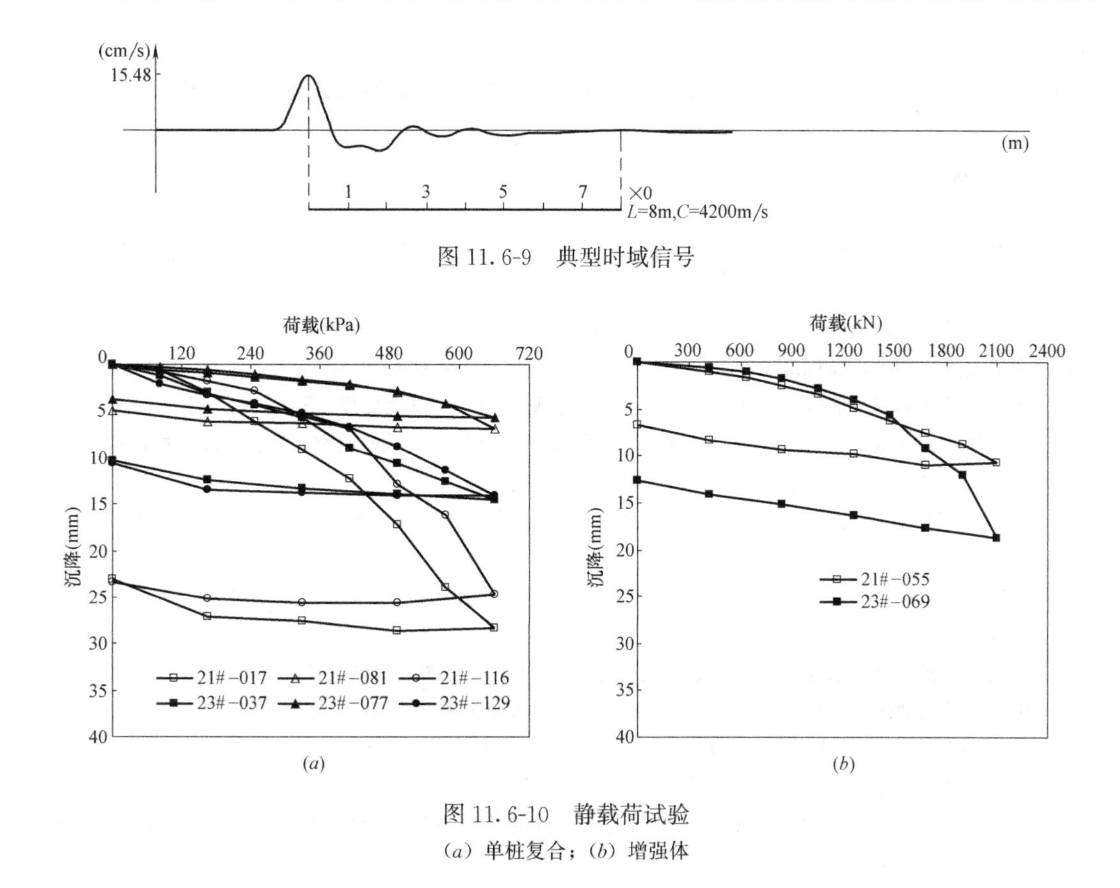

图 11.6-9 典型时域信号

图 11.6-10 静载荷试验

(a) 单桩复合；(b) 增强体

11.7 结语

水泥土插芯组合桩由外围水泥土桩和作为内芯使用的钢桩或预制混凝土桩组成，具有取材方便、造价低廉、施工工艺简便、质量可靠等优点，已成为组合桩技术体系的一个重要分支和发展方向，是一种适用于软弱土地层的典型“绿色建筑地基基础”，已列入住房和城乡建设部印发的《建筑业 10 项新技术（2017 版）》。

在总结组合桩复合地基现状基础上，本章以高喷搅拌水泥土插芯组合桩为例，首先分析了组合桩复合地基承载性能，包括荷载传递规律、荷载分担比与应力比、桩侧土沉降性状、地基刚度特征、芯桩—水泥土界面力学性能等；提出了增强体选型与布置原则，给出了复合地基抗震承载力、增强体桩身承载力、竖向抗压承载力、最终沉降量及稳定性计算或验算方法；详细介绍了组合桩复合地基施工机械与配套设备，结合工程实践经验给出了一套成熟的施工工艺方法、关键技术、常见问题及处理措施；提出了组合桩复合地基分阶段质量检验标准及验收要求；最后给出了组合桩复合地基技术成功应用的工程实例。相关技术成果已经纳入中国土木工程学会标准及山东省工程建设标准《水泥土插芯组合桩复合地基技术规程》（在编）。

作为一项新技术，组合桩复合地基技术在施工机械、检测验收等诸多方面还有待持续改进。随着工程应用资料的积累以及桩工机械制造、检测技术等相关领域的发展，相信组合桩复合地基技术必将日趋成熟。人们对自然界的认识是一个充满艰辛和挑战、永无止境的过程，希望有更多岩土工作者投入到持续开发组合桩复合地基技术的工作中去。

参考文献

[1] 宋义仲，卜发东，程海涛. 新型组合桩——水泥土复合管桩理论与实践 [M]. 北京：中国建筑工业出版社，2017.

[2] 中华人民共和国国家标准. GB/T 50941—2014 建筑地基基础术语标准 [S].

[3] 中华人民共和国行业标准. JGJ/T 330—2014 水泥土复合管桩基础技术规程 [S].

[4] 中华人民共和国行业标准. JGJ/T 233—2011 水泥土配合比设计规程 [S].

[5] 宋义仲，卜发东，程海涛，等. 管桩水泥土复合基桩承载性能试验研究 [J]. 工程质量，2012，30 (5)：12～16.

[6] 李红，刘伯权，吴涛，等. T 型钢与混凝土粘结滑移破坏机理研究 [J]. 四川建筑科学研究，2010，36 (5)：45～48.

[7] 杨勇，郭子雄，薛建阳，等. 型钢混凝土粘结滑移性能试验研究 [J]. 建筑结构学报，2005，26 (4)：1～9.

[8] 徐至钧，曹名葆. 水泥土搅拌法处理地基 [M]. 北京：机械工业出版社，2004.

[9] 中华人民共和国行业标准. JGJ 79—2012. 建筑地基处理技术规范 [S].

[10] 中华人民共和国行业标准. JGJ 94—2008. 建筑桩基技术规范 [S].

[11] 中华人民共和国国家标准. GB 51004—2015. 建筑地基基础工程施工规范 [S].

[12] 卜发东，宋义仲，李建明，等. 水泥土复合管桩复合地基技术及应用 [J]. 山东建筑大学学报，2017，32 (3)：276～283.

12 潜孔冲击高压旋喷技术（DJP 工法）

张微，张有祥，朱允伟，曹巍，刘宏运，张亮，戴斌
（北京荣创岩土工程股份有限公司，北京 100085）

12.1 引言

随着我国城市建设的快速发展，土地资源日益匮乏，很多新兴城市、大型厂区、机场、住宅社区等的建设用地开始向山地和近海拓展，由此形成的高厚块石填土地基给工程建设提出了新的难题，如沿海地区的开山填海或山区的削山填谷等形成场地，存在大量的大颗粒块石，且孔隙率大、均匀性差，需要进行地基处理，适用于此类场地的强夯方法处理深度不够，其他常规的地基处理方法可行性或经济性较差；而若采用桩基础方案，则常规的桩基施工工艺成孔难度大、易塌孔、泥浆损失量大，易产生扩径和缩颈，严重时存在夹泥或断桩现象。

现国家倡导绿色装配式建筑，其中桩基础的装配式难度较大，影响因素多，目前主要在软土地区采用预制桩的方式，对于硬塑—坚硬的黏土、中密—密实的粉土和砂土、碎石土、残积土、风化岩以及岩溶等场地，因成桩阻力大，采用静压或锤击施工时容易导致桩身损坏、效率低，因此很少应用，这大大限制了预制桩的使用范围，不利于绿色装配式构件的推广。

针对上述厚度较大的块石填土地基和硬塑—坚硬的黏土、中密—密实的粉土和砂土、碎石土、残积土、风化岩以及岩溶地基等，采用潜孔冲击高压旋喷技术（DJP 工法）进行地基处理和桩基础施工，可在解决施工难题的同时，节约造价。如在块石填土中，DJP 工法采用潜孔锤成孔，然后高压喷浆，并在水泥浆中通过添加合适的添加剂，进行地基处理。又如可在块石填土、硬塑—坚硬的黏土、中密—密实的粉土和砂土、碎石土、残积土、风化岩以及岩溶等地层中，采用潜孔锤成孔，高压旋喷形成大直径水泥土外桩，再同心植入预制桩，形成复合地基或桩基，由此可解决成孔难题，并可消除普通灌注桩可能出现的缩颈、离析、桩底沉渣等问题，也有利于桩身的抗腐蚀，能充分发挥预制桩的优势，符合国家的绿色装配式建筑发展趋势，扩大了预制桩的应用范围。

12.2 技术原理及适用范围

12.2.1 技术原理

DJP 工法是利用位于钻杆下方的潜孔锤冲击器在钻进过程中产生的高频振动冲击作用，结合冲击器底部喷出的高压空气对土体结构进行破坏，同时冲击器上部高压水射流切

割土体；在高压水、高压气、高频振动的联动作用下，钻杆周围土体迅速崩解，处于流塑或悬浮状态；此时喷嘴喷射高压水泥浆对钻杆四周的土体进行二次切割和搅拌，加上垂直高压气流的微气爆作用，使已成悬浮状态的土体颗粒与高压水泥浆充分混合，形成直径较大、混合均匀、强度较高的水泥土桩。

DJP 复合桩技术是先采用潜孔冲击高压旋喷技术（DJP 工法）形成水泥土外桩，然后在水泥土外桩内同心植入预制芯桩，最后形成 DJP 复合桩。芯桩承担了大部分的桩顶荷载，通过水泥土固结后对芯桩的握裹力，将桩身轴力传递给桩周的水泥土，水泥土进一步通过其自身强度，将桩身轴力继续传递给桩周土，实现了荷载的有效传递。桩周土则以侧阻力和端阻力的形式，为复合桩提供承载力。由于水泥土桩对芯桩的包裹，减小了地下水对芯桩的腐蚀，延长了芯桩寿命。

1. 成孔机理（图 12.2-1）

在钻机就位后，开动大功率动力头旋动钻杆，向钻杆底部的冲击器提供高压空气（空气压力不低于 2.0MPa），潜孔锤在高压空气驱动下开始产生冲击效能；同时，由高压泵向喷嘴提供高压水，冲击器上部四周的喷嘴在≥25MPa 的压力下水平喷射高压水流。如地层为粉土、黏土，喷射的高压水流可切割软化四周的土体；如地层为砂土，高压水流和高压空气可使四周砂土悬浮；如遇到碎石、卵石或块体时，则直接冲击破碎。此外，潜孔锤的高频振动冲击和高压空气的联合作用也会在锤底空间内产生“微气爆”效果，进一步加强对黏土、粉土和砂土的冲击切割能力，对卵石、块石地层通过振动、气爆调整块石位置，打开通道，利于后续水泥浆进入被加固区域。

2. 成桩机理（图 12.2-2）

成孔完成后提钻开始注浆。此时，将高压水切换为高压水泥浆，同时提升喷射压力至 25～40MPa，由喷射器侧壁的喷嘴向周围土体进行高压喷射注浆；此时，已成流塑或液化状态的土体被喷射器四周喷射的高压浆充分搅拌、混合，同时，锤底喷射的高压气可加大搅拌混合力度，并将浆液往四周挤压，沿着气爆打开的孔隙和通道注入被加固的土体，从而形成均匀的水泥土混合物。这种喷射注浆方式要比普通的旋喷注浆产生的压力更大，效果更好，可形成的桩径也更大。

图 12.2-1 DJP 水泥土桩成孔示意图

图 12.2-2 DJP 水泥土桩成桩示意图

3. DJP 复合桩（图 12.2-3）

水泥土桩完成后，采用静压或锤击工艺同心植入预制混凝土桩，形成 DJP 复合桩。预制桩植入过程对水泥土产生侧向挤压力，使桩侧水泥土更加密实，增加水泥土桩与桩周土的侧阻力。预制桩植入过程施加压力小于正常土层工作压力，对桩身质量影响小。

图 12.2-3　DJP 复合桩成桩示意图

12.2.2　适用范围

本项技术采用的钻头具有主动冲击能力，钻进效率高，对坚硬块体、岩石、硬地层（卵石地层）通过能力强，冲击钻头下部主动受力，易于控制钻杆垂直度，成功解决了在软硬相间的复杂地层中的应用问题。尤其适用于抛石填土、杂填土、碎石土、残积土、风化岩等坚硬地层，也可适用于素填土、黏性土、粉土、砂土等一般地层。

本技术可用于止水帷幕、坝体防渗加固、地基处理、基础桩、基坑支护、隧洞超前加固等工程领域。

12.3　施工工艺及技术特点

12.3.1　施工工艺

1. 工艺流程（图 12.3-1）

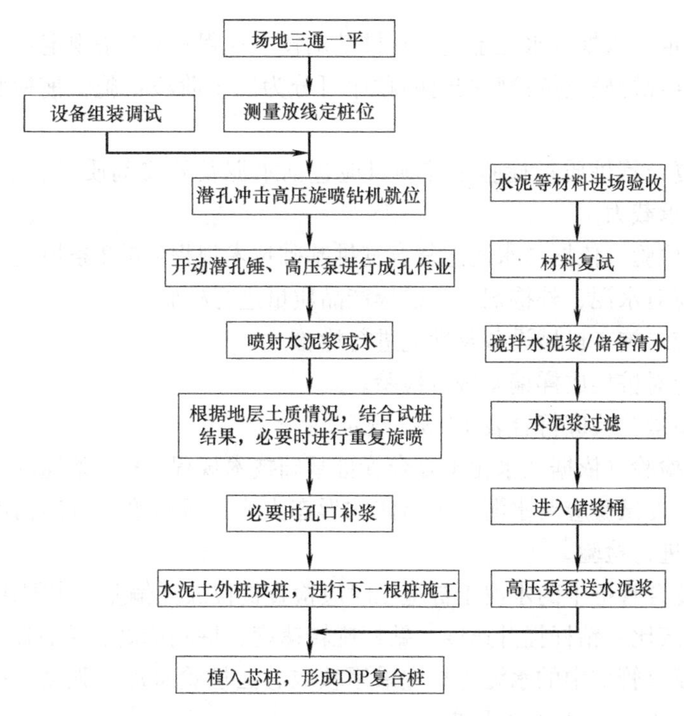

图 12.3-1　DJP 复合桩施工工艺流程图

2. 工艺参数

DJP 水泥土桩施工工艺参数如表 12.3-1 所示。

DJP 水泥土桩施工工艺参数 **表 12.3-1**

介质	参数	DJP 工法
水	压力(MPa)	5～40
	喷嘴数量(个)	1～2
	喷嘴直径(mm)	1.5～4.5
气	压力(MPa)	0.7～2.3
	流量(m^3/min)	6～30
	喷气方式	水平及锤底竖向喷气
浆	压力(MPa)	5～40
	流量(L/min)	80～300
	密度(g/cm^3)	1.4～1.7

注：DJP 工法水泥土桩施工应符合下列规定：

(1) 钻具喷射注浆时的提升速度不宜大于 800mm/min；

(2) 喷射水泥浆的水灰比应为 0.7～1.4；

(3) 水泥土桩的水泥掺量应≥15%，水泥土桩桩身强度等级宜≥1.0MPa。

12.3.2 质量检验与工程验收

1. 依据

中华人民共和国行业标准：《水泥土复合管桩基础技术规程》JGJ/T 330—2014；

2. 质量检验

（1）一般规定（依据《水泥土复合管桩基础技术规程》6.1 条规定）

1）水泥土复合管桩质量检验按时间顺序可分为三个阶段：施工前检验、施工中检验和施工后检验。

2）水泥土复合管桩质量检验主控项目应包括水泥及外掺剂质量、水泥用量、桩数、桩位偏差和单桩承载力。

（2）施工前检验（依据《水泥土复合管桩基础技术规程》6.2 条规定）

1）施工前应对水泥、外掺剂、管桩等产品质量进行检验。

2）施工前应对施工机械设备及性能进行检验。

3）施工前应对桩位放样偏差进行检验。

4）施工前质量检验应符合表 12.3-2 规定。

（3）施工中检验（依据《水泥土复合管桩基础技术规程》6.3 条规定）

1）成桩工艺性试验应对水泥土固结体的形态大小、垂直度、胶结情况、桩身均匀程度及水泥土强度进行检验。

2）水泥土复合管桩中的水泥土桩施工时应检查桩位放样偏差、水泥用量、浆液压力、水压、气压、水灰比、钻杆提升速度、钻杆旋转速度、桩底标高、垂直度。

3）水泥土复合管桩中的水泥土桩宜采用软取芯法检验水泥土强度，检验数量不宜小于总桩数的 1%，且不宜少于 3 根桩。

4）水泥土复合管桩中的管桩施工时应检查管桩的植入情况、桩长、垂直度、桩顶标高。

5）水泥土复合管桩施工质量检验应符合表 12.3-3 规定。

施工前质量检验标准 **表 12.3-2**

项	序	检查项目	允许偏差或允许值	检查方法
主控项目	1	水泥及外掺剂质量	符合出厂及设计要求	查产品合格证和抽样送检
一般项目	1	施工机械设备及性能	符合出厂及设计要求	查设备标定记录
	2	桩位放样(mm)	10	查防线记录
	3	管桩外观质量	无蜂窝、漏筋、裂缝，色感均匀，桩顶处无空隙	直观
	4	管桩桩径(mm)	+5 −2	用钢尺量
	5	管壁厚度(mm)	+5 0	用钢尺量
	6	管桩桩长	按设计要求	用钢尺量
	7	桩尖中心线(mm)	2	用钢尺量
	8	端部倾斜(mm)	0.5%D	用水平尺量
	9	桩体弯曲(mm)	1/1000 l	用钢尺量
	10	管桩内壁浮浆	不得有浮浆	直观

注：表中 D 为水泥土复合管桩直径，l 为管桩长度。

施工中质量检验标准 **表 12.3-3**

项	序	检查项目	允许偏差或允许值	检查方法
主控项目	1	水泥用量	按设计要求	查施工记录
一般项目	1	浆液压力	按施工组织设计要求	查施工记录
	2	水压	按施工组织设计要求	查施工记录
	3	气压	按施工组织设计要求	查施工记录
	4	水灰比	按施工组织设计要求	查施工记录
	5	钻杆提升速度	按施工组织设计要求	查施工记录
	6	钻杆旋转速度	按施工组织设计要求	查施工记录
	7	水泥土桩垂直度(%)	l	经纬仪
	8	水泥土桩的桩底标高	按设计要求	测量钻头深度
	9	管桩垂直度(%)	0.5	经纬仪
	10	管桩的桩顶标高(mm)	±50	水准仪

注：l 为管桩长度。

6）在施工过程中施工单位应按本规程施工中检验第（5）条规定对每根桩进行质量检验，对不符合预定质量参数的桩经监理单位确认后报设计单位进行处理。

（4）施工后检验（依据《水泥土复合管桩基础技术规程》6.4 条规定）

1）基坑开挖至设计标高后应检查水泥土复合管桩的桩数、桩位偏差、桩径、桩顶标高，当不符合设计要求时应采取补救措施。

2）施工完成后的工程桩应进行桩身完整性检验和竖向承载力检验。

3）竖向承载力的检验应采用单桩竖向抗压静载荷试验，检测桩数不应少于同条件下总桩数的1%，且不应少于3根；当总桩数少于50根时，不应少于2根。

4）单桩竖向抗压静载荷试验除应符合现行行业标准《建筑基桩检测技术规范》JGJ 106的有关规定外，尚应符合下列规定：

① 检测时宜在桩顶铺设粗砂或中砂找平层，厚度宜取20～30mm；

② 找平层上的刚性承压板直径应与水泥土复合管桩的设计直径相一致；

③ 对直径不小于800mm的水泥土复合管桩，Q-s 曲线呈缓变型时，单桩竖向极限承载力可取 s/D 等于0.05对应的荷载值。

5）桩身完整性检验应采用低应变法，检测桩数不应少于总桩数的20%，其不得少于10根，且每根柱下承台的检测桩数不应少于1根。

6）水泥土质量检验可按现行行业标准《建筑地基处理技术规范》JGJ 79的有关规定采用浅部开挖或轻型动力触探。水泥土强度可采用钻芯法检测。

7）对于承受水平力较大的水泥土复合管桩，除应按现行行业标准《建筑基桩检测技术规范》JGJ 106的有关规定进行单桩水平静载试验外，尚应符合下列规定：

① 检测桩数不应少于同条件下总桩数的1%，且不应少于3根；

② 水平推力应施加在管桩上；

③ 单桩水平承载力特征值应按水平临界荷载的0.6倍取值，且不应大于单桩水平极限承载力的50%。

8）对于承受拔力的水泥土复合管桩，应按现行行业标准《建筑基桩检测技术规范》JGJ 106的有关规定进行单桩竖向抗拔静载试验。检测桩数不应少于同条件下总桩数的1%，且不应少于3根。

9）水泥土复合管桩施工后质量检验应合表12.3-4规定。

施工后质量检验标准 **表12.3-4**

项	序	检查项目	允许偏差或允许值	检查方法
主控项目	1	承载力	按设计要求	单桩竖向抗拔静载试验
	2	桩位偏差(mm)	$100+0.005H$	用全站仪及钢尺量
	3	桩数	按设计要求	现场清点
一般项目	1	水泥土复合管桩桩径	按设计要求	用钢尺量
	2	桩顶标高(mm)	±50	水准仪

注：H 为施工现场地面标高与桩顶设计标高的距离。

3. 工程验收

本部分内容主要依据《水泥土复合管桩基础技术规程》6.5条规定。

（1）基坑开挖至设计标高后，建设单位应会同施工、监理、设计等单位进行水泥土复合管桩验收。

（2）水泥土复合管桩验收应施工单位自检合格的基础上进行，并应具备下列资料：

1）岩土工程勘察报告、桩基施工图、图纸会审纪要、设计变更；

2）经审批的施工组织设计、施工方案、技术交底及执行中的变更单；

3）桩位测量放线图，包括工程桩位线复核签证单；

4）管桩的出厂合格证、相关技术参数说明、进场验收记录；

5）水泥等其他材料的质量合格证、见证取样文件及复验报告；

6）施工记录及隐蔽工程验收文件；

7）工程质量事故及事故调查处理资料；单桩承载力报告；

8）单桩承载力检测报告；

9）基坑挖至设计标高时基桩竣工平面图及桩顶标高图。

（3）承台工程验收除应符合现行国家标准《混凝土结构工程施工质量验收规范》GB 50204 的有关规定外，尚应具备下列资料：

1）承台钢筋、混凝土的施工与检查记录；

2）桩头与承台的锚筋、边桩离承台边缘距离、承台钢筋保护层记录；

3）桩头与承台防水构造及施工质量；

4）承台厚度、长度和宽度的量测记录及外观情况描述。

12.3.3 技术特点

1. DJP 水泥土桩技术特点

（1）DJP 工法通过潜孔锤与喷射器有机结合，可同步解决复杂地层条件下的钻进与喷浆成桩难题，一套设备完成全部施工工作，即钻进、喷浆一体完成，工序减少一半，工效提升一倍以上。

（2）本项技术采用的钻头具有主动冲击能力，钻进效率高，对坚硬块体、岩石、硬地层（卵石地层）通过能力强，成功解决了在软硬相间的复杂地层中的应用问题。尤其适用于杂填土、抛石填土、碎石土、残积土、基岩等坚硬地层，也可适用于素填土、黏性土、粉土、砂土等一般地层。

（3）DJP 工法设备采用上下双动力进行钻进，潜孔锤牵引导向性可保证施工过程中的垂直度不断修正，钻杆刚度大，钻机自稳能力强，垂直度偏差可控制在±0.5%，比其他工艺提升一倍以上；在成桩直径方面，DJP 工法钻进过程中喷射的水流与提升过程中喷射的浆液均压力较高，前者充分切削土体，加大影响范围，后者通过二次高压将浆液与四周土体进行混合，加之潜孔锤底不断输出的高压气聚集形成的微气爆，可以通过挤压、渗透进一步扩大成桩直径，从而形成大直径、均匀性较好的水泥土固结体。

（4）DJP 工法具有 RC 系列添加剂，其具有降低液流动度、提高浆液抗冲蚀性等特点，特别适用于具有动水条件的卵砾石层、块石填土层以及潮汐作用的人工填海地层等复杂场地条件，有效保证了在以上复杂地层中水泥土桩成桩质量。

（5）DJP 工法的基本原理为加固而非置换，水泥浆可充分充填到地基土中，水泥利用率高于其他旋喷工艺，返浆量得到有效控制，可显著降低水泥用量，节约造价；同时，减小废弃水泥浆的排放，降低对环境的影响和后续的二次处理费用。

2. DJP 复合桩技术特点

（1）水泥土桩采用 DJP 工法，扩大了复合桩的应用范围，对于巨厚块石填土、碎石土、残积土、风化岩以及岩溶等复杂地层具有较强的攻坚性能。对于桩端持力层基岩坡度较大的地层，能够实现桩端嵌岩。

（2）潜孔锤释放的高压气体对浆液与土体的翻搅作用，所形成的水泥土固结体强度比较均匀，克服了传统旋喷工艺“中心低、四周高”的问题，芯桩—水泥土界面的侧摩阻力值较高。

（3）由于水泥土与芯桩共同作用，水泥土外桩提供更大的侧向刚度。

（4）DJP工法在冲击钻进过程对桩周土产生振密作用，可以提高桩间土密实度，为桩基抗震性能的提高提供了保证。

（5）水泥土桩对芯桩的包裹，减小了地下水对芯桩的腐蚀，增加基桩使用寿命。

（6）施工工艺为非取土工艺，且无需泥浆护壁，减少材料消耗，无土方和废弃泥浆外运处理的费用，节约工程造价。

（7）流水施工、效率高，且符合建筑业大力倡导的预制装配式发展趋势。

12.4 工程实例

12.4.1 福州某医疗生命产业园项目

1. 工程概况

（1）项目概况

本项目位于福州市长乐区文武砂镇，分为研发与教育组团、数据中心组团、检验及湿库组团、生产及生活组团，场地地貌上属冲海积平原区，占地面积约106457m²。该项目一期建筑面积50000m²，框架结构，独立基础，地上6层，地下1层。

（2）工程地质条件

根据钻孔揭露，场地岩土体类型自上而下划分如下（图12.4-1）：

素填土①：松散，堆填时间约1年，堆填方式为人工堆填，未完成自重固结。揭露厚度为1.40～3.10m；粉细砂②：稍密—中密，饱和，揭露厚度14.0～21.90m；软黏土③：可塑，揭露厚度20.1～30.3m；粉砂③$_1$：稍密—中密，饱和，层顶埋深21.2～22.5m；粉质黏土④：饱和，可塑为主，局部硬塑，揭露厚度为2.8～15.8m；中粗砂⑤：中密，饱和，揭露厚度1.10～5.70m；残积砂质黏性土⑥：饱和，可塑，成分以黏性土为主，揭露厚度3.6～11.4m；全风化花岗岩⑦$_1$：散体状，岩石风化强烈，属极软岩、极破碎，岩体基本质量等级属Ⅴ级。揭露厚度2.7～16.8m；全风化辉绿岩⑦$_2$：散体状，岩石风化强烈，岩体基本质量等级属Ⅴ级。砂土状强风化花岗岩⑧$_1$：中粒花岗结构，散体状，属极软岩、极破碎，岩体基本质量等级属Ⅴ级。最大揭露厚度15.2m，未揭穿；砂土状强风化辉绿岩⑧$_2$：散体状，属极软岩、极破碎，岩体基本质量等级属Ⅴ级。揭露厚度10.4～10.85m。

2. 桩基方案选型

（1）试桩方案（表12.4-1）

本工程地层上部存在较厚液化粉细砂层，厚度14.0～21.0m。普通管桩施工过程中打入困难，锤击数过高导致桩身受损，极易出现Ⅲ类桩，影响单桩承载力。故本次试桩设计两种类型：第一种为普通管桩方案，采用长螺旋工艺引孔＋静压桩机施工；第二种为DJP复合管桩方案，采用DJP工法形成水泥土桩＋静压桩机植入管桩，将DJP复合管桩与普通管桩进行对比。

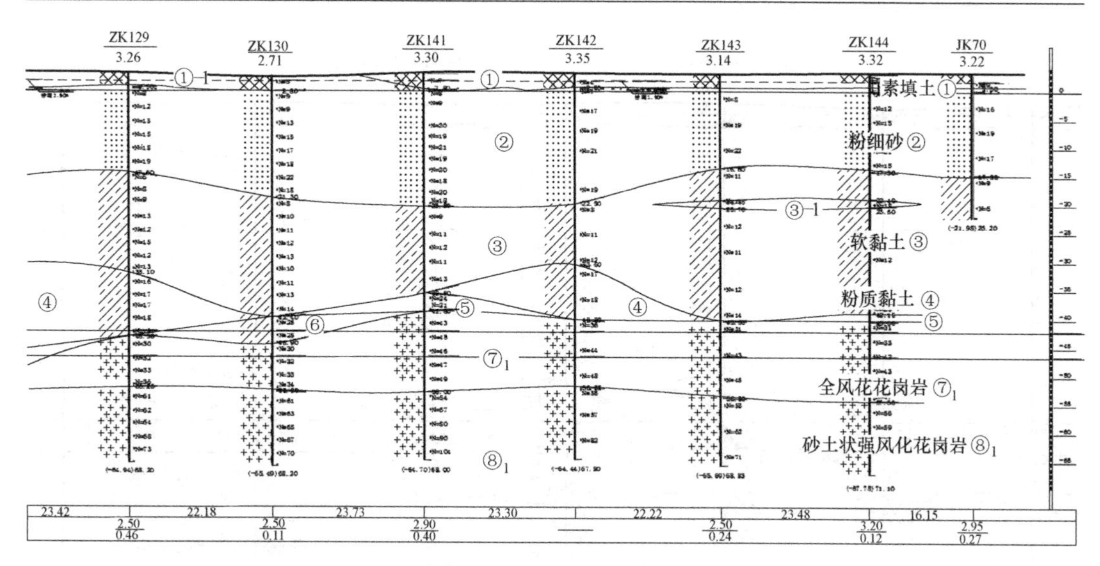

图 12.4-1　工程地质剖面

桩基础设计参数表（kPa）　　　　**表 12.4-1**

参数 / 岩土体	冲(钻)孔灌注桩		预制桩		负摩阻力系数	抗拔系数	土体与锚固体极限粘结强度标准值
	q_{sik}	q_{pk}	q_{sik}	q_{pk}	ζ_n	λ	f_{rbk}
素填土(填砂)①$_1$	25		25		0.3～0.5	0.4～0.6	30
素填土①$_2$	25		25		0.3～0.5	0.4～0.6	30
粉细砂②	40		50		0.35～0.5	0.5～0.7	50
软黏土③	25		30			0.7～0.8	15
粉砂③$_1$	40		50			0.5～0.7	50
粉质黏土④	35		40	2500		0.7～0.8	70
中粗砂⑤	60		65	4000		0.5～0.7	90
残积砂质黏性土⑥	50		60	3500		0.7～0.8	80
全风化岩⑦	80	3500	90	6000		0.7～0.8	130
砂土状强风化岩⑧	85	4500	100	8000		0.6～0.7	200

（2）试桩设计参数（图 12.4-2）

试验一区：TP1 桩采用（PHC-600-AB-130）管桩，桩长 45m，桩端持力层为⑦$_1$ 层全风化花岗岩。

试验二区：TP2 桩采用 DJP 复合管桩，外桩采用 DJP 水泥土桩，桩径 1000mm，桩长 28m，芯桩采用（PHC-600-AB-130）管桩，桩长 45m，桩端持力层为⑦$_1$ 层全风化花岗岩。

（3）试桩试验要求

试验一区：TP1 桩采用（PHC-600-AB-130）预应力混凝土管桩，桩长 45m，静压沉桩施工工艺，预估单桩抗压承载力特征值≥1800kN，要求做破坏性试验，试桩极限承载力不小于 5000kN。

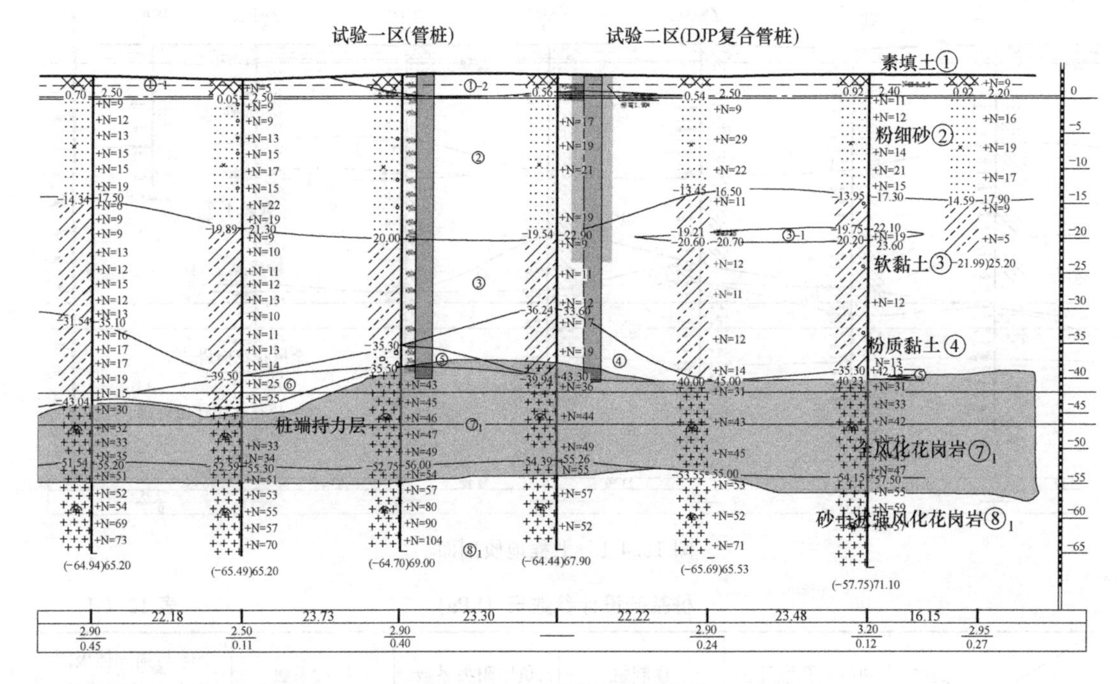

图 12.4-2 试桩剖面示意图

试验二区：TP2 桩采用水泥土复合管桩，外桩采用水泥土桩，桩径 1000mm，桩长 28m，芯桩采用（PHC-600-AB-130）预应力混凝土管桩，桩长 45.0m，预估单桩抗压承载力特征值≥3500kN，要求做破坏性试验，试桩极限承载力不小于 8000kN。

经检测，根据福建省建设工程物探试验检测中心提供的单桩竖向抗压静载检测报告》结果，TP1 试桩单桩承载力特征值为 2500kN，TP2 试桩单桩承载力特征值为 4000kN，同等桩长情况下，DJP 复合管桩较普通管桩承载力提高约 1.6 倍。

3. DJP 复合管桩设计

本工程采用 DJP 复合管桩桩基础设计方案，水泥土桩内插 PHC 管桩。水泥土桩施工桩径 1000mm，水泥土桩强度≥1.2MPa，在水泥土初凝前，采用静压工艺将 PHC 600 AB 130 管桩同心植入水泥土桩中，芯桩桩端进入全风化岩⑦层不小于 1.0m 或总桩长不小于 42.0m。单桩竖向抗压承载力特征值为 3200kN。

4. DJP 复合管桩检测

（1）单桩承载力检测（图 12.4-3）

（2）水泥土强度检测（图 12.4-4）

施工过程中通过对水泥土桩软取芯法，对水泥土进行取样制作试桩，标准养护 28d 后送实验室检测，实测水泥土强度值≥2.9MPa，满足水泥土桩强度≥1.2MPa 的设计要求。

5. 小结

（1）技术优势

1）管桩施工前，先进行 DJP 水泥土桩施工，解决了管桩在巨厚砂层中的沉桩难题，水泥土桩初凝前植入，桩身无损伤，增加了管桩的使用寿命；

2）水泥土外桩施工可预先加固芯桩周围土体，水泥土外桩与土体的接触面粗糙度较

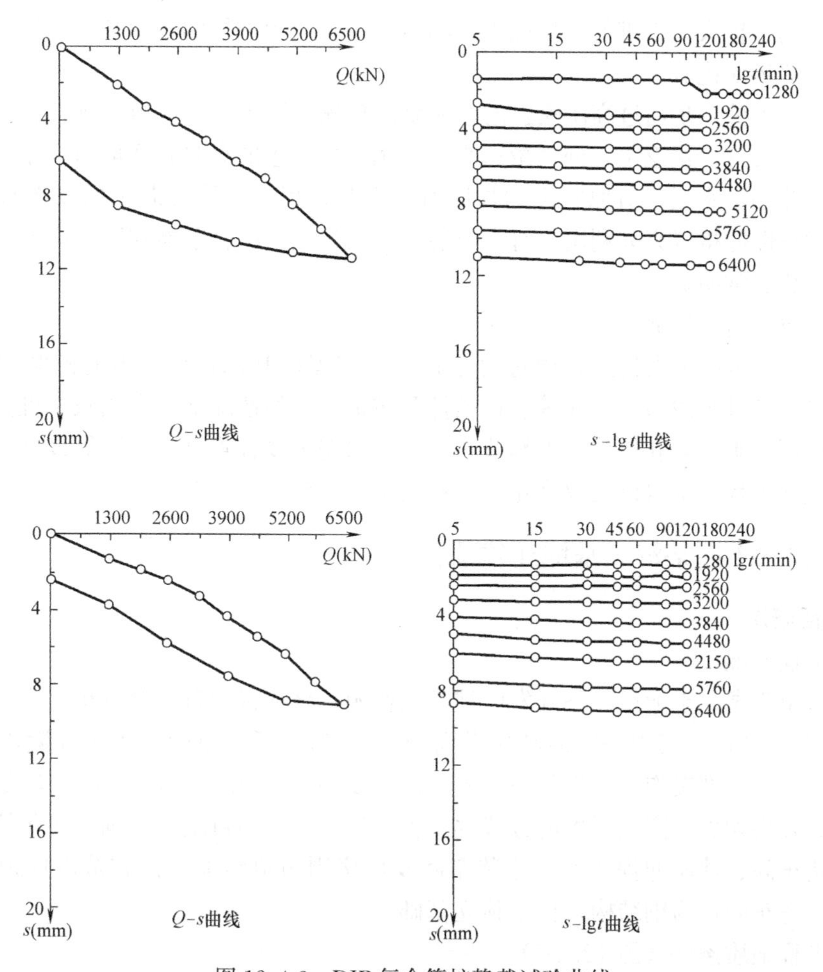

图 12.4-3　DJP 复合管桩静载试验曲线

图 12.4-4　本项目 DJP 复合管桩成桩效果

高，增强了与周围土之间的摩阻力，充分发挥芯桩承载性能，综合承载力高；

3）沿海地下水强腐蚀地层条件下，水泥土桩对芯桩的包裹，减小了地下水对芯桩的腐蚀，延长了芯桩使用寿命；

4）对于近海海相沉积密实砂层以及填海造地抛填地层，采用水泥土复合管桩，实现管桩安全应用，扩大了管桩的应用范围，响应了国家大力倡导的预制装配式发展趋势。

（2）节能环保优势

DJP 复合管桩，是通过高压喷射的水泥浆液预先加固土体，后植入刚性芯桩；本工艺不产生弃土，仅有少量返浆，处理量远小于泥浆护壁产生的泥浆，环境影响小，符合绿色施工标准；此外，水泥浆对原状土的加固效果明显，保证了刚性芯桩的发挥程度大大提升，桩身材料性能得以充分利用，符合节能技术的特点。综合节能和环保两方面，DJP 复合管桩的优势非常明显。

（3）工效及造价优势

DJP 复合管桩的最大特点是通过对原状土的加固提升桩长范围内的侧摩阻力及端阻力，综合提高桩基承载力；在同等设计条件和布桩数量的情况下可大幅减少桩数，降低施工难度，从而带来工期和造价的大幅节约。采用水泥土复合管桩，在同等设计要求和地层条件下，桩基工程总量得以大幅优化，工程成本可节约 10%～15%。

12.4.2 湖北十堰某汽车基地迁建项目

1. 项目概况

（1）工程概况

本项目位于湖北十堰市经济开发区神鹰工业园，该项目为自动化汽车生产厂区，规划用地总面积 2246 亩。其中一期启动建设面积 1400 亩，厂区原始地貌为丘陵沟谷相间分布，四周山体、中部夹沟谷，沟谷呈树枝状、宽度 30～85m 不等，两岸山体坡度 25～40 度。厂区经开山切坡，高挖低填的方式逐步整平形成。本项目施工范围主要包括成品车停车场、总装车间、冲压冲焊车间、涂装车间及厂房周边道路配套设施范围内地基处理工程。本工程各车间均为钢结构，柱下独立基础。

（2）工程地质条件（图 12.4-5）

① 素填土（Q_4^{ml}）：松散（局部稍密），主要成分为开山片岩块石、碎石、岩屑、岩粉等组成，局部含有黏性土，该土层成分不均匀，块石和碎石含量约占 60%，片岩呈强风化和中风化状，大小混杂，一般粒径 2～15cm，最大块径大于 100cm。新近回填，密实度低，均匀性差。

② 粉质黏土（Q_4^{al+pl}）：可塑～硬塑状，冲洪积成因，粉粒含量由上至下渐高，干强度高。

③$_1$ 强风化片岩（P_2^t）：强风化状，主要矿物成分为石英、长石和绢云母等，岩石强度低，属软岩，完整程度为破碎，岩芯呈碎块、碎屑状，片理及风化裂隙发育，岩体基本质量等级为Ⅴ级。

③$_2$ 中风化片岩（P_2^t）：中等风化状，主要矿物为石英、绢云母、长石等。岩石坚硬程度为较软岩，较破碎，岩芯呈短柱状、柱状、块状，岩芯采取率平均约 80%，$RQD=70$，岩体基本质量等级为Ⅳ级。

2. 设计

（1）设计概述

本项目该场地具有高填方、大孔隙的特点；常规水泥浆液流动度大，在此地层下易流失，无法形成直径均匀的桩；填土层块石和碎石含量约占 60%，且局部填土深度≥40m，

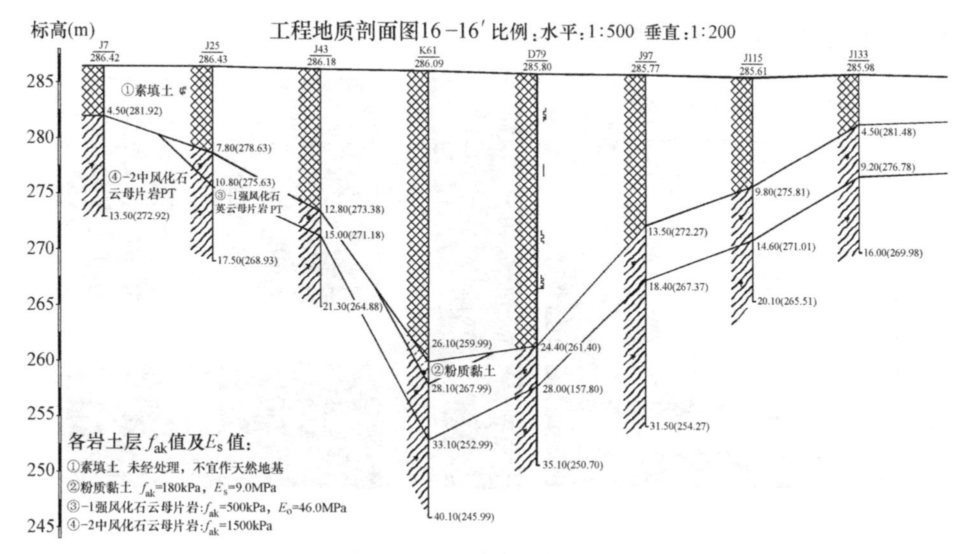

图 12.4-5 工程地质剖面示意图

施工设备要求高，施工难度大。本工程采用分级强夯＋DJP 桩复合地基方案，先进行强夯，后进行 DJP 桩施工。

（2）设计参数

DJP 水泥土桩体直径 600mm、800mm、1000mm，设计桩体强度≥1.2MPa。

3. 浆液试验及施工工艺

（1）浆液试验

针对常规水泥浆液流动度大，在此高填方、大孔隙地层下易流失，现场注浆试验表明水泥净浆液流失非常严重，故本工程浆液须具有低流动度的特性，且最终成型的胶凝土体强度≥1.2MPa。普通硅酸盐水泥具有粘结性能好，结石体强度高、耐久性好的特点，但是易沉淀离析，稳定性较差，且凝胶时间较长。粉煤灰具有比重小，粒径小，具有较好的可注性与渗透性，但是其活性较低。因此通过不断地研发与试验，提出了在水泥浆液中掺入自主研发的 RC 添加剂的方法。RC 外加剂具有调节浆液固结体的早期强度、提高浆液固结体的后期强度、控制浆液的凝结时间等作用，以及具有调节浆液抗分散能力，改善浆液的稳定性、可灌性、可注性等作用。

图 12.4-6 为水胶比为 0.7 的水泥粉煤灰浆与加入 RC 添加剂后浆液对比试验，水泥粉煤灰浆液流动度为 240mm，加入 RC 添加剂后，流动度为 75mm，效果明显，说明添加剂具有调节浆液抗分散能力，改善浆液的稳定性、可灌性、可注性等作用。

（2）施工工艺

采用 DJP 工法施工水泥土桩，由于采用复合浆液＋RC 添加剂两种浆液，两种浆液若在搅浆桶预先混合，则流动度会迅速降低，致使高压注浆泵无法泵送。后对 DJP 钻机的喷射器进行了研究改造，实现了两种浆液在喷嘴处进行混合，既满足施工要求，又有效保证了成桩质量（图 12.4-7）。

4. DJP 工法成桩检测

（1）试桩开挖

图 12.4-8（*a*）、（*b*）、（*c*）分别是实际桩径为 1000mm、800mm、750mm 的试桩开挖

后的块石填土地层 DJP 水泥土桩成桩效果。

(*a*) (*b*)

图 12.4-6 浆液流动度对比图

(*a*) 水泥粉煤灰净浆流动度；(*b*) 加入 RC 添加剂的浆液流动度

图 12.4-7 DJP 工法孔口汇合喷射效果

(*a*) (*b*) (*c*)

图 12.4-8 DJP 水泥土桩开挖效果

(*a*) 桩径 1000mm；(*b*) 桩径 800mm；(*c*) 桩径 750mm

（2）水泥土强度检测

通过对水泥土桩取芯，对水泥土进行取样制作试桩，标准养护 28d 后送实验室检测，实测水泥土强度值≥6.8MPa，满足水泥土桩强度≥1.2MPa 的设计要求（图 12.4-9）。

(*a*)

(*b*)

图 12.4-9 DJP 水泥土桩取芯效果

（3）静载荷试验

工程桩检测阶段，对桩径 1000mm 的 DJP 水泥土桩进行单桩静载荷试验，最大加载 2000kN 对应沉降仅为 32mm。则桩身水泥土强度≥2.5MPa（图 12.4-10）。

5. 小结

DJP 工法解决了巨厚填土层中块石含量高、填土深、孔隙率大、施工难度大等问题，潜孔冲击器与喷射注浆系统有效结合，在巨厚大孔隙、松散块石填土地层中实现了一次性成孔、成桩。水泥粉煤灰浆液＋RC 添加剂所形成的复合浆液，有效解决了大孔隙、松散地层浆液流失的难题，配合潜孔冲击旋喷注浆＋孔口汇合技术，实现了较好的成桩效果。较传统工艺施工效率高，成桩质量可靠，节约工程造价。

12.4.3 浙石化 4000 万吨/年炼化一体化项目

1. 项目概况

（1）工程概况

本工程为浙江石化 4000 万吨/年炼化一体化项目一期工程，建设面积约 20km^2，建设总投资 2000 亿。位于舟山市岱山县鱼山岛，该岛位于岱山岛西北的灰鳖洋海域，该岛位于岱山岛西北的灰鳖洋海域，其地理位置为东经 121°57′00″，北纬 30°18′00″，东距高亭镇 24km，南距舟山市定海区 34km。

浙石化 4000 万吨/年炼化一体项目煤焦储运工程 1 号 A 燃料煤场内壁水平距离为 110m，地面至煤棚顶部最高点垂直距离约 69m。主要功能分区为：环形基础、廊道及仓内地坪（堆煤区）。基础形式为筏板基础（图 12.4-11）。

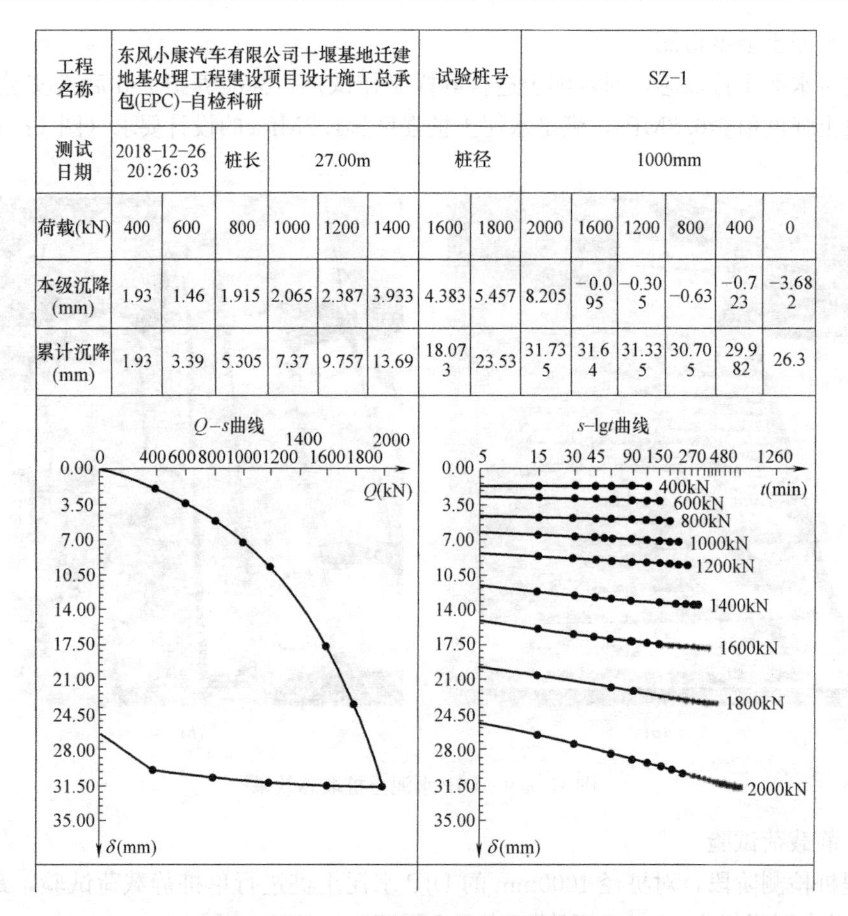

工程名称	东风小康汽车有限公司十堰基地迁建地基处理工程建设项目设计施工总承包(EPC)-自检科研						试验桩号		SZ-1					
测试日期	2018-12-26 20:26:03		桩长	27.00m			桩径		1000mm					
荷载(kN)	400	600	800	1000	1200	1400	1600	1800	2000	1600	1200	800	400	0
本级沉降(mm)	1.93	1.46	1.915	2.065	2.387	3.933	4.383	5.457	8.205	−0.095	−0.305	−0.63	−0.723	−3.682
累计沉降(mm)	1.93	3.39	5.305	7.37	9.757	13.69	18.073	23.53	31.735	31.64	31.335	30.705	29.982	26.3

图 12.4-10　DJP 水泥土桩单桩静载荷试验

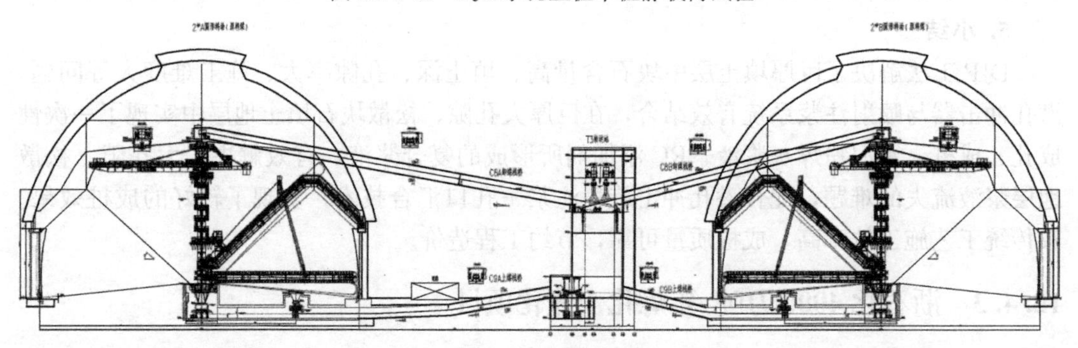

图 12.4-11　1 号 A/B 燃料煤场立面图

（2）工程地质条件（图 12.4-12）及水文地质条件

①$_1$冲填土（Q_4^{ml}）：主要成分为粉细砂，含黏性土，松散～稍密。层厚 0.10～7.00m。

①$_4$人工填土（Q_4^{ml}）：主要为开山区碎石、块石，一般粒径 200～600mm，最大粒径约 2000mm。该层在场地内局部分布。层厚 1.40～14.50m。

②$_2$淤泥质粉质黏土（Q_4^{m}）：流塑，局部相变为淤泥质黏土。层厚 0.60～34.00m。

②$_7$碎石（Q_3^{dl}）：中密，次棱角状，主要矿物成分为石英、长石，一般粒径为 20～40mm，最大粒径大于 110mm，充填约 30%黏性土。

③$_1$粉质黏土（Q_3^{al+m}）：软可塑，层厚 1.00～2.60m。

③$_2$粉质黏土（Q_3^{al+m}）：可塑，局部相变为黏土，层厚 0.50～23.60m。

③$_3$含砾粉质黏土（Q_3^{al+m}）：硬可塑～硬塑，中等压缩性。含约 25%砾石，一般粒径 2～30mm，局部粒径大于 110mm，层厚 0.50～14.00m。

④$_1$粉质黏土（Q_2^{al+l}）：硬塑，该层主要分布于部分基岩埋深较大的区域。层厚 1.00～38.80m。

④$_2$含砾粉质黏土（Q_3^{al+l}）：硬塑，中等压缩性。含约 25%砾石，砾石一般粒径 2～30mm，最大粒径大于 110mm，层厚 1.20～18.70m。

⑤$_1$全风化凝灰岩（J_3）：黄褐色，原岩结构构造已破坏，岩芯呈砂土状，岩屑大部分手捏易碎。

⑤$_2$强风化凝灰岩（J_3）：凝灰质结构，块状构造，主要矿物成分为石英、长石等，节理裂隙发育，岩芯呈碎块状及少量短柱状，锤击声闷，易碎，层厚 0.30～7.40m。

⑤$_3$中等风化熔结凝灰岩（J_3）：凝灰质结构，块状构造，主要矿物成分长石、石英等，节理裂隙较发育，岩芯呈柱状及少量碎块状，锤击声脆，不易碎。该层岩石的单轴饱和抗压强度标准值为 52.1MPa，属较硬岩，岩芯采取率一般，部分孔测试得 RQD 平均值在 50%～70%。岩体较完整，岩体基本质量等级为Ⅲ级。

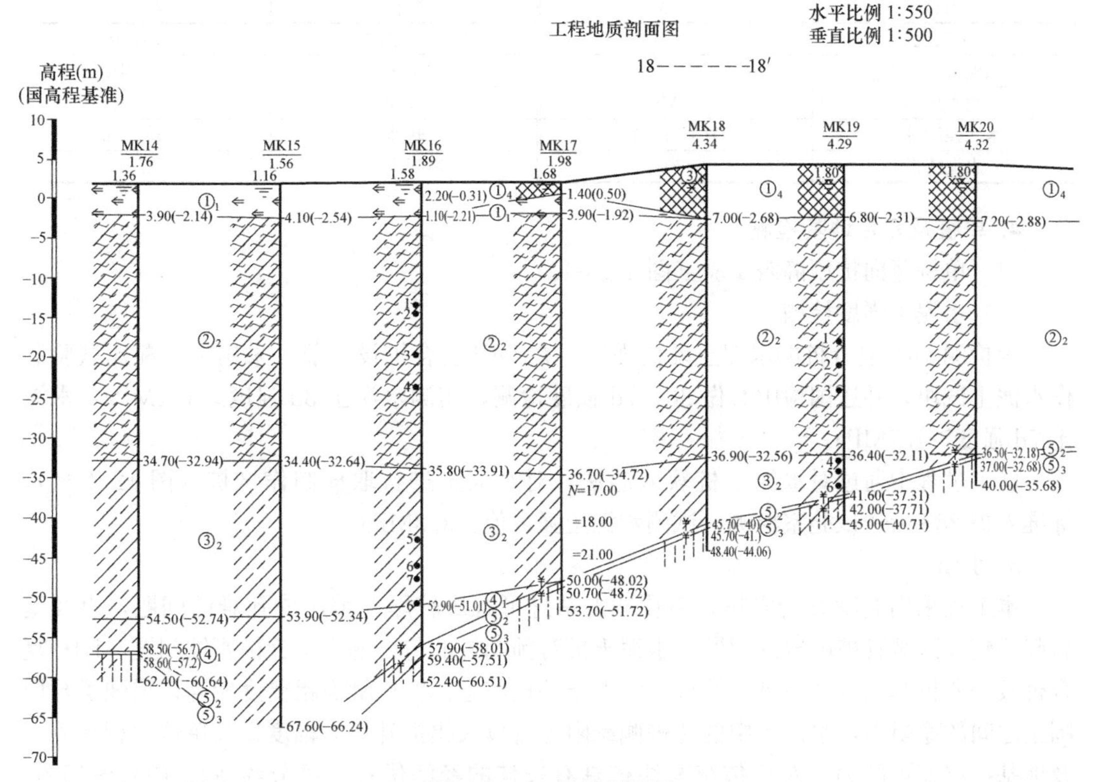

图 12.4-12　地质剖面图

2. 设计参数（表 12.4-2～表 12.4-4）

DJP 复合管桩，水泥土桩径为 1000mm，管桩型号为 PHC 500 AB 125。管桩桩端持力层为⑤$_3$层中风化凝灰岩，单桩承载力特征值 2700kN。

环梁区 DJP 复合管桩参数表　　表 12.4-2

<table>
<tr><th>区域</th><th>PHC 桩桩长(m)</th><th>水泥土桩长(m)</th><th>桩径(mm)</th><th>有效桩顶标高(m)</th><th>桩数(根)</th></tr>
<tr><td>挡墙一</td><td>9.5</td><td rowspan="8">至⑤$_3$层中风化凝灰岩</td><td rowspan="8">水泥土桩 1000mm
PHC 500 AB125</td><td rowspan="8">96.950</td><td rowspan="8">405</td></tr>
<tr><td>挡墙二</td><td>16.5</td></tr>
<tr><td>挡墙三</td><td>33.40</td></tr>
<tr><td>挡墙四</td><td>45.9</td></tr>
<tr><td>挡墙五</td><td>47.8</td></tr>
<tr><td>挡墙六</td><td>38.6</td></tr>
<tr><td>挡墙七</td><td>24.7</td></tr>
<tr><td>挡墙八</td><td>11.0</td></tr>
</table>

堆煤区 DJP 复合管桩参数表　　表 12.4-3

<table>
<tr><th>区域</th><th>PHC 桩桩长(m)</th><th>水泥土桩桩长(m)</th><th>桩径(mm)</th><th>有效桩顶标高(m)</th><th>桩数(根)</th></tr>
<tr><td>堆煤九</td><td>12.1</td><td rowspan="4">至⑤$_3$层中风化凝灰岩</td><td rowspan="4">水泥土桩 1000mm
PHC 500AB 125</td><td rowspan="4">98.050</td><td rowspan="4">794</td></tr>
<tr><td>堆煤十</td><td>21.2</td></tr>
<tr><td>堆煤十一</td><td>35.6</td></tr>
<tr><td>堆煤十二</td><td>41.0</td></tr>
</table>

3. 施工参数

DJP 水泥土桩施工参数表　　表 12.3-4

项目	参数	项目	参数
水灰比	0.7	水泥土抗压强度	≥1.2MPa
水泥浆液比重	1.65	注浆压力	≥20MPa
喷水压力	≤5MPa	提升速度	≤0.30m/min
水泥强度等级	P.O 42.5	转速	21 转/min
水泥掺量	≥20%	喷嘴直径	3.2mm

4. 单桩及复合地基检测

（1）单桩竖向抗压静载试验（图 12.4-13）

（2）水泥土强度检测

为检测 DJP 复合桩的水泥土外桩强度，在 DJP 复合桩设计前，采用室内配比试验制作水泥土试块，并送国检中心做 3d、7d 强度检测，实测水泥土 3d 强度>1.1MPa，水泥土 7d 强度>1.7MPa。

施工过程中通过对水泥土桩软取芯法，对水泥土进行取样制作试桩（图 12.4-14），标准养护 28d 后送试验室检测，试测水泥土强度值≥3.3MPa。

5. 小结

本工程采用 DJP 复合管桩，潜孔冲击钻进可解决较厚抛填层成孔难的问题，以及基岩起伏较大区域管桩嵌岩的问题，水泥土桩对预制桩的包裹解决了管桩腐蚀问题。DJP 复合桩较普通桩基础（灌注桩、管桩）水泥土外桩与土体的接触面粗糙度较高，增强了与周围土之间的摩阻力，水泥土中的芯桩侧摩阻力得以大幅提升，大幅度提高单位面积承载力及地基抵抗变形能力。对比传统灌注桩具有较佳的经济优势，可节约造价 10%～15%。DJP 复合管桩技术可显著降低能耗及二氧化碳排放总量，减少因工程建设产生的材料消耗和大气污染，并且不产生弃土，仅有少量返浆，处理量远小于泥浆护壁产生的泥浆，环境影响小，符合绿色施工标准。

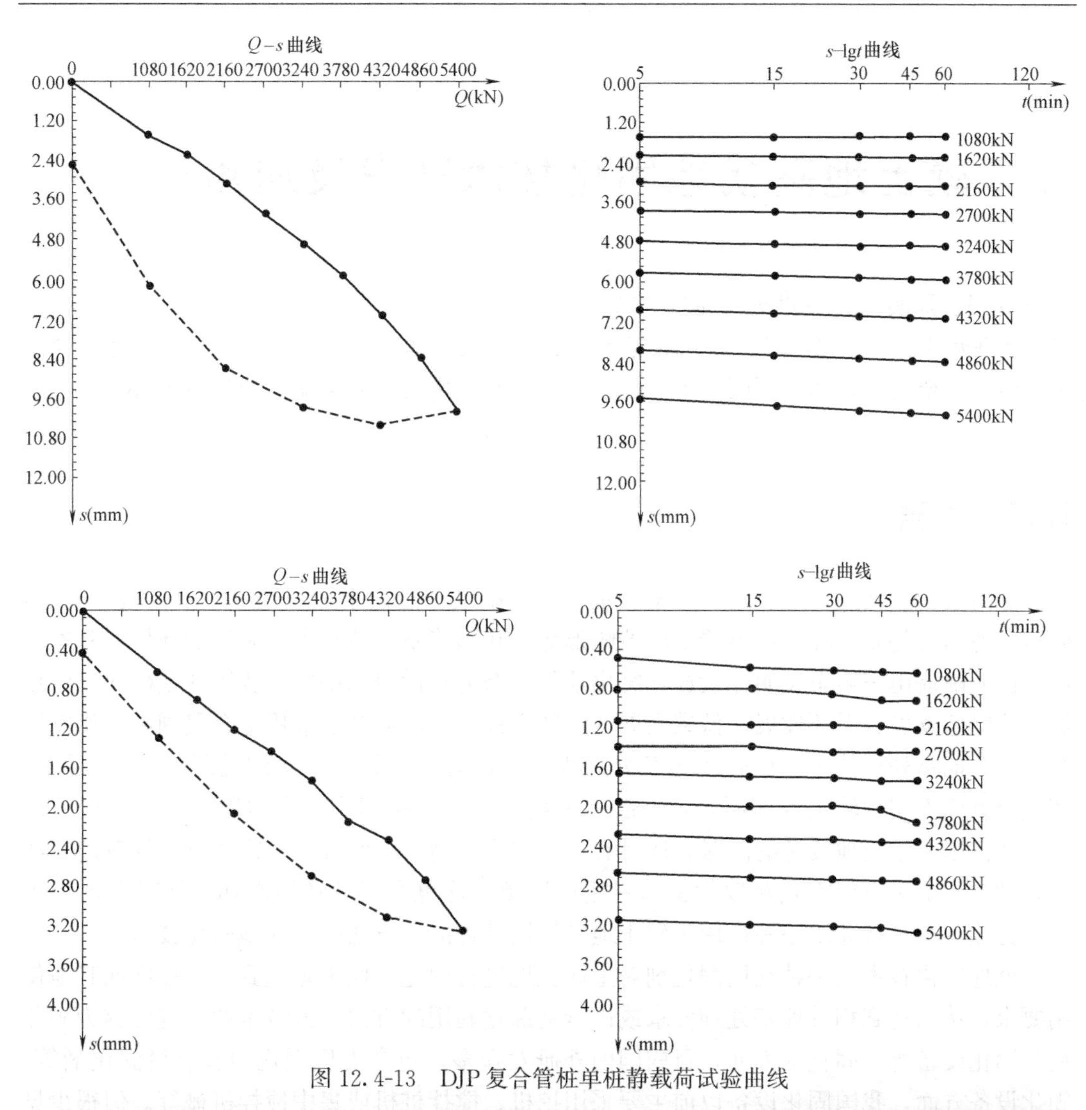

图 12.4-13　DJP 复合管桩单桩静载荷试验曲线

图 12.4-14　DJP 复合管桩成桩效果

13　软土地基就地固化技术开发及应用

陈永辉[1,2]、陈庚[1,2]、高世虎[3]，陈作雷[1,2]
（1. 河海大学岩土力学与堤坝工程教育部重点实验室，江苏 南京 210098；2. 河海大学岩土工程科学研究所，江苏 南京 210098；3. 温州大学建筑工程学院，浙江 温州 325035）

13.1　前言

随着我国经济的快速发展，土木、水利等基础设施建设事业得到了大力推进。同时，面对资源约束趋紧、环境污染严重的严峻形势，我国将坚持节约资源和保护环境的基本国策，已明确提出把生态文明建设放在突出地位，努力建设美丽中国。我国的基础建设将更加重视绿色发展、循环发展、低碳发展的发展方式，也亟需开发应用适合我国新时代发展要求下的地基处理技术。以软土地基处理为例，针对深层软土地基的处理新技术发展迅速，但就浅表层的软土处理而言，一般多采用换填法。换填法产生的渣土运输和堆放问题，在占用大量土地资源的同时，还具有一定的安全隐患；此外，还需通过开挖耕地、河床采砂、开山采石等方式获取优良填料用以回填，这也会引起环境破坏，同时造价也不菲。为此，本章将介绍一种适用于软土地基浅层处理的新方法——就地固化技术。

就地固化技术是一种利用固化剂对土体就地进行固化，使土体达到一定强度或其他使用要求，从而达到相关地基处理要求或进行资源化利用的方法。该技术的关键内容为固化剂与固化设备等。固化剂方面，目前国内外研发众多，包含无机固化剂和有机固化剂等；固化设备方面，我国固化设备以前主要采用挖机、搅拌桩机或集中搅拌机械等。但很少见到有先进的就地固化设备，相关试验性的固化或拌合机械装备水平低，自动化程度低、处理土体的均匀性差需要大量的固化剂（导致固化成本高、质量不可靠）、处理效率低从而造价过高等因素。

国外就地固化设备主要可分为竖直牵引式固化设备和水平牵引式固化设备，其中竖直牵引式固化设备以芬兰 ALLU 固化设备为例，如图 13.1-1 所示。其固化设备主要包括三部分，强力搅拌头、固化剂用量自动控制系统和压力供料设备组成，再配合相应的挖机进行应用，挖机主要提供强力搅拌头的搅拌动力，并通过移动可实现就地固化，能够有效处理不同类型的土体，如黏土、泥炭、污泥等。

水平牵引式固化设备以日本链条式固化设备为主，类似于我国常用的路拌机。该法对施工场地有一定的要求，需具备一定的承载力及平整度以满足施工的顺利实施，多用于路基工程，图 13.1-2 为日本链条式就地固化设备施工图。

竖直牵引式固化设备相比水平牵引式固化设备优点在于：水平牵引式固化设备主要用于具备一定承载力淤泥进行摊铺固化拌合，而就高含水率的淤泥则不能进行就地固化处

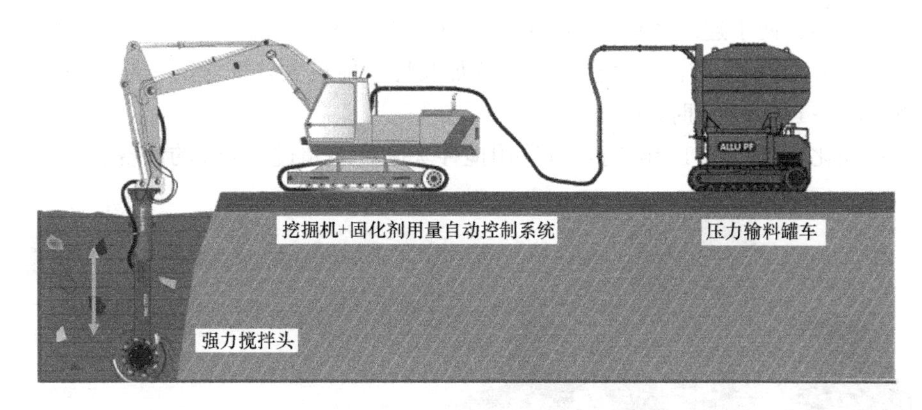

图 13.1-1 芬兰 ALLU 固化设备

理。因此竖直式牵引式固化设备更适用于软土地基处理工程，其中实际工程应用最多的就是 ALLU 强力头。

图 13.1-2 日本链条式就地固化设备搅拌系统

13.2 强力搅拌就地固化设备的引进和开发

河海大学通过水利部“948”项目，引进了芬兰 ALLU 强力搅拌固化设备中强力搅拌头，并在此基础上与相关单位合作，开展了国内设备配备、多规格搅拌头、三维定位控制系统、搅拌齿片、液压辅助动力系统和浆剂固化供料设备等内容的研发，目前已形成了强力搅拌软土就地固化技术的成套设备，其主要部分如下。

13.2.1 强力搅拌头

强力搅拌头是一种专业型的立体搅拌设备，利用挖机液压驱动，2 个搅拌头按合理的角度对称分布在连接杆和喷嘴的两侧，实现三维立体搅拌，在旋转搅拌作业的同时通过后台供料系统将固化剂送至搅拌头出料口，使土体与固化剂同时搅拌的目的（图 13.2-1）。

目前国内强力搅拌头的主要参数：①搅拌头按不同规格，其横向投影长度尺寸为 1300～1800mm，宽度尺寸为 800～1000mm，竖向高度为 800～1000mm，单次搅拌形状在平面上为矩形，便于连续搭接并形成板体，单次搅拌面积不小于 1m^2；②上部连接杆的长度不小于 3m，并根据加固深度要求可设置加长杆，使最大处理深度一般不小于 7m；③搅拌效率：50～100m^3/小时。

当设计固化深度小于 1.2m 时，宜选用搅拌头高度不超过 0.8m 的设备。

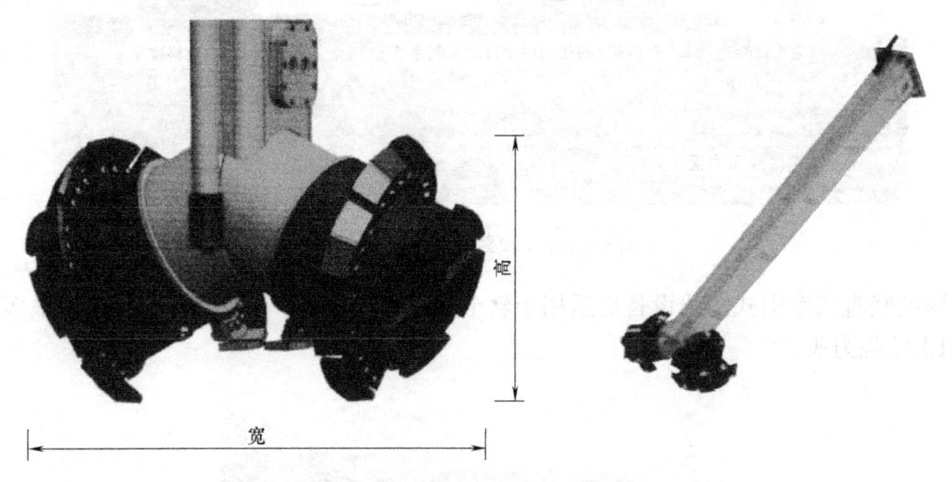

图 13.2-1　强力搅拌头结构示意图

自国外引进后，根据国内软土的强度、黏塑性等情况，对强力搅拌头的齿片或刀排等从尺寸和空间布置上都进行了调整，并且针对不同的土体采用灵活的布置形式，必要时对面层进行防粘处理等方面做了较多的改进，从而克服搅拌不均匀、抱团等通病。此外，还需满足不同深度的土层转速基本在要求的范围内。

13.2.2　固化剂供料设备

强力搅拌就地固化施工方法的供料类型可分为粉剂与浆剂。其中国外设备为粉剂，故其设备为粉剂供料设备。但通过现场试验测试发现，采用浆剂处理后的搅拌均匀性要优于粉剂，且无扬尘，环保性更好，故笔者也开发了浆剂固化剂供料设备。固化剂供料设备的供料压力不小于 3MPa，并可实现多种固化剂的同时供料。

固化剂供料设备照片主要如图 13.2-2 所示。

图 13.2-2　固化剂供料设备

所开发的操作界面如图 13.2-3 所示，固化剂添加控制系统安装于后台供料系统中，能够实时控制固化剂的添加量，精确计量，减少材料浪费，并能实时记录和保存固化剂用量过程，并形成施工报告。供料系统按操作使用分为手动和自动两种模式运转，其中手动模式为单元设备连续启动，主要用于维护和手动配料时使用。自动模式系统在设定的模式下依次启动，自动根据配方计算各种原料的重量，进行配料，配完后自动转到下一次配料。

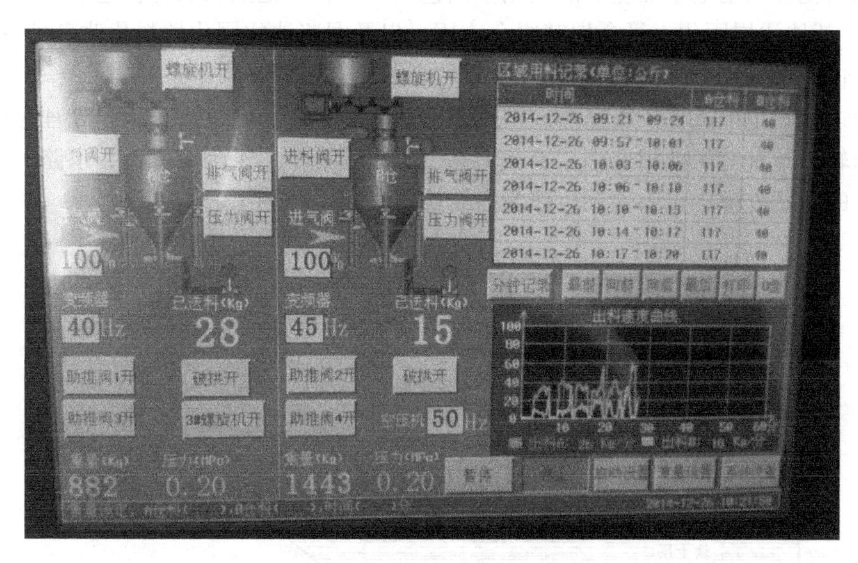

图 13.2-3　操作控制界面

13.2.3　定位控制系统

定位控制系统主要是控制搅拌头固化的路径，在施工过程中为搅拌空间姿态进行精准定位，自动呈现搅拌头的位置，控制搅拌头上升或下降的速率，与固化剂用量控制系统结合使用。主要是为了控制固化搅拌的全覆盖。如图 13.2-4 所示，深色方块图为未固化区域，浅色方块图为已固化区域。

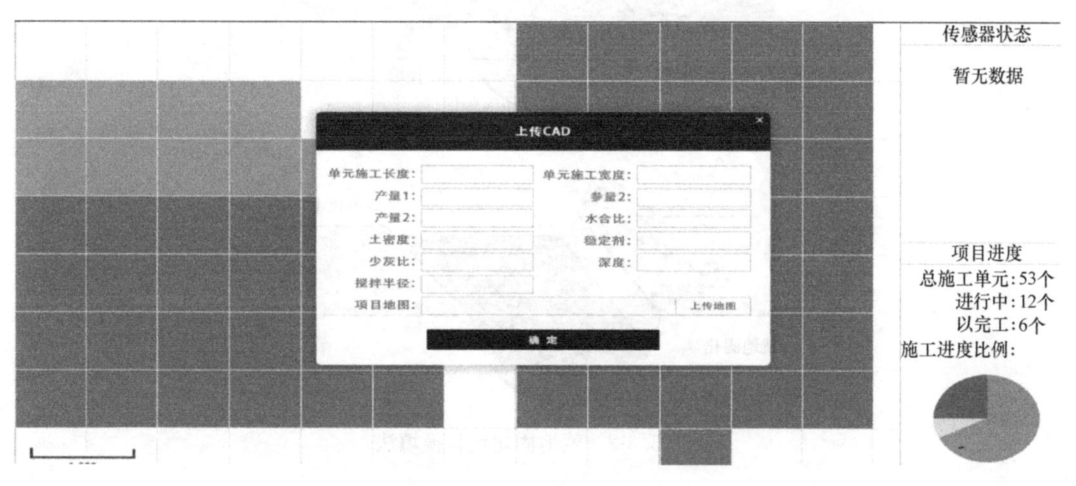

图 13.2-4　固化区域划分

13.3 就地固化技术的应用范围与设计理论

13.3.1 应用范围

就地固化在软土地基处理中的应用范围包括：代替开挖换填法、快速形成硬壳层（施工便道）、就地浅层固化＋复合地基组合应用，以及泥浆池的固化填料化改良处理等。

（1）快速形成硬壳层

采用边固化边推进方式快速形成硬壳层，形成施工便道，进行场地预处理。用于各种软土、超软土地基的大面积处理，承载力高、施工迅速；用于围海造地、道路、水利、建筑等工程的软基处理中，固化层可作为后续施工平台，如图 13.3-1 所示。

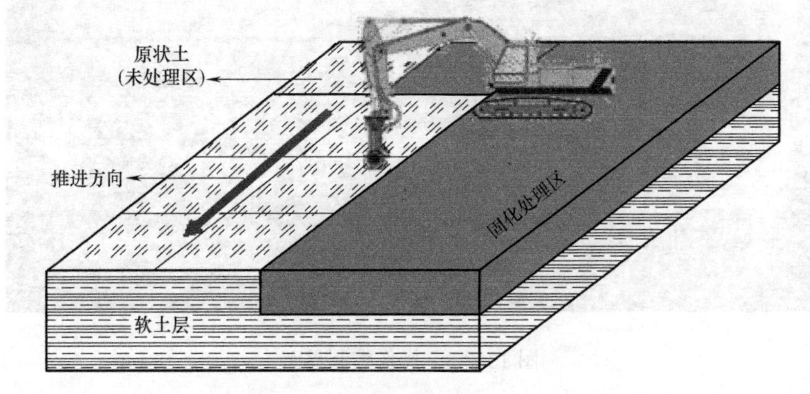

图 13.3-1 边固化边推进方式形成硬壳层

（2）就地固化代替换填法处理（图 13.3-2）

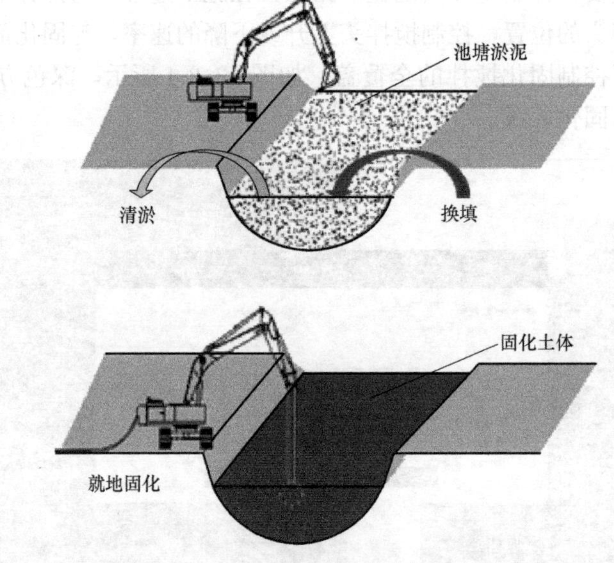

图 13.3-2 就地固化代替换填法

（3）就地浅层固化＋复合地基组合应用

就地浅层固化形成硬壳层地基可直接替代砂垫层与桩帽使用，形成一定厚度和强度的固化土，与天然硬壳层一样存在着板体效应，对附加应力存在着明显的应力扩散作用。复合地基组合应用中可通过加大桩间距来节约造价，如图 13.3-3 所示。

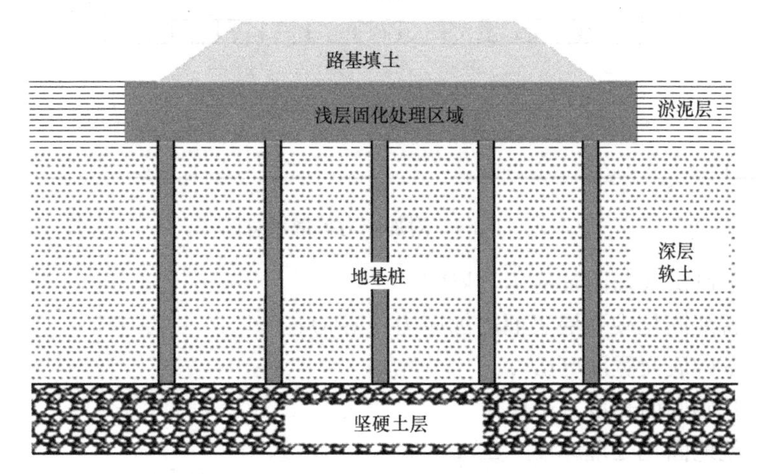

图 13.3-3 就地浅层固化+复合地基组合应用

13.3.2 就地固化技术设计理论

1. 配合比设计

配合比设计应采用阶段配合比设计。初步设计阶段可参照以往工程经验和本指南的相关规定合理确定固化剂类型和掺量；施工图设计阶段宜进行现场取样分析，根据不同的工程要求，通过室内配合比试验确定固化剂种类及其掺入量，并确定固化土的各项设计技术参数。此外，需根据不同工程要求的固化土的无侧限抗压强度和最优含水率、最大干密度和承载比 CBR 等室内试验成果进行优化设计，结合工程实际初步确定固化土最佳配合比，确定固化土材料、掺量和强度等技术要求；不符合设计要求的应重新进行配合比设计。就地固化配合比设计方法可参照浙江省《公路路堤就地固化（强力搅拌法）设计与施工技术指南》相应内容进行。

2. 就地固化硬壳层设计理论

就地固化硬壳层设计计算内容主要包括：就地固化硬壳层表面承载力、下卧层承载力和沉降计算。

（1）就地固化硬壳层表面承载力宜通过现场载荷试验进行确定；初步设计阶段就地固化硬壳层表面承载力验算可采用太沙基公式进行计算，计算时将就地固化加固区以及加固区以下土层参数根据荷载影响深度计算加权平均值，然后按照均质地基进行计算。

（2）下卧层表面附加应力的确定依据应力扩散理论进行，图 13.3-4 为附加应力扩散示意图，具体计算根据式（18.3-1）和式（18.3-2）进行。

$$P_{\mathrm{h}}=\frac{PBL}{(B+2h\tan\theta)(L+2h\tan\theta)} \tag{18.3-1}$$

采用平面应变进行计算时，上述公式可改写为：

$$P_{\mathrm{h}}=\frac{PB}{B+2h\tan\theta} \tag{18.3-2}$$

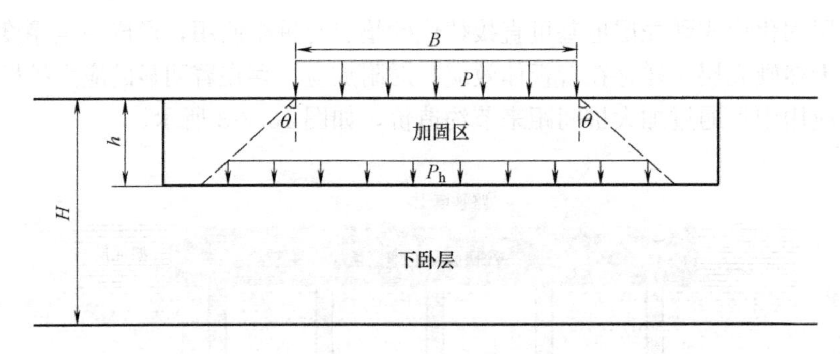

图 13.3-4　附加应力扩散示意图

式中　P_h——下卧层表面附加应力（kPa）；

P——就地固化硬壳层表面附加应力（kPa）；

B——基础底面宽度（m）；

L——基础底面长度（m）；

h——就地固化处理厚度（m）；

θ——应力扩散角（28°～45°）。

相应的下卧层承载力安全系数 K 如式（18.3-3）：

$$K=\frac{f_{下}}{P_h} \tag{18.3-3}$$

式中　P_h——下卧层表面附加应力（kPa）；

$f_{下}$——下卧层承载力（kPa）。

（3）就地固化浅层加固软基需满足沉降的要求，沉降计算主要包括两部分：就地固化加固区与就地固化硬壳层下部土层压缩量。其中就地固化加固区变形只考虑其自身的压缩变形 S_1，初步设计时可忽略不计；就地固化硬壳层下各土层压缩变形之和 S_2 可采用分层总和法计算。

（4）就地固化浅层处理路堤软基时稳定性计算可采用圆弧滑动法进行计算，具体计算可参照《公路软土地基路堤设计与施工技术细则》JTG/T D31 和《公路软土地基路堤设计规范》DB33/T 904—2013 相应内容进行计算。

13.3.3　施工工艺及控制要点

就地固化的施工工艺流程如图 13.3-5 所示。

控制要点为：

（1）正式施工前应现场验证固化土强度满足设计要求；

（2）固化前应清除树根、块石等障碍物，存在硬壳层时宜利用挖掘机等预先松土；

（3）对固化区域进行分块，区块大小一般为 10～30m²，常规的划分尺寸为 5m×5m 或 5m×6m；

（4）采用浆剂时水灰比宜为 0.5～0.9；

（5）按现场试搅确定的施工工艺和施工参数采用强力搅拌头对原位土进行就地强力搅拌，搅拌应均匀，各方形小区块之间应有不小于 5cm 的复搅搭接宽度，避免漏搅。固化深度超过 1m 时，搅拌头上下搅拌不应少于 2 次，提升速度不应大于 4m/min，搅拌头连接杆的垂直度偏差不宜大于2%。常用的搅拌方式如图13.3-6所示。

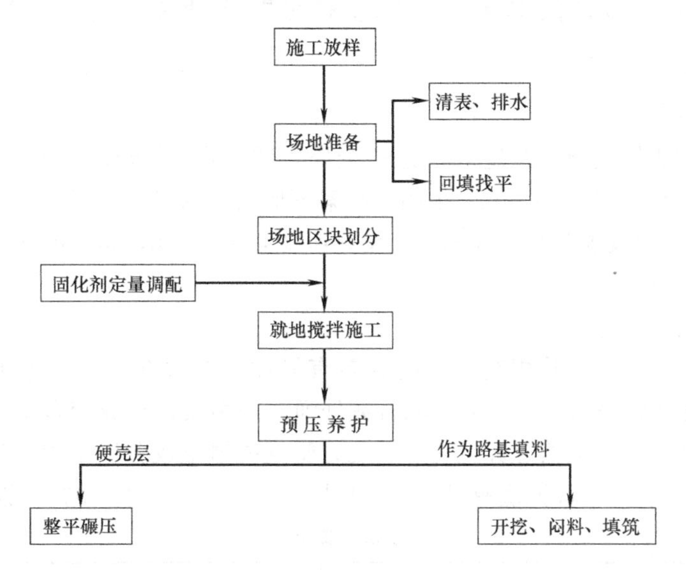

图13.3-5　就地固化施工工艺流程图

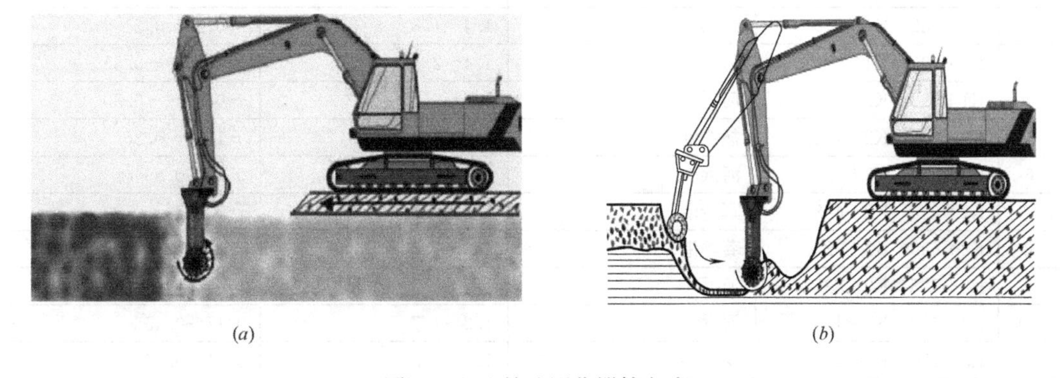

(a)　(b)

图13.3-6　就地固化搅拌方式

(a) 原位垂直上下固化式（适用于一般软土）；(b) 翻松分层固化式（适用于表层存在硬壳层土体）

（6）预压养护应符合以下要求：

① 当固化区域搅拌完成后，应立即预压，可采用满足设计要求的填土材料对搅拌后的土体进行堆载预压，或采用机械进行预压；

② 预压后进行整平养护，用推土机对地基表层土碾压整平，保证搅拌后板体的整体性及表层土体的压实度，养护时间宜在7d以上；

③ 养护时如遇雨天宜在固化场地表面铺设塑料薄膜，同时加强场地排水，减少雨水影响。

13.4　典型案例分析

自引进ALLU强力搅拌头，通过吸收改进和自行研发，已形成了就地固化成套技术，目前该技术已在浙江、上海、江苏、广东等沿海地区进行了数十个工程应用。选取典型案例介绍其应用背景和应用效果。

13.4.1 就地固化代替换填法——上海S3公路先期实施段新建工程

1. 工程背景

(1) 工程概况

上海S3公路先期实施段新建工程是S3公路入城段的一部分，北起S20罗山路立交南端、南至周邓公路，全长3.12km。采用“高架+地面”的布置形式。主线高架道路为高速公路入城段，建设规模为双向6车道，设计速度为80km/h，是上海迪士尼国际旅游度假区的重要配套工程。

(2) 地质条件

本工程线路与多处河浜相交，河底分布有淤泥，本次探摸浜底淤泥厚度为0.2～3.0m，明浜情况详见表13.4-1；沿线原有数处河道被填没，形成较多暗浜，根据调查共发现21条疑似暗浜，暗浜情况详见表13.4-2，暗浜内填土成分以杂填土为主，含建筑垃圾、有机质及腐植物，局部浜底有淤泥，容易导致新建路基产生不均匀沉降。

明浜一览表　　表13.4-1

序号	里程	河道名称	淤泥厚度(m)	淤泥底标高
1	K1+782～K1+796	塘	2.6～3.0	0.36～0.83
2	K1+882～K1+900	河浜	1.4～1.8	−0.25～0.21
3	K1+900～K1+986	河浜	1.4～2.5	−1.20～−0.55
4	K1+995～K2+069	河浜	1.4～2.9	−0.90～−0.30
5	K1+069～K2+111	盐船港	1.2～1.7	−1.17～0.25
6	K2+385～K2+539	河浜	1.3～1.6	0.13～0.65
7	K2+600～K2+683	军造港	1.2～1.7	−0.80～−0.00
8	K2+690～K2+725	龚潮港	1.2～1.6	−0.58～−0.08
9	K2+725～K2+838	河浜	1.2～1.7	−0.49～−0.20
10	K3+050～K3+135	河浜	1.2～1.7	0.17～0.45
11	K3+270～K3+292	龙游港	1.0～1.5	0.01～0.53
12	K3+394～K3+438	塘	1.0～1.2	2.42～2.64
13	K3+435～K3+545	河浜	0.9～1.3	−0.10～1.78
14	K3+650～K3+680	姚家宅河	0.2～0.6	1.37～1.97
15	K4+170～K4+200	八灶港	0.2～0.7	1.65～2.55
16	K4+540～K4+564	涣洋河	0.2～0.7	0.93～1.46
17	K4+690～K4+710	河浜	0.4～0.9	0.40～0.82

暗浜一览表　　表13.4-2

暗浜序号	里程	填土厚度(m)	浜填土底标高
1号暗浜	K2+230～K2+325	4.3～5.5	−0.31～0.62
2号暗浜	K2+230～K2+325	4.4～4.5	0.40～0.53
3号暗浜	K2+305～K2+325	未能探摸	
4号暗浜	K2+335～K2+385	3.5～4.3	−0.51～0.55
5号暗浜	K2+675～K2+730	3.0～4.2	−0.65～0.53
6号暗浜	K2+850～K2+970	3.0～3.5	0.87～1.35
7号暗浜	K2+855～K2+910	3.6～4.4	−0.23～0.61

续表

暗浜序号	里程	填土厚度(m)	浜填土底标高
8号暗浜	K2+990～K0+040	4.0～4.6	−1.53～−0.95
9号暗浜	K3+130～K3+220	3.5～3.9	−0.39～−0.19
10号暗浜	K3+240～K3+260	未能探摸	
11号暗浜	K3+475～K3+585	2.5～4.2	0.55～2.12
12号暗浜	K3+655～K3+680	未能探摸	
13号暗浜	K3+740～K4+165	2.5～7.5	−1.28～2.06
14号暗浜	K4+265～K4+285	2.9～6.4	−0.73～2.06
15号暗浜	K4+425～K4+465	10.4	−1.19
16号暗浜	K4+470～K4+495	3.4～4.0	1.19～2.08
17号暗浜	K4+720～K4+800	2.6～3.1	1.22～1.77
18号暗浜	K4+850～K4+887	未能探摸	
19号暗浜	K1+807～K1+181	2.3～2.5	0.87～1.06
20号暗浜	K3+310～K3+322	3.3～3.9	0.99～1.53
21号暗浜	K3+727～K3+738	3.4～3.8	0.35～0.81

2. 设计方案

机动车道和非机动车道固化深度3m，固化剂（水泥+粉煤灰等）掺量为8%和6%，人行道和中央分隔带固化深度1.5m，固化剂掺量6%，固化顶面标高同搅拌桩施工顶面标高，道路横断面图如图13.4-1所示。

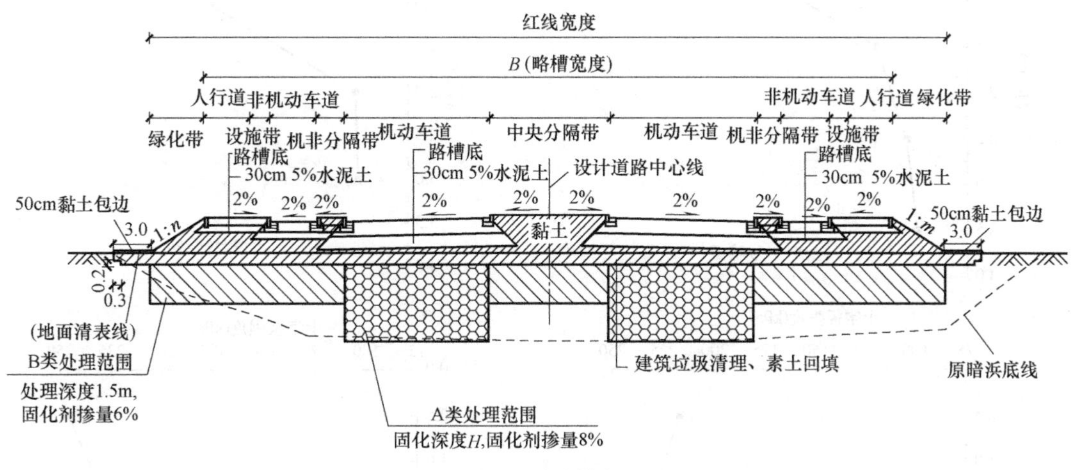

图13.4-1 道路横断面图

3. 地基检测方案与结果分析

（1）检测与监测方案

就地固化处理试验段需对固化后土体的强度、处理深度和承载力等进行检测，检测方法可分为：

1）固化剂成分及含量：固化剂材料应符合国家规范要求，具体的固化配比应在室内配比试验结果中得到。施工过程中含量通过固化剂自动定量控制系统控制，允许偏差0.5%。

2）就地固化处理深度：利用就地固化设备将土和固化剂混合，深度检测通过钻机取样或静力触探试验确定，处理宽度按米尺进行控制及检测，现场量测数据与设计宽度差不超过 10cm。加强施工过程中的旁站。每个 5m×5m 区块测试点不少于 1 处。

3）就地固化处理层的强度：利用十字板剪切试验对固化 14d 后的土体进行试验。每个 5m×5m 区块测试点不低于 1 处。要求不排水抗剪强度不小于 100kPa。

4）就地固化处理技术的承载性能：对固化 14d 后在处理区域用 1m×1m 的荷载板进行荷载板试验。每个浜塘测试点不少于 1 处。要求对于机动车道和非机动车道，承载力不小于 120kPa，对于中央分隔带和人行道，承载力不小于 100kPa。

（2）检测结果分析

1）十字板强度

图 13.4-2 给出了 S3 公路先期实施段就地固化地基十字板强度部分检测结果，结果显示十字板强度均不小于 100kPa 符合设计要求。

2）地基承载力检测

根据设计要求，分别对 2 个测试点进行了承载力检测，检测结果如表 13.3-3 及图 13.4-3 所示，检测结果均满足设计要求。

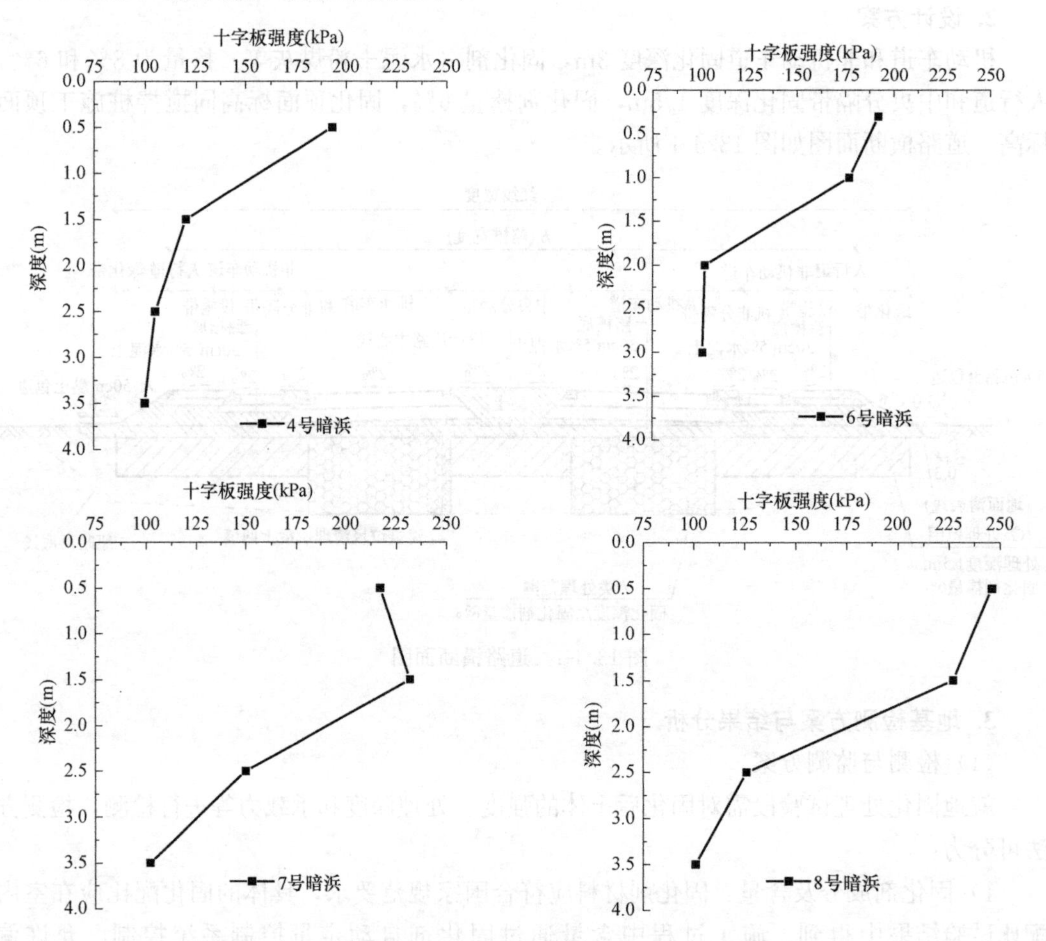

图 13.4-2　S3 公路先期实施段就地固化地基十字板强度（一）

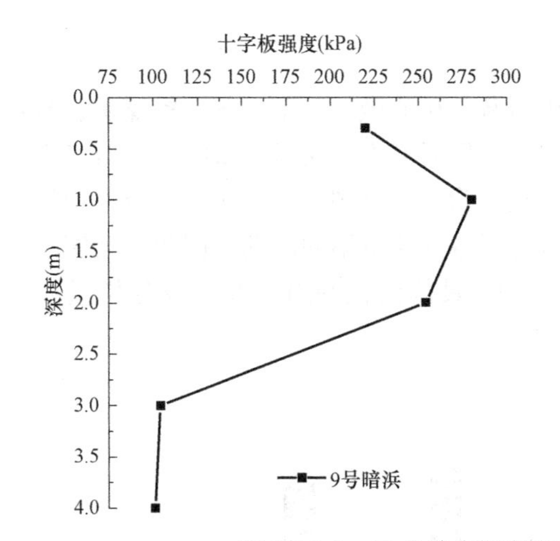

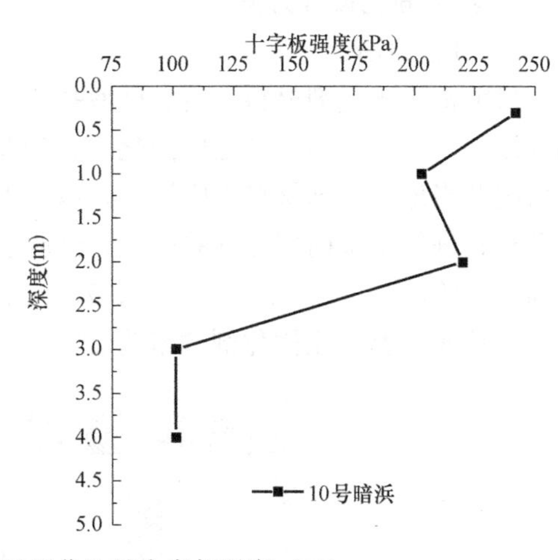

图 13.4-2　S3 公路先期实施段就地固化地基十字板强度（二）

S3 公路先期实施段就地固化地基承载力检测结果　　　　表 13.4-3

序号	总荷载量(kPa)	总沉降量(mm)	回弹量(mm)	回弹率(%)	极限承载力(kPa)
1	120	11.48	6.33	55.1	不小于 120
2	100	9.6	5.38	56.0	不小于 100

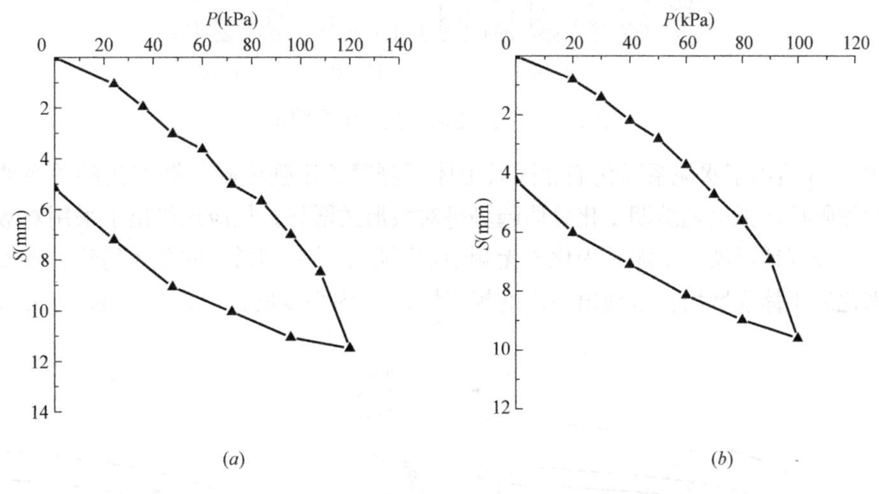

图 13.4-3　S3 公路先期实施段地基承载力测试

(*a*) 机动车道地基测试点；(*b*) 人行道地基测试点

13.4.2　地基硬壳层的快速形成——温州龙湾区围海吹填工程

1. 工程背景

吹填土在自然堆积及自重固结作用下形成含水率高的超软土，具有孔隙比大、强度低等特点，常规施工机械甚至作业人员不能进场，因此一般多需进行吹填超软土的排水预压预处理，使其满足施工机械承载力等指标要求。通过就地固化技术在温州龙湾区围海吹填工程中开展试验研究，在吹填土上快速形成硬壳层，用作施工便道，以供后续工序的开展。

2. 就地固化设计方案

(1) 配合比设计

目前常用固化剂材料主要有硅酸盐水泥、生石灰、矿渣微粉、草木灰、粉煤灰、激发剂及砂等。针对不同类型土体固化剂类型及配比对加固后强度有明显的影响。针对工程实际情况及当地固化剂材料供应情况，以水泥和石灰作为主固化剂，粉煤灰和矿渣微粉作为辅助材料进行了室内配比试验研究，试验主要进行了各配比下不同龄期后固化土无侧限抗压强度试验，龄期分别为 1d、3d、7d、14d 及 28d。具体固化剂组合及各成分掺量如图 13.4-4 所示，其中主固化剂含量为 2%。

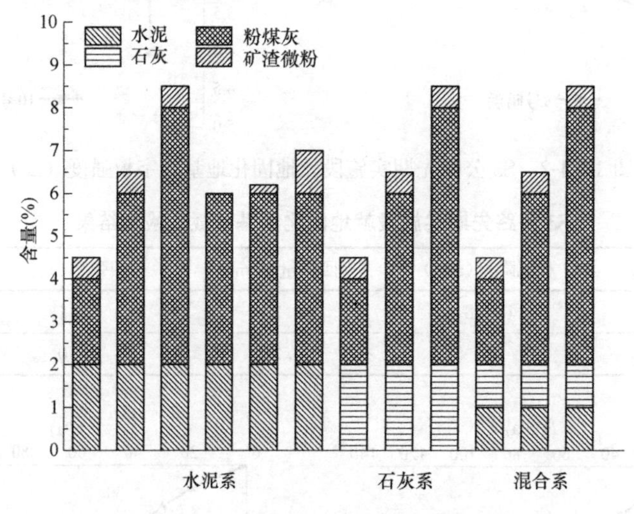

图 13.4-4　固化剂含量与组合图示

图 13.4-5 给出了水泥系固化剂加固后土体无侧限抗压强度随龄期变化的关系曲线，结果显示无侧限抗压强度随龄期变化总体趋势呈对数形式增长，相应地给出了采用对数曲线拟合的结果，较好地反映了水泥系固化土无侧限抗压强度随龄期增长的总体趋势。随着龄期的增长，固化后土体强度增长呈现出一定的规律性，3d 内强度增长呈线性增长，各配比下 3d

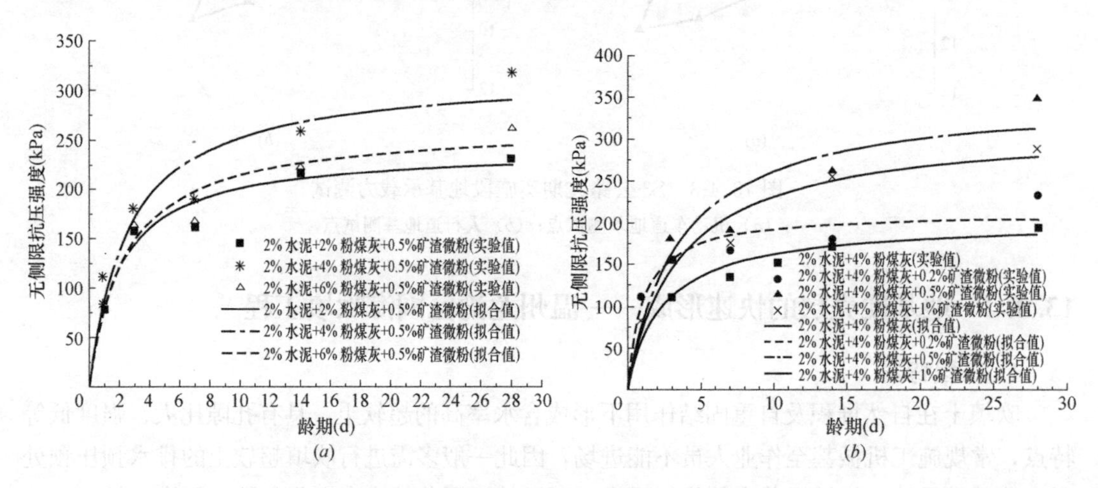

图 13.4-5　水泥系固化土强度随龄期变化情况

(*a*) 粉煤灰掺量对强度影响；(*b*) 矿渣微粉掺量对强度影响

后固化后土体无侧限抗压强度均达到 100kPa 以上，4～7d 内强度增长减缓，呈现非线性增长模式，后续随着龄期的增长，强度增长呈现缓慢增长，并逐渐趋近于一个稳定值。

图 13.4-6 为石灰系固化剂试验结果，石灰系固化土 28d 龄期内强度均随龄期呈线性增长。图 13.4-6（*a*）为粉煤灰的掺量对石灰系固化土强度的影响，水泥掺量和辅助材料矿渣微粉掺量不变的情况下随着粉煤灰掺量的增加固化土强度增加，粉煤灰掺量持续增加达到一定量时固化土强度反而降低。图 13.4-6（*b*）为矿渣微粉的掺量对石灰系固化土强度的影响，水泥掺量和辅助材料粉煤灰掺量不变的情况下随着矿渣微粉掺量的增加固化土强度逐渐增强。

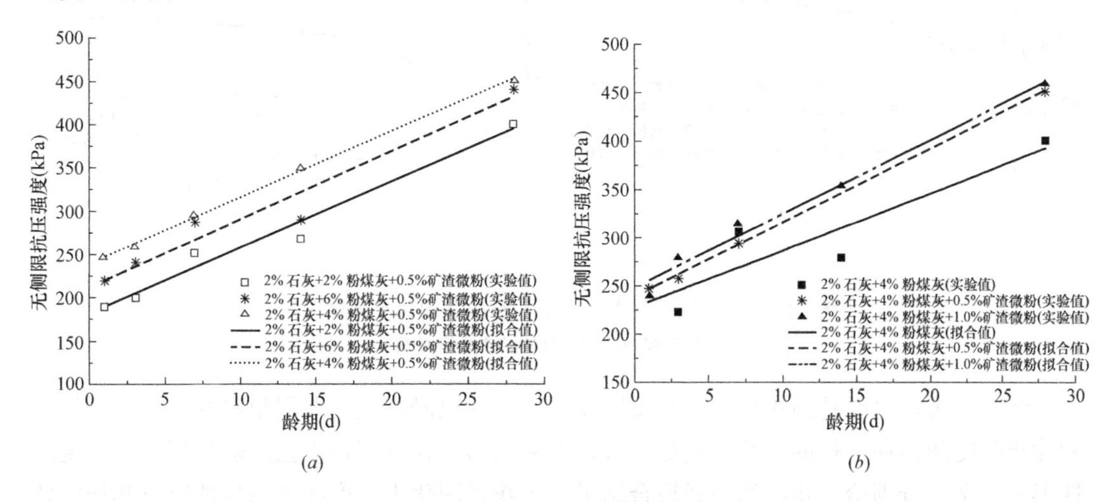

图 13.4-6 石灰系固化土强度随龄期变化

图 13.4-7 给出了水泥和石灰混合系固化土龄期 14d 内无侧限抗压强度随龄期变化曲线，方案以主固化剂石灰和水泥掺量各自 1%，粉煤灰和矿渣微粉作为辅助固化剂。结果显示水泥-石灰混合系固化土强度随龄期变化规律呈现线性增长，并且随着粉煤灰掺量的增加固化土强度呈增长趋势。

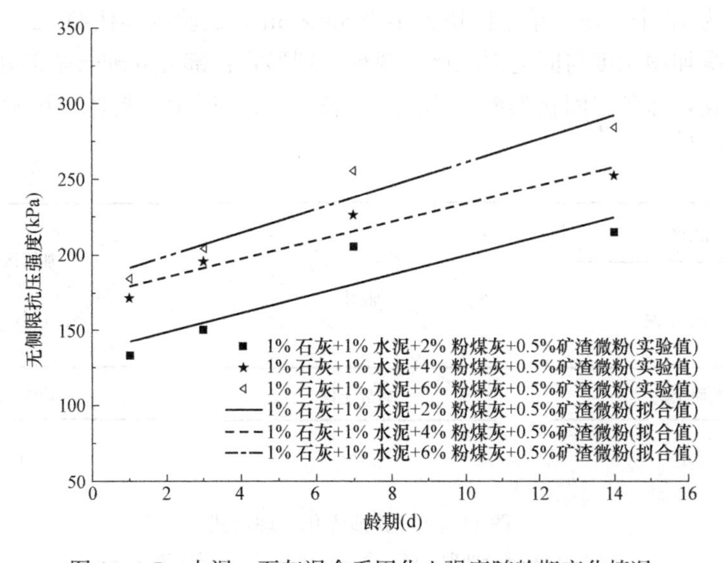

图 13.4-7 水泥、石灰混合系固化土强度随龄期变化情况

图 13.4-8 为相同掺量情况下，石灰系和水泥系固化土强度对比结果，结果显示石灰系相同龄期内石灰系固化土强度明显高于水泥系固化土，尤其在龄期为 14d 以后石灰系固化剂强度增长仍为线性增长。

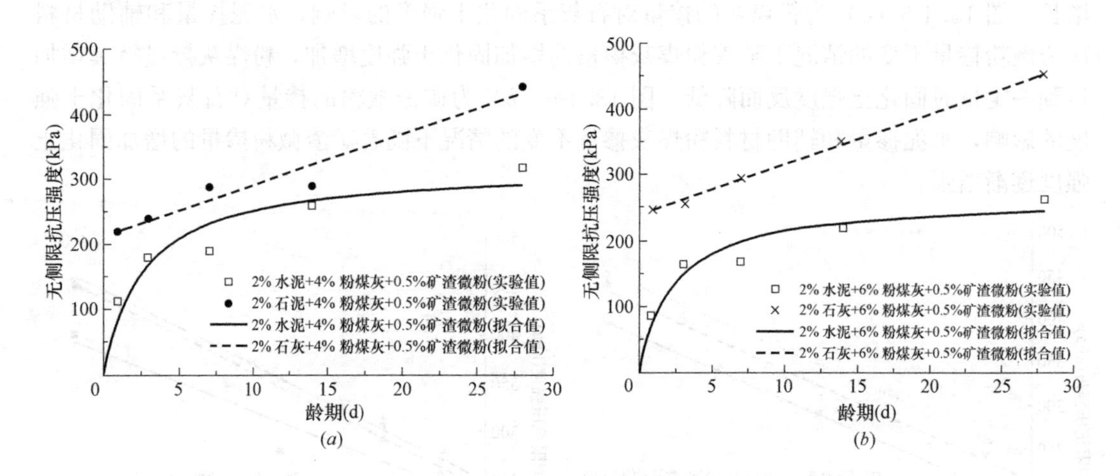

图 13.4-8 相同掺量下水泥系、石灰系固化土强度对比

(a) 粉煤灰影响；(b) 矿渣微粉影响

综上分析，水泥系固化剂与石灰系固化剂加固吹填淤泥土均取得很好的效果，水泥系固化土强度随龄期增长的关系呈指数形式，石灰系与混合系固化土强度随龄期增长呈现线性形式，文章分别给出相应的曲线拟合结果；石灰系固化土强度在等掺量情况下其加固效果明显好于水泥系固化剂。此外，辅助材料掺量的变化对固化土强度随龄期变化关系存在明显的影响，其中粉煤灰掺量对固化土强度的影响表现为随着掺量的增加强度先增大后减小，矿渣微粉掺量增加相应的固化土强度也增加。验证了就地固化技术加固吹填淤泥的技术可行性与加固效果，也为其他类似的工程提供参考与依据。

(2) 现场施工设计

场地划分为 12 个区块，单个区块大小为 5m×5m，试验内容按照 12 个工况进行，在深度范围内根据加固深度与固化剂配比分两种处理形式：部分处理与全部处理，其中全部处理可分层固化，即各层固化剂配比不同，如图 13.4-9 所示，具体各试验工况处理方式如表 13.4-4 所列。

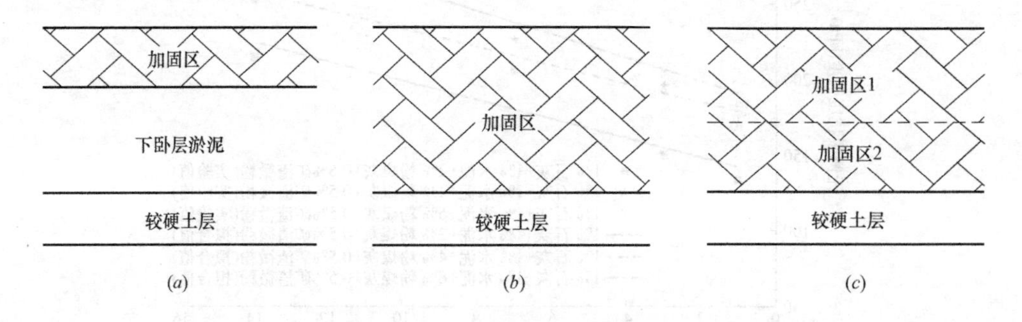

图 13.4-9 就地固化处理形式

(a) 部分处理；(b) 全部处理；(c) 分层处理

就地固化现场试验方案 表 13.4-4

试验工况	处理深度 H(m)	固化剂配合比
1	0.8	2%水泥+1%石灰+3%粉煤灰
2		2%水泥+2%粉煤灰+5%砂
3	1.2	2%水泥+2%粉煤灰+0.5%矿渣
4		2%水泥+2%粉煤灰+0.2%矿渣
5	1.5	4%石灰+4%粉煤灰
6		2%水泥+1%石灰+3%粉煤灰
7		4%水泥+2%粉煤灰
8		2%水泥+2%粉煤灰
9	3	6%石灰+6%粉煤灰
10		上部 1.5m:3%石灰+3%粉煤灰;下部 1.5m:1%石灰
11		上部 1.5m:2.5%水泥+3%粉煤灰;下部 1.5m:0.5%水泥
12		4%水泥+4%粉煤灰

3. 现场施工

图 13.4-10 为就地固化加固前后土体性状，加固前地基土表层存在约 10cm 风干土层，下部土体为新近吹填淤泥，人走易陷；加固后土体含水率明显下降，加固后土体承载力及强度迅速提升，就地固化加固 24h 后普通挖掘机可行走。

(*a*)

(*b*)

图 13.4-10 就地固化加固前后场地

(*a*) 部分处理；(*b*) 全部处理；(*c*) 分层处理

表 13.4-5 给出了各试验工况加固 14d 后土体含水率，结果显示含水率在 32%～44%之间，相对于原状土体，加固 14d 后土体含水率下降 15%～21%。

多工况下就地固化加固 14d 后土体含水率 表 13.4-5

试验工况					
1	2	3	4	5	6
35.90	36.06	31.88	35.43	36.98	42.56
7	8	9	10	11	12
43.95	43.75	37.66	41.81	43.86	39.72

4. 地基检测

（1）十字板剪切强度

对就地固化加固后土体进行不同深度处十字板剪切试验，对加固后的土体厚度每20cm深度进行1次十字板剪切试验，得到了各试验工况下加固后28d加固区范围内土体不同深度处十字板剪切强度。

图13.4-11给出了各个工况下龄期28d后加固区不同深度处十字板抗剪强度值，结果显示加固后土体十字板强度明显高于原状土强度，其强度至少高出原状土强度10倍。此外，加固区十字板强度值随深度发生变化，但是其变化幅度不是很大，并且在加固区与下卧层交界处强度变化十分明显，由此说明就地固化技术在施工过程均匀性以及加固深度的控制比较好。

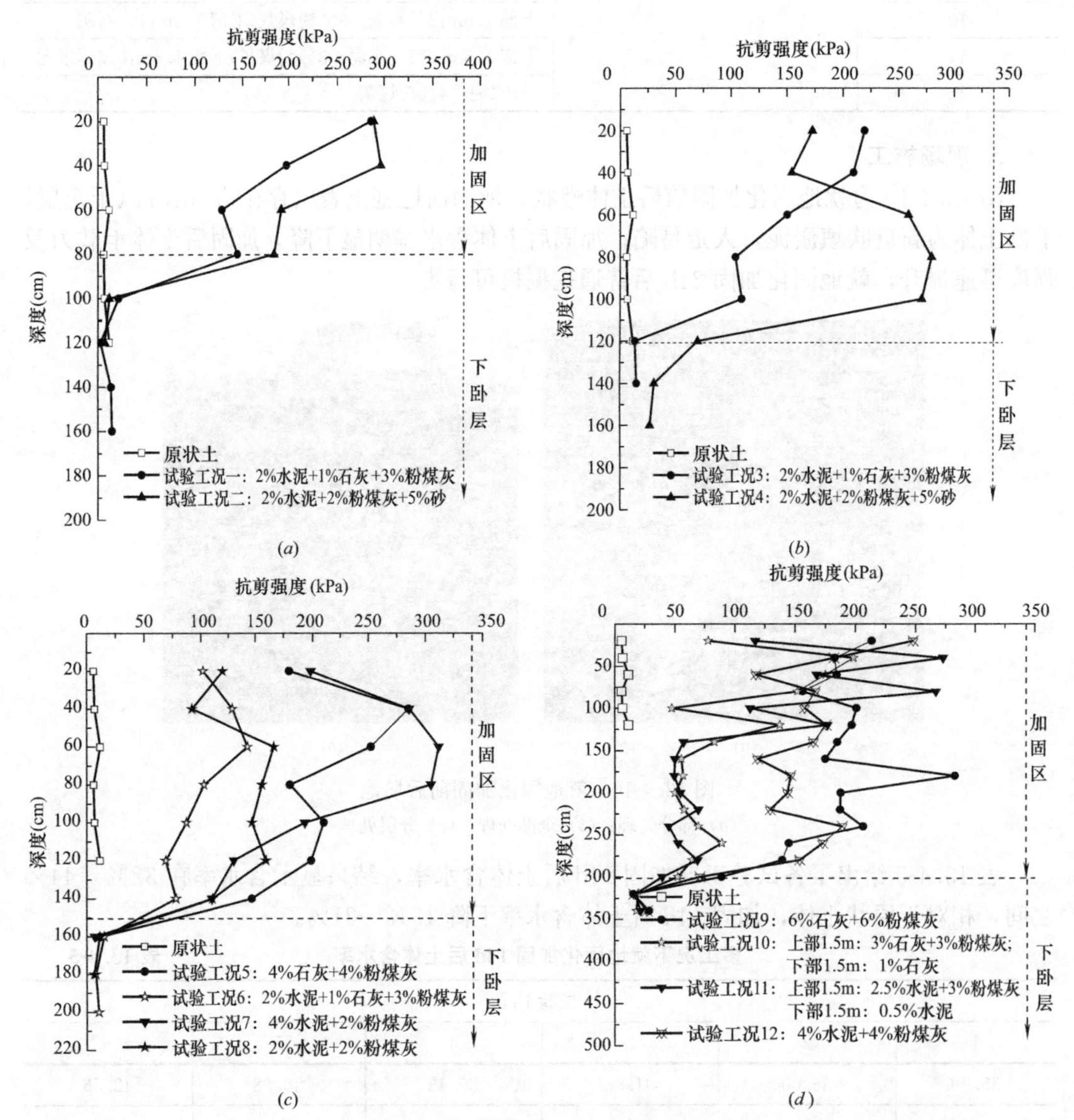

图13.4-11 加固区土体抗剪强度

(*a*) 加固深度0.8m；(*b*) 加固深度1.2m；(*c*) 加固深度1.5m；(*d*) 加固深度3.0m

（2）静力触探

对就地固化加固后土体进行不同深度处静力触探试验，对加固后的土体厚度每 10cm 深度进行检测，得到了各试验工况下加固后 28d 加固区范围内土体不同深度处的锥尖阻力。图 13.4-12 给出了加固区不同深处的锥尖阻力，结果显示就地固化加固后土体锥尖阻力平均值不小于 4MPa，原状土锥尖阻力最大值仅有 0.4MPa。

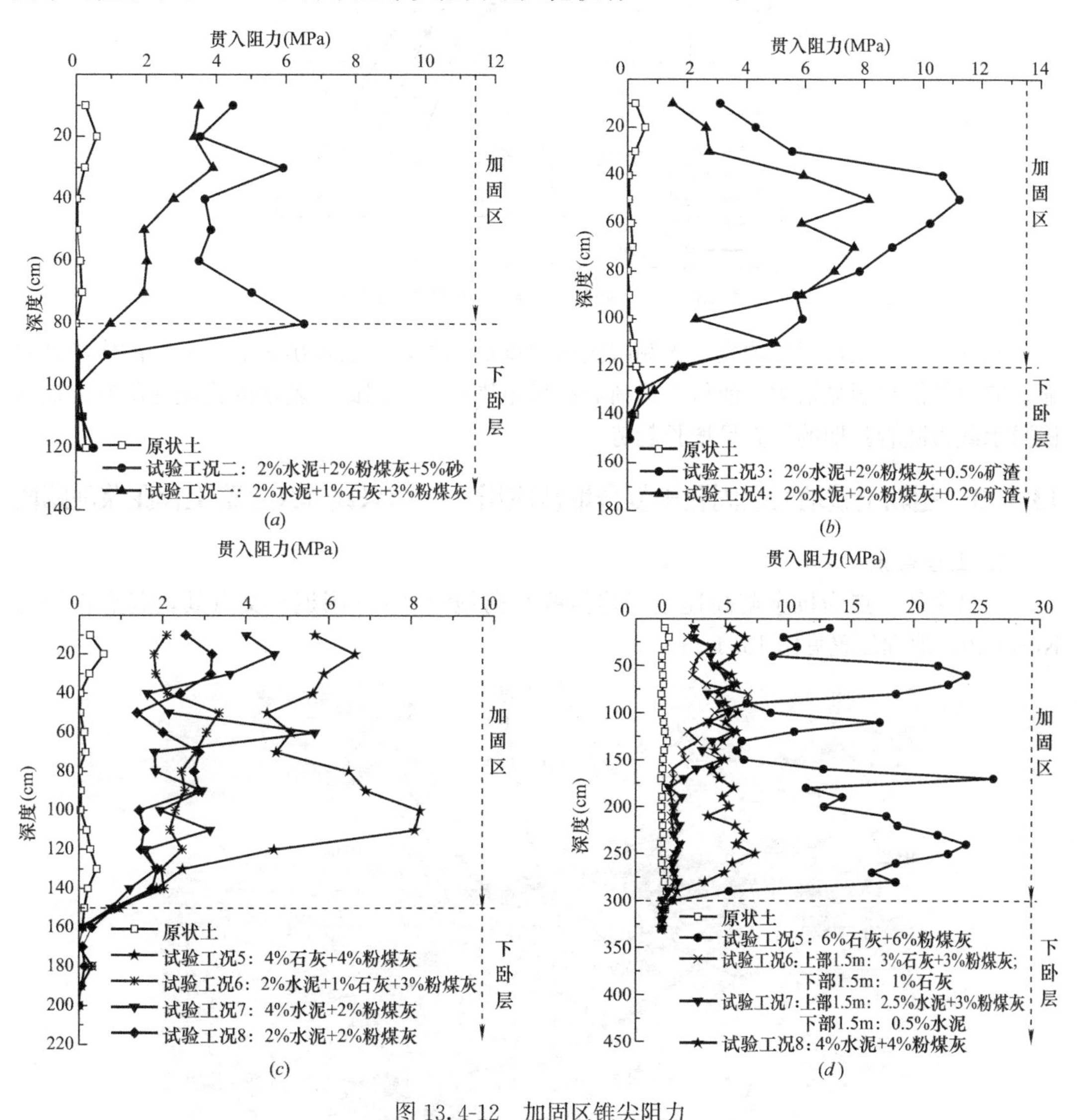

图 13.4-12 加固区锥尖阻力

（*a*）加固深度 0.8m；（*b*）加固深度 1.2m；（*c*）加固深度 1.5m；（*d*）加固深度 3.0m

（3）承载力检测

图 13.4-13 给出了龄期为 7d、14d、28d 时荷载-位移关系曲线。从图中可以看出，随着龄期的增长，与之相应的极限承载力也呈增长趋势。究其原因在于就地固化硬壳层软土地基的承载力很大一部分来源于就地固化硬壳层本身的抗剪作用，前文室内试验结果显示随着龄期的增长，就地固化硬壳层无侧限抗压强度增加，其抗剪强度也将随之增加。

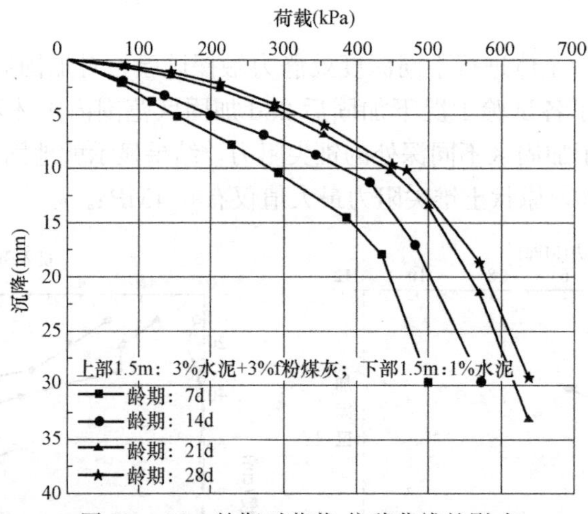

图 13.4-13　龄期对荷载-位移曲线的影响

此外，随着就地固化硬壳层无侧限抗压强度的增加，其表现出来的应力扩散作用越明显，应力扩散角明显增大，使得上覆荷载扩散范围更大。因此，就地固化硬壳层软土地基极限承载力随着龄期的增大呈增长趋势。

13.4.3　超软土就地浅层固化＋复合地基应用——绍兴钱滨线公路工程泥浆池路段

1. 工程背景

项目主线起点为杭金衢高速绍兴连接线与柯袍线（329 国道）交点处，起点桩号为 K0＋000，地理位置见图 13.4-14。

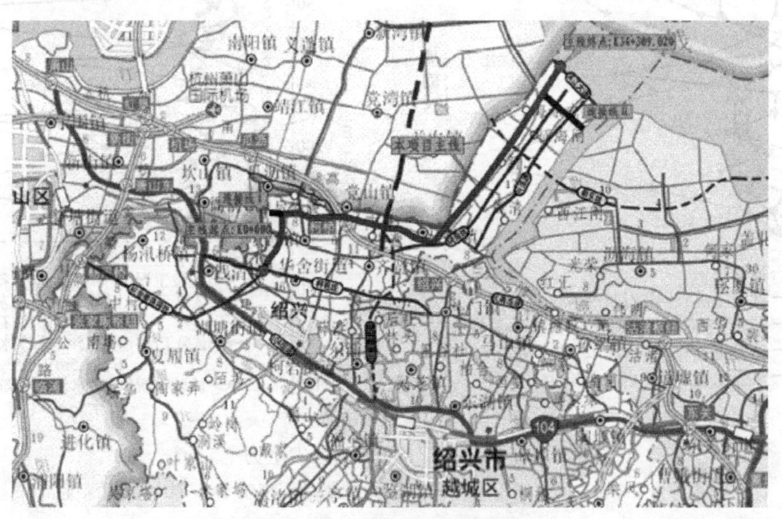

图 13.4-14　工程项目地理位置

路线穿越华舍街道、钱清镇、安昌镇、柯桥经济开发区、滨海工业区，终点位于绍兴产业集聚区滨海工业区滨江大道，终点桩号为 K34＋318.373，主线路线全长 34.318km。主线为双向六车道一级公路，设计时速 80km/h，路基宽度 39m；连接线主线为双向四车道一级公路，设计时速 80km/h，路基宽度为 31.5m。本项目实施过程中涉及需在大型泥浆池上填筑路基，位于主线 K30＋380～K30＋675 和连接线Ⅱ的 Lk0＋000～Lk0＋080 路段。泥浆池长约 295m，宽约 303m，总占地约 9.3 万 m^2。泥浆池顶板标高一般为 4.74～4.99m，底板标高－4.36～－6.16m，泥浆厚度约 6.95～12m，路线范围内泥浆池厚度约 10～12m，图 13.4-15 为泥浆池原貌。

图 13.4-15 泥浆池原貌

泥浆含水量极高，压缩性极大，静压可进，脚踩易陷入，含水量 68.8%～91.5%，锥尖阻力一般为 0.01～0.05MPa，侧壁摩阻力 0.1～0.6kPa。

2. 设计要求与设计方案

泥浆池处理方案：采用先就地固化形成硬壳层和板体，然后采用预应力管桩形成复合地基。此外考虑到后期路基两侧泥浆池地段存在着开发及变动的可能性，会对路基稳定性产生一定的影响，因此设计方案中路基两侧坡脚向外延伸 15m 范围进行处理后作为保护区，外加其他辅助措施对路基软基进行一定程度的封闭，对路基起到适当的保护及减少地基的侧向变形。实施思路：路基两侧 12m 保护区域范围填土 1.5m 厚→强力搅拌就地固化 3.0m→路基范围内排水→路基范围内就地固化 3.0m→管桩施工 16.0m→两侧填土 50cm 厚，路基范围内铺设一层土工材料＋碎石→铺设第二层土工材料→清宕渣→路基填筑，如图 13.4-16 所示。

通过对预应力管桩施工机械以及施工过程中其他一些机械设备承载力需求进行计算分析，就地固化范围为路基以下及坡脚向外延伸 12m 保护区范围，固化厚度设计为 3m。路基范围内固化剂采用粉剂固化剂，两侧保护区范围固化剂采用粉剂或浆剂固化剂，固化剂含量为 9%，主要成分包括水泥、矿渣微粉以及少量稳定剂。

3. 现场施工

场地区块划分：对固化区域进行分块，区块大小一般为 10～25m^2，常规的划分尺寸为 5m×5m 左右的处理区域。对路基范围内的泥浆进行就地固化，固化深度为 3.0m。固化剂采用浆剂，掺量为 9%，主要成分包括水泥、矿渣微粉及少量稳定剂；根据处理段落的软土工程量计算固化剂用量配合比，采用固化剂自动定量供料系统设置固化剂喷料速率及每区块的固化剂用量；同时实时记录和打印固化剂用量清单。就地强力搅拌施工，如图 13.4-17 所示。

4. 检测方案及结果

（1）检测与动态监测

1）固化剂成分及含量

固化剂材料应符合相应规范要求，具体固化配合比应通过室内试验或现场试验进行确定，通过固化剂自动定量控制系统控制施工过程中的配比，允许偏差≤0.5%。

2）就地固化处理厚度

厚度检测通过钻芯取样或静力触探试验确定，要求处理厚度与设计厚度相差不超过 20cm。处理宽度用尺进行量测，要求现场量测宽度与设计宽度相差不超过 10cm，测试点不少于 3 处。

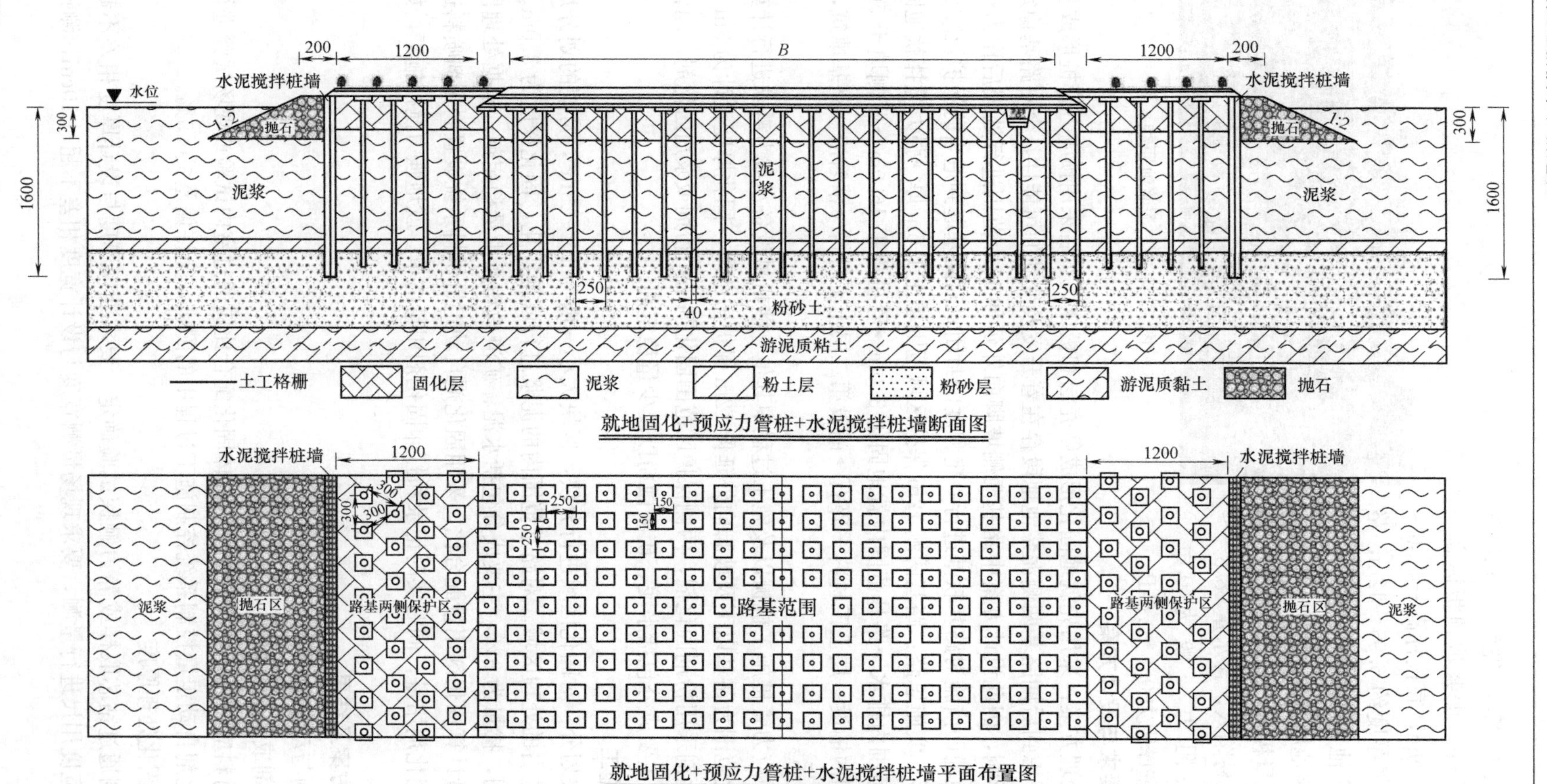

图 13.4-16　泥浆池处理方案图

图 13.4-17 泥浆池现场施工

3）动态监测

沉降板每隔 100m 设置一个断面，沉降板设置在路中及两侧路肩位置处；测斜管每隔 50m 设置一个断面，测斜管设置在两侧坡脚及坡脚外 10m 处，动态监测横断面图如图 13.4-18 所示。

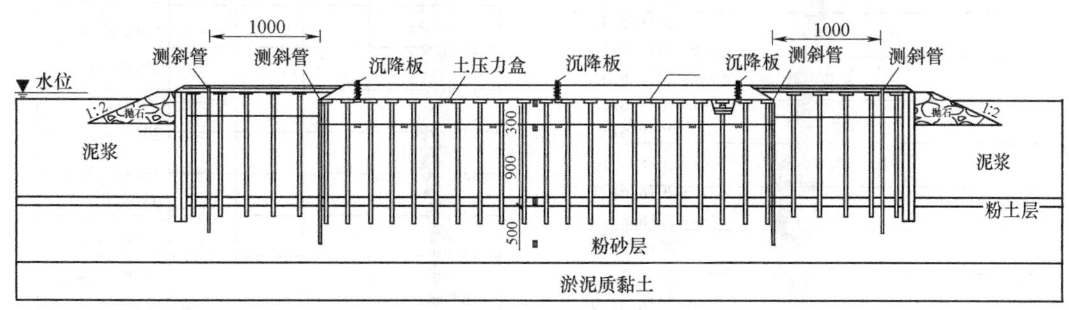

图 13.4-18 动态监测横断面图

（2）监测结果与分析

1）沉降监测

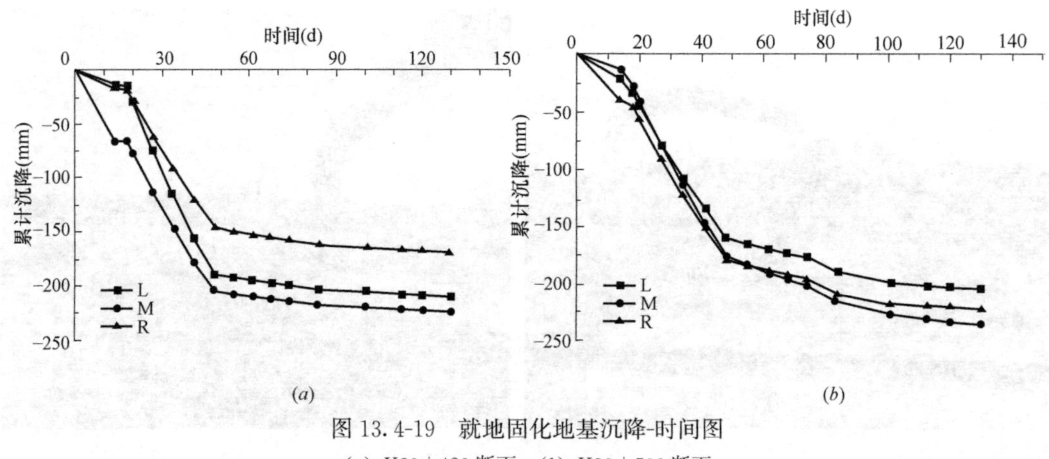

图 13.4-19 就地固化地基沉降-时间图

(*a*) K30+420 断面；(*b*) K30+500 断面

如图 13.4-19 所示 K30+420、K30+500 两个断面沉降监测结果（截至路面结构施工），采用就地固化硬壳层复合地基处理，累计沉降分别为 223mm、235mm，沉降速率在填土 4 个月趋于稳定，处置效果达到设计要求。

2）侧向位移

K30+380～K30+675 段位于泥浆池路段，地质条件极差，泥浆深度达 16m，采用就地固化硬壳层复合地基进行处理。图 13.4-20 给出了 K30+420 和 K30+500 三个断面实

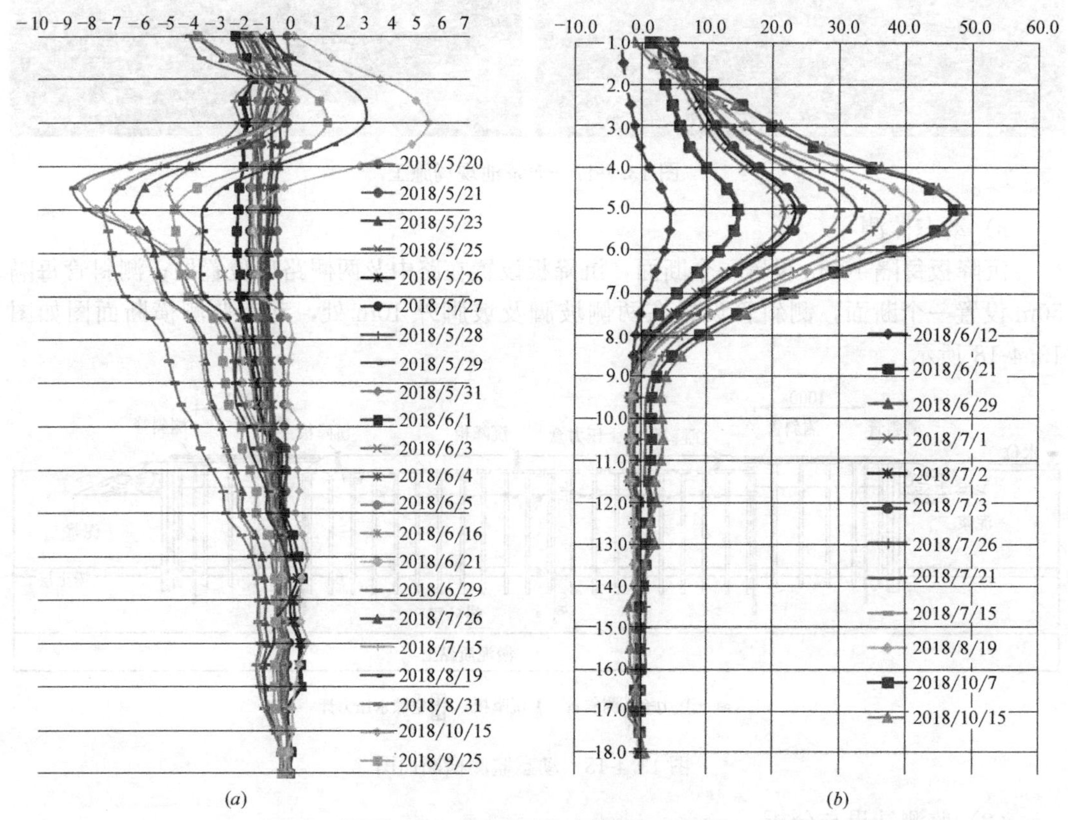

图 13.4-20 就地固化地基侧向位移图

(*a*) K30+420 断面；(*b*) K30+500 断面

测数据，可以看出最大侧向变形出现在距离地面 5～6m 左右深度处，且最大侧向位移值 <5cm。特别需要说明的是，在就地固化表层的 3m 内土体侧向变形较小，最大位移值 <2cm，处置效果良好。

13.4.4　就地浅层固化综合地基处理技术——浙江 31 省道工程

1. 工程背景及试验方案

31 省道北延绍兴至萧山段工程是 31 省道绍大线的北延工程，项目区域位于绍兴市西北及萧山区东南部（图 13.4-21）。本项目为双向 6 车道，设双向 7.0m 辅车道，同时兼顾城市道路功能的一级公路，设计速度 80 km/h，道路宽度 45.50m。

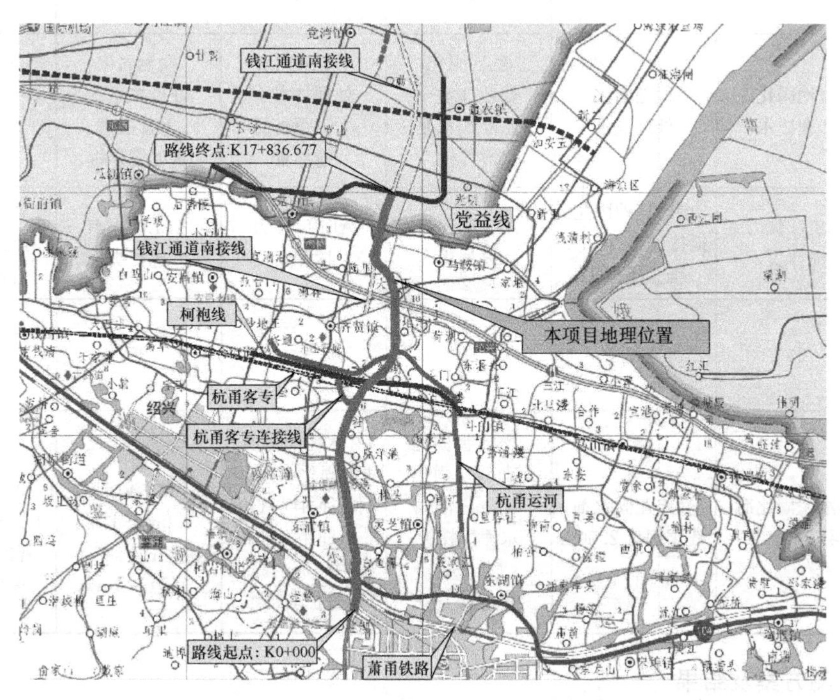

图 13.4-21　本项目依托工程地理位置图

选取 K3＋804～K3＋980 段现场试验路段。该工程路段填土在 1.6～4.1m 之间，软基深度在 10～17m 之间，具体试验段的土层具体物理力学参数指标见表 13.4-6。

试验段岩土物理力学指标　　表 13.4-6

岩土名称	平均厚度（m）	岩土物理力学指标						
		天然含水量 w（%）	天然湿密度（g/cm³）	天然孔隙比	压缩模量（MPa）	黏聚力（kPa）	内摩擦角（°）	地基承载力基本容许值（kPa）
粉质黏土	1.4	32.9	1.86	0.951	4.45			120
淤泥质黏土	17.7	44.6	1.79	1.204	2.83	13	3.5	50
粉性黏土	10.5	30.5	1.87	0.888	4.98	39	8.2	160
粉性黏土	6.9	29.7	1.78	0.887	5.9	70	8.6	160
黏土	4	37.4	1.93	1.111	4.71	34.5	6.8	140
粉性黏土	16.8	25.9	1.67	0.771	6.85	54.8	8.6	180

本试验段采用六个路段形式进行研究，主要分为就地固化处理技术及就地固化联合复合地基技术。从桥头开始，根据填土高度的高低依次分别为就地固化处理＋低置换预应力管桩、就地固化处理＋低置换率水泥搅拌桩、就地固化处理＋浮式水泥搅拌、低掺量厚处理就地固化处理、高掺量浅处理就地固化处理技术，试验方案设计如表13.4-7所示。

试验区试验方案 **表 13.4-7**

起止桩号	K3＋804-K3＋829	K3＋829-K3＋854	K3＋854-K3＋884	K3＋884-K3＋914	K3＋914-K3＋944	K3＋944-K3＋980
段落编号	A	B	C	D	E	F
处理方式	就地固化处理技术	就地固化处理技术	就地固化处理技术＋悬浮式水泥搅拌桩	就地固化处理技术＋大间距水泥搅拌桩	就地固化处理技术＋大置换率水泥搅拌桩	就地固化处理技术＋大置换率预应力管桩
固化设备	ALLU强力搅拌头	国产就地固化搅拌设备；ALLU强力搅拌头	ALLU强力搅拌头	ALLU强力搅拌头	ALLU强力搅拌头	ALLU强力搅拌头；筛分斗搅拌设备
段落长度(m)	25	25	30	30	30	36
掺量及处理厚度	7%水泥固化剂，浅层固化1.55m	4%水泥固化剂，浅层固化2.60m	7%水泥固化剂，浅层固化2.0m＋浮式水泥搅拌桩（长8m，间距3.1m）	7%水泥固化剂，浅层固化2.0m＋水泥搅拌桩(长15m，间距3.4m)，其中10m掺入少量加筋纤维	7%水泥固化剂，浅层固化2.0m＋水泥搅拌桩(长15m，间距3.1m)	7%水泥固化剂，浅层固化1.70m＋预应力管桩(长16m，间距3.0m)

2. 检测方案及结果

（1）标准贯入试验

掺量是影响试验结果的重要因素。同时，对A段和B段开展标贯试验，就地板块处理后不同深度标准贯入30cm的锤击数如表13.4-8所示，可以发现锤击数随深度变小，说明就地固化的处理效果随深度变化而变差。表层位置处由于外界的影响，水分消散较快，水化反映更为充分，因此固化土的强度由上而下发生一定的衰减。

标准贯入值与地基承载力之间的关系 **表 13.4-8**

试验点	贯入深度(m)	固化剂含量(%)	处理深度(m)	龄期(d)	锤击数平均数	地基容许承载力(kPa)
A段	0.50～0.95m	7%	1.55	60	26	374
	0.95～1.40m	7%	1.55	60	24	346
B段	0.50～0.95m	4%	2.60	28	11	164
	0.95～1.40m	4%	2.60	28	10	150
	1.40～1.85m	4%	2.60	28	7	108
	1.85～2.30m	4%	2.60	28	6.5	101

（2）静力触探试验

图 13.4-22 为龄期为 28d 时，就地板块处理的平均静力触探比贯入阻力随深度的变化图，发现平均贯入阻力随深度的变化而变小，两种情况下最大的贯入阻力均发生在浅层位置处，且静力触探比贯入阻力随深度变小的原因与标准贯入试验贯入值随深度变化的原因相同。

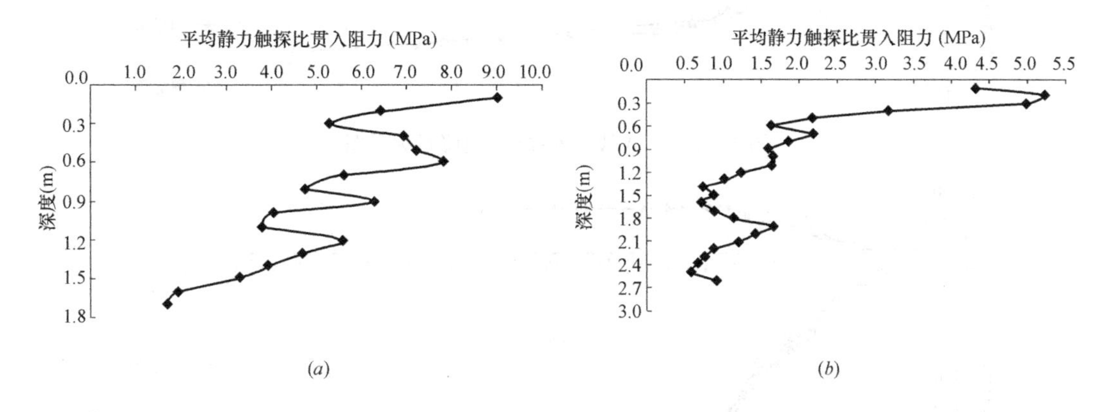

图 13.4-22　静力触探比贯入阻力随深度的变化图

（a）A 试验段；（b）B 试验段

（3）静载试验

经就地固化处理后形成具有一定强度的人工硬壳层，使得地基变成上硬下软的双层地基模型。针对单一的就地固化硬壳层的现场静载试验，主要分为三种工况：1）传统的换填法，表面换填 50cm 的素土；2）A 段就地固化处理，用 7%水泥处理 1.55m；3）B 段就地固化处理，用 4%水泥处理 2.6m。图 13.4-23 为现场静载荷试验的结果，通过图中的可以发现，三种地基处理的地基极限承载力分别为：（1）270kPa；（2）590.4 kPa；（3）360kPa。就地板块固化处理后的地基表面承载力均大于换填 50cm 的优质土，就地板块固化处理两种情况比换填承载力分别提高了 85.2%和 29.6%。

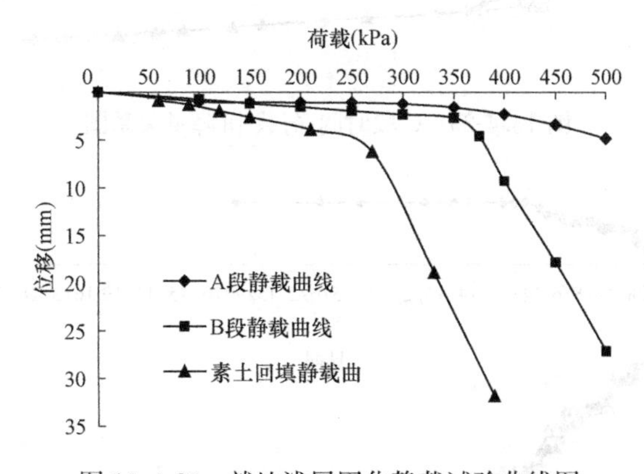

图 13.4-23　就地浅层固化静载试验曲线图

3. 表层沉降

不同处理试验段的时间-荷载-沉降关系图见图 13.4-24～图 13.4-29。

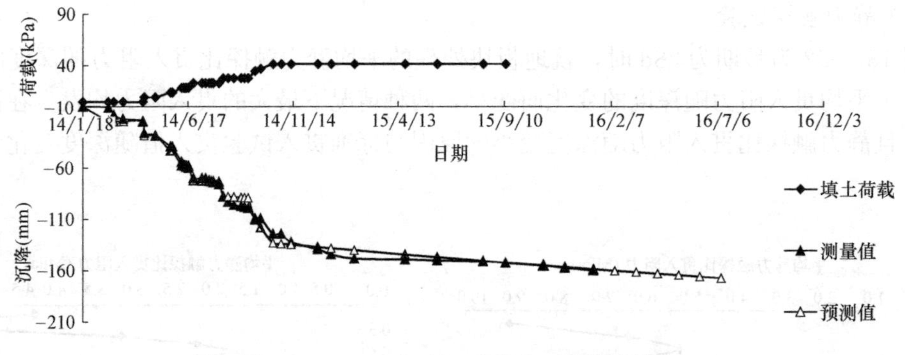

图 13.4-24　A 段时间-荷载-沉降量关系图

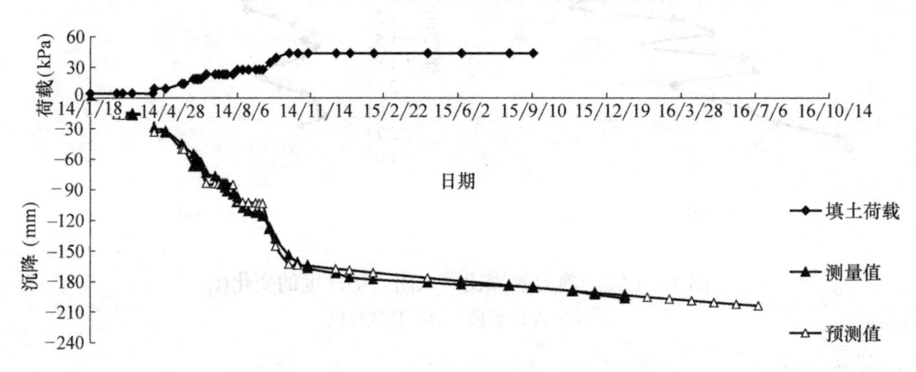

图 13.4-25　B 段时间-荷载-沉降量关系图

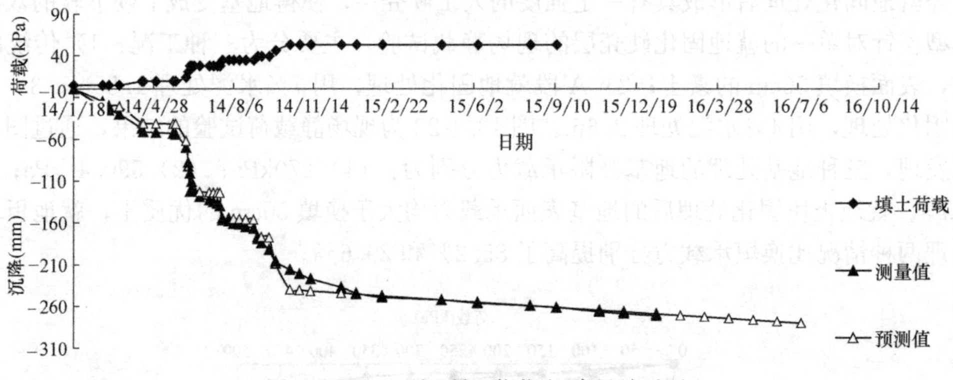

图 13.4-26　C 段时间-荷载-沉降量关系图

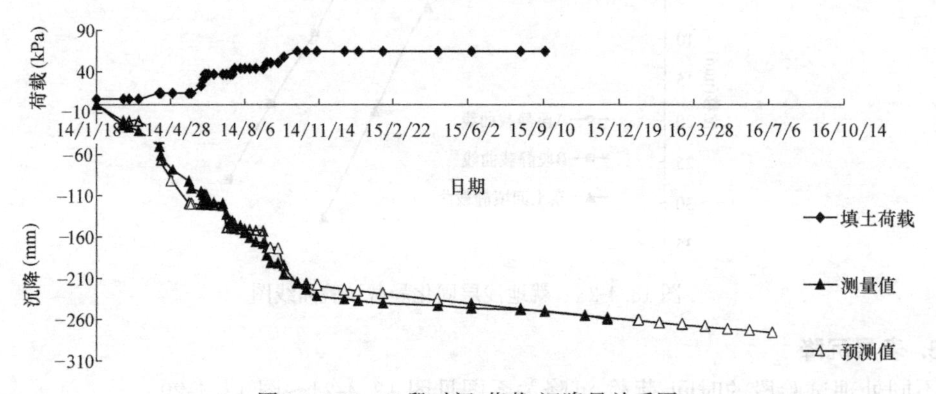

图 13.4-27　D 段时间-荷载-沉降量关系图

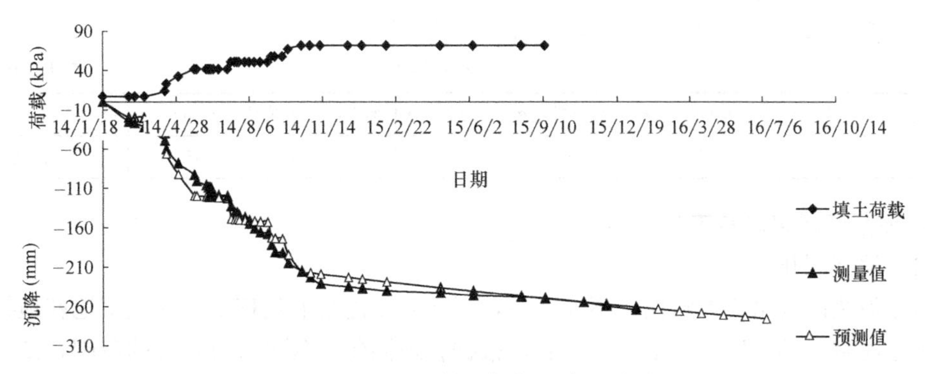

图 13.4-28 E 段时间-荷载-沉降量关系图

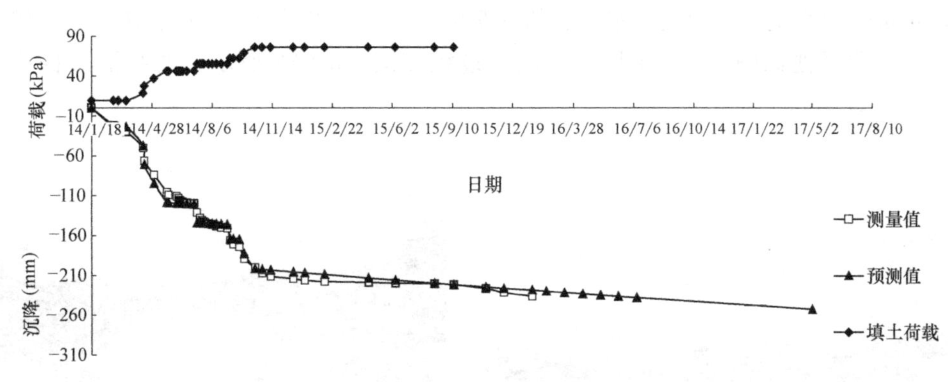

图 13.4-29 F 段时间-荷载-沉降量关系图

采用河海大学的 SEP98 对沉降数据进行处理并进行沉降预测，其结果见表 13.4-9。

不同路段的总沉降及工后沉降预算值 **表 13.4-9**

断面	表面沉降(cm)	通车 15 年后的工后沉降(cm)
A 段	16.7	9.4
B 段	20.1	11.6
C 段	27.6	22.1
D 段	31.3	15.2
E 段	26.4	9.2
F 段	23.7	8.7

由此可见，路堤下的沉降数据表明经就地固化处理后，路基沉降量得到明显控制，依托现场试验数据表明，桥头处理断面的实测沉降数据预测 15 年后的工后沉降满足小于 10cm 的要求，满足设计要求。

13.4.5 建筑泥浆填料化改良-浙江嘉兴桐乡至莲都公路建筑泥浆填料化改良

1. 工程背景

针对浙江嘉兴桐乡至莲都公路某建筑泥浆池，通过对建筑泥浆的就地改良，实现填料化应用。现场泥浆是由钻孔打桩排出的废弃浆体置于泥浆池沉淀后的土体，如图 13.4-30

所示，外观呈现灰褐色，其基本物理指标如表 13.4-10 所示。

泥浆土基本物理指标 **表 13.4-10**

土样	自然含水率(%)	天然密度(g/cm³)	土料比重	液限(%)	塑限(%)	最优含水量(%)	最大干密度(g/cm³)
泥浆	120～135	1.54	2.721	45	25.1	18.05	1.82

2. 泥浆填料化改良工艺

（1）泥浆固化

由于泥浆高含水率的特性，不易外运，因而对于泥浆的处理采用在泥浆池就地拌合固化处理。泥浆池的深度约为 1.2～1.5m，根据就地固化设备可有效处理的范围，使用挂线大致画出 3×8m 网格，计算所需的生石灰，预先将每个网格中所需生石灰倒入。在固化剂自动定量供料系统中提前设定水泥、粉煤灰的需求量，再进行每个网格单点打设喷料拌和，施工前泥浆池如图 13.4-31 所示，施工过程如图 13.4-32 所示，泥浆池改良后如图 13.4-33 所示。

图 13.4-30　泥浆池原状照片

图 13.4-31　施工前泥浆池现场图

图 13.4-32　就地固化泥浆池施工图

图 13.4-33　泥浆池改良后现场图

（2）泥浆固化土开挖、填筑、碾压

将围护土坡移除，用推土机将固化土样平铺在路基上，置于泥浆池中的泥浆改良土用挖机挖出置于路基上，如图 13.4-34 所示，用小路拌机进行翻拌，平地机初步整平。在直线段，平地机由两侧向路中心进行整平。在平曲线段，平地机由内向外进行刮平，需要时，再返回整平一遍。用平地机快速碾压一遍，以暴露潜在的不平整。局部低洼处，人工将其表层耙松，并用新拌的混合料补平。最后再用平地机如前述整平。在整平后应马上进行碾压，以防混合料中水分蒸发，含水率降低。碾压方式遵循静压-弱振-强振，先快后慢原则，逐级加大击实功。快速静压则是在平地机精确整平之前进行的。采用压路机碾压 6～8 遍，碾压速度为 2.5km/h，碾迹重叠尽量控制在 20cm 左右。凸块碾（建议 20t）初始 2 遍为静压，然后 2～6 遍强振，最后 2 遍为弱振。碾压过程应达到无漏压、无死角，确保碾压均匀。碾压完成后路基表面应平整光滑，无反弹，无松散，无明显轮迹。为保证全断面压实一致，边坡两侧各应超宽 0.5～1.0m。为了保证边坡的压实效果，压路机碾压不到的边界区域采用分层人工夯实。碾压一直到压实度满足要求为止，压实度达到要求后应立即停止碾压，防止过度碾压，破坏土体内部结构。如图 13.4-35 所示。

图 13.4-34　固化土摊铺图

图 13.4-35　固化土摊铺

3. 检测结果分析

（1）压实度

对试验段选取 2 个点进行压实度测试，其结果如下：K8＋520 处含水率为 15.6，压实度为 98%；K8＋525 处含水率为 16.2，压实度为 97%。由此可知，泥浆固化土用作路基填料，其压实度满足设计及规范要求。

（2）弯沉

现场路基设计弯沉值为 123（0.01mm），表 13.4-11 为现场试验段右车道弯沉测量值，由表计算得，均值为 25，标准差为 10.9，弯沉代表值为 42.9（0.01mm）。表 13.4-12 为左车道弯沉测量值，经计算得均值为 20.4，标准差为 7.9，弯沉代表值为 33.4（0.01mm），均满足要求。

综上可知，针对浅表层的软土层（埋深一般＜5m），可采用就地固化法代替开挖换填，形成人工硬壳层，也可与复合地基联合使用，还可在超软土表层快速形成硬壳层，用作施工便道。此外，在高含水率废弃土的填料化改良中也可应用。

右车道弯沉测量值表 **表 13.4-11**

测点桩号	右2车道				回弹弯沉值(0.01mm)		右1车道				回弹弯沉值(0.01mm)	
	左轮		右轮				左轮		右轮			
	初读数(L1)	终读数(L2)	初读数(L1)	终读数(L2)	左轮	右轮	初读数(L1)	终读数(L2)	初读数(L1)	终读数(L2)	左轮	右轮
K8+540	930	915	135	113	30	44	329	317	435	419	24	32
K8+550	220	197	189	168	46	42	476	457	140	128	38	24
K8+560	890	883	295	286	14	18	190	176	157	145	28	24
K8+570	612	600	374	369	24	10	276	265	178	175	22	6
K8+580	530	518	106	100	24	12	525	518	315	300	14	30
K8+590	195	184	494	487	22	14	420	406	735	710	28	50
K8+600	235	226	632	624	18	16	439	428	543	531	22	24

左车道弯沉测量值 **表 13.4-12**

测点桩号	左1车道				回弹弯沉值(0.01mm)		左2车道				回弹弯沉值(0.01mm)	
	左轮		右轮				左轮		右轮			
	初读数(L1)	终读数(L2)	初读数(L1)	终读数(L2)	左轮	右轮	初读数(L1)	终读数(L2)	初读数(L1)	终读数(L2)	左轮	右轮
K8+540	218	210	343	331	16	24	308	299	324	311	18	26
K8+550	613	600	120	105	26	30	246	238	449	441	16	16
K8+560	570	555	131	120	30	22	153	135	135	125	36	20
K8+570	148	138	169	157	20	24	780	774	866	857	12	18
K8+580	286	280	346	338	12	16	294	282	850	843	24	14
K8+590	768	761	653	647	14	12	374	368	395	380	12	30
K8+600	325	318	406	394	14	24	142	132	182	170	20	24

13.5 结语

随着社会经济建设的快速发展，工程建设过程中产生的建筑弃土不断增多。同时，因城市发展需求，在交通、水利、市政等行业对填料需求也在增加，然而随环保要求及相关政策的提高，废弃土堆放与填料获取愈发困难。因此，在弃土源头处开展废土的资源化利用尤为重要。就地固化技术作为一种新型技术，与开挖换填法相比，具有良好的可替代性及先进性，其可在原位对淤泥等工程性质较差的土体进行固化改良，使其达到预期的工程要求。

本章首先阐述了就地固化产生应用的背景需求，然后对就地固化技术及其设备进行介绍，如强力搅拌头、固化剂供料设备及三维定位控制系统等，然后重点结合就地固化法在软土地基处理中的应用范围，分别分析了就地固化代替换填法、超软土地基硬壳层的快速形成及联合复合地基等方法的应用案例，表明该法具备良好的适用性。然后，就地固化法在我国还在发展之中，目前已具有地区性的设计施工标准，如浙江省《公路路堤就地固化（强力搅拌法）设计与施工技术指南》。但还亟需专门的设计与施工检测规范，用以指导该法在我国软土地基处理过程中的应用。

14 微生物土加固技术

刘汉龙，肖杨
（重庆大学土木工程学院，重庆 400045）

14.1 前言

岩土工程是以土力学、岩石力学、地质力学等为基础，以求解决包括地基与基础、边坡以及地下工程等岩土体工程问题的一门学科。作为岩土工程的研究对象，岩石和土体一直被认为是一种静态的、力学性质复杂、无生命的特殊材料，而存在于自然界岩土中的微生物及其作用则长期为人们所忽视。究其原因，一方面由于与微生物活动相关的工程案例较少，另一方面由于岩土工程师对土体中微生物作用认识不足，因此人们认为微生物对岩土体的工程特性影响微小，不足以用来解决实际工程中的问题。

自 20 世纪 60 年代以来，土壤学家、地质学家们逐渐意识到生物圈的物质循环和转移过程中微生物代谢活动能直接参与环境中元素的氧化还原过程改变地质特性，其作用甚至超过单纯的物理化学作用，人们也开始重视地球表层微生物对地质环境的作用并对其开展深入研究。同时，近年来由于人类活动造成的温室效应、土地污染等全球性环境问题变得日益严峻，世界各国纷纷大力倡导利用绿色天然、节能环保型材料，环境因素在土木工程建设中开始占据重要地位，并成为现代施工建设关注的重点。与传统材料相比，生物材料能够在岩土基质中表现出特有的自发性、重塑性及重生性等特点，被认为是环境友好、生态低碳的材料，因此生物材料受到越来越多科学家的青睐。

微生物环境岩土作为岩土工程领域一个新的分支在国内外已经发展了十数年，许多学者已经开展了相关研究。本章节首先总结了近年来在环境岩土工程领域研究较为广泛的几种主要微生物种类，相关生物化学反应过程，以及微生物作用机理；然后基于本团队的试验数据结合相关研究内容，对微生物加固土的静动力学特性进行了介绍。最后，针对微生物岩土技术在土体加固技术、岩土体抗渗封堵技术、金属污染土修复技术三个方面开展的相关研究及应用进行了总结与评述。通过撰写本章，希望能促进微生物岩土领域开展更加全面深入的基础研究以及该技术在岩土工程中的推广与应用。

14.2 微生物技术原理

微生物岩土技术主要是指利用自然界广泛存在的微生物，通过其自身的代谢功能与环境中其他物质发生一系列生物化学反应，吸收、转化、清除或降解环境中的某些物质，通过生物过程诱导形成碳酸盐、硫酸盐等矿物沉淀，从而改善土体的物理力学及工程性质，实现环境净化、土壤修复、地基处理等目的。其作用方式主要依靠的反应类型包括氧化还原作用、基团转移作用、水解作用以及酯化、缩合、氨化、乙酰化等其他反应类型[1,2]。本章将针对环境岩土工程领域主要涉及的微生物技术的生物化学反应过程及作用机理进行分类介绍。

14.2.1 脲酶菌的反应机理

微生物诱导生成碳酸盐沉淀（MICP）是自然界普遍存在的一种生物诱导矿化作用，其中碳酸盐的析出主要依赖于微生物新陈代谢活动产生的碳酸根离子、碱性条件以及环境中存在的金属离子，其与参与的微生物种类关系不大。因此，不同代谢类型的微生物可形成不同的生物诱导矿化方式。其中，尿素水解的MICP作用作为其中一种矿化类型，由于反应机制简单，过程容易控制，且在短时间内能够产生大量的碳酸根，因此基于尿素水解的MICP技术是目前研究最多、应用最广泛的生物矿化技术。巴氏芽孢杆菌（Sporosarcina pasteurii，DSMZ33，ATC5199，曾用名Bacillus pasteurii[3]）即是一种能够促进尿素水解的高产脲酶嗜碱性细菌（脲酶菌），该细菌无毒无害，在土壤或水环境中广泛存在，同时在酸碱及高盐等恶劣土壤环境中也具有较强的生物活性。脲酶菌能够以环境中的尿素为氮源，通过自身新陈代谢活动产生大量高活性脲酶分解，脲酶水解溶液中的尿素生成CO_2（DIC）和NH_3（AMM），随着溶液pH升高溶液中CO_3^{2-}含量也随之升高。脲酶催化作用的本质是脲酶破坏尿素的共价键，其活性中心与尿素底物分子之间通过氢键、离子键、疏水键等短程非共价力作用从而形成脲酶-尿素反应中间物[4]。脲酶菌诱导碳酸盐结晶的主要反应方程式（以碳酸钙为例）如下表示[5,6]：

$$CO(NH_2)_2+2H_2O \longrightarrow H_2CO_3+2NH_3 \tag{14.2-1}$$

$$H_2CO_3+2NH_3 \longleftrightarrow 2NH_4^{+}+2OH^{-} \tag{14.2-2}$$

$$H_2CO_3 \longrightarrow H^{+}+HCO_3^{-} \tag{14.2-3}$$

$$HCO_3^{-}+H^{+}+2OH^{-} \longleftrightarrow CO_3^{2-}+2H_2O \tag{14.2-4}$$

$$Ca^{2+}+CO_3^{2-} \longleftrightarrow CaCO_3(s) \tag{14.2-5}$$

研究者普遍认为脲酶菌主要起到两个作用：（1）为碳酸盐的沉积结晶提供成核点；（2）代谢活动缓慢释放高效脲酶水解尿素，从而提高环境pH[5,6]，其MICP沉淀示意图如图14.2-1（*a*）中所示。然而，近来有学者就脲酶菌第一个作用提出不同观点，Zhang等[7]通过微观试验观测到碳酸钙并非围绕细菌生长，并认为反应过程中碳酸钙首先在溶液中生成，然后细菌向碳酸钙结晶靠拢并被吸附在晶体表面（如图14.2-1*b*中所示）。因此，脲酶水解诱导碳酸钙沉淀的整个过程的机理仍需要进一步探讨。

14.2.2 反硝化菌的反应机理

反硝化细菌是一种典型的兼性厌氧菌，在缺氧环境下反硝化细菌能够促使硝酸根接受电子还原成氮气，同时消耗环境中氢离子生成二氧化碳，从而提高环境碱度；在碱性条件下，溶液中的碳酸氢根与钙离子（金属离子）结合生成沉淀。Karatas[9]、Van Paassen[10]等采用革兰氏阴性、兼性厌氧菌（Pseudomonas Denitrificant）在液体培养基、琼脂平板和砂柱等不同条件下的反硝化作用诱导生成碳酸钙沉淀试验，论证了利用反硝化菌进行MICP的可行性；Ersan等[11]对不同反硝化菌进行分离、筛选发现D. nitroreducens菌和P. aeruginosa菌具有更好生长活性和环境耐受性，更有利于反硝化作用的发生。反

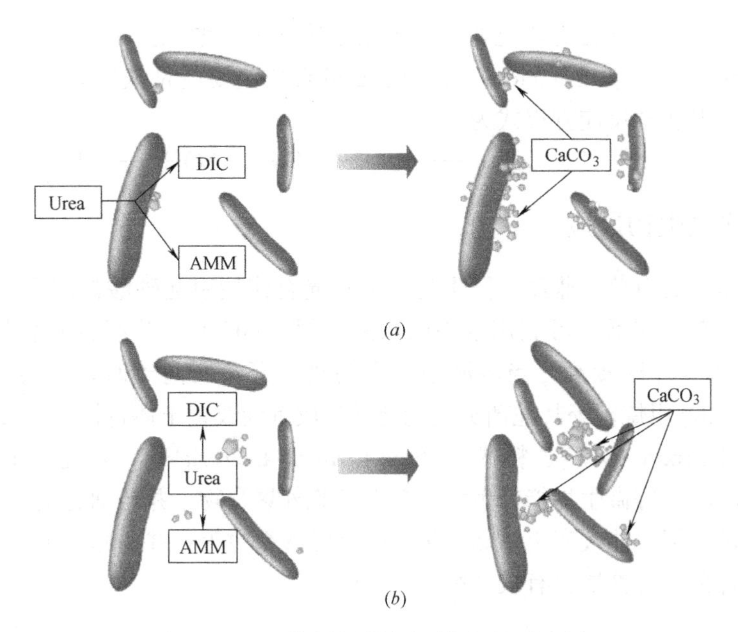

图 14.2-1 微生物诱导碳酸钙沉淀示意图

(a) $CaCO_3$晶体以细菌膜为核点聚积生长；(b) $CaCO_3$晶体不以细菌为核点生成，细菌向胞外 $CaCO_3$晶体聚集

硝化菌诱导碳酸盐（碳酸钙）结晶的反应方程式如下所示：

$$5CH_3COO^- + 8NO_3^- + 13H^+ \longrightarrow 10CO_2 + 4N_2 + 14H_2O \tag{14.2-6}$$

$$CO_2 + H_2O \longleftrightarrow HCO_3^- + H^+ \tag{14.2-7}$$

$$Ca^{2+} + HCO_3^- + OH^- \longrightarrow CaCO_3(s) + H_2O \tag{14.2-8}$$

由于反硝化作用具有较高负值的标准吉布斯自由能，因此在缺氧环境下微生物的反硝化作用较其他微生物过程起主导作用，并从硝酸盐和有机营养物中获得能量，其他微生物过程会受到抑制[12]。

14.2.3 硫酸盐还原菌的反应机理

硫酸盐还原菌能够利用硫酸盐作为电子受体，在有足够有机质的缺氧环境下能将硫酸根还原为硫化氢，同时生成碳酸氢根，碳酸氢根与金属离子（钙离子）结合形成碳酸盐沉淀，同时硫酸盐还原细菌还原硫酸盐的过程中造成周围水体环境 pH 上升，进一步影响碳酸盐的饱和系数，诱导碳酸盐沉淀产生[13]。即便对于代谢不活跃的硫酸盐还原菌也能通过多相成核点诱导碳酸盐沉淀[14]。硫酸盐还原菌在白云石的沉淀研究中也起到了先锋作用[15]。生成的硫化物沉淀可以胶结土颗粒，提高土壤抗剪强度。常见的硫酸盐还原菌包括 D. desulfuricans，D. vulgaris 等[16]。硫酸盐还原菌反应过程的主要化学方程式如下：

$$2(CH_2O) + SO_4^{2-} + OH^- \longrightarrow HS^- + 2HCO_3^- + 2H_2O \tag{14.2-9}$$

$$Ca^{2+} + HCO_3^- + OH^- \longrightarrow CaCO_3 + H_2O \tag{14.2-10}$$

14.2.4 铁盐还原菌的反应机理

铁盐还原菌的矿化作用过程主要是将不溶于水的三价铁还原为可溶性二价铁离子，同时生成的亚铁离子不稳定，易发生氧化反应生成不溶性三价铁氢氧化物或者铁盐产物，并在土颗粒间形成具有粘结力的填充物质，封堵土壤孔隙，增强土壤强度[17,18]。常见的铁盐还原菌有 Shewanella putrefaciens。铁白云石的形成主要就是铁还原菌的反应过程。以氢氧化铁为例，其化学反应方程式为[19]：

$$CH_2O+4Fe(OH)_3 \longrightarrow HCO_3^- +4Fe^{2+} +7OH^- +3H_2O \qquad (14.2\text{-}11)$$

14.2.5 其他微生物反应

水环境中常见的海藻、蓝藻等微生物可通过光合作用引起碳酸盐沉积[20]。这类产养光合微生物的新陈代谢活动可利用水中的碳酸氢根（HCO^{3-}）进行同化作用生成碳酸根（CO_3^{2-}），致使环境 pH 提高；当溶液中存在钙离子等金属离子时，就会产生碳酸盐沉淀[21]。另外，如产甲烷菌等其他菌类也能诱导生成沉淀改善土体特性[22]；还有如克雷伯氏杆菌 Klebsiella oxytacia[23]、粘球菌 slime-forming bacteria[24]、荧光假单胞菌 Pseudomonas aeruginosa[25]等微生物能产生大量多糖类胞外聚合物，并与细胞组成生物膜，生物膜虽非矿物沉淀，但其能改变土体蠕变量、降低渗透系数等，并引起土工织物排水系统淤堵，因此对土体的工程性质也有较大影响[23,26,27]。

14.3 微生物土静力特性研究

土体静力特性中，强度和变形特性历来是土力学中重要的研究课题，在土建工程中土体的稳定，承载力和土压力计算等问题都涉及土的强度变形特性。本节主要对经过微生物加固处理后的钙质砂的强度与变形特性与未加固砂进行对比分析；同时，经过将试验数据与 MICP 加固石英砂进行了对比，验证了 MICP 加固砂土的可靠性。

14.3.1 微生物加固土强度特性研究

前文已经介绍 MICP 加固技术是通过微生物诱导生成的碳酸钙沉淀将松散砂颗粒胶结成整体，使其强度得以提高。图 14.3-1 给出了笔者团队采用不同钙源进行 MICP 加固钙质砂试样[28]的无侧限抗压强度随加固因子 R_c 的变化图，加固因子 R_c 表示为：

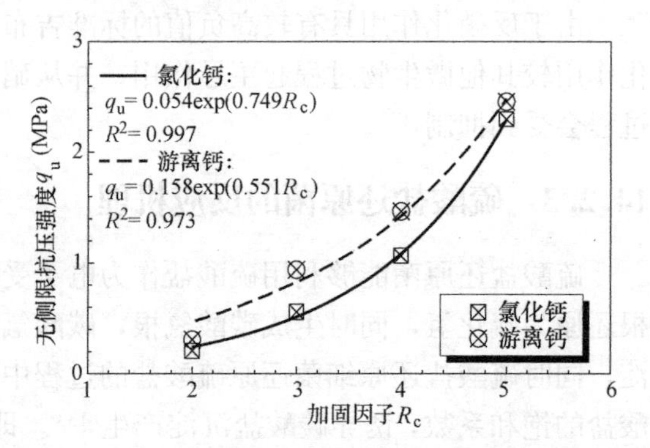

图 14.3-1 无侧限抗压强度与加固因子的关系图[28]

$$R_c=\frac{V_c \cdot C/C_a}{V} \qquad (14.3\text{-}1)$$

式中 V_c——反应液的体积；

C——反应液的浓度；

C_a——1mol/L；

V——试样的体积。

从图中可以看出，通过不同钙源进行 MICP 加固后其抗压强度增长规律基本相同，无侧限抗压强度均随加固因子的增加呈指数增长，这与 Van Paassen[29]，Cheng 等[30]，Xiao等[31]利用 MICP 法加固石英砂得到的结果相似；同时，在反应液用量相同的情况下，采用游离钙加固的钙质砂试样的无侧限抗压强度高于用氯化钙加固的试样。

同时，将 MICP 加固钙质砂的无侧限抗压强度试验结果与前人的研究成果进行对比分析，发现 MICP 加固不同类型的砂得到的强度增长模式是相似的。图 14.3-2 为不同钙源、不同类型的砂土经 MICP 处理后的归一化无侧限抗压强度与归一化干密度的关系图。从图 14.3-2 中可以看出，使用不同钙源加固的钙质砂试样强度随干密度的增长趋势同 van Paassen 使用相同反应液配方（1M 氯化钙+1M 尿素）但处理不同类型的砂（硅砂）得到的结果是类似的。

同样的，通过劈裂抗拉试验发现，MICP 加固钙质砂的抗拉强度随加固因子的增加呈指数增长趋势。图 14.3-3 给出了不同加固程度的 MICP 加固钙质砂试样的劈裂抗拉与无侧限抗压强度的对比结果，从图中可以看出：（1）MICP 加固钙质砂的劈裂抗拉强度与无侧限抗压强度有较好的线性关系，并且与加固因子的大小无关。说明对于给定密实度的相同钙质砂，MICP 加固后的劈裂抗拉强度与无侧限抗压强度的关系是唯一的，并且独立于加固程度。MICP 加固钙质砂后得到的劈裂抗拉强度为无侧限抗压强度的 15.6%，这与 Consoli 等[32]对人工胶结砂研究得到的结论一致。

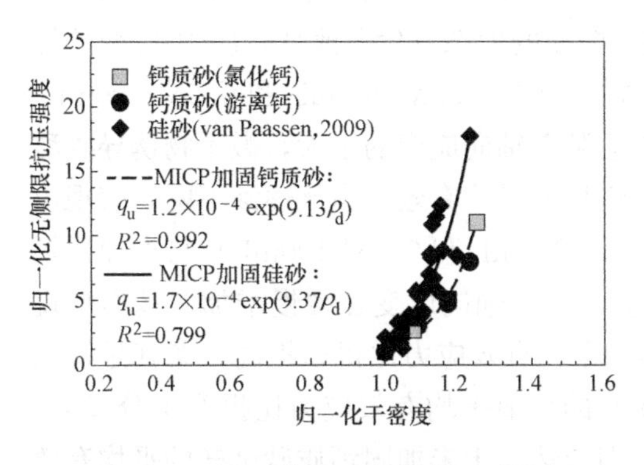

图 14.3-2　归一化的无侧限抗压强度与归一化的干密度的关系图[28]

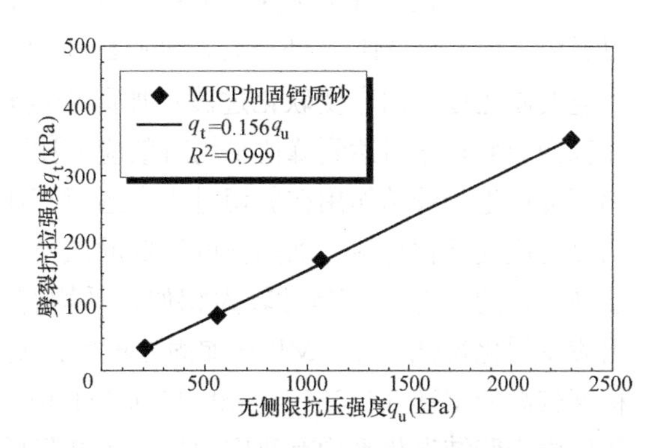

图 14.3-3　劈裂抗拉强度与无侧限抗压强度的关系图[33]

图 14.3-4 给出了不同加固程度、不同围压条件下 MICP 加固钙质砂试样在三轴固结不排水试验中得到的峰值有效应力比。从表中可以看出随着围压的增大，钙质砂的峰值有效应力比有所降低；而随着加固程度的提高，MICP 加固钙质砂的峰值有效应力比在增大。这与 Cui[34]等石英砂加固的结论相似。

14.3.2　微生物加固土变形特性研究

研究中取试样达到应力峰值 50%时的切线模量 E_{50u} 作为 MICP 加固钙质砂试样的变形模量，通过对不同钙源、不同加固程度下 MICP 加固钙质砂试样的无侧限抗压试验发现，随着加固程度的提高，MICP 加固钙质砂试样的变形模量逐渐增大，试样越不容易发生变形。这说明微生物加固可以有效提高钙质砂的刚度。从图 14.3-5 中可以看出，微生物诱导碳酸钙沉淀加固钙质砂通过无侧限抗压试验得到的切线模量随加固因子的增加呈现指数增长趋势，这一结论与 Van Paassen[29]，Cheng 等[30]利用 MICP 法加固石英砂得到的结果一致。同时，通过不同加固程度下 MICP 加固钙质砂试样劈裂抗拉试验也发现 MICP 加固钙质砂试样劈裂抗拉试验得到的切线模量与加固因子呈指数增长模式。

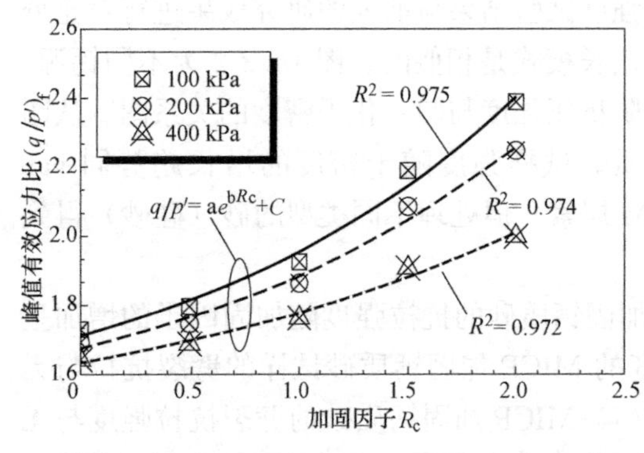

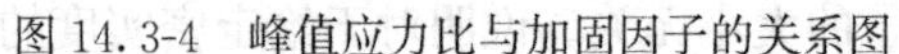

图 14.3-4　峰值应力比与加固因子的关系图

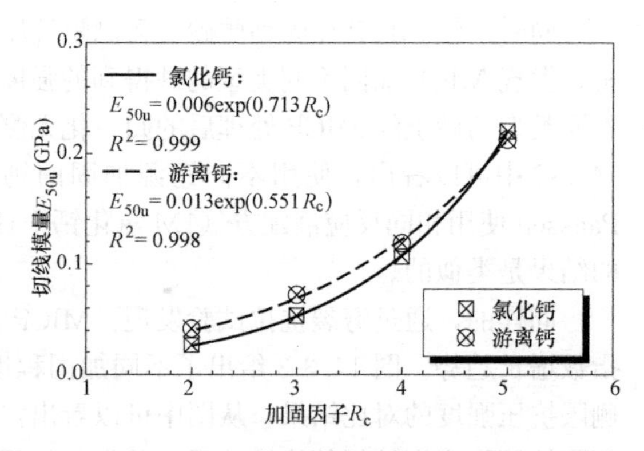

图 14.3-5　无侧限抗压试验的切线模量与加固因子的关系图[28]

图 14.3-6（*a*）～（*c*）分别给出了围压为 100kPa、200kPa 和 400kPa 时不同加固程度的钙质砂试样在不排水条件下平均有效应力 q/p' 比与轴向应变 ε_a 的关系曲线。从图中可以看出：（1）经 MICP 处理后，钙质砂应力-应变曲线的形态发生了改变，应力-应变特性由应变硬化逐步向应变软化过渡；加固程度较高的试样（0.5M 400mL 和 0.5M 300mL）在轴向应变较小时达到峰值平均有效应力比，然后随着轴向应变的增大，微生物诱导碳酸钙沉淀产生的胶结作用在剪切过程中逐渐破坏，试样的平均有效应力比逐渐下降，表现出明显的应变软化特性；加固程度较低的试样（0.5M 200mL 和 0.5M 100mL）与未加固钙质砂试样的应力-应变特性较为相似，平均有效应力比随轴向应变在缓慢增加，基本呈现出应变硬化特性。（2）MICP 加固处理后钙质砂的平均有效应力比得以提高，尤其是加固程度较高的试样（0.5M 300mL 和 0.5M 400mL）的峰值平均有效应力比提升十分显著，随后由于胶结退化平均有效应力比会逐渐降低，但依然高于未加固钙质砂试样的平均有效应力比；加固程度较低的试样（0.5M 100mL 和 0.5M 200mL）的平均有效应力比在剪切过程中均高于未加固钙质砂；总体而言，微生物加固钙质砂的平均有效应力比是随加固程度的提高而增大。（3）随着围压的增大，微生物加固钙质砂试样的峰值平均有效应力比在减小，尤其是加固程度较高的试样（0.5M 300mL 和 0.5M 400mL）降低幅度较大；并且围压越大，试样的应变软化特性越不明显，说明围压对应变软化特性有抑制作用。（4）随着加固程度的提高，试样达到峰值平均有效应力比时对应的轴向应变在减小，从未加固钙质砂在轴向应变 $\varepsilon_a>12\%$ 时达到峰值降低到加固程度较高的试样在轴向应变 $\varepsilon_a<3\%$ 时达到峰值。

图 14.3-6（*d*）～（*f*）分别给出了围压为 100kPa、200kPa 和 400kPa 时不同加固程度的钙质砂试样在不排水条件下孔压 Δu 与轴向应变 ε_a 的关系曲线。从图中可以看出：（1）在围压为 100kPa 条件下，未加固钙质砂和不同加固程度的微生物胶结钙质砂试样的孔压发展规律相似，在剪切初始阶段试样的孔压先快速上升至峰值，然后随着轴向应变的增加而缓慢降低，在轴向应变接近 4%时出现负孔压；试样在轴向应变较小时先剪缩，随后随着轴向应变的增大，表现出剪胀性；围压为 200kPa 和 400kPa 时孔压的发展规律同 100kPa 围压，只是围压为 200kPa 条件下轴向应变在接近 8%时才出现负孔压，而围压为 400kPa 时孔压始终为正孔压，说明随着围压增大，孔压由负变正。（2）相同围压条件下，

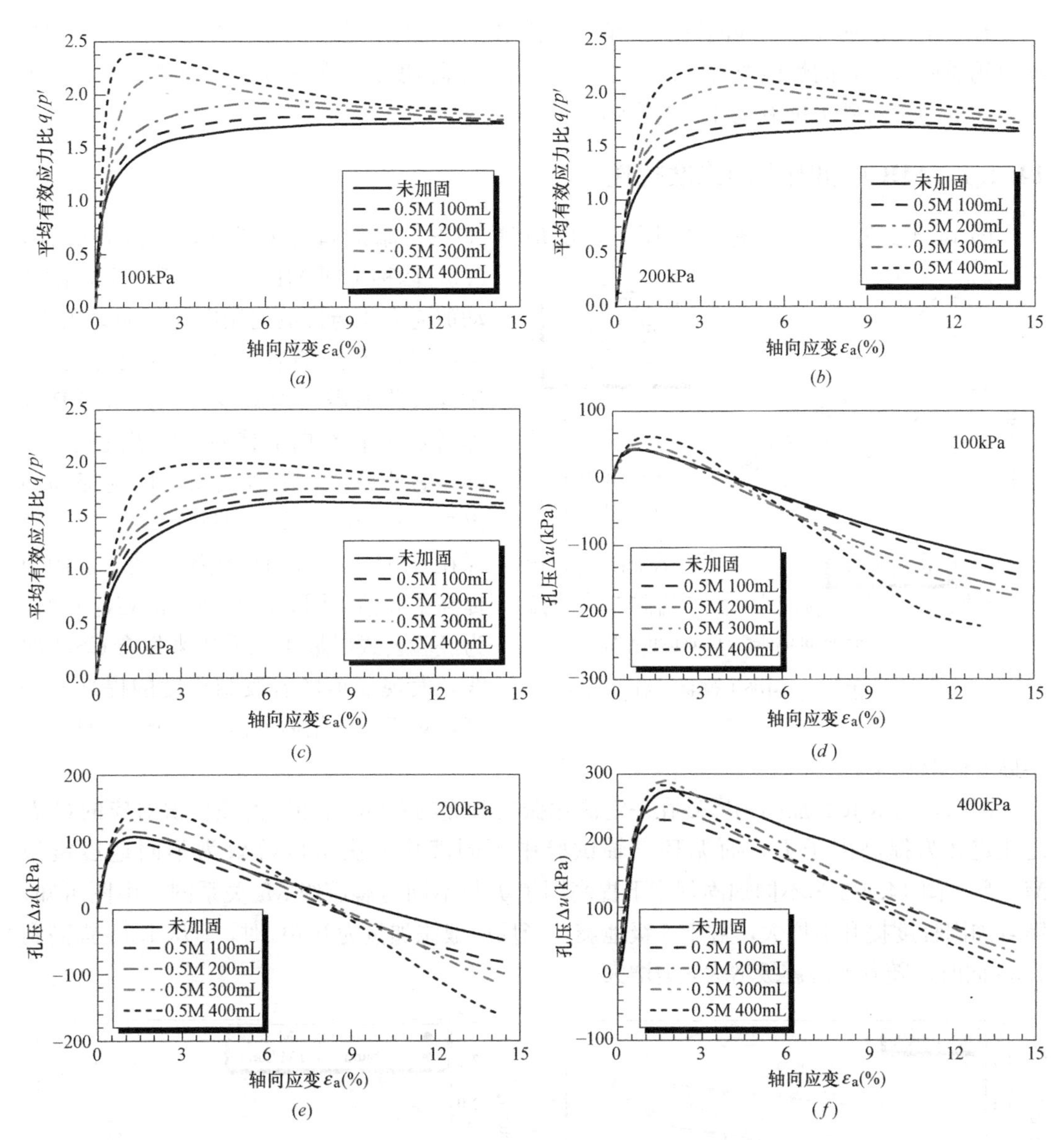

图 14.3-6 (*a*)~(*c*) 不排水条件下 MICP 加固钙质砂的应力应变特性；
(*b*)~(*f*) 不排水条件下 MICP 加固钙质砂的孔压应变特性

钙质砂经 MICP 加固处理后剪胀性变大，并且剪胀性是随着加固程度的增大而增大，在 100kPa、200kPa 和 400kPa 围压下均有体现；这也是钙质砂经 MICP 加固后平均有效应力比增加的原因。

14.4 微生物土动力特性研究

地震、波浪荷载等动力作用可能造成钙质砂地基的液化，引起地基不均匀沉降，使其失去地基承载力，并可能伴随发生喷砂冒水等灾害现象。微生物加固技术作为环境岩土新技术可能是解决地基液化的潜在技术。本团队利用 DDS-70 微机控制电磁式振动三轴试验系统开展了一系列 MICP 加固钙质砂循环不排水三轴试验。本节将主要介绍微生物加固技术对钙质砂抗液化的性能改善，以及不同 MICP 处理程度、有效围压、相对密实度、动剪应力比等因素对砂土抗液化性能的影响。

14.4.1 MICP 加固土动强度特性

图 14.4-1 为 100kPa 有效围压下，反应液（CS）添加量分别为 0，0.2L，0.4L，0.6L 四种不同 MICP 处理程度下，试样动剪应力比与抗液化振次关系曲线关系。图中可以看到随着动剪应力比的增大，试样液化所需振次减少；经过 MICP 处理后 *CSR* 曲线向上移动，说明抗液化性能显著改善，且随着加固程度的提高而提高。对于反应液添加量为 0.4L 时，试样在 *CSR*＝0.25 时液化振次较未加固前提高了 5 倍。同时以 $CSR=a\ (N_L)^{-b}$ 作为经验公式以最小二乘法来拟合 *CSR* 曲线，发现 *a* 值随着胶结程度的提高而提高，对于未胶结砂 *b* 值取 0.195，对于胶结砂 *b* 值取 0.180。

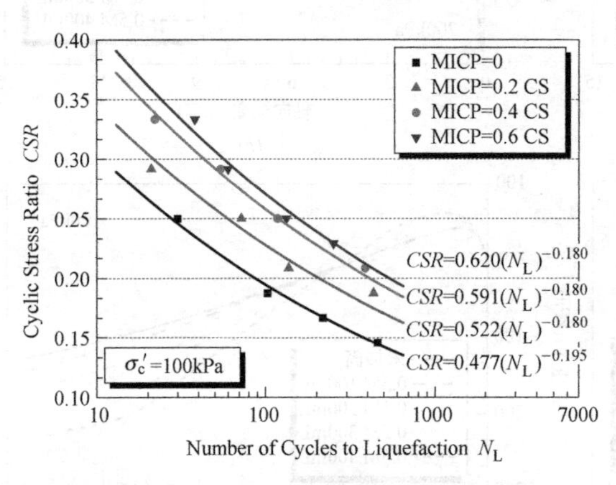

图 14.4-1　MICP 加固砂土循环三轴试验[35]

同时，将 MICP 加固钙质砂在一定液化振次对应的 *CSR* 与加固前该振次对应的 *CSR* 之比定义为提高因子 I_f，而循环三轴试验中不同液化振次可以等效为不同地震震级 M_w[36]。图 14.4-2 为不同加固程度下提高因子 I_f 与不同地震震级 M_w 关系图。由图可知，随着加固程度提升 I_f 增大，对于 8 级地震，当反应液添加量为 0.6L 时，I_f 从 1.10 提高到 1.35 同时，随着地震震级增大，I_f 增大。

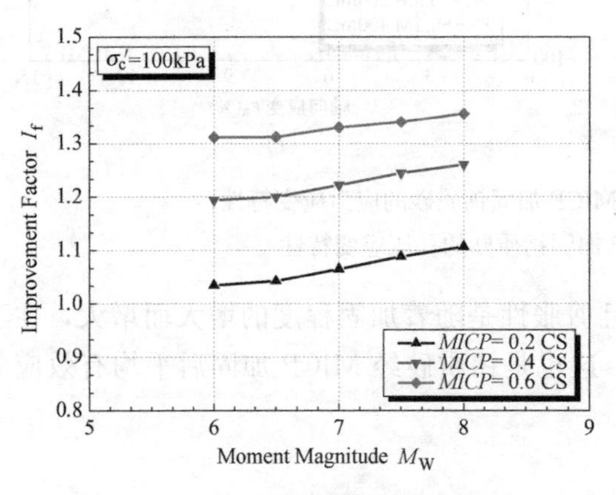

图 14.4-2　不同加固程度下提高因子 I_f-不同地震震级 M_w 关系图[35]

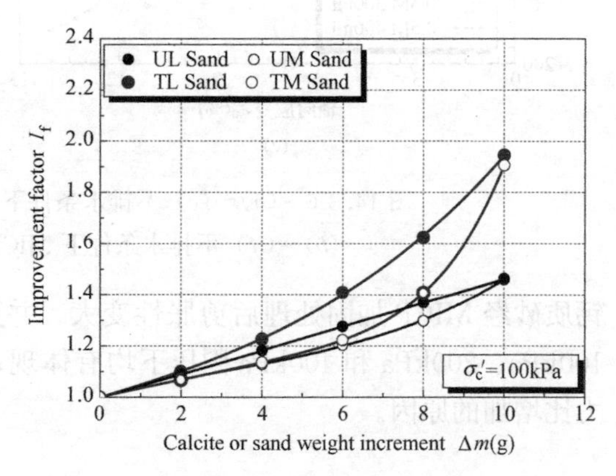

图 14.4-3　不同加固技术和初始状态砂土提高因子与质量增量关

进一步的，这里取液化振次 N_L 为 15 时对应的提高因子 I_f，将 MICP 加固处理的钙质砂和通过密实化处理的钙质砂的 I_f 值进行对比发现（图 14.4-3）：在相同质量增量下，MICP 加固处理后松砂和中密砂其 I_f 值均高于密实化作用。当质量增加 10g 时，密实作用

下 I_f 值从 1 提高到 1.46，而 MICP 处理后，其 I_f 值提高到 1.91～1.94。同时，初始相对密实度越低，其 I_f 值提高越显著。这表明利用 MICP 技术进行松散地基加固的效果较振冲密实作用更有效。

14.4.2 MICP 加固土动孔压与变形特性

孔隙水压力在振动荷载作用下的发展是土体变形与强度变化的重要因素。孔隙水压力的增长将导致土体的抗剪强度降低，最终使土体发生变形破坏。

由图 14.4-4（*a*）和（*b*）可知，对于弱胶结松砂，其孔压发展规律与未胶结松砂相似，可分为四个阶段：在初始阶段，超孔隙水压力迅速增加，孔压增长曲线呈上凸形，这主要由于在初始状态下土体的孔隙率较大，加荷后土体发生振密，塑性应变相对较大，使得颗粒间孔隙变小，孔压比急剧上升到某一程度；随后，孔压发展进入稳步增长阶段孔压的发展呈斜置正弦曲线增长，这时砂土颗粒间的滑移和滚动趋于稳定，孔压增速变缓，试样的弹性体应变随周期荷载的变化呈正弦波动，塑性体应变随振动次数的增加而不断累积，从而使得孔压不断增大；当孔隙水压力累积达到一定程度，在循环振动下孔压增长速率相对于稳定增长阶段振动孔压明显增大，试样结构塑性变形开始加速发展，在快速发展阶段后期，孔压曲线的波峰处开始出现凹槽，这表明试样开始出现失稳现象；最后试样进入完全液化阶段：该阶断孔压的增长趋于稳定，最终孔压达到或略小于围压，试样发生初始液化，在孔压曲线的波峰处的凹槽趋于稳定，表明试样失稳破坏。而针对较高程度

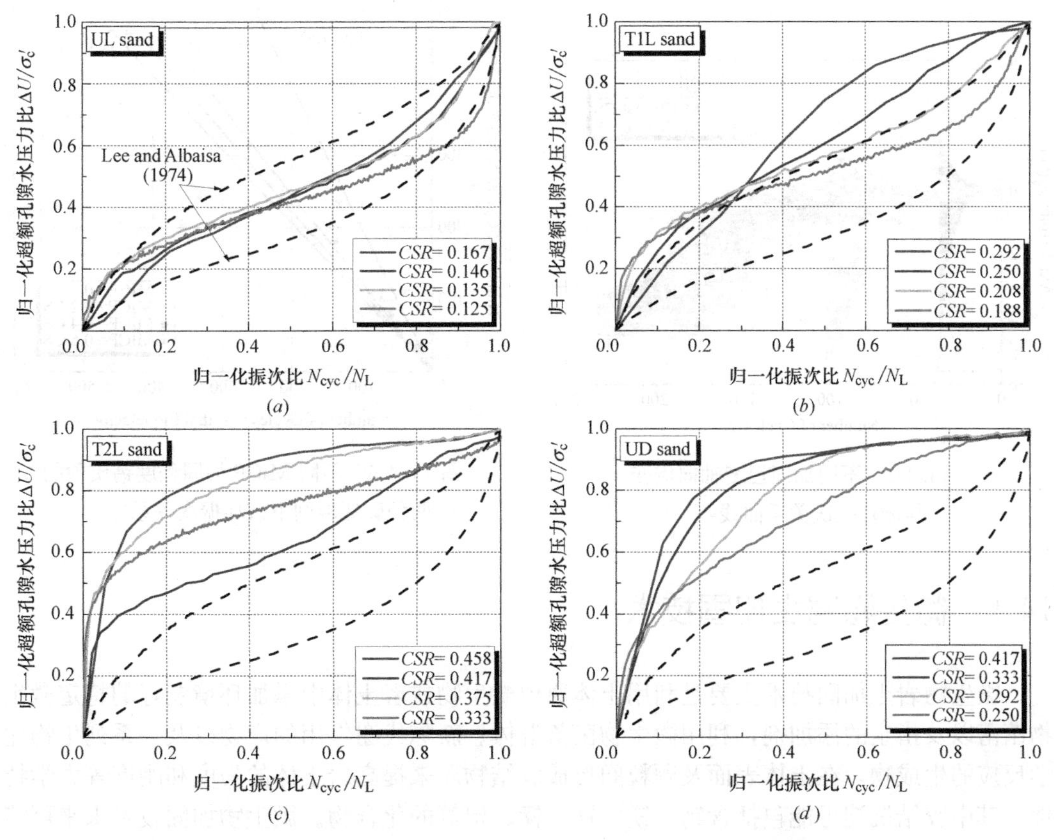

图 14.4-4 归一化超孔隙水压比与归一化振次比关系曲线[37]

MICP 加固后的试样（图 14.4-4*c*），其孔压发展规律开始发生明显变化，在前期较少的振次内孔隙水压力比快速上升到 0.5 以上，然后孔压发展逐渐变缓，直到孔压达到有效围压，试样发生液化破坏。对比图 14.4-4（*d*）可以看出，相对于未加固松砂或弱胶结砂，MICP 处理程度较高的试样其孔压发展规律更接近密砂的孔压发展特性。

从图 14.4-5 中可以看出经过 MICP 处理后的试样随着处理程度的增加，其变形特性明显改变。对于未加固砂，当拉应变达到 5%时，压应变也超过了 1.5%；对于弱胶结砂，我们可以看到压应变明显减小，达到 1%压应变需要更高的振次，且随着胶结程度的提高，趋势更加明显，对于强胶结砂几乎没有压应变。这表明材料逐渐由孔隙介质材料转变为固体材料，其刚度提高，从而限制了其变形趋势。同时，由于生成碳酸钙在孔隙的填充使得试样的剪胀特性明显提高。

图 14.4-6 对比了在目前两种常用的液化准则下（一是孔压达到有效围压，二是达到一定的应变值，如 5%应变），不同 MICP 加固程度钙质砂试验破坏振次的关系。从图中可以发现对于未胶结砂，液化振次与 5%轴向应变对应振次基本相同，其对比曲线斜率为 1.028，这与其他未胶结松砂材料的特性相似；随着胶结程度提高，斜率逐渐增大，当强胶结时，斜率达到了 1.985。这表明胶结展现出很强的刚度，使得达到相同变形需要更多的振次。

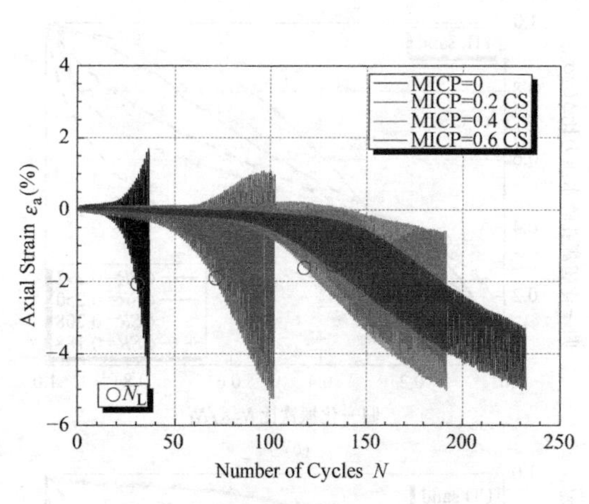

图 14.4-5　不同加固程度轴向应变与循环振次关系曲线[35]

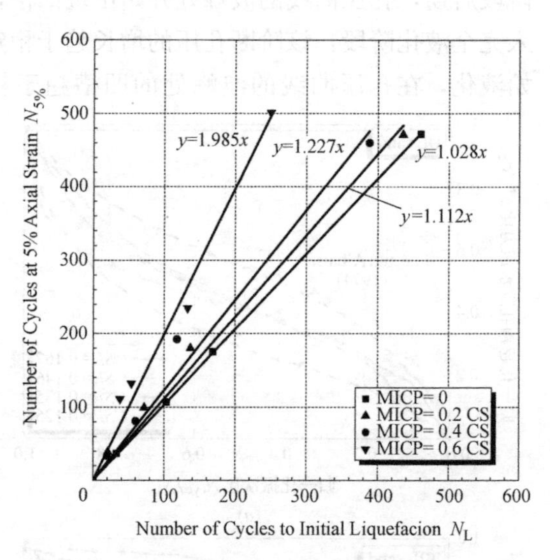

图 14.4-6　不同 MICP 加固程度钙质砂的两种破坏准则下破坏振次关系图[35]

14.5　微生物岩土加固技术

微生物岩土加固技术主要是利用土体原位微生物或者土体中添加环境友好的特定微生物菌落以及指定的添加剂，利用微生物菌落群体、新陈代谢作用的产物以及一系列生物化学反应的生成物，在土体表面及颗粒间形成胶结物质来提高岩土体的强度和刚度等力学特性。其中胶结沉淀可能包括含钙、镁、铁、锰、铝等的化合物。微生物加固技术未来可能应用于提高地基、边坡、大坝等的强度和稳定性，地下管道的开挖支护，土工构筑物抗侵蚀，砂土抗液化性能改善以及防尘固沙等方面。下面就微生物岩土加固技术近年来在地基加固处理、抗液化性能改善以及防尘固沙等方面开展的相关试验和应用方面进行介绍和总结。

14.5.1 地基加固处理

2001 年 Dutch 报社报道了利用细菌加固砂土修复纪念碑[38]，并由此开始了利用微生物来进行岩土加固的研究。2004 年 Deltares、Volker Wessels、荷兰代尔夫特理工大学以及莫道克大学展开合作率先利用基于脲酶菌的微生物技术开始了生物灌浆研究。近十年来，国内外研究团队已经开展了大量室内试验研究，并通过无侧限抗压试验、弯曲元试验等技术判别加固效果。图 . 14.5-1（*a*）和（*b*）分别为不同研究团队得到的微生物加固砂土无侧限抗压强度和剪切波速与碳酸钙含量的关系曲线[34,39~50]。

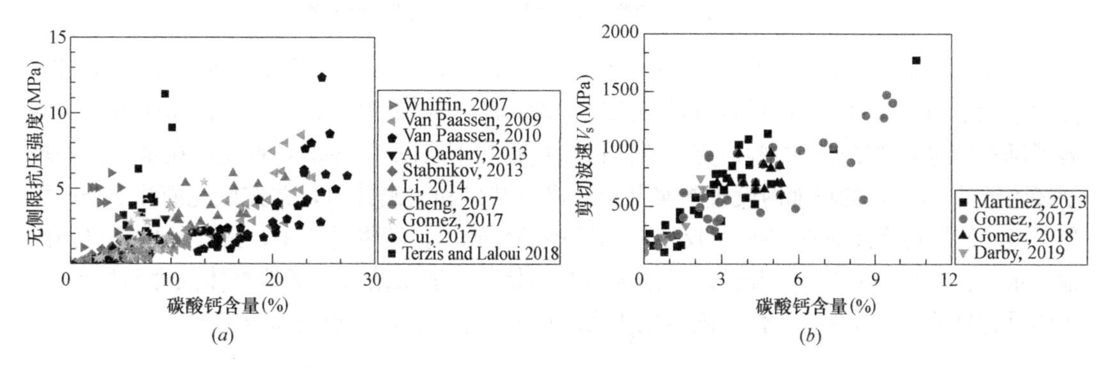

图 14.5-1 不同研究团队的研究成果[8]

（*a*）UCS—碳酸钙含量；（*b*）V_s—碳酸钙含量

刘璐等[51]通过无侧限抗压试验、巴西劈裂、三轴试验等系统分析了 MICP 加固砂土的强度特性，并发现加固后砂土的黏聚力随加固因子的增加成指数增长；同时基于莫尔-库仑破坏准则，提出了未加固钙质砂以及 MICP 加固钙质砂的统一强度理论。

一些团队针对微生物加固的大型模型试验及应用也开展了相关研究。Van Paassen 等[38,41]于 2008 年搭建了 100m^{3}的砂土试验地基场地，并在场地内间隔 5m 处预埋两列管道分别作为注浆管和出浆管（图 14.5-2*a*）。加固试验分为如下步骤：1）首先通过 3 个注浆管灌注 5m^3 菌液，使其与土体充分接触；2）然后将 5m^3 细菌固定液（0.05mol/L $CaCl_2$）以同样的方式灌注进场地；3）随后，96m^3 的反应液（1mol/L $CaCl_2$ ＋urea）在接下来的 16 天里分 10 次以 1m^3/h 的流速分别灌注进场地；整个灌浆过程保持 0.3m/m 的恒定水力梯度。灌浆加固完成后，研究者进行了一系列检测试验，试验结果表明细菌可以在砂土地基里传输 5m 以上的距离，且仍保持一定脲酶活性诱导矿化作用[52]；加固后剪切波速从 100m/s 增加到最大 400m/s；静力触探在井口处最大可达 5MPa；无侧限强度最大达 12.6MPa。试验数据表明经过 MICP 处理后地基强度显著提高，但由于灌浆采用一侧灌浆一侧抽浆的方式，导致整个加固场地不均匀性较明显：靠近注浆口生成的碳酸钙含量较多，最高能到 23.5％；随着距离增大，到出浆口的碳酸钙含量明显降低在出浆口的碳酸钙含量仅为 3.7％～5.6％。加固试验完成后用进行冲刷试验，结果发现场地内剩余约 40m^{3}可见硬化地基，整个加固反应过程反应液的利用率为 50％。

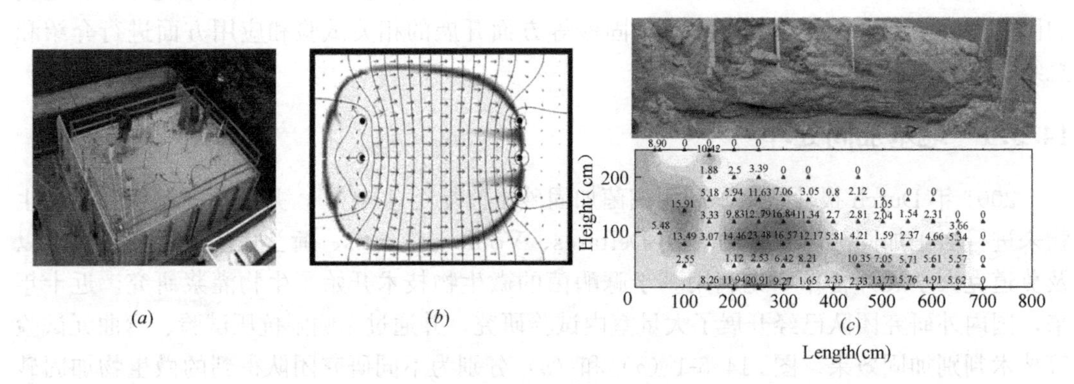

图 14.5-2　100m³地基加固场地

(a) 现场布置图；(b) 灌浆加固示意图；(c) 无侧限强度云图[40,41]

Visser& Smit Hanab 在 2008 年开展了 3m³的砾石 MICP 加固，并进行钻孔试验（HHD）证明了微生物加固的砾石同样具有足够的稳定性；因此在随后的 2010 年，该团队进一步开展了砾石场地的现场加固试验研究。具体试验过程如下（图 14.5-3）：首先，在水平钻孔规划线附近的 1000m³的场地内设置灌浆井口、出浆井口和监测井口，并按照先灌注 200m³稀释菌液，然后再灌注 300～600m³反应液的顺序进行施工。灌浆过程中，持续从出浆口抽出地下水，直到废液中电导率和铵离子浓度恢复初始值。灌浆结束后场地整体强度明显提高，土体具有足够的强度和稳定性，随后也成功进行了水平钻孔和管道的布设安装。

图 14.5-3　砾石稳定性试验及现场应用[53,54]

Burbank 等[55]利用富集培养基刺激原位场地的特定细菌快速生长成为优势菌落，随后利用环形渗透计分 9 次灌入加固液进行了现场地基加固处理。图 14.5-4 可以看出，加固完成后通过碳酸钙含量测试发现从地表到地下 0.9m 处的碳酸钙含量在 1%左右，1～2m 深度范围碳酸钙含量为 1.8%～2.4%，同时，CPT 试验表明在 1～1.3m 间锥尖贯入阻力是未加固的 2～3 倍。试验结果同时表明碳酸钙在 1%左右时对土壤力学性能改变不大，CPT 试验无法检测出来。

14.5.2 抗液化处理

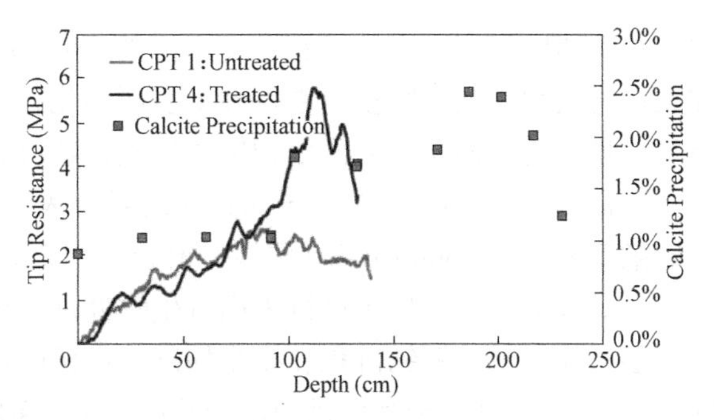

图 14.5-4 锥尖阻力与碳酸钙含量随处理深度关系变化曲线[55]

MICP 技术不仅可以用于地基加固，也可以用于场地抗液化处理，近几年也得到国内外一些学者的关注，但相关问题还处于室内试验研究阶段。

Burbank[56]通过循环三轴试验论证了经过 MICP 处理后的石英砂动强度明显提高。肖鹏等[35,37]通过一系列试验研究了不同 MICP 处理程度、有效围压、相对密实度、动剪应力比等因素对砂土抗液化性能的影响，试验发现 MICP 处理后将改变松砂的液化机理，随着加固程度的提高试样从流滑破坏逐渐变为循环活动性。通过 SEM 分析发现颗粒表面和颗粒间生成的碳酸钙结晶改变了砂土的表面特性，使得黏聚力和摩擦力都有一定改变[51]，同时生成的胶结物抑制了砂土大应变的发生。总体来说，加固后的砂土的动力特性接近于密砂，但由于胶结作用的存在，MICP 加固的抗液化效果比振冲密实更有效。Feng 等[57]发现对于相同碳酸钙含量的砂土试样，由于生成的碳酸钙空间分布可能不均匀，剪切波速（V_s）越大的试样其抗液化能力越强，因此碳酸钙含量值结合剪切波速值来衡量加固土体的力学性能更加合理。

Montoya 等[58]利用离心振动台对液化砂土自由场进行微生物加固试验，发现经 MICP 处理后场地内不同深度下的孔隙水压力在不同地震强度下均不同程度减小，震后加固后场地的地表沉降明显小于未加固松砂，但地表加速度较松砂有一定增强。同时，程晓辉等[59,60]利用小型振动台和循环三轴进一步论证了 MICP 能显著提高模型地基的抗液化性能。Darby 等[61]进行了碳酸钙含量分别为 0.8%，1.4%，2.2%的三组不同加固模型，并进行了 80g 的离心振动台试验，结果发现经过 MICP 处理后砂土的锥尖阻力从 2MPa 分别提高到 5MPa，10MPa，18MPa，剪切波速从 140m/s 分别提高到 200m/s，325m/s，660m/s，随着胶结程度提高其抗液化能力也随之提高并最终不再液化，模型试样的力学性能逐渐由土的性质变为岩石的力学性质。

除此之外，利用微生物过程产生气体来降低土体饱和度也是一种地基液化的防治手段。研究表明对于饱和砂土，即便只降低极少量饱和度，土体的抗液化性能也将会明显提高[62,63]。不同的微生物作用能够产生不同气体[64]，相比于如二氧化碳、氢气、甲烷等其他气体，微生物作用生成的氮气难溶于水，其化学性质稳定不易分解。因此，通过用氮气减少饱和度来提高抗液化性能是一种很好的选择。何稼等[65,66]利用微生物的反硝化作用产生生物气泡开展了振动台试验，试验发现在加速度 $0.5m/s^2$ 的情况下，未经过微生物处理的饱和松砂完全液化，其超孔隙水压比接近 1，地表发生明显沉降，体变达到 5%；经过不同程度微生物处理后，砂土的饱和度分别降低到 95%～80%，其中 80%饱和度模型在加速度 $0.5m/s^2$ 的情况下超孔隙水压比仅为 0.1，地表几乎没有沉降发生，体变小于 0.2%。

14.5.3 防尘固沙处理

空气中悬浮的尘土微粒严重影响环境质量和人类健康，研究表明只要在砂土表面形成一层很薄的硬壳即可有效控制环境尘土的飞扬和风沙土流动、风蚀[67,68]。近年来许多研究人员尝试利用微生物技术进行砂土表面固化处理，试图缓解建筑、道路扬尘，改善城市空气质量，通过沙漠土表面生物覆膜处理，解决风沙土流动、风蚀等问题。

Bang 等[69,70]利用 S. pasteurii 细菌对地表砂土、粉土进行扬尘抑制试验，并设计了不同细菌浓度，不同环境温度，不同湿度，以及是否对土表面进行冲洗预处理等不同因素，针对级配良好的砂土进行表面微生物处理。试验最终成功地在砂土表面形成一层坚固硬壳层，并获得碳酸钙沉积和扬尘抑制的最优配比，这表明该技术可以用于砂土表面抗侵蚀。Chu 等[71]进一步利用风洞试验验证了微生物处理砂土表面的抑制扬尘和抗风力侵蚀能力，同时估算了生物抑尘剂的用量，并发现与目前应用于道路、机场场地的传统尘土抑制剂相比，生物抑尘剂所需的剂量更少[72]。为研究现场表面固砂的可行性、稳定性以及植被可恢复性，Gomez 等[73]在加拿大一矿区附近开展了微生物表面固化现场试验，如图 14.5-5 所示。

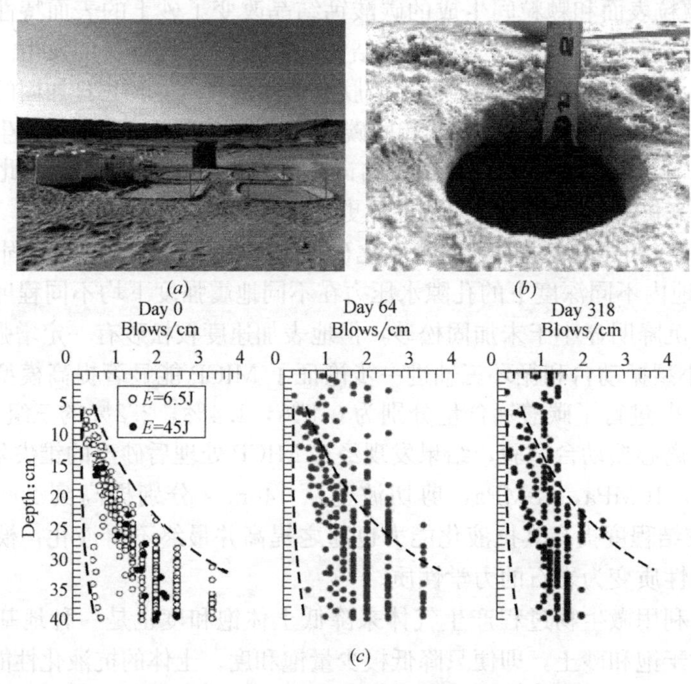

图 14.5-5 微生物表层固沙处理现场试验[73]

试验区分为四块不同 MICP 反应液浓度的加固区域（图 14.5-5*a*），将每块面积 2.4m×4.9m，设计处理深度为 0.3m。表面处理结束后，通过动力触探试验发现场地贯入阻力明显提高，结壳厚度在 0.64～2.5cm 之间（图 14.5-5*b*）。结壳表面碳酸钙含量为 2.1%左右，生成碳酸钙随着深度降低，在深度 10cm 左右仅为 0.5%。随后研究团队又进行了长期标准贯入试验以检测加固区域的耐久性（图 14.5-5*c*）。试验发现第 64d 时场地强度没有明显退化现象；然而在经历一个寒冬试验第 318d 后再检测，发现加固场地强度有一定退化现象。

李驰等[74]在我国内蒙古乌兰布和沙漠地区进行了原位微生物矿化覆膜现场试验。现场处理面积为 3.3m×1.65m，观察深度为 0.3m。试验分别选用巴氏芽孢杆菌和葡萄球菌作为菌液，将菌液和反应液按 1：2.5 的比例以每天 43.5L 细菌，108.75L 反应液（0.5mol/L，$CaCl_2$：urea=1：1）按照交替喷洒的方式进行现场表面喷洒覆膜，处理过程持续 4d 完成。覆膜试验结束后，利用微型贯入装置对加固区域进行了总计 210d 的贯入试验，同时测定了覆膜内碳酸钙含量。矿化试验第 7d 检测发现两块试验区域覆膜平均厚度均为 2～2.5cm 左右，碳酸钙含量 14%左右；矿化 210d，葡萄球菌处理表面覆膜厚度降低约 0.2cm，碳酸钙含量降低 1%，巴氏芽孢杆菌处理表面覆膜厚度降低约 1.5cm，碳酸钙含量降低约 4%。表面覆膜后在贯入深度 2cm 时，贯入阻力从 2N 提高到 24.3N 和 20.3N，且经过 210d 后贯入阻力仍能保持稳定。试验表明沙漠原位葡萄球菌可以用于沙漠的表面覆膜处理来抑制沙漠风蚀。但需要注意的是，该试验结果显示贯入强度的离散性较大，这可能受到沙漠环境的昼夜温差变化以及冬春季节性变化较大的影响。钱春香等[75]利用胶质类芽孢杆菌（Paenibacillusmucilaginosus）的酶促作用将 CO^2 吸收、转化并生产碳酸根离子，然后与环境中存在的钙离子矿化反应形成具有一定力学性能的方解石胶结层来抑制扬尘，并利用该技术开展了 900m^2 的现场应用。经过微生物处理之后，现场区域的固化平均厚度为 13.2mm，肖氏硬度为 24.6 度。在风速为 12m/s 的抗风蚀试验下，处理后土体的质量损失由原来的 2600g/(m^2·h) 减小为 30g/(m^2·h)；在雨水侵蚀试验中，微生物处理后的土体其质量损失由原来的 750g/(m^2·h) 减小为约 60g/(m^2·h)，残余肖氏硬度仍保持雨水侵蚀前的 90%以上。同时，微生物矿化作用形成的方解石表层坚硬结构还可以提高土体的保湿性能，通过植物发芽生长试验确认了该技术具有良好的环境兼容性，微生物处理后更有利于土壤保水和植物生长。一系列检测试验表明，利用微生物进行表面处理的场地防尘效果十分显著，同时该技术绿色节能，经济环保。

14.6　微生物岩土封堵技术

微生物岩土封堵技术主要是利用微生物作用的代谢物及系列生物化学反应的生成物作为孔隙填充材料来降低渗透性。现在主要的微生物封堵方式有两种：一种是利用前文介绍的 MICP 作用形成碳酸盐沉淀封堵，另一是生物膜技术（biofilm）。这里生物膜技术主要通过激发微生物的新陈代谢，使其产生大量胞外聚合物（EPS），它是一种柔软、有延性、有弹性的有机黏滑固体，能够促进更多细菌附着并形成一种生物膜[76,77]。岩土材料在生物膜修复过程中，由于孔隙处的流速最大，因此新添加的营养物持续在孔隙处供应，因此更容易形成较多 EPS，从而降低孔隙率；与此同时，基底里还添加有一些金属元素，可以与 EPS 一起絮凝成黏土块，可以填充孔隙，降低渗透特性，并增加延展性。微生物封堵技术主要可以用于土体防渗处理，岩石裂隙修复，并应用于排水管道抗侵蚀、防止土石坝发生管涌等方面。下面就该技术近年来在此方面开展的试验及应用分别进行介绍。

14.6.1　土体防渗处理

大量研究表明存在于土体中累积的细菌生物量、不溶性细菌黏液、不溶性多糖和低溶解度生物气泡等可以降低土体的渗透性[17,78,79]；反硝化菌在氨氧化的过程通过空气中 CO_2 形成多聚糖，随着细菌的聚集和累积，形成一层微生物黏液，也能进行土壤封堵[80,81]。Ivanov 和 Chu 等[17]发现在低浓度葡萄糖砂土环境中富集培养贫氧细菌产生多糖物质，可使砂土的渗透系数从 10^{-4}m/s 降低到 10^{-6}m/s。Veenbergen 等[82]在 2004 年利用微生物产生的生物黏液成功进行了生物封堵缩尺试验，经过 6d 处理后，土壤的抗渗性能提高了 5 倍，随着营养液的继续添加，最后抗渗性能提高到 30 倍；在停止灌注营养液 3 个月之后，抗渗性能仍保持不变。Cheng 等[83]结合碳酸钙沉积技术再结合海藻酸钠与钙离子反应形成凝胶状海藻酸钙，来进行砂土防渗处理。试验结果表明处理后的砂土渗透性从 5.0×10^{-4}m/s 降低到 2.2×10^{-9}m/s，其防渗效果比单纯 MICP 技术提高 1～2 个量级。

大量室内试验已经证明了多种细菌种群均可用于生物封堵，而 Blauw 等[84]较早的将生物膜技术应用于奥地利多瑙河的一个黏土心墙堤坝渗漏修复应用。该堤坝黏土心墙长期渗漏，在进行混凝土-膨润土墙处理后仍然没有解决渗漏问题。因此，Blauw 等利用原位微生物的生长并进行了为期 23d 营养液灌注来降低心墙的孔隙进行堵漏。6 周后发现渗透性开始下降，10～14 周后，观测发现原来大坝的单位时间渗漏量明显下降，从修复前每天 17.33m^3减少到 2.35m^3。5 个月后再次检测灌浆口的渗漏情况，发现其渗漏量只有处理前的 0.1～0.2 倍。现场试验表明生物膜技术在土工构筑物的修复具有可行性。同时，工业界存在大量有机废水，可以变废为宝作为许多发酵细菌和胞外多糖产生菌的有机营养源，作为现场大规模微生物封堵应用的原材料。

但需要说明的是，由于生物聚合物的可降解性、热敏感性及较差力学性能，其堵塞作用耐久性不易保证，还不足以满足大部分土工结构的设计使用寿命，因此该技术目前还无法大规模推广，而利用微生物矿化生成的无机物沉淀，具有更好的稳定性和力学性能，因此，此类生物封堵技术被认为更有潜力。其中，利用脲酶菌反应形成碳酸钙沉淀来填充土体孔隙，降低流体流量，降低渗透系数为最主要研究方向[5,85,86]。大量研究发现对于土体材料，经过微生物处理生成的碳酸钙含量与渗透系数存在一定得规律(图 14.6-1)[39,44,49,87～90]。

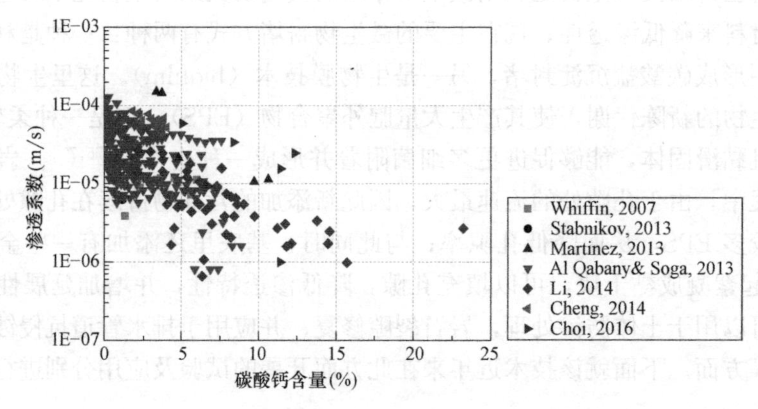

图 14.6-1　渗透系数-碳酸钙含量关系图[8]

Chu 等[91]利用微生物技术按照每平方米砂土表面使用 2.1kg 氯化钙来建造蓄水池(图 14.6-2)，经过 MICP 表面处理后，砂土的渗透性可以从 10^{-4}m/s 降低到 10^{-7}m/s，随后在池底取样进行四点抗弯试验，发现抗弯强度为 90～256kPa，侧壁和池底的无侧限抗压强度为 215～932kPa，均具有一定强度。

图 14.6-2 MICP 修建临时蓄水池[91]

刘璐等[92]通过向模型堤坝喷洒微生物细菌以及营养盐进行加固，并对处理好的堤坝模型进行水槽试验（图 14.6-3）。经过连续多天的冲刷后，除模型试样两侧有少量细砂被水流带出外，模型整体无侵蚀破坏的现象发生。对 MICP 处理堤坝表层形成的外壳进行三轴渗透试验，发现渗透系数从 4×10^{-4}m/s 降低至 7.2×10^{-7}m/s。对堤坝表层的试样进行强度测试，发现无侧限抗压强度可高达 9MPa。试样中生成的碳酸钙含量占试样重量的18%左右。

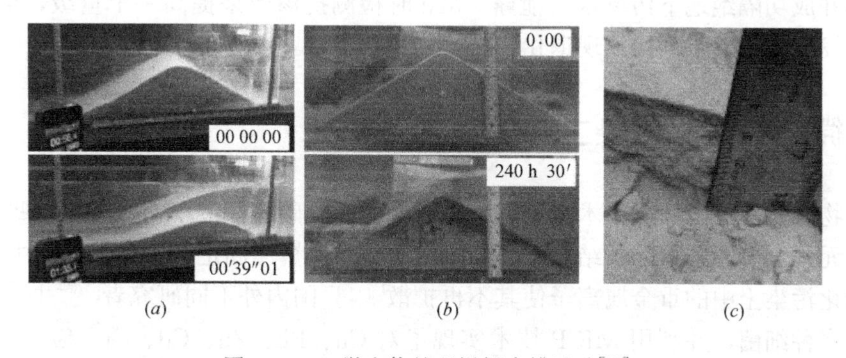

图 14.6-3 微生物处理堤坝水槽试验[88]

（a）未处理水槽抗冲刷试验；（b）MICP 表面加固水槽抗冲刷试验；（c）MICP 表层加固厚度

谈叶飞等[93]在安徽滁州大洼水库的黏性土堤防 3 个区段开展了 MICP 防渗现场试验，利用坝体内部测压管对内部水头进行监测，同时监测渗漏部位的渗漏量，试验结果表明，该技术能迅速降低黏性土堤防坝段渗透系数 2 个数量级。高玉峰等[94]提出了基于 MICP 的防渗沟渠的施工工艺：首先利用注浆管工艺处理待修建沟渠场地，然后进行开挖，最后利用喷洒和浸泡技术处理沟渠表面。试验表明该施工工艺能有效减小砂土表面渗透系数，满足使用要求。

14.6.2 岩石裂隙修复

利用微生物技术在岩石裂隙的修复方面，目前国际上已开展了不少原位试验和现场应用。Cuthbert 等[95]利用 MICP 修复地下深 25m，面积为 $4m^2$ 的一段裂隙岩体，检测发现 MICP 修复后渗透性显著减低，且在环境地下水作用 12 周后渗透性没有明显改变。Adrienne 等[96]开展了地下 340.8m 的深部岩石裂隙修复现场试验研究，对钻井孔附近天然存在的水平裂隙进行修复。在注浆修复过程中发现，由于表面封堵的形成，在恒定注浆压力

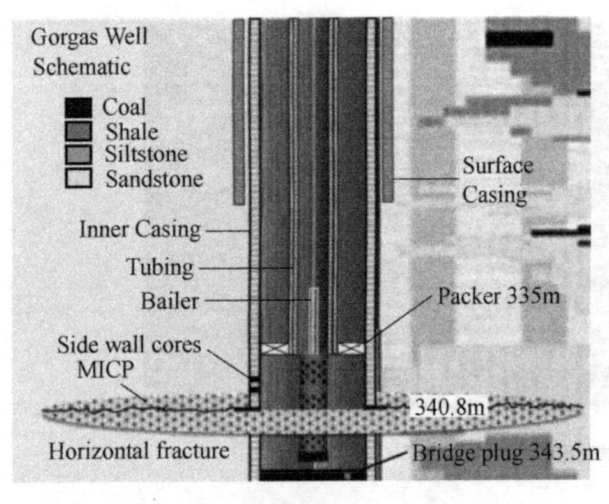

图 14.6-4　深部岩体修复[96]

下注入量随着时间的发展降低（图 14.6-4）。发现经过修复处理后，灌浆流速从 1.9L/min降低到 0.47L/min；井口关闭下测定每 5 分钟的压力减小值，发现压力变化值从修复前的 30%降低到修复后的 7%。结果表明井口的完整性和密封性得到很好地提高，修复后的岩土裂缝再次发生开裂破坏需要比之前更大的压力。在此处裂隙修复完成并投入使用一段时间后，超声成像测井仪检测发现深度为 310m 的区域出现了新的水泥性能退化现象，因此针对钻井孔出现退化区域再次开展 MICP 灌浆修复，并同样取得良好效果，修复后灌浆流速从 0.29m^3/h 降低到 0.011m^3/h，超声成像测井仪显示此处的固体含量明显增多[97]。

Lambert 等[98]在加拿大南安大略一处深井旁进行了石灰岩裂隙的微生物修复处理，该岩石裂隙在地下约 16m 深处，裂隙大小 439～569μm，通过 21d 的营养液灌注，其渗漏明显减小并成功隔绝地下污染水的泄露，52d 时检测抗渗效果提高一个量级，但 210d 后再次检测发现抗渗效果开始出现退化。

14.7　微生物金属污染土修复技术

微生物金属污染土修复技术主要是利用微生物诱导碳酸盐沉积的过程中一些金属离子和放射性元素会与碳酸根离子结合发生共沉淀，将这些金属固定在其晶体结构中。此技术可用于固化污染土中的重金属离子使其不再扩散[99]。国内外不同研究者[100～106]从不同地区提炼出多种细菌，并利用 MICP 技术实现了对 Cu、Pb、Zn、Cd、Cr、Sr、As 等多种不同重金属污染土壤的稳定化处理，重金属去除率达到 50%～99%，证明 MICP 可以在恶劣的自然条件下进行重金属污染土壤的固化作用。另外，Ganesh 等[107]还利用铁盐还原菌（Shewanella alga）和硫酸盐还原菌（Desulfovibriodesulfuricans）将六价的铀还原为四价铀，然后将四价铀沉淀形成沥青铀矿（UO2（S）），再从水溶液中移除。目前，利用 MICP 技术进行重金属污染治理方面的工作主要仍集中于室内实验阶段，有报道的重金属处理现场试验研究仅有两个：其中，Fujita 等[108]在华盛顿的一块现场开展了 90Sr 污染治理试验，试验添加尿素和糖浆来促进场地土著脲酶菌的生长和重金属的固化沉积，并利用注浆管道在相隔几米的地方一边注浆一边抽取再循环处理的方式处理。试验结果表明 MICP 技术是一种可以用于现场 90Sr 污染物处理的技术手段；另外，许燕波等[109]在国内也开展了 MICP 去除重金属离子的现场试验研究，试验选用革兰氏阳性均作为矿化菌种，对某废弃铁矿场进行处理，现场修复深度 20cm，面积 1000m^2，处理前污染土中 As、Pb、Cd、Zn、Cu 的交换态浓度分别为 14.01、4.95、0.64、33.46、12.95mg/kg，进行 MICP 现场喷洒处理的环境温度为 30℃，pH 为 5.5，尿素用量 12.65kg，菌液用量 160L，修复后上述重金属的交换态浓度分别减少为 2.37、1.25、0.311、16.67、3.42mg/kg。试验表明利用盐矿化菌喷洒处理受重金属污染土壤效果显著，重金属去除率最高达到

83%，重金属离子被作物吸收的风险明显降低。以生物矿化为基础通过固结重金属离子修复受重金属污染土壤的微生物修复技术方法简单、易于操作，能有效降低金属离子对环境的危害，具有很好的应用前景。

14.8 小结

本章对微生物岩土领域涉及的几种主要微生物，生物化学反应过程以及其作用机理进行了详细介绍。以钙质砂为例详细分析了微生物加固土体的静动力学特性，并与石英砂进行了对比分析，论证其加固结论的普遍性；针对国内外已开展的微生物加固岩土技术，微生物岩土封堵技术以及微生物金属污染土修复技术的相关研究及应用进行总结与评述。微生物环境岩土作为岩土工程领域一个新的分支，在我国也已经发展了十数年，除了已经提到的几种微生物岩土应用，未来微生物技术还可能在岩土和建筑领域更多方面实现应用[54]，比如二氧化碳的封存、沙漠绿化、填海造地、混凝土修复、古建筑修复等领域。与此同时，由于岩土工程的建设施工项目通常十分庞大，涉及不同的场地条件，复杂的施工工艺，而微生物本身的生物化学反应又十分复杂，因此微生物技术的应用必须要针对不同的施工环境选取不同的菌种，并识别、筛选、优化细菌，来得到适合应用环境的最优细菌及生物活性，满足生态安全性以及修复的可靠性。同时，细菌参与过程中的一系列副产物也需要特别关注和去除，如脲酶菌水解过程产生的铵根离子，反硝化过程中不完全反应所产生的有毒亚硝酸盐、一氧化二氮等中间产物等都可能导致环境污染等问题。虽然目前微生物研究技术已开展较多研究，但笔者认为在当前技术方法下，微生物技术的推广仍面临巨大的挑战，工程项目中重要的因素是控制成本，但该技术并不成熟更无法与水泥为主的传统岩土加固方式形成成本上的优势。降低成本的关键和瓶颈在于细菌的选择和培养，因而开展跨学科合作，与相关材料学、微生物学、化学研究团队开展深入合作是非常必要的。

总体来说，微生物岩土技术及应用的研究还处于起步阶段，微生物岩土技术走向真正大规模实际应用还有很多问题需要克服，这也需要新一代岩土工作者加倍努力，建立跨学科学习与合作机制，共同打造环境友好型岩土技术新体系。

参考文献

[1] J. K. Mitchell, J. C. Santamarina. Biological considerations in geotechnical engineering [J]. Journal of Geotechnical and Geoenvironmental Engineering, 2005, 131 (10): 1222～1233.

[2] 王镜岩，朱圣庚，徐长法. 生物化学教程 [M]. 北京：高等教育出版社，2008.

[3] J H Yoon, K C Lee, N Weiss, et al. Sporosarcina aquimarina sp. nov., a bacterium isolated from seawater in Korea, and transfer of Bacillus globisporus (Larkin and Stokes 1967), Bacillus psychrophilus (Nakamura 1984) and Bacillus pasteurii (Chester 1898) to the genus Sporosarcina as Sporosarcina globispora comb. nov., Sporosarcina psychrophila comb. nov. and Sporosarcina pasteurii comb. nov., and emended description of the genus Sporosarcina [J]. International Journal of Systematic and Evolutionary Microbiology, 2001, 51 (3): 1079～1086.

[4] 王茂林，吴世军，杨永强，等. 微生物诱导碳酸盐沉淀及其在固定重金属领域的应用进展 [J].

环境科学研究，2018，31（2）：206～214.

［5］ Shannon Stocks-Fischer，Johnna K. Galinat，Sookie S. Bang. Microbiological precipitation of CaCO3［J］. Soil Biology and Biochemistry，1999，31（11）：1563～1571.

［6］ Willem De Muynck，Nele De Belie，Willy Verstraete. Microbial carbonate precipitation in construction materials：A review［J］. Ecological Engineering，2010，36：118～136.

［7］ W. C. Zhang，Y. Ju，Y. W. Zong，et al. In Situ Real-Time Study on Dynamics of Microbially Induced Calcium Carbonate Precipitation at a Single-Cell Level［J］. Environmental Science & Technology，2018，52（16）：9266～9276.

［8］ 刘汉龙，肖鹏，肖杨，等. 微生物岩土技术及其应用研究新进展［J］. 土木与环境工程学报（中英文），2019，41（01）：1～14.

［9］ ISMAIL Karatas. Microbiological improvement of the physical properties of soils［D］. Arizona State University，2008.

［10］ Leon A. Van Paassen，Claudia M. Daza，Marc Staal，et al. Potential soil reinforcement by biological denitrification［J］. Ecological Engineering，2010，36：168～175.

［11］ Yusuf Çağatay Erşan，Nele de Belie，Nico Boon. Microbially induced $CaCO_3$ precipitation through denitrification：An optimization study in minimal nutrient environment［J］. Biochemical Engineering Journal，2015，101：108～118.

［12］ Jason T. DeJong，Brina M. Mortensen，Brian C. Martinez，et al. Bio-mediated soil improvement［J］. Ecological Engineering，2010，36：197～210.

［13］ L. K. Baumgartner，R. P. Reid，C. Dupraz，et al. Sulfate reducing bacteria in microbial mats：Changing paradigms，new discoveries［J］. Sedimentary Geology，2006，185（3）：131～145.

［14］ Dianne K. Newman，Tanja Bosak. Microbial nucleation of calcium carbonate in the Precambrian［J］. Geology，2003，31（7）：577～580.

［15］ Crisoógono Vasconcelos，Judith A. McKenzie，Rolf Warthmann，et al. Bacterially induced dolomite precipitation in anoxic culture experiments［J］. Geology，2000，28（12）：1091～1094.

［16］ 戴永定，等著. 生物矿物学［M］. 中国科学院地质与地球物理研究所，1994，572.

［17］ Volodymyr Ivanov，Jian Chu. Applications of microorganisms to geotechnical engineering for bioclogging and biocementation of soil in situ［J］. Reviews in Environmental Science and Biotechnology，2008，7：139～153.

［18］ V. Ivanov，V. Stabnikov，W. Q. Zhuang，et al. Phosphate removal from the returned liquor of municipal wastewater treatment plant using iron-reducing bacteria［J］. Journal of Applied Microbiology，2005，98（5）：1152～1161.

［19］ Eric E. Roden，Michael R. Leonardo，F. Grant Ferris. Immobilization of strontium during iron biomineralization coupled to dissimilatory hydrous ferric oxide reduction［J］. Geochimica et Cosmochimica Acta，2002，66（16）：2823～2839.

［20］ R. Riding. Cyanobacterial calcification，carbon dioxide concentrating mechanisms，and Proterozoic-Cambrian changes in atmospheric composition［J］. Geobiology，2006，4（4）：299～316.

［21］ W. Altermann，J. Kazmiercazak，A. OREN，et al. Cyanobacterial calcification and its rock-building potential during 3.5 billion years of Earth history［J］. Geobiology，2006，4（3）：147～166.

［22］ William S. Reeburgh. Oceanic Methane Biogeochemistry［J］. Chemical Reviews，2007，107（2）：486～513.

［23］ S. W. Perkins，P. Gyr，G. James. The influence of biofilm on the mechanical behavior of sand

[J]. Geotechnical Testing Journal, 2000, 23 (3): 300～312.
[24] Z. M. Xu, J. T. Wang, Y. T. Jia, et al. Experimental study on microbial fouling characteristics of the plate heat exchanger [J]. Applied Thermal Engineering, 2016, 108: 150～157.
[25] A. Abdolahi, E. Hamzah, Z. Ibrahim, et al. Microbially influenced corrosion of steels by Pseudomonas aeruginosa [J]. Corrosion Reviews, 2014, 32 (3-4): 129～141.
[26] Hans-Curt Flemming, Jost Wingender, Ulrich Szewzyk, et al. Biofilms: an emergent form of bacterial life [J]. Nat Rev Micro, 2016, 14 (9): 563～575.
[27] Huanan Wu, Qian Wang, Jae Hac Ko, et al. Characteristics of geotextile clogging in MSW landfills co-disposed with MSWI bottom ash [J]. Waste Management, 2018, 78: 164～172.
[28] Lu Liu, Hanlong Liu, Yang Xiao, et al. Biocementation of calcareous sand using soluble calcium drived from calcareous sand [J]. Bulletin of Engineering Geology and the Environment, 2018, 77 (4): 1781～1791.
[29] L. A. Van Paassen. Biogrout, ground improvement by microbial induced carbonate precipitation [D]. Delft University of Technology, 2009.
[30] Liang Cheng, Ralf Cord-Ruwisch, Mohamed a. Shahin. Cementation of sand soil by microbially induced calcite precipitation at various degrees of saturation [J]. Canadian Geotechnical Journal, 2013, 50: 81～90.
[31] Yang Xiao, Xiang He, T. Matthew Evans, et al. Unconfined Compressive and Splitting Tensile Strength of Basalt Fiber-Reinforced Biocemented Sand [J]. Journal of Geotechnical and Geoenvironmental Engineering, 2019, 145 (9).
[32] Cesar Consoli Nilo, Caberlon Cruz Rodrigo, Felipe Floss Márcio, et al. Parameters Controlling Tensile and Compressive Strength of Artificially Cemented Sand [J]. Journal of Geotechnical and Geoenvironmental Engineering, 2010, 136 (5): 759～763.
[33] Lu Liu, Hanlong Liu, Armin W. Stuedlein, et al. Strength, Stiffness, and Microstructure Characteristics of Biocemented Calcareous Sand [J]. Canadian Geotechnical Journal, 2019, https: //doi. org/10. 1139/cgj-2018-0007.
[34] Ming-Juan Cui, Jun-Jie Zheng, Rong-Jun Zhang, et al. Influence of cementation level on the strength behaviour of bio-cemented sand [J]. Acta Geotechnica, 2017, 12 (5): 971～986.
[35] Peng Xiao, Hanlong Liu, Yang Xiao, et al. Liquefaction resistance of bio-cemented calcareous sand [J]. Soil Dynamics and Earthquake Engineering, 2018, 107: 9～19.
[36] Michael James, Michel Aubertin, Dharma Wijewickreme, et al. A laboratory investigation of the dynamic properties of tailings [J]. Canadian Geotechnical Journal, 2011, 48: 1587～1600.
[37] Peng Xiao, Hanlong Liu, Armin W. Stuedlein, et al. Effect of Relative Density and Bio-cementation on the Cyclic Response of Calcareous Sand [J]. Canadian Geotechnical Journal, 2019, https: //doi. org/10. 1139/cgj-2018-0573.
[38] Leon A. van Paassen. Bio-mediated ground improvement: From laboratory experiment to pilot applications [J]. Geo-Frontiers, 2011: 4099～4108.
[39] Victoria S. Whiffin, Leon A. Van Paassen, Marien P. Harkes. Microbial carbonate precipitation as a soil improvement technique [J]. Geomicrobiology Journal, 2007, 24: 417～423.
[40] L. A. Van Paassen, M. P. Harkes, G. A. Van Zwieten, et al. Scale up of BioGrout: A biological ground reinforcement method [J]. Proceedings of the 17th International Conference on Soil Mechanics and Geotechnical Engineering: The Academia and Practice of Geotechnical Engineering, 2009, 3: 2328～2333.

[41] Leon A. Van Paassen, Ranajit Ghose, Thomas J. M. Van der Linden, et al. Quantifying Biomediated Ground Improvement by Ureolysis: Large-Scale Biogrout Experiment [J]. Journal of Geotechnical and Geoenvironmental Engineering, 2010, 136: 1721~1728.

[42] A. Al Qabany, K. Soga. Effect of chemical treatment used in MICP on engineering properties of cemented soils [J]. Géotechnique, 2013, 63: 331~339.

[43] Viktor Stabnikov, Chu Jian, Volodymyr Ivanov, et al. Halotolerant, alkaliphilic urease-producing bacteria from different climate zones and their application for biocementation of sand [J]. World Journal of Microbiology and Biotechnology, 2013, 29: 1453~1460.

[44] Bing Li. Geotechnical properties of biocement treated sand and clay [D]. Nanyang Technological University, 2014.

[45] Liang Cheng, Mohamed A. Shahin, Donovan Mujah. Influence of key environmental conditions on microbially induced cementation for soil stabilization [J]. Journal of Geotechnical & Geoenvironmental Engineering, 2016, 143 (1)

[46] Michael G. Gomez, Jason T. DeJong, 'Engineering Properties of Bio-Cementation Improved Sandy Soils', in Grouting 2017: Grouting, Drilling, and Verification, ed. by M. J. Byle, L. F. Johnsen, D. A. Bruce, C. S. ElMohtar, P. Gazzarrini and T. D. Richards, 2017), pp. 23~33.

[47] Dimitrios Terzis, Lyesse Laloui. 3-D micro-architecture and mechanical response of soil cemented via microbial-induced calcite precipitation [J]. Scientific Reports, 2018, 8 (1): 1416.

[48] Michael G. Gomez, Jason T. DeJong, Collin M. Anderson. Effect of bio-cementation on geophysical and cone penetration measurements in sands [J]. Canadian Geotechnical Journal, 2018, 55 (11): 1632~1646.

[49] B. C. Martinez, J. T. DeJong, T. R. Ginn, et al. Experimental optimization of microbial-induced carbonate precipitation for soil Improvement [J]. Journal of Geotechnical and Geoenvironmental Engineering, 2013, 139: 587~598.

[50] M. Darby Kathleen, L. Hernandez Gabby, G. Gomez Michael, et al. Centrifuge Model Testing of Liquefaction Mitigation via Microbially Induced Calcite Precipitation [J]. Journal of Geotechnical and Geoenvironmental Engineering, 2019.

[51] Lu Liu, Hanlong Liu, Armin W. Stuedlein, et al. Strength, Stiffness, and Microstructure Characteristics of Biocemented Calcareous Sand [J]. Canadian Geotechnical Journal, 2018.

[52] Esnault Filet Annette, Jean-Pierre Gadret, Memphis Loygue, et al. Biocalcis and its Applications for the Consolidation of Sands, in Grouting and Deep Mixing 2012, 2012, 1767~1780.

[53] W. R. L. Van der Star, W. K. Van Wijngaarden, L. a. Van Paassen, et al. Stabilization of gravel deposits using microorganisms [J]. Proceedings of the 15th European Conference on Soil Mechanics and Geotechnical Engineering, 2011, d: 85~90.

[54] J. T. DeJong, K. Soga, E. Kavazanjian, et al. Biogeochemical processes and geotechnical applications: progress, opportunities and challenges [J]. Geotechnique, 2013, 63 (4): 287~301.

[55] Malcolm B Burbank, Thomas J Weaver, Tonia L Green, et al. Precipitation of Calcite by Indigenous Microorganisms to Strengthen Liquefiable Soils [J]. Geomicrobiology Journal, 2011, 28: 301~312.

[56] Malcolm Burbank, Thomas Weaver, Ryan Lewis, et al. Geotechnical tests of sands following bio-induced calcite precipitation catalyzed by indigenous bacteria [J]. Journal of Geotechnical & Geoenvironmental Engineering, 2013, 139 (6): 928~936.

[57] Kai Feng, Brina M Montoya. Quantifying Level of Microbial-Induced Cementation for Cyclically

Loaded Sand [J]. Journal of Geotechnical and Geoenvironmental Engineering，2017：06017005.

[58] B. M. Montoya，J. T. Dejong，R. W. Boulanger. Dynamic response of liquefiable sand improved by microbial-induced calcite precipitation [J]. Geotechnique，2013，63 (4)：302～312.

[59] 程晓辉，麻强，杨钻，等. 微生物灌浆加固液化砂土地基的动力反应研究 [J]. 岩土工程学报，2013，35 (8)：1486～1495.

[60] Zhiguang Han，Xiaohui Cheng，Ma Qiang. An experimental study on dynamic response for MICP strengthening liquefiable sands [J]. Earthquake Engineering & Engineering Vibration，2016，15 (4)：673～679.

[61] Kathleen M. Darby，Gabby L. Hernandez，Jason T. DeJong，et al. Centrifuge model testing of liquefaction mitigation via microbially induced calcite precipitation [J]. Journal of Geotechnical and Geoenvironmental Engineering，2019，

[62] S. Pietruszczak，G. N. Pande，M. Oulapour. A hypothesis for mitigation of risk of liquefaction [J]. Géotechnique，2003，53 (9)：833～838.

[63] Jun Yang，Stavros Savidis，Matthias Roemer. Evaluating Liquefaction Strength of Partially Saturated Sand [J]. Journal of Geotechnical and Geoenvironmental Engineering，2004，130 (9)：975～979.

[64] Veronica Rebata-Landa，J. Carlos Santamarina. Mechanical Effects of Biogenic Nitrogen Gas Bubbles in Soils [J]. Journal of Geotechnical and Geoenvironmental Engineering，2012，138 (2)：128～137.

[65] J. He，J. Chu，V. Ivanov. Mitigation of liquefaction of saturated sand using biogas [J]. Géotechnique，2013，63：267～275.

[66] Jia He. Mitigation of liquefaction of sand using microbial methods [D] 2013.

[67] Thomas C Piechota，Jeff van Ee，Jacimaria R Batista，et al. Potential environmental impacts of dust suppressants：" Avoiding another Times Beach" [J]. 2004，

[68] RPC Morgan，JN Quinton，RE Smith，et al. The European Soil Erosion Model (EUROSEM)：a dynamic approach for predicting sediment transport from fields and small catchments [J]. Earth Surface Processes and Landforms：The Journal of the British Geomorphological Group，1998，23 (6)：527～544.

[69] FD Meyer，S Bang，S Min，et al. Microbiologically-induced soil stabilization：application of Sporosarcina pasteurii for fugitive dust control，in Geo-frontiers 2011：advances in geotechnical engineering，2011，4002～4011.

[70] Sang Chul Bang，Soo Hong Min，Sookie S Bang. application of microbiologically induced soil stabilization technique for dust suppression [J]. International Journal of Geo-Engineering，2011，3 (2)：27～37.

[71] Maryam Naeimi，Jian Chu. Comparison of conventional and bio-treated methods as dust suppressants [J]. Environmental Science and Pollution Research，2017，24 (29)：23341～23350.

[72] US Army，US Air Force. Dust control for roads，airfields，and adjacent areas [J]. Honolulu：University Press of the Pacific，2005，48

[73] Michael G. Gomez，Brian C. Martinez，Jason T. DeJong，et al. Field-scale bio-cementation tests to improve sands [J]. Proceedings of the Institution of Civil Engineers-Ground Improvement，2015，168 (3)：206～216.

[74] 李驰，王硕，王燕星，等. 沙漠微生物矿化覆膜及其稳定性的现场试验研究 [J]. 岩土力学，2019，40 (4)：1～9.

[75] Qiwei Zhan，Chunxiang Qian，Haihe Yi. Microbial-induced mineralization and cementation of fugitive dust and engineering application [J]. Construction and Building Materials，2016，121：

437～444.

[76] Yang Bai, Xu-jing Guo, Yun-zhen Li, et al. Experimental and visual research on the microbial induced carbonate precipitation by Pseudomonas aeruginosa [J]. AMB Express, 2017, 7 (1): 57.

[77] Martin Thullner, Philippe Baveye. Computational pore network modeling of the influence of biofilm permeability on bioclogging in porous media [J]. Biotechnology and Bioengineering, 2008, 99 (6): 1337～1351.

[78] Philippe Vandevivere, Philippe Baveye. Relationship between Transport of Bacteria and Their Clogging Efficiency in Sand Columns [J]. Applied and Environmental Microbiology, 1992, 58 (8): 2523.

[79] Philippe Baveye, Philippe Vandevivere, Blythe L. Hoyle, et al. Environmental Impact and Mechanisms of the Biological Clogging of Saturated Soils and Aquifer Materials [J]. Critical Reviews in Environmental Science and Technology, 1998, 28 (2): 123～191.

[80] G. Stehr, S. Zörner, B. Böttcher, et al. Exopolymers: An Ecological Characteristic of a Floc-Attached, Ammonia-Oxidizing Bacterium [J]. Microbial Ecology, 1995, 30 (2): 115～126.

[81] Volodymyr Ivanov, Olena Stabnikova, Prakitsin Sihanonth, et al. Aggregation of ammonia-oxidizing bacteria in microbial biofilm on oyster shell surface [J]. World Journal of Microbiology and Biotechnology, 2006, 22 (8): 807～812.

[82] V Veenbergen, J W M Lambert, E E VanderHoek, et al. Underground space use, analysis of the past and lessons for the future [C]. 2005: 7～12.

[83] Liang Cheng, Yang Yang, Jian Chu. In-situ microbially induced Ca^{2+}-alginate polymeric sealant for seepage control in porous materials [J]. Microbial biotechnology, 2018,

[84] Maaike Blauw, JWM Lambert, Marie-Noelle Latil. Biosealing: a method for in situ sealing of leakages [C]. 2009: 125～130.

[85] Keri L. Bachmeier, Amy E. Williams, John R. Warmington, et al. Urease activity in microbiologically-induced calcite precipitation [J]. Journal of Biotechnology, 2002, 93: 171～181.

[86] Frederik Hammes, Willy Verstraete. Key roles of pH and calcium metabolism in microbial carbonate precipitation [J]. Reviews in Environmental Science and Bio/Technology, 2002, 1 (1): 3～7.

[87] Viktor Stabnikov, Jian Chu, Aung Naing Myo, et al. Immobilization of Sand Dust and Associated Pollutants Using Bioaggregation [J]. Water Air & Soil Pollution, 2013, 224 (9): 1～9.

[88] A. AL QABANY, K. SOGA. Effect of chemical treatment used in MICP on engineering properties of cemented soils [J]. Géotechnique, 2013, 63 (4): 331～339.

[89] L. Cheng, M. A. Shahin, R. Cord-Ruwisch. Bio-cementation of sandy soil using microbially induced carbonate precipitation for marine environments [J]. Geotechnique, 2014, 64 (12): 1010～1013.

[90] Sun-Gyu Choi, Kejin Wang, Jian Chu. Properties of biocemented, fiber reinforced sand [J]. Construction and Building Materials, 2016, 120: 623～629.

[91] J. Chu, V. Stabnikov, V. Ivanov, et al. Microbial method for construction of an aquaculture pond in sand [J]. Géotechnique, 2013: 1～5.

[92] 刘璐，沈扬，刘汉龙，等. 微生物胶结在防治堤坝破坏中的应用研究 [J]. 岩土力学，2016，(12)：3410～3416.

[93] 谈叶飞，郭张军，陈鸿杰，等. 微生物追踪固结技术在堤防防渗中的应用 [J]. 河海大学学报(自然科学版)，2018，46 (06)：521～526.

[94] Yufeng Gao, Xinyi Tang, Jian chu, et al. Microbially Induced Calcite Precipitation for Seepage Control in Sandy Soil [J]. Geomicrobiology Journal, 2019, 36 (4): 1～10.

[95] Mark O. Cuthbert, Lindsay a. McMillan, Stephanie Handley-Sidhu, et al. A field and modeling study of fractured rock permeability reduction using microbially induced calcite precipitation [J]. Environmental Science and Technology, 2013, 47: 13637～13643.

[96] Adrienne J. Phillips, Alfred B. Cunningham, Robin Gerlach, et al. Fracture Sealing with Microbially-Induced Calcium Carbonate Precipitation: A Field Study [J]. Environmental Science & Technology, 2016, 50 (7): 4111～4117.

[97] A. J. Phillips, E. Troyer, R. Hiebert, et al. Enhancing wellbore cement integrity with microbially induced calcite precipitation (MICP): A field scale demonstration [J]. Journal of Petroleum Science and Engineering, 2018, 171: 1141～1148.

[98] J. W. M. Lambert, K. Novakowski, M. Blauw, et al. Pamper Bacteria, They Will Help Us: Application of Biochemical Mechanisms in Geo-Environmental Engineering [C]. //GeoFlorida 2010, 2010.

[99] Lesley A. Warren, Patricia A. Maurice, Nagina Parmar, et al. Microbially Mediated Calcium Carbonate Precipitation: Implications for Interpreting Calcite Precipitation and for Solid-Phase Capture of Inorganic Contaminants [J]. Geomicrobiology Journal, 2001, 18 (1): 93～115.

[100] Varenyam Achal, Xiangliang Pan, Daoyong Zhang. Remediation of copper-contaminated soil by Kocuria flava CR1, based on microbially induced calcite precipitation [J]. Ecological Engineering, 2011, 37 (10): 1601～1605.

[101] Varenyam Achal, Xiangliang Pan, Qinglong Fu, et al. Biomineralization based remediation of As (III) contaminated soil by Sporosarcina ginsengisoli [J]. Journal of Hazardous Materials, 2012, 201-202: 178～184.

[102] Varenyam Achal, Xiangliang Pan, Daoyong Zhang. Bioremediation of strontium (Sr) contaminated aquifer quartz sand based on carbonate precipitation induced by Sr resistant Halomonas sp [J]. Chemosphere, 2012, 89 (6): 764～768.

[103] Meng Li, Xiaohui Cheng, Hongxian Guo. Heavy metal removal by biomineralization of urease producing bacteria isolated from soil [J]. International Biodeterioration & Biodegradation, 2013, 76: 81～85.

[104] Deepika Kumari, Xiangliang Pan, Duu-Jong Lee, et al. Immobilization of cadmium in soil by microbially induced carbonate precipitation with Exiguobacterium undae at low temperature [J]. International Biodeterioration & Biodegradation, 2014, 94: 98～102.

[105] Chang-Ho Kang, Sang-Hyun Han, YuJin Shin, et al. Bioremediation of Cd by Microbially Induced Calcite Precipitation [J]. Applied Biochemistry and Biotechnology, 2014, 172 (4): 1929～1937.

[106] Deepika Kumari, Mengmeng Li, Xiangliang Pan, et al. Effect of bacterial treatment on Cr (VI) remediation from soil and subsequent plantation of Pisum sativum [J]. Ecological Engineering, 2014, 73: 404～408.

[107] Rajagopalan Ganesh, Kevin G Robinson, Gregory D Reed, et al. Reduction of hexavalent uranium from organic complexes by sulfate-and iron-reducing bacteria [J]. Applied and Environmental Microbiology, 1997, 63 (11): 4385～4391.

[108] Yoshiko Fujita, Joanna L. Taylor, Lynn M. Wendt, et al. Evaluating the Potential of Native Ureolytic Microbes To Remediate a 90Sr Contaminated Environment [J]. Environmental Science & Technology, 2010, 44 (19): 7652～7658.

[109] 许燕波，钱春香，陆兆文. 微生物矿化修复重金属污染土壤 [J]. 环境工程学报，2013，7 (7): 2763～2768.

15 黄土地基处理

谢永利
（长安大学公路学院，陕西 西安 710064）

15.1 概述

黄土属于第四纪沉积物，具有独特的内部物质构成和外部形态特征，世界上的许多国家皆有分布，如美国的中西部、俄罗斯南部以及澳大利亚等。全世界黄土和黄土状土分布的总面积约为1300万km^2，占陆地面积的9.3%。我国黄土和黄土状土的分布面积为64万km^2，占国土陆地面积的6.7%。目前，在我国黄土主要分布地区，水土流失严重、沟壑纵横，给工农业生产和水利、交通建设带来诸多不利影响，合理开发利用好这部分黄土，对我国国民经济发展具有重要的历史意义。

15.1.1 黄土地基分布与工程特性

1. 黄土地基分布

我国黄土主要分布在北纬33°～47°之间，这里一般气候干燥、降雨量少、蒸发量大，属于干旱、半干旱气候类型，年平均降雨量在250～600mm之间。我国黄土分布自西向东可分为西北干燥内陆盆地、中部黄土高原、东部山前丘陵及平原三大区域。

1）西北干燥内陆盆地地区

该区包括新疆的准噶尔盆地、塔里木盆地、青海的柴达木盆地和甘肃的河西走廊。这里气候干燥、雨量稀少、地面辐射强烈、早晚温差大、风力强烈，黄土受风力、冰川再搬运的作用很大，因而形成各种类型的黄土状土，原生黄土很少见。

2）中部黄土高原区

该区域包括西至贺兰山，东到太行山，北至阴山，南到秦岭的我国黄河中游的广大地区，是我国黄土分布的中心区域。该区黄土厚度大、地层完整，除少数山口高出黄土线外，黄土基本上连续覆盖于第三系或其他古老岩层之上，形成塬、梁、峁等特殊黄土地貌，黄土分布面积占全国黄土面积72%以上。

3）东部前丘陵及平原区

该区域平原占主要部分，华北平原和松辽平原都分布于这一地区。自第四纪以来，平原区经受了很厚的黄土状土堆积，并与河湖项砂砾石和黏土构成间互层，典型黄土仅分布于该区边缘山前和丘陵地带等。

2. 黄土地基工程特性

黄土颜色以黄色、褐黄色为主，有时呈灰黄色；颗粒组成以粉粒（0.075～

0.005mm）为主，含量在52%～72%，粒径大于0.25mm的较少；其矿物成分，粗粒以石英、长石为主，还有方解石、白云石，细粒以黏土矿物为主，黏土矿物对黄土的湿陷性有显著影响。

（1）湿陷性黄土

湿陷性黄土是黄土的一种，这种黄土在一定压力下受水浸湿，土体结构会迅速破坏并发生显著的附加下沉。需要指出的是，湿陷性并非湿陷性黄土独有的特性。某些素填土，干旱条件下沉积的角砾和砂土等，浸水受压后也能发生土结构的破坏而发生显著下沉。因此，湿陷性是湿陷性黄土的重要特性，但不是唯一特性。湿陷性黄土的主要特征，可归纳为：

1）土体基本色调为黄色，也可为黄褐色、褐黄色、灰黄色、棕黄色；

2）含盐量较大，其中碳酸盐含量尤为突出，硫酸盐、氯化物等含量也较高；

3）矿物组成主要为石英、黏土矿物等，其中黏土矿物以伊利石为主；

4）粉土颗粒含量较多，我国湿陷性黄土粉土颗粒（0.05～0.005mm）一般占半数以上，55%～60%者居多；

5）一般具有肉眼可见的大孔性，孔隙比常在1.0左右；

6）在天然剖面上，具有垂直节理；

7）具有湿陷性。

湿陷性黄土分为自重湿陷性和非自重湿陷性两种。黄土受水浸湿后，在上覆土层自重应力作用下发生湿陷的称自重湿陷性黄土；若在自重应力作用下不发生湿陷，而需在自重和外荷共同作用下才发生湿陷的称为非自重湿陷性黄土。

我国《湿陷性黄土地区建筑规范》GB 50025—2004按照国内各地经验采用$\delta_s=0.015$作为湿陷性黄土的界限值，$\delta_s\geqslant0.015$定为湿陷性黄土，否则为非湿陷性黄土。湿陷性土层的厚度也是用此界限值确定的。一般认为$\delta_s<0.03$为弱湿陷性黄土，$0.03<\delta_s\leqslant0.07$为中等湿陷性黄土，$\delta_s>0.07$为强湿陷性黄土。

湿陷性黄土地基的湿陷等级，即地基土受水浸湿，发生湿陷的程度，可以用地基内各土层湿陷下沉稳定后所发生湿陷量的总和（总湿陷量）来衡量，总湿陷量越大，对桥涵等建筑物的危害性越大，其设计、施工和处理措施要求也应越高。

湿陷性黄土在美国和苏联湿陷性黄土分布面积较大，在我国，它占黄土地区总面积的60%以上，大部分位于黄河中游地区。该区域位于北纬35°～41°，东经102°～114°之间，西起乌鞘岭，东至太行山，北自长城，南达秦岭，除河流沟谷切割地段和突出的高山外，湿陷性黄土遍布该区整个范围，而且又多出现在地表浅层，如晚更新世（Q3）及全新世（Q4）新黄土或新堆积黄土是湿陷性黄土主要土层，此外，新疆、山东、辽宁等地局部也有发现。在黄土地区修筑建筑物，对湿陷性黄土地基应有可靠的判定方法和全面的认识，并采取正确的工程措施，防止或消除它的湿陷性。

（2）湿软黄土

此外，部分地区还分布有湿软黄土。湿软黄土也是黄土的一种，一般由湿陷性黄土软化而来，其饱和度较大，但不一定完全饱和，其工程特性类似于软土，但又优于软土。通过对陕西、甘肃、宁夏、青海等地的公路湿软黄土资料的统计，参考相关试验研究成果，归纳出湿软黄土地基物理特征。

1）含水率高：湿软黄土含水率一般为25%～33%左右，饱和度一般大于75%；

2）液性指数大：湿软黄土的液性指数一般为$I_L \geqslant 0.5$，一般处于软塑或流塑状态；

3）孔隙比大：湿软黄土孔隙比接近1，干重度一般为14.2kN/m^{3}左右；

4）弱渗透性：兰州周围黄土的平均渗透系数为8.9×10^{-4}cm/s，西安为5.8×10^{-4}cm/s，洛阳为6×10^{-4}cm/s，而软黄土的渗透系数约为$2\times10^{-6}\sim3\times10^{-6}$cm/s；

5）不均匀性：天然状态下湿软黄土层一般位于黄土硬壳层以下，土体呈软塑状和流塑状，含有腐殖质，分布不均匀。

通过对黄土地区高速公路沿线湿软黄土力学性质的试验研究，以及参考相关文献资料，归纳出其相应力学指标。

1）强度低：无侧限抗压强度为15.7～33.8kPa，内摩擦角一般小于15°～20°，黏聚力一般小于20kPa；

2）高压缩性：甘肃中部湿软黄土压缩性大，其压缩系数$a_{1\sim2}$约为0.3～1.8MPa^{-1}，并随黄土的液限和天然含水率的增大而增高；早期浸水饱和的黄土和东部饱和黄土，经过较大和长期覆盖压力的充分压密作用，承载力有所提高，其压缩系数约为0.17～0.55MPa^{-1}；一般来说，湿软黄土地基不仅压缩变形量大，而且变形持续时间长；

3）触变性敏感：湿软黄土一旦受到振动搅拌等，土体强度明显下降，甚至呈流动状态；停止扰动静置一段时间后其强度又有所增长；

4）承载力低：湿软黄土标准贯入试验$N_{63.5}$击数大多为2～3击，局部为7～8击，地基承载力一般为60～90kPa；

5）无湿陷性：由于湿软黄土长期受水浸泡，湿陷性已经消失。

15.1.2 黄土地基病害及处理现状

无论是湿陷性黄土，还是湿软黄土，它们都对建筑物存在不同程度的危害，使建筑物大幅度沉降、拆裂、倾斜甚至严重影响其安全和正常使用。

1. 黄土湿陷发生的原因和影响因素

黄土湿陷的原因常由于管道（或水池）漏水、地面积水、生产和生活用水等渗入地下，或由于降水量较大，灌溉渠和水库的渗漏或回水使地下水位上升等原因而引起。但受水浸湿只是湿陷发生所必需的外界条件，而黄土的结构特征及其物质成分是产生湿陷性的内在原因。

黄土的结构是在形成黄土的整个历史过程中造成的。长期的干旱或半干旱的气候使土粒间的可溶盐逐渐浓缩沉淀而成为胶结物，增强了土粒之间抵抗滑移的能力，阻止了土体的自重压密，继而形成了以粗粉粒为主体骨架的多孔隙结构。黄土受水浸湿时，盐类溶于水中，骨架强度随着降低，土体在上覆土层的自重应力或在附加应力与自重应力综合作用下，其结构迅速破坏，粒间孔隙减少。这就是黄土湿陷现象的内在过程。

2. 湿陷性黄土地基的处理

湿陷性黄土地基处理的目的是改善土的性质和结构，减少土的渗水性、压缩性，控制其湿陷性的发生，部分或全部消除它的湿陷性。在明确地基湿陷性黄土层的厚度、湿陷性类型、等级等后，应结合建筑物的工程性质、施工条件和材料来源等，采取必要的措施，对地基进行处理，满足建筑物在安全、使用方面的要求。

在黄土地区修筑建筑物，应首先考虑选用非湿陷性黄土地基，它较经济和可靠。如确定基础在湿陷性黄土地基上，应尽量利用非自重湿陷性黄土地基，因为这种地基的处理要求，比自重湿陷性黄土地基低。

一般而言，对于大型结构物和超静定结构，应采用刚性扩大基础、桩基础或沉井等形式，并将基础底面设置到非湿陷性土层中；对一般结构物，如属Ⅱ级非自重湿陷性地基或各级自重湿陷性黄土地基也应将基础置于非湿陷性黄土层或对全部湿陷性黄土层进行处理并加强结构措施；如属Ⅰ级非自重湿陷性黄土也应对全部湿陷性黄土层进行处理或加强结构措施。小型结构物视地基湿陷程度，可对全部湿陷性土层进行处理，也可消除地基的部分湿陷性或仅采取结构措施。

结构措施是指结构形式尽可能采用简支结构等对不均匀沉降不敏感的结构；加大基础刚度使受力较均匀；对长度较大且体形复杂的建筑物，采用沉降缝将其分为若干独立单元。

所谓对全部湿陷性黄土层进行处理，对于非自重湿陷性黄土地基，应自基底处理至非湿陷性土层顶面（或压缩层下限），或者以土层的湿陷起始压力来控制处理厚度，即对地基土中附加应力σ_h与土自重应力γ_h之和大于该处土的湿陷起始压力P_{hs}范围内土层进行处理；对于自重湿陷性黄土地基是指全部湿陷性黄土层的厚度。

消除地基的部分湿陷性主要是处理基础底面以下适当深度的土层，因为该部分土层的湿陷量一般占总湿陷量的大部分。这样处理后，虽发生少部分湿陷也不致影响建筑物的安全和使用。处理厚度视建筑物类别，土的湿陷等级、厚度，基底压力大小而定，一般对非自重湿陷性黄土为1～3m，自重湿陷性黄土地基为2～5m。

常用的处理湿陷性黄土地基的方法有换土垫层法、土桩和灰土桩法、强夯法、振动沉管挤密砂石桩法、浸水预处理法和高压旋喷注浆法等，可根据地基湿陷类型、等级、建筑物要求等条件选用。

3. 湿软黄土地基处理方法

湿软黄土地基具有渗透性小、强度低、压缩性高、触变性敏感、承载力低、无湿陷性、富含酸根离子及腐蚀性等特点。目前对湿软黄土地基的处理主要是借鉴了软土地基的处理措施，并根据大量的工程实践总结了湿软黄土地区公路地基的主要处理技术。

常用的处理湿软黄土地基的方法有换填法、土工合成材料加筋垫层、整式强夯置换、强夯置换墩、挤密碎（砂）石桩、水泥搅拌桩、旋喷桩等，可根据地基承载能力、建筑物要求等条件选用。

15.1.3 黄土地基处理技术的发展

黄土地区在我国分布广泛，一直是岩土工程和土木工程领域专家、学者们关注的焦点。为解决黄土地基的湿陷问题，我国建筑工程部于1966年制定了第一部黄土方面的建筑规范，即《湿陷性黄土地区建筑规范》BJG 20—66，之后历经TJ 25—78、GBJ 25—90、GB 50025—2004三个版本，目前最新版正在修订中。

现行《湿陷性黄土地区建筑规范》GB 50025—2004于2004年发布，主要适用于我国湿陷性黄土地区工业与民用建筑工程的勘察、设计、地基处理、施工、使用与维护等。强调根据湿陷性黄土的特点和工程要求，因地制宜，采取以地基处理为主的综合措施，防止地基浸水湿陷对建筑物产生危害。综合措施一般包括地基处理、防水措施和结构措施三种。其中地基处理措施主要用于改善土的物理力学性质、减小或消除地基的湿陷变形；防水措施主要用于防止和减少地基受水浸湿；结构措施主要用于减小和调整建筑物的不均匀沉降，或使上部结构适应地基的变形。这三种措施的作用及功能各不相同，现行《湿陷性黄土地区建筑规范》GB 50025—2004 强调实行以地基处理为主的综合措施，即以治本为主，治标为辅，标本兼治，突出重点，消除隐患。

随着我国高速公路和高速铁路的快速发展，对黄土地基的处理提出了新的要求。首先，工民建是“点”，公路与铁路是“线”，公路、铁路要跨越或穿越多种地貌和地质环境下的黄土区域，这一点与工民建差异较大，面临诸如填挖方交界处、路桥过渡段、隧道进出口以及结构物基础处理等多方面的问题，因此对公路、铁路经过区域的处理工艺显然不能简单化，或是采用单一的处理方式；另外基于经济方面的考虑，许多适用于工民建的处理方法并不适用于公路或是铁路。其次，工民建有给排水的渗漏问题，是湿陷性黄土地区重点防治的对象，而公路与铁路主要面对的是降雨、地表径流和地下水，除了城市道路外，公路与铁路一般不存在给排水管道渗漏的问题，其排水设施的设立也主要是应对野外降雨和地表径流所造成的冲刷，因此对于防排水措施显然也不同于工民建。再有，工民建与高速公路、高速铁路所要求的沉降标准也有所不同，特别是高速铁路，时速达 350km/h 甚至更高，对路基沉降的控制提出了更高的要求，常规的以地基处理为主的措施已不能满足使用要求，因此必须因地制宜，探求满足高标准要求的新的处理措施。此外，湿软黄土的大面积出现也引起了人们的关注。之前对于工民建而言，湿软黄土只是局部问题，通常按软土进行处理，但高速公路与高速铁路所面临的是大面积处治的问题，而且湿软黄土毕竟不同于软土，有它自身的特点，因此提出适用于大面积湿软黄土处理措施也迫在眉睫。也正因为上述多种因素，近些年来，在科研人员和工程技术人员的不断努力下，涌现出了多种适用于各种环境要求的新型地基处理方法。

例如，郑西高铁针对湿陷性黄土的特殊工程性质和沿线各段的不同要求，在全线不同地段分别采用了水泥土（灰土）挤密桩、CFG 桩、DDC 桩和桩板结构等多种地基处理技术。

CFG 桩是水泥粉煤灰碎石桩的简称（即 cement fIying-ash gravel pile）。它是由水泥、粉煤灰、碎石、石屑或砂加水拌合形成的高粘结强度桩，和桩间土、褥垫层一起形成复合地基。高速铁路地基处理首次引进 CFG 桩技术是在 2002 年，在上海安亭试验工点进行了 CFG 桩复合地基试验并取得了一系列研究成果。

CFG 桩在处理郑西高铁湿陷性黄土地基时，由于沉管和拔管的震动作用，使土体内产生较大的超静孔隙水压力。CFG 桩复合地基在成桩初期，桩体构成一个固结排水通道，可加速桩周围土的固结，其排水作用效果显著，直至 CFG 桩体结硬为止。郑西高铁湿陷性黄土地基经过低置换率的 CFG 桩复合地基处理后，承载力比天然地基承载力提高了 1.4～2.0 倍，并且能够满足湿陷性路基承载力和工后沉降要求，与普通混凝土桩相比，所需桩数较少，其工程造价也较一般复合地基低廉，只有一般桩基的 1/3～1/2，CFG 桩一般不用配筋，并且还可利用工业废料粉煤灰和石屑作掺和料，进一步降低了工程造价，具有显著的经济效益、社会效益和环境效益。

柱锤冲扩（Down hole Dynamic Compaction 简称 DDC）桩也称孔内深层强夯法，在

消除黄土地基湿陷性上也有着良好的处理效果。该技术属于复合地基的一种，在郑西高速铁路中首先采用。孔内深层强夯法（DDC桩）技术在第52届尤里卡世界发明博览会上获得了最高奖——尤里卡金奖，这也是我国地基处理技术到目前为止在国际上获得的唯一金奖。

孔内深层强夯法（DDC桩）处理技术与其他地基技术不同之处：是通过孔道将强夯引入到地基深处，用异形重锤对孔内填料自下而上分层进行高动能、超压强、强挤密的孔内深层强夯作业，使孔内的填料沿竖向深层压密固结的同时对桩周土进行横向的强力挤密加固。该技术针对不同的土质，可采用不同的工艺，使桩体获得串珠状、扩大头和托盘状，有利于桩与桩间土的紧密咬合，增大相互之间的摩阻力。地基处理后整体刚度均匀，承载力可提高2～9倍，变形模量提高，沉降变形减小，不受地下水影响，地基处理深度可达30m以上。孔内深层强夯法（DDC桩）可采用建筑垃圾（碴土：碎砖、瓦、砂、石、土、工业无毒废料以及它们的混合物等）处理地基，变废为宝，节省工程投资，减少污染，保护环境，形成了具有绿色环保特征的地基处理新技术。

桩板结构是解决高速铁路路基沉降问题的有效方法，是高速铁路地基处理的一种新的结构形式。郑西高铁部分地段采用了埋入式桩板结构地基处理，它由下部的钢筋混凝土桩基、上部的钢筋混凝土托梁和钢筋混凝土承台板组成，承台板通过门型钢筋与轨道结构连接。它综合了双块式轨枕埋入式无碴轨道结构与桩基础各自的特点。桩板结构路基是为了适应无碴轨道路基对不均匀沉降和累积沉降的严格要求提出的新型路基结构形式，显然突破了现有规范“以地基处理为主”的这一根本原则。

郑西高铁在部分地段还采用了多元复合地基处理技术，如采用了6%水泥土挤密桩与12%水泥土挤密桩交错正三角形布置，水泥土挤密桩与CFG桩交错正三角形布置，通过主、次桩的置换作用达到了减小湿陷性黄土工后沉降的目的。

郑西高铁沿线湿陷性黄土地基，经上述各方法处理后不但提高地基的承载力，增强土体作用，而且提高了土体的抗剪强度。满足了郑西高铁运行的高平顺、高强度、大刚度、零变形和重环保的要求。

15.2　黄土地基处理技术及应用

15.2.1　湿陷性黄土地基处理及应用

1. 换土垫层法

（1）原则

换土垫层法适用于处理深度不大的淤泥/淤泥质土、湿陷性黄土、人工填土，膨胀土等软弱地基及不均匀地基的处理。

（2）机理

换土垫层法简称垫层法或换填法，是一种传统的地基浅层处理方法。它是将基底下受力较大，不太深范围的软弱土或具有不良性质土层挖出，然后用较好的粉质黏土、黄土、砂石、灰土或工业废料（矿渣、粉煤灰）等分层回填压实，在基底下构成具有一定厚度、强度较高、压缩性低的“垫子”，并使下卧层的压应力水平和变形符合建筑设计要求。灰土、二灰（石灰、粉煤灰）等垫层还可改善下卧土层面上的应力分布，减少下卧层的压缩变形。砂石垫层还具有排水作用，可加速下层土的固结沉降。另外，在湿陷性黄土、素填土地基上，也可不挖土换填，直接用重锤（1.5～3.5t、落距 3～4m）原位夯实，形成 1.5～2.5m 厚的素土垫层。垫层法是单层及多层建筑的主要处理方法，也是湿陷性黄土地基上丙类建筑的主要处理方法。

（3）设计

① 垫层的厚度设计

在湿陷性黄土地区采用垫层法处理时，应根据建筑类别和建筑物对消除地基土湿陷量的不同要求对垫层厚度进行设计。垫层的处理厚度一般不宜大于 3m，垫层过厚将增大挖填土方量，并可能出现深基坑支护的问题；换土垫层法施工一般需分层夯压回填；在湿陷性黄土地区，换土垫层法主要用于量大而广的丙类建筑物，处理后大多只能消除地基土的部分湿陷量，垫层下仍存在湿陷性土层。

② 垫层宽度设计

在湿陷性黄土地基中的垫层，外放宽度还具有防水作用，同时还要考虑周边自重湿陷性土层浸水时产生自重沉陷对垫层地基的不利影响。因此，在黄土地区，垫层的宽度应按现行《湿陷性黄土地区建筑规范》GB 50025—2004 的规定确定。表 15.2-1 列出该规范对地基处理外放宽度 b_s 的相关规定。

关于湿陷性黄土地基处理宽度（b_s）的规定 **表 15.2-1**

平面处理方式	湿陷场地类型	
	非自重湿陷性场地	自重湿陷性场地
局部处理	b_s应≥$b/4$，且 b_s应≥0.5m	b_s应≥$3b/4$，且 b_s应≥1.0m
整片处理	自边墙基础边缘超出的宽度：b_s宜≥$z/2$，且 b_s应≥2.0m	

③ 垫层材料的选用

垫层用料，宜就近取材，尽可能利用基坑挖土回填。垫层可用下列材料：砂石、粉质黏土、灰土、粉煤灰、矿渣、其他工业废渣、土工合成材料等。

④ 垫层的压实标准

处理湿陷性黄土地基的垫层压实标准，应按现行《建筑地基基础设计规范》GB 50007—2002 的规定选用，如表 15.2-2 所示。对于工程量较大的换土垫层，或对垫层材料缺乏应用经验的地区，应按所选用的施工机械、换填材料及场地的土质条件进行现场试验，以确定工艺参数的压实效果。

（4）工程实例

金花饭店二期工程主楼为 12 层框架结构，地下一层，裙房三层，钢筋混凝土筏板基础。平面形状为燕翼形，基底压应力设计为 200kPa。

根据地质勘察报告，在深度 38m 范围内共可分为 18 个亚层，与地基处理有关的是最上面七层土，各层土的物理力学指标如表 15.2-3 所示。

根据各层土的湿陷性指标判定，场地为非自重湿陷性场地，湿陷等级为Ⅱ～Ⅲ级，湿陷土层厚度为 8.5m。当基础置于地下 6.5m 时，深度 6.5～8.5m 范围的剩余湿陷量为 2.6～10cm。各层土的承载力建议值如表 15.2-4 所示。

各种垫层的压实标准 **表 15.2-2**

施工方法	换土垫层的压实标准	压实系数 λ_c
碾压、振密或夯实	碎石、卵石	0.94～0.97
	砂夹石（其中碎石、卵石占权重的 30%～50%）	
	土夹石（其中碎石、卵石占权重的 30%～50%）	
	中砂、粗砂、砾砂、角砾、圆砾、石屑	0.94～0.97
	粉质黏土	
	灰土	0.95
	粉煤灰	0.90～0.95

土层厚度与物理力学性质表 **表 15.2-3**

土层号	厚度(m)	深度(m)	含水率 w(%)	重度 γ(kN/m³)	饱和度 S_r(%)	孔隙比 e	压缩系数 a(MPa⁻¹)	压缩模量 E_s(MPa⁻¹)	湿陷系数 δ_s	压缩指数 C_c	前期固结压力 P_c(kPa)
2	1.4	2.5	14.7	15.6	41.9	1.038	0.35	7.6	0.071		
3	3.3	5.9	20.4	15.1	47.8	1.170	0.57	4.6	0.059	0.622	170
4	2.0	8.0	21.0	15.9	53.7	1.070	0.28	8.9	0.035	0.480	210
5	3.4	11.5	25.3	16.8	66.7	1.022	0.25	9.4	0.012	0.537	290
6	3.0	14.5	25.6	18.7	83.5	0.819	0.28	7.5	0.006		
7	0.7	15.3	25.6	19.0	89.8	0.79	0.20	9.2		0.264	230

各土层承载力值 **表 15.2-4**

土层号	按 TJ 7—74 规范查表(kPa)	建议采用值(kPa)	土层号	按 TJ 7—74 规范查表(kPa)	建议采用值(kPa)
2	150～220	160	5	120～180	140
3	120～180	130	6	180～210	150
4	130～180	150	7	160～250	230

注：该表出自《工业与民用建筑地基基础设计规范（试行）》TJ 7—74。

用厚度各 1m 的灰土和素土垫层替换 2m 厚的湿陷性黄土，并分别对其承载力和地基沉降进行验算分析。

① 灰土垫层的承载力。参照土的压缩模量与承载力关系的资料，压实合格的 2：8 灰土容许承载力可取为 [R]=300kPa，经过宽度和深度修正后，承载力 R 为 355kPa，大于基底压应力设计值 200kPa。另外，按照斯开普顿的极限承载力公式计算 2∶8 灰土承载力，可得出 R=498kPa（安全系数为 1.3），同样大于基底压应力设计值。

② 素土垫层的承载力。按 TJ 7—74 规范可取垫层容许承载力 [R]=150kPa，经过宽度和深度修正后，其承载力 R=217kPa，也大于基底压应力设计值。故灰土和素土垫层的承载能力均大于基底压力，是可行的。

③ 下卧土层的承载力。下卧天然土层为第五层土，其容许承载力 [R]=140kPa，经宽度和深度修正后为 R=243kPa，大于该层顶面设计压力 236kPa。

④ 地基沉降验算。按 TJ 7—74 规范计算的沉降量为 4.3～9.8cm（m_s取 0.7），而按应力历史分析法计算结果为 0.86～3.09cm，两者差距较大，结合实际工程的观测资料，分析推断沉降可能值为 10～50mm，即沉降差小于 40mm，倾斜值不超过 0.0069。

综上所述，采用灰土和素土垫层消除湿陷，其承载力和沉降都能满足设计要求。经沉降观测，自垫层回填开始到主体结构完成，最大下沉为 16mm，最小为 3mm。

2. 土桩与灰土桩法

（1）原则

土桩和灰土桩挤密地基设计时，应综合考虑下列资料和条件：场地工程地质勘查报告；建筑结构的类型、用途和荷载；建筑场地和环境条件；当地应用土桩、灰土桩的经验和施工条件等。

对单层和多层建筑，当以消除湿陷性为主要目的时，宜采用土桩法；对高层建筑或地基浸水可能性较大的重要建筑物，当以提高承载力和水稳定性为主要目的时，宜选用灰土桩法。

（2）机理

① 土的侧向挤压：湿陷性黄土属非饱和欠压密土，在塑性状态下易于挤密和成孔，挤密效果也较显著。当土的天然含水率过低时，土体呈坚硬或半固体状态，沉、拔桩管比较困难，挤压时土体破碎而不易压密；当含水率过高或饱和度过大时，由于挤密引起超孔隙水压力，土体只能向外围移动，而无法挤密，同时孔壁附近的土因扰动而强度降低，故很容易产生桩孔缩径或回淤等情况。

② 土桩挤密地基：土桩挤密地基是由素土夯填的土桩和桩间挤密土体组合而成。桩孔内夯填的土料多为就近挖运的黄土类土，其土质及夯实的标准与桩间挤密土基本一致，因此其物理力学性质也无明显的差异，这已为大量的现场试验和工程检验所证实。土桩挤密地基的加固作用主要是增加土的密实度，降低土中孔隙率，从而达到消除地基湿陷性和提高水稳定性的工程效果。

③ 灰土挤密地基：在地基中分担荷载，降低土中应力；增加对桩间土的侧向约束作用；提高地基的承载力和变形模量。灰土桩挤密地基下层的应力分布与土桩挤密地基或土垫层的情况并无明显差异，在设计其处理深度时同样可按垫层法的原则考虑。

（3）设计

① 桩间距

为消除黄土的湿陷性，桩间土挤密后的平均压实系数（$\overline{\lambda_c}$）不应小于 0.93，桩孔之间的中心距离即按这一要求来确定。

② 处理范围

处理宽度：土桩和灰土桩挤密地基的处理宽度应大于基础底面的宽度，以保证地基的稳定性，防止处理主体发生侧向位移或周围天然土体失去稳定。桥梁地基处理属局部地基处理，局部处理一般用于消除地基的全部或部分湿陷量或用于提高地基的承载力，通常不考虑防渗隔水作用，对非自重湿陷性黄土、素填土、杂填土等地基，每边基础处理的余宽不应小于 0.25b（b 为基础短边宽度），并不应小于 0.5m；对自重湿陷性黄土地基不应小于 0.75b，并不应小于 1.0m。

处理深度：对于自重湿陷性不敏感、自重湿陷性土层埋藏较深或自重湿陷量较小的黄土场地，地基的处理深度可根据当地工程经验，按非自重湿陷性黄土场地考虑；当以提高地基承载力为主要目的时，对基底下持力层范围内的低承载力和高压缩性（$a_{1\sim2}\geqslant 0.5\text{MPa}^{-1}$）土层应进行处理，并应通过下卧层承载力验算来确定地基的处理深度。

③ 承载力

灰土桩挤密地基的承载力，应通过现场载荷试验或其他测试手段，并结合当地工程经验确定。当无试验资料和条件时，对湿陷性黄土场地，灰土桩挤密地基的承载力标准值，可按 2.0 倍的天然地基承载力标准值确定，并不应大于 250kPa。

当处理层顶面的埋深大于 1.5m 时，处理地基的承载力标准值可进行修正，其深度修正系数应取 1.0。但宽度不作修正，即其修正系数为零。

(4) 工程实例

陕西省农牧产品贸易中心大楼（现名金龙大酒店）是一幢包括客房、办公、商贸和服务的综合性建筑。主楼地面以上 17 层，局部 19 层，高 59.7m；地下一层，平面尺寸 32.45m×22.9m，剪力墙结构，地下室顶板以上总重 185MN，基底压应力 303kPa。主楼三面有 2～3 层的裙房，结构为大空间框架结构，柱距 4.80m 和 3.75m，裙房与主楼用沉降缝分开。主楼基础采用箱形基础，地基采用灰土桩挤密法处理。

建筑场地位于西安市北关外龙首塬上，地下水位深约 16m。地层构造自上而下分别为黄土状粉质黏土或粉土与古土壤层相间，黄土（4）以下为粉质黏土、粉砂和中砂、勘察孔深至 57m。基底以下主要土层及其工程性质如表 15.2-5 所示。

主要土层的工程性质 **表 15.2-5**

土层名称	层底深度(m)	含水率 w(%)	承载力标准值 f_k (kPa)	压缩模量 E_s(MPa)
黄土(1-1)	≤5.0	18.6	110	5.9
黄土(1-2)	6.8～9.5	18.6	150	5.9
黄土(1-3)	10.5～12.0	21.3	130	14.2
古土壤(1)	15.8～16.6	21.8	150	14.1
黄土(2-1)	18.6～21.7	(水位以下)	120	5.9
黄土(2-2)	23.0～24.6	(水位以下)	140	6.6
黄土(2-3)	26.5～28.3	(水位以下)	180	8.6
古土壤(2)	27.7～28.3	(水位以下)	250	12.6

注：古土壤（2）以下为黄土（3）、古土壤（3）、黄土（4）及粉质黏土（1）等，其承载力 280MPa，压缩模量 $E_s\geqslant$11.4MPa。

场地内湿陷性黄土层深 10.6～12.0m，7m 以上土的湿陷性较强，湿陷系数 δ_s = 0.040～0.124；7m 以下土的 $\delta_s\leqslant$0.020，湿陷性已比较弱。分析判定，该场地属于Ⅰ～Ⅱ级自重湿陷性黄土场地。

地基与基础的方案设计从工程地质条件看，建筑场地具有较强的自重湿陷性，且在 27m［黄土（2-3）层］以上地基土的承载力偏低，压缩性较高。同时，在 27m 以下也没有理想的坚硬桩尖持力层。在研究地基基础方案时，曾拟采用两层箱基加深基础埋深和扩大箱基面积的办法，但这种方法使裙房与高层接合部的沉降差异及基础高低的衔接处理更加困难，且在建筑功能上也无必要；另一种设想的方案是采用桩基，但由于没有较好持力层，单桩承载力仅为750～800kN，承载效率低，费用较高，且上部土为自重湿陷性黄土，负摩阻力的问题也较棘手。经分析比较后，设计采用了单层箱基和灰土桩挤密法处理地基的方案，具体做法是：

① 将地下室层高从4.0m增大为5.4m，按箱基设计。

② 箱基下地基采用灰土桩挤密法处理，它既可消除地基土的全部湿陷性，又可提高地基的承载力，处理深度可满足需要。

③ 灰土桩顶面设1.1m厚的3∶7灰土垫层，整片的灰土垫层可使灰土桩地基受力更加均匀，且可使箱基面积适当扩大。

④ 对裙楼独立柱基也同样采用灰土桩挤密法处理，以减少地基的沉降；在施工程序上，采取先高层主楼后低层裙房的做法，尽量减少高低层间的沉降差。

灰土桩直径按施工条件定为d=0.46m。为了确定合理的柱孔间距，在现场进行了挤密试验，当桩距S为1.10m时，桩间土的压实系数λ小于0.93，达不到全部消除湿陷性的要求。后确定将桩距改为2.2d，即S=1.0m。通过计算，当S=2.2d时，桩间土的平均干密度可达到16kN/m^3，压实系数$\lambda \geqslant 0.93$。桩长根据古土壤（1）以上的黄土层需要处理，设计桩长7.5m，桩尖标高为－13.7m。包括1.1m厚的灰土垫层，处理层的总厚度是8.6m，相当于0.38b。通过验算，传至灰土桩挤密地基顶面上的压应力为243kPa，低于原地基承载力标准的2倍，同时也不超过250kPa，符合有关规程的规定。

勘察单位估算建筑物的沉降时，分别按分层总和法和应力历史法计算主楼的沉降量分别为248.4～269.6mm。后又根据地基处理后的情况，按适用于大型基础的变形模量法（何华公式）计算的沉降量仅为66.5mm。到施工主体完成并砌完外墙时观测，实测沉降量为20～45mm，预估建筑全部建成后的最大沉降量将达到64.5mm，与按变形模量法的计算结果基本一致。

灰土桩挤密法成功地解决了该处地基湿陷和承载力不足的问题，建筑物沉降量显著减少且基本均匀，获得了良好的技术经济效益。

3. 强夯法

（1）原则

对湿陷性黄土地基要求夯实厚度不大于5.0m的工程，宜与挤密桩法进行技术经济技术方案对比分析后选用。周边环境对强夯施工噪音和振动有限制的场地，不宜采用强夯法。

（2）机理

① 动力固结模型

传统的固结理论认为，饱和软土在快速加荷条件下，由于孔隙水无法瞬时排出，所以是不可压缩的，因此用一个充满不可压缩液体的圆筒、一个用弹簧支承着活塞和供排出孔隙水的小孔所组成的太沙基模型（图15.2-1a）来表示。此种模型在瞬间冲击荷载作用下，由于渗透性低，孔隙水无法瞬间排出，因而体积不变，只发生侧向变形，从而形成“橡皮土”现象。

L. Menard根据强夯的特点，提出了一个新的模型——Menard模型（图15.2-1b）来解释动力固结机理。认为理论上饱和土二相体系中，液相中有可溶性气体的存在，以及毛

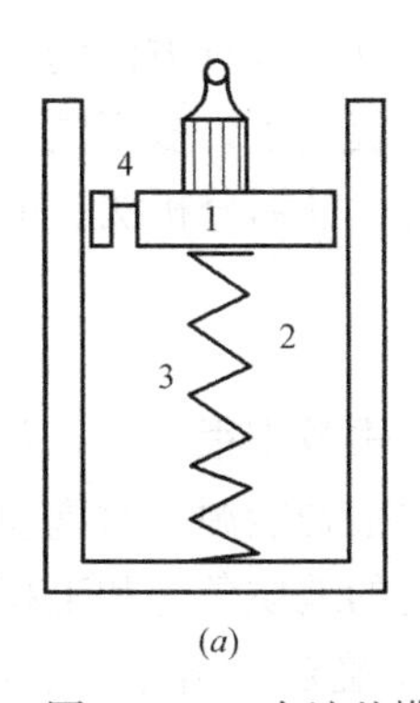

(a)

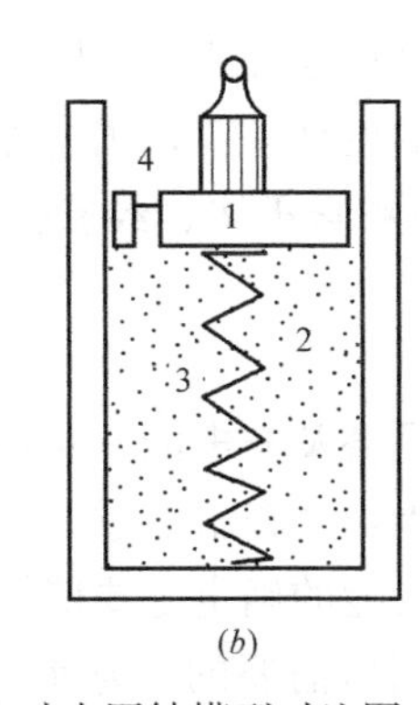

(b)

图 15.2-1 太沙基模型与动力固结模型对比图

(a) 太沙基模型；(b) Menard 模型

1—无摩擦活塞； 1—有摩擦活塞；

2—不可压缩液体； 2—含少量气泡，可压缩液体；

3—固相，定比弹簧； 3—固相，不定比弹簧；

4—不变孔径； 4—可变孔径

细管封闭也会导致少量气体的存在（约 4%）。进而对太沙基模型进行修正，假定活塞为有摩擦的、液体可被压缩、弹簧刚度可变、排水活塞变孔径等。

② 夯击能的传递机理

由弹性波的传播理论可知，强夯法产生的巨大冲击能将转化为压缩波（P 波）、剪切波（S 波）和瑞利波（R 波）在土中传播（图 15.2-2）。体波（压缩波和剪切波）沿着一个半球波阵面径向向外传播，而瑞利波则沿着一个圆柱波阵面径向向外传播。

③ 土强度增长机理

在重复夯击作用下，施加于土体的夯击能迫使土结构破坏，孔隙水压上升，使孔隙水中气体受到压缩，因此，土体的沉降量与夯击能成正比。当气体按土体积百分比接近零时，土体变成不可压缩的。当施加到相应于孔隙水压上升到覆盖压力相等的能量时，土体即产生液化。

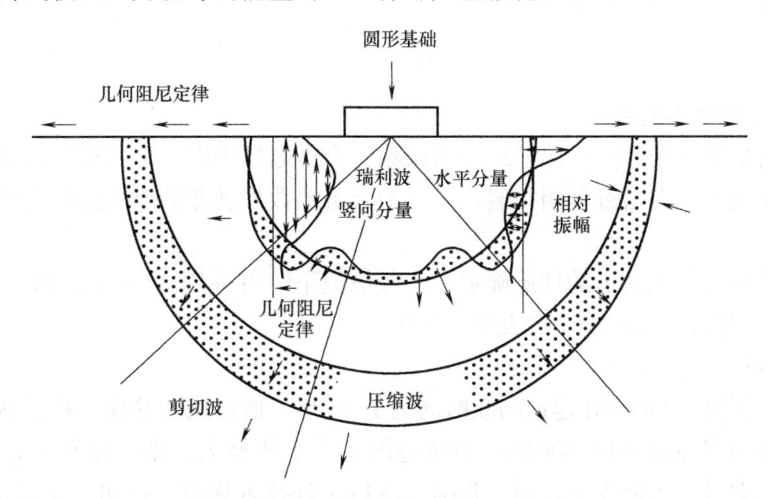

图 15.2-2 强夯在地基中产生的波场

④ 孔隙水压力变化机理

在强大的夯击能作用下，土中孔隙水压上升，随着时间推移，土中孔隙水压会消散。

⑤ 置换机理

强夯置换是利用强夯能将碎石、矿渣等物理力学性能好的粗粒料强制挤入地基，通过置换作用来达到加固地基的目的。它主要用于处理饱和黏性土。强夯置换可分为整式置换和桩式置换。用得较多的是桩式置换，作用机理类似砂石桩。

（3）设计

① 有效加固深度

有效加固深度一般指经强夯加固后，强度提高、压缩模量增大，加固效果显著的土层深度。强夯的有效加固深度是强夯设计的基本设计参数之一，既是选择地基处理方法的重要依据，反映了处理效果。关于有效加固深度的设计计算，国内外学者提出了许多不同的方法，但归纳起来主要有以下几类：Menard 系数修正法、经验公式法、量纲分析法、能量守恒法、规范法。

② 夯击能的确定

采用强夯法加固地基时，合理地选择夯击设备及夯击能，对提高夯击效率很重要，若选择的夯击能过小，则难以达到预期的加固效果，若夯击能过大，不仅浪费能源，对饱和黏性土来说，有可能反而会降低强度。因此夯击能的确定主要依据场地的地质条件和工程适用要求，以及根据工程要求的加固深度和加固后需要的地基承载力来确定单击夯击能，由于目前尚没有成熟的计算方法来统一规范，因此，一般仍按 Menard 公式（15.2-1））来估算，即：

$$H=\alpha\sqrt{G}=\alpha\sqrt{Mh} \tag{15.2-1}$$

式中 α——按不同地基土的修正系数；

G——夯击能（kN·m）；

H——加固深度（m）；

M——夯锤重（kN）。

则可求得需要的夯击能为：

$$G=\frac{H^2}{\alpha^2} \tag{15.2-2}$$

③ 夯击数与夯击遍数

单点夯击数指单个夯点一次连续夯击次数。夯击遍数指以一定的连续击数对整个场地的一批点，完成一个夯击过程叫一遍，单点的夯击遍数加满夯的夯击遍数为整个场地的夯击遍数。

夯击遍数应根据地基土的性质确定，一般情况下，可采用 3～4 遍，最后再以低能量“搭夯”一遍，其目的是将松动的表层土夯实。

④ 间歇期

根据土质情况，Menard 建议间歇时间为 1～6 周。通过试验发现，对于黏性土，孔隙水压力的峰值出现在夯完后的瞬间，当每遍的总夯击能越大，则孔隙水压力消散时间越长，因此，间歇时间不能少于 4 周。我国《港口工程技术规范》提出，对透水性差的土，两遍之间的间歇时间一般为 1～4 周。对于砂性土，孔隙水压力的峰值出现在夯完后的瞬间，消散只需 3～4min。因此，对于渗透性较大的砂性土，其间歇时间很短，即可以连续夯击。

⑤ 夯点布置

夯点间距可根据所要求加固的地基土的性质和要求处理的深度而定。当土质差、软土层厚时，应适当增大夯点间距。当软土较薄时而又有砂类土夹层或土夹石填土等时，可适当减少夯距。夯距太小，邻夯点的叠加效应将在浅处叠加而形成硬层，影响夯击能向深部传递。当地基土为黏性土时，一般在夯坑周围会产生辐射向裂隙，这些裂隙是动力固结的主要因素。当夯间距太小时，会使已产生的裂隙又重新闭合。夯距一般通常为 5～9m，同时一遍夯点往往布置在上一遍夯点的中间，彼此重叠搭接进行夯击，以确保地表土的均匀性和较高的密实度。

(4) 工程实例

西安咸阳国际机场，地处咸阳渭北黄土塬，属Ⅲ～Ⅳ级自重陷性黄土场地，湿陷性黄土层深达13m。1987年，一期飞行区工程的跑道、滑行道、联络道、站坪等，均采用强夯法处理湿陷性黄土地基。强夯能级1000N·m，夯位按3m×3m正方形网点排布，按夯位挨夯一遍，每夯位连夯12击；满面拍夯一遍。强夯处理面积55万m^2的湿陷性黄士地基。经检测，消除土层湿陷性厚度3～4m，承载力200kPa，压缩模量10～25MPa，完全满足设计要求。飞行区工程使用32年以来，使用情况良好。

4. 振动沉管挤密砂石桩法

(1) 原则

振动沉管挤密砂石桩复合地基法是指在软弱地基中采用置换和挤密的方法，将散体材料挤压入土孔中，形成大直径密实桩体，与桩间土一起共同承受荷载，从而提高地基的强度和刚度。

(2) 机理

① 对砂性土地基的加固机理

砂土和粉土属于单粒结构，其组成单元为松散粒状体。单粒结构总处于松散至紧密状态。处于松散状态的单粒结构，颗粒间孔隙大，颗粒的排列位置不稳定，在动力和静力作用下很容易产生位移，重新进行排列，趋于较稳定的状态。因而砂性土在振动力作用下很容易产生较大的沉降，其体积可减少20%。振动沉管挤密砂石桩加固砂性土地基的目的主要是提高地基土承载力、减小变形量和增强抗液化性，其加固机理主要有下列四方面作用：挤密作用、振密作用、排水减压作用、预振作用。

② 对黏性土地基的加固机理

对于非饱和的黏性土，振动沉管时能产生一定的挤密作用，但对于饱和黏性土地基，因为黏性土渗透性较小，灵敏度较大，成桩过程中土体内产生的超孔隙水压力不能迅速消散，故挤密效果较差。另外，由于在制桩过程中的挤压和振动等强烈的扰动，黏粒之间的结合力以及黏粒、离子、水分子组成的平衡体系受到破坏，孔隙水压力急剧升高，使土体强度降低，缩性增大。但是在砂石桩施工结束后，一方面地基土的结构强度会随时间逐渐恢复；另一方面孔隙水压力会向桩体转移消散，土体有效应力增加，地基强度提高。振动沉管挤密砂石桩加固黏性土地基的目的主要是提高地基土承载力、减小地基沉降量和提高土体的抗剪强度，其加固机理主要有四方面作用：置换作用、排水作用、垫层作用、加筋作用。

(3) 设计

振动沉管挤密砂石桩复合地基的设计包括加固范围、平面布置、砂石料、桩长、桩径、垫层、现场试验等。

① 平面加固范围

根据砂石桩一般设计原则，砂石桩加固的范围应超出基础一定宽度，基础每边加宽不少于1～3排桩。

② 平面布置

砂石桩的平面布置形式可根据基础的形状来确定，一般的布置形式有：正方形、矩

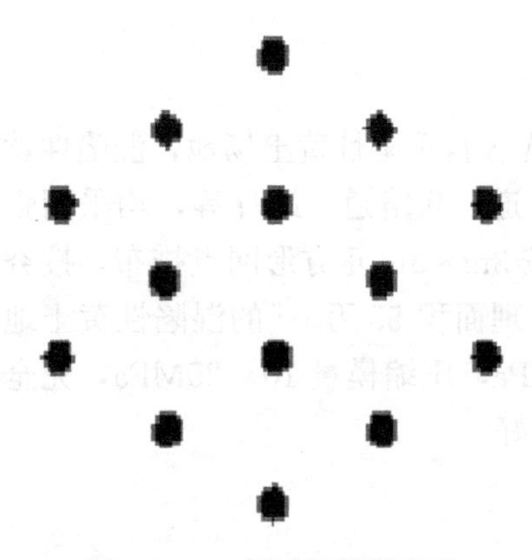
图 15.2-3 振动沉管挤密砂石桩布置示意图

形、等腰三角形、等边三角形和放射形。对于砂土地基，由于要靠砂石桩的挤密作用来提高桩周土的密度，所以一般采用等边三角形（图 15.2-3），这种形式使得地基挤密较为均匀。对于软黏土地基，主要靠置换作用，因而选用任何一种都可以。

③ 砂石料

砂石桩可以使用砂砾、粗砂、中砂、圆砾、角砾、卵石等质坚稳定的散体材料，这些材料可以单独使用，也可以按一定比例将粗细料混合使用，以改善级配，提高桩体密实度。

④ 桩长

当地基中软弱土层厚度不大时，桩长宜穿透软弱土层至相对硬层，这样有利于控制变形。当地基中软弱土层较厚时，桩长不一定要穿透软弱土层，桩长可以根据地基的允许变形值、软弱下卧层的承载力以及设计所要求的地基承载力来计算。

⑤ 桩径

砂石桩的直径要根据地基处理的目的、地基土的性质、成桩方式和成桩设备来确定。采用沉管法成桩时，砂石桩的桩径一般为 0.30～0.70m。施工时，桩管宜选用较大直径，以减少对原地基土的扰动程度。

⑥ 垫层

砂石桩施工完毕后，桩顶部分的桩体比较松散，密实度较小，应该进行碾压或者夯实使之密实，然后铺设 0.3～0.5m 厚的碎石或者砂石垫层。垫层的厚度根据地基土的性质确定，要使其满足应力传递扩散和地基变形的需要。必要时可在垫层中加设土工织物，以加大地基抗剪强度。

⑦ 现场试验

对于重要建筑地基，要先选择有代表性的场地，分别以不同的布桩形式、桩间距、桩长的几种组合，有条件的还可采用不同的施工工艺进行现场制桩试验。如果处理效果达不到预期目标，应对有关参数进行调整，以获得较合理的设计参数、施工工艺参数，待检测合格后才可以大面积推广应用。

5. 预浸水法

（1）原则

预浸水处法适用于湿陷性黄土厚度大，湿陷性强烈的自重湿陷性黄土场地。由于浸水时场地周围地表下沉开裂，并容易造成“跑水”，影响附近建筑物的安全，所以在空旷的新建地区用较为合适。在已建地区采用时，浸水场地与已建建筑物之间要留有足够的安全距离。

（2）机理

预浸水法是在修建建筑物前预先对湿陷性黄土场地大面积浸水，使土体在饱和自重压力作用下发生湿陷产生压密，以消除全部黄土层的自重湿陷性和深部土层的外荷湿陷性。上部土层（一般为距地表以下 4～5m 内）仍具有外荷湿陷性，需另作处理，如采用土垫层、重锤夯实等。

(3) 设计

预浸水法的设计内容主要包括场地浸水面积的确定、湿陷量的计算以及浸水时间和耗水量的确定。

① 场地浸水面积的确定

场地浸水面积应根据建筑物的平面尺寸和湿陷性黄土层的厚度确定。对于平面为矩形的建筑物浸水场地的宽度不应小于湿陷性黄土层的厚度，并根据建筑物的平面尺寸，沿短边加宽 2～4m，沿长边加长 5～8m。对平面为方形或圆形的建筑物，浸水场地的边长或直径应大于湿陷性黄土层的厚度，并按建筑物平面尺寸外放 3～5m。

② 湿陷量计算

浸水场地预计可能发生的自重湿陷量可参照式（15.2-3）计算：

$$\Delta Z_s = \sum_{i=1}^{n} \delta_{ZS_i} \cdot h_i \cdot m_s \tag{15.2-3}$$

式中 δ_{ZS_i}——第 i 层黄土的自重湿陷系数；

h_i——第 i 层黄土的厚度（m）；

m_s——根据经验确定的修正系数，一般为 1.5～2.0。

计算自重湿陷量的累计，一般自天然地面算起，至其下全部湿陷性黄土层的底面为止，但其中 $\delta_{ZS}<0.015$ 的非自重湿陷性土层不累计。应该指出，在平整场地时，往往由于挖、填方厚度和面积较大，使其下部土层所承受的实际土自重压力与勘察阶段相差悬殊，从而使其所划分的场地湿陷类型与实际情况不符，在这种情况下，应自设计地面算起。

③ 浸水时间和耗水量

浸水与下沉过程所需的时间和耗水量与湿陷性黄土层的厚度和土的透水性等因素有关，一般需 35～60d，达到湿陷稳定的平均耗水量为 5.0～9.0t/m²。

(4) 工程实例

连城铝厂位于大通河右岸Ⅲ级阶地上。厂区地层主要为黄土状亚黏土，厚度约 40m，下部为卵石层。在地面下 30m 深度内未发现地下水。场地系初灌农田，湿陷碟形地和裂缝广泛分布。湿陷性黄土层的厚度不一，一般为 10～15m，但局部在 15m 深度以下仍有湿陷性。该厂阳极车间生产用水量较大，需消除地基的全部混陷性，因此采用预浸水处理。

浸水场地宽 25～34m，长 150m，分三段浸水，耗水量 5t/m²，浸水一个月后 15m 深度以内的标点都产生下沉，浸湿深度为 18m。每段的湿陷量和耗水量如表 15.2-6 所示。

每段的湿陷量和耗水量统计表 **表 15.2-6**

分段编号	面积(m²)	浸水时间(d)	耗水量(t)	下沉量(cm)
Ⅰ	25×75	37		32.5～31.9
Ⅱ	34×55	37	9707	62.7～135.2
Ⅲ	34×17	35	4341	57.1～118.4

浸水场地周围地表的开裂范围距坑边最远达 22m，裂缝宽度最大为 20cm，深 3～4m。

Ⅰ段在开始浸水后，沿场地原有裂缝发生了严重“跑水”，地表湿陷范围较大，最远达70m。处理后使距地表4m以下的黄土层全部消除了自重湿陷性，而4m以上的黄土层则仍具外荷湿陷性，必须另作处理。

停水时土的含水率为37%～38%，六个月后在10m深度内土的含水率为16%～24%，一年后为12%～21%。5m深度以下的土层得到了比较充分的压密，含水率降低到浸水前的状态（7%～12%）时，在200kPa压力下浸水也无湿陷性。根据停水后一年所作的载荷试验，得到其容许承载力为150kPa；5m深度以内的土层，因自重压力小，固结作用较差，压缩性较高，承载力也较低。含水率降到浸水前的数值时，在200kPa压力下的湿陷性仍较高。

6. 高压喷射注浆法

（1）原则

高压喷射注浆法是在静压注浆法的基础上，引入高压水射流技术所产生的一种新型注浆技术。它具有加固强度高，加固质量均匀，加固体形状可控的特点。该方法受土层、土的粒度、土的密度、硬化剂黏性、硬化剂硬化时间的影响较小，除了应用于黄土，也可广泛应用于淤泥、软弱黏性土、砂土甚至砂卵石等多种土质。高压喷射注浆法可用于既有建筑和新建建筑地基加固，深基坑、地铁等工程的土层加固或防水。

（2）机理

喷射注浆法加固地基通常分成两个阶段。第一阶段为成孔阶段，即采用普通的或专用的钻机预成孔，或者驱动密封良好的喷射管和带有一个或两个横向喷嘴的特制喷射头进行成孔。成孔时采用钻孔或振动的方法，使喷射头达到预定的深度。

第二阶段为喷射加固阶段，即用高压水泥浆（或其他硬化剂），以通常为15MPa以上的压力，通过喷射管由喷射头上的直径约为2mm的横向喷嘴向土中喷射。与此同时，钻杆一边旋转，一边向上提升。由于高压细喷射流有强大切削能力，因此喷射的水泥浆一边切削四周土体，一边与之搅拌混合，形成圆柱状的水泥与土混合的加固体，即是目前通常所说的“旋喷桩”。如钻杆只升不转，定向喷射形成片状加固体，如隔水帷幕即是所谓“定喷”；如钻杆按一定角度（如120°）往复摆动喷射，形成扇形加固体，即所谓“摆喷”。此外还有水平向或斜向喷射法，常用于地下工程的土体稳定加固或地基托换工程。

（3）设计

① 加固体直径的设定

加固体的直径与土质、施工方法等有密切关系，主要根据以往的试验和工程实例加以确定。单管法的桩径用以下公式近似计算：

黏性土
$$D=0.5-0.005N^2 \tag{15.2-4}$$

式中 N——黏性土的标贯计数值。

砂性土
$$D=0.001(350+10N-N^2) \tag{15.2-5}$$

$5\leqslant N<15$

二重管法、三重管法加固直径参考表15.2-7和15.2-8选用：

近年来，在砂砾黄土层中，采用三重管“强化”喷射的方法，也取得了良好效果。即采用大直径喷嘴，增大喷射能量（喷射量为140L/min），从而使成桩直径增大。

二重管法加固直径　　表 15.2-7

土质	土质条件	加固体直径
砂砾	$N<30$	80±20
砂质土	$N<10$,$10\leqslant N<20$,$20\leqslant N<30$,$30\leqslant N<50$	180±20,140±20,100±20,80±20
黏性土	$N<1$,$1\leqslant N<3$,$3\leqslant N<5$	160±20,130±20,100±20
有机质土		110±30

三重管法加固直径　　表 15.2-8

		A	B	C	D	E
N 值	砂质土	$N<30$	$30\leqslant N<50$	$50\leqslant N<100$	$150\leqslant N<175$	$200\leqslant N$
	黏性土		$N<5$	$5\leqslant N<7$	$7\leqslant N<9$	$N=10$
加固体直径(m)		2.0	2.0	1.8	1.4	1.0
提升速度	(m/min)	0.0625	0.05	0.05	0.04	0.04
	(min/m)	16	20	20	25	25
浆液量	喷射量(m^3/min)	0.18	0.18	0.18	0.12	0.10
	总量(m^3/m)	3.7	3.7	3.7	3.7	2.6

② 硬化剂的用量

硬化剂的用量可以按以下公式进行计算：

$$Q=\frac{1}{4}\pi D^2 Ha(1+\beta) \tag{15.2-6}$$

式中　Q——硬化剂的用量（m^3）；

D——设计的加固直径（m）；

H——设计桩长（m）；

a——混合系数，$a=0.6\sim1.8$，与加固直径和土质有关；

β——作业损失系数。

根据一些工程的统计资料，单管法和二重管法的实际硬化剂用量分别如表 15.2-9 和 15.2-10 所示。

单管法加固体浆液用量　　表 15.2-9

土名	土质条件	加固体直径(cm)	浆液量(L/m)
砾石层	$k\geqslant1\times10^{-2}$cm/s	50～60	150
砂砾层	$k\geqslant1\times10^{-3}$cm/s	35～45	130
有机质土层	$W\geqslant150\%$	40～45	130

二重管法加固体浆液用量　　表 15.2-10

加固体直径(cm)	浆液量(L/m)	加固体直径(cm)	浆液量(L/m)
60	340～400	140	1460～1850
80	550～660	180	1820～2380
100	780～950	200	2070～2750
120	990～1240		

③ 加固体强度

加固体的强度与土质和施工方法有着密切关系。施工工艺的不同和土质的多变，使加固体强度有很大的离散性。

单管法在砂质土中的加固体强度一般为 3.00～7.0MPa，在黏性土中的加固体强度一般为 1.50～5.0MPa；三重管法在砂质土中的加固体强度为 3.00～15.0MPa，在黏性土中的加固体强度通常为 0.80～5.0MPa。

在一定土质条件下，通过调节浆液的水灰比和单位时间的喷射量或改变提升速度等措施，可适当提高或降低加固体强度。

④ 桩的平面布置

a. 初步设计时，旋喷桩的桩距 s 可按下式计算，

$$s=0.952\sqrt{\frac{f_{\mathrm{pk}}-\beta f_{\mathrm{sk}}}{f_{\mathrm{spk}}-\beta f_{\mathrm{sk}}}}d \tag{15.2-7}$$

式中 f_{pk}——桩体承载力特征值（kPa）宜根据设计荷载的大小取 3000～6000kPa，荷载大时取高值，反之取低值；桩体材料的强度等级应大于或等于 3 倍的 f_{pk}；

f_{sk}——柱间土的承载力特征值（kPa）按柱顶段天然地基土的承载力特征值取值；

β——桩间土承载力折减系数，可按当地工程经验确定，无经验时，可取 0～0.5，承载力低时取低值。通过现场承载力试验后可作调整。

b. 旋喷桩桩长应根据建筑结构对地基承载力和变形的要求确定。桩端宜支承在承载力较高，压缩性较低的稳定土层。当旋喷桩处理层以下存在软弱下卧层时，应按现行国家标准《建筑地基基础设计规范》GB 50007 有关规定或地区经验验算下卧层的承载力。

c. 旋喷桩平面处理范围可只在基础底板范围内布桩，独立基础下的柱数一般不应少于 4 根，条形基础下一般不应少于 2 排。如基础外为自重湿陷性黄土或人工填土、欠固结的软黏土或液化砂土时，宜外放 1～2 排桩。

d. 旋喷桩复合地基宜在基础与桩顶之间设置褥垫层。褥垫层厚度可取 200～300mm，其材料可选用中砂、粗砂、级配砂石等，最大粒径不宜大于 30mm。

e. 处理后地基的变形验算应按现行国家标准《建筑地基基础设计规范》GB 50007 有关规定计算，其中复合土层的压缩模量可根据地区经验确定。

（4）工程实例

宜君收费站综合楼位于宜君县城西约 5km 处的小平村，建筑场地处于半山坡地形呈东北高，西南低之势，勘探点地面标高介于 107.35～1083.87m 之间，地貌单元属坡积裙。根据钻探现场描述，室内土工试验结果和轻型动力触探试验曲线，将勘探深度内地基土分为四层，现自上而下分述如下（填土未碾压之前）：

素填土 Q_4^{ml}①：杂色，松散至稍密，稍湿。主要为因修路而堆填的碎石，局部经碾压。层厚为 0.10～1.40m，层底标高为 1082.37～1083.77m。

黄土状土 Q_4^{dl}②：褐黄色，稍湿，坚硬至硬塑。见白色钙质条纹，含砂粒，角砾等，分布不均。湿陷系数 $\delta_{\mathrm{s}}=0.069$。具较强湿陷性。压缩系数 $a_{1\sim2}=0.28\mathrm{MPa}^{-1}$，属中等压缩性土。层厚为 1.80～2.20m。层底标高为 1075.45～1078.52m，$f_{\mathrm{k}}=110\mathrm{kPa}$。

粉质黏土 Q_3^{dl}③：红褐色，稍湿，坚硬至硬塑。色泽不均，见黄褐色，深灰色团块。含强风化岩屑，角砾，碎石等。本层不具湿陷性，压缩系数 $a_{1\sim2}=0.075\text{MPa}^{-1}$，低压缩性土。层厚 5.50m，$f_k=180\text{kPa}$。

强风化泥岩④：灰绿色，色不均，裂缝发育，易破碎，破裂面平滑、细腻。本层未揭穿，最大揭露厚度为 3.00m，$f_k=300\text{kPa}$。

因该工程位于半山坡上，设计采用砌筑毛石挡土墙内分层回填素土。回填厚度较大，最深处达 9.35m，最浅处 5.10m。该楼为二层全现浇板砖混结构，平面成“凹”形。±0.00 标高为 1085.8m，室外地坪－0.30m，地基下为 0.10m 素混凝土垫层及 2.10m 厚的 3∶7 和 2∶8 灰土垫层，灰土垫层底标高为－3.95m，沿边轴外放 3.0m，满堂铺设。垫层以下为厚度不等的压实素填土。再下即为具强湿陷性的天然坡积黄土 Q_4^{dl}②、非湿陷的粉质黏土 Q_3^{dl}③和强风化泥岩。建筑体型和场地工程地质条件都比较复杂。

综合楼于 2001 年 9 月中旬开始灰土垫层施工，到 2001 年 11 月 15 日全部竣工。2002 年 7 月中旬发现墙体、地面多处裂缝，场内道路也出现了塌陷，并经检查发现厕所上水管受墙体下沉折裂，地基土受水浸湿造成大面积下陷。有关各方经多次研究，已采取了表层防水和外围石灰水泥砂柱处理，并加强了沉降观测。

地基产生不均匀沉陷的主要原因是灰土垫层施工质量较差，含灰量少且拌合不均匀、垫层厚度及灰土的压实系数均不完全符合设计和规范要求；同时压实素填土的压实质量也差，大部分土样的压实系数达不到设计要求的 0.96，部分土样仍有湿陷性，甚至具有自重湿陷性或高压缩性，压实填土层厚度差异较大而质量又差，浸水后势必引起显著地不均匀沉陷。

针对收费站综合楼地基沉陷事故产生的原因和场地位于斜坡填方地段，决定采用旋喷桩法对地基进行加固。设计旋喷桩桩径 0.6m（灰土层为 0.4m），桩顶紧接基础底板，桩底进入非湿陷性的粉质黏土层③Q^{dl} 0.5m，桩长根据粉质黏土层③土顶面标高分别为 5.9～9.0m。

桩位对称布置于墙基两侧，距墙面 15～20cm，钻孔穿越基础底板进入地基，每墙段布置 3～4 对旋喷桩，遇有地下管道时，适当调整桩位。

桩体注浆用 P·O32.5R 普通硅酸盐水泥，水灰比 1∶1.2，并掺加早强剂，要求桩体强度不低于 3.0MPa。桩顶插入一根 $\phi20\times3000$mm 钢筋，以保证桩与基础的连接。设计要求施工采用间隔跳旋工序，每一墙段同日施工不得超过 2 根桩，同时在施工期间对综合楼进行沉降和裂缝的监测。施喷桩采用单管注浆法施工，施工按间隔跳旋分段进行，共完成 196 根旋喷桩，工期约 1 个月。

沉降观测结果表明，在施工过程中综合楼地基沉降不足 10m，倾斜再无发展。施工结束后，经 200 余天的观测，沉降速率为 0.0125mm/d，已达到有关规范和地区经验控制的稳定标准。墙体裂缝不再发展，经修补后很少再出现。

15.2.2　湿软黄土地基处理及应用

湿软黄土主要分布于地势低洼、地下水位高、底层为不透水层、排泄条件差的区域，厚度一般在 4.5～22m 之间。具有渗透性小、强度低、压缩性高、触变性敏感、承载力低、无湿陷性、富含酸根离子及腐蚀性等特点。目前对湿软黄土地基的处理主要是借鉴了软土地基的处理措施，并根据大量的工程实践对目前湿软黄土地基的处理技术进行总结。目前常采用的湿软黄土地基处理方法有换填法、土工合成材料加筋垫层法、强夯置换法、挤密碎（砂）石桩法、水泥粉喷桩法、高压旋喷桩法等。

1. 换填法

换填法就是将基础底面以下不太深的一定范围内的劣质土层换填为质地坚硬、强度较高、性能稳定的填料，同时以人工或机械方式将其挤压密实，达到所需密实度，形成良好的人工地基。主要适用于所需处理地层厚度在3m以内的湿软黄土地基。

适合于湿软黄土地基的换填材料主要选用砂、碎石、卵石、素土、灰土、煤渣、矿渣等质地坚硬、强度高、性能稳定、抗腐蚀性好的材料。换填的宽度应大于路基宽度，垫层顶面每边超出基础边不易小于300mm。深度应根据需要置换软弱土的深度或下卧土层的承载力确定，并符合相应于荷载效应标准组合时，垫层底面处的附加压力值与垫层底面处土的自重压力值之和不大于垫层底面处经深度修正后的地基承载力特征值。

2. 土工合成材料加筋垫层法

在地基中铺设加筋材料（如土工格室、土工格栅等）形成加筋土垫层，以增大压力扩散角，提高地基稳定性。在以往的工程实践中土工格栅加筋土层用得较多，土工格室柔性加筋垫层的出现为湿软黄土地基的处理带来了新的思路。表15.2-11为湿软黄土地区公路路基常用土工格室性能指标。

土工格室材料性能指标　　　　表15.2-11

拉伸屈服强度(MPa)	环境应力开裂时间(h)	低温脆化温度(℃)	维卡软化温度(℃)	焊缝处拉抗强度(N/cm)	边缘联接处抗拉强度(N/cm)	中间联接处抗拉强度(N/cm)
24	1000	−60	124	106	260	162

（1）原则

土工格室不仅具有传统加筋材料的共性，并且由于它独特的立体结构，还具有传统加筋材料所不具备的对土体强大的侧限能力，使承载力得到提高。

（2）机理

① 土工格室的侧向约束作用和摩擦作用

在土体中铺设的土工格室，其约束作用主要表现在两个方面：

a. 土工格室侧壁对填料的摩阻效应。由于土工格室和土体模量的差异，当两者共同受力时，变形不一致，正是由于这种不一致使在格室与土的界面上产生摩擦力，这种摩阻力只有在格室与土组成的整体受到外力时才能体现出来，未达到最大值之前受力越大，阻力越大。

b. 土工格室对格室单元内土体的紧箍作用。在土体受到上部荷载的作用时，格室单元的土体有侧向位移的趋势，使格室单元受到张拉从而对土体产生紧箍作用，约束土体的侧向位移。

② 土工格室结构层作为一个加筋体约束地基位移的作用

土工格室加筋体复合地基在荷载作用下，荷载作用面的正下方产生位移，其周边地区产生侧向位移和部分隆起。土工格室结构层约束了地基的位移，结构层的应力假定如图15.2-4所示。

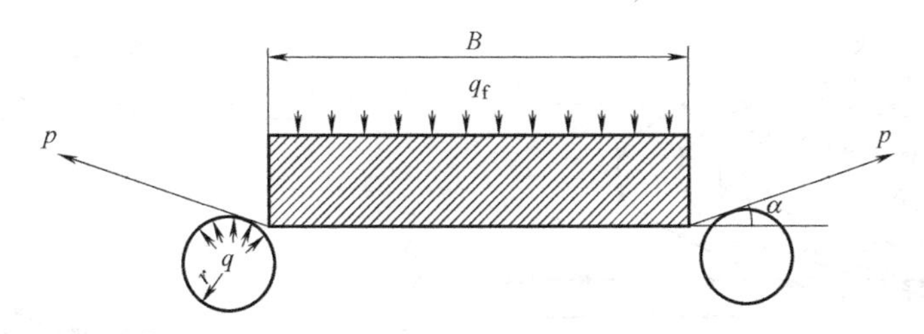

图 15.2-4 加筋土复合土层计算简图

和传统筋材相比，它提供了较大的摩擦系数与黏着力，产生了较大的摩阻力和抗拔力，可以满足防止发生黏着破坏的需要。而且在相同加筋材料用量的前提下，土工格室加筋土与筋材平铺加筋土比较，相邻加筋层之间的土体厚度变薄，即加筋竖向间距变小，因而会使土工格室加筋土强度高于筋材平铺加筋土的值。

(3) 设计

土工格室垫层加固地基的设计步骤如下：

① 了解被加固地基的几何尺寸、荷载情况、地基土及填土的性质；

② 确定铺设土工格室的宽度及土工格室尺寸规格；

③ 进行地基承载力计算；

④ 对加固地基进行稳定性验算。

(4) 工程实例

甘肃省尹家庄～中川机场高速公路 K25＋790～K26＋060 段路基填土高度 5.96m，路基宽度 28.0m。地基土由三部分组成，上部为新近堆积黄土，硬塑状，具有强烈的湿陷性，层厚 0.4～0.7m；中部为软黄土，土质软硬不均，多呈软塑～流塑状，层厚 3.9～4.3m，其物理力学性质见表 15.2-12；下部为砂砾层，层厚 2.8m 左右。

K25＋790～K26＋060 段软黄土物理力学指标　　表 15.2-12

天然含水率(%)	天然重度(kN/m^3)	天然孔隙比	液限(%)	塑限(%)	压缩系数 $a_{1\sim2}$(MPa^{-1})	压缩模量(MPa)	内摩擦角(°)	黏聚力(kPa)
28.08	18.61	0.87	27.74	19.14	1.82	2.18	18.4	16.0

为了提高地基承载力，减小路基不均匀沉降，采用土工格室加固法对软黄土地基进行了处理。其中，土工格室规格为：焊距 40cm，格室高度 10cm，板材厚度 1.1mm，分两层进行铺设，整个加固厚度 20cm。同时在该路段布置了测试断面（图 15.2-5），对路堤坡脚侧向位移、路基底面沉降及路基底面压力进行了现场测试，以检验加固效果，并与有限元分析结果进行对比。结果如图 15.2-6～图 15.2-8 所示。

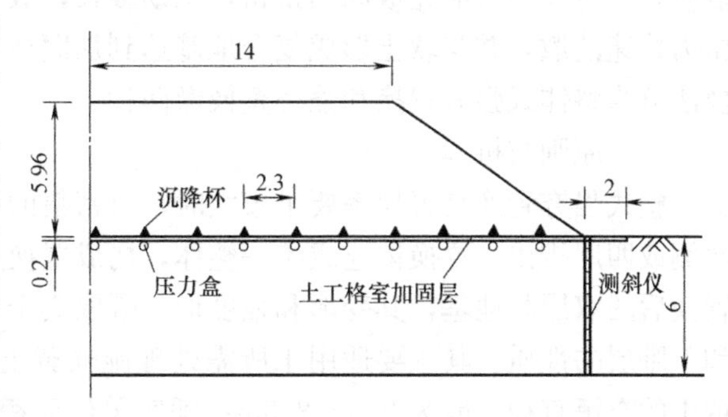

图 15.2-5 测试断面示意图

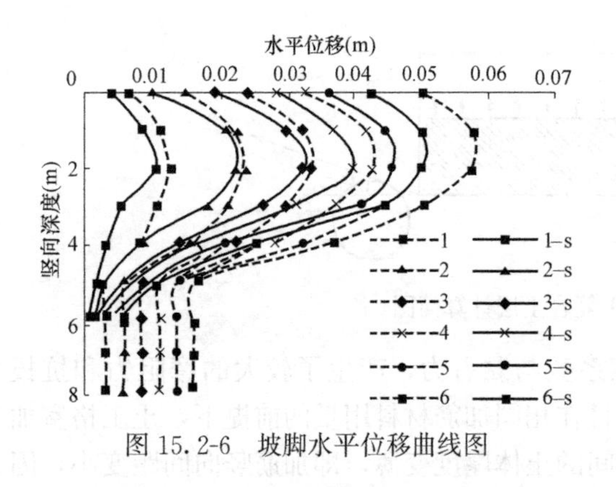

图 15.2-6 坡脚水平位移曲线图

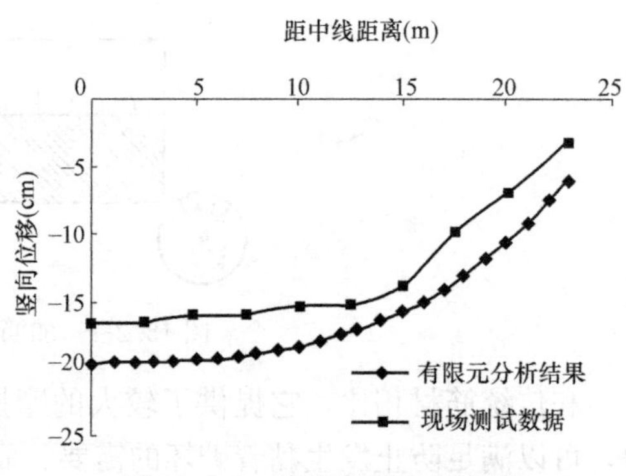

图 15.2-7 路基底面竖向位移

(实线为测试值，虚线为计算值)

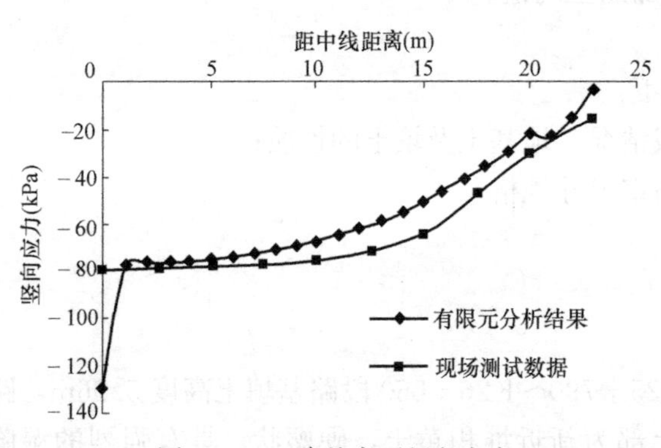

图 15.2-8 路基底面竖向应力

从图 15.2-6 中可以发现：有限元分析结果与现场实测数据趋势一致，且两者均在 5m 左右急剧减小，表明土工格室的影响作用在此处已经很小；两者之间最大差为 1cm 左右，误差不超过 20%，这与现场地基土的固结有一定的关系。图 15.2-7 表明了现场与分析所得路基底面竖向位移曲线，可以发现两者趋势一致，最大相差 3.4cm 左右，误差为 16%左右，这与分析时未考虑土体本身的固结有关。图 15.2-8 为现场测试与有限元分析所得路基底面竖向应力曲线，两者规律一致，最大相差 14kPa，误差不大于 20%。土工格室垫层处理软黄土地基后的坡脚水平位移、路基底面竖向位移与竖向应力实测值比未加土工格室垫层处理的有限元计算结果分别减小了 20%～50%。土工格室垫层处理湿软黄土地基效果明显。

3. 强夯置换法

普通强夯法处理饱和的填土和软土时，要求穿过软弱土，其效果很差，孔隙水压力消散慢，短时间不可能完成固结挤密，工期较长，故不适合；强夯置换法可以使土体内的水压力快速消散，并与软土形成复合地基达到加固地基的目的。对于湿软黄土地基，强夯置换法分为整体式强夯置换和强夯置换墩两种。

(1) 原则与机理

整式强夯置换是置换率要求较大时，以密集的群点进行置换，使被置换的土体整体向两侧或四周排出，置换体连成统一整体，构成置换层，其作用机理类似于换土垫层。整式置换后的双层状地基，其变形和强度形状既取决于置换材料的性质又取决于置换层的厚度和下卧层的性质。其主要适用于所需处理湿软黄土层厚度为 3～5m 范围内。适合于湿软黄土的夯锤直径一般为 2.2～2.5m；锤底单位面积静压力不得小于 100kPa，单位面积单击夯击能不宜小于 1500kJ；夯击次数宜控制在最后一击下沉量不超过 5cm；夯点若按等边三角形布置时，夯点间距一般为 3m 左右，排距一般为 2.6m 左右。置换材料宜选用最大粒径≤1m，级配良好、结构密实、抗剪强度高的块石或石渣。

强夯置换墩是通过强夯对原湿软黄土层产生冲击作用和挤压作用，使土层中产生很高的超静孔隙水压力，同时由于水力劈裂作用和冲击波的作用使软土中产生众多的裂隙，使孔隙水压力在短时间内得以消散，从而使其有效应力增加，强度增大。同时，通过向强夯形成的坑内填入开山混合料形成置换墩，即形成散体料桩墩，这样又形成散体桩复合地基结构形式，有利于土层地基承载力的提高。适用于所需加固厚度为 5～8m 的湿软黄土地基土层。适合于湿软黄土地基处理的强夯置换墩的单击夯击能应根据现场试验确定；墩体材料可采用级配良好的块石、碎石、矿渣、建筑垃圾等坚硬粗颗粒材料，粒径大于 300mm 的颗粒含量不宜超过全重的 30％；墩长宜超过软土层，或穿过可能的滑动面，且宜达到设计墩长，但不宜超过 8m，累计夯沉量为设计墩长的 1.5～2.0 倍，以保证夯墩的密实度与着底；平面加固范围应超出坡脚外一定的宽度，一般可按 30°扩散角再外加 2m 确定；墩间距应根据荷载大小和原地基土的承载力选定，等边三角形和正方形布设时，墩间距根据计算确定，墩中心距一般可取 3～6m，墩间边缘距一般可取 1.5～2.5m。

（2）工程实例

兰州炼油厂 2 具容积 10 万 m^3的原油储罐，罐径 81m，设计要求地基承载力特征值不低于 350～400kPa，变形模量不低于 20MPa。工程建设场地以渣油池回填区为主，西侧部分区域坐落在旧罐址上。原渣油池由土堤围筑而成，土质松软，渣油池在工程建设之前通过堆土挤油、蒸气加热和有组织抽油得以回填。建设场地地基土层不均匀性较差，场地地貌属黄河南岸Ⅰ级阶地。土层自上而下分别为：第一层为素填土与饱和黄土，以粉土为主，分布范围与厚度不等，土质不均匀，层间被原油污染呈灰黑色，地下水位以下呈饱和，流塑状；第二层为细砂层，仅出现在部分地段，层厚 0.9～1.12m，有液化的可能；第三层为卵石层，层面标高与设计要求的地基处理后交工标高相差 6m 左右，颗粒较均匀。含较多圆砾、砾砂，局部含粉土及黏性土，层间局部夹有细砂含卵石透镜体。卵石层上部 1～2m 稍密，下部为中密状态，厚度大于 5.9m。

本工程使用直径为 1.2m，锤底静压力为 93kPa 的强夯置换专用夯锤，单击夯击能量 1800kJ，夯点中心间距 2.5m，正三角形布置，施工起夯面距卵石层顶面约 3～4m。通过试夯确定的单点夯施工控制标准为：最后两击的夯沉量不大于 10cm。

夯心和夯间的静载试验表明，各试验点的 Q-s 曲线均呈缓变型或近似直线变化，无明确的比例界限点，用相对沉降控制法确定地基承载力，夯心处地基承载力特征值可取 594kPa，变形模量可取 37MPa，三夯间地基承载力特征值可取 220kPa，变形模量可取 17.2MPa。按置换率 60％计算，复合地基的承载力特征值达到 410kPa，变形模量达到 26MPa。

4. 挤密碎（砂）石桩法

挤密碎（砂）石桩法是指利用振动或冲击方式，在软弱地基中成孔后，填入砂、砾石、卵石、碎石等材料将其挤压入土中，形成较大直径的密实砂石桩的地基处理方法。主要适用于所需处理地基厚度在 4～15m 范围内的湿软黄土地基。

基础参数为：砂石填料中含泥量不得大于 5％，并且不含有粒径大于 50mm 的颗粒；当土层厚度不大时，桩长宜穿过软弱土层；厚度较大时，对按稳定性控制的工程，桩长应不小于最危险滑动面以下 2m 深度；对按变形控制的工程，桩长应满足处理后地基变形量不超过地基变形允许值；桩长不宜小于 4m。采用 30kW 振冲器成桩时，桩径一般为0.8～

1.2m；采用沉管法成桩时，桩径为0.3～0.7m。

平面加固范围主要由处理效果决定，即在设计地基外缘再扩大3排桩的范围；砂石桩平面布置可采用等腰三角形满堂布置；桩孔内的材料选用颗粒范围一般在20～50mm的砾石和级配良好的中粗砾组成混合料，混合料不均匀系数≥5，曲率系数1～3。

碎（砂）石桩施工后，桩顶长度1.0m左右的桩体是松散的，密实度较小，此部分应当挖除，或者采用碾压或夯实等方法使之密实。然后再铺设垫层，垫层厚度200～500mm，不宜太厚。垫层的铺设应分层压实。材料可选用中、粗砂或砂与碎石的混合料。

5. 水泥（粉煤灰）搅拌桩法

（1）原则

水泥搅拌桩法施工时分湿法和干法两种。湿法是利用深层搅拌机将水泥粉或石灰粉与地基土在原位拌合；干法是利用粉喷机将水泥粉与地基土在原位拌合。搅拌后在地基中形成柱状水泥土体，可提高地基承载力，减少沉降，增加地基稳定性。湿法加固深度不宜大于20m；干法不宜大于15m。水泥粉可适当加入粉煤灰，进而形成水泥煤灰搅拌桩，以此来提高桩体强度或是节省水泥用量，经济环保。

（2）机理

在水泥与土混合初期，水泥的水化胶凝作用起着主要作用，其水化胶凝的过程就是逐渐地在土颗粒周围形成连续的水泥石骨架结构的过程，它可支撑起外部荷载的大部分作用力，与此同时水泥在水化过程中生成的大量氢氧化钙中的一小部分与上颗粒表面的少量钙离子等进行离子交换作用，也生成稳定的钙黏土（即所谓的团化作用），提高了加固土体的结构强度、但是水泥水化时产生的大部分钙离子所形成的高碱度环境却无法利用。掺入粉煤灰即可利用其活性，使之水化产物又进一步地逐渐填充了水泥土中的空隙，从而达到进一步提高水泥土的结构强度，或在同强度下节约水泥的目的。

（3）设计

设计前应进行拟处理土的室内配比试验。针对现场拟处理的湿软黄土性质，选择合适的固化剂、外掺剂及其掺量，为设计提供各种龄期、各种配比的强度参数。对竖向承载的水泥土强度宜取90d龄期试块的立方体抗压强度平均值；对承受水平荷载的水泥土强度宜取28d龄期试块的立方体抗压强度平均值。其主要基础参数为：一般采用等边三角形平面布置；水泥土搅拌桩桩径不小于500mm。

水泥粉煤灰搅拌桩的单桩竖向承载力R_k取决于桩身强度和地基土两个条件。一般应使土对桩的支承力与桩身强度所确定的承载力接近，并使后者略大于前者最为经济。其强度计算公式如下所示，取其两结果中的较小值。

$$R_k = q_s u_p l + a A_p \cdot q_p \tag{15.2-8}$$

$$R_k = \eta f_{cu,k} A_p \tag{15.2-9}$$

式中 R_k——单桩竖向承载力标准值（kN）；

A_p——桩横截面积（m^2）；

a——桩端下地基土承载力折减系数，可取0.5；

η——强度折减系数，建议取0.35或取0.3～0.5；

u_p、l——桩的横截面周长和有效桩长（m）；

q_p、q_s——桩端下地基土承载力和桩间土平均摩擦阻力的标准值（kPa）；

$f_{cu,k}$——与桩身水泥土配比相同的室内水泥土试块（边长 70.7mm 立方体，也可采用边长为 50mm 的立方体），在标准养护条件下，90d 龄期的无侧限抗压强度平均值（kPa）。

水泥粉煤灰搅拌桩复合地基承载力标准值，一般通过现场复合地基载荷试验确定，有经验时也可按变形复合式估算。

桩的面积置换率 m 和桩数 n_p 的计算如下式所示：

$$m=\frac{f_{sp,k}-\beta f_{sk}}{f_{pk}-\beta f_{sk}} \tag{15.2-10}$$

$$n_p=\frac{mA}{A_p} \tag{15.2-11}$$

式中 n_p——总桩数；

β——桩间土承载力折减系数；

A、A_p——基础底和桩截面面积（m^2）；

$f_{sp,k}$、f_{pk}、f_{sk}——分别为复合地基、桩、桩间土承载力标准值（kPa）。

（4）工程实例

渭蒲高速公路全长 55km，其中有 1/3 的路线经过饱和黄土、过湿土、低洼湿地等软弱地质段。地下水位埋藏很浅（0～0.5m），局部有出露（0.2～7.0m），饱和黄土的分布具有范围广、深度大的特点，层底埋深为 5.2～10.3m，土体的压缩性偏高，天然地基的容许承载力低，仅为 65～90kPa。工程地质情况很差，地基处理不当极易出现地基承载力不够，地基沉降过大、沉降不均匀等问题。

根据依托工程的现场地质情况选择渭蒲高速公路的 K20＋500～＋600 饱和黄土段作为水泥粉煤灰搅拌桩进行地基处理的试验段，试验段全长 100m。

根据室内试验结果、单桩和复合地基的理论计算及依托工程的地质勘查资料，确定水泥粉煤灰搅拌桩处理饱和黄土地基的设计参数。

① 桩长为 11.0m（根据实际工程中软土层的厚度确定，一般情况取 6～8m），复合地基置换率为 0.136，桩径为 0.5m，桩间距为 1.5m，桩体呈等边三角形布置；

② 水泥粉煤灰的总掺入比为 15%（重量比），其中水泥：粉煤灰＝2：1（重量比）；

③ 浆液水灰比为 0.8：1，桩体每延米水泥用量为 34kg，粉煤灰用量为 17kg，水的用量为 60L。

本试验段选用 N10 轻型圆锥动力触探仪对水泥粉煤灰搅拌桩试验段原状土、桩间土以及桩身进行触探试验，试验结果如表 15.2-13 所示。

轻型初探检测结果 **表 15.2-13**

测试序号	测试对象	现场位置及贯入点	承载力/kPa
1	原状土	K20＋515	32～60
2	桩间土	K20＋520	30～75
3	桩体	5-7 号桩距桩顶 3/4 处	50～210
4	桩体	7-7 号桩，桩顶面处	190～350

比较各检测点的承载力值，可知水泥粉煤灰搅拌桩处理饱和黄土形成的复合地基中桩体的强度为桩间土强度的 3.0～10.0 倍，桩身的强度满足设计的要求，且单桩强度完全

能满足上部荷载的要求。

6. 高压旋喷桩法

高压旋喷注浆法是将带特殊喷嘴的注浆管通过钻孔置入到处理地层的预定深度，然后将浆液以高压冲切土体，并在喷射浆液的同时，以一定的速度旋转和提升，形成水泥土柱体。地基经上述加固以后，可形成旋喷桩复合地基，提高地基承载力，减少地基沉降，防止砂土液化和管涌等。加固深度可达 20～30m。

基础参数：钻机或旋喷机就位时机座要平稳，立轴或转盘与孔位对正，倾角与设计误差一般不得大于 0.5°；钻进过程中，采用清水旋喷成孔，当钻头钻进到距桩底标高 1m 后，需座喷一分钟再以一定的转速和提升速度自下而上喷射注浆；开始喷射注浆的孔段要与前段搭接 0.1m，防止固结体脱节，送浆要均匀。单管法的加固直径为 40～60cm，三重管法加固的直径为 0.8～2.0m。

15.3 桩-筏复合地基设计理论

桩-筏复合地基是新近出现的处理湿软黄土地基的处理方法，目前在高速公路的路基填筑、中小桥涵地基处理、隧道进口段与路基衔接处应用较多，处理效果显著、经济效益明显。桩-筏复合地基主要由下部的水泥搅拌桩和上部的土工格室柔性筏基组成。

土工格室是土工加筋材料的一种，但是与其他加筋材料相比，土工格室还有其独特之处。传统的加筋土是将具有较大变形模量和足够大抗拉与粘着强度的加筋材料成层埋置在填土结构物中，构成一个土筋复合体。该复合体在受力变形过程中，平铺的筋材与土体共同受力，相互作用，协调变形，依靠筋材的强度和筋材与土体接触面上的摩阻力，限制土体的侧向变形，其作用是相当于筋材给土体提供了一个附加的侧向约束力，使土体的强度得到提高，达到了加固目的。土工格室不仅具有传统加筋材料的共性，并且由于它独特的立体结构，还具有传统加筋材料所没有的对土体强大的侧限能力，使承载力得到提高。

15.3.1 土工格室柔性筏基工作机理

地基土在荷载作用下的破坏形式如图 15.3-1 所示。其中图 15.3-1（*a*）为没有土工格室垫层的地基土，在上部荷载的作用下，当荷载达到临塑荷载时，将在土体内部出现三个区，即主动区，过渡区和被动区，从而使土体发生剪切破坏，土体的承载力取决于活动面的剪切强度；图 15.3-1（*b*）为土工格室加固后的地基，由于土工格室阻止了塑性区向外侧移动，土体活动面将不能向外扩展，因而阻止了剪切面的产生，使地基破坏向深层发展，从而提高了土体的承载力。同时土工格室结构层在实际工程中可视为一个具有一定抗弯刚度的柔性筏基，这将使上部结构的荷载进一步扩散，使传递到软弱下卧层顶面处的附加应力大大减小，类似建筑物中筏基的作用，以达到增强地基稳定性、提高地基承载力的目的。

土工格室垫层的工作机理如下。

1. 土工格室的侧向约束作用和摩擦作用

在土体中铺设的土工格室，其约束作用主要表现在两个方面：

（1）土工格室侧壁对填料的摩阻效应。由于土工格室和土体模量的差异，当两者共同

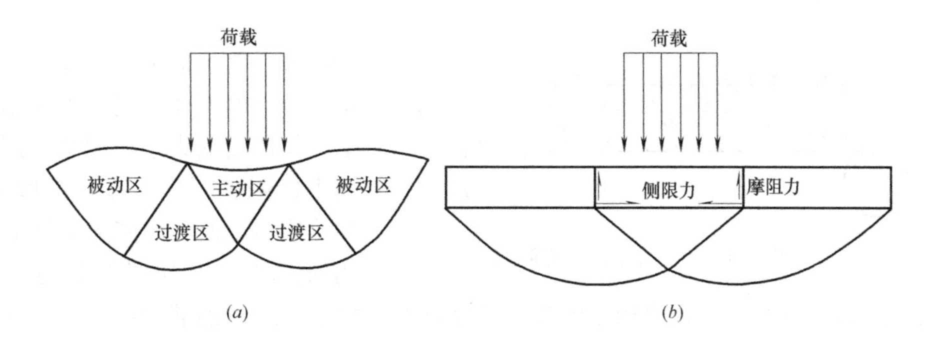

图 15.3-1　土工格室结构层作用机理示意图

(a) 普通地基；(b) 土工格室加固地基

受力时，变形不一致，正是由于这种不一致使在格室与土的界面上产生摩擦力。这种摩阻力只有在格室与土组成的整体受到外力时才能体现出来，在未达到最大值之前受力越大，摩阻力越大。摩阻力 f 可用式（15.3-1）表示：

$$f=\mu \cdot \sigma_3 \cdot S \tag{15.3-1}$$

式中　μ——格室壁与土体的摩擦系数；

σ_3——格室壁与土的水平环向应力；

S——填料与格室壁的接触面积。

（2）土工格室对格室单元内土体的紧箍作用。在土体受到上部荷载的作用时，格室单元内的土体有侧向位移的趋势，使格室单元受到张拉从而对土体产生紧箍作用，约束土体的侧向位移。根据 Henkl 和 Gibert 的橡皮膜理论（The Rubber membrane Theory）假定格室单元在受力过程中体积不变，推导出由于土工格室墙膜应力而直接增加的附加应力 $\Delta\sigma_3$，可以用式（15.3-2）来表示：

$$\Delta\sigma_3=\frac{2M\varepsilon_c}{d}\cdot\frac{1}{(1-\varepsilon_a)} \tag{15.3-2}$$

$$\varepsilon_c=\frac{1-\sqrt{1-\varepsilon_a}}{1-\varepsilon_a} \tag{15.3-3}$$

式中　M——土工格室材料薄膜系数（kPa）；

ε_c——格室允许的环向应变；

ε_a——格室允许的轴向应变；

d——格室初始直径。

侧向应力 $\Delta\sigma_3$ 的增加意味着竖向应力 $\Delta\sigma_1$ 的增加，根据 Mohr-Coulomb 定律有

$$\Delta\sigma_1=\Delta\sigma_3\tan^2\left(45^\circ+\frac{\varphi}{2}\right)+2C\cdot\tan\left(45^\circ+\frac{\varphi}{2}\right) \tag{15.3-4}$$

$\Delta\sigma_1$ 就是由于侧向约束所引起的承载力的提高。

2. 土工格室结构层作为一个加筋体约束地基位移的作用

土工格室加筋体复合地基在荷载作用下，荷载作用面的正下方产生位移，其周边地区产生侧向位移和部分隆起。土工格室结构层约束了地基的位移，结构层的应力假定如图 15.3-2 所示。

应力扩散角为 θ。由于荷载的作用，土工格室结构层产生一个凹曲面，使结构层处于

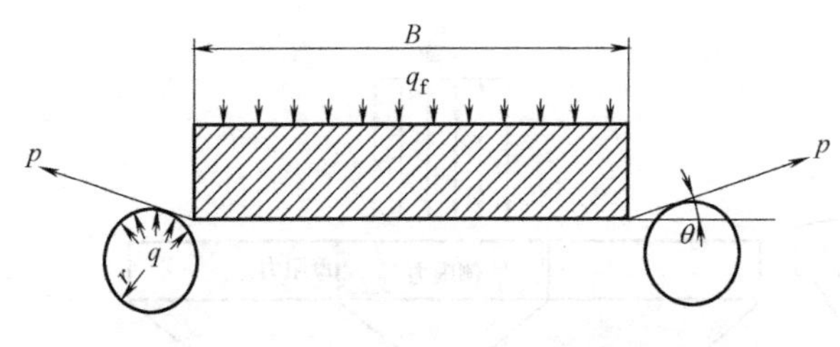

图 15.3-2 加筋土复合土层计算简图

受拉状态。由于结构层是凹面，结构层拉力有个向上的分量，使格室结构层下面土体所受的力比结构层上土体所受的力小，把结构层上下的土体隔离开来，起到扩散应力、均化应力、改变地基应力场和应变场的作用，达到加固的目的。

Yamanouchi（1979）提出用太沙基承载力公式考虑土工织物加筋中拉力的影响，可以用公式（15.3-5）来计算承载力：

$$q_f = CN_c + 2p\sin\theta/B + \beta\frac{p}{r}N_q \tag{15.3-5}$$

式中 p——土工格室结构层抗拉强度（可用土工格室焊点强度代替）(kPa)；

θ——基础边缘加筋体倾斜角。考虑土工格室与平面筋材的差异，按 5%的延伸率，可推出 $\theta=14.3°\sim18.7°$。一般取 $\theta=15°$；

r——假想圆的半径（m）；

β——系数，一般取 $\beta=0.5$；

N_c、N_q——与内摩擦角有关的承载力系数，一般取 $N_c=0.53$，$N_q=1.4$。

式（15.3-5）中第一项为原天然地基承载力，第二项和第三项为铺设土工格室结构（作为传统加筋）所引起的承载力的提高。

除了以上两点外，土工格室结构层与传统的加筋材料还有很多不同之处，传统加筋材料层和土体间的摩擦是土体与筋材之间的摩擦，而土工格室结构层与土体之间的摩擦是土与土之间的摩擦。和传统筋材相比，它提供了较大的摩擦系数与黏着力，产生了较大的摩阻力和抗拔力，可以满足防止发生黏着破坏的需要。而且在相同加筋材料用量的前提下，土工格室加筋土与筋材平铺加筋土比较，相邻加筋层之间的土体厚度变薄，即加筋竖向间距变小，因而会使土工格室加筋土强度高于筋材平铺加筋土的值。

15.3.2 土工格室柔性筏基地基承载力计算

土工格室结构层经压实后铺设在地基上，由于结构层的刚度比原有地基刚度大，在外部荷载的作用下，荷载经过格室结构层同样可以分散地传给地基，减小地基所受的压应力，同时土工格室结构层与地基一起协调变形。这时，可以假定土工格室结构层是一种铺设在弹性地基上的柔性梁，故可以用弹性地基梁的计算方法来反算土工格室结构层的承载力。

1. 弹性地基梁的基本理论

地基上梁的分析是在考虑梁和地基共同作用的条件下，来确定梁和地基之间的接触压力（基底反力）的分布，从而较精确地求得梁的内力。在弹性地基梁的计算原理中，重要的问题是如何确定地基反力与地基沉降之间的关系，或者说，如何选取地基模型的问题。1867 年前后，捷克人温克尔（E. Winkler）[42]对地基提出了如下的假设：地基每单位面积上所受的压力与地基的变形成正比。即 $p=ky$，其中 k 为基床系数（或地基系数），即土体发生单位沉降时，地基单位面积上所施加的压力。这个假定通常被称为“温克尔假定”

或“基床系数假定”。

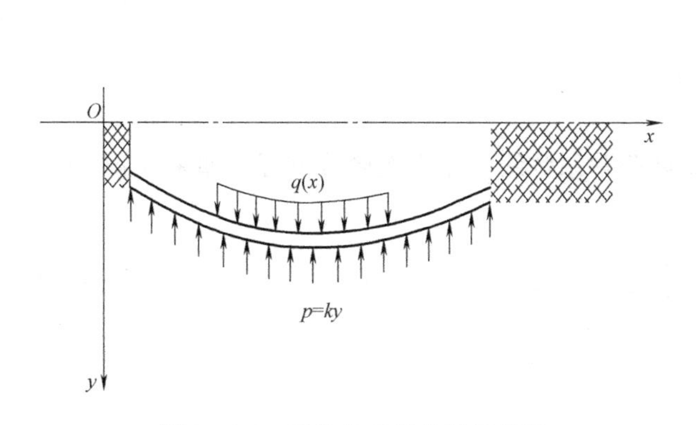

图 15.3-3 弹性地基梁的受荷变形

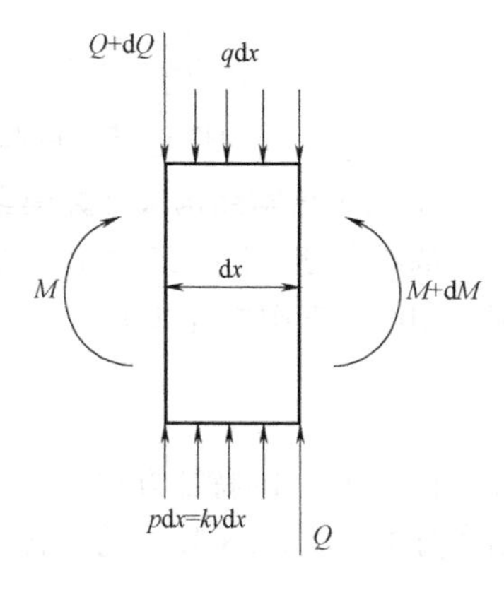

图 15.3-4 梁单元的受力情况

如图 15.3-3 所示为局部弹性地基上的梁，在荷载 $q(x)$ 作用下，梁和地基的位移为 $y(x)$，梁与地基之间的压力为 $p(x)$。在局部弹性地基梁的计算中，通常以位移函数作为基本未知量，推导 $y(x)$ 应满足的基本微分方程。在梁中取无穷小的长度为 dx 的梁单元，对它进行受力分析，如图 15.3-4 所示，由单元的竖向力平衡可得到平衡方程：

$$\frac{dQ}{dx}=ky(x)-q(x) \tag{15.3-6}$$

由 $Q=dM/dx$ 关系代入式（15.3-6）得：

$$\frac{dQ}{dx}=\frac{d^2M}{dx^2}=ky(x)-q(x) \tag{15.3-7}$$

由材料力学梁的挠曲方程

$$\frac{d^2y}{dx^2}=-\frac{M}{EI} \tag{15.3-8}$$

代入（15.3-7），整理可得：

$$EI\frac{d^4y}{dx^4}=q(x)-ky(x) \tag{15.3-9}$$

用 y 代替 $y(x)$ 得到了局部弹性地基梁的基本微分方程

$$\frac{d^4y}{dx^4}+\frac{k}{EI}y=\frac{q(x)}{EI} \tag{15.3-10}$$

可以把式（15.3-10）改写成如下形式：

$$\frac{d^4y}{dx^4}+\left(\frac{k}{4EI}\right)4y=\frac{q(x)}{EI} \tag{15.3-11}$$

式中包含着一个常数$\frac{k}{4EI}$，令一常数 β 使

$$\beta=\sqrt[4]{\frac{k}{4EI}} \tag{15.3-12}$$

于是有局部弹性梁的微分方程

$$\frac{d^4y}{dx^4}+4\beta^4y=\frac{q(x)}{EI} \tag{15.3-13}$$

式中 $q(x)$——作用在梁上的外力（N/m^2）；

EI——弹性地基梁截面的抗弯刚度（N·m²）；

β——$\sqrt[4]{\dfrac{k}{4EI}}$（1/m）；

y——弹性地基梁的挠度（m）。

2. 土工格室结构层计算模型

基本微分方程（15.3-13）是一个四阶常系数线性非齐次微分方程。如果令 $q(x)=0$，则得相应的齐次方程如下：

$$\frac{d^4 y}{dx^4}+4\beta^4 y=0 \tag{15.3-14}$$

式（15.3-14）的特征方程为：
则微分方程（15.3-13）的通解为

$$y=e^{\beta x}(A\cos\beta x+B\sin\beta x)+e^{-\beta x}(C\cos\beta x+D\sin\beta x)+\frac{q(x)}{k} \tag{15.3-15}$$

式中 $q(x)$——作用在梁上的外力（N/m²）；

β——$\sqrt[4]{\dfrac{k}{4EI}}$（1/m）；

EI——弹性地基梁截面的抗弯刚度（N/m²）；

y——弹性地基梁的挠度（m）；

k——地基系数（N/m³）。

位移 y 求得后，梁任意截面的转角 θ、弯矩 M、剪力 Q 可由式（15.3-16）求得：

$$\left.\begin{aligned}\theta&=\frac{dy}{dx}\\ M&=-EI\frac{d\theta}{dx}=-EI\frac{d^2 y}{dx^2}\\ Q&=\frac{dM}{dx}=-EI\frac{d^3 y}{dx^3}\end{aligned}\right\} \tag{15.3-16}$$

土工格室作为承重结构铺设在地基上，可近似地认为在均布荷载的作用下铺设在地基上的弹性地基梁。由于地基纵断面方向荷载为路基填土，认为荷载作用无限长，而且位移和内力不可能衰减为0。所以取路基横断面方向作为梁的铺设方向进行计算。假设路基填土荷载和作用在路基上传递到地基上土工格室结构层的荷载是均布荷载，而且对称地作用在中间。则有土工格室结构层计算示意图如图15.3-5所示：土工格室结构层梁长为 $2L$，均布荷载宽度为 $2B$，均布荷载大小为 q，取荷载作用中心，即梁的中心为原点 O。因为荷载的对称性，故计算时取 O 点截面的一边进行计算即可。

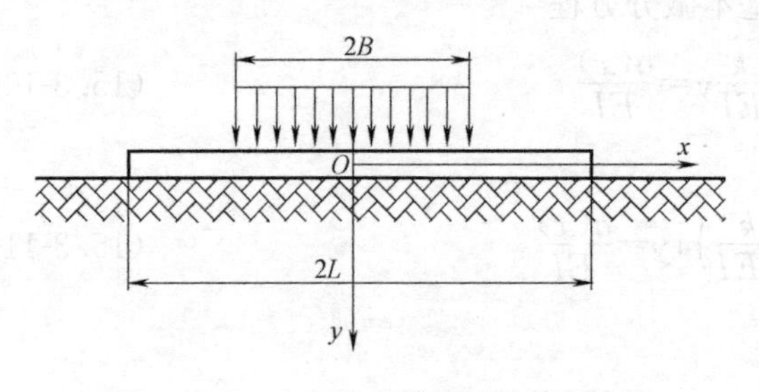

图15.3-5 土工格室结构层计算示意图

3. 计算参数的确定

对于路基填土而言，y 表示所给点的沉降大小（荷载中心，或者荷载边缘），B 为均布荷载的 1/2 宽度，一般由路基填土宽度和作用的荷载来确定。L 为土工格室结构层铺设的 1/2 宽度。k 为地基系数，需要试验测得。EI 为抗弯刚度，是由格室结构层的本身性质和截面大小确定的。下面讨论 k 和 EI 的取值。

(1) 地基系数 k 的确定

地基系数是温克尔假定的弹性地基上，引起单位沉降量所需作用于基底单位面积上的力。地基系数不仅与土的性质有关，而且也与荷载面积的大小和形状有关。此外，在这些条件相同的情况下，它随着单位荷载的增加而减小。因此地基系数对于某一种地基土，并非一个不变的常数。在通常情况下，取与地基受力条件相近情况下的地基系数来做计算。地基系数的确定有公式法，试验法，还有经验法。

(2) 土工格室结构层抗弯刚度 EI 的确定

对于弹性材料来说，抗弯刚度 EI 是由弹性模量 E 和惯性矩 I 组成的。抗弯刚度越大，在相同弯矩作用下曲率就越小，梁就越不容易弯曲。土是由固相、液相、气相组成的三相分散系，受力后颗粒之间的位置调整在荷载卸载后，不能恢复。故土在受力时除了有弹性变形外，还有不可恢复的塑性变形，它和弹性材料有很大的区别。所以对于土工格室结构层的抗弯刚度 EI 中的 E 不能用结构层的弹性模量，应该用把结构层弹性变形和塑性变形都考虑进去的变形模量来代替。土工格室结构层的变形模量可以用静力载荷试验测得，土工格室结构层的厚度必须大于承载板的影响深度（对于圆形承载板一般认为承载板的影响深度为 2 倍的直径），这样测的才是土工格室结构层的变形模量。也可根据经验，结构层的模量是单层结构层与地基组成的复合模量的 2～3 倍来确定。

① 现场铺设土工格室结构层的计算。土工格室结构层铺设于路基，其长度等于铺设的路基的长度，因此格室结构层计算梁的宽度不能取格室铺设的长度，而且对于结构层而言，填土荷载比较均匀。取单位长度 1m 作为计算梁宽。因此，在外部荷载作用下，荷载换算应该以 1m 的宽度，如果作用的荷载宽度大于 1m，则应舍弃超出 1m 的部分。计算梁高为格室结构层的高度。如高度为 10cm 的格室结构层的惯性矩为：

$$I=\frac{1\times0.1^3}{12}=\frac{1}{12000}=8.33\times10^{-5}\,\mathrm{m}^4 \tag{15.3-17}$$

② 室内模型试验土工格室结构层的计算。由于模型试验是用 50cm 的承载板来进行的静力载荷试验，故应采用荷载的影响范围作为横截面，如图 15.3-6、图 15.3-7 所示。

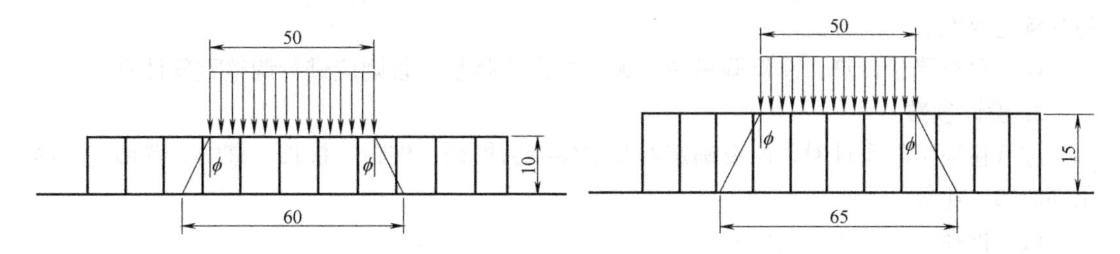

图 15.3-6 10cm 高土工格室结构层示意图　　图 15.3-7 15cm 高土工格室结构层示意图

故：高度为 10cm 的格室结构层 $I=\frac{0.6\times0.1^3}{12}=5\times10^{-5}\,\mathrm{m}^4$

高度为 15cm 的格室结构层 $I=\frac{0.65\times0.15^3}{12}=1.828\times10^{-4}\,\mathrm{m}^4$

15.3.3 设计与施工

1. 设计方法

本节介绍桩-筏复合地基设计时，以桩体采用粉喷桩为例进行介绍。利用粉喷桩加固地基的目的是为了满足工程需要，使地基获得足够的承载力，减少沉降。因此设计时要考虑的问题就是确定桩的桩长、强度、直径、桩距等，最终获得复合地基的总体承载力和确定复合地基的总体沉降量。进行粉喷桩设计时，很难做到一次计算就能达到满意的要求，常常需要调整桩长和桩距进行反复计算，直至满足要求。

粉喷桩加固地基时的计算步骤归纳如下：

（1）分析所有资料，找出设计中所需要的数据。

（2）计算出工程所要求的地基承载力。

（3）进行复合地基承载力计算，主要有：

① 根据类似的资料和经验，初步确定桩距和桩长。桩距可按每一根桩承担面积 1.0～2.0m^2估算。

② 计算单桩轴向承载力，根据试验所得的数据进行。

③ 计算灰土置换率。

④ 计算桩的数量，并对桩位进行初步布置。

⑤ 计算复合地基承载力，若不能满足要求，调整桩长、桩距后重新计算，直至满足要求。

（4）复合地基验算。主要计算桩土应力分担比，分别计算出桩和土分别承担的应力值。桩所承担应力应小于桩体的抗压强度；桩间土所承担的应力应小于桩间土的容许承载力。

（5）桩端持力层地基强度验算。根据荷重和桩长范围内的土重，计算出桩端土的总应力，使其小于该土层天然承载力。

（6）下卧层承载力计算。当持力层下有软弱下卧层时，应进行下卧层承载力计算，将下卧层以上所有的荷重及土重全部考虑进去，计算的值应小于该软弱层的承载力。

（7）复合地基实际承载力计算。当总体布置完成后，计算复合地基的实际承载力，并使其满足要求。

（8）总沉降量计算。总沉降量应不大于容许沉降量，否则应进行调整重新计算。

2. 设计参数

进行粉喷桩的设计时，所要确定的基本参数为桩径、桩距、桩长、桩的布置形式、固化剂的掺入比等。

（1）桩径

粉喷桩的桩径通常是按粉喷钻机确定的，目前常采用的粉喷钻机的钻孔直径为 0.5m。

（2）固化剂掺入量通常为被搅拌土重量的 7%～15%，可根据具体土质通过试验确定。

（3）桩距

粉喷桩的桩距一般为 1.0～1.5m，当已确定单桩承担的加固面积时，可根据下式确定桩距：

$$a=\sqrt{A_c}$$

式中 a——桩距（m），适用于正方形和等边三角形；当采用长方形布桩时，可由 A_c 值试算确定两个方向的 a_1 和 a_2；

A_c——单根桩承担的处理面积，一般取 1～2m^2。

通常桩距 a 和一个桩承担的面积 A_c 要进行互相试算和调整后确定。

（4）桩长

确定桩长可采用以下几种方法：

① 当因地质条件及施工因素限制桩长，或根据土层结构情况可以定出桩底标高时，应先按实际情况定出桩长；

② 当搅拌桩的加固深度不受限制时，应先通过室内试验选定固化剂掺入比 μ_p 和试验的无侧限抗压强度，求出单桩承载力，计算出桩长；

③ 根据总荷载和总桩数，先选定单桩承载力，然后求出桩长。

15.3.4 桩-筏复合地基工程实例

1. 概述

桩-筏体系是竖向增强体复合地基与水平向增强体复合地基的结合，仍属于复合地基范畴。桩-筏体系是指把填充砂砾土的土工格室铺在竖向增强体复合地基上形成的一种体系，包括柔性筏基与竖向增强体复合地基两部分。

柔性筏基是应用充满砂土的土工格室，将其铺设在桩体上部与路堤土体底部结合部位，形成一个柔性的整体板块结构物。采用土工格室加筋配合各种桩类的柔性筏基技术处理软基是一种行之有效的方法，筏基技术可以在各种桩类顶面铺设土工格室与砂砾等组成加筋垫层。充满砂砾的土工格室形成具有一定抗弯刚度的柔性板，由土工格室和土体组合的柔性板块，可以约束路堤底部侧向变形，调整荷载分布，协调桩土共同受力，充分发挥桩间土的作用，提高复合地基的整体效能。

铺设土工格室垫层后，当有荷载施加到充满填料的土工格室上面时，由于格室的侧限作用和格室与填料间的相互摩擦，使大部分垂直力被转化为向四周分散的侧向力，因而每个格室彼此独立，相邻格室的这些侧向力大小基本相等，方向相反而互相抵消，从而降低了地基的实际负荷，使地基承载力得以提高。

2. 工程实例

甘肃尹家庄—中川机场高速公路 K25＋665～736 段路基平均填土高度 6.30m，路基宽度 28m，地基土由两部分组成，上部为新近堆积黄土，硬塑状，具有强烈湿陷性，层厚 0.6～0.9m，下部为软黄土，呈软塑～流塑状，天然含水率 27.6～29.3，孔隙比 0.92，层厚 9.0～15.0，天然地基承载力仅为 70kPa，无法满足工程需要，为了提高地基承载力，减小路基不均匀沉降，采用水泥粉喷桩＋土工格室柔性筏基对软黄土地基进行了处理（处理方案见图 15.3-8）。同时在 K25＋706 处右半幅地基布置了测试断面（图 15.3-9），以检验加固效果，并与有限元分析结果进行对比。结果如图 15.3-10～15.3-12 所示。

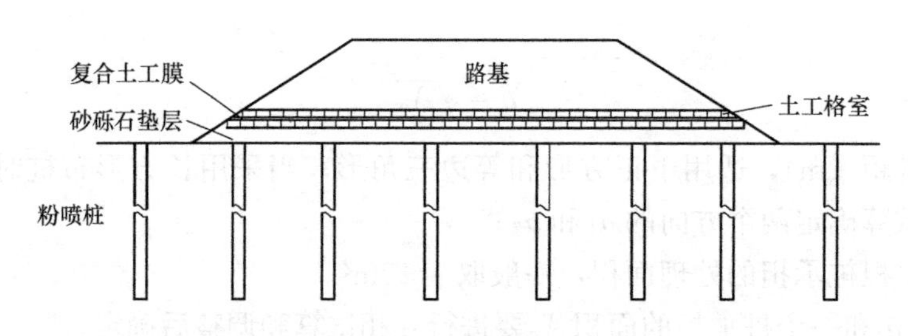

图 15.3-8 桩～筏体系处理方案

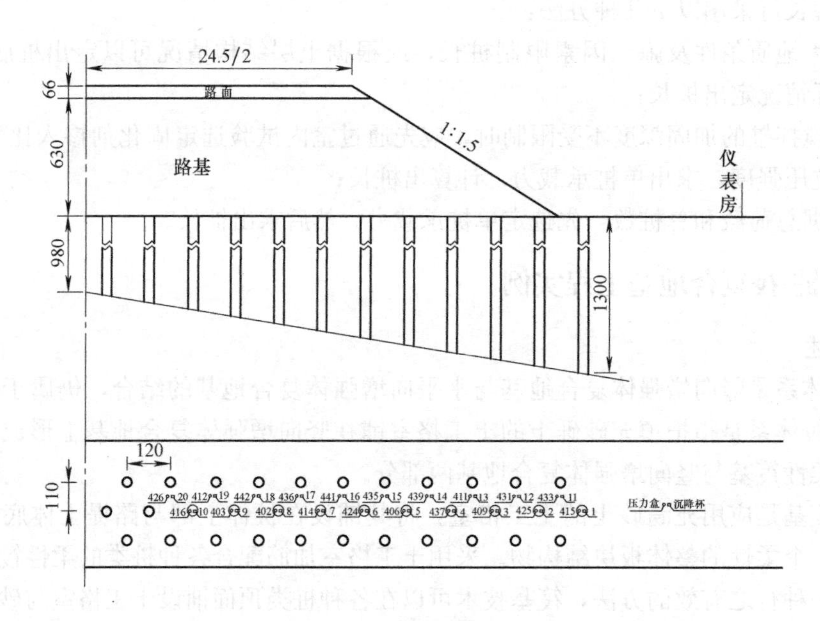

图 15.3-9 测试元件布置图

分析图 15.3-10～15.3-12 中所示结果可以看出：

有限元计算结果表明，在复合地基顶部是否铺设土工格室对计算结果有较大的影响，铺设土工格室时的桩土应力比大于不铺设时的计算结果，沉降和侧向位移则小于不铺设土工格室时的计算结果，即铺设土工格室可以适当减小地基的沉降，约束地基的侧向位移，但是却使应力向桩体集中。

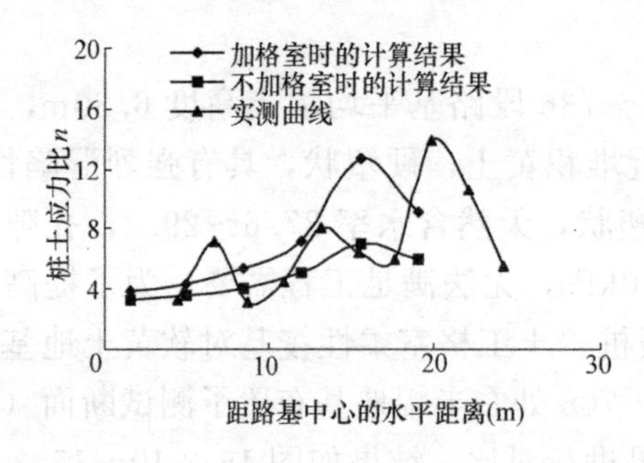

图 15.3-10 桩土应力比-水平距离关系曲线

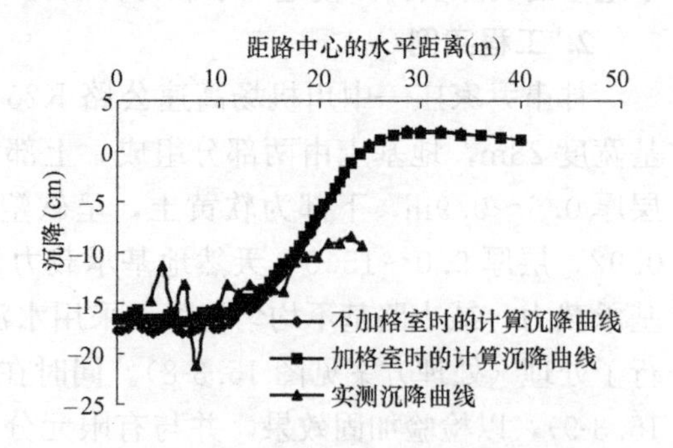

图 15.3-11 沉降-水平距离关系曲线

3. 效果评价

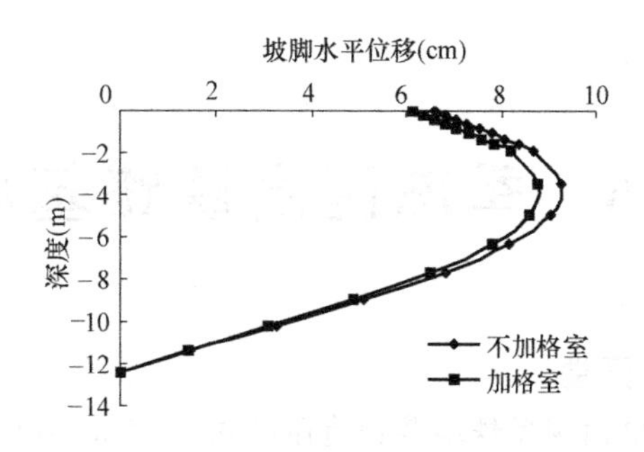

图 15.3-12 侧向位移沿深度的分布曲线

尹中高速公路从 2000 年 11 月开始，至 2001 年 5 月结束，经过 6 个月的紧张施工，共处理软基 3.5km，完成水泥粉喷桩 64 万延米。尹中高速公路软基处理结束后，尹中现场办组织有关单位对处理地段进行了开挖检查、钻孔取芯、静载荷试验等方法进行了质量检测，检测结果表明：软基处理地段的复合地基承载力完全满足设计要求。在随后一年多的运营观测中，路基未发生不均匀沉降现象，累计最大沉降量小与 5cm，并已趋于稳定，表明桩-筏式复合地基加固软黄土基效果理想。

16 季冻区高铁路基冻胀变形控制技术

赵国堂
（中国国家铁路集团有限公司，北京 100844）

16.1 引言

我国是一个冻土大国，冬天冻结、春天融化的季节性冻土区约占国土面积的 53.5%，其中冻结深度大于 1m 的深季节冻土区约占国土面积的 1/3。高铁是国家重要的基础设施和民生工程，根据规划，我国季冻区高铁建设里程将达到 15000km。

我国严寒季冻区天然土壤冻胀量可达 400mm，普速铁路路基冻胀量要求控制在 150mm 以内，而高铁要求轨道高低不平顺静态限值为 2mm、动态一般按舒适度标准限值 6mm 控制，当轨道高低不平顺静态值超过 8mm（弦长 10m）、动态值超过 10mm（波长 1.5～42m）时，就无法保障 300km/h 及以上速度运营的安全，必须限速至 200km/h 运行，路基的冻胀变形和毫米级的控制标准矛盾尖锐，严寒季冻区一度被视为高铁建设的“禁区”。

季冻区路基冻胀控制的技术路线和多年冻土区截然不同，后者要求控制多年冻土不融化，青藏铁路采用的通风管、热棒、片石等散热技术，有效保护了多年冻土的稳定，开通运营 10 多年来，轨道平顺性保持良好，列车运营安全和效率得到了保障；而前者要求控制路基冬季不冻胀或微冻胀，这就需要对决定土体冻胀的温度、水和土质进行深入研究，特别是哈大高铁在冻结深度范围内采用了粗颗粒土填料进行填筑，开通运营的第一年仍然出现了局部工点较大的冻胀变形量，只能实行冬季夏季不同的列车运行图，即列车运行速度冬季为 200km/h、夏季为 300km/h。

本章总结了严寒季冻区高铁路基冻胀变形控制技术研究成果。以哈大、兰新高铁为研究对象，分析了哈大高铁以路基浅层冻胀变形为主的冻胀特征，揭示了高铁路基水分迁移和水汽迁移冻胀机理及细颗粒簇团冻胀机理；介绍了路基防冻胀设计方法，讨论了路基温度场、冻结深度及冻胀量计算方法，提出了严寒季冻区高铁无砟轨道路基冻胀管理标准的确定方法；研究了基于细颗粒簇团率控制的透水型、防水型两种防冻路基胀结构，研发了混凝土基床；作为我国高铁防冻胀技术的重要组成部分，研发应用了抗冻胀无砟轨道结构。

16.2 高铁路基冻胀机理

土体冻胀是自然界客观存在的一种物理现象，经过 100 多年的研究和探索，相继提出了第一和第二冻胀理论、刚性冰理论和分凝势理论等，其核心是水分迁移机理，即土体冻结时，冻结层随冻结锋面自上而下移动，土中水分向冻结锋面迁移并发生聚冰作用，由于水冻结时产生9%的体积膨胀率，冰层及冰透镜体的形成将引起土体体积增大，产生冻胀。第一冻胀理论认为水分的迁移是由于冻胀压力和抽吸压力作用下产生的；第二冻胀理论认为在冰透镜体和未冻区之间存在冻结缘，由于温度梯度的存在，水分发生自下而上的迁移；刚性冰理论从力学性质方面解释了冰透镜体的形成，视孔隙冰和孔隙水之间的应力为中断应力，当有效应力足以抵挡外载时，冻结缘内就会萌生新的冰透镜；分凝冻胀理论认为冻胀最基本的原因是在冰-水界面上，土粒和薄膜水层支撑着冰透镜体的重量，薄膜水层中的似固体应力决定着土的冻胀应力，薄膜水层顶部与土颗粒之间有一定的空隙，当冰透镜体冻结时，水必须从相邻区域被抽吸过来以保持薄膜水的最原始的厚度。

根据上述经典冻胀理论，冻胀的发生必须具备一定外在和内部条件，外在条件是存在冻结温度以及水分补给，且温度梯度与水力梯度一致；内部条件是土壤有一定的渗水和持水能力。封闭土样不产生显著冻胀是由于没有水补给；粗颗粒土不产生冻胀是由于其不具有持水能力，黏土中冻胀量小是由于其渗透系数很小；而粉土在合适的温度梯度、水力梯度下，可以产生大量冻胀。很明显，传统的冻胀理论关注的是液态水的向上迁移和相变，不能解释粗颗粒土中的冻胀，也不能解释干燥土壤中发生的冻胀。因此，在高铁路基冻胀机理研究中，除了传统冻胀理论继续得以应用外，对粗颗粒土填料和我国西北干旱地区高铁路基冻胀机理进行了研究，形成了不同的学术结论，为高铁路基冻胀控制提供了理论支撑。

16.2.1 高铁路基冻胀特征

1. 概述

哈尔滨至大连（哈大）高铁是世界上第一条严寒地区高速铁路，纵贯东北三省，连接3个省会城市和大连、营口、鞍山、辽阳、铁岭、四平、松原7个地级行政区，与秦沈和京沈客运专线构成了东北地区最为重要的进出关大通道，是我国“四纵四横”高速铁路网的重要组成部分。线路全长921km，其中新建线路长度为904km，设计速度为350km/h，全线设23个车站。

沿线气候由南向北在气温、湿度、雨量等方面逐渐变化（表16.2-1），最冷月平均气温−0.9～−23.2℃，极端最高温度36.5℃～39.8℃，极端最低温度−19.3℃～−39.9℃，平均相对湿度62%～65%，年平均降雨量481.8～682.7mm，土壤最大冻结深度93～205cm，最大积雪厚度可达17～30cm。根据最冷月平均气温，沿线气候分区除大连地段为寒冷地区外（−8℃～−3℃），其余均为严寒地区（低于−8℃）。

哈大高速铁路沿线主要城市气象资料　　表16.2-1

城市	最冷月平均气温（℃）	极端最高气温（℃）	极端最低气温（℃）	年平均降水量（mm）	土壤最大冻结深度（cm）
大连	−3.9	37.8	−19.3	658.0	93
鞍山	−8.1	36.7	−25.6	674.7	118
营口	−8.5	36.8	−28.0	670.0	118
沈阳	−11.5	36.1	−32.9	682.7	148

续表

城市	最冷月平均气温（℃）	极端最高气温（℃）	极端最低气温（℃）	年平均降水量（mm）	土壤最大冻结深度（cm）
铁岭	−17.5	37.6	−34.6	660.4	166
开原	−13.4	37.1	−37.9	660.6	137
昌图	−12.9	36.5	−32.8	624.9	150
四平	−13.5	37.3	−34.6	632.7	148
公主岭	−14.4	36.5	−35.5	573.9	156
长春	−15.1	38.0	−36.5	570.4	169
德惠	−16.9	39.8	−39.9	511.0	182
扶余	−23.2	38.6	−37.3	502.2	197
双城	−18.1	38.5	−39.0	481.8	205
哈尔滨	−19.2	36.7	−34.6	541.1	205

高铁路基一般由路基本体和地基两部分组成，其中路基本体又分为基床表层、基床底层和基床以下路堤三部分。无砟轨道基床表层厚0.4m、底层厚2.3m，部分地段基床表层厚度增加到0.55m，基床底层如果在冻结深度范围内则采用非冻胀填料，在冻结深度以下的采用一般的A、B组填料。基床底层顶面铺设一层厚0.05m的中粗砂垫层，上铺一层厚0.15m左右的防渗复合土工膜（两布一膜）。路基面采用纤维混凝土封闭。基床表层的级配碎石和基床底层的非冻胀填料中细颗粒含量要求低于5%，填筑压实后细颗粒含量低于7%。

2. 路基冻胀监测方法

路基冻胀的现场监测采用了人工观测和实时监测两种方式。人工观测利用既有的精密测量网进行。路基上沿线路方向一般50m左右布设一个监测断面，每个断面分别在CRTSⅠ型板式轨道的凸形挡台上及路基左右两侧路肩上各布设1个测点，共4个监测点。凸形挡台为混凝土刚性结构，其变形可作为线路中心路基的总体变形。考虑到路基冻胀对水准点的影响，利用路基两端大桥及路基中间小桥或涵洞顶上的CPIII点为水准基点建立监测高程控制网，用精密电子水准仪自动记录观测模式进行二等水准人工高程测量。

实时监测内容包括变形、温度和水分，分别在瓦房店、鲅鱼圈、鞍山、沈阳、铁岭、开原、毛家店、四平、公主岭、德惠、扶余、双城、王岗13个区段设置了59个监测断面，在线路中心、左右路肩、坡脚及坡脚外自然土体中设置监测点。采集系统采用远程控制模式，可根据实际情况智能设定采样频率，冬季监测频率可达到1次/5min，夏季采样频率为1次/2h。

3. 冻胀变形的时变规律

图16.2-1是实时监测得到的路基冻胀变形随时间的变化规律。从路基冻胀变形特点来看，虽然各测点冻胀变形量值上有较大的差异，但随时间变化的规律性非常明显，可以划分为4个阶段，包括初始冻胀、快速冻胀、平稳冻胀和融化回落：

（1）初始冻胀一般持续20～45d左右，冻胀量呈波动性变化。

（2）快速冻胀一般持续20d左右，产生的冻胀量占总冻胀量的95%以上，冻胀速率最大能够达到 0.5mm/d。

（3）平稳冻胀持续时间 70～110d 左右，产生的冻胀量占总冻胀量的 5%左右。

（4）融化回落和冻胀上拱不同，后者是单向的从路基表层向深部逐步冻结的过程，前者则随着气温和地温升高，路基浅层和深层的冻结层同时开始融化，因此，前者的回落速度一般很快，可以达到冻胀速率的 1.5 倍，最大可达到 0.8mm/d。路基冻胀回落以后，受填料特性影响，一般存在一定的残余变形。

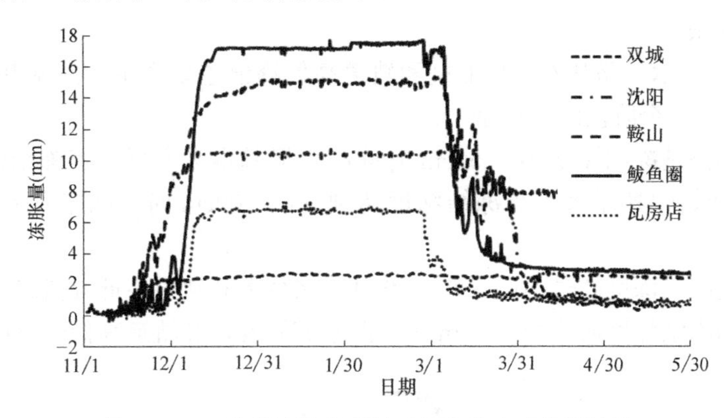

图 16.2-1　路基冻胀变形随时间变化实时监测结果

4. 冻胀变形在深度上的分布特征

尽管可以用冻结深度与冻胀率来估算冻胀量，但是在路基冻结过程中由于填料特性、含水率和上覆压力的不同，不同深度上的路基冻胀变形量存在一定的差异性。根据实时监测结果和综合检测列车轨道检测结果，可以将冻胀变形与冻结深度的关系分为表层（浅层）冻胀、深层冻胀和复合型冻胀 3 种类型。冻胀变形随冻结深度的变化总体上分为发展期、稳定性和回落期 3 个阶段，3 种冻胀类型的差异主要是发展期冻结深度的不同。

（1）表层冻胀

如图 16.2-2 所示，路基冻胀变形量和轨道高低峰值最大值主要产生在路基基床表层范围内，3 个阶段的特点是：

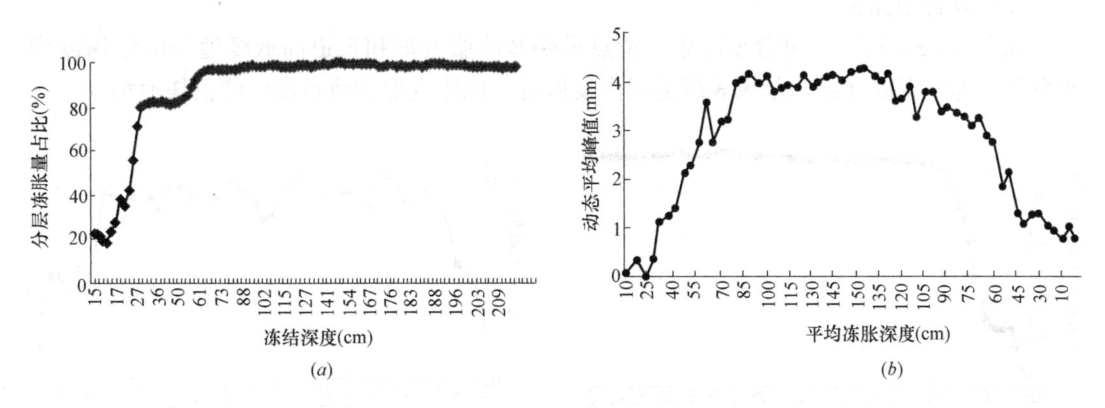

图 16.2-2　表层冻胀特征

(*a*) 德惠监测断面分层冻胀与冻深关系；(*b*) 轨道高低随冻深变化规律

发展期：当冻结深度超过 20cm 时，路基冻胀变形或轨道高低峰值快速增加，当冻结深度达到 60cm 左右时，路基冻胀变形量达到总冻胀变形量的 95%以上；当冻结深度处于 60～80cm 时，轨道高低峰值达到最高值。

稳定期：冻结深度超过 80cm 以后，达到最大冻结深度时，路基冻胀变形和轨道高低峰值基本保持稳定。

回落期：当冻结深度回落至 90cm 时，轨道高低峰值开始下降，当冻结深度从 80cm 回落至 50cm 时，路基冻胀和轨道高低峰值回落最快。

(2) 深层冻胀

如图 16.2-3 所示，路基冻胀变形量和轨道高低峰值主要产生于路基基床表层以下的路基基床底层中，3 个阶段的特点是：

发展期：当路基冻结深度小于 50cm 时冻胀变形基本无发展，当冻结深度超过 50cm 以后冻胀变形开始快速增大，当冻结深度达到 90～100cm 时，冻胀发展较快并达到最大值。

稳定期：当冻结深度超过 100cm 时，路基冻胀变形和轨道高低峰值趋于稳定。

回落期：当冻结深度回落至 100cm 时，路基冻胀变形和轨道高低峰值回落迅速。

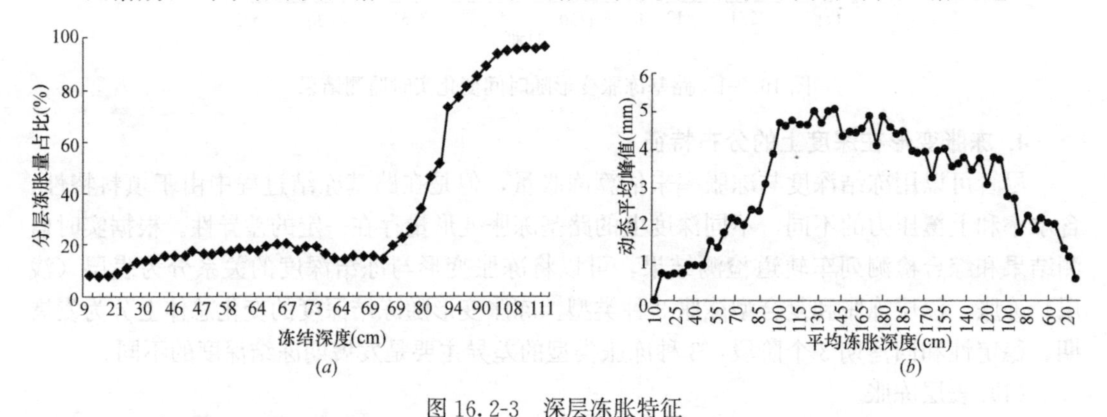

图 16.2-3　深层冻胀特征

(a) 瓦房店监测断面分层冻胀与冻深关系；(b) 轨道高低随冻深变化规律

(3) 复合型冻胀

如图 16.2-4 所示，复合型冻胀的特点是路基冻胀变形和轨道高低峰值与冻结深度同步发展，冻结深度在路基基床表层范围内发展时，冻胀变形和轨道高低峰值快速增加；冻

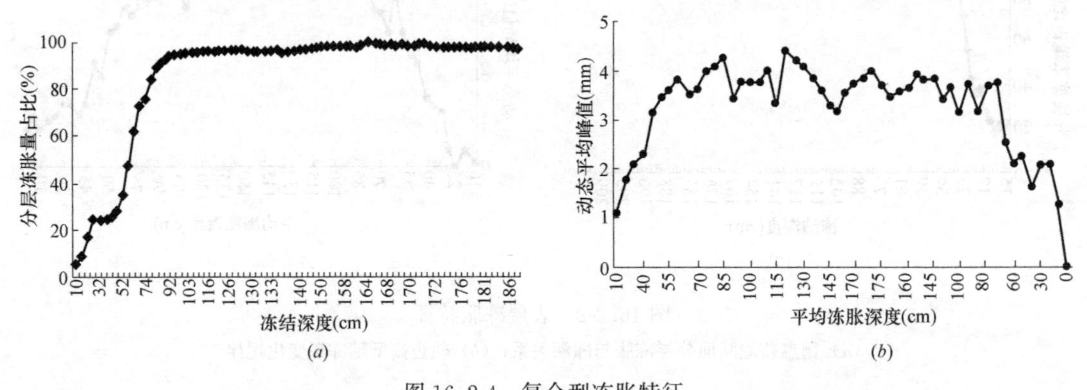

图 16.2-4　复合型冻胀特征

(a) 沈阳监测断面分层冻胀与冻深的关系；(b) 轨道高低随冻深变化规律

结深度超过基床表层进入基床底层时，路基冻胀变形和轨道高低峰值进一步发展，直至冻结深度达到 100cm 左右时进入稳定期。

路基冻胀变形和高低峰值的下降从冻结深度回落至 120cm 时开始，当冻结深度回落至 80cm 时，路基冻胀和轨道高低峰值回落最快。

根据监测结果得到图 16.2-5 和图 16.2-6 统计曲线，路基基床表层冻胀量占总冻胀量的比例最小 48%，最高达到 94%，平均为 73%；路基冻胀发展期内分层冻胀量占总冻胀量 90%时对应的冻结深度达到基床表层厚度的占 35%，达到 150cm 的占 95%，仅有 3 个监测断面的冻结深度超过 150cm。

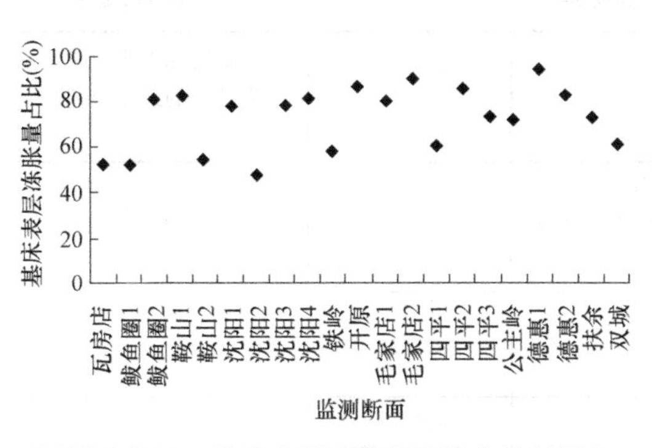

图 16.2-5 基床表层冻胀占比分布特征图

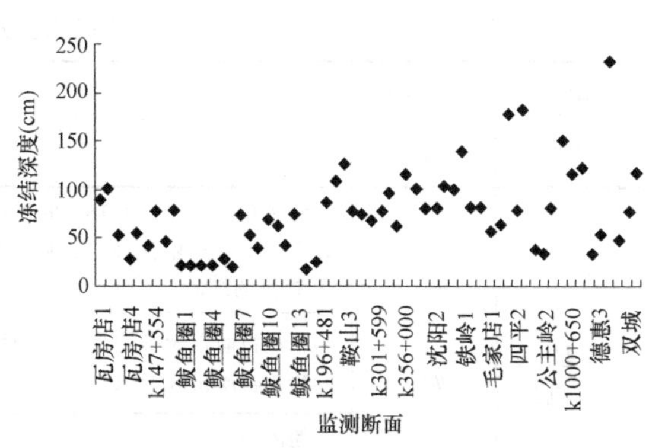

图 16.2-6 达到最大冻胀量 90%时的冻深分布

16.2.2 高铁路基水分迁移冻胀机理

根据哈大高铁监测结果，严寒季冻区高铁路基冻结深度在 3m 以内，95%的冻胀变形发生在 1.5m 的基床内，其中基床表层冻胀量占总冻胀量的比例平均为 73%、最高可大 94%，表明高铁路基的冻胀主要发生在基床粗颗粒土填料范围内，主要的冻胀变形产生在基床表层的级配碎石填料范围内。

纯净的粗颗粒土在冻结过程中不会发生水分向冻结锋面迁移，而是出现向下排水的现象，这使得其在冻结过程中冻胀量很小或不冻胀；当粗颗粒土中含有细颗粒且随着细颗粒含量不断增加时，由于相同质量的细颗粒土比表面积远大于粗颗粒土，使得土与水的相互作用能力不断增大，相应土的冻胀敏感性也不断增大。当粒径为 0.05～0.002mm 时，土体具有最大的冻胀性，冻结期间向冻结前缘带的水分迁移非常强烈，可形成厚度不等的冰透镜体，属强冻胀或超强冻胀，因此，一般将粒径 0.05mm 或 0.075mm 以下的土粒定义为细颗粒；由于不同工程冻胀控制标准的差异，国内外制定的细颗粒含量限值差异较大（表 16.2-2），我国运营速度不大于 160km/h 的普速铁路，路基冻胀的控制标准为不超过 150mm，填料冻胀性分为五类，其中第Ⅰ类为不冻胀土（表 16.2-3），平均冻胀系数不大于 1%，对应的粗颗粒土要求粉黏粒含量不大于 15%。

不产生冻胀的细颗粒土含量界限值 **表 16.2-2**

国外	德国	砾石（细颗粒含量≤8%）
	日本	砾石（细颗粒含量≤15%）
		砂（细颗粒含量≤5%）
	法国	砾石（细颗粒含量≤5%）

续表

国外	美国	砾、砂(细颗粒含量≤5%)
	瑞典	砾石(细颗粒含量≤3%～10%)
	波兰	粗颗粒土(细颗粒含量≤5%)
国内	交通部	碎石类土、砾砂、粗砂、中砂(细颗粒含量<15%)
	住建部	细砂(细颗粒含量<10%)
	水利部	粗颗粒土(粒径小于0.05mm的土含量≤6%)

铁路冻土分类标准 **表16.2-3**

冻胀类别	平均冻胀系数 η(%)	土的类别	冻前含水率 ω(%)	冻结期地下水位距冻结面的最小距离(m)
Ⅰ 不冻胀	$\eta \leq 1$	粉黏粒质量不大于15%的粗颗粒土(包括碎石类土、砾、粗、中砂)和粉黏粒质量不大于10%的细砂	不考虑	不考虑
		粉黏粒质量大于15%的粗颗粒土; 粉黏粒质量大于10%的细砂	$\omega \leq 12$	>1.0
		粉砂	$\omega \leq 14$	>1.0
		粉土	$\omega \leq 19$	>1.5
		黏性土	$\omega \leq \omega_P + 2$	>2.0

由于高铁对轨道不平顺控制的标准是毫米级，在冻结深度超过1m情况下，即使采用平均冻胀系数不大于1%的不冻胀填料填筑路基，产生的冻胀变形量也达到了厘米级，不能满足高铁的要求。试验发现，细颗粒含量小于7%的粗颗粒土填料，其冻胀量较小[1]，故我国季冻区冻结深度内的路基填料要求细颗粒含量不超过5%，压实后不超过7%。但是现场实施中也发现，细颗粒含量降低到一定程度后会导致路基压实性能变差[2]，压实指标难以达到标准的要求，根据试验[3]，细颗粒含量为9%时，可以将冻胀变形控制在标准范围以内，且压实效果比较好。

试验还发现[4]，随着细颗粒含量的增多，粗颗粒土的冻胀敏感性增加，抗剪强度有所损失。冻结状态下粗颗粒土的强度应由本身粗细颗粒的强度、颗粒之间的咬合力和黏聚力、冻结的孔隙冰等共同承担[5]；随着温度的降低，未冻水含量减少，填充于孔隙中的冰晶体对强度的贡献递增；含水率的影响主要体现在增强土颗粒与孔隙冰之间的联结作用。虽然冻结状态下粗颗粒土的强度有所提高，但伴随而来的是对土体结构更加明显的破坏作用。因此，在多次冻融循环的强风化作用下，细颗粒含量会因粗颗粒的破碎、粉化而增大[6]。

温度对冻胀的影响表现为温度降低速率和温度梯度两个方面。当温度降低速度较快，土中的弱结合水和毛细水来不及向冻结区域迁移积聚就被冻结成冰，毛细水的补给通道也被冰层所堵塞，水分的迁移和积聚无法继续进行，当温度降低较慢时，负温持续时间较长，在外界补水条件下，粗颗粒土中的毛细水不断向着冻结锋面迁移积聚，土中出现明显的冰晶体，从而导致冻胀现象的产生。开放条件下单向冻结试验表明，冻结速率对冻胀量有显著影响，以 0.2℃/h 降温时的冻胀率是 1.0℃/h 的 1.77 倍[7]。

关于温度梯度对微冻胀的影响相关学者得到了差异的结论，对各影响因素的灰色关联度分析结果表明，在冻结点以下，温度梯度对冻胀程度的影响相对较小[8]；封闭式顶板下非饱和粗颗粒土的单向冻结试验表明，较大的温度梯度有助于水汽的迁移[9]。产生差异性的原因可能在于不同矿物成分的导热性能差异较大，如石英导热系数是其同类的 3 倍有余[10]，在其他条件相同时，冰透镜的位置主要取决于粗颗粒的物理性质。

另外，在土壤三相体系中热量传递遵循“优势流”原则，其优先顺序是固体颗粒、水、空气、冰和水的导热系数相差近 4 倍[11]，在冻结过程中冰晶和未冻水会填充孔隙，造成热传导路径改变。因此，根据粗颗粒土的工程特性，在研究温度因素对微冻胀的影响时，应以多孔介质理论作为依据，同时考虑由相变和填充所引起热传导路径的改变才更为适合。

荷载对粗颗粒土冻胀有一定的抑制作用，其原因在于外载导致颗粒之间的接触应力增加[12]，满足冻胀力大于上覆荷载的先决条件变得更加困难；水分补给受到了自上而下应力梯度的影响[13]，抵消了部分以温度梯度或毛细力所引起的自下而上的水分迁移；土粒的初始含水率和水分冻结温度会降低[14]，冻结缘更近于地表，冻结深度随之减小。试验发现[15]，随着外荷载值的增大，细颗粒土的冻胀率逐渐减小，当静荷载值等于动荷载幅值的一半时，动、静荷载对细颗粒土的冻胀影响基本相同。对荷载在浅基础地基土冻胀变形的抑制作用试验表明，外荷载加大后冻胀速度急剧减小；外荷载对地基土冻胀抑制作用的影响系数随着基础下冻结土层的增加而减小。

水是土体冻胀的必要条件。在封闭系统中，只有当土体中的初始水分含量达到某一临界值时，土体才会发生冻胀，并且冻胀量随着土中含水量的增大而增大，最终趋向一个定值。而在开放系统中，粗颗粒土的冻胀性能将大大提高，特别是水分迁移作用显著，即当温度降至冰点以下时，孔隙中的水率先凝结成冰，但在土壤颗粒表面仍存在具有较低自由能的未冻水膜。因此，水势梯度和温度梯度在相同的方向上发展，促成冷端向暖端吸水，补充的水分再形成孔隙冰，随着孔隙冰的不断积累，它们最终会相互连接形成一个垂直于热量和水流方向的定向冰透镜[16]，如图 16.2-7 所示。

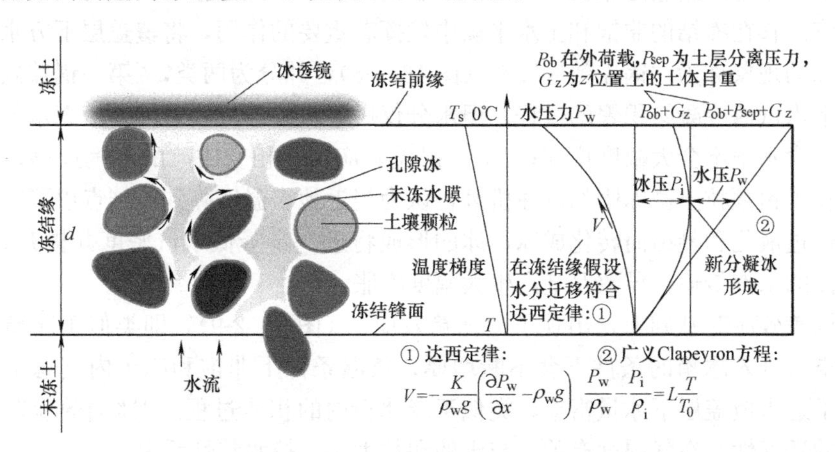

图 16.2-7　冰透镜的形成与冻结缘处 Clapeyron 方程的适用模型

水分根据补给来源可分为两种，一是大气降雨和融雪在白天渗透到路基或排水沟回流形成的自上而下供水机制。由于昼夜温差，冻融循环温度在0℃上下波动，使其即使在高温时段冰透镜也不能完全融化，融冰与渗水被保存在其之上，待夜间温度降低到冻结点以下时，会导致冻胀现象的产生，但依据这种机制只能解释日平均气温在冻结点附近波动的冻胀现象（初始波动和融沉变形阶段[17]）。另一方面，渗流水也有可能进入到粗颗粒土中（透过土工膜），在负温来临前增加了初始含水率，但因粗颗粒土的持水性能很差，所产生的冻胀量也非常有限。二是自下而上的供水机制，其影响关键在于地下水距表层粗颗粒土填料的深度，毛细上升的最大高度决定了地下水到冻结前缘的最小距离，故在一定范围内，地下水位越高，对粗颗粒土冻胀的影响则更为深远。有研究者[18,19]推测高速列车压载的反复作用会在深富水路基下产生超静孔压力，由于在寒冷季节冻结前缘上方的土层已被冻结，下部形成一个较为密封区域，导致这种压力不宜消散，地下水被持续不断的“泵送”到冻结缘，促进了微冻胀期间热质交换的过程，造成较大的冻胀量。

16.2.3 高铁路基水汽迁移冻胀机理

兰州至新疆客运专线（兰新客专）全长1777km，其中超过1000km线路修建在极旱戈壁沙漠地区，气候干燥，雨量稀少，年均降雨量只有114～195mm，地下水位较深。监测数据表明[20,21]，路基冻胀主要发生在路基表层（0.5m）范围内，采用哈大高铁同样标准的粗颗粒土填料填筑，但冻胀量超过10mm的监测断面在2016年占40%，2017年占60%，其冻胀变形较降雨量较大的哈大高铁严重。

干旱地区高铁路基冻胀问题打破了对冻胀三要素的认识，特别是水作为冻胀的必要条件，在干旱地区的冻胀难以用以Philip和de Vries模型为基础的传统水热耦合迁移理论来解释，因为Philip和de Vries模型认为土中液态水及气态水迁移都是由基质势梯度和温度梯度驱动，而水气密度与基质势和温度相关，遵循热力学平衡；基质势又与含水率相关，即土水特征曲线。因此，水气冷凝会使土中液态水含量增加，同时减小基质势，增大相对湿度，进而抑制了水气运移。所以传统的水热迁移理论上总存在一个水热气的平衡点，土体内水分不会无限增加，非饱和路基饱和乃至发生冻胀不可能发生。

为揭示干旱地区路基冻胀机理，国内学者提出了以水汽迁移为核心的“锅盖效应”理论，即水汽迁移在冻结的非饱和土水平衡中发挥着重要的作用，将覆盖层下方水分积聚甚至达到饱和的现象称为“锅盖效应”[22]（图16.2-8），并分为两类，“第一锅盖效应”是在温度梯度下水汽遇冷凝结积聚的过程，但水分仅做短暂的停留，最终以液态水的形式排出或者返回，含水率不会大幅度增加；“第二锅盖效应”是相变成冰的水汽迁移，从一个新的角度解释了粗颗粒土微冻胀的内在机理，认为当近地表温度降到冻结点以下时，覆盖层下的水汽通过液化和凝结而转化成冰，冰的形成将进一步降低水汽密度并提升基质吸力，加速近地面的水汽传输，导致路基产生大幅度冻胀。

在“锅盖效应”基础上，出现了“冰箱效应”（图16.2-9），即类似于冰箱里的冰层在有湿润空气进入冰箱的条件下会不断增厚，负温条件下非饱和冻土内气态水迁移、凝华，导致不透水覆盖层下冰量富集，类似于老冰箱内的积冰过程。“冰箱效应”只与温度梯度、土的透气性、空气湿度有关，与土的颗粒大小、持水特性无关。

目前国内外的岩土工程设计体系都重视液态水的影响，而几乎未曾考虑气态水的迁移、聚集和相变问题，“冰箱效应”致灾过程易被忽视。传统岩土工程设计仅考虑防水隔

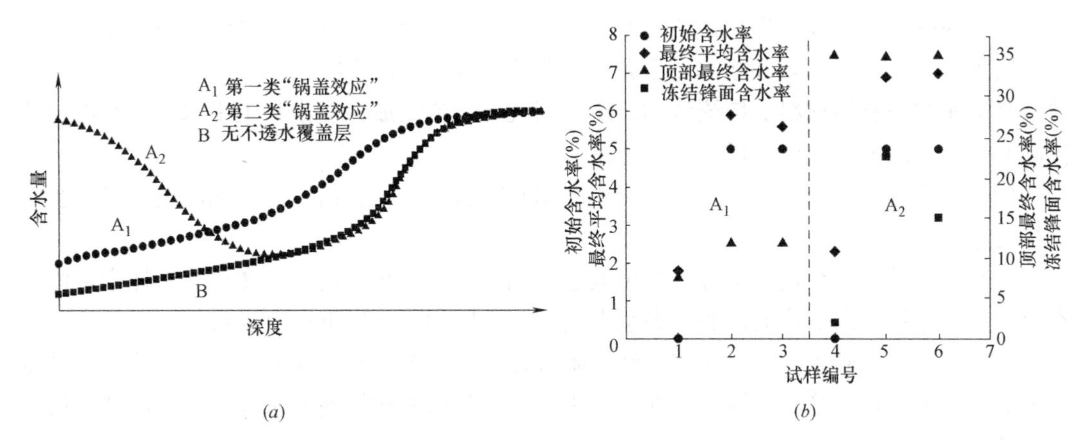

图 16.2-8 现有理论对两类"锅盖效应"的对比

(a) 不透水覆盖层下的"锅盖效应"；(b) 试验结果

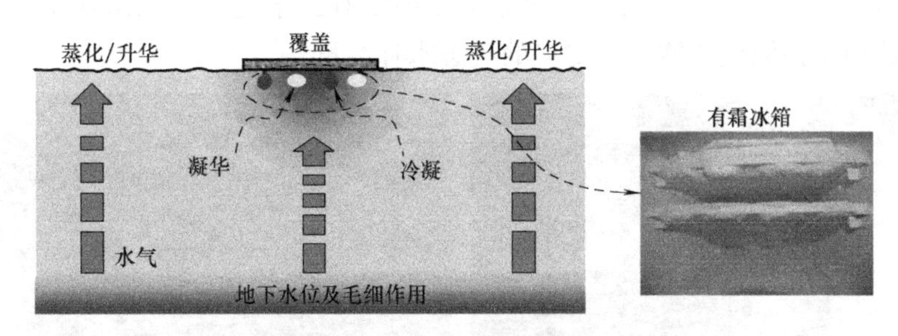

图 16.2-9 冻胀的"冰箱效应"

水，较少涉及防气隔气，因此"冰箱效应"具有重要工程意义。另外，"冰箱效应"涉及水热气在负温条件下非饱和土内的迁移，传统冻土力学仅考虑液态水的迁移，忽视气态水的作用，而非饱和土力学往往只研究正温土体的性质，对负温条件下含有孔隙冰的非饱和土极少涉及，因此"冰箱效应"的研究涉及非饱和土与冻土的交叉创新研究，属于新兴研究领域，具有重要学术价值。

为更深入地研究"冰箱效应"，研制了测试非饱和冻土性质的系列室内试验新设备，包括非饱和冻土水气迁移试验仪、核磁共振非饱和土微结构测试仪和非饱和冻土透水透气联动测试仪。非饱和冻土水气迁移试验仪器由两个温度控制器（温度范围约为－30～＋90℃，精度为 0.1℃）、试验土柱（直径 10cm、高 13.5cm）、补水装置（马氏瓶）和数据采集系统组成。核磁共振非饱和土微结构测试仪由核磁体、控温设备、数据采集系统组成，可以测试非饱和土冻结过程水-冰相变规律、土体的微观孔隙结构。非饱和冻土透水透气联动测试仪可以精密控制负温条件，测试非饱和粗颗粒填料的透水透气规律，研究孔隙冰、未冻水对透气、透水的阻滞作用。

基于研制的系列试验装置，研究了非饱和粗颗粒料的气态水流动规律，揭示水气凝华的影响机制和致灾规律。试验选择粗颗粒纯净石英砂作为试验材料，因为纯净砂在排水和冻胀敏感性方面通常被认为是一种良好的岩土材料。试验探究了一系列因素对冻害的影响规律，包括初始含水率、干密度、边界温度、供水方式和时间条件，明确了冻害致灾规律。根据试验结果可以发现：

（1）在一定的温度边界下，纯净的石英砂同样会积聚大量的冰，导致土体中总含水率大幅增加（图 16.2-10），而积冰主要是由气态水-冰凝华作用形成。这一结果挑战了粗颗粒土是冻胀非敏感性材料的传统认知。所以当气态水流动成为非饱和土中水分迁移的主要机制时，传统的冻胀敏感性标准并不适用。

（2）土样中若有足够的初始含水率或底端有足够的水气补给，试样顶部负温盘下会有大量的冰聚集。

（3）粗颗粒土冻结过程中可以发生液态水和气态水的相逆流动。在试验土样中，液态水由于重力作用而向下渗流，而气态水在温度和湿度梯度作用下向上迁移。

（4）在某些试验条件下，在冻结锋面附近存在第二个含水率峰值。在初始液态水含量为零的土样中不出现第二个峰值，即只有土体中有足够的初始液态水含量时才能产生第二个冻结锋面。

（5）土体初始含水率越高，冻结锋面的冰含量越大，另外初始含水率对试样底部气态水的补给量也有影响（图 16.2-11）。增加温度梯度有助于促进气态水在土体中迁移。梯状降温模式比恒定控温模式能得到更多的气态水补给量。

(*a*)　　(*b*)

图 16.2-10　粗颗粒土试验结果

(*a*) 试样顶部的层状冰；(*b*) CCD 照相机下冻结区非饱和土体的形态

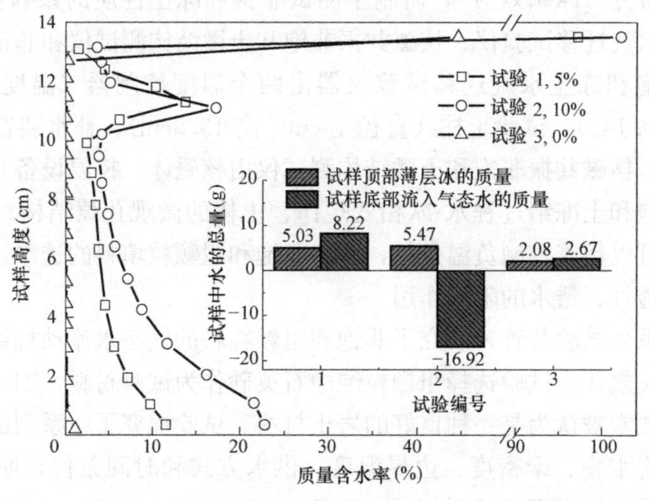

图 16.2-11　初始含水率对总含水率分布的影响

在试验的基础上，综合考虑水分的蒸发、冷凝和冻结 3 个相变过程，建立了非饱和冻土水气迁移与相变的数学模型，提出了描述“冰箱效应”的数学理论，模型的主控方程为物质方程和能量平衡方程，分别为：

$$\frac{\partial\theta}{\partial t}=\frac{\partial\theta_{\mathrm{L}}}{\partial t}+\frac{\partial\theta_{\mathrm{v}}}{\partial t}+\frac{\rho_{\mathrm{i}}}{\rho_{\mathrm{w}}}\frac{\partial\theta_{\mathrm{i}}}{\partial t}=\frac{\partial}{\partial z}\left[K'_{\mathrm{Lh}}\left(\frac{\partial h}{\partial z}+1\right)+K_{\mathrm{LT}}\frac{\partial T}{\partial z}+K_{\mathrm{vh}}\frac{\partial h}{\partial z}+K_{\mathrm{vT}}\frac{\partial T}{\partial z}\right] \quad (16.2\text{-}1)$$

$$C_{\mathrm{p}}\frac{\partial T}{\partial t}-L_{\mathrm{i}}\rho_{\mathrm{i}}\frac{\partial\theta_{\mathrm{i}}}{\partial t}+L_{\mathrm{w}}\rho_{\mathrm{w}}\frac{\partial\theta_{\mathrm{v}}}{\partial t}=\frac{\partial}{\partial z}\left[\lambda'(\theta)\frac{\partial T}{\partial z}\right]-C_{\mathrm{L}}\frac{\partial q_{\mathrm{L}}T}{\partial z}-C_{\mathrm{v}}\frac{\partial q_{\mathrm{v}}T}{\partial z}-L_{\mathrm{w}}\rho_{\mathrm{w}}\frac{\partial q_{\mathrm{v}}}{\partial z} \quad (16.2\text{-}2)$$

模型包含其他参数方程，包括非饱和土的土水特征曲线（SWCC）方程、非饱和冻土冻结特征曲线（SFCC）方程、非等温液态水渗透系数 K_{LT}、基质势梯度下的液态水渗透系数 K'_{Lh}、温度梯度下蒸汽渗透系数 K_{vT} 和基质势梯度下的蒸汽渗透系数 K_{vh} 等。基于有限元和有限差分数值方法，对理论模型进行数值求解，再现了“冰箱效应”的形成和发展过程，如图 16.2-12 所示。可以看出，温度梯度下的气态水迁移并凝华成冰会造成覆盖层下土体接近饱和含水率；一定表层深度范围内，土体含水率增加存在两个陡升段一个由气态水迁移引起，另一个由冻结相变对水气的产生抽吸作用引起。在干旱季冻区进行工程建设需对“冰箱效应”引起足够重视。

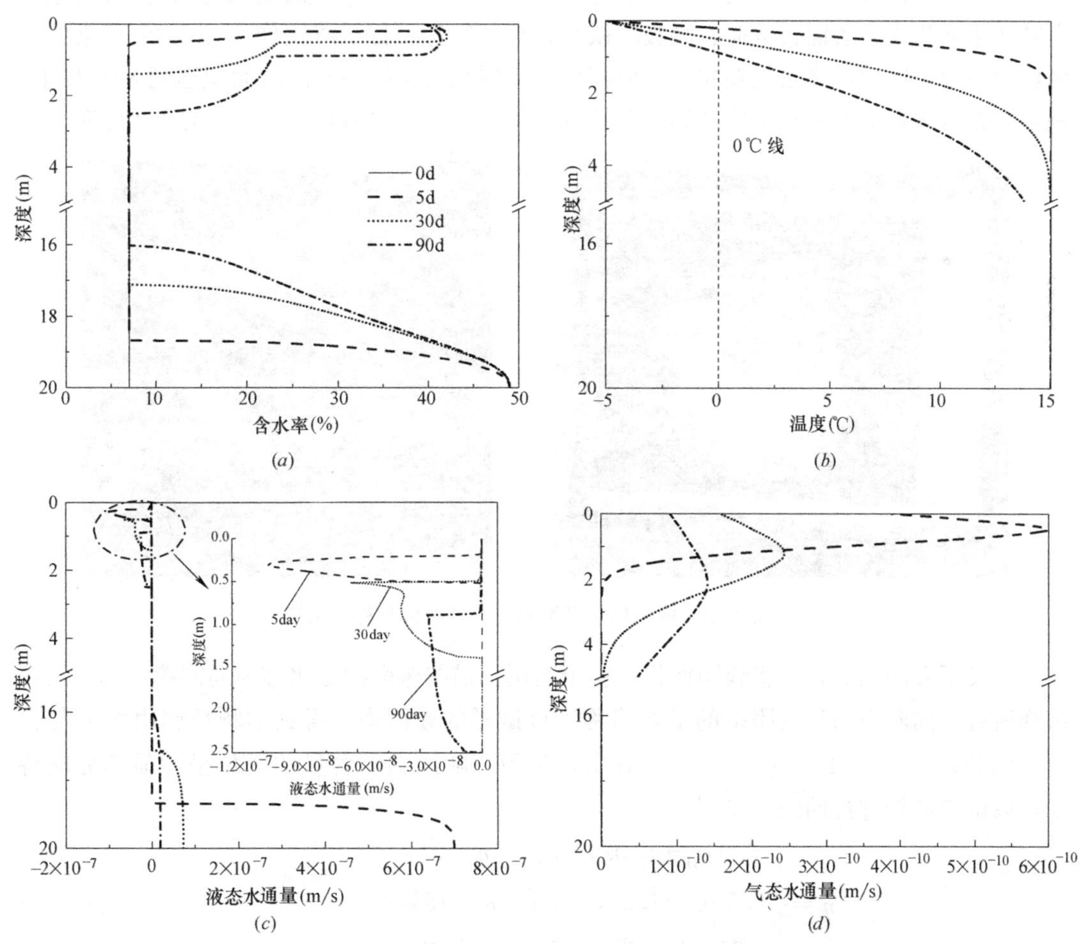

图 16.2-12 覆盖条件下粉土地基冻结 90 天后的模拟结果

(a) 含水率分布；(b) 温度分布；(c) 液态水通量；(d) 气态水通量

16.2.4 高铁路基填料细颗粒簇团冻胀机理

关于粗颗粒土填料冻胀的研究，基本共识是细颗粒是其冻胀变形源，但从机理上既有研究更多的关注于水分迁移，将水分相变产生的体积增大认为是形成宏观冻胀的根本原因，从而忽视了由于颗粒的位置调整，包括相邻颗粒间的错动并伴有一定的转动以后，引起粗颗粒土骨架位移，产生的结构变形[23]。

研究粗颗粒土填料结构变形，需要研究推动颗粒错动、转动等位移的力的来源。既然细颗粒含量对填料冻胀影响较大，首先需要研究细颗粒在填料中的分布特征，其次需要研究水分分布特征，通过对细颗粒和水分分布特征的研究[24]，寻找引起粗颗粒土冻胀源。

1. 细颗粒分布特征

试验采用岩土工程中已经广为应用的 X-CT 微观扫描技术，得到如图 16.2-13 所示的扫描图像，应用基于动态阈值分割的方法对图像进行切割处理，可得到图 16.2-14（*b*）剔除粗颗粒后的图像，其中剩余白色像素点即为细颗粒。可以看出细颗粒非均匀地分布在粗颗粒土填料试样的孔隙中，在粗颗粒骨架孔隙中呈现一种局部团聚的趋势，在某些部位分布较为集中，形成细颗粒团聚体，我们称之为细颗粒“簇团”。细颗粒的这种团聚现象符合其比表面积大、表面带电荷、易吸附微小颗粒的特性。如果将图像中 20×20 像素的网格作为一个小区域，除去粗颗粒所占面积后，细颗粒的面积占该区域面积达到 80%以上，则定义在该区域的细颗粒形成“簇团”结构，得到如图 16.2-14（*c*）所示的簇团分布图。

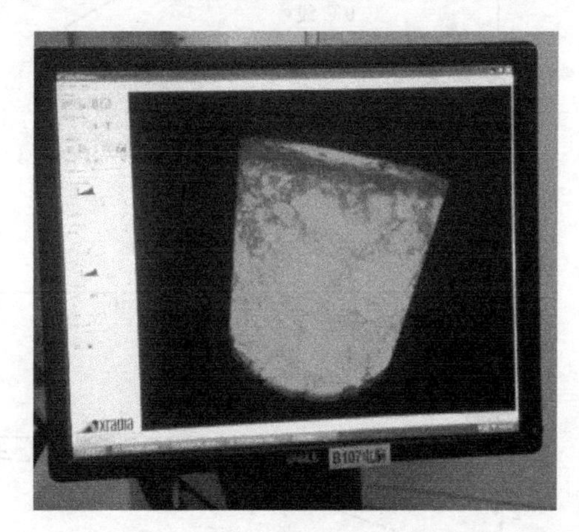

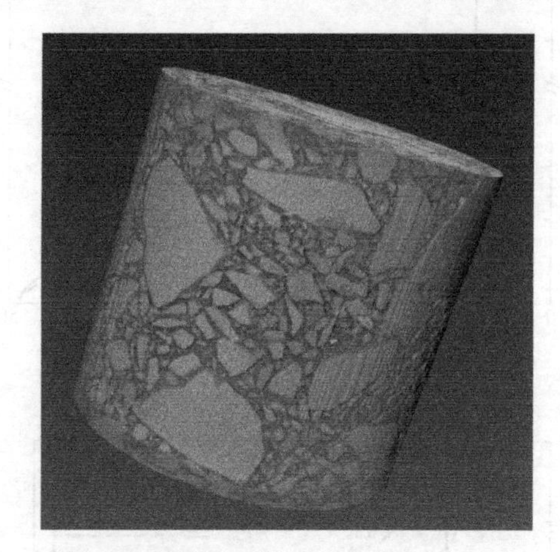

图 16.2-13 掺细粒土级配碎石三维重构过程与结构

定义了簇团以后，可将簇团面积与整个断层扫描图像面积之比称为局部簇团率，某一试样所有横向断面切片簇团率的平均值称为该试样的簇团率。得到细颗粒簇团率 η_c 与含量 η_f 的关系如图 16.2-15 所示。可以看出，簇团率随细颗粒含量的变化呈明显的分段特征，以试验数据进行回归，得到

$$\eta_c=\begin{cases}0.04\eta_f+0.02, & 0\%\leqslant\eta_f\leqslant3\%\\ 0.59\eta_f-1.24, & 3\%<\eta_f\leqslant15\%\\ 0.25\eta_f+3.77, & 15\%<\eta_f\leqslant30\%\end{cases}\qquad(16.2\text{-}3)$$

当填料中细颗粒含量在 3%以下时，细颗粒簇团率很低；当填料中细颗粒含量为

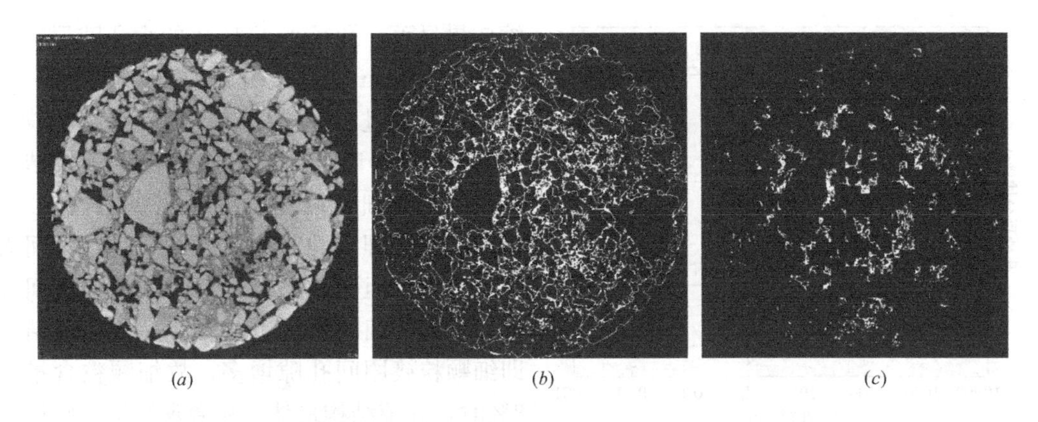

图 16.2-14　X-CT 图像的处理过程
(*a*) X-CT 扫描原始图片；(*b*) 粗颗粒剔除后图像；(*c*) 细颗粒“簇团”特征

3%～15%时，簇团率随细颗粒含量的增加快速增大，拟合直线的斜率由上一个阶段的0.04 增加到 0.59；当填料中细颗粒含量超过 15%时，簇团率增加趋势变换，拟合直线的斜率由上一个阶段的 0.59 减小到 0.25。从对簇团率影响的结果来看，细颗粒含量3%～15%是最敏感的范围。

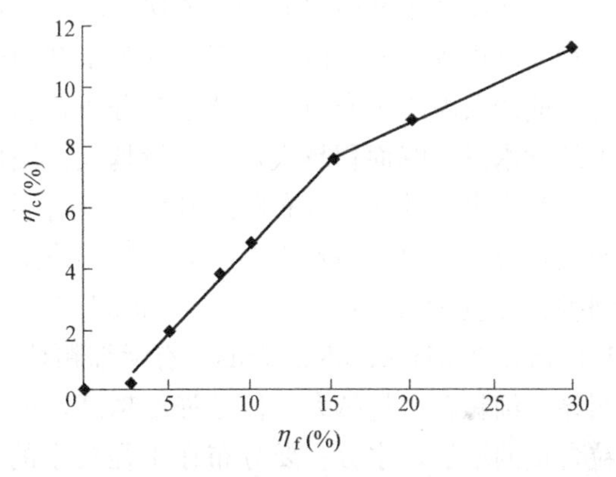

图 16.2-15　细颗粒簇团率与其含量的关系

2. 孔隙分布特征

粗颗粒土中的液态水主要是孔隙水，对粗颗粒土填料中的孔隙结构采用 X-CT、压汞（MIP）和扫描电镜（SEM）试验方法进行研究，3 种试验方法的孔径测试范围为 1nm～1mm。孔隙可以分为骨架间孔隙、骨架细颗粒界面间孔隙、细颗粒团聚体（簇团）间孔隙和细颗粒间孔隙，如图 16.2-16 所示。图 16.2-17 为不同细颗粒含量下粗颗粒填料孔隙分布状况，可以看出，孔径超过 100μm 的大孔隙群分布于粗颗粒骨架间或骨架细颗粒间，且孔径大于 3mm 的孔隙易构成连通状态，其中 500～1000μm 的孔隙分布于粗颗粒骨架间，100～500μm 的孔隙分布于骨架细颗粒间；为 1～100μm 的中孔隙群（集中在 5～10μm）主要分布于细颗粒之间，填料压实后压

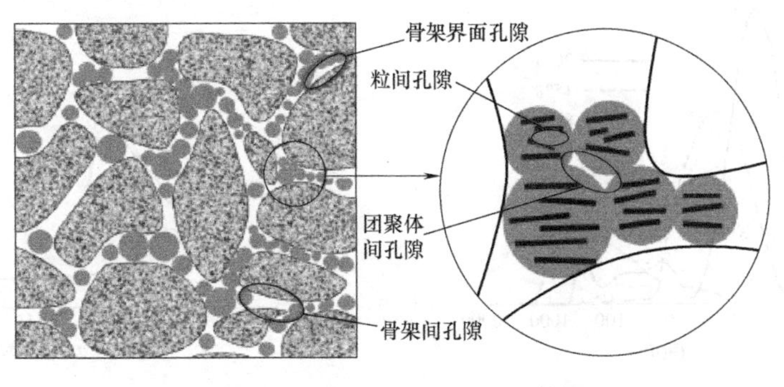

图 16.2-16　粗颗粒土填料孔隙结构图

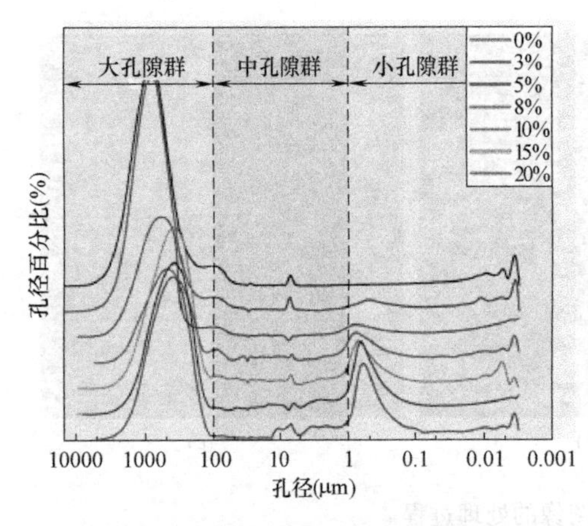

图 16.2-17　不同细颗粒含量下填料孔隙分布

缩效果显著；孔径小于 1μm 的小孔隙群（集中在 0.5～1μm）主要分布于细颗粒内部，且在填料压实过程中难以被压缩。当细颗粒含量不超过 5%时，连通大孔较多，骨架结构不密实；当细颗粒含量超过 8%时，孔径分布向右偏移即孔隙结构有所细化，骨架间大孔隙被填充但引入部分骨架细颗粒界面间孔隙。且随着细颗粒含量增多，小孔隙群结构即细颗粒簇团间孔隙增多，故细颗粒含量为 8%时，孔隙结构最佳，从微观结构上验证了文献［3］试验结果是可靠的。

3. 水分分布特征

关于土体中孔隙水的测量方法比较多，目前只有核磁共振技术优势明显，已经在岩土工程领域得到较好的应用。根据孔隙水 T_2 值与孔隙半径成正比的特点，可以应用 T_2 时间分布曲线反映岩土介质中孔隙水分分布，曲线下方的峰面积（无量纲）代表对应 T_2 范围内的含水量，峰面积越大，含水量越大。因此，通过核磁共振试验得到的 T_2 谱可以反映出填料中水分的赋存分布状态和水分赋存量。图 16.2-18 是不同细颗粒含量下填料 T_2 谱曲线，可以看出，随着细颗粒含量的变化，试样中最大信号峰值对应的 T_2 值变化较大。细颗粒含量为 20%、15%、8% 和 0% 时，最大信号峰值对应的 T_2 值分别为 0.45ms、1.95ms、3.91ms、382.75ms。有无细颗粒，信号强度和最大信号峰值对应的 T_2 值差别明显。细颗粒含量越大，信号强度越高，最大信号峰值对应的 T_2 值越小，表明随着细颗粒含量的增加，水分主要分布在半径较小的孔隙中。T_2 曲线下的峰面积与细颗粒含量关系密切，没有细颗粒时，峰面积最小；细颗粒含量越大，峰面积越大，表明随着细颗粒含量的增大，试样中的含水量增大，细颗粒簇团是粗颗粒填料中的主要持水结构。

4. 冻胀率与簇团率和孔隙率的关系

通过试验得到冻胀率 η_{fh} 与簇团率 η_c 呈和孔隙率的关系如图 16.2-19 所示，在簇团率为 0～2%时，冻胀率在 0.2%左右；簇团率超过 2%以后，冻胀率随簇团率的增加呈线性快速增加。而冻胀率和孔隙率之间没有明显的关系，说明对冻胀率影响较大的不是孔隙，而是细颗粒簇团结构，其原因在于簇团是粗颗粒填料中水分传输的唯一通道。

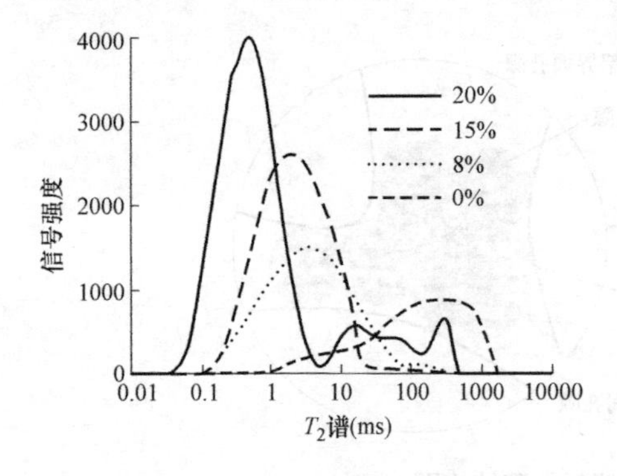

图 16.2-18　填料的 T_2 谱试验结果

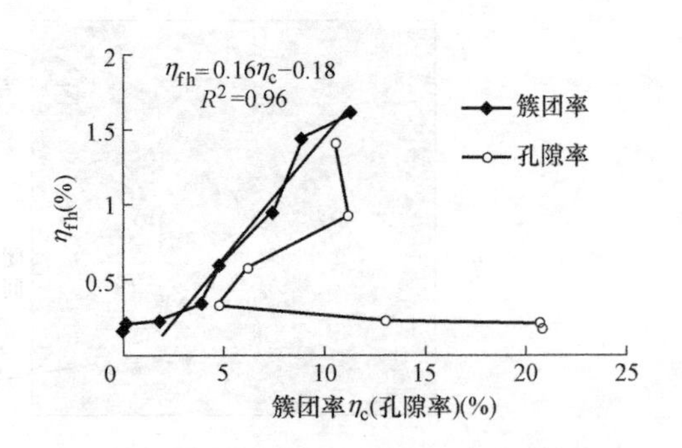

图 16.2-19　填料冻胀率与簇团率、孔隙率的关系

考虑到细颗粒簇团结构对粗颗粒填料冻胀率有很大的影响，所以簇团连通性是评价簇团率、预测冻胀率的一个重要参数。簇团连通性定义为连通簇团区域的面积，不同细颗粒含量的试样的最大连通面积和平均连通面积如图 16.2-20 所示。细颗粒含量低于 10%的时候，最大连通面积和平均连通面积均很小；但是当细颗粒含量达到 15%的时候，最大连通面积和平均连通面积均发生数量级的变化。证实了当细颗粒含量大于 15%时，簇团结构明显生成。细颗粒含量达到 30%时，最大连通面积的簇簇像素总数达到 18 万个，总面积将近 $7mm^2$，这时团簇结构可以明显被肉眼看到。

不同细颗粒含量的填料中不同大小的连通簇团体百分比如图 16.2-21 所示，在细颗粒含量为 8%时，细颗粒被粗颗粒骨架完全分隔，细颗粒簇团面积均较小；随着细颗粒含量的增多，小面积的簇团减少而大面积的簇团增加。说明细颗粒团聚为簇团结构为多步团聚过程，如图 16.2-22 所示，细颗粒先在水的作用下聚集成小簇团体，小簇团体再进一步聚集成中簇团体，再进一步形成大簇团体。由于水分在多步聚集簇团过程中至关重要，故簇团体中含水量高，为冻胀敏感组分，需要严格控制。

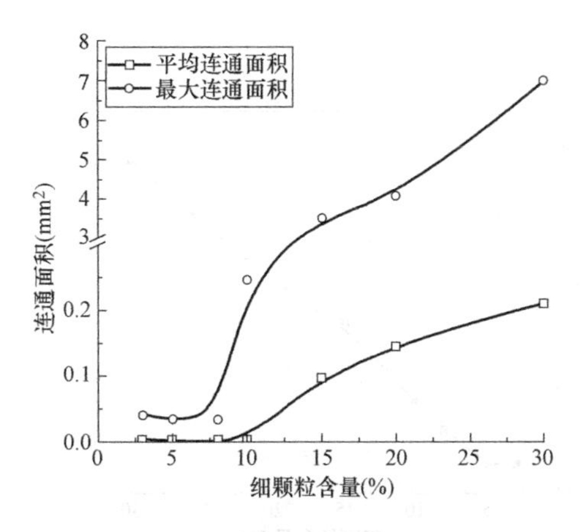

图 16.2-20　簇团面积随细颗粒含量的变化

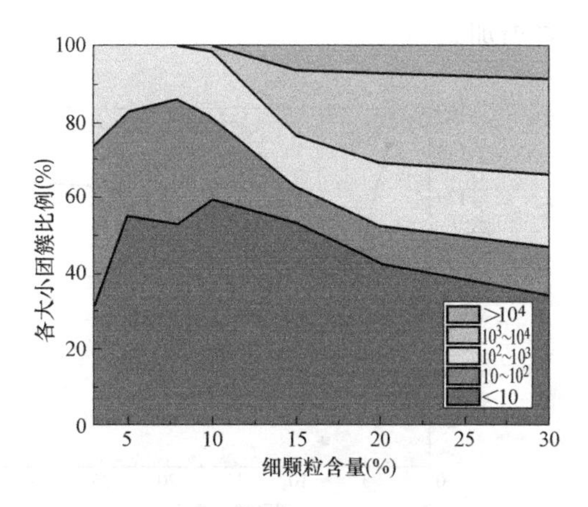

图 16.2-21　簇团所占百分比

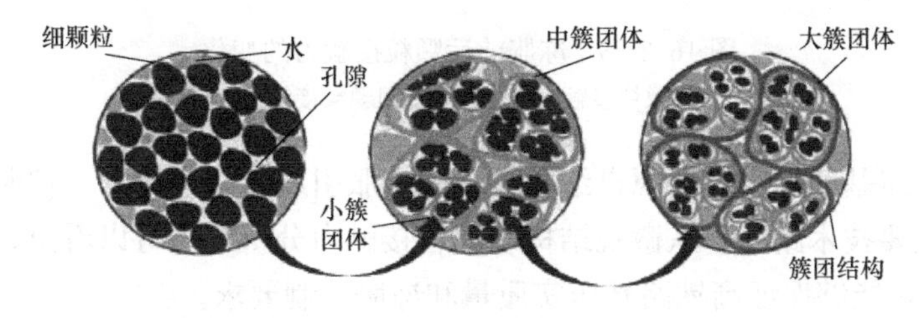

图 16.2-22　细颗粒簇团形成过程

5. 细颗粒簇团冻胀机理

根据试验结果可以得出，高铁路基粗颗粒土填料的冻胀主要源于其内部细颗粒土簇团的存在，由于簇团是粗颗粒土的主要持水结构，在冻结温度下簇团冻结成冰晶体，体积膨胀推动其他颗粒的位移，引起路基宏观上的冻胀。当细颗粒含量较低（小于 3%时），不能形成较多的簇团，分散的细颗粒冻结成冰以后不足以推动粗颗粒产生较大的位移，不会形成明显的宏观冻胀现象；当细颗粒含量超过 5%（簇团率超过 2%）后，簇团明显增多，簇团率随之增大，冻胀率也显著增加。

应用离散元及颗粒流分析程序对细颗粒簇团冻胀作用进行了模拟分析，填料中粗细颗粒所受平均接触力冻胀前后的变化如图 16.2-23 所示。由图 16.2-23（*a*）可见，随着细颗粒含量的增加，由于细颗粒持水冻结膨胀后，所受骨架约束随之增大，细颗粒接触力相比于冻胀前均增大；当细颗粒含量较小时，未能形成簇团结构，颗粒间相互作用，接触力较大；随着细颗粒含量的增加，簇团开始形成，细颗粒成为团聚体，颗粒间的作用受到约束，接触力增大率呈线性减小；在细颗粒含量达到 8%时达到最小值，填料此时为骨架密实型结构，处于力学相对平衡的状态；细颗粒含量超过 8%时，细颗粒簇团增多，推动骨架位移，细颗粒受到更大的挤胀，颗粒间接触力随之增大。由图 16.2-23（*b*）可见，在细颗粒含量较少时，粗颗粒所受接触力减小，是因为细颗粒的挤胀作用抵消部分其它粗颗粒对其的约束；随细颗粒含量的增加，抵消作用明显，粗细颗粒趋向于平衡，在细颗粒含量为 8%时，粗颗粒所受接触力冻胀前后几乎不发生变化，此时填料处于力学相对平衡的状态；细颗粒含量大于 8%时，粗颗粒所受接触力不再是因为其它粗颗粒骨架约束，而是细颗粒簇团的挤胀，所以随着细颗粒含量的增多显著增加。

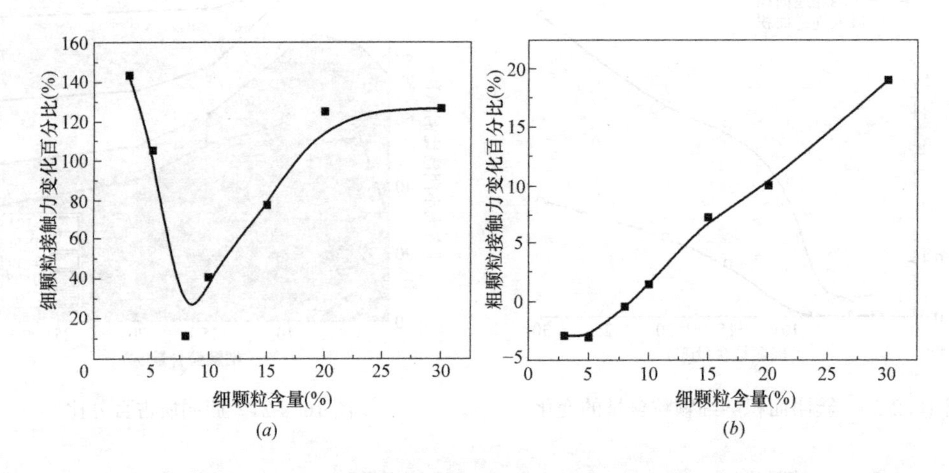

图 16.2-23 冻胀前后颗粒接触力的变化

（*a*）细颗粒接触力变化；（*b*）粗颗粒接触力变化

所以，高铁路基的冻胀主要源自细颗粒簇团冻胀引起的结构变形，控制细颗粒簇团率是控制冻胀的主要技术路线。从微观结构和颗粒接触力分析结果可以看出，将细颗粒含量控制在 8%以内，能够保证高铁路基压实质量和冻胀控制要求。

16.3 高铁路基防冻胀设计方法

16.3.1 路基防冻胀设计技术路线

一般工程中考虑的冻胀以分凝冻胀为主，此时，土体冻结锋面吸收了从附近的地下水迁移来的水分，锋面处的水分不断冻结和聚集形成冰的聚合体，产生明显的体积膨胀。但在高铁路基中，不仅不允许分凝冻胀产生，一般工程中忽略的原位冻胀也需要受到严格控制。

冻胀的发生必须同时具备负温、水和冻胀性土三个条件，因此，在勘察设计的不同阶段，应以查明冻胀三要素的相关内容为重点展开工作。

在勘察阶段，应调查收集工程所在地的气象资料，调查现场地形和地表水情况，通过地质资料收集和钻探查明地层和地下水位，通过室内试验确定土的冻胀特性等，并结合轨道类型和线路纵坡设计进行防冻胀路基结构设计。

根据路基中温度场或冻深计算结果、地表水或地下水位、设计线路纵坡，可以把路基分为高路堤和低路堤（或路堑）两大类。设计路基顶面与地下水位或地表水常水位之间的高差大于冻深与路基冻结过程中水位上升高度之和时，称为高路堤。这种情况下的路基防冻胀设计重点是对冻深范围内的路基填料进行防冻胀控制。当路堤高度较低或在路堑段，冻深较深、地下水位较高或地面常年积水时，设计路基顶面与地下水位或地表水常水位之间的高差会小于冻深与路基冻结过程中水位上升高度之和，若不采取隔水、隔温措施，冻结区域将覆盖全部路基填土，并将扩展到填土以下的地基土中，这种情况下的路基防冻胀设计不仅应对冻深范围内的路基填料进行防冻胀控制，还应采取相应的隔水、隔温或换填等措施，进行综合防控。

路基防冻胀设计的技术路线如图 16.3-1 所示。

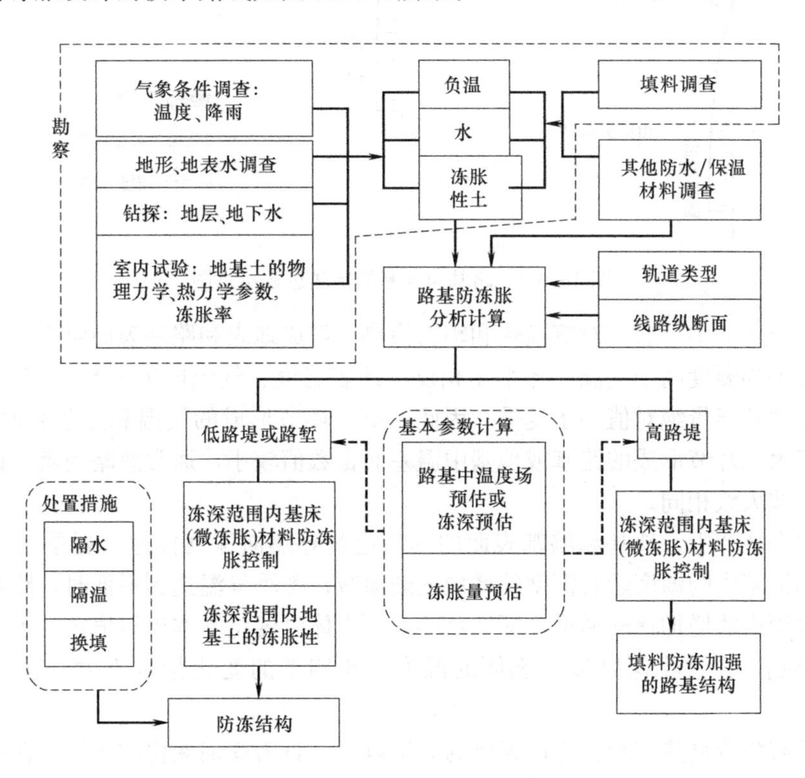

图 16.3-1　路基防冻胀设计技术路线的总体框架

16.3.2　路基温度场和冻深计算

在完成场地勘察基础上，可以开展路基温度场和冻深的计算。

1. 路基温度场计算

准确预估路基中的温度场是控制路基冻胀的一个关键。路基温度场可以通过气温数据和路基、地基土体的热物理参数估算。

气象学中的气温是地面气象观测中测定百叶箱等防止辐射换热装置内距地面 1.50m 高度的空气温度。从气温到路基与地基的传热过程如图 16.3-2 所示。总体上这个传热过程可以看作是以下两个环节的串联：第一个环节是高温（或低温）空气向路基表面和地表的热量（或冷量）传递，是对流换热和辐射换热的耦合作用；第二个环节是从路基表面、地表向路基和地基深处的热量（或冷量）传递，宏观上可以把这个环节看作是导热过程。

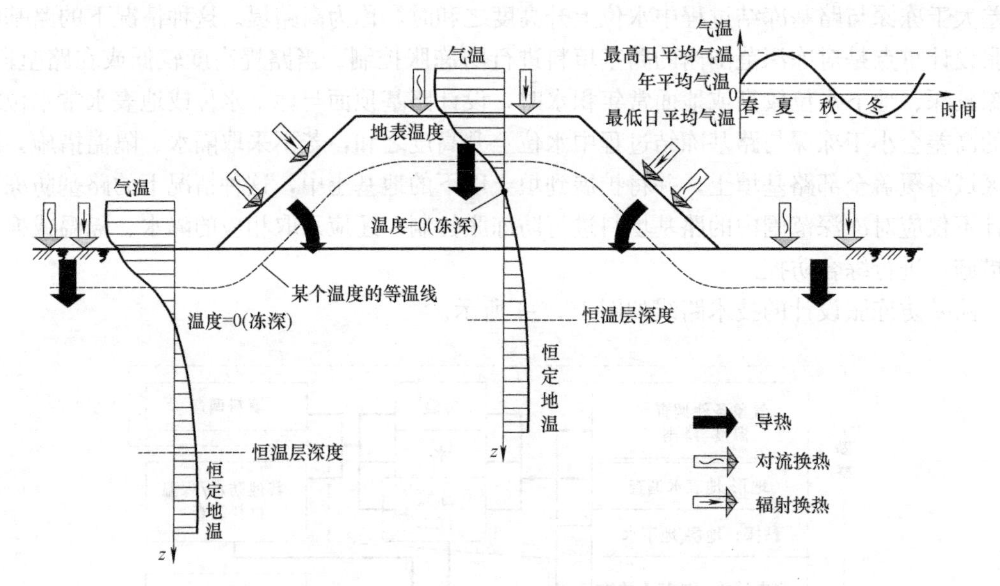

图 16.3-2 路基与地基的传热过程示意图

在第一个环节中，通过对流换热和辐射换热，形成地表和路基表面温度。通常会造成夏半年地表平均温度高于气温，冬半年相反。地表温度、气温间的差异大多在 0～5℃之间，且冬季的差异量绝对值小于夏季。因此，第一环节形成的气温和路基表面（或地表）温差相对于第二环节形成的路基或地基中温差而言数值较小，通常忽略前者，认为地表温度波与气温波大致相同。

在第二个环节中，地基和路基表面的热量通过导热向深处传递。夏季气温达到最高时，路基和地基中的温度随着深度的增加逐渐递减；冬季气温达到最低时，路基和地基中的温度随着深度的增加逐渐递增。深度足够时，土体温度将基本保持恒定，不再受冬夏气温波动的影响。在这个深度以下土体的温度一年四季的变化量也不大，通常称其为恒温层。

气温具有冬冷夏热和晚上冷白天热的分别以年、日为周期变化的规律，在进行路基温度场分析时，可以仅考虑年变化的影响，采用以日平均气温拟合得到的余弦曲线表示气温以年为周期的波动。

在得到地表和路基表面温度以及路基、地基土热物理参数的条件下，通过第二个传热环节的分析计算就可以得到路基温度场。多数情况下，地表温度资料较少，而气温资料相对丰富，因此常把气温纳入计算，忽略气温与地表温度的差异。

路基温度场沿线路纵向变化不大，可以按平面非稳态温度场分析计算。忽略地温传导过程中引起土体相变产生或减少的热量以及路基宽度对温度场的影响，采用半无限体一维导热模型进行计算，导热方程为

$$\frac{\partial t}{\partial \tau}=\alpha \frac{\partial^2 t}{\partial z^2} \tag{16.3-1}$$

式中　t——土体的瞬态温度（℃），在一维问题中用方程 $t(z,\tau)$ 表示；

τ——传热过程历时（s）；

z——坐标，表示计算点与路基表面的距离（m）；

α——土体的导温系数（m^2/s），$\alpha=\frac{\lambda}{\rho c}$，$\lambda$ 为土体导热系数［W/(m·℃)］，ρ 为土体的密度（kg/m^3），c 为土体的比热容［J/(kg·℃)］。

上述偏微分方程需结合初值条件、边界条件求解。其中，初始条件为 $\tau=0$ 时，$t=t_0$。具体确定初始条件中的初始温度 t_0 时，可以采用两种方法。第一种方法取春秋季中日平均气温等于年平均气温的一天作为时间起点，并认为此时路基中各部位温度都近似等于年平均地温，一般采用年平均气温值作为年平均地温进行计算，即取 t_0 =年平均气温。第二种方法取路基填筑时间作为时间起点，即取 t_0 =路基填筑时的填料温度。

边界条件为 $t|_{z=0}=\overline{t_0}+A\cos\left(\frac{2\pi}{T}\tau\right)$，$\frac{\partial t}{\partial z}|_{z=H_1}=0$，式中，$\overline{t_0}$ 为地表温度平均值（℃）；T 为地表温度波周期（s）；A 为地表温度波振幅（℃）；H 为恒温层埋深（m）。

不考虑冻土和融土热物理参数的变化和相变潜热，可以得到式（16.3-1）表示的半无限体一维导热方程的近似解：

$$t(z,\tau)=\overline{t_0}+A\cdot\exp\left(-z\cdot\sqrt{\frac{\pi}{\alpha T}}\right)\cdot\sin\left(\frac{2\pi\tau}{T}+\varphi-z\cdot\sqrt{\frac{\pi}{\alpha T}}\right) \tag{16.3-2}$$

式中　φ——初相角，即时间 $\tau=0$ 时地表温度在正弦曲线上的相位角。

式（16.3-2）可以反映路基温度场的以下基本变化规律：

（1）路基和地基中温度受土体的导温系数 α（密度 ρ、比热容 c 和导热系数 λ 的函数）影响。在地表温度波的作用下，恒温层以上的土体的温度随之发生波动。

（2）温度波的振幅随深度增加而衰减。深度 z 处温度振幅 $A(z)$ 为

$$A(z)=A\cdot\exp\left(-z\cdot\sqrt{\frac{\pi}{\alpha T}}\right) \tag{16.3-3}$$

可见，导温系数 α 越大，同一深度处振幅衰减得越少，即地面温度波影响的深度越大。

以温度振幅小于 0.1 ℃为恒温层的判定标准，由温度振幅 $A(z)$ 公式可以得到地温年变化深度 z_1：

$$z_1=-\sqrt{\frac{\alpha T}{\pi}}\cdot\ln\left(\frac{0.1}{A}\right) \tag{16.3-4}$$

（3）温度波的相位随深度增加而滞后。深度 z 处的温度波相位 $\delta(z)$ 为：

$$\delta(z)=\frac{z}{2}\cdot\sqrt{\frac{\pi}{\alpha T}} \tag{16.3-5}$$

可见，导温系数越大，同一深度处振幅滞后得越少，即地面温度波能更快地向深处

传递。

由式（16.3-5），可以得到深度每增加1m，温度波相位滞后对应的天数：

$$\Delta\tau=\left(\frac{1}{2}\cdot\sqrt{\frac{\pi}{\alpha T}}\right)\cdot\left(\frac{365}{2\pi}\right)=\frac{1}{34.72\cdot\sqrt{\alpha}} \tag{16.3-6}$$

如当地表温度年平均温度10℃，温度振幅15℃时，取路基填料的导温系数α为$1.2\times10^{-6}\mathrm{m^2/s}$，可以求得路基中不同深度的年温度变化曲线如图16.3-3所示。深度每增加1m温度波相位滞后26d。其变化规律与哈大高铁路基现场实测得到的温度场时变规律一致。

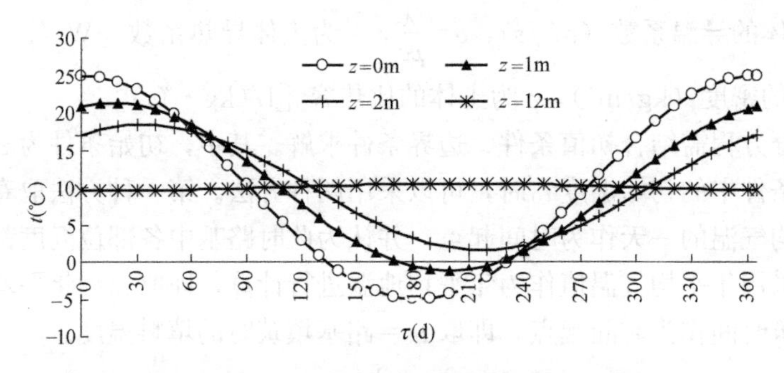

图16.3-3　路基中不同深度的年温度波动曲线

当路基传热体系由不同的材料组成时，如路基表面设置隔热材料，或路基各层填料、各层地基土的热物理性质不同时，则需要导热方程结合热力学第一定律，即传热过程中能量守恒来解答。在这些情况下，需要采用数值解法计算，把原来时空连续分布的温度场求解域离散化，用有限个离散点上温度值的集合来代替。对离散化分割后的控制体进行热平衡分析或直接用差分代替微分得到各节点温度的离散方程，采用迭代法求解。

2. 路基冻深计算

路基冻深计算的目的主要有两个：一是考察未采用隔温结构的路基中可能出现的最大冻结深度，给无隔热路基的冻胀量计算和防冻胀设计提供依据。二是考察已经采用防冻胀结构路基的最大冻结深度，以计算其冻胀量是否满足容许冻胀量要求。

路基或地基的冻深的计算方法总体上有三种（表16.3-1）。一是以地区实测冻深资料为主要数值依据，根据工程场地特点和工程特点进行修正的方法，称为标准冻深修正法，是我国多数行业规范推荐的方法，只能用于无隔热路基的最大冻深预估。二是以地区实测气温或地温资料为主要数值依据，采用热传导理论并结合经验进行估算的方法，称为温度参数估算法。三是通过路基温度场计算，得到最大冻结深度出现的时间和位置，称为温度场计算法。

路基冻深计算的类型和计算方法　　　　**表16.3-1**

类　型	计算目的	计算方法
类型一：无隔热路基最大冻深计算	给无隔热路基的冻胀量计算和防冻胀设计提供依据	标准冻深修正法 温度参数估算法 温度场计算法
类型二：防冻胀结构路基的最大冻深计算	计算验证路基冻胀量是否满足容许冻胀量要求	温度参数估算法(部分) 温度场计算法

（1）标准冻深修正法

标准冻深是气象部门在一定的标准条件下取得的不少于 10 年实测最大冻深的平均值。这些标准条件主要指场地条件，包括地下水位与冻结锋面之间的距离大于 2m，非冻胀黏性土，地表平坦、裸露，在城市之外的空旷场地。

由于铁路等工程建设场地不具备上述标准条件，所以标准冻深一般不能直接用于设计。影响冻深的因素很多，最主要的是气温。除此之外尚有季节冻结层附近的地质（岩性）条件、水分状况以及地貌特征等。因此，要考虑场地实际条件，如场地的土质、湿度、环境和地形等把标准冻深修正后使用。设计冻深表示为

$$z_d = z_0 \psi_{zs} \psi_{zw} \psi_{zc} \psi_{zt0} \tag{16.3-7}$$

式中 z_0——标准冻深（m）；

ψ_{zs}——土的类别对冻深的影响系数；

ψ_{zw}——冻胀性对冻深的影响系数；

ψ_{zc}——周围环境对冻深的影响系数；

ψ_{zt0}——地形对冻深的影响系数。

冻深影响系数如表 16.3-2 所示。

冻深影响系数表 **表 16.3-2**

项目			内容	数值
1	ψ_{zs}	土的类别对冻深的影响系数	黏性土	1.00
			细砂、粉砂、粉土	1.20
			中、粗、砾砂	1.30
			大块碎石土	1.40
2	ψ_{zw}	湿度（冻胀性）对冻深的影响系数	不冻胀	1.00
			弱冻胀	0.95
			冻胀	0.90
			强冻胀	0.85
			特强冻胀	0.80
3	ψ_{zc}	周围环境对冻深的影响系数	村、镇、旷野	1.00
			城市近郊	0.95
			城市市区	0.90
4	ψ_{zt0}	地形对冻深的影响系数	平坦	1.00
			阳坡	0.90
			阴坡	1.10

根据式（16.3-2）所表示的均质材料一维传热条件下的近似解，取振幅等于年平均地表温度$\overline{t_0}$，可以得到路基或地基中不出现负温的最小深度，即冻结深度：

$$z_2 = -\sqrt{\frac{\alpha T}{\pi}} \cdot \ln\left(\frac{\overline{t_0}}{A}\right) \tag{16.3-8}$$

从式（16.3-8）可以看出，冻结深度与导温系数的二次方根呈正比。天然的黏性土的导温系数通常为 1～2m²/h，而高铁路基采用的级配碎石或 A、B 组填料的导温系数一般在 2～

$4m^2/h$，约为黏性土的2倍。因此，高铁路基中的冻深将是天然地层冻深的1.4倍，与表16.3-2中的中、粗、砾砂或大块碎石土的冻深影响系数接近，设计中应采用该系数对冻深进行修正，与冬季哈大高铁路基实测冻深平均为标准冻深的1.43倍的实测结果相符。

（2）温度参数估算法

直接采用气象资料中的气温数据，提取能代表冬季寒冷程度的温度参数，如月平均最低气温、冻结指数等计算冻深能使计算更为便捷。一般建立冻结指数F与冻深z_F的关系，最常见的是Stefan公式：

$$z_F=\sqrt{\frac{2\lambda \overline{t_F}\cdot \tau_F}{L\rho_d(w-w_u)}} \quad 或 \quad z_F=\sqrt{\frac{2\lambda \overline{t_F}\cdot \tau_F}{Q}} \tag{16.3-9}$$

式中 z_F——冻结深度（m）；

λ——土体导热系数［W/(m·℃)］；

$\overline{t_F}$——冻结期间地表温度平均值（℃）；

τ_F——冻结持续时间（s）；

L——水的结晶或融化潜热（3.35×10^5J/kg）；

ρ_d——土体的干密度（kg/m^3）；

w——土体的总含水率（%）；

w_u——未冻水含水率（%）；

Q——土的相变潜热（J/m^3），$Q=L\rho_d(w-w_u)$。

Stefan公式中引入修正系数ζ，并以冻结指数F代替公式中的$\overline{t_F}\cdot\tau_F$，则有：

$$z_F=\sqrt{172800\cdot\frac{\lambda F}{Q}} \quad 或 \quad z_F=\zeta\cdot\sqrt{172800\cdot\frac{\lambda F}{Q}} \tag{16.3-10}$$

另外，Aldrich提出分层结构的冻深计算公式，但计算相对繁琐，日本、法国等在估算无隔热路基最大冻深时常采用简化公式

$$z_F=C\cdot\sqrt{F} \tag{16.3-11}$$

式中 C——经验系数；如日本的C分三种情况取值，一般冰冻情况取$C=3$，中等冰冻情况取$C=4$，严重冰冻情况取$C=5$。

我国公路部门曾采用经验公式：

$$z_F=abc\cdot\sqrt{F} \tag{16.3-12}$$

式中 a——路面结构层材料热物理性能系数；

b——路基横断面系数；

c——路基潮湿类型系数。

设计中可以采用多种计算方法相互校核、修正的方式，结合经验确定路基设计采用的冻深。

16.3.3 路基冻胀量计算

哈大高铁等路基冻胀监测数据表明，在当前的设计、施工条件下，可以把路基冻胀控制在基床的局部范围内。因而，可以采用控制填料的方法控制路基冻胀量。而在路基设计过程中，仍要首先避免地基本身的与地下水有关的分凝冻胀。因此仍要了解相关的冻胀量

计算方法。

地基的冻胀量 Δz_{F} 为冻深范围内各部位分层冻胀量的总和。

$$\Delta z_{\mathrm{F}}=\sum_{i=1}^{n} h_{i}\eta_{i} \tag{16.3-13}$$

式中 n——冻深范围内的地基土层数；

h_i——第 i 层地基土厚度；

η_i——第 i 层地基土的冻胀率。

确定冻胀率的试验方法如表 16.3-3 所示。原位冻胀率试验得到的冻土层平均冻胀率按下式计算

$$\eta=\frac{\Delta z}{z_{\mathrm{d}}} \tag{16.3-14}$$

式中 Δz——地表冻胀量（mm）；

z_{d}——设计冻深（mm）。

室内试验得到的冻土层平均冻胀率按下式计算

$$\eta=\frac{\Delta h}{H_{\mathrm{f}}} \tag{16.3-15}$$

式中 Δh——试样总冻胀量（mm）；

H_{f}——冻结深度（不包含冻胀量）（mm）。

冻胀率试验方法 **表 16.3-3**

<table>
<tr><th colspan="2">试验方法</th><th colspan="2">试验得到的冻胀率</th></tr>
<tr><td colspan="2">原位冻胀率试验</td><td colspan="2">原位冻胀率</td></tr>
<tr><td rowspan="3">室内试验</td><td>开敞系统冻胀率试验</td><td colspan="2">室内开敞系统冻胀率(适用于天然地基土的分凝冻胀)</td></tr>
<tr><td rowspan="2">封闭系统冻胀率试验</td><td rowspan="2">室内封闭系统冻胀率</td><td>天然含水率时的冻胀率(适用于天然地基土的原位冻胀)</td></tr>
<tr><td>饱水后自然持水率条件下的冻胀率(适用于路基填料)</td></tr>
</table>

现场实际冻胀率试验中测得的冻胀量是在对应于该现场的环境条件下发生的，现场的地下水位和冻深的相对关系，以及降温速率等气温变化特征都会影响现场冻胀量和冻胀率。通过野外原位观测发现，冻结速率与冻胀速率之间呈单值升函数关系，绝大多数情况下冻胀速率大，其冻胀率就大，冻胀率的大小取决于冻胀速率与冻结速率之比值。

现场冻胀有开放系统和封闭系统两种情况。当地下水位低于冻深与土的毛细水高度之和时，可不考虑地下水对冻胀的影响，仅考虑土中含水率的影响，属封闭系统情况。当地下水位高于该深度时，可按开敞系统考虑，即考虑冻结过程中土水分有下水的补给。

在没有地下水补给（封闭系统）的条件下，细粒土的冻胀率可以根据土的含水率按下式估算：

$$\eta=\frac{1.09\rho_{\mathrm{d}}}{2\rho_{\mathrm{w}}}(w-w_{\mathrm{p}})\approx 0.8(w-w_{\mathrm{p}}) \tag{16.3-16}$$

式中 w、w_{p}——土的含水率和塑限含水率（%）；

ρ_{d}、ρ_{w}——土的干密度和水的密度。

室内试验按照开敞系统进行冻胀试验时，冻结过程中试件未冻端连接补水装置，可以做到均匀补水，以模拟分凝冻胀。而按照封闭系统进行冻胀试验时，冻结过程中隔绝外部

水源补给，以模拟原位冻胀的情形。一些土的开敞系统冻胀率是封闭系统冻胀率相差 10 倍甚至更多。

对不同细粒含量的粗粒土填料压实试样分别在封闭系统与开敞系统条件下进行冻胀率试验，试验结果见图 16.3-4。可以看出，在细粒含量低于 3%的时候，开敞与封闭情况下冻胀变化不明显；当细粒含量在 3%～10%区间时，开敞系统冻胀系数较封闭系统有明显增加，但在这个区间，随着细粒含量增加，土体冻胀量增加不明显，且冻胀率小于 1%；当细粒含量大于 10%后，随着细粒含量的增加，在开敞系统下土体冻胀率较封闭系统下土体的冻胀量将成倍增加。

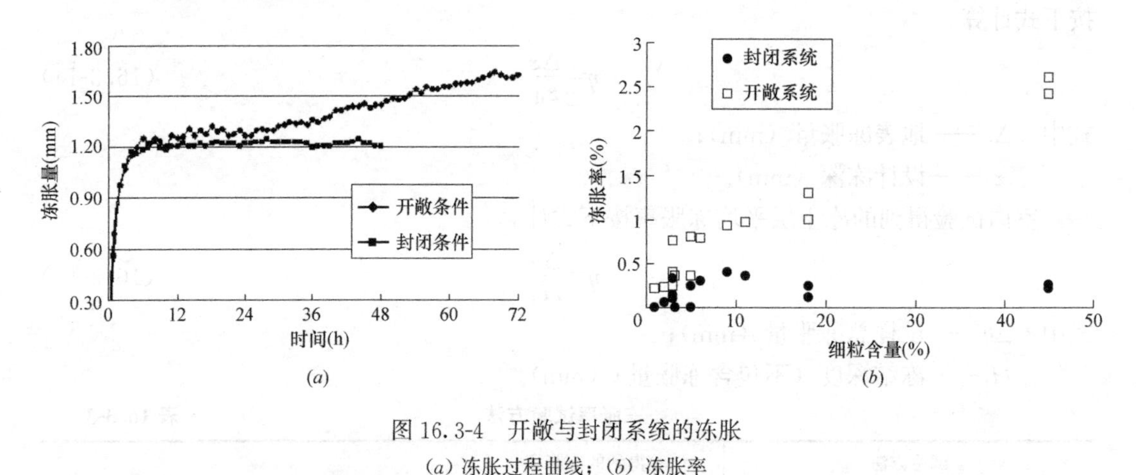

图 16.3-4　开敞与封闭系统的冻胀

(*a*) 冻胀过程曲线；(*b*) 冻胀率

因此，进行冻胀率试验时，应模拟现场实际情况选择开敞系统或封闭系统进行试验条件控制。

16.3.4　无砟轨道路基冻胀管理标准的确定方法

高铁路基冻胀管理标准的确定首先要满足轨道平顺性的要求，以保证高速行车的安全性和舒适性；其次要满足轨道结构伤损限值的要求，以保证轨道结构的长期稳定性和平顺性。因此，假设路基冻胀变形基本波形符合余弦曲线形式，初始波长和幅值为 A_0 和 λ_0，如图 16.3-5 所示，可以通过轨道不平顺、轨道板离缝（结构变形）和结构受力限值推算出 A_0 和 λ_0 限值。

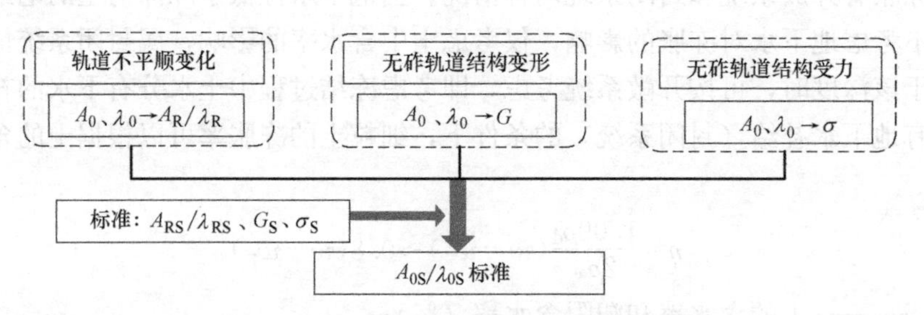

图 16.3-5　路基冻胀管理值确定的基本思路

建立路基冻胀传递影响模型，按图 16.3-5 的技术路线确定路基冻胀管理值。文献[25] 对 CRTSⅠ型板式轨道下路基冻胀管理值提出了建议，对于常用于季冻区的 CRTS

Ⅲ型无砟轨道来说，由图 16.3-6（*a*）计算结果来看，当路基冻胀波长大于 40m 以后，轨道不平顺峰值与路基冻胀峰值保持一致；当路基冻胀波长不超过 40m 时，钢轨作为连续结构对路基冻胀引起的无砟轨道上拱有一定的约束作用，扣件产生压缩变形，轨道不平顺峰值小于路基冻胀峰值。由图 16.3-6（*b*）可以看出，随着冻胀幅值的增大，轨道不平顺的波长随之增大；而 20m 波长发生时，在较小的冻胀量发生时，由于冻胀发生范围两边的扣件产生压缩变形，由路基冻胀导致的轨道不平顺波长会小于 20m，但随着冻胀量的增加，轨道不平顺波长将大于 20m。因此，从路基冻胀向轨道传递时幅值的衰减和波长的增大的规律来看，用轨道不平顺标准控制路基冻胀是安全的。

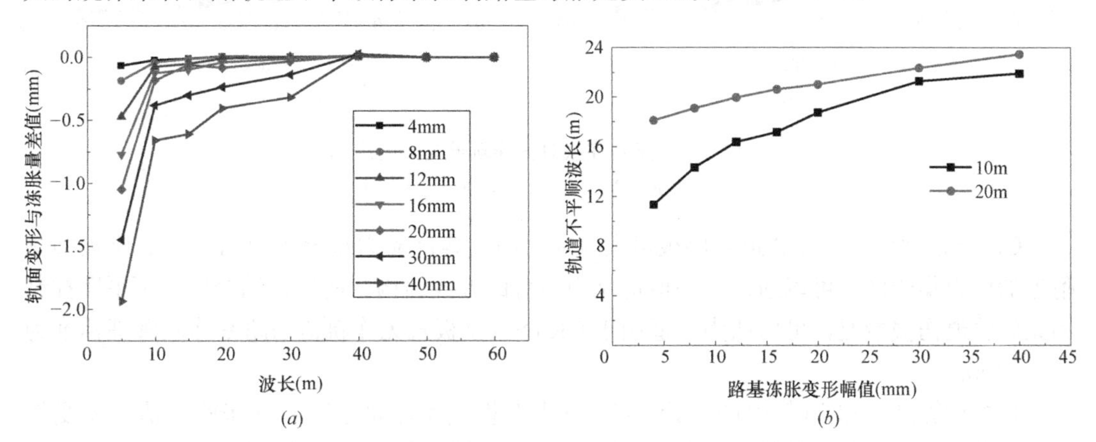

图 16.3-6 路基冻胀对 CRTSⅢ型无砟轨道不平顺的影响

（*a*）轨道不平顺峰值的变化；（*b*）轨道不平顺波长的变化

路基冻胀变形向上传递过程中，将引起无砟轨道产生上拱变形，导致路基基床表层、底座板、轨道板、板下填充层等各层间的离缝，并在底座板、轨道板上表面产生拉应力。如图 16.3-7 和图 16.3-8 所示，是路基冻胀对无砟轨道离缝和受力的影响规律，如果参照轨道板与 CA 砂浆层离缝标准，按离缝宽度 1.0mm、1.5mm 和 2.0mm 分为三级，以Ⅰ级标准控制时，要求路基冻胀控制在 5mm/10m；按无砟轨道最大拉应力不超过容许应力考虑，底座板满足受力条件时要求路基冻胀控制在 3mm/10m，轨道板满足受力条件时要求路基冻胀控制在 5mm/10m。

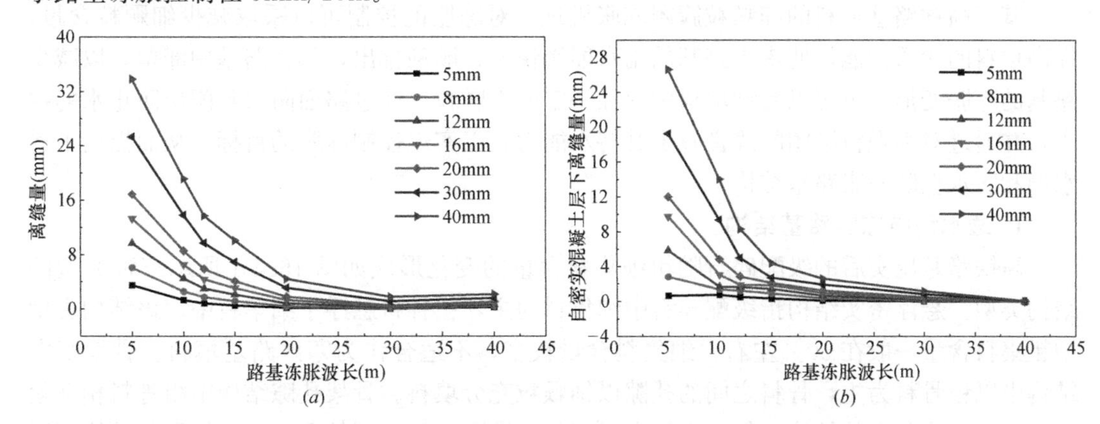

图 16.3-7 路基冻胀对 CRTSⅢ型无砟轨道离缝的影响

（*a*）底座板离缝；（*b*）自密实混凝土层离缝

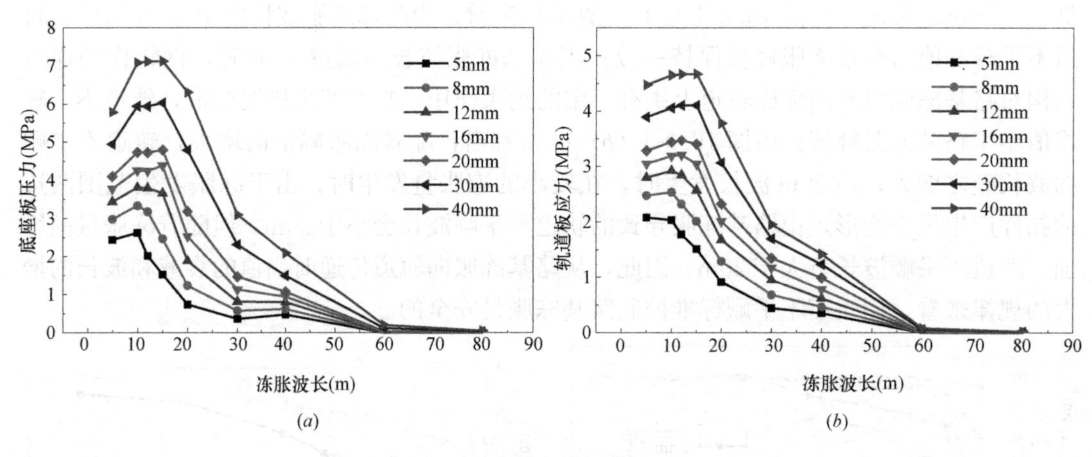

图 16.3-8 路基冻胀对无砟轨道受力的影响
(a) 底座板最大拉应力；(b) 轨道板最大拉应力

CRTSⅢ型板式无砟轨道底座板最大拉应力超过容许应力现象主要出现在底座板凹槽附近的应力集中区，可以通过将凹槽优化为凸台的方式结构。所以，结合轨道不平顺控制和无砟轨道伤损情况，可以认为，适用于CRTSⅢ型板式无砟轨道的路基冻胀管理标准为5mm/10m。

根据计算结果和文献[25]的结论，CRTSⅠ型板式无砟轨道路基冻胀管理值主要受轨道不平顺控制，考虑扣件的负调整量一般为4mm，建议路基冻胀管理值取6mm/10m，并纳入了管理规章；而CRTSⅢ型板式无砟轨道路基冻胀管理值主要受无砟轨道伤损控制，在底座板采用凹槽结构时，路基冻胀管理值建议取3mm/10m；底座板采用凸台限位结构时，路基冻胀管理值取5mm/10m。

16.4 高铁路基防冻胀结构

16.4.1 路堤防冻胀结构

基于高铁路基填料的细颗粒簇团冻胀机理，对冻胀的控制可以采取减少细颗粒含量，提高填料的渗透性能，使渗入路基的雨水能否快速、顺利排出，不在路基中滞留，以减少路基的冻胀变形；也可以允许填料中存在一定的细颗粒，通过路面防水封闭层防止水的侵入，并通过对细颗粒簇团的改良减少其持水能力，以实现控制冻胀的目标，从而提出了透水型和防水型防冻胀路基结构。

1. 透水型防冻胀路基结构

高铁路基压实后的级配碎石随粗细集料含量的变化形成如图 16.4-1 所示三种典型的结构类型。悬浮密实结构指级配碎石中细集料为主，粗骨料悬浮于细集料中。该结构类型中粗集料含量一般在50%左右，细集料含量较多，不适合作为寒区路基填料。骨架密实结构中以粗骨料为主，骨料之间的孔隙以细颗粒充分填料。骨架孔隙结构中粗骨料相互紧密接触，形成稳定的结构，但细集料含量不足以填满骨料之间的孔隙。骨架孔隙结构型混合料与骨架密实型混合料相比具有较高的孔隙率，适用于有较高内部排水要求的情况。

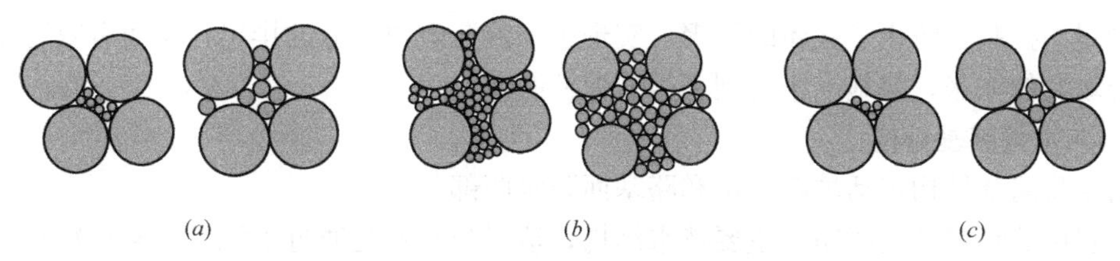

图 16.4-1 三种粗颗粒间接触状态

(a) 骨架密实型结构；(b) 悬浮密实型结构；(c) 骨架孔隙型结构

骨架孔隙型结构虽然对防冻胀有利，但由于所含细颗粒比较少，填筑压实难以达到压实度的要求。为此，采用多级嵌挤密实级配算法（变 i 法）计算，得到多级嵌挤密实级配曲线如表 16.4-1 所示。该级配满足多级嵌挤密实的要求，属于骨架密实结构；满足不均匀系数、曲率系数标准，具有良好的压实性。其细颗粒含量低限符合不能形成较多簇团的条件，所以，对表 16.4-1 进行适当完善，就能得到压实性好的防冻胀级配。

多级嵌挤密实级配曲线 **表 16.4-1**

方孔筛孔边长(mm)	0.075	0.5	1.7	7.1	22.4	31.5	45	63
过筛质量百分率(%)	3～10	8～21	16～33	37～53	63～79	73～89	85～100	100

按照表 16.4-1 中的级配制作试件，实测得到级配下限的冻胀率很小；级配下限的渗透系数为 5.13×10^{-5} m/s，级配上限渗透系数为 3.42×10^{-4} m/s，均大于 5×10^{-5} m/s（冻胀率和渗透系数关系中该值为拐点值）；级配下限的持水率为 2.51%，级配上限的持水率为 5.11%。从而以表 16.4-1 中的细颗粒下限为控制值，并引入渗透系数和持水率作为双控指标，提出了严寒地区高铁基床表层级配碎石级配如表 16.4-2 和图 16.4-2 所示，其中细颗粒含量不超过 3%，压实后不超过 5%，持水率不大于 5%，渗透系数不小于 5×10^{-5} m/s，常将该级配称为透水型级配。

严寒地区高速铁路基床表层级配碎石级配标准 **表 16.4-2**

方孔筛孔边长(mm)	0.075	0.5	1.7	7.1	22.4	31.5	45	63
过筛质量百分率(%)	0～3(5)	8～20	16～33	37～53	63～79	73～89	85～100	100

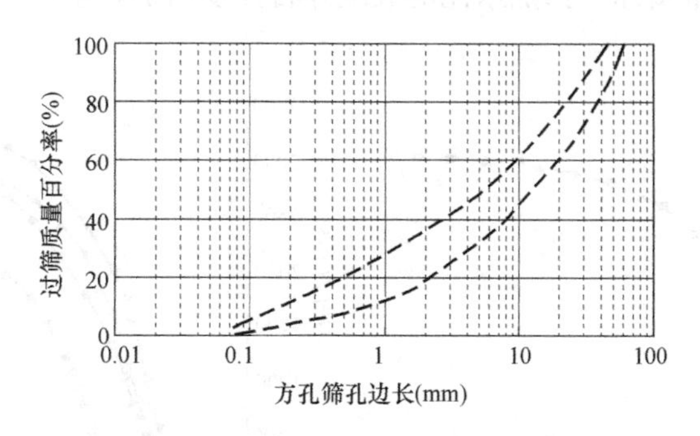

图 16.4-2 严寒地区高速铁路基床表层级配碎石级配标准

透水型级配碎石属于骨架密实结构，虽然细颗粒含量低至 3%，但由于粒径分布合理，能够保证其具有很好的压实度，已纳入《铁路路基设计规范》TB 10001—2016，作为严寒季冻区基床表层级配碎石标准。哈齐高铁试验结果表明，透水型级配碎石通过对细颗粒含量的控制，防止了簇团的积聚，实现了颗粒孔隙内水分的排出，从而有效防止了粗颗粒土填料的冻胀，路基冻胀得到了很好地控制。

2. 防水型路基结构

防水型路基结构包括填料防水和路基面防水两部分。

填料中的细颗粒土簇团是主要持水结构，填料防水就是通过水泥等胶凝材料对细颗粒簇团进行胶结、改性，有效提高粗粒土的抗冻性。

水泥在填料中的作用包括填充作用和水化作用两个方面。如图 16.4-3 所示，在细颗粒含量 8%的填料中分别掺加 5%的粉煤灰和水泥，掺加粉煤灰的级配碎石和纯级配碎石一样，超声波脉冲速度（*UPV*）随时间增加保持为恒定值，其中掺加粉煤灰的级配碎石 *UPV* 值高于纯级配碎石，说明粉煤灰填充作用得到发挥。掺加水泥级配碎石在水化前期 *UPV* 和掺加粉煤灰接近，此时水泥主要发挥填充作用；一定时间以后，水泥与细颗粒簇团中的水产生水化作用，簇团胶结成较大团聚颗粒，孔隙率减小，超声波速不断增大。

对掺水泥级配碎石试件的冻胀率和抗冻性试验表明，掺加水泥可显著降低级配碎石的冻胀率，未掺加水泥的级配碎石其冻胀率可达 1%～1.65%。而掺水泥 5%的级配碎石冻胀率仅为 0.1%～0.15%。对掺入 3%、5%、7%、9%（质量比）普通硅酸盐水泥的级配碎石试验结果表明，随着水泥掺量增加，最终稳定期的超声波速也随之增加，水泥掺量 3%、5%、7%、9%对应前期基本稳定 *UPV* 值分别为 2633m/s、3074m/s、3284m/s、3400m/s（图 16.4-4），5%、7%和 9%的水泥掺量时波速明显大于 3%掺量时的超声波波速。这是因为水泥掺量越大，水泥水化后生成的胶结产物越多，固相胶结作用越明显，掺加水泥的级配碎石内部结构越密实、孔隙率越低，因此超声波传播路径中固相路径更长，*UPV* 值更大。水化开始前的时间随着水泥掺量增加而减少；在水泥水化加速期，水泥掺量越多，加速期发生越早，水泥掺量 3%时，加速阶段约 900min 后开始进行；而水泥掺量大于 5%时，加速阶段约为 600min 后开始进行。原因是在水灰比一定情况下，水泥掺量越多在相同的时间内反应生成的水化产物越多，而在级配碎石间形成固相胶结作用需要一定数量的浆体，3%掺量时水泥含量较低因此需要更多的反应时间来形成网状联结结构。因此，实际工程应用中，为使材料内部结构尽快密实，水泥掺量应不低于 5%。从强度和变形来看，随水泥掺量增加，掺加水泥的级配碎石强度增加，水泥掺量 3%～7%时，抗压

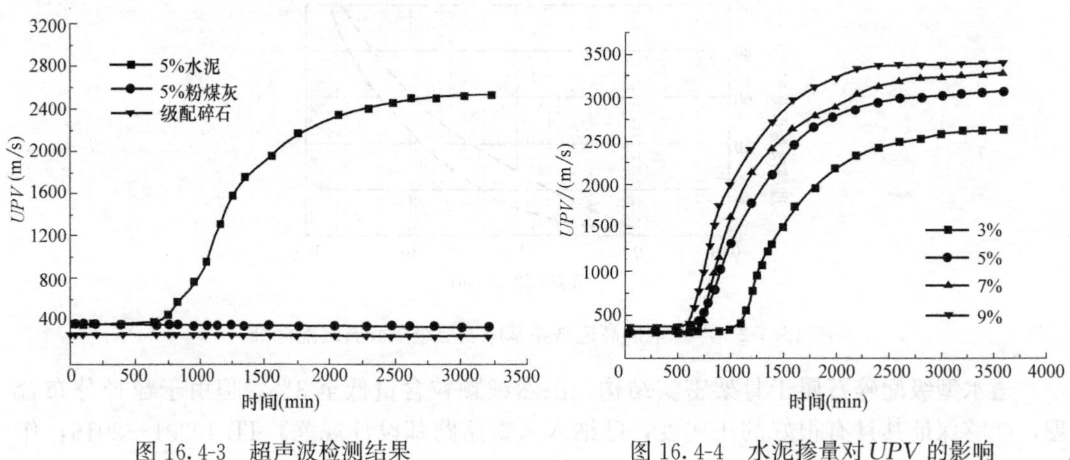

图 16.4-3 超声波检测结果　　图 16.4-4 水泥掺量对 *UPV* 的影响

强度一般在10MPa左右；同时干燥收缩也增加；但从增加趋势而言，掺量7%较5%时强度增加趋势较小，而收缩量却增加较大，因此质量比为5%的水泥掺量为最佳掺量。

通过X-CT试验和MIP试验，得到掺加5%水泥后填料中孔隙分布如图16.4-5所示，与图16.2-17相比，在细颗粒含量为0和3%时，由于掺加水泥仅发挥填充作用，小孔隙群占比高于大孔隙群，小孔径集中在0.1～0.5μm，大于级配碎石；在细颗粒含量超过10%时，水泥水化充分，小孔隙群占比也高于大孔隙群，小孔径集中在0.01～0.1μm，小于级配碎石；只有细颗粒含量8%时，大孔径占比最大，小孔径占比次之，水泥的填充作用和水化作用均比较充分。另外，可以看出，大孔隙群孔径集中在100～500μm，中孔隙群孔径集中在5～10μm，大孔隙群集中区的孔径比未掺加水泥的填料要小，中孔隙群集中区孔径未发生变化，表明水泥可有效填充骨架间大孔隙，并在细颗粒间水化，使细颗粒间的小孔隙孔径减小。

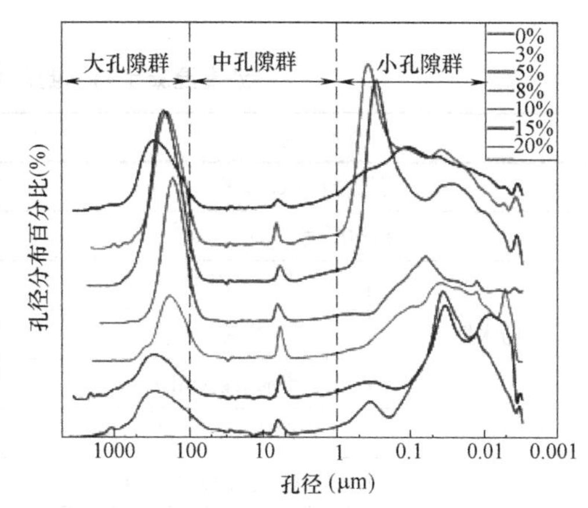

图16.4-5 水泥固化填料孔径分布

从图16.4-6哈大高铁统计结果来看，可以看出采用掺水泥的级配碎石填筑后，对冻胀量的控制效果非常显著，1485处冻胀量的平均值为0.8mm，有166处没有产生冻胀变形，冻胀量在4mm以内的有206处，冻胀量超过10mm的仅有18处。

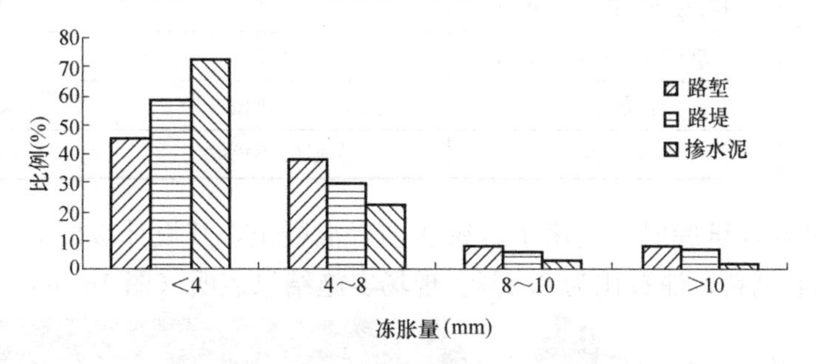

图16.4-6 不同路基类型下冻胀分布特征

进一步的试验结果表明，掺加5%水泥的试样在冻融循环作用下，冻胀量没有明显变化，但试件表层有轻微冻裂，说明掺水泥级配碎石在长期、反复冻融条件下有劣化趋势，加之掺水泥级配碎石有干燥收缩和温度收缩的特性，易在材料浅层形成收缩裂缝且不易愈合，在列车动荷载作用及冻融作用下，裂缝会加速发展，进一步促使材料表层和浅层劣化。因此，对掺水泥级配碎石基床表层应在路面设置防水封闭层对其进行保护。

目前我国高铁路基的防水封闭层主要采用水泥基混凝土材料，如普通水泥混凝土、纤维混凝土、混凝土加钢筋网片等。由于混凝土材料脆性大、变形适应能力差，导致防水封闭层易开裂，此外，现有防水封闭层存在大量纵向、横向结构缝，嵌缝材料在服役期内存在结构缝离缝等情况，从而降低了防水能力，导致冻胀、翻浆冒泥等一系列问题。为此，在哈尔滨至齐齐哈尔客专等高铁线路上试验应用了沥青混凝土。

高寒地区高铁路基沥青防水封闭层除具备防水功能外，还要具有低温抗裂、高温稳定、耐候与整体性、使用长寿命、与相邻构造物之间结合紧密、施工方便且易于控制、易维护等特点，提出的路基两侧及线间沥青混凝土防水封闭层结构技术要求如表 16.4-3 所示。

沥青混凝土防水封闭层性能指标与技术要求　　表 16.4-3

技术指标		技术要求	试验方法
沥青结合料 PG 等级		PG 70-34	流变学试验
结构厚度(cm)		≥5.0	插入式直尺
防水性	外观	平整、密实	目测
	空隙率(%)	≤1	T0706-2011
	渗水系数(mL/min)	≤20	T0730-2011
低温抗裂性	弯曲应变(−10℃)(με)	≥3000	T0715-2011
高温稳定性	马歇尔稳定度(60℃)(kN)	≥5.0	T0709-2011
	贯入度(mm)	≤6	贯入试验(40℃)
	动稳定度(次/mm)	≥800	轮辙试验(40℃)0.7MPa，1h(视需要)
	累积变形(mm)	≤8.0	
耐候性	冻融劈裂强度比(%)	≥80	T0729-2000
	试件外观	无松散、剥落或碎块	10 次冻融循环后目测
使用寿命		≥20 年	长期老化试验
与相临构造物的联结	拉拔强度(60℃)(MPa)	≥0.2	拉拔试验
	剪切强度(−10℃)(MPa)	≥0.5	剪切试验
施工便利性	流动度(s)	人工≤20，机械≤40	刘埃尔流动度仪
	黏聚性	易成团、不松散	手搓成团

在哈齐高铁现场试验时，应用了自密实沥青混凝土，其设计级配如表 16.4-4 所示，选用 PmB 作为胶结料，油石比为 8.5%。现场实施结果表明（图 16.4-7*a*），自密实沥青

(*a*)

(*b*)

图 16.4-7　哈齐高铁沥青防水层试验段

(*a*) 现场施工；(*b*) 雨后情况

混凝土具有良好的施工灵活度与便利性，施工质量控制简便且具有极大的宽容度。运用5年多来，封闭层保持良好的整体性与防水性（图16.4-8b），未出现裂缝等纤维混凝土常见病害。

自密实沥青混合料设计级配 表16.4-4

方孔筛孔边长(mm)	13.2	9.5	4.75	2.36	1.18	0.6	0.3	0.15	0.075
过筛质量百分率(%)	100.0	98.6	72.5	55.0	47.2	40.1	31.1	26.1	25.1

16.4.2 低路堤及路堑防冻胀结构

当路基高度小于最小填高时，则应采取增设隔温层、隔绝地下水、冻深范围内换填不冻胀材料等抗冻措施，其中，哈齐高铁在地下水水位较高、排水困难的低路堤地段，采用填料基床可能造成地下水或地表水浸泡路基，使路基本体含水率增高，不利于控制路基冻胀，从而利用混凝土冻后变形小的特性，采用混凝土基床形式的路基达到控制冻胀的目的。

混凝土基床结构比较简单，一般在影响轨道平顺性范围内设置，混凝土基床外用非冻胀土填筑。如图16.4-8所示，哈齐高铁混凝土基床宽10.5m，采用C35素混凝土浇筑，表层设置钢筋网，基床厚度不小于最大冻深+0.25m。混凝土基床每隔20m设置一道伸缩缝，缝宽0.02m，缝内填塞木丝板并设置传力杆钢筋。横断面方向混凝土基床表面自路基中心至轨道底座外边缘设2%排水坡，自轨道底座外边缘往线路外侧设4%排水坡。基床两侧采用纤维混凝土封层，厚度不小于8cm，每20m设置一道伸缩缝，与混凝土基床伸缩缝错缝布置。

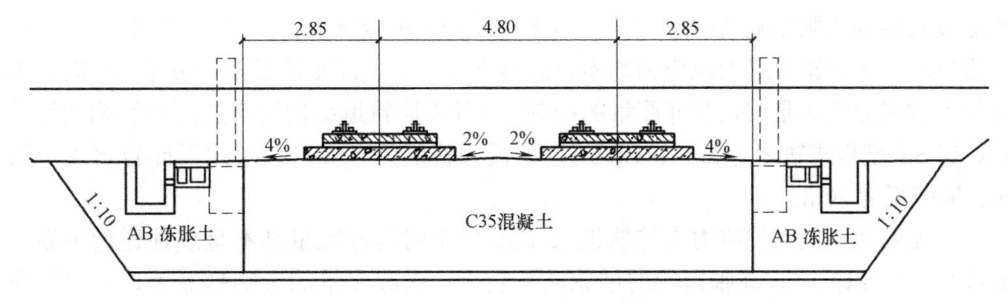

图16.4-8 混凝土基床方案标准断面示意图

根据2012年度冻胀监测结果，6段长约200～400m不等的普通填料路基冻胀量大的点相对集中，在2013年将上述6段路基改为采用混凝土基床。监测结果如表16.4-5所示，在未改设混凝土基床形式前，2012年冬季冻胀监测值小于4mm的比例仅为73.9%，

混凝土基床措施变形量统计表 表16.4-5

统计项		最大冻胀量(mm)				
		点数	(−∞,4]	(4,8]	(8,10]	(10,12]
原路基(2012年度)	监测点	138	102	25	3	8
	比例		73.9%	18.1%	2.2%	5.8%
混凝土基床(2013年度)	监测点	129	128	1	0	0
	比例		99.2%	0.8%	0.00%	0.00%
混凝土基床(2014年度)	监测点	52	52	0	0	0
	比例		100%	0.00%	0.00%	0.00%

且存在多个冻胀量大于 8mm 的监测点，设置混凝土基床后，2013 年冬季各监测点冻胀值小于 4mm 的比例提高至 99.22%，2014 年冬季混凝土基床段落冻胀量全部小于 4mm。

16.5 高铁抗冻胀无砟轨道结构

应用抗冻胀无砟轨道结构，是季冻区高铁防冻胀技术的重要组成部分，也是我国高铁发展的成功经验之一。无砟轨道结构的应用，减少了冬季道床自身的冻胀变形量和养护维修工作量，可以保证高铁轨道的高平顺性和高稳定性，提高高铁的安全性。

我国高铁无砟轨道结构主要有 CRTSⅠ、Ⅲ型板式轨道等单元结构和 CRSTⅡ型板式轨道、双块式无砟轨道等连续结构。一般认为，在严寒季冻区年温差高达 90℃甚至超过 100℃情况下，采用连续结构是不合适的，所以，CRTSⅡ型板式轨道没有被应用，但在兰新高铁采用了单元式的双块式无砟轨道。

为分析路基冻胀对无砟轨道受力的影响，建立了路基冻胀传递模型。以无砟轨道与基床表层界面模型底部边界，采用单波余弦曲线模拟路基冻胀变形，并作为无砟轨道激励函数，得到三种无砟轨道结构受力状况。计算结果表明[26]，在路基冻胀变形作用下，无砟轨道上表面出现最大纵向拉应力；最大拉应力随着冻胀波长的增大而衰减，随冻胀幅值的增加而增加，可以得到以下结论：

（1）当冻胀变形波长超过一定量值以后，无砟轨道结构最大拉应力小于容许拉应力，该冻胀波长称为冻胀影响的敏感波长。当冻胀波长超过敏感波长以后，只要轨道不平顺满足标准要求，无砟轨道最大拉应力均不超过容许应力；当冻胀波长小于敏感波长时，无砟轨道最大拉应力受冻胀波长和冻胀量的控制。3 种无砟轨道结构受冻胀变形影响的敏感波长：CRTSⅠ型板式轨道为 20m，CRTSⅢ型板式轨道为 30m，双块式无砟轨道支承层为 20m、道床板为 30m。

（2）无砟轨道最大拉应力在冻胀波长 10m 以上时与冻胀量基本呈线性递增关系；在冻胀波长 10m 以内时，冻胀影响的敏感波长越大，受冻胀量的影响越显著，最大拉应力不超过容许应力要求的冻胀变形量越小。其中，底座板/支承层最大拉应力不超过容许应力时，对冻胀峰值的要求是 CRTSⅠ型板式轨道和双块式无砟轨道小于 6mm/10m、CRTSⅢ型板式轨道小于 3mm/10m；轨道板/道床板最大拉应力不超过容许应力时，对冻胀峰值的要求是 CRTSⅠ型板式轨道小于 7mm/10m、CRTSⅢ型板式轨道小于 5mm/10m、双块式无砟轨道小于 3mm/10m。

（3）在冻胀变形作用下，无砟轨道承受较大的拉应力，板式轨道的轨道板应采用预应力结构，而双块式无砟轨道支承层采用水硬性材料时无法做到不开裂，采用 C15 混凝土时，由于混凝土本身强度等级低，抗冻融能力弱，在较大拉应力下容易产生裂缝；双块式无砟轨道的道床板采用现浇钢筋混凝土结构，存在开裂风险，容易导致表水渗入路基加剧冻胀，不宜在季节性冻土区使用。

通过对 CRTSⅢ型板式轨道双块式无砟轨道底座板受力的进一步分析可以分析，由于在底座板上凹槽附近形成应力集中（图 16.5-1），最大拉应力容易超过容许应力，凹槽处开裂现象突出。为此，可以将凹槽限位优化为凸台限位（图 16.5-2），经检算[26]，最大拉应力均在容许应力以内。

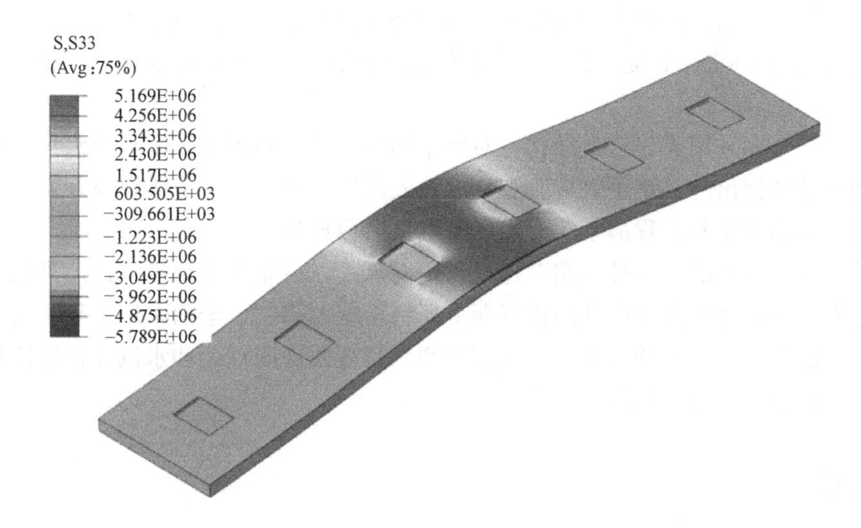

图 16.5-1 CRTSⅢ型板式轨道底座板受力云图

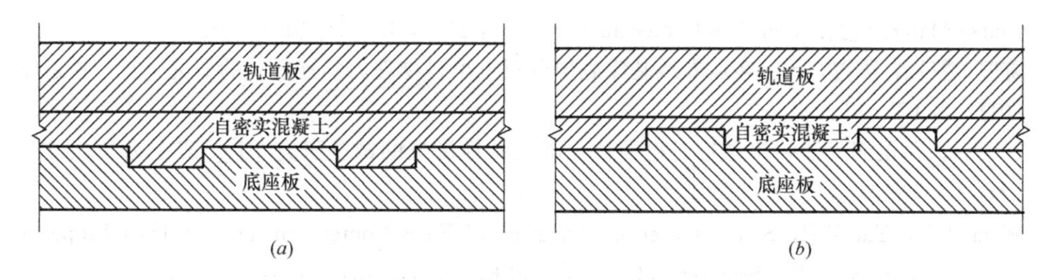

图 16.5-2 CRTSⅢ型板式轨道底座板限位的优化

(*a*) 优化前的凹槽形式；(*b*) 优化后的凸台形式

通过计算和工程实践，适用于严寒季冻区的无砟轨道主要是 CRTSⅠ型和Ⅲ型板式无砟轨道，尤其是 CRTSⅢ型板式轨道全部是混凝土结构，对严寒地区更为适用。轨道板均采用双向预应力结构，CRTSⅠ型板式无砟轨道采用抗冻 CA 砂浆，CRTSⅢ型板式轨道可适当提高自密实混凝土强度等级。从目前哈大、哈齐高铁应用的 CRTSⅠ型板式轨道和盘营、京沈高铁应用的 CRTSⅢ型板式轨道在高平顺和高稳定方面都表现出良好的性能。

16.6 结语

我国东北地区的哈大、哈齐、沈丹、哈姆、哈佳等高铁经过地区最冷月平均气温比目前日本、德国、法国、俄罗斯等国家寒冷地区高铁沿线低 20℃以上，冻结深度我国超过了 3m，其他国家高铁沿线不超过 1m，要将高铁轨道不平顺控制在毫米级，冻胀控制面临巨大挑战。

经过科技工作者的不懈努力，我国在粗颗粒冻胀机理研究方面走在世界前列。通过对高铁路基填料的研究，提出了细颗粒簇团冻胀机理，研发了透水型和防水型的控制细颗粒簇团冻胀的路基结构，发明了抗冻胀的 CRTSⅢ型板式无砟轨道结构，研发了以抗冻胀 CA 砂浆和双向预应力轨道板为核心的 CRTSⅠ型板式无砟轨道，形成了我国高铁完整的防冻胀技术体系。哈大高铁在控制细颗粒簇团修复技术和适度修技术支撑下，冬季运行速度由开通初期的200km/h提高到和夏季相同的300km/h，成为世界上严寒地区冬季运行速度最高的高铁。

我国高铁全面采用无砟轨道结构，对路基结构形成了封闭的环境，为水汽迁移提供了条件。我国学者提出的“锅盖效应”和“冰箱效应”开拓了路基冻胀研究新方向，并且在理论基础、试验设施和工程揭示等方面已经取得阶段成果。

目前，我国倡导的“一带一路”建设正走向深入，设施连通加速推进，沿线国家季节性冻土分布广泛，已经完成设计的俄罗斯莫斯科至喀山高铁，全面采用了我国高铁防冻胀技术。随着沿线国家工程的推进，我国高铁细颗粒簇团冻胀理论和水汽迁移理论将不断发展，为我国铁路走出去提供有力支撑。

参考文献

[1] Konrad J M, Lemieux N. Influence of Fines on Frost Heave Characteristics of a Well-graded Base-course Material [J]. Canadian Geotechnical Journal, 2005, 42 (2): 515~527.

[2] 陈坚，罗强，陈占，等. 客运专线基床底层砾石土填料物理力学性质试验研究 [J]. 铁道学报，2011，33 (7): 91~97.

[3] 王天亮，岳祖润. 细颗粒含量对粗颗粒土冻胀特性影响的试验研究 [J]. 岩土力学，2013，34 (2): 359~364+388.

[4] Wang T L, Yue Z R, Sun T C, et al. Influence of Fines Content on the Anti-frost Properties of Coarse-grained Soil [J]. Sciences in Cold & Arid Regions, 2015, 7 (4): 407~413.

[5] 王青志，朱鑫鑫，刘建坤，等. 寒区高速铁路路基粗颗粒填料大型直剪试验研究 [J]. 铁道学报，2016，38 (8): 102~109.

[6] Nurmikolu A, Kolisoja P. The Effect of Fines Content and Quality on Frost Heave Susceptibility of Crushed Rock Aggregates Used in Railway Track Structure [C]. Proceedings of the 9th International Conference on Permafrost, Fairbanks, USA, June 29~July 3, 2008.

[7] Du X Y, Ye Y S, Zhang Q L, et al. Experimental Research on Frost Heaving Characteristics of Coarse Grained Soil Filler of High Speed Railway Subgrade in Cold Region [C]. 2014 International Conference on Mechanics and Civil Engineering (icmce-14). Atlantis Press, 2014.

[8] Wang Q, Liu J, Zhu X, et al. The Experiment Study of Frost Heave Characteristics and Gray Correlation Analysis of Graded Crushed Rock [J]. Cold Regions Science and Technology, 2016, 126: 44~50.

[9] Bai R Q, Lai Y M, Zhang M Y, et al. Water-Vapor-Heat Behavior in a Freezing Unsaturated Coarse-grained Soil with a Closed Top [J]. Cold Regions Science and Technology, 2018, 155: 120~126.

[10] 谈云志，喻波，胡新江，等. 非饱和土热导率预估模型研究 [J]. 岩土工程学报，2013，35 (S1): 129~133.

[11] 原喜忠，李宁，赵秀云，等. 非饱和（冻）土导热系数预估模型研究 [J]. 岩土力学，2010，31 (9): 2689~2694.

[12] Zhang X, Zhao C F, Zhai W M. Dynamic Behavior Analysis of High-speed Railway Ballast under Moving Vehicle Loads Using Discrete Element Method [J]. International Journal of Geomechanics,

2017, 17 (7): 14.

[13] Wang D Y, Wang Y T, Ma W, et al. Study on the Freezing-induced Soil Moisture Redistribution under the Applied High Pressure [J]. Cold Regions Science and Technology, 2018, 145: 135~141.

[14] 田亚护，刘建坤，彭丽云. 动、静荷载作用下细颗粒土的冻胀特性实验研究 [J]. 岩土工程学报，2010，32 (12)：1882~1887.

[15] Sheng D C, Zhang S, Yu Z W, et al. Assessing Frost Susceptibility of Soils Using PC Heave [J]. Cold Regions Science and Technology, 2013, 95: 27~38.

[16] Yang G T, Yan H Y, Cai D G, et al. Experimental Study on Frost Heave of High-speed Railway Subgrade in the Seasonally Frozen Region [J]. Japanese Geotechnical Society Special Publication, 2016, 2 (48): 1699~1702.

[17] Sheng D C, Zhang S, Niu F J, et al. A Potential New Frost Heave Mechanism in High-speed Railway Embankments [J]. Géotechnique, 2014, 64 (2): 144~154.

[18] 盛岱超，张升，李希. 高速列车与路基冻胀相互作用机理 [J]. 岩土工程学报，2013，35 (12)：2186~2191.

[19] Lin Z J, Niu F J, Li X L, et al. Characteristics and Controlling Factors of Frost Heave in High-speed Railway Subgrade, Northwest China [J]. Cold Regions Science and Technology, 2018, 153: 33~44.

[20] Wu X Y, Niu F J, Lin Z J, et al. Delamination Frost Heave in Embankment of High Speed Railway in High Altitude and Seasonal Frozen Region [J]. Cold Regions Science and Technology, 2018, 153: 25~32.

[21] 滕继东，贺佐跃，张升，等. 非饱和土水气迁移与相变：两类“锅盖效应”的发生机理及数值再现 [J]. 岩土工程学报，2016，38 (10)：1813~1821.

[22] 左永真，程展林，丁红顺. CT 技术在粗颗粒土组构研究中的应用 [J]. 人民黄河，2010，32 (7)：109. 111.

[23] 赵国堂，蒋金洋，崔颖辉，等. 高速铁路路基填料中细颗粒分布特征及其对冻胀的影响 [J]. 铁道学报，2017，39 (10)：1~9.

[24] 赵国堂. 严寒地区高速铁路无砟轨道路基冻胀管理标准的研究 [J]. 铁道学报，2016，38 (3)：1~8.

[25] 赵国堂，赵磊，张鲁顺. 基于高速铁路路基冻胀的无砟轨道受力特征 [J]. 铁道工程学报，2017 (8)：53~61.

17 水下地基处理技术

张曦[1]，刘爱民[2]，谢锦波[1]，刘文彬[2]，叶国良[2]，周国然[1]
(1. 中交上海港湾工程设计研究院有限公司，上海 200032；2. 中交天津港湾工程研究院有限公司，天津 300222)

17.1 引言

随着我国国民经济的快速发展，带来了海洋资源开发、水上交通基础设施建设、港口工程建设、围垦造陆、人工岛建设等的蓬勃发展，在这些工程建设中需要使用大量的水下地基处理技术，工程建设中对地基处理技术也提出了更新、更高的要求，水下地基处理技术也随之不断发展。目前，水下地基常用的处理技术主要为以下几种：

(1) 水下挤密砂桩（Sand Compaction Pile，简称 SCP）技术，其显著特征是通过采用一整套严格控制下的反复振动、回打扩径的特殊工艺，使压入原地基的砂量成为可控的固定量，并可以在地基中形成大直径的桩体，从而实现比较大的置换率。相对于其他地基处理技术，如开挖换填、砂井或塑料排水板排水加固、深层水泥搅拌、爆破挤淤和普通砂桩加固等地基处理的方法，水下挤密砂桩的一个重要的特点是可以很好地适应外海施工所必须面对的水深条件和波流条件，因为具备一定刚度和长度的钢套管可以很好地抵御外海波浪并将砂送入相当大的深度，从而成为外海工程中的首选。特别是采用大置换率的挤密砂桩复合地基，与一般排水固结法相比无需等待固结形成的强度增长，与深层水泥搅拌桩相比无需等待水泥土固化时间，因而可以快速实现地基强度的大幅提高，在有效作业时间极为有限的外海工程中，可以起到缩短工期的作用，并可与多种形式的上部结构联合使用，为软弱地基上建造重力式结构创造条件。因此，与其他地基加固方法相比，水下挤密砂桩地基加固技术的加固深度最深，适用范围最广，加固效果直接，置换加固后地基强度可快速提高，同时对周围环境的影响相对较小，符合环保要求。随着施工设备和施工工艺的进一步提升，施工效率提高，费用减少，其在外海深水条件下地基处理的优势将更加突显。

(2) 水下碎石桩技术依据成桩技术可以分为振冲碎石桩法和振动沉管碎石桩法。碎石桩加固软弱地基在我国港口工程建设中已有近 30 年的历史，具有增加土体密实度、提高承载力、减少压缩性和消除液化的作用。碎石桩形成的复合地基在重力式结构地基处理中也经常被采用。该方法提高承载力机理主要有以下两方面：首先碎石桩的变形模量要远大于周围土体，较大的刚度使得碎石桩在土体中形成一条传力路径，进而对土体产生了竖向加强的作用。其次碎石桩良好的渗透性缩短了软土的渗透路径，进而加快了软土的固结。碎石桩复合地基承载力依赖于碎石桩间土的性质，原因在于碎石桩桩顶在荷载作用下，已发生剪切破坏，较强的桩间土会提供给碎石桩良好的约束，进而提高复合地基的承载力。

（3）水下深层水泥搅拌法（Cement Deep Mixing Method 简称 CDM 法）适用于黏性土和淤泥土等地基。CDM 法加固地基后形成的增强体（拌合体）的形式也多种多样，如桩式、格式、壁式、块式。其中块式拌合体与壁式拌合体在重力式结构地基加固中最为常用。由于采用就地原位加固，CDM 法能克服传统重力式结构中基床大开挖、大回填、易回游、易污染等问题。但 CDM 法也存在造价高、施工难度大、施工设备及施工经验缺乏的等问题，因此在我国应用并不是很广泛。

（4）水下爆破挤淤技术是在抛石体外缘一定距离和深度的淤泥质软基中埋放药包群，药包在堆石体下部中线上爆炸时，起爆瞬间爆能及爆轰气体向淤泥内作用，将地基中的软土挤开，在淤泥中形成空腔，同时利用堤身自重荷载与爆炸产生的巨大能量，抛石体随即坍塌，充填空腔形成石舌滑向爆坑，在极短的时间内将基础一定深度和范围内的软土置换成块石体，将抛石体“压沉”入软土地基中，达到置换淤泥的目的，并利用块石料自身良好的抗剪抗滑物理力学性质来达到满足堤坝整体稳定。此技术具有不需要大型施工机械和复杂的施工技术、人力消耗少、施工进度快、总固结时间短、工后沉降量小等特点。总体造价低，经济效益极其显著。但由于爆破对环境影响较大，随着环保要求越来越高，其应用逐渐减少。

（5）水下真空预压技术是将陆上真空预压技术应用于水下地基处理，随着沿海滩涂的大规模开发建设，水下真空预压技术有着广阔的应用前景和适用性，一旦成功实施，就可以解决高桩码头岸坡位移造成码头后几排桩、梁、板变形、开裂和水下开挖稳定等问题，还可以缩小防波堤断面尺寸并缩短加载周期，同时水下真空预压技术还是一种文明环保的新型软基加固技术。

目前，我国的水下地基处理技术已在国内外多项重大工程中发挥了重大的作用，如洋山深水港工程、港珠澳大桥工程、深中通道工程以及国外重大工程等，形成了一系列的新技术、新工艺和新设备，形成了一批具有自主知识产权的软件、专利、工法、装备等，增强了自主创新水平，推动了行业的技术进步，产生了巨大的经济社会效益。以港珠澳大桥工程为例，其建成后，香港到珠海的交通时间将由原水路 1 小时以上、陆路 3 个多小时，缩短至半小时到 20 分钟以内，粤港澳周边包括珠三角西岸的 100 多个城镇将纳入到同一个 3 小时车程辐射圈内，由此将香港、深圳与珠三角西部地区直接有效地连接起来。以香港为龙头带动整合整个珠三角区域经济的发展战略就可以真正实施，对珠三角经济圈的建设具有十分重大的现实意义和深远的历史意义。而在港珠澳大桥工程中大量采用水下地基处理技术——水下挤密砂桩技术，克服了施工区域无掩护条件、土层复杂、工期紧、环保要求高等难点，顺利完成了在港珠澳大桥岛隧工程中的地基加固任务。利用水下挤密砂桩提高了人工岛岛壁地基土体的抗剪强度，从而提高岸壁结构的稳定性。在海底沉管隧道过渡段的地基加固中，隧道过渡段采用置换率为 40％～70％水下挤密砂桩进行加固，使地基得到了平稳过渡，解决了工程重大难题，沉降控制达到了预期的效果。

随着新技术及新材料的不断发展，新的水下地基处理技术也将不断涌现。如陆上的袋装碎石桩技术，是一种传统碎石桩与土工合成材料相互结合的一种新技术，拓展了该技术的应用范围，改善了复合地基的整体性，提高了桩体的承载力和抗变形能力。土工织物袋提供的侧限作用有效防止了传统碎石桩在软弱浅表层土（不排水抗剪强度 C_u＜20kPa）中成桩困难的问题。在水下地基处理中常常会遇到超软土的处理问题，而袋装碎石桩技术能够较好的解决此类问题，但是受限于其施工工艺与施工装备，水下袋装碎石桩技术目前的发展应用还不成熟。随着水下地基处理技术与装备的发展，未来水下袋装碎石桩的施工工艺与施工装备也将随之改进，使其得到广泛的应用。

此外，能源开发领域和海洋资源开发也提出了新的水下地基处理需求，如海上风电工程，海上风机基础的型式主要包括：单桩基础、重力式基础、三脚架基础、导管架基础以及筒型基础。其中重力式海上风电机组基础结构简单、造价较低，抗风暴和风浪袭击性能好，具有明显的优势。而重力式海上风电机组基础对地基强度及变形提出更高的要求，为满足海上风电基础稳定性及变形的要求，软弱地基必须使用地基处理技术。目前，在拟新建的海上风电工程中已将水下挤密砂桩作为重力式基础地基的加固方法，但是同时也提出了更高的要求，在海上风电工程中，一般水深较大，风浪条件较差，有效作业时间很短，这就要求对施工工艺及设备进行优化改进，以适应工程的需求。

17.2 水下挤密砂桩技术

17.2.1 概述

目前，我国近海条件较好的深水岸线已基本得到开发，为适应港口吞吐能力发展的要求，离岸群岛间的深水岸线和深水港建设正大量兴起，地基基础也更为复杂，如洋山港、马迹山港、曹妃甸港等。伴随着港口建设的深水、离岸以及外海化的发展趋势，人工岛建设、深水筑堤、高填土驳岸结构越来越普遍。然而外海施工的特点是远离陆地、风浪条件恶劣、有效作业时间极为有限，无论是施工难度还是工期都受到极大的制约，这些都给外海人造陆域的地基处理带来了难度。

砂桩法地基处理技术起源于19世纪的欧洲，最初是采用振冲的方式向地基中置入碎石，用于提高松砂的密实性，主要靠桩的挤密和施工中的振动作用使桩周围的土体密实度增大，从而使地基承载力提高，压缩性降低。随着时间的推移，此类工法进一步扩展用于加固软黏土地基。砂桩的主要作用是部分置换并与软黏土构成复合地基，加速软土的排水固结，从而增加地基土的强度，提高软基的承载力。在原有施工工艺的基础上，逐步发展出振冲密实法、振冲置换法以及沉管法的砂桩或碎石桩。而这里所指的挤密砂桩是从20世纪50年代日本研制的振动式和冲击式砂桩施工工艺开始逐渐发展起来的。该工法与其他散体桩的最大区别在于成桩过程，是利用振动或冲击荷载将钢套管打入软基中，经过有规律的反复提升和打压套管，将砂送入被加固的软弱地基（包括软黏土、松散砂土等）中，并使填入的砂桩扩径，形成挤密砂桩复合地基。与普通砂桩相比，水下挤密砂桩主要区别就在于施工过程中增加了挤密工艺，提高了地基土的密实度、承载能力、抗剪强度、抗液化能力等，从而达到更好的加固效果。普通砂桩（或散体桩）更适用于处理松砂、杂填土和黏粒含量不大的普通黏土，而挤密砂桩（SCP）对软黏土的适用范围要大得多，在日本，有多项工程采用挤密砂桩加固天然含水率超过100%的软黏土，并取得良好效果。

挤密砂桩的英文名称是 Sand Compaction Pile（简称 SCP）[1]，这里“挤密”二字指的是 Compaction，也就是对砂桩桩体的振挤密实，与振冲法散体桩对桩周土体的振挤密实作用是不一样的，尽管 SCP 用于砂性土地基加固时也有类似作用。挤密砂桩的显著特征是通过采用一整套严格控制下的反复振动、回打扩径的特殊工艺，使压入原地基的砂量成为可控的固定量，并可以在地基中形成大直径的桩体，从而实现比较大的置换率。

目前水下挤密砂桩的最大置换率可达 70%以上。通过对置换率的合理设计可以实现挤密砂桩置换作用与排水固结作用的合理利用。一般而言，对松散砂土地基，挤密砂桩的主要作用是成桩过程中对周围土层产生挤密作用以及振密作用；而对黏性土地基的加固作用主要体现为置换和排水作用，采用高置换率时更倾向于置换作用，而低置换率时更倾向于排水固结作用。

对于水下软基加固，相对于其他地基处理技术，如开挖换填、砂井或塑料排水板排水加固、深层水泥搅拌、爆破挤淤和普通砂桩加固等地基处理的方法，水下挤密砂桩的一个重要的特点是可以很好地适应外海施工所必须面对的水深条件和波流条件，因为具备一定刚度和长度的钢套管可以很好地抵御外海波浪并将砂送入相当大的深度，从而成为外海工程中的首选。特别是采用大置换率的挤密砂桩复合地基，与一般排水固结法相比无需等待固结形成的强度增长，与深层水泥搅拌桩相比无需等待水泥土固化时间，因而可以快速实现地基强度的大幅提高，在有效作业时间极为有限的外海工程中，可以起到缩短工期的作用，并可与多种形式的上部结构联合使用，为软弱地基上建造重力式结构创造条件。因此，与其他地基加固方法相比，水下挤密砂桩地基加固技术的加固深度最深，适用范围最广，加固效果直接，置换加固后地基强度可快速提高，同时对周围环境的影响相对较小，符合环保要求。随着施工设备和施工工艺的进一步提升，施工效率提高，费用减少，其在外海深水条件下地基处理的优势将更加突显。

水下挤密砂桩技术在工程中的应用主要在如下几个方面：

（1）排水作用：主要应用于建在软土地基的防波堤、护岸、码头接岸等工程，由于土体天然强度低，直接修筑建筑物将造成整体失稳滑坡，或工后沉降过大不满足使用要求。通过打设挤密砂桩，结合建筑物分级加荷，实现软土的排水固结，提高其强度和承载能力，满足水工建筑物在施工期和使用期的整体稳定，减小工后沉降。

（2）排水及置换复合作用：主要应用于高桩码头接岸结构、护岸或人工岛工程等。按照设计置换率打设挤密砂桩，形成复合地基，使复合地基具有一定的初始承载力和抗剪强度，结合后期排水固结作用，满足上部建筑物施工后的地基整体稳定，减小工后沉降和差异沉降。

（3）置换作用：主要应用于软弱地基上建造重力式码头工程、无附加荷载或附加荷载较小时建筑物基础等。利用挤密砂桩的置换作用，提高软土的强度、刚度和地基承载力。可满足附加荷载较小时沉降控制和变形协调等要求；或通过大置换率挤密砂桩改良加固软土，满足建造重力式码头的要求。

（4）挤密作用：主要应用于松散砂土、粉土地质，消除地震液化，并提高地基承载力，减小工后沉降和差异沉降。

我国于 20 世纪 50 年代初引进砂桩地基加固技术，经过半个多世纪的发展，砂桩地基加固技术在陆上工程已得到广泛应用。水下砂桩技术起步较晚，但进展较快。前期多采用普通砂桩，直径 500～1000mm，有的是单纯的排水作用，有的为排水置换复合功能，置换率多为 20%～35%。工程应用实例如连云港 7 万吨级航道扩建围堤工程正堤东段、汕头港珠池港区二期工程 3A～6 号泊位接岸结构、天津港南疆非金属矿石码头工程等。随着洋山深水港开发建设，水下普通砂桩技术得到进一步推广应用，而且水下挤密砂桩技术在我国进入到开发研制、试验阶段。2008 年，由中交三航局自主研制的第一代挤密砂桩施工设备成功应用于洋山深水港三期工程工作船码头重力式结构地基加固，置换率达 60%，填补了国内空白，并在国内首次开展了水下挤密砂桩复合地基荷载板试验，对水下挤密砂桩加固效果进行了验证[2]。近年来，国内挤密砂桩设备不断升级换代，在自动化控制、处理加固深度、环境保护等方面的性能得到明显提升。随着水下挤密砂桩地基加固技术在港珠澳大桥岛隧工程、海口南海明珠人工岛项目、海南如意岛项目等重大工程的应用，标志着该技术进入到全面推广应用阶段。随着几个工程的实践，国内工程界对挤密砂桩加固的原理、加固效果以及设计方法有了较全面的掌握，特别是依托港珠澳大桥工程建设开展的国家科技支撑计划项目的深入研究，在水下挤密砂桩的设计理论、加固机理以及施工技术方面取得了长足的进步。目前，水下挤密砂桩复合地基设计专用软件也已开发完成，并形成了行业标准《水下挤密砂桩设计与施工规程》《水下挤密砂桩施工质量检测标准》。

17.2.2 技术原理

1. 加固机理

水下挤密砂桩处理地基技术可应用于松散砂（或粉土）地基和软弱黏性土地基，其加固机理不同。

（1）加固松散砂土地基

对松散砂或粉土地基，利用振动或冲击将砂压入土中以减小孔隙比，从而提高原地基土的相对密度，其作用包括挤密作用、振密作用，并使砂土地基获得预震效应。

1）挤密作用：在成桩过程中，砂料被强大的振动力挤入周围土中，桩管对周围砂层产生很大的横向挤压力，桩管将地基中等于桩管体积的砂挤向桩管周围的砂层，这种强制挤密使砂土的孔隙比减小，密实度增大，从而抗液化性能得到改善。挤密砂桩的有效挤密范围可达 2～3 倍桩径。

2）振密作用：砂土和粉土属于单粒结构，其组成单元为松散粒状体。在松散状态时，颗粒的排列很不稳定，在动力和静力作用下会重新排列，趋于较稳定的状态；即使颗粒的排列接近较稳定的密实状态，在动力作用下也将发生位移，改变其原来的位置。松散砂土在振动力的作用下，其体积缩小可达 20%。由于水冲使松散砂土处于饱和状态，砂土在强烈的高频强迫振动下产生液化并重新排列致密，趋于较稳定的密实状态。砂桩施工时，桩管四周的土体受到挤压，同时桩管的振动能量以波的形式在土体中传播，引起四周土体的振动。在挤压和振动的作用下土的结构逐渐破坏，孔隙水压力逐渐增大，由于土结构的破坏，土颗粒重新进行排列向具有较低势能的位置移动，从而使土由较松散状态变为密实状态。挤密砂桩的有效振密范围可达 3～4.5 倍桩径，挤密砂桩的振密作用比挤密作用更显著。

3）砂基预震效应：施工过程使填入料和地基土在挤密的同时获得强烈的预震，有利于增强砂土的抗液化能力。国内外大量的不排水循环应力试验结果表明，预先受过适度水平的循环应力即预振的试样，将具有较大的抗液化强度，由于在振动成桩过程中，桩间土受到了多次预震作用，因此使地基土的抗液化能力得到提高。

（2）加固软黏土地基

对软黏土而言，由于形成了有一定间距的挤密砂桩和黏性土共同构成的复合地基，达到增加地基强度、改善地基整体稳定性的目的。挤密砂桩作用表现为：

1）置换作用：密实的砂桩取代了同体积的软弱黏土（置换作用），形成“复合地基”，使承载力有所提高，地基沉降也变小。荷载试验和工程实践均表明，砂桩复合地基承受外荷载时，由于桩体的变形模量和强度较大，使应力向砂桩集中，使桩间土应力减小，沉降也相应减小。砂桩复合地基承载力增长和沉降减小都与置换率成正比关系。

2）排水作用：砂桩在黏土地基中是良好的排水通道，在上部荷载的作用下，它起到排水砂井的效能，且大大缩短了孔隙水的水平渗透途径，加速软土地基的排水固结速度，减少工后沉降，同时改变桩间土的物理性质，提高复合地基承载力。

3）垫层作用：用砂桩加固软弱土层时，如果软弱土层较厚，则桩体可不贯穿整个软弱土层，此时复合地基主要起垫层作用。通过垫层作用来减小地基的沉降并将基底压力向深部扩散而提高地基的整体承载力。

2. 一般设计计算方法

挤密砂桩复合地基土层的内摩擦角和黏聚力标准值可按下列公式计算：

$$\tan\varphi_{sp}=m\cdot\mu_p\cdot\tan\varphi_p+(1-m\cdot\mu_p)\cdot\tan\varphi_s \tag{17.2-1}$$

$$c_{sp}=(1-m)\cdot c_s \tag{17.2-2}$$

$$\mu_p=\frac{n}{1+(n-1)m} \tag{17.2-3}$$

式中 φ_{sp}——挤密砂桩复合地基内摩擦角标准值；

m——面积置换率；

μ_p——应力集中系数；

φ_p——桩体材料内摩擦角标准值，可根据标贯试验成果选取；

φ_s——桩间土内摩擦角标准值；

c_{sp}——复合土层粘聚力标准值（kPa）；

c_s——桩间土粘聚力标准值（kPa）；

n——桩土应力分担比。

水下挤密砂桩复合地基承载力特征值可按照式（17.2-4）或式（17.2-5）估算：

$$f_{spk}=mf_{pk}+(1-m)f_{sk} \tag{17.2-4}$$

$$f_{spk}=[1+m(n-1)]f_{sk} \tag{17.2-5}$$

式中 f_{spk}——复合地基承载力特征值（kPa）；

f_{sk}——加固后的桩间土承载力特征值（kPa）；

f_{pk}——桩体承载力特征值（kPa）；

n——桩土应力分担比。

水下挤密砂桩在国内应用后，水运交通行业也采用现行行业标准《港口工程地基规范》JTS 147-1 进行复合地基承载力计算，并采用复合土层的内摩擦角和黏聚力。

水下挤密砂桩复合地基整体稳定性计算可采用复合土层的内摩擦角和黏聚力，可根据现行行业标准《港口工程地基规范》JTS 147-1 进行计算。

水下挤密砂桩复合地基的最终沉降计算可按下式计算：

$$s=s_1+s_2 \tag{17.2-6}$$

式中 s——地基最终沉降量（mm）；

s_1——复合地基加固区复合土层压缩变形量（mm）；

s_2——加固区下卧土层压缩变形量（mm）。

复合地基加固区复合土层压缩变形量 s_1 可按复合模量法或沉降折减法进行计算。

（1）复合模量法

$$s_1=m_s\sum\frac{\Delta p_i}{E_{spi}}H_i \tag{17.2-7}$$

$$E_{spi}=mE_{pi}+(1-m)E_{si} \tag{17.2-8}$$

式中 s_1——复合地基加固区复合土层压缩变形量（mm）；

m_s——修正系数根据地区经验确定；

Δp_i——第 i 层复合土层上的附加应力增量（kPa）；

H_i——第 i 层复合土层的厚度（mm）；

E_{spi}——第 i 层复合土层的压缩模量（kPa）；

E_{pi}——第 i 层桩体的压缩模量（kPa）；

E_{si}——第 i 层桩间土的压缩模量（kPa）；

m——复合地基置换率。

（2）沉降折减法

$$s_1=\beta_c\cdot s_0 \tag{17.2-9}$$

式中 s_1——复合地基加固区复合土层压缩变形量；

s_0——原黏性土地基最终沉降量（m）；

β_c——沉降折减比。

根据国内外相关资料，沉降折减比 β 随着置换率的变化通常存在两种计算公式，分别如下：

对于低置换率挤密砂桩复合地基（$m<0.5$），

$$\beta_c=\frac{1}{1+(n-1)\cdot m} \tag{17.2-10}$$

对于高置换率挤密砂桩复合地基（$m\geqslant0.5$），

$$\beta_c=1-m \tag{17.2-11}$$

式中 m——面积置换率；

n——桩土应力比。

砂性土地基加固，水下挤密砂桩的桩间距根据挤密后要求达到的孔隙比确定，可按下式估算：

$$\text{等边三角形布置：}s_1=0.95\xi d\sqrt{\frac{1+e_0}{e_0-e_1}} \tag{17.2-12}$$

$$\text{正方形布置：}s_2=0.89\xi d\sqrt{\frac{1+e_0}{e_0-e_1}} \tag{17.2-13}$$

式中 s_1——等边三角形布置时桩的中心距（m）；

s_2——正方形布置时桩的中心距（m）；

ξ——修正系数，可取 1.1～1.2；

d——挤密砂桩设计直径（m）；

e_0——地基处理前的孔隙比；

e_1——地基处理后要求达到的孔隙比，可按下式确定：

$$e_1 = e_{max} - D_r(e_{max} - e_{min}) \tag{17.2-14}$$

式中 e_{max}——粉土或砂土的最大孔隙比；

e_{min}——粉土或砂土的最小孔隙比；

D_r——地基处理后要求达到的相对密实度。

3. 加固效果

依托洋山深水港工程，在洋山深水港区拟建的西港区大乌龟山南侧的区域开展了水下挤密砂桩试验，以掌握水下挤密砂桩加固软土地基对改变原状地基土性能的作用。先后进行高置挤密换率和低置换率普通砂桩加固效果试验，用于比较二者的异同。通过试验可以掌握砂桩对软土地基承载力提高的作用，了解砂桩打设造成的土体隆起情况，弄清桩间土排水固结过程中的土层压缩、强度增长等情况，从而取得相关数据，为工程设计积累经验。

水下挤密砂桩复合地基加固效果试验选定在洋山深水港区拟建的西港区大乌龟山南侧的区域进行。根据勘察设计单位提供的试验场地资料，该试验场地软土层厚度为 20m 左右，泥面标高为-9.17m 左右，利用砂桩加固该区域软土地基，具有一定的针对性和代表性。该区域最高潮位为＋5.73m，最低潮位为－0.23m，平均高潮位为＋3.88m，平均低潮位为＋1.14m，最大潮差为 5.03m，平均潮差为 2.74m。该区域内的最大涨潮平均流速为 1.40m/s，最大落潮平均流速为 1.64m/s。

试验场地区地质剖面图如图 17.2-1 所示。

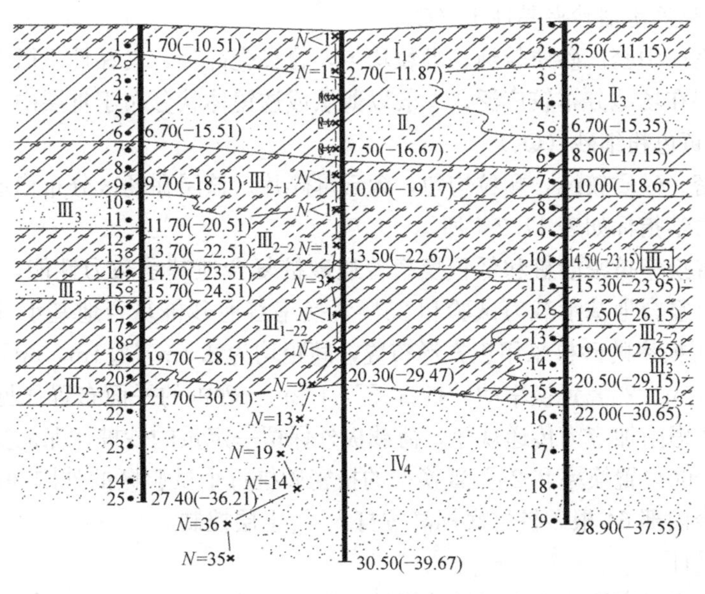

图 17.2-1 地质剖面图

试验区各岩土层描述如下：

Ⅰ$_1$灰黄色淤泥质粉质黏土（Q_R）

饱和，流塑。土质较均匀，切面较光滑，土质极软，含少量砂眼，夹粉砂薄层，单层厚约0.1～0.4m，局部稍厚，局部为淤泥或淤泥混砂。摇震反应较慢，干强度中等，韧性中等。该层主要分布于场地表部，顶板起伏稳定。

Ⅱ$_2$灰黄～灰色粉砂夹粉质黏土（Q_4）

饱和，松散。砂质较纯，颗粒较均匀，含少量腐植物、云母及贝壳碎片，夹灰黄色粉质黏土薄层，单层厚约0.1～0.2m，局部近砂质粉土。该层在场地内分布零乱，主要以薄层或透镜体状分布于地基浅部。

Ⅱ$_3$灰黄～灰色粉细砂（Q_4）

饱和，松散。砂质较纯，颗粒均匀，含少量云母、贝壳碎片及腐植物，夹黏性土或粉土薄层，单层厚约0.1～1m，有层理。该层在场地分布广泛，顶板起伏稳定。

Ⅲ$_{1\text{-}2}$灰黄～灰色淤泥质黏土（Q_4）

饱和，流塑～软塑。土质不均匀，切面光滑，含有机质、贝壳碎片及腐植物，夹少量粉细砂薄层，单层厚约0.2～0.3m，摇震反应慢，干强度高，韧性高，局部近淤泥。该层在场地内分布广泛，顶板起伏较稳定。

根据小洋山西港区土层划分原则，将Ⅲ$_{1\text{-}2}$层从泥面开始，每自然埋深8～12m划为一层，细分为Ⅲ$_{1\text{-}21}$～Ⅲ$_{1\text{-}26}$共6个亚层，试验场区内主要揭露Ⅲ$_{1\text{-}22}$层。

Ⅲ$_2$灰黄～灰色淤泥质粉质黏土（Q_4）

饱和，流塑～软塑。土质不均匀，切面稍光滑，含砂眼、云母、腐植物及贝壳碎片，夹粉细砂薄层，单层厚约0.2～0.3m，有层理，摇震反应慢，干强度中等，韧性中等。该土层在场区内分布广泛，少量以透镜体分布在Ⅲ层中，顶板起伏较大。

根据小洋山西港区土层划分原则，将Ⅲ$_2$层细分为Ⅲ$_{2\text{-}1}$～Ⅲ$_{2\text{-}6}$共6个亚层，试验场区内主要揭露Ⅲ$_{2\text{-}1}$层、Ⅲ$_{2\text{-}2}$层、Ⅲ$_{2\text{-}3}$层。

Ⅲ$_3$灰黄～灰色粉细砂夹黏性土（Q_4）

饱和，稍密～中密。砂质较纯，颗粒均匀，含贝壳碎片，夹黏性土微薄层，局部以粉细砂为主。该层在场地分布较广泛，一般以薄层或透镜体状分布于Ⅲ层中。

Ⅳ$_4$灰～灰黄色粉细砂（Q_3）

饱和，中密。砂质较纯，颗粒均匀，含云母碎片。该层在场区分布稳定。

土层物理力学指标如表17.2-1所示。

为得到高置换率挤密砂桩和低置换率普通砂桩复合地基承载力性能，分别进行60%置换率挤密砂桩复合地基承载力试验和25%置换率普通砂桩复合地基承载力试验。60%置换率和25%置换率的砂桩采用正方形布置，间距均为2.1m×2.1m，60%置换率的挤密砂桩直径为1.85m，25%置换率的砂桩直径为1.2m。砂桩的平面布置详见图17.2-2。砂桩试验区布置考虑附加应力传递规律，荷载板外保留一定量的砂桩，保证复合地基的应力扩散满足要求，60%置换率和25%置换率的挤密砂桩每个试验区的外围36根砂桩加固深度为10m，其余内部64根砂桩桩底标高按打入Ⅳ$_4$土层控制。

（1）加载设计

根据前期工程对高置换率挤密砂桩标贯试验的结果（20～25击），参照《港口工程地

表 17.2-1

土层物理力学性质指标汇总表

土层编号	土层名称	天然含水量	天然重度	天然孔隙比	塑性指数	液性指数	压缩系数	压缩模量	直剪固快	
		w(%)	r(kN/m^3)	e	I_p	I_L	$a_{0.1\sim0.2}$ (MPa^{-1})	$E_{s0.1\sim0.2}$ (MPa)	内摩擦角 φ (°)	黏聚力 c (kPa)
Ⅰ$_1$	灰黄色淤泥质粉质黏土	41.7	17.7	1.203	13.6	1.65	0.78	2.8	15.0	11.0
Ⅱ$_2$	灰黄～灰色粉砂夹粉质黏土	30.3	18.9	0.841			0.22	8.4	33.5	1.5
Ⅱ$_3$	灰黄～灰色粉细砂	31.3	18.8	0.890			0.27	7.0	(32.0)	(3.0)
Ⅲ$_{1-22}$	灰黄～灰色淤泥质黏土	48.5	17.2	1.366	20.9	1.20	1.23	1.9	14.0	12.0
Ⅲ$_{2-1}$	灰黄～灰色淤泥质粉质黏土	42.4	17.9	1.175	13.5	1.57	0.86	2.5	17.5	11.0
Ⅲ$_{2-2}$	灰黄～灰色淤泥质粉质黏土	41.5	17.9	1.161	13.7	1.40	0.78	2.8	22.5	10.5
Ⅲ$_{2-3}$	灰黄～灰色淤泥质粉质黏土	41.4	17.9	1.167	14.6	1.26	0.70	3.1	25.5	12.0
Ⅲ$_3$	灰黄～灰色粉细砂夹黏性土	32.7	18.9	0.855			0.30	6.3	33.0	1.5
Ⅳ$_4$	灰～灰黄色粉细砂	30.1	18.9	0.829			0.16	11.3	34.5	1.0

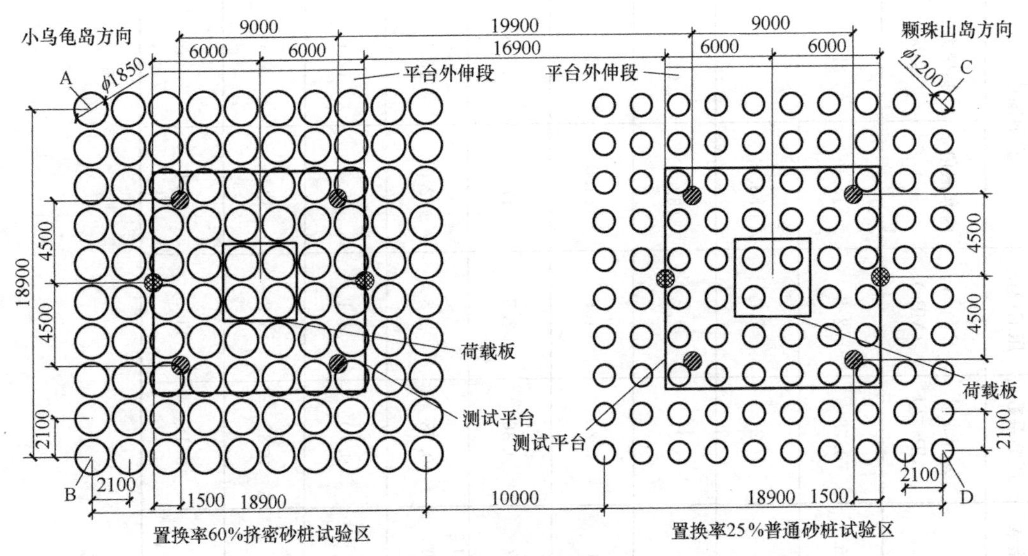

图 17.2-2　砂桩平面布置图

质勘查规范》，挤密砂桩容许承载力可达到 260kPa，其极限承载力为 520kPa。荷载板的面积为 4.2m×4.2m=17.64m^2，预估所需最大加载量为：

$$F=A\times f_{\mathrm{u}}=17.64\times 520=9172\ (\mathrm{kN})$$

由于水下地基加固荷载试验的经验较少，参考陆上地基荷载试验和水上试桩的方法，结合试验区域的水深、水文情况，采用锚桩作为反力系统，通过千斤顶和传力杆将荷载传到荷载板，利用荷载板对复合地基进行加载。锚桩法加载的优势：1）加载过程是靠改变千斤顶的油压来完成，可操作性及安全性均较好。2）受水流及潮位影响较小，最大程度上消除波流荷载对试验结果的影响。

锚桩反力系统通过试桩反力架将荷载传递到锚桩并最终消散到地基土中。其力的传递路线为加载系统→主梁→边梁→锚桩→地基，参见图 17.2-3。

基准系统独立于加载系统和操作平台，由两根基准桩和基准梁组成。为使基准桩不受复合地基沉降的影响，将基准桩打设到沉降影响深度以下，即进入Ⅳ$_4$层 2.5m，桩尖标高为−32.40m 左右，采用 ϕ1000mm（δ14mm）钢管桩。基准桩的顶标高比平台高 60cm，即+6.60m，桩长取 39m，基准梁由 2 根 [36 槽钢组成，一端固定在基准桩上，另一端简支在另一根基准桩上。

由于水下位移量测系统的精度不够，将荷载板四个角点用 ϕ150mm 钢管引出到平台上。试验过程中载荷板的沉降通过 4 只对称布置的位移传感器，并取其平均值为载荷板的沉降量。位移传感器通过磁性表座固定在基准梁上，并由信号线将测得的数据传输到信号采集系统里。

加载系统包括油压千斤顶系统、传力体系两部分。其中本次试验加载系统由四只并联的

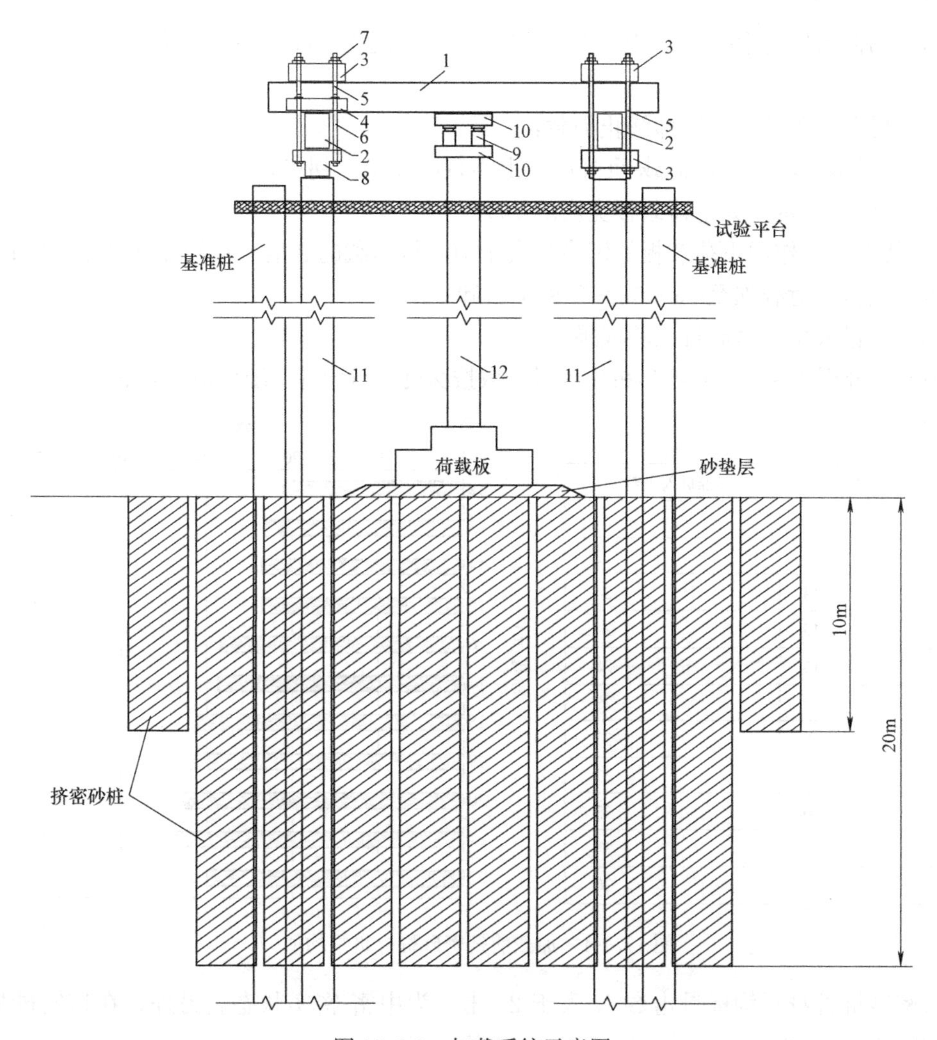

图 17.2-3 加载系统示意图

1—主梁；2—边梁；3—主边梁连接架；4—边梁锚桩连接器；5—3.0m 拉杆；6—2.0m 拉杆；7—螺帽；8—锚桩帽；9—千斤顶；10—大圆盘；11—锚桩；12—传力杆

5000kN 液压千斤顶、一台超高压油泵及相应的油路系统（分油器、高压油管、油嘴、油管接头等）组成。荷载由 RS-JYC 桩基静载荷测试仪自动控制，由 0.4 级精密压力表校核。

传力系统包括荷载板和 ϕ1000mm（δ20mm）传力杆以及 ϕ1400mm 圆盘。

（2）试验测试要求

复合地基承载力测试时，记录每级荷载作用下的沉降量，即获得复合地基的 Q-s 曲线。

根据预估最大荷载将荷载分级，每级 1000kN，其中第一级为 2000kN。

试验加载方式采用慢速维持荷载法。对沉降量进行实时观测记录。荷载稳定标准为每小时沉降量不超过 0.25mm，且连续出现两次。

沉降量测读时间：加载过程中，每级荷载施加后的第一小时内按第 5、15、30、45、60min 进行测读，以后每隔半小时测读一次，每级荷载在其维持过程中，保持荷载值的稳定。卸载时，每级卸载量为每级加载量的 2 倍，进行逐级等量卸载，每级荷载维持

30min，回弹测读时间为第 5、10、20、30min。卸载至零后，测读残余沉降量，直至符合稳定标准。

当出现下列条件之一时即终止加载：

1）沉降量急剧增大，荷载-沉降曲线上出现明显第二拐点；

2）累计沉降量已大于荷载板宽度的 10%；

3）某级荷载作用下荷载板的沉降量大于前一级荷载的 2 倍，且经 24h 尚未稳定；

本次试验在荷载加至 13000kN 并稳定后卸载。

（3）高置换率挤密砂桩试验成果

为便于分析研究，对挤密砂桩中标贯击数按深度进行统计。统计结果如下（图 17.2-4）：

标高 (m)	标准贯入击数
−12	21
−13	23
−14	24
−15	24
−16	28
−17	29
−18	31
−19	32
−20	33
−21	34
−22	30

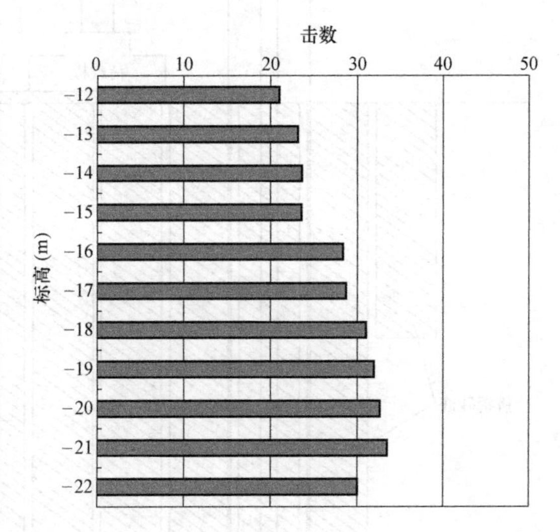

图 17.2-4　加载前挤密砂桩标贯平均值

挤密砂桩桩身平均标贯击数 N 大于 20 击，为中密-密实状态。另外，在挤密砂桩顶部 1～2m 处的标贯击数 N 为 13～17，平均值为 15。

按标贯 N 值的分布区间进行统计分析可得表 17.2-2 和图 17.2-5。经统计分析可以发现标贯 N=21～25 所占的比例最高，为 45.61%，其次是 N=26～30 和 N=31～35，均为 12.28%。标贯 N 主要集中在 N=21～35 之间，其占的百分比为 70.18%。

标贯 *N* 值的分布区间频率统计　　**表 17.2-2**

标贯 N 值	频率	百分比(%)
10～15	2	3.51
16～20	5	8.77
21～25	26	45.61
26～30	7	12.28
31～35	7	12.28
36～40	3	5.26
41～45	3	5.26
46～50	4	7.02

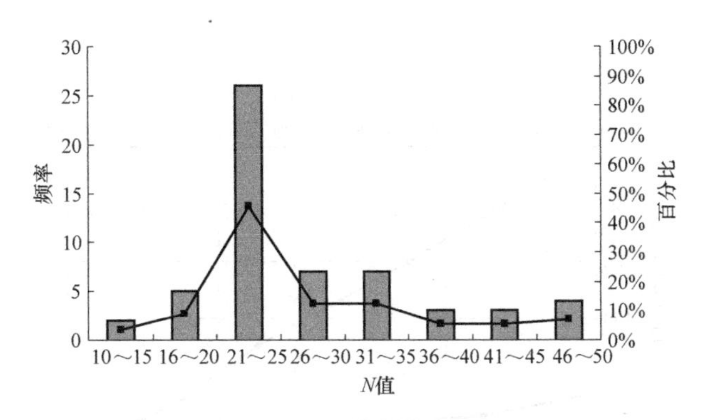

图 17.2-5　标贯 N 值的分布区间统计图

为检测加载后挤密砂桩强度变化情况，加载结束后对荷载板下的挤密砂桩进行标贯试验。为便于对比分析研究，对加载结束后对荷载板下挤密砂桩中标贯击数按深度进行统计。标贯统计结果如图 17.2-6 所示。

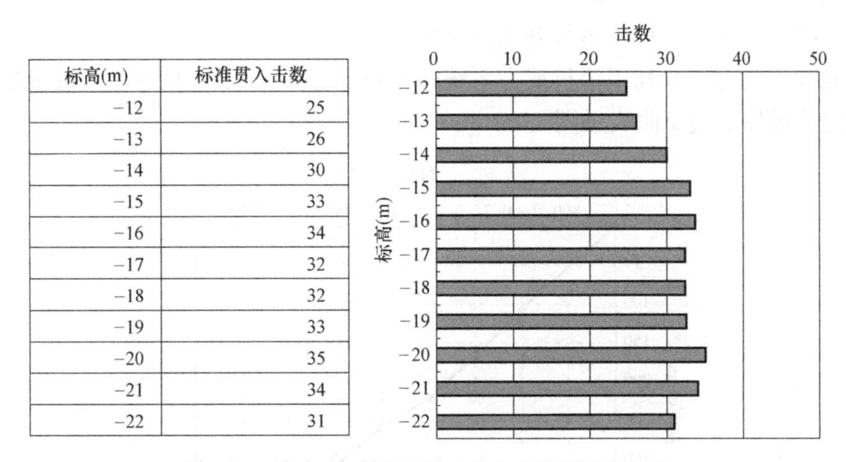

标高(m)	标准贯入击数
−12	25
−13	26
−14	30
−15	33
−16	34
−17	32
−18	32
−19	33
−20	35
−21	34
−22	31

图 17.2-6　加载后荷载板下挤密砂桩标贯平均值

对比加载前的挤密砂桩标贯平均值可以发现，加载后荷载板底浅部的挤密砂桩标贯击数有明显的增长。这是由于在附加荷载的作用下，挤密砂桩本身产生一定的压密，使得挤密砂桩的强度增长。再加之桩间土体产生固结，桩间土强度增长，为挤密砂桩提供更高的侧向约束力。由于荷载板影响深度有限，最终只是使荷载板下浅部的复合地基强度增长。

复合地基承载力试验利用锚桩反力系统，通过 4.2m×4.2m 的刚性荷载板进行加载。由于试验过程中荷载板沉降量超过千斤顶行程，在试验过程中采用了分段卸载到零，加垫板后再分级加载，其中重复荷载级采用快速加载，每级维持 15min，之后再按慢速法进行。整个加载过程进行了 4 个循环。

经汇总简化处理后的 Q-s 曲线及其数据见图 17.2-7。从图中可看出，每级荷载作用下荷载板的垂直沉降增量基本接近线性，Q-s 曲线未出现明显的拐点，在 13000kN 荷载（板下应力 737kPa）下荷载板累计总沉降 248.82mm，为板宽的 5.9%，表明尚未达到约定的破坏或极限状态。卸载至零后残余沉降 216.37mm，地基回弹量 32.45mm。据此可以判断，荷载板底极限承载力不小于 737kPa。根据试验区的砂垫层（中砂）厚度为 50cm，该中砂在水中的内摩擦角为 32°，由此得出作用于挤密砂桩复合地基面层的极限承载力不小于 559kPa。

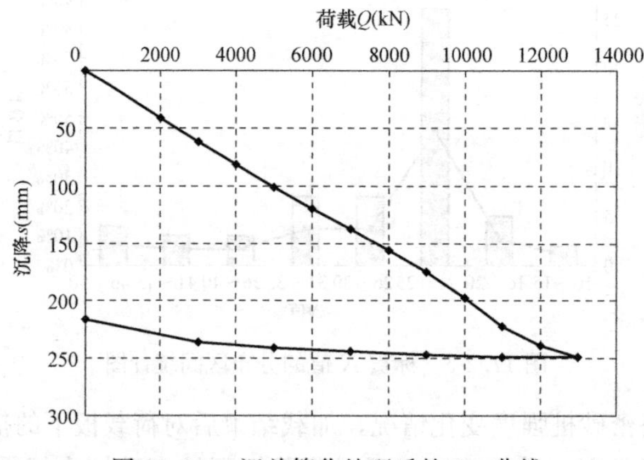

图 17.2-7　汇总简化处理后的 Q-s 曲线

（4）低置普通换率砂桩试验成果

从标贯试验成果看，标贯击数基本在 10～15 击。

复合地基承载力试验利用锚桩反力系统，通过 4.2m×4.2m 的刚性荷载板进行加载。经汇总简化处理后的 Q-s 曲线见图 17.2-8。

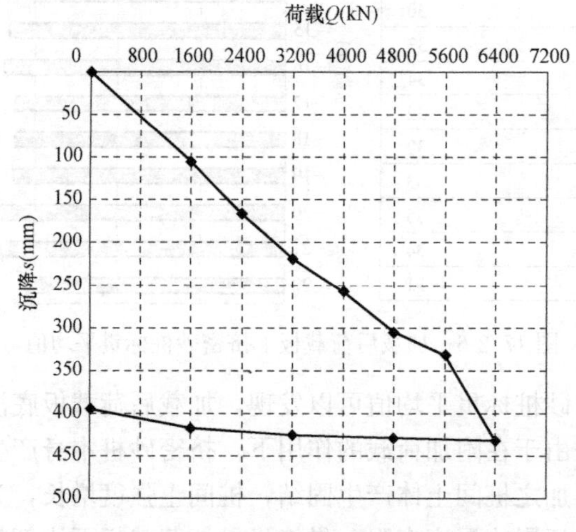

图 17.2-8　汇总简化处理后的 Q-s 曲线

根据上述试验结果，可以判定，加载至 5600kN 后，出现明显拐点，复合地基处于极限状态，对应的荷载板底极限承载力为 317kPa。根据试验区的砂垫层（中砂）厚度为 40cm，该中砂在水中的内摩擦角为 32°，由此得出作用于普通砂桩复合地基面层的极限承载力为 254kPa。

17.2.3　施工工艺及设备

国内在水下挤密砂桩技术研发以前，水工领域对普通砂桩有一定的应用，其施工工艺上与水下挤密砂桩有很大差异，主要表现在成桩过程中没有回打、扩径的环节，振动锤能力也较小。挤密砂桩的工艺原理如图 17.2-9 所示。水下挤密砂桩的施工主要分为以下

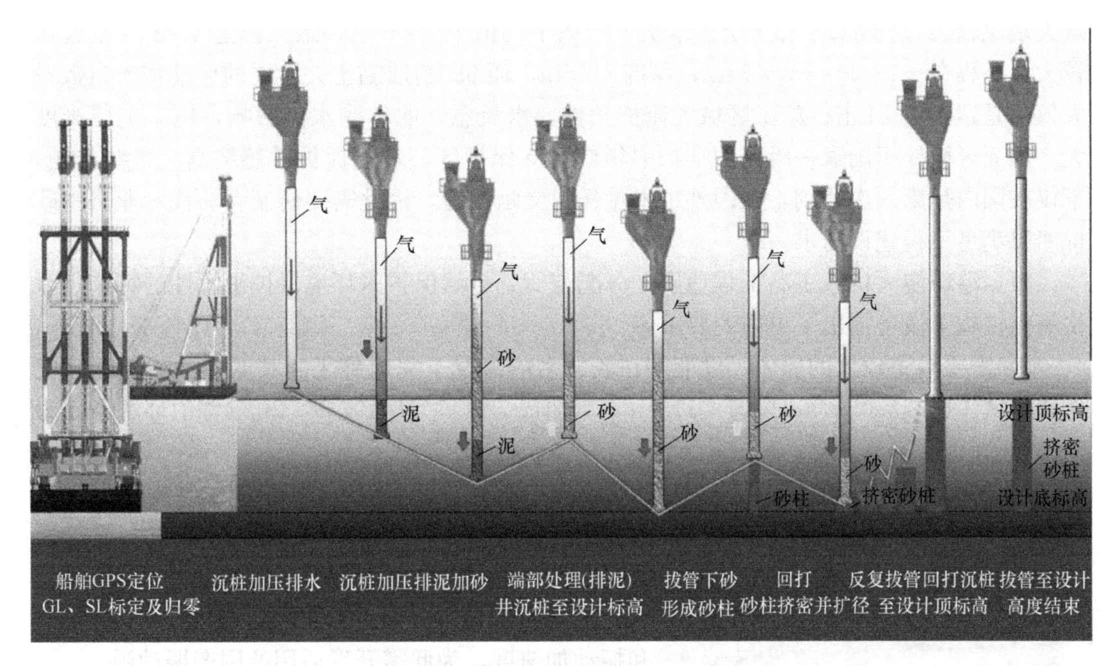

图 17.2-9 挤密砂桩工艺原理图

步骤：

(1) 施工前准备：船舶通过 GPS 定位要施工的砂桩工位，控制系统自检设备运行状态，设置施工砂桩参数，并对 GL、SL 测量系统进行标定和归零；

(2) 桩套管贯入：通过卷扬系统控制桩套管贯入，入水阶段依靠桩套管自重贯入，同时桩套管内加入适量的空压气体，将桩套管内的水排出；之后桩套管底部入泥，在适当位置启动振动锤，提升贯入效率，桩套管内加砂和空压气体，将桩套管内底部的泥尽量排出；

(3) 端部处理：在合适的位置进行端部处理，目的是将桩套管内的泥全部排出，以在成桩时形成的砂柱内不含泥，保证砂柱质量，端部处理结束后将桩套管贯入到设计标高；

(4) 成桩：首先提升桩套管，控制桩套管内气体压力，使得桩套管内的砂排出形成砂柱，此阶段需控制好下砂速率和桩套管提升速率，确保形成连续均匀的砂柱；当砂柱形成至设定高度后，桩套管进行回打，使得砂柱扩径挤密，形成挤密砂桩，当回打至设定高度后，形成一段挤密砂桩；之后重复上述拔管和回打成桩步骤，直至挤密砂桩形成至设计顶标高；

(5) 结束：结束此次成桩流程，形成该桩的成桩记录表和数据库文件。将桩套管提升至泥面以上合适位置，船舶移位至下一个施工工位。

第一代挤密砂桩施工船由中交三航局建造于 2009 年，用于洋山深水港工程地基加固[2,3]。通过施工控制系统的开发，实现了初步的施工自动化监控。代表施工船舶有：三航砂桩 2 号，三航砂桩 3 号，三航起重 10 号。

港珠澳大桥岛隧工程是典型的外海工程，不仅有效作业天数有限，而且软土层深厚，加固深度最深处超过水下 50m。除此之外还面临一些特殊难题，如地基加固区域地质条件复杂，存在 N 值大于 20 击的硬土层，且土层较多的以互层、夹层形式赋存，错层与土层缺失现象较多。例如②$_1$黏土层标准贯入击数平均值为13.6击，最大值达19击，且起伏较大，高程在－18.1～－35.71m，厚度1～6m，而③$_2$粉质黏土夹砂层的标准贯入击数最大值更是达到了24击。施工区域无掩护条件，水流急，船体受水流影响，施工定位难度大。加固区域处于国家一级保护动物中华白海豚保护区，环境保护敏感度高。这些难题，不仅在国内是第一次遇到，在国外也未见任何文献报道，因此需要研制新一代专业挤密砂桩船以满足工程建设需求。

根据港珠澳大桥人工岛工程地质、海况与所处自然保护区环境保护敏感性的特点，对挤密砂桩施工设备提出了更高的要求：

1）需要具备较大的船体尺度能够在较恶劣的海况下完成施工。其船体性能能够满足作业水域流速≤3.0 m/s，风速≤17.1m/s（蒲氏7级），$H_{1/3}$波高≤2m。锚泊环境条件为蒲氏8～9级，水流速度≤4.5 m/s。

2）加固深度指标能够达到水面以下60m左右。

3）需在南方地区高温、高湿环境中长时间连续作业，且加固深度大，需将套管贯入2.0m厚碎石垫层并在N值20击的硬土层中成桩，因此振动系统应具有较大的静偏心力矩、振动振幅和振动加速度，为此需开发适用的国产振动锤。

图17.2-10 第二代国产挤密砂桩施工船

4）根据挤密砂桩施工工艺自主研发施工管理软件系统，有施工管理、集中管理和打设管理的功能，同时具备自主知识产权。人机界面要求提示性操作，简单、友好，具有较强的实用性。通过砂桩各种参数的显示和提醒，使操作人员对砂桩打设过程在控制室可以完全掌握了解，同时降低劳动强度和操作难度，提高砂桩成桩质量。

5）针对外海作业，实现砂料输送计量的全自动，降低操作人员的劳动强度，提高整个砂料供给系统的效率。

根据以上功能需求，中交三航局研制建造了第二代挤密砂桩船[4]（图17.2-10），船体基本参数为：桩架高86m，船型总长75m，型宽26m，型深5.20m，设计吃水3.0m。采用三联管设计，三联管打桩间距可调。配备国产的500kW的振动锤，布置砂料输送系统、砂料提升系统、双导门进料系统、振动锤系统、超长桩管系统、压缩空气路系统和施工自动控制系统。同时引入了GPS无验潮测量定位系统，确保打桩的施工高程满足设计要求。施工质量管理系统分为管理操作和打设两部分进行设计，施工员和管理人员任务明确，管理方便。

17.2.4 工程应用

1. 洋山深水港区三期临时码头接长工程

在洋山深水港区三期临时码头接长工程中，应用水下挤密砂桩对软土地基进行加固，码头结构形式为沉箱重力式结构，码头面高程为6.50m，码头前沿设计泥面标高

—5.50m，抛石基床顶标高为—6.30m；码头主要由基础（基床挖泥、地基处理、抛石基床）、墙身结构（沉箱）和陆域回填等几部分组成。该地区土质情况如下（图17.2-11）IV_{1-2}层灰色粉质黏土含水量为34.7%，重度为18.6kN/m³，液性指数为1.14，标贯击数为3～11；V_2层杂色粉质黏土，含水量为26.7%，标贯击数为17～29击。砂桩总工程量：50%砂桩144根，60%砂桩280根，合计424根。

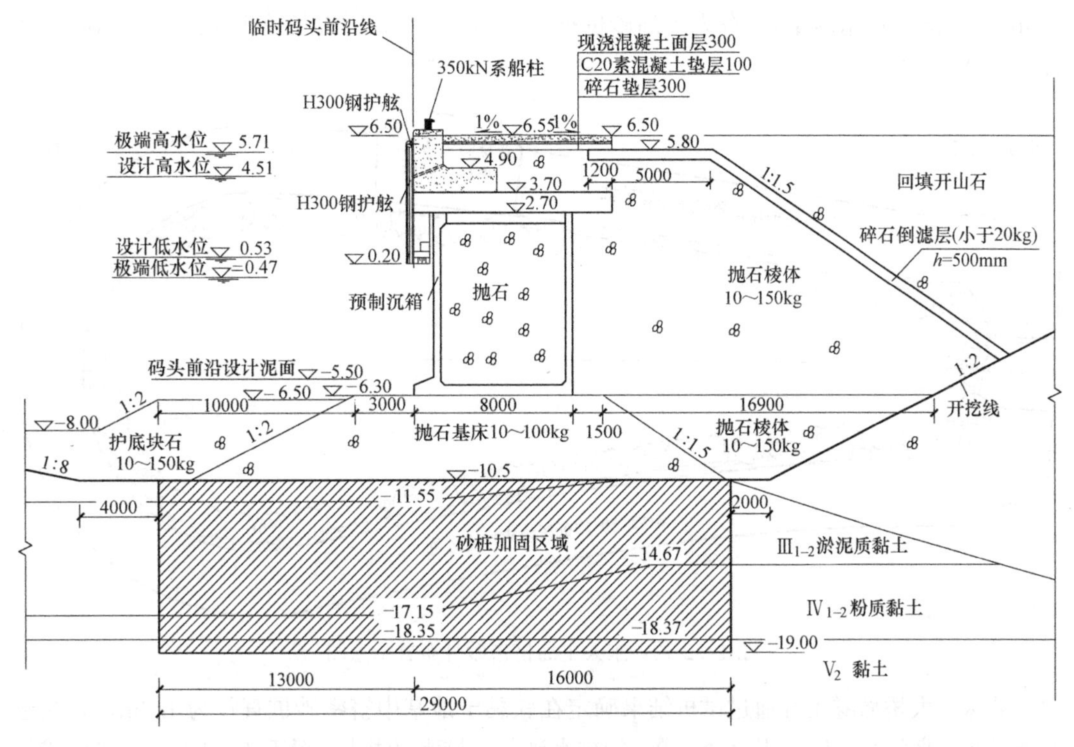

图17.2-11　码头典型断面图

挤密砂桩的成桩直径达到ϕ1800mm，钻孔取样检测表明砂桩长度达到要求，桩身连续性好，其标贯击数N=21～47击，密实度为中密～密实状态。根据码头结构沉降观测数据（图17.2-12），在工后6个月的残余沉降仅为24mm，说明挤密砂桩加固处理后的软土地基达到了较好的效果。

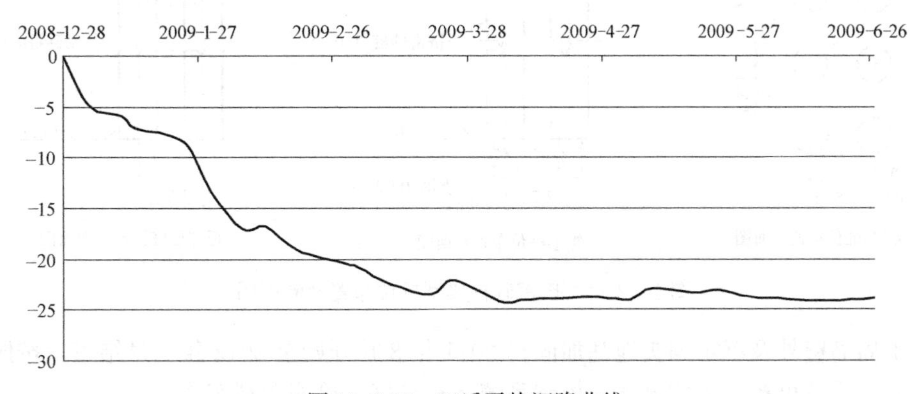

图17.2-12　工后平均沉降曲线

2. 人工岛岛壁区挤密砂桩施工

港珠澳大桥工程建设内容包括：港珠澳大桥主体工程、香港口岸、珠海口岸、澳门口岸、香港接线以及珠海接线。大桥主体工程采用桥隧组合方式，大桥主体工程全长 29.6 公里，海底隧道长 6 余公里。在人工岛岛壁建设中采用了水下挤密砂桩作为软土地基处理手段，为国内最大规模的水下挤密砂桩应用。

东人工岛砂桩地基加固处理区域约 7.5 万 m^2，总计 9991 根，置换用砂方量约 35.42 万 m^3（为挤密状态砂量）。东人工岛砂桩桩顶标高－16.0m，桩长范围 14.0～27.0m（图 17.2-13）。

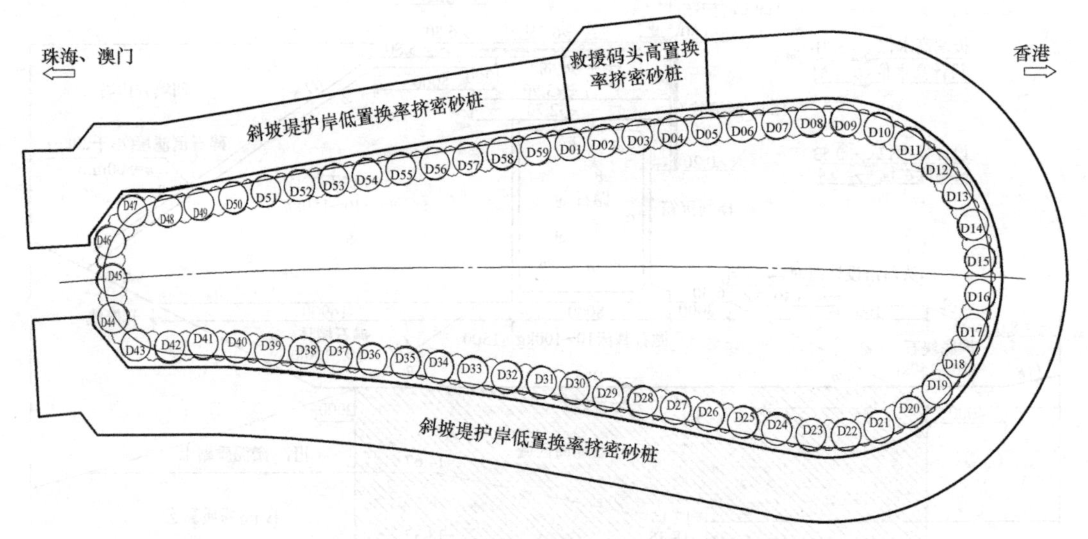

图 17.2-13　东人工岛挤密砂桩布置示意图

港珠澳大桥岛隧工程通过试桩结果确定在软黏土地基中挤密砂桩直径为 1.6m，软黏土下卧强度较高的黏土层采用直径 1.0m 的排水砂井。排水砂井与挤密砂桩同心，布置形式与挤密砂桩相同，置换率 10%。由于挤密砂桩的施工全部采用软件控制，因此可以实现变直径的功能，即对同一根挤密砂桩设定同心不同径，一般基于承载力及稳定等因素加固土层上部挤密砂桩直径较大，下部土层挤密砂桩直径较小或采用传统的排水砂井（图 17.2-14）。

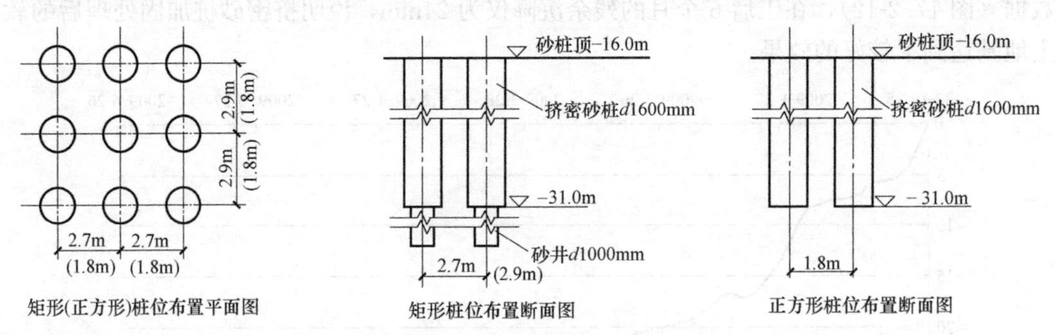

图 17.2-14　挤密砂桩典型桩位布置及断面图

人工岛岛壁外及沉箱码头地基加固自 2011 年 8 月开始至 2012 年 9 月结束，按照计划工期完成，质量可控，工效显著，控制系统运行良好，检测顺利实施。

3. 港珠澳大桥沉管隧道过渡段挤密砂桩施工

海上挤密砂桩在港珠澳大桥人工岛岛壁建设中成功应用之后，直接推进了海底沉管隧道技术方案的优化进程，随后又应用于港珠澳大桥沉管隧道过渡段的地基加固中，起到了使地基沉降平稳过渡的作用。

沉管隧道东岛过渡段 E30S4～E33S3 段采用挤密砂桩（SCP）加固软土地基，挤密砂桩施工共分三大区域，从西往东依次为 A6 区、A7 区及 A8 区。施工总根数 8459 根，方量约 30 万 m^3。隧道过渡段挤密砂桩施工自 2012 年 9 月时间起，至 2013 年 8 月时间结束，施工质量良好，达到预期效果（图 17.2-15、图 17.2-16）。

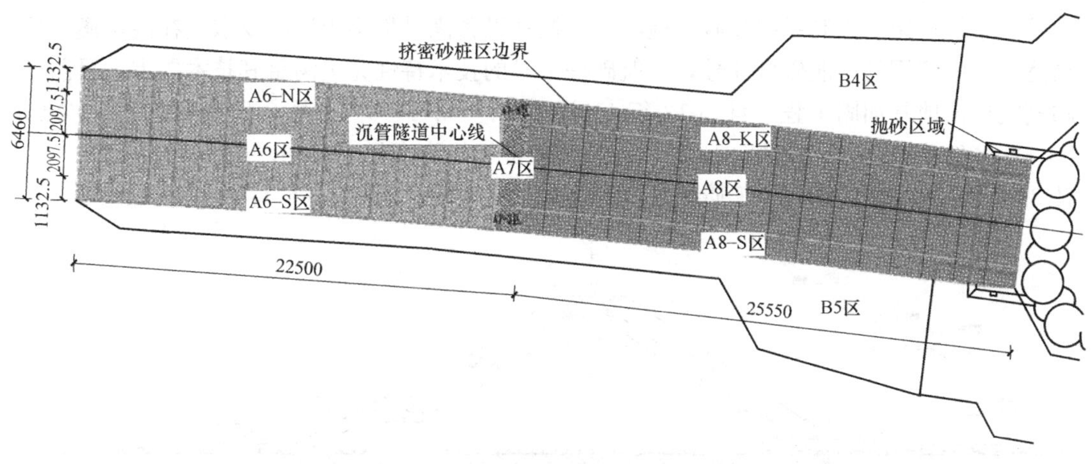

图 17.2-15　隧道过渡段挤密砂桩布置示意图

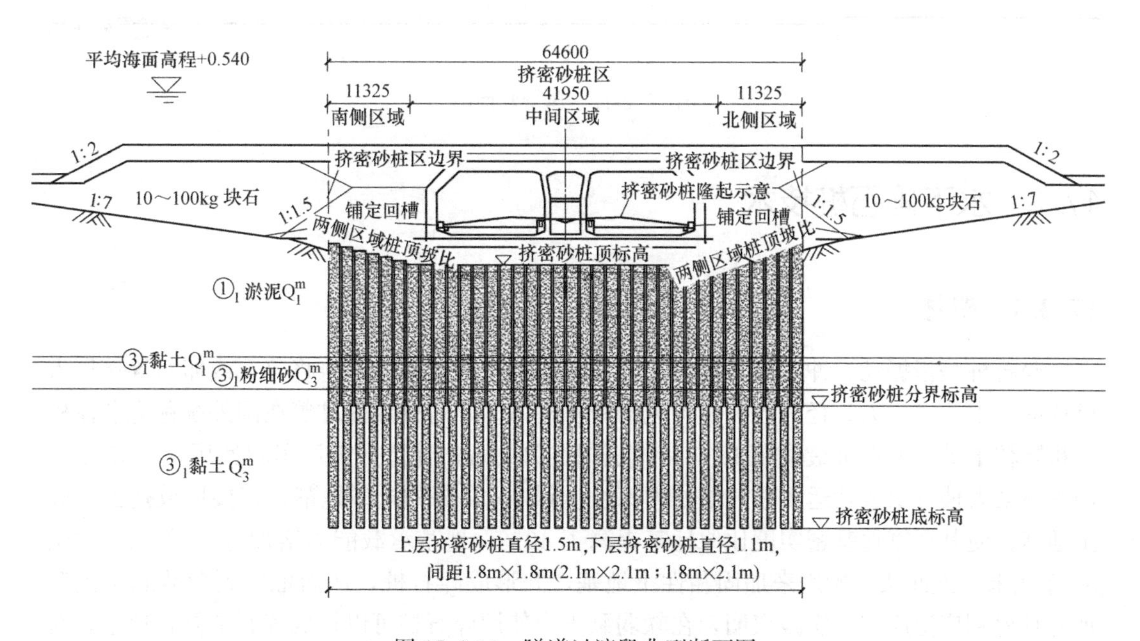

图 17.2-16　隧道过渡段典型断面图

4. 海口湾南海明珠人工岛二期工程施工

海口湾南海明珠人工岛项目为加大海洋资源开发力度，完善海洋经济基础设施条件，提升海口城市品位和核心竞争力，优化海口主城区的景观结构，扩大城市发展空间，位于海口市西海岸新国宾馆北侧约2公里海域，拟通过填海造地形成南海明珠人工岛，面积约265公顷，以开发建设25万总吨级邮轮母港及配套设施、国际游艇会及配套设施、免税商业区、海洋主题公园、水上运动基地（含公众娱乐区）、涉外娱乐服务区等高端产业。该岛采用了水下挤密砂桩作为人工岛护岸砂质地基加固手段对人工岛内、外护岸地基进行加固处理。

采用新建挤密砂桩船满足了该工程对挤密砂桩底标高控制，桩身连续性控制，备灌砂及计量系统，压力控制系统和砂面检测仪，振动设备满足贯穿土层的要求。在港珠澳大桥岛隧工程中使用的三航砂桩6号，三航砂桩7号的技术特性完全满足其技术要求，目前已顺利完成该地基加固工程。自2013年11月26日至2014年11月2日在N2、N3、N9、D1-D9、X1、X2区共计打桩21666根，挤密砂桩规格为直径1.35m，长度8～12.5m，共计32.5万m^3。经检测，施工质量良好，满足工程要求（图17.2-17）。

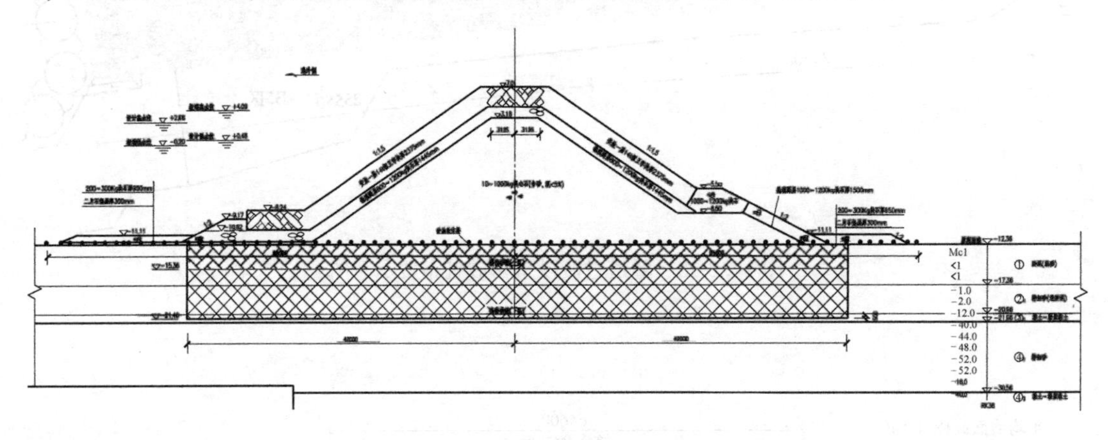

图17.2-17　典型断面图

17.3　水下碎石桩技术

17.3.1　概述

碎石桩是指振动、冲击或水冲等方式在软弱地基中成孔后，再将碎石或卵石等挤压入已成的孔中，形成大直径的碎石所构成的密实桩体。碎石桩和砂桩等在国外统称为散体桩或粗颗粒土桩。碎石桩最早在1835年由法国在Beyonne建造兵工厂车间使用。1937年德国柏林某大楼首次成功运用振冲法处理深度达到7.5m深的松砂地基，直接形成挤密的砂土地基，使其振密地基密实度比原地基提高了40%，地基承载能力增加近1倍。20世纪50年代末，振冲法开始用来加固黏性土地基，并形成碎石桩，从而推广到西欧和美国等地并且得到广泛应用。实践表明，在软弱黏土中使用碎石桩可以构成碎石桩复合地基，对它再进行预压，就可以显著提高地基强度，改善地基的整体稳定性，并减少地基沉降量。

随着时间的推移，各种不同的施工工艺相应产生，如沉管法、振动气冲法、强夯置换法等。我国自1977年引进振冲碎石桩技术，其后碎石桩在国内工程建设中得到了广泛的应用[5]。

水上工程如港口、码头等地基土多属于海底松、软土，由该土形成地基其孔隙率较大、含水率极高，且荷载强度很低，导致极差的稳定性差与压缩性，增大地基沉降量，减弱抗震性能，使得地基呈软塑、流塑状态。以往用于修建重力式码头的近岸工程中，大开挖置换填石料是通常采用的处理技术，但其耗资、工程量巨大。虽然在陆域的各项工程中碎石桩技术用于处理松、软土地基已得到广泛的应用，其地基处理技术已趋于成熟、有效、经济合理，但却因海上影响因素较多比如水深、风浪以及潮汐的侵扰等，故水下碎石桩起步较晚，并随着外海筑港，人工岛建设的快速发展，成为外海筑港建设中必不可少的软土地基加固技术。水下碎石桩作为软土地基加固方法的加固效果明显，可以快速提高地基承载力，因而可以快速推进施工进程，缩短工期。

碎石桩的分类方法繁多，包括按施工机具性能划分，按制孔方式属性划分，按干湿特征属性划分。水下碎石桩由于施工场地往往受风、浪和潮汐等因素影响，施工环境及作业条件复杂，所采用的施工方法主要有振冲碎石桩法和振动沉管碎石桩法。振冲碎石桩法采用振冲器成孔，经添加硬质粒料，并振密形成碎石桩；振动沉管碎石桩法一般利用振动锤挟持钢管在地基中成孔，并向管中添加硬质粒料，边振动边拔管振密形成碎石桩。

水下碎石桩早期多采用振冲法施工，利用工程船舶作为水上施工平台。20世纪80年代在山东烟台港建设中，通过船机改造适应了海上打设振冲桩的特点，采用ZCQ55振冲器完成了59根直径1m的水下碎石桩打设，并进行了水下载荷试验以验证地基加固效果[6]。后续水下碎石桩在山东石岛中心渔港工程、大连长兴岛北防波堤工程、澳门机场海堤工程等项目中得到了应用。

近年来，随着我国经济及港口事业的快速发展，多数自然条件好的海岸和河口都被开发利用，港口建设面临更多不同复杂地质条件的情况的挑战。水下碎石桩在理论、设计、工艺等方面都得到了快速发展，同时出现了专用的水上施工平台装备，使得我国的水下碎石桩技术在许多方面达到了国际先进水平。

17.3.2　技术原理

1. 加固机理

振动沉管碎石桩法是利用振动沉管方式在软弱地基中成孔，填入碎石、卵石等硬质粒料，其加固机理与上文中水下挤密砂桩类似：对于松散砂土和粉土地基起到挤密、振密和抗液化作用；对于软黏土地基起到置换与排水作用。下文对振冲碎石桩法的加固机理进一步介绍。

（1）对软黏土的加固机理

港口水工建筑物建设过程中将大量的遇到饱和软黏土地基，该类土中的孔隙水不易排出，固结速度慢。采用振冲碎石桩加固时，软黏土难以被振冲密实，反而由于受到振冲和填石过程中的扰动作用，导致土体结构被破坏，同时原状土体出现超孔隙水压力，造成土体强度降低。基础工程中，土体的边载可以有效地约束土体变形，提高其承载力。而振冲后的土体由于振冲过程中表层土体未能受到上部土地的约束作用，故表层土体将更加明显的被扰动。振冲沉桩结束后，桩间土的结构强度会逐步恢复。同时由于振冲碎石桩的施工，桩间土体的孔隙水压力会向桩体转移消散，桩体碎石之间的空隙形成的排水通道有利于土体的排水固结，加速桩间土体的固结排水速率。桩间土加固后承载力恢复过程虽然较砂类土更不明显，但是随着时间的推移，其强度也会较加固前有一定程度的提高。

（2）对砂性土的加固机理

在考虑抗震的工程中，饱和松散砂土虽然能够满足强度和沉降的要求，但是还有可能发生地基液化的可能。在强烈的振动下，松散的砂土可以有很大的振密空间，振密过程中可以减小孔隙。在某些条件下，振动过程中，土骨架已经变成松弛状态，但是由于作用时间短，孔隙水无法及时排出，相应的土体的有效应力转化为超孔隙水压力。达到某一程度之后，土粒间的应力减小为零，土体产生液化效应。振冲碎石桩对砂性土的加固过程，也经历了类似液化振密的一个过程，在振密之后土体的密实度得以有效提高，相应的承载力也得以提高。振冲碎石桩能有效改善松散砂土的性质，对于饱和松散砂土的抗液化处理尤其有效。对于液化地基，采用振冲密实的手段去除液化也是工程中常见的方案。

2. 设计计算方法

国内 JTJ 246—2004《港口工程碎石桩复合地基设计与施工规程》[7]规定复合土层内摩擦角和黏聚力按下列公式计算：

$$\tan\varphi_{sp}=m\mu_p\tan\varphi_p+(1-m\mu_p)\tan\varphi_s \tag{17.3-1}$$

$$C_{sp}=(1-m)C_s \tag{17.3-2}$$

$$\mu_p=\frac{n}{1+(n-1)m} \tag{17.3-3}$$

式中 φ_{sp}——挤密砂桩复合地基内摩擦角标准值；

m——面积置换率；

μ_p——应力集中系数；

φ_p——桩体材料内摩擦角标准值；

φ_s——桩间土内摩擦角标准值；

C_{sp}——复合土层黏聚力标准值（kPa）；

C_s——桩间土黏聚力标准值（kPa）；

n——桩土应力比，土坡和地基稳定计算时取 1.0，地基承载力计算时取 2.0～4.0，桩间土强度低时取大值，桩间土强度高时取小值。

碎石桩复合地基沉降计算方法包括沉降折减法、复合模量法、应力修正法、桩身压缩模量法等。国内规范中传统散体桩常采用复合模量法计算加固区的沉降，并已在相关工程中得到验证，具备一定的工程经验。而国外对于散体桩复合地基的沉降计算常采用基于弹性理论的沉降折减法。其计算思路是：先计算出原地基的沉降量，然后将其乘以折减系数得出加固区的沉降量，其最终沉降量可按下式计算：

$$S_1=\beta\cdot S_0 \tag{17.3-4}$$

式中 S_1——散体桩加固区地基最终沉降量（m）；

S_0——原地基最终沉降量（m）；

β——沉降折减系数。

对于碎石桩复合地基，Priebe[8]提出一个基于半无限弹性体中圆柱孔横向变形理论，用于计算在垂直荷载作用下，碎石桩复合地基所产生的最终沉降的方法，后续又考虑桩体压缩、桩土重度等因素进行了改进。

其碎石桩折减系数的计算如下：

（1）系数 n_0 的计算：

$$n_0=1+\frac{A_c}{A}\left[\frac{0.5+f(\mu_s,A_c/A)}{K_{ac}f(\mu_s,A_c/A)}-1\right] \tag{17.3-5}$$

$$f(\mu_s,A_c/A)=\frac{(1-\mu_s)(1-A_c/A)}{1-2\mu_s+A_c/A} \tag{17.3-6}$$

式中 μ_s——泊松比；

A_c——碎石桩的截面积；

A——1 根桩分担的处理地基面积；

K_{ac}——主动土压力系数。

（2）系数 n_1 的计算：

$$\left(\frac{A_c}{A}\right)_1=-\frac{4K_{ac}(n_0'-2)+5}{2(4K_{ac}-1)}\pm 0.5\sqrt{\left[\frac{4K_{ac}(n_0'-2)+5}{4K_{ac}-1}\right]^2+\frac{16K_{ac}(n_0'-1)}{4K_{ac}-1}} \tag{17.3-7}$$

$$n_0'=\frac{D_c}{D_s} \tag{17.3-8}$$

$$\overline{\frac{A_c}{A}}=\frac{1}{A/A_c+\Delta(A/A_c)} \tag{17.3-9}$$

$$\Delta(A/A_c)=\frac{1}{(A/A_c)_1}-1 \tag{17.3-10}$$

$$n_1=1+\overline{\frac{A_c}{A}}\left[\frac{0.5+f(\mu_s,\overline{A_c/A})}{K_{ac}f(\mu_s,\overline{A_c/A})}-1\right] \tag{17.3-11}$$

式中 μ_s——泊松比；

A_c——碎石桩的截面积；

A——1 根桩分担的处理地基面积；

D_c——碎石桩的杨氏模量（MPa）；

D_s——压缩土层的杨氏模量（MPa）；

K_{ac}——主动土压力系数。

（3）系数 n_2 的计算：

$$\frac{p_c}{p_s}=\frac{0.5+f(\mu_s,\overline{A_c/A})}{K_{ac}f(\mu_s,\overline{A_c/A})} \tag{17.3-12}$$

$$p_c=\frac{p}{\overline{\dfrac{A_c}{A}}+\dfrac{1-\overline{A_c/A}}{p_c/p_s}} \tag{17.3-13}$$

$$f_d=\frac{1}{1+\dfrac{K_{oc}-1}{K_{oc}}\dfrac{\sum(\gamma_s\Delta d)}{p_c}} \tag{17.3-14}$$

$$n_2=f_d n_1 \tag{17.3-15}$$

式中 γ_s——土的重度；

Δd——压缩土层厚度；

p——上部堆载的荷载大小（kPa）；

K_{oc}——静止土压力系数；其余参数同前。

系数 n_2 即为碎石桩的沉降折减系数，则加固区的最终沉降为

$$S_1=S_0/n_2 \tag{17.3-16}$$

式中 S_0——原地基最终沉降量。

或者

$$\beta=1/n_2 \tag{17.3-17}$$

完成了上述改进后，有两个条件必须要进行校核：

（1）桩间土必须为坚硬塑或致密土，因为深度系数应维持在 $f_d \leqslant \frac{D_c/D_s}{p_c/p_s}$ 范围内，否则桩上的荷载及其沉降会失真。

（2）对于松散土或软土 $n_2 \leqslant n_{Gr}=1+\frac{A_c}{A}\left(\frac{D_c}{D_s}-1\right)$，理由同上。

17.3.3 施工工艺及设备

1. 水下振冲碎石桩施工工艺及设备

水下地基加固常需处理不排水强度低的软土，其侧向约束较小，而振冲器与导杆在下插过程中，被软土紧紧包裹住而难以成孔。如采用传统顶部喂料方法，会造成顶部的碎石料难以随导杆下到较深的土层中，使碎石料仅在软土层上部一定范围内较为充足，严重影响振冲碎石桩的成桩质量。因此，水下振冲碎石桩施工时常采用底部出料工艺，设置一根中空下料导管，石料从下料导管顶端进料直达振冲器周围。其工艺原理如图 17.3-1 所示，具体施工主要分为以下步骤：

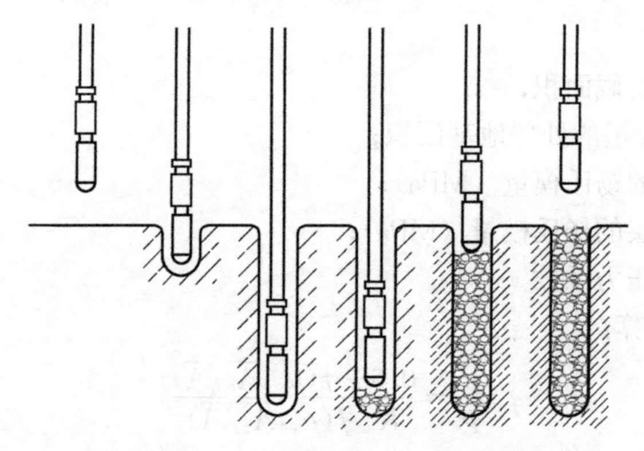

图 17.3-1　一般施工工艺示意图

（1）施工平台进场及定位：进入施工区域后，根据振冲碎石桩桩位轴线和打桩顺序，粗调方位，利用卫星定位系统移动施工平台到达施工位置。

（2）造孔：根据振冲器成孔施工时是否辅以压力水冲而分为湿法和干法两类，成孔过程中下料导管随振冲器直达桩底。

（3）振冲密实：由于采用下料导管方式（底出料）造孔，其填料及振冲密实的步骤较为简单：根据桩径及振冲器尺寸确定桩底的填料量，将振冲器缓缓提升同时将碎石料填入下料导管内，并根据设计桩径、振密电流及留振时间控制振冲器提升和加料速度。

水下振冲碎石桩施工常采用浮式或固定式平台，其施工设备主要包括：

1）振冲系统：主要是振冲器及配套设备。

2）定位系统：一般采用安装在桩架顶的GPS用于定位。

3）供料系统：采用供料船储存和供石料。

2. 水下振动沉管碎石桩施工工艺及设备

水下振动沉管碎石桩具体施工主要分为以下步骤：

（1）测量定位：卫星定位系统移动施工平台到达施工位置。

（2）沉管及停锤：定位准确后，先依靠桩套管及振动锤自重贯入，套管停止下沉后开启振动锤，在振动锤的激振力作用下，将桩套管打入到设计要求的标高或满足设计条件后停锤。

（3）灌料：将碎石桩骨料灌至钢套管中。灌入碎石量可根据碎石桩设计桩长和充盈系数进行计算。

（4）拨管：打开钢套管底部下放碎石桩骨料，同时开动电机，先在桩底留振，随即按一定速度向上提管，做到随拔随振，中间不停顿，直至拔出桩顶形成完整的碎石桩体。

水下振动沉管碎石桩除施工平台外，还需配置以下设备：

1）振动锤系统：主要是振动锤及配套设备。

2）定位系统：一般采用安装在桩架顶的GPS用于定位。

3）供料系统：采用供料船储存和供石料。

17.3.4 工程应用

1. 港珠澳大桥香港口岸人工岛[9]

港珠澳大桥香港口岸人工岛填海工程筑岛面积149.68万m^2，形成海堤全长6296m，上部采用格型钢板桩形成岛壁，其中岛壁地基加固采用海上底部出料振冲碎石桩施工工艺。该工程共投入10条打桩船，50台振冲器，累计实施直径1.0m的碎石桩4.3万根，约109万延米（图17.3-2）。

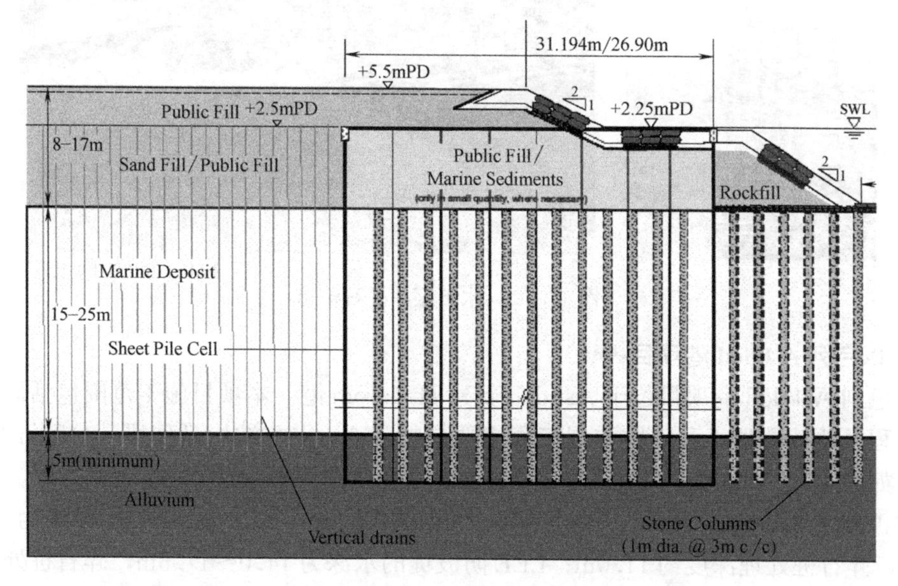

图17.3-2 港珠澳大桥香港口岸人工岛岛壁示意图

该项目水下碎石桩施工采用专用的碎石桩打桩船，如图 17.3-3 所示。在海上水深达到 15 m、机场高度限制的条件下，振冲碎石桩最大有效桩长达到 36.5m，并解决了以下技术难题：

工程场地受临近机场限高的影响，部分施工区域需要在设备高度不超过 35m 的限制下完成 36m 以上长度的碎石桩打设。为此该项目对打桩设备进行研究改造，成功采用伸缩式导杆和导料管技术克服了此难题。

水下碎石桩需在 10m 以上水深条件下加固下卧 15～25m 厚、不排水强度低于 20kPa 的软黏土，且当地环保要求较高。该项目采用底部出料干法振冲碎石桩工艺，使导料管在成孔和振密过程中保持高气压，既避免了水冲对环境的影响，也防止了泥水进入料管，保证了碎石桩的成桩质量。

图 17.3-3　水下振冲碎石桩船

2. 以色列 Ashdod 港项目[10]

以色列 Ashdod 港项目位于 Ashdod 新建 Hadarom 港。本项目施工范围包括码头、防波堤工程及地基处理工程。防波堤工程主要包括 600m 主防波堤延伸段、1480m LEE 防波堤，如图 17.3-4 所示。在防波堤施工前，需要利用振冲碎石桩进行地基处理。主要包括主防波堤 600m 地基和 LEE 防波堤 480m 坡脚位置，其中主防波堤水深为 21.0～23.3m，碎石桩处理深度约 11.0m；LEE 防波堤的水深为 14.0～17.5m，碎石桩处理深度约 19.5m。

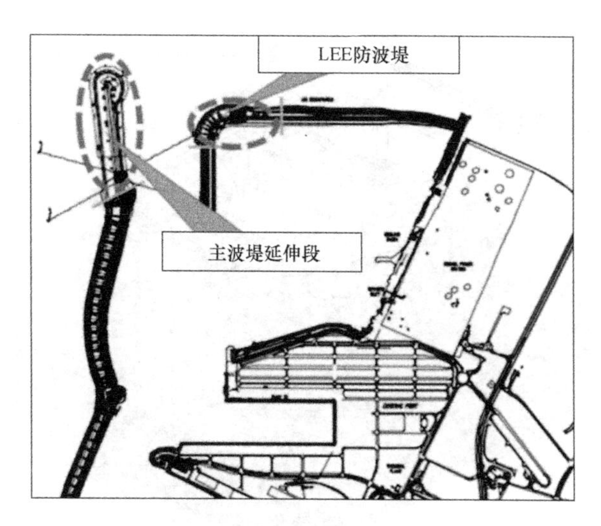

图 17.3-4　水下振冲碎石桩船

由于工程区域受强涌浪影响明显，对施工船舶的定位和作业造成非常大的影响。可供浮式施工平台施工作业的时间非常少，并且平面位置和施工质量难以控制，因而本项目采用了自升式平台进行碎石桩施工的方案。此平台型长 50m，型宽 42m，型深 5.5m，设计吃水 3.6m，中间带有月池，主船体为箱形“回”字结构。平台四角上布置有 4 根采用液压驱动 55m 长的桩腿，作业时可以将船体抬出水面，利用平台上专有的门架起重机带动碎石桩设备施工。施工平台如图 17.3-5 所示。

图 17.3-5　自升式水下振冲碎石桩施工平台

自升式碎石桩施工平台集自升式平台、行车起重机、自动补料系统于一体（图 17.3-6）。一艘平台可安装三套碎石桩施工设备，可在舷外侧与月池三处同时施工，每两次移位可实现无缝覆盖。碎石桩施工时，平台船体及起重设备抬离水面，克服了强涌浪的影响，满足恶劣海况下的施工需求。本工程水下碎石桩直径 0.95m，中心间距 2.5m，共处理土体约 160 万 m^3，完成水下碎石桩 23896 根。

3. 温州港状元岙港区围垦工程

温州港状元岙港区围垦（第三施工段促淤堤）工程位于温州市洞头县元觉乡状元岙岛北侧，分北侧潜堤和西侧潜堤，北侧潜堤长约 1350m，西侧堤长约 650m。堤基淤泥层厚度达 30～32m，属于超软地基，处理深度深、难度大，设计经过经济比选，选用海上振动

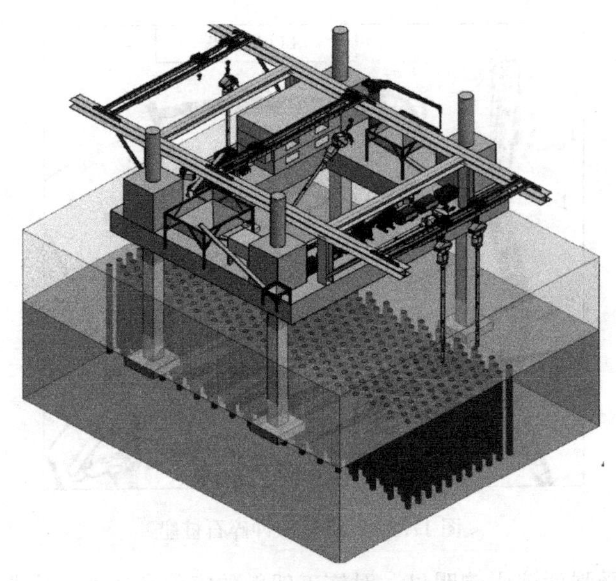

图 17.3-6 自升式碎石桩平台施工模型

沉管法碎石桩处理工艺。

本工程水下振动沉管碎石桩施工的一般流程为：首先在天然泥面上铺设两层总厚度为1m的冲灌砂被垫层，然后在冲灌砂被垫层上沉碎石桩，在碎石桩施工完成后铺设一层厚度为0.5m的冲灌砂被压顶，最后抛堤心石成型。沉管碎石桩采用分区加固，置换率分别为20%及15%，桩径1m，设计间距分别为1.98m和2.28m，按正方形布置，加固面积约13.6万m^2，共有碎石桩30644根，桩长30～32m，碎石方量为825416m^3。典型断面图如图17.3-7所示。

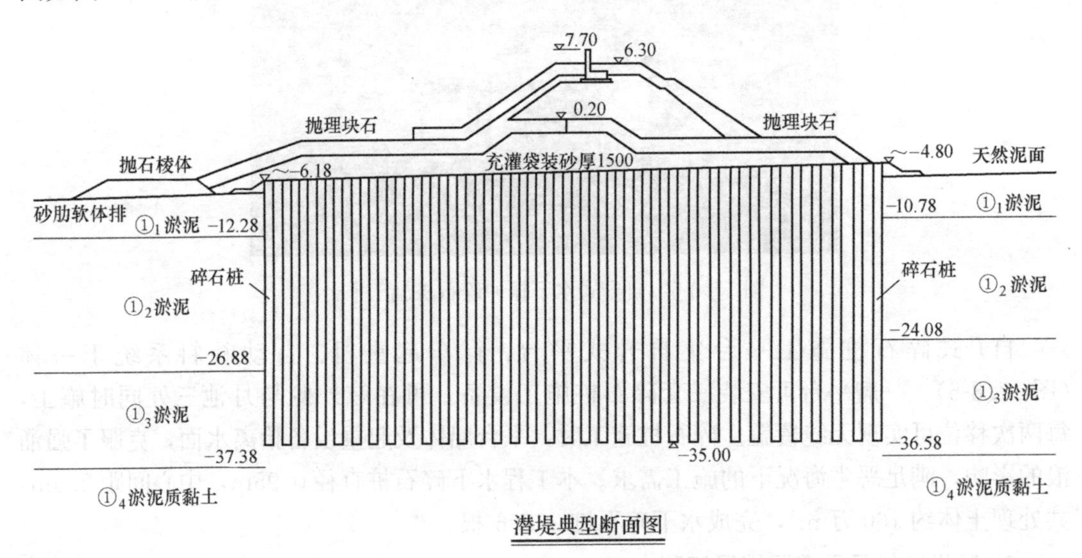

图 17.3-7 温州港状元岙港区围垦工程堤身断面图

根据勘察资料和设计碎石桩的置换深度，本工程碎石桩处理深度内地基土自上而下如下：

①1 淤泥

黄灰色、灰色，流塑状，高压缩性，高灵敏度。夹少量粉细砂和贝壳碎屑，表部0.30～0.60m为新近沉积的流泥或浮泥。

①2 淤泥

灰色、青灰色，流塑状，高压缩性，含少量贝壳碎屑、粉细砂。全场均有分布。

①3 淤泥

灰色、青灰色，流塑状，高压缩性，含少量贝壳碎屑、粉细砂。局部含少量腐殖质。

①4 淤泥质黏土

灰色，软塑状，高压缩性，含少量半炭化物和贝壳碎屑，偶夹粉细砂。

本工程振动沉管碎石桩在国内港口工程堤基软基处理中属于首次运用。该项目对2条砂桩船进行改装，以此满足碎石桩施工要求。改装后的碎石桩船各配备DZ240与DZ480振动锤与3根钢套管，桩架高度分别为52m与75m，如图17.3-8所示。

图17.3-8 振动沉管碎石桩施工船

本工程采用重型动力触探对水下碎石桩成桩质量进行了检测，合格标准为贯入量10cm的锤击数$N_c \geqslant 10$击。经检测本工程水下振动沉管碎石桩的成桩质量满足设计要求。

17.4 水下深层水泥搅拌技术

17.4.1 概述

深层水泥搅拌法（Deep Cement Mixing Method）简称DCM法，是一种以水泥或水泥基固化材料为黏结剂，与软弱地基土在原位置强制进行搅拌混合，利用化学固化作用在地基中形成坚固稳定土的施工方法，它具有工期短、强度高、沉降小、废土少、无公害、适用范围广、抗震性能出色、对周边环境影响小、施工管理和施工质量可靠等优点。我国从1977年起对CDM法进行引进，并进行了室内的深层搅拌试验和施工机械的研究工作[11]，主要用于陆上施工工程。近几年，随着海港、码头、人工岛等工程的建设发展，逐渐将CDM法应用于水工领域，用于水下地基的处理。

17.4.2 技术原理

1. 加固原理

深层水泥搅拌法的加固机理是基于水泥浆和加固土体之间所发生的物理化学反应。其加固原理如下：

（1）水泥水化作用。在水泥与土体进行拌合时，水泥会与土中水发生水化反应，生成水化碳酸钙、水化铁酸钙等凝胶。此过程中生成的氢氧化钙和含水硅酸钙溶于水中与外围的水泥颗粒发生反应，随着反应的进一步深入，水溶液逐渐达到饱和，饱和后的水分子继续渗入水泥颗粒内部，以胶体的形式析出，并悬浮于溶液中。

（2）水泥的离子交换和颗粒聚集作用。由于土颗粒中的 Na^{+}、K^{+} 与水泥浆中的 Ca^{2+} 进行离子交换，使土颗粒水化膜变薄，进而将土颗粒聚结成大的团粒。另外，水泥水化后其凝胶颗粒呈分散状，比表面积增大，具有强烈的吸附性能使土颗粒结合，形成水泥土的团粒结构，同时也封住了各土颗粒间的空隙，表现在宏观上为水泥土的强度有了极大的提高。

（3）水泥土的硬化作用。离子交换后期，由于 Ca^{2+} 数量超过离子交换的需要量，在碱性环境中，Ca^{2+} 会与土中游离的二氧化硅和三氧化二铝进行化学反应，生产不溶于水的稳定结晶化合物。在空气和水中该结晶化合物会逐渐硬化，进而导致水泥土的强度增加。由于其结构比较密实，可防止水分的侵入，故水泥土还具有优异的防水性能。

（4）碳酸化作用。水泥水化中所生成的氢氧化钙，还能与空气和水中含有的二氧化碳发生碳酸化反应，生产不溶于水的碳酸钙，该过程也可以小幅度增加水泥土的强度，但主要体现在后期强度。

2. 适用范围

水下深层水泥搅拌法（DCM 法）主要应用于防波堤、码头、护岸、桥台、人工岛、海底管涵、隧道等工程。适用于黏性土、砂性土、有机质土、黏性和砂性交替土等组成的地基，用水泥搅拌法处理偏酸性软土、泥炭土和腐殖土或有机含量较高的软土、地下水具有侵蚀性的软基时，应通过现场试验确定其适用性。水下深层水泥搅拌法的主要功能包括：①提高地基承载力；②减小地基沉降位移变形；③减小主动土压力、增大被动土压力，提高结构的整体稳定性；④防止砂性土液化，提高结构的抗震性能；⑤提高土体的抗渗能力；⑥基坑护壁、护底；⑦建筑物安全防护；⑧防止填土或开挖对邻近建筑物的影响等。

3. 相关计算方法[12]

（1）拌合体的抗压/抗剪强度计算方法：

1）拌合体的抗压强度标准值可按下式计算：

$$\sigma_{cak}=\kappa f_{cu} \tag{17.4-1}$$

式中 σ_{cak}——拌合体抗压强度标准值（kPa）；

κ——换算系数，可取 0.6；

f_{cu}——拌合土的抗压强度标准值（kPa），应根据施工工期长短，取相应龄期的室内配合比试验拌合土强度。

2）拌合体的抗剪强度标准值可按下式计算：

$$\tau_{ak}=0.5\sigma_{cak} \tag{17.4-2}$$

式中 τ_{ak}——拌合体抗剪强度标准值（kPa）；

σ_{cak}——拌合体抗压强度标准值（kPa）。

（2）稳定性验算方法

DCM工法的加固形式，根据平面布置分为：块式、壁式、格子式、桩式、接圆式等多种，不同的基础形式具有不同的稳定验算方法。

块式拌合体基础的稳定性验算应符合下列规定：

1）沿拌合体底面的抗滑稳定性根据下列不同的作用效应组合进行验算：

a. 不考虑波浪作用且可变作用产生的土压力为主导可变作用时，按公式（17.4-3）计算，其中 F 按公式（17.4-4）和公式（17.4-5）分别计算并取较小值；

$$\gamma_0(\gamma_E E_H+\gamma_{PW}P_W+\gamma_E E_{qH}+\phi\gamma_{PR}P_{RH})\leqslant\frac{1}{\gamma_d}(F+\gamma_{EP}E_P) \tag{17.4-3}$$

$$F=(\gamma_G G+\gamma_E E_V+\gamma_E E_{qV})\tan\varphi+\gamma_c c_B \tag{17.4-4}$$

$$F=\frac{1}{\gamma_R}\tau_{ak}B \tag{17.4-5}$$

b. 不考虑波浪作用且系缆力为主导可变作用时，按公式（17.4-6）计算，其中 F 按公式（17.4-5）和公式（17.4-7）分别计算并取较小值；

$$\gamma_0(\gamma_E E_H+\gamma_{PW}P_W+\gamma_{PR}P_{RH}+\phi\gamma_E E_{qH})\leqslant\frac{1}{\gamma_d}(F+\gamma_{EP}E_P) \tag{17.4-6}$$

$$F=(\gamma_G G+\gamma_E E_V-\gamma_{PR}P_{RV}+\phi\gamma_E E_{qV})\tan\varphi+\gamma_c c_B \tag{17.4-7}$$

c. 考虑波浪作用且波浪力为主导可变作用时，按公式（17.4-8）计算，其中 F 按公式（17.4-5）和公式（17.4-9）分别计算并取较小值；

$$\gamma_0(\gamma_E E_H+\gamma_{PW}P_W+\gamma_P P_R+\phi\gamma_E E_{qH})\leqslant\frac{1}{\gamma_d}(F+\gamma_{EP}E_P) \tag{17.4-8}$$

$$F=(\gamma_G G+\gamma_E E_V-\phi\gamma_E E_{qV})\tan\varphi+\gamma_c c_B \tag{17.4-9}$$

d. 考虑波浪作用且可变作用产生的土压力为主导可变作用时，按公式（17.4-10）计算，其中F按公式（17.4-3）和公式（17.4-5）分别计算并取较小值。

$$\gamma_0(\gamma_E E_H+\gamma_{PW}P_W+\gamma_E E_{qH}+\phi\gamma_P P_B)\leqslant\frac{1}{\gamma_d}(F+\gamma_{EP}E_P) \tag{17.4-10}$$

式中 γ_0——结构重要性系数，按表17.4-1取值；

γ_E——主动土压力分项系数，按表17.4-2取值；

E_H——永久作用总主动土压力水平分力标准值（kN）；

γ_{PW}——剩余水压力分项系数，按表17.4-2取值；

P_W——作用在拌合体底面以上的剩余水压力标准值（kN）；

E_{qH}——可变作用总主动土压力水平分力标准值（kN）；

ϕ——作用效应组合系数，持久组合取0.7，短暂组合取1.0；

γ_{PR}——系缆力的分项系数，按表17.4-2取值；

P_{RH}——系缆力水平分力标准值（kN）；

γ_d——结构系数取1.1；

F——拌合体底面抗滑阻力设计值（kN）；

γ_{EP}——被动土压力分项系数，取 1.0；
E_P——永久作用总被动土压力水平分力标准值（kN）；
γ_G——自重力分项系数，取 1.0；
G——作用于拌合体底面的总自重力标准值（kN）；
E_V——永久作用总主动土压力竖向分力标准值（kN）；
E_{qv}——可变作用总主动土压力竖向分力标准值（kN）；
φ——拌合体着底土层的内摩擦角（°）；
γ_c——拌合体着底土层黏聚力分项系数，取 1.0；
c——拌合体着底土层黏聚力（kPa）；
τ_{ak}——拌合体抗剪强度标准值（kPa）；
B——拌合体的宽度（m）；
γ_R——拌合体抗力分项系数，取 2.2；
P_{RV}——系缆力竖向分力标准值（kN）；
γ_P——波浪力分项系数，按《港口与航道水文规范》JTS 145—2015 表 P.0.7-2 取值；
P_B——作用于上部结构波浪力标准值（kN）。

结构重要性系数 **表 17.4-1**

结构安全等级	一级	二级	三级
γ_0	1.1	1	0.9

稳定性验算作用分项系数 **表 17.4-2**

组合情况	永久作用		可变作用		
	γ_E	γ_{pw}	γ_E	γ_{pr}	γ_p
持久组合	1.35	1.05	1.35(1.25)	1.40(1.30)	1.30(1.20)
短暂组合	1.35	1.05	1.25	1.3	1.2

注：持久组合采用极端高水位和极端低水位时取表中括弧内的数值。

对拌合体前趾的抗倾稳定性根据下列不同的作用效应组合进行验算：

a. 不考虑波浪作用且可变作用产生的土压力为主导可变作用时，按下式计算

$$\gamma_0(\gamma_E M_{EH}+\gamma_{PW}M_{PW}+\gamma_E M_{EqH}+\phi\gamma_{PR}M_{PR})\leqslant\frac{1}{\gamma_d}(\gamma_G M_G+\gamma_E M_{EV}+\gamma_E M_{Eqv}+\gamma_{EP}M_{EP}) \tag{17.4-11}$$

b. 不考虑波浪作用且系缆力产生的倾覆力矩为主导可变作用时，按下式计算

$$\gamma_0(\gamma_E M_{EH}+\gamma_{PW}M_{PW}+\gamma_{PR}M_{PR}+\phi\gamma_E M_{EqH})\leqslant\frac{1}{\gamma_d}(\gamma_G M_G+\gamma_E M_{EV}+\gamma_{PR}M_{EP}+\phi\gamma_E M_{EqV}) \tag{17.4-12}$$

c. 考虑波浪作用且波浪力为主导可变作用时，按下式计算

$$\gamma_0(\gamma_E M_{EH}+\gamma_{PW}M_{PW}+\gamma_P M_{PB}+\phi\gamma_E M_{EqH})\leqslant\frac{1}{\gamma_d}(\gamma_G M_G+\gamma_E M_{EV}+\gamma_{EP}M_{EP}+\phi\gamma_E M_{EqV}) \tag{17.4-13}$$

d. 考虑波浪作用且可变作用产生的土压力为主导可变作用时，按下式计算

$$\gamma_0(\gamma_E M_{EH}+\gamma_{PW}M_{PW}+\gamma_E M_{EqH}+\phi\gamma_P M_{PB})\leqslant\frac{1}{\gamma_d}(\gamma_G M_G+\gamma_E M_{EV}+\gamma_E M_{EqV}+\gamma_{EP}M_{EP})$$

(17.4-14)

式中　γ_0——结构重要性系数，按表 17.4-1 取值；

γ_E——主动土压力分项系数，按表 17.4-2 取值；

M_{EH}——永久作用总主动土压力水平分力标准值对拌合体前趾的倾覆力矩（kN·m）；

γ_{PW}——剩余水压力分项系数，按表 17.4-2 取值；

M_{PW}——作用在拌合体底面以上的剩余水压力标准值对拌合体前趾的倾覆力矩（kN·m）；

M_{EqH}——可变作用总主动土压力水平分力标准值对拌合体前趾的倾覆力矩（kN·m）；

ϕ——作用效应组合系数，持久组合取 0.7，短暂组合取 1.0；

γ_{PR}——系缆力的分项系数，按表 17.4-2 取值；

M_{PR}——系缆力标准值对拌合体前趾的倾覆力矩（kN·m）；

γ_d——结构系数，取 1.1；

γ_G——自重力分项系数，取 1.0；

M_G——作用于拌合体底面的总自重力标准值对拌合体前趾的稳定力矩（kN·m）；

M_{EV}——永久作用总主动土压力竖向分力标准值对拌合体前趾的稳定力矩（kN·m）；

M_{EqV}——可变作用总主动土压力竖向分力标准值对拌合体前趾的稳定力矩（kN·m）；

γ_{EP}——被动土压力分项系数，取 1.0；

M_{EP}——永久作用总被动土压力标准值对拌合体前趾的稳定力矩（kN·m）；

γ_P——波浪力分项系数，按表 17.4-2 取值；

M_{PB}——作用于上部结构波浪力标准值对拌合体前趾的倾覆力矩（kN·m）；

2）壁式拌合体基础的稳定性验算应符合下列规定：

沿拌合体底面的抗滑稳定性根据下列不同的作用效应组合进行验算：

a. 不考虑波浪作用且可变作用产生的土压力为主导可变作用时，按公式（17.4-15）计算，其中 F 按公式（17.4-16）计算，F_R 按公式（17.4-17）和公式（17.4-18）分别计算并取较小值，F_u 按公式（17.4-19）和公式（17.4-20）分别计算并取较小值。

$$\gamma_0(\gamma_E E_H+\gamma_{PW}P_W+\gamma_E E_{qH}+\phi\gamma_{PR}P_{RH})\leqslant\frac{1}{\gamma_d}(F+\gamma_{EP}E_P) \tag{17.4-15}$$

$$F=F_R+F_u \tag{17.4-16}$$

$$F_R=(\gamma_G G+\gamma_E E_V+\gamma_E E_{qV})\tan\varphi+\gamma_c c_1 BR_L \tag{17.4-17}$$

$$F_R=\frac{1}{\gamma_R}\tau_{ak}BR_L \tag{17.4-18}$$

$$F_U=\gamma_G W_U\tan\varphi+\gamma_c c_2 BR_S \tag{17.4-19}$$

$$F_U=\gamma_c c_1 BR_S \tag{17.4-20}$$

b. 不考虑波浪作用且系缆力为主导可变作用时，按公式（17.4-21）计算，其中 F 按式（17.4-16）计算，F_R 按式（17.4-17）和公式（17.4-18）分别计算并取较小值，F_u 按式（17.4-19）和式（17.4-20）分别计算并取较小值。

$$\gamma_0(\gamma_E E_H+\gamma_{PW}P_W+\gamma_{PR}P_{RH}+\phi\gamma_E E_{qH})\leqslant\frac{1}{\gamma_d}(F+\gamma_{EP}E_P) \tag{17.4-21}$$

$$F_R=(\gamma_G G+\gamma_E E_V-\gamma_{PR}P_{RV}+\phi\gamma_E E_{qV})\tan\varphi+\gamma_c c_1 BR_L \tag{17.4-22}$$

c. 应考虑波浪作用且波浪力为主导可变作用时，按式（17.4-23）计算，其中 F 按式（17.4-16）计算。

$$\gamma_0(\gamma_E E_H+\gamma_{PW}P_W+\gamma_P P_B+\phi\gamma_E E_{qH})\leqslant\frac{1}{\gamma_d}(F+\gamma_{EP}E_P) \tag{17.4-23}$$

$$F_R=(\gamma_G G+\gamma_E E_V+\phi\gamma_E E_{qV})\tan\varphi+\gamma_c c_1 BR_L \tag{17.4-24}$$

d. 考虑波浪作用且可变作用产生的土压力为主导可变作用时，按式（17.4-25）计算。

$$\gamma_0(\gamma_E E_H+\gamma_{PW}P_W+\gamma_E E_{qH}+\phi\gamma_P P_B)\leqslant\frac{1}{\gamma_d}(F+\gamma_{EP}E_P) \tag{17.4-25}$$

式中 γ_0——结构重要性系数，按表 17.4-1 取值；

γ_E——主动土压力分项系数，按表 17.4-2 取值；

E_H——永久作用总主动土压力水平分力标准值（kN）；

γ_{PW}——剩余水压力分项系数，按表 17.4-2 取值；

P_W——作用在拌合体底面以上的剩余水压力标准值（kN）；

E_{qH}——可变作用总主动土压力水平分力标准值（kN）；

ϕ——作用效应组合系数，持久组合取 0.7，短暂组合取 1.0；

γ_{PR}——系缆力的分项系数，按表 17.4-2 取值；

P_{RH}——系缆力水平分力标准值（kN）；

F——拌合体基础底面抗滑阻力设计值（kN）；

γ_{EP}——被动土压力分项系数，取 1.0；

E_P——永久作用总被动土压力水平分力标准值（kN）；

γ_d——结构系数取 1.1；

F_R——拌合体长壁底面抗滑阻力设计值（kN）；

F_U——拌合体壁间土底面抗滑阻力设计值（kN）；

γ_G——自重力分项系数，取 1.0；

G——作用于拌合体底面的总自重力标准值（kN）；

E_V——永久作用总主动土压力竖向分力标准值（kN）；

E_{qV}——可变作用总主动土压力竖向分力标准值（kN）；

φ——拌合体着底土层的内摩擦角（°）；

γ_c——拌合体着底土层黏聚力分项系数，取 1.0；

c_1——壁间土长壁底面地基土的黏聚力（kPa）；

B——拌合体的宽度（m）；

R_L——拌合体长壁总宽度与拌合体长短壁总宽度的比值；

τ_{ak}——拌合体抗剪强度标准值（kPa）；

γ_R——拌合体抗力分项系数，取 2.2；

W_U——拌合体壁间土自重力标准值（kN）；

c_2——壁间土底面土的黏聚力（kPa）；

R_S——拌合体短壁总宽度与拌合体长短壁总宽度的比值；

P_{RV}——系缆力竖向分力标准值（kN）；

γ_P——波浪力分项系数，按《港口与航道水文规范》JTS 145—2015 表 P. 0. 7-2 取值；

P_B——作用于上部结构波浪力标准值（kN）。

对拌合体前趾的抗倾稳定性根据下列不同的效应组合验算：

a. 不考虑波浪作用且可变作用产生的土压力为主导可变作用时，按下式计算：

$$\gamma_0(\gamma_E M_{EH}+\gamma_{PW}M_{PW}+\gamma_E M_{EqH}+\phi\gamma_{PR}M_{PB})\leqslant\frac{1}{\gamma_d}(\gamma_G M_G+\gamma_G M_{Wu}+\gamma_E M_{EV}+\gamma_E M_{EqV}+\gamma_{EP}M_{EP}) \tag{17.4-26}$$

b. 不考虑波浪作用且系缆力产生的倾覆力矩为主导可变作用时，按下式计算：

$$\gamma_0(\gamma_E M_{EH}+\gamma_{PW}M_{PW}+\gamma_{PR}M_{PR}+\phi\gamma_E M_{EqH})\leqslant\frac{1}{\gamma_d}(\gamma_G M_G+\gamma_G M_{Wu}+\gamma_E M_{EV}+\gamma_{EP}M_{EP}+\phi\gamma_E M_{EqV}) \tag{17.4-27}$$

c. 考虑波浪作用且波浪力为主导可变作用时，按下式计算：

$$\gamma_0(\gamma_E M_{EH}+\gamma_{PW}M_{PW}+\gamma_P M_{PB}+\phi\gamma_E M_{EqH})\leqslant\frac{1}{\gamma_d}(\gamma_G M_G+\gamma_G M_{Wu}+\gamma_E M_{EV}+\gamma_{EP}M_{EP}+\phi\gamma_E M_{EqV}) \tag{17.4-28}$$

d. 考虑波浪作用且可变作用产生的土压力为主导可变作用时，按下式计算：

$$\gamma_0(\gamma_E M_{EH}+\gamma_{PW}M_{PW}+\gamma_E M_{EqH}+\phi\gamma_P M_{PB})\leqslant\frac{1}{\gamma_d}(\gamma_G M_G+\gamma_G M_{Wu}+\gamma_E M_{EV}+\gamma_E M_{EqV}+\gamma_{EP}M_{EP}) \tag{17.4-29}$$

式中 γ_0——结构重要性系数，按表 17. 4-1 取值；

γ_E——主动土压力分项系数，按表 17. 4-2 取值；

M_{EH}——永久作用总主动土压力水平分力标准值对拌合体前趾的倾覆力矩（kN · m）；

γ_{PW}——剩余水压力分项系数，按表 17. 4-2 取值；

M_{PW}——作用在拌合体底面以上的剩余水压力标准值对拌合体前趾的倾覆力矩（kN · m）；

M_{EqH}——可变作用总主动土压力水平分力标准值对拌合体前趾的倾覆力矩（kN · m）；

ϕ——作用效应组合系数，持久组合取 0. 7，短暂组合取 1. 0；

γ_{PR}——系缆力的分项系数，按表 17. 4-2 取值；

M_{PR}——系缆力标准值对拌合体前趾的倾覆力矩（kN · m）；

γ_G——自重力分项系数，取 1. 0；

M_G——作用于拌合体底面的总自重力标准值对拌合体前趾的稳定力矩（kN · m）；

M_{Wu}——壁间土自重力标准值对拌合体前趾的稳定力矩（kN · m）；

M_{EV}——永久作用总主动土压力竖向分力标准值对拌合体前趾的稳定力矩（kN · m）；

M_{EqV}——可变作用总主动土压力竖向分力标准值对拌合体前趾的稳定力矩（kN · m）；

γ_{EP}——被动土压力分项系数，取 1.0；

M_{EP}——永久作用总被动土压力标准值对拌合体前趾的稳定力矩（kN·m）；

γ_d——结构系数，取 1.1；

γ_P——波浪力分项系数，按表 17.4-2 取值；

M_{PB}——作用于上部结构波浪力标准值对拌合体前趾的倾覆力矩（kN·m）。

拌合体壁间土抗挤出的稳定性对不同的计算深度按下式验算，见图 17.4-1。

$$\gamma_S(P'_a+h_W\gamma_W D_i L_S)\leqslant\frac{1}{\gamma_R}[2(L_S+D_i)cB+P'_P] \tag{17.4-30}$$

式中 γ_S——综合分项系数，可取 1.0；

P'_a——D_i 范围内作用于壁间土侧面的总主动土压力标准值（kN）；

h_W——土体计算滑动面的剩余水头（m）；

γ_W——水的重度（kN/m^3）；

D_i——拌合体短壁底部至土体滑动面的距离（m）；

L_S——拌合体短壁宽度（m）；

γ_R——抗力分项系数，取值不小于 1.2；

c——土体计算滑动面的抗剪强度（kPa）；

B——拌合体的宽度（m）；

P'_P——D_i 范围内作用于壁间土侧面的总被动土压力标准值（kN）；

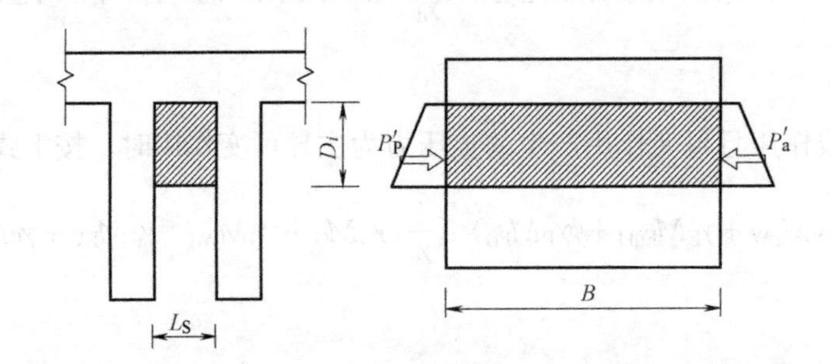

L_S——拌合体短壁宽度；D_i——拌合体短壁底部至土体计算滑动面的距离；
B——拌合体宽度；P'_P——范围内作用于壁间土侧面的总被动土压力标准值；
P'_a——范围内作用于壁间土侧面的总主动土压力标准值。

图 17.4-1　壁间土抗挤出稳定性验算示意图

（3）强度验算方法

块式拌合体的强度验算应符合下列规定：

1）块式拌合体抗压强度按下式进行验算：

$$\gamma_0\gamma_\sigma\sigma_{max}\leqslant\frac{1}{\gamma_R}\sigma_{cak} \tag{17.4-31}$$

式中 γ_0——结构重要性系数，按表 17.4-1 取值；

γ_σ——地基应力综合分项系数，取 1.35；

σ_{max}——拌合体底面最大地基应力标准值（kPa）；

γ_R——拌合体抗力分项系数，取 2.2；

σ_{cak}——拌合体抗压强度标准值（kPa）。

2）拌合体平均剪应力标准值按下式计算，见图 17.4-2。

$$\tau_a=\frac{V-W}{S} \tag{17.4-32}$$

式中 τ_a——拌合体平均剪应力标准值（kPa）；

V——B_L范围内拌合体底面地基应力合力标准值（kN）；

W——B_L范围内拌合体自重力标准值（kN）；

S——计算剪切面上拌合体的面积（m^2）。

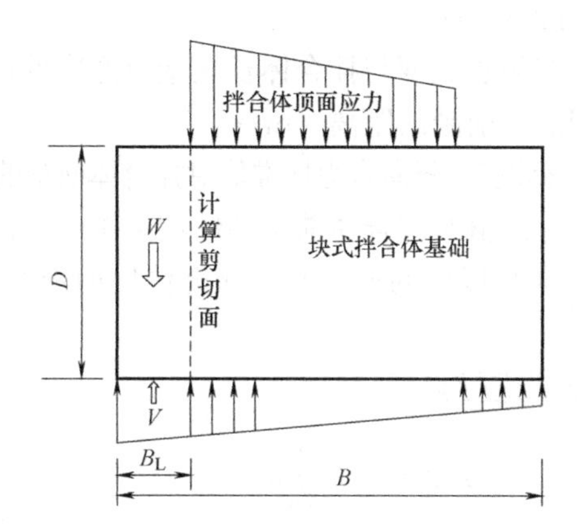

D——拌合体深度；W——范围内拌合体的自重；

V——范围内地基反力的合力；B——拌合体宽度；

B_L—— 拌合体前趾铅直面至拌合体顶面应力边线的距离。

图 17.4-2 块式拌合体平均剪应力计算示意图

3）拌合体抗剪强度按下式验算：

$$\gamma_0\gamma_\tau\tau_a\leqslant\frac{1}{\gamma_R}\tau_{ak} \tag{17.4-33}$$

式中 γ_0——结构重要性系数，按表 17.4-1 取值；

γ_τ——剪应力综合分项系数，取 1.35；

τ_a——拌合体平均剪应力标准值（kPa）；

γ_R——拌合体剪抗力分项系数，取 2.2；

τ_{ak}——拌合体抗剪强度标准值（kPa）。

壁式拌合体的强度验算应符合下列规定：

1）当拌合体底面为条形或矩形时，拌合体底面地基应力按下列方法计算：

a. 当$\xi\geqslant\frac{B}{3}$时，拌合体底面地基应力标准值按下列公式计算：

$$\sigma_{\substack{max\\min}}=\frac{V_k}{BR_L}\left(1\pm\frac{6e}{B}\right) \tag{17.4-34}$$

$$e=\frac{B}{2}-\xi \tag{17.4-35}$$

$$\xi=\frac{M_R-M_O}{V_k} \tag{17.4-36}$$

b. 当$\xi<\dfrac{B}{3}$时，拌合体底面地基应力标准值按下列公式计算：

$$\sigma_{\max}=\frac{2V_{\rm k}}{3\xi R_{\rm L}} \tag{17.4-37}$$

$$\sigma_{\min}=0 \tag{17.4-38}$$

式中 $\sigma_{\max}$、$\sigma_{\min}$——拌合体底面最大、最小地基应力标准值（kPa）；

$V_{\rm k}$——作用于拌合体底面的竖向合力标准值（kN）；

e——拌合体底面合力作用点偏心距（m）；

B——拌合体宽度（m）；

$R_{\rm L}$——拌合体长壁的总宽度与拌合体长短壁总宽度的比值；

ξ——合力作用点至前趾的距离（m）；

$M_{\rm R}$——作用于拌合体底面竖向合力标准值对拌合体前趾的稳定力矩（kN·m）；

M_0——倾覆力矩标准值对拌合体前趾的倾覆力矩（kN·m）。

2）当拌合体底面为条形或矩形以外的形状时，拌合体底面地基应力标准值按偏心受压公式计算。

3）拌合体抗压承载力按下式进行验算：

$$\gamma_0\gamma_\sigma\sigma_{\max}\leqslant\frac{1}{\gamma_{\rm R}}\sigma_{\rm cak} \tag{17.4-39}$$

式中 γ_0——结构重要性系数，按表 17.4-1 取值；

γ_σ——压应力综合分项系数，取 1.35；

$\sigma_{\max}$——拌合体底面最大地基应力标准值（kPa）；

$\sigma_{\rm cak}$——拌合体抗压强度标准值（kPa）；

$\gamma_{\rm R}$——拌合体抗力分项系数，取 2.2。

4）长壁和短壁的抗剪强度按下式方法验算：

长壁抗剪强度按下列公式验算，见图 17.4-3。

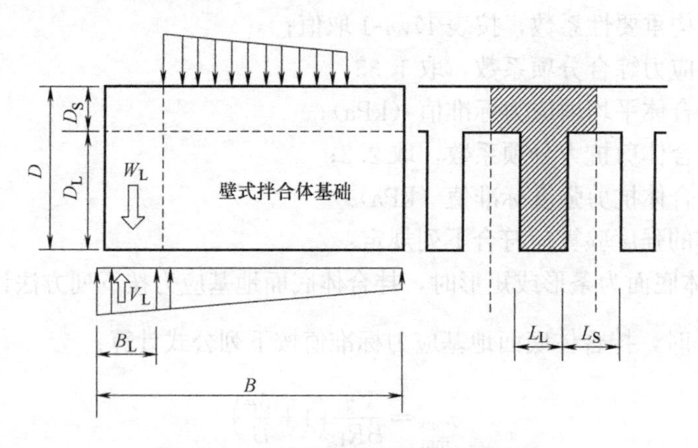

图 17.4-3 长壁抗剪强度验算示意图

$$\gamma_0\gamma_\tau\tau_{\rm L}\leqslant\frac{1}{\gamma_{\rm R}}\tau_{\rm ak} \tag{17.4-40}$$

图 17.4-3 中，D 为拌合体长壁的深度；$D_{\rm L}$为拌合体长短壁深度差；$D_{\rm s}$为拌合体短壁

的深度；W_L为范围内拌合体自重力标准值；V_L为范围内长壁地基应力合力标准值；B_L为拌合体前趾铅直面至拌合体顶面应力边线的距离；B 为拌合体宽度；L_L为拌合体长壁的宽度；L_s为拌合体短壁的宽度。

$$\tau_L = \lambda_L \frac{V_L - W_L}{S} \tag{17.4-41}$$

短壁抗剪强度按下列公式验算，见图 17.4-4。

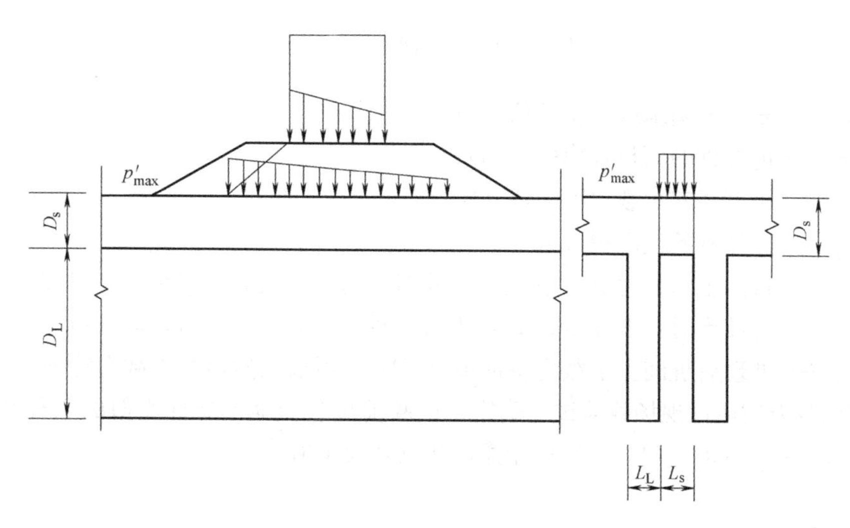

图 17.4-4　短壁抗剪强度验算示意图

图 17.4-4 中，D_s为拌合体短壁的深度；D_L为拌合体长短壁深度差；L_L为拌合体长壁的宽度：P'_{max}为抛石基床底面最大应力标准值；L_s为拌合体短壁的宽度。

$$\gamma_0 \gamma_\tau \tau_s \leqslant \frac{1}{\gamma_R} \tau_{ak} \tag{17.4-42}$$

$$\tau_s = \lambda_s \frac{(P'_{max} + \gamma D_s) L_s}{2D_s} \tag{17.4-43}$$

式中　γ_0——结构重要性系数，按表 17.4-1 取值；

γ_τ——剪应力综合分项系数，取 1.35；

τ_L——长壁最大剪应力标准值（kPa）；

γ_R——拌合体抗力分项系数，取 2.2；

τ_{ak}——拌合体抗剪强度标准值（kPa）；

λ_L——长壁最大剪应力与平均剪应力之比，取 1.5；

V_L——BL 范围内长壁地基应力合力标准值（kN）；

W_L——BL 范围内拌合体自重力标准值（kN）；

S——计算剪切面拌合体的面积（m^2）

τ_s——短壁最大剪应力标准值（kPa）；

λ_s——短壁最大剪应力与平均剪应力之比，取 1.5；

P'_{max}——抛石基床底面最大应力标准值（kPa）；

γ——拌合体重度（kN/m^3）；

D_s——拌合体短壁深度（m）；

L_s——拌合体短壁宽度（m）。

（4）承载力验算

水泥土搅拌桩复合地基的承载力特征值应通过现场单桩或多桩复合地基载荷试验确定。试验前可按下式估算：

$$f_{spk}=m\frac{R_a}{A_p}+\beta(1-m)f_{sk} \tag{17.4-44}$$

式中 f_{spk}——复合地基承载力特征值（kPa）；

m——搅拌桩的面积置换率（%）；

R_a——单桩竖向承载力特征值（kN）；

A_p——搅拌桩的截面积（m^2）；

β——桩间土承载力折减系数，当桩端土为软土时，按 $\beta=0.5\sim1.0$；当桩端土为硬土时，取 $\beta<0.5$；当不考虑桩间土软土作用时，取 $\beta=0$；

f_{sk}——处理后桩间土承载力特征值（kPa），可取天然地基承载力特征值。

单桩承载力应通过现场载荷试验确定。试验前可参照地层条件类似的工程经验估算，或按式（17.4-45）和式（17.4-46）计算，并取其较小值。

$$R_a=u_p\sum_{i=1}^{n}q_{si}l_i+\alpha q_pA_p \tag{17.4-45}$$

$$R_a=\eta f_{cu}A_p \tag{17.4-46}$$

式中 R_a——单桩竖向承载力特征值（kN）；

u_p——桩的周长（m）；

n——桩长范围内划分的土层数；

q_{si}——桩周第 i 层土的侧阻力特征值（kPa）；淤泥可取 5～8kPa；淤泥质土可取 8～12kPa；软塑状的黏性土可取 12～18kPa；可塑状态的黏性土可取 18～24kPa；可按现行国家标准《建筑地基基础设计规范》GB 50007 有关规定或地区经验确定；

l_i——桩长范围内第 i 层土的厚度（m）；

α——桩端天然地基土的承载力折减系数，可取 0.4～0.6，桩端天然土承载力高时取高值；

q_p——桩端地基土未经修正的承载力特征值（kPa），可按现行国家标准《建筑地基基础设计规范》GB 50007 的有关规定确定；

A_p——搅拌桩的截面积（m^2）；

η——桩身强度折减系数，可取 0.25～0.33；

f_{cu}——与旋喷桩桩身水泥土配比相同的室内加固土试块（边长为 70.7mm 的立方体）在标准养护条件下 90d 龄期的立方体抗压强度平均值（kPa）。

（5）沉降验算规定

水下深层水泥搅拌桩的最终沉降量，按照复合地基最终沉降量可计算，按国家现行标准《建筑地基基础设计规范》GB 50007 和《建筑地基处理技术规范》JGJ 79 等相关规定进行计算。

17.4.3　施工工艺及设备

1. 一般规定

（1）施工前应清除施工障碍物。

（2）水下水泥搅拌桩法加固软土地基应按设计要求在拌合体设计顶高程以上留有覆盖层。

（3）搭接搅拌桩的搭接宽度不应小于桩径的 1/6，且不得小于 200mm。

（4）搅拌桩桩顶、桩底高程偏差不应大于 200mm。

（5）搅拌桩施工结束后，宜对拌合体顶面的隆起土进行清除。当拌合体作为重力式结构基础时，拌合体顶部隆起土的未清除部分应满足设计强度要求。

（6）在北方地区进行水下水泥搅拌桩法加固软土地基施工时，宜避开冬季施工，当必须在冬季施工时，应采取相应的防冻措施。

（7）搅拌桩施工贯入作业困难时，可采取喷浆或降低贯入速度等措施。

（8）搅拌桩施工过程中主要施工参数应逐桩进行记录。

2. 施工设备规定

（1）水下水泥搅拌桩法施工应采用专用成套设备进行，搅拌轴数量应为偶数。专用成套设备应由专用船组及测量定位系统、平衡调控系统、搅拌机及操作控制系统、质量控制系统、制浆输浆系统和水泥供应保障系统等组成。

（2）搅拌机机架高度和搅拌加固深度应满足设计要求。搅拌机的动力、转速、钻杆承受扭矩和搅拌加固的能力应满足施工要求。

（3）搅拌机搅拌叶片应设置 2 层以上，叶片直径不应小于 1.0m。搅拌叶片数量和搅拌头转速、提升及贯入速度应相互匹配，沿加固深度每米土体的搅拌切土次数不应少于 400 次。搅拌叶片应定期检查，径向磨损量不应超过 20mm。

（4）输浆泵及控制系统应满足输浆流量的要求，并应具备及时调整和稳定保持既定流量的性能。

（5）专用船组及搅拌机在允许作业工况下应满足连续作业的要求。

17.4.4　工程应用

1. 天津港东突堤南侧码头工程

天津港东突堤南侧码头总长 950m，采用高桩梁板结构。接岸处岸坡软基采用壁式 CDM 拌合体进行加固。根据接岸线地基条件的不同，DCM 拌合体底高程有 4 种，分别为 －17.0m、－20.0m、－18.0m、－19.0m，拌合体宽度分别为 17.5m、19.25m、17.5m、21.0m。底高程为 －17.0m 的拌合体设计断面如图 17.4-5，后方荷载 30kPa。DCM 加固体设计强度为 2.5MPa，水灰比采用 1.3～1.5，水泥用量为 150～180kg/m^3。

主要土层分布与物理力学指标如表 17.4-3 所示。

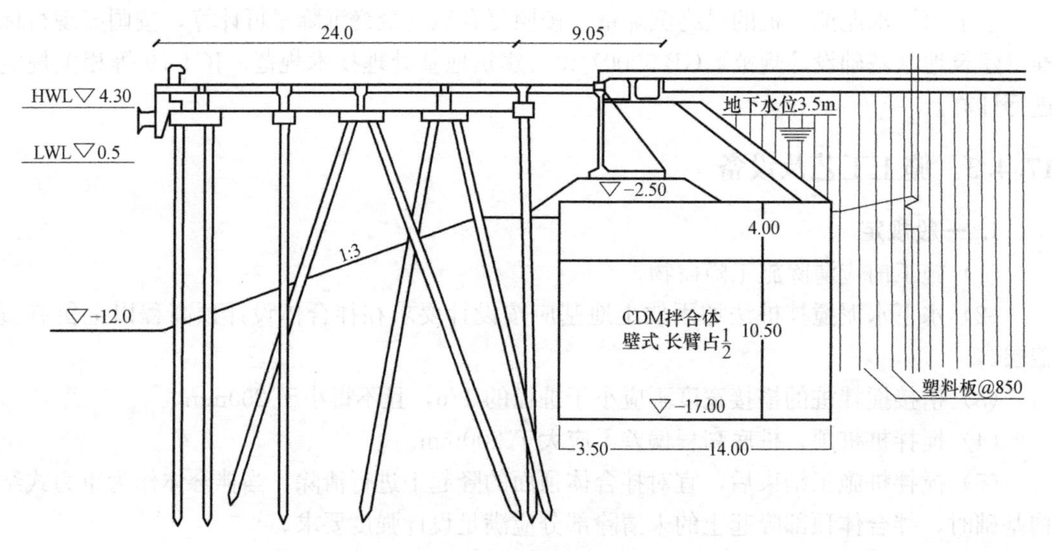

图 17.4-5　壁式 DCM 拌合体断面图（底高程－17m）

土层物理力学指标一览表　　表 17.4-3

土层范围	土层名称	含水率(%)	重度(kN/m³)	固快		压缩模量(kPa)
				c(kPa)	φ(°)	
－2.5～-3.5	淤泥	58.5	16.4	8	16	5000
－3.5～－6.5	淤泥质黏土	47.1	17.4	8	16	5000
－6.5～－10.0	淤泥	58.7	16.6	8	16	3500
－10.0～－14.0	淤泥质黏土	46.8	17.5	12	16	5000
－14.0～－17.0	粉质黏土	27.8	19.4	18	26	8000
－17.0～	亚砂土	24.3	20.5	9	34	14000

施工由日本竹中丸红联合体负责。根据设计结果，施工阶段荷载完成后的 DCM 拌合体最大水平位移为 130mm（护岸外坡角），最大垂直沉降为 50mm。

DCM 加固体施工在海上采用 DCM 船，处理机为四联轴，搅拌叶片直径为 160cm，功率为（200kW＋450kW）×2，转速为 17r/min、31r/min、45r/min，升降速度为 0～2.0r/min，加固能力 60～150m³/h，船上配泥浆泵 9 个，输送能力 20～250L/min，输送压力为 3.0MPa。

该码头建成使用至今已有 30 年，使用过程中接岸处未发现沉降差，码头桩基未出现开裂等情况。

2. 天津港南疆煤码头 CDM 加固工程

天津港南疆煤码头 DCM 加固工程是国家九五攻关课题《海上深层水泥搅拌加固软基技术研究》示范工程。该工程由中引桥 DCM 加固体和东引桥 DCM 加固体组成。接岸处使用荷载为均布荷载，q＝20kPa。设计采用有关路桥规范，与日本标准相比，减小了断面，节省了投资。设计断面如图 17.4-6（a）、（b）所示。

东引桥 CDM 加固体为块式结构，长为 40.5m，宽为 4.4m，搅拌桩顶高程为 2.0m，底高程为-16.5m，桩长 18.5m。中引桥 CDM 加固体为壁式结构，长为 30.15m，宽为

8.25m；DCM长搅拌桩设计参数与东引桥相同，短搅拌桩顶高程为2.0m，底高程为−1.0m，长度为3.0m。

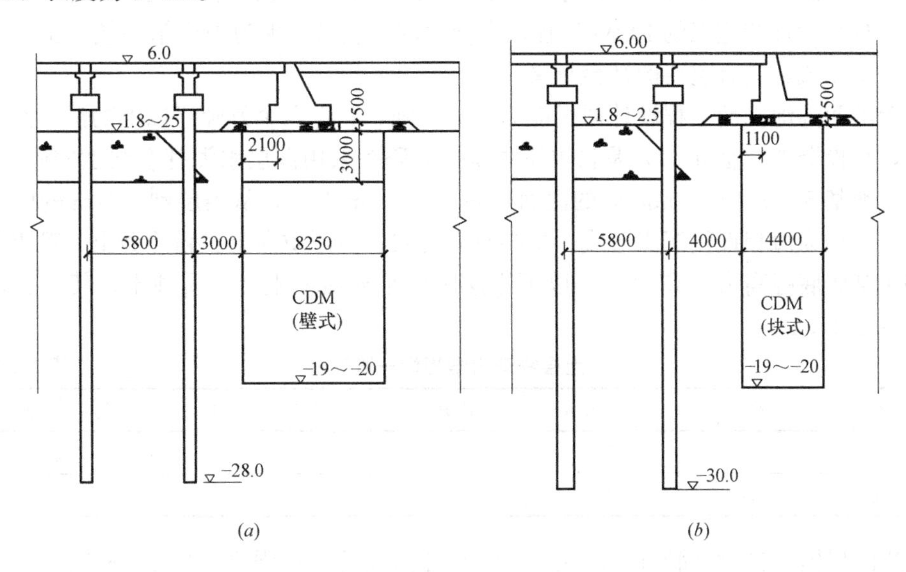

图17.4-6 断面图

(a) 中引桥断面；(b) 东引桥断面

根据地质钻探资料统计结果，地基土层分布与物理力学指标如表17.4-4所示。

土层物理力学指标一览表 **表17.4-4**

土层范围	土层名称	含水率(%)	重度(kN/m³)	固快		压缩模量(kPa)
				c(kPa)	φ(°)	
2.0～0.0	黏土	40.7	18	10	14	5000
0.0～−4.0	淤泥质黏土	41.6	17.8	10	14	5000
−4.0～−7.0	粉质黏土	36.1	19	8	16	5000
−7.0～−10.0	淤泥质黏土	49.1	17.1	10	14	3500
−10.0～−13.0	黏土	40.3	18.4	12	16	5000
−13.0～−16.5	粉质黏土	29.6	19.6	16	24	8000
−16.5～	粉土	29.5	19.9	10	28	11000

加固体采用525号普通硅酸盐水泥，水泥掺量为310kg/m³。搅拌桩单桩桩径为700mm，桩与桩之间搭接150mm，CDM加固体每隔9～10m设一沉降缝，沉降缝两侧水泥搅拌桩相切。水泥搅拌桩90d标准无侧限抗压强度为2.5 MPa。

搅拌桩采用改造后的陆上搅拌设备进行施工，然后挖除上部回填土。中引桥DCM加固体上部胸墙施工及后方块石回填过程中的变形、沉降等监测结果变化很小，因此在胸墙后方进行了堆载试验。荷载值为80kPa，堆载面积21.5m×27.5m，高4.5m，近坡脚离胸墙前沿线5.0m，满载15 d后卸载。

目前码头建成使用已有20多年，此过程中接岸处未出现差异沉降和桩基开裂现象，证明了水下深层水泥搅拌法加固处理接岸结构的软基是成功的。

3. 烟台港西港池二期工程

烟台港西港池二期工程，是国家“八五”期间的重点建设项目。是我国港口工程建设中第一次自行设计和施工的DCM工程，由交通部一航局（现为中交第一航务工程局有限公司）施工完成，具有重要的社会意义。

烟台港西港池二期工程设计通过能力340万吨，建设六个万吨级以上的深水泊位及配套工程，总投资6.6亿元。突堤北侧外端305 m码头采用深层水泥拌合法加固码头地基，加固软土地基54000 m^3。原海底的泥面标高在−4.0m左右，从表层到−21m的中粗砂之间的土层，均为海相近代沉积形成。主要有淤泥层、淤泥质黏土、粉质砂土、粉质黏土。

码头基床底标高为−13.0 m，以下土层主要是粉质黏土，粉质砂土，其主要物理化学指标见表17.4-5。

土层物理力学指标一览表 **表17.4-5**

土层名称	含水率(%)	重度(kN/m^3)	孔隙比	液限(%)	塑性指数	液性指数
粉质黏土	40.7	18	0.88	29.8	10.3	1.25
粉质砂土	41.6	17.8	0.75	25.4	5.7	1.53

DCM设计：(1) 加固厚度>6m。(2) 90d龄期的平均强度>25kg/cm^2。(3) DCM拌合体着底于中（细）砂层（N>15）。

码头在其投入使用的20多年过程中，未出现差异沉降和桩基开裂现象，证明了该方法加固软基是成功的。

4. 香港国际机场扩建工程

香港国际机场的扩建工程坐落于原香港国际机场的东北部，如图17.4-7所示。由于施工区的地基土体强度较差，而机场对地基的要求较高，因此机场建设的首要任务是对地基土体进行加固。甲方选用深层水泥搅拌法（DCM工法）对原地基土体进行加固。

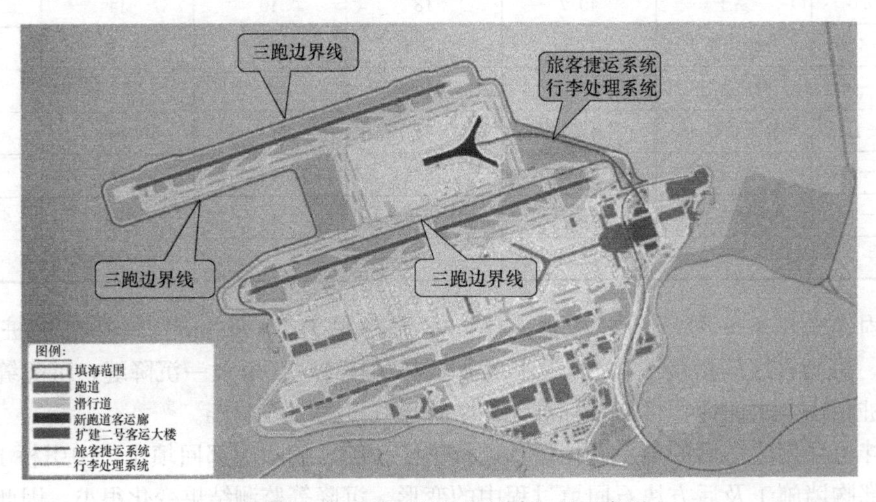

图17.4-7　香港国际机场扩建工程示意图

选用水泥是普通硅酸盐水泥，并且应该遵照规范BS EN 197-1：2000，选取强度等级52.5N的CEM Ⅰ类水泥，粉煤灰须遵照规范BS 3892。选用5种水泥参量，水灰比为1.0，要求满足无侧限抗压强度如表17.4-6所示。

水泥掺量设计详表　　表 17.4-6

水泥参量(kg/m^3)	水灰比	室内试验强度(MPa)	现场强度(MPa)
209	1.0	0.95	0.63
293	1.0	1.4	0.933
331	1.0	1.6	1.067
水泥 199+粉煤灰 132	1.0	1.6	1.067
水泥 298+粉煤灰 33	1.0	1.6	1.067

水泥浆注浆流量 150L/min。每米 28 转（The revolution per meter was 28）。注浆时速度（retrieval speed）为 0.3m/min。298kg/m^3 水泥 + 33kg/m^3 粉煤灰的注浆流量为 170L/min。每米 28 转（The revolution per meter was 28）。注浆时速度（retrieval speed）为 0.3m/min。桩簇从上到下注浆速度无变化。DCM 桩坐标的误差标准为：100mm。

由中交第一航务工程局有限公司负责施工。目前该工程尚未完工，但现场开展了试桩试验，试验结果表明，水下深层水泥搅拌桩能够满足香港国际机场扩建工程对地基承载力和沉降的严格要求。

17.5 水下爆破挤淤技术

17.5.1 概述

水下爆破挤淤技术具有施工进度快、总体造价低、经济效益极其显著的特点，已在多项重大工程中得到应用。随着水下施工技术发展，水下工程爆破的应用范围越来越广，进一步促进了对爆破挤淤技术的发展，使其日趋完善，对软基处理深度也逐渐增加，最大加固深度已超过 30m。

水下爆破处理地基方法大致可分为爆炸夯实（水下爆夯法）、爆炸置换（水下爆破挤淤法）、爆炸固结三大类。

水下爆夯法一般是利用悬浮在基床顶面的药包在水中爆炸时释放出巨大的能量，药包周围的水将直接受到具有高温、高压爆炸产物的作用，它强烈地压缩着药包附近的水介质，使其压力、密度和温度突然升高，形成强烈的冲击波，即冲击荷载。冲击荷载以压力的形式作用于砂基或砂石混合基床，并伴随地震效应，两种作用均使砂粒（或块石）产生错动，相互压缩，填充并减少空隙，从而达到基床密实。冲击荷载和震动作用产生的夯实效果同单个药包的重量、药包分布密度、一次起爆量、药包悬挂高度、爆炸的遍数基础厚度、地基持力层土质及基槽边坡土质等因素有关。

水下爆破挤淤技术最初称为“爆炸排淤填石法”，可用于防波堤、护岸、沿海贮灰场围堤、围海造地以及沿海养殖围堤等水工工程的淤泥质软基处理。由于该技术与常规施工工艺相比，具有不需要大型施工机械和复杂的施工技术、人力消耗少、施工进度快、总固结时间短、工后沉降量小等特点，其技术效益极其显著；且在工程运行阶段较排水固结法处理的地基维护费用少、总体造价低，经济效益也极其显著；另外，无需进行大量淤泥的外运、弃置，避免或减少了工程施工中对环境的污染具有一定的社会效益，应用范围越来越广泛，在铁路、高速公路、港口、机场、核电站等建设中都发挥了重要作用。[13]

在国内，1984 年中国科学院力学研究所、连云港建港指挥部、连云港锦屏磷矿、交通部第三航务工程勘测设计院、中交第三航务工程局有限公司等单位合作在连云港首次提出并在西大堤上通过试验获得成功进而由中国科学院力学研究所将该爆炸法处理软土地基技术首次成功运用于连云港某海军堤由此拉开了该项新技术推广应用的序幕。1987 年 9 月，爆炸法处理水下地基和基础施工技术通过了交通部和中国科学院的联合技术鉴定；1990 年获国家科技进步二等奖；1992 年 9 月又通过了交通部的推广应用项目验收；1993 年获国家发明专利金奖。以“水下淤泥质软基的爆炸处理法”（简称“爆炸排淤填石法”）发明专利和交通部颁布的《爆炸法处理水下地基和基础技术规程》JTJ/T 258—98 为标志，“爆炸排淤填石法”理论正式提出并在全国各地展开推广应用。例如，连云港西大堤工程[14]，同江—三亚国道主铁路的干线所经过的福建宁德海湾滩涂路段[15]；粤海铁路通道南港北防波堤[16]；田湾核电站南护岸工程[17]等。

目前爆炸固结法处理软土地基仍处于探索阶段，水下爆夯技术近几年应用也逐渐减少，而水下爆破挤淤技术已在多项重大工程中得到应用，并起到了重要的作用，因而本节主要介绍水下爆破挤淤技术。

17.5.2 技术原理

爆破挤淤法基本原理是在抛石体外缘一定距离和深度的淤泥质软基中埋放药包群，药包在堆石体下部中线上爆炸时，起爆瞬间爆能及爆轰气体向淤泥内作用，将地基中的软土挤开，在淤泥中形成空腔，同时利用堤身自重荷载与爆炸产生的巨大能量，抛石体随即坍塌，充填空腔形成石舌滑向爆坑，在极短的时间内将基础一定深度和范围内的软土置换成块石（渣）体，将抛石体“压沉”入软土地基中，达到置换淤泥的目的，并利用块石（渣）料自身良好的抗剪抗滑物理力学性质来达到满足堤坝整体稳定。经过若干次爆炸挤压叠加，堆石体下沉至持力层，最终形成堤基础抛石断面设计要求的一种施工工法。

这一原理有两个基本特点，爆炸空腔和瞬间完成置换。爆破法处理软土地基技术是软土地基基础处理采用的强制置换法技术中的一种，由于置换深度较深、范围较大，采用一般的方法，如：大开挖，造成施工困难或投资代价过大，而直接抛填又达不到规定的置换深度和断面要求，故需借助爆破挤淤的施工手段来实现设计意图。

根据近几年来的工程实践，爆破挤淤处理深度在多处已突破 12m，甚至 20m 以上厚度的淤泥处理也有实践，但最终结果达不到设计要求。目前爆破挤淤技术尚不成熟，在深厚淤泥的处理中，淤泥中爆炸空腔很难达到底部，因此达不到在起爆瞬间完成全部置换。

爆炸的作用效果主要表现为五个方面：

1）爆炸排淤。爆炸产生的高温、高压，使土体破坏并被抛掷出去，在药包附近形成爆坑，达到排淤的目的。

2）爆炸下沉。爆炸产生地基振动，其最大加速度可达 100g（g 为重力加速度），由于抛石体重度大于其周围的水和泥，在振动时产生的附加动应力使抛石体下土体破坏挤出，抛石体下沉。

3）爆炸使抛石体密实。经多次爆炸振动，密度可达 20kn/m^3 以上，可减少在使用期的自身压缩量，并提高抗冲刷能力。

4）爆炸使淤泥弱化。在施工过程中，由于多次爆炸作用，在石料抛填之前，需要挤除的淤泥已受多次震动，强度弱化，有利于抛石体下沉。

5）爆炸加速固结。爆炸产生的冲击及附加荷载，有利于抛石体下持力层加速固结，减少工后沉降量。

爆炸法处理软土地基技术具有如下一些特点：

1）施工工序简单，爆炸处理作业技术含量高；

2）强调需爆炸处理的基础软土自身物理力学性质的重要性，因为为这是爆炸处理软土基础能否成功的内在因素；

3）不必控制加荷速率，施工速度快；

4）石方用量大，石质要求低；

5）强调堤心石抛填参数（高度和平面尺寸）的重要性，将抛填参数和爆炸参数有机地结合起来，使得爆填堤心石施工质量控制更全面、准确和容易。

6）该理论认为堤心石的总置换深度由抛填自沉量、爆炸促沉量及工后沉降量 3 部分组成，其中爆炸促沉量一般经过若干次爆炸挤压叠加而成，叠加次数根据工程实际情况而定。爆炸挤压影响范围根据工程具体情况大小不同，一般为 30～50m。

根据上述各种技术特点可以看出，爆炸法处理软土地基技术一般适用于软土地基深厚、石料近且充足、施工速度要求快、工后沉降要求小、施工噪声及震动对周边环境影响可控制的工程项目。

17.5.3 施工工艺及设备

爆破挤淤法的施工原理是在抛石体外缘一定距离和深度的淤泥中埋设药包群，爆炸冲击波与气体产物膨胀作用将淤泥挤向四周压缩成坑，随后在爆炸负压与强震动作用下，邻近的抛石体定向滑至爆坑。强大的爆炸压力将淤泥扰动，使淤泥含水量可达到 100%～200%，结构破坏，强度大大降低，造成了淤泥沿轴线方向定向滑移的条件。爆后抛填时，随抛填自重载荷的增加，当被爆炸强扰动的淤泥内的剪应力超过其抗剪强度时，抛石体沿滑移线朝轴线方向定向滑移下沉，实现泥石交换。经过多次抛石和爆破循环，堤心石不断下沉，才能形成完整的落底抛填体，可达到最终置换的要求，并且堤身的密实度较一般抛石堤密实得多。

总之，通过控制加载抛填和爆炸挤淤，形成泥石置换同时，经过抛填断面尺寸、爆炸参数控制，使堤身形成最接近设计的断面落底深度和堤身宽度，达到保证工程质量和控制造价的目的。

主要施工工艺一般包括：陆抛堤心石→堤头爆破→补抛块石→外侧爆破→补抛块石，其工艺流程图如图 17.5-1 所示。

根据施工图纸进行放样，设立抛填标志杆按施工组织设计确定的抛填宽度和高度进行抛填当进尺达到设计值后，在堤头前面淤泥中埋药爆炸爆后补抛并继续向前抛填推进，达到设计进尺后，再次在泥中埋药爆炸，这样，“抛填—爆炸—抛填”循环进行，直至达到设计堤长。当堤身向前延伸一定长度后，进行外侧爆填处理侧爆，侧爆一次处理长度，可视工程具体情况而定。一般堤身前进左右，开始侧爆处理，一次处理长度一般为也可视具

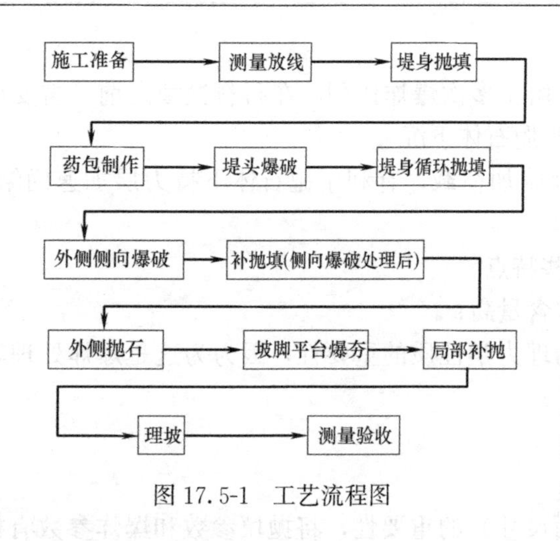

图 17.5-1　工艺流程图

体情况而论爆后理坡、护面，外侧抛护底块石，完成堤身施工。

堤头爆填，即在堤头前面泥中埋设炸药包爆炸。为保证施工不受风浪影响，要采用陆上布药堤身抛填要求足够高度，炸药包必需埋入泥中。

侧向爆填：堤头推进一段距离后，为保证护面稳定，要进行堤身外侧爆填，有的则需要内外侧同时爆填。施工时炸药必须埋入泥中一定深度。现场作业将根据波浪与泥包隆起情况调整。

爆破挤淤施工按照堤头抛填堤心石、布药、堤头端部爆填、堤头侧部爆填、侧部补填、爆后断面检测顺序进行。其中的核心施工是抛填、布药、爆破的循环进行。

1. 石料运输及抛填

石料运输设备选型的原则为所需设备必须具有很好的机动性，所选设备要从供给来源、机械质量、维修条件、操作技术和管理水平等方面综合分析比较，选用机械设备的类型不宜太多，以利生产效率的提高和维修管理，所选设备应能满足运输强度的要求。

运输工艺要求：汽车起动前要认真检查车况、性能、刹车状况、油水是否充足，确认符合出车条件方可出车。汽车行驶过程中要慢速缓行，重车下坡车速不得超 10km/h，空车不得超过 15km/h。在运输车辆通过的路段要设专人进行路面清洁作业。

抛填石料的规格一般为10～100kg，并且含砂量不超过10%，不允许含有风化石之类的石料，由汽车运输的石料必须抛填到堤头端部位置，抛填场所必须设专人负责指挥倒车，汽车卸料时应在现场指挥人员的指挥下，倒车到位准确，倒车时汽车轮缘距料堆边必须有足够的距离以确保倒车安全，倒车时车辆要平稳，禁止车辆在侧斜的情况下卸料，卸料时汽车两侧范围内不得站人。在卸料点用推土机将卸下的石料推平，以便下一循环倒车。

2. 布药设备

爆炸处理软基的过程中炸药埋设是一道技术性很强的工序，能否安全可靠的将药包放到设计的深度和位置，直接关系到爆破施工的工程效果，特别药包的埋设位置对石体的落底深度和“石舌”进尺量极为重要。布药机具的作用就是在确保施工安全及起爆网络完好的情况下，将设计药量的防水药包放到淤泥中的一定位置和深度。

目前水下爆炸处理软基的装药机具，一般有入土直埋式装药器、水冲加压式装药器、旋转式装药器、振动式装药器等以及形成了一系列的布药工艺，包括机械成孔直埋式装药工艺、导爆索扩孔直埋式装药工艺、套管水冲式装药工艺等。

3. 爆破器材选择

水下爆炸处理软基施工宜选用乳化炸药或硝铵类炸药，当选用硝按类炸药时必须做防水处理。为保证施工质量与安全，减少对环境的污染，工程施工则选用安全与爆炸性能好、抗水性能强、环境污染小的乳化炸药。

水下传爆、引爆器材宜用导爆索、导爆管、导爆管雷管等，严禁使用导火索。当使用导爆管时，需用双发以保证安全起爆。

起爆器材宜采用两发同厂、同批号的并联瞬发或毫秒延期电雷管，以加强安全起爆。

4. 爆破安全及控制

爆破施工是一种特殊作业，安全始终是第一位。在完成爆破施工作业，达到工程目的的同时，必须控制因爆破作业可能引起的各种危害，包括地震波、冲击波、飞散物及噪声等对周围人员、建筑物、机械设备和船舶的危害。

爆破抛填施工每次爆破药包数一般为 10 个，起爆联线用导爆索或者非电导爆管。布药时，每个药包的导爆索或非电导爆管拉到堤上用主导爆索或非电导爆管雷管连接。考虑到爆破震动可能对已经形成的周围围堤产生影响，当单炮总药量较大时，拟采用分段起爆技术，以控制单响起爆药量。

（1）地震波

爆破地震波是指爆破时炸药的一部分能量转换为地震波，从爆源以波的形式向外传播，经过介质达到地表，引起地表的震动，其震动强度随着爆心距的增加而减弱。

根据国家技术标准《爆破安全规程》和交通部行业标准《爆炸法处理水下地基和基础技术规程》的规定，爆破地震的地震速度不得超过建筑物的地面安全振动速度。

（2）冲击波

爆破冲击波是指爆破时炸药的一部分能量转换为水中或空气中的压缩波，其传播规律也是随爆心距增加而强度减弱。可根据《爆破安全规程》相关规定确定水中冲击波的安全距离。

（3）飞散物

爆炸处理软基施工时，个别飞散物的距离可根据装药量、装药深度及覆盖水深等确定。

（4）噪声

一般水下爆破施工药包深埋泥下，常采用微差起爆爆破技术，声响较小，噪声影响也较小。

17.5.4　工程应用

1. 连云港西大堤工程

连云港西大堤工程在勘探深度 20m 范围内均属第四系地层，顶部淤泥厚度 5～8m，其中表层有 1～3m 为浮淤，含水量达 100%，呈流塑状。淤泥具有强度低、压缩性大、具有触变性、灵敏度高等特点，一旦受外力破坏，强度明显下降。采用水下爆破挤淤技术进行筑堤，筑堤长度约 5km，其堤身典型断面示意图如图 17.5-2 所示。

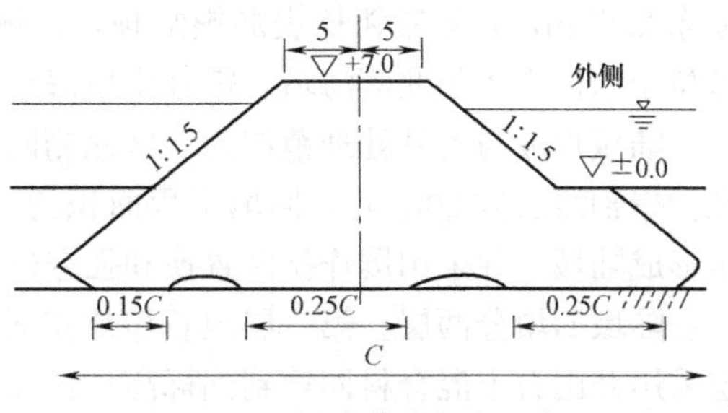

图 17.5-2　堤身典型断面示意图

2. 福州港可门作业区围堤工程

福州港可门作业区 4 号、5 号泊位围堤工程位于福建省福州市连江县境内罗源湾的南岸，具体位于下宫乡境内，面海背山，其南面为山区，西面紧邻门前屿、圆屿、长屿三个岛屿，北面和东面均为罗源湾海域。

根据工程的自然条件和地质条件的特点，本围堤工程采用斜坡堤的结构型式。考虑到工程所处地质淤泥层深厚、工程建设的经济性及施工进度要求，北围堤、西围堤及部分东围堤施工采用爆破挤淤填石方案。北围堤为海侧围堤，东西围堤为接岸围堤。北围堤长 667m，为永久性围堤；西围堤长 840m；港区东围堤长度 1164m，由于远期东西侧相邻工程建成后将形成新的陆域，东、西围堤为临时性围堤。本次爆破挤淤的桩号为：K0＋000～K0＋840（西堤）、K0＋840～K1＋504（北堤）、KE934～KE1＋164（东堤）。爆破挤淤填石方量约为 297 万方。围堤典型断面示意图如图 17.5-3 所示。

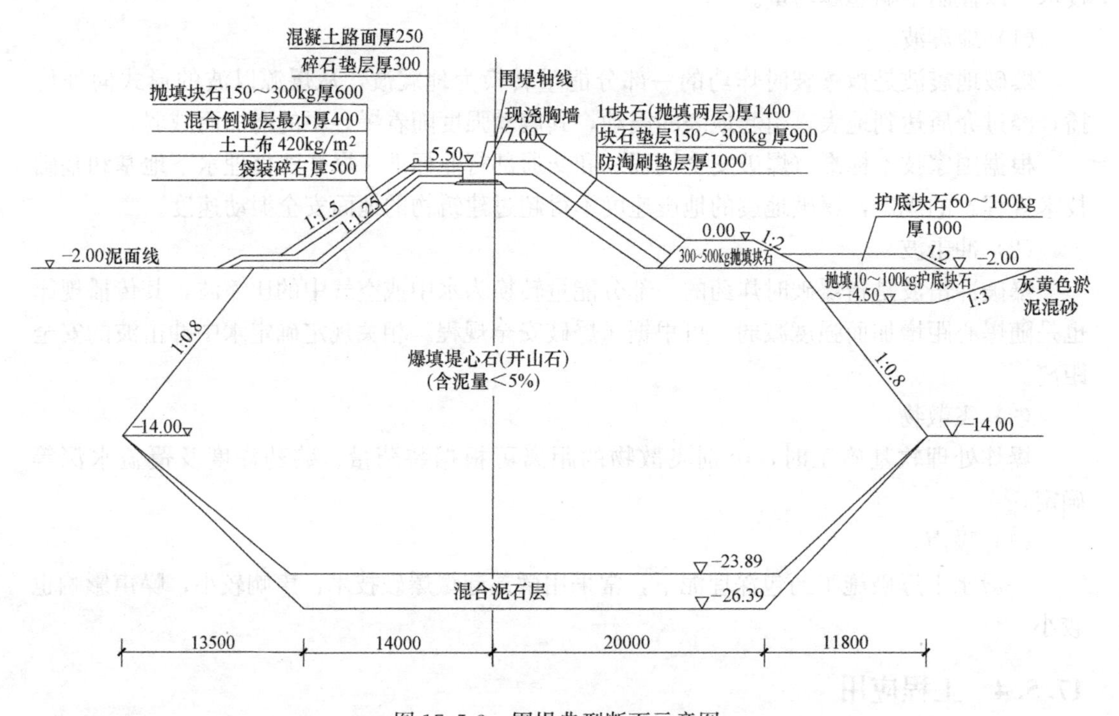

图 17.5-3 围堤典型断面示意图

3. 霞浦核电 600MW 示范快堆海工程

该工程为规划建设核电站工程，工程地点为福建霞浦长表岛。长表岛厂址区位于长门澳东 2.5km，东侧紧邻长表岛银缸顶，西侧由七尺门水道与长门村、天堂村相隔。回填区位于东侧山体的北侧海域，需开山填海形成陆域。

陆域形成与地基处理范围为厂区北侧回填区，回填工程和护岸工程工程量计算分界线在护岸轴线后方 60m 处。回填工程面积约 96521m^2。回填料采用厂区开山石土，陆上推填形成陆域，并采用爆炸挤淤置换和强夯进行地基处理。

陆域回填分两层。第一层填石爆炸挤淤置换到标高＋5.0m，实施第一层强夯。第二层采用开山石土混合料回填到到标高＋16.0m，再进行第二层强夯。地基处理典型断面图如图 17.5-4 所示。

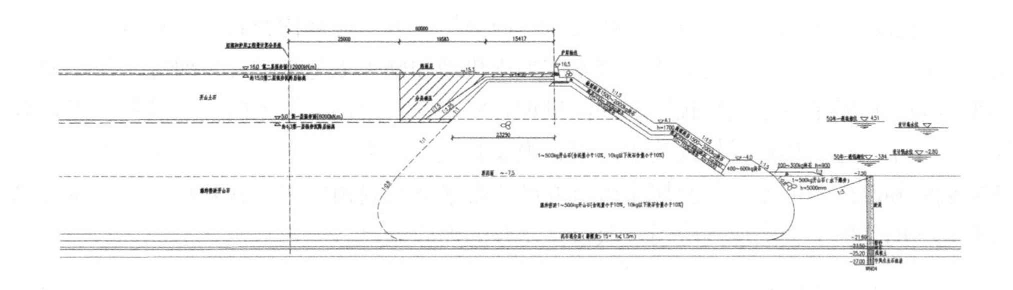

图 17.5-4　地基处理典型断面图

17.6　水下真空预压技术

17.6.1　概述

自 1985 年真空预压法加固软土地基技术通过国家鉴定至今，真空预压法加固软基广泛应用于港口、公路、水利工程等陆上施工领域，加固面积超过了 2000km²，取得了巨大的经济效益和社会效益。近些年，随着陆上真空预压新技术、新材料的不断出现，真空预压的施工工艺和设备已经有了较大改进，为水下真空预压施工技术的开发研究提供了基础条件。随着沿海滩涂的大规模开发建设，水下真空预压技术有着广阔的应用前景和适用性，一旦成功实施，就可以解决高桩码头岸坡位移造成码头后几排桩、梁、板变形、开裂和水下开挖稳定等问题，还可以缩小防波堤断面尺寸并缩短加载周期，同时水下真空预压技术还是一种文明环保的新型软基加固技术。对水下真空预压技术进行研究，既是市场需要，也是真空预压技术进一步深入发展的必然。

从 20 世纪 80 年代开始，在真空预压法加固软土地基技术的理论和实际应用方面，我国在世界上已处于领先地位，对真空预压法加固机理的研究也比较透彻。真空预压法属于排水固结法，它是在不增加土的总应力的情况下，通过降低膜下排水通道中的大气压力，使膜上膜下形成压力差，在该压力差的作用下土体得以排水固结。但到目前为止，对水下真空预压技术研究的深度较浅，日本、英国、美国等少数国家有一些试验或构想，例如日本在大阪南港进行过刚性膜的水下真空预压试验，在关西海湾进行过单孔刚性密封帽的水下真空预压试验，这两项试验不仅面积小，而且都因工艺和抽真空设备问题，未能达到满意的效果。1985～1986 年天津港湾工程研究院结合天津新港东突堤码头岸坡稳定，在潮间带曾进行过真空预压试验，试验面积 30×20m²，膜上水深在 0～6m 之间变化，真空压力达 550mmHg，真空预压 64 天，中心点沉降 79.5cm，深度 8m 范围内强度增长达67%～171%，取得了较好的加固效果。该试验针对陆上真空预压有两点改进：首先，密封膜选用的是 0.2～0.4mm 厚的风筒革，铺膜工艺为卷装铺设工艺，铺膜是在落潮时试验区露出地面后进行的。其次，为了克服涨潮对抽真空设备的影响，将离心泵和射流泵分离，射流泵留在水下，离心泵放置在小船（方驳）上，离心泵和射流泵用供水管连接。在此后的十几年中，由于没有合适的依托工程和研究经费，这项技术的开发应用就一直处于搁置状态。2001 年交通运输部科技教育司将“水下真空预压可行性研究”立为交通部优秀青年专业技术人才专项经费资助项目，专门对水下真空预压技术的加固机理和施工工艺进行开发研究，我们通过室内模型试验，探明了水下真空预压的加固机理，同时针对潮差带地区的自然条件特点，对砂垫层施工技术、塑料排水板打设技术、密封膜及其埋设技术、抽真空系统工艺技术等进行了系统的创新和改进，形成了一套切实可行的潮差带水下真空预压加固软基技术，并在天津和连云港地区的几项工程中得到应用，取得了良好的加固效果。

17.6.2 技术原理

陆上真空联合堆载预压已广泛应用于工程上，膜上堆载荷重与膜下真空度共同作为地基的预压荷载起作用，这是毋庸置疑的。但对于水下真空预压来说，膜上一直有比较高的水压，且膜上水和膜下加固区内的水并没有完全隔离，这时膜上水压能否起到预压荷载的作用是有争议的。为此我们进行了室内模型试验，探明了水下真空预压的加固机理，为该工法的实施奠定了理论基础。

1. 制作试验槽和抽真空设备

首先根据现有陆上抽真空设备各部件尺寸的比例做一小型的抽真空设备，潜水泵的功率为 2.2kW，经试验该设备在进气口封闭的情况下可以形成 97kPa 的抽真空能力。试验槽的尺寸为 4m×1.5m×2.1m。试验工艺见图 17.6-1。

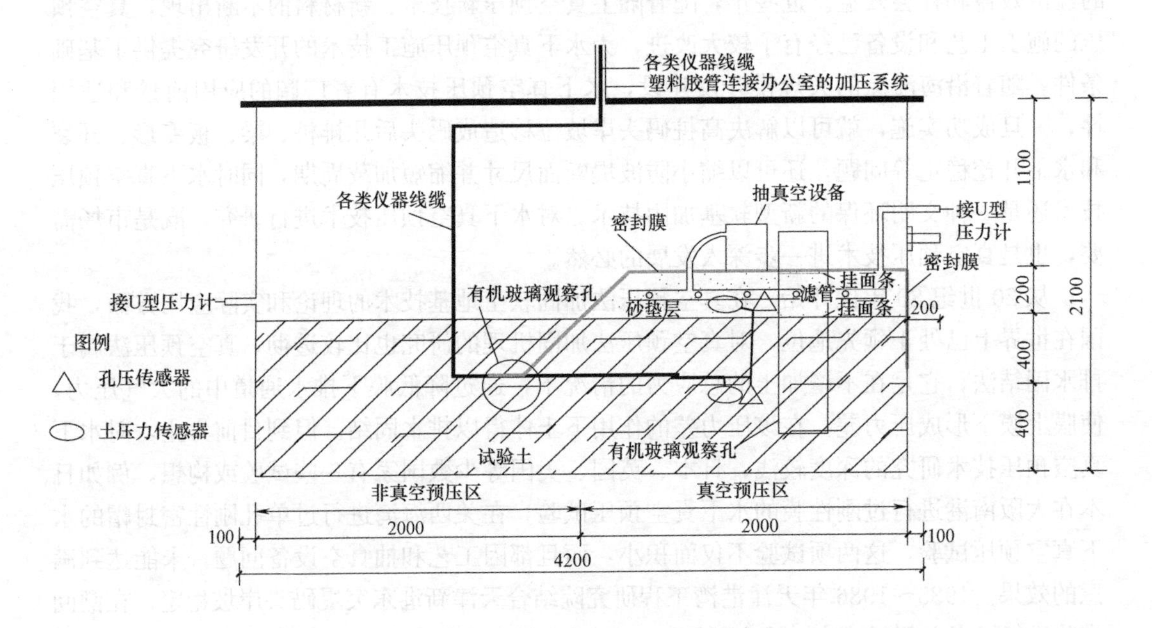

图 17.6-1 水下真空预压模型试验工艺图（单位：mm）

2. 试验步骤

在槽内装入 0.8m 厚的淤泥，然后在拟抽真空区域的土层表面铺 0.20m 厚的砂垫层，打设塑料排水板并埋设观测仪器，排水板间距为 0.4m，正方形布置，塑料排水板的尺寸为 38mm×4mm，排水板的打设深度为泥面以下 0.6m。砂垫层内铺设一根滤管，并接好出膜装置，铺密封膜后抽真空。为较好地模拟现场实际情况，只对一半的淤泥做水下真空预压加固，以便了解在较大的上覆水压力下加固区外的水向加固区内的渗流情况和加固区边线处的土体变形情况。抽真空约 20d，真空度维持在 75kPa，待地表沉降曲线趋于平缓后开始通过试验槽密封盖上的管道（管道连接到 4 楼的办公室内）向试验槽内加水，水深为 11m，模拟现场的水下真空预压施工。

3. 主要试验结果

（1）真空度

膜下真空度的变化情况见图 17.6-2。

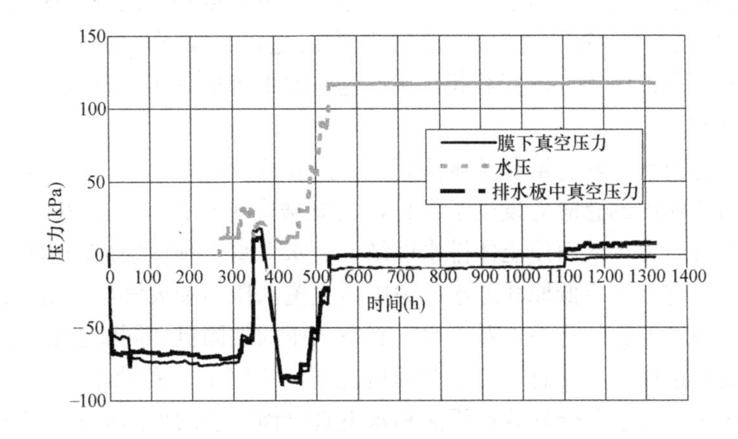

图 17.6-2 真空压力-水压-时间曲线

试验结果表明：膜下真空度同膜上水压确实有着一定的联系，它随着膜上覆水压力的增加而减小，开始时变化幅度较小，当水压超过 6m 时，真空度的下降幅度增大。

（2）表层沉降

模型试验的表层沉降变化情况见图 17.6-3。

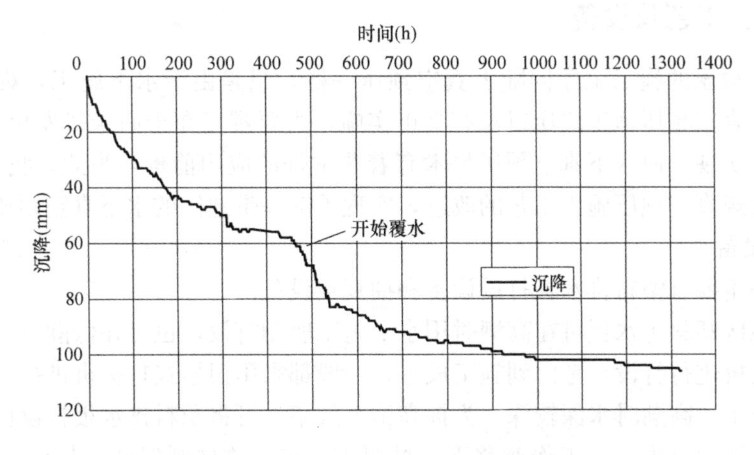

图 17.6-3 真空预压区表层沉降-时间曲线

从图中可以看出：在膜上覆水以前，沉降曲线已经趋于平缓，覆水加荷后，试验土体的沉降速率明显增大，说明覆水后的预压荷载要大于覆水前的 80kPa，而覆水后膜下真空度仅为 10kPa，这就有力地说明了膜上水压对试验土起到了预压荷载的作用。

4. 水下真空预压加固机理分析

水下真空预压实质上仍属于排水固结法。在水下真空预压过程中，土体中的孔隙水压力与排水通道（包括砂垫层和塑料排水板）中的孔隙水压力存在压力差，正是在该压力差的作用下，土体中的水得以排出，孔隙水压力降低并转化为有效应力的增加，从而使得土体得以固结。

水下真空预压法是真空预压法在水下的应用，水下真空预压的预压荷载等于预压前的孔隙水压力和预压后（完全固结）的孔隙水压力之差，当膜下砂垫层中的孔隙水压力小于 0 时，膜上水可全部作为预压荷载起作用，这时水下真空预压的预压荷载等于膜上水压和膜下真空度之和。

表面上看，它与真空联合堆载预压法相似，其实两者有着本质的区别，真空联合堆载预压法加固前后土体内的总应力发生了变化，它既增加了外荷（总应力），又降低了原孔隙水压力中的大气压力，从而使土体排水固结，而水下真空预压法加固前后土体内的总应力没有发生变化，它是靠降低原孔隙水压力中由上覆水压力和大气压力组成的初始孔隙水压力使土体排水固结的。从这一点看，水下真空预压的加固机理同陆上真空预压的加固机理相似，只是真空预压法是在总应力不变的情况下，只降低原孔隙水压力中的大气压力。下面对真空预压法、真空联合堆载预压法和水下真空预压法的加固机理列表进行比较，见图 17.6-4。

对于软黏土本身来说，其渗透性很小，所以在加固期间，从边界上渗透到加固区内的水量很小，而排水通道的排水性能远大于软黏土且和加固土体中的孔隙水存在压差，使得加固土体中水排出的速度远大于加固区外的水向加固区内流入的速度，因此，在抽真空范围内，可以稳定地维持负压边界条件，使得水下真空预压具有很好的加固效果。

17.6.3 施工工艺及设备

水下真空预压的施工工序同陆上真空预压一样，只是由于水下施工，难度增加了很多。目前水下真空预压施工之所以没有真正实施，主要难度在于尚未研发出水下铺膜机，水下铺膜难以实现。而水下真空预压技术有着非常好的应用前景，为此，我们分两步走，首先通过对常规真空预压施工工艺的改进，实现了潮差带地区的水下真空预压。

1. 施工设备

施工设备主要有塑料排水板打设设备和抽真空设备。

潮差带地区塑料排水板可在高潮时用水上施工船舶打设，也可在低潮时采用陆上常用的门架式打板机进行打设，考虑到施工成本，一般都采用门架式打板机进行打设。由于在潮差带地区施工，高潮时水深较深，为提高施工效率，可将塑料排水板打设机的电机改为上下活动式，涨潮时提上，工作时移下，见图 17.6-5。这样既保证了打设机始终停在现场，又避免了涨潮时电机被水浸泡，大幅度地提高了施工效率。

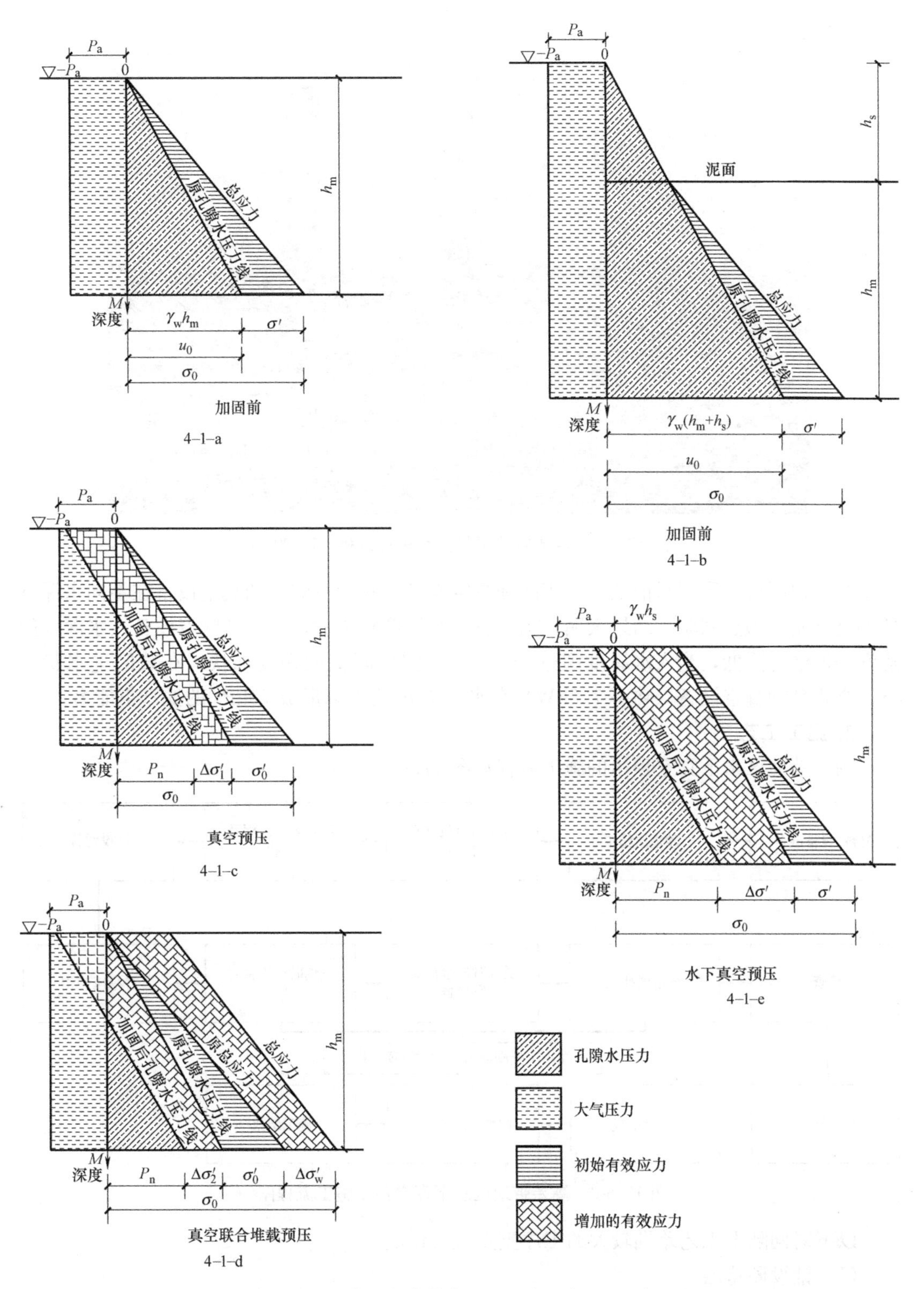

图 17.6-4　真空预压、真空联合堆载预压和水下真空预压加固机理对比图

图 17.6-5　改造后的塑料排水板打设机（高潮时）

水下真空预压可以采用目前陆上常用的抽真空设备。我们对陆上抽真空设备在不同水深下的抽真空能力做过试验，结果表明：当设备入水深度较小时，真空度随着设备入水深度的逐渐增加略有降低，当入水深度超过 5m 时，真空度降低的幅度加快。在截门进水状态下，立式泵抽真空设备（功率 7.5kW）在水下 10m 仍可以形成 70kPa 的抽真空能力。

2. 施工工艺

潮差带地区水下真空预压的施工流程见图 17.6-6。

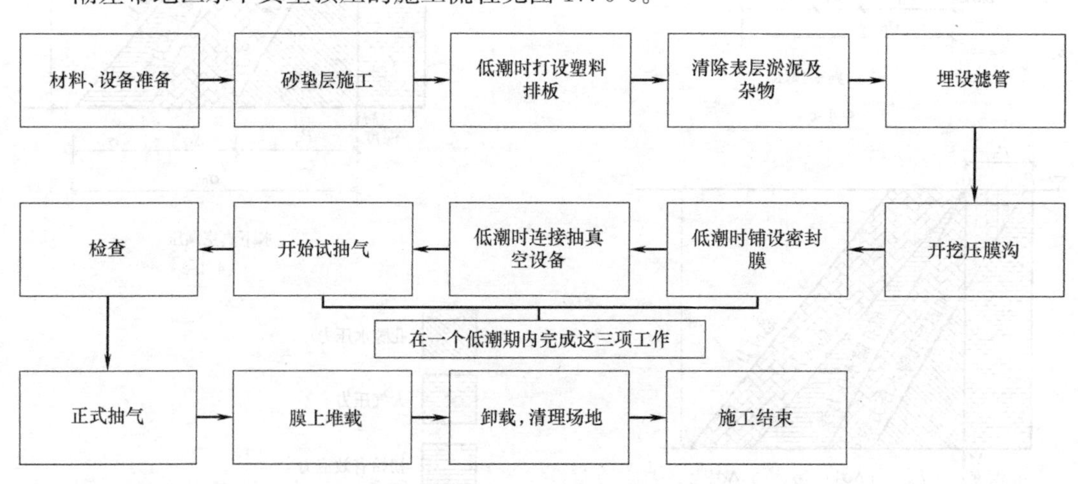

图 17.6-6　潮差带地区水下真空预压施工流程图

以下对同陆上工艺差别较大的工序重点进行说明。

（1）铺设砂垫层

根据工程现场的条件和特点，铺设砂垫层有以下 3 种方式：

1）在加固区四周边界处填筑高度0.7～1.2m的临时挡埝。临时挡埝可乘低潮由人工用袋装砂垒砌而成，也可采用吹填砂袋。挡埝做好后，乘低潮在挡埝内人工铺设砂垫层或用水力吹填方法铺设砂垫层，砂垫层的厚度不小于0.7m，可用小型机械配合人工进行整平。

2）吹铺0.6m厚的砂被垫层作为砂垫层，砂被垫层采用高压水泵配合泥浆泵组进行吹铺。

3）砂垫层分为两层铺设，底层为充砂袋通袋，厚度控制在50～60cm；上层在加固区四周用充砂袋构筑挡埝，挡埝中间用泥浆泵或用人工回填中粗砂，上层砂垫层的厚度不小于0.5m。

（2）开挖压膜沟、铺设密封膜

对于表层为淤泥质黏土的区域，用人工开挖压膜沟，压膜沟进入泥面以下50cm，清除压膜沟内的杂物；对于表层为淤泥的区域，则不再开挖压膜沟，直接在压膜沟位置用人工将密封膜踩至淤泥内，深度不小于50cm，切断透气层，保证压膜沟的密封效果。

铺设密封膜时，先将挡埝的砂袋划破，使袋体中的砂和区内的砂连成一片，降低坡比。考虑到潮水的影响，划破砂袋后就马上铺膜，否则将会造成砂子的流失。

（3）安装射流泵、试抽气

铺完密封膜后要及时安装并开启射流泵，铺设密封膜和安装射流泵泵、试抽气这三道工序必须在一个低潮期内完成，即在潮水降到砂垫层表面以下马上开始铺编织布、铺膜等工作，在潮水淹没砂垫层以前，必须安装好射流泵并开始试抽气，将密封膜吸住，避免因潮水的冲刷造成密封膜的撕裂和破坏。

（4）膜上堆载

对需要膜上堆载的工程，在真空预压满载计时10d后开始膜上堆载，堆载时先在表面铺设一层土工布，然后吹填一层0.5m厚的吹砂袋，再用轻型机械进行堆载，选择堆载材料和堆载工艺时应注意潮水的冲刷作用。

17.6.4 工程应用

潮差带地区水下真空预压加固地基技术已成功应用于天津港北港池新建滚装码头堆场软基处理（岸坡区）工程、连云港海滨新城基础设施一期围埝工程和连云港庙岭三期突堤排洪沟地基处理等工程。下面主要介绍天津港北港池新建滚装码头堆场软基处理（岸坡区）工程。

天津港北港池新建滚装码头工程位于天津港北疆港区，建设岸线总长度为412m，拟建设两个5万吨级泊位，采用高桩码头结构。该工程在2007年5月才进行施工图的设计和施工，根据天津港集团规划要求，码头应于2007年年底竣工投产，而当时尚不具备开工的条件。按照常规做法，应首先进行临时挡埝的建设，然后进行岸坡区回填和地基处理，而岸坡区地基处理完毕后才能进行港池挖泥和高桩码头的打桩工序，这样根本无法保证码头年底竣工投产。

在该条件下，我们根据多年的真空预压施工经验及对水下真空预压的研究成果，同天津港建设公司一起认真分析研究，提出了在潮差带地区进行水下真空预压施工的可行性，这是该技术在我国的首次成功应用。我们结合工程特点，对常规真空预压的施工工艺进行了许多改进，取得了较好的加固效果。

加固前勘察结果表明，在加固深度范围内，土层自上而下依次为：①淤泥、②淤泥质黏土、③黏土及粉质黏土。各土层的主要物理力学指标见表 17.6-1。

各土层的主要物理力学指标统计表　　表 17.6-1

土层编号	土层	含水率 w(%)	重度 ρ (g/cm³)	干重度 ρ_d (g/cm³)	孔隙比 e_0	塑性指数 I_P	液性指数 I_L	压缩系数 $a_{v1\sim2}$ (MPa⁻¹)	压缩模量 $E_{S_{1\sim2}}$ (MPa)	快剪试验 黏聚力 c_q(kPa)	快剪试验 内摩擦角 φ_q(度)
①-1	淤泥质黏土	51.7	1.720	1.135	1.430	22.5	1.4	1.17	2.10	12.5	3.5
①-2	淤泥	56.8	1.674	1.073	1.578	26.6	1.3	1.37	1.89	8.1	3.5
2	淤泥质黏土及淤泥质粉质黏土	40.6	1.817	1.292	1.123	17.8	1.2	0.84	2.62	14.0	8.6
③	黏土及粉质黏土	32.5	1.883	1.425	0.966	16.4	0.9	0.51		15.5	7.7

本工程潮差带水下真空预压施工分为两个区，其中 1 区加固面积 19436m²，2 区加固面积 22317.5 m²。

1. 砂垫层铺设

由于本工程的场地标高为＋2.5～＋3.0m，受潮汐影响，高潮时淹没本场地。为了保护砂垫层不被潮水冲刷流失，确保水下真空预压的顺利实施，在加固区四周边界处填筑了高度 0.7～1.2m 的临时隔埝。临时隔埝乘低潮由人工用袋装砂袋垒砌而成。加固区东、西、北侧隔埝均修筑在真空区边线外，临时隔埝内趾与加固区边线重合，高 1.2m，顶宽 1m；南侧隔埝中心与加固区边线重合，高 0.7m，顶宽 1m。临时隔埝与砂垫层、压膜沟相互位置之间的关系见图 17.6-7。

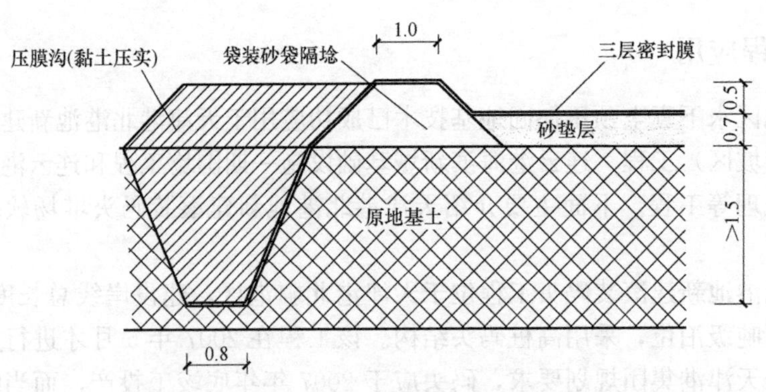

图 17.6-7　临时隔埝与砂垫层、压膜沟相互位置之间的关系（单位：m）

首先在场地内进行简单整平，清除杂物，然后人工铺设 300g/m² 土工布和荆笆。

在整平后的工作面上铺设 70cm 厚的中粗砂，采用水力吹填方法向加固区内吹填中粗砂，用小型链条式推土机配合人工进行整平，由 2 区向 1 区逐步推进。铺设的砂垫层薄厚均匀且高差不大于 50mm。中粗砂要求含泥量小于 3%，干密度大于 1.5t/m³，渗透系数应大于 1×10^{-2}cm/s。

2. 打设塑料排水板

采用改进后的陆上门架式打桩机进行塑料排水板打设，塑料排水板采用B型板，排水板的打设底标高为－14.0m，地面标高以现场实地测量为准，排水板的打设间距为0.7m，正方形布置。

3. 压膜沟开挖

双压膜沟开挖，在低潮落滩后用人工开挖，开挖深度1.5m，即挖至泥面下50cm，切断透气层。

单压膜沟开挖，也在低潮落滩后，将压膜沟挖到临时围埝外侧，将埝体纳入水下真空预压区。对于表层为淤泥质黏土的区域，用人工开挖压膜沟，压膜沟进入泥面以下50cm，清除压膜沟内的杂物；对于表层为淤泥的区域，则不再开挖压膜沟，铺密封膜时，我们采取人工按压膜沟位置将密封膜踩至淤泥内，深度不小于50cm，切断透气层，保证压膜沟的密封效果。

4. 铺设密封膜

铺设密封膜前，先将袋装砂隔埝的编织袋破掉，使袋体中的砂和区内的砂连成一片，降低坡比。考虑到潮水的影响，破完编织袋后就马上铺膜，否则将会造成砂子的流失。

5. 膜上堆载

水下真空预压满载15d后，开始进行膜上堆载施工。施工时先在加固区上铺设一层土工布，然后吹填一层0.5m厚的吹砂袋，再用轻型机械堆载2.0m厚的山皮土作为临时通道和现场打桩施工的堆料场地。

需要重点说明的是，铺设密封膜和安装射流泵、试抽气这三道工序必须在一个低潮期内完成，即在潮水降到地面以下马上开始铺编织布、铺膜等工作，在潮水淹没地面以前，必须安装好射流泵并开始试抽气，将密封膜吸住，避免因潮水的冲刷造成密封膜的撕裂和破坏。

本工程采用了潮差带水下真空预压技术对岸坡处的软土进行加固，在水下真空预压的同时开展岸坡挖泥、打桩、浇铸灌注桩和场区回填施工，确保了岸坡稳定，其主要加固效果如下：

（1）满载计时以后，膜下真空度基本维持在85kPa以上，膜上堆载总厚度2.5m（下部0.5m为充砂袋，上部2.0m为山皮土）。卸载时塑料排水板打设范围内土层平均固结度大于90%，1区、2区地表沉降盘监测实测平均沉降总量分别为1895mm和1885mm，消除地基沉降非常明显。

（2）加固前后现场十字板和取土室内试验结果的对比分析表明：土体十字板抗剪强度明显增大，物理力学指标得到明显改善，水下真空预压对软土的加固效果明显。

（3）尽管岸坡区的土体处于岸坡开挖、预制桩打设、灌注桩施工及临时路填筑的复杂工况条件下，但由于真空预压负压的作用，岸坡区土体产生的水平位移主要是向着加固区一侧的，表明了真空预压对岸坡区土体的稳定起到至关重要的作用。

（4）由于采用了潮差带水下真空预压技术，使得使岸坡挖泥、打桩、浇铸灌注桩和场区回填可以与水下真空预压的施工同步进行，从而有效地节省了码头建设的整体工期，同时还降低了码头整体的建设费用。

17.7 展望

近年来，全球范围内的环境和能源问题日益突出，传统能源的储存量已经越来越少，随着经济的发展，能源的供应越来越紧张。此外，传统能源的使用对环境影响也很大，加速了全球范围内的气候变暖，在这样的大环境下，大力发展清洁的可再生能源显得尤为重要。风能作为一种新型的清洁能源，资源丰富，又能够不断再生，易于获得，容易进行转换，分布广泛，且不会对环境造成污染，可满足经济发展对能源的需求，发展风能已经成为实现能源可持续发展的一项重要举措。我国目前已是全球风电装机最多的国家，2013年底，全国风电装机将超过7500万千瓦，风电发电量将达到1400亿千瓦时。由于土地资源有限，大规模的陆地风电场越来越面临选址困难的问题。而海上风能资源优于陆地，海上风的品质更加优越，因为海面粗糙度小，风速大，离岸10km的海上风速通常比沿岸陆地高约25%；海上风湍流强度小，具有稳定的主导风向，有利于减轻风机疲劳；且海上风能开发不涉及土地征用、噪声扰民等问题；另外，海上风场往往离负荷中心近、电网容纳能力强。因而大规模发展海上风电越来越受到高度重视。海上风电具有可再生、无污染、占地少、建设周期短等特点，我国的海岸线漫长，风能源分布广泛蕴藏量大，近海风能资源7.5亿千瓦，远海超过近海的3倍，我国近年来海上风电项目发展迅猛。

海上风机基础除了承受基础自重、塔筒、风电机组的重量外，主要承担海洋环境中风荷载、波浪力、水流力等水平荷载，海上地基可能出现冲刷、液化、软化等现象。目前，海上风机运行期出现的问题中，由风机基础结构承载力不足、变形过大而引起的上部结构稳定性和安全性问题尤为突出，从中可以看出，选择合适的基础形式，并保证其在施工时和运行期的安全性是十分重要的。海上风机基础的形式主要包括：单桩基础、重力式基础、三脚架基础、导管架基础以及筒型基础。重力式海上风电机组基础，结构简单、造价较低，抗风暴和风浪袭击性能好，具有明显的优势。对于海底表层地基承载力较差的岩基海床，风电基础对地基承载力提出更高的要求。为满足海上风电上部结构及基础稳定性的要求，软弱地基必须大量使用地基处理技术，而水下挤密砂桩与传统地基处理方法相比具有独特的优势—加固效果明显，可以快速提高地基承载力，缩短工期，减少工后沉降，为软弱地基上建造重力式风电基础创造了条件。目前，在拟新建的海上风电工程中已将水下挤密砂桩作为重力式基础地基的加固方法，使水下地基处理技术应用到了能源开发的工程领域。但是同时也提出了更高的挑战，在海上风电工程中，一般水深较大，风浪条件较差，有效作业时间很短，这就要求对施工工艺及设备进行优化改进，一方面提高施工船或平台的稳定性使其适应于较差的海况及风浪条件；另一方面提高施工功效，在有效的作业时间内完成施工作业。

水下地基加固不仅是岩土工程学科研究的一个重要领域，还因海洋环境的特殊性而具有特殊的难度。有些陆上很好的地基处理技术，应用于水下地基处理中却遇到了困难。例如，袋装碎石桩技术，此技术是一种传统碎石桩与土工合成材料相互结合的一种新技术，是在碎石桩技术基础上的一种有效的改进，拓展了该技术的应用范围，改善了复合地基的整体性，提高了桩体的承载力和抗变形能力，表现出适用范围广、加固效果受认可程度高、环保和经济效益高等特征。由于土工织物袋的围护作用，在填充碎石和原状土之间形成一道隔离层，阻止细小的黏粒进入桩体堵塞碎石桩，同时也对充填碎石料起到良好的包裹和维护作用。同时，土工织物袋提供的侧限作用有效防止了传统碎石桩在软弱浅表层土（不排水抗剪强度 C_u<20kPa）中成桩困难的问题。

袋装碎石桩（图 17.7-1）一般采用振动沉管法施工并在桩套管内设置土工织物袋。目前，袋装碎石桩在国内外公路、铁路领域得到了一定得应用，尤其在加固沼泽地段、覆水软土地段等抗剪强度极低（<20kPa）的软弱土时，具有显著的技术优势与经济优势。2001～2003 年间德国汉堡空客飞机制造厂 140 公顷的填海围垦项目，沿着 Muhlenberger 海湾 2.4km 的围垦海堤，位于不排水抗剪强度仅 0.4～10kPa 的 8～14m 的深厚软土层上，并处于潮汐地段，施工条件苛刻。最初地基处理方案设计使用 2.5km 长、40m 深的钢板桩防渗墙，地基需 3 年时间完成固结。最终地基处理改用 60000 根桩径 800mm，桩长为 4～14m 的土工袋装砂桩进行处理，土工织物袋为强度 1800～2800N/m，采用振冲法施工。整个项目仅用 8 个月就完成了 7m 高海堤的填筑，与原地基处理方案相比，土工织物散体桩复合地基可以在施工中节约大量的时间和可观的费用。

图 17.7-1　袋装碎石桩

图 17.7-2　德国汉堡空客机场围垦项目

受限于其施工工艺与施工装备，水下袋装碎石桩技术目前的发展应用还不成熟。随着水下地基处理技术与装备的发展，未来水下袋装碎石桩的施工工艺与施工装备也将随之改进，使其得到广泛的应用。同时，根据不同工程的需要，袋装碎石料中还可以掺入一定比例的废旧混凝土等建筑废料，对经济、节能和环保都有好处。

随着全球经济的发展和交通运输业的发展以及互联互通的需要，跨海通道桥隧转换人工岛、机场离岸人工岛、跨海通道的建设也越来越多（图 17.7-2）。另外，随着近海条件较好深水岸线基本得到开发，港口建设也出现离岸、深水、外海化的趋势。这些离岸工程往往位于外海，具有远离陆地、水深大、风浪条件恶劣、地质条件复杂等特点，地基基础更为复杂，地基处理往往是工程的重点、难点之一。离岸工程的水深和风浪条件往往对地基处理施工不利，对施工装备和工艺要求相应地比陆上工程高得多。几十年来，随着国力的提升，我国在交通基础设施建设领域取得了大量的建设成就，设计、施工、管理水平不断提高，在这些工程建设成就中，科技创新起到了极其重要的作用。当今的工程建设比以往任何时候都更加注重工程建设的品质和环境友好、资源节约，而岩土工程的特点是与自然条件相依共存，岩土工程的本质就是因循天然岩土的规律和工程的赋存条件对其进行能动改造，在这方面的探索创新将是永无止境的。

参考文献

[1] 寺師昌明，等. 挤密砂桩设计与施工 [Z]. 日本：地质工学会，2009.

[2] 尹海卿，等. 水下挤密砂桩加固软土地基的技术研究 [M]，北京：人民交通出版社，2013.

[3] 顾祥奎，王晓晖. 重力式码头水下挤密砂桩复合地基设计 [J]. 水运工程，2011，11.

[4] 时蓓玲，卢永昌，等. 水下挤密砂桩技术及其在外海人工岛工程中的应用 [M]，人民交通出版社，2018.

[5] 龚晓南 主编. 地基处理手册（3 版）[M]. 北京：中国建筑工业出版社，2008.

[6] 钱征. 振冲法加固海底软土的试验研究 [J]. 岩土工程学报，1988，10（4）：49～56.

[7] JTJ 246—2004，港口工程碎石桩复合地基设计与施工规程 [S].

[8] H J Priebe. The Design of Vibro Replacement. Ground Engineering，1995.

[9] 耿光宏，陈健. 海上底部出料振冲碎石桩应用 [J]. 水运工程，2015（12）：178～180.

[10] 王聪，冯先导. 强涌浪海域自升式平台碎石桩施工技术 [J]. 水道港口，2018，39（5）：630～634.

[11] 天津港湾工程研究所. 水泥系深层拌合法（CDM工法）设计和施工手册 [M]，1991.

[12] JTJ/T 259—2004，水下深层水泥搅拌法加固软土地基技术规程 [S].

[13] 余海忠，胡荣华. 爆破挤淤技术的研究与应用现状 [J]. 施工技术，2009（12）.

[14] 武可贵. 连云港西大堤软基的爆炸处理 [J]，港口工程，1992，5.

[15] 张留俊. 软土地基处理的爆炸挤淤法 [J]，福州大学学报，2000，11（28）.

[16] 吴幼民. 粤海铁路通道南港北防波堤爆炸挤淤填石的质量监控和评价 [J]，水运工程，2000，9.

[17] 照见英，王健，吴经平. 控制加载爆炸挤淤置换法在工程中的应用 [J]，岩土力学，2002，2（27）.

18 地固件地基处理技术与实践

陈津生[1]，刁钰[2]，陆秋生[3]，骆嘉成[4]，吴帅峰[5]，孙磊[1]

（1. 天津鼎元软地基科技发展股份有限公司，天津 300051；2. 天津大学土木工程系，天津 300072；3. 山东正元建设工程有限责任公司，山东 济南 250101；4. 温州浙南地质工程有限公司，浙江 温州 325006；5. 中国水利水电科学研究院岩土工程研究所 北京 100048）

18.1 地固件概述

18.1.1 地固件的研发背景

将土料装入土工编织袋构成的土袋，在工程界应用久远，常常被应用于防洪抢险或一些临时性的挡土结构。通过一些学者的研究表明，土袋在工程应用上具有以下一些特性：①土袋自身具有很高的强度，它在相对刚性的基座上能够承受相当大的荷载；②土袋用作软地基处理，能大幅度提高地基承载力，改善地基沉降；③对于内装不同粒径、级配的土料，土袋还兼具防冻融功能（在寒冷地区）和地基减振效果；④土袋加固地基不用任何固化剂或者化学药剂，不会导致对水、土的二次污染。

日本名古屋工业大学松岗元教授通过多年研究，提出了关于土袋的理论[1]，该理论认为：通过袋体的结构约束土颗粒的侧向挤出，使粒子被限制在袋体内运动并产生粒间摩擦能，从而提高其强度。

日本梅德利技术研究所株式会社的野本太先生，基于上述理论以及日本沼泽土质加固改良的实践需求，开发了一种新型的软土地基处理方法，为了有别于传统土袋技术，日方根据土袋（盒子：BOX）在软土上铺设的分布特点（单一分立铺设），取名为 D・BOX（意思是分割开的盒子 Divided Box），引进中国后翻译为“地固件”（地基加固构件的略称）。

传统土袋是将土料装入袋体构成，填充土料受土袋基布的张力作用和约束，在土工袋构件被吊起或者搬运过程中，填充粒料之间会产生摩擦力，土粒之间的“啮合”效应增大，从而使得其强度增大，承载能力提高。

地固件则在袋内设计了专门的约束装置，在起吊时其下方形成圆锥形凹槽并能够保持地固件整体形状（图 18.1-1）。在地固件铺设完成后强制加压时，由于填充材料的过滤特性使周围超静孔隙水压力消散，同时这种特殊的“凹槽”能约束原土的挤出，限制地基的剪应变，从而达到提高地基强度和承载能力（对于软黏性土）、使地基液化得以控制（对于粉土、砂土）、利用填充材料之间的摩擦力吸收地基震动能量起到减振的综合效果，如今，地固件技术在日本被广泛应用于土木建筑及环境改善等领域的软基加固。

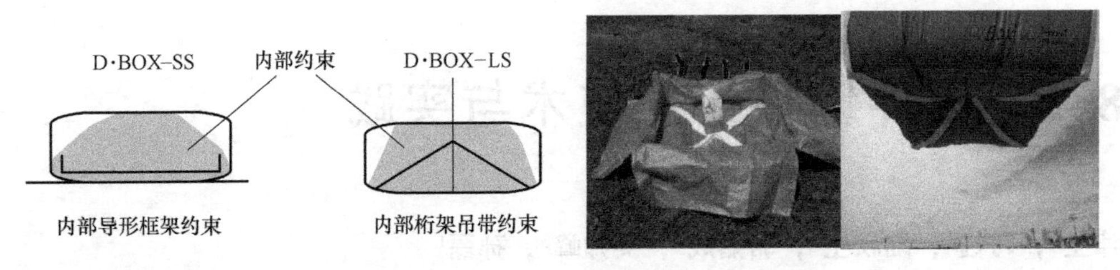

图 18.1-1　地固件约束形式和施工状态

18.1.2　地固件引进国内的情况

2006 年始，为配合日本梅德利技术研究所、花国技建株式会社的地固件工法的日本市场开发，中方开始从事地固件的材料制备、工艺攻关、生产制造等国际工贸业务。

2012 年始天津翔维科技（2014 年 8 月登陆新三板，股票代码：831104）开始致力于地固件项目的引进工作，通过消化吸收、研发该技术的制造工艺，2015 年 10 月、2017 年 6 月分别取得了国家专利局授权的实用新型专利和材质发明专利。

2013 年始，配合日本梅德利技术研究所株式会社投标“311”日本福岛核电站泄漏事故引发的核污染消除项目并成功中标，成为唯一的地固件供应商至今。

2015 年 1 月为专一致力于软地基改良加固构件的开发事业，天津翔维科技协议转让创始人股份注册成立天津市顺康科技发展有限公司。

2016 年 12 月天津顺康科技发展有限公司与梅德利技术研究所株式会社，共同组建天津鼎元软地基科技发展股份有限公司，完成了与日方知识产权的无缝对接。

2017 年 7、8 月份，在温州苏宁物流基地针对地固件工艺特性，做了有关地固件工艺加固机理的实验研究，通过沉降观测、平板载荷试验、超静孔隙水压力及测斜观测及大面积堆载试验来检验地固件技术地基加固效果及机理特性；

2017 年 8 月～11 月与河海大学岩土工程研究所、中冶地质总局山东局山东正元建设工程有限责任公司、温州浙南地质工程有限公司合作，在台州玉环漩门湾国家湿地公园进行了国内第一次地固件临时道路试验段实际施工应用的尝试，收集了详细的工程技术数据，为地固件产品今后在国内的技术推广以及对其进行机理研究做了详实的准备。

2018 年 10 月在南沙地铁建设临时网格路，2019 年 7 月在绍兴柯桥城际铁路现场液化地基加固处理进行了大胆的实际施工尝试，取得了诸多正反两方面的宝贵经验。

地固件引入初期，天津顺康科技和山东正元建设相互配合，对日方提供的数据资料和案例材料进行了系统消化、吸收和翻译工作，为便于与国内生产、科研及高校的交流，编制了系列中文推介材料。其中，《地固件地基加固工艺设计·施工手册》（第三版）是这一期间信息量最大的译文资料，它系统介绍了地固件用作地基处理时工程勘察、设计、施工及检验检测等应遵循的规定。

从 2017 年开始，先后在第七届中国国际桩与深基础会议上（2017 年 4 月，上海）、第十届全国基坑工程研讨会（2018 年 9 月，兰州）、第十五届全国地基处理学术讨论会（2018 年 10 月，武汉）、2018 年江苏省地基基础联合学术年会（2018 年 11 月，苏州）等一系列国内专业学术会议上与来自国内外的生产、科研、高校领域的专家进行了多场次交流。

通过已有的日中双方共同积累的资料和近三年来的国内学术、技术交流，工程界对地固件的技术原理、应用场景一直尚未达成共识，从而影响了该技术在国内的推广和应用。为了从专业的角度科学、客观地认识和阐述此技术，使其更好地服务于国内建设，有必要对其开展研究，进一步揭示地固件的作用机理，形成满足国内设计、施工的技术标准。

18.2 地固件的作用机理

18.2.1 约束作用

在具有内部约束装置的地固件内，填充碎石等材料，利用填充材料的自重和构件的张力，使构件自身的强度增加并保持形状；在地固件上面加压时，其下方形成的圆锥形凹槽约束了凹槽中的原土，使得周边的孔隙水压力集中消散，在增加了地基承载力的同时，也约束了原土的挤出，使地基的液化得以控制；并利用了填充材料之间的摩擦力起到减震的综合效果。

具体的约束作用分为两个部分：

土工袋对内部填充物颗粒的约束张力，二维层次上受力如图 18.2-1 所示。

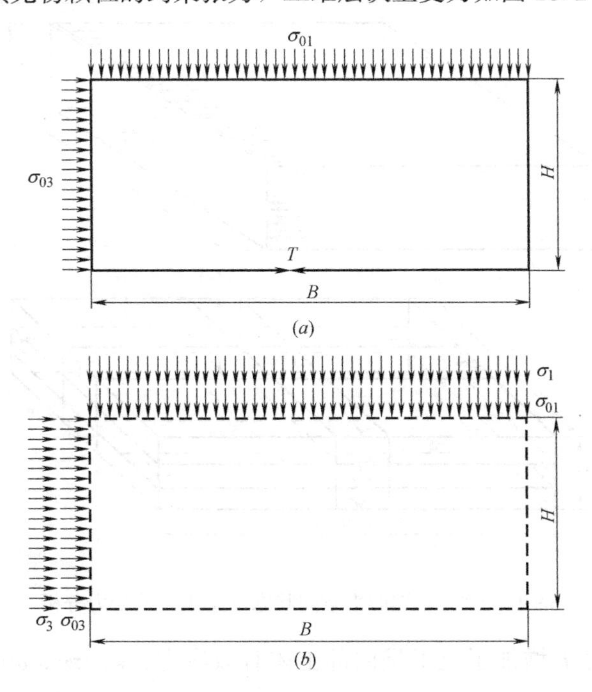

图 18.2-1　作用在土袋表面（a）和内部（b）的应力

土袋中的张力 T 对内部颗粒产生一对竖向附加应力 σ_{01} 和水平方向的附加应力 σ_{03}。附加应力的大小为：

$$\sigma_{01}=\frac{2T}{B} \tag{18.2-1}$$

$$\sigma_{03}=\frac{2T}{H} \tag{18.2-2}$$

同时，土工袋自身也会受到一对竖向和水平方向的附加应力 σ_1，σ_3 如图 18.2-2 所示。根据土压力原理，当土工袋拉伸应力处于极限拉伸强度状态时，水平方向的合力与竖向的合力会是一个线性的关系式：

$$\sigma_{01}+\sigma_1=K_{\rm p}(\sigma_{03}+\sigma_3) \tag{18.2-3}$$

其中，被动土压力系数 $K_{\rm p}=\frac{1+\sin\varphi}{1-\sin\varphi}$。

$$\sigma_1+2T\left(\frac{1}{B}+\frac{1}{L}\right)=\sigma_3 K_{\rm p}+2T\left(\frac{1}{H}+\frac{1}{L}\right)K_{\rm p} \tag{18.2-4}$$

$$\sigma_1=K_{\rm p}\left[\sigma_3+2T\left(\frac{1}{H}+\frac{1}{L}\right)\right]-2T\left(\frac{1}{B}+\frac{1}{L}\right) \tag{18.2-5}$$

$$\sigma_1=\sigma_3 K_{\rm p}+2c\sqrt{K_{\rm p}} \tag{18.2-6}$$

$$c=T\sqrt{K_{\rm p}}\left[\left(\frac{1}{H}+\frac{1}{L}\right)-\frac{1}{K_{\rm p}}\left(\frac{1}{B}+\frac{1}{L}\right)\right] \tag{18.2-7}$$

二维平面理论会因为忽略了次主应力在作用方向上的效果，计算强度会略小于实际值。鉴于这种情况，将二维受力状态扩展到三维进行分析，受力简图如图 18.2-2 所示：

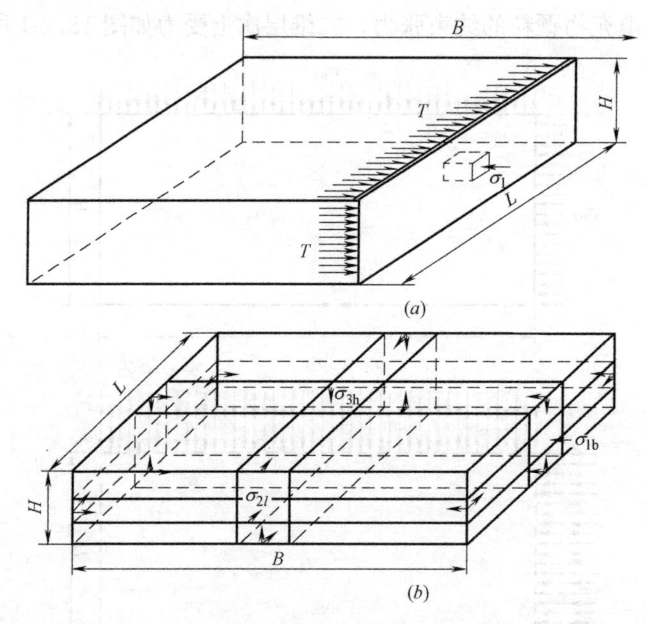

图 18.2-2 三维应力空间状态下土工袋的受力分析

土工袋上的张力 T 增加了土工袋内部土体有效应力 σ_{1b}、σ_{2l}、σ_{3h}，具体的表达式分别为：

$$\sigma_{1b}=2T/B+2T/L \tag{18.2-8}$$

$$\sigma_{2l}=2T/B+2T/H \tag{18.2-9}$$

$$\sigma_{3h}=2T/H+2T/L \tag{18.2-10}$$

在当前条件下，土工袋内部的应力分别是：

$$\sigma_1=\sigma_{1b}+2T(1/B+1/L) \tag{18.2-11}$$

$$\sigma_2=\sigma_{2l}+2T(1/B+1/H) \tag{18.2-12}$$

$$\sigma_3=\sigma_{3h}+2T(1/H+1/L) \tag{18.2-13}$$

根据摩尔库仑破坏准则可知：

$$\sigma_{1f}=\sigma_{3f}+2c\sqrt{K_p}+[2T(1/H+1/L)K_p-2T(1/B+1/L)] \tag{18.2-14}$$

令 $c=T/\sqrt{K_p}[(1/H+1/L)K_p-(1/B+1/L)]$，可以看出，土工袋的张力 T 为土工袋内部填充的颗粒提供了一个额外的黏聚力，且黏聚力的大小取决于张力的大小和土工袋本身的几何尺寸。在比例差不多一致的条件下，小尺寸的土工袋受力机能优于大尺寸土工袋。

内部加筋带分为两种，如图 18.2-3 所示，可以增加土工袋连接部分的强度，以及在土工袋起吊过程中强迫袋体形成下凹的外形，从而增加土工袋本身的强度和安装后整体的稳定性，减少工后沉降。

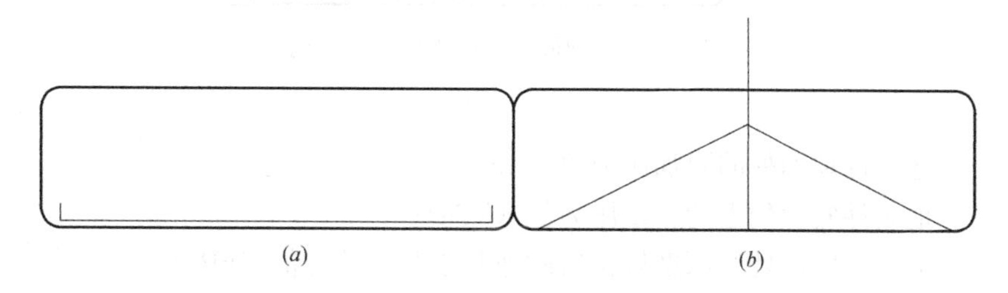

图 18.2-3 地固件的内部约束装置

(a) 使用导形框架进行内部约束；(b) 使用桁架吊带进行内部约束

天津大学与日本梅德利技术研究所合作，对地固件进行了单轴抗压试验[2]，在压力加载到 15000kN 的过程中，地固件构件反力逐渐增大，并且随着荷载的增大，地固件构件的刚度不断增大，如图 18.2-4 所示。

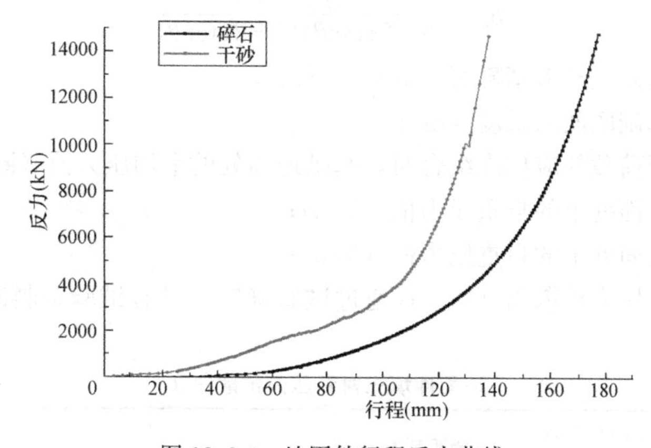

图 18.2-4 地固件行程反力曲线

由此试验同时可以得出，地固件的填料对其构件层面的强度发挥非常重要，试验中由于干砂的级配大大优于碎石的级配（干砂级配良好，碎石颗粒大小均一），因而致使干砂地固件反而优于碎石地固件的强度发挥。

在整体结构层次上，除强度增加后，约束会为地固件提供一个下凹的外形，下方自然形成的锥形凹槽不仅形成了土体剪切变形的阻力面，也使土体应力重分布，致使应力影响深度大幅度变浅。

18.2.2 扩散作用

类似于换填垫层法，地固件可以扩散上部结构传递的压力[3]。如图 18.2-5 所示，当下卧软弱层承载力不足时，可以通过增加地固件层数来增加应力扩散的深度 z，具体计算可由式（18.2-15）确定。

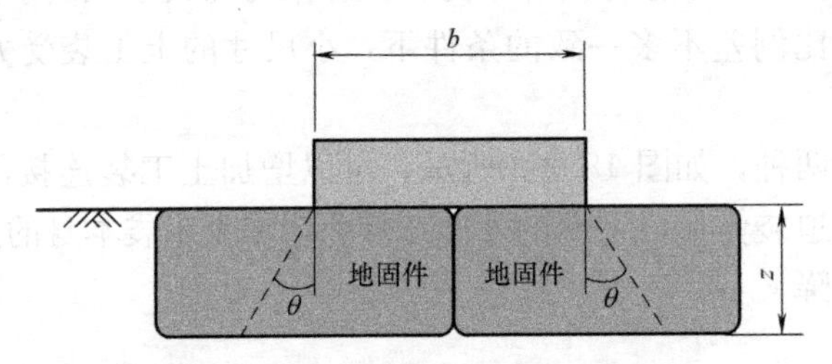

图 18.2-5 地固件对应力的扩散作用

$$p_z+p_{cz}\leqslant f_{az} \tag{18.2-15}$$

式中 p_z——地固件地面处的附加压力值（kPa）；

p_{cz}——地固件底面处土的自重压力值（kPa）；

f_{az}——地固件底面处经深度修正后的地基承载力特征值（kPa）。

分两种情况计算：

条形基础

$$p_z=\frac{b(p_k-p_c)}{b+2z\tan\theta} \tag{18.2-16}$$

矩形基础

$$p_z=\frac{bl(p_k-p_c)}{(b+2z\tan\theta)(l+2z\tan\theta)} \tag{18.2-17}$$

式中 b——矩形基础或条形基础底面的宽度（m）；

l——矩形基础底面的长度（m）；

p_k——相应于荷载效应标准组合时，基础地面处的平均压力值（kPa）；

p_c——基础底面处土的自重压力值（kPa）；

z——基础底面处土的自重压力值（kPa）；

θ——垫层的压力扩散角（°），宜通过试验确定，没有试验资料时，可按表 18.2-1 确定。

地固件填充材料压力扩散角 θ **表 18.2-1**

z/b ＼ 填充材料	中砂、粗砂、砾砂、圆砾、角砾、石屑、卵石、碎石、矿渣	粉质黏土 粉煤灰	灰土	一层加筋	二层及二层以上加筋
0.25	20	6	28	25～30	28～38
≥0.5	30	23	28	25～30	28～38

注：1. 当 $z/b<0.25$，除灰土取 $\theta=28°$、一层加筋取 $\theta=25°$、二层及二层以上加筋取 $\theta=28°$外，其他材料均取 $\theta=0°$，必要时宜通过试验确定。

2. 当 $0.25<z<0.5$ 时，θ 值可内插求得。

18.2.3 排水作用

由外荷载引起超静孔隙水压力，虽然将会随着时间消散，但由于其降低了土颗粒之间的有效应力，会造成土体较大的变形，而且降低土体强度。使用砂石等较高渗透系数的材料填充地固件时，地固件本身成为水的良好通道，并能有效防止内部填充物的流失。下部软弱层中的孔隙水缓慢排出，地基发生固结变形，随着超静孔隙水压力逐渐消散，土中的有效应力逐渐提高，地基土强度逐渐增长[4]。

在地固件工法中，一个重要的环节是强制固结，即充分利用地固件自身构造特点，借助机械设备对地固件施加高于设计荷载的固结应力（强制加压），使下部土体快速固结，提高地基承载力，减小工后沉降。用于强制固结的荷载大小应当大于设计荷载而且不会导致地固件以及下卧软弱层的整体破坏。

具体实施强制固结[3]的方法有：

1）利用振动夯的强制固结（强制固结压力可达 100～280kPa），如图 18.2-6（*a*）所示。

2）利用挖掘机的强制固结（强制固结压力可达 50～300kPa），如图 18.2-6（*b*）所示。

3）利用压路机的强制固结（强制固结压力可达 300～400kPa），如图 18.2-6（*c*）所示。

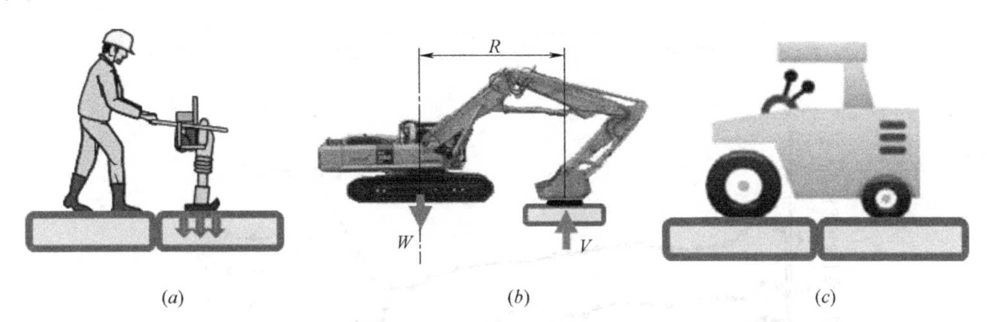

图 18.2-6 强制固结的实施方法

（*a*）振动夯强制固结；（*b*）挖掘机强制固结；（c）压路机强制固结

将地固件的沉降问题划分为四个部分：

1）强制沉降：在地固件之上以设计荷载以上的短期动荷载强制固结时的沉降。

2）初期排水沉降：强制固结后，超静孔隙水压力升高，从地固件开始吸水到水压消散完全的沉降。

3）残留固结沉降：经过长时间慢慢固结的沉降。

4）地域特性沉降：与地层活动相关的广域整体性沉降（此沉降未作深入讨论）。

其中，强制沉降以及初期排水沉降占比 90%左右，残余固结沉降占比 10%左右，地域性的沉降一般不会导致不均匀沉降，须按具体的情况另作分析。

为了验证地固件对排水固结有利，野本太等[5]设计试验进行验证，在同样的场地条件下分别铺设钢板与地固件，设置沉降观测点以及超静孔隙水压力观测点，如图 18.2-7 所示。

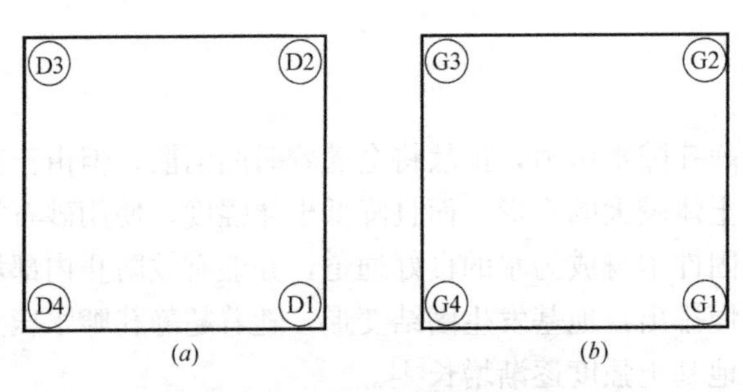

图 18.2-7　试验用地固件与钢板测点标注

(*a*) 地固件测点标号；(*b*) 钢板测点标号

相同条件下，钢板下方的超静孔隙水压力峰值高于地固件，消散速度也明显慢于地固件，如图 18.2-8 所示。

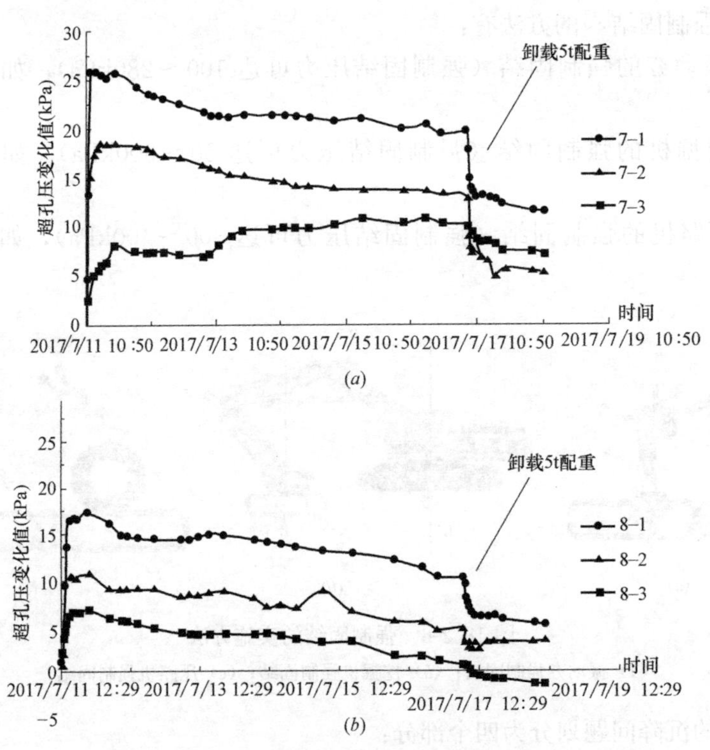

图 18.2-8　试验用地固件与钢板测点标注

(*a*) 钢板数据；(*b*) 地固件数据

钢板发生了相当大的不均匀沉降，且沉降量较大，而地固件不仅沉降量小，四角的沉降也极为均匀，如图 18.2-9 所示。

18.2.4　减振作用

地固件膜袋在振动荷载作用下，袋子的伸缩变形和袋子内部土颗粒之间的摩擦运动各消耗一部分能量（图 18.2-10）。由于袋体张力作用，土颗粒之间的摩擦力也增大，土颗粒之间摩擦消耗的振动能量也就越大。地固件袋体张力是在外力作用下产生的，当外力为 0 时，张力也为 0，地固件不起作用，外力越大，袋体张力越大，地固件消能减振作用越明显[6,7]。

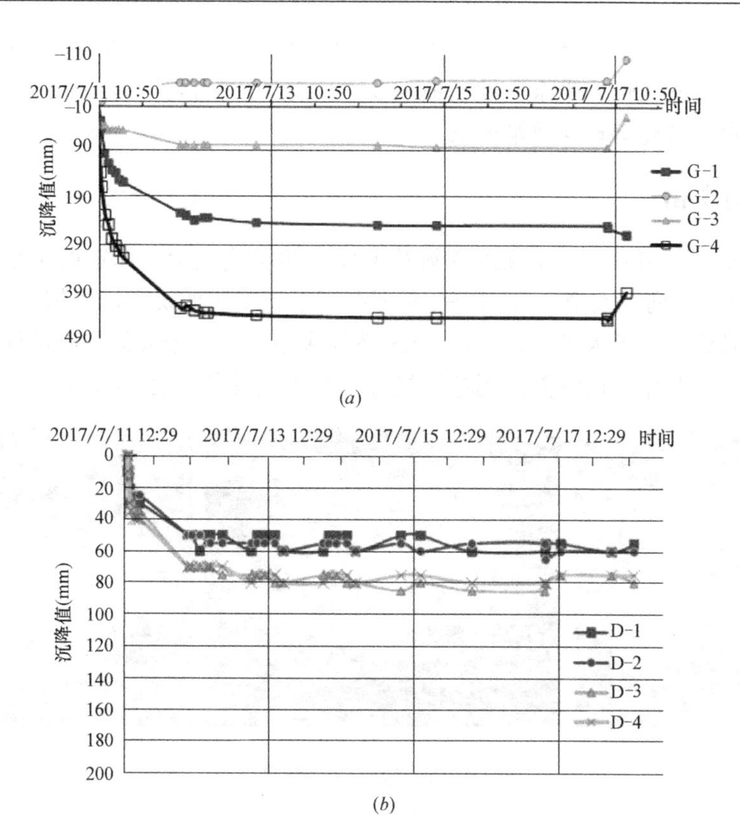

图 18.2-9 试验用钢板与地固件沉降量对比

(a) 钢板数据；(b) 地固件数据

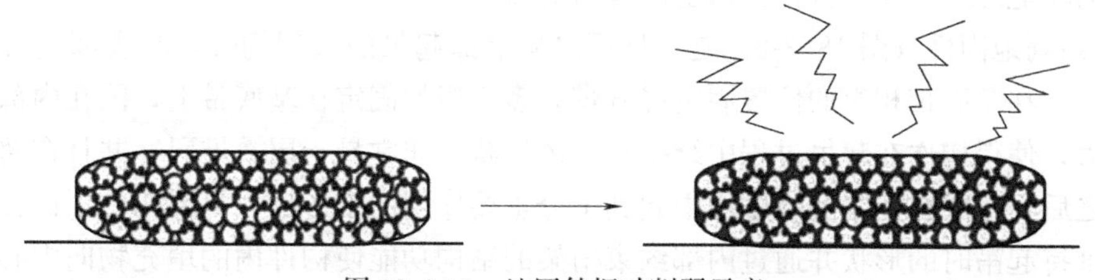

图 18.2-10 地固件振动削弱示意

18.3 地固件常用规格、材质及施工管控指标

地固件是以解决超软地基变形、沉降以及提高地基支撑力为目的，在传统土工袋工艺的基础上创新的新工艺技术。

传统土工袋在超软地基上无法控制地基下沉；在紫外线照射下会很快劣化并发生光降解，导致土工袋破败不堪，使得其在沉降路基、小型建筑物基础加固施工以及水利工程、边坡支护及抗洪抢险等临时性工程中的使用受限并造成二次隐患。

此外，传统的人工装填及码放也受到了日益上涨的劳务成本的压力。

因此，结构、材质以及机械化装填、码放问题，即：质量、成本、效率及性价比的要求倒逼传统土工袋的技术创新。

经过对土工袋结构及材质的创新改良，一种大型的地基加固构件——地固件由此诞生。它不仅能处理永久性、半永久性的地基及边坡支护、抗洪抢险项目，亦符合国家对节地、节材、节水、节能等环保政策要求。

18.3.1 常用规格

地固件（图 18.3-1）经过不断地创新及市场化的实践检验，择定两种规格[8]：SS 系列（小型）及 LS 系列（大型）。其中 SS 系列多用于施工场地狭窄，机械设备不易进入及负荷较轻的基础设施，可人工进行铺设；LS 系列多用于负荷较大的基础设施，LS 系列市面上使用广泛，其制作及铺设需使用挖掘机等大型机械设备（表 18.3-1）。

图 18.3-1 地固件规格型号

SS 系列是内部设有导向架的小型地固件。导向架可以根据构造物的用途而调整，通过挂钩将水平方向的构件连接起来，增加了 SS 系列地固件的整体性，除了形状保持及内部约束的功能之外，亦可获得扩散上部应力的效果。

LS 系列地固件（图 18.3-2）是一种可以从上部起吊的大型构件，其底部设置有对角线基底带，在基底带相交的位置固定提升带，多个桁架固定在基底带上，因在内部设置了桁架约束，使得构件在起吊过程中维持长方体形状，非常易于层叠堆码，并且在超软地基上铺设之后，形成在控制沉降过程中起到十分重要作用的锥形槽，只要构件不被打开，就能持续维持起吊时的形状并通过内部约束桁架的结构功能使构件内的填充物向中心挤压并固结，从而提高构件自身的强度。

图 18.3-2 LS 系列地固件内部约束及形状效应示意图

地固件规格一览表　　表 18.3-1

型号		尺寸(mm)			容量(m^3)	约束形式
		长	宽	高		
SS系列	SS45	450	450	80	0.0162	内设导向架
	SS90	900	900	80	0.0648	内设导向架
LS系列	LS100	1000	1000	250	0.2500	内设约束桁架
	LS150	1500	1500	450	1.0130	内设约束桁架

18.3.2　材质创新

地固件为聚丙烯材质（简称 PP），传统的 PP 是一种由丙烯聚合而制得的热塑性树脂，其不但拥有加工性能好、韧性好、化学稳定性能好等优点，而且质轻、价格低廉。但聚丙烯对紫外线较敏感，在耐候性方面较差，易在紫外线作用下发生老化降解，导致其性能下降。

目前，现有的制造技术，一般通过添加抗氧剂、光稳定剂来单纯改善 PP 的耐候性，往往在兼顾材料的力学性能方面考虑不够，局限了该类材料更大的使用途径。

为解决上述问题，天津顺康科技发展有限公司经过优化及研发试验，最终研制出一种超耐候性聚丙烯化合物材料，（材质创新专利号为：201510520077.6），该优化方案在产品的试剂相容性及长效耐候性方面，充分考虑了各项添加剂间的协同、强化等效应，使它在户外使用 7 年的条件下，其抗拉强度仍能维持在 80％以上。为地固件工法在工程领域里的应用起到了积极的推进作用。

地固件的复合光稳定剂由高分子量的受阻胺光稳定剂与低分子量的受阻胺光稳定剂，同时复配紫外线吸收剂而成。其中高分子量的受阻胺光稳定剂作为长效光稳定剂，它为聚合物提供较高的光/热稳定性，低分子量的受阻胺光稳定剂除具有高热稳定性能和低挥发性能，还能更好的保护产品色泽，紫外线吸收剂可选择性地吸收紫外线，并将吸收的光能转化为热能散发掉。

地固件的复合抗氧剂由受阻酚类助抗氧剂与有机亚磷酸酯类预防型抗氧剂，同时复配金属钝化剂而成。这三种抗氧剂之间能彼此协同，具有极高的抗氧化能力，与树脂相容性好，不析出，加工时不挥发、不分解，不溶于水和油，提高了加工和使用过程中的热稳定性，解决了聚丙烯在加工和长期使用中的热氧老化问题。

此外，地固件主要由基布、吊带、粘扣、基布与吊带连接、基布与基布连接五大关键部分组成，因其需要用于路基以及工业厂房、仓库等建筑物地基，故在生产过程中要对各组件及其各生产加工环节进行严格的质量监控，使其满足地固件工法工法的物理及化学的性能要求。

经日本化学物质评价研究机构对此五大关键部位进行的结构、化学及物理性能检测，均已达到 JIS 的要求，满足日本 JIS 所规定的耐腐蚀性、耐热性、耐寒性、抗老化、耐水浸、抗拉强度、延伸率等要求，图 18.3-3 为相关检测报告。

18.3.3　材质物化管控指标

地固件工法是一项新型软基加固技术，无论在材质、施工、设计上，仍需不断总结新

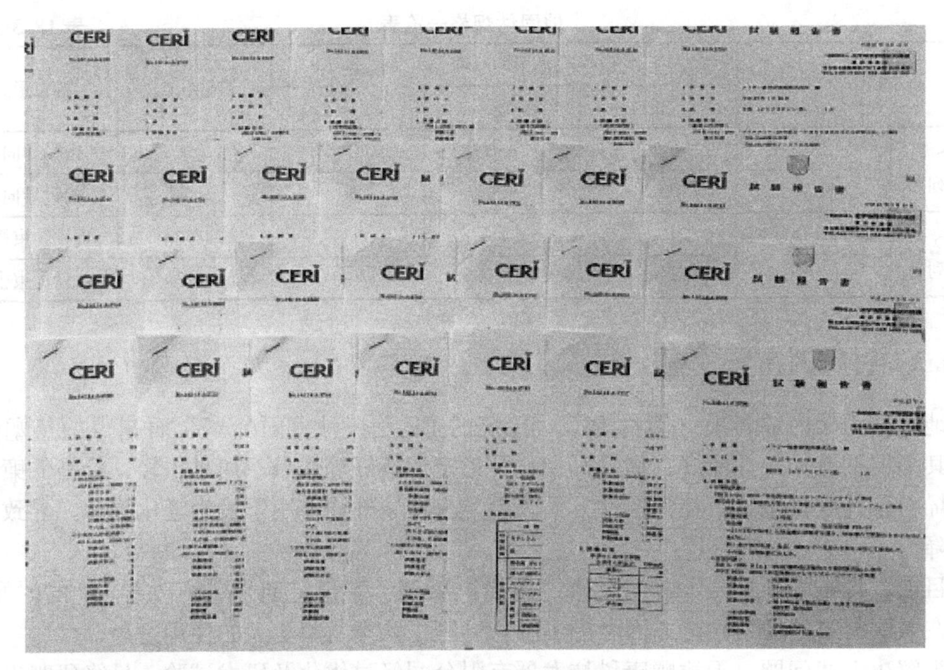

图 18.3-3　地固件各项性能检测报告

经验，创新理论，根据已有 2000 余起项目的经验总结，为了让施工过程更为安全、经济地实施，优化工程的进度及作业质量，各项质量管控指标[8]汇整如下（表 18.3-2～表 18.3-7）。

下述指标为日本福岛核泄漏事故消除污染工程用的产品指标，依据具体工程施工要求的质量、成本差异，该指标可做相应修正。

地固件基布材质物化性能检测标准 1　　　　**表 18.3-2**

检测项目	检测内容	检测依据	检测标准值	样品尺寸	样品数
材质	镉(μg/g)	日本厚生省告示 370 号	＜100		
	铅(μg/g)		＜100		
溶出（条件:60℃，30M;但庚烷,25℃,1H)	重金属铅(μg/mL)		＜1		
	高锰酸钾消耗量(μg/mL)		＜10		
	蒸发残留物				
	庚烷(μg/mL)		＜150		
	20%酒精(μg/mL)		＜30		
	蒸馏水(μg/mL)		＜30		
	4%醋酸(μg/mL)		＜30		
抗拉强度	抗拉强度(N/5cm)	JIS L 1096-8.14.1 2010【编织物基布试验方法】	＞1850	50×300 mm	3
	延伸率(%)		＜18		
撕裂强度	撕裂强度(N)	JIS Z 1651：2008【非危险物集装袋】	＞450	100×250 mm	3
	试验速度:150mm/min				

续表

检测项目	检测内容	检测依据	检测标准值	样品尺寸	样品数
耐老化 1 照射温度：63±3℃ 照射时间：1200h 湿度：50±5%RH	外观	JIS L 1096-8. 14. 1 2010 【编织物基布试验方法】 JIS Z 1651：2008 【非危险物集装袋】	无异常	50×300 mm	3
	残留抗拉强度(N/5cm)		—		
	经：		>70%		
	纬：		>1300		
	残留延伸率(%)				
	经：		—		
	纬：		—		
耐老化 2 照射温度：63±3℃ 照射时间：900h 湿度：50±5%RH	外观		无异常	50×300 mm	3
	残留抗拉强度(N/5cm)		—		
	经：		>80%		
	纬：		>1480		
	残留延伸率(%)				
	经：		—		
	纬：		—		

地固件基布材质物化性能检测标准 2　　**表 18. 3-3**

检测项目	检测内容	检测依据	检测标准值	样品尺寸	样品数
耐寒性 (条件：−25±5℃；2h)	外观	JIS L 1096-8. 14. 1 2010 【编织物基布试验方法】 JIS Z 1651：2008 【非危险物集装袋】	无异常	50×300 mm	3
	残留抗拉强度(N/5cm)		—		
	经：		>80%		
	纬：		>1480		
	残留延伸率(%)				
	经：		—		
	纬：		—		
耐热性 (条件：70±3℃；2h)	外观		无异常	50×300 mm	3
	残留抗拉强度(N/5cm)		—		
	经：		>80%		
	纬：		>1480		
	残留延伸率(%)				
	经：		—		
	纬：		—		
耐水性 (条件：23±2℃；25h±1h)	外观		无异常	50×300 mm	3
	残留抗拉强度(N/5cm)		—		
	经：		>80%		
	纬：		>1573		
	残留延伸率(%)				
	经：		—		
	纬：		—		

地固件基布材质物化性能检测标准 3 表 18.3-4

检测项目	检测内容	检测依据	检测标准值	样品尺寸	样品数
耐腐性 (条件:23±2℃; 168h)					
(1)0.1%硫酸	外观	JIS K 7114 2001【塑料- 腐蚀性液体浸 泡效果试验】 JIS L 1096-8.14.1 2010 【编织物基布试验方法】 JIS Z 1651:2008 【非危险物集装袋】	无异常	50×300 mm	3
	残留抗拉强度(N/5cm)		—		
	经:		>80%		
	纬:		>1480		
	残留延伸率(%)				
	经:		—		
	纬:		—		
(2)0.1%氢氧化钠	外观		无异常	50×300 mm	3
	残留抗拉强度(N/5cm)		—		
	经:		>80%		
	纬:		>1480		
	残留延伸率(%)				
	经:		—		
	纬:		—		
(3)5.0%氯化钠	外观		无异常	50×300 mm	3
	残留抗拉强度(N/5cm)		—		
	经:		>80%		
	纬:		>1480		
	残留延伸率(%)				
	经:		—		
	纬:		—		

地固件桁架带材质物化性能检测标准 1 表 18.3-5

检测项目	检测内容	检测依据	检测标准值	样品尺寸	样品数
材质	镉(μg/g)	日本厚生省 告示 370 号	<100		
	铅(μg/g)		<100		
溶出 (条件:60℃,30M; 但庚烷,25℃,1h)	重金属铅(μg/mL)		<1		
	高锰酸钾消耗量 (μg/mL)		<10		
	蒸发残留物				
	庚烷(μg/mL)		<150		
	20%酒精(μg/mL)		<30		
	蒸馏水(μg/mL)		<30		
	4%醋酸(μg/mL)		<30		

续表

检测项目	检测内容	检测依据	检测标准值	样品尺寸	样品数
抗拉强度	抗拉强度(N/10cm)	JIS L 1096：2010【编织物基布试验方法】JIS Z 1651：2008【非危险物集装袋】	>37500	100×1500mm	3
	延伸率(%)		<25		
	试验速度：150mm/min				
耐老化 1 照射温度：63±3℃ 照射时间：1200h 湿度：50±5%RH	外观		无异常	100×1500mm	3
	残留抗拉强度(N/10cm)		—		
	经：		>70%		
	纬：		>26300		
	残留延伸率(%)				
	经：		—		
	纬：		—		
耐老化 2 照射温度：63±3℃ 照射时间：900h 湿度：50±5%RH	外观		无异常	100×1500mm	3
	残留抗拉强度(N/10cm)		—		
	经：		>80%		
	纬：		>30000		
	残留延伸率(%)				
	经：		—		
	纬：		—		

地固件桁架带材质物化性能检测标准 2 **表 18.3-6**

检测项目	检测内容	检测依据	检测标准值	样品尺寸	样品数
耐寒性 (条件：-25±5℃；2h)	外观	JIS L 1096：2010【编织物基布试验方法】JIS Z 1651：2008【非危险物集装袋】	无异常	100×1500mm	3
	残留抗拉强度(N/10cm)		—		
	经：		>80%		
	纬：		>30000		
	残留延伸率(%)				
	经：		—		
	纬：		—		
耐热性 (条件：70±3℃；2h)	外观		无异常	100×1500mm	3
	残留抗拉强度(N/10cm)		—		
	经：		>85%		
	纬：		>31900		
	残留延伸率(%)				
	经：		—		
	纬：		—		
耐水性 (条件：23±2℃；25h±1h)	外观		无异常	100×1500mm	3
	残留抗拉强度(N/10cm)		—		
	经：		>80%		
	纬：		>30000		
	残留延伸率(%)				
	经：		—		
	纬：		—		

地固件桁架带物化性能检测标准3 **表18.3-7**

检测项目	检测内容	检测依据	检测标准值	样品尺寸	样品数
耐腐性 (条件:23±2℃;168h)					
(1)0.1%硫酸	外观		无异常	100×1500mm	3
	残留抗拉强度(N/10cm)		—		
	经:		>80%		
	纬:		>30000		
	残留延伸率(%)				
	经:		—		
	纬:		—		
(2)0.1%氢氧化钠	外观	JIS K 7114 2001【塑料-腐蚀性液体浸泡效果试验】JIS L 1096:2010【编织物基布试验方法】JIS Z 1651:2008【非危险物集装袋】	无异常	100×1500mm	3
	残留抗拉强度(N/10cm)		—		
	经:		>80%		
	纬:		>30000		
	残留延伸率(%)				
	经:		—		
	纬:		—		
(3)5.0%氯化钠	外观		无异常	100×1500mm	3
	残留抗拉强度(N/10cm)		—		
	经:		>80%		
	纬:		>30000		
	残留延伸率(%)				
	经:		—		
	纬:		—		

18.3.4 施工管理及其管控指标

1. 基本要求及施工流程

地固件工法施工必须满足设计要求，为此需要做好施工管理及质量管理工作。要考虑施工开始直至竣工为止的全过程中，与其他施工项目的关联性以及对施工现场环境的影响，制定周全的施工计划，以确保施工中的安全性。

地固件工法与设计、施工、质量管理密切相关。特别是地固件铺设后的强制加压作业依赖于施工质量，所以为了使施工满足设计要求，需要对施工及其质量进行严格的管控。

基础地基的土质性状不是千篇一律的（黏土、沙土、含水率等），因此，要确保与现场条件相适应的施工方法及质量。

地固件工法的施工流程如图18.3-4所示。

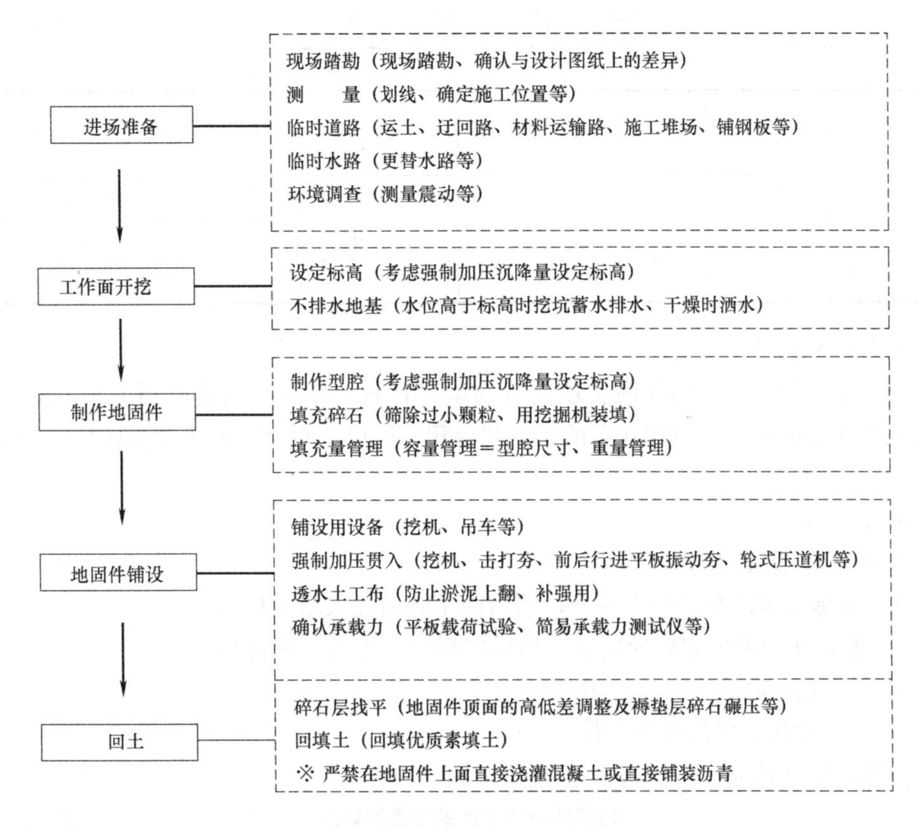

图 18.3-4　地固件工法的施工流程

2. 施工方法

(1) 工作面开挖

地固件工法是在地基上铺设地固件之后，使用挖机等建筑机械在地固件上面预先主动地、强制性地施加载荷使地固件贯入土中且被压实、沉降，从而促使超静孔隙水压消散，在较短时间内使地基获得有效应力的施工方法。

因此，基面开挖是非常重要的工序，必须要通过强制加压贯入的贯入量预测（预操作），设定挖掘工作面的标高。

黏土、沙土及含水率不同，都会使基础地基表现出不同的形状。另外，施工规模、范围较大时土质的区分和土层的厚度也不一定相同，因此，强制加压贯入量的预测是非常困难的。

于是，我们常常通过地固件铺设后的、碎石褥垫层的找平来弥补强制加压的贯入量的预测误差。

另外，挖掘工作面之下的埋设物及地层的变化无法直接把握，我们常常使用 1m 左右长的探钎，来辅助掌握整个挖掘工作面的地基性状。

根据经验值的强制加压贯入量的预测：

参考经验值预测强制加压贯入量时，参考表 18.3-8 的贯入量，通过设计标高＋贯入量的数值设定挖掘基面的标高。

根据经验值的强制加压贯入量的预测 **表 18.3-8**

	N值	含水率	预测贯入量(cm)
超软地基	$N<1$	高	20 以上
		中	10～20
软地基	$1\leqslant N\leqslant 2$	高	10～15
		中	5～10
其他	$N>2$	—	5 以下

(2) 制作地固件

地固件的制作就是向构件内装填适量的填充材料，填充材料为碎石 C40，RC40，地固件的强度和性能取决于填充碎石的质量和容积，所以填充材料的质量和体积的管理十分重要。

地固件的制作工序是：

* 使用木制或者钢制的型腔；
* LS 型是把构件在型腔内展开，然后向型腔内投入填充材料；
* SS 型是在构件内安放导向架，然后向型腔内投入填充材料；
* 投入填充材料后将构件封闭。

1) 地固件制作工序的准备工作

地固件制作开始前，要确认表 18.3-9 记载的内容。

地固件制作工序的准备和确认 **表 18.3-9**

项　　目	准备、确认事项
地固件制作场地	施工现场内或外，建议在碎石工厂装填、制作
地固件	基于设计图纸确认规格及数量
填充碎石	基于设计图纸(C40、RC40)、筛除过小颗粒
制作用地固件用挖机	根据装填量选择机种
地固件制作型腔	木制或钢制均可(管理型腔尺寸)
钢管	LS 型起吊桁架定位用(地固件长度＋20cm 以上)
起吊地固件用吊车	根据实际需要选择
地固件转运车	准备将地固件从装填场地转运至铺设现场的短倒运输车

2) 填充材料

① 填充材料最好使用级配石 C40，选择符合适度的颗分曲线的材料，筛除过多的小颗粒。对于有承载力要求的预制混凝土以及挡土墙等构造物，考虑地固件的强度及性能一定要使用级配石。

② 使用再生碎石作为填充材料时，要筛除泥巴、有二次凝固可能的水泥、有害的铁屑以及白云石、石灰质成分等的混入。

③ 较多的黏土和细颗粒碎石混入填充材料之后，会使地固件的排水性能降低、强制加压贯入时的加压作业无法使地固件自身充分紧固，从而有可能造成地固件自身的强度降低，所以要严谨地把好对填充材料选择的质量关。

3）填充材料的容量管理和制作地固件用的挖机

填充材料的容量管理是通过表 18.3-10 记载的型腔尺寸的控制进行的。对于有承载力要求的预制混凝土以及挡土墙等构造物、使用 C30 作为填充材料、进而小粒径碎石较多等情况下，需要把制作地固件型腔的高度尺寸增加 1cm。

填充材料的容量管理和制作地固件用的挖机 **表 18.3-10**

规格	型腔尺寸(mm)			容量 (m^3)	参考质量 (t)	制作地固件用挖机规格
	长	宽	高			
SS45	450	450	100	0.0205	0.041	0.15～0.28
SS90	900	900	100	0.0810	0.163	0.15～0.28
LS100	1000	1000	250	0.2500	0.500	0.15～0.28
LS150	1500	1500	450	1.0125	2.070	0.28～0.50

4）地固件制作场地及保管场地

地固件的制作场地虽然在施工现场比较方便，但是考虑到二次装卸及运输费用，在条件允许的情况下，建议采用在碎石厂装填后向施工现场转运的方式，如此会大幅降低装卸成本和运输成本。

5）地固件制作用型腔

木制的型腔参见图 18.3-5。

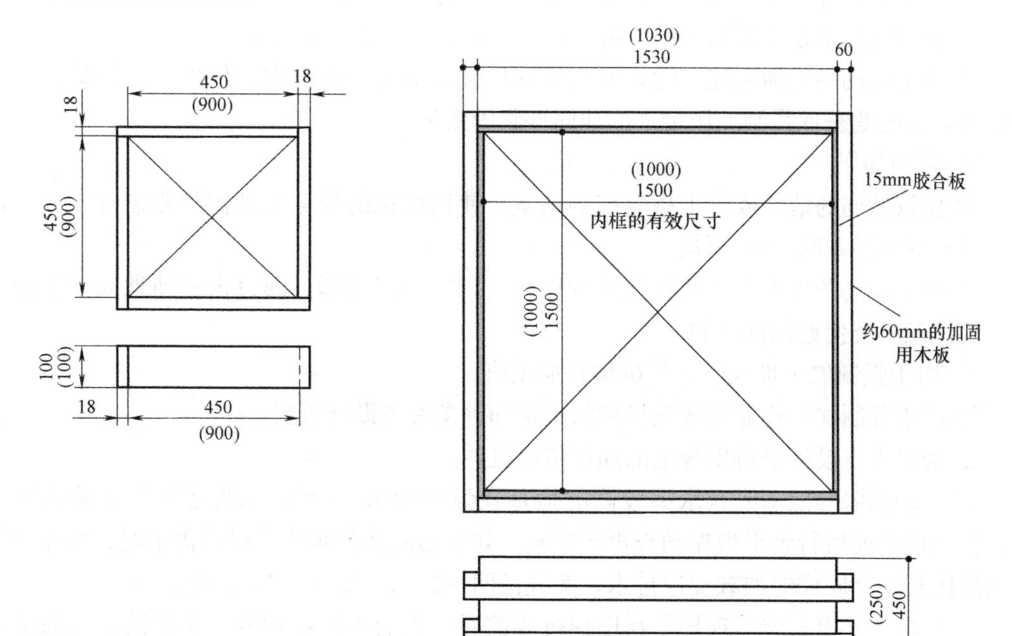

图 18.3-5 地固件制作型腔图

（3）地固件铺设

将制作好的地固件按照设计要求（铺设宽度、长度、厚度=层数）铺设在基础地基之上，使地固件与基础地基啮合为一体（辅助加压贯入），通过强制加压施加设计负荷以上的载荷进行按压、碾压，基础地基下方伴有地下水位时，通过一定时间的超静孔隙水排水，使基础地基的有效应力得以提高。

1）地固件铺设工序的准备

地固件铺设开始前，要确认表18.3-11记载的内容。

地固件铺设工序的准备、确认 **表18.3-11**

项　目	准备、确认事项
挖掘工作面	施工现场保持不排水状态、开挖的工作面长宽尺寸要稍加余量
挖机	铺设以及辅助强制加压、在地固件上面行走时要使用橡胶履带
吊车	根据需要任意选择
击打夯	设计指定的加压值
前后进平板振动夯	兼用促进超静孔隙水排水
轮式压路机	大面积铺设时使用(不使用铁制轮毂)
透水土工布(防止淤泥上翻)	在地固件底面铺设(1200N/5cm以上)
透水土工布(补强用)	用于间隔铺设的地固件的场合(1900N/5cm以上)
填空碎石	用于地固件铺设组合时的缝隙填充(与补强用透水土工布共用)
确认承载力	地固件上面的平板载荷试验

2）开挖工作面的确认

① 开挖面最好是湿润的，但不处于排水状态为宜。

② 开挖面如果是干燥的地基，剪切强度高，强制加压贯入效果不好。

③ 在干燥的黏土地基施工时，要在地固件铺设的前一天浇水，使地表回归黏土本来的状态，目的是获取强制加压带来的地固件紧固效果。

3）强制加压

① 比较软弱的地基或含水率较高的地基，使用挖机的挖斗对地固件强制加压，要使地固件与基础地基啮合成一体。

② 施工现场条件不允许使用挖机的场合，可以使用夯锤，通过击打使地固件上面平整，要注意不要使地固件倾斜。

4）用于强制加压贯入的建筑机械和加压值

① 用于强制加压作业的建筑机械的重量和种类参考设计资料。

② 选择大于设计资料里规定的加压值的机种。

③ 比较软弱的地基或含水率较高的地基在强制加压2h后，为促进超静孔隙水压排水，推荐使用前后行走平板振动夯再次加载。如果超静孔隙水仍有排水需求时，可在加压贯入的次日重复同样的加载促进排水，实践证明这样的重复作业是有效的。

④ 比较大规模的施工现场，利用挖机或前后行进的平板振动夯实施辅助加压的贯入作业后，进一步使用轮式压路机促进超静孔隙水排水施工时，要注意低速行走。

另外，在类似沼泽地的超软地基上铺设地固件后，由于地固件底部的地基里的孔隙水压往往不能很快消散，所以无法获得充分的有效应力，这时如果让轮式压路机在地固件上面行走有，可能会出现由于偏心载荷造成设备陷没或者最极端的设备倾覆等危险事态的发生，必须绝对规避。

5）强制加压贯入方法

关于强制加压贯入：

① 利用夯锤（击打夯、前后行进平板振动夯）的强制加压贯入，对地固件一个一个地加载，LS 规格每一个构件需要辅助加压 40s 以上；SS 的规格则需要 30s 以上。

② 利用挖机的强制加压贯入要参考挖斗面积，无遗漏地充分加载。

③ 利用轮式压路机的强制加压贯入时，要确认通过振动夯的强制加压贯入，地固件是否已经获得了一定的地基有效应力，有确切的把握之后，要求压路机轮毂的接地幅宽在不低于 20cm 的条件下低速往复行走。

④ 铺设 1 层或 2 层的强制加压方法的要领，如图 18.3-6 所示。

• 1 层铺设以及 2 层铺设的第 1 层的强制加压如图 18.3-6 的左边所示、对地固件的顶面充分进行强制加压贯入的加载作业。

• 2 层铺设的第 2 层的强制加压作业与第 1 层同样进行。

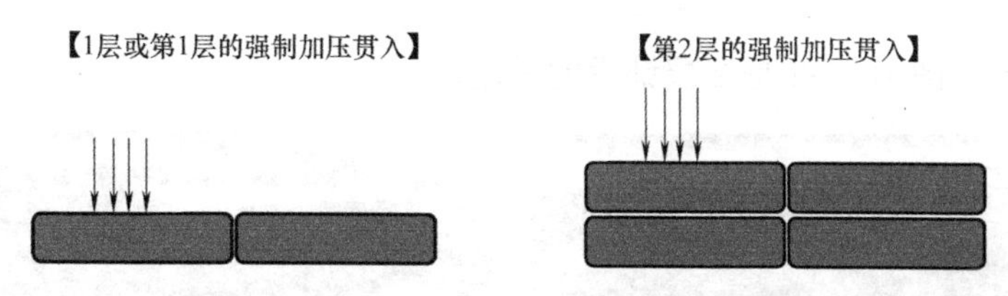

图 18.3-6　1 层铺设以及 2 层铺设的加载方式

6）超静孔隙水的排水

在比较软弱的地基或含水率较高的地基上，对地固件进行强制加压作业时，由于地固件下方的局部压实，使得超静孔隙水压上升。这个超静孔隙水压的排水过程十分重要，伴随着排水过程，地基的有效应力增加。

如果不等待排水过程，并加载偏心载荷，会使建筑物发生沉降或不均匀沉降，导致不可思议的事态发生，因此，在连续作业的场合下要特别注意。

排水时间根据土质的性状而不同，通常的黏土地基在约 2h 的排水后，可以确认地基的强度会增加。超软地基则需要半天的时间排水，但是，无论哪一种都并没有得到稳定的有效应力。

此外，砂土地基比黏土地基的排水时间大幅减少，在处于液化状态的沙土地基上开始铺设地固件时，它会比黏土地基还要软，往往地固件的贯入量会比较大，所以铺设后要等待出于地固件的自重沉降到位后（约 10min），再使用挖机的挖斗对其强制加压贯入，强制加压作业完成的次日以后，使用前后行进平板振动夯促进排水并确认沉降状态，在此基础之上判断是否进入下一步的工序。

7）承载力的确认

确认铺设地固件之后是否获得了承载力，原则上是通过在地固件之上做平板载荷试验完成（图 18.3-7）。如要通过简易试验（锥形重锤触探仪等）确认，需要与甲方协商并取得认可。承载力试验的时间应该安排在超静孔隙水排水后（地固件铺设次日以后）。

8）防止淤泥上翻用的透水土工布

为了防止从铺设的地固件的空隙之间，底部的淤泥挤压上翻或者管涌、喷砂，要在地固件上面铺设透水土工布。其作业标准为：铺设 1 层时，土工布铺在地固件上方；铺设 2 层时，土工布铺在地固件的 1 层与 2 层之间。使用的土工布规格标准为：PP、抗拉强度

图 18.3-7 地固件之上的平板载荷试验

1200N/5cm 以上。图 18.3-8 是 2 层铺设的示范。

图 18.3-8 铺设防止淤泥挤出用透水土工布的施工例

9）有间隔地铺设地固件的方法

图 18.3-9 所示是有间隔地铺设地固件的范例。使用填缝碎石和补强用透水土工布处理。土工布抗拉强度要求超过地固件材料规格（PP、1900N/5cm 以上）。

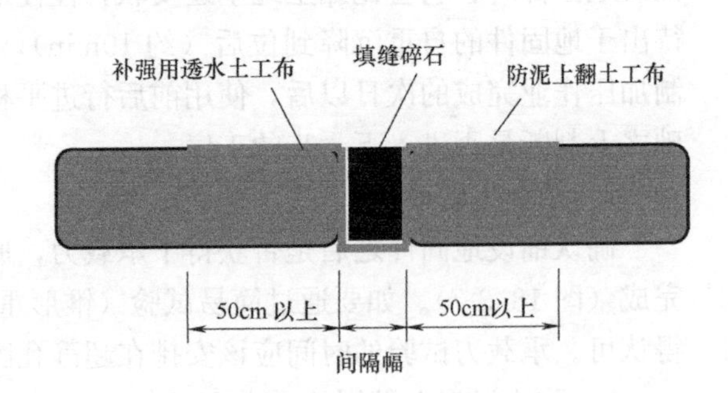

图 18.3-9 有间隔地铺设地固件的范例

10）其他填缝、找平

地固件四角以及四边产生的缝隙要用碎石填充找平，如图 18.3-10 所示。

图 18.3-10　地固件缝隙填平示范例

(4) 回土（碎石找平及回土）

图 18.3-11 是铺设地固件，在其上搭建建筑物的示意图。找平用碎石的铺设厚度至少 10cm。如前所述，铺设找平碎石的目的是弥补强制加压贯入量的预测误差以及已铺设地固件之间的高低差，各处的找平厚度不一定一致。另外回填、覆土要使用优质素填土。此外，回填、覆土的另一个作用是为了防止地固件主材 PP 的紫外线照射劣化。

地固件施工时要严守以下规范：

① 地固件之上不可以直接浇灌混凝土路面。

② 地固件之上不可以直接铺装沥青路面。

③ 多余开挖部分的空隙要使用现场发生土或优质素填土做一次回填。

④ 作为找平碎石的铺设基座的地固件幅宽相对于碎石幅宽来说余量较少的情况下，要用优质素填土做一次回填并碾压紧固，以达到不允许找平碎石流出之目的。

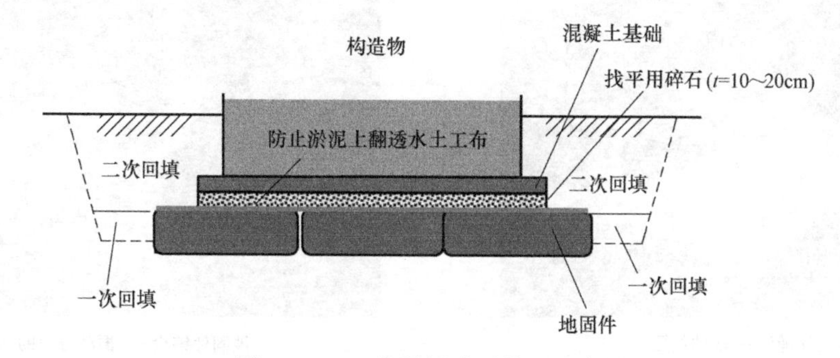

图 18.3-11　找平用碎石施工示意图

(5) 主要施工步骤的场景

地固件工法的主要施工步骤的场景如图 18.3-12 所示。

3. 施工管理

为了安全、经济地采用地固件工法施工，要充分把握工程的实际状态、制定工程计划、采用切合实际的方法对工序、质量、作业、安全卫生等方面进行管理。

(1) 工序管理

施工中的工序管理的注意事项如下：

① 各工序的作业进度要按计划监督实际进展状况，出现差异要及时采取措施调整。

② 阻碍其他工序进度的作业要及时调整作业顺序，严格进行管理。

③ 结合施工条件的变更以及季节的变化随时调整施工计划的合理性。

工作面开挖

地固件制作一型腔内填充

地固件制作一完工

地固件制作一起吊

地固件铺设一辅助加压

地固件铺设一振动夯辅助排水

地固件铺设一钢板桩内

地固件铺设一碎石找平

图 18.3-12 主要施工场景

④ 伴随特殊的交通影响、噪声、振动的场合，应事前与交通管理部门以及相关单位或个人协商并获准施工。

⑤ 不得已发生工程变更时，要与相关单位就变更状况、原因进行磋商、确认并采取必要措施。

另外，地固件工法的LS规格的标准施工定额如表18.3-12所示。

施工规模较大时，可以增加施工班组，以缩短工期。

LS规格的标准施工定额　　表18.3-12

地固件规格	地固件制作与铺设(日定额)
LS100	90～100件(90～100m^2)
LS150	50～60件(112～135m^2)

(2) 质量管理

各工序的质量管理内容参见表18.3-13。

各工序的质量管理　　表18.3-13

<table>
<tr><th>工序</th><th>管理项目</th><th>管理内容</th><th>管理标准</th><th>管理频度</th><th>备注</th></tr>
<tr><td rowspan="3">工作面开挖</td><td rowspan="2">工作面确认</td><td>埋设物,地层变化,地基性状等</td><td>探钎扎探
1m长左右</td><td rowspan="2">铺设前</td><td>与设计图纸、资料存在差异时要事先协商</td></tr>
<tr><td>不排水面</td><td>目视</td><td>干燥时,铺设前一天洒水</td></tr>
<tr><td>强制加压贯入量预测</td><td>·确认弹性沉降量的计算值
·经验值预测(表18.3-8)</td><td>高于标高值考虑测定</td><td>铺设前</td><td>高于标高考虑</td></tr>
<tr><td rowspan="3">制作</td><td>地固件数量</td><td>设计图纸资料的项目、数量</td><td>采购文件</td><td>采购时</td><td>采购前的验货与质量确认</td></tr>
<tr><td>地固件规格</td><td><table><tr><td rowspan="2">品名</td><td colspan="3">规格值(mm)</td></tr><tr><td>长</td><td>宽</td><td>高</td></tr><tr><td>SS45</td><td>450</td><td>450</td><td>100</td></tr><tr><td>SS90</td><td>900</td><td>900</td><td>100</td></tr><tr><td>LS100</td><td>1000</td><td>1000</td><td>250</td></tr><tr><td>LS150</td><td>1500</td><td>1500</td><td>450</td></tr></table></td><td>±1%以内
质量合格证</td><td>每500个1次或每个施工现场1次</td><td>被强制加压过的地固件尽量不再重复使用</td></tr>
<tr><td>型腔尺寸</td><td><table><tr><td rowspan="2">品名</td><td colspan="3">规格值(mm)</td></tr><tr><td>长</td><td>宽</td><td>高</td></tr><tr><td>SS45</td><td>370</td><td>370</td><td>150</td></tr><tr><td>SS90</td><td>750</td><td>750</td><td>145</td></tr><tr><td>LS100</td><td>1000</td><td>1000</td><td>250</td></tr><tr><td>LS150</td><td>1500</td><td>1500</td><td>450</td></tr></table></td><td>−0,+10mm</td><td>每200个1次或每个施工现场1次</td><td>对混凝土预制件、挡土墙等有承载力要求的施工现场,如要使用C30或细分颗粒较多的场合,型腔高度增加10mm</td></tr>
</table>

续表

工序	管理项目	管理内容	管理标准	管理频度	备注
制作	填充材料（无细小颗粒）	级配石(C40,C30)	试验数据表 颗分试验结果	采购时	要求上述承载力时
		再生碎石(RC40)			筛除黏土、云母、石灰、水泥成分
铺设	强制加压的加压值	设计图纸资料规定的加压值	选择具备加压值以上能力的设备	铺设前	
	施工机械	挖机，吊车，振动夯，轮式压路机等	加压值， 起吊负荷	铺设前	
	超静孔隙水	强制加压后的次日以后再碾压后，进行标高状态确认	与标高差 3mm	强制加压贯入次日以后	与标高相差超过3mm时，需要再次重复加压作业
	透水土工布	P. P 1200N/5cm(防止翻泥用) P. P 1900N/5cm(补强用)	质量合格证	采购时	
	填缝碎石	C40，RC40	用于4角4边、补强部分	铺设时	有承载力要求时使用C40
	确认承载力	平板载荷试验，简易触探试验 （试验要在再碾压后进行）	设计载荷以上	参考规模1处以上	在地固件上面做试验
回土	素填土	找平碎石(C40，RC40，最小确保10cm) 或者素填土（发生土或优质土）	以抗紫、抗老化对策以及找平地固件平面高低差为目的的回土	铺设后	避免在地固件上面直接铺设混凝土、沥青等材料，要铺设找平碎石后再碾压

(3) 作业管理

地固件的作业管理如表18.3-14所示。

地固件的作业管理　　　　表18.3-14

作业	管理项目	管理内容	备注
制作	SS规格的型腔	a. 在铺设现场将安置好导向架的地固件摆开； b. 将各连接头用锁销顺次固定连接； c. 将型腔放入地固件内； d. 向型腔内投入填充材料； e. 投入后将型腔拔出； f. 注意四角部分的碎石要充填均匀充实； g. 封闭上盖	• 打开地固件，将导向架水平放入底部； • 也可以在水平的场地连接之后整体搬入铺设现场； • 填充作业可以人工也可以利用机械
	LS规格的型腔	a. 型腔摆放在水平的场地； b. 地固件展开放入型腔内； c. 将地固件四角和厚度展开使之与型腔贴附成形； d. 用钢管将起吊桁架带在中心位置垂直定位； e. 两根起吊桁架带同时垂直中心定位	• 在钢板上放置型腔，比较容易控制容量； • 地固件在折叠状态下，比较容易在型腔内展开； • 型腔上不要有钉子或其他异物

续表

作业	管理项目	管 理 内 容	备 注
制作	投入填充材料	a. 投入方法：LS100 分 2 层、LS150 分 3 层用挖机投入； b. 分 1 或 2 层投入时注意拉起四角使其充满并保持形状； c. 各层投入时，人工配合辅助踩实； d. 特别是四角的碎石不好充实，人工注意配合填充和充实； e. 装满型腔并压实； f. 顶面用铁锹等工具整理平整、均等	• 如果判断填充量适当，可以抽出定位钢管，作业效率会提高。钢管抽出之前，利用杠杆原理，上抬杠杆，使起吊桁架带露出。 • 熟练后，固定作业模式，重复这个模式作业效率和质量都会提高
	闭合上盖	a. 上盖闭合要既不重叠也不张嘴，整齐地闭合； b. 闭合作业影响地固件的强度，因此要十分注意； c. 闭合后，闭合带上的粘扣既不上出也不下缺，确保位置正确； d. 上下左右两次闭合作业	• 上盖闭合的顺序，上下左右均可。 • 拉住闭合带将两端的上盖归位闭合。 • 闭合定位前暂时先闭合粘合带，利用杠杆原理，向上抬起起吊桁架带，使中心部碎石移动、啮合到位，这样做会使闭合作业更容易操作
	起吊、保管	a. 使用符合载荷要求的带吊钩的钢绳钩住地固件的吊带； b. 起吊吊带是双层的，要一起钩住； c. 装填好的地固件码放时，LS100＝4 层、LS150＝3 层为宜	• 起吊时，型腔一起上抬时，人工辅助阻止型腔一起被吊起。 • 码放地点与铺设现场不一致时，要准备轻型卡车短倒运输
工作面确认	确认工作面	a. 地固件的铺设工作面要用挖斗等工具扫平； b. 地固件铺设工作面应处于不排水状态； c. 避免过度抽出地下水； d. 确认铺设位置	• 了解埋设物及地层变化状况。 • 干燥地基铺设前要洒水。 • 在每五个地固件的间隔位置划线确认方位，方便施工的进展管理
铺设	强制加压贯入	a. 强制加压前把吊带前端塞入地固件内； b. 用挖机等工具使地固件与地基啮合贴附，再进行辅助加压作业； c. 强制加压贯入的加载要一个一个，一层一层地进行； d. 以促进排水为目的的再加压应从地固件中心旋涡状地向外展开，使构件产生张力； e. 夯锤的加载时间 LS 型 20s 以上、SS 型 10～15s 以上； f. 以促进排水为目的的再加压作业要在铺设了足够的面积之后批量化施工； g. 伴随产生超静孔隙水的情况下，要避免过度加载； h. 以促进排水为目的的再加压要在强制加压的次日进行，确认了沉降水平之后，再转入下一个工序	• 避免铺设的地固件软硬不均。 • 地固件不是完全的弹性体，起吊时与加压后会产生变形，因此要在铺设了一定的数量后再进行以促进排水为目的的再加压作业，以便把施工中的张力控制在最小限度。 • 超静孔隙水在上升时，强制加压作业很难进行，地固件会浮在过剩孔隙水中，这时的水压形成了反力，地基的有效应力很小，很难让地固件贯入土中，所以这时应该避免过度加压
其他	铺设后及其他事项	a. 挖机在地固件上行走时，要适当地对地固件做好保护； b. 透水土工布幅宽超规格时要叠起来，使之控制在规格内； c. 地固件的四角和四边的缝隙要用碎石充填； d. 地固件上面要用碎石找平，调整水平面； e. 在钢板桩基坑内铺设地固件时四边隔离 25cm； f. 临时道路铺设钢板时，钢板井字铺设为宜	• 挖机要用橡胶履带，原地回转行走时要铺设钢板。 • 透水土工布的幅宽要比地固件铺设宽度宽出 15cm 以上。 • 铺设找平碎石后要再次进行碾压作业

（4）安全卫生管理

施工时的安全和卫生是优先应该考虑的。国家及地方的法律法规要求保证从事作业的务工人员安全和健康，施工方应该提供愉快舒适的作业环境。

施工时要制定符合实情的、切实可行的规章制度，购置、安装需要的设备、确立安全施工体制，同时对员工进行安全卫生教育、指导、定期检查现场并改善发现的问题，致力于防止发生施工中的安全事故以及做好安全、卫生管理工作。

为确保施工安全性，在制定施工管理条例阶段，就要充分预测施工中有可能出现的危险，充分考虑安全卫生措施，使安全卫生的管理能够顺利实施。

主要的注意事项如下：

① 施工开始后，要充分考虑作业环境的整备以及确保施工人员可以安全且舒适地工作。为保持安全的作业环境要投入切合实际的、有实际需求的机械设备并制定必要的操作标准。劳动保护用品要使用有合格证的符合劳动保护标准的、没有瑕疵缺陷的产品。要让作业人员了解并熟知使用方法。另外，考虑到防止公害、工程现场的形象改善等，要充分考虑不要影响周边住民的生活。

② 在施工中，要留意防止高空坠落、基坑垮塌、车辆运输事故的发生。因此，要充分考虑作业环境的整备、作业现场的整理、整顿、规定符合实际、切实可行的作业方法。另外施工中还要对各种设备的设置环境、设备零件的松弛掉落等采取必要的应对措施。现场相关使用设备设施是否符合各种规格要求也是需要关注的要点。它们的使用、检查、维护等规程应该被遵守，同时，制定适合现场的使用规定并让作业人员熟知。

③ 制定紧急事态发生时的预案，建立各作业场所、相关管理部门的迅速的联络网络。发生山体异常变形、地基垮塌、异常排水、自然灾害等紧迫危险时，马上停止作业疏散作业人员到安全场所。

（5）工程施工记录

地固件铺设完之后，要整理出来包括：平面图、构造图、地质关系资料、工程施工照片、施工管理记录等工程施工记录。这些资料对竣工后的设施维护管理、修补以及改造等都是必备的参考资料；还可以作为临近施工的参考资料。另外，对未来的地固件工法的改善、发展、创新也是重要的技术资料。为此，要对各种数据正确、易懂地整理并妥善备份。

18.4 地固件的工程应用领域

18.4.1 地固件优势与案例统计

地固件工法因其结构特性和施工特性，具备先天的自身优势。施工时无需“三通一平”，作业面要求低，大幅度降低了施工规划部署难度；地固件工法固有的工艺特性，将地基隐蔽验收变为可视验收，施工质量有保障；无任何污染源，绿色环保，施工噪音低，大量减小 CO_2 排放量，符合国家环保调控的方针政策；操作简单便利，工作效率高，极大程度地缩短施工工期。

地固件在地基加固过程中的效果往往是综合体现的，以软基加固为基础，同时兼顾液化控制、抗震减灾的等不良灾害。技术原创人野本太先生十三年如一日坚持创新工法的推广与应用，积累了大量的实战案例和宝贵的设计与施工经验。在梅德利技术研究所株式会社的不懈努力下，2019 年完成了由代表日本政府的行业协会背书的两个行业认证（日本沿海都市岩土中心、日本建筑协会）。

目前，地固件在日本具有大量的工程应用，约有 2000 例成功应用案例[9~12]，地固件在日本的应用类别统计如图 18.4-1 所示，应用案例年度统计如图 18.4-2 所示。这些案例全部是地固件工法原创人野本太先生身体力行十余年的亲力亲为。大量案例的应用也证明了该方法对地基处理的适用性和科学性，其绿色环保、快速施工的优点拥有巨大的应用和推广前景。

该工法除在日本大量应用之外，已在缅甸、印度尼西亚、韩国成功实践，国内目前处于初期推广阶段。

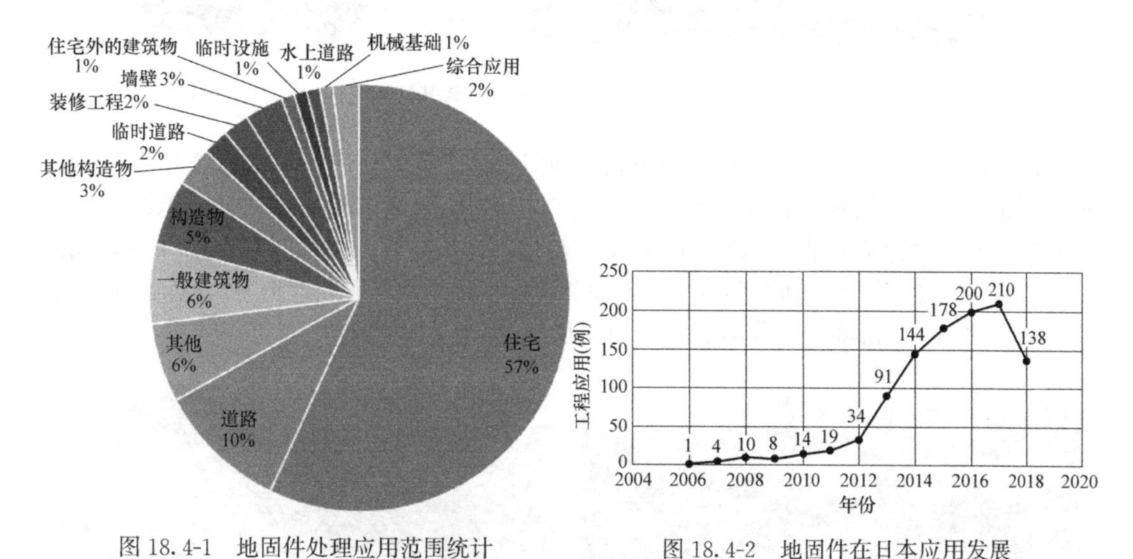

图 18.4-1　地固件处理应用范围统计

图 18.4-2　地固件在日本应用发展

18.4.2　软弱地基加固

地固件可广泛应用于各类工程的软基加固，如民用、商用建筑的软基加固，道路工程的软基加固，临时工程的软基加固等[9~12]。

1. 公路工程

图 18.4-3、图 18.4-4 为日本渡良濑川流域道路软基处理，该区为环境保护区，对环

图 18.4-3　日本渡良濑川流域道路软基处理过程

境保护要求较高。区域软土为标贯击数 N 为 0～1 的软黏土，地层沉降大，地基不稳定。在对比了换填法、表层混合处置法和地固件工法后，决定采用地固件工法处置，最终达到了软基处理的效果，同时对保护区自然环境破坏最小。

图 18.4-4　日本渡良濑川流域道路软基处理完毕

图 18.4-5 为日本埼玉县 125 号国道软基加固处理工程，该道路地基为深 3～4m 的超软弱层沼泽地，采用地固件工法后，实施的现场 CBR 测试结果显示，平板承载试验为 224kN/cm²，设计基准是 180kN/cm² 以上，超过设计基准值。在完工后的 10 个月，此沼泽地改良的国道路段平均沉降量为 2cm，而邻接的以传统地基硬化改造工法施工的路段平均沉降量约 7cm，沉降监测数据如表 18.4-1 所示。

图 18.4-5　埼玉县 125 号国道软基加固处理施工过程

公路沉降测量（m） **表 18.4-1**

测量点	第一次		第二次		第三次			第四次			第五次		
	测量日 2007.3.22		测量日 2007.3.28		测量日 2007.4.4			测量日 2007.4.11			测量日 2007.4.18		
	测量值	沉降量	测量值	沉降量	测量值	沉降量	累计沉降量	测量值	沉降量	累计沉降量	测量值	沉降量	累计沉降量
D 2-1			12.418		12.416	0.002	0.002	12.416	0.000	0.002	12.414	0.002	0.004
D 2-2	12.529		12.527	0.002	12.525	0.002	0.002	12.525	0.000	0.002	12.524	0.001	0.003
D 2-3			12.638		12.636	0.002	0.002	12.637	−0.001	0.001	12.636	0.001	0.002
S 1-1			12.379		12.374	0.005	0.005	12.370	0.004	0.009	12.366	0.004	0.013
S 1-2			12.502		12.496	0.006	0.006	12.493	0.003	0.009	12.487	0.006	0.015
S 1-3			12.609		12.606	0.003	0.003	12.606	0.000	0.003	12.601	0.005	0.008
S 2-1			12.434		12.432	0.002	0.002	12.431	0.001	0.003	12.430	0.001	0.004
S 2-2			12.536		12.534	0.002	0.002	12.533	0.001	0.003	12.530	0.003	0.006
S 2-3			12.635		12.633	0.002	0.002	12.633	0.000	0.002	12.630	0.003	0.005

测量点	第六次			第七次			第八次			第九次			第十次		
	测量日 2007.4.25			测量日 2007.5.2			测量日 2007.5.9			测量日 2007.5.16			测量日 2007.5.23		
	测量值	沉降量	累计沉降量	测量值	沉降量	累计沉降量	测量值	沉降量	累计沉降量	测量值	沉降量	累计沉降量	测量值	沉降量	累计沉降量
D 2-1	12.411	0.003	0.007	12.413	−0.002	0.005	12.413	0.000	0.005	12.412	0.001	0.006	12.410	0.002	0.008
D 2-2	12.521	0.003	0.006	12.523	−0.002	0.004	12.521	0.002	0.006	12.519	0.002	0.008	12.518	0.001	0.009
D 2-3	12.635	0.001	0.003	12.636	−0.001	0.002	12.636	0.000	0.002	12.634	0.002	0.004	12.630	0.004	0.008
S 1-1	12.361	0.005	0.018	12.359	0.002	0.020	12.355	0.004	0.024	12.353	0.002	0.026	12.350	0.003	0.029
S 1-2	12.483	0.004	0.019	12.482	0.001	0.020	12.477	0.005	0.025	12.479	−0.002	0.023	12.473	0.006	0.029
S 1-3	12.599	0.002	0.010	12.598	0.001	0.011	12.595	0.003	0.014	12.593	0.002	0.016	12.590	0.003	0.019
S 2-1	12.427	0.003	0.007	12.428	−0.001	0.006	12.425	0.003	0.009	12.425	0.000	0.009	12.423	0.002	0.011
S 2-2	12.528	−0.002	0.008	12.529	−0.001	0.007	12.526	0.003	0.010	12.526	0.000	0.010	12.523	0.003	0.013
S 2-3	12.631	−0.001	0.004	12.632	−0.001	0.003	12.628	0.004	0.007	12.628	0.000	0.007	12.628	0.000	0.007

续表

测量点	第十次	第十一次			第十二次			第十三次			第十四次		
	2007.5.23	测量日 2007.6.6			测量日 2007.6.20			测量日 2007.7.5			测量日 2007.7.26		
	累计沉降量	测量值	沉降量	累计沉降量	测量值	沉降量	累计沉降量	测量值	沉降量	累计沉降量	测量值	沉降量	累计沉降量
D 2-1	0.008	12.407	0.003	0.011	12.405	0.002	0.013	12.405	0.000	0.013	12.401	0.004	0.017
D 2-2	0.009	12.517	0.001	0.010	12.516	0.001	0.011	12.514	0.002	0.013	12.512	0.002	0.015
D 2-3	0.008	12.629	0.001	0.009	12.629	0.000	0.009	12.628	0.001	0.010	12.627	0.001	0.011
S 1-1	0.029	12.346	0.004	0.033	12.341	0.005	0.038	12.337	0.004	0.042	12.330	0.007	0.049
S 1-2	0.029	12.468	0.005	0.034	12.464	0.004	0.038	12.460	0.004	0.042	12.453	0.007	0.049
S 1-3	0.019	12.586	0.004	0.023	12.583	0.003	0.026	12.580	0.003	0.029	12.575	0.005	0.034
S 2-1	0.011	12.421	0.002	0.013	12.419	0.002	0.015	12.418	0.001	0.016	12.415	0.003	0.019
S 2-2	0.013	12.523	0.000	0.013	12.521	0.002	0.015	12.519	0.002	0.017	12.517	0.002	0.019
S 2-3	0.007	12.623	0.005	0.012	12.622	0.001	0.013	12.620	0.002	0.015	12.619	0.001	0.016

测量点	第十五次				第十六次			第十七次			第十八次		
	测量日 2007.8.22				测量日 2007.9.26			测量日 2007.11.2			测量日 2007.11.26		
	测量值	沉降量	累计沉降量	累计沉降量	测量值	沉降量	累计沉降量	测量值	沉降量	累计沉降量	测量值	沉降量	累计沉降量
D 2-1	12.397	0.004	0.021	0.021	12.407	0.003	0.024	12.391	0.016	0.040	12.386	0.005	0.045
D 2-2	12.507	0.005	0.020	0.020	12.517	0.001	0.021	12.502	0.015	0.036	12.500	0.002	0.038
D 2-3	12.622	0.005	0.016	0.016	12.629	0.001	0.017	12.619	0.010	0.027	12.616	0.003	0.030
S 1-1	12.320	0.010	0.059	0.059	12.346	0.005	0.064	12.302	0.044	0.108	12.295	0.007	0.115
S 1-2	12.443	0.010	0.059	0.059	12.468	0.008	0.067	12.424	0.044	0.111	12.418	0.006	0.117
S 1-3	12.567	0.008	0.042	0.042	12.586	0.005	0.047	12.553	0.033	0.080	12.549	0.004	0.084
S 2-1	12.411	0.004	0.023	0.023	12.421	0.003	0.026	12.401	0.020	0.046	12.401	0.000	0.046
S 2-2	12.512	0.005	0.024	0.024	12.523	0.003	0.027	12.503	0.020	0.047	12.499	0.004	0.051
S 2-3	12.612	0.007	0.023	0.023	12.623	0.000	0.023	12.606	0.017	0.040	12.602	0.004	0.044

测量点	第十九次			第二十次				第二十一次		
	测量日 2007.12.28			测量日 2008.1.25				测量日 2008.5.2		
	测量值	沉降量	累计沉降量	测量值	沉降量	累计沉降量	累计沉降量	测量值	沉降量	累计沉降量
D 2-1	12.380	0.006	0.051	12.375	0.005	0.056	0.056	12.364	0.011	0.067
D 2-2	12.496	0.004	0.042	12.491	0.005	0.047	0.047	12.483	0.008	0.055
D 2-3	12.614	0.002	0.032	12.610	0.004	0.036	0.036	12.603	0.007	0.043
S 1-1	12.286	0.009	0.124	12.276	0.010	0.134	0.134	12.259	0.017	0.151
S 1-2	12.408	0.010	0.127	12.401	0.007	0.134	0.134	12.383	0.018	0.152
S 1-3	12.543	0.006	0.090	12.535	0.008	0.098	0.098	12.521	0.014	0.112
S 2-1	12.390	0.011	0.057	12.385	0.005	0.062	0.062	12.375	0.010	0.072
S 2-2	12.492	0.007	0.058	12.487	0.005	0.063	0.063	12.477	0.010	0.073
S 2-3	12.598	0.004	0.048	12.593	0.005	0.053	0.053	12.582	0.010	0.063

施工后约1年内（约300d）的平均沉降量对比（其中D2处为铺设有地固件的路段，S1、S2处为D2路段前、后未铺设地固件的路段）

D2 处平均沉降量＝55mm

S1 处平均沉降量＝138.3mm（比 D2 处高 83.3mm）

S2 处平均沉降量＝69.3mm（比 D2 处高 14.3mm）

图 18.4-6 为日本滋贺县彦根市某道路的地基加固工程。

图 18.4-6　滋贺县彦根市某道路的地基加固

图 18.4-7 为日本滋贺县浜市某道路的地基加固工程。

图 18.4-7　滋贺县浜市某道路的地基加固

图 18.4-8 为日本埼玉县加须市在沼泽地上的道路加固工程。

图 18.4-8　埼玉县加须市在沼泽地上的道路加固

图 18.4-9 是地固件在缅甸仰光布达林修复河道侧的路基局部浸泡垮塌的应用。为阻止河水浸泡的路基根部继续垮塌，采用了在路基根部铺设 1 层 LS150 作为持力层，其上铺设 6 层 LS100 作为挡水护坡阻止河水对路基体的冲刷（击）。

图 18.4-9　地固件在缅甸某河道旁的道路对垮塌的局部加固处置

2. 铁路工程

图 18.4-10 为日本滋贺县某铁路下部的地基加固处理工程，初步证明了地固件在铁路工程地基加固的适用性。

图 18.4-10　滋贺县某铁路下部的地基加固处理工程

图 18.4-11～图 18.4-13 是缅甸铁路软基加固的典型应用。该项目是 2018 年日本政府国际协力事业团（JICA）对缅甸的无偿经援项目，由梅德利技术研究所株式会社担纲设计，技术指导实施。由于当地的亚热带气候所致雨季雨水常常淹没铁轨，季节沉降达 30cm 以上。时速只有 20～30km。

施工时由于当地碎石资源缺乏，成本很高，故使用沙子作为填充物。改造后的铁路路基工后沉降控制在 2cm 之内，时速达到 60km 以上。

该外援工程的应用成功，揭示了地固件在交通领域有着它特殊的使用场景。对我国的铁路建设领域提供了广泛的应用前景，特别是对我国大力推进的“一带一路”的国际基本建设倡议有着极其实际可行的战术意义。

图 18.4-11 缅甸某铁路地基处置前的下沉状态

图 18.4-12 地固件施工勘察及处置过程

图 18.4-13 地固件施工过程及处置后状态

3. 临时道路

图 18.4-14、图 18.4-15 为日本某公园湖心岛临时道路工程的应用，该地层软基含水量极高呈流塑状态，工程所需建设一条通往湖心岛的临时道路，采用地固件加固后实现了快速成路的需求，满足工程施工所需，同时达到绿色环保的目的。

图 18.4-14 日本某南湖公园湖底沉积淤泥状态

图 18.4-15 使用地固件处置后形成施工道路

图 18.4-16 为日本和歌山县某高速公路工程的临时道路，该道路需进入 750t 起重机，但该地区为软弱覆盖层，大型机械无法进入场地施工，采用地固件加固软基后实现了快速

图 18.4-16 和歌山县某高速公路工程的临时道路

进场的目的。

图 18.4-17 为日本静冈县某建筑工程建设所用临时道路软基加固工程。

图 18.4-17 静冈县某建筑工程建设所用临时道路软基加固

图 18.4-18 是地固件在印度尼西亚加里曼丹岛的湿地软基上修建临时道路时的应用。利用路基旁边的沼泽地的淤泥堆成路基，再铺设 LS100 后形成持力层。经测定 LS100 地固件提供了 120kPa 的支撑力，满足了实际使用要求。

图 18.4-18 地固件在印度尼西亚某湿地的临时道路建设

4. 民用住宅

图 18.4-19、图 18.4-20 为日本爱知县住宅软基加固工程，爱知县居民区住宅，在

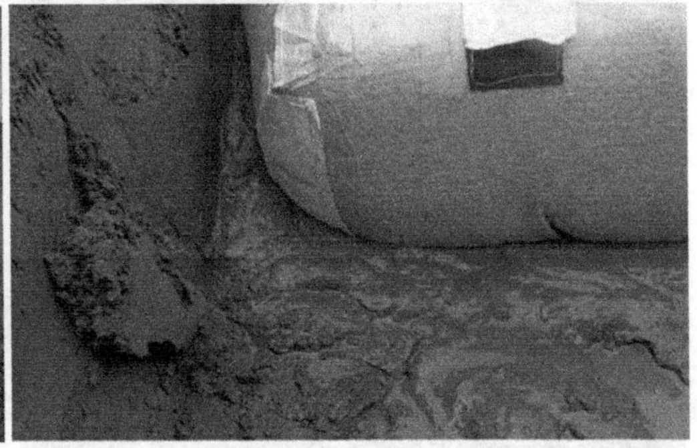

图 18.4-19 爱知县住宅软基加固工程地基状态

2014 年地震后，地基出现大面积液化现象，导致居民住宅发生沉降或倾斜。采用地固件工法后，在随后发生强度 5 级的地震，住宅周边的道路上，再次发现了液化现象，但是居民住宅并未因此发生沉降或倾斜现象。

图 18.4-20　爱知县住宅软基加固工程完成效果

图 18.4-21 为日本墨田区某 3 层木制住宅的地基加固工程。

图 18.4-21　日本墨田区某 3 层木制住宅的地基加固

图 18.4-22 为日本茨城县那珂市某 2 层木制住宅的地基加固工程。

图 18.4-22　日本茨城县那珂市某 2 层木制住宅的地基加固工程

图 18.4-23 为日本爱知县名古屋市某二层楼的住宅的软基加固工程。

图 18.4-23 爱知县名古屋市某二楼的住宅的软基加固

5. 商用建筑

图 18.4-24 为日本岛根县某 2 层购物中心的地基加固工程。

图 18.4-24 岛根县某 2 层购物中心的地基加固工程

图 18.4-25 为日本埼玉县某 3 层办公室大楼的地基加固工程。

图 18.4-25 埼玉县某 3 层办公室大楼的地基加固工程

图 18.4-26 为日本横滨市某公司 2 层汽车配件工厂地基加固工程。

图 18.4-26　某公司 2 层汽车配件工厂地基加固

6. 桥梁工程

图 18.4-27 为地固件在缅甸某河道桥墩基础加固后沉降监测试验，通过该试验测定了采用地固件技术加固后的软基沉降完全满足要求，确定了地固件在此地区的适用性，拓展了在缅甸相关软基处理应用的市场领域。

图 18.4-27　地固件在缅甸某河道对桥墩加固后的沉降监测试验

7. 其他工程

图 18.4-28 为日本岩手县某城镇 U 形排水沟地基加固。

图 18.4-28　岩手县某城镇 U 形排水沟地基加固

图 18.4-29 为日本茨城县常盘大田市地下人行过道地基加固。

图 18.4-29 茨城县常盘大田市地下人行过道地基加固

图 18.4-30 为日本埼玉县本庄市沼泽地改建国道和停车场的地基加固工程。

图 18.4-30 埼玉县本庄市沼泽地改建国道和停车场的地基加固工程

18.4.3 液化地基处理

地固件不仅可应用于普通软基加固，同时也能够应对沙土液化地基的处置。通常液化处置和地基加固是同时进行的，呈液化状态的地基要达到工程应用的程度必须要达到一定的承载力，并同时消除液化影响[9~12]。

1. 水利工程

图 18.4-31 与 18.4-32 为某蓄水水库沉积层地基，堆积了 3～10 余米的腐叶土，表层及周边土体近乎液态。为维修年代已久、老化的堤坝闸门，需为其提供一条施工辅路及一个供 200t 吊车的作业平台。

2. 建筑工程

图 18.4-33 为日本爱知县一宫市某建筑工程的地基加固和液化处理，该地基几乎呈沼泽态，含水量极为丰富，使用地固件处置后达到控制液化并提供相应承载力。

图 18.4-31　某蓄水水库沉积层地基成液化形态

图 18.4-32　使用地固件处置完毕并使用

图 18.4-33　爱知县一宫市某建筑工程的地基加固和液化处理

3. 其他工程

图 18.4-34 为日本千叶县船桥市某 3 层永久佛事塔的地基加固和液化处理，该地基地下水位高，开挖机坑后内部被水充填，边缘液化现象严重，采用地固件铺设加固后控制了

沉降并提供相应的承载力。

图 18.4-34　千叶县船桥市某 3 层永久佛事塔的地基加固和液化处理

图 18.4-35 为日本千叶县木更津市某 2 层永久佛事塔的地基加固和液化处理，该地基地下水位高，基坑被水充填，采用地固件铺设加固后控制了沉降并提供相应的承载力。

图 18.4-35　千叶县木更津市某 2 层永久佛事塔的地基加固和液化处理

18.4.4　减振与抗震

地固件的填料的不连续性，使得在振动作用下颗粒之间摩擦消耗了部分振动能，进而实现了控制振动，地固件在振动控制和抗震减灾方面的应用也大为广阔[9~12]。

1. 道路交通减振

图 18.4-36～图 18.4-39 为日本滋贺县爱知郡某公路软基加固及交通减振处理工程[9]，该图反映了处置前期道路状态，其地层是软弱的冲积黏土层构成的。工程的第一阶段，JR 西日本在本县位于现道南侧建设临时道口和迂回路，在 2009 年 12 月道路开始使用。但是，迂回路开始使用后不久，引发了与道路邻接的居民因交通振动造成的睡眠障碍和佛龛牌位、蜡烛移动等投诉。

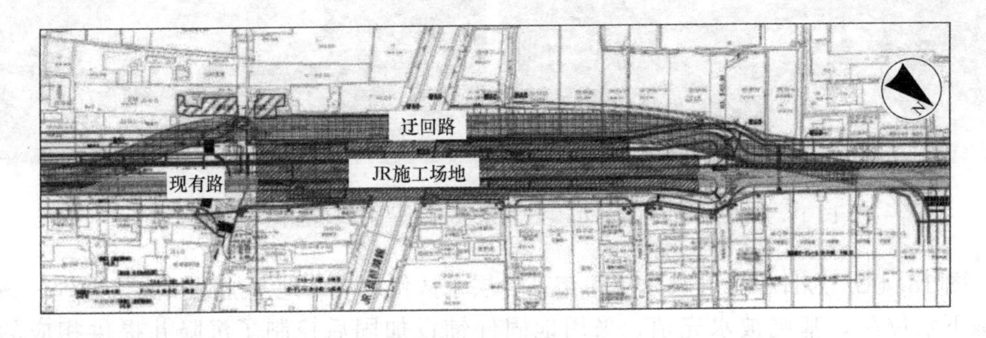

图 18.4-36　迂回路线平面图

接到投诉，遵照振动规制法在振动地点的道路边界，如图 18.4-37 中地点 A-1 实施 24h 振动调查。结果表明振动水平的测量值，无论白天还是夜晚都不能满足振动限制法的要求。振动水平的最大值为 66 分贝，振动感觉阈值超过 55 分贝高峰观测到 298 次，确认了交通振动发生的事实。

图 18.4-37　调查地点图

施工后如图 18.4-38，再次进行震动的测量调查，效果得到确认。地盘卓越振动数方面，施工前 13.9Hz，施工后为 15.4Hz，超过软弱地盘的目标值 15.0Hz，振动得到改善。前 10 高峰振动水平和整车两高峰振动水平方面，地点 A-1，A-2 和 A-3 也降低了 6～7 分贝。人容易感到震动的频率带为 4.0～8.0Hz 和木造住宅的固有振动数为 7.0～10.0Hz，存在 10dB 左右的降低。

采用地固件处置完毕后不仅实现了地基的加固，同时也实现了减振，相比采用地固件前平均减小振动加速度约 10dB，如图 18.4-39 所示。

图 18.4-38 滋贺县某公路软基加固及交通减振处理工程

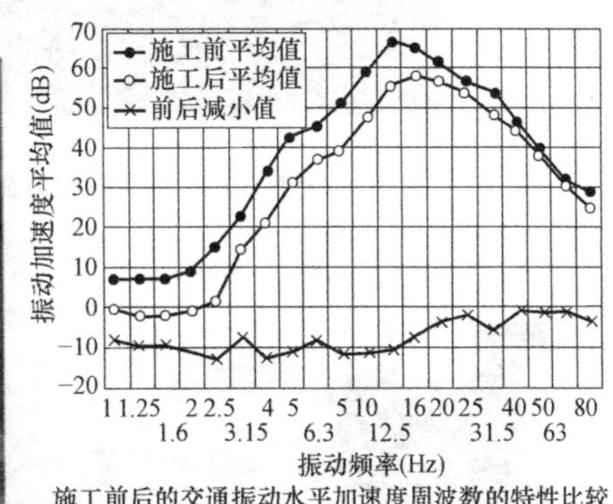

图 18.4-39 采用地固件处置完毕后减振效果

2. 机械基础减振

图 18.4-40 为日本茨城县某废弃物处置设施的机械振动控制应用，该废弃物处置分类机产生的振动类型复杂，常规方法无法消除多频段的振动，在地基上铺设地固件后，极大减弱了振动效应[7]。

图 18.4-40 茨城县某废弃物处置设施的机械振动控制应用

3. 抗震减灾

图 18.4-42 为地固件在日本东京都某陵园墓碑底部的地基加固和地震减灾应用，图 18.4-41 为同一场地内未采用地固件加固的墓碑在地震后全部震倒受损，而采用地固件加固的墓碑未受地震影响而损坏。

图 18.4-41　东京都某陵园墓碑下部的地基加固和振动控制应用

图 18.4-42　采用地固件加固与未加固的墓碑震后对比

18.5　地固件国内应用案例：玉环漩门湾国家湿地公园临时道路工程

18.5.1　工程应用背景

浙江玉环漩门湾国家湿地公园位于乐清湾东部，总面积 31.48km²，是中国围垦工程中唯一的国家级水利风景区，2011 年获得“中国生态保护最佳湿地”称号。园内有多种国家级保护动物，是世界濒危物种黑嘴鸥和黑脸琵鹭在中国最主要的越冬区之一，所以对生态保护要求极高。在如图 18.5-1 所示水域需修建一座桥梁，连接两边的观景步道，由于两侧观景步道施工已先行完成，无法提供建桥通道，只得在现场开辟新的临时通道，并要求工程施工中不得对环境有破坏与污染，工程结束后必须恢复如初。根据对现场踏勘决定：利用年底的枯水期，在步道东侧裸露的荷塘底面修建地固件临时道路（位于如图 18.5-2 所示位置），满足桥梁施工要求。

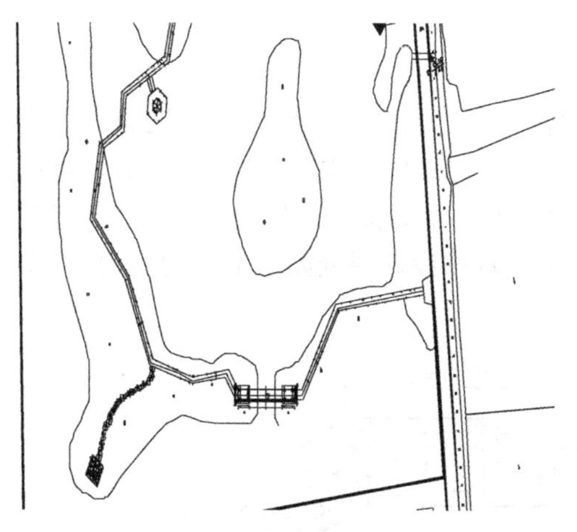
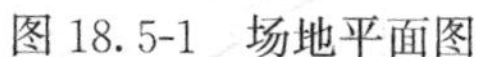

图 18.5-1 场地平面图

图 18.5-2 临时通道所在场址

该场地在围垦前属滨海滩涂，围垦后成为公园内的河道，地形起伏不大，属滨海平原地貌单元，拟建场地地下水类型为浅部孔隙潜水，主要分布②$_1$ 以上，场地地下水位常年接近地表，水位年变幅约 1.5m，根据附近地质勘探钻孔揭露地层状况如表 18.5-1 所示，本次地固件道路铺设于淤泥层①$_2$ 顶面。

地层划分及描述 **表 18.5-1**

地层编号	层底标高(m)	厚度(m)	地层描述
①$_1$	−0.15～−0.13	0.5～0.6	杂填土：杂色、中密，主要以碎块石、砾砂土充填，占比 60%～70%，粒径以 2～8cm，分布不均，局部缺失，层厚 0.5～0.6m，属人工活动的结果
①$_2$	−1.23～−0.44	0.7～1.2	粉质黏土：褐黄色，软型，饱和，干强度中等，韧性中等，具较高压缩性，无摇震反应，土质一般，切口光滑
②$_1$	−24.85～−23.93	23.1～24.1	淤泥：灰色，流塑，饱和，含有机质、贝壳的碎片，局部夹粉砂与粉团块。具高压缩性，土质均匀细腻，切面光滑，无异味
②$_2$	−35.17～−34.34	9.5～10.9	淤泥质黏土：灰色、流塑，饱和，含有机质、贝壳碎片，局部粉砂、粉土团块，具有高压缩性，土质均匀，切口光滑

18.5.2 工程要求

1）道路宽度 6m，长度约 100m，暂定道路使用期限为 1 年；

2）要求地固件处理后地基承载力特征值 80kPa，半年内总沉降量小于 20cm；

3）地固件顶面不允许铺设矿渣，但可铺设 10～20cm 砂、碎石或双层钢板，暂定最大满载 400kN 工程车可通行；

4）提供相关检测与监测数据（包括承载力、沉降、水平位移、超静孔隙水压）；

5）要求现场踏勘后 7d 内提交设计文件，暂定施工工期为 10d，计划开工日期为 2017 年 11 月 10 日。

18.5.3 设计方案

道路采用两层专用的地固件，下层地固件规格为LS150型，厚度50cm，地固件中心间距为3.0m；上层地固件规格为LS150型，厚度45cm，地固件中心间距为1.5m，每层铺设4排地固件（即道路宽度为6.0m），在上层地固件夯实后铺填厚度为10～20cm碎石垫层，再铺设$L \times B \times H = 6000 \times 3000 \times 20$mm钢板，具体设计图纸如图18.5-3～图18.5-6所示（本设计方案由野本太提供）。

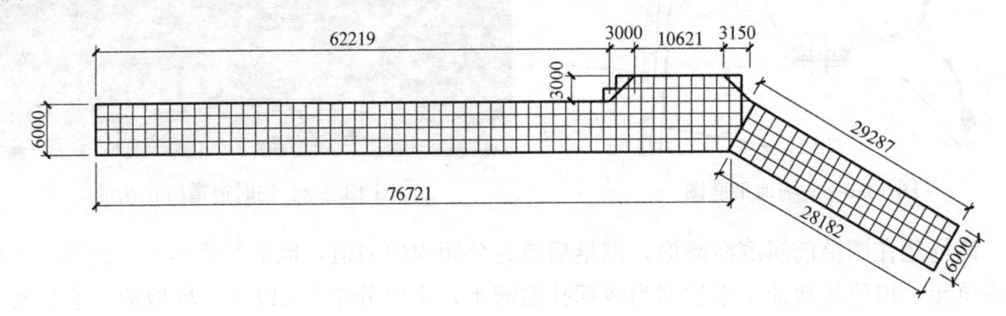

图18.5-3 上层地固件平面布设图

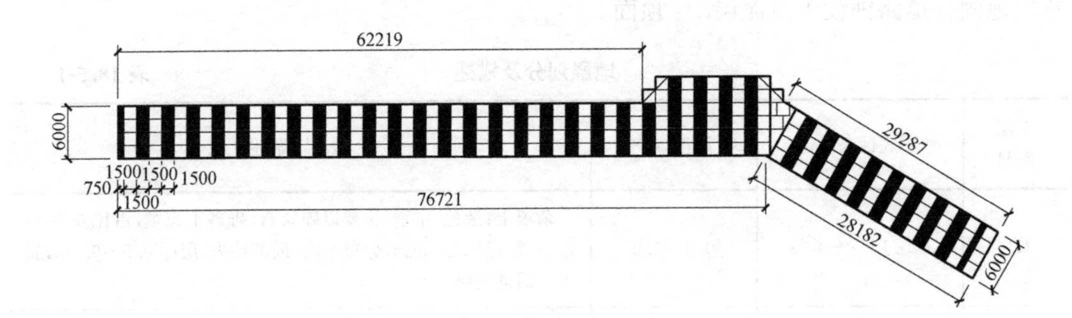

图18.5-4 下层地固件平面布设图

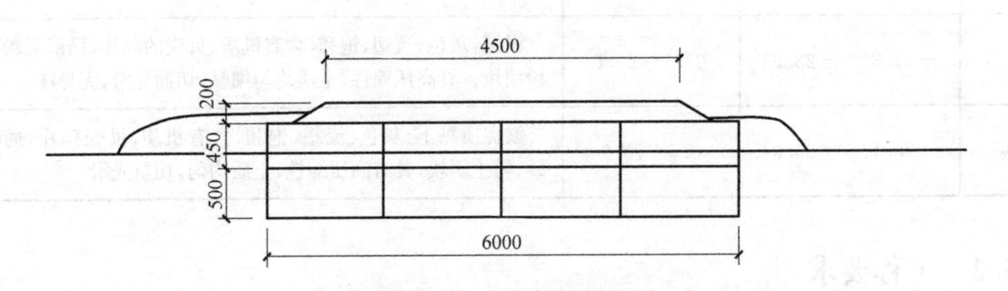

图18.5-5 地固件纵剖面图

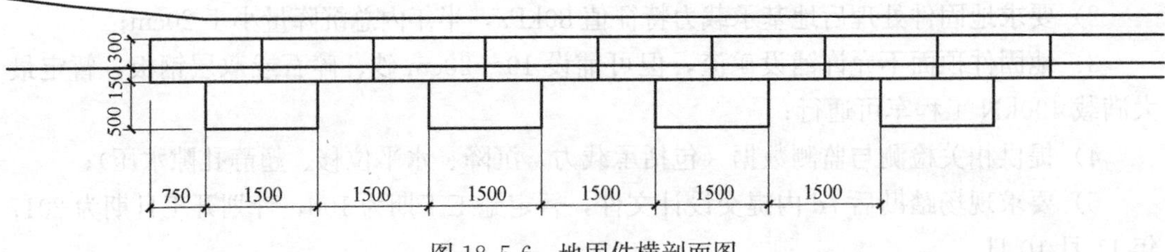

图18.5-6 地固件横剖面图

18.5.4 地固件的施工流程

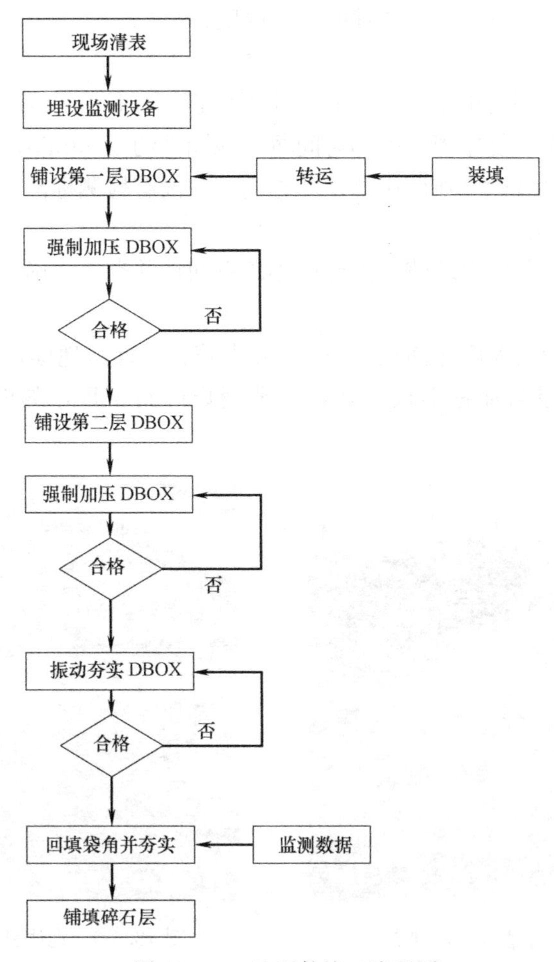

图 18.5-7 地固件施工流程图

18.5.5 地固件施工要点

1）现场清表

主要清理地表土中的碎石、块石等硬物，防止刺破地固件袋体，同时也需要清除地表土中的植物根系。

2）埋设监测设备

根据设计要求与试验要求，一般选择埋设的设备有：测斜管、超静孔隙水压力计、分层沉降标、土压力计等。

3）装填地固件

一般在铺设之前先装填部分地固件，根据地固件的用途可选择不同填料，本次选用填料为粒径 5～40mm 连续级配的碎石，要求填实并通过自重拉张并维持形状，堆放在场址附近待铺设。

4）铺设并强制加压

每个地固件的铺设与强制加压是连续完成的，本次使用200型挖机将装填好地固件按测量位置沉入地基土中，并用铲斗反复按压，直至地固件不再下沉且出现反弹现象为止，按压时间一般控制在2～4min，必要时可二次按压。

5）振动密实

日方非常强调本工序的重要性，在上层地固件强制加压完成后，其要求采用80型振动夯从中间向四周依次反复振密，振动时间每个地固件约5～8min，直至地固件密实如人踩到石板上的感觉，日方始终强调用脚踏踩感觉，并没有检测标准。

6）回填袋角并夯实

振实后的地固件袋角仍存缝隙，需要用小碎石回填并夯实，确保袋体之间紧密相连。

7）铺设钢板

原设计在铺设钢板之前应先铺设10～20cm小碎石，保持地固件受力均匀，后与设计方沟通，通过铺设加厚与加宽钢板方式，取消铺设碎石工序，如图18.5-8和图18.5-9所示。

图18.5-8 地固件铺设完成状态

图18.5-9 地固件铺设钢板后状态

18.5.6 地固件施工与监测进度

该项目由日方技术发明人野本太、商业合伙人花屋剛与天津市顺康科技发展有限公司及山东正元建设工程有限责任公司、温州浙南地质工程有限公司合作实施，本次施工由温州浙南地质工程有限公司承担。

地固件铺设从2017年11月11日至18日，提前两天完成。11月19日由日方完成地固件承载力CBR检测。沉降与孔隙水压力监测从11月19日开始，至2018年4月24日结束，共计完成监测次数为11次。

通过检测与监测数据，以及用户实际体验反映，本次地固件临时道路满足用户使用要求，即使在水位升高淹没地固件时也不影响其使用效果，本次最大重载为混凝土运输车，满载重量为378kN，也满足设计要求。

18.5.7 CBR检测地固件承载力

日方现场对地固件承载力测试后，平均承载力为242.32kPa，远高于工程要求的特征值 80kPa，CBR 检测方法能否代表地固件承载力，日方并未作出解释（图 18.5-10）。

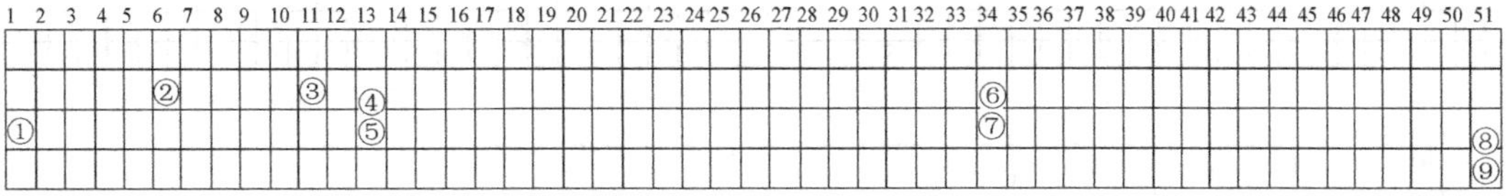

1 2 3 4 5 6 7 8 9 10 11 12 13 14 15 16 17 18 19 20 21 22 23 24 25 26 27 28 29 30 31 32 33 34 35 36 37 38 39 40 41 42 43 44 45 46 47 48 49 50 51
①
②
③
④
⑤
⑥
⑦
⑧
⑨

检测点	1	2	3	4	5	6	7	8	9	10	11	平均值
承载力 (kPa)	225.6	252.8	253.9	227.1	233.7	292	281.6	211.5	219.6	216.1	251.6	242.32
备注	10、11号检测点为8、9号检测点的复测值											

图 18.5-10　地固件承载力测试

18.5.8　沉降观测

本次最大累计沉降量为 80mm，最小沉降量基本为 0。钢板铺设工作是在地固件完成后第 75d 完成，重载使用是在第 104d 开始，直到第 160d 停止使用。

图 18.5-11 为监测点图，编号规则为铺设地固件的“列号-行号”。

1 2 3 4 5 6 7 8 9 10 11 12 13 14 15 16 17 18 19 20 21 22 23 24 25 26 27 28 29 30 31 32 33 34 35 36 37 38 39 40 41 42 43 44 45 46 47 48 49 50 51
沉降值(mm)
100
80
60
40
20
0
-20
-40
-60
-80
0
20
40
60
80
100
120
140
160
180
钢板铺设使用
工后天数(d)
坐标轴标题
开始使用重载
测点编号
5-2
5-3
14-1
14-2
14-3
14-4
27-2
27-3
44-2
44-3

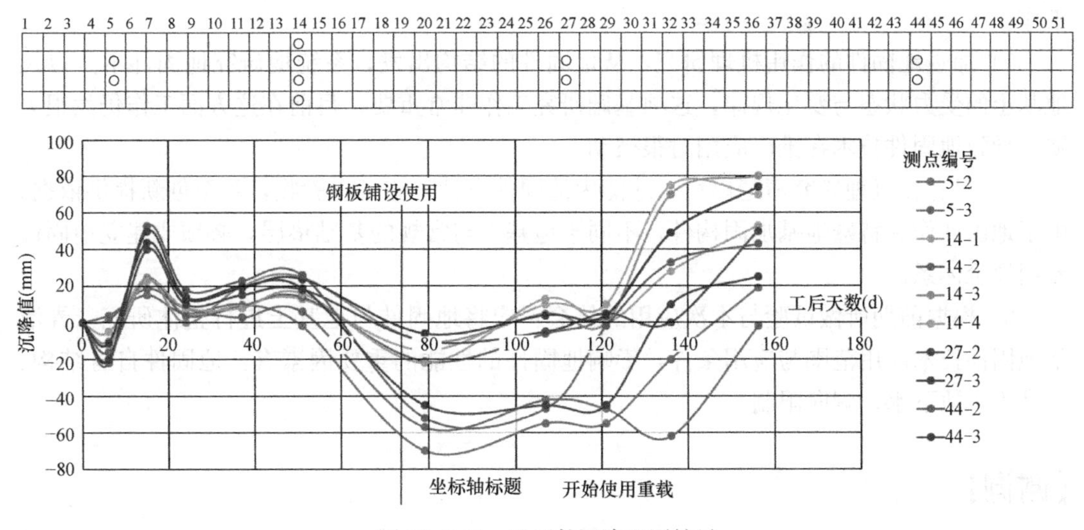

图 18.5-11　地固件沉降观测结果

18.5.9　超静孔隙水压观测

本次共布设两组超静孔隙水压力监测点，但编号 46-2 监测点在工作 55d 后没有信号，总体上离地固件底面近的孔压消散快，外部载荷对地基土中孔压影响不大。

图 18.5-12 为监测点图，编号规则为铺设地固件的“列号-行号”。

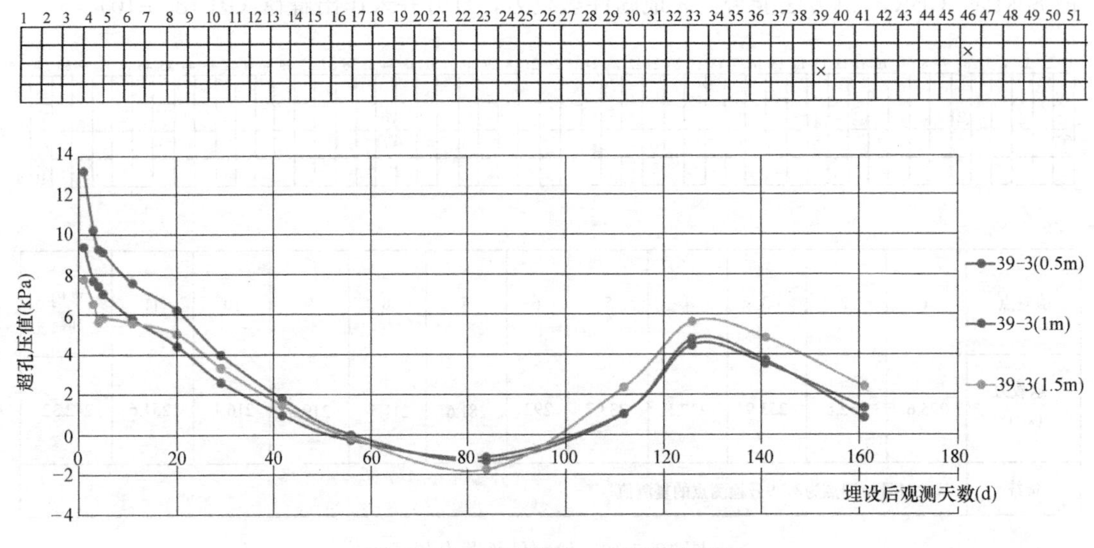

图 18.5-12　地固件 39-3 超孔压观测

18.5.10　应用体会

在中日双方通力合作下，完成了国内首个地固件的应用，从实际使用效果证实：地固件可应用于超软基处理项目，对提高地基承载力和控制沉降均有效果，施工工艺简单，施工效率较高，综合成本不高，属于绿色施工技术，但若要推广该技术，应做好以下几方面工作：

1）加强地固件的作用机理研究，从地固件的结构出发，系统地研究地固件本身以及地基土的受力状态与变化规律，这项基础研究工作非常重要，目前在这方面工作仍然很欠缺，导致地固件技术在推广应用时很被动。

2）只有在机理研究清楚以后，才能为地固件设计、施工、验收，甚至创新提供依据。由于地固件作为特殊地基加固构件，不同于地基土与常规的基础垫层，必须要建立地固件专用评价体系。

3）根据前期所做试验与本次应用的体会：应将地固件与地基土进行整体研究，弄清楚地固件技术应用范围与应用条件，影响地固件的性能的重要因素有：地固件自身结构、地基土、地下水、侧向限制。

【谢词】

地固件（D·BOX）作为在实践中被证明有实际使用价值的应用技术，自进入中国以来，引起了国内岩土工程领域有关专家学者以及施工企业的关注。通过近三年的国内专业会议的宣传与研讨，大家逐渐把目光集中在机理研究和理论探索上。该技术在本书的展示机会来自于“岩土工程西湖论坛（2019）”丛书主编龚晓南院士的慧眼及大力提携。

日本梅德利技术研究所株式会社野本太先生提供了丰富的实践案例及科研素材。

本章节的撰写还得到了天津鼎元软地基科技发展股份有限公司技术顾问、天津大学土木工程系刁钰先生的通力合作，这位年轻的、活力四射的副教授在与日本梅德利技术研究所株式会社野本太先生科研合作的基础上担纲了18.2节的执笔以及第18章统稿和总纂工作，投入了甚多的精力与大量的宝贵时间。

参加本章编著的其他专家还有：

国内较早接触地固件工法技术并首次将其应用于实战的、天津鼎元软地基科技发展股份有限公司技术顾问陆秋生（执笔18.1节）与骆嘉成（执笔18.5节）两位教授级高工。

中国水利水电科学研究院岩土工程研究所吴帅峰博士（执笔18.4节）。

在此，我们向对本章节给予提携、合作与配合的各位专家学者，致以真诚的谢意！

祝愿地固件工法技术早日突破机理研究的关卡，使其早日为我国的岩土工程领域做出它应有的贡献。

参考文献

[1] 松冈元. 土工袋技术手册［M］. 2008.

[2] 野本太，刁钰，唐诗扬. 地固件1500t单轴抗压试验报告［R］. 2019.

[3] 地固件设计施工手册（第四版）［M］. 2019.

[4] 松冈元，野本太. DBOX工法对超软弱地基的“局部压密、强化”概论［J］.

[5] 野本太，等. 温州DBOX工法试验总结报告［R］. 2018.

[6] 野本太，等. 采用小型振动台模拟大型DBOX土工袋液化控制效果研究［R］. 2014.

[7] 松冈元，山本春行，野本太. 现代高规格土壤（DBOX工法）对土体局部压密及减振效果研究［R］. 2010.

[8] 天津鼎元软地基科技发展股份有限公司，地固件工法实施标准［S］. Q/120116，DY001-201.

[9] 长坂，典昭. 关于爱知川彦根线迂回路中振动的对策［R］. 2012.

[10] 野本太，陈津生. DBOX（地固件）工法应用于超软地基的效果与特色［C］. 第十五届全国地基处理学术讨论会，2018.

[11] 野本太. DBOX工法を用いた地盤補強効果の確認試験［R］. 2012.

[12] 野本太. 土を拘束して取り締める方法［R］. 2015.